Deutsches Dachdeckerhandwerk
Regeln für Dachdeckungen

Stand April 2024

mit zahlreichen Abbildungen und Tabellen

herausgegeben vom

Zentralverband des Deutschen Dachdeckerhandwerks
– Fachverband Dach-, Wand- und Abdichtungstechnik – e.V.

RM Rudolf Müller

Bibliographische Information der Deutschen Bibliothek
Die Deutsche Bibliothek verzeichnet diese Publikation in der Deutschen Nationalbibliogaphie; detaillierte bibliographische Daten sind im Internet über https://portal.dnb.de abrufbar.

15., aktualisierte Auflage 2024

Wir freuen uns, Ihre Meinung über dieses Fachbuch zu erfahren. Bitte teilen Sie uns Ihre Anregungen, Hinweise oder Fragen per E-Mail: rudolf-mueller@vuservice.de oder telefonisch unter: 06123 9238-258 mit.

Umschlaggestaltung: Satz+Layout Werkstatt Kluth GmbH, Erftstadt

Satz: Satz+Layout Werkstatt Kluth GmbH, Erftstadt

Druck- und Bindearbeiten: Westermann Druck Zwickau GmbH, Zwickau

Printed in Germany

ISBN: 978-3-481-04837-2

Deutsches Dachdeckerhandwerk

Regeln für Dachdeckungen

Vorwort

Das vorliegende Taschenbuch enthält die Grundregel, alle Fachregeln, Hinweise, Merkblätter und Produktdatenblätter, die für die Ausführung von **Dachdeckungen** relevant sind.

Der Inhalt der vorliegenden Regelwerksteile entspricht dem Stand des Regelwerks **April 2024.** Alle Neuerungen und Veränderungen, die sich in den Teilen des Regelwerks weiterhin ergeben, werden in nachfolgenden Taschenbüchern Berücksichtigung finden.

Auf der Rückseite des Buches finden Sie einen Überblick über die Gesamtstruktur des Regelwerks.

Über den aktuellen Stand etwaiger Bearbeitung gibt Ihnen der Zentralverband des Deutschen Dachdeckerhandwerks gerne weitere Informationen.

Die Themenbereiche Dachabdichtungen und Metallarbeiten liegen ebenfalls als Taschenbuch-Ausgaben vor.

Das komplette Regelwerk ist als Loseblattwerk in 2 Ordnern, als Komplettpaket-Abo zzgl. Apps und Online-Anwendung sowie als reines Digital-Abo verfügbar.

Köln, im April 2024

ZENTRALVERBAND DES DEUTSCHEN
DACHDECKERHANDWERKS

– Fachverband Dach-, Wand- und
Abdichtungstechnik – e.V.

Deutsches Dachdeckerhandwerk Regelwerk

Vorwort

Das Regelwerk des Deutschen Dachdeckerhandwerks besteht aus den Grundregeln, Fachregeln, Hinweisen, Merkblättern und Produktdatenblättern. Sie alle bilden zusammen ein geschlossenes Ganzes. Jede einzelne Schrift ist durch Bezüge mit anderen Schriften verknüpft. Dies ist notwendig, um einerseits Mehrfachregelungen, Wiederholungen oder sogar Widersprüche zu vermeiden, andererseits sind so Anpassungen einzelner Schriften möglich, ohne damit Änderungen vieler Regelwerksteile vornehmen zu müssen. Die Gliederung des Regelwerks bedeutet jedoch auch, daß nun mehrere Schriften gleichzeitig beachtet werden müssen und nicht eine Schrift, alleine und losgelöst für sich, umfassende Regelungen für eine bestimmte Ausführungsweise beinhaltet.

Das Regelwerk des Deutschen Dachdeckerhandwerks ist als Loseblattsammlung, CD-ROM oder in gebundener Fassung erhältlich, wobei die gebundenen Fassungen die Schriften zusammenfassen, die zu einem wesentlichen Tätigkeitsgebiet zusammengehören und dementsprechend gemeinsam beachtet werden müssen.

Das Regelwerk des Deutschen Dachdeckerhandwerks ist insbesondere auf der Grundlage baupraktischer Erfahrungen und unter Berücksichtigung der Gewährleistungsverpflichtung des Auftragnehmers ein Maßstab für fachgerechtes technisches Verhalten. Die im Regelwerk enthaltenen Anforderungen und technischen Hinweise sichern ein ausreichendes Qualitätsniveau und dienen damit dem Verbraucherschutz. Der Inhalt des Regelwerkes ist eine wichtige Erkenntnisquelle für sachgemäße Planung und Anwendungstechnik im Normalfall. Es können jedoch nicht alle denkbar möglichen Sonderfälle erfaßt werden, in denen dann sowohl weitergehende als auch einschränkende Maßnahmen erforderlich werden könnten.

Verbandsseitig stellt das Regelwerk eine Zusammenfassung von Erkenntnissen ohne zwingende Bindung der Verbandsmitglieder dar. Die Anwendung des Regelwerkes befreit also nicht von der Verantwortung für eigenes Handeln, dessen Einhaltung sichert jedoch nach aller bisherigen Erkenntnis eine einwandfreie technische Leistung. Dabei wird die Eignung der vom Auftragnehmer vorgeschriebenen bzw. vorgeschlagenen Werkstoffe für den vorgesehenen Zweck und die Brauchbarkeit der Vorleistung anderer am Bau Beteiligter vorausgesetzt.

Das Regelwerk des Deutschen Dachdeckerhandwerks ist unter Berücksichtigung des gegenwärtigen Standes der Bautechnik und gesicherter Entwicklungstendenzen eine Richtschnur sowohl für die Ausführungstechnik des bauausführenden Unternehmers als auch für den Planer.

Dieser hat dabei die Auswirkung der Baukonstruktion des jeweiligen Bauwerkes, den vorgesehenen Nutzungszweck sowie die örtlichen und klimatischen Verhältnisse und somit die bauphysikalischen Beanspruchungen zu beachten. Das Regelwerk beinhaltet keine Leistungsbeschreibungen und entbindet nicht von einer Ausschreibung nach der Verdingungsordnung für Bauleistungen (VOB).

Die üblicherweise beigegebenen Zeichnungen sind Beispiele für die Arbeitsausführung. Sie dienen lediglich der Veranschaulichung und sind damit eine unverbindliche Erläuterung der textlichen Ausführungen. Regional und insbesondere klimatisch bedingte andere Lösungen sind denkbar und zulässig.

Der Herausgeber dankt allen Mitgliedern der Fachausschüsse des Zentralverbandes des Deutschen Dachdeckerhandwerks und den in vielen Ausschüssen als Gast mitwirkenden repräsentativ berufenen Vertretern der Industrie für die geleistete Arbeit.

Der Umfang des Regelwerkes weist auf die geleistete intensive Arbeit hin. In den Dank beziehen wir aber auch gerne all diejenigen ein, die mit Rat und Tat bei der Erstellung der Grundregel, der einzelnen Fachregeln sowie der Hinweise und Merkblätter, aber auch Produktdatenblätter geholfen haben.

Der Zentralverband des Deutschen Dachdeckerhandwerks würde es begrüßen, wenn ihm auch weiterhin Anregungen, insbesondere Ergänzungsmöglichkeiten und Klarstellungen oder Verbesserungsvorschläge zugingen, damit das Regelwerk weiterhin seinen hohen Stellenwert behält.

Köln, September 1997

ZENTRALVERBAND

DES DEUTSCHEN DACHDECKERHANDWERKS

– Fachverband

Dach-, Wand- und Abdichtungstechnik – e.V.

Inhaltsübersicht

Deutsches Dachdeckerhandwerk
– Regelwerk –

Grundregel für Dachdeckungen, Abdichtungen und Außenwand-bekleidungen

Aufgestellt und herausgegeben vom

Zentralverband
des Deutschen Dachdeckerhandwerks
– Fachverband Dach-, Wand- und Abdichtungstechnik – e.V.

Ausgabe September 1997

Rudolf Müller

Vorgänger:

Grundregeln des Dachdeckerhandwerks		1926
Grundregeln des Dachdeckerhandwerks	Mai	1964
Grundregeln des Dachdeckerhandwerks	März	1975
Grundregeln des Dachdeckerhandwerks	August	1985

Inhaltsverzeichnis

1 Allgemeines

(1) Das Regelwerk besteht aus der Grundregel und weiteren Regelwerkteilen für die Planung und Ausführung im Bereich der Dach-, Wand- und Abdichtungstechnik.

(2) Die Dach-, Wand- und Abdichtungstechnik befaßt sich überwiegend mit der Aufgabe, das Gebäude gegen Witterungseinflüsse und einzelne Bauteile vor Feuchtigkeit zu schützen. Neben dem reinen Feuchteschutz müssen aber noch weitere Funktionen beachtet werden, wie z. B. Wärmeschutz, Schallschutz, Brandschutz und Standsicherheit. Diese sehr unterschiedlichen Anforderungen sowie das Zusammenwirken aller Funktionsschichten einschließlich der Unterkonstruktion, müssen bei der Planung berücksichtigt werden. Erfolgt keine gesonderte Planung, sind die Anforderungen alleine von dem für die Ausführung Verantwortlichen (Planungshaftung) zu beachten.

(3) Das Regelwerk sichert bei Einhaltung nach bisherigen Erkenntnissen im Normalfall eine einwandfreie technische Leistung. Bei besonderen Beanspruchungen können weitergehende oder einschränkende Maßnahmen erforderlich sein. Auch die Brauchbarkeit der Vorleistungen anderer am Bau Beteiligter, die Eignung der Werkstoffe und ergänzende Herstellervorschriften sind von besonderer Bedeutung.

(4) Das Regelwerk des Dachdeckerhandwerks und die darin enthaltenen Fachregeln erlangen üblicherweise den Status allgemein anerkannter Regeln der Technik. Wenn keine anderslautende Einzelvereinbarung getroffen wird, werden sie Grundlage für die Ausführung. Angaben in Prospekten haben üblicherweise nicht den Status, allgemein anerkannt zu sein, weil sie oft werblichen Charakter besitzen. Herstellervorschriften (Verlegeanleitungen, Planungs- und Verarbeitungshinweise o. ä.) stellen werkstoffspezifische Regelungen dar. Sie können ebenso, wie z. B. Normen, Regelwerke und fortdauernde praktische Erfahrung, den Status der allgemein anerkannten Regeln der Technik erlangen. Alle am Bau beteiligten Fachleute haben die Pflicht, sich ständig über die fortlaufenden Entwicklungen zum allgemein anerkannten Stand der Technik zu informieren.

(5) Den am Bau Beteiligten muß in diesem Zusammenhang bewußt sein, daß insbesondere eine Abweichung von den Anforderungen gemäß den Fachregeln eine erhöhte Sorgfaltspflicht bei Beratung und Ausführung bis hin zur Bedenkenanmeldung verlangt. Der Grund dafür ist, daß selbst für den Fall, in dem es dadurch nicht zum Schaden kommt, nun der Ausführende beweisen muß, daß er eine der Regelausführung gleichwertige Leistung erbracht hat.

(6) Das Regelwerk erfaßt keine Sonderfälle und befreit nicht von der Verantwortung für eigenes Handeln. Insbesondere müssen evtl. vorhandene Normen und Zulassungsbescheide, die einschlägigen Unfallverhütungsvorschriften sowie die örtlichen Verhältnisse und deren Auswirkungen auf die Baukonstruktion berücksichtigt werden.

(7) Im Regelwerk enthaltene Zeichnungen oder Details sind Darstellungen, die die textliche Beschreibungen ergänzen. Als Beispiel einer möglichen Ausführungsart eines bestimmten Teilbereiches stellen sie keine Lösung einer Gesamtsituation dar. Sie sind nicht maßstabsgerecht.

2 Regelwerkteile

2.1 Grundregel

Die Grundregel ist die Basis für das gesamte Regelwerk des Dachdeckerhandwerks und damit für alle Planungs- und Ausführungsgrundsätze der nachgeordneten Regelwerkteile.

2.2 Fachregeln

Fachregeln enthalten Vorgehensweisen für die Planung und Ausführung, die sich in ihren jeweiligen Fachbereichen als theoretisch richtig und handwerklich machbar herausgestellt haben. Sie sichern ein ausreichendes Qualitätsniveau und dienen damit den Interessen der Verbraucher.

2.3 Hinweise

Hinweise beinhalten auf der Basis von bauaufsichtlich eingeführten Normen, bauaufsichtlichen Zulassungen und anderen Regelwerken oder Normen eine praxisorientierte Zusammenfassung von anerkannten Verhaltens- und Vorgehensweisen als Hilfe für die Planung und Ausführung. Hinweise haben baurechtliche Bedeutung und müssen dementsprechend beachtet werden.

2.4 Merkblätter

Merkblätter enthalten bereichs- und/oder themenbezogene Ergänzungen zu Fachregeln sowie Hinweise. Sie verfügen gleichermaßen über deren Bedeutung und tragen dem Stand der Technik, Normen und anderen Regelwerken Rechnung. Sie werden aufgestellt, wenn bestimmte technische Konsequenzen als notwendig erkannt worden sind.

2.5 Produktdatenblätter

Produktdatenblätter enthalten Informationen und Anforderungen an Werkstoffe und Produkte, wie sie in der Dach-, Wand- und Abdichtungstechnik üblich sind. Bei den Anforderungen können gegenüber Normen ggf. auch zusätzliche Festlegungen enthalten sein.

2.6 Übersichten

Übersichten enthalten Auflistungen von Informationen, die für die Anwendung des Regelwerkes von Bedeutung sind, wie z. B. als Zusammenstellung aller Regelwerkteile oder zur Information über Normen oder Vorschriften.

3 Begriffe

3.1 Allgemeine Hinweise

Begriffsbestimmungen wurden ohne Wertung nach fachlichen Oberbegriffen für eine bestimmte Thematik aufgelistet und diesen dann weitere im Zusammenhang stehende Begriffe zugeordnet. Dabei wurden Begriffe aufgenommen, die für ein allgemeines Verständnis, insbesondere der Grundregel, erforderlich sind. Weitere Begriffsbestimmungen, insbesondere wenn sie spezielle Themenbereiche, Werkstoffe o. ä. betreffen, sind in den jeweiligen Regelwerkteilen aufgeführt.

3.2 Modale Hilfsverben

Modale Hilfsverben und deren Aussagefähigkeit sind für ein eindeutiges Verständnis des Regelwerkes von besonderer Bedeutung. Die Auflistung in Tabelle 1 erfolgt in gewichteter Reihenfolge.

Tabelle 1: Modale Hilfsverben

<table>
<tr><th>Modale Hilfsverben</th><th colspan="2">Bedeutung</th><th>Gründe, die zur Wahl des Hilfsverbums führen (Beispiele)</th></tr>
<tr><td>muß, müssen</td><td>Gebot</td><td rowspan="2">unbedingt, fordernd</td><td rowspan="2">Äußerer Zwang, wie durch Rechtsvorschrift, sicherheitstechnische Forderung, Vertrag oder innerer Zwang, wie Forderung der Einheitlichkeit oder der Folgerichtigkeit</td></tr>
<tr><td>darf nicht, dürfen nicht</td><td>Verbot</td></tr>
<tr><td>soll, sollen</td><td rowspan="2">Regel</td><td rowspan="2">bedingt, fordernd</td><td rowspan="2">Durch Verabredung oder Vereinbarung freiwillig übernommene Verpflichtung, von der nur in begründeten Fällen abgewichen werden darf.</td></tr>
<tr><td>soll nicht, sollen nicht</td></tr>
<tr><td>darf, dürfen</td><td rowspan="2">Erlaubnis</td><td rowspan="2">freistellend</td><td rowspan="2">In bestimmten Fällen darf von dem durch Gebot, Verbot oder Regel Gegebenen abgewichen, z.B. eine gleichwertige Lösung gewählt werden.</td></tr>
<tr><td>muß nicht, müssen nicht</td></tr>
<tr><td>sollte, sollten</td><td rowspan="2">Empfehlung, Richtlinie</td><td rowspan="2">auswählend, anratend, empfehlend</td><td rowspan="2">Von mehreren Möglichkeiten wird eine als zweckmäßig empfohlen, ohne andere zu erwähnen oder auszuschließen. Eine bestimmte Angabe ist erwünscht, aber nicht als Forderung anzusehen. Eine bestimmte Lösung wird abgewehrt, ohne sie zu verbieten.</td></tr>
<tr><td>sollte nicht, sollten nicht</td></tr>
<tr><td>kann, können</td><td colspan="2" rowspan="2">unverbindlich</td><td rowspan="2">Vorliegen einer physischen Fähigkeit (die Hand kann eine bestimmte Kraft ausüben), einer physikalischen Möglichkeit (ein Balken kann eine Belastung tragen) einer ideellen Möglichkeit (eine Voraussetzung kann bestimmte Folgen haben, eine Feststellung kann schon überholt sein, wenn ...)</td></tr>
<tr><td>kann nicht, können nicht</td></tr>
</table>

3.3 Begriffsbestimmungen

3.3.1 Abdichtungen

(1) Abdichtungen von Dächern oder Bauteilen werden aus zusammenfügbaren bahnen- oder planenförmigen Produkten hergestellt oder als ganzflächige Beschichtungen ausgeführt. Aufgrund unterschiedlicher Anforderungen sind Dachabdichtungen und Bauwerksabdichtungen zu unterscheiden.

(2) Dachabdichtungen sind der obere Abschluß von Gebäuden auf flachen oder geneigten Dachkonstruktionen. Dachabdichtungen können mit Schutz- und Nutzschichten versehen sein.

(3) Bauwerksabdichtungen sind Abschlüsse von Gebäudeteilen zum Schutz des Bauwerkes gegen Feuchtigkeit oder Wasser. Es wird unterschieden nach Maßnahmen gegen

- Bodenfeuchtigkeit,
- nicht drückendes Wasser,
- von außen drückendes Wasser und
- von innen drückendes Wasser.

3.3.2 An- und Abschlüsse

(1) Anschlüsse sind besondere Ausbildungen von Dachdeckungen, Abdichtungen oder Außenwandbekleidungen an angrenzende oder durchdringende Bauteile oder Bauelemente.

Insbesondere bei Dachdeckungen unterscheidet man zwischen seitlichen, firstseitigen und traufseitigen Anschlüssen (siehe Abb. 1).

(2) Abschlüsse sind besondere Ausbildungen von Dachdeckungen, Abdichtungen oder Außenwandbekleidungen an den Rändern der Dachflächen. Übliche Begriffe für Randabschlüsse sind z. B. First, Ortgang, Traufe, o. ä. (siehe Abb. 2).

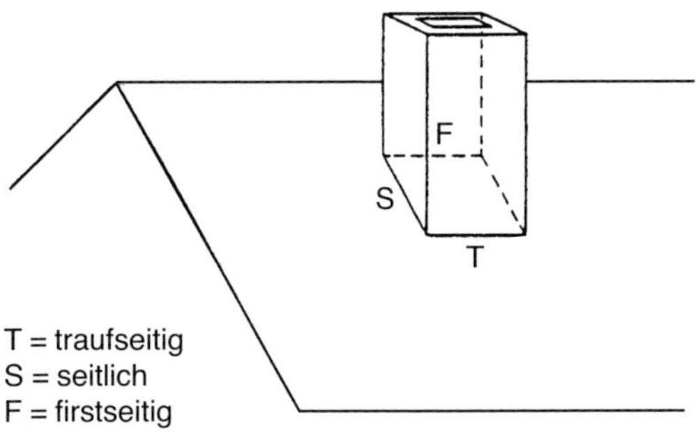

Abb. 1: Anschlüsse

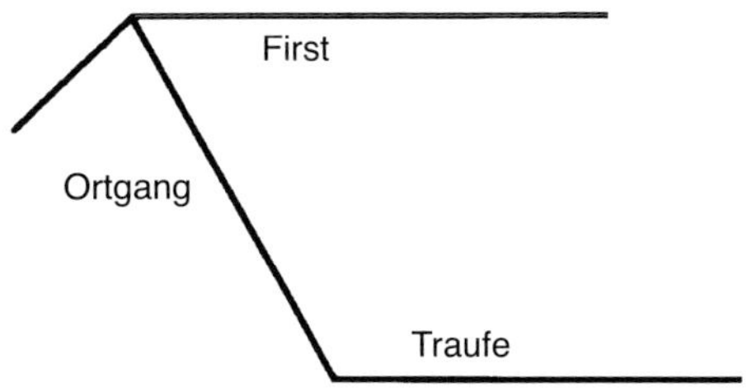

Abb. 2: Abschlüsse

3.3.3 Außenwandbekleidungen

Außenwandbekleidungen werden an tragenden Wandkonstruktionen aus schuppen- oder tafelförmig angebrachten ebenen oder profilierten klein- oder großformatigen Elementen hergestellt.

3.3.4 Behelfsdeckung oder Behelfsabdichtung

Unter Behelfsdeckung oder Behelfsabdichtung versteht man den vorübergehenden Schutz einer Konstruktion oder Bauteilfläche, um das Gebäude vor Feuchtigkeit zu schützen und beispielsweise eine Weiterarbeit im Gebäudeinneren zu ermöglichen. Behelfsdeckungen oder Behelfsabdichtungen sind zumindest für einige Zeit der Witterung ausgesetzt. Die verwendeten Werkstoffe und die Art der Ausführung müssen hierfür geeignet sein. Je nach verwendetem Material und ggf. mit zusätzlicher Wind-Sog-Sicherung kann beispielsweise eine Vordeckung als Behelfsdeckung dienen. Je nach Art und Ausführung können auch Dampfsperren oder erste Lagen von mehrlagigen Dachabdichtungen als Behelfsabdichtung verwendet werden.

3.3.5 Dach- und Wandkonstruktionen

Dach- und Wandkonstruktionen bestehen aus mehreren Einzelschichten, die in ihrer Funktion zusammenwirken. Je nach Anordnung der Schichten unterscheidet man

- einschalige, nicht durchlüftete Konstruktionen, oder
- mehrschalige, durchlüftete Konstruktionen.

3.3.6 Dachdeckungen

Dachdeckungen sind der obere Abschluß von Gebäuden auf geneigten Dachkonstruktionen aus in der Regel schuppenförmig überdeckten ebenen oder profilierten platten- oder tafelförmigen Deckwerkstoffen.

3.3.7 Dachneigung

(1) Dachneigung ist die Neigung der Dachkonstruktion (Unterkonstruktion) gegen die Waagerechte. Das Maß der Dachneigung wird ausgedrückt als Winkel zwischen der Waagerechten und der Dachfläche in Grad (°) oder als Steigung der Dachfläche über der Waagerechten in Prozent (%).

(2) Regeldachneigung ist die unterste Dachneigungsgrenze, bei der sich in der Praxis eine Dachdeckung als regensicher erwiesen hat.

(3) Mindestdachneigung ist die unterste Dachneigungsgrenze, die nicht unterschritten werden darf.

(4) Bei Dachdeckungen ist die Neigung des Deckwerkstoffes aufgrund der Verlegetechnik immer geringer als die Dachneigung.

3.3.8 Deckunterlage

Die Deckunterlage dient zur Aufnahme der Deckung oder Abdichtung und muß auf den zur Anwendung kommenden Werkstoff abgestimmt sein, z. B. Lattung, Schalung, Trapezblech u. ä.

3.3.9 Durchdringungen

Durchdringungen sind Bauteile oder Elemente in runder oder eckiger Form, die bei einer Aussparung in der Bauteilfläche erforderlich werden, z. B. Dachausstiege, Dachgully, Antennendurchgänge u. ä.

3.3.10 Einbauteile

Einbauteile sind Bauteile oder Elemente, die in Dachdeckungen, Abdichtungen oder Außenwandbekleidungen eingebaut werden, z. B. Dachflächenfenster, Lichtkuppeln, Sicherheitsdachhaken, Schneefanggitter, Wandhalterungen, Lüfter u. ä.

3.3.11 Einfassungen

Einfassungen sind Bauteile oder Elemente, die einen regensicheren bzw. wasserdichten Anschluß von Dachdeckungen bzw. Abdichtungen an Durchdringungen gewährleisten. Sie sind in Form und Ausführung auf den jeweiligen Werkstoff abzustimmen.

3.3.12 Gefälle

Gefälle ist die Neigung einer Oberfläche gegen die Waagerechte, z. B. bei Rinnen, Abdichtungen, Abdeckungen.

3.3.13 Grate

Grate sind die außenliegenden Verschneidungslinien von zwei Dachflächen.

3.3.14 Kehlen

Kehlen sind die innenliegenden Verschneidungslinien von zwei Dachflächen.

3.3.15 Lüftung

Lüftung ergibt sich aus dem Anschluß eines Zwischenraumes an Innen- oder Außenluft. Äußere Luftschichten können sich direkt über der Wärmedämmung (siehe „Merkblatt Wärmeschutz bei Dächern“ und „Hinweise für hinterlüftete Außenwandbekleidungen“) oder direkt unter den Deck- bzw. Abdichtungsschichten (siehe jeweilige Fachregel) befinden.

3.3.16 Notdeckung oder Notabdichtung

Unter Notdeckung oder Notabdichtung versteht man eine befristete Abdeckung oder Abdichtung als vorübergehender Schutz im Schadensfall. Notdeckungen oder Notabdichtungen sind keine dauerhafte Lösung. Von ihr können nicht die Kriterien einer Deckung oder Abdichtung erwartet werden. Sie ersetzen keine Dachdeckung oder Abdichtung.

3.3.17 Nutzung

(1) Gebäudenutzung ergibt sich durch die vorhandene oder geplante Nutzung, z. B. durch Wohnen, Arbeiten oder Lagern.

(2) Genutzte Flächen sind Bauteilflächen, die für den Aufenthalt von Personen oder für die Nutzung durch Verkehr vorgesehen sind.

(3) Nicht genutzte Flächen sind Bauteilflächen, die nur gelegentlich betreten werden sollen, z. B. zum Zwecke der Wartung und Instandhaltung.

3.3.18 Systemteile

Systemteile sind Bauteile oder Elemente, die in ihrer Formgebung, Farbe und ihren Eigenschaften auf die jeweiligen Hauptmerkmale eines Werkstoffes abgestimmt sind. Systemteile gelten als ein übergeordnetes Ganzes, deren Veränderungen an den Einzelbauteilen einen Eingriff in die Haftungsverhältnisse bewirkt.

3.3.19 Trennschicht

Eine Trennschicht ist eine flächige Trennung von Werkstoffen, um Wechselwirkungen zwischen Schichten zu vermeiden.

3.3.20 Unterdächer, Unterdeckungen und Unterspannungen

Unterdächer, Unterdeckungen und Unterspannungen werden als zusätzliche Maßnahmen unterhalb von Dachdeckungen angeordnet, um vor eindringender Feuchtigkeit, Flugschnee und Staub zu schützen.

3.3.21 Unterkonstruktion

Die Unterkonstruktion besteht aus dem Tragwerk mit oder ohne Deckunterlage.

3.3.22 Vordeckung

Unter Vordeckung versteht man die Abdeckung, z. B. von Holzschalung vor der Weiterarbeit, also vor dem Ausführen der eigentlichen Dachdeckung, Abdichtung oder Außenwandbekleidung. Je nach Art und Ausführung der Vordeckung kann sie auch als Behelfsdeckung dienen oder zu einem Unterdach oder einer Unterdeckung beitragen.

4 Einwirkungen und Beanspruchungen

4.1 Allgemeines

Von den Umfassungsflächen baulicher Anlagen werden Schutzfunktionen erwartet, die durch Dachdeckungen, Abdichtungen, Außenwandbekleidungen oder andere Maßnahmen erreicht werden sollen. Grundlage aller Maßnahmen ist eine auf das jeweilige Objekt bezogene sach- und fachgerechte Planung mit eindeutigen Vorgaben bzw. Abklärungen zur Ausführungsart und Auswahl der Werkstoffe. Abhängig von den zu erwartenden Einwirkungen ergeben sich unterschiedliche Beanspruchungen.

4.2 Beanspruchungen durch Feuchtigkeit

(1) Feuchtigkeit wirkt sich auf die Eigenschaften und die Funktion von Bauteilen, Baustoffen und Schichten, die konstruktiven Verhältnisse, die Nutzung des Gebäudes, die Hygiene und die Gesundheit der Bewohner und Nutzer aus. Einwirkungen von Feuchtigkeit entstehen durch Niederschlag, Baufeuchte und Nutzungsfeuchte.

(2) Niederschlag tritt als Regen, Schnee, Hagel oder Eis auf. Bei extremen Standorten oder besonderen Witterungsverhältnissen können sich diese Niederschläge in Treibregen, Flugschnee, Schnee- oder Eisschanzenbildung auswirken.

(3) Baufeuchte ist als Eigen- und/oder Einbaufeuchtigkeit von Baustoffen vorhanden.

(4) Nutzungsfeuchte ist die in der Raumluft enthaltene Luftfeuchte. Die Größenordnung ist abhängig vom Luftaustausch und von dem Lüftungsverhalten der Benutzer.

4.3 Beanspruchungen durch Umwelteinflüsse

(1) Die Alterung der Werkstoffe und Bauteilschichten führt zu Verfärbungen und zur Änderung von physikalisch-chemischen bzw. mechanischen Eigenschaften.

(2) Bewitterung, Immissionen, Feuchtigkeit, Ablagerungen von Schmutz und Staub, atmosphärische Niederschläge und wechselnde Temperaturen können Verfärbungen und beschleunigte Alterung bewirken.

(3) Veränderungen der Werkstoffe entstehen durch UV-Strahlung, Sauerstoff und Ozon sowie fotochemische Vorgänge.

(4) Aggressive Niederschläge entwickeln sich durch in der Atmosphäre auftretende Lösungen von Stoffen und Gasen, z. B. zu „saurem Regen".

(5) Ablagerungen von Staub und Schmutz sind ein guter Nährboden für Pflanzen, Flechten, Moose, Algen, Bakterien und mikrobiologisches Wachstum.

(6) Die Beanspruchungen durch Umwelteinflüsse können unterschieden werden in mäßige oder hohe Beanspruchungen.

(7) Mäßige Beanspruchungen durch Umwelteinflüsse liegen vor, wenn Bauteilschichten oder Werkstoffe durch andere Bauteile oder Schichten vor einer unmittelbaren Einwirkung von Niederschlagsfeuchtigkeit und/oder Sonneneinstrahlung sowie Ablagerungen dauerhaft geschützt werden.

(8) Hohe Beanspruchungen durch Umwelteinflüsse liegen vor, wenn Bauteilschichten oder Werkstoffe den Einwirkungen durch die Umwelt auf Dauer ungeschützt ausgesetzt sind.

4.4 Thermische Beanspruchungen

(1) Thermische Beanspruchungen ergeben sich durch Temperaturunterschiede und Temperaturwechsel.

(2) Oberflächen- bzw. Lufttemperaturen verändern sich infolge Sonneneinstrahlung, durch Aufheizung oder Abstrahlung, Wärmeleitung, Luftströmung oder Verdunstungskälte.

(3) Temperaturunterschiede bestehen zwischen Höchst- und Niedrigsttemperaturen, Werkstoffober- und -unterseiten, Innen- und Außenbereichen oder bei mehrschaligen Konstruktionen zwischen den Schichten.

(4) Temperaturwechsel betreffen z. B. einen Jahreszeitraum (Sommer-Winter), Tageszeitraum (Tag-Nacht) bzw. Stundenzeitraum (Witterungssturz/sommerlicher Hagelschlag) oder auch Flächenbereiche, z. B. bei Übergängen von Sonnen- zu Schattenbereichen, oder von trockenen zu feuchten oder vereisten Bereichen.

(5) Die thermische Beanspruchung von Bauteilflächen kann unterteilt werden in mäßige oder hohe thermische Beanspruchung.

(6) Mäßige thermische Beanspruchung liegt vor, wenn keine hohen Aufheizungen und keine schnellen Temperaturveränderungen zu erwarten sind, z. B. aufgrund eines Oberflächenschutzes.

(7) Hohe thermische Beanspruchung liegt vor, wenn Bauteilflächen ungeschützt Kälte und Hitze ausgesetzt sind.

4.5 Mechanische Beanspruchungen

(1) Mechanische Beanspruchungen entstehen aus der Baukonstruktion, durch Bewegungen von Bauteilschichten, durch Wind, Einwirkungen während der Bauzeit sowie Nutzung.

(2) Beanspruchungen aus der Baukonstruktion treten infolge Setzungen und/oder Erschütterungen, Spannungen in der Tragkonstruktion sowie durch Abbinde- oder Trocknungsvorgänge auf.

(3) Beanspruchungen durch Bewegungen einzelner Bauteilschichten entstehen durch z. B. Vibrationen, Schubkräfte und werkstoffbedingte oder thermische Formänderungen.

(4) Beanspruchungen durch Wind erfolgen als Winddruck oder Windsog.

(5) Beanspruchungen durch Einwirkungen während der Bauzeit ergeben sich z. B. durch Baustellenbetrieb oder Arbeiten von anderen Gewerken.

(6) Beanspruchungen durch Nutzung von Bauteilflächen erfolgt z. B. durch Begehen oder Befahren von Terrassen, Grünanlagen, Parkdecks o. ä.

(7) Nach baupraktischen Gesichtspunkten kann unterteilt werden in mäßige und hohe mechanische Beanspruchungen.

(8) Mäßige mechanische Beanspruchung liegt vor, wenn Bauteilschichten oder Werkstoffe auf einer festen Unterlage aufliegen und keinen außergewöhnlichen Bewegungen, Belastungen, Kräften oder Spannungen ausgesetzt sind.

(9) Hohe mechanische Beanspruchung liegt vor, wenn Bauteilschichten und Werkstoffe auf schwingungsanfälligen und/oder weichen Unterlagen aufliegen oder Windlasten, flächigen Spannungen, Schwingungen, Bewegungen, Schub bzw. Scherkräften, hohen Punktlasten oder Nutzungsanforderungen ausgesetzt sind.

4.6 Konstruktiv bedingte Beanspruchungen

Besondere Beanspruchungen können sich durch die Konstruktion ergeben, z. B. durch

- geschwungene, gedrehte oder gewölbte Flächen,
- stark gegliederte Flächen, Vor- oder Rücksprünge,
- wechselndes Gefälle oder unterschiedliche Neigungen,
- überdurchschnittliche Abmessungen von Bauteilen, und bei
- Übergangsbereichen von unterschiedlichen Bauteilen.

5 Anforderungen

5.1 Allgemeines

(1) Bei Bauleistungen müssen die bauaufsichtlichen Regelungen beachtet werden sowie zusätzliche Auflagen, die sich aus Anforderungen des Umweltschutzes, des Arbeits- und Gesundheitsschutzes sowie der Unfallverhütung ergeben. Die Klärung der Randbedingungen muß im Rahmen der Planung vor der Ausführung erfolgen. Insbesondere sind z. B. zu berücksichtigen:

- Landesbauordnungen,
- Städte-, Kreis- oder Gemeindeverordnungen oder -satzungen,
- bauaufsichtliche Vorschriften,
- Belange des Denkmalschutzes,
- Unfallverhütungsvorschriften (UVV).

(2) Bauleistungen werden üblicherweise von mehreren Gewerken erbracht. Als vertragliche Anforderung ergibt sich die Pflicht, Vorleistungen anderer Gewerke oder die örtlichen Gegebenheiten per Augenschein zu prüfen. Die Weiterarbeit kommt im übertragenen Sinn einer technischen Abnahme der Vorleistung gleich.

5.2 Wärmeschutz

(1) Wärmeschutz-Anforderungen müssen dem baulich, technisch notwendigen Wärmeschutz (siehe DIN 4108 „Wärmeschutz im Hochbau") und dem Wärmeschutz zur Energieeinsparung sowie zur Minderung der Umweltbelastung (siehe „Wärmeschutzverordnung") entsprechen. Erreicht werden sollen z. B.

- ein ganzjährig möglichst gleichbleibendes angenehmes Innenraumklima für die Bewohner bzw. Benutzer von Gebäuden,
- die Reduzierung von Heizenergie,
- die Reduzierung von umweltschädigenden Abgasen,
- die Reduzierung von Bauteil-Bewegungen,
- die Reduzierung von Wärmeverlusten in der kalten Jahreszeit und
- die Vermeidung hoher Bauteilfeuchte, die z. B. zu Schimmelpilzbildung führen kann.

(2) Raumabschließende Schichten, Konstruktionen oder Bauteile müssen luftdicht ausgebildet werden, um Luftströmungen zu unterbinden. Luftströmungen von der warmen zur kalten Bauteilseite können zu Wärmeverlusten und schädlicher Tauwasserbildung führen.

5.3 Brandschutz

(1) Brandschutz-Anforderungen dienen dem Personen- und Sachschutz und haben das Ziel, das Entstehen von Bränden einzuschränken bzw. die Brandwei-

terleitung zu erschweren oder zu verzögern. Der vorbeugende Brandschutz für Baumaßnahmen betrifft das Brandverhalten von Baustoffen, wobei eine Unterteilung in nichtbrennbare und brennbare Baustoffe erfolgt, und das Brandverhalten von Bauteilen.

(2) Baustoffe werden entsprechend ihrem Brandverhalten nach Tabelle 2 (zukünftig wohl nach Tabelle 3) eingestuft:

Tabelle 2: Gültige deutsche Klassifizierung

Baustoffklasse	Bauaufsichtliche Benennung
A	nicht brennbare Baustoffe
A1	Baustoffe ohne brennbare Bestandteile und ohne besonderen Nachweis
A2	Baustoffe mit brennbaren Bestandteilen (benötigen ein Prüfzeichen)
B	brennbare Baustoffe
B1	schwer entflammbare Baustoffe
B2	normal entflammbare Baustoffe
B3	leicht entflammbare Baustoffe

Tabelle 3: Zukünftige europäische Klassifizierung: Klassen von Brandverhalten für Bauprodukte mit Ausnahme von Fußbodenbelägen

Brandsituation	Europäische Klassen	Produktklassen	
Vollbrand in einem Raum	A	Kein Beitrag zum Brand	– Sehr begrenzter Heizwert und sehr begrenzte Wärmeabgabe – Keine Verbrennung mit Flammen – Begrenzter Masseverlust
	B	Sehr begrenzter Beitrag zum Brand	– Sehr begrenzter Heizwert und/oder sehr begrenzte Wärmeabgabe – Begrenzter Masseverlust – Fast keine Flammenausbreitung – Sehr begrenzte Rauchentwicklung – Kein brennendes Abtropfen/Abfallen und/oder eine Kombination davon
Brennender Gegenstand	C	Begrenzter Beitrag zum Brand	– Sehr begrenzte Flammenausbreitung – Begrenzte Wärmeabgabe – Begrenzte Rauchentwicklung – Begrenzte Entzündbarkeit – Sehr begrenztes brennendes Abtropfen/Abfallen und/oder eine Kombination davon
	D	Hinnehmbarer Beitrag zum Brand	– Begrenzte Flammenausbreitung – Hinnehmbare Wärmeabgabe – Begrenzte Rauchentwicklung – Hinnehmbare Entzündbarkeit – Begrenztes brennendes Abtropfen/Abfallen und/oder eine Kombination davon
Kleiner Flammenangriff auf begrenzte Fläche eines Produkts	E	Hinnehmbares Brandverhalten	– Hinnehmbare Entzündbarkeit
	F	Keine Leistung festgestellt	

(3) Grundsätzlich dürfen nur Baustoffe eingesetzt werden, die als mindestens „normal entflammbar“ eingestuft wurden. Der Einsatz „leicht entflammbarer“ Baustoffe ist nur unter bestimmten Randbedingungen zulässig.

(4) An Bauteile können Anforderungen in Bezug auf den Feuerwiderstand (Brandbeanspruchung von innen) und/oder an den Feuerschutz (Brandbeanspruchung von außen) gestellt werden.

(5) Die Feuerwiderstandsklassen (z. B. F30, F60) sind insbesondere von der Art der Wärmedämmung und der inneren Bekleidung abhängig. Der Nachweis muß nach einem Regelaufbau oder mit einem Prüfzeugnis erfolgen (siehe DIN 4102 „Brandverhalten von Baustoffen und Bauteilen“).

(6) Beim Feuerschutz von Dächern wird zwischen

- widerstandsfähig gegen Flugfeuer und strahlende Wärme (harte Bedachung) und
- Dächer ohne Nachweis (weiche Bedachung) unterschieden.

Der notwendige Nachweis ergibt sich für einzelne Deckungen oder Abdichtungen aus DIN 4102-4 „Brandverhalten von Baustoffen und Bauteilen; Zusammenstellung und Anwendung klassifizierter Baustoffe, Bauteile und Sonderbauteile“ oder es ist eine Prüfung gemäß DIN 4102-7 „Brandverhalten von Baustoffen und Bauteilen; Bedachungen“ erforderlich.

5.4 Schallschutz

(1) Schallschutz-Maßnahmen haben die Aufgabe zu verhindern, daß Geräusche von gesundheitsschädigendem Ausmaß in bewohnte oder genutzte Gebäude eindringen oder aus Gebäuden auf das Umfeld einwirken können. Auch innerhalb eines Gebäudes muß die Schallübertragung unterbunden oder abgemindert werden.

Zu unterscheiden sind:

- Körper- oder Trittschall, der über Bauteile oder Werkstoffe weitergeleitet, und
- Luftschall, der durch schwingende Luftschichten übertragen wird.

(2) Anforderungen an den Schallschutz müssen durch bauliche oder konstruktive Maßnahmen sichergestellt werden. In der Regel haben Dachdeckungen, Abdichtungen und Außenwandbekleidungen einen geringen Einfluß auf den Schalldämmwert einer Konstruktion. Wesentlich größerer Einfluß wird durch darunterliegende Bauteilschichten, wie Stahlbeton oder eingebaute Dämmschichten erbracht. Das geforderte Schalldämmaß ist daher bereits in der Planung festzulegen und dafür erforderliche Schichten in der Ausschreibung anzugeben.

5.5 Standsicherheit

(1) Bauliche Anlagen müssen im ganzen und in den einzelnen Teilen für sich allein standsicher sein. Dazu sind Standsicherheitsnachweise erforderlich, die im Rahmen der Gebäudeplanung von Sonderfachleuten, wie z. B. Tragwerksplanern, Statikern, erstellt werden und die Bemessung der konstruktiven Tragglieder festlegen. Die Festlegungen berücksichtigen als Lastannahmen u. a. auch die Eigengewichte der Baustoffe, Windlasten, Verkehrslasten, Schneelasten und Eislasten. Für die auf dem konstruktiven Tragwerk auszuführenden Arbeiten ist vorauszusetzen, daß die Unterkonstruktionen ausreichend bemessen und den statischen Festlegungen entsprechend ausgeführt wurden.

(2) Anforderungen an die Standsicherheit betreffen auch Teile von baulichen Anlagen und Bauteilflächen mit Dachdeckungen, Abdichtungen oder Außenwandbekleidungen. Es ist eine Ausführung erforderlich, die den allgemein anerkannten Regeln der Technik entspricht, oder es sind Standsicherheitsnachweise erforderlich. Die jeweiligen Landesbauordnungen regeln, wann ein Nachweis der Standsicherheit gegenüber Baubehörden erbracht werden muß.

(3) Die Übertragung von Windlasten von Dachdeckungen, Dachabdichtungen und Außenwandbekleidungen auf die Tragglieder wird bei den statischen Festlegungen der Unterkonstruktionen nicht erfaßt. Aus diesem Grunde sind die dabei zu berücksichtigenden Windlasten ebenfalls nach den für Standsicherheitsnachweise vorgeschriebenen Lastannahmen für Windlasten zu ermitteln und mit den bauteilspezifischen Sicherheitszuschlägen zu versehen. Diese Windlasten sind dann über Befestigungen oder von Schicht zu Schicht bis in die Unterkonstruktion abzuleiten.

(4) Die Berücksichtigung von Schnee- und Eislasten betrifft insbesondere die Unterkonstruktion, die vom Statiker berechnet werden muß. Bei Übersparren-Dämmsystemen müssen die Schnee- und Eislasten, unter Berücksichtigung der neigungsabhängigen Schubkräfte, sicher in die Unterkonstruktion abgeleitet werden.

Die Notwendigkeit von Schneerutschsicherungen und/oder Schneefangvorrichtungen kann in regionalen Bauvorschriften gefordert werden und ist zu berücksichtigen.

5.6 Blitzschutz

(1) Blitzschutz-Systeme dienen dem Personen- und Sachschutz vor den Folgen von Blitzeinschlag in Gebäude und beinhalten inneren und äußeren Blitzschutz. Die Notwendigkeit, welche Gebäude mit Blitzschutzanlagen zu versehen sind, wird in der Regel in örtlichen Baubestimmungen festgelegt. Darüber hin-

aus werden von den Schadenversicherern objektbezogene Auflagen zur Errichtung von Blitzschutzmaßnahmen, als Grundlage für Prämienvereinbarungen, gemacht.

(2) Der innere Blitzschutz beinhaltet den Potentialausgleich, den Überspannungsschutz und die Beseitigung von Näherungen. Diese Maßnahmen stehen teilweise in engem Zusammenhang mit der elektrischen Anlage.

(3) Der äußere Blitzschutz steht in engem Zusammenhang mit dem Aufbau des Daches. Durch die Anlagenteile der Blitzschutz-Systeme darf die Dichtigkeit bzw. Regensicherheit eines Daches nicht beeinträchtigt werden.

(4) Um eine gewerkübergreifende einwandfreie und sichere Ausführung aller Details zu gewährleisten, sollten Blitzschutz-Systemen in enger Zusammenarbeit zwischen dem Planer und den unterschiedlichen Handwerkern (speziell Firmen, die sich auf den Blitzschutzbau spezialisiert haben) erstellt werden.

(5) Blitzschutz-Systeme sind nach den anerkannten Regeln der Blitzschutztechnik zu bauen und zu warten. Zur Sicherstellung der Funktionstauglichkeit unterliegen sie einer regelmäßigen Überprüfung.

5.7 Anforderungen an Werkstoffe

Werkstoffe für Dachdeckungen, Abdichtungen und Außenwandbekleidungen einschließlich aller zugehörigen Schichten müssen für den jeweiligen Anwendungsfall geeignet und aufeinander abgestimmt sein. Sie müssen frostbeständig sein und dürfen sich über die übliche Alterung hinaus nicht ungewöhnlich schnell verändern. Sie müssen sich unter bauüblichen Bedingungen ohne ungewöhnliches Risiko oder Erschwernisse sicher verarbeiten lassen.

5.8 Anforderungen an Dachdeckungen

(1) Dachdeckungen müssen regensicher sein. Das wird im Normalfall erreicht, wenn die in den Fachregeln angegebenen werkstoffabhängigen Regeldachneigungen und Werkstoffüberdeckungen eingehalten werden. Bei Unterschreitung der Regeldachneigung müssen zusätzliche Maßnahmen, z. B. Unterdächer, Unterdeckungen, Unterspannungen, geplant und ausgeführt werden.

(2) Durch extreme Witterungseinwirkungen, wie z. B. Treibregen, Flugschnee, Vereisungen und Schneeablagerungen, örtliche Gegebenheiten, klimatische Verhältnisse, steile oder flache Dächer, lange Sparren, Dachverschneidungen etc. kann kurzfristig bzw. vorübergehend Niederschlagsfeuchte unter die Dachdeckung gelangen und zu Durchfeuchtungen der darunterliegenden Räume führen. Derartige Einwirkungen können nur ausgeschlossen werden, wenn zusätzliche Maßnahmen, wie z. B. Unterdächer, Unterdeckungen, Unterspannungen, geplant und ausgeführt werden.

5.9 Anforderungen an Abdichtungen

(1) Abdichtungen müssen wasserdicht sein. Aufgrund unterschiedlicher Anforderungen sind Dachabdichtungen und Bauwerksabdichtungen zu unterscheiden.

(2) Dachabdichtungen müssen bis zur Oberkante der An- und Abschlüsse wasserdicht sein. Dies erfordert auch wasserdichte Anschlüsse an Dachdurchdringungen sowie die Einhaltung bestimmter Anschlußhöhen.

(3) Bauwerksabdichtungen werden in der Regel als abdichtende Maßnahme zwischen zwei starren Schichten ausgeführt und sind deshalb später nicht mehr frei zugänglich. Im Normalfall sind die thermischen Beanspruchungen nur gering, mechanische Beanspruchungen werden durch Schutzmaßnahmen gemindert. Diese Vorgaben gelten auch für die wasserdichte Ausführung der An- und Abschlüsse sowie Durchdringungen.

5.10 Anforderungen an Außenwandbekleidungen

Außenwandbekleidungen müssen das Außenbauteil Wand vor Witterungseinwirkungen schützen und Durchfeuchtungen innerer Schichten vermindern oder vermeiden.

5.11 Anforderungen an ausgebaute Dachgeschosse

(1) Durch den Dachausbau werden die unterhalb des Daches befindlichen Räume einer Gebäudenutzung zugeführt, die der Nutzung von Räumen in Normalgeschossen gleichzusetzen ist und deshalb den gleichen Anforderungen unterliegen. Insbesondere müssen in gleicher Weise die bauaufsichtlichen Anforderungen, wie z. B. des Wärme-, Brand-, Schall- und Blitzschutzes sowie der Standsicherheit, beachtet werden.

(2) Den höheren Nutzungsanforderungen entsprechend soll keine Feuchtigkeit infolge Treibregen, Flugschnee, Vereisungen oder Schneeablagerungen eindringen, so daß Unterdächer, Unterdeckungen, Unterspannungen als zusätzliche Maßnahme geplant und ausgeführt werden müssen. Wasserdichtigkeit kann nur durch Abdichtungen oder durch Unterdächer mit eingebundener Konterlattung erreicht werden.

6 Pflege und Wartung

(1) Dachdeckungen, Abdichtungen und Außenwandbekleidungen müssen in gewissen Zeitabständen überprüft werden. Hierfür wird der Abschluß eines Inspektions- und Wartungsvertrages empfohlen, um die regelmäßige Überprüfung und Wartung der Bauteile sicherzustellen. Rechtzeitige Pflege kann die Lebensdauer verlängern und vor größeren Schäden bewahren.

(2) Pflege- und Wartungsmaßnahmen sind zur regelmäßigen Überprüfung der Bauteilflächen erforderlich, um evtl. Veränderungen, Beschädigungen oder Folgeschäden rechtzeitig festzustellen. Je früher Veränderungen oder Beschädigungen erkannt werden, um so geringer ist der erforderliche Aufwand für die Beseitigung von Folgeschäden und die Kosten für Reparaturen oder andere bestandserhaltende Maßnahmen.

(3) Die Aufgabe der Inspektion besteht in einer sach- und fachgerechten Überprüfung der vertraglich festgelegten Bauteilflächen, mit der Feststellung des Istzustandes insbesondere auf die Funktionstauglichkeit. Die Inspektion bezieht sich auf die Beschaffenheit der freiliegenden Werkstoffe und auf die sichtbaren Veränderungen durch äußere Einwirkungen.

(4) Eine Wartung beinhaltet die Aufrechterhaltung der Funktionsfähigkeit von Systemteilen, Einbauteilen und bauteilüblicher Elemente, wie z. B. Entwässerungseinrichtungen, Lüftungen, Abdeckungen, Einfassungen u. ä. Die Wartung schließt das Entfernen von funktionsbeeinträchtigenden Schmutzablagerungen ein.

(5) Zusätzliche Funktionsprüfungen haben zur Aufgabe, bestimmte Anlagenteile auf ihre bestimmungsgemäße Funktionstauglichkeit zu überprüfen.

Deutsches Dachdeckerhandwerk
– Regelwerk –

Fachregel für Dachdeckungen mit Schiefer

Aufgestellt und herausgegeben vom

Zentralverband des Deutschen Dachdeckerhandwerks – Fachverband Dach-, Wand- und Abdichtungstechnik – e.V.

Ausgabe 01.02.2016 mit Änderungen Dezember 2016 und März 2021

RM Rudolf Müller

Vorgänger

Eindeckregeln für Schieferdeckung (in Grundregeln 1926 enthalten)	1926
Die Technik im Deutschen Dachdeckerhandwerk Abschnitt Schieferdeckregeln	1933
Regeln für Dachdeckungen mit Schiefer	1954
Regeln für Dachdeckungen mit Schiefer	September 1958
Regeln für Dachdeckungen mit Schiefer	Juli 1968
Regeln für Dachdeckungen mit Schiefer	Juli 1977
Regeln für Dachdeckungen mit Schiefer Teil 1 Dachdeckungen mit Schiefer	Oktober 1994
Fachregel für Dachdeckungen mit Schiefer	September 1999

Inhaltsverzeichnis

1 Allgemeines

1.1 Geltungsbereich und Begriffe

(1) Diese Fachregel gilt für Dachdeckungen mit Schiefer (siehe Abschnitt 2.1).

(2) Bei Einhaltung dieser Fachregel gilt die Dachdeckung mit Schiefer als regensicher.

(3) Die Grundregel, „Fachregel für Metallarbeiten im Dachdeckerhandwerk“ sowie die dazugehörigen Merkblätter und Hinweise und das „Produktdatenblatt Schiefer“ des Regelwerkes sind zu beachten.

(4) Bei Einhaltung dieser Fachregel werden die Anforderungen hinsichtlich der Windsogsicherung erfüllt. Weiter gehende Maßnahmen sind nicht erforderlich.

(5) Folgende Dachdeckungen sind üblich:

- Altdeutsche Deckung
- Altdeutsche Doppeldeckung
- Schuppendeckung
- Deutsche Deckung (Bogenschnittdeckung)
- Rechteckdoppeldeckung
- Spitzwinkeldeckung

1.2 Gestaltungshinweise

(1) Schiefer wird in verschiedenen Formen und Größen für die unterschiedlichsten Deckungsarten hergestellt. Es gibt Schiefer in verschiedenen Farben.

(2) Je geringer die Dachneigung und je größer die Entfernung zwischen First und Traufe, desto größer muss der Schiefer gewählt werden. Je steiler die Dachneigung und je kleiner die Entfernung zwischen First und Traufe, desto kleiner soll der Schiefer gewählt werden.

(3) Die Deckung von z.B. eingebundenen Kehlen, runden Dachflächen und Turmflächen erfordert besondere Sorgfalt. Die besonderen Anforderungen der Deckung müssen bereits bei der Planung beachtet werden. Dies gilt insbesondere für das Verhältnis der Fensterhöhe zur Fensterbreite bei Fledermausgauben oder geschweiften oder gerundeten Schleppgauben (siehe Abschnitt 5.3).

(4) Bei Schablonendeckungen auf gebogenen Dachflächen kann es erforderlich werden, die Höhe und/oder Breite der Schiefer zu verändern. Dabei müssen die Mindestüberdeckungen eingehalten werden.

(5) Bei Nutzung des Dachgeschosses, insbesondere zu Wohnzwecken, und Ausführung der Schieferdeckung auf Lattung ist mindestens eine naht- und perforationsgesicherte Unterdeckung als Zusatzmaßnahme anzuordnen. Schieferdeckungen, die auf Schalung mit Vordeckung erfolgen, erfüllen die Anforderung einer überdeckten Unterdeckung mit Bitumenbahnen.

1.3 Dachneigungen

(1) Die Regeldachneigungen der Aufschieblinge an der Traufe und der Sparren bei den verschiedenen Deckungsarten betragen:

- Altdeutsche Deckung ≥ 25° Dachneigung
- Altdeutsche Doppeldeckung ≥ 22° Dachneigung
- Schuppendeckung ≥ 25° Dachneigung
- Deutsche Deckung (Bogenschnittdeckung) ≥ 25° Dachneigung
- Rechteckdoppeldeckung ≥ 22° Dachneigung
- Spitzwinkeldeckung ≥ 30° Dachneigung

(2) Besondere klimatische Verhältnisse, ungünstige Lage des Gebäudes und große Entfernungen zwischen First und Traufe können steilere Regeldachneigungen erfordern.

(3) Unterschreitungen der Regeldachneigung bei Deckungen auf Schalung, auch in Verbindung mit regensicheren Zusatzmaßnahmen, sind nicht zulässig.

(4) Unterschreitungen der Regeldachneigungen bei Deckungen mit Schiefer dürfen nur auf Lattungen erfolgen. In diesem Fall müssen Zusatzmaßnahmen gemäß dem „Merkblatt für Unterdächer, Unterdeckungen, Unterspannungen" wie folgt beachtet werden:

- bis 4° Unterschreitung ≥ Klasse 3,
- bis 10° Unterschreitung ≥ Klasse 1
- Unterschreitungen von mehr als 10° sind nicht zulässig.

2 Werkstoffe und Anforderungen

2.1 Schiefer

2.1.1 Allgemeines

(1) Diese Fachregel gilt für Schiefer gemäß Produktdatenblatt.

(2) Für die unterschiedlichen Dachdeckungen gibt es vorgefertigte Schiefer (Standardformate) und Rohschiefer (Zubehörformate), auf Wunsch Sonderformate.

(3) Standardformate für die Rechteckdoppeldeckung und Spitzwinkeldeckung sind i.d.R. ungelocht. Vorgefertigte Schiefer für die anderen Dachdeckungsarten sind mit mindestens 3 Nagellöchern verlegefertig gelocht.

(4) Die Bearbeitung der Schiefer für die Rechteckdoppeldeckung und Spitzwinkeldeckung erfolgt an allen Kanten von unten nach oben (sichtbare Bruchkante). Bei den Schiefern für die anderen Deckungsarten sind Rücken und Fuß von unten nach oben zu bearbeiten. Die Brust muss von oben nach unten bearbeitet werden oder eine gesägte Kante haben. Der Kopf kann eine Bruch- oder Sägekante haben.

(5) Die Spaltdicke der Schiefer soll 4 bis 6 mm, im Mittel 5 mm, betragen. Bei größeren Schiefern können auch höhere Spaltdicken vorkommen.

(6) Schiefer ist ein Gestein mit natürlichen Farbunterschieden. Um ein annähernd einheitliches Farbbild zu erreichen, ist für die Deckung der Dachflächen und Dachdetails nur Schiefer aus einer Grube bzw. aus einem Bruch zu verwenden.

(7) Wassereinträger sind zu vermeiden.

(8) Natürliche Auflagerungen wie Dendriten und unterschiedliche Oberflächenstrukturen sind möglich.

2.1.2 Altdeutsche Deckung

(1) Decksteine für die Altdeutsche Deckung werden in stumpfem, normalem und scharfem Hieb hergestellt.

(2) Für die Größen der Decksteine gilt Tabelle 1.

Tabelle 1: Decksteingrößen

Sortierung	Höhe* in cm	Breite* in cm
1/1	50–40	42–32
1/2	42–36	38–28
1/4	38–32	34–25
1/8	34–28	30–23
1/12	30–24	26–20
1/16	26–20	22–17
1/32	22–16	18–13
1/64	18–12	16–11
*Die Abmessungen einzelner Schiefer können geringfügig außerhalb einer Sortierung liegen.		

(3) Decksteine in scharfem Hieb können breiter sein als in der Tabelle angegeben.

2.1.3 Altdeutsche Doppeldeckung

(1) Decksteine für die Altdeutsche Doppeldeckung entsprechen in etwa dem normalen oder stumpfen Hieb.

(2) Für die Decksteine gelten die Sortierungen von Abschnitt 2.1.2.

2.1.4 Schuppendeckung

(1) Schuppen werden in normalem Hieb hergestellt.

(2) Für die Größen der Schuppen gilt Tabelle 2.

Tabelle 2: Schuppengrößen

Höhe in cm	Breite in cm
42	32
40	32
40	30
38	30
36	28
34	28
32	28
32	25
30	25
28	23
26	21
24	21
24	19
22	19
22	17
20	15

2.1.5 Deutsche Deckung (Bogenschnittdeckung)

Für die Größen der Bogenschnittschablonen gilt Tabelle 3.

Tabelle 3: Bogenschnittschablonen

Höhe in cm	Breite in cm
30	30
25	25

2.1.6 Rechteckdoppeldeckung

Für die Größen der Rechteckformate gilt Tabelle 4.

Tabelle 4: Rechteckformate

Höhe in cm	Breite in cm
60	35
60	30
50	30
50	25
40	40
40	25
40	20
35	35
35	25

Höhe in cm	Breite in cm
35	20
30	30
30	20

2.1.7 Spitzwinkeldeckung

Für die Größen der Spitzwinkelschablonen gilt Tabelle 5.

Tabelle 5: Spitzwinkelschablonen

Größe	Höhe in cm	Breite in cm	Abschnittslänge in mm
1	47	31	107
2	43	29	107
3	38	25	107
4	36	24	95
5	33	21	73
6	30	20	73
7	29	19	73
8	26	18	73

2.2 Deckunterlagen

2.2.1 Allgemeines

Für Deckunterlagen aus Holz und Holzwerkstoffen sind die „Hinweise Holz und Holzwerkstoffe“ zu beachten.

2.2.2 Holz

(1) Die Bretter für die Schalung sollen mindestens 24 mm (Nenndicke) dick sein. Federnde Schalung beeinflusst die Nagelbarkeit. Eine ausreichende Nagelbarkeit ist gegeben, wenn der Achsabstand der Sparren bei Schalung aus Brettern 0,70 m nicht überschreitet. Bei größeren Abständen ist eine dickere Schalung zu verwenden. Gegebenenfalls können unterseitige Verstärkungen (Strecklatten oder -bretter) erforderlich werden. Die Breite der einzelnen Bretter soll mindestens 120 mm betragen. Am First muss ein Brett voller Breite angebracht sein. Etwa erforderliche schmale und keilförmige Bretter sind unterhalb des Firstbrettes anzubringen.

(2) Bei besonderen Dachformen und Dachdetails, z.B. Kegeldach-, Zwiebeldachflächen und Fledermausgauben, ist die gleiche Nagelbarkeit wie bei Dachflächen erforderlich. Dies kann erreicht werden durch geringere Sparrenabstände oder dickere Schalung.

(3) Der Querschnitt der Latten (Nennmaße) soll bei Nagelbefestigung der Schiefer bei einem Achsabstand der Sparren bis 0,60 m mindestens 40/60 mm betragen. Bei Klammerhakenbefestigung der Schiefer muss der Querschnitt der Latten bei einem Achsabstand der Sparren bis 0,80 m mindestens 30/50 mm betragen. Bei größeren Abständen sind entsprechend größere Querschnitte zu wählen.

2.2.3 Holzwerkstoffe

(1) In Ausnahmefällen können Holzwerkstoffe für Schalungen verwendet werden.

(2) Hierfür sind

- kunstharzgebundene Holzspanplatten nach DIN EN 312[1], Technische Klasse P5,
- zementgebundene Holzspanplatten nach DIN EN 634-1[2] oder

[1] DIN EN 312 Spanplatten – Anforderungen

[2] DIN EN 634-1 Zementgebundene Spanplatten. Allgemeine Anforderungen

- Sperrholz nach DIN EN 636[3], Technische Klasse „Feucht“, Technische Klasse „Außen“,
- Massivholzplatten nach DIN EN 13353[4], Technische Klasse SWP/2,

geeignet.

(3) Der Einsatz von Holzwerkstoffen, auch im überdeckten Bereich, ist auf mögliche Schimmelpilzbildung und damit die Eignung zu prüfen.

(4) Holzspanplatten dürfen nur mit vollständiger PMDI-Verleimung verwendet werden.

(5) Die Dicke der Holzwerkstoffe soll bei einem lichten Abstand der Sparren bis 0,60 m mindestens 22 mm betragen. Bei größeren Abständen ist die Dicke der Holzwerkstoffe zu erhöhen.

(6) Holzwerkstoffe sind nach Verlegung sofort mit einem Wetterschutz (Vordeckung) zu versehen.

(7) Als Deckunterlage können auch Aufdachdämmsysteme verwendet werden. Hinsichtlich der Oberseite der Aufsparrendämmsysteme gelten die Anforderungen entsprechend (2) bis (6).

2.3 Vordeckung

Auf die Schalung ist eine Vordeckung aus geeigneten Bahnen vorzusehen, bei Bitumenbahnen mindestens Dachbahn DIN EN 13707[5] V 13 besandet. Die einzelnen Bahnen dürfen vom First zur Traufe oder auch mit der Traufe gleichlaufend gedeckt werden. Die Überdeckung muss mindestens 80 mm betragen.

2.4 Befestigungsmittel

(1) Die Befestigung der Schiefer erfolgt mit Schiefernägeln oder Schieferstiften, mindestens feuerverzinkt. Bei Deckung auf Holzwerkstoffen sind Schraub-/Ringschaftstifte aus nicht rostendem Stahl zu verwenden. Deckungen auf zementgebundenen Holzspanplatten nach DIN EN 634-1 sind mit Schrauben aus nicht rostendem Stahl zu befestigen.

(2) Schieferstifte aus nicht rostendem Stahl müssen Schraub-/Ringschaftstifte sein. Schieferstifte aus Kupfer müssen einen aufgerauten Schaft haben oder Schraubstifte sein.

(3) Der Durchmesser des Kopfes von Schiefernägeln und -stiften soll mindestens 9 mm betragen. Die Länge der Schiefernägel und -stifte sowie die Spitze von Einschlaghaken müssen mindestens 32 mm betragen. Ein Durchdringen der Deckunterlage (sichtbare Nagelspitzen) ist möglich, außer bei Dachüberständen (Traufe, Ortgang).

(4) Rechteckdoppeldeckungen können auch mit Klammer- und/oder Einschlaghaken befestigt werden.

(5) Klammer- und Einschlaghaken müssen aus nicht rostendem Stahl nach DIN 10088-3 der Werkstoffnummer 1.4571 sein und eine Drahtdicke von mindestens 2,65 mm haben.

(6) Die Einschlagspitze bei Einschlaghaken muss gerillt sein und einen Winkel $< 60°$ haben.

(7) Klammer- und Einschlaghaken müssen 10 mm länger als die Höhenüberdeckung sein. Die Öffnung der Haken zur Aufnahme der Schiefer muss zur Dicke des Schiefers passen. Die obere Öffnung der Klammerhaken muss passend zu der Dicke der Latten sein.

(8) Befestigungen mit Klammer- und Einschlaghaken haben nicht die Funktion eines Schneerückhaltesystems.

(9) Schiefernägel erfordern eine Lochung von unten nach oben (innen nach außen).

(10) Anstelle von Nagelbefestigungen darf nur in Abstimmung mit den Herstellern (Schieferproduzenten) Schraub- oder Drucklufttechnik angewendet werden. Hierbei sind die Verlegevorschriften der jeweiligen Hersteller zu beachten. Der Kopfdurchmesser der Schrauben soll mindestens 9 mm betragen. Die Mindestanzahl der Befestigungen bleibt hiervon unberührt.

2.5 Werkstoffe für die An- und Abschlüsse

Für die Herstellung von An- und Abschlüssen kann Zinkblech, verzinktes Stahlblech, Walzblei, Kupferblech, nicht rostendes Stahlblech, Alublech, kunststoffbeschichtetes Blech o.Ä. in handelsüblicher Qualität und Dicke verwendet werden. Für die Ausführung ist auch die „Fachregel für Metallarbeiten im Dachdeckerhandwerk“ zu beachten.

---

[3] DIN EN 636 Sperrholz – Anforderungen

[4] DIN EN 13353 Massivholzplatten (SWP) – Anforderungen

[5] DIN EN 13707 Abdichtungsbahnen – Bitumenbahnen mit Trägereinlage für Dachabdichtungen – Definitionen und Eigenschaften

3 Deckungsarten

3.1 Altdeutsche Deckungen

3.1.1 Allgemeines

(1) Die Altdeutschen Deckungen sind mit Decksteinen deutlich unterschiedlicher Höhe und Breite als geschlossene Deckung auszuführen.

(2) Die Deckung erfolgt derart, dass an der Traufe mit den größten nach der Höhe sortierten (gattierten) Decksteinen begonnen wird und die Deckung mit Decksteinen fortgesetzt wird, die in ihrer Höhe zum First hin deutlich kleiner werden (verjüngen). Hierbei muss in der fertig gedeckten Dachfläche eine stufenlose Verringerung der Gebindehöhe in Abhängigkeit von der Sparrenlänge mindestens entsprechend Tabelle 6 vorkommen.

Tabelle 6: Verjüngung der Deckgebindehöhen

Sparrenlänge	Differenz zwischen der größten und kleinsten Gebindehöhe in mm	Übliche Anzahl der zu verwendenden benachbarten Sortierungen
≤ 6	≥ 40	1
≤ 8	≥ 60	2
> 8	≥ 80	2–3

(3) Die in den Sortierungen unterschiedlichen Steinbreiten sind innerhalb einer Gebindehöhe zu verteilen. Hierbei muss die Differenz von der breitesten bis zur schmalsten Sichtbreite der Decksteine innerhalb einer Gebindehöhe mindestens 40 mm unabhängig von der Sparrenlänge betragen.

(4) Bei steilen Turmflächen, Dächern mit großen Trauflängen und kurzen Sparrenlängen oder kleinen Dachflächen, z.B. Dachgauben, können die in (2) und (3) geforderten Maße unterschritten werden.

(5) Übersetzungen von einem breiten Deckstein auf 2 schmale oder von 2 schmalen Decksteinen auf einen breiten sind zulässig (siehe Abb. I.9 und Abb. I.10).

(6) Die Höhe der Decksteine wird rechtwinklig zum Fuß an der Ferse (Höhenmesslinie) und die Breite parallel zum Fuß an der Höhenüberdeckungslinie gemessen. Die Höhenüberdeckung ist die rechtwinklige Entfernung zwischen Kopf und Fuß zweier sich überdeckender Decksteine, gemessen an der Höhenmesslinie. Die Seitenüberdeckung ist die Entfernung zwischen Brust und Rücken zweier sich überdeckender Decksteine, an der Höhenüberdeckungslinie gemessen.

(7) Die Decksteine sind mit hängender Ferse und Fersenversatz zu decken. Die Deckung von links nach rechts bezeichnet man als Rechtsdeckung (rechte Decksteine), die Deckung von rechts nach links als Linksdeckung (linke Decksteine).

(8) Die Altdeutschen Deckungen sind nur auf Schalung mit Vordeckung und mit Gebindesteigung auszuführen. Je geringer die Dachneigung ist, desto steiler muss die Gebindesteigung werden. Die zu wählende Gebindesteigung muss in Abhängigkeit von der Dachneigung zwischen der Mindest- und Höchstgebindesteigung liegen (siehe Abb. I.1 bis Abb. I.3).

(9) Bei Dächern mit einer Dachneigung ≥ 70° kann auch ohne Gebindesteigung gedeckt werden.

3.1.2 Altdeutsche Deckung (Abb. I.9)

(1) Die Altdeutsche Deckung ist mit Decksteinen in stumpfem, normalem oder scharfem Hieb auszuführen. Daneben sind Sonderhiebe möglich.

(2) Die Brust- und Rückwinkel der Decksteine betragen bei

- stumpfem Hieb: 75° Brustwinkel und 115° Rückenwinkel,
- normalem Hieb: 74° Brustwinkel und 125° Rückenwinkel,
- scharfem Hieb: 65° Brustwinkel und 135° Rückenwinkel.

Die Form der Decksteine ergibt sich durch eine Konstruktion (siehe Abb. I.4 bis Abb. I.6).

(3) Die Decksteine sind bei

- Steinhöhen ≥ 240 mm mit mindestens 3 Schiefernägeln oder -stiften,
- Steinhöhen < 240 mm mit mindestens 2 Schiefernägeln oder -stiften

innerhalb der Höhenüberdeckung zu befestigen. Bei windexponierten Dachflächen, z.B. hohen Gebäuden, Türmen oder Dachflächen > 70° Dachneigung, kann eine Befestigung unterhalb der Höhenüberdeckung, aber innerhalb der Seitenüberdeckung erfolgen.

(4) Für die Mindestüberdeckung gilt Tabelle 7.

(5) Wird die Mindestseitenüberdeckung nicht zwangsläufig durch die Rückenführung des Decksteins erreicht, ist der Fersenversatz dementsprechend zu vergrößern.

(6) Die Zuordnung der Schiefergröße zur Dachneigung soll entsprechend Tabelle 8 erfolgen.

Tabelle 7: Mindestüberdeckungen

Decksteinhieb	**Höhenüberdeckung**	**Seitenüberdeckung**
stumpfer Hieb normaler Hieb	29 %* der Steinhöhe; bei Steinhöhen ≤ 170 mm: 50 mm	29 %* der Steinhöhe; bei Steinhöhen ≤ 170 mm: 50 mm
scharfer Hieb		38 % der Steinhöhe
*bei Steinhöhen > 420 mm: 120 mm		

Tabelle 8: Zuordnung der Schiefersortierung zur Dachneigung

Sortierung	**Untere Dachneigungsgrenze in Grad**	**Empfohlene obere Dachneigungsgrenze in Grad**
1/1	25*	30
1/2	25*	30
1/4	25*	35
1/8	30	40
1/12	35	50
1/16	40	60
1/32	50	–
1/64	60	–
*zugleich Regeldachneigung		

(7) Bei der Wahl der Sortierung sind die Sparrenlängen und die Lage des Gebäudes zu berücksichtigen. Im Zweifelsfall ist die jeweils größere Decksteinsortierung und/oder der scharfe Hieb anzuwenden. Darüber hinaus ist Rechts- oder Linksdeckung möglich.

(8) S = H – Ü

S = Schnürabstand (Gebindehöhe)

H = Schieferhöhe

Ü = Höhenüberdeckung

3.1.3 Altdeutsche Doppeldeckung (Abb. I.10)

(1) Die Altdeutsche Doppeldeckung ist mit Decksteinen in normalem oder stumpfem Hieb auszuführen.

(2) Die Decksteine sind mit mindestens 3 Schiefernägeln oder -stiften innerhalb der Höhenüberdeckung zu befestigen, wobei das Brustloch ca. 50 mm über der Gebindelinie sein muss.

(3) Die Decksteine des jeweils drittfolgenden Gebindes müssen in der Höhe die des ersten um mindestens 20 mm überdecken (überdoppelt). Die Seitenüberdeckung ergibt sich durch den Decksteinhieb. Fuß, Ort, Grat und First werden einfach gedeckt.

(4) Die Altdeutsche Doppeldeckung wird i.d.R. angewendet bei:

- Dachneigungen ≥ 22° bis 25°
- Dachneigungen ≥ 25° und großen Sparrenlängen wie auch besonders exponierter Gebäudelage
- Dachneigungen ≥ 25° aufgrund regionaler Besonderheiten.

(5) $S = \frac{H - Ü}{2}$

S = Schnürabstand (Gebindehöhe)

H = Schieferhöhe

Ü = Maß der Überdoppelung

3.2 Schablonendeckungen

3.2.1 Allgemeines

Schablonendeckungen sind mit Schiefern gleicher Größe und Form auszuführen.

3.2.2 Schuppendeckungen (Abb. I.12)

(1) Die Schuppendeckung ist mit Schuppen (Decksteinen) gleicher Größe in normalem Hieb auf Schalung mit Vordeckung und Gebindesteigung als geschlossene Deckung auszuführen. Je geringer die Dachneigung ist, desto steiler muss die Gebindesteigung werden. Die zu wählende Gebindesteigung muss in Abhängigkeit von der Dachneigung zwischen der Mindest- und Höchstgebindesteigung liegen (siehe Abb. I.1 bis Abb. I.3).

(2) Bei Dächern mit einer Dachneigung ≥ 70° kann auch ohne Gebindesteigung gedeckt werden.

(3) Die Form der Schuppe entspricht dem Deckstein mit normalem Hieb (siehe Abschnitt 3.1.2 (2)).

(4) Die Höhe der Schuppen wird rechtwinklig zum Fuß und die Breite parallel zum Fuß in der Mitte der Höhe gemessen. Die Höhenüberdeckung ist die rechtwinklige Entfernung zwischen Kopf und Fuß zweier sich überdeckender Schuppen. Die Seitenüberdeckung ist die Entfernung zwischen Brust und Rücken zweier sich überdeckender Schuppen, an der Höhenüberdeckungslinie gemessen.

(5) Die Schuppen sind bei

- Steinhöhen ≥ 240 mm mit mindestens 3 Schiefernägeln oder -stiften,
- Steinhöhen < 240 mm mit mindestens 2 Schiefernägeln oder -stiften

innerhalb der Höhenüberdeckung zu befestigen. Bei windexponierten Dachflächen, z.B. hohen Gebäuden, Türmen oder Dachflächen > 70° Dachneigung, kann eine Befestigung unterhalb der Höhenüberdeckung, aber innerhalb der Seitenüberdeckung erfolgen.

(6) Die Mindesthöhen- und Mindestseitenüberdeckung beträgt 29 % der Steinhöhe, bei Steinhöhen ≤ 170 mm mindestens 50 mm.

(7) Die Schuppen sind mit hängender Ferse und Fersenversatz zu decken. Die Deckung von links nach rechts bezeichnet man als Rechtsdeckung (rechte Schuppen), die Deckung von rechts nach links als Linksdeckung (linke Schuppen).

(8) Die Zuordnung der Schuppen zur Dachneigung soll entsprechend Tabelle 9 erfolgen.

Tabelle 9: Zuordnung der Schuppen zur Dachneigung

Schuppengröße (Höhe/Breite in cm)	Untere Dachneigungsgrenze in Grad	Empfohlene obere Dachneigungsgrenze in Grad
42/32	25*	30
40/32		
40/30		
38/30		
36/28	25*	35
34/28		
32/28	30	40
32/25		
30/25		

Schuppengröße (Höhe/Breite in cm)	Untere Dachneigungsgrenze in Grad	Empfohlene obere Dachneigungsgrenze in Grad
28/23	35	50
26/21		
24/19	40	60
24/21		
22/19		
22/17		
20/15	50	–
*zugleich Regeldachneigung		

(9) Bei der Wahl der Schuppengröße sind die Sparrenlängen und die Lage des Gebäudes zu berücksichtigen. Im Zweifelsfall sind die jeweils größeren Schuppen anzuwenden. Darüber hinaus ist Rechts- oder Linksdeckung möglich.

(10) S = H – Ü

S = Schnürabstand (Gebindehöhe)

H = Schieferhöhe

Ü = Höhenüberdeckung

3.2.3 Deutsche Deckung (Bogenschnittdeckung) (Abb. I.14)

(1) Die Deutsche Deckung (Bogenschnittdeckung) ist mit quadratischen Schiefern mit Bogenschnitt auf Schalung mit Vordeckung und Gebindesteigung als geschlossene Deckung auszuführen. Je geringer die Dachneigung ist, desto steiler muss die Gebindesteigung werden. Die zu wählende Gebindesteigung muss in Abhängigkeit von der Dachneigung zwischen der Mindest- und der Höchstgebindesteigung liegen (siehe Abb. I.1 bis Abb. I.3).

(2) Bei Dächern mit einer Dachneigung > 70° kann auch ohne Gebindesteigung gedeckt werden.

(3) Die Bogenschnittschablonen sind mit hängender Ferse zu decken. Die Deckung von links nach rechts bezeichnet man als Rechtsdeckung (rechte Bogenschnittschablonen), die Deckung von rechts nach links als Linksdeckung (linke Bogenschnittschablonen). Die Form der Bogenschnittschablonen ergibt sich durch eine Konstruktion (siehe Abb. I.13.1). Daneben gibt es auch Schablonen, die universell für die Rechts- und Linksdeckung einsetzbar sind. Hierbei ist ebenfalls mit hängender Ferse und Fersenversatz zu decken.

(4) Die Bogenschnittschablonen sind mit mindestens 3 Schiefernägeln oder -stiften zu befestigen, wobei die Befestigung im Brustbereich unterhalb der Höhenüberdeckung, aber innerhalb der Seitenüberdeckung erfolgt.

(5) S = H – Ü

S = Schnürabstand (Gebindehöhe)

H = Schieferhöhe

Ü = Höhenüberdeckung

Tabelle 10: Mindestüberdeckung in mm bei der Deutschen Deckung (Bogenschnittdeckung)

Format Dachneigung	30/30		25/25	
Regeldachneigung ≥ 25°	**Höhenüberdeckung**	**Seitenüberdeckung**	**Höhenüberdeckung**	**Seitenüberdeckung**
≥ 25°	110	90	–	–
≥ 30°	100		–	–
≥ 35°	90		–	–
≥ 40°	90		90	80
≥ 45°	80		80	80
≥ 55°	70		70	80

3.2.4 Rechteckdoppeldeckung (Abb. I.15, Abb. I.16)

(1) Die Rechteckdoppeldeckung ist mit rechteckigen oder quadratischen Schiefern im halben Verband mit einer ca. 3 bis 6 mm breiten Stoßfuge auszuführen. Die Schiefer können vollkantig sein oder gestutzte Ecken (Octogones) haben oder halbkreisförmig abgerundet (Coquettes) sein.

(2) Das drittfolgende Gebinde muss das erste Gebinde entsprechend Tabelle 11 überdecken.

(3) Diese Deckungsart ist auf Schalung mit Vordeckung oder auf Lattung möglich.

(4) Die Schiefer sind

- mit mindestens 2 Schiefernägeln oder -stiften

oder

- einem Klammerhaken bei Deckung auf Lattung

oder

- einem Einschlaghaken

zu befestigen.

(5) $S = \frac{H - Ü}{2}$

S = Schnürabstand

H = Schieferhöhe

Ü = Höhenüberdeckung

Tabelle 11: Mindestüberdeckung in mm des dritten Gebindes über das erste bei Rechteckdoppeldeckung

Format Dachneigung	60/35 60/30 50/30 50/25	40/40 40/25 40/20	35/35 35/25 35/20	30/30 30/20
Regeldachneigung ≥ 22°	**Höhenüberdeckung**			
≥ 22°	120	–	–	–
≥ 30°	100	100	–	–
≥ 40°	80	80	80	–
≥ 50°	60	60	60	60

3.2.5 Spitzwinkeldeckung (Abb. I.17)

(1) Die Spitzwinkeldeckung ist mit rautenförmigen Schiefern mit 2 gegenüberliegenden gestutzten Ecken (Abschnitten) im halben Verband mit Stoßfuge auszuführen. Die Deckung erfolgt mit mindestens 10 mm Hängespitze.

(2) Diese Deckungsart ist auf Schalung mit Vordeckung oder auf Lattung möglich.

(3) Die Spitzwinkelschablonen sind mit mindestens 2 Schiefernägeln oder -stiften zu befestigen.

(4) $S = \frac{H - A - M}{2}$

S = Schnürabstand

H = Schieferhöhe

A = Abschnittslänge

M = Maß der Hängespitze

(5) Die Mindestüberdeckung wird durch die Abschnittslänge plus der Hängespitze bestimmt.

(6) Spitzwinkelschablonen der Größen 4 und 5 dürfen nur bei Dächern ≥ 45° Dachneigung und der Größen 6, 7 und 8 bei Dächern ≥ 60° verwendet werden.

4 Dachdetails

4.1 Allgemeines

Für die Deckung von Dachdetails sind teilweise Formate bzw. Rohschiefer (Zubehörformate) zu verwenden, die von der Flächendeckung abweichen und bauseits zuzurichten sind. Diese Schiefer müssen in der Dicke mit der Flächendeckung übereinstimmen und aus der gleichen Grube bzw. dem gleichen Bruch wie die Schiefer für die Flächendeckung stammen.

4.2 Traufe

4.2.1 Allgemeines

(1) Die Deckung der Schiefer an der Traufe erfolgt unter Berücksichtigung der Traufkonstruktion und der evtl. erforderlichen Lüftungsöffnungen. Ein Traufblech wird empfohlen. Bei Traufausbildungen mit Dachrinnen sollten die Rinnenhalter eingelassen werden. Damit die Schiefer an der Traufe die gleiche Neigung wie die folgenden haben, sollen diese unterlegt werden.

(2) Bei Traufausbildungen ohne Dachrinnen sind die Schiefer mit etwa 50 mm Überstand über die Konstruktion zu decken. Bei Ausführung mit Tropfblechen muss der Überstand ≤ 50 mm betragen.

(3) Bei der Altdeutschen Doppeldeckung und der Rechteckdoppeldeckung ist an der Traufe ein Traufgebinde nicht zulässig. Bei der Altdeutschen Deckung darf ein Traufgebinde nur in Verbindung mit dem Einbau von Schneefangschutzsystemen o.Ä. unmittelbar an der Traufe erfolgen. Dabei ist die Seitenüberdeckung um mindestens 1/3 gegenüber der Seitenüberdeckung in der Dachfläche zu erhöhen. In der Höhe wird das Traufgebinde wie in der Dachfläche überdeckt.

4.2.2 Altdeutsche Deckung (Abb. I.18)

(1) Die Deckung der Traufe (Fuß) ist eingebunden mit Fuß- und Gebindesteinen auszuführen. Die Überdeckung der Fuß- und Gebindesteine muss mindestens der Überdeckung des darüberliegenden Decksteingebindes entsprechen. Es wird empfohlen, die Seitenüberdeckung der Fußsteine zu vergrößern. Dies kann erreicht werden mit einem größeren Fersenversatz oder schärferem Hieb der Fußsteinrücken. Die Fußsteine können auch einen geraden Rücken haben.

(2) Die Fuß- und Gebindesteine sind mit mindestens 3 Schiefernägeln oder -stiften zu befestigen.

4.2.3 Altdeutsche Doppeldeckung (Abb. I.19)

(1) Die Deckung der Traufe (Fuß) ist eingebunden mit Fuß- und Gebindesteinen, im Gegensatz zur Dachflächendeckung jedoch in Einfachdeckung auszuführen. Dies gilt auch für die jeweils direkt über den Fußgebinden liegenden Decksteine.

(2) Die Höhenüberdeckung der Fuß- und Gebindesteine muss mindestens die Hälfte der Sichthöhe des darüberliegenden Decksteingebindes plus 20 mm betragen. Ansonsten gilt Abschnitt 4.2.2 singgemäß.

4.2.4 Schuppendeckung (Abb. I.20)

Die Deckung der Traufe (Fuß) ist analog Abschnitt 4.2.2 auszuführen.

4.2.5 Deutsche Deckung (Bogenschnittdeckung) (Abb. I.21, Abb. I.22)

(1) Die Deckung der Traufe (Fuß) kann eingebunden mit Fuß- und Gebindesteinen oder eingespitzt ausgeführt werden.

(2) Die Überdeckung der Fuß-, Gebindesteine und Einspitzer muss mindestens der Überdeckung in der Dachfläche entsprechen.

(3) Bei Ausführung mit eingebundenem Fuß muss die Rückenlinie der Fußsteine mindestens der der Bogenschnittschablonen entsprechen oder in schärferem Hieb zugerichtet werden. Auch ein größerer Fersenversatz ist zulässig.

(4) Die Deckung des eingespitzten Fußes erfolgt in Verbindung mit einem Traufgebinde aus Bogenschnittschablonen.

(5) Jeder Stein an der Traufe (Fuß) ist mit mindestens 3 Schiefernägeln oder -stiften zu befestigen.

4.2.6 Rechteckdoppeldeckung (Abb. I.23)

(1) Die Deckung der Traufe erfolgt mit Ansetzersteinen, deren Höhe sich ergibt aus:

$H = S + Ü$

H = Schieferhöhe

S = Schnürabstand (Gebindehöhe)

Ü = Höhenüberdeckung.

(2) Die Ansetzersteine sind immer mit mindestens 2 Schiefernägeln oder -stiften zu befestigen.

4.2.7 Spitzwinkeldeckung (Abb. I.24)

(1) Die Deckung der Traufe erfolgt mit Ansetzersteinen, evtl. in Verbindung mit einem Traufgebinde.

(2) Die Ansetzersteine sind mit mindestens 2 Schiefernägeln oder -stiften zu befestigen.

4.3 Ort

4.3.1 Allgemeines

(1) Die Höhen- und Seitenüberdeckung der nachstehend beschriebenen Ortdeckung müssen mindestens denen der zugehörigen Flächendeckung entsprechen.

(2) Die Steine am Ort sind mit einem freien Überstand von mindestens 50 mm über die fertige Konstruktion zu decken. Hiervon abweichend können auch Ortgangkonstruktionen, z.B. mit gekanteten Blechprofilen ohne Überstand, ausgeführt werden.

(3) Die Steine am Ort sind mit mindestens 3 Schiefernägeln oder -stiften zu befestigen.

(4) Die äußeren oberen Ecken der Steine am Ort müssen einen Wasser abweisenden Schnitt (Runden oder Stutzen der Ecke) haben.

4.3.2 Altdeutsche Deckung (Abb. I.25 bis Abb. I.27)

(1) Die Deckung der Anfang- und Endorte muss eingebunden erfolgen.

(2) Bei der Anfangortdeckung sind die Stich-, Zwischen- und Anfangortsteine mit rundem, geschwungenem oder geradem Rücken auszuführen.

(3) Endorte können als Doppelort oder Endstichort gedeckt werden. Beim Doppelort können die Ortsteine eine runde oder gerade, beim Endstichort eine runde, gerade oder geschwungene Form haben.

(4) Die Befestigung der Endortsteine ist versetzt anzuordnen.

4.3.3 *Altdeutsche Doppeldeckung*

Die Deckung der Anfang- und Endorte muss eingebunden erfolgen, jedoch im Gegensatz zur Dachflächendeckung in Einfachdeckung. Ansonsten gilt Abschnitt 4.3.2.

4.3.4 *Schuppendeckung*

(1) Die Deckung der Anfang- und Endorte muss eingebunden analog Abschnitt 4.3.2 erfolgen.

(2) Gestaffelte Endortdeckung und ein Zurücksetzen der Anfangortdeckung ist zulässig.

4.3.5 *Deutsche Deckung (Bogenschnittdeckung) (Abb. I.28, Abb. I.29)*

Die Deckung der Anfang- und Endorte ist analog Abschnitt 4.3.4 auszuführen.

4.3.6 *Rechteckdoppeldeckung (Abb. I.30, Abb. I.31)*

(1) Die Deckung der Orte erfolgt auslaufend. Dabei sind Steinbreiten kleiner als 120 mm unzulässig. Zuschnitte sind im Verband regelmäßig aufzuteilen, dabei darf der Drittelverband nicht unterschritten werden.

(2) Die Ecken der Steine am Ort sind so auszubilden, dass eine Wasserführung auf die Dachfläche gewährleistet ist (Runden oder Stutzen der Ecken).

(3) Bei Befestigung der Flächendeckung mit Klammer- und/oder Einschlaghaken sind die Steine am Ort mit 3 Schiefernägeln oder -stiften zu befestigen.

4.3.7 *Spitzwinkeldeckung*

(1) Die Deckung der Orte kann auslaufend oder aufgelegt (Strackort) erfolgen. Bei auslaufender Ortdeckung sind möglichst halbe Steinbreiten zu verwenden. Ansonsten gilt Abschnitt 4.3.6 (2).

(2) Bei aufgelegter Ortdeckung sind die von der Ortdeckung überdeckten Steinkanten von oben nach unten zu behauen und mit einem Wasser abweisenden Hieb zu versehen. Aufgelegte Orte (Strackorte) müssen die Flächendeckung mindestens um die Höhenüberdeckung der Spitzwinkelschablonen plus 20 mm überdecken. Die Überdeckung der Ortsteine der aufgelegten Ortdeckung (Strackorte) untereinander muss mindestens der Höhenüberdeckung der Flächendeckung entsprechen. Ansonsten gelten die Abschnitte 4.5.4 (4) bis (6).

4.4 First

4.4.1 *Allgemeines*

(1) Die Firste sind unter Verwendung von Firststeinen als Firstgebinde zu decken. Die Überdeckung der Firstgebinde über die Flächendeckung muss mindestens der Höhenüberdeckung der Flächendeckung im Firstbereich entsprechen. Die Seitenüberdeckung ist wegen der erforderlichen versetzten Nagelung um das Maß der Versetzung zu vergrößern. Die Firststeine dürfen im Kopfbereich keine Löcher haben.

(2) Die Firststeine sind mit mindestens 4 Schiefernägeln oder -stiften innerhalb der Seitenüberdeckung zu befestigen. Eine zusätzliche Befestigung der Firststeine mit Einschlaghaken wird empfohlen. Schlusssteine sind mit nicht rostenden Schiefernägeln oder -stiften zu befestigen und dürfen nicht unmittelbar an der Ort- oder Gratkante gedeckt werden.

(3) Das Firstgebinde der Dachfläche, die der vorherrschenden Windrichtung zugewandt ist, wird überstehend gedeckt. Der freie Überstand über der fertig gedeckten untergehenden Dachseite beträgt mindestens 50 mm. Damit die Schiefer am First die gleiche Neigung haben wie die vorherigen, sollten diese unterlegt werden.

(4) Abweichend hiervon können Firste z.B. mit Firstblechen oder bei seitlicher Doppeldeckung der Firststeine mit Schichtstücken (Nocken) ohne Überstand ausgeführt werden. Bei Ausführung mit Firstblechen kann die Befestigung der Firststeine auch im Kopfbereich erfolgen, eine versetzte Nagelung ist nicht erforderlich.

(5) Bei Deckung auf Lattung sind Firstbretter entsprechender Breite anzubringen.

(6) Eventuell einzuhaltende Lüftungsquerschnitte sind durch den Einbau von Einzellüftern oder durch vor Ort herzustellende Lüfterfirstkonstruktionen auszubilden.

4.4.2 Altdeutsche Deckung (Abb. I.32)

Die Decksteingebinde sind unter dem Firstgebinde auszuspitzen. Das Firstgebinde kann in Rechts- oder Linksdeckung ausgeführt werden. Die Rücken der Firststeine können rund, gerade oder geschwungen behauen sein. Die Firstgebinde werden auslaufend ohne eingebundene Anfang- und Endorte gedeckt.

4.4.3 Altdeutsche Doppeldeckung

Das Firstgebinde ist im Gegensatz zur Dachflächendeckung in Einfachdeckung auszuführen. Die Firststeine müssen die Dachflächendeckung um mindestens 100 mm überdecken. Ansonsten gilt Abschnitt 4.4.2.

4.4.4 Schuppendeckung (Abb. I.33)

Die Deckung des Firstes ist analog Abschnitt 4.4.2 auszuführen.

4.4.5 Deutsche Deckung (Bogenschnittdeckung) (Abb. I.34)

Die Rückenlinie der Firststeine muss der der Bogenschnittschablonen entsprechen. Ansonsten gilt Abschnitt 4.4.2.

4.4.6 Rechteckdoppeldeckung (Abb. I.35)

Die Sichthöhe des letzten unterhalb der Firstdeckung liegenden Flächengebindes soll der der übrigen Gebinde entsprechen. Das Firstgebinde kann in Rechts- oder Linksdeckung mit einfacher Seitenüberdeckung oder in seitlicher Doppeldeckung ausgeführt werden. Die einfache seitliche Überdeckung muss mindestens 100 mm, die seitliche Doppeldeckung mindestens 20 mm betragen. Die Fersen der Firststeine können gestutzt, gerundet oder vollkantig sein.

4.4.7 Spitzwinkeldeckung

Die Sichthöhe der Ausspitzer sollte gleich dem waagerechten Schnürabstand der Dachflächendeckung sein. Ansonsten gilt Abschnitt 4.4.6.

4.5 Grat

4.5.1 Allgemeines

(1) Die Höhen- und Seitenüberdeckungen der nachstehend beschriebenen Gratdeckungen müssen mindestens denen der zugehörigen Flächendeckung entsprechen.

(2) Die Gratdeckung der Dachfläche, die der vorherrschenden Windrichtung zugewandt ist, wird überstehend gedeckt. In Ausnahmefällen (z.B. kleinere Gratlängen) kann ggf. hiervor abgewichen werden. Abweichend hiervon kann es bei verschiedenen Dachneigungen erforderlich werden, die flacher geneigte Dachfläche überstehend zu decken. Der freie Überstand über der fertig gedeckten untergehenden Dachseite beträgt mindestens 50 mm oder abweichend hiervon können Grate z.B. mit Gratblechen oder bei der Rechteckdoppeldeckung mit Schichtstücken (Nocken) ausgeführt werden.

(3) Die Steine am Grat sind mit mindestens 3 Schiefernägeln oder -stiften zu befestigen.

(4) Die äußeren oberen Ecken der Steine am Grat müssen einen Wasser abweisenden Schnitt (Runden oder Stutzen der Ecke) haben.

(5) Bei Deckung auf Lattung sind Bretter entsprechender Breite anzubringen. Stattdessen können im Bereich der Gratschifter auch Teilflächen geschalt werden.

4.5.2 Altdeutsche Deckung (Abb. I.36 bis Abb. I.39)

(1) Die Deckung der Anfang- und Endorte am Grat muss eingebunden erfolgen. Hierzu kann es erforderlich werden, die Gebindesteigung derart anzupassen, dass die Brust der Decksteine am Endort in etwa parallel zur Gratkante verläuft. Dabei darf die Mindestgebinde- und Höchstgebindesteigung nicht unterschritten bzw. überschritten werden.

(2) Bei der Anfangortdeckung sind die Stich-, Zwischen- und Anfangortsteine mit rundem, geschwungenem oder geradem Rücken auszuführen. Gegebenenfalls kann die Anfangortdeckung nur stehend eingebunden erfolgen.

(3) Endorte können als Doppelort oder Endstichort gedeckt werden. Beim Doppelort können die Ortsteine eine runde oder gerade, beim Endstichort eine runde, gerade oder geschwungene Form haben. Gegebenenfalls kann ein Staffeln der Endortdeckung erforderlich sein.

(4) Die Befestigung der Endortsteine ist versetzt anzuordnen.

4.5.3 Altdeutsche Doppeldeckung

Die Deckung der Anfang- und Endorte am Grat muss eingebunden erfolgen, jedoch im Gegensatz zur Dachflächendeckung in Einfachdeckung. Ansonsten gilt Abschnitt 4.5.2.

4.5.4 Schuppendeckung

(1) Die Deckung der Anfang- und Endorte am Grat soll eingebunden erfolgen. Hierzu kann es erforderlich werden, die Gebindesteigung derart anzupassen, dass die Brust der Schuppen am Endort in etwa parallel zur Gratkante verläuft. Dabei darf die Mindestgebinde- und Höchstgebindesteigung nicht unter- bzw. überschritten werden. Andernfalls ist die Gratdeckung als aufgelegter Ort (Strackort) auszubilden (siehe Abb. I.40).

(2) Für die Ausführung der Anfang- und Endortdeckung gilt Abschnitt 4.5.2.

(3) Aufgelegte Orte (Strackorte) müssen die Flächendeckung mindestens um die Höhenüberdeckung der Schuppen plus 20 mm überdecken. Die Überdeckung der Ortsteine der aufgelegten Ortdeckung (Strackorte) untereinander muss mindestens der Höhenüberdeckung der Flächendeckung entsprechen.

(4) Die Befestigung der Ortsteine für aufgelegte Orte (Strackort) ist versetzt anzuordnen.

(5) Die Ortsteine für aufgelegte Orte (Strackorte) können eine runde, gestutzte oder geschwungene Form haben.

(6) Damit die Ortsteine der aufgelegten Orte (Strackorte) am Grat in der gleichen Ebene wie die der Dachfläche zu liegen kommen, wird empfohlen, diese entsprechend entlang der Gratkante zu unterlegen.

4.5.5 Deutsche Deckung (Bogenschnittdeckung) (Abb. I.41 bis Abb. I.43)

Die Deckung am Grat ist analog Abschnitt 4.5.4 auszuführen.

4.5.6 Rechteckdoppeldeckung (Abb. I.44, Abb. I.45)

(1) Bei der Rechteckdoppeldeckung können Grate als eingebundene Gratdeckung oder aufgelegte Orte (Strackorte) in Einfach- oder Doppeldeckung ausgeführt werden.

(2) Die eingebundene Gratdeckung sollte nur bei einer Rechteckdoppeldeckung mit Schiefergrößen ≤ 40/25 cm evtl. unter Verwendung von Zubehörschiefern und gleicher Dachneigung von mindestens 45° gedeckt werden. Dabei sind die Schiefer auf Gratmitte unter Verwendung einer Metallnocke stumpfstoßend zu verlegen. Die Zuschnittbreite der Nocken muss mindestens 200 mm betragen. Die Zuschnittlänge der Nocken muss mindestens der Steinhöhe entsprechen. Die Schiefer an der Gratkante sollten abgerundet oder gestutzt werden. Erforderliche Zuschnitte sind im Verband regelmäßig aufzuteilen, dabei darf der Drittelverband nicht unterschritten werden.

(3) Aufgelegte Orte (Strackorte) müssen die Flächendeckung mindestens um die Höhenüberdeckung der Fläche (Maß der Überdoppelung) überdecken. Dies gilt auch für die Überdeckung der Ortsteine untereinander bei einfacher aufgelegter Deckung. Bei aufgelegten Orten in Doppeldeckung muss der dritte Ortstein den ersten um mindestens 20 mm überdecken. Ansonsten gilt Abschnitt 4.5.4.

4.5.7 Spitzwinkeldeckung

Bei der Spitzwinkeldeckung sind Grate als aufgelegte Orte (Strackorte) analog Abschnitt 4.5.4 auszuführen.

4.6 Hauptkehle

4.6.1 Allgemeines

(1) Die Wasser führende Verschneidungslinie zweier Dachflächen ist eine Hauptkehle. Bei Sattel- und Spitzgauben wird diese Verschneidungslinie als Sattelkehle bezeichnet. Sattelkehlen werden wie Hauptkehlen gedeckt.

(2) Hauptkehlen sind mit Schiefer oder mit Metall zu decken.

(3) Abhängig von der Art der Dachflächendeckung sind die Kehldeckungen nach Tabelle 12 möglich.

(4) Für eine regensichere Kehldeckung sind folgende besondere Neigungsgrenzen einzuhalten:

Blechkehle	keine
Nockenkehle	Kehlsparrenneigung ≥ 25°
rechte/linke eingebundene Schieferkehle eingebundene Herz- oder Rechteckkehle überdeckte Herz- oder Rechteckkehle	Kehlsparrenneigung ≥ 30°

(5) Bei der Art der Kehldeckung müssen außerdem die Größen der zugehörigen Dachflächen und die Gebäudelage berücksichtigt werden.

(6) Die Brust der Kehlsteine, Wassersteine und Einfäller bei rechten und linken eingebundenen Kehlen wie auch eingebundenen und überdeckten Herzkehlen muss von oben nach unten bearbeitet werden oder eine gesägte Kante haben.

(7) Damit bei mit Schiefer gedeckten Hauptkehlen die Kehlsteine an der Traufe (erstes Kehlgebinde) und am First (Kragengebinde) die gleiche Neigung wie die übrigen haben, sind diese zu unterlegen.

Tabelle 12: Hauptkehlen

Kehldeckung **Deckungsarten**	**Schiefer**				**Metall**	
	rechte/ linke eingebundene Kehle	**eingebundene Herzkehle**	**eingebundene Rechteckkehle**	**überdeckte Herz- oder Rechteckkehle**	**Nockenkehle**	**Blechkehle**
Altdeutsche Deckung	+	+	–	+	–	+
Altdeutsche Doppeldeckung	+	+	–	+	–	+
Schuppendeckung	+	+	–	+	–	+
Deutsche Deckung (Bogenschnittdeckung)	+	+	–	+	–	+
Rechteckdoppeldeckung	–	–	+[1)]	+	+	+
Spitzwinkeldeckung	–	–	–	+	–	+

+ = möglich
– = nicht möglich
[1)] nur bei Schiefergrößen ≤ 40/25 cm

4.6.2 Rechte und linke eingebundene Kehle (Abb. I.46 bis Abb. I.56)

(1) Bei rechten und linken eingebundenen Kehlen sind die Kehlgebinde so zu decken, dass jedes Kehlgebinde von einem Deckgebinde auslaufend in die Deckgebinde der anzukehlenden Dachfläche eingebunden wird.

(2) Rechte und linke eingebundene Kehlen können bei gleichen und ungleichen Dachneigungen der anzuschließenden Dachflächen gedeckt werden.

(3) Sind die Traufen und Firste der anzuschließenden Dachflächen jeweils in gleicher Höhe, ist bei ungleichen Dachneigungen die Kehle von der flachen in die steile Fläche zu decken. Bei gleichen Dachneigungen ist hier die Deckrichtung der Kehle beliebig.

(4) In allen übrigen Fällen ist von der Neben- (kleine an die Kehle anzuschließende Dachfläche) in die Hauptdachfläche (große an die Kehle anzuschließende Dachfläche) zu decken.

(5) Als Deckunterlage ist eine etwa 160 bis 180 mm breite Kehlschalung aus Brettern und mehreren Dreikantleisten erforderlich. Die Kehlschalung ist geringfügig außermittig in Deckrichtung der Kehle zu versetzen.

(6) Die Kehlsteinbreite muss mindestens 130 mm betragen. Die Form der Kehlsteine kann mit

- geradem Rücken und rundem Bruch,
- geradem Rücken und kurzem Bruch,
- geradem Rücken und langem (hohem) Bruch oder
- rundem Rücken

gestaltet werden.

(7) Die Höhenüberdeckung der Kehlsteine, in der Kehllinie gemessen, muss mindestens 1/3 mehr betragen als die Mindesthöhenüberdeckung der Deckgebinde der Dachfläche, von der die Kehldeckung ausgeht.

(8) Bei Kehldeckungen vom Einfäller ist die Höhenüberdeckung der Kehlsteine rechtwinklig zur Kehlgebindelinie zu messen.

(9) Die Seitenüberdeckung der Kehlsteine mit geradem Rücken und rundem wie auch kurzem Bruch untereinander muss mindestens die Hälfte der Kehlsteinbreite, rechtwinklig gemessen zur Kehllinie, betragen. Kehlsteine mit geradem Rücken und langem (hohem) Bruch sowie mit rundem Rücken müssen mindestens 10 mm mehr als die Hälfte der Kehlsteinbreite überdeckt werden (versetzte Kehlen).

(10) Die Kehl- und Anschlusssteine sind mit mindestens 3 Schiefernägeln oder -stiften innerhalb der Höhenüberdeckung zu befestigen.

(11) Die Breite der Kehle muss mindestens 7 Kehlsteine betragen. Mehr als 9 Kehlsteine sollten nicht verwendet werden.

(12) Je nach Deckrichtung der Kehle und der Dachflächendeckung, von der die Kehldeckung ausgeht, ist die Kehle vom Wasserstein oder Einfäller zu decken. Dabei soll außer in besonderen Fällen, z.B. kleinen Nebendachflächen oder Dachgauben, vom Einfäller aus nur bei Dachneigungen $\geq 50°$ gedeckt werden.

(13) Je nach Deckrichtung der Kehle und der Dachflächendeckung, in die die Kehle übergeht, sind die Kehlgebinde mit gleichmäßigem oder ungleichmäßigem Schwärmer, zwanglosem Kehlübergang oder mit Wasserstein und Schwärmer einzubinden.

(14) Bei Deckung einer Kehle vom Wasserstein und Einbinden der Kehlgebinde mit gleichmäßigem Schwärmer müssen die Deckgebinde der anzukehlenden Dachfläche, je nach Dachneigung und Deckgebindehöhe, bis zu 1/3 kleiner sein als auf der Dachfläche, von der die Kehle ausgeht. Werden Kehlen vom Einfäller ausgehend gedeckt und auf der anzukehlenden Dachfläche mit zwanglosem Kehlübergang oder Wasserstein und Schwärmer eingebunden, so müssen die Deckgebinde je nach Dachneigung und Deckgebindehöhe bis zu 1/3 größer sein als auf der Dachfläche, von der die Kehle ausgeht.

(15) Bei Kehlen, die vom Wasserstein gedeckt werden, sind die Kehlgebinde mit Steigung zu decken, sodass sich am Wasserstein ein Tropfpunkt ergibt.

(16) Der obere Abschluss der Kehle wird als Kragengebinde gedeckt. Die Kehlsteine sind unter dem Kragengebinde i.d.R. auszuspitzen.

4.6.3 Eingebundene Herzkehle (Abb. I.57)

(1) Eingebundene Herzkehlen sollen nur bei gleichen Dachneigungen der anzuschließenden Dachflächen gedeckt werden. Darüber hinaus sollten bei Herzkehlen die Dachflächen annähernd gleich groß sein.

(2) Als Deckunterlage ist eine Kehlschalung erforderlich. Die Breite der über der Mitte der Kehllinie anzubringenden Kehlschalung ist abhängig vom Kehlwinkel, der Kehlsteinanzahl und -breite. Die Kehlschalung kann aus mehreren Brettern und Dreikantleisten hergestellt werden.

(3) Die Herzkehle ist von dem in der Kehlmitte liegenden Herzwasserkehlstein aus mit mindestens je 4 Kehlsteinen nach rechts und links zu decken. Dabei ist zwischen den Rücken der Kehlsteine auf dem Herzwasserkehlstein ein Wasserlauf freizuhalten.

(4) Die Kehlsteinbreite muss mindestens 130 mm betragen. Die Form der Kehlsteine kann nur mit geradem Rücken und rundem Bruch oder geradem Rücken und kurzem Bruch gestaltet werden.

(5) Die Höhenüberdeckung der Kehlsteine, in der Kehllinie gemessen, muss mindestens 1/3 mehr betragen als die Mindesthöhenüberdeckung der Dachfläche mit den größten Deckgebinden. Für die Seitenüberdeckung gilt Abschnitt 4.6.2 (9). Die Befestigung erfolgt analog Abschnitt 4.6.2 (10).

(6) Die Kehlgebinde sind vom Herzwasserkehlstein aus mit auf beiden Seiten gleicher Gebindesteigung zu decken.

(7) Je nach Deckrichtung der beiden Dachflächendeckungen ist die Kehle mit Schwärmer, zwanglosem Kehlübergang oder Wasserstein und Schwärmer einzubinden.

(8) Der obere Anschluss der Kehle wird als seitlich einfach überdecktes Firstgebinde (Kragengebinde) gedeckt. Die Kehlsteine unterhalb des Kragengebindes sind auszuspitzen.

4.6.4 Eingebundene Rechteckkehle (Abb. I.58)

(1) Eingebundene Rechteckkehlen sollen nur bei gleichen Dachneigungen der anzuschließenden Dachflächen gedeckt werden.

(2) Als Deckunterlage ist eine Kehlschalung erforderlich. Die Breite der über der Mitte der Kehllinie anzubringenden Kehlschalung ist abhängig vom Kehlwinkel, der Kehlsteinanzahl und -breite. Die Kehlschalung kann aus mehreren Brettern und Dreikantleisten hergestellt werden.

(3) Die eingebundene Rechteckkehle besteht aus Deck- und Unterläuferschichten.

- Unterläuferschichten sind die rechts und links unter die Deckgebinde der Dachflächen unterlaufenden Kehlgebinde. Hierbei kann es notwendig werden, die jeweils äußeren Schiefer (Unterläufer) im Kopfbereich anzupassen.
- Deckschichten sind die in die Deckgebinde der Dachflächen eingebundenen Kehlgebinde. Die Deckgebinde der Dachflächen schließen mit Schiefern, die in Richtung der Kehllinie angepasst werden (Einspitzer), an die Deckschichten der Kehle an.

(4) Die Breite der eingebundenen Rechteckkehle wird durch die Anzahl der ganzen Schiefer (Kehlsteine) an der schmalsten Stelle der Kehle in der Deckschicht bestimmt. Die Breite der Kehle muss bei Kehlsteinbreiten

- ≥ 120 bis 150 mm 3 Kehlsteine,
- ≥ 150 bis 200 mm 2 Kehlsteine

betragen. Als Kehlsteine kommen Rechteckschiefer zur Verwendung.

(5) Die eingebundene Rechteckkehle ist eine Dreifachdeckung. Die Höhenüberdeckung in der Kehle ergibt sich durch die Dachflächendeckung, wobei das vierte Kehlgebinde das erste um mindestens 10 mm überdecken muss.

(6) Die Kehldeckung ist im halben Verband mit Stoßfuge auszuführen. Beim Einbinden der Dachflächengebinde in die Deckschichten der Kehle ist mindestens der Drittelverband einzuhalten. Hierfür kann es erforderlich sein, mit Zubehörschiefern zu arbeiten. Da die Einspitzer im Kopfbereich an die Kehlsteine anschließen sollen, sind hierfür Zubehörschiefer zu verwenden.

(7) Die eingebundene Rechteckkehle ist so zu decken, dass keine Kreuzfugen entstehen. Eine Kreuzfuge ist dann gegeben, wenn die allseitige Über- oder Unterdeckung weniger als 20 mm beträgt.

(8) Jeder Kehl- und Anschlussstein ist mit mindestens 2 Schiefernägeln oder -stiften zu befestigen.

(9) Der obere Abschluss der eingebundenen Rechteckkehle erfolgt analog Abschnitt 4.6.3 (8).

4.6.5 Überdeckte Herzkehle (Abb. I.59)

(1) Überdeckte Herzkehlen dürfen nur bei gleichen Dachneigungen der anzuschließenden Dachflächen gedeckt werden. Darüber hinaus sollten die Dachflächen annähernd gleich groß sein.

(2) Für die Deckunterlage der Kehldeckung gilt sinngemäß Abschnitt 4.6.3 (2). Damit die überdeckten Kehlen von den Dachflächendeckungen besser überdeckt werden können, ist bei einer Dachdeckung auf Lattung oder Schalung die Kehlschalung möglichst vertieft anzubringen. Außerdem können bei Dachdeckungen auf Schalung an der Kehldeckung Dreikantbretter so angebracht werden, dass dadurch die Flächendeckung angehoben wird.

(3) Für die Deckung der Kehlsteine bei der überdeckten Herzkehle gelten die Abschnitte 4.6.3 (3) bis (6). Darüber hinaus sind die letzten Kehlsteine eines jeden Kehlgebindes mit einem zusätzlichen Wasser abweisenden Schnitt (Runden oder Stutzen) zu versehen.

(4) Die Deckung der Dachflächen muss die überdeckte Herzkehle rechtwinklig zur Kehllinie gemessen bei

- ≥ 40° Dachneigung mindestens 120 mm,
- ≥ 50° Dachneigung mindestens 100 mm

überdecken. Die Deckung der Dachflächen auf die Kehle erfolgt mit auslaufenden Gebinden. Die Ecken der Schiefer an der Kehle sind hierbei unter Berücksichtigung der Wasserführung auszuführen.

(5) Der obere Abschluss der überdeckten Herzkehle erfolgt analog Abschnitt 4.6.3 (8).

4.6.6 Überdeckte Rechteckkehle (Abb. I.60)

(1) Überdeckte Rechteckkehlen dürfen nur bei gleichen Dachneigungen der anzuschließenden Dachflächen gedeckt werden. Darüber hinaus sollten die Dachflächen annähernd gleich groß sein.

(2) Für die Deckunterlage der Kehldeckung gilt sinngemäß Abschnitt 4.6.3 (2). Damit die überdeckten Kehlen von den Dachflächendeckungen besser überdeckt werden können, ist bei einer Dachdeckung auf Lattung oder Schalung die Kehlschalung möglichst vertieft anzubringen. Außerdem können bei Dachdeckungen auf Schalung an der Kehldeckung Dreikantbretter so angebracht werden, dass dadurch die Flächendeckung angehoben wird.

(3) Die Breite der überdeckten Rechteckkehle muss bei Kehlsteinbreiten

- ≥ 120 bis 150 mm 5 Kehlsteine,
- > 150 bis 200 mm 4 Kehlsteine

betragen. Als Kehlsteine kommen normale Rechteckschiefer zur Verwendung.

(4) Die Kehlsteine sind so zu decken, dass das vierte Kehlgebinde das erste um mindestens 10 mm überdeckt. Die Deckung ist im halben Verband mit Stoßfuge auszuführen. Die äußeren Kanten der letzten Kehlsteine eines jeden Kehlgebindes sind von oben nach unten zu bearbeiten oder müssen eine gesägte Kante haben. Darüber hinaus sind sie mit einem zusätzlichen Wasser abweisenden Schnitt (Runden oder Stutzen) zu versehen. Jeder Kehlstein ist mit mindestens 2 Schiefernägeln oder -stiften zu befestigen.

(5) Für die Deckung der Dachflächen auf die überdeckte Rechteckkehle gilt Abschnitt 4.6.5 (4).

(6) Der obere Abschluss der überdeckten Rechteckkehle erfolgt analog Abschnitt 4.6.3 (8).

4.6.7 Nockenkehle (Abb. I.61)

(1) Nockenkehlen sollen bei annähernd gleicher Dachneigung der anzuschließenden Dachflächen gedeckt werden.

(2) Für die Nockenkehle sind Schichtstücke aus Metall zu verwenden. Für die Werkstoffe gilt Abschnitt 2.5. Für die Ausführung von Nockenkehlen ist die „Fachregel für Metallarbeiten im Dachdeckerhandwerk“ zu beachten.

(3) Die Fußlinien der Deckgebinde der Dachflächen sollen sich in der Kehlmitte treffen. Jedes die Kehllinie anlaufende Deckgebinde erhält eine Nocke.

(4) Von den Schiefern bis zur Kehlmitte wird in Abhängigkeit von der Kehllänge ein Abstand für den Wasserlauf empfohlen.

(5) Die Nocken werden nur im oberen Bereich in der Höhenüberdeckung mindestens zweimal befestigt.

(6) Die Deckung der Schiefer auf die Nocken erfolgt mit auslaufenden Gebinden. Daneben kann der Anschluss an die Nocken auch mit in allen Gebinden gleich großen Zubehörschiefern erfolgen (ähnlich eingebundene Gratdeckung). Die dabei erforderlichen anderen Zuschnittschiefer sind im Verband regelmäßig aufzuteilen, dabei darf der Drittelverband nicht unterschritten werden.

4.6.8 Blechkehle (Abb. I.62)

(1) Für die Ausführung von Blechkehlen ist die „Fachregel für Metallarbeiten im Dachdeckerhandwerk" zu beachten.

(2) Bei Deckungen auf Lattung sollten Bretter entsprechender Breite als Unterlage der Blechkehle mit Vordeckung aufgebracht werden. Stattdessen können im Bereich der Kehlschifter auch Teilflächen parallel zum First geschalt werden. Diese sind vorzudecken.

(3) Damit die Falze der Kehlbleche nicht zusammengedrückt werden, sollten die Schiefer entsprechend unterlegt werden.

(4) Die Deckung der Schiefer auf die Blechkehle erfolgt mit auslaufenden Gebinden. Hierbei ist die Verwendung von Zubehörschiefern zulässig. Die Ecken der Schiefer an der Kehle sind unter Berücksichtigung der Wasserführung auszubilden.

4.7 Anschlüsse

4.7.1 Allgemeines

(1) Die Verschneidungslinie einer Dachfläche mit einem aufgehenden Bauteil, z.B. Wand, Schornstein, Gaubenwange, ist ein Anschluss. Man unterscheidet seitliche, firstseitige und traufseitige Anschlüsse.

(2) Abschlüsse sind mit Metall und/oder Schiefer zu decken.

(3) Abhängig von der Art der Dachflächendeckung sind die Anschlüsse nach Tabelle 13 möglich.

4.7.2 Rechte und linke eingehende Wandkehle (Abb. I.63 bis Abb. I.66)

(1) Seitliche Anschlüsse an aufgehende Bauteile können außer bei der Rechteckdoppeldeckung und der Spitzwinkeldeckung als rechte oder linke eingehende Wandkehle gedeckt werden. Die Deckrichtung eingehender Wandkehlen verläuft von der Dachfläche zum aufgehenden Bauteil (Wand).

(2) Jedes Deckgebinde erhält ein Kehlgebinde.

Tabelle 13: Anschlüsse

Kehldeckung / Deckungsarten	Seitliche Anschlüsse			Traufseitige Anschlüsse		Firstseitige Anschlüsse
	als Wandkehle	als Wangenkehle	aus Metall	aus Schiefer	aus Metall	aus Metall[3]
Altdeutsche Deckung	+	+	+	+	+	+
Altdeutsche Doppeldeckung	+	+	+	+	+	+
Schuppendeckung	+	+	+	+	+	+
Deutsche Deckung (Bogenschnittdeckung)	+	+	+	+	+	+
Rechteckdoppeldeckung	+[1]	+[1]	+	+	+	+
Spitzwinkeldeckung	–	–	+[2]	+	+	+
+ = möglich – = nicht möglich	[1] in Doppeldeckung durchgedeckt [2] nicht Nockenanschluss [3] aus Schiefer auch möglich in Verbindung mit Sattel					

(3) Als Deckunterlage sind ein Kehlbrett und eine Dreikantleiste erforderlich.

(4) Die Kehlsteinbreite muss mindestens 130 mm betragen. Für die Form der Kehlsteine gilt Abschnitt 4.6.2 (6).

(5) Für die Überdeckung und Befestigung der Kehl- und Anschlusssteine gelten die Abschnitte 4.6.2 (7), (9) und (10).

(6) Die Breite der Kehle muss mindestens 3 Kehlsteine betragen. Mehr als 5 Kehlsteine sollten nicht verwendet werden.

(7) Je nach Deckrichtung der Dachflächendeckung ist die Kehle vom Wasserstein oder Einfäller zu decken. Die Kehlgebinde sind mit Steigung zu decken.

(8) Der seitliche Anschluss der Kehle an der Wand erfolgt mit Blechen und Kappleisten. Die Überdeckung der Bleche auf den letzten Kehlstein muss mindestens der halben Kehlsteinbreite entsprechen.

(9) Bei der Rechteckdoppeldeckung kann der seitliche Anschluss an aufgehende Bauteile unter Verwendung schmälerer Rechteckschiefer in Fortführung der Dachflächendeckungen durchgehend als Wandkehle gedeckt werden.

4.7.3 Rechte und linke eingehende Wangenkehle (Abb. I.67, Abb. I.68)

(1) Seitliche Anschlüsse an aufgehende Bauteile, z.B. Gaubenwangen, können außer bei der Rechteckdoppeldeckung und der Spitzwinkeldeckung als rechte oder linke eingehende Wangenkehle gedeckt werden. Die Deckrichtung eingehender Wangenkehlen verläuft von der Dachfläche zum aufgehenden Bauteil (Gaubenwange).

(2) Jedes Deckgebinde erhält ein Kehlgebinde.

(3) Als Deckunterlage sind ein etwa 160 bis 180 mm breites Kehlbrett und Dreikantleisten erforderlich. Die Kehlschalung ist geringfügig außermittig in Deckrichtung der Kehle zu versetzen.

(4) Die Kehlsteinbreite muss mindestens 130 mm betragen. Für die Form der Kehlsteine gilt Abschnitt 4.6.2 (6).

(5) Für die Überdeckung und Befestigung der Kehl- und Anschlusssteine gelten die Abschnitte 4.6.2 (7), (9) und (10). Abweichend hiervon dürfen die Kehlsteine im Wandbereich auch unterhalb der Höhenüberdeckung, aber innerhalb der Seitenüberdeckung befestigt werden.

(6) Die Breite der Kehle muss mindestens 7 Kehlsteine betragen. Mehr als 9 Kehlsteine sollten nicht verwendet werden. Wangenflächen können ganz mit Kehlsteinen oder Decksteingebinden gedeckt werden.

(7) Je nach Deckrichtung der Dachflächendeckung ist die Kehle vom Wasserstein oder Einfäller zu decken. Die Kehlgebinde sind mit Steigung zu decken. Werden die Gaubenwangen mit Decksteingebinden gedeckt, so sind die Kehlgebinde einzubinden.

(8) Der obere Abschluss der Wangenfläche ist als Firstgebinde, der der Kehle als Kragengebinde zu decken. Die Kehlsteine unterhalb des Kragengebindes sind auszuspitzen.

(9) Bei der Rechteckdoppeldeckung gilt bei Gaubenwangen Abschnitt 4.7.2 (9) sinngemäß.

4.7.4 Rechte und linke ausgehende (fliehende) Wangenkehle (Abb. I.69 bis Abb. I.71)

(1) Seitliche Anschlüsse an aufgehende Bauteile (z.B. Gaubenwangen) können außer bei der Rechteckdoppeldeckung der Spitzwinkeldeckung als rechte oder linke ausgehende Wangenkehle gedeckt werden. Die Deckrichtung ausgehender Wangenkehlen verläuft vom aufgehenden Bauteil (Gaubenwange) zur Dachfläche.

(2) Ausgehende Wangenkehlen dürfen nur auf Dachflächen ≥ 50° Dachneigung gedeckt werden.

(3) Die Kehlgebinde sind so einzuteilen, dass jedes Kehlgebinde in die Deckgebinde der Dachfläche eingebunden wird.

(4) Die Kehlsteinbreite muss mindestens 130 mm betragen. Für die Form der Kehlsteine gilt Abschnitt 4.6.2 (6).

(5) Für die Überdeckung und Befestigung der Kehl- und Anschlusssteine gelten die Abschnitte 4.6.2 (7), (9) und (10).

(6) Für die Breite der Kehle und die Deckung der Wangenflächen gilt Abschnitt 4.7.3 (6).

(7) Bei Wangenflächen mit waagerechtem oberem Abschluss sind die Kehlen so einzuteilen, dass keine Stichgebinde entstehen (Einteilung von oben nach unten).

(8) Je nach Deckrichtung der Kehle und der Dachflächendeckung sind die Kehlgebinde mit gleichmäßigem oder ungleichmäßigem Schwärmer, zwanglosem Kehlübergang oder mit Wasserstein und Schwärmer einzubinden. Die Kehlgebinde sind mit Steigung zu decken.

(9) Der obere Abschluss der Wangenfläche ist als Firstgebinde, der der Kehle als Kragengebinde zu decken.

4.7.5 Seitliche Anschlüsse mit Metall (Abb. I.72)

(1) Seitliche Anschlüsse mit Metall können mit untergelegten oder vertieften Anschlussblechen oder mit Schichtstücken als Nockanschluss ausgeführt werden.

(2) Für die Werkstoffe gilt Abschnitt 2.5. Für die Ausführung der seitlichen Anschlüsse ist die „Fachregel für Metallarbeiten im Dachdeckerhandwerk" zu beachten.

(3) Einteilige Anschlüsse können bei übergreifenden Konstruktionsteilen (Außenwandbekleidungen) vorgesehen werden. Der zweiteilige Anschluss an Bauteile (Putz, Mauerwerk usw.) erfolgt mit Kappleisten.

(4) Die Schiefer müssen die Nocken bei

- ≤ 35° Dachneigung mindestens 150 mm,
- > 35° Dachneigung mindestens 120 mm

überdecken.

(5) Die Zuschnittbreite der Anschlussbleche ist abhängig von der Ausführungsart, der Breite des Wasserlaufs und der Überdeckung der Schieferdeckung auf das Blech.

(6) Bei Nockenanschlüssen wird unter jedem den Anschluss anlaufenden Schiefer eine Nocke gedeckt. Die Überdeckung der Nocken untereinander muss mindestens der Höhenüberdeckung der Dachflächendeckung entsprechen. Bei Deckungen mit Gebindesteigung muss sie mindestens 1/3 mehr betragen. Die Nocken werden im oberen Bereich in der Höhenüberdeckung befestigt.

(7) Die Deckung der Schiefer auf die Anschlussbleche oder Nocken erfolgt als Ortdeckung (siehe Abschnitt 4.3).

4.7.6 Traufseitige Anschlüsse mit Schiefer (Abb. I.73)

Traufseitige Anschlüsse an aufgehende Bauteile können mit schräg gestellten Deckgebinden oder mit kehlsteinähnlichen Schiefern gedeckt werden. Hierbei ist immer eine Deckunterlage aus Dreikantleisten und/oder Brettern erforderlich.

4.7.7 Traufseitige Anschlüsse mit Metall

(1) Für die Werkstoffe gilt Abschnitt 2.5. Für die Ausführung von traufseitigen Anschlüssen ist die „Fachregel für Metallarbeiten im Dachdeckerhandwerk" zu beachten.

(2) Traufseitige Anschlüsse mit Metall werden aus einem abgewinkelten Anschlussblech hergestellt, das auf der Schieferdeckung liegt. Unterhalb des Anschlusses sind die Gebinde auszuspitzen und evtl. ein Firstgebinde zu decken. Die Überdeckung der Anschlussbleche auf die Schiefer muss der Mindesthöhenüberdeckung der zugehörigen Deckgebinde, jedoch mindestens 100 mm, entsprechen.

4.7.8 Firstseitige Anschlüsse mit Metall

(1) Für die Werkstoffe gilt Abschnitt 2.5. Für die Ausführung von firstseitigen Anschlüssen ist die „Fachregel für Metallarbeiten im Dachdeckerhandwerk" zu beachten.

(2) Firstseitige Anschlüsse sind als Kehle auszubilden und am aufgehenden Bauteil mindestens 180 mm und firstseitig mindestens 280 mm hochzuführen, wobei die Überdeckung der Schiefer über das Blech mindestens der der Dachflächendeckung entsprechen muss, jedoch nicht weniger als 100 mm.

(3) Örtliche Gegebenheiten, klimatische Verhältnisse, Sparrenlänge und die Dachneigung können größere Überdeckungen und Zuschnitte für das Kehlblech notwendig machen.

4.8 Dachfenster und Dachausstiege

(1) Dachfenster und Dachausstiege können einen für die Schieferdeckungen ausgebildeten Eindeckrahmen haben. Der Eindeckrahmen muss genügend breit sein. Die Einbauvorschriften der Hersteller sind zu beachten.

(2) Außerdem kann der Anschluss an die Deckung mit Schichtstücken (Nocken) ausgeführt werden.

(3) Die Deckung des seitlichen Anschlusses erfolgt als Ortdeckung (siehe Abschnitt 4.3).

4.9 Einbauteile

(1) Sicherheitsdachhaken, Stützen für Schneefangvorrichtungen oder Laufstege usw. müssen unter Verwendung von genügend breiten Blechen mit seitlichem Umschlag eingebaut und eingedeckt werden. Die Mindestüberdeckungen der angrenzenden Flächendeckung sind einzuhalten. Die seitlichen Überdeckungen

müssen mindestens 100 mm betragen. Die Einbauteile müssen für den jeweils vorgesehenen Verwendungszweck geeignet und, wenn vorgeschrieben, zugelassen sein. Sie müssen außerdem nach der Deckunterlage und der Deckung gewählt werden.

(2) Die Einbauteile dürfen bei Belastung die Deckung nicht beschädigen. Hierzu können lastverteilende Unterlagen erforderlich sein.

(3) Für den Einbau von Blitzableiterstützen gelten die Absätze (1) und (2) sinngemäß, jedoch sind i.d.R. keine zusätzlichen Bleche notwendig.

4.10 Dachdurchdringungen

Bei Dachdurchdringungen wie z.B. Entlüftungsrohren, Dachraumlüftern oder Antennen sind entsprechende, handwerklich hergestellte oder vorgefertigte Formteile zu verwenden. Die Formteile müssen für die vorgesehene Deckung geeignet sein.

5 Besondere Dachformen

5.1 Allgemeines

(1) Dachformen, wie z.B. Kegel-, Zwiebeldachflächen, Fledermausgauben und runde bzw. gebogene Dachflächen, können besondere Maßnahmen bezüglich der Deckunterlage erfordern (siehe auch Abschnitt 2.2).

(2) Es ist darauf zu achten, dass die vorgesehene Deckungsart und Steingröße für die besondere Dachform geeignet sind, damit die Regensicherheit gewährleistet wird.

(3) Unabhängig von der Deckungsart ist bei besonderen Dachformen grundsätzlich eine entsprechende Einteilung erforderlich.

(4) Eingebundene Kehldeckungen können bei besonderen Dachformen auch als Wechselkehle gedeckt werden, z.B. Hauptkehlen bei Dachneigungsänderungen oder bei Fledermausgauben.

(5) Besondere Dachformen können im Einzelfall Abweichungen von den in der Fachregel geforderten Überdeckungen, Befestigungen, Gebindesteigungen usw. erforderlich machen. Diese sind mit dem Planer bzw. Bauherrn abzustimmen.

5.2 Kegeldachflächen

(1) Bei Kegeldachflächen sollten die Bretter auf horizontalen Ringsparren senkrecht zur Traufe angebracht werden. Hierbei dürfen keine Kanten entstehen.

(2) Für die Deckung von Kegeldachflächen eignen sich besonders die Altdeutsche Deckung und Rechteckdoppeldeckung.

(3) Bei der Ausführung in Altdeutscher Deckung kann in Abhängigkeit von der Sparrenlänge bei Dachneigung $\geq 50°$ mit waagerechten Gebinden gearbeitet werden. Gegebenenfalls sind die Überdeckungen zu erhöhen. Bei Ausführung mit Gebindesteigung müssen die einzelnen Decksteingebinde in ihrer Höhe kleiner werden (konischer Gebindeverlauf).

(4) Bei Ausführung in Rechteckdoppeldeckung ist die Kegeldachfläche mit konischen Schiefern im Verband zu decken.

5.3 Fledermausgauben, geschweifte oder gerundete Schleppgauben (Abb. I.74 bis Abb. I.78)

(1) Zur Erzielung einer regensicheren Deckung soll bei Fledermausgauben das Verhältnis der Höhe zur Breite der Fensterstirnwand nicht unter 1 : 5 betragen.

(2) In Abhängigkeit von der Dachneigung erfolgt die Deckung als ein- oder ausgehende Kehle (Wangenkehle) entsprechend Tabelle 14.

(3) Sollen die Deckgebinde über die Fledermausgaube hinweggeführt (durchgedeckt) werden, so muss das Verhältnis der Höhe zur Breite der Fensterstirnwand mindestens 1 : 8 betragen.

(4) In beiden Fällen soll die Neigung der Fensterscheitellinie zur Dachneigung nicht mehr als 12° betragen, wobei die Fensterscheitellinie eine Neigung von mindestens 25° zur Waagerechten gemessen haben muss.

(5) Bei geschweiften oder gerundeten Schleppgauben darf das Verhältnis der Höhe der Fensterstirnwand zur Breite des außerhalb der eigentlichen Schleppgaube liegenden Bereichs pro Seite nicht unter 1 : 1,5 betragen (siehe Abb. I.75).

(6) Für die Deckung der geschweiften oder gerundeten Bereiche der Schleppgaube gilt Abschnitt 5.3 (2), wobei im Einzelfall auch die geschweiften oder gerundeten Flächen ganz mit Kehlsteinen gedeckt werden können.

(7) Die Übergänge zur Dachfläche der Schleppgaube können verschiedenartig wie z.B. eingebunden (durchgedeckt), mit First- bzw. Kragengebinden, mit Anfang- und Endortgebinden oder mit Metall ausgeführt werden.

(8) Bei der Rechteckdoppeldeckung können geschweifte oder gerundete Schleppgauben auch unter Verwendung schmälerer Rechteckschiefer in Fortführung der Dachflächendeckung durchgehend gedeckt werden.

Tabelle 14: Kehldeckungen für Fledermausgauben, geschweifte oder gerundete Schleppgauben

Dachflächendeckung	Eingehende Wangenkehle	Ausgehende Wangenkehle
Altdeutsche Deckung	+	+
Schuppendeckung	+	+
Deutsche Deckung (Bogenschnittdeckung)	+	+
Rechteckdoppeldeckung	+	–
Spitzwinkeldeckung	+	–
+ = möglich – = nicht möglich		

6 Pflege und Wartung von Dachdeckungen mit Schiefer

(1) Jede Dachdeckung ist in gewissen Zeitabständen zu überprüfen. Hierfür wird der Abschluss eines Inspektions- und Wartungsvertrages empfohlen. Rechtzeitige Pflege kann die Lebensdauer der Deckung verlängern und das Dach vor größeren Schäden bewahren.

(2) Für die Reparatur von Schieferdeckungen eignen sich zur Befestigung der Schiefer insbesondere spezielle Haken, die aus nicht rostendem Stahl oder Kupfer sein müssen. Im Einzelfall kann eine Befestigung der Schiefer auch im sichtbaren Bereich mit Schieferstiften oder geeigneten Schrauben ebenfalls aus nicht rostendem Stahl oder Kupfer erfolgen. Alternativ hierzu können die Schiefer auch mit geeigneten Klebern (Steinklebern) befestigt werden. Die jeweiligen Herstellervorschriften sind hierbei zu beachten.

(3) In den ersten Jahren nach und während der Eindeckung können einzelne Schiefer herausbrechen. Dies hat keinen Einfluss auf die Qualität des Schiefers und die Eindeckung. Herausbrechen einzelner Schiefer nach der Eindeckung ist möglich und stellt nach Ersatz der herausgebrochenen Schiefer keinen Mangel dar.

(4) Bei den zu ersetzenden Schiefern können wegen der natürlichen Alterung der Schieferdeckung Farbunterschiede auftreten.

(5) Durch Bewegungen des Dachstuhls, Setzungen und Nutzung der Dachräume u.Ä. können möglicherweise Schäden in der Dachdeckung hervorgerufen werden, für die der Dachdecker nicht verantwortlich gemacht werden kann, da er auf die Ursache dieser Schäden keinen Einfluss hat.

(6) Beim unsachgemäßen Begehen eines Schieferdaches (ohne geeignete Hilfsmittel wie Auflegeleitern) können Schäden entstehen, deren Auswirkungen erst später sichtbar werden.

Anhang I Detailskizzen

Die folgenden Skizzen von Details für Dachdeckungen mit Schiefer sind Beispiele für die Arbeitsausführung.

Sie sind keine maßstabsgetreuen bildlichen Darstellungen der einzelnen Techniken und dienen lediglich der Veranschaulichung der textlichen Beschreibung.

Die Abb. I.75 bis Abb. I.78 sind eine Mischung aus Ansicht und Isometrie.

Verzeichnis der Abbildungen

Abb. I.1: Zeichnerische Ermittlung der Mindestgebindesteigung

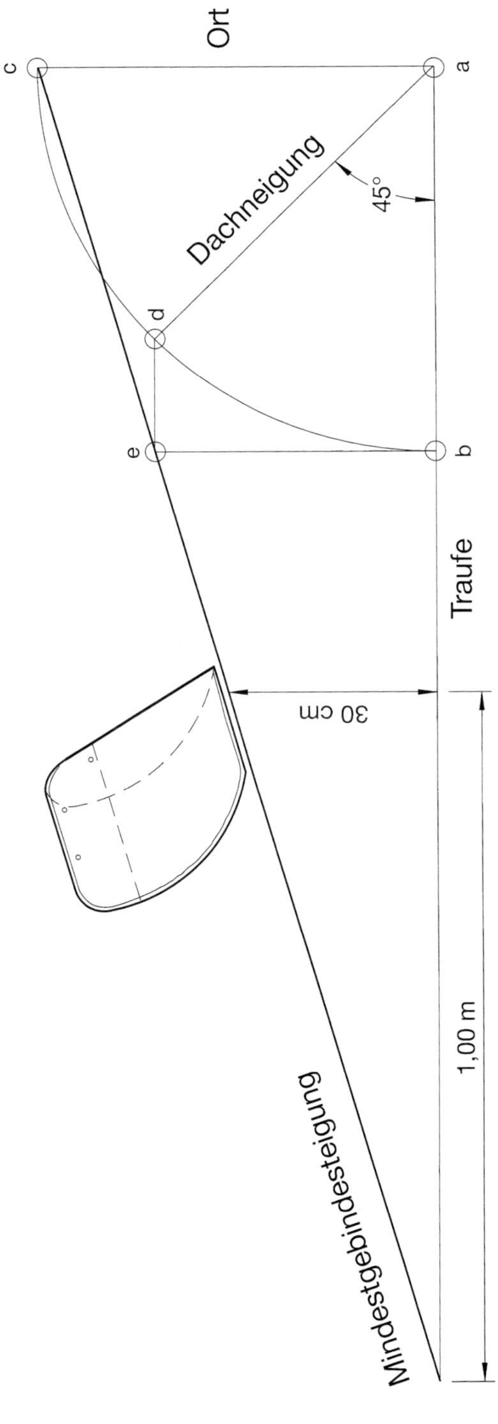

Abb. I.2: Rechnerische Ermittlung der Mindestgebindesteigung/Tabelle für Mindestgebindesteigung

Rechnerische Ermittlung der Mindestgebindesteigung G_{min} (m/m)

G_{min} = 1 – sin α
α : Dachneigung in Grad

Beispiel bei 30° Dachneigung:

G_{min} = 1 – sin 30°
= 1 – 0,5
= 0,50 m, also

0,50 m Gebindesteigung auf 1,00 m Trauflänge

Dachneigung in Grad	Mindestgebinde-steigung in m
25	0,577
26	0,562
27	0,546
28	0,531
29	0,515
30	0,500
31	0,485
32	0,470
33	0,455
34	0,441
35	0,426
36	0,412
37	0,398
38	0,384
39	0,371
40	0,357
41	0,344
42	0,331
43	0,318
44	0,305
45	0,293
46	0,281
47	0,269
48	0,257
49	0,245
50	0,234
51	0,223
52	0,212
53	0,201
54	0,191
55	0,181
56	0,171
57	0,161

Dachneigung in Grad	Mindestgebinde-steigung in m
58	0,152
59	0,143
60	0,134
61	0,125
62	0,117
63	0,109
64	0,101
65	0,094
66	0,086
67	0,079
68	0,073
69	0,066
70	0,060
71	0,054
72	0,049
73	0,044
74	0,039
75	0,034
76	0,030
77	0,026
78	0,022
79	0,018
80	0,015
81	0,012
82	0,010
83	0,007
84	0,005
85	0,004
86	0,002
87	0,001
88	0,001
89	0,000
90	0

Abb. I.3: Zeichnerische Ermittlung der Höchstgebindesteigung

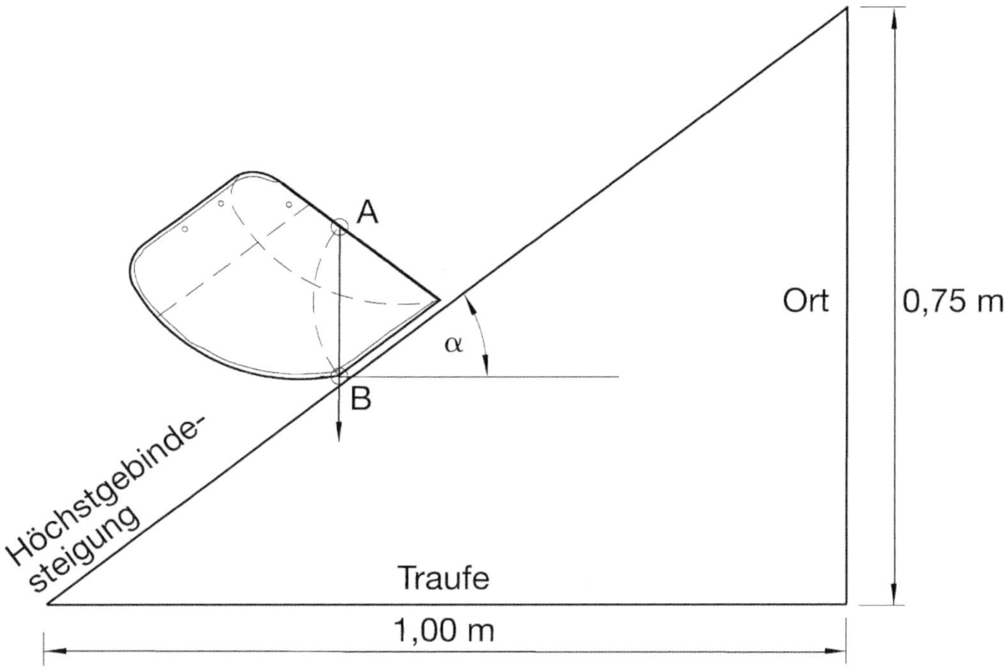

Tabelle für Höchstgebindesteigung

Stumpfer Hieb: α = 37,5° ergibt auf 1 m Trauflänge 0,767 m Steigung
Normaler Hieb: α = 37° ergibt auf 1 m Trauflänge 0,753 m Steigung
Scharfer Hieb: α = 32,5° ergibt auf 1 m Trauflänge 0,637 m Steigung
Bogenschnitt: α = 45° ergibt auf 1 m Trauflänge 1 m Steigung

Abb. I.4: Decksteinkonstruktion

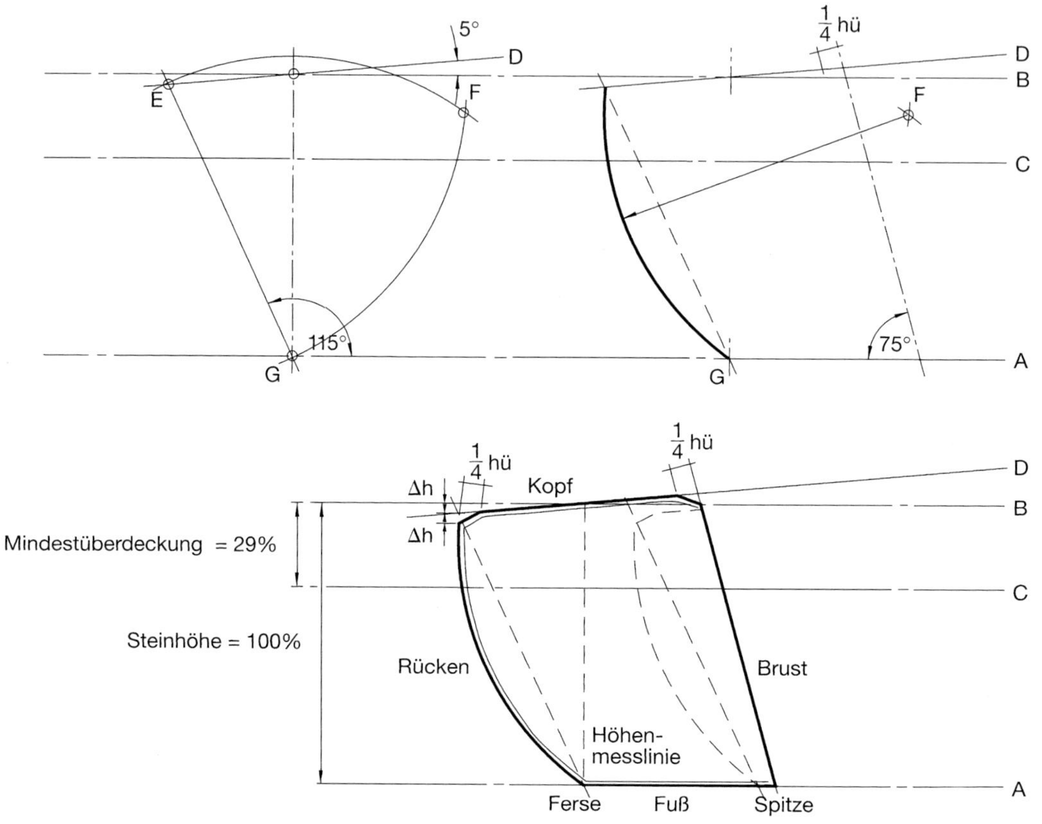

Rechter Deckstein, stumpfer Hieb

Abb. I.5: Decksteinkonstruktion

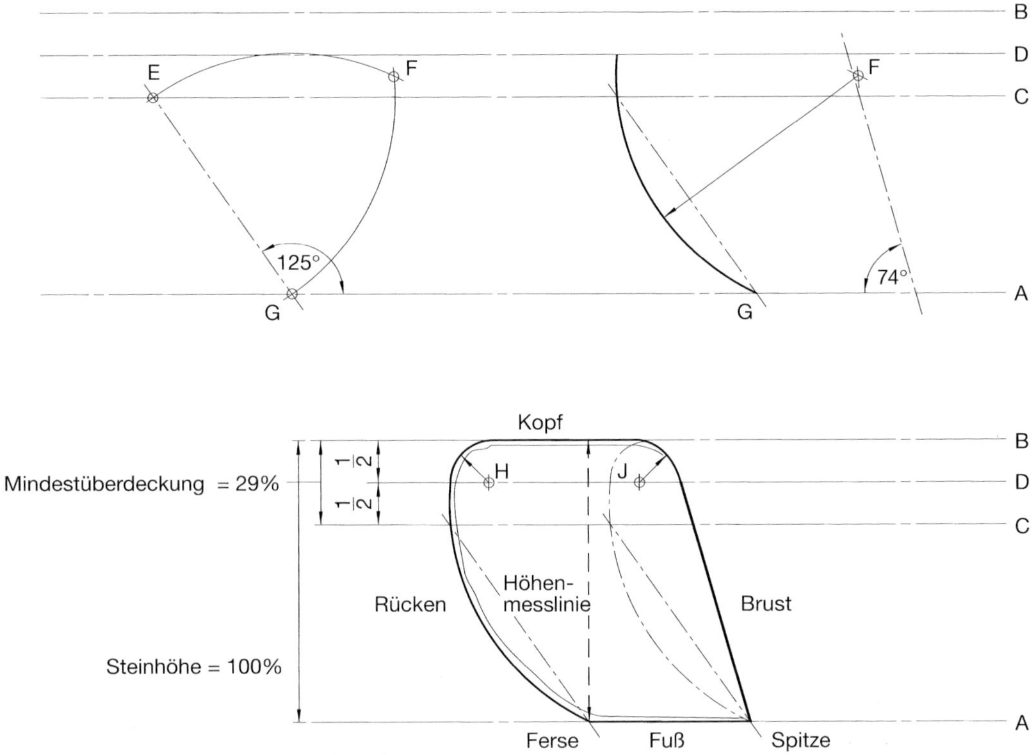

Abb. I.6: Decksteinkonstruktion

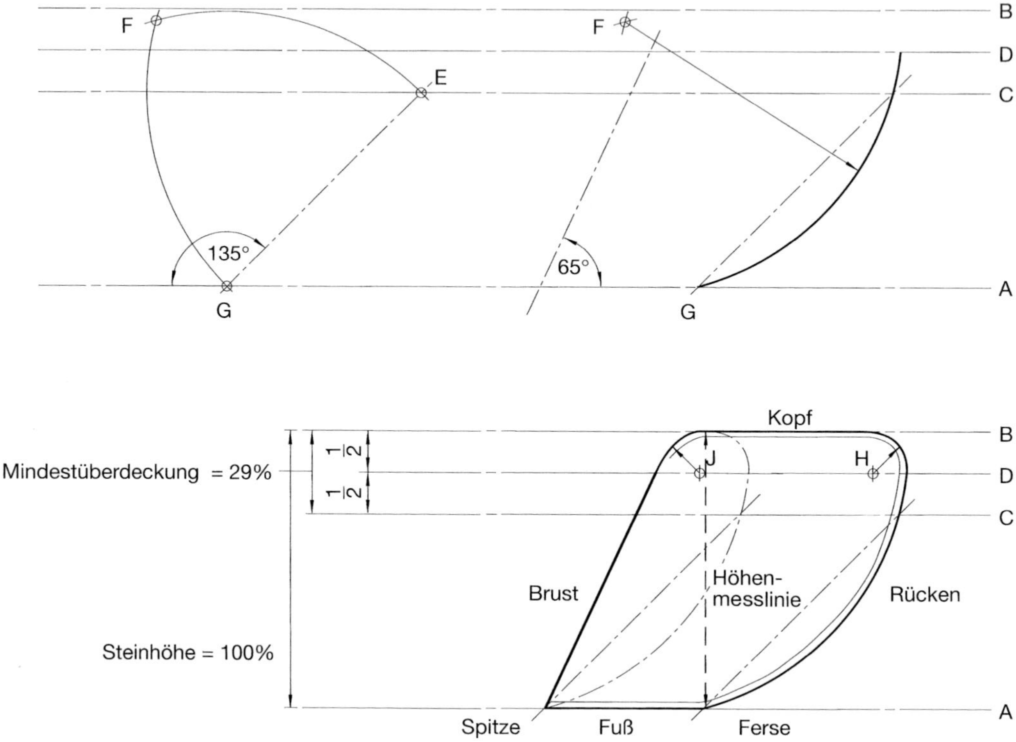

Linker Deckstein, scharfer Hieb

Abb. I.7: Rechte Decksteine mit stumpfem, normalem und scharfem Hieb

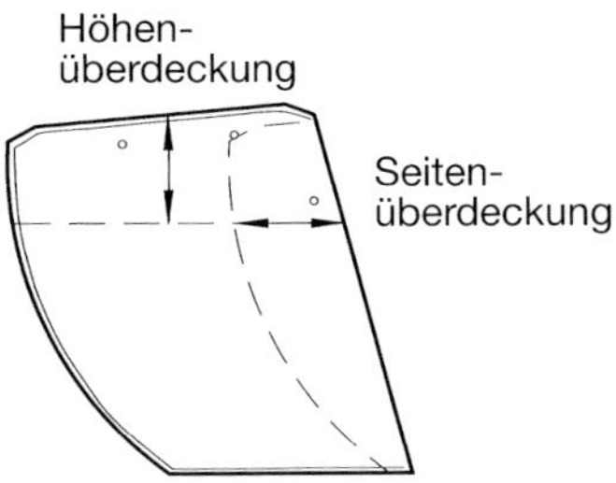

*Rechter Deckstein,
mit stumpfem Hieb*

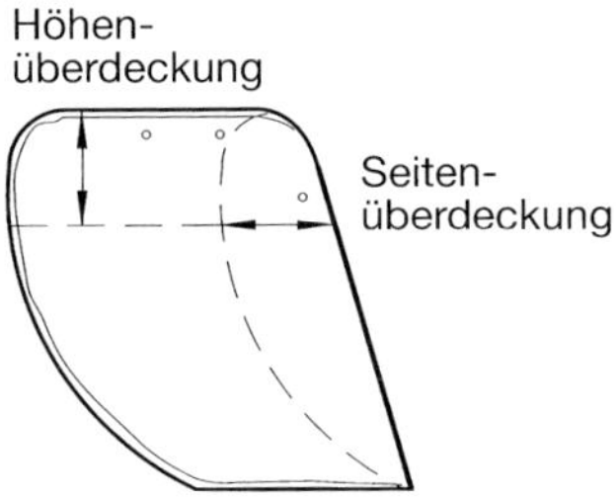

*Rechter Deckstein
mit normalem Hieb*

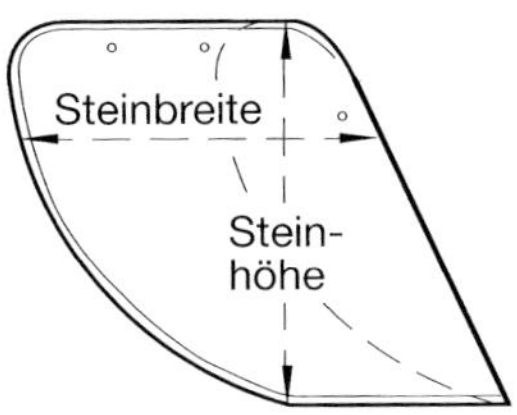

*Rechter Deckstein
mit scharfem Hieb*

Abb. I.8: Linke Decksteine mit stumpfem, normalem und scharfem Hieb

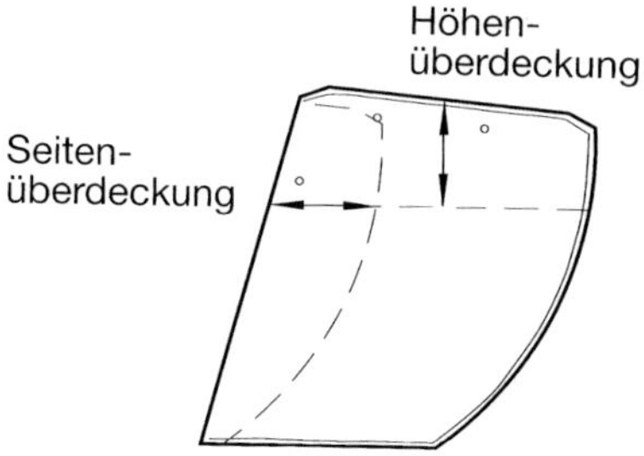

*Linker Deckstein,
mit stumpfem Hieb*

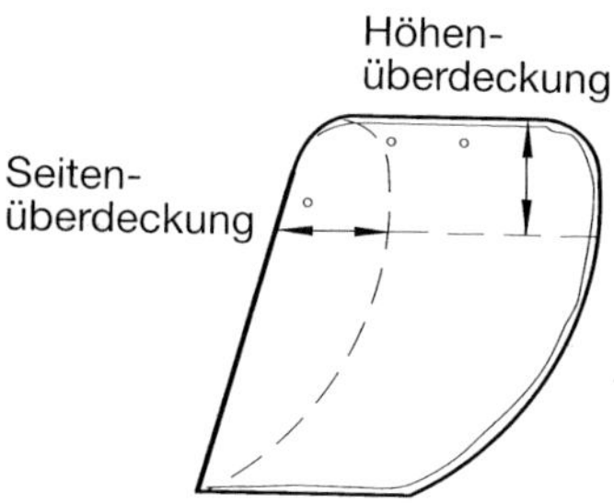

*Linker Deckstein
mit normalem Hieb*

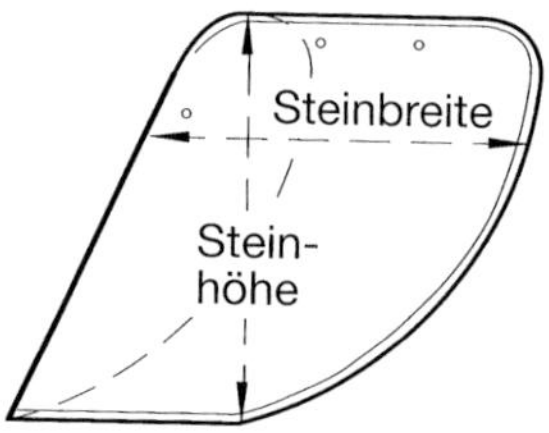

*Linker Deckstein
mit scharfem Hieb*

Abb. I.9: Deckschema: Altdeutsche Deckung

Abb. I.10: Deckschema: Altdeutsche Doppeldeckung

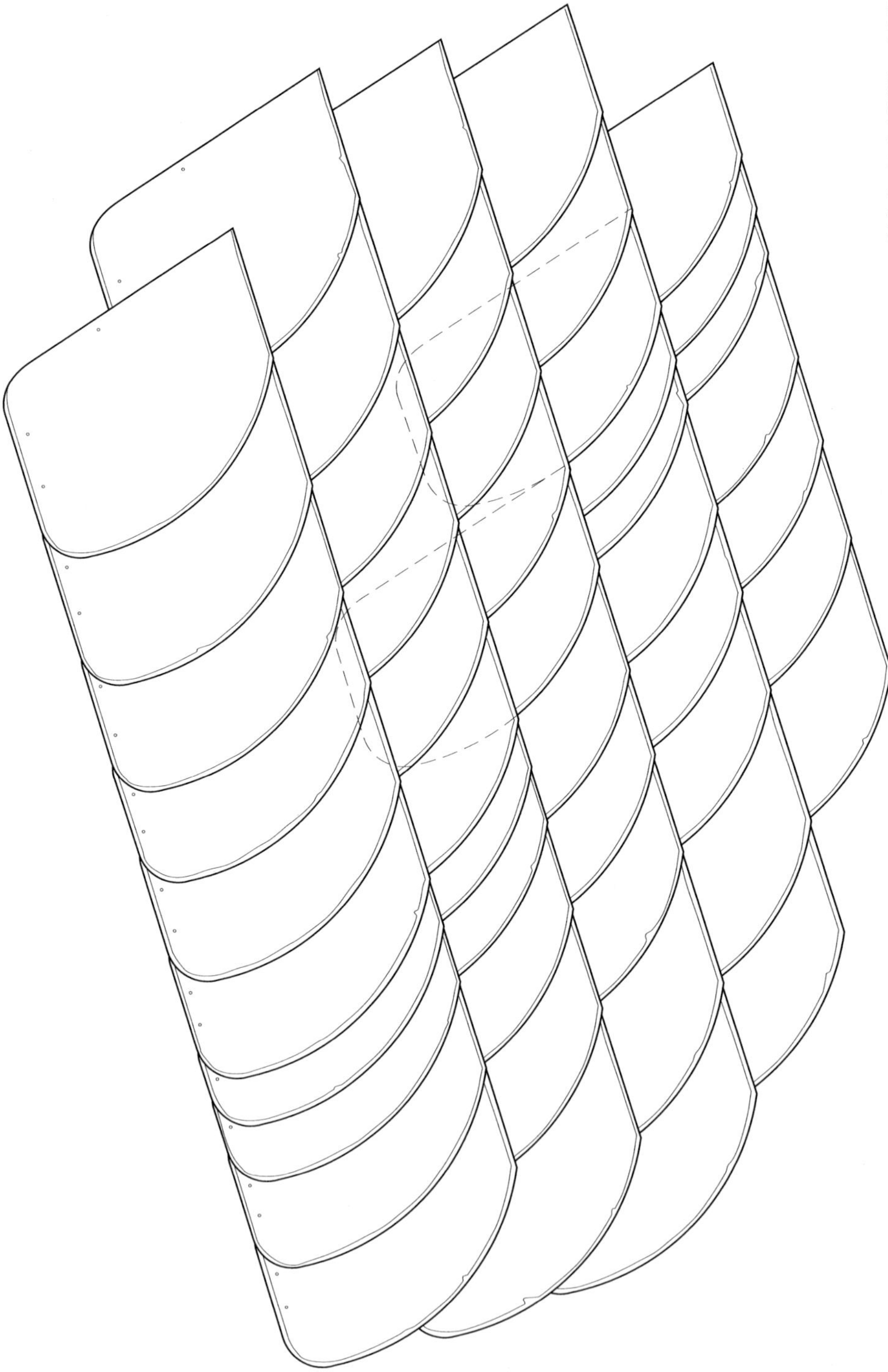

Abb. I.11: Schuppenschablonen

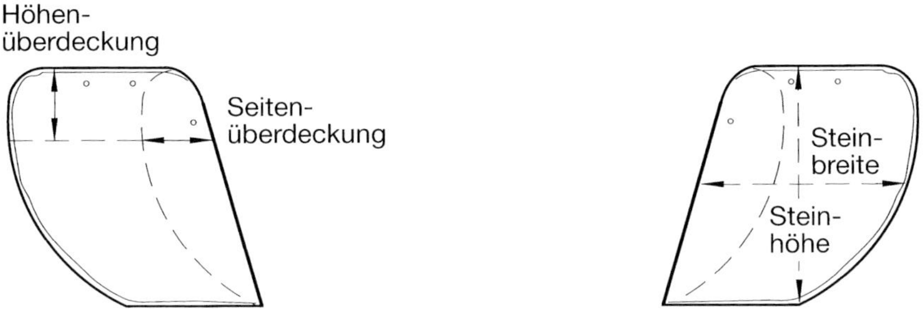

Rechte Schuppe *Linke Schuppe*

Abb. I.12: Deckschema: Schuppendeckung

Abb. I.13: Bogenschnittschablonen

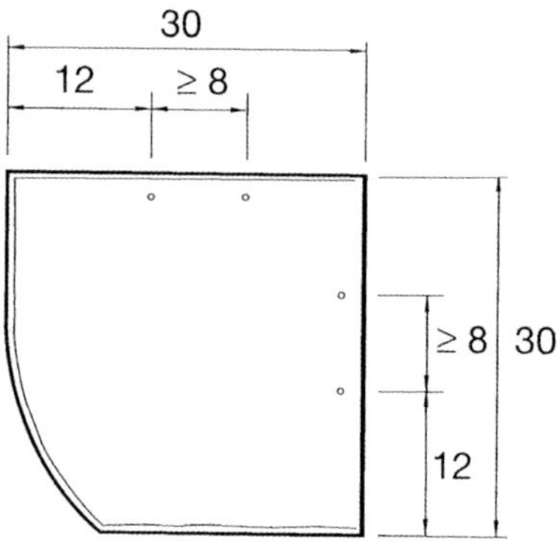

Bogenschnitt-Schablone
30 x 30, rechts

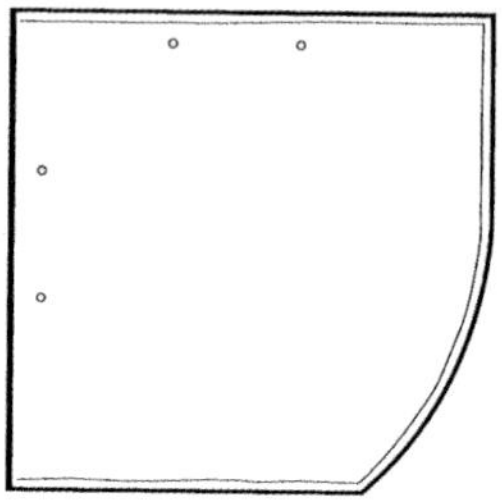

Bogenschnitt-Schablone
30 x 30, links

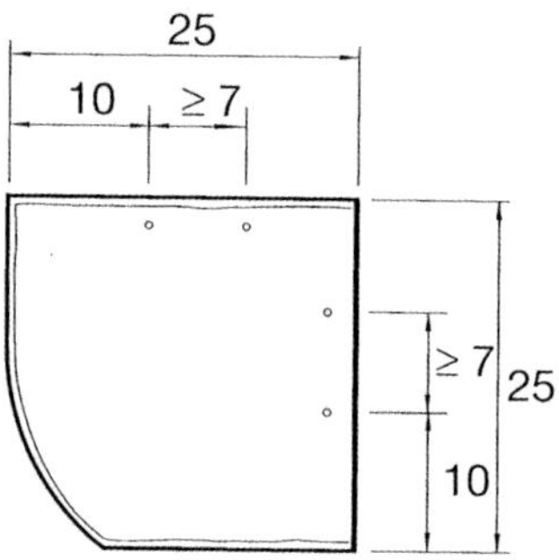

Bogenschnitt-Schablone
25 x 25, rechts

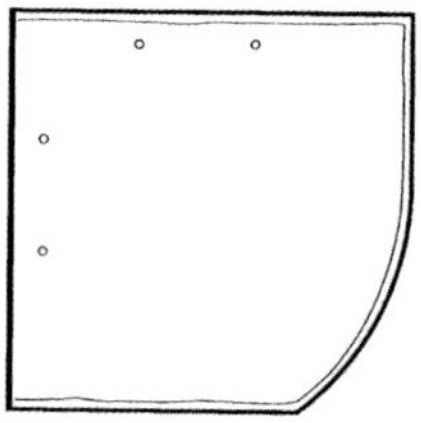

Bogenschnitt-Schablone
25 x 25, links

Maße in cm

Abb. I.13.1: Bogenschnittkonstruktion

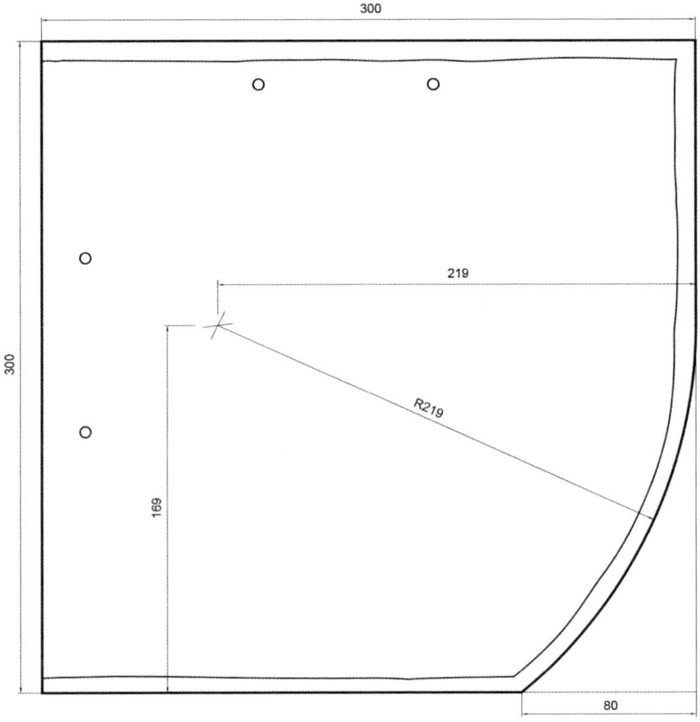

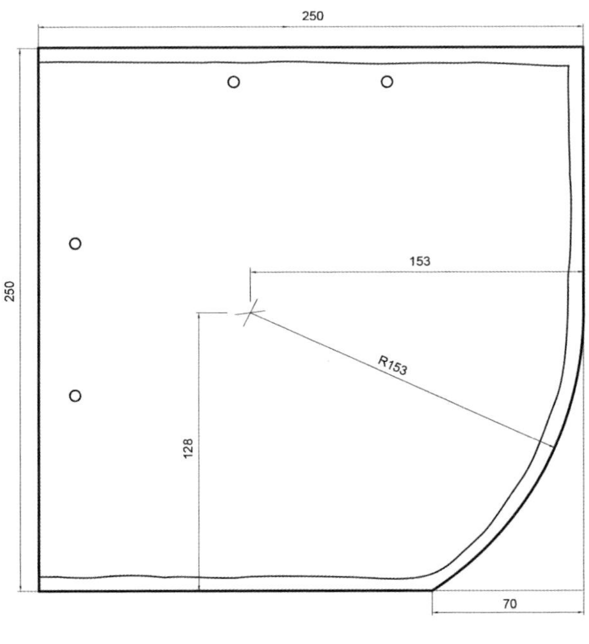

Abb. I.14: Deckschema: Deutsche Deckung (Bogenschnittdeckung)

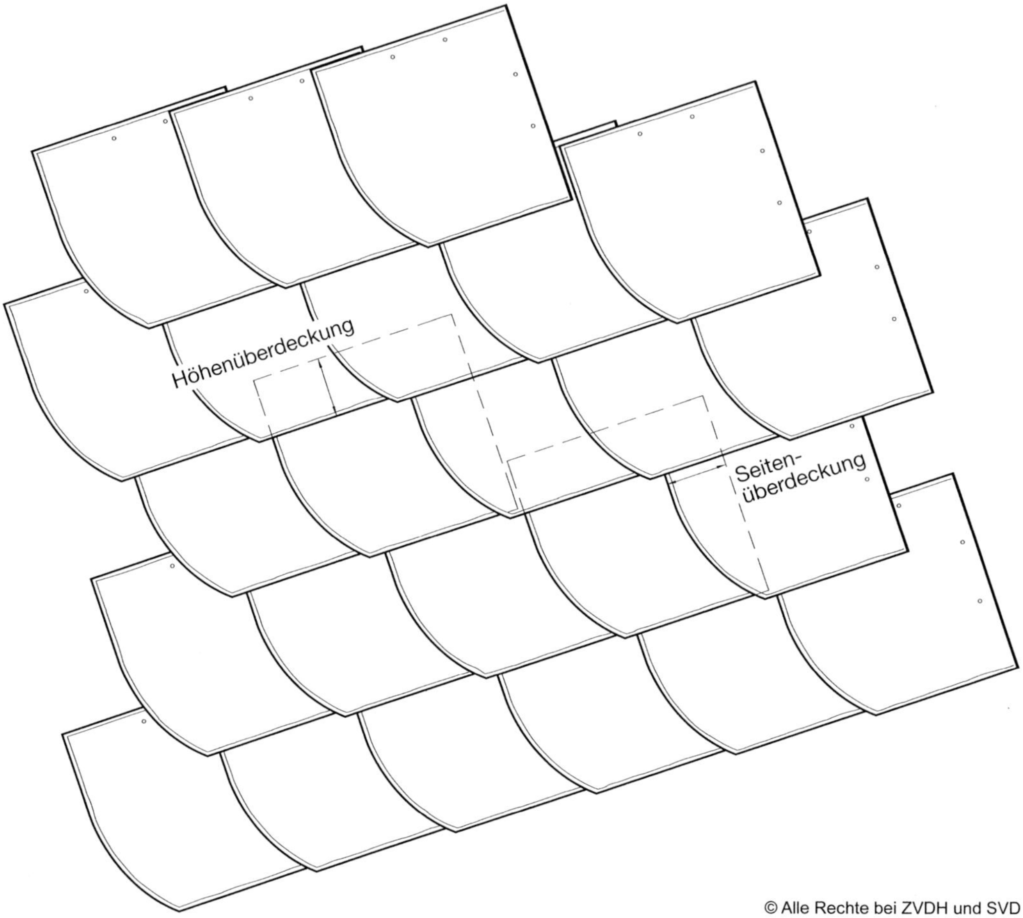

Abb. I.15: Deckschema: Rechteckdoppeldeckung

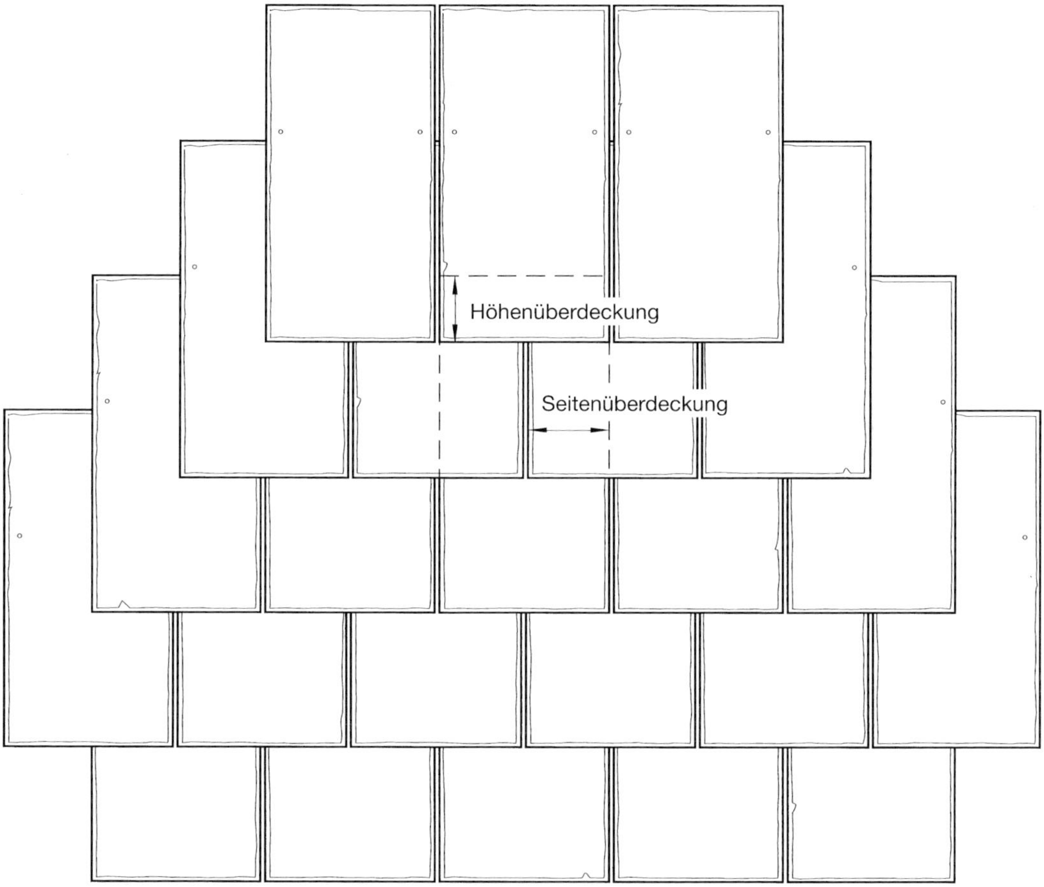

Abb. I.16: Deckschema: Rechteckdoppeldeckung (geklammert auf Lattung)

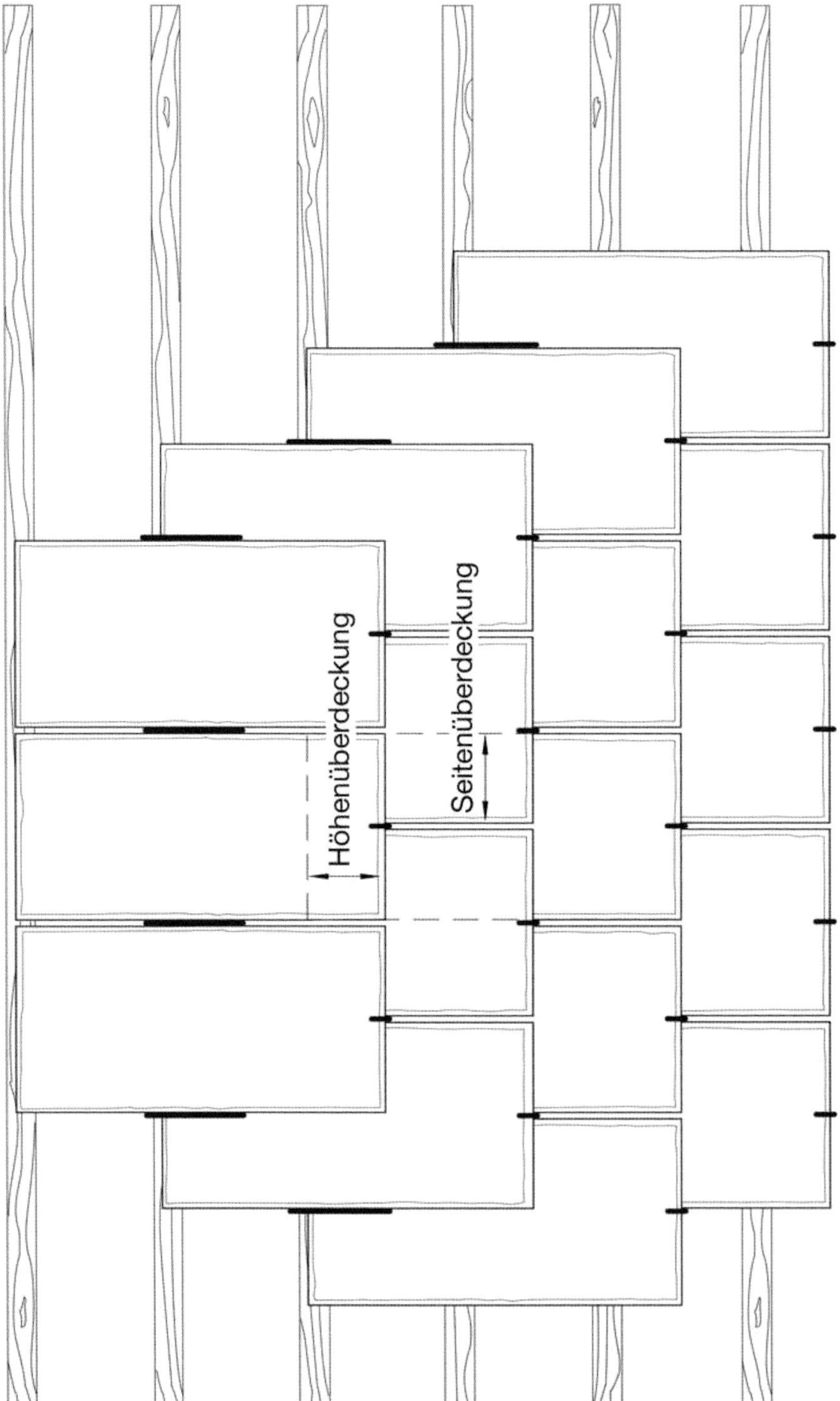

Abb. I.17: Deckschema: Spitzwinkeldeckung

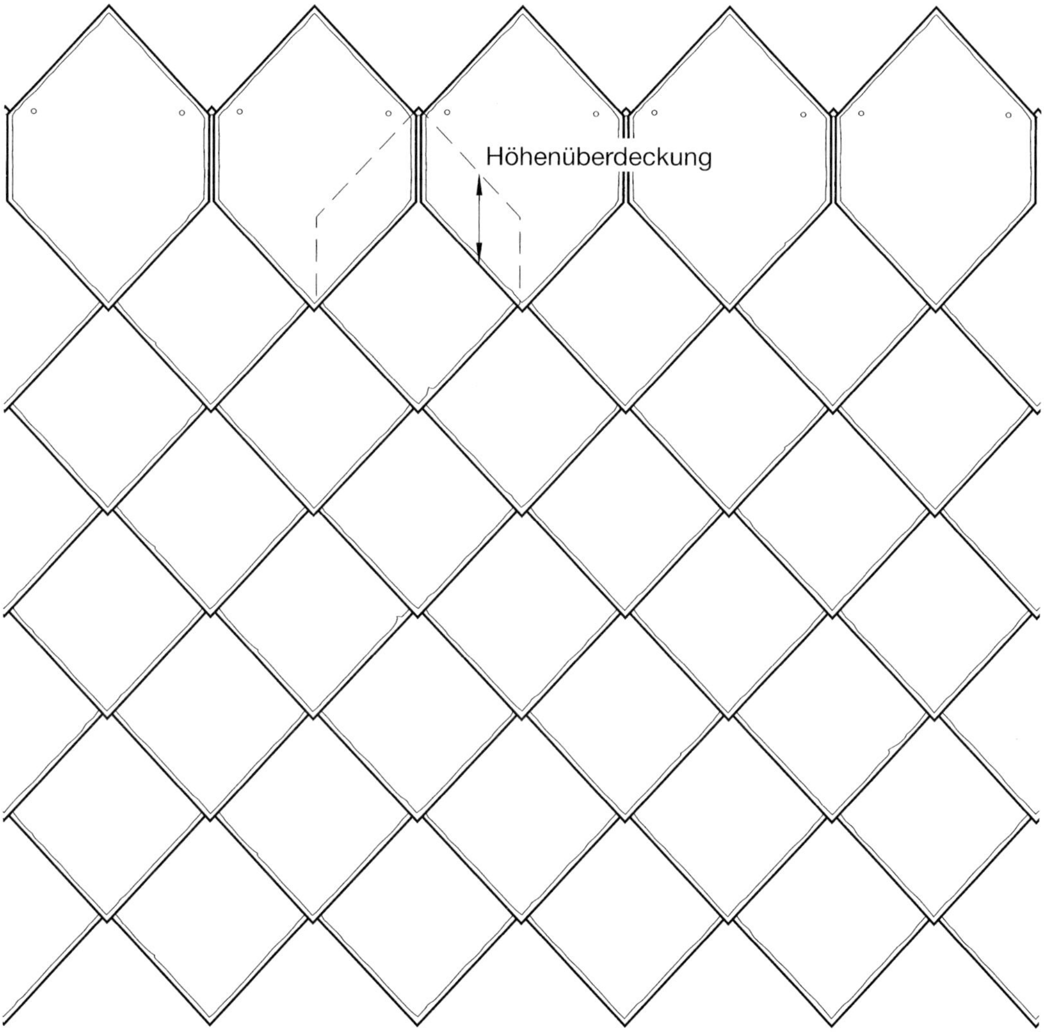

Abb. I.18: Traufe: Altdeutsche Deckung mit eingebundenem Fuß

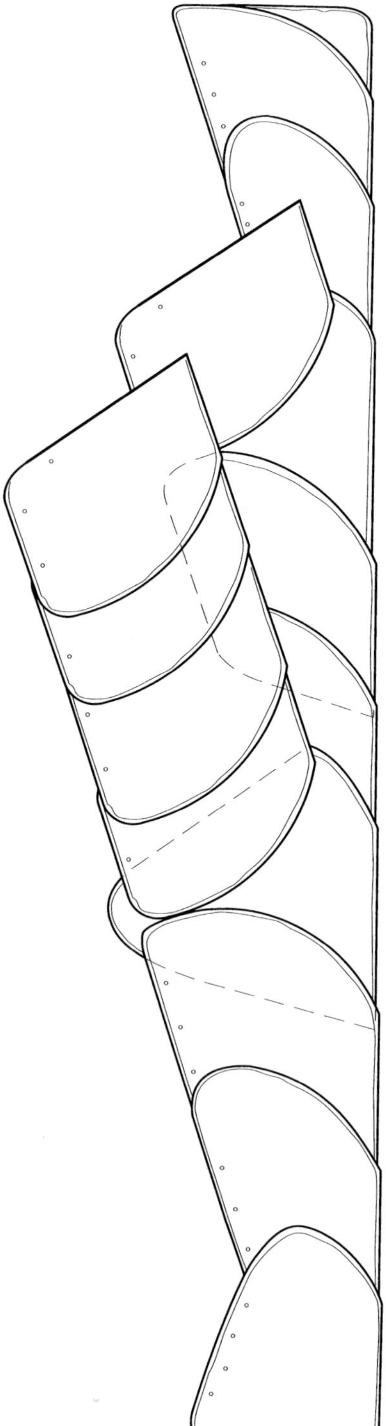

Abb. I.19: Traufe: Altdeutsche Doppeldeckung mit eingebundenem Fuß

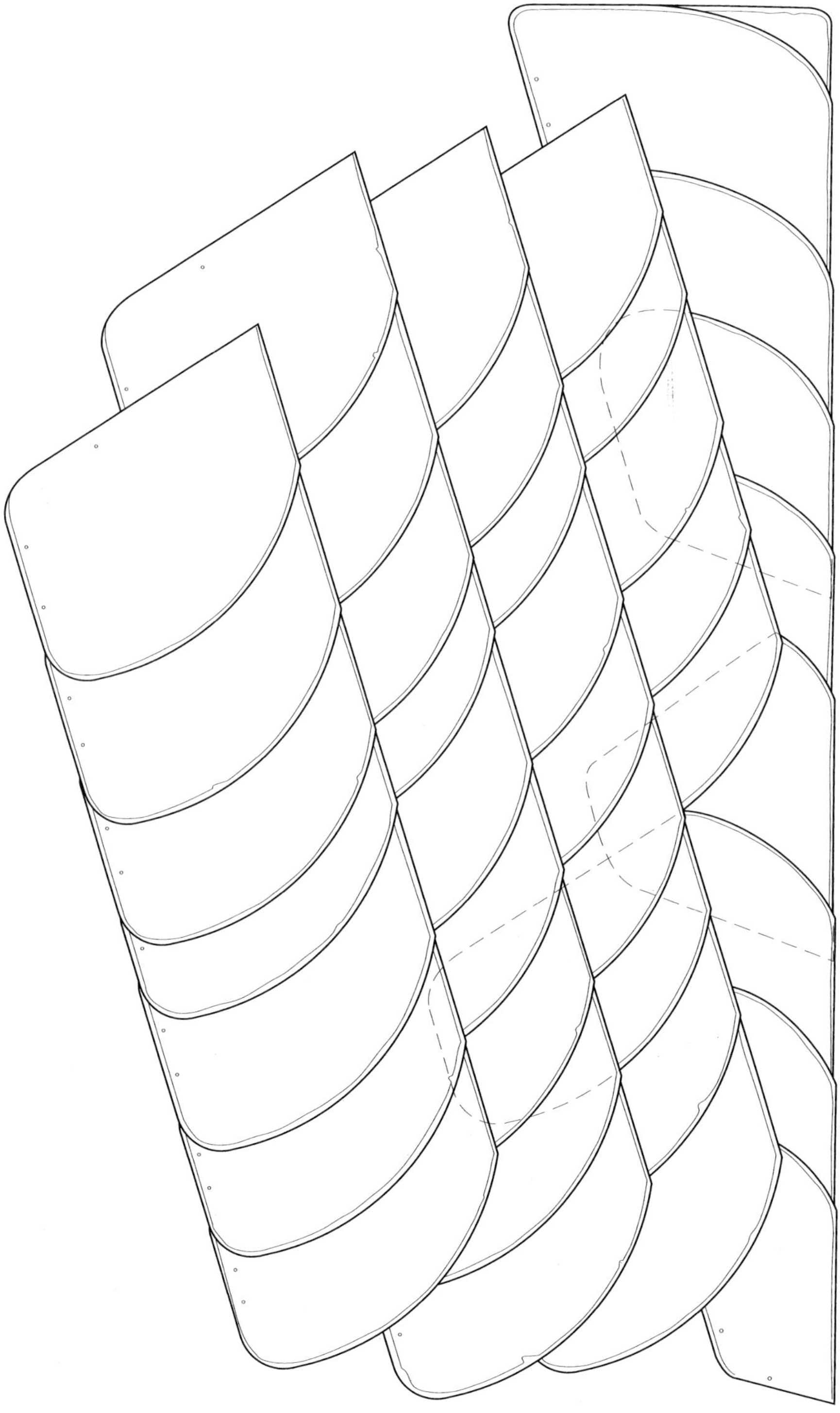

Abb. I.20: Traufe: Schuppendeckung mit eingebundenem Fuß

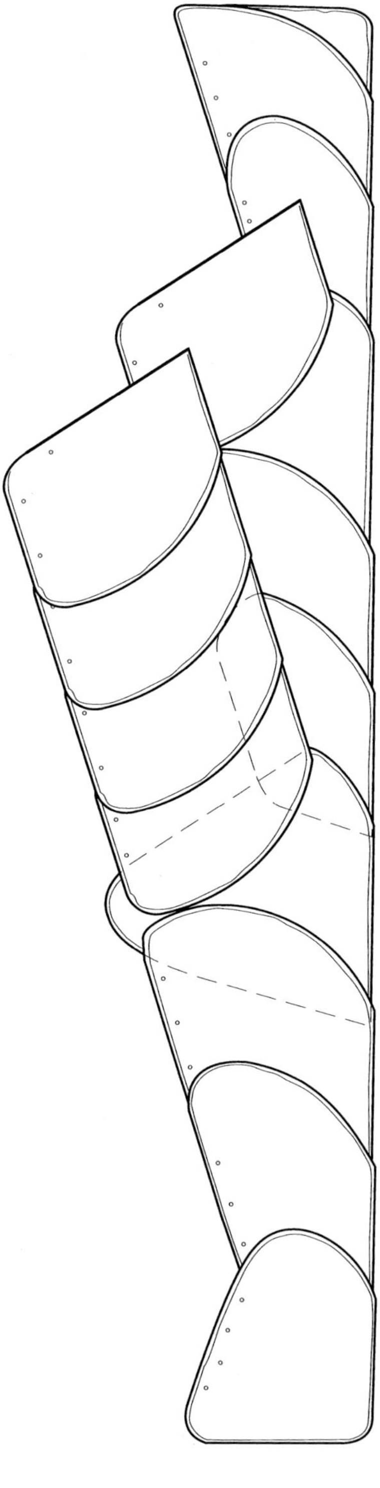

Abb. I.21: Traufe: Deutsche Deckung (Bogenschnittdeckung) mit eingebundenem Fuß

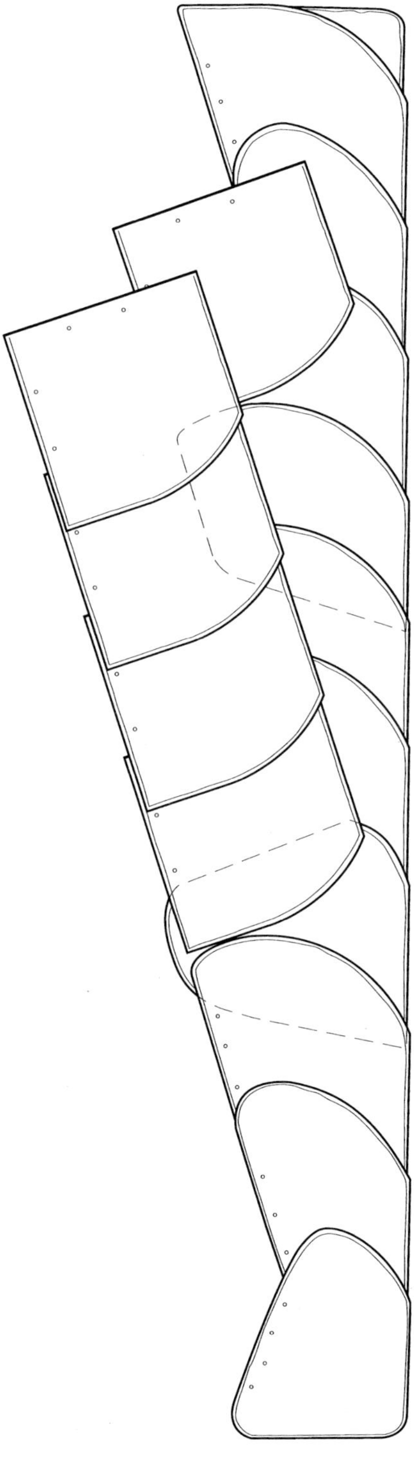

Abb. I.22: Traufe: Deutsche Deckung (Bogenschnittdeckung) mit eingespitztem Fuß

Abb. I.23: Traufe: Rechteckdoppeldeckung

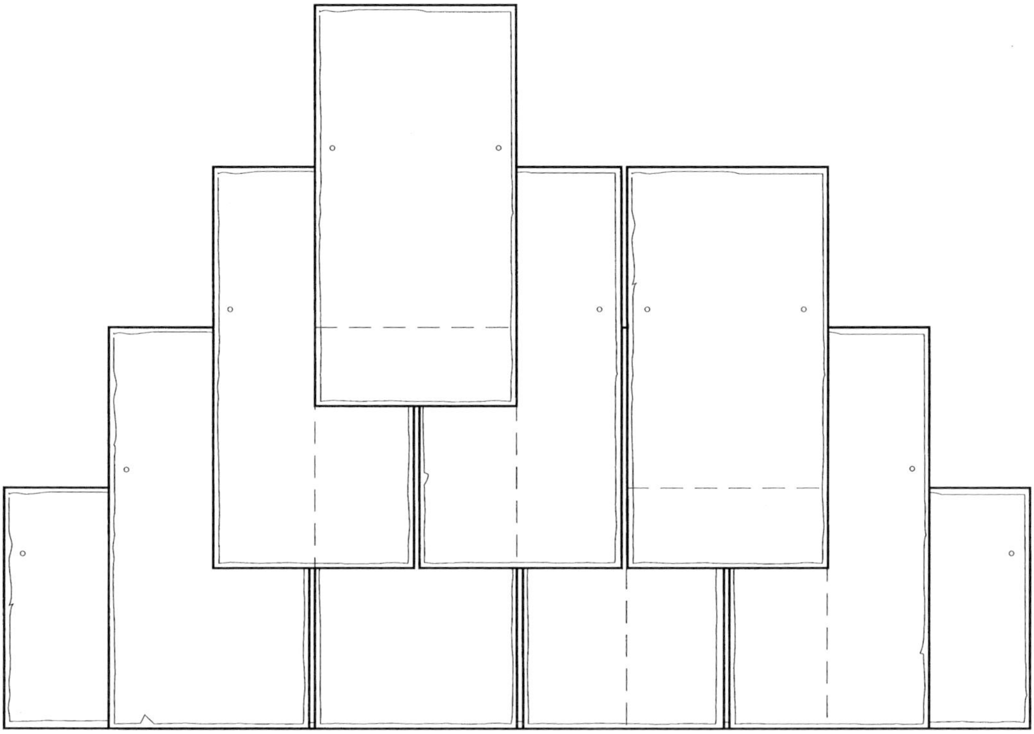

Abb. I.24: Traufe: Spitzwinkeldeckung

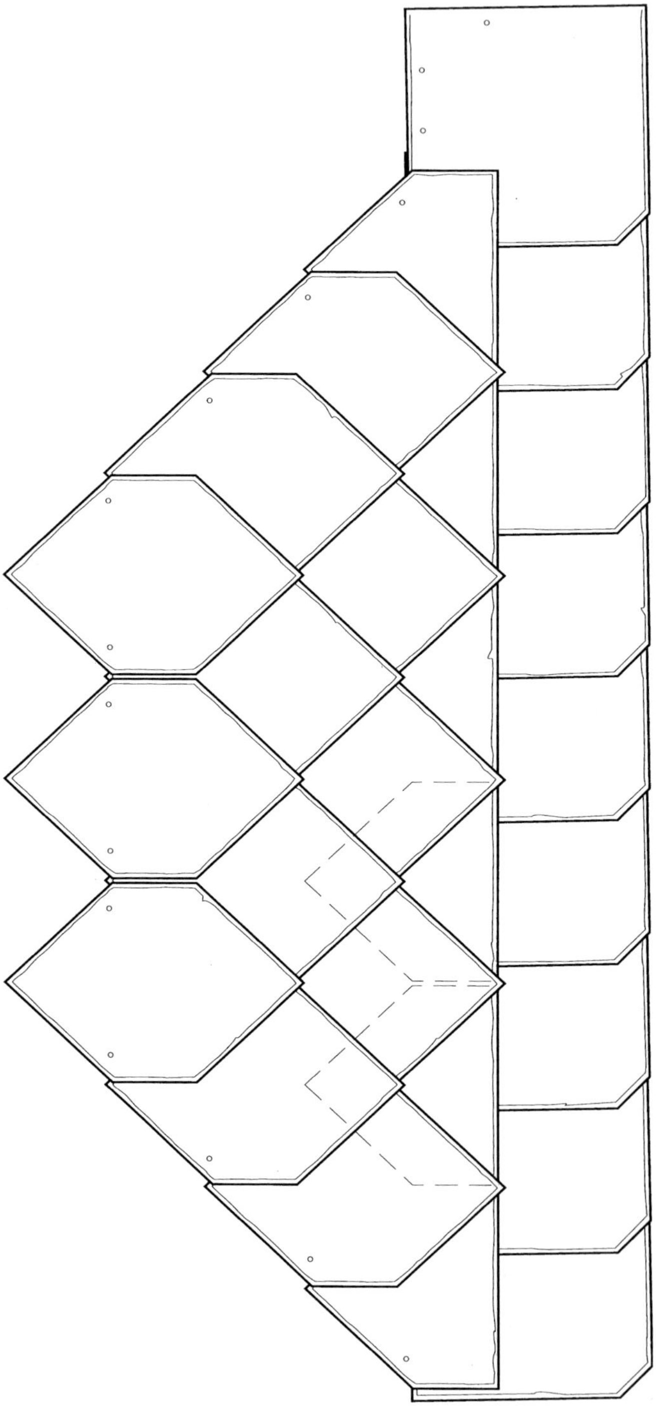

Abb. I.25: Ort: Altdeutsche Deckung mit Doppelendort

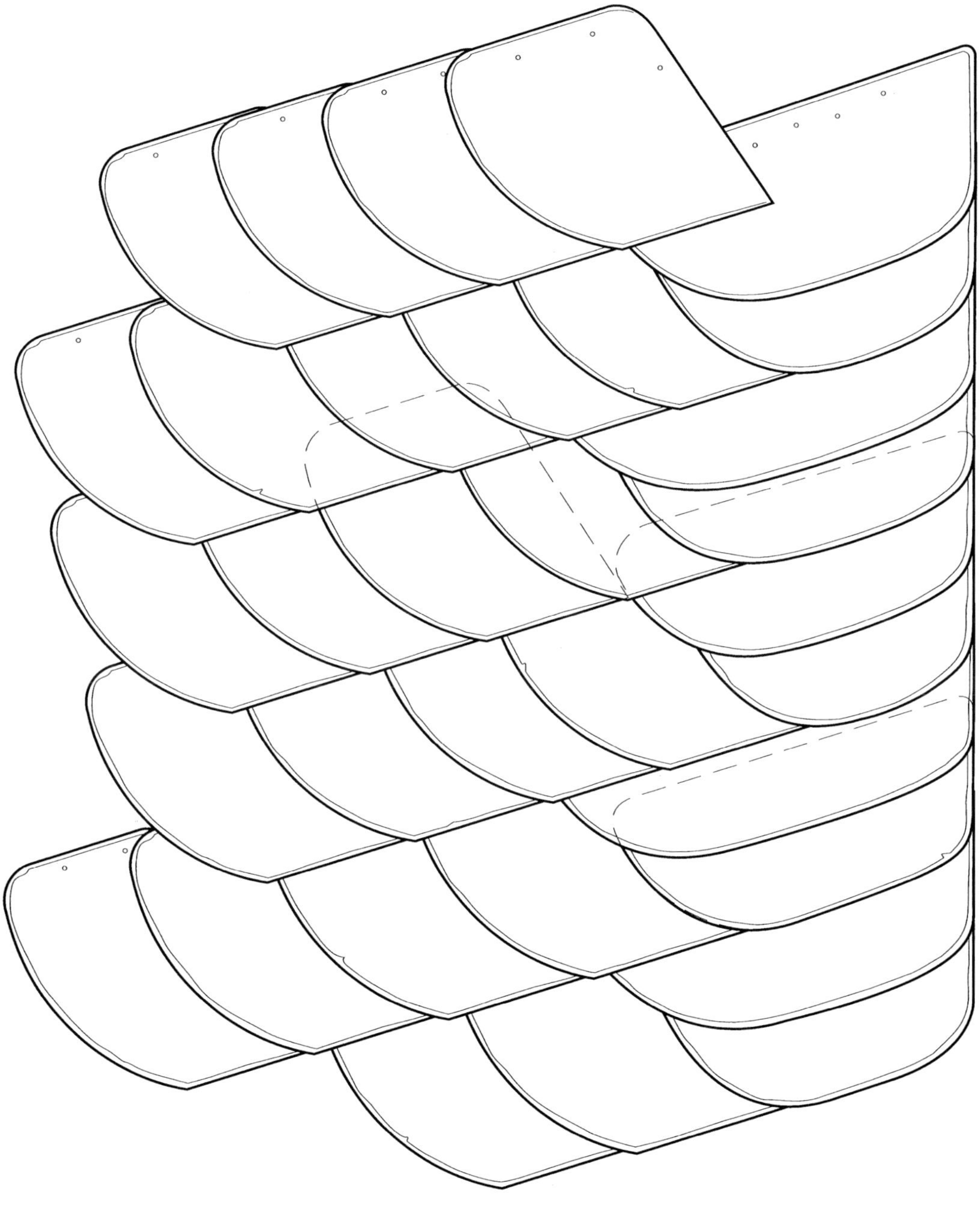

Abb. I.26: Ort: Altdeutsche Deckung mit Endstichort

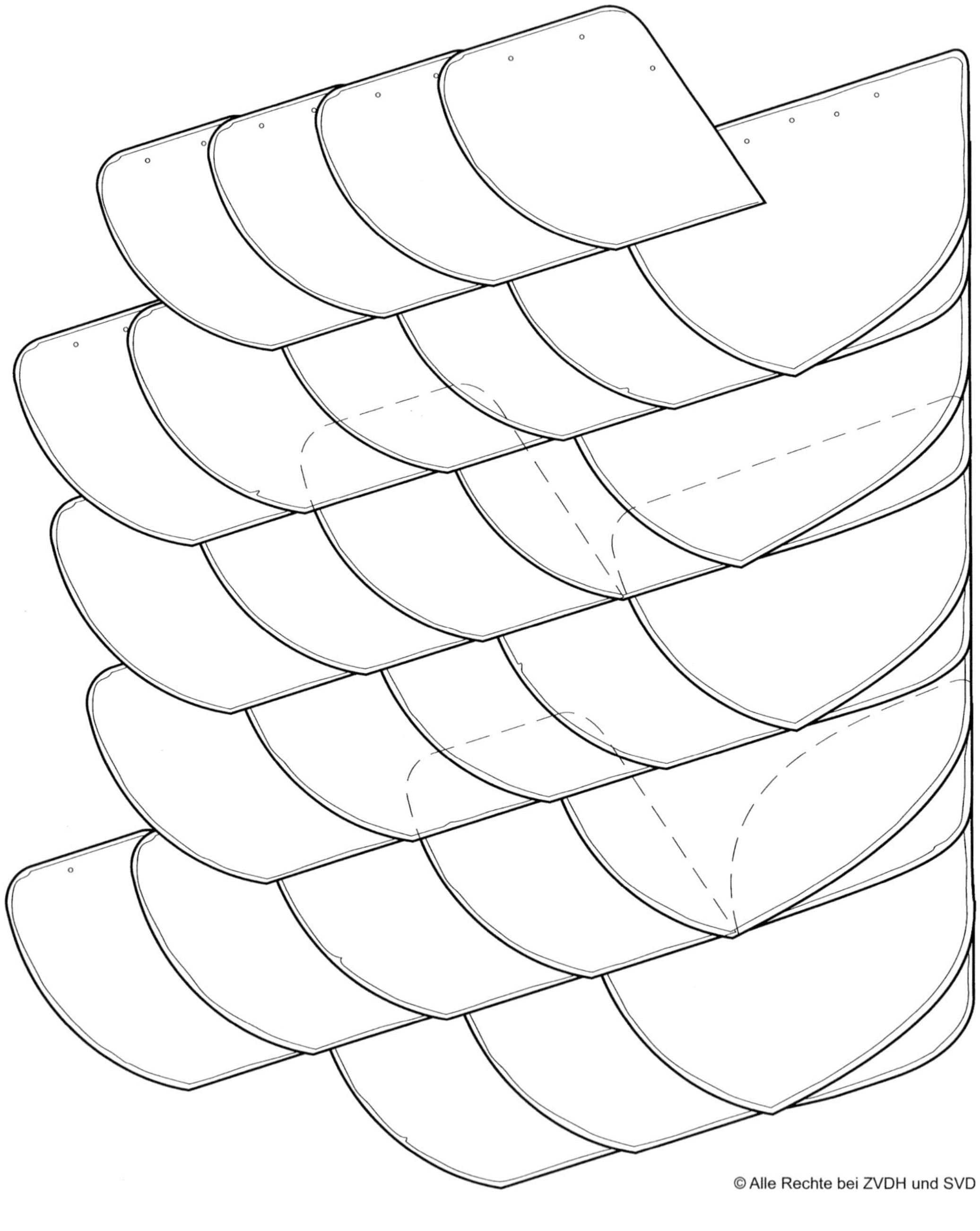

Abb. I.27: Ort: Altdeutsche Deckung mit Anfangort

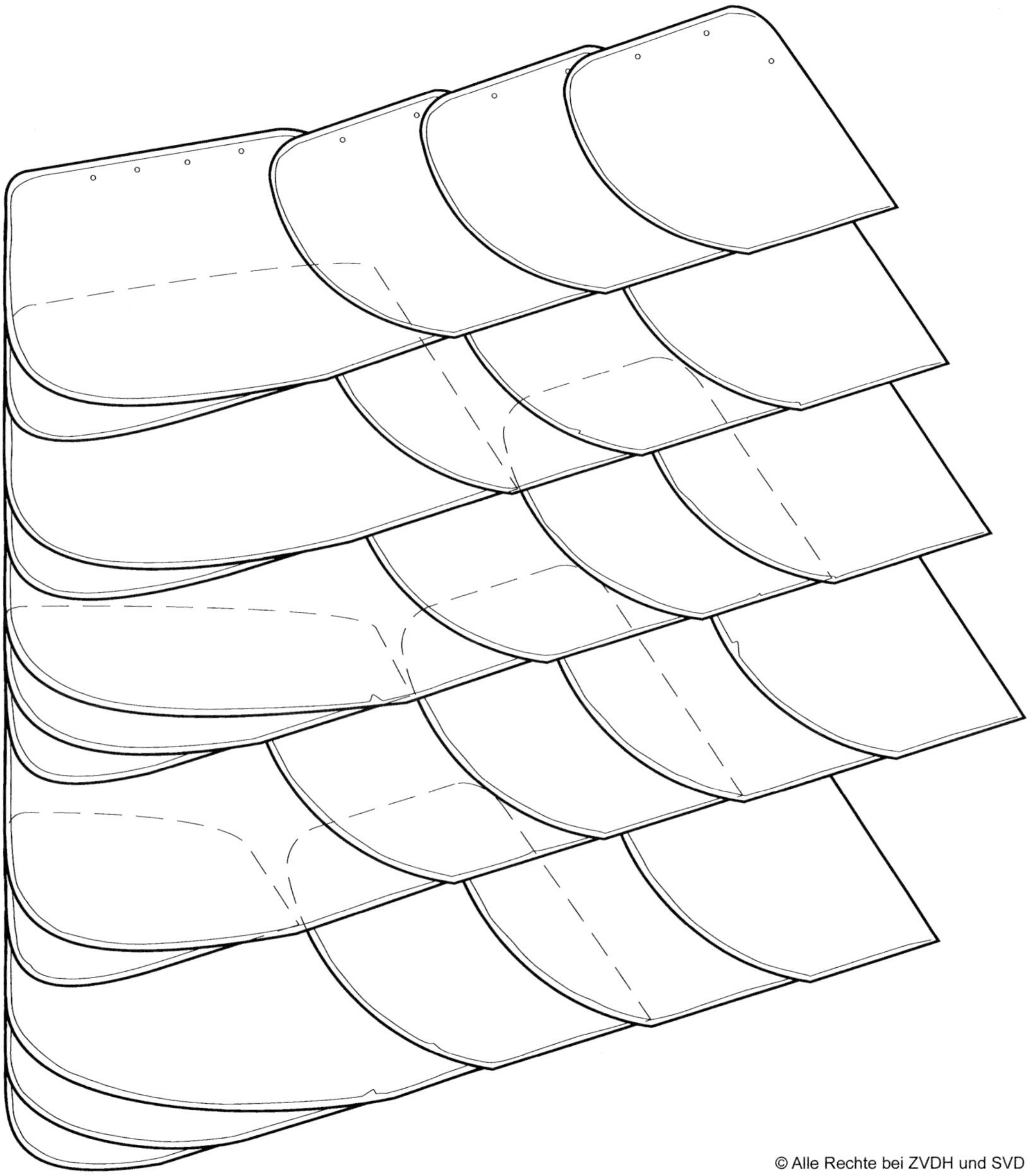

Abb. I.28: Ort: Deutsche Deckung (Bogenschnittdeckung) mit Doppelendort

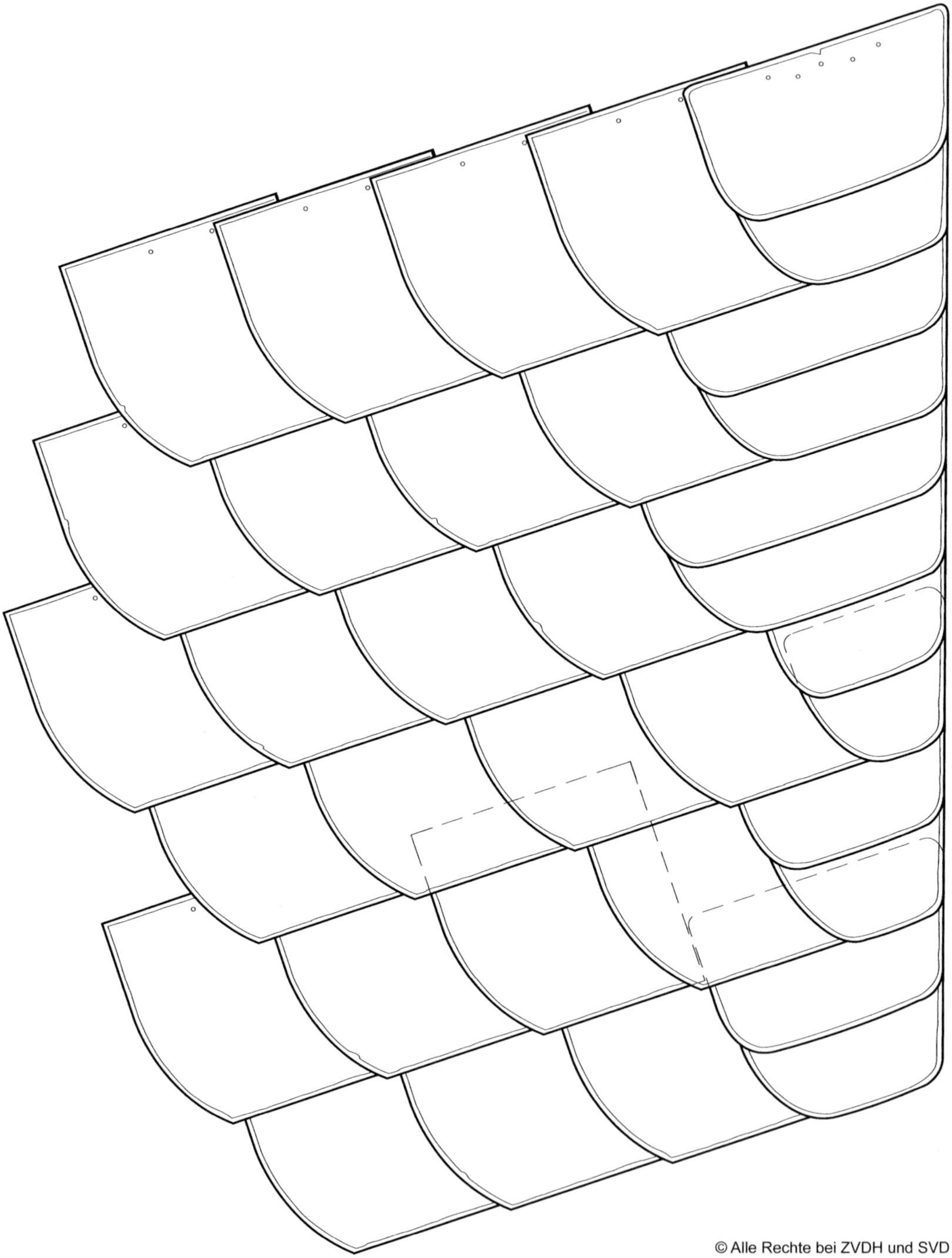

Abb. I.29: Ort: Deutsche (Bogenschnittdeckung) mit Anfangort

Abb. I.30: Ort: Rechteckdoppeldeckung, halber Verband

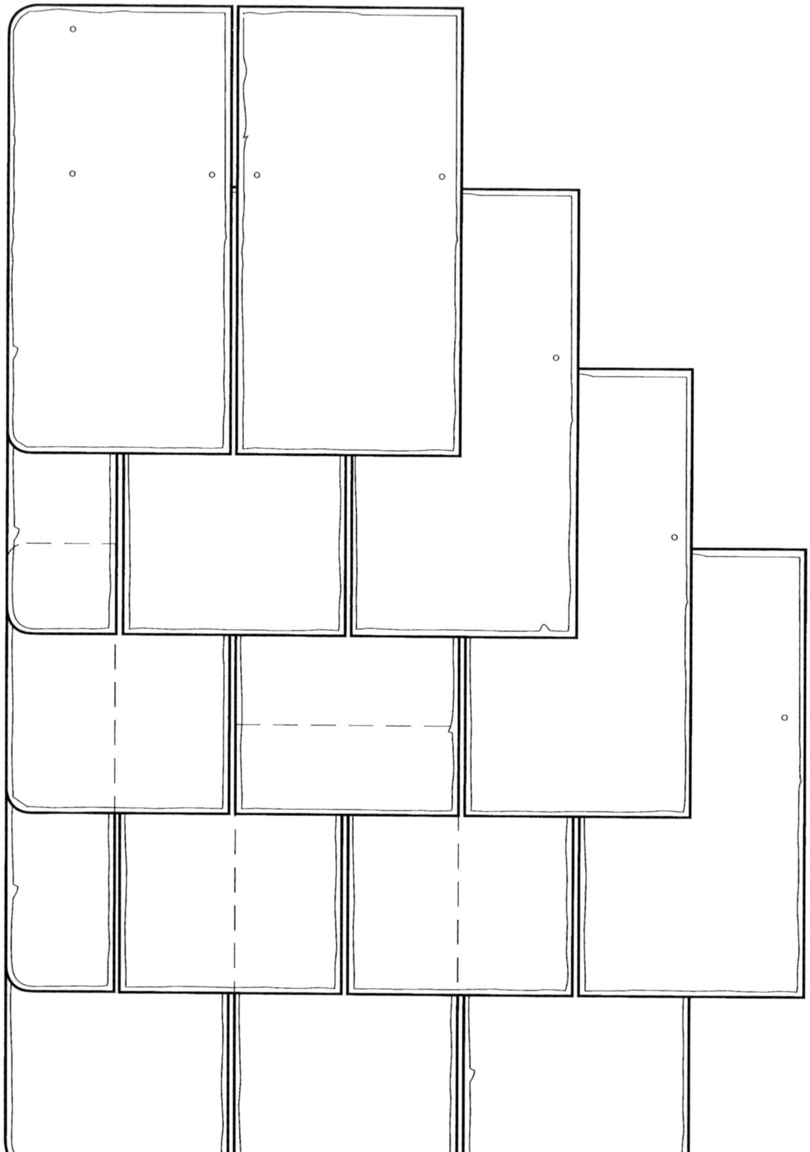

Abb. I.31: Ort: Rechteckdoppeldeckung, halber Verband mit Zubehörsteinen

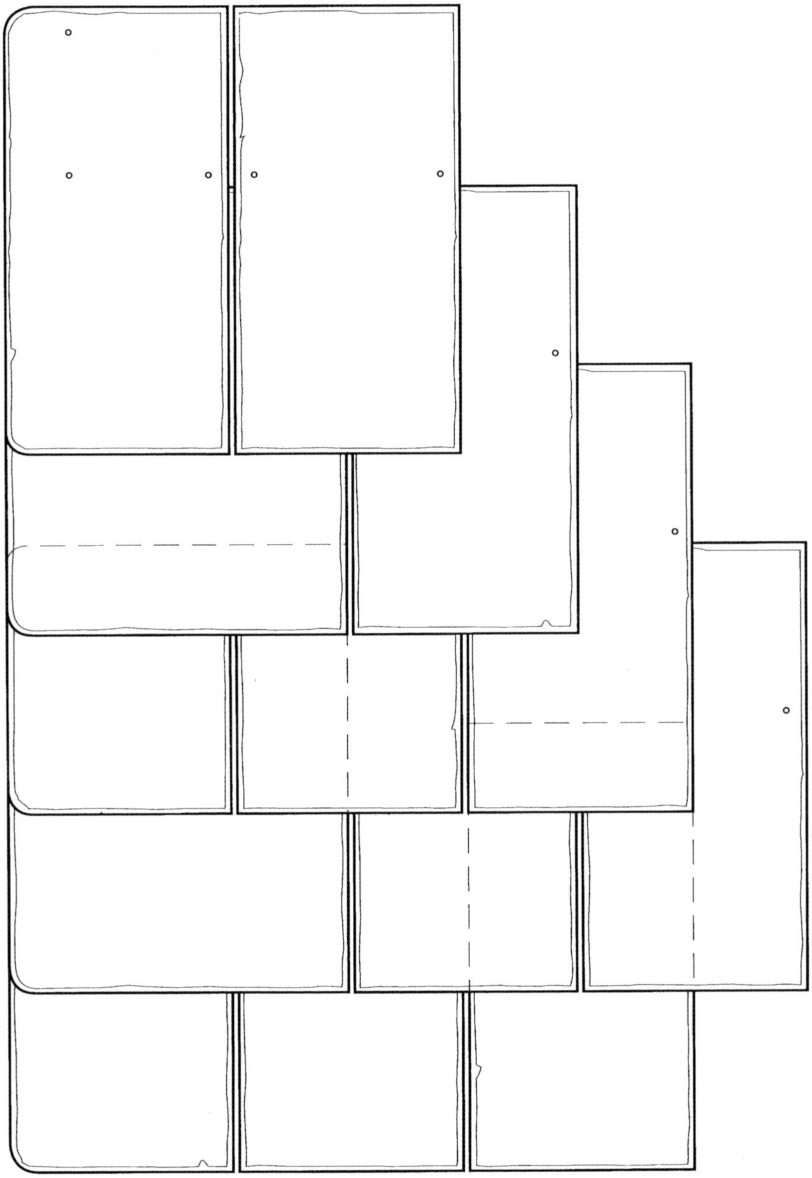

Abb. I.32: First: Altdeutsche Deckung

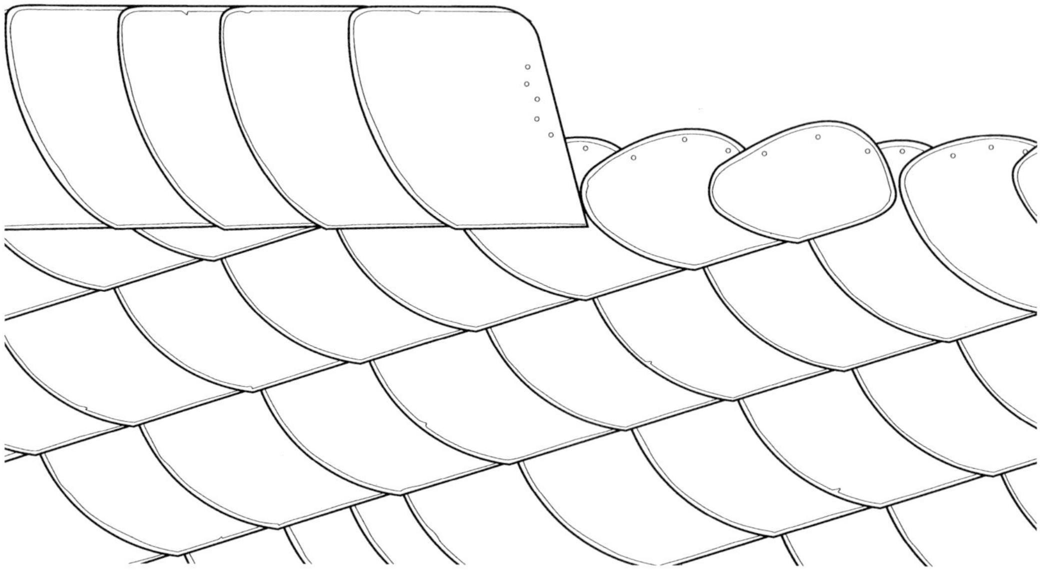

Abb. I.33: First: Schuppendeckung

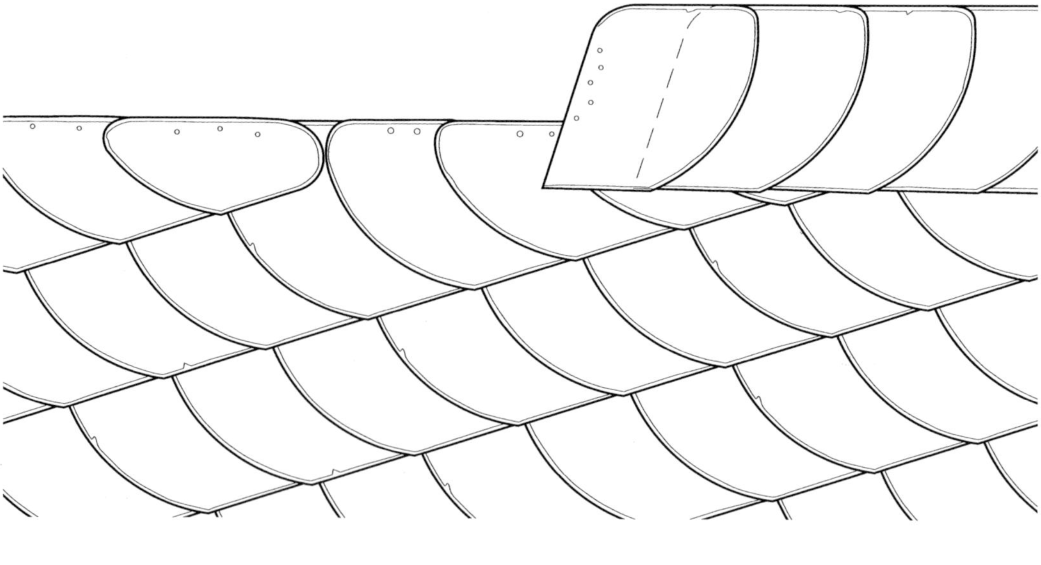

Abb. I.34: First: Deutsche Deckung (Bogenschnittdeckung)

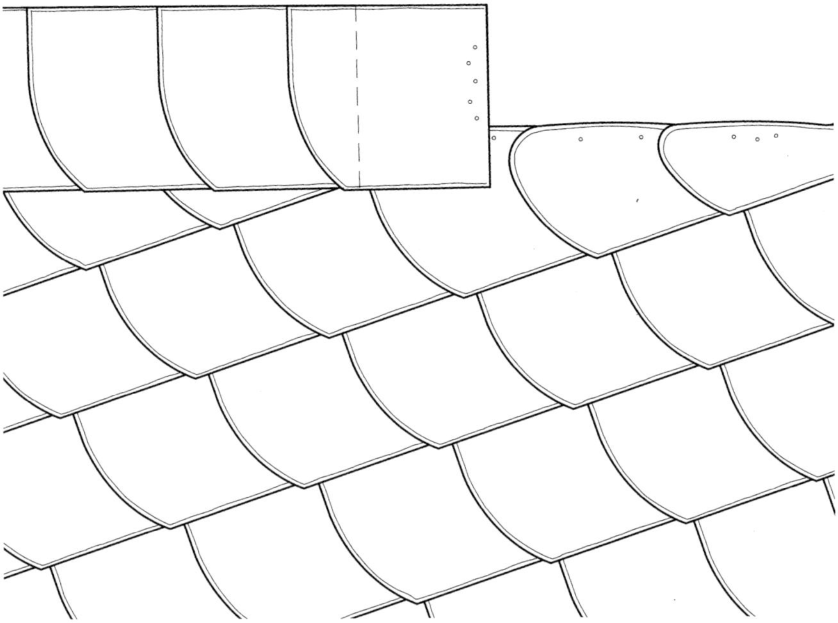

Abb. I.35: First: Rechteckdoppeldeckung

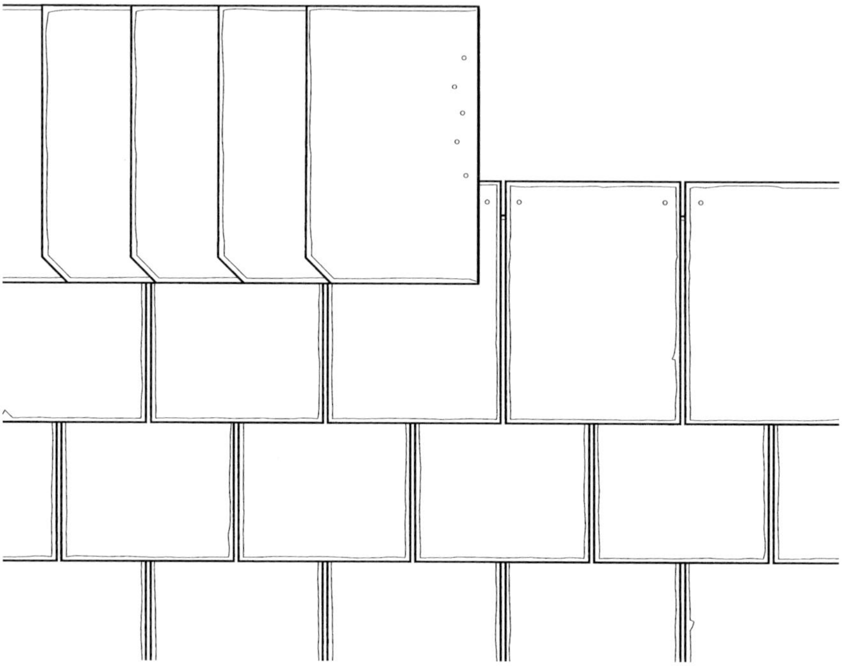

Abb. I.36: Grat: Altdeutsche Deckung mit Doppelendort, gestaffelt

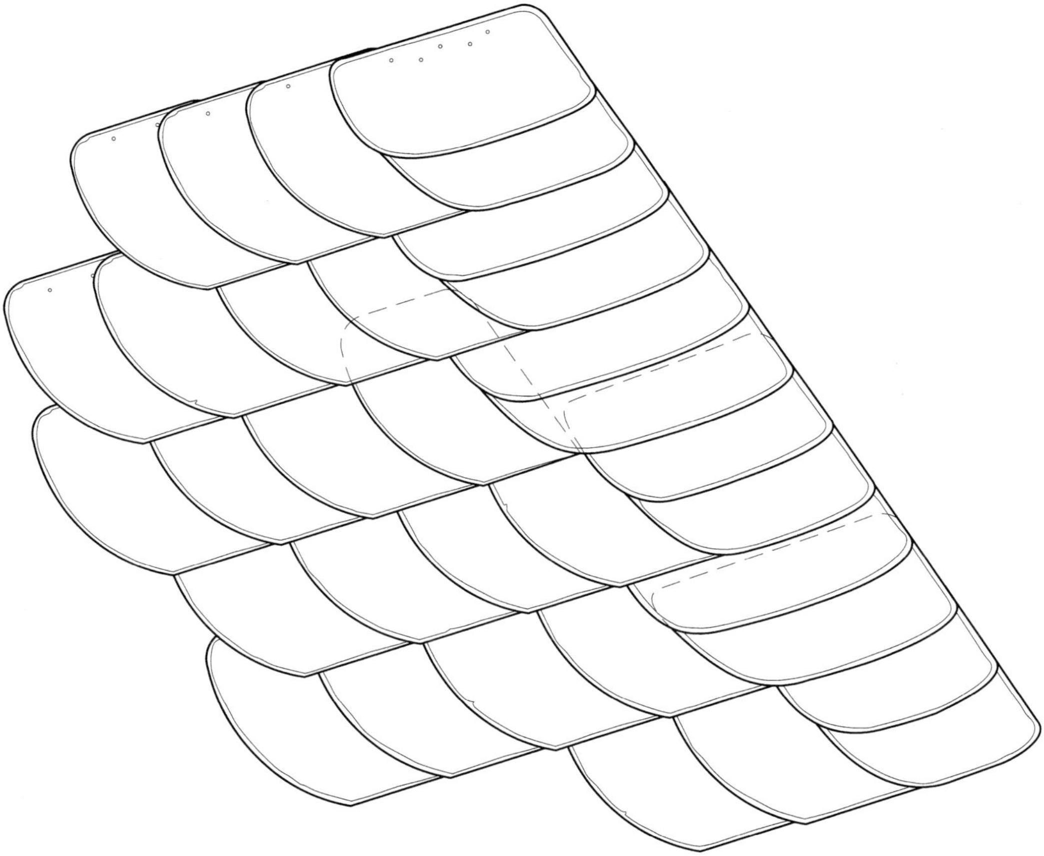

Abb. I.37: Grat: Altdeutsche Deckung mit Endstichort, gestaffelt

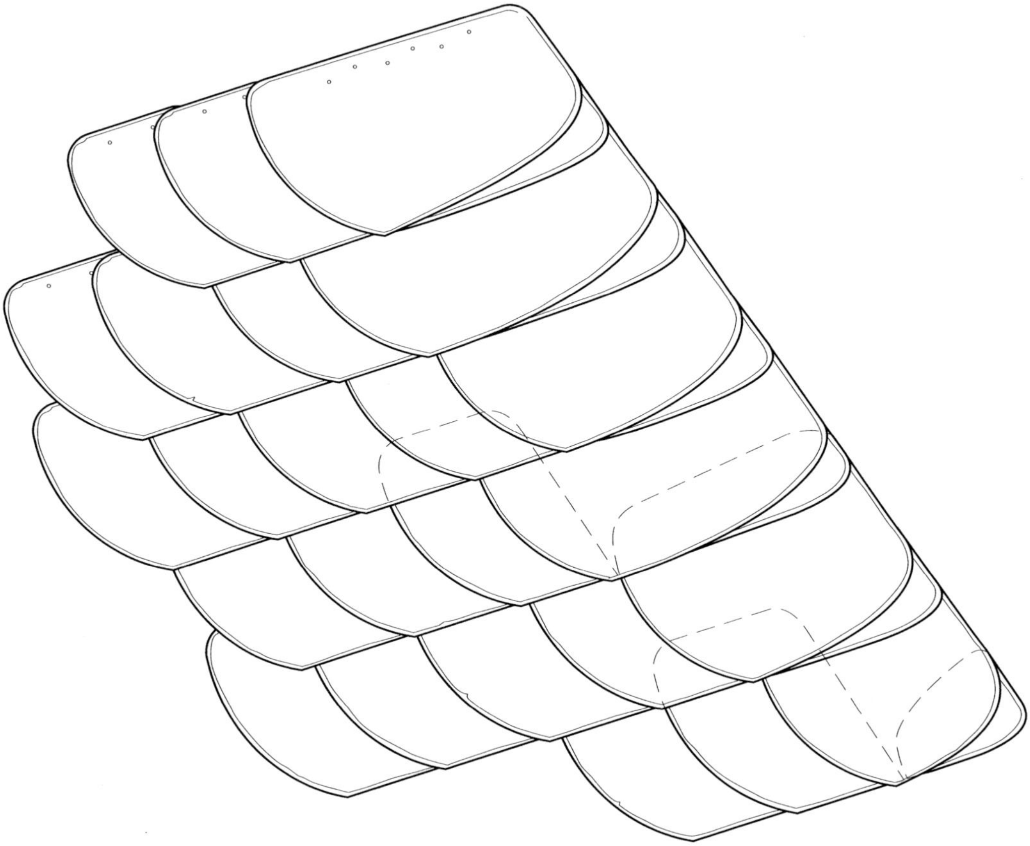

Abb. I.38: Grat: Altdeutsche Deckung mit Anfangort

Abb. I.39: Grat: Altdeutsche Deckung mit Anfangort (stehend)

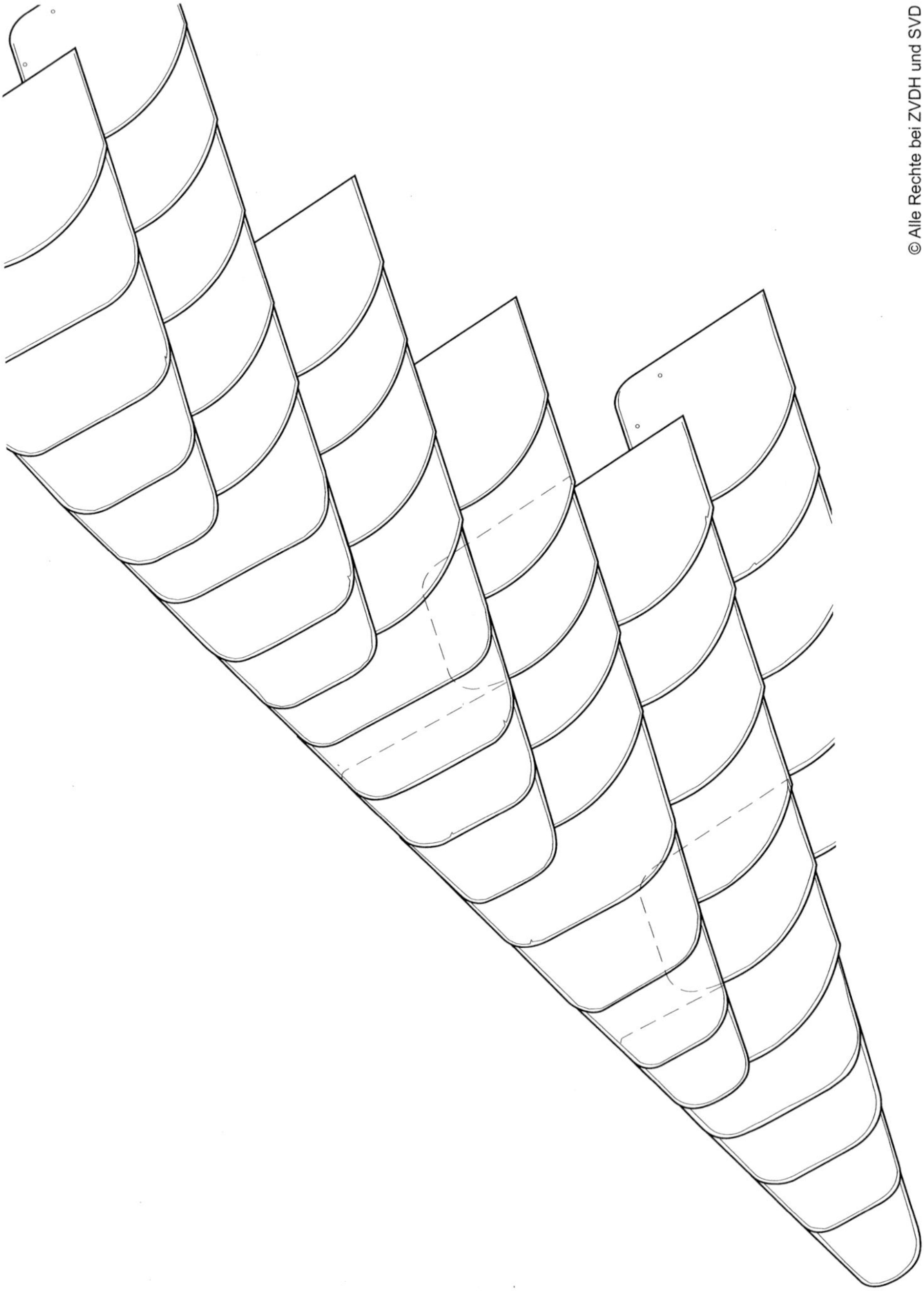

Abb. I.40: Grat: Schuppendeckung mit Strackort

Abb. I.41: Grat: Deutsche Deckung (Bogenschnittdeckung) mit Doppelendort, gestaffelt

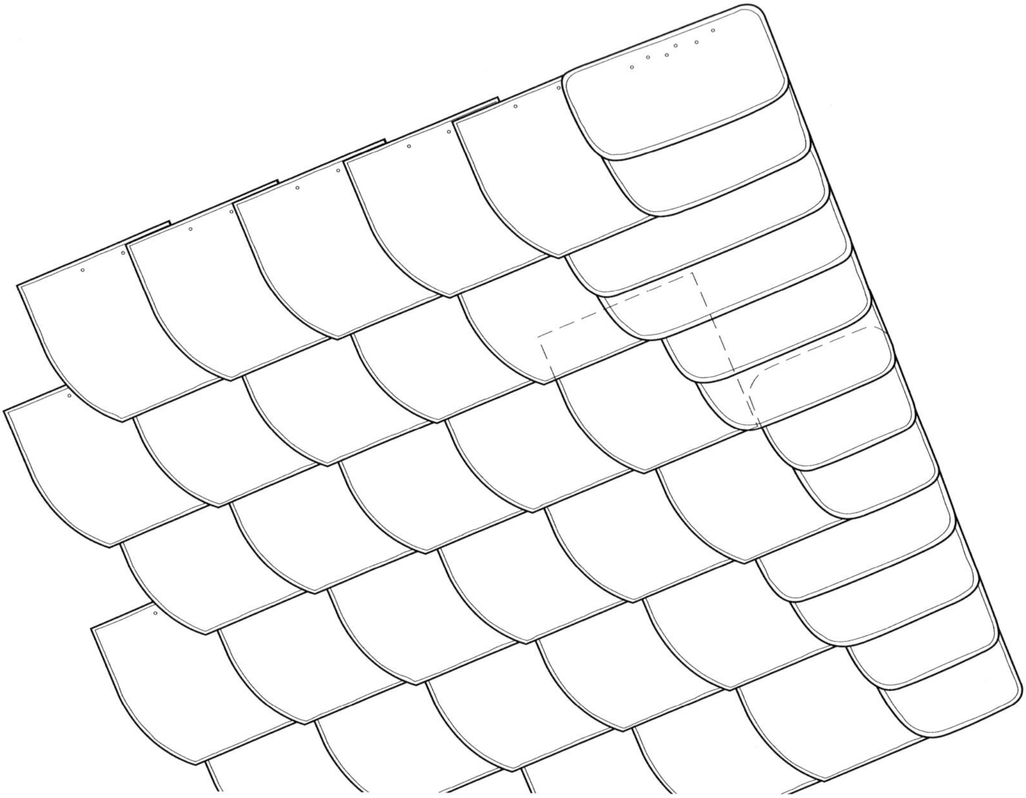

Abb. I.42: Grat: Deutsche Deckung (Bogenschnittdeckung) mit Anfangort

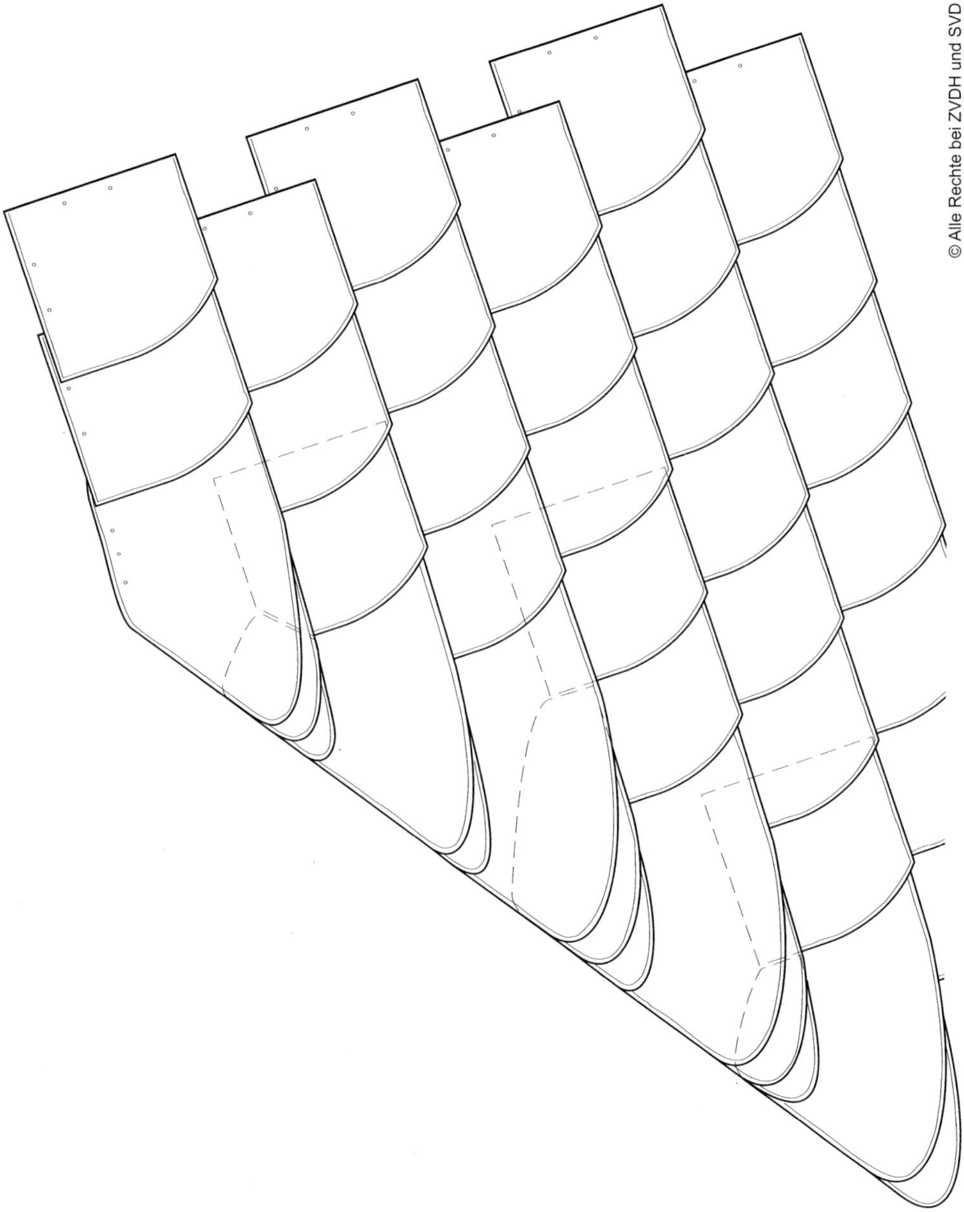

Abb. I.43: Grat: Deutsche Deckung (Bogenschnittdeckung) mit Anfangort (stehend)

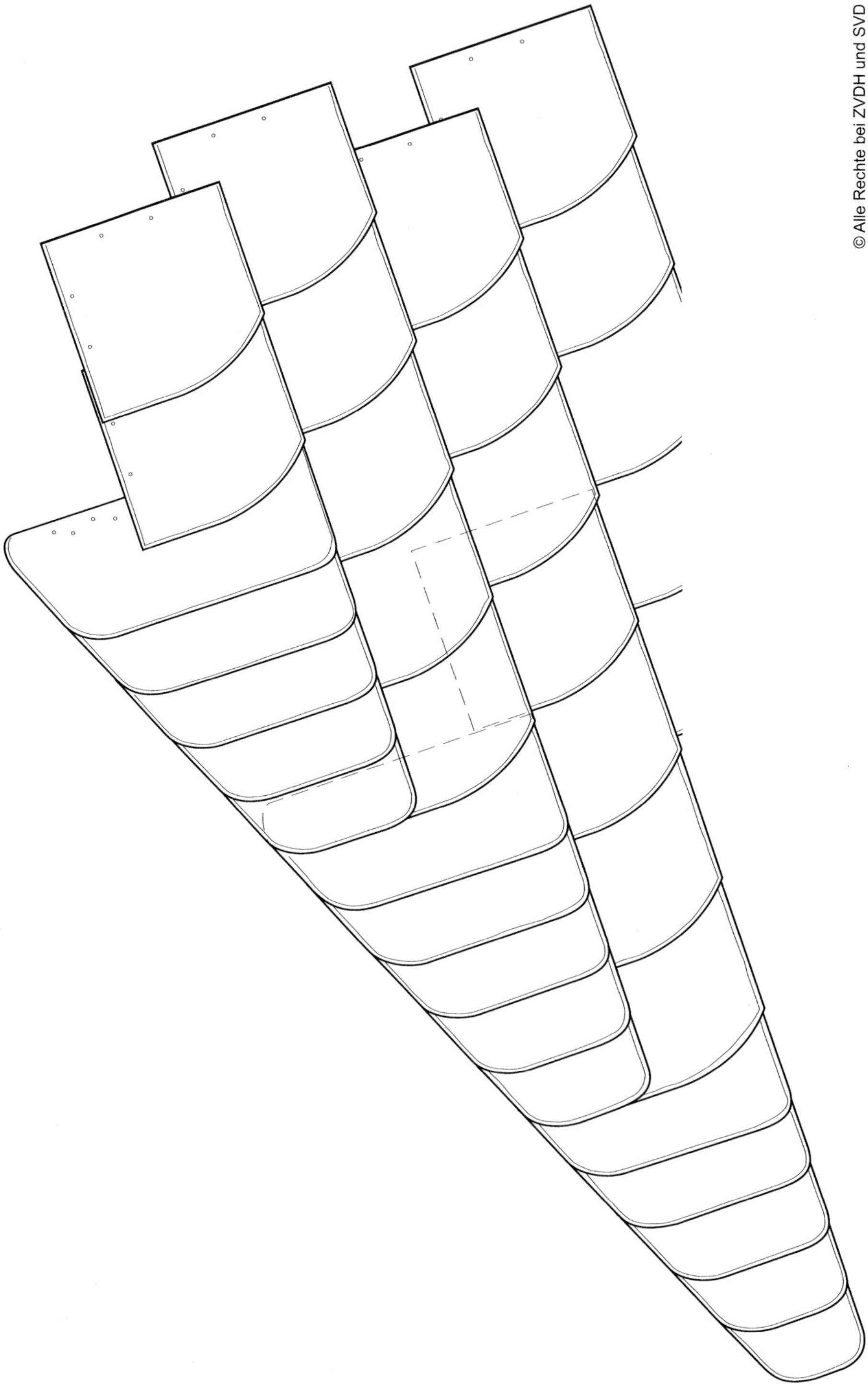

Abb. I.44: Grat: Rechteckdoppeldeckung, eingebunden mit Nocken

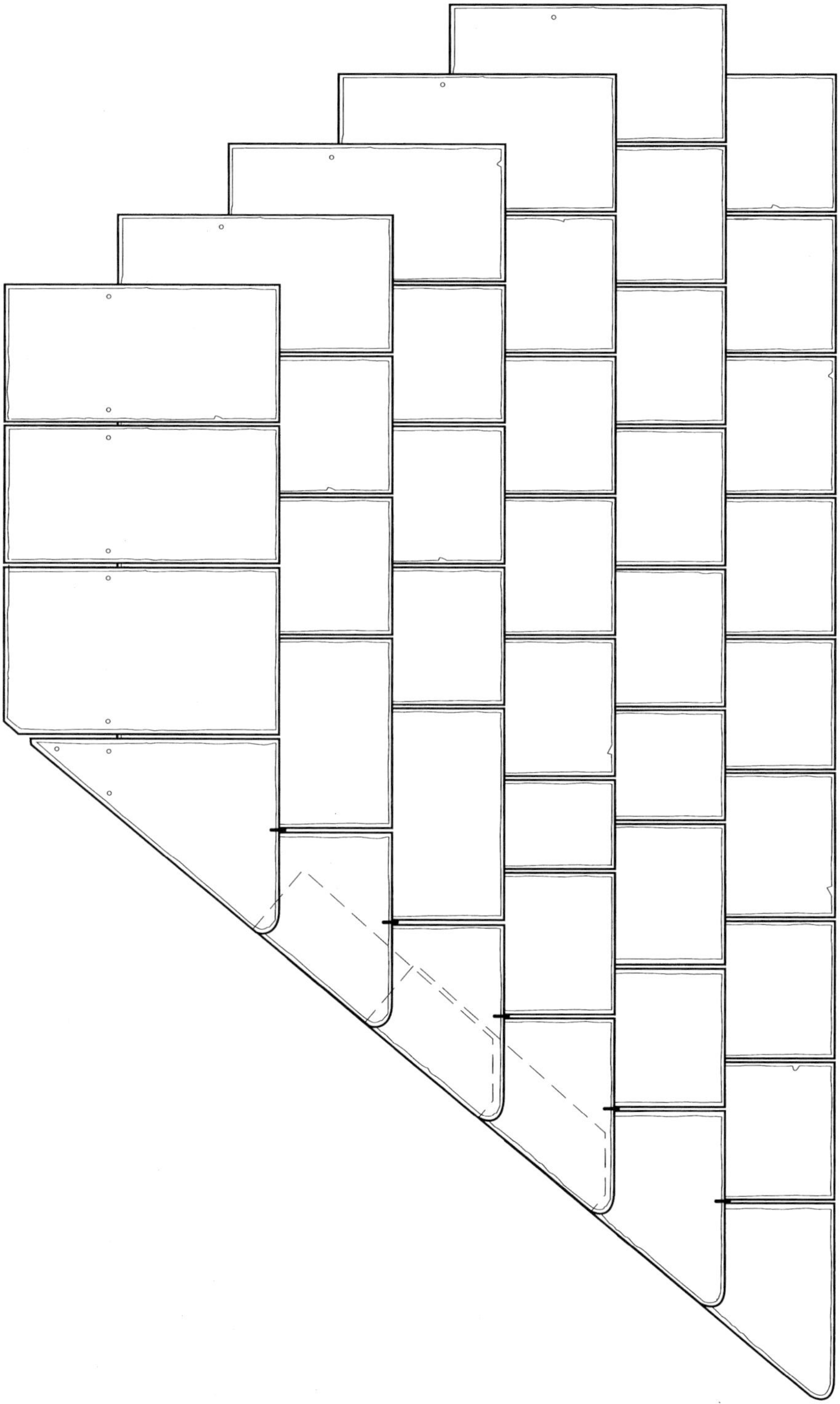

Abb. I.45: Grat: Rechteckdoppeldeckung, Strackort

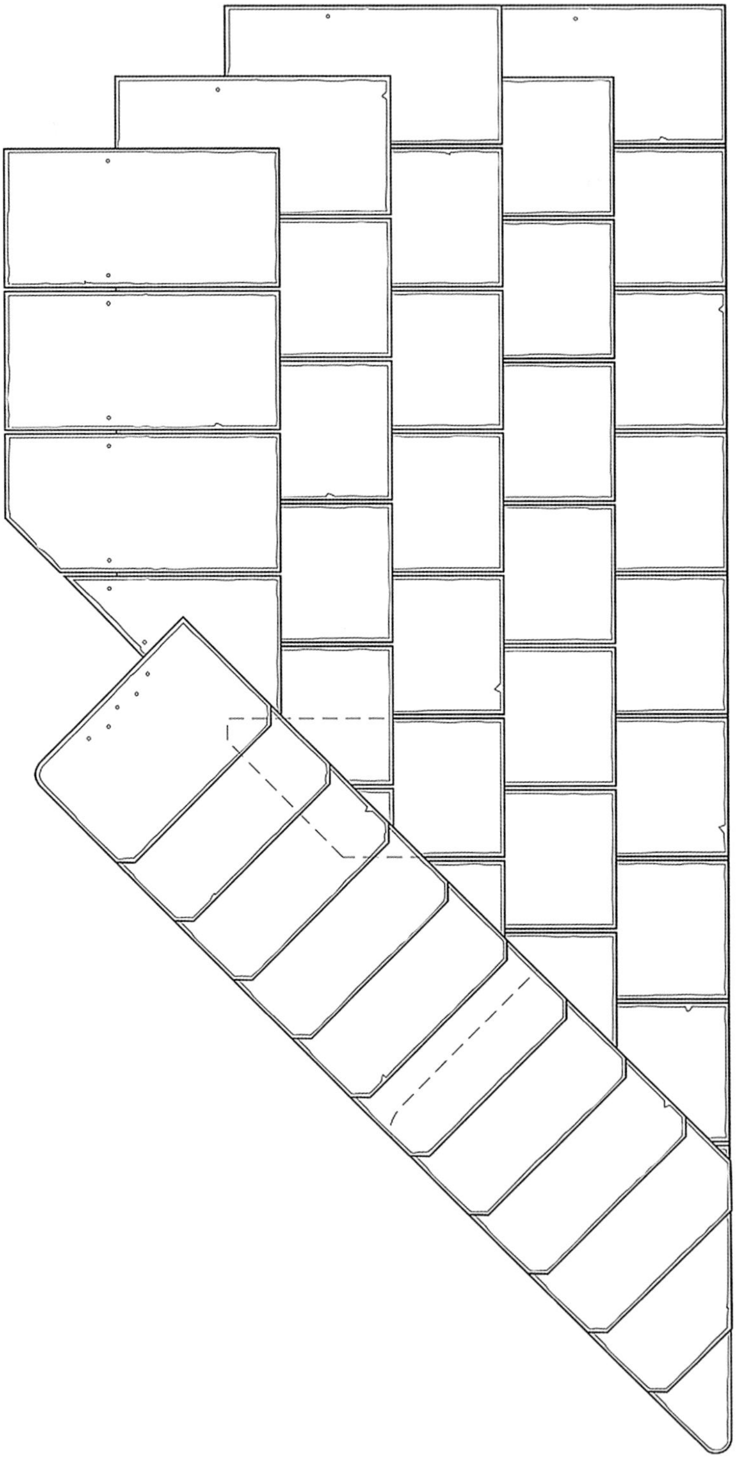

Abb. I.46: Kehle: Steinformen

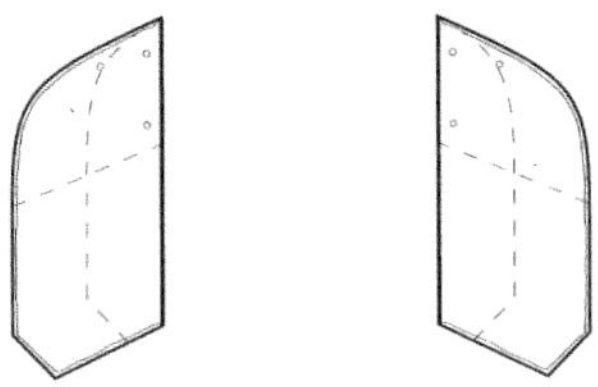

rechts links

Kehlstein mit geradem Rücken und kurzem Bruch

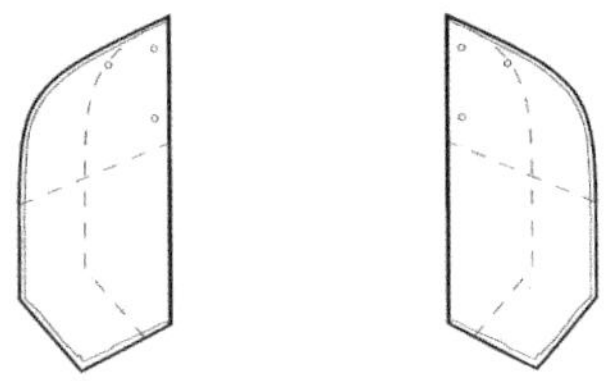

rechts links

Kehlstein mit geradem Rücken und hohem Bruch

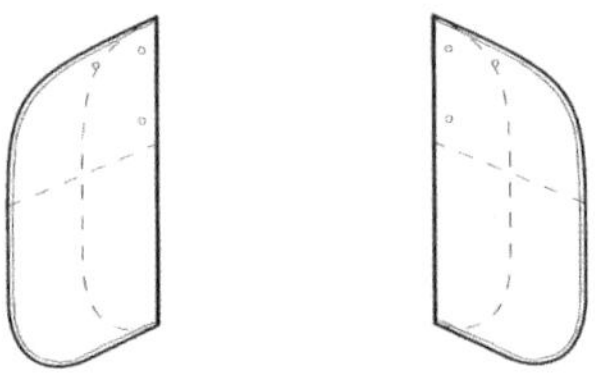

rechts links

Kehlstein mit geradem Rücken und rundem Bruch

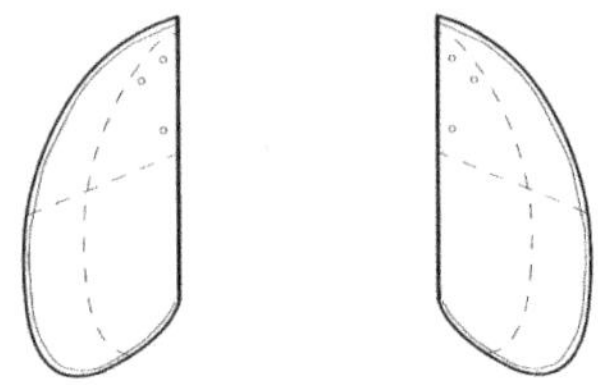

rechts links

Kehlstein mit rundem Rücken

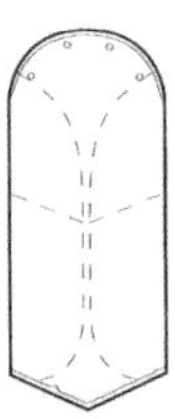

Herzwasserkehlstein

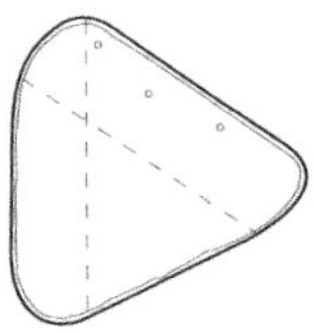

rechts
Schwärmer

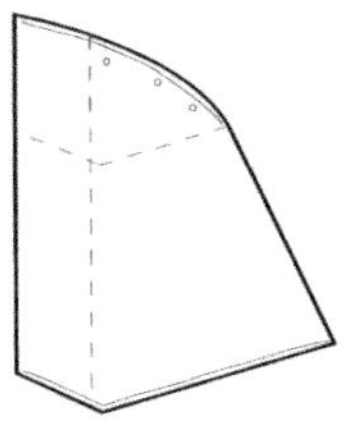

rechts
Wasserstein

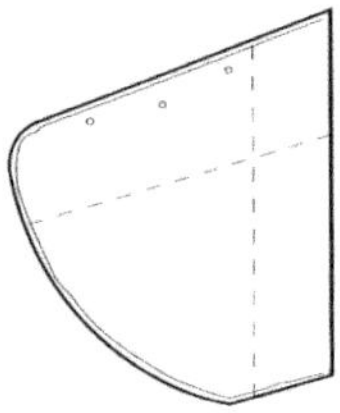

rechts
Einfäller

Abb. I.48: Hauptkehle: Altdeutsche Deckung mit rechter eingebundener Kehle

Abb. I.48: Hauptkehle: Altdeutsche Deckung mit rechter eingebundener Kehle

Abb. I.49: Hauptkehle: Altdeutsche Deckung mit linker eingebundener Kehle

Abb. I.50: Hauptkehle: Altdeutsche Deckung mit linker eingebundener Kehle

Abb. I.51: Hauptkehle: Altdeutsche Deckung mit linker eingebundener Kehle

Abb. I.52: Hauptkehle: Altdeutsche Deckung mit linker eingebundener versetzter Kehle

Abb. I.53: Hauptkehle: Schuppendeckung mit rechter eingebundener Kehle

Abb. I.54: Hauptkehle: Schuppendeckung mit linker eingebundener Kehle

Abb. I.55: Hauptkehle: Deutsche Deckung (Bogenschnittdeckung) mit rechter eingebundener Kehle

Abb. I.56: Hauptkehle: Deutsche Deckung (Bogenschnittdeckung) mit linker eingebundener Kehle

Abb. I.57: Hauptkehle: Altdeutsche Deckung mit eingebundener Herzkehle

Abb. I.58: Hauptkehle: Rechteckdoppeldeckung mit eingebundener Rechteckkehle

Abb. I.59: Hauptkehle: Schuppendeckung mit überdeckter Herzkehle

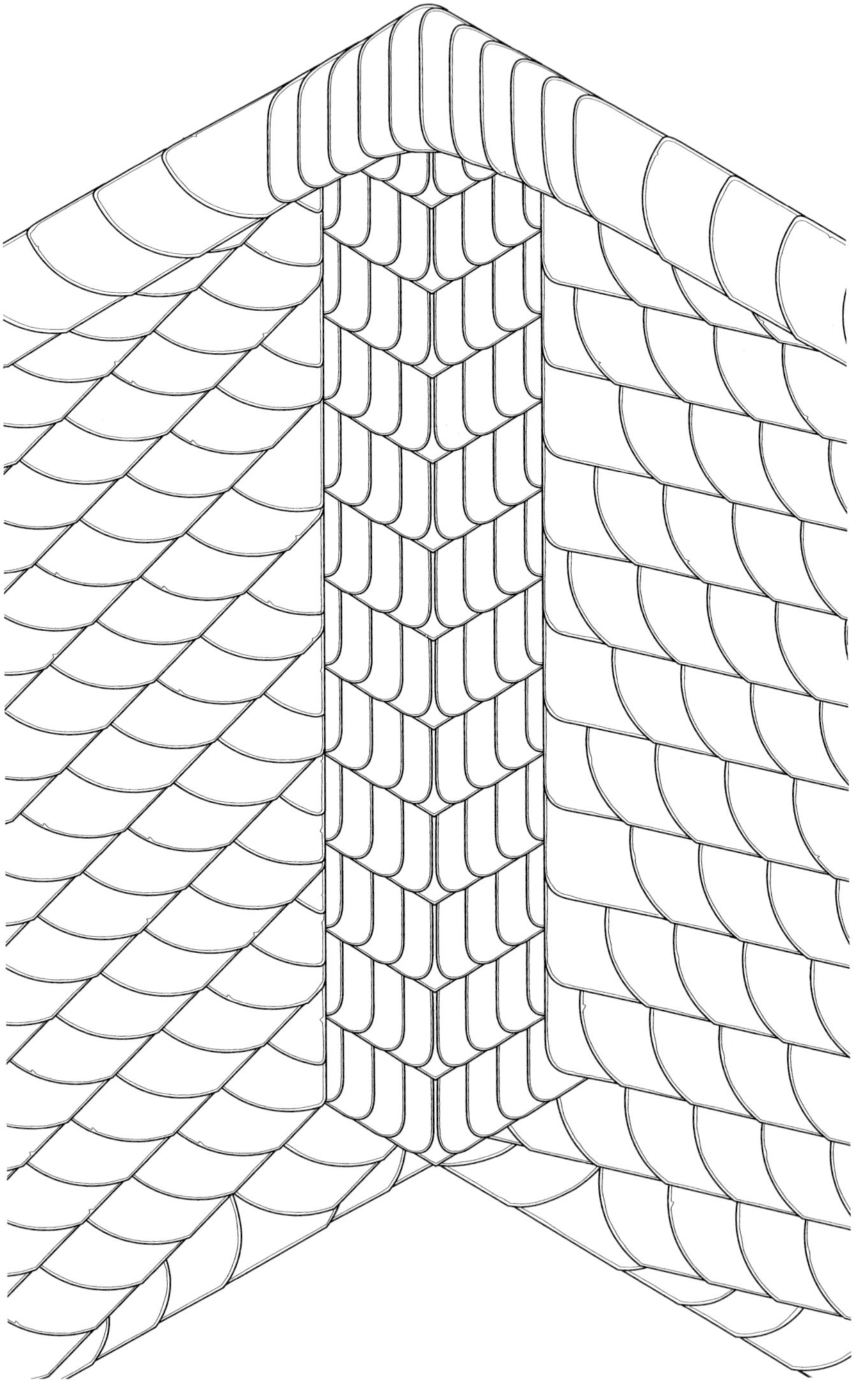

Abb. I.60: Hauptkehle: Rechteckdoppeldeckung mit überdeckter Rechteckkehle

Abb. I.61: Hauptkehle: Rechteckdoppeldeckung mit Nockenkehle

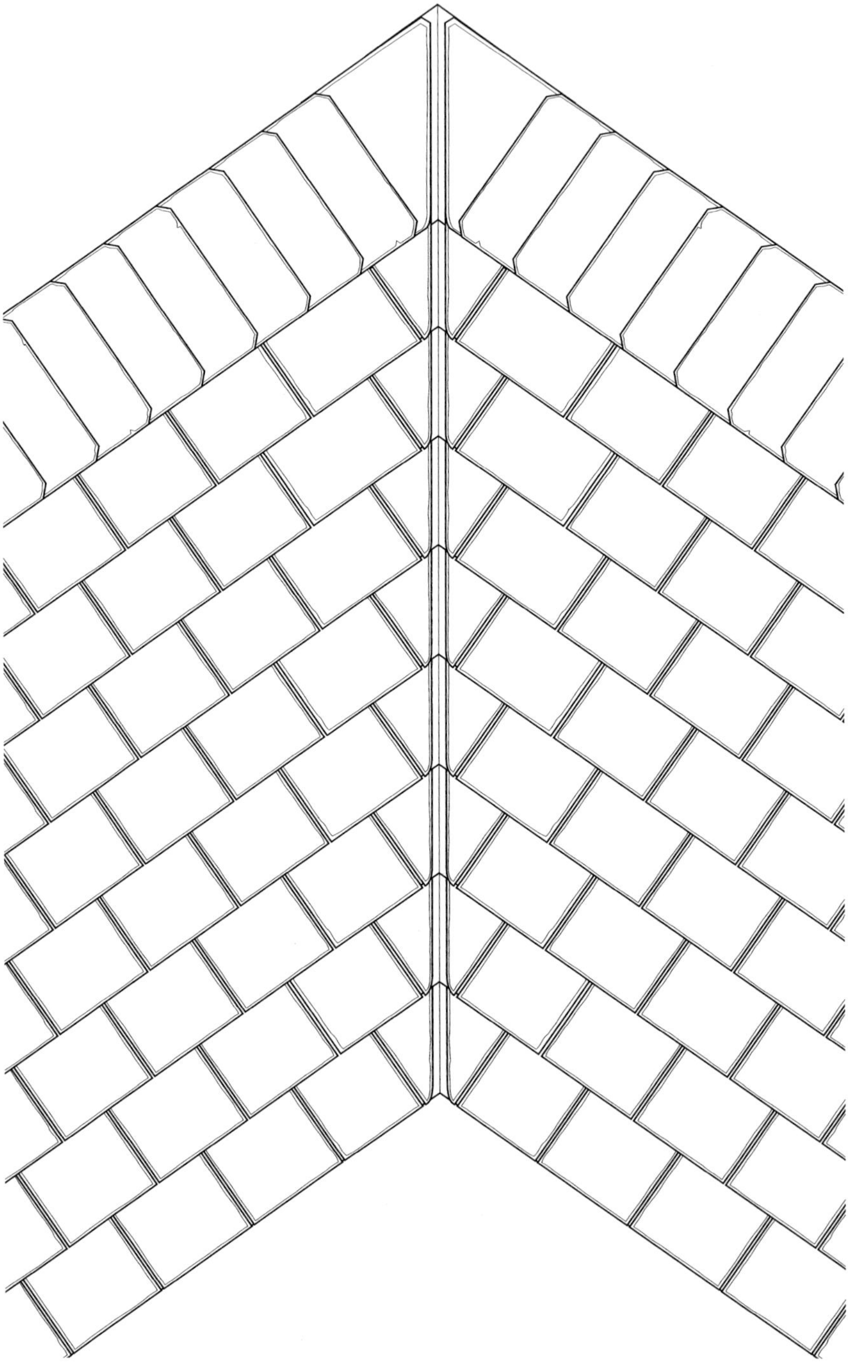

Abb. I.62: Hauptkehle: Deutsche Deckung (Bogenschnittdeckung) mit Blechkehle

Abb. I.63: Anschlüsse: Altdeutsche Deckung mit rechter eingehender Wandkehle

Abb. I.64: Anschlüsse: Altdeutsche Deckung mit linker eingehender Wandkehle

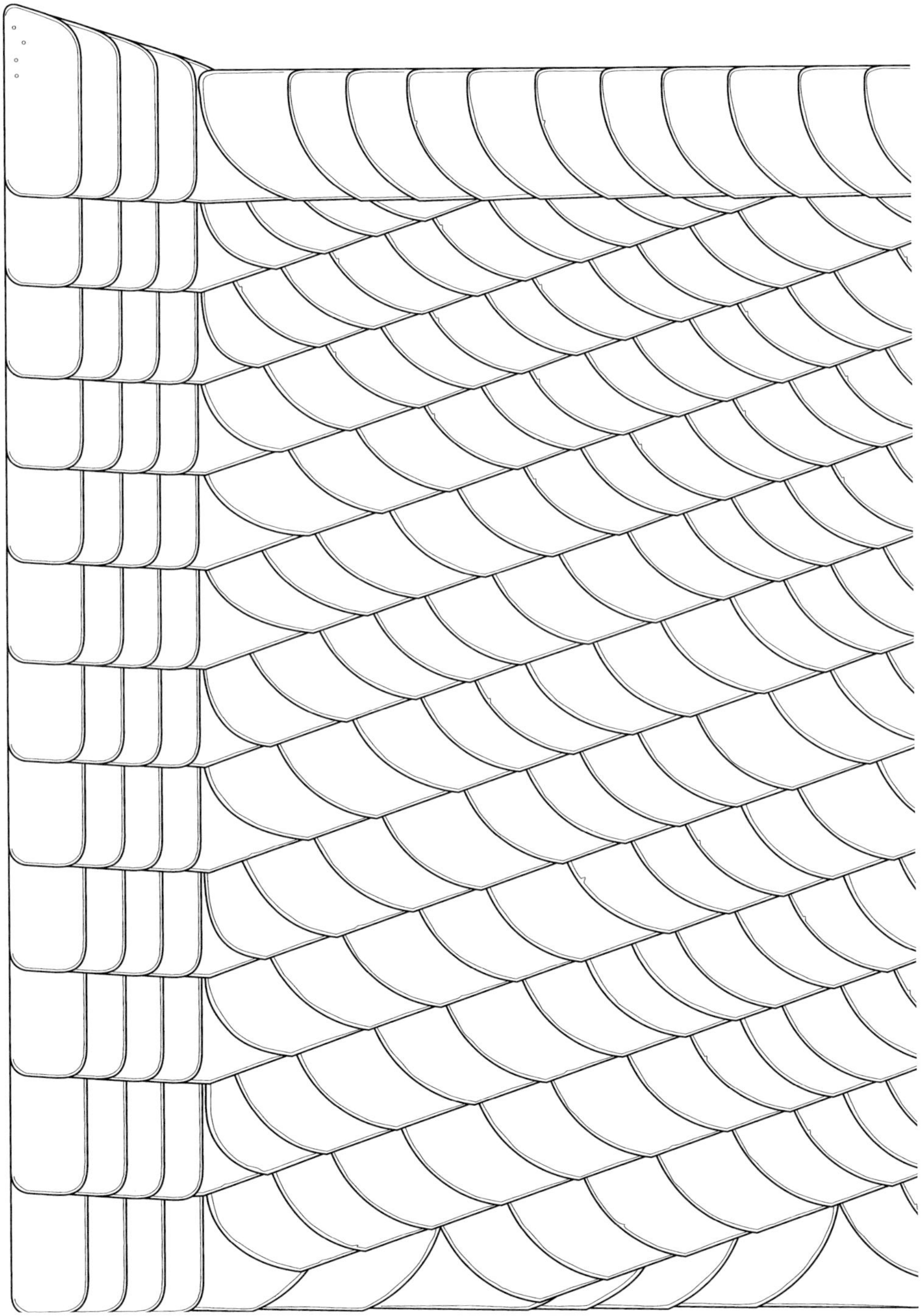

Abb. I.65: Anschlüsse: Deutsche Deckung (Bogenschnittdeckung) mit rechter eingehender Wandkehle

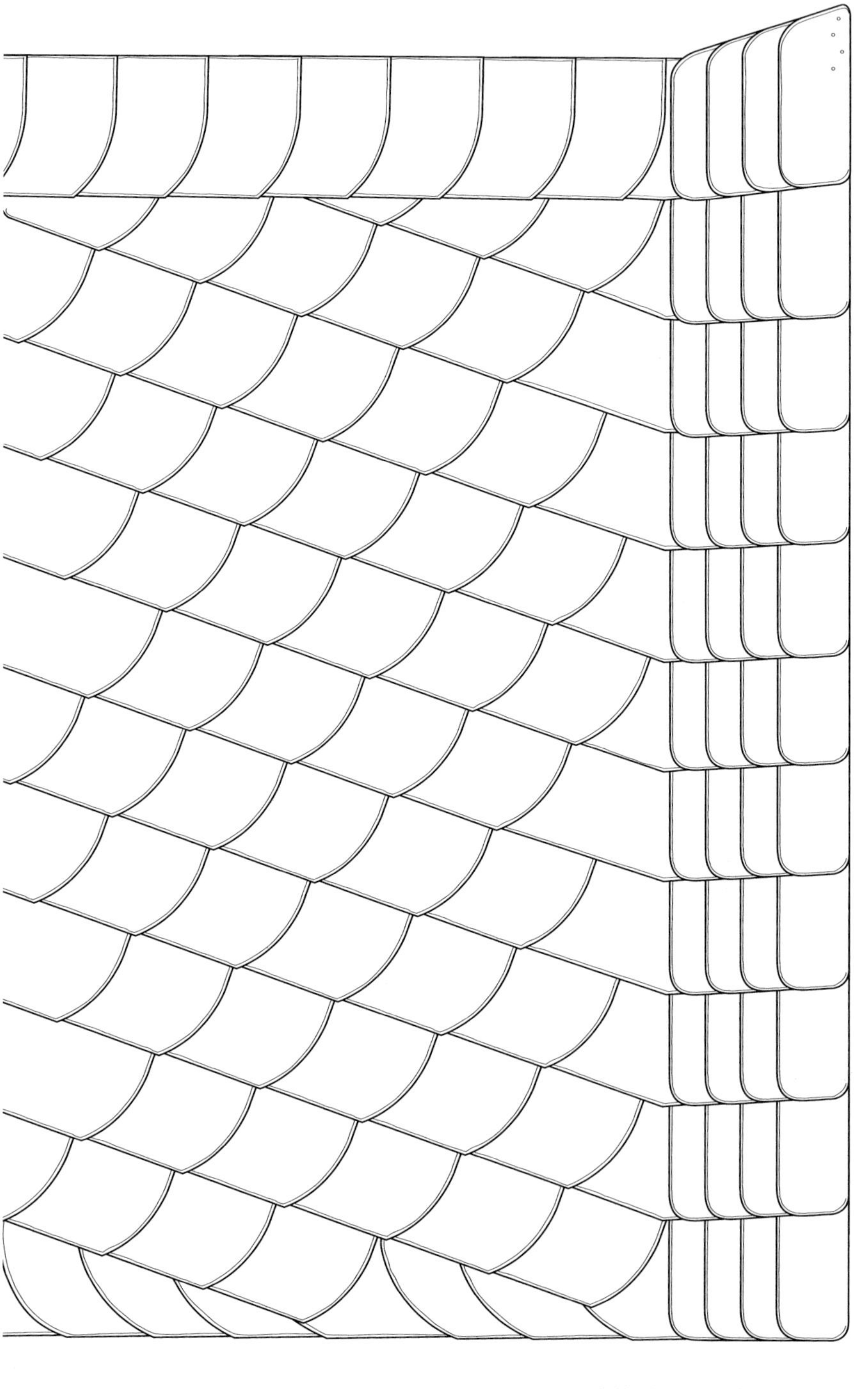

Abb. I.66: Anschlüsse: Deutsche Deckung (Bogenschnittdeckung) mit linker eingehender Wandkehle

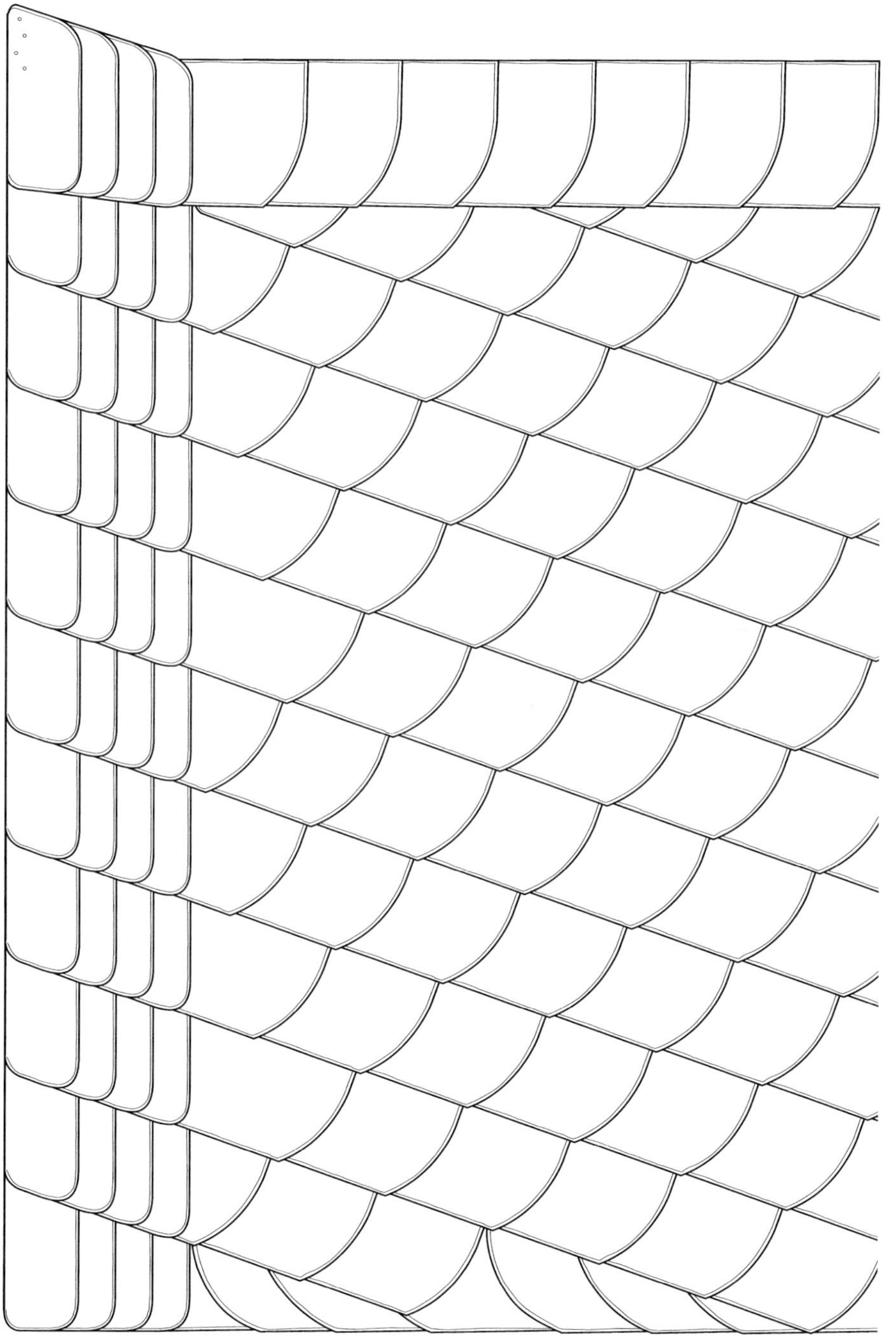

Abb. I.67: Anschlüsse: Altdeutsche Deckung mit rechter eingehender Wangenkehle

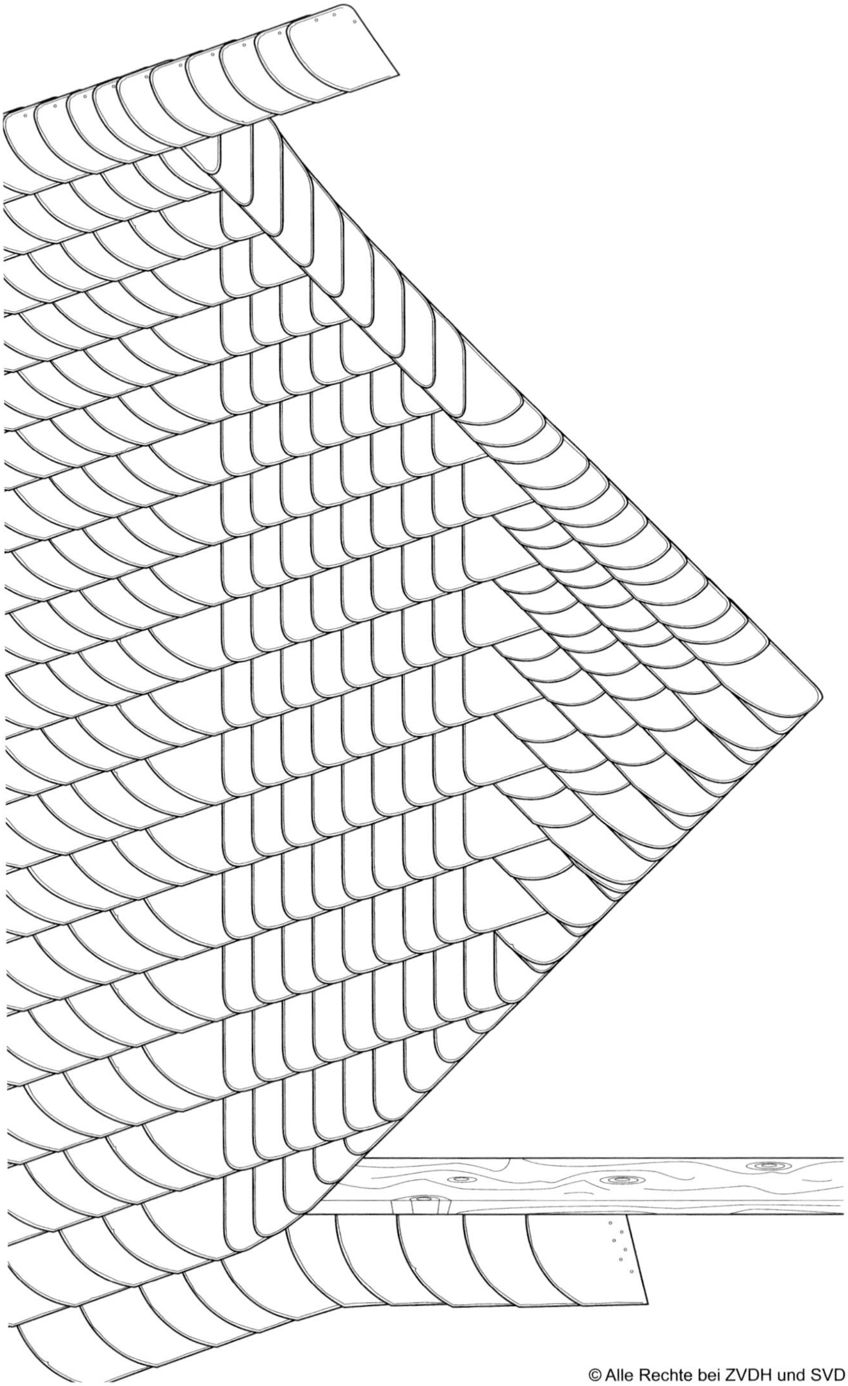

Abb. I.68: Anschlüsse: Altdeutsche Deckung mit linker eingehender Wangenkehle

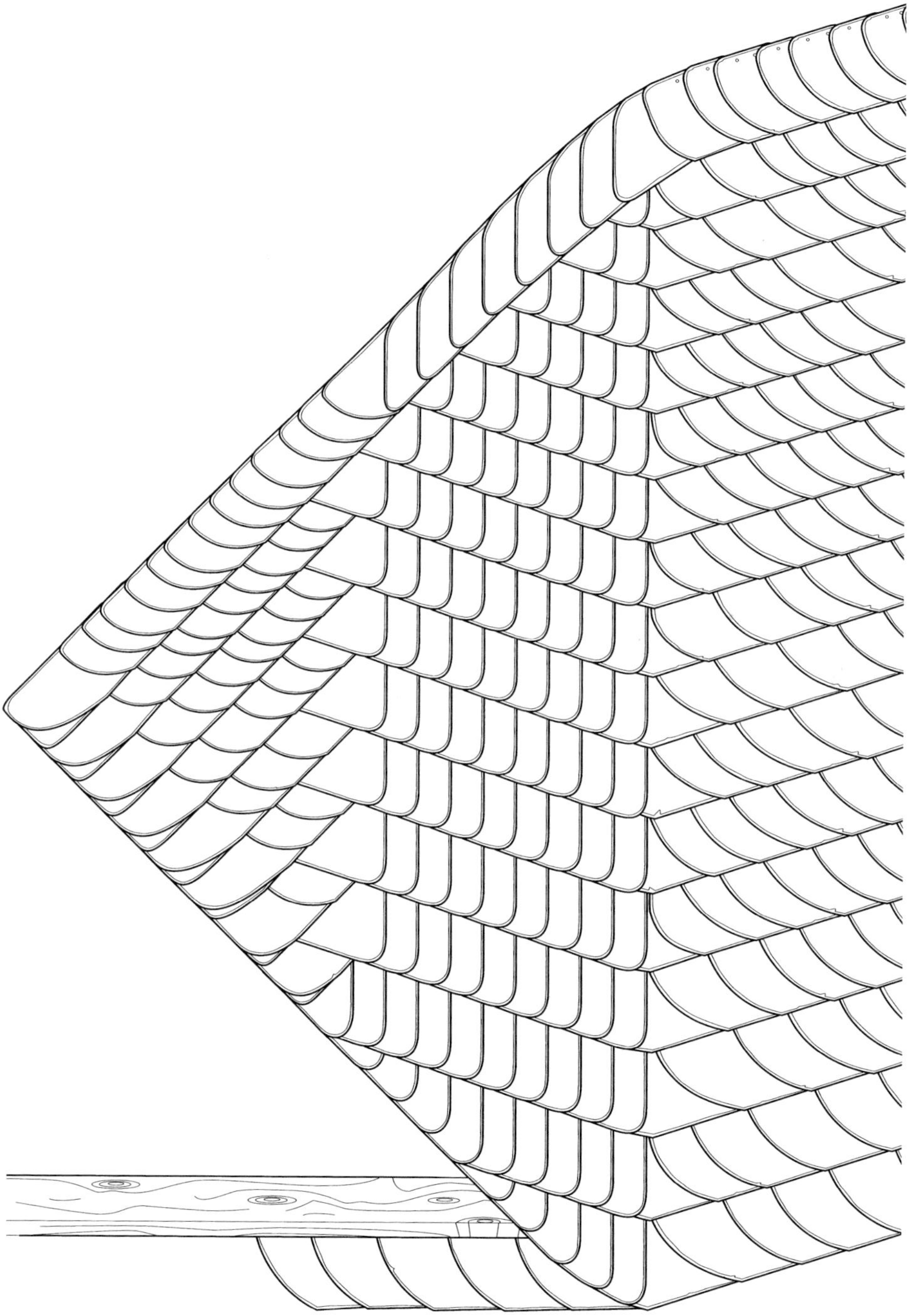

Abb. I.69: Anschlüsse: Altdeutsche Deckung mit rechter ausgehender Wangenkehle

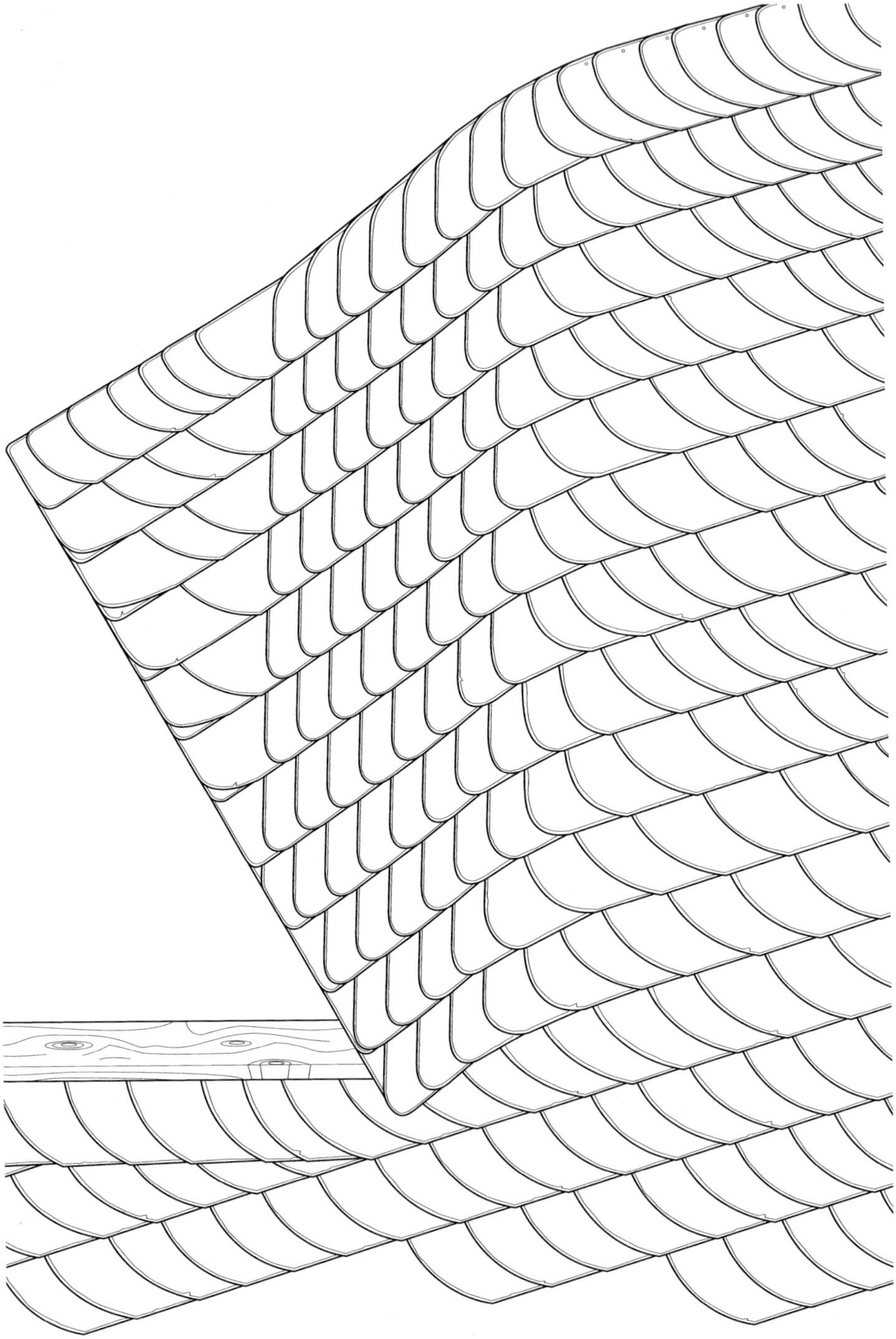

Abb. I.70: Anschlüsse: Altdeutsche Deckung mit rechter ausgehender Wangenkehle

Abb. I.71: Anschlüsse: Altdeutsche Deckung mit linker ausgehender Wangenkehle

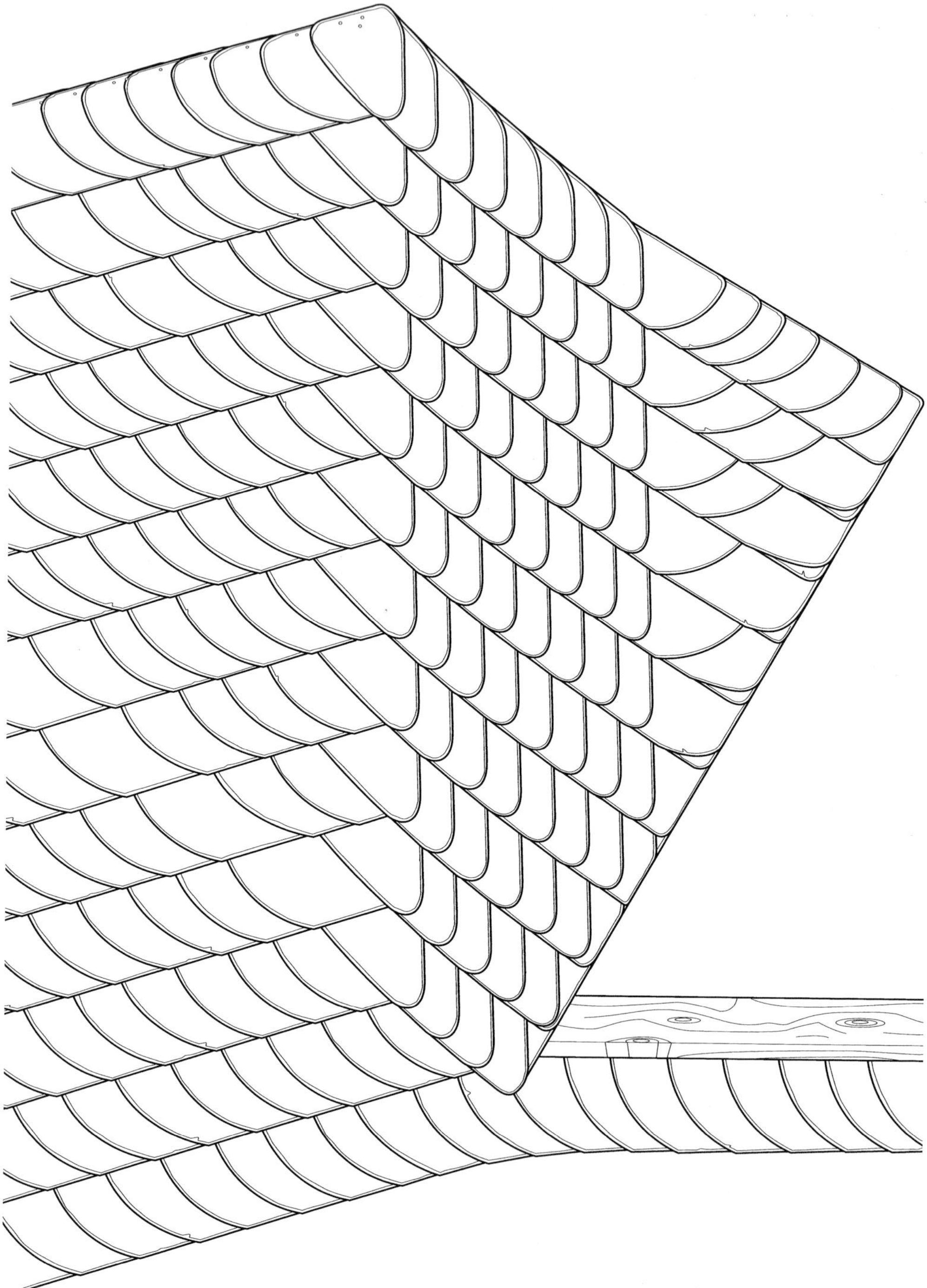

Abb. I.72: Anschlüsse: Seitlicher Anschluss mit Nocken

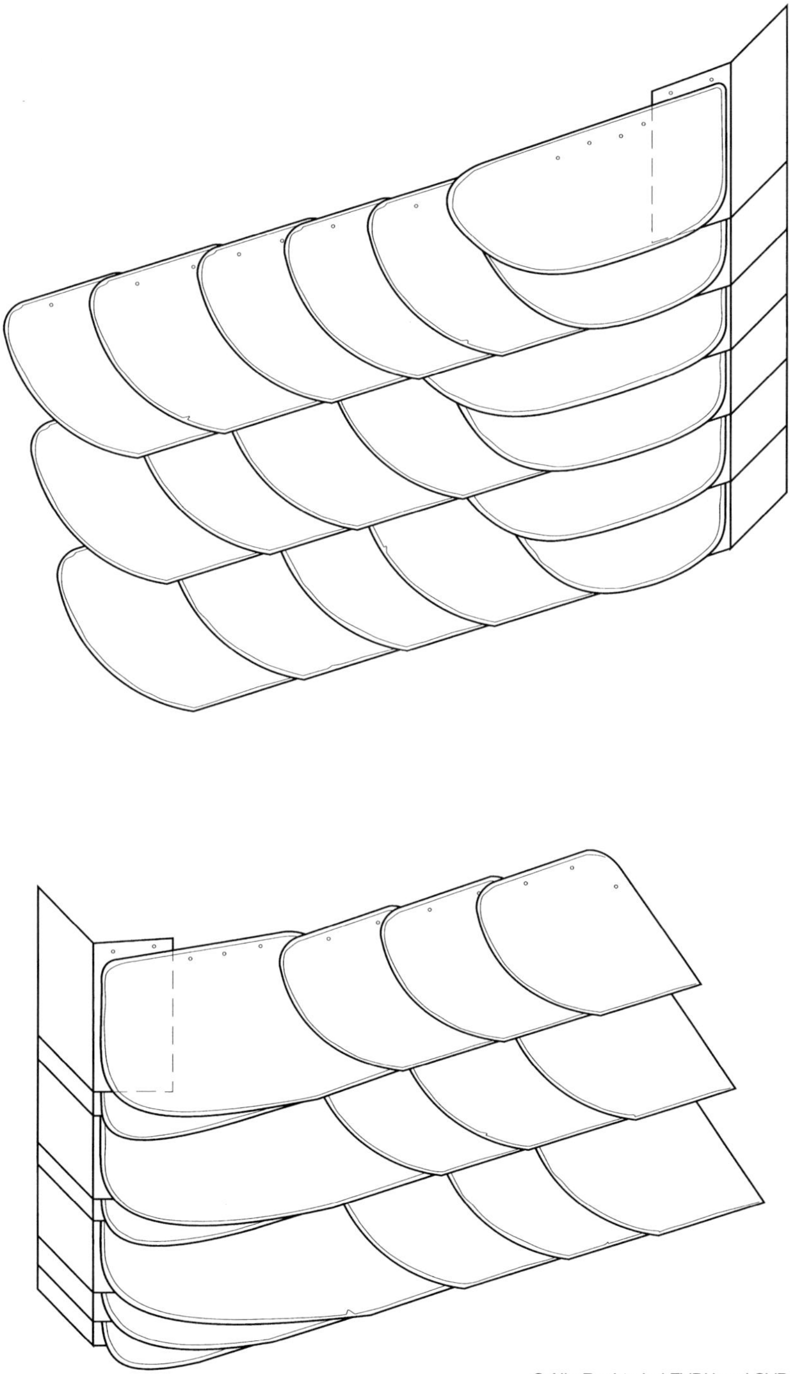

Abb. I.73: Anschlüsse: Traufseitiger Anschluss mit Schiefer

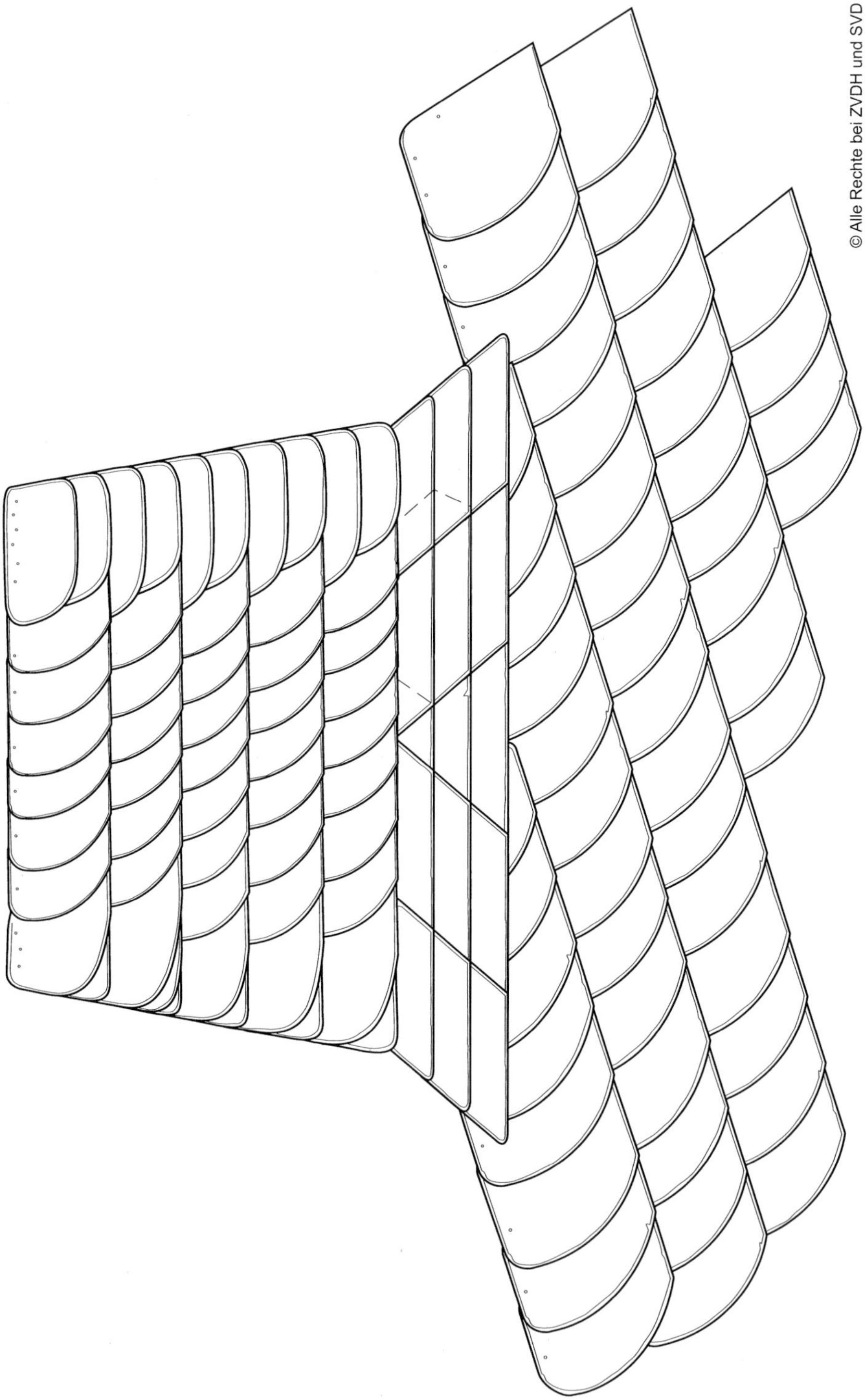

Abb. I.74: Konstruktion des Stirnbogens von Fledermausgauben und geschweiften oder gerundeten Schleppgauben

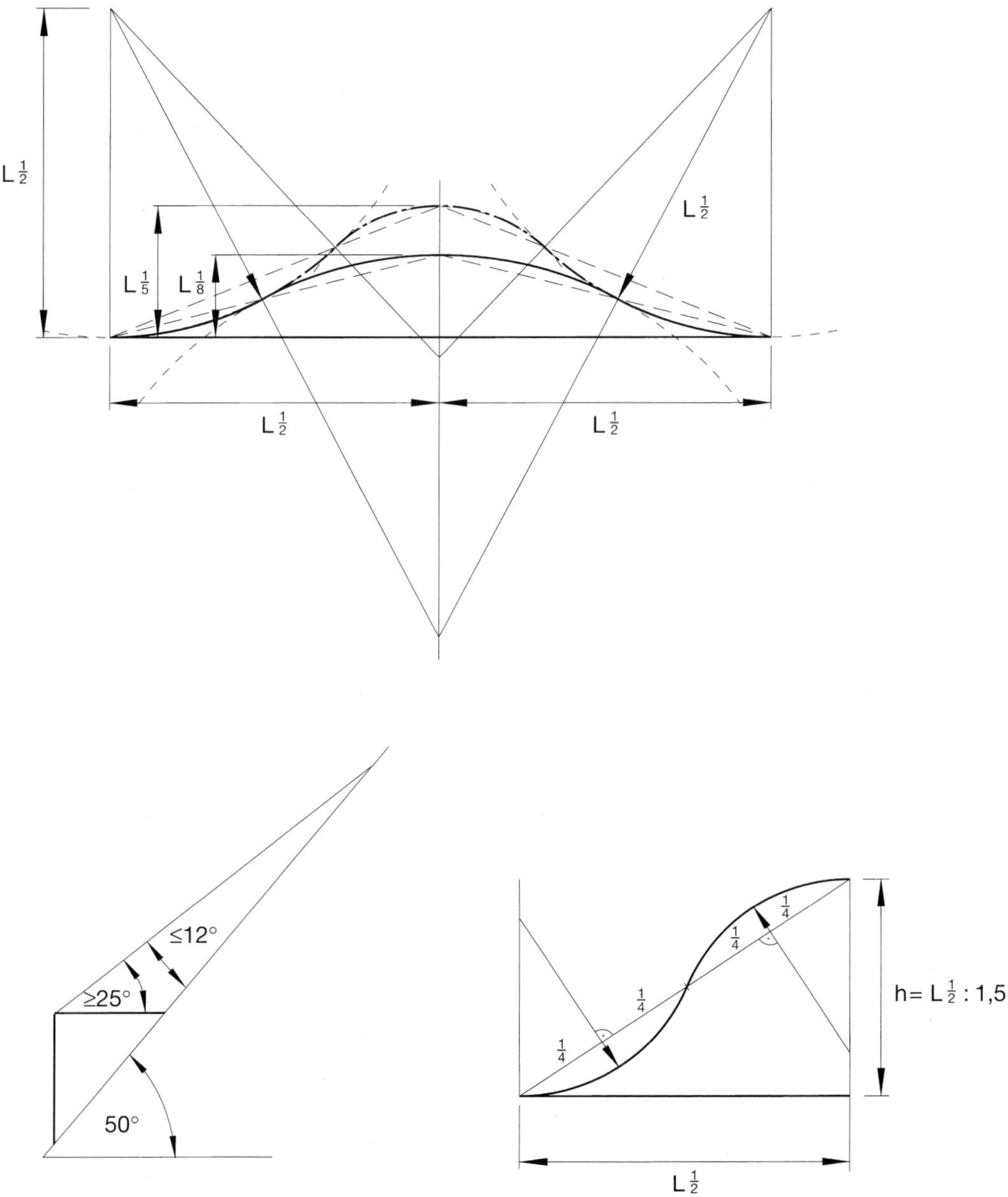

Abb. I.75: Fledermausgaube: Altdeutsche Deckung mit ausgehenden Kehlen (Wangenkehlen)

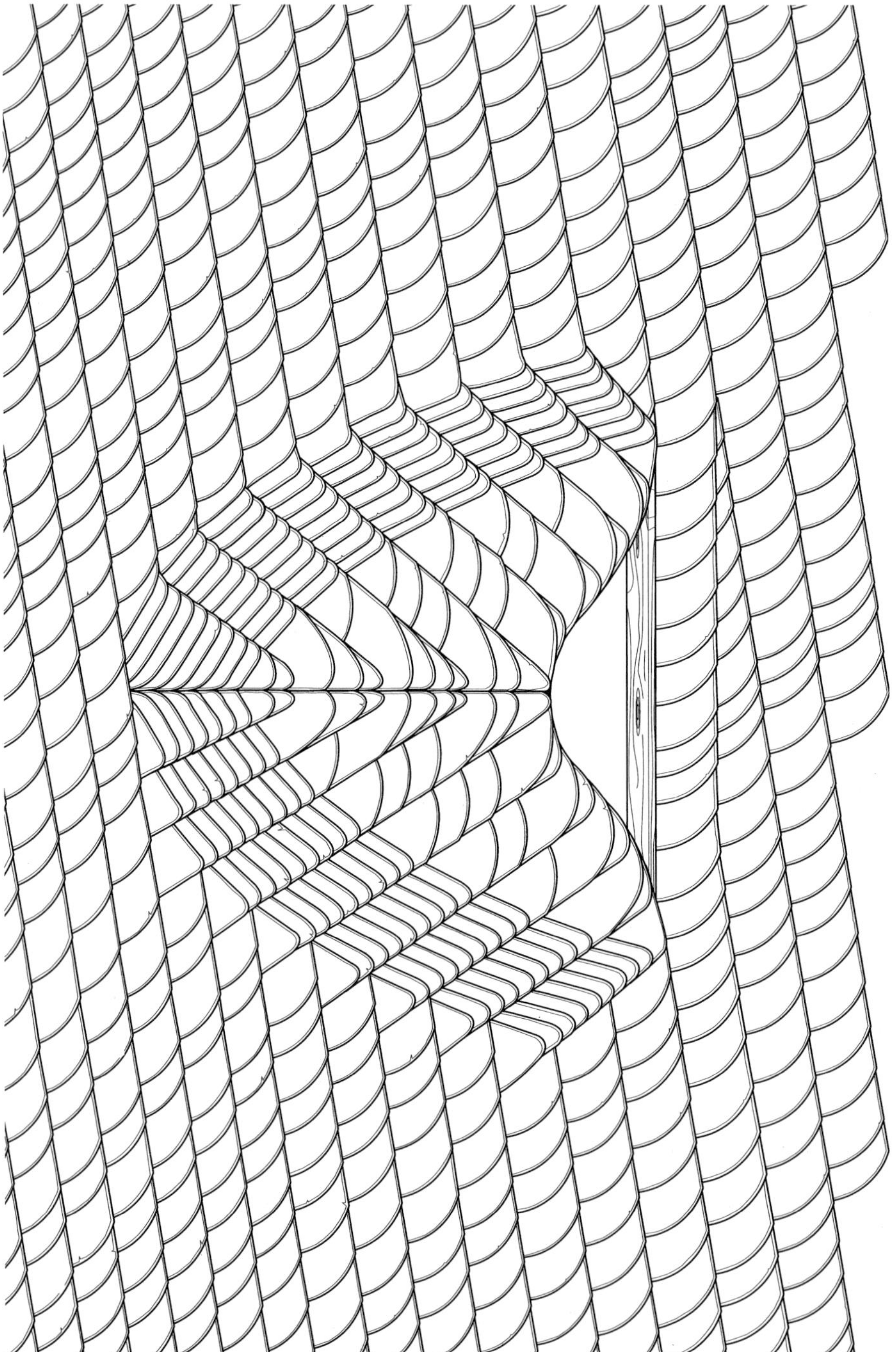

Abb. I.76: Fledermausgaube: Altdeutsche Deckung durchgedeckt

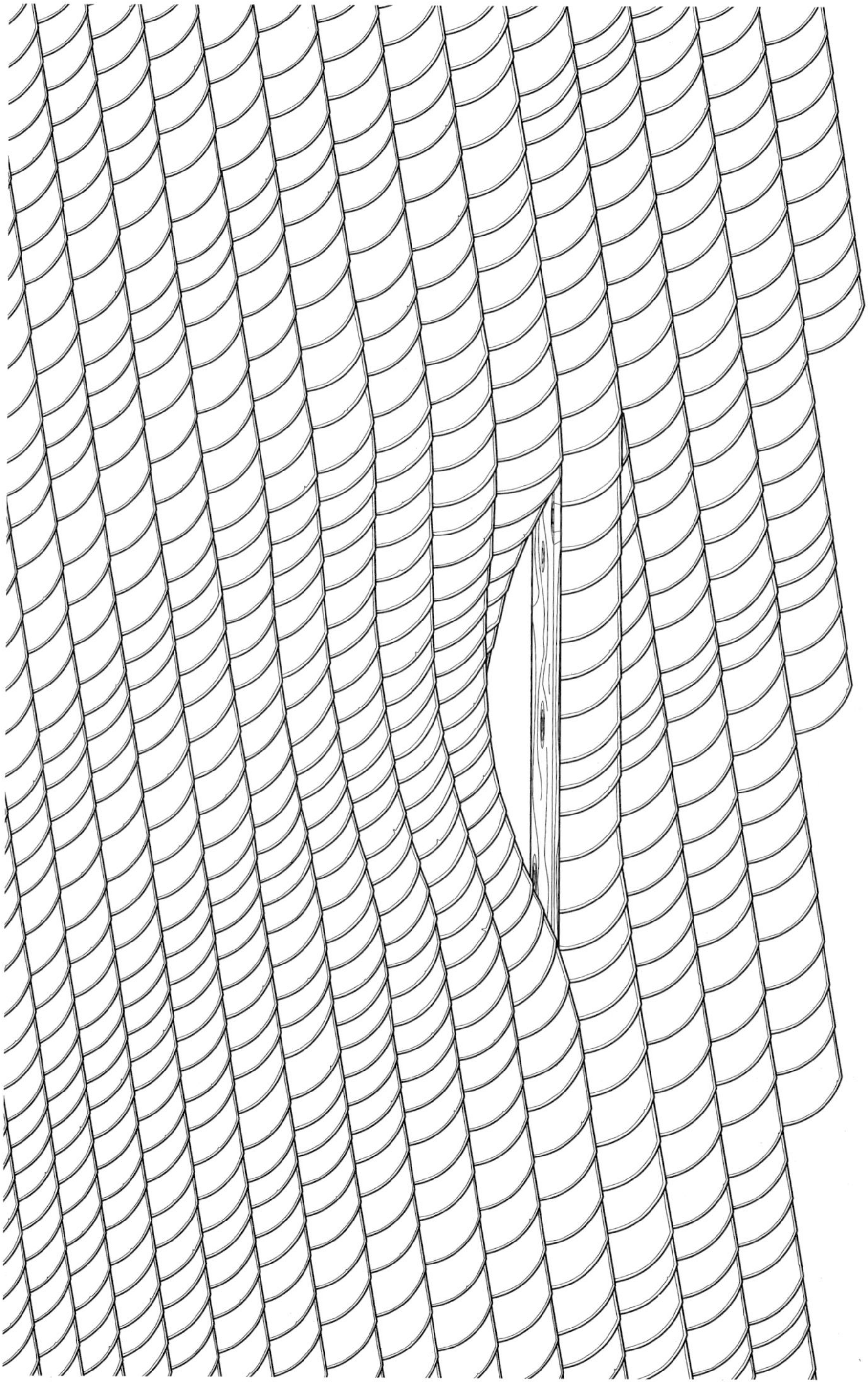

Abb. I.77: Geschweifte oder gerundete Schleppgaube: Altdeutsche Deckung mit rechter eingehender Wangenkehle

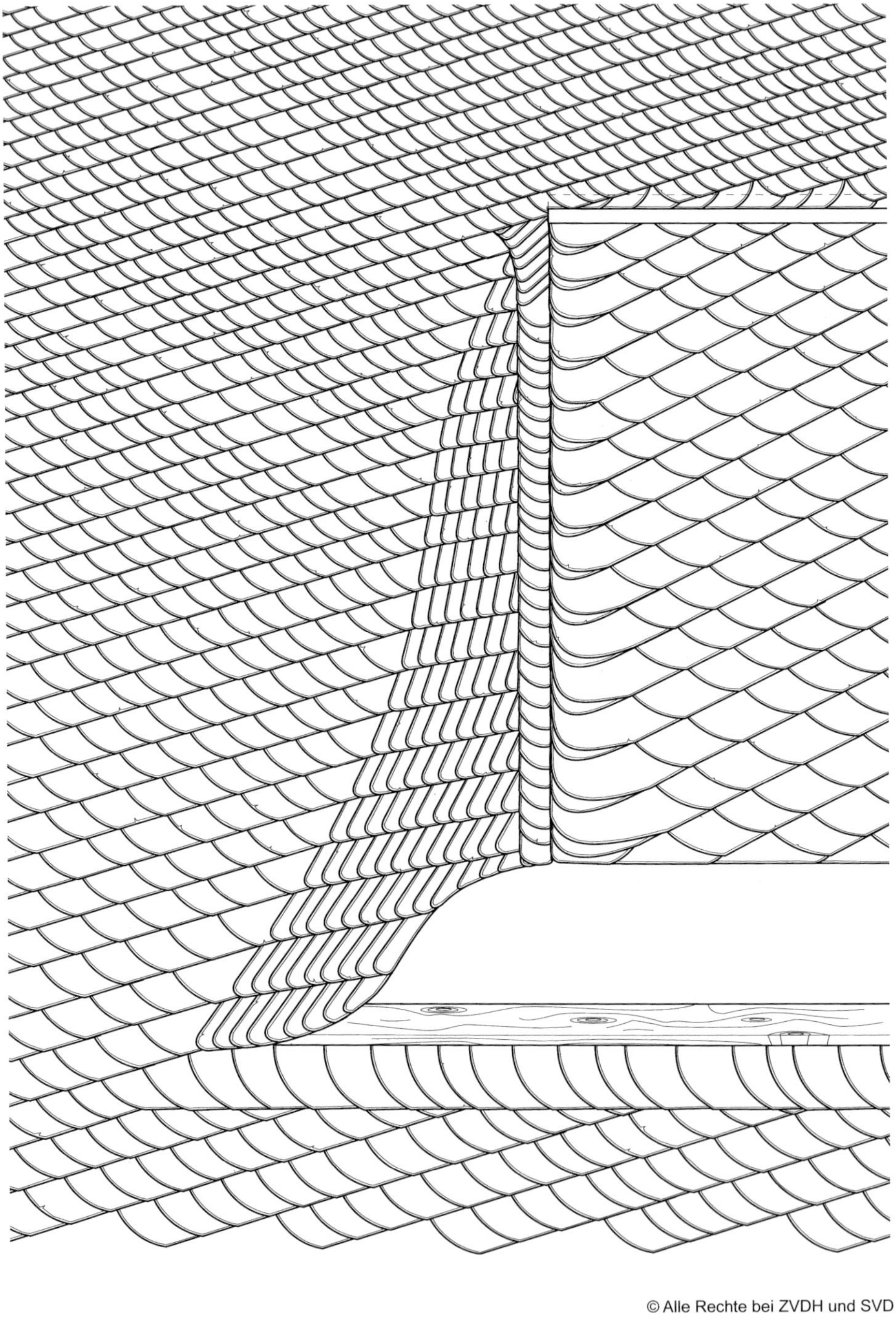

Abb. I.78: Geschweifte oder gerundete Schleppgaube: Altdeutsche Deckung mit linker eingehender Wangenkehle

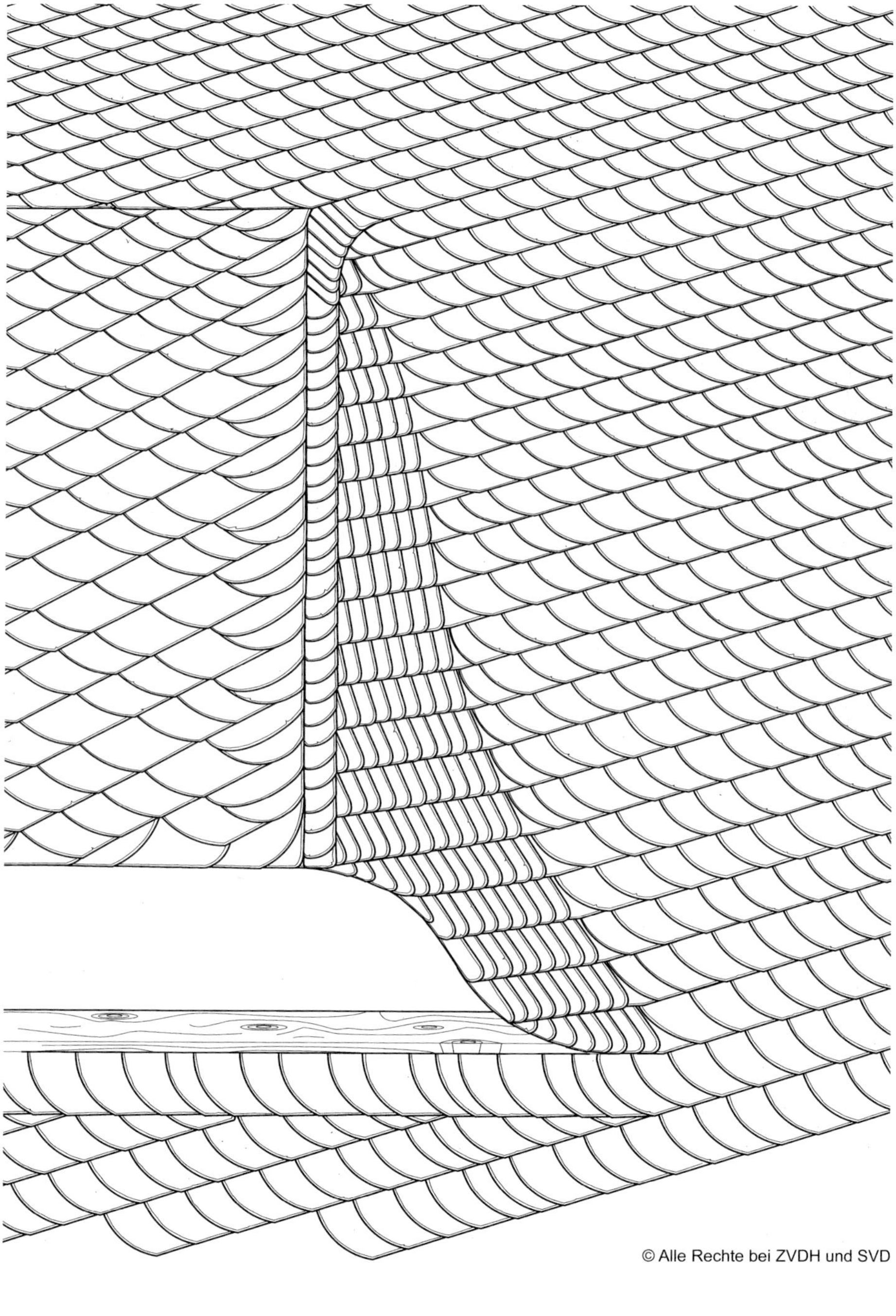

Deutsches Dachdeckerhandwerk
– Regelwerk –

Fachregel für Dachdeckungen mit Dachziegeln und Dachsteinen

Aufgestellt und herausgegeben vom

Zentralverband des Deutschen Dachdeckerhandwerks – Fachverband Dach-, Wand- und Abdichtungstechnik – e.V.

Ausgabe April 2024

RM Rudolf Müller

Vorgänger

Eindeckregeln für Ziegeldeckung (in Grundregeln 1926 enthalten)	1926
Regeln für Dachdeckungen mit Ziegeln	September 1958
Regeln für Dachdeckungen mit Ziegeln	Mai 1971
Regeln für Dachdeckungen mit Dachsteinen	August 1971
Regeln für Dachdeckungen mit Dachziegeln und Dachsteinen	Mai 1984
Regeln für Dachdeckungen mit Dachziegeln und Dachsteinen	September 1997 mit Änderungen Juli 2001, März 2003, Januar 2010
Regeln für Dachdeckungen mit Dachziegeln und Dachsteinen	Dezember 2012 mit Änderungen 01.02.2016

Inhaltsverzeichnis

1 Allgemeine Regeln

1.1 Geltungsbereich

(1) Diese Fachregel gilt für die Planung und Ausführung von Dachdeckungen mit Dachziegeln und Dachsteinen für Dächer mit einer Neigung von ≥ 10° (Mindestdachneigung 10°).

(2) Die Grundregel sowie die dazugehörigen Merkblätter und Hinweise des Regelwerks des Dachdeckerhandwerks sind zu beachten.

(3) Die Verarbeitungsvorschriften der Hersteller sind hinsichtlich höherwertigerer Anforderungen zu berücksichtigen.

(4) Die Skizzen dieser Fachregel sind nicht maßstabsgetreue bildliche Darstellungen, die der Veranschaulichung der textlichen Beschreibung dienen. Sie stellen keine Vorgaben für die Planung und Ausführung dar.

1.2 Anforderungen und Gestaltungshinweise

(1) Bei Einhaltung dieser Fachregel gilt die Dachdeckung als regensicher.

(2) Bei der Auswahl von Dachziegeln und Dachsteinen ist die Regeldachneigung (RDN) von besonderer Bedeutung.

Die Deckung ist u.a. von der Form und dem Überdeckungsbereich des Dachziegels oder Dachsteins abhängig und wird für

- Dachziegeldeckungen in Kapitel 2
- Dachsteindeckungen in Kapitel 3

definiert.

(3) Durch Starkwindereignisse in Verbindung mit Niederschlag (Regen, Graupel, Hagel, Schnee) sowie durch Verschmutzungen im Bereich der Überdeckungen kann Wasser unter die Deckung gelangen. Damit die darunterliegenden Schichten des Dachaufbaus und das Gebäudeinnere nicht geschädigt werden, sind Zusatzmaßnahmen in Form von Unterdächern, Unterdeckungen oder Unterspannungen erforderlich.

(4) Die mindestens erforderlichen Zusatzmaßnahmen werden in Kapitel 2 und Kapitel 3 für die jeweiligen Dachziegel- und Dachsteindeckungen festgelegt.

Durch eine große Sparrenlänge ergibt sich eine erhöhte Anforderung in Abhängigkeit der Dachneigung nach Tabelle 1.

Tabelle 1: Erhöhte Anforderungen in Abhängigkeit unterschiedlicher Dachneigungen und Sparrenlängen

Dachneigung	Sparrenlänge
≥ 10°	> 10,00 m
≥ 20°	> 10,50 m
≥ 30°	> 11,50 m
≥ 40°	> 13,00 m

(5) Eine objektspezifische Planung der Zusatzmaßnahme ist bei Sparrenlängen > 15 m erforderlich.

(6) Für die Planung und Ausführung von Zusatzmaßnahmen sind die Anforderungen und die Klassifizierungen nach dem „Merkblatt für Unterdächer, Unterdeckungen und Unterspannungen" maßgebend. Tabelle 2 zeigt die Klassifizierung nach dem Merkblatt.

(7) Die Mindestdachneigung für Deckungen mit Dachziegeln und Dachsteinen beträgt 10°.

Wird die RDN der Deckung mit Dachziegeln und Dachsteinen um mehr als 12° unterschritten, sind Maßnahmen zum Erhalt der Traglattung erforderlich, z. B. Traglatten aus feuchteresistenten Materialien, wasserabweisende Abdeckungen der Traglatten o.ä.

Tabelle 2: Klassifizierung und Mindestdachneigungen von Zusatzmaßnahmen nach dem „Merkblatt für Unterdächer, Unterdeckungen und Unterspannungen". Unterdächer, Unterdeckungen und Unterspannungen sind objektspezifisch zu planen. Untergeordnete Gebäude wie z. B. Carports, Scheunen, Lagerschuppen u.a. haben ggf. ein geringeres Schutzbedürfnis. Eine Abweichung zur nachstehenden Tabelle ist zu vereinbaren.

Klassen der Zusatzmaßnahmen	Art der Zusatzmaßnahme	Dachneigung
Klasse 1	Wasserdichtes Unterdach (Abdichtungsbahn mit eingebundener Konterlatte) oder Nahtgefügte Unterdeckung (UDB-eA) mit eingebundener Konterlatte	≥ 10°
Klasse 2	Regensicheres Unterdach (Abdichtungsbahn mit Nageldichtband/-masse) oder Nahtgefügte Unterdeckung (UDB-eA) mit Nageldichtband/-masse	≥ 14°
Klasse 3	Verklebte Unterdeckung mit Nageldichtband/-masse[1)] oder Unterdeckung mit Holzfaser-Unterdeckplatte, bei Erfordernis mit Nageldichtband/-masse oder Verklebte Unterspannung mit Nageldichtband/-masse[1)]	≥ 14°
Klasse 4	Verklebte Unterdeckung oder Verklebte Unterspannung	≥ 18°
Klasse 5	Unterdeckung oder Unterspannung	> 22°
[1)] Die Funktion des Nageldichtbandes bzw. der Nageldichtmasse kann durch eine entsprechende Ausstattung der Unterdeck-/Unterspannbahn übernommen werden. In diesen Fällen ist für diese Eigenschaft eine Europäisch Technische Bewertung (ETB/ETA) erforderlich.		

(8) Das Aussehen des Daches wird durch die Dachform und den Deckwerkstoff bestimmt.

(9) Dachziegel und Dachsteine werden in verschiedenen Formen, Größen, Farben, Oberflächen für unterschiedliche Deckungsarten hergestellt.

(10) Die Auswahl des Deckwerkstoffes wird neben gestalterischen Gesichtspunkten auch durch technische Anforderungen bestimmt.

(11) Die Planung von Blitzschutzanlagen soll vor Ausführung der Dachdeckungsarbeiten erfolgen. Notwendige Dachleitungsstützen sind nach "Merkblatt Einbauteile bei Dachdeckungen",Abschnitt 3.7 einzubauen und zu befestigen. Der Einbau erfolgt zweckmäßigerweise während der Dacheindeckung.

1.3 Werkstoffe für die Dachdeckung

1.3.1 Dachziegel

(1) Dachziegel sind grobkeramische Deckwerkstoffe. Sie werden überwiegend aus tonigen Massen, ggf. mit Zusätzen, geformt und gebrannt.

Dachziegel unterscheiden sich nach Art der Herstellung, Form und Abmessungen sowie der Falzausbildung und den Überdeckungsbereichen.

Dachziegel werden je nach Art der Herstellung in Pressdachziegel und Strangdachziegel unterschieden.

Für die Form und die Überdeckungsbereiche gilt Kapitel 2.

Dachziegel müssen dem „Produktdatenblatt für Dachziegel" entsprechen.

(2) Die Farbe von Dachziegeln wird durch die tonigen Massen, die Engobe oder die Glasur bestimmt und beim Brennen erzeugt. Eine gleichbleibende und gleichmäßige Farbgestaltung, z. B. analog zur RAL-Farbkarte, ist naturgemäß nicht möglich. Wird eine weitgehend gleichmäßige Farbgestaltung gewünscht, so kann dies durch besondere Maßnahmen erfolgen, z. B. durch Entnahme aus einer Charge oder Mischung aus den Paletten einer Charge.

Unterschiedliche Farben ergeben sich je nach Art der Herstellung:

- naturfarben,
- durchgehend gefärbt,
- engobiert, ganz oder teilweise,
- glasiert, ganz oder teilweise,
- gedämpft.

Oberflächen können glatt oder strukturiert sein.

Geringfügige Abplatzungen, Schrammen und Scheuerstellen, die z. B. durch Herstellung, Transport und Verlegung verursacht werden, sind zulässig.

(3) Dachziegel gehören zu den kleinformatigen Deckwerkstoffen. Dachziegel haben, bedingt durch ihre verschiedenen Formen, unterschiedliche Abmessungen und Deckmaße. Bei verfalzten Dachziegeln sind die Deckmaße, bei nicht verfalzten Dachziegeln sind die Breiten- und Längenmaße kennzeichnend.

Biberschwanzziegel werden überwiegend in Abmessungen von 18 x 38 cm und 15,5 x 38 cm hergestellt.

Weitere Abmessungen und Toleranzen sind im entsprechenden Produktdatenblatt geregelt.

1.3.2 Dachsteine

(1) Dachsteine werden aus Beton hergestellt und müssen dem „Produktdatenblatt für Dachsteine“ entsprechen.

Dachsteine unterscheiden sich durch ihre Form, Abmessungen, die Seitenfalzausbildung, die Fußverrippung und den Überdeckungsbereich.

Dachsteine werden im Strangpressverfahren hergestellt. Sie werden mit oder ohne Seitenverfalzung sowie mit oder ohne Fußverrippung gefertigt.

Für die Dachdeckung mit Dachsteinen gilt Kapitel 3.

(2) Dachsteine werden in unterschiedlichen Farben und Oberflächen hergestellt.

Geringfügige Schrammen oder Scheuerstellen, die z. B. durch Herstellung, Transport und Verlegung verursacht werden, sind zulässig.

(3) Dachsteine gehören zu den kleinformatigen Deckwerkstoffen. Dachsteine mit Seitenfalz werden u. a. im Standardformat 33 x 42 cm hergestellt.

Dachsteine in Biberform haben die Abmessung von ca. 17 x 42 cm.

Weitere Abmessungen und Toleranzen sind im entsprechenden Produktdatenblatt geregelt.

1.3.3 Unterkonstruktion

(1) Für Unterkonstruktionen aus Holz oder Holzwerkstoffen sind die „Hinweise Holz und Holzwerkstoffe” zu beachten.

(2) Unebenheiten, z. B. bei Holzkonstruktionen bezogen auf die Oberkante der Sparrenebene, dürfen die Regensicherheit nicht beeinträchtigen. Ausgleichsmaßnahmen sind besondere Leistungen.

(3) In Abhängigkeit vom Deckwerkstoff, insbesondere bei ebenen Dachziegeln/Dachsteinen, können Ausgleichsmaßnahmen das Erscheinungsbild verbessern. Ausgleichsmaßnahmen sind für den Einzelfall zu planen und abzustimmen.

1.3.4 Mörtel

(1) Als Mörtel sollte Kalkzementmörtel im Mischungsverhältnis 2 : 1 : 8 = Kalk : Zement : Sand verwendet werden. Dem Mörtel können zur besseren Verarbeitbarkeit ein erhöhter Kalkanteil oder andere Zusatzstoffe beigegeben werden. Die Zusatzstoffe dürfen die Festigkeit und die Beständigkeit des Mörtels nicht beeinträchtigen. Dies gilt auch für Vermörtelungen, die infolge von Denkmalpflegeauflagen zum Einsatz ge-

langen. Die Verwendung von geeignetem Dachdeckerfertigmörtel ist möglich, wenn dieser der Güteüberwachung gemäß DIN EN 998-1[1] entspricht.

(2) Vermörtelung wird i. d. R. während der Deckung von außen ausgeführt. Hierbei unterscheidet man in Längsfugenanstrich, Quer-, Längs- und Stützschläge.

(3) Innenverstrich wird nach der Deckung von innen hergestellt. Hierbei unterscheidet man in Längsfugen-/Querfugenverstrich.

(4) Vermörtelung und Innenverstrich können ohne zusätzliche mechanische Befestigung nicht zur Windsogsicherung herangezogen werden. Dies gilt auch für aufgemörtelte Firste und Grate.

1.3.5 Docken

(1) Docken aus Bitumen oder Kunststoff müssen mindestens der Baustoffklasse B2 gemäß DIN 4102-1[2] oder Baustoffklasse E nach DIN EN 13501-1[3] entsprechen.

(2) Die Größe der Docke aus Bitumen ist den jeweiligen Deckwerkstoffen anzupassen. Vorgefalzte Docken sind modellabhängig einzusetzen. Docken aus Kunststoff werden modellabhängig in einem Arbeitsgang eingedeckt. Die Materialverträglichkeit zu An- und Abschlüssen aus Metall ist zu beachten.

(3) Die Verwendung anderer Docken, z. B. aus Stroh, kann sich durch regionale Besonderheiten oder durch Denkmalpflegeauflagen ergeben.

1.3.6 Befestigungsmittel

(1) Nägel, Schrauben, Schraubnägel und Klammern zur Befestigung von Dach- und Formziegeln bzw. Dach- und Formsteinen müssen mindestens korrosionsgeschützt sein.

(2) Direkt der Witterung ausgesetzte Befestigungsmittel müssen korrosionsbeständig sein.

(3) Bindedraht muss korrosionsbeständig und mindestens 0,5mm dick sein.

(4) Befestigungsmittel, die mangels ausreichender Überdeckung nicht schlagregen- und spritzwassergeschützt angeordnet sind, müssen korrosionsbeständig sein.

1.3.7 Klammern zur Windsogsicherung

(1) Klammern zur Windsogsicherung müssen für diesen Zweck geeignet sowie auf den jeweiligen Deckwerkstoff und die Deckunterlage abgestimmt sein.

(2) Ohne besonderen Korrosionsschutznachweis dürfen Klammern zur Windsogsicherung aus nicht rostendem Stahl verwendet werden.

(3) Verzinkte Klammern können im Überdeckungsbereich der Dachdeckung eingesetzt werden, wenn diese aus feuerverzinktem Stahl mit einem Überzug von mindestens 360 g/m², entsprechend 50 µm, gemäß DIN EN ISO 1461[4] oder gleichwertig hergestellt sind.

(4) Klammern in Verbindung mit Mörtel oder Docken aus Bitumen müssen korrosionsbeständig sein.

(5) Die Klammertragfähigkeit ist abhängig von der jeweiligen Dachziegel/-stein-Klammer-Kombination.

Die Hersteller der Dachziegel/-steine deklarieren die Werte für den Abhebewiderstand der verklammerten Deckung in Abhängigkeit des Klammerschemas und der Deckunterlage nach DIN EN 14437[5] – Abhebewiderstand für Dachziegel und Dachsteine.

1.3.8 An- und Abschlüsse

(1) An- und Abschlüsse können hergestellt werden aus:
- dem Deckwerkstoff,
- Formziegeln/Formsteinen,
- An- und Abschlusselementen aus mindestens korrosionsgeschützten Metallen, Kunststoff oder anderen geeigneten Materialien,

---

[1] DIN EN 998-1 Festlegungen für Mörtel im Mauerwerksbau – Teil 1: Putzmörtel
[2] DIN 4102-1 Brandverhalten von Baustoffen und Bauteilen – Teil 1: Baustoffe; Begriffe, Anforderungen und Prüfungen
[3] DIN EN 13501-1 Klassifizierung von Bauprodukten und Bauarten zu ihrem Brandverhalten; Klassifizierung mit den Ergebnissen aus den Prüfungen zum Brandverhalten von Bauprodukten
[4] DIN EN ISO 1461 Durch Feuerverzinken auf Stahl angebrachte Zinküberzüge (Stückverzinken), Anforderungen und Prüfungen
[5] DIN EN 14437 Bestimmung des Abhebewiderstandes von verlegten Dachziegeln oder Dachsteinen – Prüfverfahren für Dachsysteme

– kleinformatigen Deckwerkstoffen, wie z. B. Schiefer oder Faserzementplatten.

(2) Für die Ausführung von An- und Abschlüssen aus Metall oder industriell gefertigten Formteilen aus Kunststoff ist die „Fachregel für Metallarbeiten im Dachdeckerhandwerk" zu beachten. Für die Ausführung von eingebundenen Nockenanschlüssen gilt ergänzend Abschnitt 4.8.4.

(3) Unterliegende Anschlüsse bei ebenen Deckwerkstoffen können das Erscheinungsbild der Deckung beeinträchtigen.

1.3.9 Dacheinbauteile, Dachdurchdringungen, Dachsystemteile

(1) Dacheinbau- und Dachsystemteile stellen eine funktionale Ergänzung der Dachdeckung dar.

(2) Anschlüsse an Dachdurchdringungen können handwerklich hergestellt oder mit industriell vorgefertigten Teilen erstellt werden.

(3) Dacheinbauteile, Dachdurchdringungen, Dachsystemteile können hergestellt werden aus:

- Formziegeln/Formsteinen,
- mindestens korrosionsgeschützten Metallen, Kunststoffen oder anderen geeigneten Materialien.

(4) Dacheinbau- und Dachsystemteile, die Lasten zu tragen haben oder sicherheitsrelevante Funktionen erfüllen, sind entsprechend den Unfallverhütungsvorschriften, den baurechtlichen Vorschriften und den Herstellervorschriften einzubauen und zu befestigen.

1.4 Windsogsicherung

(1) Dachziegel- und Dachsteindeckungen sind der Einwirkung durch Windsog ausgesetzt. In Abhängigkeit der Windsogbeanspruchung reicht entweder das Eigengewicht der Dachziegel/-steine für die Sicherstellung der Lagesicherheit aus oder es ist eine Verklammerung der Deckung erforderlich.

(2) Der Bedarf einer Verklammerung ist objektspezifisch nach Abschnitt 4.2.2 der „Hinweise zur Lastenermittlung" zu ermitteln.

Befestigungsmittel sind auf die jeweilige Dachziegel-/Dachsteinform abzustimmen und nach Herstellervorschrift einzubauen.

(3) Bei Dachneigungen von mehr als 65° ist grundsätzlich jeder Dachziegel/-stein zu verklammern. Hierbei muss die Befestigung als Kombination aus Dachziegel/-stein und Befestigung über 65° bis einschließlich 75° Dachneigung als Windsogsicherung geeignet sein. Für den Bereich über 75° Dachneigung gilt die Fachregel für Außenwandbekleidung.

(4) Ist eine Verklammerung der ersten Traufziegel bzw. des Traufgebindes nicht möglich, beginnt die Verklammerung des Traufbereichs in der zweiten Reihe bzw. Gebinde.

(5) Endet die Verklammerung bei Biberschwanz-Kronen-/Doppeldeckung in der Lagerschicht unterhalb des Firstes, ist die Firstreihe/Deckschicht mit den aufliegenden Firstziegeln zu sichern.

(6) Ortgangziegel/-steine, Formziegel/-steine von First-, Pultabschluss- und Gratdeckungen sind gegen Windkräfte einzeln mechanisch zu befestigen. Die Befestigungsmittel müssen eine Kraft von mindestens 0,60 kN/m rechtwinklig zur Lage der Unterkonstruktion aufnehmen können.

(7) First- und Gratlatten sind an der tragenden Unterkonstruktion so zu befestigen, dass eine Kraft von mindestens 0,60 kN/m rechtwinklig zur Lage von First oder Grat aufgenommen werden kann.

2 Dachdeckungen mit Dachziegeln

2.1 Form und Überdeckungsbereich von Dachziegeln

(1) Dachziegel werden mit einfachen oder mehrfachen Kopf-, Fuß- und Seitenfalzen (Ringverfalzung) oder auch ohne Verfalzung hergestellt. Variable Höhen- und Seitenüberdeckungen sind vom Hersteller anzugeben.

Der Hersteller hat die Dachziegel einer Dachziegelart nach Tabelle 3 zuzuordnen.

(2) Die Ausbildung und Lage der Falze, die Form und die Überdeckungen sowie besondere Merkmale des Dachziegels bestimmen die Regensicherheit der Dachdeckung.

Es gelten folgende Begriffe:

- Mulde: wasserführender Bereich zur Ableitung des Niederschlagswassers
- Krempe: aufliegender/oberer Teil der Seitenüberdeckung
- Rippe: Aufkantung oder Steg
- Nut: Vertiefung zwischen 2 Rippen oder einer Rippe und einer Stufe
- Falz: Nut mit 2 flankierenden Rippen bzw. eine Nut zwischen einer Rippe und einer Stufe
- Wasserfalz: nach oben gerichteter Falz in der Höhen- oder Seitenüberdeckung, Kopf- und Seitenfalz
- Deckfalz: nach unten gerichteter Falz in der Höhen- und Seitenüberdeckung
- Verfalzung: Kombination aus Wasser- und Deckfalz

Besondere Merkmale sind:

- tiefer liegende, muldenförmige Ausbildung der wasserführenden Ebene,
- besondere Ausprägung der Rippen und Wasserführung in den Falzen,
- Rückführung des Restwassers aus den Falzen in die Mulde desselben Dachziegels,
- Führung des Restwassers aus dem Seitenfalz in die wasserführende Ebene eines darunter liegenden Dachziegels,
- hoch liegender Seitenfalz
- Eignung für Verbanddeckung

(3) Dachziegeldeckungen müssen die Regensicherheit über die gesamte Spanne der vom Hersteller anzugebenden möglichen Lattweiten (im gezogenen und gedrückten Zustand nach Abbildung 72 und Abbildung 73) bei Einhaltung der Regeldachneigung nach Tabelle 3 sicherstellen.

(4) Tabelle 3 fasst die Regelungen der Abschnitte 2.2 bis 2.6 zusammen und zeigt die RDN für die unterschiedlichen Dachziegeldeckungen.

Tabelle 3: Regeldachneigung (RDN) von Dachziegeldeckungen

Dachziegelart/Merkmal mit Beispiel/en	**RDN**
Dachziegel mit Ringfalz gemäß Abschnitt 2.2 – Flachdachziegel – Romanische Dachziegel – Hohlfalzziegel	22°
Dachziegel mit Kopffalz oder Kopfrippe und Fußrippe und Seitenverfalzung gemäß Abschnitt 2.3 – Doppelmuldenfalzziegel bei Deckung im Verband – Doppelmuldenfalzziegel mit besonderen Merkmalen bei Deckung in Reihe – Glattziegel bei Deckung im Verband – Reformziegel mit besonderen Merkmalen – Verschiebeziegel mit besonderen Merkmalen	25°
Dachziegel mit Kopffalz oder Kopfrippe und Fußrippe und Seitenfalz gemäß Abschnitt 2.4 – Doppelmuldenfalzziegel – Reformziegel – Glattziegel – Verschiebeziegel	30°
ebene Dachziegel gemäß Abschnitt 2.4 in Doppel- und Kronendeckung – Biberschwanzziegel	
Dachziegel mit seitlich eingreifender Überdeckung gemäß Abschnitt 2.5 – Strangfalzziegel/Falzbiber	35°
Dachziegel mit seitlich übergreifender Überdeckung gemäß Abschnitt 2.5 – Krempziegel	
gewölbte Dachziegel gemäß Abschnitt 2.5 in Aufschnittdeckung – Hohlpfanne	

Fortsetzung Tabelle 3

Dachziegelart/Merkmal mit Beispiel/en	**RDN**
gewölbte Dachziegel gemäß Abschnitt 2.6 in Vorschnittdeckung – Hohlpfanne	40°
gewölbte Dachziegel gemäß Abschnitt 2.6 – Mönch und Nonne	
ebene Dachziegel gemäß Abschnitt 2.6 in Einfachdeckung mit Spließen – Biberschwanzziegel	

2.2 Deckungen mit Dachziegeln der RDN 22°

(1) Dachdeckungen werden mit Dachziegeln RDN 22° mit Ringfalz in Einfachdeckung (siehe Abb. 10) ausgeführt.

Die Dachziegel verfügen über einen Ringfalz in der Höhen- und Seitenüberdeckung, der durchgehend oder unterbrochen ausgebildet sein kann.

Kennzeichnend für Dachziegel mit durchgehendem Ringfalz ist es, dass der restwasserführende Kopf- und Seitenfalz nicht unterbrochen ist und aus mindestens einem Falz besteht.

Bei unterbrochenem Ringfalz erfolgt die Entwässerung des Kopffalzes direkt in die wasserführende Ebene.

Die Höhenüberdeckung bildet eine Verfalzung, oder der Ziegelfuß besitzt einen Falz oder mindestens eine Rippe mit besonderer Ausprägung.

(2) Die Seitenüberdeckung muss eine Verfalzung bilden. Tabelle 4 zeigt die Anforderungen an die Ausführung von Unterdächern, Unterdeckungen und Unterspannungen bei Dachziegeldeckungen mit RDN 22°.

Tabelle 4: Anforderungen an die Ausführung von Unterdächern, Unterdeckungen und Unterspannungen für Dachdeckungen mit Dachziegeln der RDN 22°

Dachneigung	**Mindestanforderung**	**Ab einer erhöhten Anforderung mindestens**
≥ 10°	Klasse 1	Klasse 1
≥ 14°	Klasse 3	Klasse 2
≥ 18°	Klasse 4	Klasse 3
≥ 22°	Klasse 5	Klasse 4
Erhöhte Anforderungen sind: – große Sparrenlängen > 10 m gemäß Tabelle 1 – konzentrierter Wasserlauf auf Teilflächen des Daches, z. B. unterhalb von Regenfallrohren, Zusammenführungen von Kehlen o.ä. – besondere Dachflächen wie geschweifte Gauben, Tonnen- und Kegeldächer – schneereiche Gebiete (Schneelast ≥ 1,5 kN/m^2) – windreiche Gebiete der Windlastzonen 4 oder Kamm- und Gipfellagen oder Schluchtenbildung		

Abb. 1: Ringfalz (bestehend aus mindestens einem Wasserfalz in Seiten- und Höhenüberdeckung; Kopf- und Seitenfalz durchgehend) – Ziegelfuß (Falz oder Rippe mit besonderer Ausprägung) – seitlicher Deckfalz

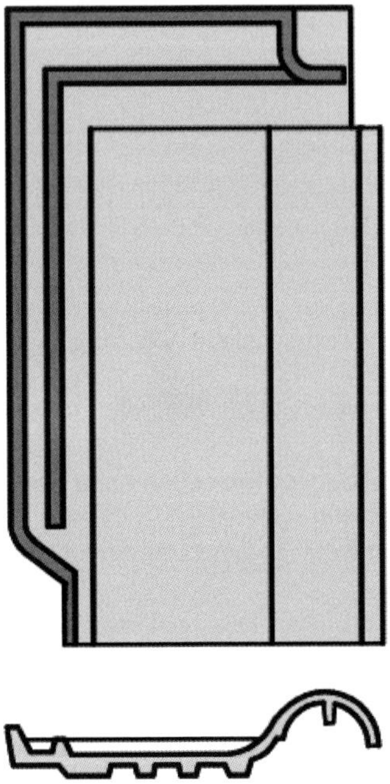

Abb. 2: Ringfalz (bestehend aus mindestens einem Wasserfalz in Seiten- und Höhenüberdeckung; Kopffalz unterbrochen, Seitenfalz durchgehend) – Ziegelfuß (Falz oder Rippe mit besonderer Ausprägung) – seitlicher Deckfalz

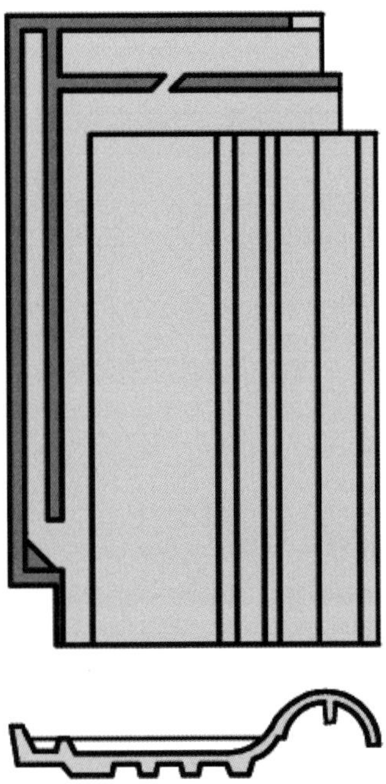

Abb. 3: Höhenüberdeckung: Der Ziegelfuß deckt den Kopffalz des darunter liegenden Ziegels ab; die Höhenüberdeckung bildet eine Verfalzung, oder der Ziegelfuß besitzt einen Falz oder mindestens eine Rippe mit besonderer Ausprägung.

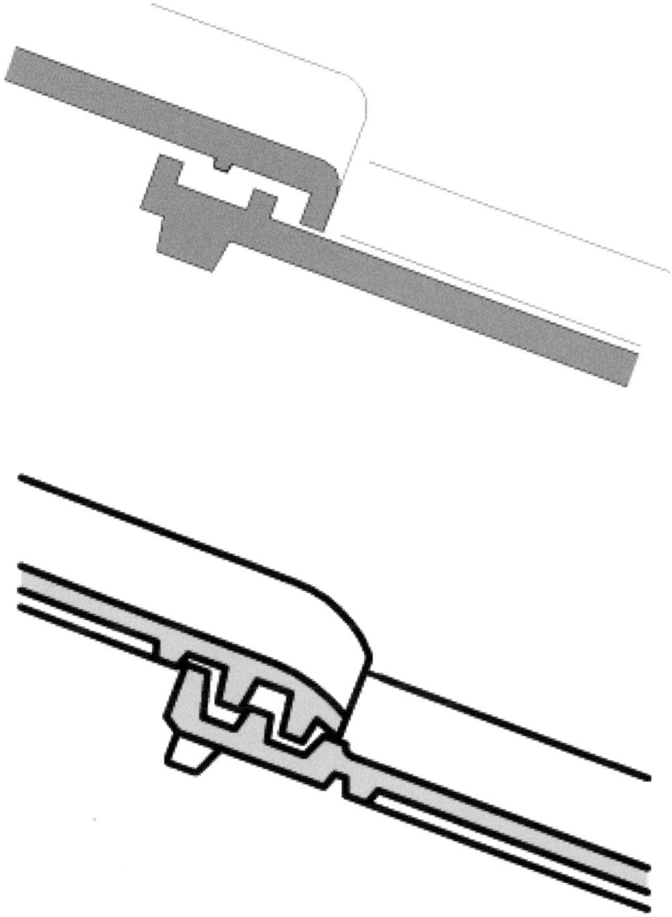

Abb. 4: Seitenüberdeckung: Die Krempe deckt den Seitenfalz bis an den Rand der Mulde des Nachbarziegels ab; die Seitenüberdeckung muss eine Verfalzung bilden.

Die Ausprägung der Falze und des Mehrziegelecks sichert die Restwasserführung in der Mulde des Ziegels.

In Kopf- und Seitenfalz eingedrungenes Niederschlagswasser wird in die Mulde des gleichen und/oder des darunter liegenden Ziegels geleitet.

Eine tiefer liegende muldenförmige Ausbildung des wasserführenden Bereiches und eine mehrfache Ringverfalzung können die Regensicherheit erhöhen.

Abb. 5: Wasserführung bei durchgehender Ringfalz

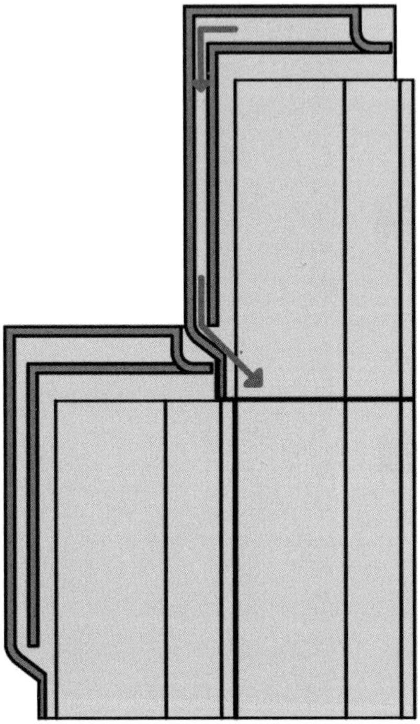

Abb. 6: Wasserführung bei unterbrochener Ringfalz

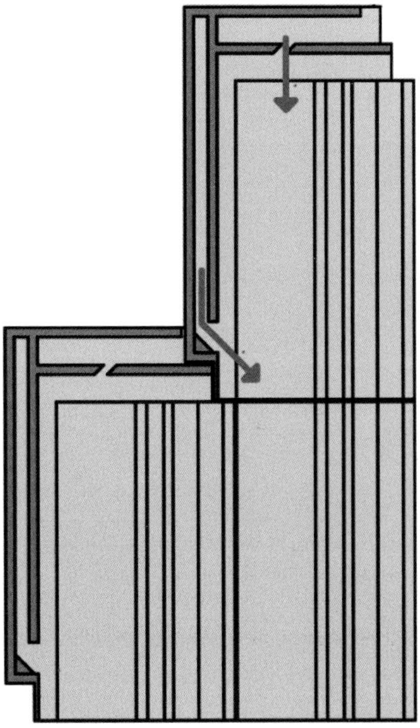

Abb. 7: Beispiel: Flachdachziegel

Abb. 8: Beispiel: Romanischer Ziegel mit besonderen Merkmalen

Abb. 9: Beispiel: Hohlfalzziegel mit besonderen Merkmalen

Abb. 10: Deckbild: Dachziegel mit Ringfalz - Flachdachziegel

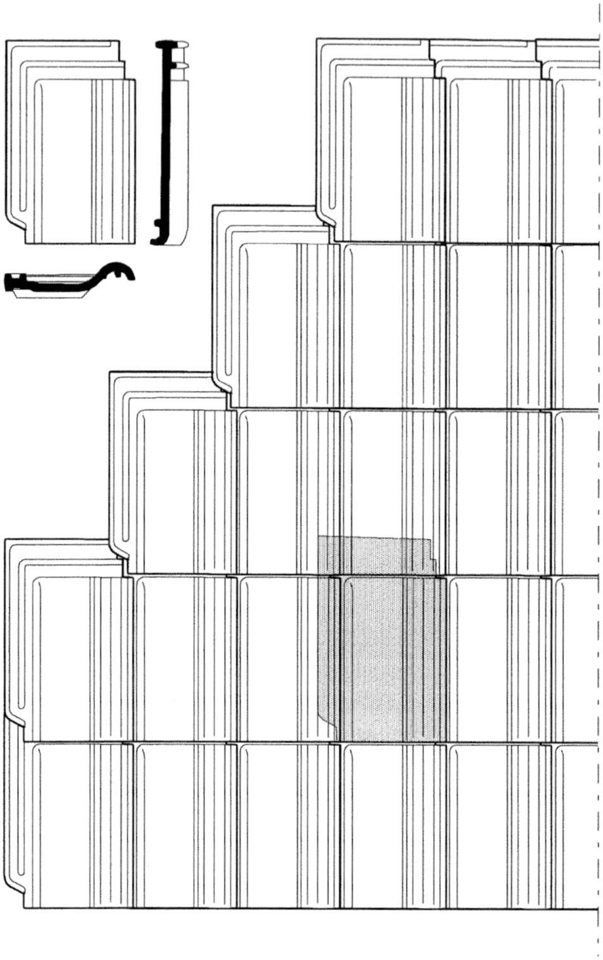

2.3 Deckungen mit Dachziegeln der RDN 25°

(1) Dachdeckungen mit Dachziegeln der RDN 25° werden mit Dachziegeln mit Kopffalz oder Kopfrippe und Fußrippe und Seitenverfalzung in Einfachdeckung ausgeführt. (Abb. 20)

Glattziegel müssen im Verband gedeckt werden (Abb. 16).

Doppelmuldenfalz-, Reform- und Verschiebeziegel mit besonderen Merkmalen (Führung des Restwassers aus dem Seitenfalz in die wasserführende Ebene eines darunter liegenden Dachziegels) können in Reihe gedeckt werden.

(2) Kennzeichnend für die Dachziegel sind mindestens ein Kopffalz und Seitenverfalzung oder mindestens eine Kopfrippe und Fußrippe und Seitenverfalzung (Wasser- und Deckfalz).

Tabelle 5 zeigt die Anforderungen an die Ausführung von Unterdächern, Unterdeckungen und Unterspannungen bei Dachdeckungen mit Dachziegeln der RDN 25°.

Tabelle 5: Anforderungen an die Ausführung von Unterdächern, Unterdeckungen und Unterspannungen für Dachdeckungen mit Dachziegeln der RDN 25°

Dachneigung	Mindestanforderung	Ab einer erhöhten Anforderung mindestens
≥ 13°[1)]	Klasse 1	Klasse 1
≥ 17°	Klasse 3	Klasse 2
≥ 21°	Klasse 4	Klasse 3
≥ 25°	Klasse 5	Klasse 4
Erhöhte Anforderungen sind: – große Sparrenlängen > 10 m gemäß Tabelle 1 – konzentrierter Wasserlauf auf Teilflächen des Daches, z. B. unterhalb von Regenfallrohren, Zusammenführungen von Kehlen o.ä. – besondere Dachflächen wie geschweifte Gauben, Tonnen- und Kegeldächer – schneereiche Gebiete (Schneelast ≥ 1,5 kN/m²) – windreiche Gebiete der Windlastzonen 4 oder Kamm- und Gipfellagen oder Schluchtenbildung		
1) Bei geringerer Dachneigung sind Maßnahmen zum Erhalt der Traglattung erforderlich, z. B. Traglatten aus feuchteresistenten Materialien, wasserabweisende Abdeckungen der Traglatten o.a.		

(3) Bei ebenen Dachziegeln mit tief liegendem Seitenfalz wirken sich Unebenheiten in der Unterkonstruktion auf das optische Erscheinungsbild aus. Unabhängig von Ausgleichsmaßnahmen (siehe Abschnitt 1.3.3) sind die in Tabelle 6 aufgeführten Traglattenquerschnitte in Abhängigkeit vom Sparrenabstand einzuhalten.

Tabelle 6: Traglattenquerschnitte in Abhängigkeit vom Sparrenabstand für ebene Dachziegel mit tief liegendem Seitenfalz

Sparrenabstand (Achsmaß)	**Traglattenquerschnitt** (Nennmaße)
≤ 70 cm ≤ 90 cm	30/50 mm 40/60 mm
In Abhängigkeit der Belastung, z. B. bei hohen Schneelasten und geringen Dachneigungen, sind größere Traglattenquerschnitte oder geringere Sparrenabstände erforderlich.	

Abb. 11: Kopffalz, Fußrippe, seitlicher Wasserfalz und seitlichem Deckfalz – Doppelmuldenfalzziegel

Abb. 12: Kopfrippe, Fußrippe, seitlicher Wasserfalz und seitlichem Deckfalz – Glattziegel

Abb. 13: Höhenüberdeckung: Der Ziegelfuß überdeckt den Kopffalz/die Kopfrippe des darunter liegenden Ziegels.

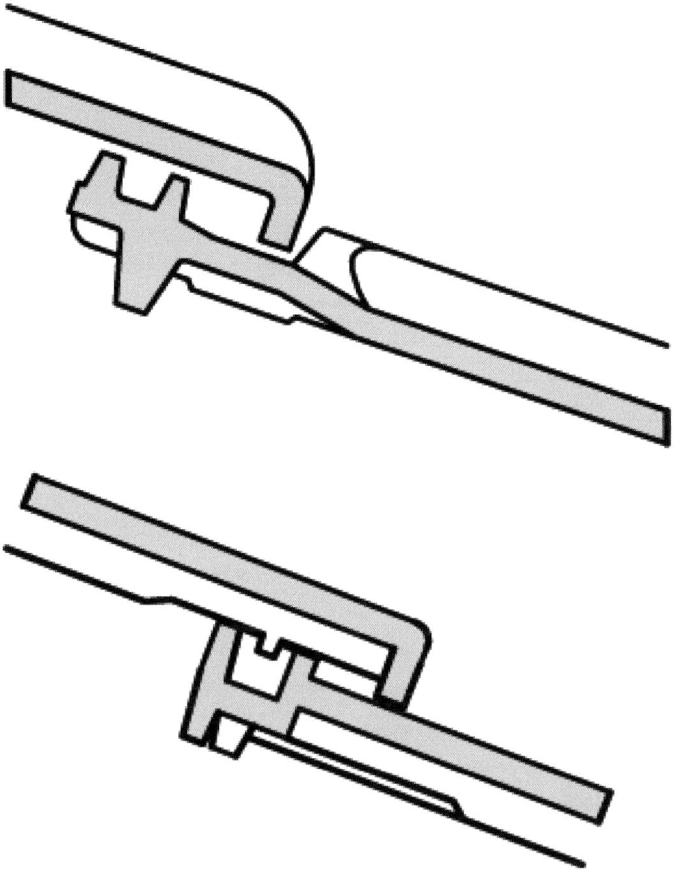

Abb. 14: Seitenüberdeckung: Die Krempe überdeckt den Seitenfalz bis an den Rand des wasserführenden Bereichs des Nachbarziegels; die Seitenüberdeckung bildet eine Verfalzung.

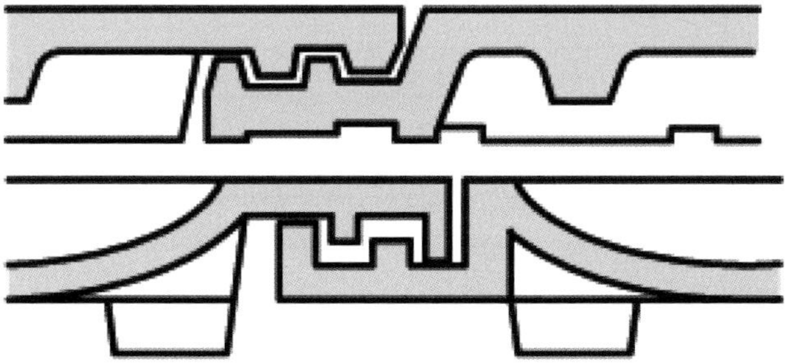

In Kopf- und Seitenfalz eingedrungenes Niederschlagswasser/Restwasser wird auf den wasserführenden Bereich des darunter liegenden Ziegels geführt.

Abb. 15: Wasserführung beim Doppelmuldenfalzziegel bei Deckung im Verband

Abb. 16: Wasserführung beim Glattziegel bei Deckung im Verband

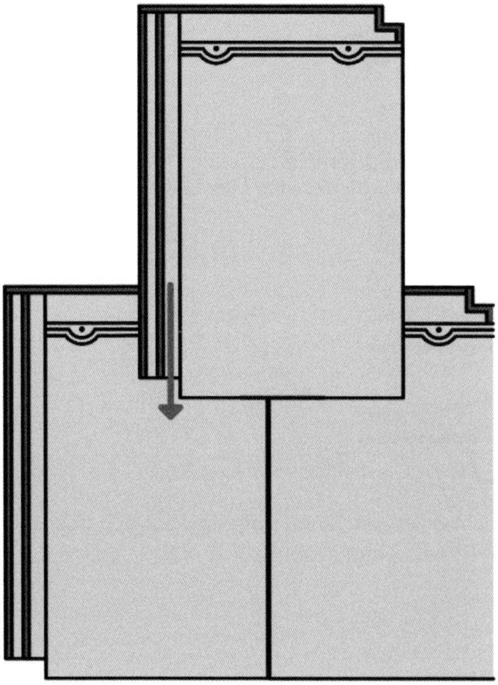

Abb. 17: Beispiel: Doppelmuldenfalzziegel

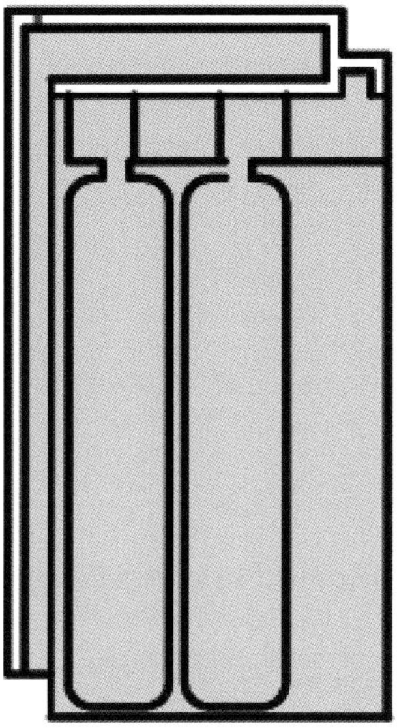

Abb. 18: Beispiel: Doppelmuldenfalzziegel und Reformziegel mit besonderen Merkmalen (Deckung in Reihe)

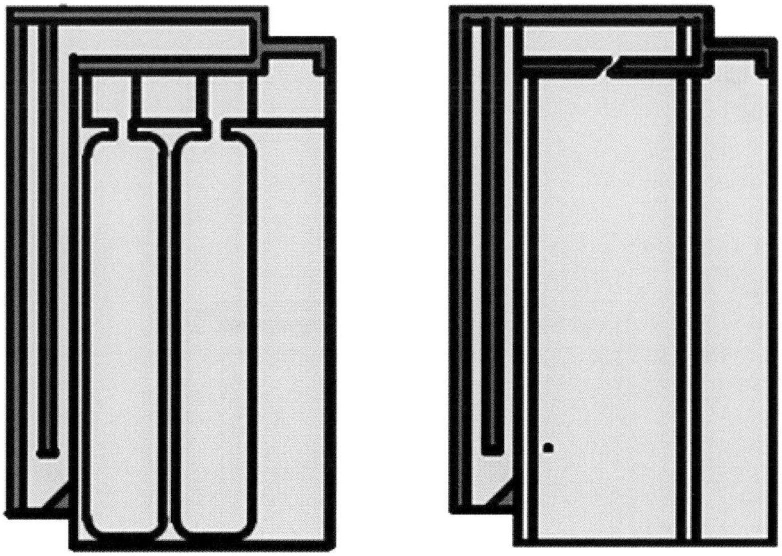

Abb. 19: Beispiel: Glattziegel (Deckung im Verband)

Abb. 20: Deckbild: Dachziegel mit Kopffalz oder Kopfrippe und Fußrippe und Seitenverfalzung – Reformziegel mit besonderen Merkmalen

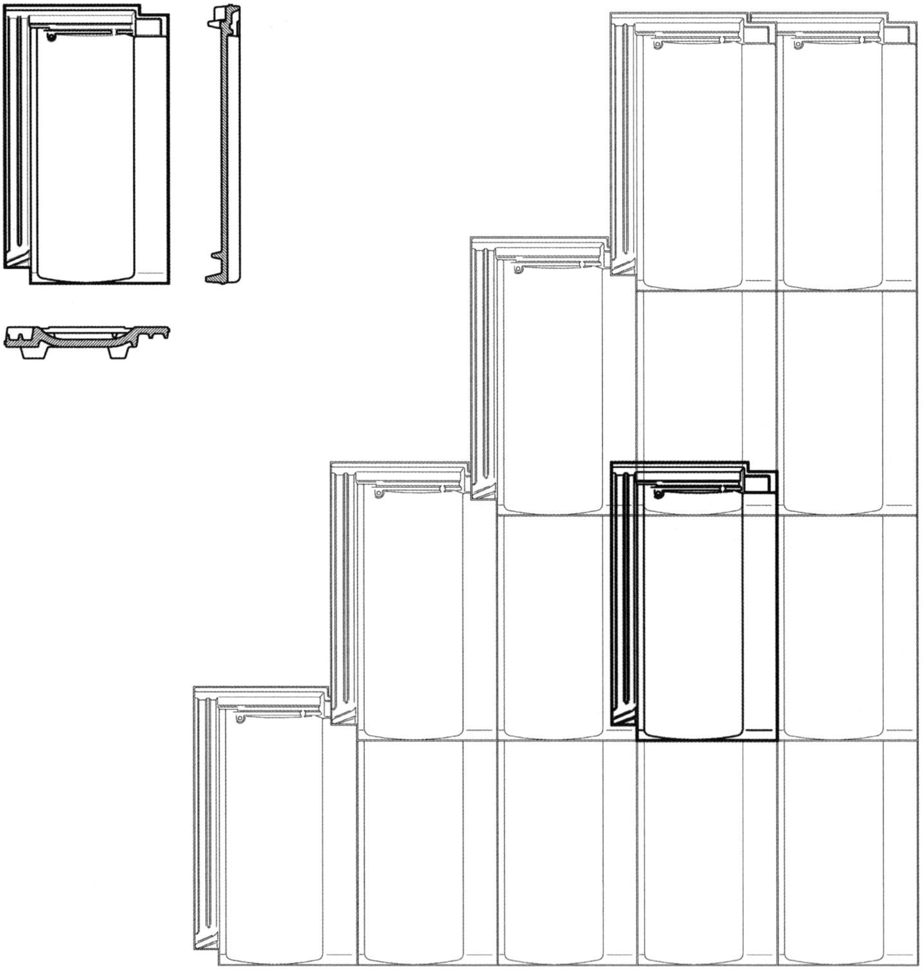

2.4 Deckungen mit Dachziegeln der RDN 30°

(1) Dachdeckungen mit Dachziegeln der RDN 30° werden mit

- Dachziegeln mit Kopffalz/Kopfrippe und Fußrippe sowie Seitenfalz in Einfachdeckung (siehe Abb. 21 bis 29)
- ebenen Dachziegeln (Biberschwanzziegel) in Doppel- oder Kronendeckung (siehe Abb. 31 bis 38) ausgeführt.

(2) Kennzeichnend für Dachziegel mit Kopffalz oder Kopfrippe und Fußrippe und Seitenfalz sind mindestens ein Kopffalz und ein Seitenfalz oder mindestens eine Kopfrippe und Fußrippe und ein Seitenfalz. Sie werden mit unterschiedlicher Krempenausbildung zur Überdeckung der Wasserfalze oder Eingreifen in die Wasserfalze mit oder ohne Mittelwulst hergestellt.

Tabelle 7 zeigt die Anforderungen an die Ausführung von Unterdächern, Unterdeckungen und Unterspannungen bei Dachziegeldeckungen mit RDN 30°.

Tabelle 7: Anforderungen an die Ausführung von Unterdächern, Unterdeckungen und Unterspannungen für Dachziegeldeckungen mit RDN 30°

Dachneigung	Mindestanforderung	Ab einer erhöhten Anforderung mindestens
≥ 18°[1]	Klasse 2	Klasse 1
≥ 22°	Klasse 3	Klasse 2
≥ 26°	Klasse 4	Klasse 3
≥ 30°	Klasse 5	Klasse 4
Erhöhte Anforderungen sind: – große Sparrenlängen > 10 m gemäß Tabelle 1 – konzentrierter Wasserlauf auf Teilflächen des Daches, z. B. unterhalb von Regenfallrohren, Zusammenführungen von Kehlen o.ä. – besondere Dachflächen wie geschweifte Gauben, Tonnen- und Kegeldächer – schneereiche Gebiete (Schneelast ≥ 1,5 kN/m²) – windreiche Gebiete der Windlastzonen 4 oder Kamm- und Gipfellagen oder Schluchtenbildung		
[1] Bei geringerer Dachneigung sind Maßnahmen zum Erhalt der Traglattung erforderlich, z. B. Traglatten aus feuchteresistenten Materialien, wasserabweisende Abdeckungen der Traglatten o.a., und die Zusatzmaßnahme mit Klasse 1 auszuführen.		

(3) Bei ebenen Dachziegeln mit tief liegendem Seitenfalz und Biberschwanzziegel in Kronen- und Doppeldeckung wirken sich Unebenheiten in der Unterkonstruktion auf das optische Erscheinungsbild aus. Unabhängig von Ausgleichsmaßnahmen (siehe Abschnitt 1.3.3) sind die in Tabelle 8 aufgeführten Traglattenquerschnitte in Abhängigkeit vom Sparrenabstand einzuhalten.

Tabelle 8: Traglattenquerschnitte in Abhängigkeit vom Sparrenabstand für ebene Dachziegel mit tief liegendem Seitenfalz und Biberschwanzziegel in Kronen- und Doppeldeckung

Sparrenabstand (Achsmaß)	**Traglattenquerschnitt** (Nennmaße)
≤ 70 cm ≤ 90 cm	30/50 mm 40/60 mm
In Abhängigkeit der Belastung, z. B. bei hohen Schneelasten und geringen Dachneigungen, sind größere Traglattenquerschnitte oder geringere Sparrenabstände erforderlich.	

Abb. 21: Kopffalz, Fußrippe, seitlicher Wasserfalz und überdeckende Krempe/eingreifende Krempe/ Deckfalz – Verschiebeziegel

Abb. 22: Kopffalz, Fußrippe, seitlicher Wasserfalz und überdeckende Krempe/eingreifende Krempe/ Deckfalz – Doppelmuldenfalzziegel

Abb. 23: Höhenüberdeckung: Der Ziegelfuß überdeckt den Kopffalz/die Kopfrippe des darunter liegenden Ziegels.

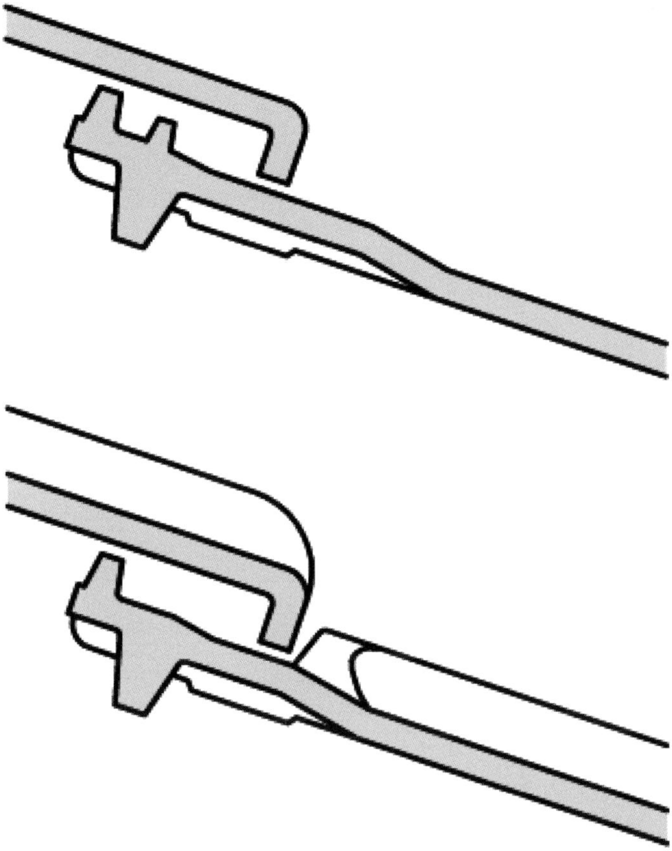

Abb. 24: Seitenüberdeckung: Die Krempe überdeckt den seitlichen Wasserfalz bis an den Rand des wasserführenden Bereichs des Nachbarziegels oder greift in den Wasserfalz ein; die Seitenüberdeckung kann eine Verfalzung bilden.

In Höhenüberdeckung und seitlichen Wasserfalz eingedrungenes Niederschlagswasser/Restwasser wird auf die darunter liegenden Ziegel geführt.

Glatt- und Doppelmuldenfalzziegel können im Verband gedeckt werden.

Abb. 25: Wasserführung beim Doppelmuldenfalzziegel bei Deckung in Reihe

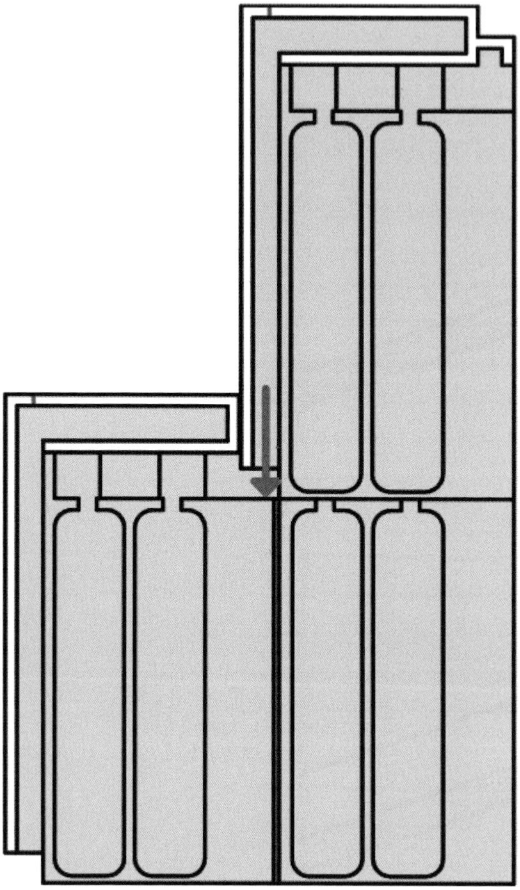

Abb. 26: Beispiel: Doppelmuldenfalzziegel

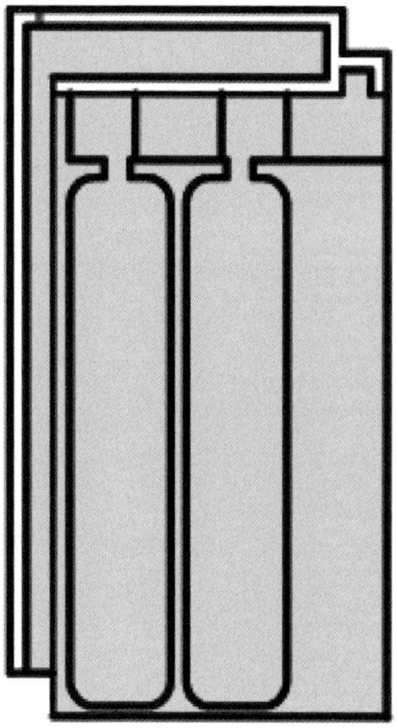

Abb. 27: Beispiel: Reformziegel

Abb. 28: Beispiel: Verschiebeziegel

Abb. 29: Beispiel: Glattziegel

Abb. 30: Deckbild: Dachziegel mit Kopffalz oder Kopfrippe und Fußrippe und Seitenfalz - Glattziegel bei Deckung in Reihe

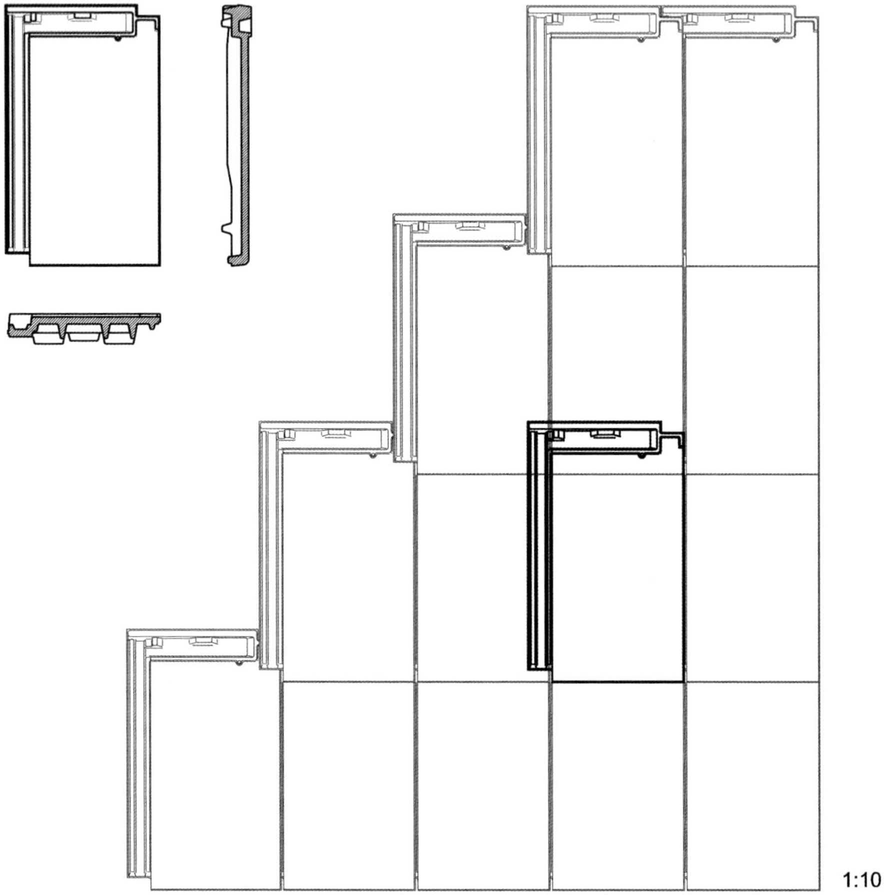

(4) Biberschwanzziegel werden mit unterschiedlichen Schnittarten hergestellt. Kennzeichnend für diese Dachziegel ist es, dass sie i. d. R. mehrfach überdeckt und im Verband gedeckt werden. Sie wird in Doppel- oder Kronendeckung ausgeführt.

Abb. 31: Glatter Ziegelkopf und-fuß sowie glatte seitliche Überdeckungsbereiche – Biberschwanzziegel / Rundschnitt

Abb. 32: Glatter Ziegelkopf und-fuß sowie glatte seitliche Überdeckungsbereiche – Biberschwanzziegel/Segmentschnitt

Abb. 33: Höhenüberdeckung: Der Ziegelfuß überdeckt neigungsabhängig den darunter liegenden Ziegel – Biberschwanzziegel-Doppeldeckung

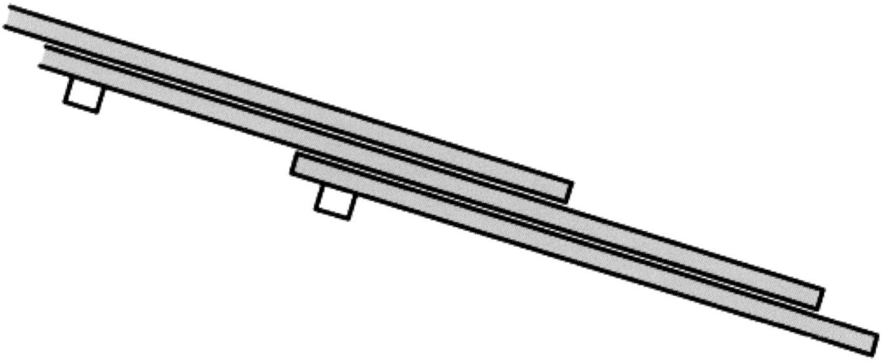

Abb. 34: Höhenüberdeckung: Der Ziegelfuß überdeckt neigungsabhängig den darunter liegenden Ziegel - Biberschwanzziegel-Kronendeckung

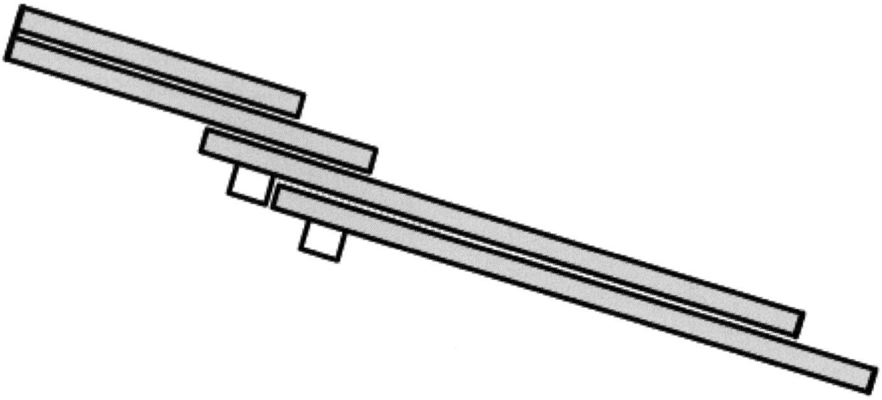

Abb. 35: Seitenüberdeckung: ohne

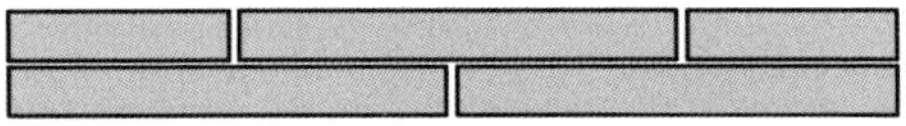

Die Wasserführung erfolgt bei Doppel- und Kronendeckung durch die Mehrfach- und Verbanddeckung von Reihe zu Reihe.

(5) Bei der Doppeldeckung liegt auf jeder Traglatte eine Biberreihe. Die Biber überdecken sich so, dass die dritte Deckreihe die erste um die Höhenüberdeckung überdeckt (siehe Tabelle 12). Die Biber werden mit geringem Seitenabstand (Fugen) verlegt, um Schäden durch Bewegungen zu vermeiden. Die Deckung erfolgt regelmäßig im Halbverband, wobei zur Anarbeitung an Details und bei Sonderdachflächen der Viertelverband nicht unterschritten werden darf. Die Breite der An- und Abschlussziegel soll mindestens ½-Ziegel-Breite betragen. First- und Traufgebinde werden mit Firstanschluss- und Traufbibern gedeckt, sofern sie nicht als Kronengebinde ausgeführt werden.

Abb. 36: Deckbild: Ebene Dachziegel in Doppeldeckung - Biberschwanzziegel

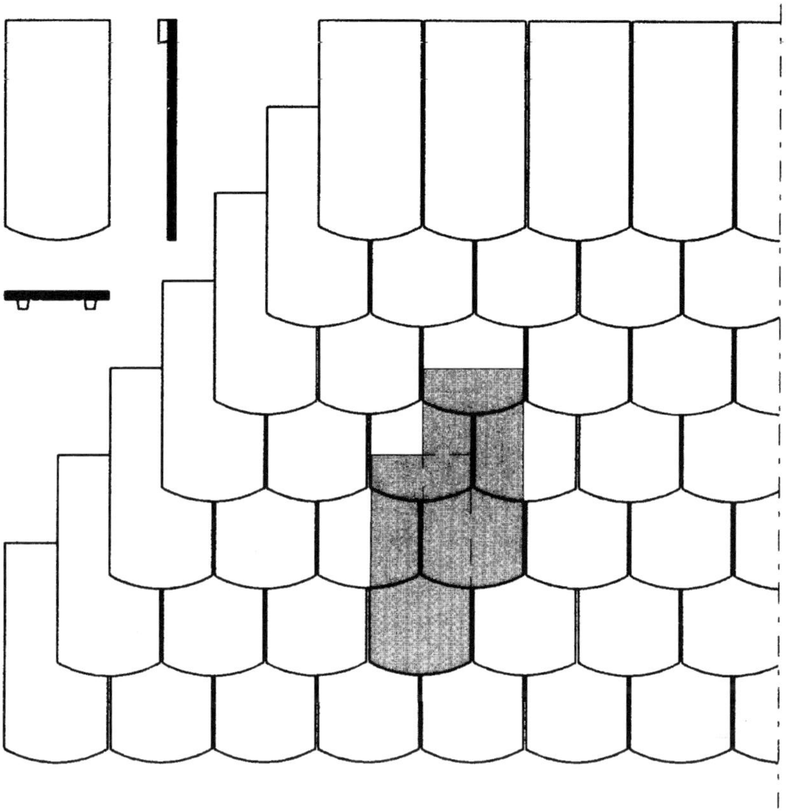

Schnittarten:

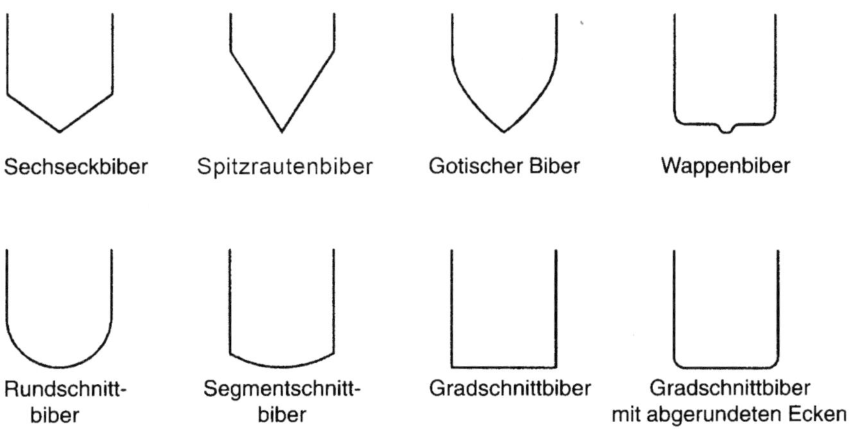

(6) Bei der Kronendeckung liegen auf jeder Traglatte 2 Biberreihen (Lager- und Deckschicht) auf, sodass sie untereinander einen regelmäßigen Halbverband bilden. Die Höhenüberdeckung ergibt sich aus dem Abstand zweier Lagerschichten (siehe Tabelle 12). Die Biber sind mit geringem Seitenabstand (Fugen) zu decken. Bei der Anarbeitung an Details und bei Sonderdachflächen darf der Viertelverband nicht unter-

schritten werden. Die Breite der An- und Abschlussziegel soll mindestens ½-Ziegel-Breite betragen. Das First- und Traufgebinde wird als Kronengebinde gedeckt. Hierfür sind entweder Flächenbiber zu verwenden oder spezielle Traufbiber für das Traufgebinde.

Abb. 37: Deckbild: Ebene Dachziegel in Kronendeckung - Biberschwanzziegel

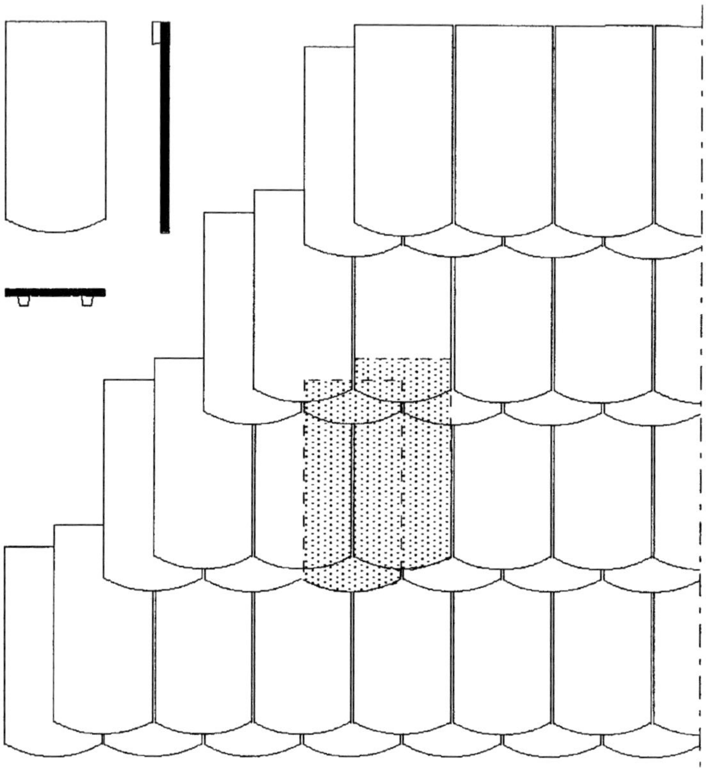

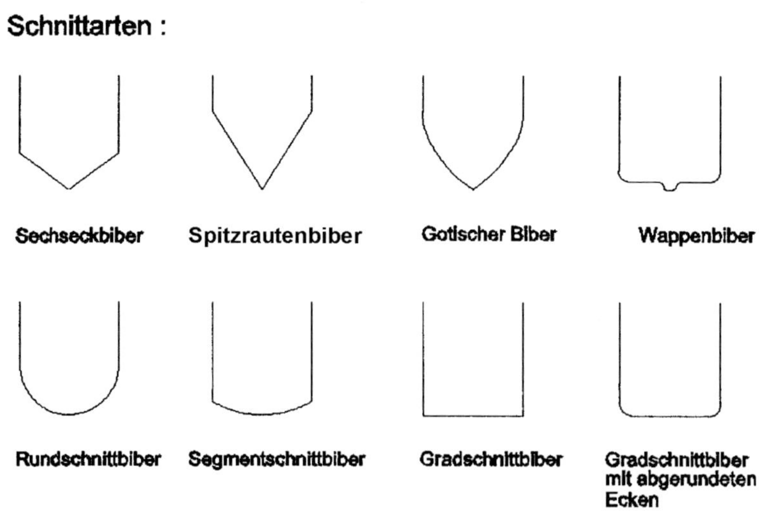

2.5 Deckungen mit Dachziegeln der RDN 35°

(1) Dachdeckungen mit Dachziegeln der RDN 35° werden mit

- Dachziegeln in ebener oder gewölbter Form mit seitlich eingreifender Überdeckung oder Seitenfalz (Strangfalzziegel) (siehe Abb. 41 bis 47)
- Dachziegeln mit seitlich übergreifender Überdeckung (Krempziegel) (siehe Abb. 48 bis 52)
- gewölbte Dachziegel (Hohlpfanne, Rinnenziegel) in Aufschnittdeckung (siehe Abb. 54 bis 57)

ausgeführt.

(2) Dachziegel in ebener oder gewölbter Form mit seitlich eingreifender Überdeckung oder Seitenfalz (Strangfalzbiber) werden mit variabler Höhenüberdeckung (siehe Tabelle 11) ausgeführt. Ebene Strangfalzziegel sind im Verband zu decken. Tabelle 8 zeigt die Anforderungen an die Ausführung von Unterdächern, Unterdeckungen und Unterspannungen bei Dachziegeldeckungen mit Dachziegeln der RDN 35°.

(3) Bei Strangfalzbibern wirken sich Unebenheiten in der Unterkonstruktion auf das optische Erscheinungsbild aus. Unabhängig von Ausgleichsmaßnahmen (siehe Abschnitt 1.3.3) sind die in Tabelle 9 aufgeführten Traglattenquerschnitte in Abhängigkeit vom Sparrenabstand zu empfehlen.

Tabelle 9: Anforderungen an die Ausführung von Unterdächern, Unterdeckungen und Unterspannungen für Dachziegeldeckungen mit RDN 35°

Dachneigung	Mindestanforderung	Ab einer erhöhten Anforderung mindestens
≥ 23°[1]	Klasse 2	Klasse 2
≥ 27°	Klasse 3	Klasse 3
≥ 31°	Klasse 4	Klasse 3
≥ 35°	Klasse 5	Klasse 4
Erhöhte Anforderungen sind: – große Sparrenlängen > 10 m gemäß Tabelle 1 – konzentrierter Wasserlauf auf Teilflächen des Daches, z. B. unterhalb von Regenfallrohren, Zusammenführungen von Kehlen o.ä. – besondere Dachflächen wie geschweifte Gauben, Tonnen- und Kegeldächer – schneereiche Gebiete (Schneelasten ≥ 1,5 kN/m²) – windreiche Gebiete der Windlastzonen 4 oder Kamm- und Gipfellagen oder Schluchtenbildung		
[1] Bei geringerer Dachneigung sind Maßnahmen zum Erhalt der Traglattung erforderlich, z. B. Traglatten aus feuchteresistenten Materialien, wasserabweisende Abdeckungen der Traglatten o.a., und die Zusatzmaßnahme mit Klasse 1 auszuführen		

Abb. 38: Glatter Ziegelkopf und-fuß, seitlicher Wasserfalz und seitliche Rippe oder Deckfalz - ebener Strangfalzbiber

Abb. 39: Glatter Ziegelkopf und-fuß, seitlicher Wasserfalz und seitliche Rippe oder Deckfalz – profilierter Strangfalzbiber

Abb. 40: Höhenüberdeckung: Der Ziegelfuß überdeckt neigungsabhängig den darunter liegenden Ziegel

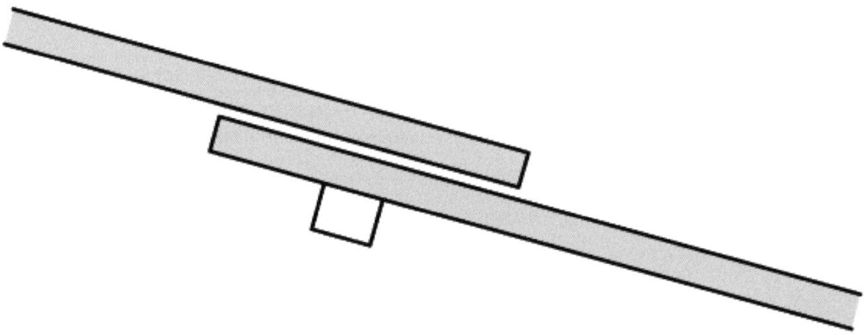

Abb. 41: Seitenüberdeckung: Die Falze greifen ineinander, die Seitenüberdeckung kann eine Verfalzung bilden

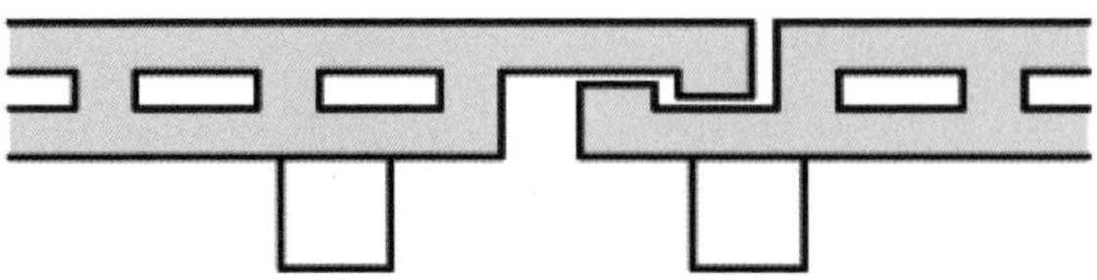

In den Wasserfalz eingedrungenes Niederschlagswasser/Restwasser wird auf den wasserführenden Bereich des darunter liegenden Ziegels geführt.

Die Deckung erfolgt im Verband.

Abb. 42: Wasserführung beim ebenen Strangfalzbiber

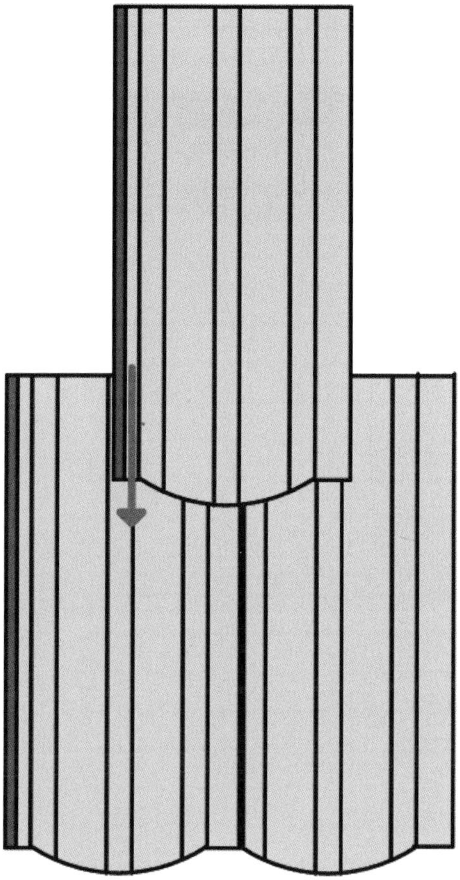

Abb. 43: Beispiel: ebener Strangfalzziegel

Abb. 44: Beispiel: Strangfalzbiber (Falzbiber)

(4) Dachziegel mit seitlich übergreifender Überdeckung werden mit unterschiedlicher Krempenausbildung und Mulde hergestellt (Krempziegel). Kennzeichnend für diese Dachziegel ist es, dass sie an Stelle eines Wasserfalzes nur eine seitliche Rippe haben. Die Höhenüberdeckung ist variabel.

Die Wasserführung erfolgt von Mulde zu Mulde.

Das Deckbild der Krempziegeldeckung ist geprägt durch die nicht rechtwinklige Lage des einzelnen Dachziegels zur Traglattung. Je nach Anordnung der Krempe ist eine Links- oder Rechtsdeckung möglich.

Abb. 45: Glatter Ziegelkopf und-fuß, seitliche Aufkantung und seitliche Krempe – Linkskremper

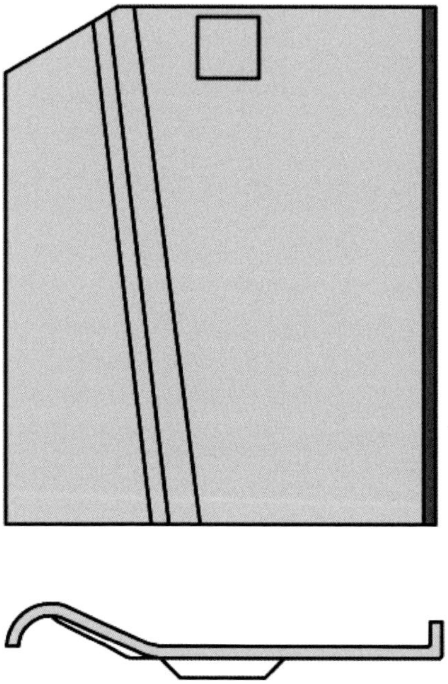

Abb. 46: Höhenüberdeckung: Der Ziegelfuß überdeckt neigungsabhängig den darunter liegenden Ziegel.

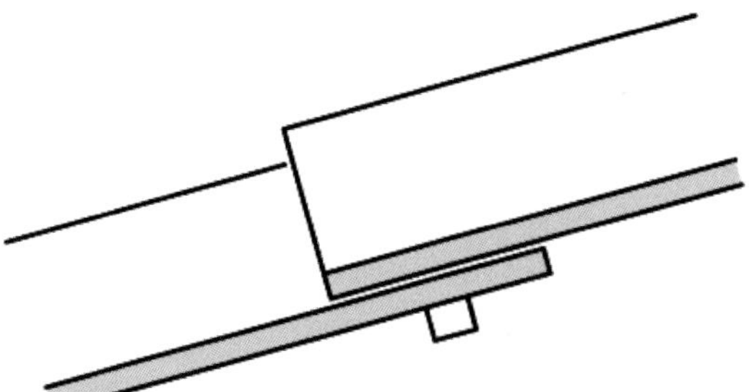

Abb. 47: Seitenüberdeckung: Die Krempe überdeckt die seitliche Aufkantung des Nachbarziegels.

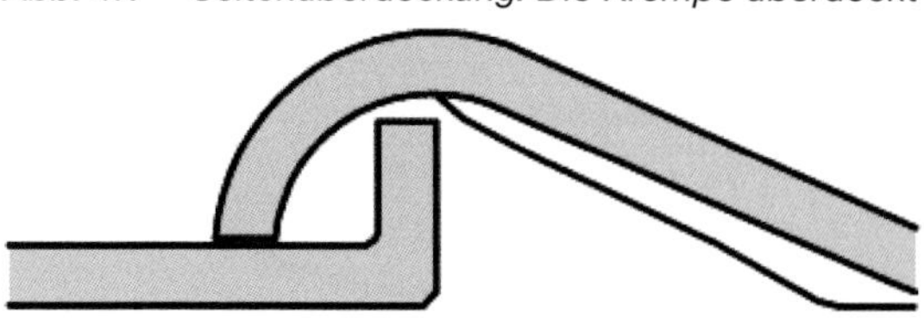

Abb. 48: Wasserführung bei Krempziegeln

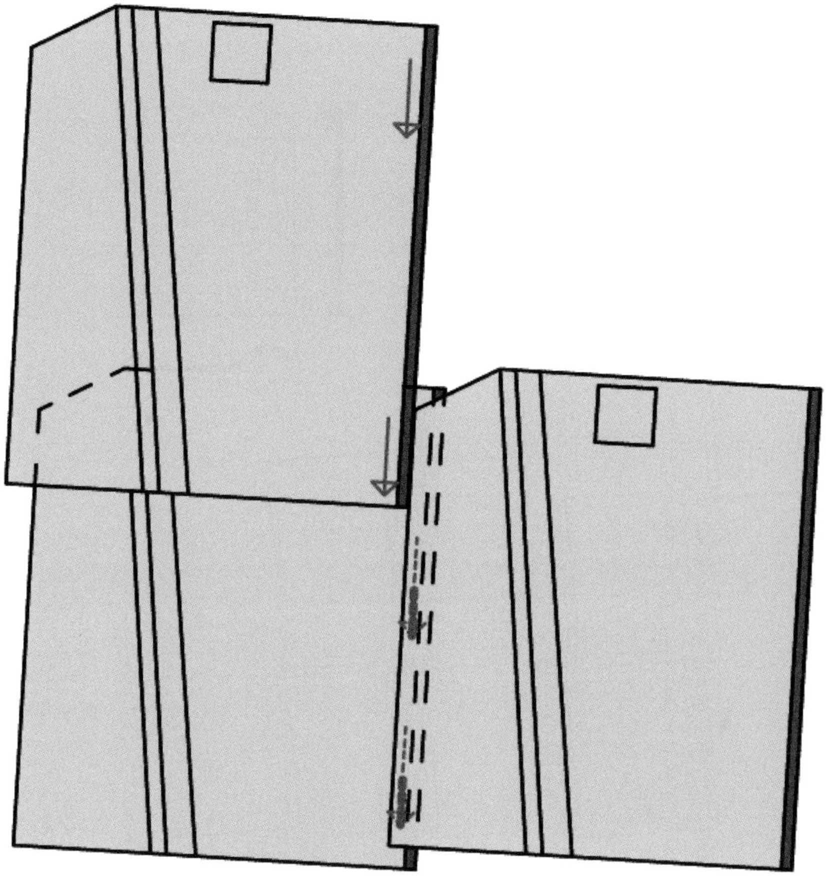

Abb. 49: Beispiel: Krempziegel

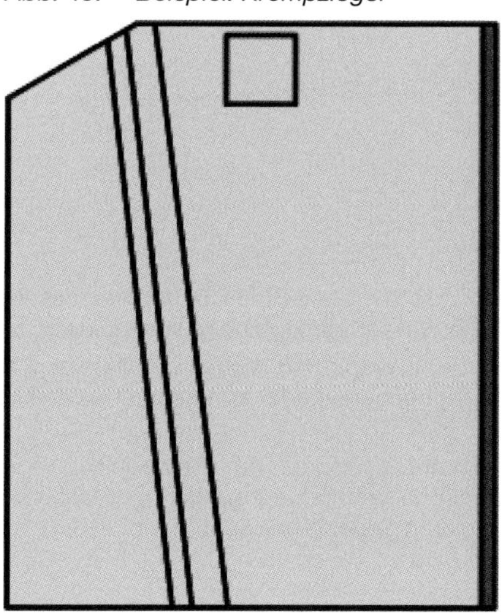

Abb. 50: Deckbild: Dachziegel mit seitlich übergreifender Überdeckung - Krempziegel, Linkskremper

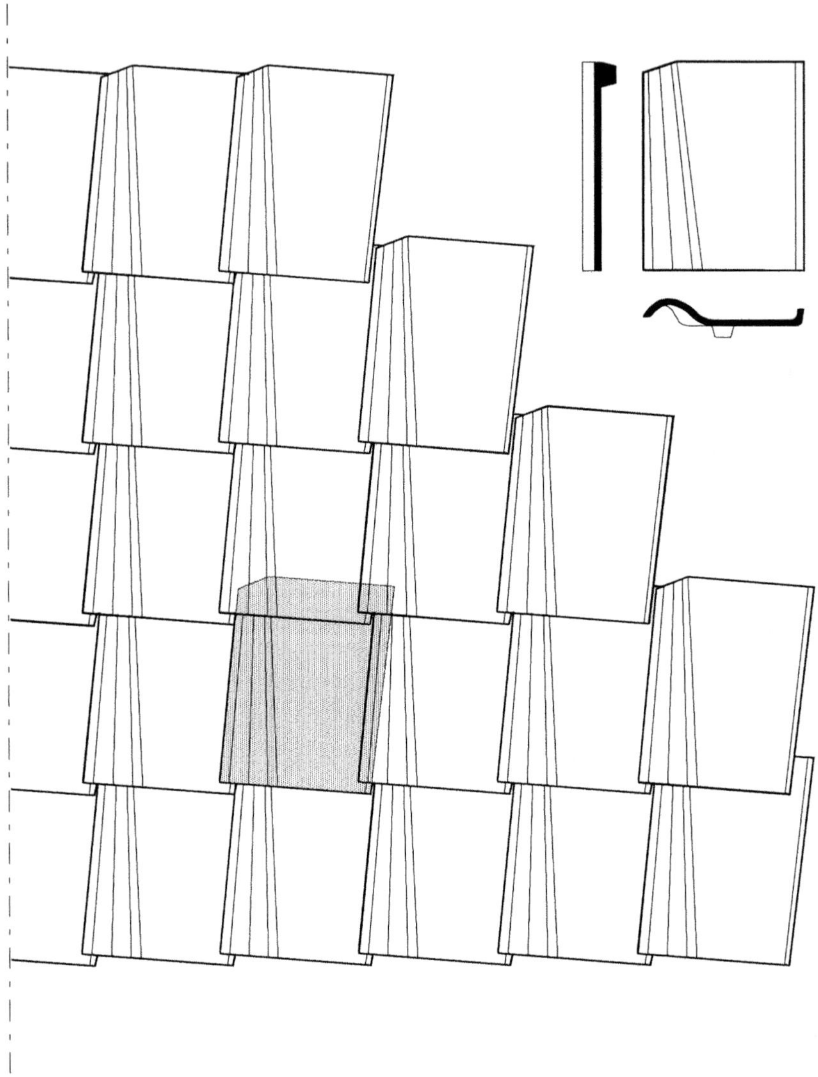

(5) Gewölbte Dachziegel (Hohlpfannen) sind konkav und konvex gewölbt, ohne Rippe, und führen das Wasser in runder Mulde. Sie werden seiten- und höhenüberdeckt. Die Wasserführung erfolgt von Mulde zu Mulde.

Die Seitenüberdeckung richtet sich nach Breite und Form der Krempe und der Art der Deckung, wobei eine ausreichende Überdeckungsbreite entsprechend der angegebenen oder ermittelten Deckbreite einzuhalten ist.

Bei der Aufschnittdeckung werden Hohlpfannen mit Kurzschnitt verwendet. Am Vierziegeleck liegen die Dachziegel vierfach übereinander. Bei großen Sparrenlängen in Verbindung mit geringer Dachneigung sollten gewölbte Dachziegel (Hohlpfannen) in Aufschnittdeckung gedeckt werden.

Abb. 51: Glatter Ziegelkopf und-fuß sowie glatte seitliche Überdeckungsbereiche – Hohlpfanne

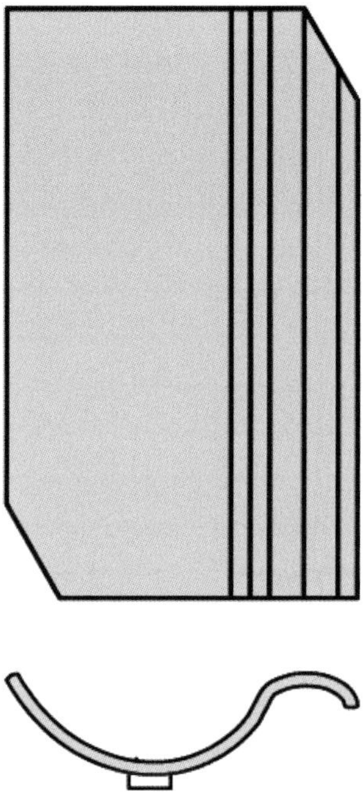

Abb. 52: Höhenüberdeckung: Der Ziegelfuß überdeckt den darunter liegenden Ziegel; bei Hohlpfannen-Aufschnittdeckung neigungsabhängige Höhenüberdeckung

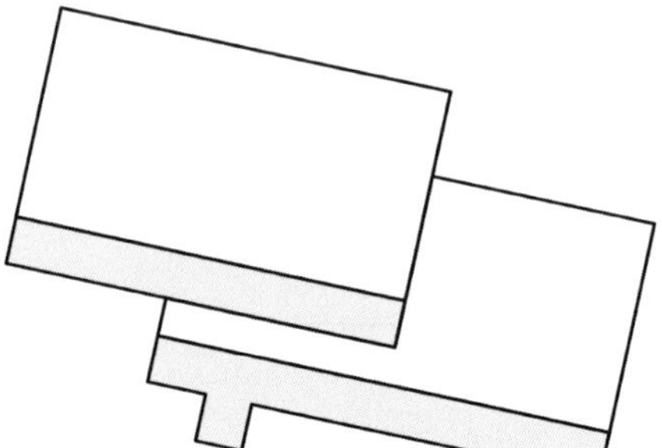

Abb. 53: Seitenüberdeckung: Die Krempe überdeckt die aufgehende Seite des Nachbarziegels.

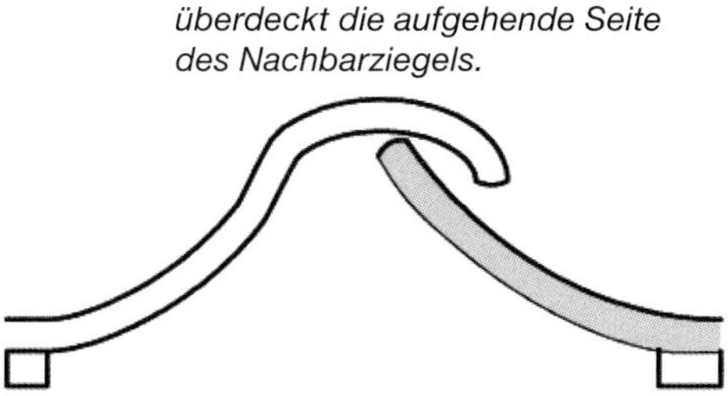

Abb. 54: Beispiel: Hohlpfanne

Abb. 55: Deckbild: Gewölbte Dachziegel (Hohlpfanne) in Aufschnittdeckung

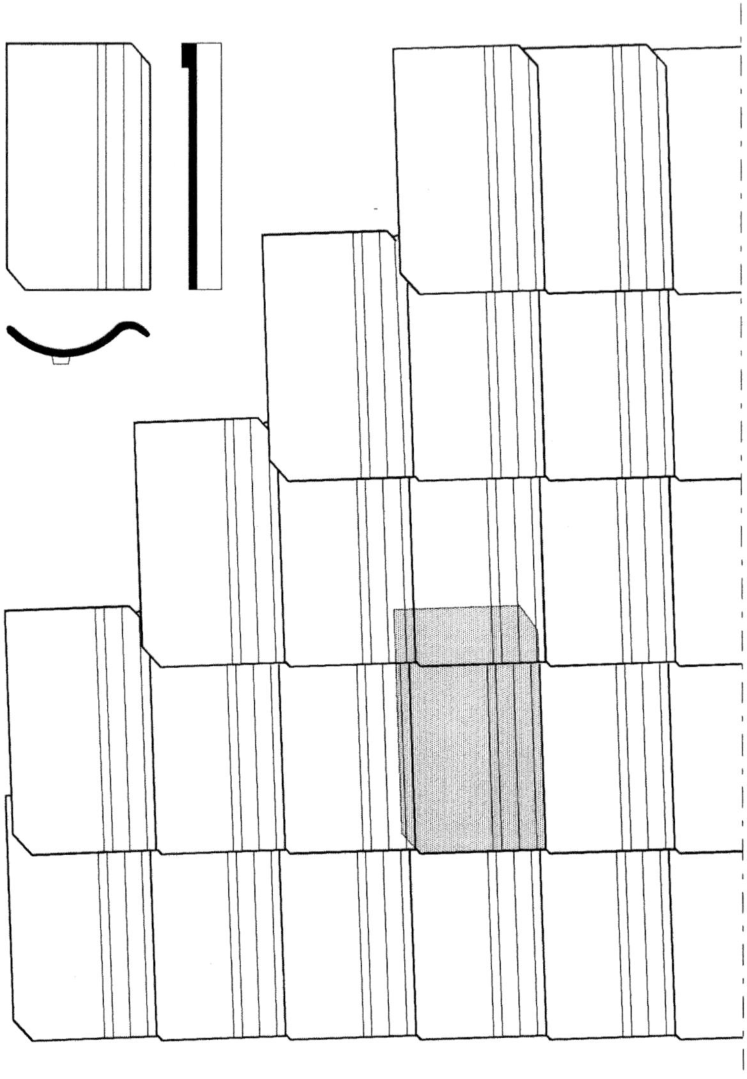

2.6 Deckungen mit Dachziegeln der RDN 40°

(1) Dachdeckungen mit Dachziegeln RDN 40° werden mit

- gewölbten Dachziegeln (Mönch und Nonne) in Mönch- und Nonnendeckung,
- gewölbten Dachziegeln (Hohlpfanne, Rinnenziegel) in Vorschnittdeckung,
- ebenen Dachziegeln (Biberschwanzziegel) in Einfachdeckung mit Spließen

ausgeführt.

(2) Gewölbte Dachziegel sind konkav oder konvex gewölbt, ohne Rippe, und haben einen runden Wasserlauf. Sie werden seiten- und höhenüberdeckt. Die Wasserführung erfolgt von Mulde zu Mulde. Tabelle 10 zeigt die Anforderungen an die Ausführung von Unterdächern, Unterdeckungen und Unterspannungen bei Dachziegeldeckungen mit Dachziegeln der RDN 40°.

(3) Bei Biberschwanzziegeln in Spließdeckung wirken sich Unebenheiten in der Unterkonstruktion auf das optische Erscheinungsbild aus. Unabhängig von Ausgleichsmaßnahmen (siehe Abschnitt 1.3.3) sind die in Tabelle 8 aufgeführten Traglattenquerschnitte in Abhängigkeit vom Sparrenabstand zu empfehlen.

Tabelle 10: Anforderungen an die Ausführung von Unterdächern, Unterdeckungen und Unterspannungen für Dachziegeldeckungen mit RDN 40°

Dachneigung	Mindestanforderung	Ab einer erhöhten Anforderung mindestens
≥ 28°[1)]	Klasse 2	Klasse 2
≥ 32°	Klasse 3	Klasse 3
≥ 36°	Klasse 4	Klasse 3
≥ 40°	Klasse 5	Klasse 4

Erhöhte Anforderungen sind:
- große Sparrenlängen > 10 m gemäß Tabelle 1
- konzentrierter Wasserlauf auf Teilflächen des Daches , z. B. unterhalb von Regenfallrohren, Zusammenführungen von Kehlen o.ä.
- besondere Dachflächen wie geschweifte Gauben, Tonnen- und Kegeldächer
- schneereiche Gebiete (Schneelast ≥ 1,5 kN/m²)
- windreiche Gebiete der Windlastzonen 4 oder Kamm- und Gipfellagen oder Schluchtenbildung

[1)] Bei geringerer Dachneigung sind Maßnahmen zum Erhalt der Traglattung erforderlich, z. B. Traglatten aus feuchteresistenten Materialien, wasserabweisende Abdeckungen der Traglatten o.a. Die Zusatzmaßnahme ist mit Klasse 2, unter 23° mit Klasse 1 auszuführen.

Abb. 56: Glatter Ziegelkopf und-fuß sowie glatte seitliche Überdeckungsbereiche – Mönch- und Nonnenziegel

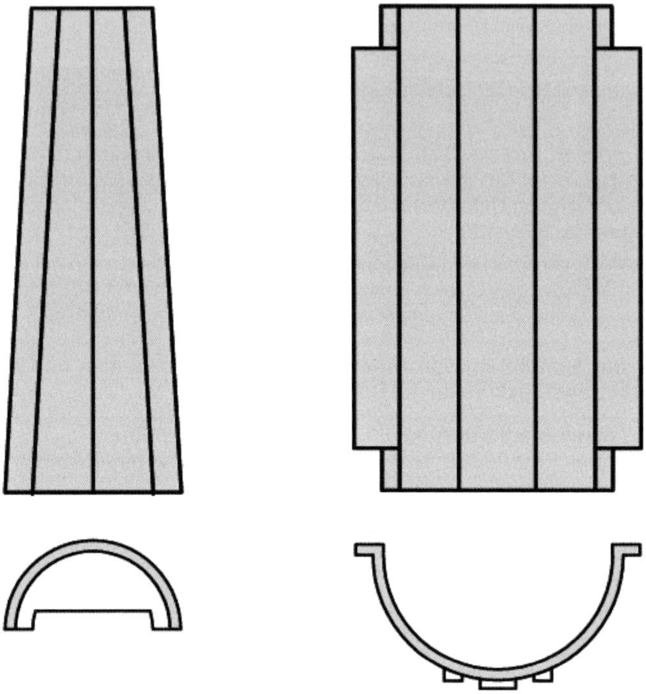

Abb. 57: Glatter Ziegelkopf und -fuß sowie glatte seitliche Überdeckungsbereiche – Hohlpfanne

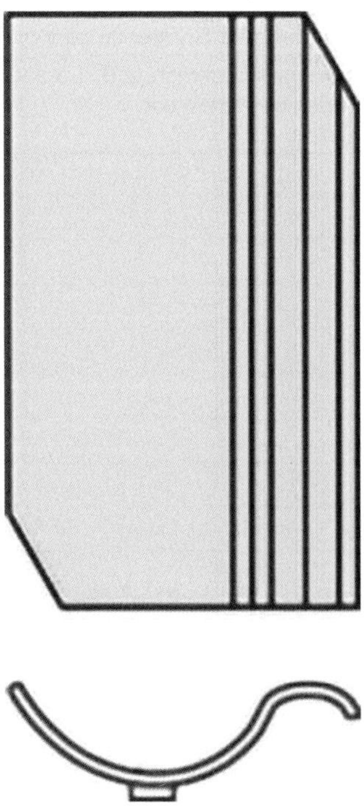

Abb. 58: Höhenüberdeckung: Der Ziegelfuß überdeckt den darunter liegenden Ziegel.

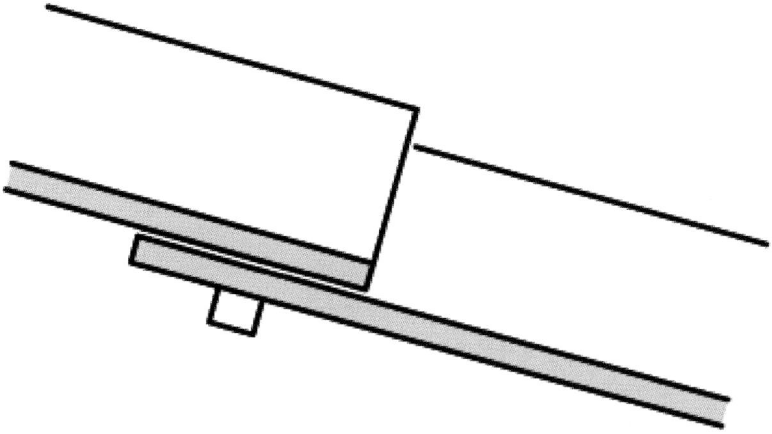

Abb. 59: Seitenüberdeckung: Die Krempe überdeckt die seitliche Aufkantung des Nachbarziegels.

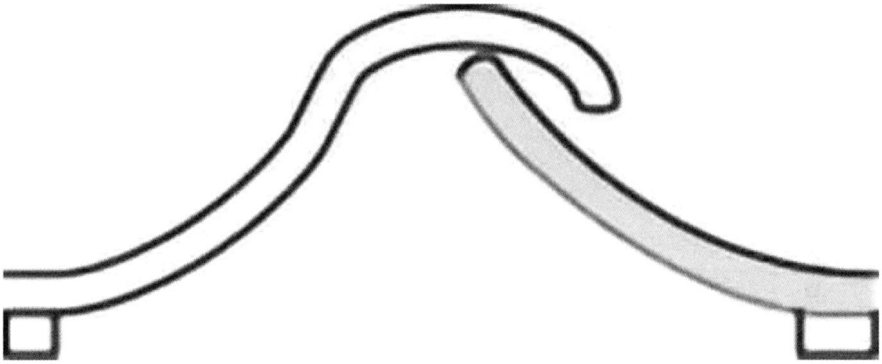

Abb. 60: Wasserführung bei Mönch -und Nonnenziegel

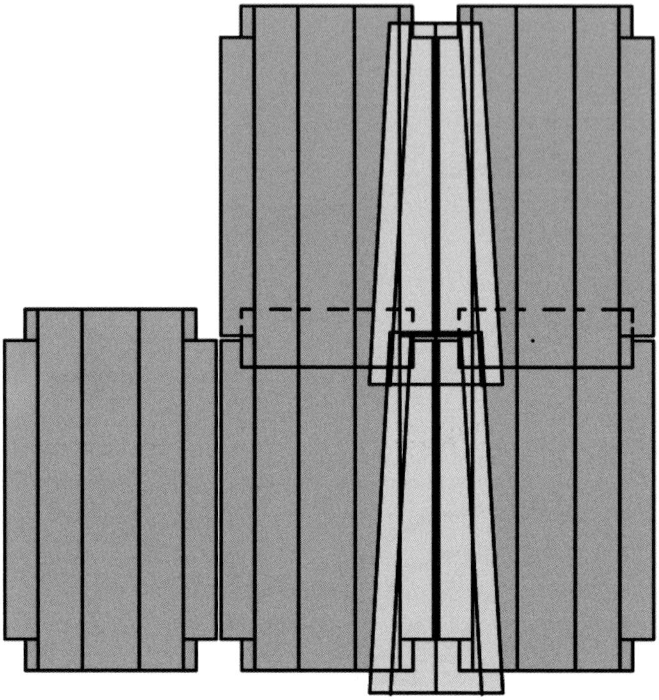

Abb. 61: Wasserführung bei Hohlpfannen in Vorschnittdeckung

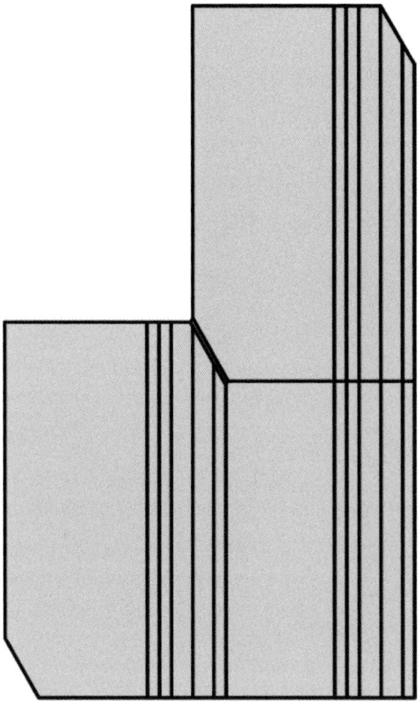

Abb. 62: Beispiel: Mönch- und Nonnenziegel

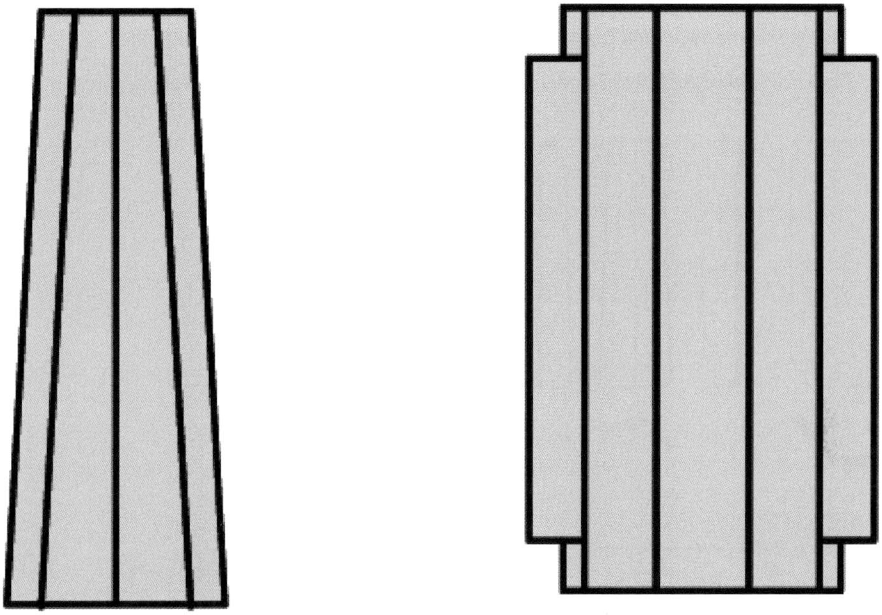

Abb. 63: Beispiel: Hohlpfanne

(4) Mönch- und Nonnendeckung

Die Nonnenziegel sind so auf die Traglattung zu hängen, dass der Mönchziegel den zwischen 2 Nonnenziegeln entstehenden Zwischenraum überdeckt.

Die Deckung der Nonnenziegel kann erfolgen:

- in Mörtel,
- in trockener Verlegung.

Bei der vermörtelten Verlegung wird dicht am Kopf der Nonnenziegel ein Querschlag aufgebracht, in den die Nonnen der darüberliegenden Ziegelreihen aufgedrückt werden. Die Mönchziegel werden am Kopf mit Mörtel gefüllt und mit 2 Längsschlägen versehen aufgesetzt. Vollständiges Aufmörteln ist unzulässig.

Die trockene Verlegung ist nach den Herstellervorschriften auszuführen.

Die Mönchziegel überragen die Fußlinie der Nonnenziegel. Um eine gerade Kante an der Traufe zu erhalten, werden die Mönchziegel in der Traufschicht nach oben geschoben oder geschnitten.

Abb. 64: Deckbild: Gewölbte Dachziegel (Mönch und Nonne) in Mönch- und Nonnendeckung

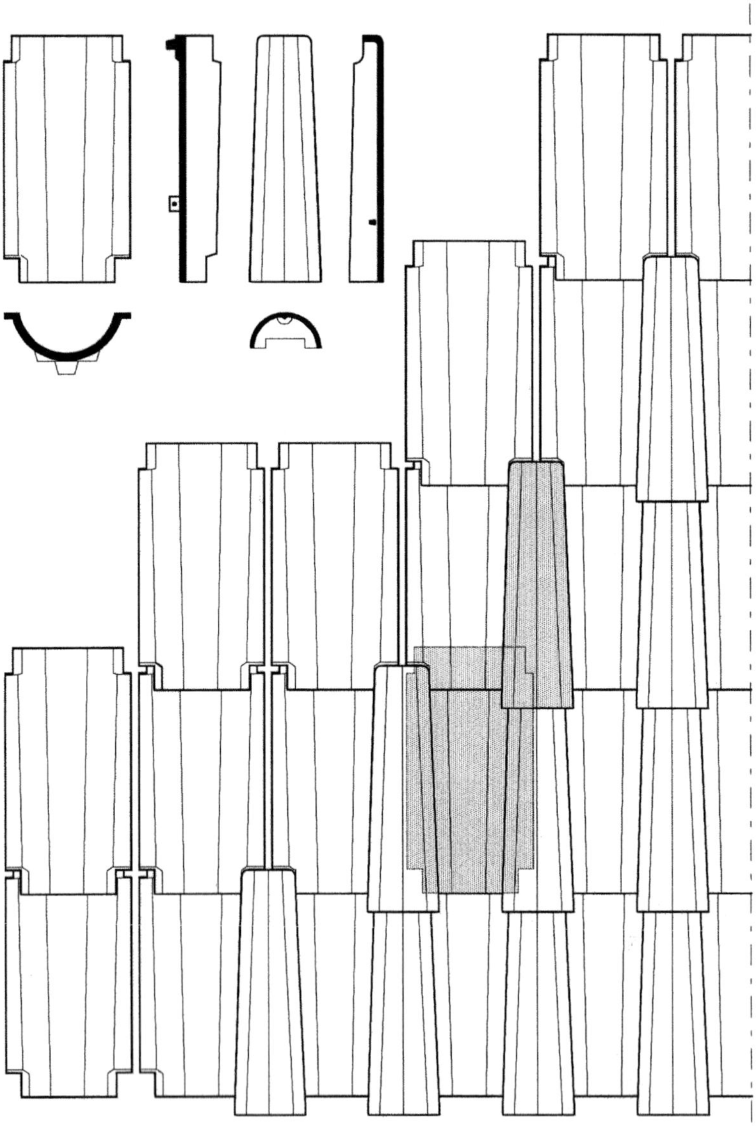

Bei der Vorschnittdeckung werden Hohlpfannen mit Langschnitt verwendet. Am Vierziegeleck liegen die Dachziegel dreifach übereinander, die Schnitte liegen voreinander.

a) Die Höhenüberdeckung ist durch den Schnitt vorgegeben, darf aber durch Nachbearbeiten des Schnittes vergrößert werden.

b) Die Seitenüberdeckung richtet sich nach dem Ziegelprofil.

Abb. 65: Deckbild: Gewölbte Dachziegel (Hohlpfanne) in Vorschnittdeckung

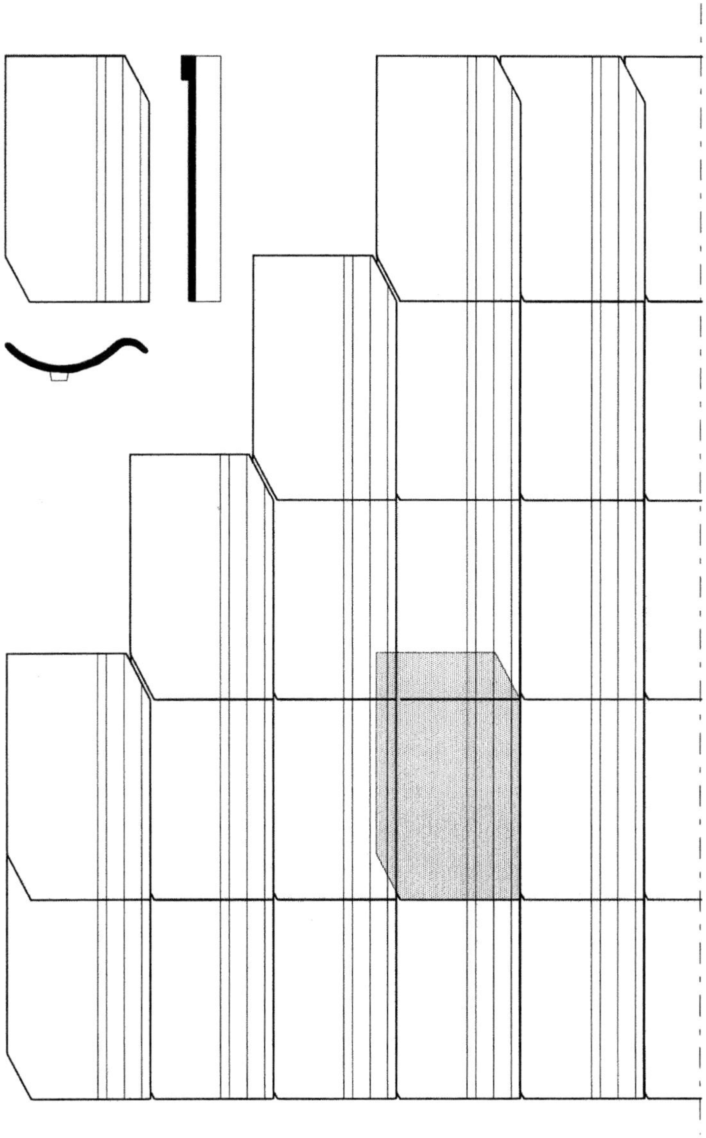

(5) Ebene Dachziegel werden mit unterschiedlichen Schnittarten hergestellt.

Die Spließdeckung erfolgt neben dem Einsatz in der Denkmalpflege insbesondere auch bei Gebäuden untergeordneter Nutzung in Einfachdeckung. Jede Längsfuge wird mit einem mindestens 5 cm breiten Spließ unterlegt. Die Biber werden in Reihe oder im Drittelverband gedeckt. Der Spließ kann aus Metall, Kunststoff, Holz oder anderen geeigneten Werkstoffen bestehen.

Abb. 66: Glatter Ziegelkopf und-fuß sowie glatte seitliche Überdeckungsbereiche – Biberschwanzziegel / Rundschnitt

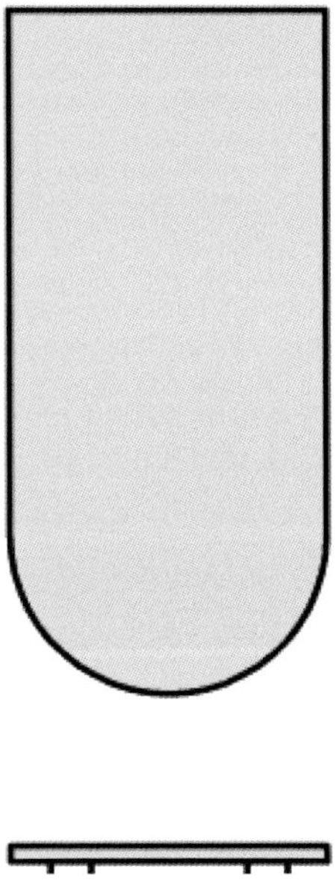

Abb. 67: Glatter Ziegelkopf und-fuß sowie glatte seitliche Überdeckungsbereiche – Biberschwanzziegel / Segmentschnitt

Abb. 68: Seitenüberdeckung: ohne

Abb. 69: Beispiel: Biberschwanzziegel

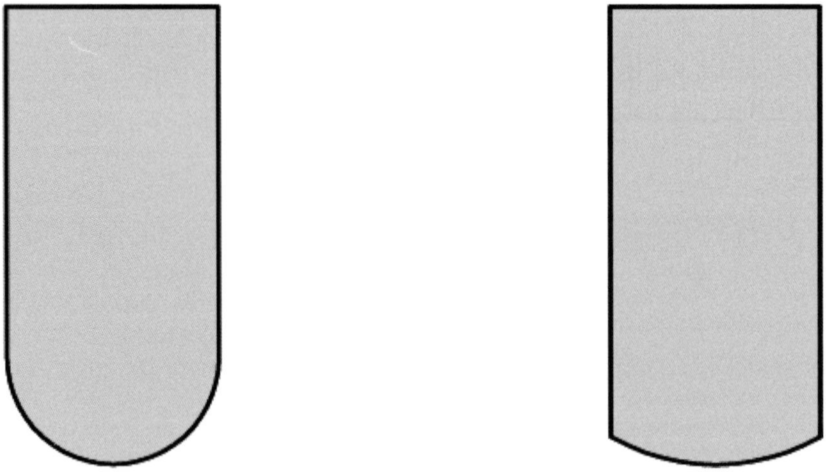

2.7 Besondere Deckungsarten/Dachformen

Andere von den vorstehenden Deckungen abweichende Deckungsarten können historisch bedingt sein und/ oder sich durch regionale oder konstruktive Besonderheiten ergeben.

2.8 Formziegel

Formziegel erfüllen in Ergänzung zum Dachziegel eine konstruktive und/oder optische Funktion.

Zum Beispiel:

- Ortgangziegel
- Firstziegel
- Firstanschlussziegel
- Pultziegel
- Durchgangsziegel.

Abb. 70: Formziegel: Fläche, First, Grat, Kehle, Ortgang, Wandanschluss

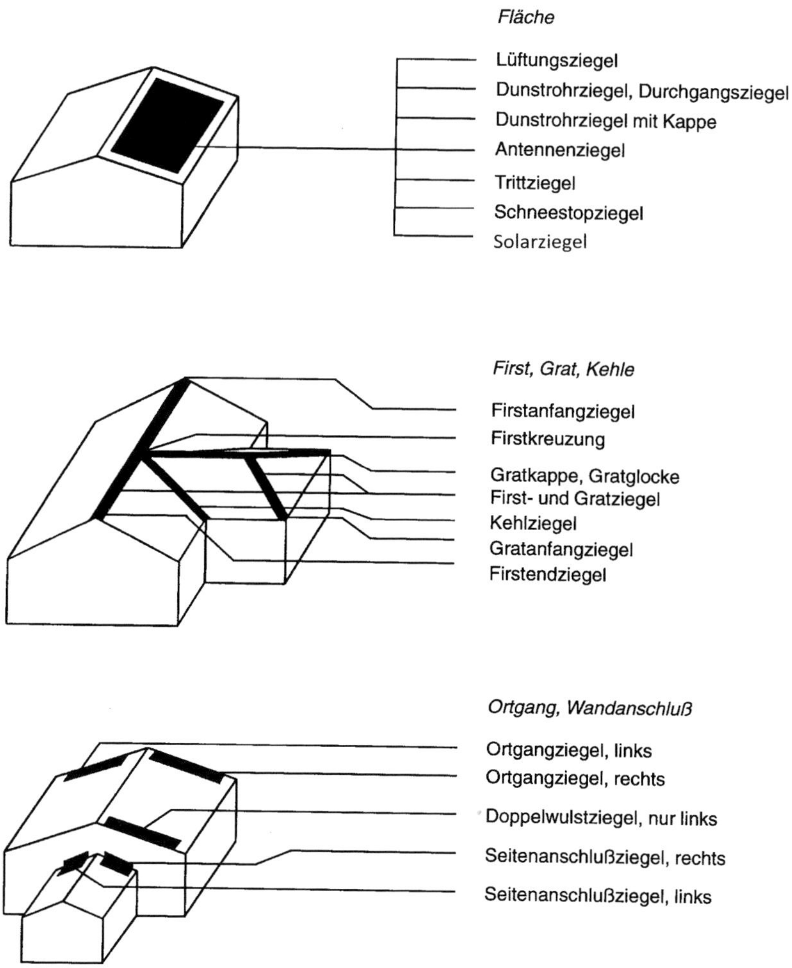

Abb. 71: Formziegel: Pult, First, Anschluss, Dachknick, Traufe, Eckziegel

*Pult,
First, Anschluß,
Dachknick, Traufe*

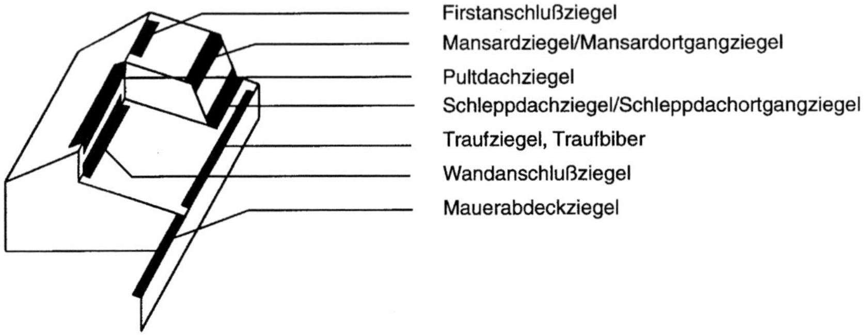

Eckziegel

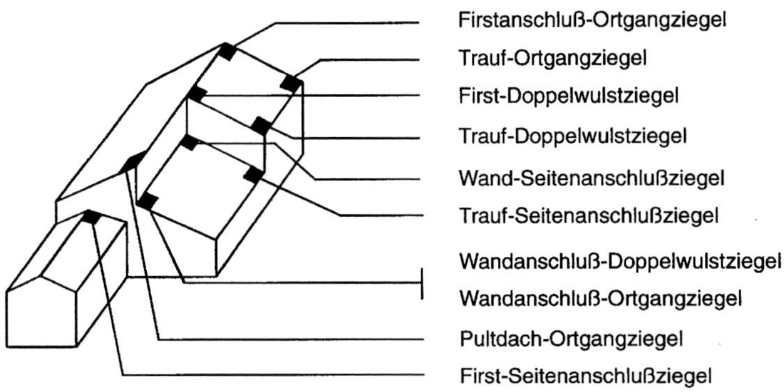

2.9 Einteilung der Dachfläche

2.9.1 Allgemeines

(1) Die Dachfläche ist vor der Eindeckung in Sparren- und Traufenrichtung gemäß den möglichen Decklängen und Deckbreiten einzuteilen. Die Einteilung richtet sich nach

- den Maßen der Dachfläche,
- den Abmessungen der Deckwerkstoffe,
- der Dachform,
- den Dachversprüngen und ggf. Dacheinbauten/-aufbauten.
- Bei kurzen Sparrenlängen und/oder ungleichen Ortganglängen kann es erforderlich werden, die Deckung auf die Konstruktionsmaße der Dachfläche mit Formziegeln oder durch Kürzen an Traufe bzw. First abzustimmen.

2.9.2 Decklänge

(1) Die Dachfläche ist bezogen auf die erforderlichen Traglattenabstände von First zu Traufe einzuteilen. Die Traglattenabstände werden bestimmt durch

- Dachziegellänge,
- Dachziegelform,
- mögliche Decklänge von Flächen- und Formziegeln,
- dachneigungsabhängige Höhenüberdeckung,
- Sparrenlänge bzw. Konterlattenlänge,
- Traufausbildung,
- Traglattenabstand zum Firstscheitelpunkt.

(2) Werden die Decklängen von Flächen- und Formziegeln nicht verbindlich in der Herstellervorschrift angegeben, dann ist die Decklänge auf der Baustelle unter Einbezug der Formziegel und der Verlegeart zu ermitteln (Abb.75). Die mögliche Decklänge liegt zwischen der niedrigsten und höchsten Decklänge von 10 übermessenen Dachziegeln. Dabei sind Maßtoleranzen der jeweiligen Dachziegel zu beachten.

(3) Bei Dachziegeln ergibt sich der Traglattenabstand aus den möglichen ermittelten Decklängen oder aus der Ziegellänge minus der dachneigungsabhängigen Höhenüberdeckung.

(4) Bei Biberschwanzziegeln in Doppeldeckung ergibt sich der Traglattenabstand aus der Länge der Ziegel minus der dachneigungsabhängigen Höhenüberdeckung dividiert durch 2.

Abb. 72: Decklänge: Ermittlung der Decklänge bei vorgegebener Höhenüberdeckung

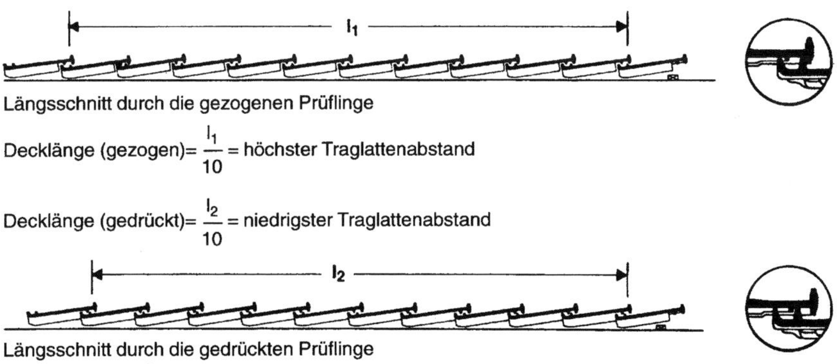

Die Decklänge liegt zwischen der niedrigsten und höchsten Decklänge.
Die Maßtoleranz der jeweiligen Dachziegel sind zu beachten.

2.9.3 Deckbreite

(1) Die Dachfläche ist bezogen auf die Deckbreiten der Dachziegel so in der Breite einzuteilen, dass eine geradlinige und fluchtgerechte Verlegung von Traufe zu First erfolgen kann.

(2) Wird die Deckbreite in der Herstellervorschrift nicht verbindlich angegeben, dann ist diese auf der Baustelle zu ermitteln (Abb. 73). Die mögliche Deckbreite liegt zwischen der niedrigsten und höchsten Deckbreite von 10 übermessenen Ziegeln. Die Maßtoleranzen der jeweiligen Dachziegel sind zu beachten.

Abb. 73: Deckbreite: Ermittlung der Deckbreite bei vorgegebener Seitenüberdeckung

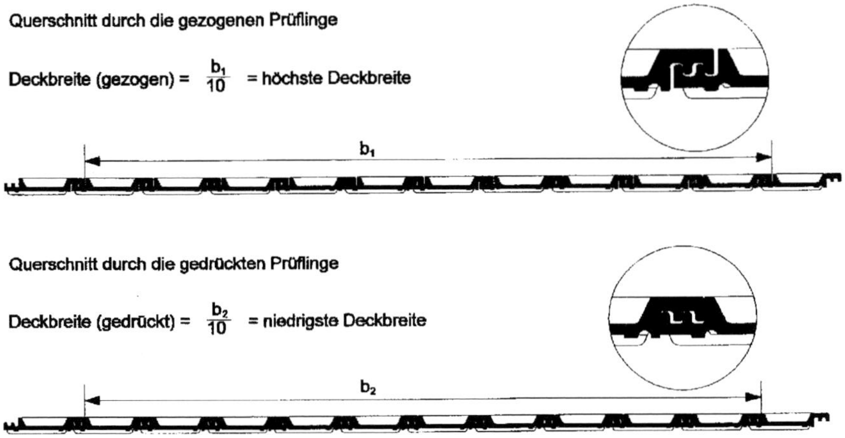

2.10 Überdeckungen

2.10.1 Seitenüberdeckung

(1) Bei Dachziegeln mit seitlichen Falzen, Rippen, Aufkantungen, o. Ä. gibt deren Ausbildung die Seitenüberdeckung vor.

(2) Bei gewölbten Dachziegeln ohne seitliche Falze, Rippen, Aufkantungen o. Ä. ist die Seitenüberdeckung von der Dachziegel- und Deckungsart abhängig.

2.10.2 Höhenüberdeckung

(1) Bei Dachziegeln mit Kopffalz oder Kopf- und Fußrippe ist die Höhenüberdeckung vorgegeben.

(2) Bei Dachziegeln in Einfachdeckung ist die Höhenüberdeckung nach Tabelle 11 auszuführen.

Tabelle 11: Höhenüberdeckung für Dachziegeldeckungen in Einfachdeckung

Dachziegelart und Form	Höhenüberdeckung
Dachziegel mit Ringfalz – Flachdachziegel	formbedingt durch Falzausbildung/ Kopf- und Fußrippen bzw. Verschiebebereich bei Kopfaufkantung nach Herstellerangabe
Dachziegel mit Kopffalz oder Kopf- und Fußrippe und Seitenverfalzung – Doppelmuldenfalzziegel – Reformziegel – Glattziegel mit Kopfaufkantung	
Dachziegel mit Kopffalz oder Kopf- und Fußrippe und Seitenfalz – Doppelmuldenfalzziegel – Reformziegel	formbedingt durch Falzausbildung/ Kopf- und Fußrippen
Dachziegel mit Kopffalz oder Kopf- und Fußrippe und Seitenfalz – Verschiebeziegel mit Kopfaufkantung	Verschiebebereich nach Herstellerangabe; üblicherweise ≥ 3 cm
Dachziegel mit Kopffalz oder Kopf- und Fußrippe und Seitenfalz – Verschiebe- und Glattziegel ohne Kopfaufkantung	≥ 7 cm
Seitenverfalzung – ebene Strangfalzziegel	≥ 12 cm
Seitenverfalzung – gewölbte Strangfalzziegel	≥ 10 cm
Dachziegel mit seitlich übergreifender Überdeckung – Krempziegel	≥ 8 cm

(3) Bei gewölbten oder ebenen Dachziegeln in Einfachdeckung ist die Höhenüberdeckung in Abhängigkeit von der Dachneigung nach Tabelle 12 auszuführen.

Tabelle 12: Höhenüberdeckung für Deckungen mit gewölbten und ebenen Dachziegeln

Dachziegelart, Form und Deckungsart	Dachneigung	Höhenüberdeckung
gewölbte Dachziegel – Hohlpfanne in Aufschnittdeckung	≤ 40°	≥ 10 cm
	> 40°	≥ 9 cm
	> 45°	≥ 8 cm
gewölbte Dachziegel – Hohlpfanne in Vorschnittdeckung – Profilierte Strangfalzziegel	Dachneigungsunabhängig, Formatabhängig	≥ 7 cm
gewölbte Dachziegel – Mönch- und Nonnenziegel	≥ 40°	≥ 8 cm
ebene Dachziegel – Biberschwanzziegel in Doppeldeckung und Kronendeckung	≤ 35°	≥ 9 cm
	> 35°	≥ 8 cm
	> 40°	≥ 7 cm
	> 45°	≥ 6 cm
	> 60°	≥ 5 cm
ebene Dachziegel – Biberschwanzziegel in Einfachdeckung mit Spließen	< 40°	≥ 17 cm
	≥ 40°	≥ 16 cm
	> 45°	≥ 15 cm
	> 50°	≥ 14 cm
	> 55°	≥ 13 cm

3 Dachdeckungen mit Dachsteinen

3.1 Form und Überdeckungsbereich von Dachsteinen

(1) Dachsteine werden in unterschiedlichen Formen, profiliert oder eben, mit oder ohne Mittelwulst, mit oder ohne mehrfache Seitenfalze sowie mit oder ohne Fußrippen hergestellt.

(2) Die Seitenverfalzung besteht aus Wasser- und Deckfalz. Die Ausbildung der Seitenverfalzung, die Fußverrippung, die Höhenüberdeckung und die Form der Dachsteine bestimmen die Regensicherheit der Dachdeckung.

Tabelle 13 fasst die Regelungen der Abschnitte 3.1 bis 3.3 zusammen und zeigt die Regeldachneigungen für die unterschiedlichen Dachsteindeckungen.

Tabelle 13: Regeldachneigungen von Dachsteindeckungen

Dachsteinart/Merkmal und Deckungsart	RDN
Profilierte Dachsteine mit hoch liegender Seitenfalz in Einfachdeckung	22°
Ebene Dachsteine mit tief liegender Seitenfalz in Einfachdeckung	25°
Ebene Dachsteine ohne Falz in Doppel- und Kronendeckung	30°
Ebene Dachsteine ohne Falz in Einfachdeckung mit Spließen	40°

3.2 Deckungen mit Dachsteinen der RDN 22°

(1) Dachsteindeckungen mit RDN 22° werden mit profilierten Dachsteinen mit hoch liegendem Seitenfalz und Fußverrippung ausgeführt.

Die Deckung erfolgt in Einfachdeckung in Reihe oder im Verband (siehe Abb. 74 bis 77). Dabei überdeckt die obere Dachsteinreihe die darunterliegende um die Höhenüberdeckung (siehe Tabelle 21).

Die Seitenüberdeckung ist durch den Seitenfalz vorgegeben. Die Höhenüberdeckung ist variabel und abhängig von der Dachneigung.

Profilierte Dachsteine können im Bereich von An- und Abschlüssen im Verband gedeckt werden.

Die Dachsteine werden mit symmetrischem, asymmetrischem oder ohne Mittelwulst hergestellt.

Dachsteine mit symmetrischem Mittelwulst haben einen ebenen oder muldenförmigen Wasserlauf.

(2) Bei Dachsteinen mit asymmetrischem Mittelwulst ist der Wasserlauf muldenförmig ausgebildet. Durch den hoch liegenden Seitenfalz wird das Niederschlagswasser auf den darunterliegenden Dachstein abgeleitet. Tabelle 14 zeigt die Anforderungen an die Ausführung von Unterdächern, Unterdeckungen und Unterspannungen bei Dachsteindeckungen mit RDN 22°.

Tabelle 14: Anforderungen an die Ausführung von Unterdächer, Unterdeckungen und Unterspannungen bei Dachsteindeckungen mit RDN 22°

Dachneigung	Mindestanforderung	Ab einer erhöhten Anforderung mindestens
≥ 10°	Klasse 1	Klasse 1
≥ 14°	Klasse 3	Klasse 2
≥ 18°	Klasse 4	Klasse 3
≥ 22°	Klasse 5	Klasse 4
Erhöhte Anforderungen sind: – große Sparrenlängen > 10 m gemäß Tabelle 1 – konzentrierter Wasserlauf auf Teilflächen des Daches, z. B. unterhalb von Regenfallrohren, Zusammenführungen von Kehlen o.ä. – besondere Dachflächen wie geschweifte Gauben, Tonnen- und Kegeldächer – schneereiche Gebiete (Schneelast ≥ 1,5 kN/m²) – windreiche Gebiete der Windlastzonen 4 oder Kamm- und Gipfellagen oder Schluchtenbildung		

Abb. 74: Profilierte Dachsteine mit hoch liegendem Seitenfalz mit symmetrischem Mittelwulst - Deckung in Reihe

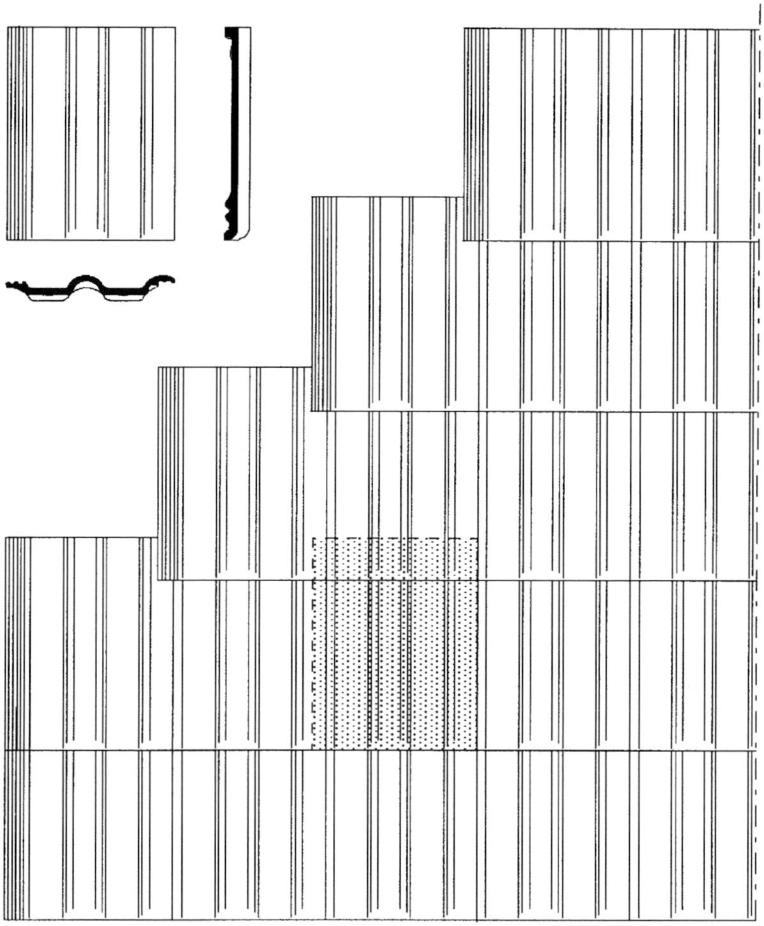

Abb. 75: Profilierte Dachsteine mit hoch liegendem Seitenfalz und symmetrischem Mittelwulst - Deckung im Verband

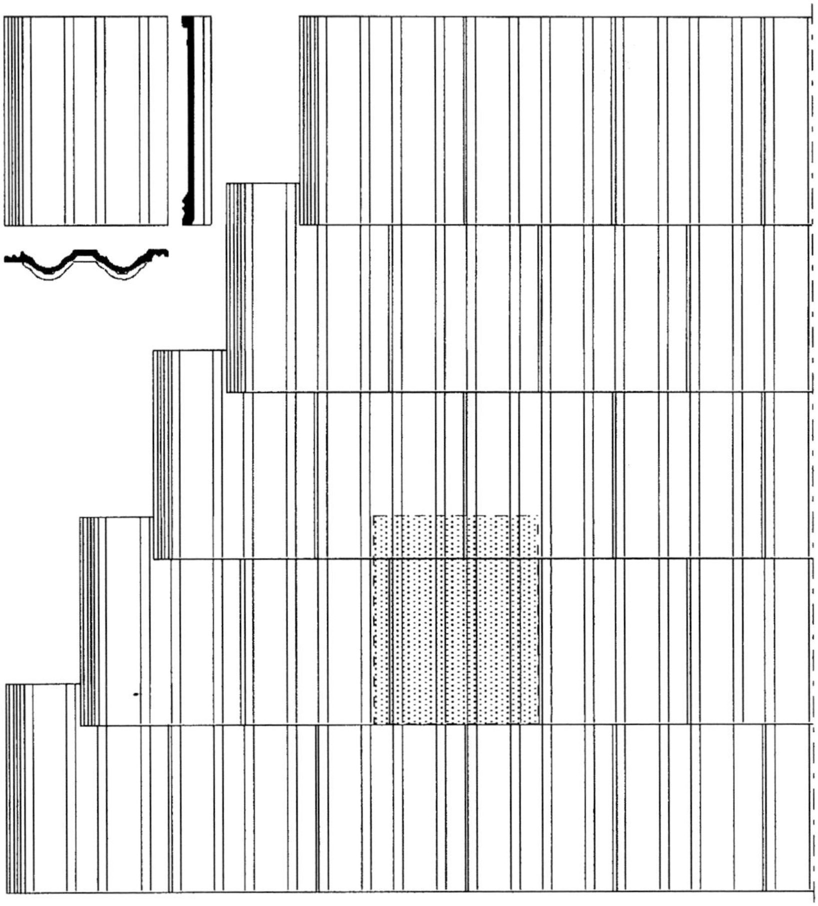

Abb. 76: Profilierte Dachsteine mit hoch liegendem Seitenfalz mit asymmetrischem Mittelwulst - Deckung in Reihe

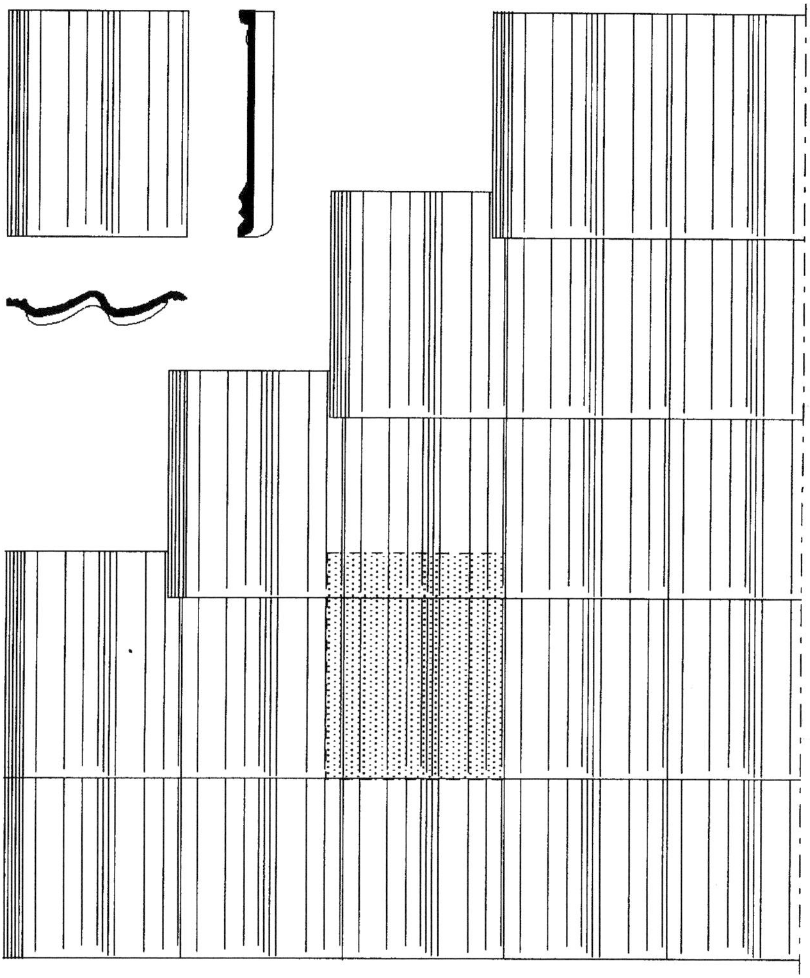

Abb. 77: Profilierte Dachsteine mit hoch liegendem Seitenfalz ohne Mittelwulst - Deckung in Reihe

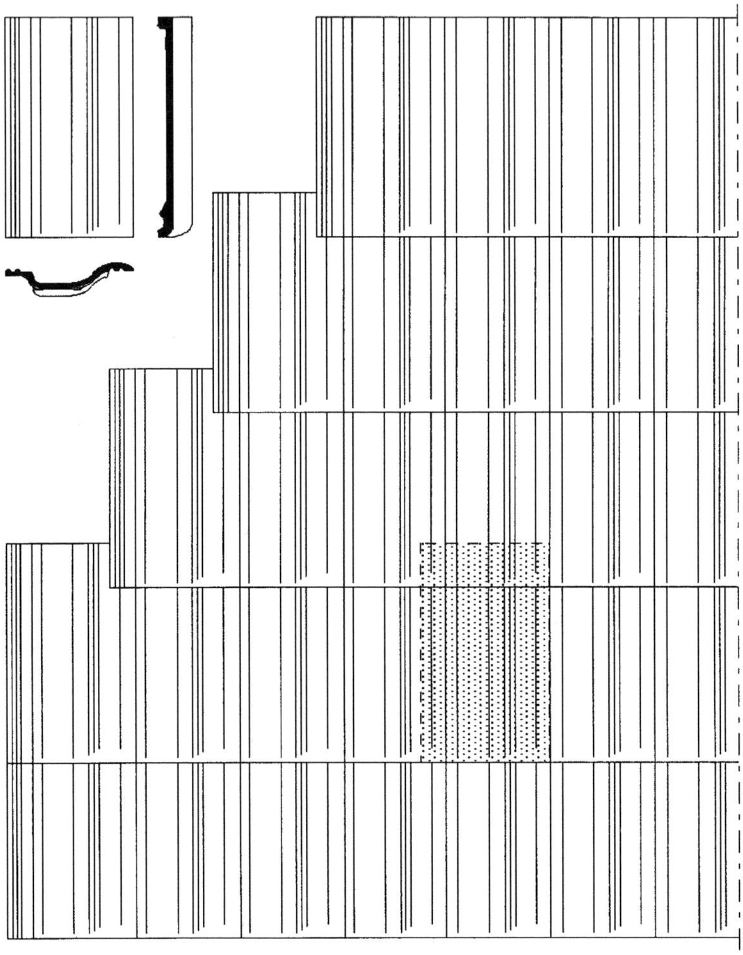

3.3 Deckungen mit Dachsteinen der RDN 25°

(1) Dachsteindeckungen mit RDN 25° werden mit ebenen Dachsteinen mit tief liegenden Wasserfalzen sowie Fußverrippung ausgeführt.

Die Deckung erfolgt in Einfachdeckung im Verband (siehe Abb. 78). Dabei überdeckt die obere Dachsteinreihe die darunter liegende um die Höhenüberdeckung (siehe Tabelle 21). Durch die Deckung im Verband wird das Niederschlagswasser vom Seitenfalz auf die wasserführende Ebene des darunter liegenden Dachsteins abgeleitet.

(2) Die Seitenüberdeckung ist durch den Seitenfalz vorgegeben. Die Höhenüberdeckung ist variabel und abhängig von der Dachneigung. Tabelle 15 zeigt die Anforderungen an die Ausführung von Unterdächern, Unterdeckungen und Unterspannungen bei Dachsteindeckungen mit RDN 25°.

Tabelle 15: Anforderungen an die Ausführung von Unterdächer, Unterdeckungen und Unterspannungen bei Dachsteindeckungen mit RDN 25°

Dachneigung	Mindestanforderung	Ab einer erhöhten Anforderung mindestens
≥ 13°[1)]	Klasse 1	Klasse 1
≥ 17°	Klasse 3	Klasse 2
≥ 21°	Klasse 4	Klasse 3
≥ 25°	Klasse 5	Klasse 4

Erhöhte Anforderungen sind:
- große Sparrenlängen > 10 m gemäß Tabelle 1
- konzentrierter Wasserlauf auf Teilflächen des Daches, z. B. unterhalb von Regenfallrohren, Zusammenführungen von Kehlen o.ä.
- besondere Dachflächen wie geschweifte Gauben, Tonnen- und Kegeldächer
- schneereiche Gebiete (Schneelast ≥ 1,5 kN/m^2)
- windreiche Gebiete der Windlastzonen 4 oder Kamm- und Gipfellagen oder Schluchtenbildung

1) Bei geringerer Dachneigung sind Maßnahmen zum Erhalt der Traglattung erforderlich, z. B. Traglatten aus feuchteresistenten Materialien, wasserabweisende Abdeckungen der Traglatten o.a.

(3) Bei ebenen Dachsteinen mit tief liegendem Seitenfalz wirken sich Unebenheiten in der Unterkonstruktion auf das optische Erscheinungsbild aus. Unabhängig von Ausgleichsmaßnahmen (siehe Abschnitt 1.3.3) sind die in Tabelle 16 aufgeführten Traglattenquerschnitte in Abhängigkeit vom Sparrenabstand einzuhalten.

Tabelle 16: Traglattenquerschnitte in Abhängigkeit vom Sparrenabstand für ebene Dachsteine mit tief liegendem Seitenfalz

Sparrenabstand (Achsmaß)	**Traglattenquerschnitt** (Nennmaße)
≤ 70 cm	30/50 mm
≤ 90 cm	40/60 mm

In Abhängigkeit der Belastung, z. B. bei hohen Schneelasten und geringen Dachneigungen, sind größere Traglattenquerschnitte oder geringere Sparrenabstände erforderlich.

Abb. 78: Ebene Dachsteine mit tief liegendem Seitenfalz – Deckung im Verband

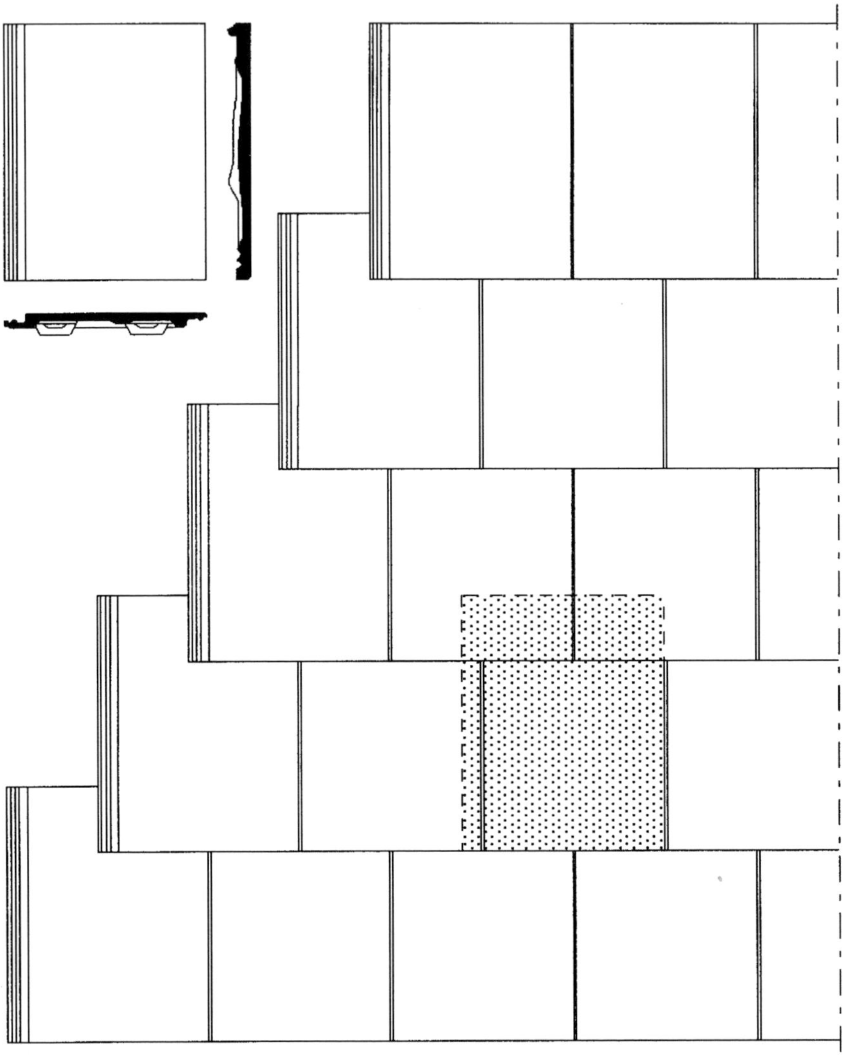

3.4 Deckungen mit Dachsteinen der RDN 30°

(1) Dachsteindeckungen mit einer RDN von 30° werden mit ebenen Dachsteinen ohne Falzausbildungen in Doppel- oder Kronendeckung ausgeführt. Die Dachsteine werden in Biberform mit unterschiedlichen Schnittarten hergestellt. Kennzeichnend für diese Dachsteine ist es, dass sie mehrfach überdeckt und im Verband gedeckt werden.

(2) Bei der Doppeldeckung liegt auf jeder Traglatte eine Biberreihe. Die Biber überdecken sich so, dass die dritte Deckreihe die erste um die Höhenüberdeckung überdeckt. Die Biber werden mit geringem Seitenabstand (Fugen) verlegt, um Schäden durch Bewegungen zu vermeiden. Die Deckung erfolgt regelmäßig im Halbverband, wobei zur Anarbeitung an Details und bei Sonderdachflächen der Viertelverband nicht unterschritten werden, darf. First- und Traufgebinde werden mit Firstanschluss- und Traufbibern gedeckt, sofern sie nicht als Kronengebinde ausgeführt werden. Tabelle 17 zeigt die Anforderungen an die Ausführung von Unterdächern, Unterdeckungen und Unterspannungen bei Dachsteindeckungen mit RDN 30°.

Tabelle 17: Anforderungen an die Ausführung von Unterdächer, Unterdeckungen und Unterspannungen bei Dachsteindeckungen mit RDN 30°

Dachneigung	Ausführungsvariante	Mit mindestens einer erhöhten Anforderung
≥ 18°[1)]	Klasse 2	Klasse 1
≥ 22°	Klasse 3	Klasse 2
≥ 26°	Klasse 4	Klasse 3
≥ 30°	Klasse 5	Klasse 4
Erhöhte Anforderungen sind: – große Sparrenlängen > 10 m gemäß Tabelle 1 – konzentrierter Wasserlauf auf Teilflächen des Daches, z. B. unterhalb von Regenfallrohren, Zusammenführungen von Kehlen o.ä. – besondere Dachflächen wie geschweifte Gauben, Tonnen- und Kegeldächer – schneereiche Gebiete (Schneelast ≥ 1,5 kN/m²) – windreiche Gebiete der Windlastzonen 4 oder Kamm- und Gipfellagen oder Schluchtenbildung		
1) Bei geringerer Dachneigung sind Maßnahmen zum Erhalt der Traglattung erforderlich, z. B. Traglatten aus feuchteresistenten Materialien, wasserabweisende Abdeckungen der Traglatten o.a. und die Zusatzmaßnahme mit Klasse 1 auszuführen.		

Tabelle 18: Traglattenquerschnitte in Abhängigkeit vom Sparrenabstand für ebene Biber-Dachsteine in Kronen- und Doppeldeckung

Sparrenabstand (Achsmaß)	**Traglattenquerschnitt** (Nennmaße)
≤ 70 cm ≤ 90 cm	30/50 mm 40/60 mm
In Abhängigkeit der Belastung, z. B. bei hohen Schneelasten und geringen Dachneigungen, sind größere Traglattenquerschnitte oder geringere Sparrenabstände erforderlich.	

Abb. 79: Ebene Dachsteine ohne Falz – Biber in Doppeldeckung

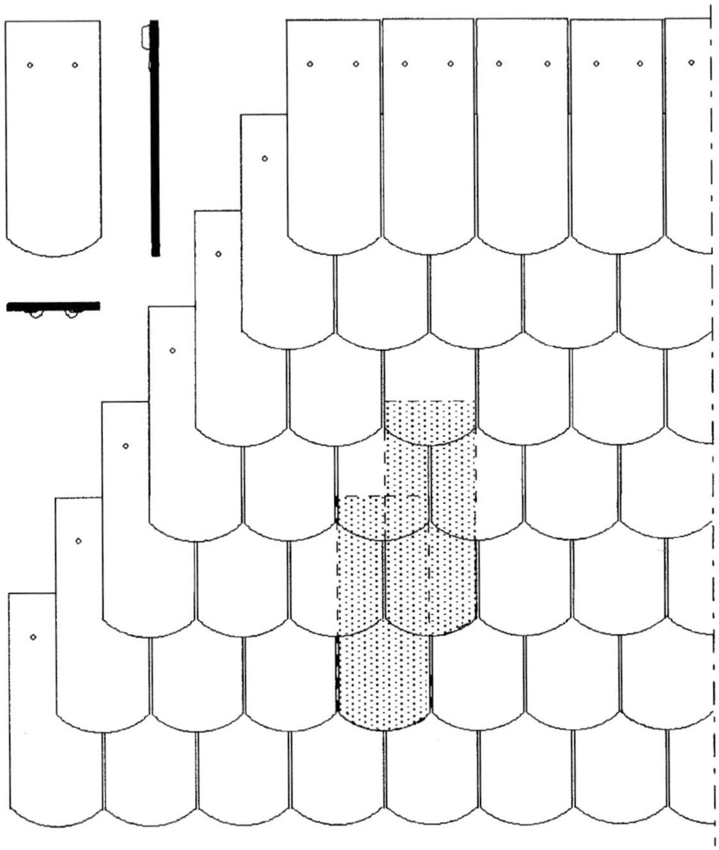

Schnittarten :

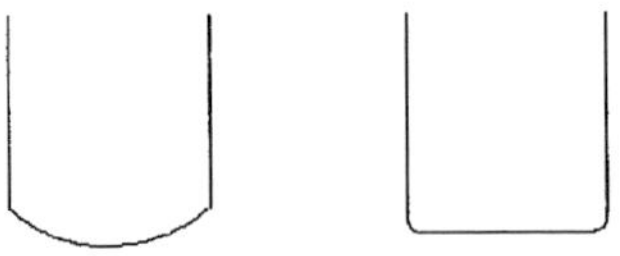

(3) Bei der Kronendeckung liegen auf jeder Traglatte 2 Biberreihen (Lager- und Deckschicht) auf, sodass sie untereinander einen regelmäßigen Halbverband bilden. Die Höhenüberdeckung ergibt sich aus dem Abstand zweier Lagerschichten. Die Biber sind mit geringem Seitenabstand (Fugen) zu decken. Bei der Anarbeitung an Details und bei Sonderdachflächen darf der Viertelverband nicht unterschritten werden. First- und Traufgebinde werden als Kronengebinde gedeckt. Hierfür sind entweder Flächenbiber zu verwenden oder spezielle Traufbiber für das Traufgebinde.

Abb. 80: Ebene Dachsteine ohne Falz - Biber in Kronendeckung

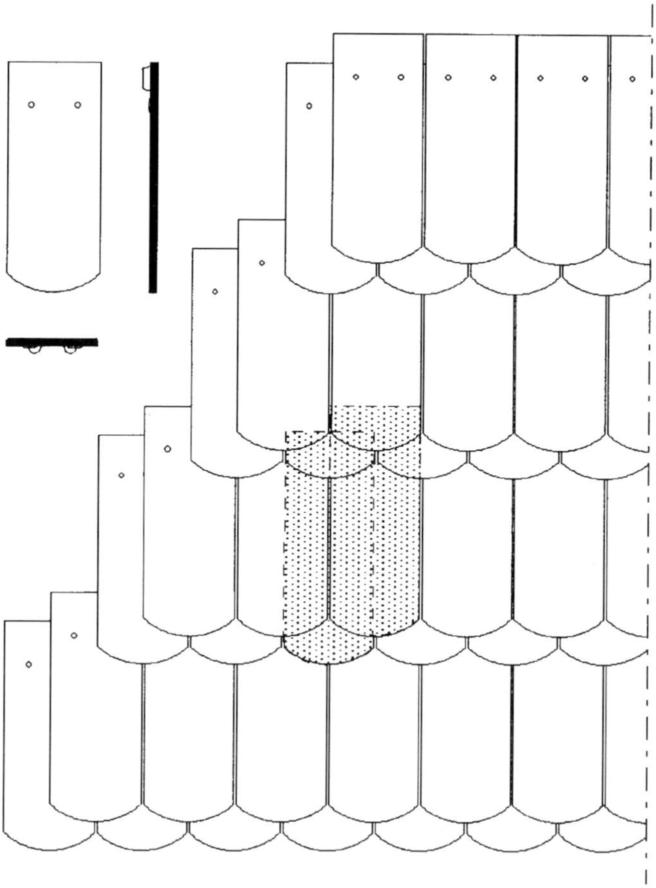

Schnittarten :

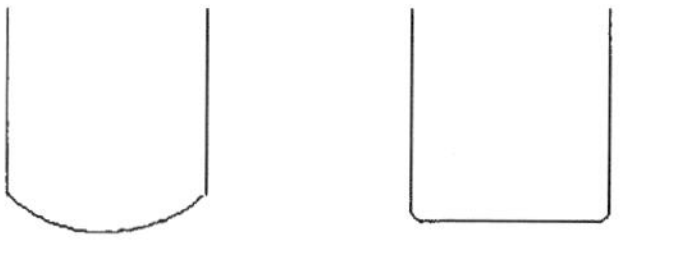

3.5 Deckungen mit Dachsteinen der RDN 40°

(1) Dachsteindeckungen mit RDN 40° werden mit ebenen Dachsteinen ohne Falzausbildungen in Einfachdeckung mit Spließe ausgeführt.

Die Einfachdeckung mit Spließen soll nur bei Gebäuden untergeordneter Nutzung gedeckt werden. Die Deckung erfolgt in Einfachdeckung. Jede Längsfuge wird mit einem mindestens 5 cm breiten Spließ unterlegt. Die Biber werden in Reihe oder im Drittelverband gedeckt. Der Spließ kann aus Metall, Kunststoff, Holz oder anderen geeigneten Werkstoffen bestehen.

Tabelle 19: Anforderungen an die Ausführung von Unterdächern, Unterdeckungen und Unterspannungen für Dachsteindeckungen mit RDN 40°

Dachneigung	Mindestanforderung	Ab einer erhöhten Anforderung mindestens
≥ 28°[1)]	Klasse 2	Klasse 2
≥ 32°	Klasse 3	Klasse 3
≥ 36°	Klasse 4	Klasse 3
≥ 40°	Klasse 5	Klasse 4
Erhöhte Anforderungen sind: – große Sparrenlängen > 10 m gemäß Tabelle 1 – konzentrierter Wasserlauf auf Teilflächen des Daches, z. B. unterhalb von Regenfallrohren, Zusammenführungen von Kehlen o.ä. – besondere Dachflächen wie geschweifte Gauben, Tonnen- und Kegeldächer – schneereiche Gebiete (Schneelast ≥ 1,5 kN/m²) – windreiche Gebiete der Windlastzonen 4 oder Kamm- und Gipfellagen oder Schluchtenbildung		
[1)] Bei geringerer Dachneigung sind Maßnahmen zum Erhalt der Traglattung erforderlich, z. B. Traglatten aus feuchteresistenten Materialien, wasserabweisende Abdeckungen der Traglatten o.a. Die Zusatzmaßnahme ist mit Klasse 2, unter 23° mit Klasse 1 auszuführen.		

3.6 Formsteine

Formsteine bestehen i. d. R. aus dem gleichen Material wie die Dachsteine und sind entsprechend dem Verwendungszweck besonders geformt. Es sollen auf die jeweiligen Dachsteine abgestimmte Formsteine verwendet werden.

Zum Beispiel:

- Giebel-/Ortgangsteine
- Firststeine
- Firstanschlusssteine
- Pultsteine
- Durchgangssteine
- Solarsteine

Abb. 81: Formsteine: Fläche

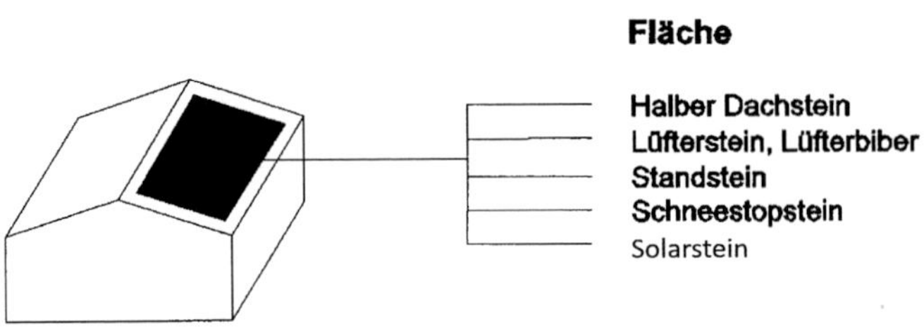

Abb. 82: Formsteine: Ortgang, Wandanschluss

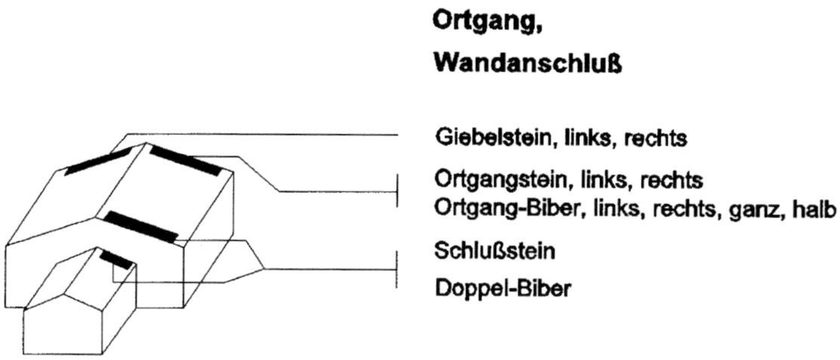

3.7 Einteilung der Dachfläche

3.7.1 Allgemeines

Die Dachfläche ist vor Eindeckung in Sparren- und Traufenrichtung gemäß den Decklängen und Deckbreiten einzuteilen.

Die Einteilung richtet sich nach:

- den Maßen der Dachfläche,
- den Abmessungen der Deckwerkstoffe,
- der Dachform,
- den Dachversprüngen und ggf. Dacheinbauten/-aufbauten.

3.7.2 Decklänge

(1) Die Dachfläche ist bezogen auf die erforderlichen Traglattenabstände von First zu Traufe einzuteilen.

(2) Die Traglattenabstände werden bestimmt durch:
- Dachsteinlänge,
- Dachsteinform,
- dachneigungsabhängige Höhenüberdeckung,
- Sparrenlänge bzw. Konterlattenlänge,
- Traufausbildung,
- Traglattenabstand zum Firstscheitelpunkt.

Tabelle 20: Berechnung Traglattenabstand

Deckungsart	Dachsteinart	Berechnung Traglattenabstand
Einfachdeckung	Dachsteine mit Seitenfalz	maximaler Traglattenabstand = Dachsteinlänge - Höhenüberdeckung
Einfachdeckung mit Spließen	Biber	
Kronendeckung		
Doppeldeckung	Biber	maximaler Traglattenabstand = (Dachsteinlänge - Höhenüberdeckung)/2

3.7.3 Deckbreite

Die Dachfläche ist bezogen auf die Deckbreiten der Dachsteine so in der Breite einzuteilen, dass eine geradlinige und fluchtgerechte Verlegung von Traufe zu First erfolgen kann.

3.8 Überdeckungen

3.8.1 Seitenüberdeckung

Bei Dachsteinen mit Seitenfalz ist die Seitenüberdeckung durch Wasser- und Deckfalz vorgegeben.

3.8.2 Höhenüberdeckung

Die Höhenüberdeckung der Dachsteine ist variabel und abhängig von Dachsteinart, De-ckungsart und Dachneigung. Bei entsprechender Einteilung kann die Deckung unter-schiedlichen Sparrenlängen angepasst werden.

Tabelle 21: Höhenüberdeckung von Dachsteindeckungen

Dachsteinart, Form und Deckungsart	Dachneigung	Höhenüberdeckung
Profilierte Dachsteine mit hoch liegendem Seitenfalz in Einfachdeckung	< 22°	≥ 10,0 cm
	≥ 22°	≥ 8,5 cm
	> 30°	≥ 7,5 cm
Ebene Dachsteine mit tief liegendem Seitenfalz in Einfachdeckung	< 25°	≥ 10,5 cm
	≥ 25°	≥ 9,5 cm
	> 35°	≥ 8,0 cm
Ebene Dachsteine ohne Falz in Doppel- und Kronendeckung	≤ 35°	≥ 9,0 cm
	> 35°	≥ 8,0 cm
	> 40°	≥ 7,0 cm
	> 45°	≥ 6,0 cm
	> 60°	≥ 5,0 cm
Ebene Dachsteine ohne Falz in Einfachdeckung mit Spließen	< 40°	≥ 17,0 cm
	≥ 40°	≥ 16,0 cm
	> 45°	≥ 15,0 cm
	> 50°	≥ 14,0 cm
	> 55°	≥ 13,0 cm

4 Dachdetails

4.1 Traufe

(1) Traufkanten können mit den gleichen Dachziegeln oder Dachsteinen der Dachfläche, mit Formziegeln/-steinen oder als Sonderkonstruktion gedeckt werden. Öffnungen, insbesondere bei profilierten Deckwerkstoffen, können mit Schutz- oder Traufgittern gegen Vogeleinflug gesichert werden.

(2) Die Deckung an der Traufe kann mit Überstand über die Traufkonstruktion, bündig oder zurückgesetzt, erfolgen. Die Ausführung richtet sich nach der Einteilung der Dachfläche, den klimatischen Verhältnissen und der Dachrinnenkonstruktion.

(3) Die Vorderkante der Dachdeckung ist so festzulegen, dass die Entwässerung in die Rinne sichergestellt ist. Bei hoch hängenden Rinnen soll die Deckung nicht mehr als 1/3 der Rinnenbreite, waagerecht gemessen, in die Dachrinne ragen (Abb. 83). Bei tiefhängenden Rinnen ist die Deckung i. d. R. zurückzusetzen (Abb. 84).

(4) Wird die Deckung bündig oder mit weniger als 5 cm Überstand über die Traufkonstruktion gedeckt, ist ein Traufblech zum Schutz der Holzunterkonstruktion erforderlich. Für die Ausführung von Traufkanten in Verbindung mit Dachrinnen sind die „Fachregel für Metallarbeiten im Dachdeckerhandwerk“ zu beachten.

(5) Die Dachfläche sollte so eingeteilt werden, dass an der Traufe keine geschnittenen Dachziegel/-steine gedeckt werden müssen. Ist dies nicht möglich, wie z. B. bei kurzen Sparrenlängen, versetzten oder schrägen Traufen oder vergleichbaren Konstruktionen, kann es erforderlich sein, die Traufreihe zu schneiden oder mit einem entsprechend breiten Traufblech auszugleichen.

(6) Damit die Traufreihe die gleiche Neigung wie die folgenden Reihen hat, sind Trauf- oder Keilbohlen, Doppellatten, Traufelemente o. Ä. anzubringen.

(7) Die Lüftungsebene (Konterlattenebene) ist an die Außenluft anzuschließen. Dies kann erfolgen z. B. durch Trauflüftungselemente, Lochblech-Winkelleisten oder indem die Konterlattung bis Außenkante Traufkonstruktion geführt wird. Die in der DIN 4108-3[6] und im "Merkblatt Wärmeschutz bei Dach und Wand" beschriebenen Lüftungsquerschnitte für belüftete Luftschichten unterhalb der Deckwerkstoffe haben sich in der Praxis bewährt und sind zu berücksichtigen.

(8) In schneereichen Gebieten, in denen mit Schnee- und Eisschanzenbildung an der Traufe über einen längeren Zeitraum zu rechnen ist, ist es sinnvoll, die Abdichtungs-/Unterdeck-/Unterspannbahn hinter die Rinne auf ein Tropfblech zu führen, um die Belüftung der Dachdeckung in der Konterlattenebene sicherzustellen. Hierbei ist jedoch mit abtropfender Feuchtigkeit hinter der Rinne zu rechnen (Abb. 83).

Abb. 83: Traufe bei hoch hängender Rinne

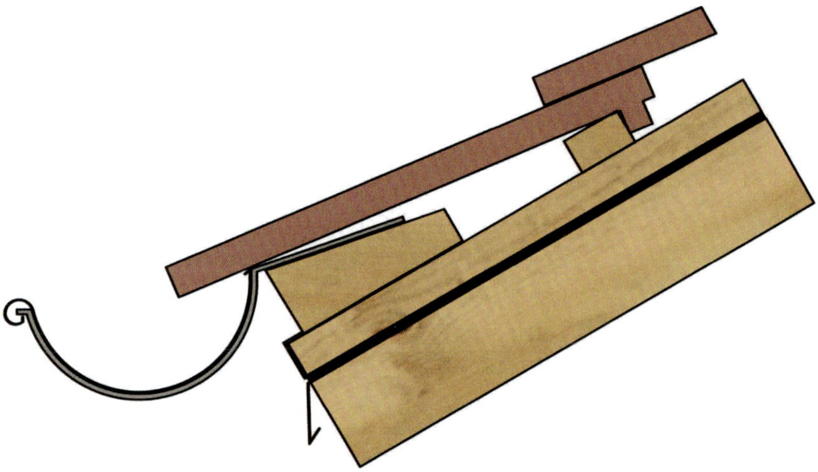

Abb. 84: Traufe bei tiefhängender Rinne

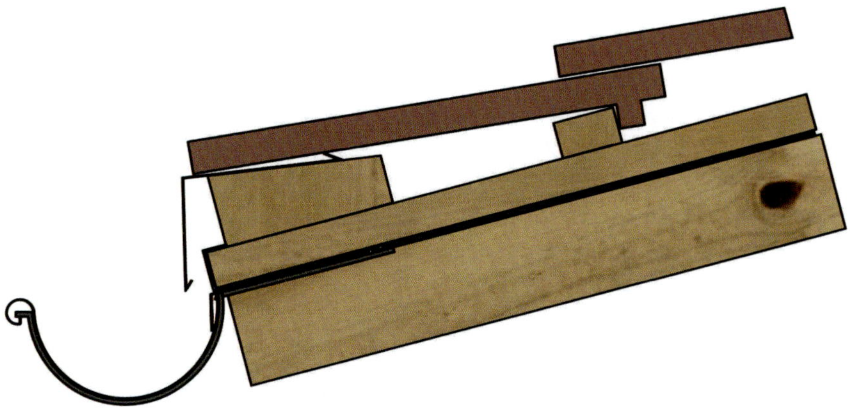

[6] DIN 4108-3 Wärmeschutz und Energie-Einsparung in Gebäuden; Klimabedingter Feuchteschutz; Anforderungen, Berechnungsverfahren und Hinweise für Planung und Ausführung

Abb. 85: Traufe mit Rinne und Lüftungselement

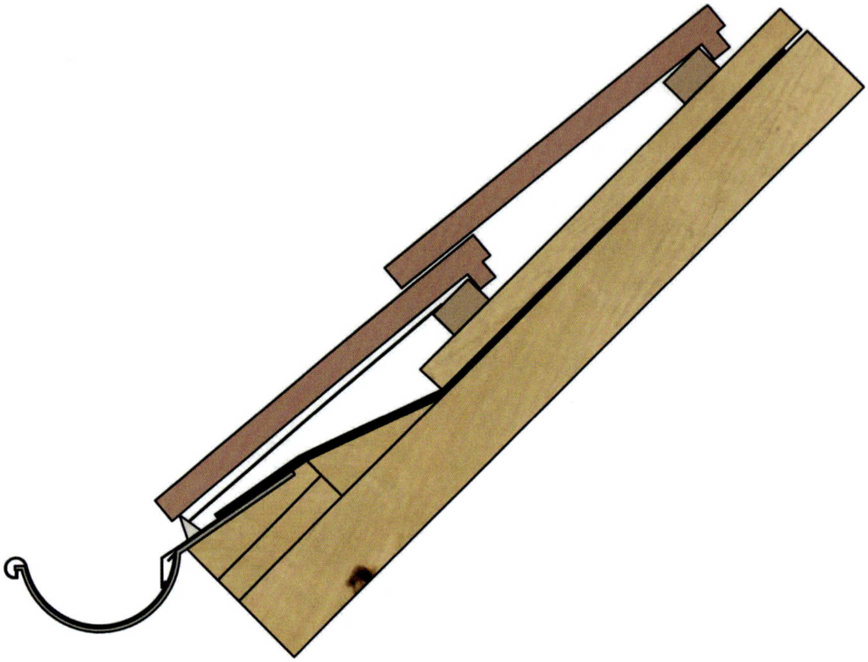

4.2 Ortgang

(1) Ortgangkanten sollen mit Ortgangziegeln/-steinen, Doppelwulstziegeln, Schlusssteinen oder Flächenziegeln/-steinen gedeckt werden. Der Abschluss an Ortgangkanten kann auch mit anderen dafür geeigneten kleinformatigen Deckwerkstoffen oder als Sonderkonstruktion ausgeführt werden. Außer bei Biberdeckungen sollen die Ortgänge mit ungeschmälerten Dachziegeln/-steinen gedeckt werden. Bei schmalen Dachflächen, versetzten oder schrägen Orten oder vergleichbaren Konstruktionen kann es erforderlich sein, die Ortgangreihe zu schneiden und eine entsprechende Sonderkonstruktion anzuordnen.

(2) Alle Dachziegel/-steine an Ortgangkanten, außer der Deckschicht bei der Kronendeckung, sind an der Unterkonstruktion im Überdeckungsbereich gemäß Abschnitt 1.4 zu befestigen. Die Forderung ist erfüllt, wenn jeder Dachziegel/-stein am Ortgang mit mindestens einer Holzschraube, Durchmesser 4,5 mm, bei einer Einschraubtiefe von 24 mm in Nadelholz befestigt wird. Andere Befestigungsmittel sind nachzuweisen.

(3) Geschmälerte Flächenbiber, die am Ortgang gedeckt werden, müssen abfließendes Wasser zur Dachfläche leiten. Die Breite von Abschlussziegeln soll mindestens ½-Ziegel-Breite betragen.

(4) Der Überstand von Doppelwulstziegeln, Schlusssteinen oder Flächenziegeln/-steinen über Außenkante Giebelwand bzw. Außenkante Holzunterkonstruktion soll mindestens 3 cm betragen. Bei Ortgangziegeln/-steinen soll der Abstand zwischen Innenkante Ortganglappen und Außenkante Giebelwand bzw. Außenkante Bekleidung mindestens 1 cm betragen. Ortgangkonstruktionen, die über die Giebelwand deutlich hinausragen, sind zu bevorzugen (siehe Abb. 88 bis Abb. 90).

(5) Der freie Überstand von Traglatten über Außenkante Auflager darf nicht mehr als 30 cm betragen. Größere Überstände erfordern zusätzliche konstruktive Maßnahmen.

(6) Soll der Außenputz bis zur Unterkante der Dachdeckung geführt werden, muss die Trag- und Konterlattung mindestens 2 cm vor dem Putzträger enden. Zur Vermeidung von Rissbildung im Außenputz sind vom Planer geeignete Maßnahmen vorzusehen.

(7) Zahnleisten und Windbretter können als äußerer Abschluss von Ortgangkanten eingesetzt werden (siehe Abb. 89 und 90). Die "Hinweise Holz- und Holzwerkstoffe", Abschnitt 3.4.1 (4)), sind für frei bewitterte Holzbauteile zu beachten.

Abb. 86: Ortgang mit geringem Überstand mit Doppelwulstziegeln oder Schlusssteinen, Abschluss Putzkante

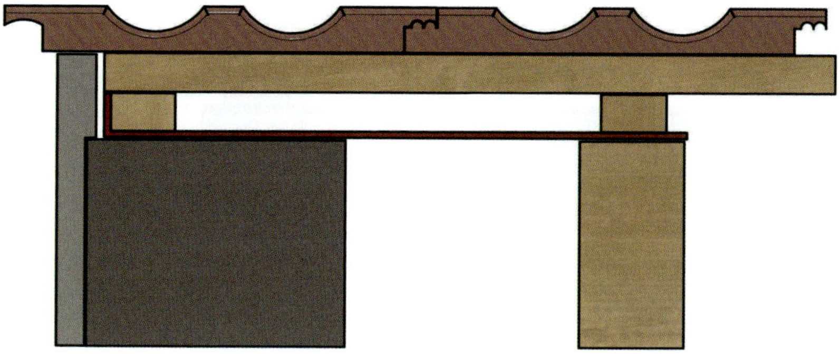

Abb. 87: Ortgang mit geringem Überstand mit Ortgangziegeln oder Ortgangsteinen, Abschluss Putzkante

Abb. 88: Ortgang mit Überstand mit Ortgangziegeln oder Ortgangsteinen

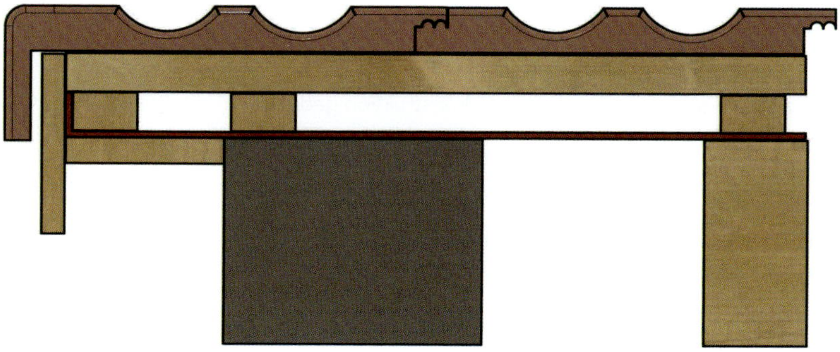

Abb. 89: Ortgang mit Überstand mit Doppelwulstziegeln oder Schlusssteinen, Abschluss Zahnleiste

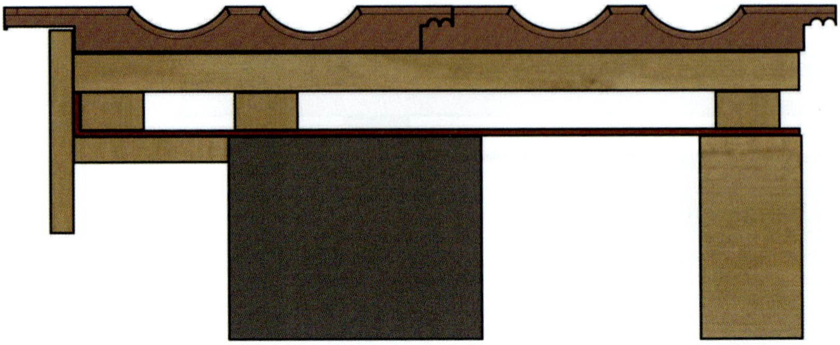

Abb. 90: Ortgang mit Überstand mit Flächenziegeln, Flächensteinen oder Schlusssteinen, Abschluss Windbrett

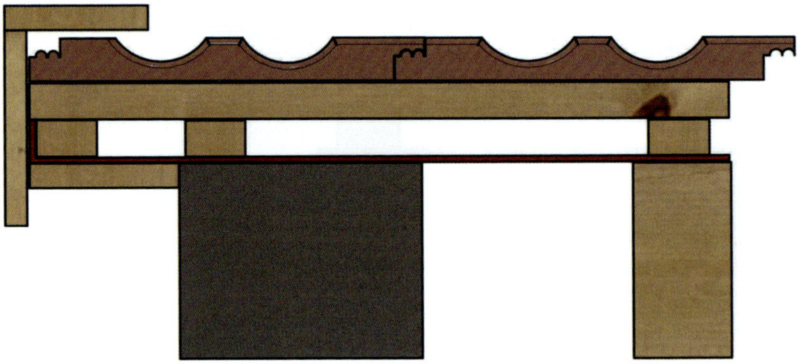

4.3 First

4.3.1 Allgemeines

(1) Der First wird mit Firstziegeln/-steinen oder als Sonderkonstruktion gedeckt.

(2) Die Firstdeckung kann erfolgen:
- als Trockenfirst,
- als Mörtelfirst.

(3) Unverfalzte, konische Firstziegel erfordern eine Mindestüberdeckung von 4 cm und sollen gegen die Hauptwetterrichtung gedeckt werden. Verfalzte Firstziegel/-steine haben untereinander eine vorgegebene Überdeckung.

(4) Firstanfang und Firstende sollen mit entsprechenden Formziegeln/-steinen oder mit Formteilen abgedeckt werden.

(5) Firstziegel/-steine und/oder Formziegel/-steine sind an der Unterkonstruktion entsprechend Abschnitt 1.4 zu befestigen.

Die Firstziegel/-steine sind im Überdeckungsbereich direkt mit einer Klammer-/Schraubenkombination und mindestens einer weiteren Schraube oder Nagel für die Klammer in der Unterkonstruktion zu befestigen. Alternativ können Firstziegel/-steine indirekt durch Formschluss und einer doppelten Verschraubung der Klammer befestigt werden.

Es sind korrosionsbeständige Schrauben mit einem Durchmesser von 4,5 mm bei einer Mindesteinschraubtiefe von 24 mm zu verwenden. Andere Befestigungssysteme sind nachzuweisen. Auf die 2. Schraube kann verzichtet werden, wenn die Befestigungsschraube die Firstklammer an einem 2. Punkt arretiert.

(6) Der Anschluss der Flächendeckung an den First erfolgt mit Firstanschlussziegeln/-steinen oder Flächenziegel/-steinen. Firstziegel/-steine müssen beidseitig aufliegen. Im Ausnahmefall kann bei unebenem Untergrund davon abgewichen werden. Die Firstziegel/-steine müssen die Flächenziegel/-steine ausreichend überdecken. In Abhängigkeit von Dachneigung, Deckwerkstoff und Unterkonstruktion ist die Firstdeckung unter Berücksichtigung der jeweiligen Hersteller-Verlegeanleitung und unter Verwendung entsprechenden Zubehörs auszuführen.

(7) Bei Biberdoppeldeckung wird das letzte Gebinde mit Firstanschluss-Bibern oder als Kronengebinde ausgebildet.

(8) Die Dachfläche ist so einzuteilen, dass am First ganze Dachziegel/-steine gedeckt werden können. Bei versetzten oder schrägen Firstkanten und bei kurzen Sparrenlängen kann es erforderlich werden, die Firstreihe zu schneiden und zu befestigen.

(9) Der Abstand der obersten Traglatte auf der Konterlatten- oder Sparrenebene zum Firstscheitelpunkt ist abhängig von der

- Dachneigung,
- Traglattendicke,
- Form der Dachziegel oder Dachsteine,
- Form der Firstziegel oder Firststeine,
- Art der Ausführungen (Trocken- oder Mörtelfirst).

Wird der Abstand in der Herstellervorschrift nicht verbindlich vorgegeben, dann ist dieser objektbezogen zu ermitteln.

(10) Zur Befestigung und Ausrichtung der Firstziegel/-steine können Firstlatten oder Firstbohlen als Unterkonstruktion eingesetzt werden. Die Befestigung der Unterkonstruktion ist gemäß Abschnitt 1.4 (7) vorzunehmen. Firstlatten können auch durch geeignete Firstlattenhalter an der tragenden Unterkonstruktion befestigt werden. Die Oberkante der Firstlatte ist so festzulegen, dass die Firstziegel/-steine beidseitig ausreichend die Dachdeckung überdecken. Der Firstziegel/-stein sollte unter Berücksichtigung der Lüftungsöffnungen beidseitig auf der Deckung aufliegen.

Abb. 91: First mit Trockenfirstelement

Abb. 92: Mörtelfirst

Abb. 93: First mit Firstanschlussziegel

4.3.2 *Trockenfirst*

(1) Die Deckung von Firsten in trockener Verlegung kann mit geeigneten Trockenfirstelementen oder/und mit Sonderziegeln/-steinen erfolgen.

(2) Werden Trockenfirste ohne Firstelemente gedeckt, dann sind die Firstziegel/-steine auf speziellen Firstanschlussziegeln/-steinen zu verlegen. Dabei ist zu beachten, dass First-ziegel/-steine auf dem Kopfteil mit Überdeckung auf den Anschlussziegeln/-steinen aufliegen.

(3) Durch geeignete Lüftungselemente oder Lüftungsfirstziegel sowie Lüfterziegel/-steine ist die Lüftung der Ebene unterhalb der Dachdeckung sicherzustellen. Am First sind Entlüftungsöffnungen vorzusehen. Die in der DIN 4108-3 und im "Merkblatt Wärmeschutz bei Dach und Wand" beschriebenen Lüftungsquerschnitte für belüftete Luftschichten haben sich in der Praxis bewährt und sind zu berücksichtigen.

4.3.3 Mörtelfirst

(1) Firstziegel und -steine müssen für die Vermörtelung geeignet sein. Firstziegel/-steine sollten vor dem Vermörteln gewässert werden. Der beim Aufsetzen des Firstziegels/-steines austretende Mörtel ist abzuschneiden und schräg nach innen abzustreichen. Volles Aufmörteln ist unzulässig. Am schmalen äußeren Ende des Firstziegels/-steines ist ebenfalls eine Mörtelleiste als Querschlag aufzubringen, in die der nachfolgende Firstziegel/-stein eingedrückt wird. Heraustretender Mörtel ist nach Aufsetzen des Firstziegels/-steines abzustreichen. Offene Firstenden können mit Mörtel geschlossen werden (siehe Abb. 95).

(2) Vermörtelte Firstziegel/-steine sind gemäß Abschnitt 4.3.1 (5) mechanisch zu befestigen.

(3) Durch Lüfterziegel/-steine oder Sonderfirstziegel/-steine kann die Lüftung der Ebene unterhalb der Dachdeckung sichergestellt werden. Die in der DIN 4108-3 und im "Merkblatt Wärmeschutz bei Dach und Wand" beschriebenen Lüftungsquerschnitte für belüftete Luftschichten haben sich in der Praxis bewährt und sind zu berücksichtigen.

4.4 Grat

(1) Die Deckung des Grates erfolgt mit Firstziegeln/-steinen, Gratziegeln/-steinen oder als Sonderkonstruktion.
Die Ausführung der Grateindeckung kann erfolgen
- als Trockengrat,
- als Mörtelgrat.

(2) Die Verlegung und Befestigung von Trocken- oder Mörtelgrat sowie die Ausbildung und Befestigung der Unterkonstruktion erfolgen sinngemäß wie beim First.

(3) Zur Sicherung gegen eindringendes Niederschlagswasser sind Dachziegel/-steine mit schmaler Fuge an die Gratlatte anzuarbeiten. Gratausspitzer sollen abfließendes Wasser auf die Dachfläche leiten (z. B. Wasser abweisender Schnitt, insbesondere bei Biberschwanzziegeln).

(4) Ausspitzer sind mechanisch gegen Abrutschen zu sichern. Zu kleine Ausspitzer können durch Vordecken halber Dachziegel/-steine oder Formziegel/-steine verhindert werden.

(5) Der Gratziegel/-stein sollte unter Beachtung der Lüftungsöffnungen beidseitig auf der Deckung aufliegen. Die in der DIN 4108-3 und im "Merkblatt Wärmeschutz bei Dach und Wand" beschriebenen Lüftungsquerschnitte für belüftete Luftschichten haben sich in der Praxis bewährt und sind zu berücksichtigen.

(6) Gratziegel/-steine und/oder Formziegel/-steine sind an der Unterkonstruktion entsprechend Abschnitt 1.4 zu befestigen. Die Gratziegel/-steine sind im Überdeckungsbereich direkt mit einer Klammer-/Schraubenkombination und mindestens einer weiteren Schraube oder Nagel für die Klammer in der Unterkonstruktion zu befestigen. Ohne besonderen Nachweis sind korrosionsbeständige Schrauben mit einem Durchmesser von 4,5 mm bei einer Mindesteinschraubtiefe von 24 mm zu verwenden. Andere Befestigungssysteme sind nachzuweisen.

4.5 Pult

(1) Die Deckung des Pultabschlusses erfolgt mit Formziegeln/-steinen oder als Sonderkonstruktion.
Die Ausführung des Pultabschlusses kann erfolgen
- mit Pultziegeln/-steinen,
- mit Firstziegeln/-steinen.

(2) Die Deckung erfolgt unter Berücksichtigung der Pultkonstruktion und der erforderlichen Lüftungsöffnungen. Die in der DIN 4108-3 und im "Merkblatt Wärmeschutz bei Dach und Wand" beschriebenen Lüftungsquerschnitte für belüftete Luftschichten haben sich in der Praxis bewährt und sind zu berücksichtigen.

(3) Pultziegel/-steine sind wie Ortgänge zu befestigen. Pulte mit Firstziegeln/-steinen sind wie Firstdeckungen an der Unterkonstruktion entsprechend Abschnitt 1.4 zu befestigen. Die Eignung anderer Befestigungsmittel ist nachzuweisen. Die Neigung der gedeckten Pultziegels/-steines muss derjenigen der Fläche entsprechen. Der Abstand der obersten Traglatte/Firstbohle ist abhängig von der Form der verwendeten Dachziegel/-steine.

Abb. 94: Pult mit Formziegeln/-steinen

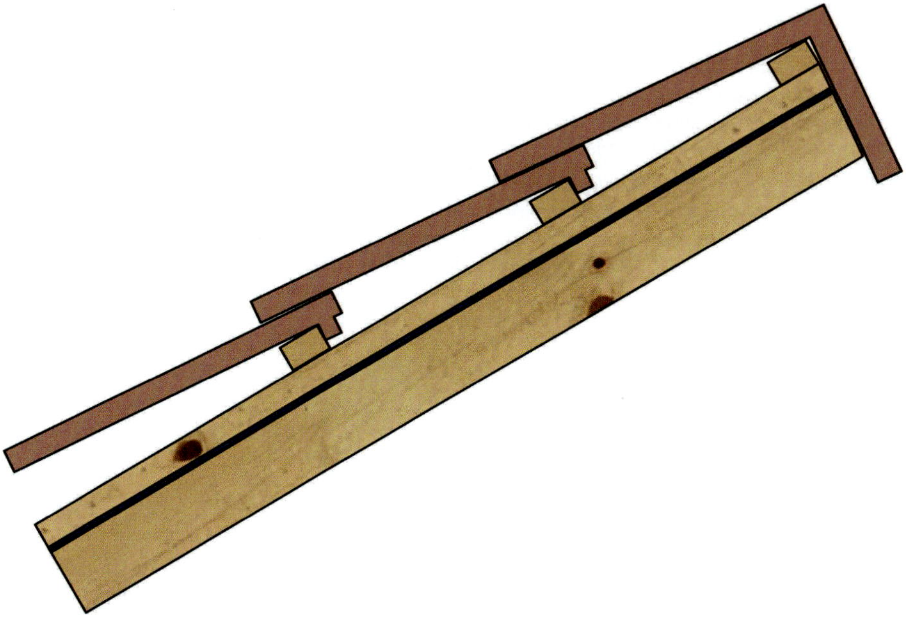

Abb. 95: Pult mit Formziegeln/-steinen

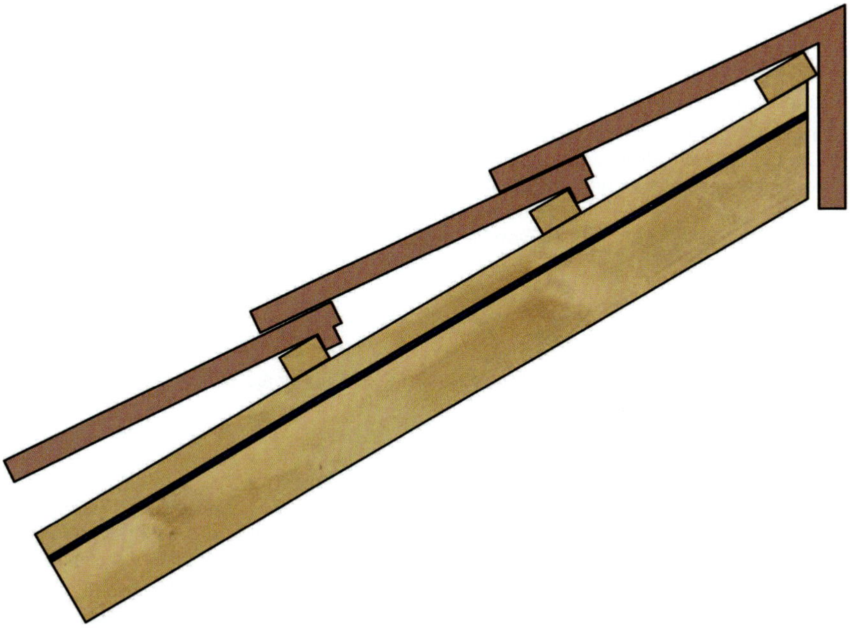

4.6 Kehle

4.6.1 Allgemeines

(1) Die wasserführende Verschneidungslinie zweier Dachflächen bildet eine Hauptkehle. Bei Sattel- und Spitzgauben wird diese Verschneidungslinie auch als Sattelkehle bezeichnet. Sattelkehlen werden wie Hauptkehlen gedeckt.

(2) Kehlen werden entweder von der Dachflächendeckung überdeckt oder in diese eingebunden. Bei Deckungen mit Dachziegeln/Dachsteinen können Kehlen mit dazu geeigneten Werkstoffen ausgeführt werden, z. B. als

- eingebundene Biberkehle,
- überdeckte Dreipfannenkehle,
- Formziegelkehle,
- Schwenkziegelkehle,
- überdeckte Kehle,
- überdeckte Metallkehle,
- eingebundene Nockenkehle.

(3) Für eine regensichere Kehldeckung sind gemäß Tabelle 22 entsprechende Kehlsparren-Neigungsgrenzen einzuhalten.

Tabelle 22: Neigungsgrenzen für Kehlen

Kehlart	Kehlsparrenneigung
eingebundene Nockenkehle	≥ 25°
eingebundene Biberkehle	≥ 25°
überdeckte Biberkehle	≥ 30°
überdeckte Schieferkehle	≥ 30°
überdeckte Faserzement-Plattenkehle	≥ 30°
überdeckte Dreipfannenkehle	≥ 35°
überdeckte Formziegelkehle	≥ 35°
Schwenkziegelkehle	≥ 35°

(4) Abhängig von der Art der Dachdeckung sowie den örtlichen und baulichen Anforderungen sind Kehldeckungen nach Tabelle 23 möglich.

Tabelle 23: Kehldeckungsarten

Deckungsart	Eingebundene Nockenkehle	Eingebundene Biberkehle	Überdeckte Biberkehle oder aus sonstigen Werkstoffen	Überdeckte Dreipfannen-kehle	Formziegel-kehle	Schwenkziegel-kehle
Dachziegel mit Falz	O	O	X	X	X	O
Dachziegel ohne Falz	O	O	X	X	X	O
Krempziegeldeckung	O	O	X	X	X	O
Hohlpfannendeckung	O	O	X	X	X	O
Mönch- und Nonnendeckung	O	O	X	X	X	O
Dachsteine mit Seitenfalz	O	O	X	X	X	O
Biber-Doppeldeckung	X	X	X	X	X	O
Biber-Kronendeckung	X	X	X	X	X	X
Biber-Einfachdeckung	X	X	X	X	X	O

(5) Andere von den vorstehenden Regeln abweichende Kehldeckungsarten können sich durch regional übliche Besonderheiten ergeben.

(6) Bei überdeckten Kehlen sind die anzupassenden Dachziegel/-steine parallel zur Kehllinie zu schneiden oder zu schroten. Einspitzer sind mechanisch zu befestigen und ggf. zu unterfüttern. Kleine Einspitzer können z.B. durch Decken halber Dachziegel/-steine oder durch Formziegel/-steine verhindert werden. Die Flächendeckung soll die Kehldeckung mindestens 10 cm, rechtwinklig zur Kehllinie gemessen, überdecken.

(7) Für die Ausführung von Metallkehlen sind die „Fachregel für Metallarbeiten im Dachdeckerhandwerk" zu beachten.

4.6.2 Eingebundene Nockenkehle

(1) Eingebundene Nockenkehlen werden mit Schichtstücken eingedeckt. Man unterschei-det:
- Schwalbenschwanznocken,
- Rechtecknocken.

(2) Gleichhüftige Kehlen können mit Rechtecknocken gedeckt werden. Ungleichhüftige Kehlen und Kehlen mit versetzten Traglattenstößen sollen mit Schwalbenschwanznocken eingedeckt werden (siehe Abb. 96 und Abb. 97).

(3) Rechtecknocken werden in Richtung Kehlsparren mit ihren oberen Ecken von unten gegen die Traglatten geführt. Schwalbenschwanznocken liegen in Richtung des Kehlsparrens jeweils mit den Traglatten-Oberkanten bündig. Die Dachziegel/-steine werden bis zur Kehlmitte geführt und eingespitzt. Zur Vereinigung der Deckgebinde in Kehlmitte können bei gleichhüftigen Kehlen die Stoßfugen so zugerichtet werden, dass sie wahlweise von einer zur anderen Dachseite verspringen oder in der Kehllinie zusammentreffen. Bei ungleichhüftigen Kehlen sollen die Einspitzer der steileren Dachseite über die Einspitzer der flacheren Dachseite gedeckt werden. Jedes Deckgebinde muss für sich mit einer Nocke eingebunden werden. Bei Verwendung von Rechtecknocken sind die Nasen bei den Einspitzern zu entfernen. Bei Schwalbenschwanznocken behalten die Nasen auf der flachen Seite ihre Funktion.

(4) Die Nocken sind im oberen Bereich in der Höhenüberdeckung, bei Rechtecknocken auf den Traglatten an den Außenkanten, zu befestigen und so einzulegen, dass sie im Fußbereich der Dachziegel/-steine nicht sichtbar sind.

(5) Die Seitenüberdeckung der Nocken muss mindestens 15 cm betragen. Die Überdeckung der Nocken untereinander muss bis 45° Dachneigung mindestens 16 cm und über 45° Dachneigung mindestens 14 cm betragen.

(6) Um ein Durchdecken der Deckgebinde bei eingebundenen Nockenkehlen zu ermöglichen, wird die Traglattung immer bis zur Kehlmitte geführt. Wegen der größeren Traglattenweiten bei der Kronendeckung werden Stützlatten zwischen die Traglatten eingesetzt. Jede Deck- und Lagerschicht wird mit jeweils einer Nocke eingebunden.

(7) Versetzte Traglattenstöße können sich bei gleichhüftigen Kehlen ergeben, bei ungleichhüftigen Kehlen sind sie die Regel. In diesen Fällen ist ein Durchdecken der Deckgebinde nicht möglich. Sollen Deckgebinde durchgedeckt werden, sind beide Dachseiten mit gleichen Traglattenabständen einzulatten; dabei müssen die Traglatten in Kehlmitte höhengleich zusammenlaufen.

(8) Andernfalls kann es sich ergeben, dass auf der steileren Dachseite 2 Nocken aufeinander folgen ohne eine zwischenliegende Biberreihe.

Abb. 96: Eingebundene Nockenkehle bei der Doppeldeckung (gleichhüftig, Kehlanfang)

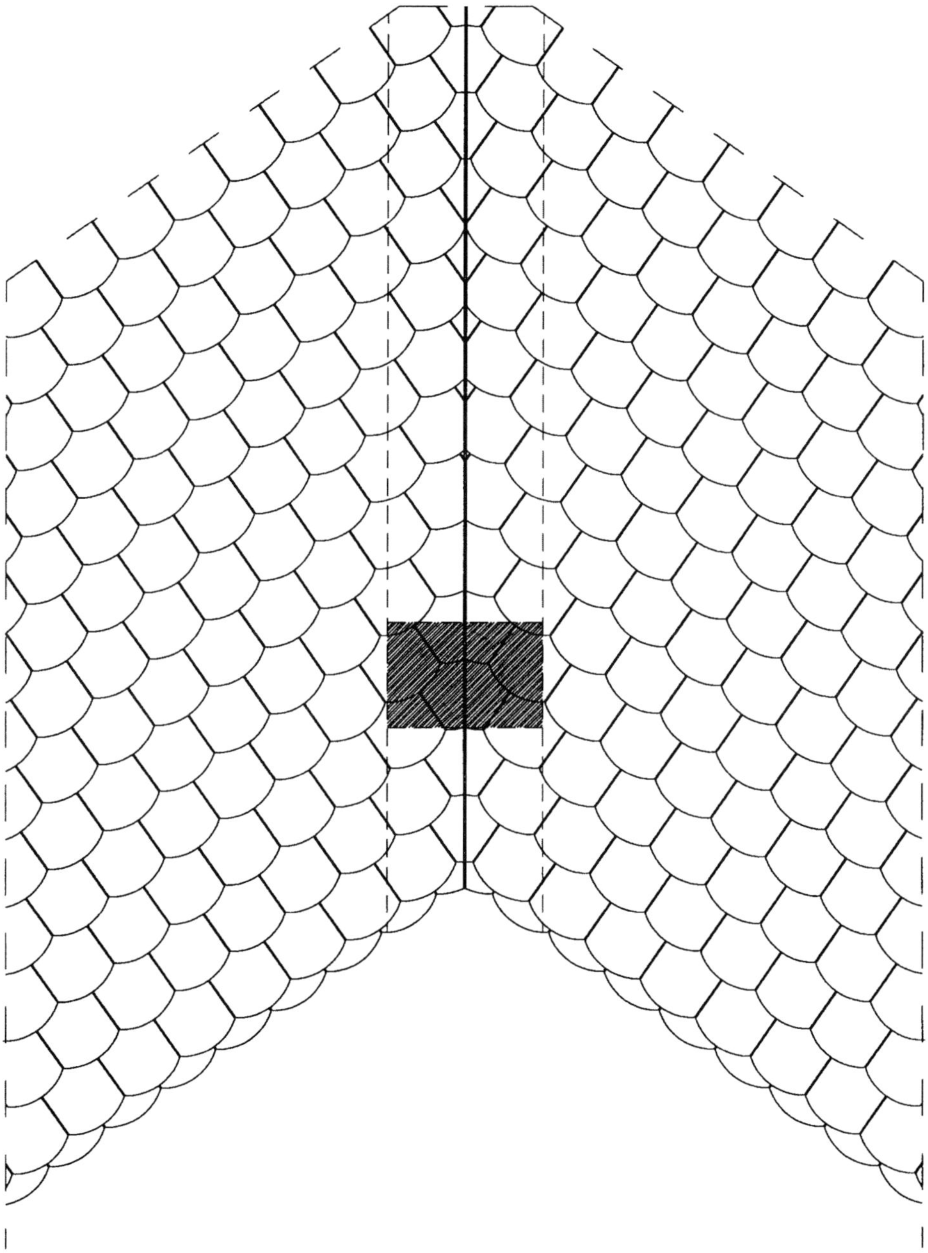

Abb. 97: Eingebundene Nockenkehle bei der Doppeldeckung (ungleichhüftig, Kehlanfang, Schwalbenschwanznocke)

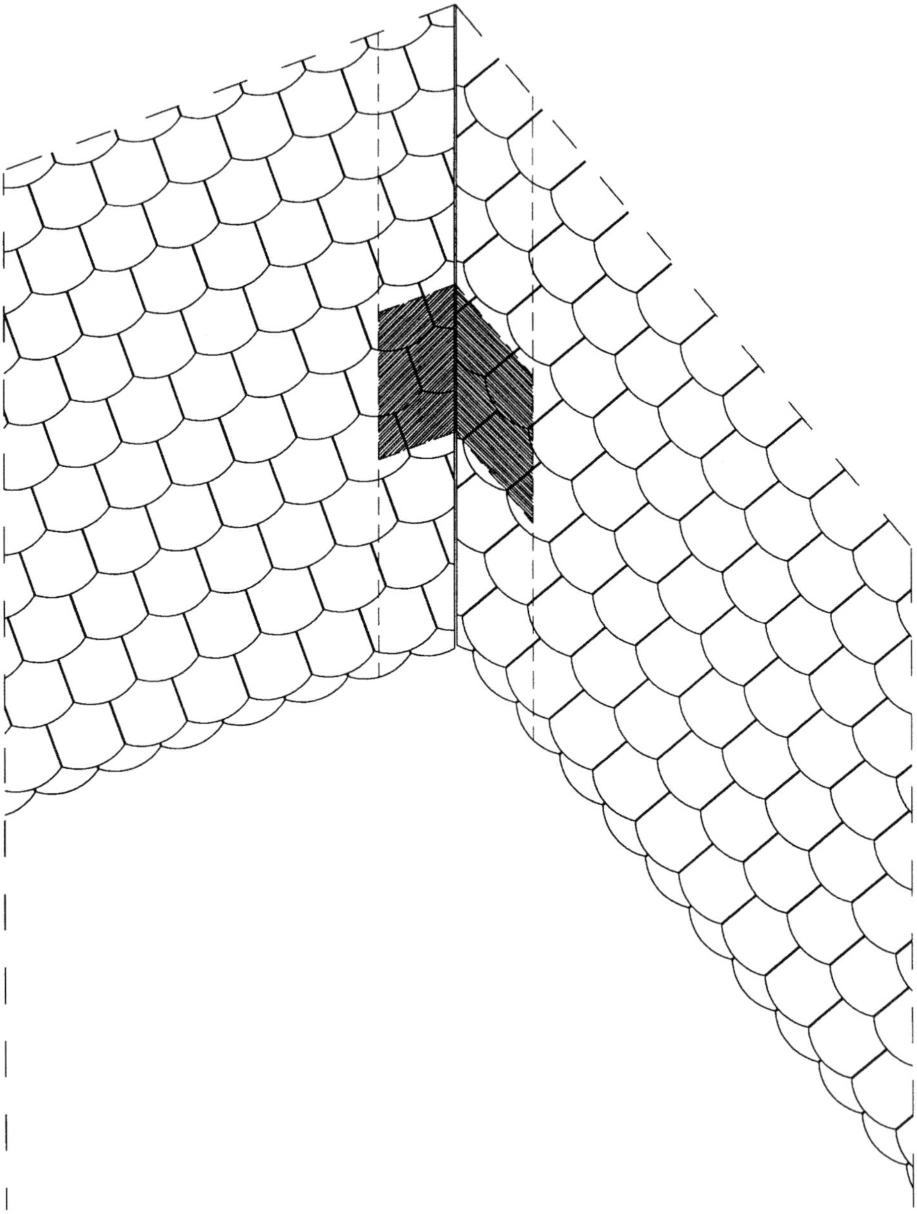

4.6.3 Eingebundene Biberkehle

4.6.3.1 Allgemeines

(1) Es gelten folgende Begriffe, Bezeichnungen und Definitionen:

- Die Kehlschalung kann aus einem oder mehreren Brettern bestehen.
- Die Kehlmittellinie ist die Winkelhalbierende des Kehlwinkels auf der Kehlschalung.
- Die Kehlbreitenlinie markiert die Kehldeckbreite parallel zur Kehlmittellinie.
- Kehlbiber sind allgemein alle in der Richtung des Kehlsparrens eingedeckte Biber und werden i.d.R. ohne Aufhängenasen gedeckt.
- Wasserbiber sind Biber, die direkt auf der Kehlmittellinie gedeckt sind.
- Ausspitzer sind Biber, die in Richtung des Dachsparrens bearbeitet werden (rechte und linke Ausspitzer).
- Einspitzer sind Biber, die in Richtung des Kehlsparrens bearbeitet werden (rechte und linke Einspitzer).
- Unterläufer sind Biber, die rechts oder links von der Lager- oder Deckschicht überdeckt werden. Diese Biber werden entweder von Hand in der Dicke abgeschrägt oder auch konisch geliefert.
- Übergangsziegel (An-/Absetzer) sind flügelige Biber, die ein Überdecken der Unterläufer erleichtern.
- Anschlussbiber sind Biber, die als ganze oder geschmälerte Biber an den Ausspitzern anschließen.
- Die Kehldeckschicht ist eine Schicht, die beidseitig in die Deckgebinde der Deckung eingebunden wird.
- Die Kehllagerschicht ist die Schicht, die in jede Lagerschicht der Deckung eingebunden wird.
- Die Unterläuferschicht ist die Schicht, die rechts und links unter eine Lager- oder Deckschicht untergedeckt wird.
- Die Überläuferschicht ist die Kehlschicht, die entweder von der Lager- in die Deckschicht, von der Deckschicht in die Lagerschicht oder einseitig eingebunden gedeckt ist.
- Kehlauslaufschichten sind die Schichten, die als nicht eingebundene oder nur einseitig eingebundene Schichten den Abschluss der Kehle nach oben bilden.

(2) Bei eingebundenen Biberkehlen muss die vierte Kehlschicht die erste Kehlschicht noch um mindestens 1 cm überdecken (Dreifachdeckung).

(3) Eingebundene Biberkehlen sind so zu decken, dass der Verband gewahrt bleibt und keine Kreuzfugen entstehen. Eine Kreuzfuge ist dann gegeben, wenn die allseitige Über- oder Unterdeckung weniger als 2 cm beträgt.

(4) Biberschwanzziegel zum Anarbeiten an die Kehle dürfen das Halbformat nicht unter-schreiten.

(5) Ausspitzer, Unterläufer und Anschlussbiber sollten bei engobierten, glasierten oder ähnlichen Dachziegeln/-steinen im sichtbaren Bereich nicht bearbeitet werden.

(6) Der erste Wasserbiber wird auf die Einspitzer der ersten Traufschicht (Lager- oder Deckschicht) gedeckt. Auf den Wasserbiber werden 2 Kehlbiber aufgelegt. Beide Kehlbiber über dem ersten Wasserbiber können, wenn es erforderlich ist, zur Unterläuferschicht ausgebildet werden.

(7) Die Breite einer eingebundenen Biberkehle wird von der Anzahl der Biberbreiten rechts und links von der Kehlmittellinie bestimmt, die mit einer Deckschicht an der schmalsten Stelle der Kehle von einer Dachseite zur anderen gedeckt wird.

(8) Rechts und links der Kehlmittellinie darf diese Breite nicht weniger als eine Biberbreite betragen. Möglich sind zwei ganze Biberbreiten oder eine ganze Biberbreite mit rechts und links mindestens halbbiberbreiten Ausspitzern.

(9) Bei Übersetzungen der Deckschichten der Dachfläche (Anschlussbiber) sollen je Deckschicht oder Lagerschicht nicht mehr als 3 Biber geschmälert sein. Anschlussbiber werden unmittelbar an die Ausspitzer gedeckt.

(10) Bei flachen Kehlneigungen oder langen Kehlsparren ist eine größere Kehlbreite zu wählen.

(11) Werden eingebundene Biberkehlen in Mörtel gedeckt, dann muss die Kehlschalung mit einer Vordeckung geschützt werden. Kehlbiber und Ausspitzer sind mit Längs- und Querschlag oder ggf. auch mit Längsfugenanstrich zu decken.

(12) Werden eingebundene Biberkehlen trocken gedeckt, dann sind alle Kehlbiber, mit Ausnahme der Ausspitzer, mit korrosionsbeständigem Draht zu befestigen.

4.6.3.2 Gleichhüftige, eingebundene Biberkehle

(1) Die Breite der Kehlschalung richtet sich nach der
- Größe des wahren Kehlwinkels,
- Breite der einzudeckenden Biber,
- Kehlbreite,
- Dachneigung.

(2) Die Breite der Kehlschalung sollte nicht weniger als 25 cm betragen. Die Kehlschalung kann aus mehreren Brettern bestehen. Kehlschalungen sind genau über der Kehlmittellinie anzuordnen und beginnen am Kopf des Traufgebindes.

(3) Für die Teilung der Kehle sind maßgebend
- die gewünschte Breite nach Biberbreiten quer zur Kehllinie gemessen,
- die Höhe der einzelnen Kehlgebinde in Richtung der Kehllinie gemessen.

(4) Die Kehlbreite ist rechts und links von der Kehlmittellinie zur Hälfte festzulegen.

(5) Die Schnittpunkte zwischen den Breitenlinien der Kehle und den Fußlinien der Deckschichten sind so zu ermitteln, dass in der Kehle mindestens eine Dreifachdeckung gewährleistet ist. Bei einer Doppeldeckung wird der Abstand zwischen den Schnittpunkten der einzelnen Deckschichten in 2 Teile aufgeteilt (Zweierteilung). Daraus ergeben sich je eine Kehldeckschicht und eine Unterläuferschicht. Möglich ist auch die Teilung 2 Deckschichten in 3 Teile (2 zu Dreierteilung). Bei der Kronendeckung wird dieser Abstand in 3 Teile (Dreierteilung) oder in 4 Teile aufgeteilt (Viererteilung). Dadurch bestehen die Kehlgebinde aus je einer oder 2 Unterläuferschichten sowie einer Lager- und einer Deckschicht (siehe Abb. 98 bis 103).

(6) Bei Dachaufbauten oder Einbindungen von kleineren Dachflächen in größere können sich bei gleichen Traglattenabständen auf den einzelnen Dachflächen die Schnittpunkte der Deckschichten verschieben und nicht in einer Ebene liegen. Dadurch wird aus einer Kehldeckschicht auf der anderen Dachflächenseite eine Unterläuferschicht oder umgekehrt (Überläuferschicht). Der Wechsel der Deckschichten ist gleichbleibend.

(7) Bei gleichen Gegebenheiten aber unterschiedlichen Traglattenabständen auf den einzelnen Dachflächen ist die Kehle wie eine ungleichhüftige Biberkehle zu decken, wobei aber die Breite der Kehle auf beiden Seiten der Kehlmittellinie gleich sein muss.

Abb. 98: Gleichhüftig eingebundene Biberkehle bei der Doppeldeckung (2 Biber breit)

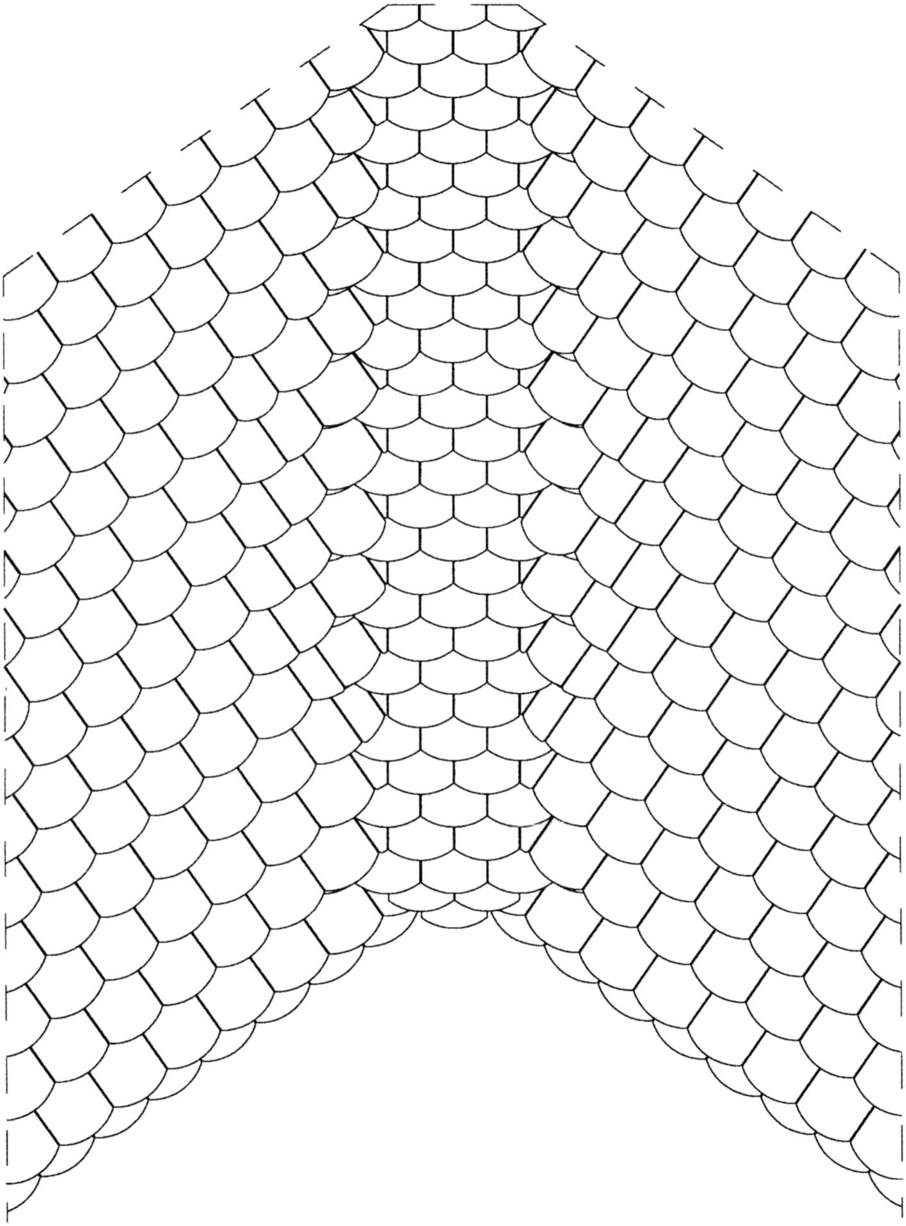

Abb. 99: Gleichhüftig eingebundene Biberkehle bei der Doppeldeckung (3 Biber breit)

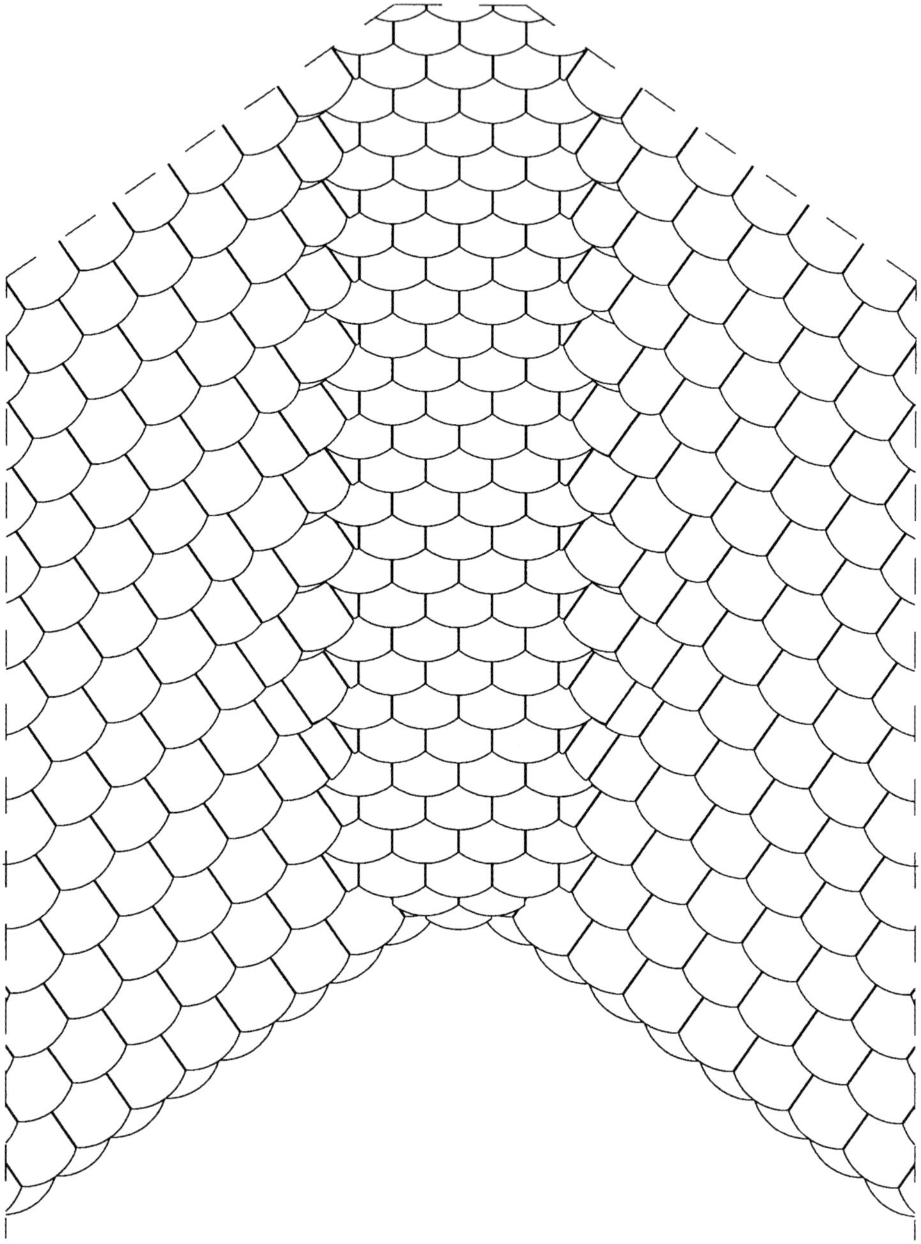

Abb. 100: Gleichhüftig eingebundene Biberkehle bei der Kronendeckung (3 Biber breit)

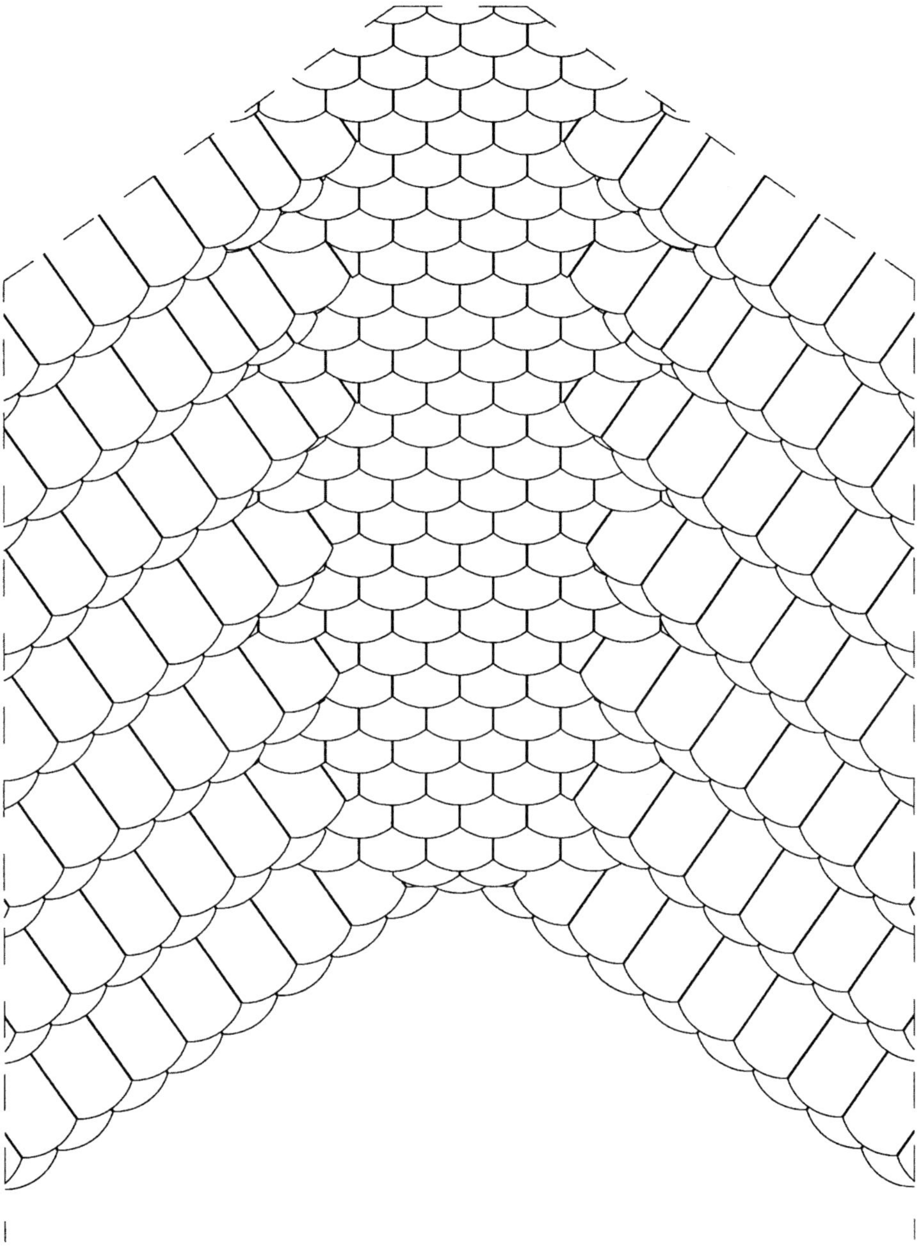

Abb. 101: Gleichhüftig eingebundene Biberkehle bei der Kronendeckung (3 Biber breit) mit keilförmigen Anschlussziegeln

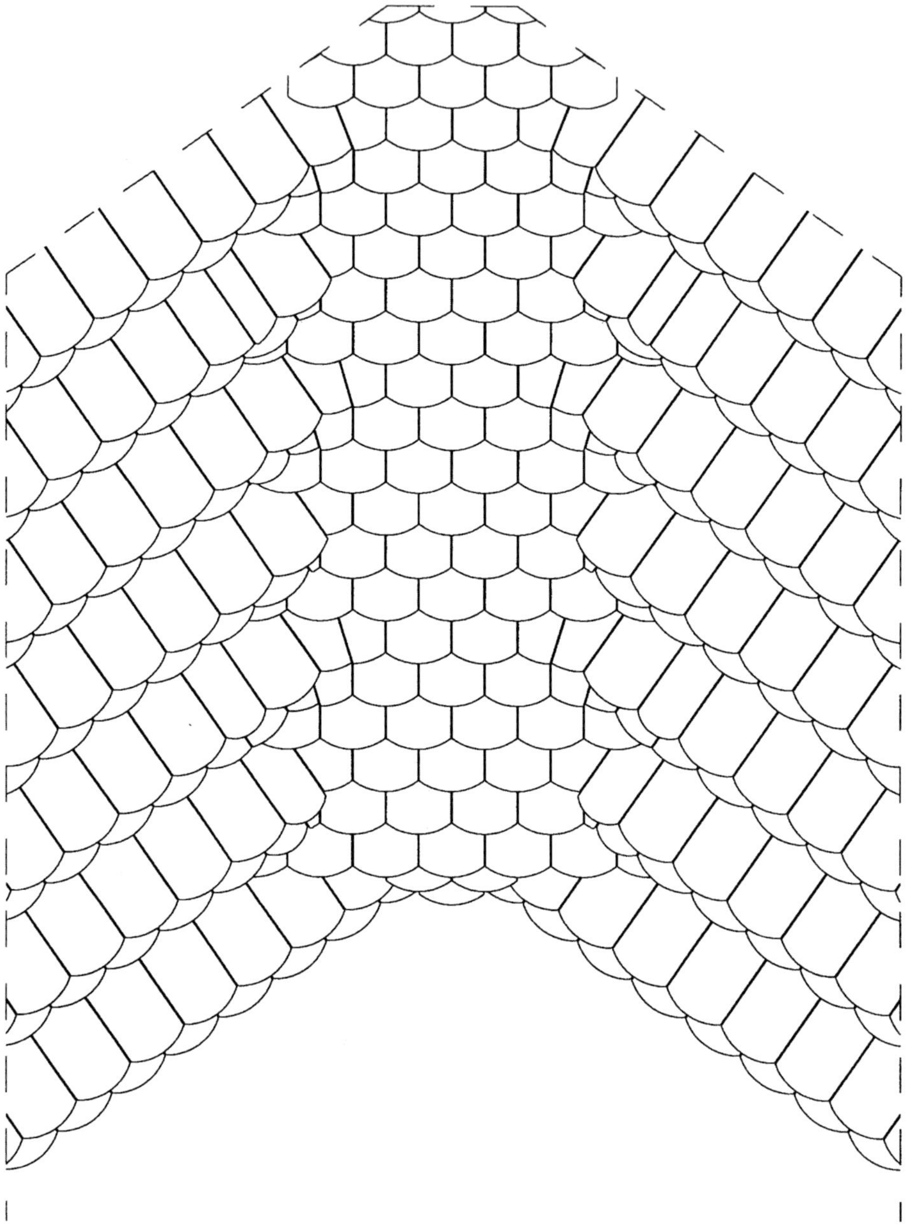

Abb. 102: Gleichhüftig eingebundene Biberkehle bei der Kronendeckung (2 Biber breit)

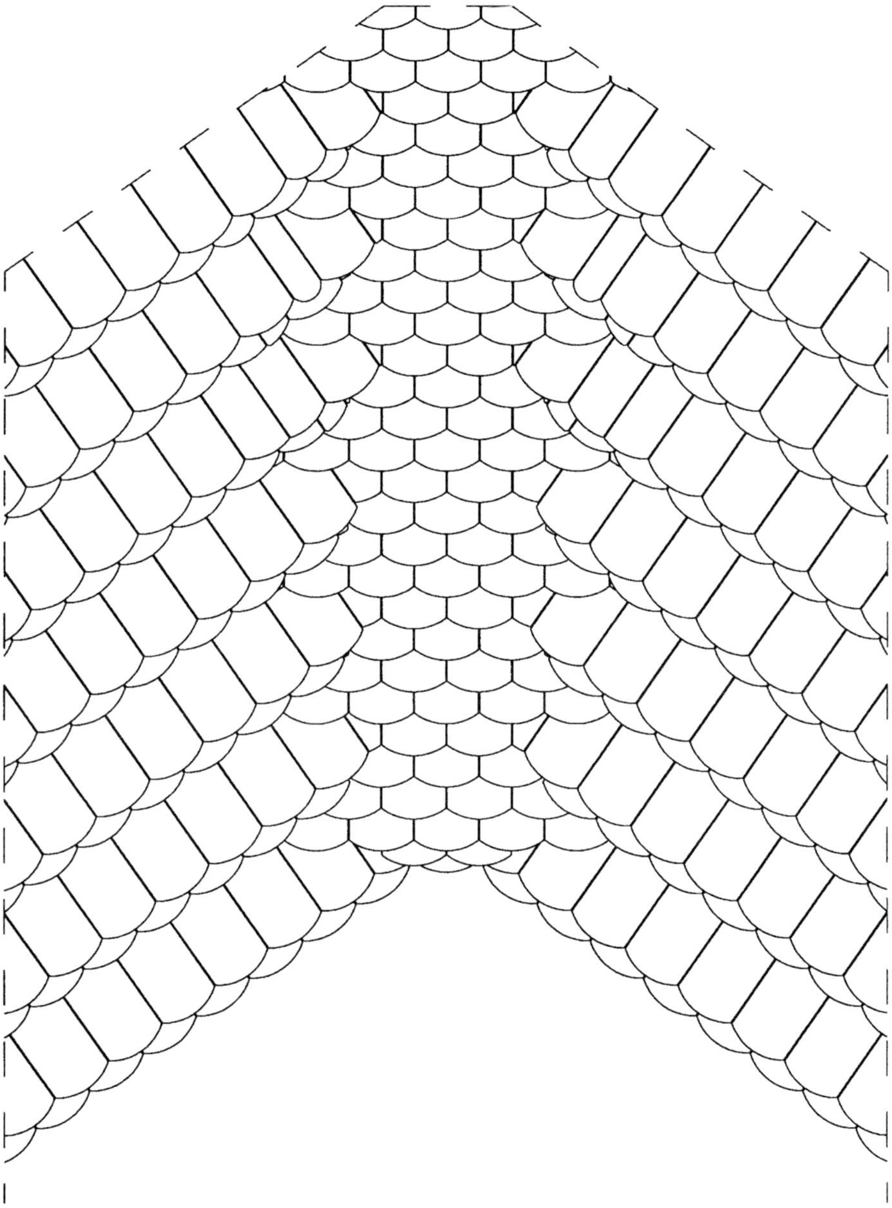

Abb. 103: Gleichhüftig eingebundene Biberkehle bei der Kronendeckung (2 Biber breit) mit keilförmigen Anschlussziegeln

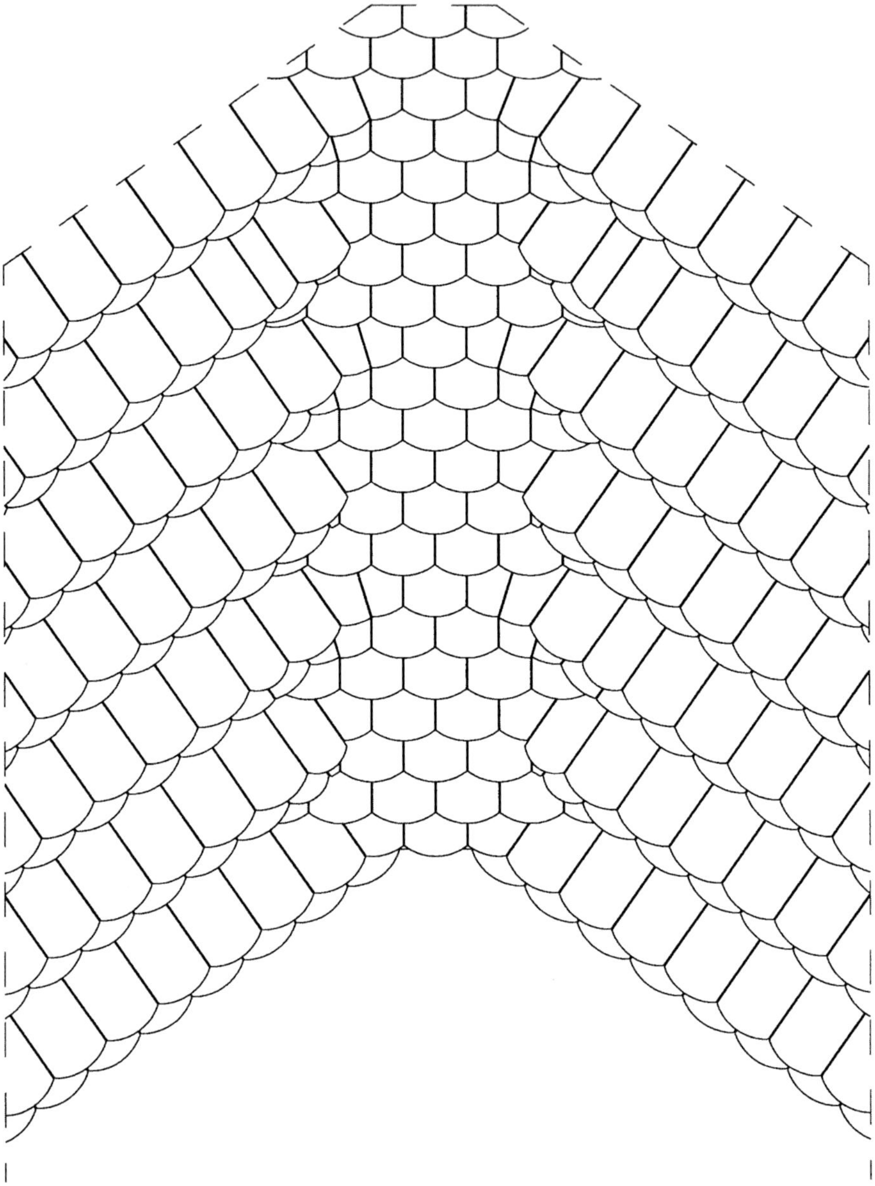

4.6.3.3 Ungleichhüftige, eingebundene Biberkehle

(1) Die Breite der Kehlschalung richtet sich nach der
- Größe des wahren Kehlwinkels,
- Breite der einzudeckenden Biber,
- Kehlbreite,
- Dachneigung.

(2) Die Breite der Kehlschalung sollte nicht weniger als 25 cm betragen. Die Kehlschalung kann aus mehreren Brettern bestehen. Die Kehlschalung wird zur steileren Dachfläche hin angehoben und beginnt am Kopf des Traufgebindes der steileren Dachseite.

(3) Für die Teilung der Kehle sind maßgebend
- die gewünschte Breite nach Biberbreiten quer zur Kehllinie gemessen,
- die Höhe der einzelnen Kehlgebinde in Richtung der Kehllinie gemessen.

(4) Die Kehlbreite ist rechts und links von der Kehlmittellinie je zur Hälfte festzulegen und abzuschnüren.

(5) Auf der steileren Dachfläche werden die Schnittpunkte zwischen den Breitenlinien der Kehle und den Fußlinien der Deckschichten ermittelt. Der Abstand der Schnittpunkte auf der steileren Dachfläche wird so eingeteilt, dass die Mindestüberdeckung (Dreifachdeckung) eingehalten wird.

(6) Es wird empfohlen, auf der flacheren Dachfläche die Kehlbreite zu vergrößern.

(7) Je nach Breite der Kehle und ihrer Teilung ergeben sich für Doppel- oder Kronendeckung Unterläufer-, Lager-, Deck- und Überläuferschichten.

(8) Auf der steileren Dachfläche ergeben sich gleich geteilte, regelmäßige Kehlgebinde. Auf der flacheren Dachfläche zeigt sich infolge der ausgleichenden Überläuferschichten keine Gleichmäßigkeit (siehe Abb. 104 und Abb. 105).

Abb. 104: Ungleichhüftig eingebundene Biberkehle bei der Doppeldeckung (2 Biber breit)

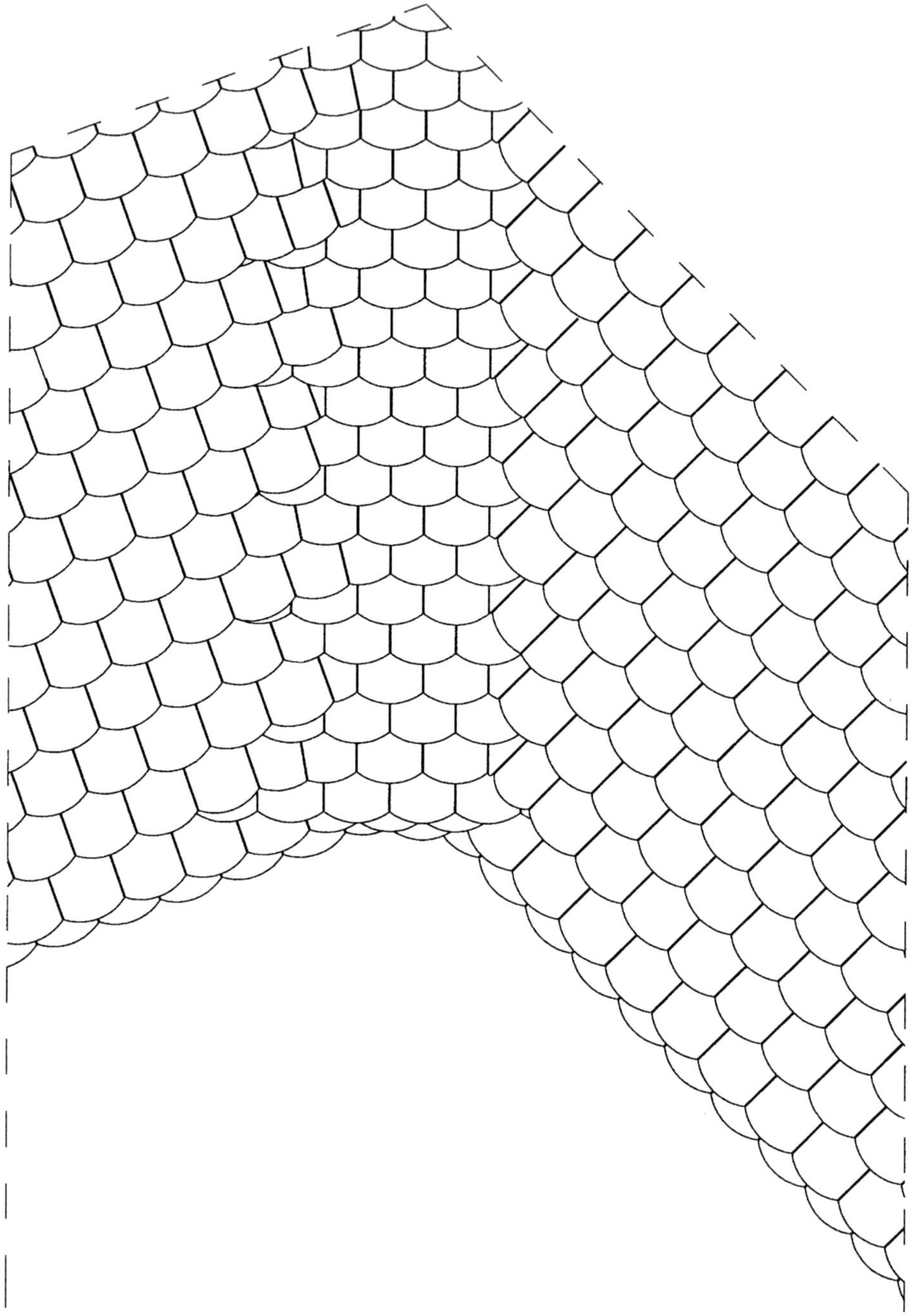

Abb. 105: Ungleichhüftig eingebundene Biberkehle bei der Kronendeckung (3 Biber breit)

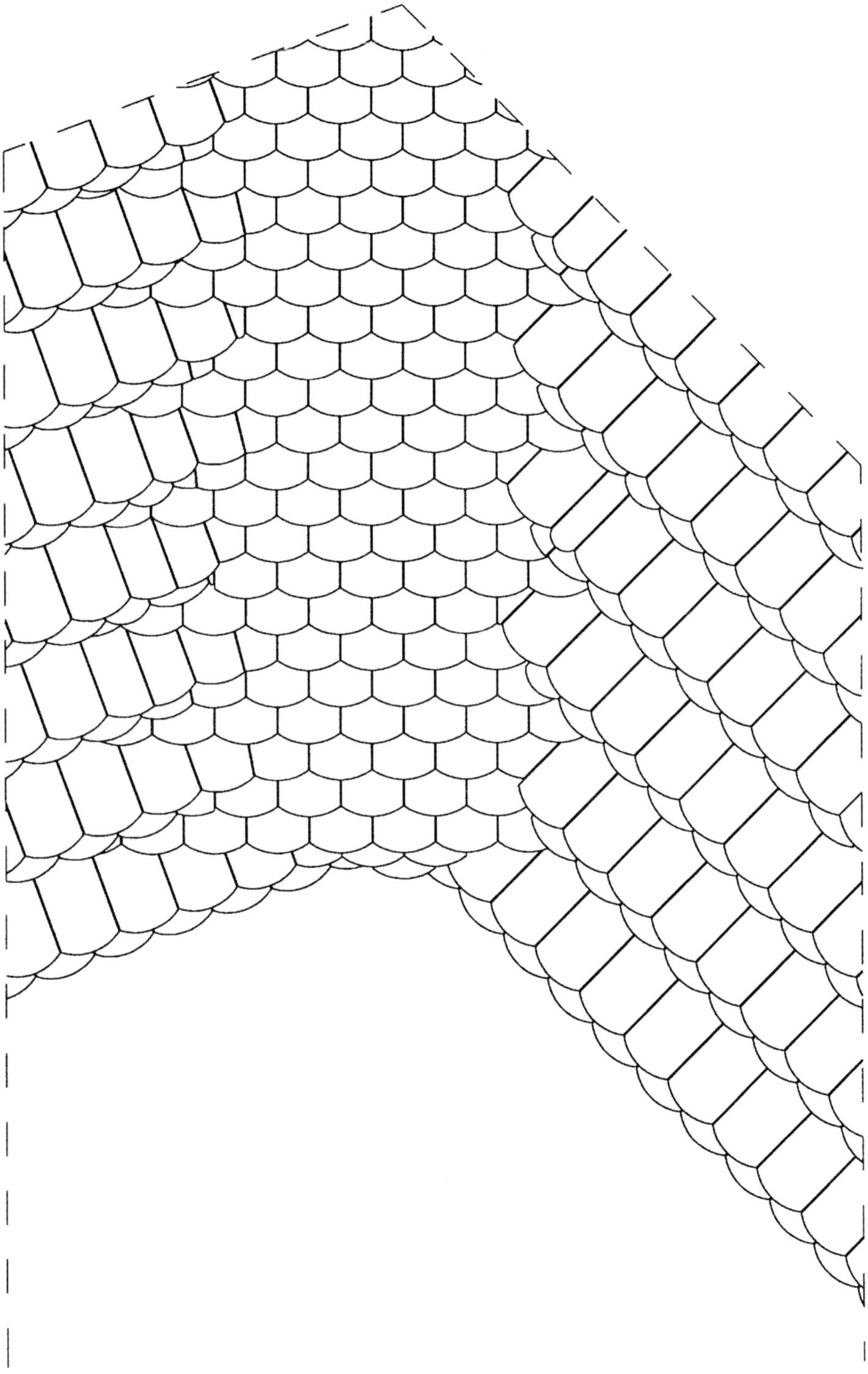

4.6.4 Sonderkehlen

Sonderkehlen, wie Herz- oder Einfällerkehlen (Kehlen mit verschobenen Kehlschichten), können gedeckt werden. Sie orientieren sich an den Regeln zu Überdeckungen, Einbindungen und Fu-genversätzen ggf. sind zusätzliche Maßnahmen zur Regensicherheit erforderlich.

Beispiele:

- Herzkehle
- Einfällerkehle

Abb. 106: Eingebundene Herzkehle in der Doppeldeckung, 2 Ziegel breit

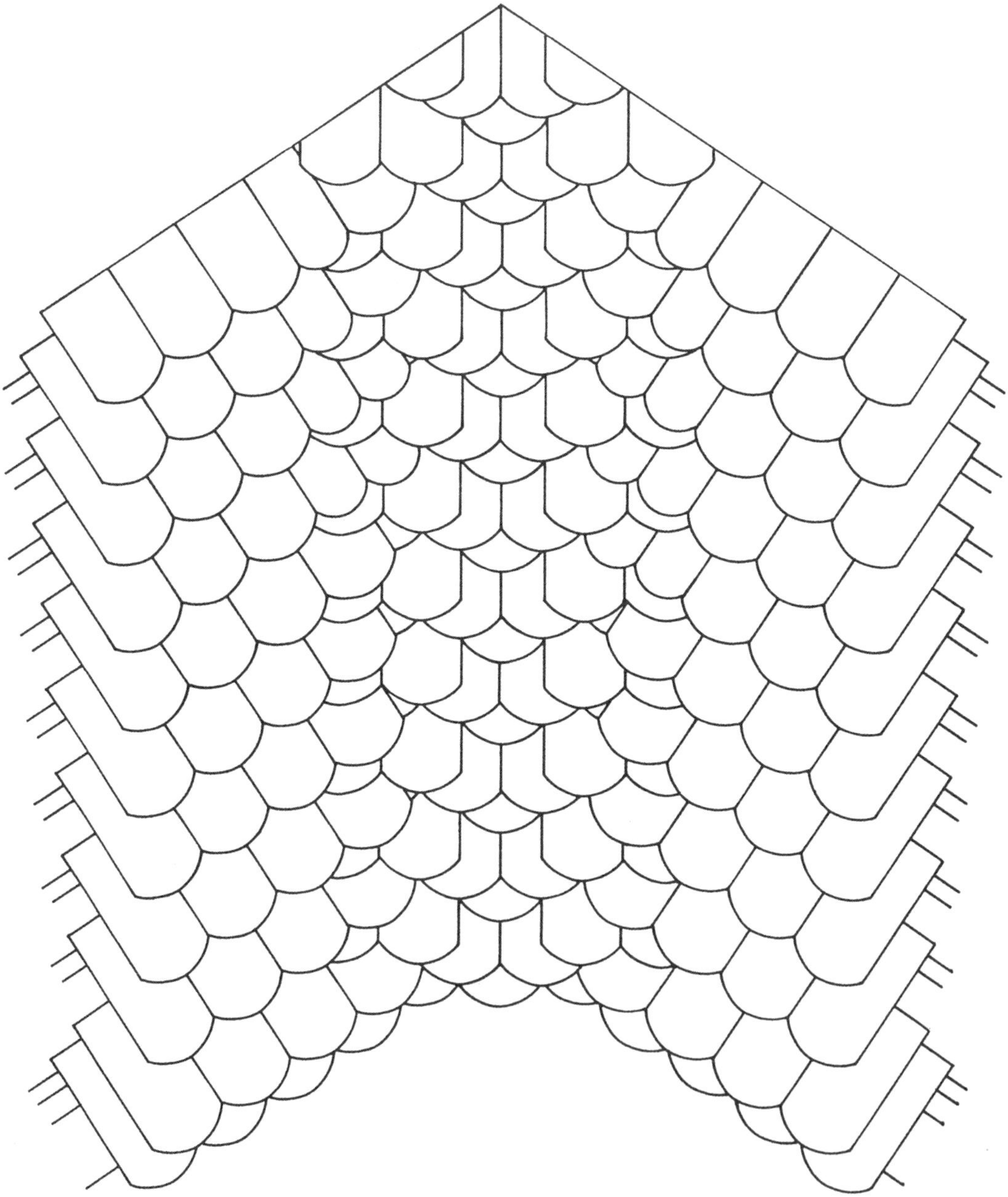

Abb. 107: Gleichhüftig eingebundene Einfällerkehle in der Doppeldeckung

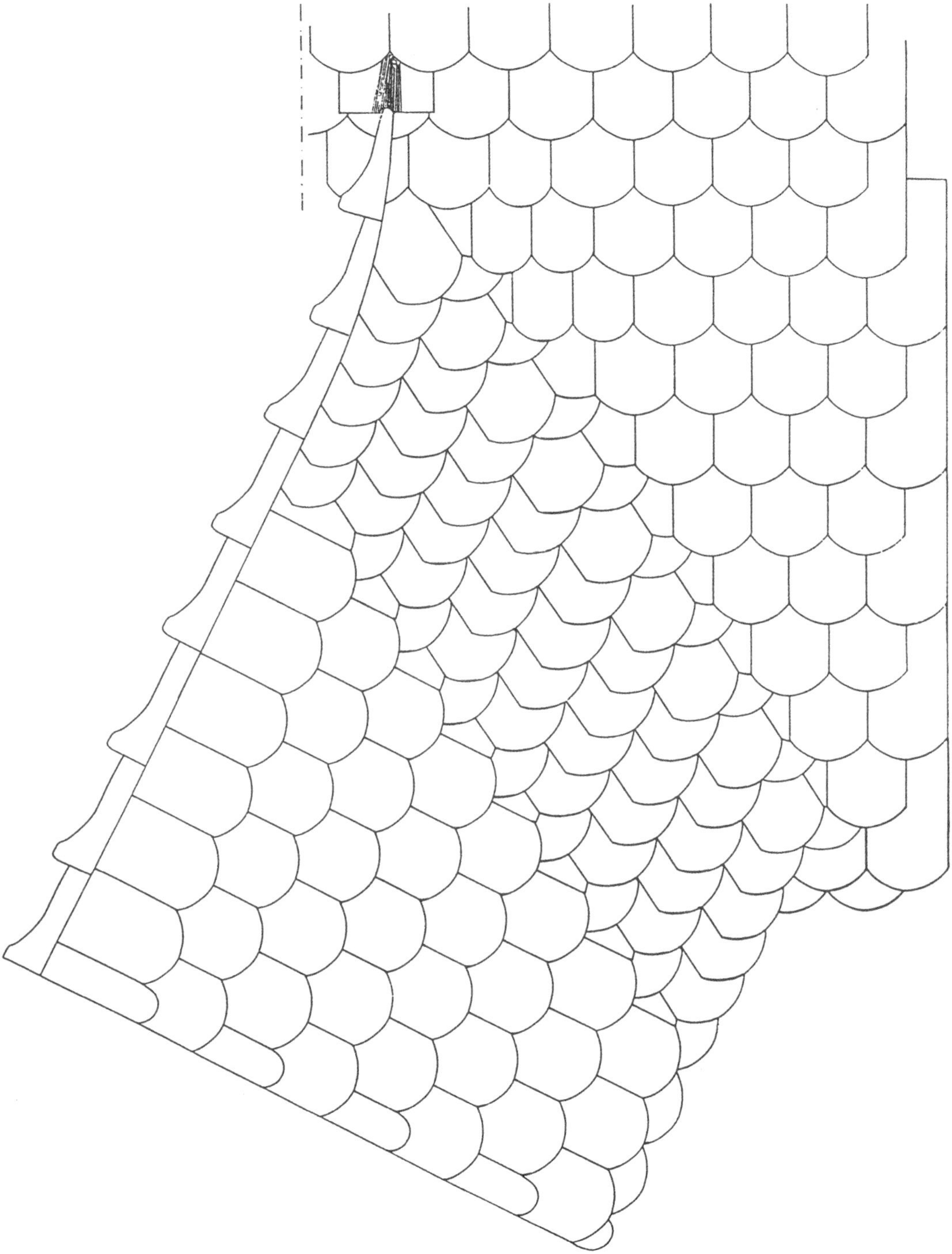

4.6.5 Überdeckte Biberkehle

- Überdeckte Biberkehlen dürfen nur bei annähernd gleichen Dachneigungen und gleichem Wasseranfall der anzuschließenden Dachflächen gedeckt werden.
- Als Deckunterlage ist eine Kehlschalung erforderlich. Die Kehlschalung kann aus mehreren Brettern und Dreikantleisten hergestellt werden.
- Werden überdeckte Biberkehlen in Mörtel gedeckt, dann ist die Kehlschalung mit einer Vordeckung zu schützen. Die Biber sind mit Längs- und Querschlag oder ggf. auch mit Längsfugenanstrich zu decken.
- Werden überdeckte Biberkehlen trocken gedeckt, dann sind alle Biber mit korrosionsbeständigem Draht und korrosionsbeständigen Nägeln oder Schrauben zu befestigen.
- Die Breite der über der Kehlmittellinie anzubringenden Kehlschalung ist abhängig
  - vom Kehlwinkel,
  - von der Anzahl der Biber,
  - von der Breite der Biber.

4.6.6 Überdeckte Dreipfannenkehle

(1) Die Kehle wird mit 3 Hohlpfannen in einer Breite von ca. 63 cm gedeckt.

(2) Überdeckte Dreipfannenkehlen werden mit oder ohne Kehlschalung gedeckt. Die Breite des Mittelkehlbrettes sollte mindestens 16 cm betragen. Wird die Deckung ohne Kehlschalung ausgeführt, dann sind die Traglatten, die nicht auf den Schiftern enden, durch Bretter parallel zum Kehlsparren zu unterstützen. Als Übergang zu den Traglatten können beidseitig in Kehlrichtung Dreikantleisten angebracht werden.

(3) Bei der Dreipfannenkehle wird der Wasserziegel in der Mitte der Kehle entweder auf ein kurzes Lattenstück oder nach Entfernen der Nase mechanisch befestigt. Die Deckung kann in Mörtel oder trocken erfolgen. Die Hohlpfannen werden mit 4 cm Seiten- und 10 cm Höhenüberdeckung auf den Wasserziegel gedeckt. Die rechte Pfanne wird umgedreht und nach Entfernung der Nase wie die linke Pfanne gedeckt, sodass die Kehle in Vorschnittdeckung eingedeckt wird. Die Kehlschalung ist mit einer Vordeckung zwischen Holz und Mörtel vorzudecken.

Abb. 108: Überdeckte Dreipfannenkehle

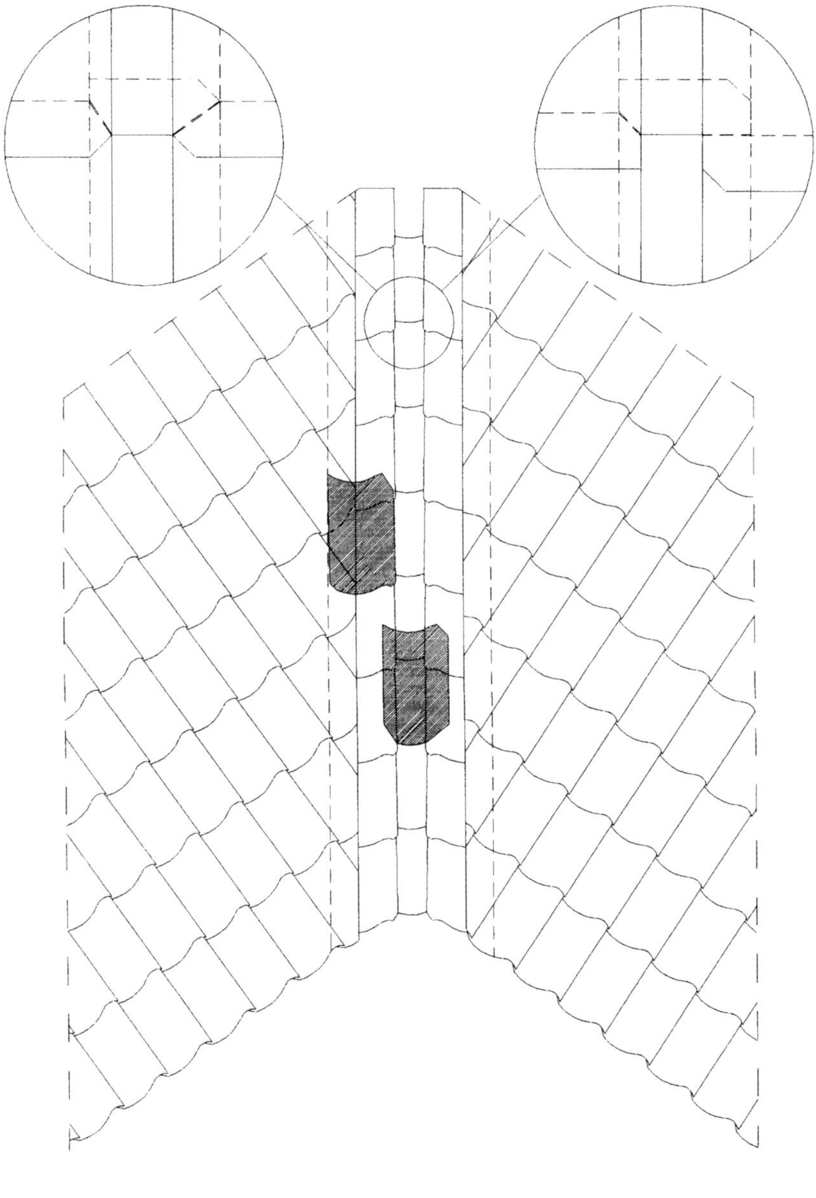

4.6.7 Überdeckte Kehlen aus sonstigen Werkstoffen

Überdeckte Kehlen können auch aus anderen geeigneten Materialien als vorstehend genannt hergestellt werden.

4.6.8 Besondere Kehldeckungsarten

(1) Formziegelkehlen und Formsteinkehlen

Formziegelkehlen und Formsteinkehlen können als überdeckte oder eingebundene Kehlen gedeckt werden.

(2) Schwenkziegelkehle

Für eine Schwenkziegelkehle werden besondere Formziegel benötigt. Diese Kehlart ist nur in der Kronendeckung möglich (siehe Abb. 109).

Abb. 109: Schwenkziegelkehle

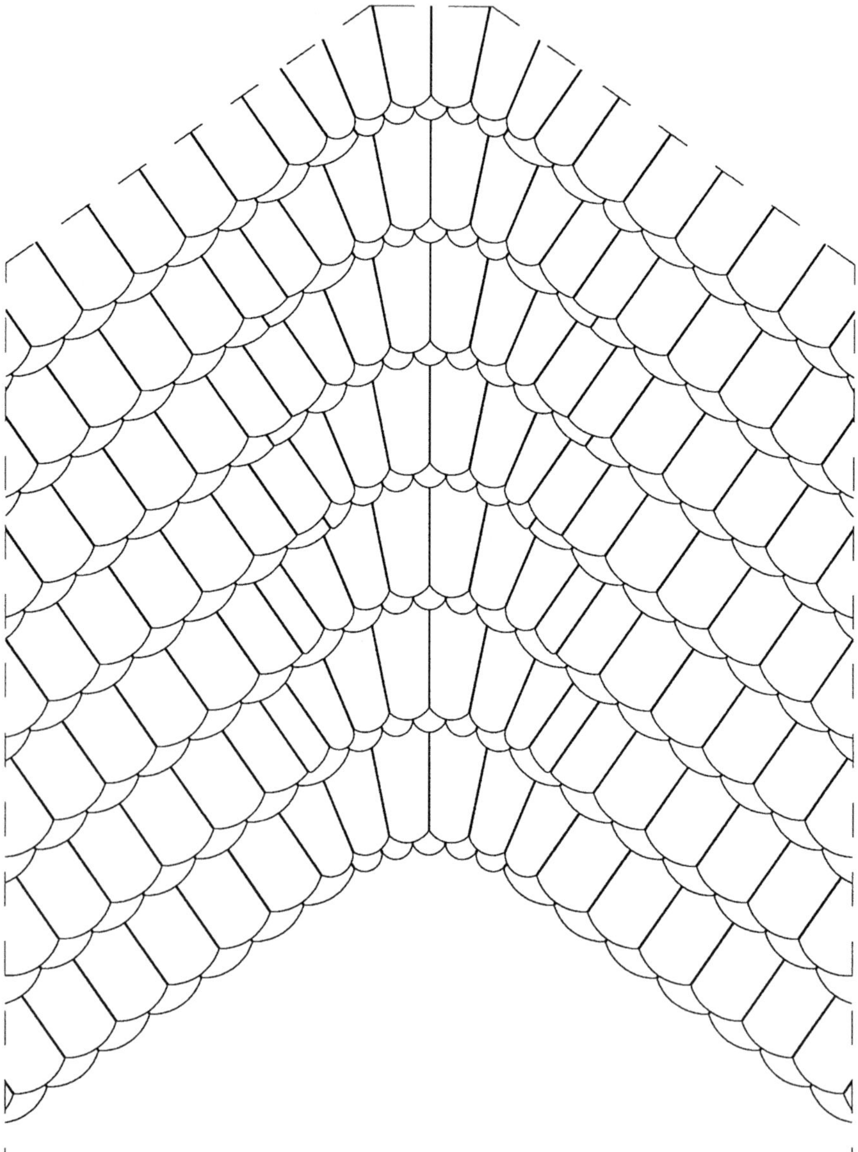

4.7 Anschlüsse

4.7.1 Allgemeines

(1) Bei Dachdeckungen mit Dachziegeln und Dachsteinen können Anschlüsse aus dem gleichen Deckwerkstoff, aus Metall oder anderen geeigneten Materialien hergestellt werden.

(2) Anschlüsse an Dachdurchdringungen und aufgehenden Bauteilen werden unterschieden in:
- traufseitige Anschlüsse,
- firstseitige Anschlüsse,
- seitliche Anschlüsse.

(3) Abhängig von der Art der Dachdeckung sowie den örtlichen und baulichen Anforderungen können Anschlüsse nach Tabelle 24 ausgeführt werden.

Tabelle 24: Anschlüsse

	Anschluss				
	seitlicher Anschluss			**firstseitiger Anschluss**	**traufseitiger Anschluss**
Deckungsart	**Wandkehle**	**Wangenkehle**	**Metall**	**Metall**	**Metall**
Dachziegel mit Falz	O	O	X	X	X
Dachziegel ohne Falz	O	O	X	X	X
Krempziegeldeckung	O	O	X	X	X
Hohlpfannendeckung	O	O	X	X	X
Mönch und Nonnen	O	O	X	X	X
Dachsteine mit Seitenfalz	O	O	X	X	X
Biber-Doppeldeckung	X	X	X	X	X
Biber-Kronendeckung	X	X	X	X	X
Biber-Einfachdeckung	X	X	X	X	X
X möglich; O nicht möglich					

(4) Seitliche Anschlüsse aus Metall können vom Deckwerkstoff überdeckt, in diesen eingebunden oder auf dem Deckwerkstoff aufliegend ausgeführt werden.

(5) Für die Ausführung von überdeckten oder aufliegenden Metallanschlüssen sind die „Fachregel für Metallarbeiten im Dachdeckerhandwerk" zu beachten.

(6) Für die Ausführung von Anschlüssen aus Kunststoff sind die "Fachregel für Metallarbeiten im Dachdeckerhandwerk" zu beachten.

(7) Die Lagesicherheit der Werkstoffe ist sicherzustellen.

4.8 Anschlüsse mit gleichen Deckwerkstoffen

4.8.1 Wandkehle

(1) Seitliche Anschlüsse an aufgehende Bauteile können mit Bibern als Wandkehlen gedeckt werden.

(2) Als Deckunterlage wird eine Kehlschalung, etwa 1 bis 2 cm aus der Mitte, zur Dachfläche hin versetzt angebracht. Die Breite der Kehlschalung ist abhängig von der Breite der Kehlbiber und sollte nicht mehr als 25 cm betragen. Die Kehlschalung beginnt über dem Kopfende des ersten Wasserbibers. Der erste Wasserbiber wird mittig über dem Kehlwinkel auf keilförmigen Lattenstücken so befestigt, dass er um die Deckwerkstoffdicke tiefer als das folgende Deckgebinde liegt.

(3) Die einzelnen Deckgebinde der Hauptdachfläche werden mit einem Abstand von ungefähr einer Biberbreite zur Kehlschalung hin eingedeckt. Die Kehle selbst wird mit ¾-breiten Bibern eingedeckt. Dabei ist darauf zu achten, dass der Verband eingehalten wird.

(4) Die Kehle sollte mit drei ¾-breiten Bibern gedeckt werden.

(5) Die Biber im Wandkehlbereich sind gegen Abrutschen zu sichern.

(6) Der obere Abschluss der Kehle zur Wand ist mit einem Überhangstreifen zu verwahren.

4.8.2 Eingebundene Wangenkehle

(1) Seitliche Anschlüsse an aufgehende Bauteile (z. B. Gaubenwangen) können mit Bibern als eingebundene Wangenkehle gedeckt werden.

(2) Die Einteilung der Traglattung an der Wange erfolgt immer von oben nach unten. Um Kreuzfugen zu vermeiden, sollte der Traglattenabstand an der Wange etwas geringer als in der Hauptdachfläche gewählt werden. Die ersten 3 bis 4 Traglatten der Dachfläche werden an der Wangenfläche hochgeführt, und darüber wird die Traglattung der Wange befestigt.

(3) Die Kehle selbst wird wie die Wandkehle gedeckt. Die Traufgebinde werden an der Wange bis an die Traglattung der Wange hochgeführt und ausgespitzt. Um ein Sperren der Biber am Übergang zum Deckgebinde der Wange zu vermeiden, können Unterläufer als Formbiber verwendet werden. Jedes Deckgebinde der Dachfläche ist mit Ausspitzern und Unterläufern in die Deckschichten der Wange einzubinden.

(4) Die Befestigung im Kehlbereich erfolgt mit korrosionsbeständigem Bindedraht und Nägeln. An der Wange sind die Biber mit korrosionsbeständigen Schrauben zu befestigen.

4.8.3 Durchgedeckte Wangenkehle

(1) Seitliche Anschlüsse an aufgehende Bauteile können mit Bibern als durchgedeckte Wangenkehle ausgeführt werden.

(2) Ausgehend von der Traglattung der Dachfläche wird die Lattung aus biegsamen Werkstoffen an der Wange hochgeführt und mit der Unterkonstruktion verschraubt. Auf einer Kehlschalung werden Latten aufgeschraubt, um einen weichen Übergang der Rundung zu erreichen.

(3) Die Kehle selbst wird wie die Wandkehle gedeckt. Die Deckschichten der Dachfläche werden nacheinander jeweils bis zur Oberkante der Wange geführt. Um ein gleichmäßiges Deckbild zu erreichen, sollte die Kehle und die Wangenfläche mit ¾-breiten Bi-bern gedeckt werden.

(4) Die Befestigung der Biber im Kehl- und Wandbereich erfolgt mit korrosionsbeständigen Schrauben.

4.8.4 Eingebundener Nockenanschluss

(1) Bei der Biberdoppel- oder Kronendeckung können seitliche Anschlüsse bei Dachdurchdringungen und aufgehenden Bauteilen mit Nocken (Schichtstücke) in die Deckung eingebunden werden.

(2) Der Zuschnitt für die Länge der Nocken richtet sich nach dem Traglattenabstand zuzüglich der entsprechenden Höhenüberdeckung. Der Zuschnitt für die Breite der Nocken beträgt mindestens 20 cm.

(3) Soll die Oberkante der Nocken am seitlichen Anschluss eine möglichst gerade Linie bilden, sind diese entsprechend der Dicke des Deckwerkstoffes konisch zu kanten.

(4) Die Nocken sind auf der Traglattung zu befestigen und/oder so einzulegen, dass sie im Fußbereich der Dachziegel/-steine nicht sichtbar sind. Jedes Deckgebinde ist mit einer Nocke einzubinden.

4.9 An- und Abschlüsse mit anderen Deckwerkstoffen

(1) Bei Deckungen mit Dachziegeln/-steinen können Traufe, Ortgang, Grat und First sowie die Anschlüsse an aufgehenden Bauteilen, wie Gauben, Außenwände und Schornsteinköpfe, mit anderen Deckwerkstoffen als in der Dachfläche eingesetzt gedeckt werden. Dies können sein:

- Bänder aus Schiefer,
- Bänder aus Faserzementplatten
- etc.

(2) Die aufzufütternde Deckunterlage dieser Deckwerkstoffe, mit Ausnahme der traufseitigen, soll die Dachziegel/-steine an ihrer höchsten Stelle um 0,5 cm überragen. An der Traufe muss die Deckunterlage um so viel erhöht werden, dass in der zweiten Deckreihe keine Sperrung entsteht.

(3) Bei seitlichen Anschlüssen ist zwischen Dachziegel/-stein und Schalung ein Zwischenraum von mindestens 0,5 cm vorzusehen, damit ein Aufsaugen der Feuchtigkeit durch die Schalung vermieden wird.

(4) Die Überdeckung auf die Dachdeckung beträgt seitlich mindestens 10 cm, die Höhenüberdeckung ist aus der jeweiligen Fachregel zu entnehmen.

(5) Bei profilierten Dachziegeln und Dachsteinen sind anformbare oder andere geeignete Werkstoffe unter aufgelegten Abschlüssen einzubauen.

4.10 Dacheinbauteile und Dachsystemteile

(1) Dacheinbauteile oder Dachsystemteile wie Schneefangeinrichtungen, Laufanlagen, Sicherheitsdachhaken, Befestigungseinrichtungen für Solaranlagen etc. sind regensicher in die Dachdeckung einzubauen. Es sollten Systemteile verwendet werden. Sie müssen für den jeweiligen Verwendungszweck geeignet sein und den technischen Vorschriften entsprechend eingebaut werden. Einbauteile dürfen unter Belastung die Dachdeckung nicht beschädigen, andernfalls sind geeignete lastverteilende Unterlagen zusätzlich einzubauen. Systemgerechte Einbauteile oder Formteile, welche die Dacheindeckung nicht durchdringen, können zur Regensicherheit beitragen.

Der Einsatzbereich und die Tragfähigkeit der lastabtragenden Dacheinbauteile oder Dachsystemteile sind vom Hersteller für die Anwendung anzugeben.

Die Befestigung (z. B. Schraubentyp und Anzahl) der Dacheinbauteile oder Dachsystemteile sowie ggf. erforderliche Konstruktionsteile (z. B. zusätzliche Latten oder Bohlen) sind vom Hersteller für den Einsatzbereich in der Montage-/Einbauanleitung anzugeben. Alternativ sind Vorgaben für eine objektspezifische Bemessung vom Hersteller anzugeben.

(2) Vorgaben der Landesbauordnungen sind zu beachten (z. B. Brandschutz, Einstufung der Deckung als „harte Bedachung“).

(3) Für den Einbau von Dacheinbauteilen und Dachsystemteilen wird hinsichtlich der Regensicherheit die Einhaltung der Dachneigungen für die in Tabelle 25 genannten Ausführungsvarianten empfohlen.

Tabelle 25: Empfohlene Einsatzbereiche für Befestigungen von Anlagen

Befestigung	Beschreibung	Dachneigung
Systemteile, auf denen Tragkonstruktionen, Laufanlagen o.ä. befestigt werden	Formschlüssig, mit Verfalzung passend zur Form und Verfalzung der Dachziegel/-steine ohne handwerkliche Anpassung. Hinsichtlich der Höhen- und Seitenüberdeckung sowie der Wasserführung besteht kein Unterschied zu den Flächenziegeln/-steinen	Dachziegel und Dachsteine nach Kapitel 2 und Kapitel 3 ≥10° (Mindestdachneigung)
Halter mit Universal-Zubehör, auf denen Tragkonstruktionen, Laufanlagen o.ä. befestigt werden	Halter mit Zubehörteil, welches annähernd formschlüssig für Dachziegel/Dachsteine einsetzbar ist. Die Höhen- und Seitenüberdeckung sowie die Wasserführung weichen von den Flächenziegeln/-steinen ab.	
Halter, die durch die fußseitige Öffnung eines Lüfters o.ä. geführt werden und auf denen Tragkonstruktionen, Laufanlagen o.ä. befestigt werden	Halter mit Zubehörziegel/-stein, welcher formschlüssig zur Verfalzung des Dachziegels/-steins passt, jedoch fußseitig eine größere Öffnung zur Durchführung des Halters aufweist und bei Dachziegeln die Kopfverfalzung nicht bearbeitet werden. Die Öffnung ist durch besondere Maßnahmen, wie z. B. Dichtungen, gegen Wassereintrieb zu sichern.	Dachziegel und Dachsteine nach Kapitel 2 und Kapitel 3 ≥ Regeldachneigung (22° / 25° / 30° /35°/40°)
Halter, die durch die Höhenüberdeckung der Dachziegel/-steine geführt werden und auf denen Tragkonstruktionen, Laufanlagen o.ä. befestigt werden	Durch die Bearbeitung der Falze in der Höhenüberdeckung ist die Tragfähigkeit der Dachziegel eingeschränkt. *Hinweis:* Druck auf den unter liegenden Dachziegel/Dachstein durch Wind- oder Schneelasten, Bewegungen der Unterkonstruktion sowie Unachtsamkeiten beim Einbau können zum Bruch der Deckwerkstoffe in der nicht kontrollierbaren Dachdeckung führen.	

4.11 Dachdurchdringungen

Dachdurchdringungen, wie z. B. Antennen, Entlüftungsrohre oder Schornsteinköpfe sind mit vorgefertigten Formziegeln/-steinen, Dachsystem-, Einbau-Formteilen oder handwerklich hergestellten Einfassungen in die Dachfläche regensicher einzubauen und einzudecken.

4.12 Dachgauben

4.12.1 Allgemeines

(1) Die Konstruktionen und die Abmessungen der Dachgauben sowie die gewählte Art der Dachdeckung sind aufeinander abzustimmen.

(2) Für die Dachneigung der Dachgauben gelten grundsätzlich die gleichen Neigungsgrenzen wie für die Dachflächen.

(3) Bei der Einteilung der Dachfläche in Trauf-/Firstrichtung bzw. Deckbreite sind die Abmessungen der Dachgauben zu berücksichtigen. Dabei sollte beachtet werden, dass die letzte vor der Dachgaube liegende horizontale Reihe Dachziegel/-steine der Hauptdachfläche durchgedeckt werden kann. Ist dies nicht möglich, sind die Dachziegel/-steine zu schneiden, zu unterlegen und zu befestigen.

(4) Detailausbildungen an Gauben sind in Anlehnung an die Ausführungsarten der Dachfläche zu erstellen.

(5) Gauben können erhöhte Anforderungen an die Dachdeckung darstellen. Die Auswirkung auf Kehlen, Anschlüsse sowie Konzentration großer Wassermengen auf Teilbereiche der Dachfläche sind bei der Auswahl der Zusatzmaßnahme in den betroffenen Teilflächen zu berücksichtigen. Dies gilt insbesondere beim ausgebauten und zu Wohnzwecken genutzten Dach.

(6) Das Unterdach, die Unterdeckung oder die Unterspannung ist über den Dachknick hinaus ausreichend hoch in die steilere Hauptdachfläche zu führen. Bei unterschiedlichen Ausführungsvarianten innerhalb der Dachflächen ist auf funktionsgerechte Anschlüsse und entsprechende Materialverträglichkeit zu achten.

4.12.2 Schleppdachgaube

(1) Die vertikalen Reihen Dachziegel/-steine der Hauptdachfläche sollen auf die Schleppdachfläche unter Beachtung der Ortgangüberstände, insbesondere bei Verwendung von Formziegeln/-steinen, abgestimmt werden, damit der Übergang der Gaubendeckung in die Hauptdachfläche fluchtgerecht erfolgen kann. Gleich breite Ortgangüberstände können i. d. R. nur beim Einsatz von Fremdwerkstoffen (z. B. Metall etc.) ausgebildet werden.

(2) Der Übergang von der Hauptdachfläche zur Schleppdachgaube ist wie ein Dachknick auszuführen (siehe Abschnitt 4.15).

4.12.3 Fledermausgaube

(1) Fledermausgauben können mit Hohlpfannen oder mit ebenen Dachziegeln/-steinen in Biberform gedeckt werden, wenn nachstehend aufgeführte Punkte beachtet werden. Der Einsatz anderer Dachziegel/-steine bedingt eine Machbarkeitserklärung des Herstellers.

(2) Das Mindestverhältnis von Gaubenstirnwandbreite zur Gaubenstirnwandhöhe ist in Abhängigkeit vom Deckwerkstoff einzuhalten und beträgt bei

- Hohlpfannen

$$\frac{\text{Breite}}{\text{Höhe}} \geq \frac{8}{1}$$

- Dachziegeln/-steinen in Biberform

$$\frac{\text{Breite}}{\text{Höhe}} \geq \frac{5}{1}$$

(3) Der Gaubenstirnbogen soll gemäß Regelkonstruktion Abb. 110 geplant und ausgeführt werden. Die Form der Fledermausgaube ergibt sich aus dem Stirnbogen und den geschwungenen Kehlbohlen.

(4) Der Dachneigungsunterschied zwischen Scheitellinie Gaube und Hauptdach sollte nicht mehr als 12° betragen.

(5) Konterlatten sind entsprechend dem Wasserlauf anzubringen.

(6) Die Traglatten sind an die Schweifung der Gaubenfläche anzupassen. Die Latten lassen sich z. B. durch Wasserlagerung besser biegen. Eine Alternative hierzu kann sein, anstatt einer Dachlatte 2 Leisten halber Stärke zu verwenden. Andere Ausführungen sind möglich.

(7) Die unterschiedlichen Deckbreiten, gemessen über dem Gaubenstirnbogen zur Hauptdachfläche, können ausgeglichen werden

- bei Hohlpfannen durch gedrückte Verlegung im Bereich der Hauptdachfläche vor und über der Gaube sowie durch gezogene Verlegung im Bereich des Stirnbogens innerhalb der zulässigen Seitenüberdeckung,
- bei Bibern durch Zuschneiden oder Verwendung entsprechender Sonderziegel/-steine.

(8) Die unterschiedlichen Decklängen der Gaubenscheitellinie zur Hauptdachfläche können u. a. durch unterschiedliche Traglattenabstände, Zuschneiden der ersten Reihe Dachziegel/-steine und/oder Neigung des Gaubenstirnbogens nach vorne ausgeglichen werden.

(9) Hohlpfannen im geschweiften/gerundeten Bereich der Gaube sind zu befestigen.

(10) Wird die Fledermausgaube im Scheitelbereich durch eine gerade Schleppdachfläche verbreitert, so spricht man von einer Schleppdachgaube mit geschweiften Wangen. Bezogen auf Konstruktion und Deckung gelten oben genannte Kriterien.

Abb. 110: Fledermausgaube: Konstruktion des Gaubenstirnbogens

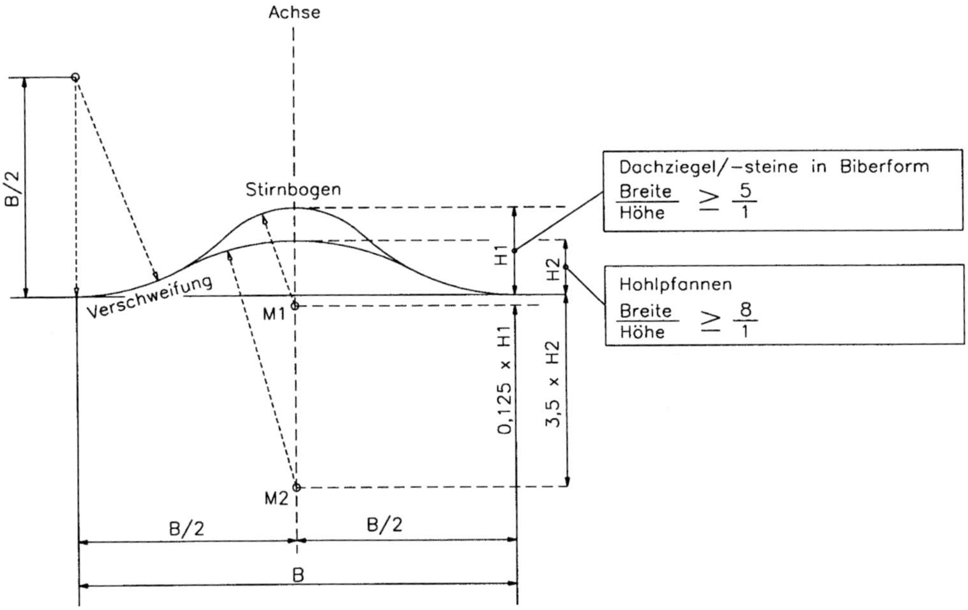

Abb. 111: Fledermausgaube: Konstruktion der Kehllinie

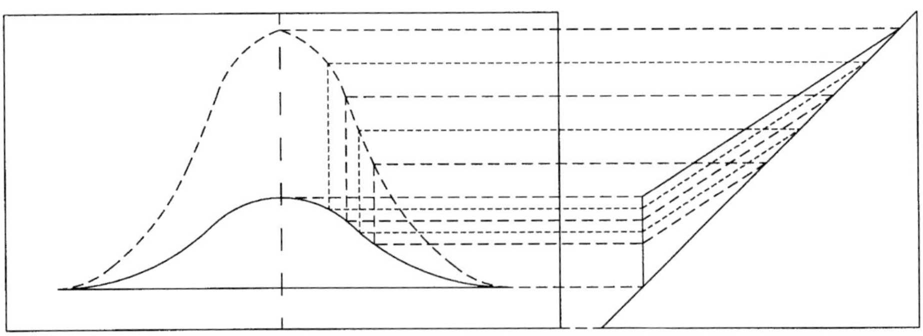

Abb. 112: Fledermausgaube: Hohlpfannendeckung

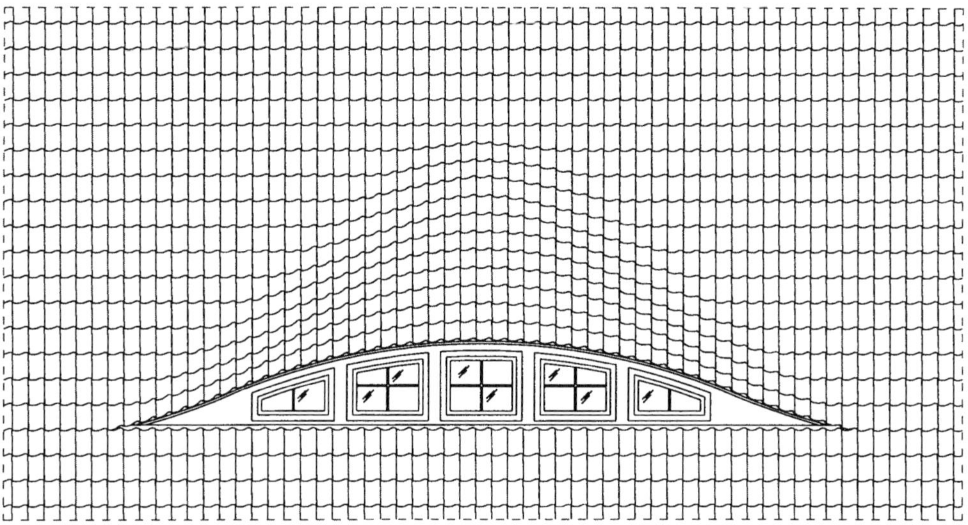

Abb. 113: Fledermausgaube: Biberschwanzdeckung

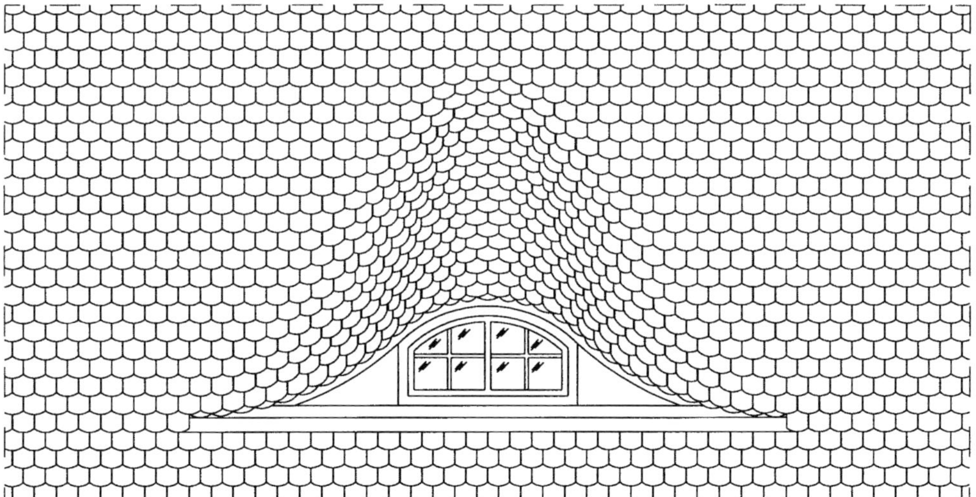

4.12.4 Geschwungene Gauben

(1) Die geschwungene Gaube ist eine Sonderkonstruktion der Fledermausgaube, bei der die Gaubensparren auf dem Stirnbogen sowie in gerader Linie auf einer Mittelpfette in der Hauptdachfläche aufliegen. Dadurch ergeben sich weichere Übergänge der geschwungenen Gaubenbereiche zur Hauptdachfläche. Dies begünstigt die Lage der Dachziegel/-steine bei der Gaubendeckung.

(2) Bezogen auf die Konstruktion des Stirnbogens, den Winkel zwischen Gaubenscheitellinie zur Hauptdachfläche, die Unterkonstruktion und Deckung gelten die gleichen Kriterien wie für Fledermausgauben.

(3) Auch bei dieser Gaubenkonstruktion ergibt sich durch das Einfügen einer Schleppdachfläche eine insgesamt breitere Gaube.

Abb. 114: Prinzipskizze geschwungene Gaube

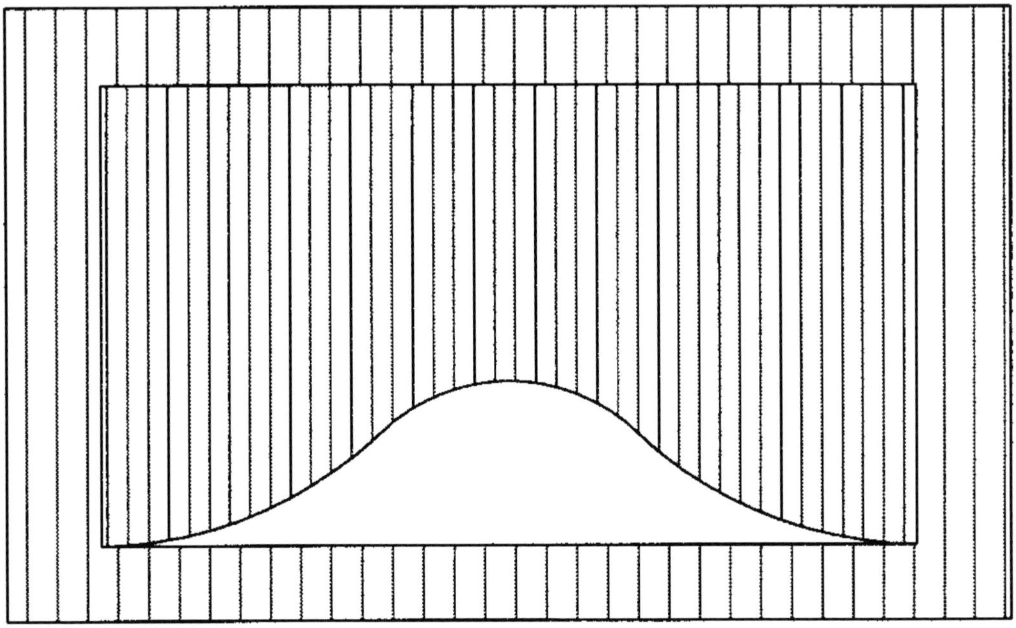

4.13 Kegeldächer

(1) Die Kegeldachkonstruktion ist gleichmäßig gerundet zu planen und auszuführen, damit sich möglichst keine Grate bzw. scharfe Kanten innerhalb der Deckung abzeichnen.

(2) Bei größeren Radien werden Sparrenkonstruktionen, bei kleineren Radien horizontale Ringsparren ausgeführt.

(3) Kegeldachflächen stellen eine erhöhte Anforderung an die Dachdeckung dar und setzen entsprechende Zusatzmaßnahmen voraus.

(4) Wird eine Schalung aufgebracht, so wird diese bei großen Radien diagonal, bei kleineren Radien senkrecht verlegt.

(5) Konterlatten sind entsprechend dem Wasserlauf anzubringen.

(6) Die Traglatten sind an die Rundung anzupassen. Es sind geeignete, z. B. biegsame Werkstoffe einzusetzen.

(7) Die Deckung von Kegeldachflächen erfolgt i. d. R. mit Dachziegeln/-steinen in Biberform. Kegeldächer können in regelmäßigem oder unregelmäßigem Verband gedeckt werden. Bei Dachflächen mit kleineren Radien ist der regelmäßige Verband zu bevorzugen. Bei Kegeldächern darf der Viertelverband nicht unterschritten werden (siehe Abb. 115 und Abb. 117).

(8) Die Deckung von Kegeldächern mit profilierten Dachziegeln ohne Falz (Hohlpfannen, Mönch- und Nonnenziegeln) als Sonderausführung oder mit Formziegeln ist möglich.

(9) Die Deckung mit profilierten Dachziegeln/-steinen mit Falz ist nur mit Sonderformziegeln möglich oder setzt die Segmentierung der Kegeldachflächen in Dreiecksflächen und die Deckung mit herkömmlichen Graten voraus.

(10) Kegelspitzen sind über dem letzten möglichen Deckgebinde mit Metall- oder Zierkappen abzudecken. Der Überstand auf die Deckung soll der Überdeckung der verwendeten Dachziegel/-steine entsprechen.

Abb. 115: Kegeldächer, regelmäßiger Verband

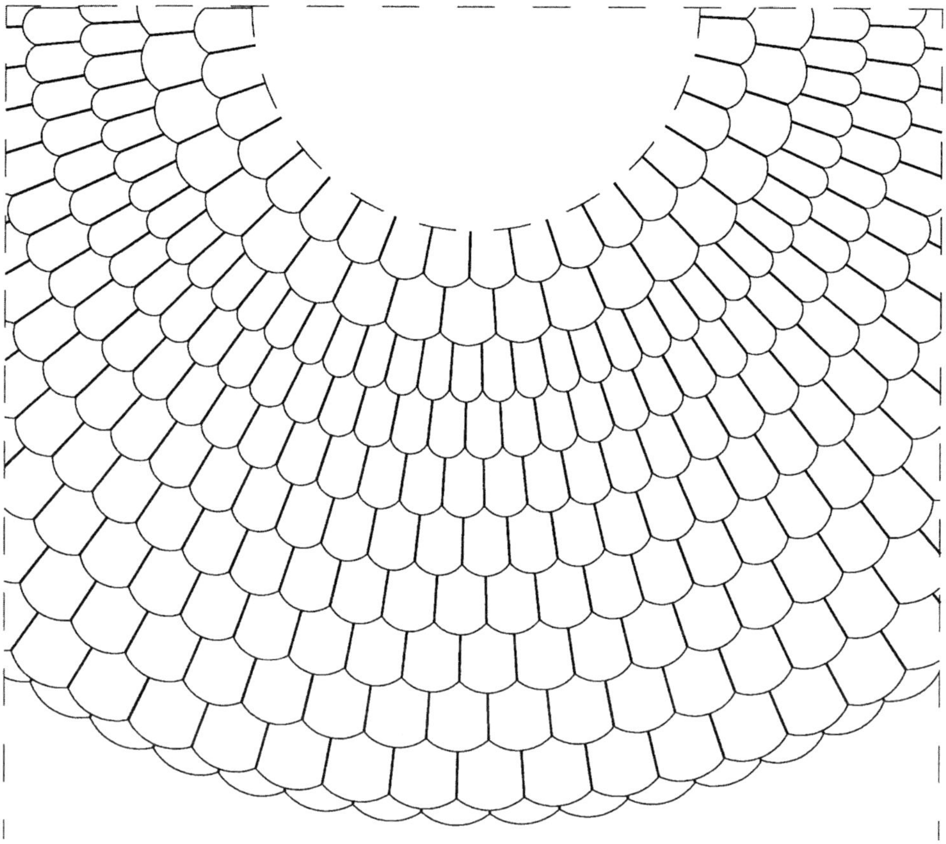

Abb. 116: Kegeldächer, unregelmäßiger Verband

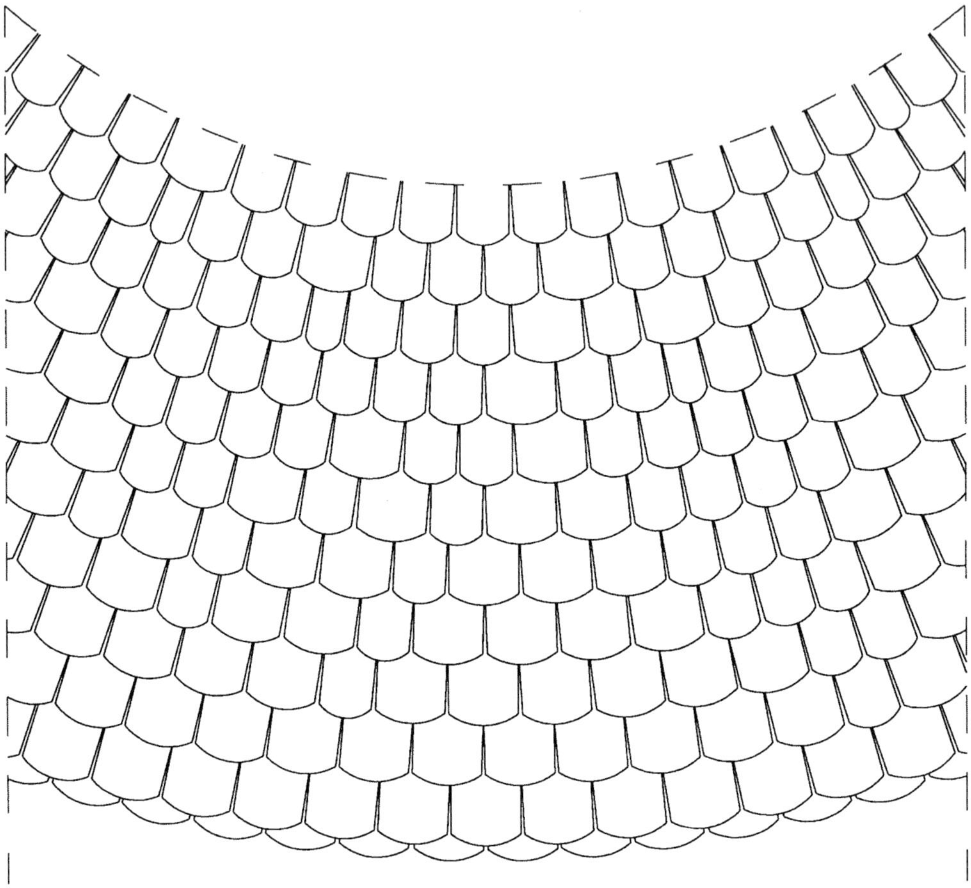

4.14 Dachgraben

(1) Dachgräben ergeben sich bei giebelständigen Gebäuden und Sheddächern.

(2) Breite und Höhe des Dachgrabens sind abhängig von der Größe der zu entwässernden Dachflächen, den Witterungsbedingungen und einer evtl. notwendigen Begehbarkeit (siehe Abb. 117).

(3) Dachgräben sind wasserdicht und mit Gefälle auszuführen. Ein Sicherheitsüberlauf ist erforderlich. Bei belüfteten Konstruktionen sind entsprechende Lüftungsöffnungen vorzusehen.

(4) Je nach Anforderungen können Schneefangkonstruktionen, Grabenheizungen und/oder Laufroste notwendig sein.

Abb. 117: Dachgraben, konstruktiv belüftet

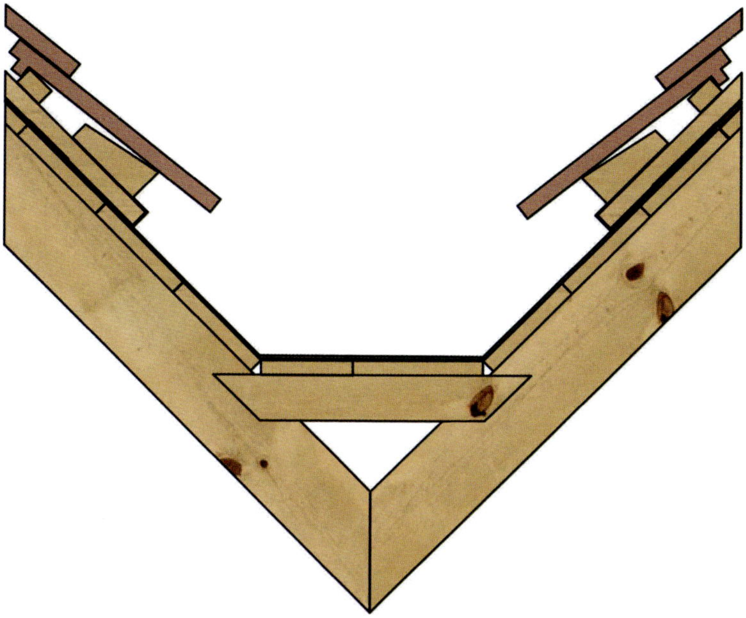

4.15 Dachknick

(1) Der Dachknick ist der Übergang zweier verschieden geneigter Dachflächen. Hierbei unterscheidet man zwischen dem Übergang von einer unteren steilen zur oberen flachen Dachneigung (Mansarddachknick, siehe Abb. 118) und von einer unteren flachen zur oberen steilen Dachneigung (Schleppdachknick, siehe Abb. 119).

(2) Unterdächer, Unterdeckungen und Unterspannungen sind objektspezifisch zu planen und funktionsgerecht auszuführen.

(3) Mansarddachknicke sind mit Stirnbrettern, Formziegeln/-steinen, Metall oder Fertigelementen auszubilden. Die Dachziegel/-steine der oberen Fläche müssen je nach Ausführung so weit überstehen, dass das Niederschlagswasser auf die untere Fläche geleitet wird.

(4) Bei Schleppdachknicken können an der Knicklinie bei größeren Neigungsunterschieden Formziegel/-steine, eine Querfugenverfüllung (z. B. mit Mörtel) oder ein Übergang aus Metall oder Fertigelementen erforderlich sein. Der Neigungsausgleich kann auch durch Anordnung von Doppellatten im Knick erreicht werden.

Abb. 118: Mansarddachknick

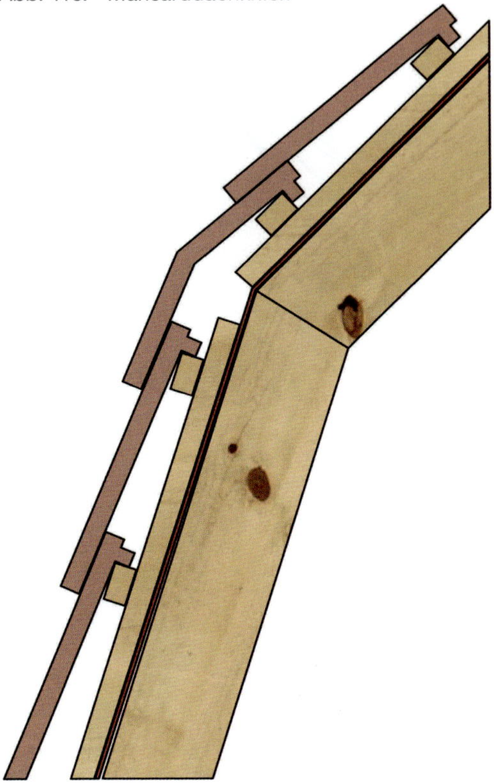

Abb. 119: Schleppdachknick

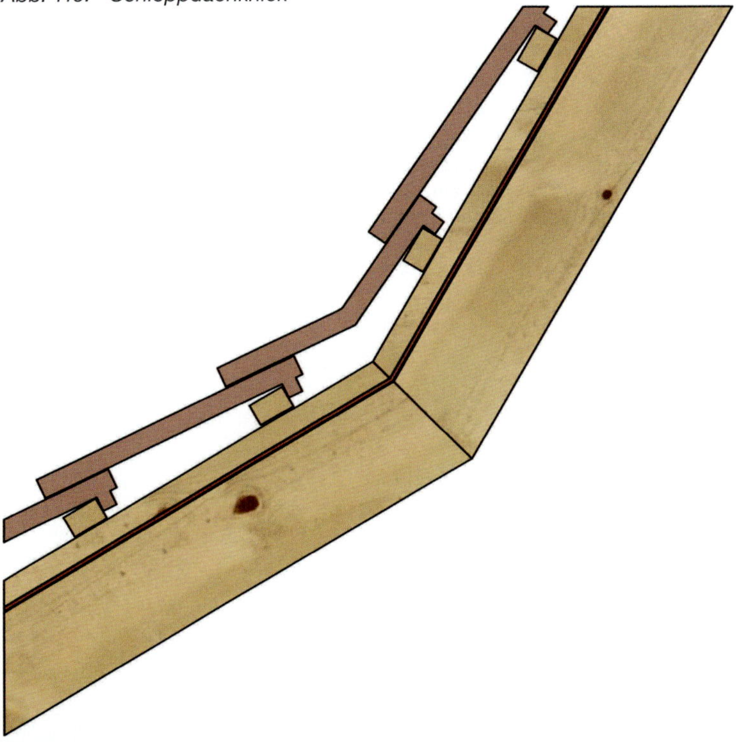

5 Inspektion und Wartung

5.1 Allgemeines

(1) Zur Erhaltung von Dachdeckungen sind Inspektionen und Wartungsmaßnahmen erforderlich. Die rechtzeitige Durchführung dieser Maßnahmen setzt eine regelmäßige Überprüfung der Dachdeckung voraus. Diese ist im Rahmen einer Begehung und Besichtigung durchzuführen. Der Umfang der Maßnahmen ist abhängig von der Alterungsbeständigkeit der Dachdeckung, die im Wesentlichen durch deren Qualität bestimmt wird. Regelmäßige Inspektion oder Wartung eines Daches liegen im Verantwortungsbereich des Eigentümers. Er beugt dadurch Schäden vor und erfüllt seine Obliegenheitsverpflichtung gegenüber Sachversicherern und Unbeteiligten. Es wird empfohlen, dazu einen entsprechenden Inspektions- und/oder Wartungsvertrag abzuschließen.

(2) Je nach Eigenart und Beanspruchung des Daches sollen feste Zeitintervalle (siehe Tabelle 26) und der Umfang der Inspektion oder Wartung festgelegt werden.

(3) Das Hauptziel der Inspektion und Wartung ist die Instandhaltung des Daches zur Vorbeugung von Risiken und Schadensanfälligkeiten. Sie können Reparaturkosten verringern und bewahren vor vermeidbaren Folgekosten. Rechtzeitiger Ersatz verbrauchter oder unzulänglicher Bauteile führt zu Wertverbesserungen und Minderung der Betriebskosten. Die dazu erforderlichen Arbeiten sollen auf den vorhandenen Zustand des Daches abgestimmt werden.

5.2 Inspektion

(1) Die Inspektion ist die Feststellung des Zustandes der Dachdeckung nach Augenschein, einschließlich der An- und Abschlüsse sowie der Durchdringungen.

(2) Die vertraglich festzulegende Inspektion kann sich u. a. beziehen auf die Kontrolle der Funktionstüchtigkeit der

- Dachdeckung,
- An- und Abschlüsse,
- Dacheinbau- und Dachsystemteile,
- Sicherheitseinrichtungen,
- Windsogsicherung der Dachdeckung.

Die Ergebnisse der Inspektion sollten schriftlich dokumentiert werden und Angaben zu den festgestellten Schäden, ggf. zu erforderlichen weitergehenden Untersuchungen von notwendigen Maßnahmen, enthalten.

5.3 Wartung

(1) Die vertraglich festzulegende Wartung kann sich beziehen auf

- den Austausch einzelner, beschädigter Dachziegel/-steine,
- das Ersetzen fehlender Deckwerkstoffe,
- die Erneuerung von Korrosionsschutz an Metallen,
- das Ersetzen von schadhaften Vermörtelungen,
- den Austausch schadhafter Dacheinbau- und Dachsystemteile,
- das Reinigen von Rinnen und Fallrohren,
- das Entfernen loser Verunreinigungen bei An- und Abschlüssen,
- die Instandsetzung schadhafter Befestigungen der Dachdeckung.

(2) Eine regelmäßige Kontrolle der Sicherheitseinrichtungen, Tritte oder Wege, die für eine Dachbegehung o. Ä. vorgesehen sind, ist erforderlich. Diese Einrichtungen dienen dem persönlichen Schutz und sollen daher in regelmäßigen Intervallen auf ihre Funktionstauglichkeit kontrolliert und ggf. instandgesetzt werden.

(3) Folgende Wartungsintervalle werden empfohlen:

Tabelle 26: Wartungsintervalle

Alter des Daches	Bereich des Daches	Wartungsintervall
bis 5 Jahre	Deckung	keine
ab dem 6. Jahr	Deckung + Stichprobe Befestigung	alle 3 Jahre
ab dem 15. Jahr	Deckung + Stichprobe Befestigung und Lattung	alle 2 Jahre
nach außergewöhnlichem Ereignis (Sturm oberhalb Windstärke 8)	Deckung + Stichprobe Befestigung und Lattung; Auswirkungen auf die Tragkonstruktion	schnellstmöglich, nach Zugang der Mitteilung
Objektspezifische Besonderheiten können die Zeiträume der Wartungsintervalle verkürzen.		

Deutsches Dachdeckerhandwerk
– Regelwerk –

Fachregel für Dachdeckungen mit Faserzement-Dachplatten

Aufgestellt und herausgegeben vom

Zentralverband des Deutschen Dachdeckerhandwerks – Fachverband Dach-, Wand- und Abdichtungstechnik – e.V.

Ausgabe Mai 2018 mit Änderungen März 2021

RM Rudolf Müller

Vorgänger

Regeln für Deckungen mit Asbestzement	1960
Regeln für Deckungen mit Asbestzement	1972
Regeln für Deckungen mit Asbestzement	Januar 1974
Regeln für Deckungen mit Faserzement, Teil 1 Dachdeckungen mit Faserzement Dachplatten	August 1990
Fachregel für Dachdeckungen mit Faserzement Dachplatten	Juli 2001

Inhaltsverzeichnis

1 Allgemeines

1.1 Geltungsbereich und Begriffe

(1) Diese Fachregel gilt für Dachdeckungen aus Faserzement-Dachplatten (siehe Abschnitt 2.1) mit glatter oder strukturierter Oberfläche.

(2) Bei Einhaltung dieser Fachregel gelten die Dachdeckungen mit Faserzement-Dachplatten als regensicher.

(3) Die Grundregel „Fachregel für Metallarbeiten im Dachdeckerhandwerk“ sowie die dazugehörigen Merkblätter und Hinweise und das „Produktdatenblatt für Faserzement-Dachplatten“ des Regelwerkes sind zu beachten. Die Festlegungen dieser Fachregel haben Vorrang vor den allgemeinen Regelungen der anderen Regelwerksteile.

(4) Bei Einhaltung dieser Fachregel werden die Anforderungen hinsichtlich der Windsogsicherung erfüllt. Weiter gehende Maßnahmen sind nicht erforderlich.

(5) Folgende Dachdeckungen sind üblich:

- Deutsche Deckung,
- Doppeldeckung,
- Rhombusdeckung,
- Spitzschablonendeckung,
- Waagerechte Deckung.

1.2 Gestaltungshinweise

(1) Dachplatten werden mit glatter oder strukturierter Oberfläche in vielen Farben hergestellt. Für die unterschiedlichen Dachdeckungen gibt es Standard-, Ergänzungs- und Sonderformate.

(2) Je geringer die Dachneigung und je größer die Entfernung zwischen Traufe und First, desto größer sollten die Dachplatten gewählt werden.

(3) Bei der Deckung von eingebundenen Kehlen, Fledermausgauben, runden Baukörpern oder Türmen müssen die besonderen Anforderungen, wie z. B. die Mindestkehlsparrenneigung, bereits bei der Planung beachtet werden. Dies gilt insbesondere für das Verhältnis der Fensterhöhe zur Fensterbreite bei Fledermausgauben oder geschweiften oder gerundeten Schleppgauben (siehe „Fachregel für Dachdeckungen mit Schiefer“).

(4) Zur Erzielung einer geschlossenen Deckung kann es bei gebogenen Flächen erforderlich werden, die Formate zu wechseln. Dabei müssen die Mindestüberdeckungen eingehalten werden.

Faserzement-Dachplattendeckungen, die auf Schalung mit Vordeckung erfolgen, erfüllen die Anforderung einer überdeckten Unterdeckung mit Bitumenbahnen.

1.3 Dachneigungen

(1) Die Regeldachneigungen der Aufschieblinge an der Traufe und der Sparren bei den verschiedenen Deckungsarten betragen:

- Deutsche Deckung $\geq 25°$ Dachneigung,
- Doppeldeckung $\geq 22°$ Dachneigung,
- Rhombusdeckung $\geq 30°$ Dachneigung,
- Spitzschablonendeckung $\geq 30°$ Dachneigung,
- Waagerechte Deckung $\geq 30°$ Dachneigung.

(2) Besondere klimatische Verhältnisse, exponierte Lage des Gebäudes, konstruktive Besonderheiten und große Entfernungen zwischen First und Traufe erfordern zusätzliche regensichernde Maßnahmen oder steilere Dachneigungen.

(3) Unterschreitungen der Regeldachneigung bei Deckungen auf Schalung, auch in Verbindung mit regensicheren Zusatzmaßnahmen, sind nicht zulässig.

(4) Unterschreitungen der Regeldachneigungen bei Deckungen mit Faserzement-Dachplatten dürfen nur auf Lattungen erfolgen.

In diesem Fall müssen Zusatzmaßnahmen gemäß dem „Merkblatt für Unterdächer, Unterdeckungen, Unterspannungen" wie folgt beachtet werden:

- bis 4° Unterschreitung ≥ Klasse 3,
- bis 10° Unterschreitung ≥ Klasse 1
- Unterschreitungen von mehr als 10° sind nicht zulässig.

2 Werkstoffe und Anforderungen

2.1 Faserzement-Dachplatten

(1) Diese Fachregel gilt für Dachplatten gemäß dem Produktdatenblatt.

(2) Dachplatten können verlegefertig für mehrere Überdeckungsmaße gelocht oder ungelocht sein.

(3) Die Bearbeitung von Dachplatten erfolgt von oben nach unten (von der Sichtseite aus).

(4) Für die Standardformate gilt die Tabelle 1.

Tabelle 1: Standardformate

Dachdeckungsart	**Formate (Breite/Höhe in cm)**
Deutsche Deckung (Format der Dachplatten mit Bogenschnitt)	25/25 30/30 40/40
Doppeldeckung	20/40 30/30 40/40* 30/60
Rhombusdeckung	40/44
Spitzschablonendeckung	30/30 40/40
Waagerechte Deckung	60/30
*auch als Doppelbiberformat möglich	

2.2 Deckunterlagen

2.2.1 Allgemeines

Für Deckunterlagen aus Holz und Holzwerkstoffen sind die „Hinweise Holz und Holzwerkstoffe" zu beachten.

2.2.2 Holz

(1) Die Bretter für die Schalung sollen mindestens 24 mm dick sein (Nenndicke). Federnde Schalung beeinflusst die Nagelbarkeit. Eine ausreichende Nagelbarkeit ist gegeben, wenn der Achsabstand der Sparren bei Schalung aus Brettern 0,70 m nicht überschreitet. Bei größeren Abständen ist eine dickere Schalung zu verwenden. Gegebenenfalls können unterseitige Verstärkungen (Strecklatten oder -bretter) erforderlich werden. Die Breite der Bretter soll mindestens 120 mm betragen. Am First muss ein Brett voller Breite angebracht sein. Etwa erforderliche schmale und keilförmige Bretter sind unterhalb dieser anzubringen.

(2) Der Querschnitt der Traglatten (Nennmaße) soll bei einem Achsabstand der Sparren bis 0,70 m mindestens 30 × 50 mm, bis 0,90 m mindestens 40 × 60 mm betragen. Bei größeren Abständen sollen entsprechend größere Querschnitte gewählt werden.

(3) Bei besonderen Dachformen und Dachdetails, z. B. Kegeldach-, Zwiebeldachflächen und Fledermausgauben, ist die gleiche Nagelbarkeit wie bei Dachflächen erforderlich. Dies kann erreicht werden durch geringere Sparrenabstände oder dickere Schalung.

2.2.3 Holzwerkstoffe

(1) In Ausnahmefällen können Holzwerkstoffe für Schalungen verwendet werden.

(2) Hierfür sind

- kunstharzgebundene Holzspanplatten nach DIN EN 312[1], Technische Klasse P5, P7,
- zementgebundene Holzspanplatten nach DIN EN 634-1[2],
- Sperrholz nach DIN EN 636[3], Technische Klasse „Feucht“, Technische Klasse „Außen“ oder
- Massivholzplatten nach DIN EN 13353[4], Technische Klasse SWP/2

geeignet.

(3) Der Einsatz von Holzwerkstoffen, auch im überdeckten Bereich (z. B. Untersichten von Dachüberständen), ist auf mögliche Schimmelpilzbildung und damit die Eignung zu prüfen.

(4) Holzspanplatten dürfen nur mit vollständiger PMDI-Verleimung verwendet werden.

(5) Die Dicke der Holzwerkstoffe soll bei einem Achsabstand der Sparren bis 0,70 m mindestens 22 mm betragen. Bei größeren Abständen ist die Dicke der Holzwerkstoffe zu erhöhen.

(6) Holzwerkstoffe sind nach Verlegung sofort mit einem Wetterschutz (Vordeckung) zu versehen.

(7) Als Deckunterlage können auch Aufdachdämmsysteme verwendet werden. Hinsichtlich der Oberseite der Aufsparrendämmsysteme gelten die Anforderungen entsprechend (2) bis (6).

2.3 Vordeckung

Auf die Schalung ist eine Vordeckung aus geeigneten Bahnen vorzusehen, bei Bitumenbahnen mindestens Dachbahn DIN EN 13707 V 13 besandet. Bei senkrechten Flächen kann hiervon abgewichen werden. Die einzelnen Bahnen dürfen vom First zur Traufe oder auch mit der Traufe gleichlaufend gedeckt werden. Die Überdeckung muss mindestens 80 mm betragen.

2.4 Befestigungsmittel

(1) Die Befestigung der Dachplatten, außer den Schlussplatten, erfolgt mit Schieferstiften mindestens feuerverzinkt. Bei Deckung auf Holzwerkstoffen sind Schraub-/Ringschaftstifte aus nicht rostendem Stahl zu verwenden. Deckungen auf zementgebundenen Holzspanplatten nach DIN EN 634-1 sind mit Schrauben aus nicht rostendem Stahl zu befestigen.

(2) Schieferstifte aus nicht rostendem Stahl müssen Schraub-/Ringschaftstifte sein. Schieferstifte aus Kupfer müssen einen aufgerauten Schaft haben oder Schraubstifte sein.

(3) Die Länge der Schieferstifte sowie die Spitze von Einschlaghaken müssen mindestens 32 mm betragen. Ein Durchdringen der Deckunterlage (sichtbare Nagelspitzen) ist möglich, außer bei Dachüberständen (Traufe, Ortgang).

(4) Plattenklammern und Plattenhaken müssen aus nicht rostendem Stahl der Werkstoffnummer 1.4571 nach DIN EN 10088-3[5] sein und eine Drahtdicke von mindestens 2,65 mm haben. Die Einschlagspitze muss gerillt sein.

(5) Plattenhaken sollen 10 mm länger als die Höhenüberdeckung sein.

(6) Anstelle von Nagelbefestigungen darf nur in Abstimmung mit den Herstellern der Faserzementplatten Schraub- oder Drucklufttechnik angewendet werden. Hierbei sind die Verlegevorschriften der jeweiligen Hersteller zu beachten. Die Mindestanzahl der Befestigungen bleibt hiervon unberührt.

2.5 Werkstoffe für An- und Abschlüsse

Für die Herstellung von An- und Abschlüssen kann Zinkblech, verzinktes Stahlblech, Walzblei, Kupferblech, nicht rostendes Stahlblech, Alublech, kunststoffbeschichtetes Blech o. Ä. verwendet werden. Für die Ausführung ist die „Fachregel für Metallarbeiten im Dachdeckerhandwerk“ zu beachten.

---

1 DIN EN 312 Spanplatten - Anforderungen
2 DIN EN 634-1 Zementgebundene Spanplatten. Allgemeine Anforderungen
3 DIN EN 636 Sperrholz - Anforderungen
4 DIN EN 13353 Massivholzplatten (SWP) - Anforderungen
5 DIN EN 10088-3 Nichtrostende Stähle - Teil 3: Technische Lieferbedingungen für Halbzeug, Stäbe, Walzdraht, gezogenen Draht, Profile und Blankstahlerzeugnisse aus korrosionsbeständigen Stählen für allgemeine Verwendung

3 Deckungsarten

3.1 Deutsche Deckung (Abb. I.1)

(1) Die Deutsche Deckung ist mit Dachplatten mit Bogenschnitt oder symmetrischen Rundungen als geschlossene Deckung auszuführen.

(2) Diese Deckungsart ist nur auf Schalung mit Vordeckung und mit Gebindesteigung auszuführen. Je geringer die Dachneigung ist, desto größer muss die Gebindesteigung werden. Die zu wählende Gebindesteigung muss in Abhängigkeit von der Dachneigung zwischen der Mindest- und der Höchstgebindesteigung liegen (siehe Abb. I.2, Abb. I.3 und Abb. I.4).

(3) Bei Dächern mit einer Dachneigung > 70° kann auch ohne Gebindesteigung gedeckt werden.

(4) Die Dachplatten sind mit hängender Ferse zu decken. Die Deckrichtung von links nach rechts bezeichnet man als Rechtsdeckung (Bogenschnitt links), die Deckung von rechts nach links als Linksdeckung (Bogenschnitt rechts). Daneben gibt es auch Schablonen, die universell für die Rechts- und Linksdeckung einsetzbar sind. Hierbei ist ebenfalls mit hängender Ferse und Fersenversatz zu decken.

(5) Die Dachplatten sind mit mindestens zwei Schieferstiften, Dachplatten 40/40 cm zusätzlich mit einem Plattenhaken zu befestigen.

S = H – Ü

S = Schnürabstand (Gebindehöhe)

H = Plattenhöhe

Ü = Höhenüberdeckung

Tabelle 2: Mindestüberdeckungen in mm bei der Deutschen Deckung

Format der Dachplatten mit Bogenschnitt	25/25	30/30	40/40
Regeldachneigung 25°	**Seitenüberdeckung konstant 90**		**Höhen- und Seitenüberdeckung**
Dachneigung	**Höhenüberdeckung**		
≥ 25°	–	110	120
≥ 30°	100	100	110
≥ 35°	90	90	100
≥ 45°	80	80	90
≥ 55°	70	70	90

3.2 Doppeldeckung (Abb. I.5)

(1) Die Doppeldeckung ist mit Rechteckplatten oder mit Quadratplatten im halben Verband mit einer 3 bis 6 mm breiten Stoßfuge auszuführen. Die Faserzement-Platten können vollkantig sein, gestutzte Ecken haben oder abgerundet sein. Bei Dachplatten im Doppelbiberformat ist für die Deckung im halben Verband eine Teilbreite maßgebend.

(2) Das drittfolgende Gebinde muss das erste Gebinde entsprechend Tabelle 3 überdecken.

(3) Diese Deckungsart ist auf Schalung mit Vordeckung oder auf Lattung möglich.

(4) Die Dachplatten sind mit mindestens zwei Schieferstiften, Dachplatten 40/40 und 30/60 cm zusätzlich mit einem Plattenhaken zu befestigen.

Tabelle 3: Mindestüberdeckungen in mm bei der Doppeldeckung

Format/ Dachneigung	20/40	30/30	40/40	30/60
Regeldachneigung 22°	Höhenüberdeckung			
≥ 22°	–		120	
≥ 30°	100		100	
≥ 40°	80		80	
≥ 50°	60		60	

$$S = \frac{H - Ü}{2}$$

S = Schnürabstand (horizontal)

H = Plattenhöhe

Ü = Höhenüberdeckung

3.3 Rhombusdeckung (Abb. I.6)

(1) Die Rhombusdeckung ist mit rautenförmigen Dachplatten mit zwei gegenüberliegenden gestutzten Ecken im halben Verband mit einer 3 bis 6 mm breiten Stoßfuge auszuführen. Die Deckung erfolgt mit mindestens 10 mm Hängespitze.

(2) Diese Deckungsart ist auf Schalung mit Vordeckung oder auf Lattung möglich.

(3) Die Dachplatten werden mit mindestens zwei Schieferstiften befestigt.

Tabelle 4: Mindestüberdeckungen und Schnürabstände in mm bei der Rhombusdeckung

Regeldachneigung 30°	Überdeckung	Schnürabstand
≥ 30°	100	≤ 162
≥ 35°	90	≤ 174

3.4 Spitzschablonendeckung (Abb. I.7)

(1) Die Spitzschablonendeckung ist mit Quadratplatten mit zwei gegenüberliegenden gestutzten Ecken im halben Verband mit einer 3 bis 6 mm breiten Stoßfuge auszuführen. Die Deckung erfolgt mit mindestens 10 mm Hängespitze.

(2) Diese Deckungsart ist auf Schalung mit Vordeckung oder auf Lattung möglich.

(3) Die Dachplatten sind mit mindestens zwei Schieferstiften und einer Plattenklammer zu befestigen.

Tabelle 5: Mindestüberdeckungen in mm bei der Spitzschablonendeckung

Format/Dachneigung	30/30	40/40
Regeldachneigung 30°	Überdeckung	
≥ 30° ≥ 35° ≥ 45° ≥ 55°	100 90 80 70	110 100 90 90

(4) $S = \frac{B}{2} - M$

S = Schnürabstand (horizontal)

B = Breite zwischen den gestutzten Ecken

M = Maß der Hängespitze

3.5 Waagerechte Deckung (Abb. I.8)

(1) Die Waagerechte Deckung ist mit den Dachplatten 60/30 cm auszuführen, wobei die Platten in der Höhe und seitlich überdeckt werden. Die Deckung erfolgt entgegengesetzt zur Hauptwindrichtung. Die Dachplatten sind mit hängender Ferse zu decken.

(2) Diese Deckungsart ist auf Schalung mit Vordeckung oder auf Lattung möglich.

(3) Die Dachplatten sind mit mindestens zwei Schieferstiften und einem Plattenhaken zu befestigen.

Tabelle 6: Mindestüberdeckungen in mm bei der Waagerechten Deckung

Format/Dachneigung	**60/30**	
Regeldachneigung 30°	Seitenüberdeckung	Höhenüberdeckung
≥ 30°	120	100
≥ 40°	110	90
≥ 50°	90	80

4 Dachdetails

4.1 Allgemeines

Für die Deckung von Dachdetails sind teilweise Formate zu verwenden, die von der Flächendeckung abweichen und bauseits zuzurichten sind. Diese dürfen nach der Deckung, mit Ausnahme am First, keine Befestigungslöcher sichtbar zeigen und müssen in der Dicke und der Oberflächenbeschaffenheit mit der Flächendeckung übereinstimmen.

4.2 Traufe

4.2.1 Allgemeines (Abb. I.9, Abb. I.10)

(1) Die Deckung der Dachplatten an der Traufe erfolgt unter Berücksichtigung der Traufkonstruktion und der eventuell erforderlichen Lüftungsöffnungen. Ein Traufblech wird empfohlen. Bei Traufausbildungen mit Dachrinnen sollen die Rinnenhalter eingelassen werden. Damit die Faserzement-Dachplatten an der Traufe die gleiche Neigung wie die folgenden haben, sollen diese unterlegt werden.

(2) Bei Traufausbildungen ohne Traufblech sind die FZ-Platten mit etwa 50 mm Überstand über die Konstruktion zu decken. Bei Ausführung mit Traufblech kann der Überstand ≤ 50 mm betragen.

(3) Außer bei der Doppeldeckung und der Waagerechten Deckung kann an der Traufe ein Traufgebinde mit den gleichen Dachplatten wie in der Dachfläche gedeckt werden. Dabei beträgt die Seitenüberdeckung mindestens 120 mm. In der Höhe wird das Traufgebinde wie in der Dachfläche überdeckt. Die Dachplatten des Traufgebindes sind mit mindestens drei Schieferstiften zu befestigen. Bei Deckung auf Lattung kann für das Traufgebinde eine Schalung oder Zwischenlattung erforderlich werden.

4.2.2 Deutsche Deckung (Abb. I.11, Abb. I.12)

(1) Die Deckung der Traufe kann entweder eingebunden mit Fuß- und Gebindeplatten oder eingespitzt ausgeführt werden. Bei Ausführung mit eingebundenem Fuß muss die Rückenlinie der Fußplatten der der Dachplatten angepasst werden.

(2) Die Deckung des eingespitzten Fußes erfolgt in Verbindung mit einem Traufgebinde.

(3) Die Überdeckung der Fußplatten und Einspitzer muss mindestens der Überdeckung in der Dachfläche entsprechen.

(4) Platten an der Traufe, mit Ausnahme kleiner Fußplatten und Einspitzer, sind mit mindestens drei Schieferstiften zu befestigen.

4.2.3 Doppeldeckung (Abb. I.13)

(1) Die Deckung der Traufe erfolgt mit Ansetzerplatten. Ihre Höhe ergibt sich aus:

H = S + Ü

H = Plattenhöhe

S = Schnürabstand (Sichthöhe)

Ü = Höhenüberdeckung

(2) Ansetzerplatten werden mit mindestens zwei Schieferstiften befestigt.

4.2.4 Rhombusdeckung

(1) Die Deckung der Traufe erfolgt mit Ansetzerplatten in Verbindung mit einem Traufgebinde.

(2) Die Ansetzerplatten werden mit mindestens zwei Schieferstiften befestigt.

4.2.5 Spitzschablonendeckung (Abb. I.14)

Die Deckung der Traufe erfolgt analog zu Abschnitt 4.2.4.

4.2.6 Waagerechte Deckung

Die Deckung der Traufe erfolgt mit dem ersten waagerechten Gebinde der Dachfläche. Dachplatten dieses Gebindes werden genauso befestigt wie die Platten in der Dachfläche.

4.3 Ort

4.3.1 Allgemeines

(1) Die Höhen- und Seitenüberdeckungen der nachstehend beschriebenen Ortdeckungen müssen mindestens denen der zugehörigen Flächendeckung entsprechen.

(2) Die Dachplatten am Ort sind mit einem gleichmäßigen freien Überstand von 40 bis 60 mm über die fertige Konstruktion zu decken. Hiervon abweichend können auch Ortgangkonstruktionen, z. B. mit gekanteten Profilen ohne Überstand, ausgeführt werden.

(3) Die äußeren Ecken der Dachplatten am Ort müssen einen wasserabweisenden Schnitt (Runden oder Stutzen der Ecke) haben. Bei einem Strackort kann auf der Dachseite ein wasserabweisender Schnitt im sichtbaren Bereich erforderlich sein.

4.3.2 Deutsche Deckung (Abb. I.15, Abb. I.16, Abb. I.17)

(1) Bei der Deutschen Deckung sollen Anfang- und Endort an der Ortkante eingebunden gedeckt werden. Die Stich-, gegebenenfalls Zwischen- und Anfangortplatten sind mit rundem Rücken auszuführen. Endorte können als Doppelort oder Endstichort gedeckt werden. Nur beim Format 40/40 cm dürfen Anfangorte auslaufend gedeckt werden.

(2) Die Dachplatten am Ort werden mit mindestens drei Schieferstiften befestigt. Endstichortplatten sind zusätzlich mit einem Plattenhaken zu befestigen. Soweit Platten nur am Kopf befestigt werden, ist versetzt zu nageln.

4.3.3 Doppeldeckung (Abb. I.18, Abb. I.19, Abb. I.20)

(1) Orte sind auslaufend zu decken. Dabei sind Dachplattenbreiten < 120 mm unzulässig. Zuschnitte sind im Verband regelmäßig aufzuteilen, dabei darf der Drittelverband nicht unterschritten werden.

(2) Die Dachplatten am Ort werden mit mindestens drei Schieferstiften befestigt.

4.3.4 Rhombusdeckung (Abb. I.21, Abb. I.22)

(1) Orte sind auslaufend, eingebunden oder aufgelegt (Strackort) zu decken. Bei auslaufender Ortdeckung sind möglichst halbe Dachplattenbreiten zu verwenden.

(2) Die Dachplatten am Ort werden mit mindestens drei Schieferstiften befestigt.

Bei aufgelegter Ortdeckung sind die von der Ortdeckung überdeckten Flächenplatten mit einem wasserabweisenden Schnitt zu versehen. Aufgelegte Orte (Strackorte) müssen die Flächendeckung mindestens um die Höhenüberdeckung der Rhombusschablone plus 20 mm überdecken. Die Überdeckung der Ortplatten der aufgelegten Ortdeckung (Strackorte) untereinander muss mindestens der Höhenüberdeckung der Flächendeckung entsprechen.

4.3.5 Spitzschablonendeckung (Abb. I.23)

Die Deckung des Ortes erfolgt analog zu Abschnitt 4.3.4.

4.3.6 Waagerechte Deckung (Abb. I.24)

(1) Orte sind auslaufend zu decken.

(2) Die Dachplatten am Ort werden mit mindestens drei Schieferstiften und einem Plattenhaken befestigt. Platten am Endort mit mehr als halber Plattenbreite sind mit einem zusätzlichen Plattenhaken zu befestigen.

4.4 First

4.4.1 Allgemeines

(1) Die Firste sind als Firstgebinde zu decken. Die Überdeckung der Firstgebinde über die Flächendeckung muss mindestens der Höhenüberdeckung der Flächendeckung entsprechen. Die Seitenüberdeckung ist wegen der erforderlichen versetzten Nagelung zu vergrößern.

(2) Die Dachplatten sind mit mindestens vier Schieferstiften innerhalb der Seitenüberdeckung zu befestigen. Eine zusätzliche Befestigung der Dachplatten am First mit Plattenhaken wird empfohlen. Schlussplatten sind sichtbar mit mindestens drei Schieferstiften aus nicht rostendem Stahl oder Kupfer zu befestigen und dürfen nicht unmittelbar an der Ort- oder Gratkante gedeckt werden.

(3) Das Firstgebinde der Dachfläche, die der Hauptwindrichtung zugewandt ist, wird überstehend gedeckt. Der freie Überstand über der fertig gedeckten untergehenden Dachseite beträgt 40 bis 60 mm. Damit die Dachplatten am First die gleiche Neigung haben wie die vorherigen, sollten diese unterlegt werden.

(4) Abweichend hiervon können Firste z. B. mit Firstblechen oder bei seitlicher Doppeldeckung der Dachplatten mit Schichtstücken (Nocken) ohne Überstand ausgeführt werden. Bei Ausführung mit Firstblechen kann die Befestigung der Dachplatten am First auch im Kopfbereich erfolgen, eine versetzte Nagelung ist nicht erforderlich.

(5) Bei Deckung auf Lattung sind Firstbretter entsprechender Breite anzubringen.

(6) Eventuell einzuhaltende Lüftungsquerschnitte sind durch den Einbau von Einzellüftern oder durch vor Ort herzustellende Lüfterfirstkonstruktionen auszubilden.

Der sichtbare Kopfbereich der Dachplatten des Firstgebindes kann gestutzt, gerundet oder vollkantig sein.

4.4.2 Deutsche Deckung (Abb. I.25)

Innerhalb der Höhenüberdeckung des Firstgebindes sind die Dachplattengebinde auszuspitzen. Das Firstgebinde kann sowohl gleichlaufend als auch entgegengesetzt zur Deckrichtung der Dachfläche gedeckt werden. Bei der Firstdeckung sind Dachplatten passend zur Flächendeckung zu verwenden.

4.4.3 Doppeldeckung (Abb. I.26)

Die Sichthöhe des letzten unterhalb der Firstdeckung liegenden Dachplattengebindes soll der der übrigen Gebinde entsprechen. Das Firstgebinde kann sowohl mit einfacher Seitenüberdeckung als auch in seitlicher Doppeldeckung gedeckt werden. Die einfache Überdeckung muss mindestens 100 mm, die seitliche Doppeldeckung mindestens 20 mm betragen. Die Fersen der Dachplatten des Firstgebindes können gestutzt, gerundet oder vollkantig sein.

4.4.4 Rhombusdeckung (Abb. I.27)

Die Sichthöhe der Ausspitzerplatten unter dem Firstgebinde sollte gleich dem waagerechten Schnürabstand sein. Ansonsten gilt sinngemäß Abschnitt 4.4.3.

4.4.5 Spitzschablonendeckung (Abb. I.28)

Die Deckung des Firstgebindes erfolgt analog zu Abschnitt 4.4.4.

4.4.6 Waagerechte Deckung (Abb. I.29)

Die Deckrichtung des Firstgebindes muss der der Dachfläche entsprechen. Ansonsten gilt sinngemäß Abschnitt 4.4.3.

4.5 Grat

4.5.1 Allgemeines

(1) Die Höhen- und Seitenüberdeckungen der nachstehend beschriebenen Gratdeckungen müssen mindestens denen der zugehörigen Flächendeckung entsprechen. Aufgelegte Orte (Strackorte) müssen die Flächendeckung um mindestens 100 mm überdecken.

(2) Die Gratdeckung der Dachfläche, die der Hauptwindrichtung zugewandt ist, wird überstehend gedeckt. In Ausnahmefällen (z. B. kleinere Gratlängen) kann hiervon abgewichen werden. Außerdem kann bei verschiedenen Dachneigungen die flacher geneigte Dachfläche überstehend gedeckt werden. Der freie Überstand über der fertig gedeckten untergehenden Dachseite beträgt 40 bis 60 mm oder abweichend hiervon können Grate z. B. mit Gratblechen oder bei der Doppeldeckung mit Schichtstücken (Nocken) ausgeführt werden.

(3) Die Platten am Grad sind mit mindestens drei Schieferstiften zu befestigen.

(4) Die äußeren oberen Ecken der Dachplatten am Grat sollen einen wasserabweisenden Schnitt (Runden oder Stutzen der Ecke) haben. Bei einem Strackort kann auf der Dachseite ein wasserabweisender Schnitt erforderlich sein.

(5) Bei Deckung auf Lattung sind Bretter entsprechender Breite anzubringen. Abweichend hiervon können im Bereich der Gratschifter auch Teilflächen geschalt werden und sind mit Vordeckung zu versehen.

4.5.2 Deutsche Deckung (Abb. I.30, Abb. I.31, Abb. I.32, Abb. I.33)

(1) Bei der Deutschen Deckung sollen Anfang- und Endorte an der Gratkante eingebunden gedeckt werden. Hierzu kann es erforderlich sein, die Gebindesteigung derart anzupassen, dass die Brustkanten der Dachplatten am Endort in etwa parallel zur Gratkante verlaufen. Dabei darf die Mindestgebinde- und Höchstgebindesteigung nicht unter- bzw. überschritten werden. Andernfalls ist die Gratdeckung als aufgelegter Ort (Strackort) auszubilden.

(2) Endorte können als gestaffelter Doppel- oder Endstichort gedeckt werden.

(3) Die Stich-, Zwischen- und Anfangortplatten sind mit rundem Rücken auszuführen oder der Anfangort ist stehend einzubinden.

(4) Die Dachplatten am Grat werden bei eingebundener oder aufgelegter Deckung mit mindestens drei Schieferstiften befestigt. Endstichortplatten sind zusätzlich mit einem Plattenhaken zu befestigen. Soweit die Dachplatten nur am Kopf befestigt werden, ist versetzt zu nageln.

(5) Bei der Deckung von aufgelegten Orten (Strackorten) am Grat sind die sichtbaren Dachplattenecken zu stutzen oder abzurunden.

(6) Damit die Dachplatten der aufgelegten Orte (Strackorte) am Grat in der gleichen Ebene wie die der Dachfläche zu liegen kommen, wird empfohlen, sie entsprechend entlang der Gratkante zu unterlegen.

4.5.3 Doppeldeckung (Abb. I.34, Abb. I.35)

(1) Bei der Doppeldeckung können Grate

- als eingebundene Gratdeckung oder
- als aufgelegte Orte (Strackorte)

in Einfach- oder Doppeldeckung ausgeführt werden.

(2) Bei einer Doppeldeckung mit den Formaten 20/40, 30/30 oder 40/40 cm kann der Grat unter eventueller Verwendung von größeren Formaten eingebunden gedeckt werden, wenn die beiden Dachflächen beiderseits des Grates gleiche Dachneigungen von mindestens 45° haben. Hierbei sind die Dachplatten auf Gratmitte unter Verwendung einer Metallnocke stumpf stoßend zu verlegen. Die Zuschnittbreite der Nocken ist mindestens 200 mm. Die Zuschnittlänge der Nocken muss mindestens dem Plattenhöhenmaß entsprechen. Die sichtbaren Ecken der Dachplatten entlang der Gratkante sollten abgerundet oder gestutzt werden. Zuschnitte der Dachplatten sind im Verband regelmäßig aufzuteilen, dabei darf der Drittelverband nicht unterschritten werden.

(3) Die Dachplatten einfach aufgelegter Orte (Strackorte) müssen mindestens um die Höhenüberdeckung der Fläche (Maß der Überdoppelung) überdeckt werden. Bei aufgelegten Orten in Doppeldeckung muss die dritte Dachplatte die erste um mindestens 20 mm überdecken.

(4) Die Platten am Grat sind bei aufgelegten Orten mit mindestens drei Schieferstiften, bei eingebunden gedecktem Grat mit mindestens zwei Schieferstiften und einem Plattenhaken zu befestigen.

4.5.4 Rhombusdeckung

Bei der Rhombusdeckung sind Grate als aufgelegte Orte (Strackorte) auszuführen. Hierzu gilt Abschnitt 4.5.3.

4.5.5 Spitzschablonendeckung

Die Deckung des Grates erfolgt analog zu Abschnitt 4.5.4.

4.5.6 Waagerechte Deckung

Die Deckung des Grates erfolgt analog zu Abschnitt 4.5.4.

4.6 Hauptkehle

4.6.1 Allgemeines

(1) Hauptkehlen sind mit Metall oder mit Kehlplatten zu decken.

(2) Abhängig von der Art der Dachflächendeckung sind die Kehldeckungen nach Tabelle 7 möglich.

(3) Für eine regensichere Kehldeckung sind folgende Neigungsgrenzen einzuhalten:
- Blechkehle keine,
- Nockenkehle 25° Kehlsparrenneigung,
- Plattenkehlen, eingebundene Kehlen 30° Kehlsparrenneigung.

(4) Bei der Art der Kehldeckung müssen außerdem die Größen der zugehörigen Dachflächen und die Gebäudelage berücksichtigt werden.

(5) Damit bei Plattenkehlen und eingebundenen Kehlen die Kehlplatten an der Traufe (erstes Kehlgebinde) und am First (Kragengebinde) die gleiche Neigung wie die übrigen haben, sind diese zu unterlegen.

Tabelle 7: Hauptkehlen

Kehldeckung/ Deckungsart	**Metall**		**Kehlplatten**		
	Blech-kehle	Nocken-kehle	überdeckte Plattenkehle	eingebundene Plattenkehle	rechte/linke eingebundene Kehle
Deutsche Deckung	+	+	+	–	+[2)3)]
Doppeldeckung	+	+	+	+[1)]	–
Rhombusdeckung	+	–	+	–	–
Spitzschablonen-deckung	+	–	+	–	–
Waagerechte Deckung	+	+	+	–	–

+ möglich – nicht möglich
1) nur Fomat 20/40 cm
2) nicht Format 40/40 cm
3) Bei Verwendung von Faserzement-Platten mit strukturierter Oberfläche ist darauf zu achten, dass die Oberflächenstruktur nicht als Wassereinträger wirkt.

4.6.2 Überdeckte Blechkehle

(1) Für die Ausführung von Blechkehlen ist die „Fachregel für Metallarbeiten im Dachdeckerhandwerk“ zu beachten.

(2) Bei Deckungen auf Lattung mit einem lichten Abstand der Latten > 130 mm müssen Bretter entsprechender Breite als Unterlage der Blechkehle mit Vordeckung aufgebracht werden. Abweichend hiervon können im Bereich der Kehlschifter auch Teilflächen parallel zum First geschalt werden. Diese sind vorzudecken.

(3) Die Dachplatten müssen die Blechkehle rechtwinklig zur Kehllinie gemessen bei einer Dachneigung ≥ 22° mindestens 100 mm überdecken. Damit die Falze der Kehlbleche nicht zusammengedrückt werden, sollten die Dachplatten entsprechend unterlegt werden.

(4) Die Deckung der Dachplatten auf die Blechkehle erfolgt mit auslaufenden Gebinden. Hierbei ist die Verwendung größerer Formate zulässig. Die Ecken der Dachplatten an der Kehle sind unter Berücksichtigung der Wasserführung auszubilden (Runden oder Stutzen).

4.6.3 Nockenkehle (Abb. I.36, Abb. I.37)

(1) Nockenkehlen sollen nur bei annähernd gleicher Dachneigung der anzuschließenden Dachflächen gedeckt werden.

(2) Für die Ausführung von Nockenkehlen ist die „Fachregel für Metallarbeiten im Dachdeckerhandwerk" zu beachten.

(3) Die Fußlinien der Deckgebinde der Dachflächen sollen sich in Kehlmitte treffen. Jedes die Kehllinie anlaufende Deckgebinde erhält eine Nocke.

(4) Von den Dachplatten bis zur Kehlmitte ist in Abhängigkeit von der Kehllänge ein Abstand für den Wasserlauf empfohlen.

(5) Die Nocken werden im oberen Bereich in der Höhenüberdeckung mindestens zweimal genagelt.

(6) Die Deckung der Dachplatten auf die Nocken erfolgt mit auslaufenden Gebinden. Daneben kann der Anschluss an die Nocken auch mit in allen Gebinden gleich großen Dachplatten erfolgen (ähnlich eingebundener Gratdeckung). Die dabei erforderlichen anderen Dachplatten sind im Verband regelmäßig aufzuteilen, dabei darf der Drittelverband nicht unterschritten werden.

4.6.4 Überdeckte Plattenkehle (Abb. I.38)

(1) Überdeckte Plattenkehlen dürfen nur bei gleichen Dachneigungen gedeckt werden. Darüber hinaus sollten die Dachflächen annähernd gleich groß sein. Zur Deckung werden Kehlplatten im Format 13/40 cm oder 20/40 cm empfohlen. Als Deckunterlage ist eine Kehlschalung erforderlich.

(2) Da die überdeckte Plattenkehle von der Dachflächendeckung überdeckt werden muss, ist bei einer Dachdeckung auf Lattung oder Schalung die Kehlschalung aus Brettern vertieft anzubringen. Außerdem können bei einer Dachdeckung auf Schalung in der Kehle Bretter und Dreikantbretter so angebracht werden, dass dadurch die Flächendeckung angehoben wird.

(3) Die Breite der Kehlschalung ist abhängig vom Kehlwinkel, von der Kehlbreite und vom Plattenformat.

(4) Die Breite der Kehle muss mindestens betragen:

- bei Format 13/40 cm fünf Kehlplatten,
- bei Format 20/40 cm vier Kehlplatten.

(5) Die Kehlplatten werden so gedeckt, dass das vierte Kehlgebinde das erste um mindestens 10 mm überdeckt (Dreifachdeckung). Die Deckung ist im halben Verband mit 3 bis 6 mm breiter Stoßfuge auszuführen. Die Ecken der äußeren Kehlplatten in den Kehlgebinden sind unter Berücksichtigung der Wasserführung zu runden oder zu stutzen. Jede Kehlplatte ist mit mindestens zwei Schieferstiften zu befestigen.

(6) Die Deckung der Dachflächen muss die überdeckte Plattenkehle bei

- ≥ 40° Dachneigung mindestens 120 mm,
- ≥ 50° Dachneigung mindestens 100 mm

rechtwinklig zur Kehllinie gemessen überdecken. Die Deckung der Dachplatten auf die überdeckte Plattenkehle erfolgt mit auslaufenden Gebinden. Dabei ist die Verwendung größerer Formate zulässig.

Der obere Abschluss der überdeckten Plattenkehle erfolgt analog zu Abschnitt 4.6.5 (10).

4.6.5 Eingebundene Plattenkehle (Abb. I.39, Abb. I.40, Abb. I.41)

(1) Eingebundene Plattenkehlen sollen bei gleichen Dachneigungen der anzuschließenden Dachflächen gedeckt werden. In anderen Fällen sind sie nur ausnahmsweise anwendbar. Die anzuschließenden Dachflächen müssen mit dem Format 20/40 cm gedeckt werden.

(2) Als Deckunterlage ist eine Kehlschalung erforderlich.

(3) Die Breite der über der Mitte der Kehllinie zu befestigenden Kehlschalung ist abhängig vom Kehlwinkel, von der Kehlbreite und vom Dachplattenformat. Die Kehlschalung kann aus einem oder mehreren Brettern und Dreikantleisten hergestellt werden.

(4) Die eingebundene Plattenkehle besteht aus Deck- und Unterläuferschichten.

- Unterläuferschichten sind die rechts und links unter die Deckgebinde der Dachflächen unterlaufenden Kehlgebinde. Hierbei kann es notwendig werden, die jeweils äußeren Dachplatten (Unterläufer) im Kopfbereich anzupassen.
- Deckschichten sind die in die Deckgebinde der Dachflächen eingebundenen Kehlgebinde. Die Deckgebinde der Dachflächen schließen mit Dachplatten, die in Richtung der Kehllinie angepasst werden (Einspitzer), an die Deckschichten der Kehle an.

(5) Die Breite der Kehle wird durch die Anzahl der ganzen Kehlplatten an der schmalsten Stelle der Kehle in der Deckschicht bestimmt. Die Breite der Kehle muss mindestens betragen:

- bei Format 13/40 cm drei Kehlplatten,
- bei Format 20/40 cm zwei Kehlplatten.

(6) Die eingebundene Plattenkehle ist eine Dreifachdeckung. Die Höhenüberdeckung in der Kehle richtet sich nach der der Dachflächengebinde, wobei das vierte Kehlgebinde das erste um mindestens 10 mm überdecken muss.

(7) Die Kehldeckung ist im halben Verband mit 3 bis 6 mm breiter Stoßfuge auszuführen. Beim Einbinden der Kehlgebinde in die Dachflächengebinde ist mindestens der Drittelverband einzuhalten. Hierfür kann es erforderlich sein, mit Dachplatten (z. B. 40/40 cm) zu arbeiten. Da die Einspitzer im Kopfbereich an die Kehlplatten anschließen sollen, sind hierfür größere Dachplatten (z. B. 40/40 cm) zu verwenden.

(8) Die eingebundene Plattenkehle ist so zu decken, dass keine Kreuzfugen entstehen. Eine Kreuzfuge ist dann gegeben, wenn die allseitige Über- oder Unterdeckung weniger als 20 mm beträgt.

(9) Jede Kehl- und Dachplatte ist mit mindestens zwei Schieferstiften zu befestigen.

(10) Der obere Anschluss der Kehle wird als seitlich einfach überdecktes Firstgebinde (Kragengebinde) gedeckt. Die Kehlplatten unterhalb des Kragengebindes sind auszuspitzen.

4.6.6 Rechte und linke eingebundene Kehle (Abb. I.42, Abb. I.43)

(1) Rechte und linke eingebundene Kehlen können bei gleichen und ungleichen Dachneigungen der anzuschließenden Dachflächen gedeckt werden (siehe Tabelle 7).

(2) Sind die Traufen und Firste der anzuschließenden Dachflächen jeweils in gleicher Höhe, ist bei ungleichen Dachneigungen die Kehle von der flachen in die steile Fläche zu decken. Bei gleichen Dachneigungen ist hier die Deckrichtung der Kehle beliebig.

(3) In allen übrigen Fällen ist von der Neben- (kleine an die Kehle anzuschließende Dachfläche) in die Hauptdachfläche (große an die Kehle anzuschließende Dachfläche) zu decken.

(4) Die Kehlgebinde sind so einzuteilen, dass jedes Kehlgebinde von einem Deckgebinde auslaufend in die Deckgebinde der anzukehlenden Dachfläche eingebunden wird.

(5) Für die Deckung der Kehle sind Platten 13/40 cm zu verwenden. Die Form der Kehlplatten sollte mit geradem Rücken und kurzem Bruch gestaltet werden. Platten mit rundem Rücken und solche mit geradem Rücken und langem (hohem) Bruch sind ungeeignet.

(6) Als Deckunterlage ist eine etwa 160 bis 180 mm breite Kehlschalung aus Brettern und mehreren Dreikantleisten erforderlich. Die Kehlschalung ist geringfügig außermittig in Deckrichtung der Kehle zu versetzen.

(7) Die Breite der Kehle muss mindestens sieben Kehlplatten betragen. Mehr als neun Kehlplatten sollten nicht verwendet werden.

(8) Die Seitenüberdeckung der Kehlplatten untereinander muss mindestens 65 mm betragen. Die Höhenüberdeckung in Kehllinie gemessen muss mindestens 1/3 mehr betragen als die Mindesthöhenüberdeckung der Deckgebinde der Dachfläche, von der die Kehldeckung ausgeht. Bei Kehldeckungen vom Einfäller ist die Höhenüberdeckung der Kehlsteine rechtwinklig zur Kehlgebindelinie zu messen.

(9) Jede Kehl- und Kehlanschlussplatte ist mit mindestens drei Schieferstiften zu befestigen.

(10) Je nach Deckrichtung der Kehle und der Dachflächendeckung, von der die Kehldeckung ausgeht, ist die Kehle von der Wasserplatte oder der Einfällerplatte zu decken. Dabei soll außer in besonderen Fällen, z. B. kleinen Nebendachflächen oder Dachgauben, von der Einfällerplatte aus nur bei Dachneigungen von 50° und darüber gedeckt werden.

(11) Je nach Deckrichtung der Kehle und der Dachflächendeckung, in die die Kehle übergeht, sind die Kehlgebinde mit Schwärmerplatte, zwanglosem Kehlübergang oder mit Wasserplatte und Schwärmerplatte einzubinden.

(12) Der obere Abschluss der Kehle wird als Kragengebinde gedeckt. Die Kehlplatten sind unter dem Kragengebinde in der Regel auszuspitzen.

(13) Bei Kehlen, die von der Wasserplatte gedeckt werden, sind die Kehlgebinde mit Steigung zu decken, sodass sich an der Wasserplatte ein Tropfpunkt ergibt.

4.7 Anschlüsse

4.7.1 Allgemeines

(1) Die Verschneidungslinie einer Dachfläche mit einem aufgehenden Bauteil, z. B. Wand, Schornstein, Gaubenwange, ist ein Anschluss. Man unterscheidet seitliche, firstseitige und traufseitige Anschlüsse.

(2) Anschlüsse sind mit Metall und/oder mit Dachplatten zu decken.

(3) Abhängig von der Art der Dachflächendeckung sind die Anschlüsse nach Tabelle 8 möglich.

(4) Die Deckrichtung eingehender Wangenkehlen/Wandkehlen verläuft von der Dachfläche zum aufgehenden Bauteil (Gaubenwange). Die Deckrichtung ausgehender Wangenkehlen/Wandkehlen verläuft vom aufgehenden Bauteil (Gaubenwange) zur Dachfläche.

Tabelle 8: Anschlüsse

Anschlüsse/ Deckungsart	**seitliche Anschlüsse**			**traufseitige Anschlüsse**	**firstseitige Anschlüsse**
	aus Metall	als Wandkehle	als Wangenkehle	aus Metall	aus Metall
Deutsche Deckung	+	+[1)4)]	+[1)4)]	+[3)]	+
Doppeldeckung	+	–	–	+[3)]	+
Rhombusdeckung	+	–	–	+	+
Spitzschablonen-deckung	+[2)]	–	–	+	+
Waagerechte Deckung	+	–	–	+[3)]	+

\+ möglich – nicht möglich
1) nicht Format 40/40 cm
2) nicht Nockenanschluss
3) sind auch im Einzelfall mit Dachplatten möglich
4) Bei Verwendung von Faserzement-Platten mit strukturierter Oberfläche ist darauf zu achten, dass die Oberflächenstruktur nicht als Wassereinträger wirkt.

4.7.2 Seitliche Anschlüsse mit Metall (Abb. I.44, Abb. I.45)

(1) Für die Werkstoffe gilt Abschnitt 2.5. Für die Ausführung der seitlichen Anschlüsse ist die „Fachregel für Metallarbeiten im Dachdeckerhandwerk“ zu beachten.

(2) Seitliche Anschlüsse mit Metall können mit untergelegten oder vertieften Anschlussblechen oder mit Schichtstücken als Nockenanschluss ausgeführt werden.

(3) Einteilige Anschlüsse können bei übergreifenden Konstruktionsteilen (Plattenbekleidungen usw.) vorgesehen werden. Der zweiteilige Anschluss an Bauteile (Putz, Mauerwerk usw.) erfolgt mit Kappleisten.

(4) Die Dachplatten müssen die Nocken bei
- $\leq 35°$ Dachneigung mindestens 150 mm,
- $> 35°$ Dachneigung mindestens 120 mm

überdecken.

(5) Die Zuschnittbreite der Anschlussbleche ist abhängig von der Ausführungsart, der Breite des Wasserlaufs und der Überdeckung der Dachflächendeckung auf das Blech. Damit die Falze der Anschlussbleche nicht zusammengedrückt werden, sollten die Dachplatten entsprechend unterlegt werden.

(6) Bei Nockenanschlüssen wird unter jeder den Anschluss anlaufenden Dachplatte eine Nocke gedeckt. Die Überdeckung der Nocken untereinander muss mindestens der Höhenüberdeckung der Dachflächendeckung entsprechen. Bei Deckungen mit Gebindesteigung muss sie mindestens 1/3 mehr betragen. Die Nocken werden im oberen Bereich in der Höhenüberdeckung genagelt.

(7) Die Deckung der Dachplatten auf die Anschlussbleche oder Nocken erfolgt als Ortdeckung (siehe Abschnitt 4.3).

4.7.3 Seitliche Anschlüsse als Wandkehle (Abb. I.46, Abb. I.47, Abb. I.48)

(1) Seitliche Anschlüsse an aufgehende Bauteile können bei der Deutschen Deckung als linke oder rechte Wandkehle gedeckt werden.

(2) Hierbei erhält jedes Deckgebinde ein Kehlgebinde. Für die Form der Kehlplatten gilt Abschnitt 4.6.6 (5).

(3) Als Deckunterlage ist eine 160 bis 180 mm breite Kehlschalung aus Brettern und einer Dreikantleiste erforderlich.

(4) Die Breite der Kehle muss mindestens drei Kehlplatten betragen. Mehr als fünf Kehlplatten sollten nicht verwendet werden.

(5) Für die Überdeckung und Befestigung gelten Abschnitt 4.6.6 (8) und Abschnitt 4.6.6 (9).

(6) Je nach Deckrichtung der Dachflächendeckung ist die Kehle von der Wasserplatte oder Einfällerplatte zu decken. Die Kehlgebinde sind mit Steigung zu decken.

(7) Der seitliche Abschluss der Kehle an die Wand erfolgt mit Blechen und Kappleisten. Die Überdeckung der Bleche auf die letzte Kehlplatte muss mindestens der halben Kehlplattenbreite entsprechen.

4.7.4 Seitlicher Anschluss als Wangenkehle (Abb. I.49)

(1) Seitliche Anschlüsse an aufgehende Bauteile können bei der Deutschen Deckung als linke oder rechte Wangenkehle gedeckt werden.

(2) Hierbei erhält jedes Deckgebinde ein Kehlgebinde. Für die Form der Kehlplatten gilt Abschnitt 4.6.6 (5).

(3) Als Deckunterlage ist eine 160 bis 200 mm breite Kehlschalung aus Brettern und mehreren Dreikantleisten erforderlich.

(4) Für die Breite, die Überdeckung und die Befestigung gelten die Abschnitte 4.6.6 (7), 4.6.6 (8) und 4.6.6 (9). Abweichend hiervon dürfen die Kehlplatten im Wandbereich auch unterhalb der Höhenüberdeckung, aber innerhalb der Seitenüberdeckung, befestigt werden.

(5) Je nach Deckrichtung der Dachflächendeckung ist die Kehle von der Wasserplatte oder Einfällerplatte zu decken. Die Kehlgebinde sind mit Steigung zu decken. Am aufgehenden Bauteil können die Kehlgebinde bei der Wangenkehle auf der ganzen Fläche durchgehend gedeckt werden. Andernfalls erfolgt die Einbindung wie in Abschnitt 4.6.6 (11).

(6) Der obere Abschluss der Kehle wird als Kragengebinde gedeckt. Die Kehlplatten unterhalb des Kragengebindes sind in der Regel auszuspitzen.

4.7.5 Traufseitige Anschlüsse mit Metall

(1) Für die Werkstoffe gilt Abschnitt 2.5. Für die Ausführung von traufseitigen Anschlüssen ist die „Fachregel für Metallarbeiten im Dachdeckerhandwerk“ zu beachten.

(2) Traufseitige Anschlüsse mit Metall werden aus einem abgewinkelten Anschlussblech hergestellt, das auf der Dachplattendeckung liegt. Unterhalb des Anschlusses sind die Dachplatten auszuspitzen und eventuell ein Firstgebinde zu decken. Die Überdeckung der Anschlussbleche auf die Dachplatten muss der Mindesthöhenüberdeckung der zugehörigen Deckgebinde, jedoch mindestens 100 mm, entsprechen.

4.7.6 Traufseitige Anschlüsse mit Dachplatten

Traufseitige Anschlüsse an aufgehende Bauteile können mit schräg gestellten Deckgebinden oder mit kehlplattenähnlichen Dachplatten gedeckt werden. Hierbei ist die Deckunterlage aus Dreikantleisten und/oder Brettern erforderlich.

4.7.7 Firstseitige Anschlüsse mit Metall

(1) Für die Werkstoffe gilt Abschnitt 2.5. Für die Ausführung von firstseitigen Anschlüssen ist die „Fachregel für Metallarbeiten im Dachdeckerhandwerk" zu beachten.

(2) Firstseitige Anschlüsse sind als Kehle auszubilden und am aufgehenden Bauteil mindestens 150 mm hochzuführen. Der dachseitige Anschluss muss lotrecht gemessen höher sein als der wandseitige Anschluss. Die Überdeckung der Dachplatten über den dachseitigen Anschluss muss mindestens der Höhenüberdeckung der Dachdeckung entsprechen, jedoch mindestens 100 mm.

(3) Örtliche Gegebenheiten, klimatische Verhältnisse, Sparrenlänge und die Dachneigung können größere Überdeckungen und Zuschnitte für das Kehlblech notwendig machen.

4.8 Einbauteile

(1) Die Anforderungen des „Merkblatt Einbauteile bei Dachdeckungen" sind zu beachten.

(2) Die Einbauteile dürfen bei Belastung die Deckung nicht beschädigen. Hierzu können lastverteilende Unterlagen erforderlich sein.

4.8.1 Dachflächenfenster, Dachfenster und Dachausstiege

(1) Dachfenster und Dachausstiege können einen für die Faserzementdeckungen ausgebildeten Eindeckrahmen haben. Der Eindeckrahmen muss genügend breit sein. Die Einbauvorschriften der Hersteller sind zu beachten.

(2) Außerdem kann der Anschluss an die Deckung mit Schichtstücken (Nocken) ausgeführt werden.

(3) Die Deckung des seitlichen Anschlusses erfolgt als Ortdeckung (siehe Abschnitt 4.3).

4.8.2 Sicherheitsdachhaken, Stützen für Sicherheitsvorrichtungen

(1) Sicherheitsdachhaken, Stützen für Schneefangvorrichtungen oder Laufstege usw. müssen unter Verwendung von genügend breiten Blechen mit seitlichem Umschlag eingebaut und eingedeckt werden. Sie müssen für den jeweils vorgesehenen Verwendungszweck geeignet und, wenn vorgeschrieben, zugelassen sein. Sie müssen außerdem nach der Deckunterlage und der Deckung gewählt werden.

(2) Die Mindestüberdeckungen der angrenzenden Flächendeckung sind einzuhalten. Die seitlichen Überdeckungen müssen mindestens 100 mm betragen.

4.8.3 Energiesammler und Energieumsetzer

Für die Anschlüsse von in den Dachflächen integrierten Energiesammlern und Energieumsetzern gilt sinngemäß Abschnitt 4.8.1. Der Anschluss von Stützen für Energiesammler und Energieumsetzer erfolgt sinngemäß nach Abschnitt 4.8.2.

4.8.4 Blitzschutz

Für den Einbau von Blitzableiterhaltern gilt auch das „Merkblatt Äußerer Blitzschutz auf Dach und Wand".

4.8.5 Dachdurchdringungen

Bei Dachdurchdringungen, z. B. Rohrdurchführungen oder Antennen, sind entsprechende, handwerklich hergestellte oder vorgefertigte Formteile zu verwenden. Die Formteile müssen für die vorgesehene Deckung geeignet sein.

5 Pflege und Wartung von Dachplattendeckungen

(1) Jede Dachdeckung ist in gewissen Zeitabständen zu überprüfen. Hierfür wird der Abschluss eines Inspektions- und Wartungsvertrages empfohlen. Rechtzeitige Pflege kann die Lebensdauer der Deckung verlängern und das Dach vor größeren Schäden bewahren.

(2) In den ersten Jahren nach und während der Eindeckung können einzelne Dachplatten herausbrechen. Dies hat keinen Einfluss auf die Qualität der Dachplatten und die Eindeckung. Der Ersatz der herausgebrochenen Dachplatten in der Deckung hat keinen Einfluss auf die Funktionsfähigkeit.

(3) Bei den zu ersetzenden Dachplatten können wegen der natürlichen Alterung der Dachplattendeckung Farbunterschiede auftreten.

(4) Für die Reparatur von Dachplattendeckungen eignen sich zur Befestigung der Dachplatten insbesondere spezielle Haken aus nicht rostendem Stahl oder Kupfer. Im Einzelfall kann eine Befestigung der Dachplatten auch im sichtbaren Bereich mit Schieferstiften oder geeigneten Schrauben ebenfalls aus nicht rostendem Stahl oder Kupfer erfolgen. Alternativ hierzu können die Dachplatten auch mit geeigneten Klebern befestigt werden. Die jeweiligen Herstellervorschriften sind hierbei zu beachten.

(5) Durch Bewegungen des Dachstuhls, Setzungen und die Nutzung der Dachräume u. Ä. können möglicherweise Schäden in der Dachdeckung hervorgerufen werden. Diese Auswirkungen sind bereits bei der Planung zu berücksichtigen und haben keinen Einfluss auf die fachgerechte Ausführung.

(6) Beim unsachgemäßen Begehen einer Dachdeckung mit Faserzement-Dachplatten (ohne geeignete Hilfsmittel, z. B. Auflegerleitern) können Schäden entstehen, deren Auswirkungen erst später sichtbar werden.

Anhang I: Detailskizzen

Die folgenden Skizzen von Dachdetails mit Dachplatten aus Faserzement sind Beispiele für die Arbeitsausführung.

Sie sind keine maßstabsgetreuen bildlichen Darstellungen der einzelnen Techniken und dienen der Veranschaulichung der textlichen Beschreibung.

Verzeichnis der Abbildungen:

Abb. I.1: Deckschema: Deutsche Deckung

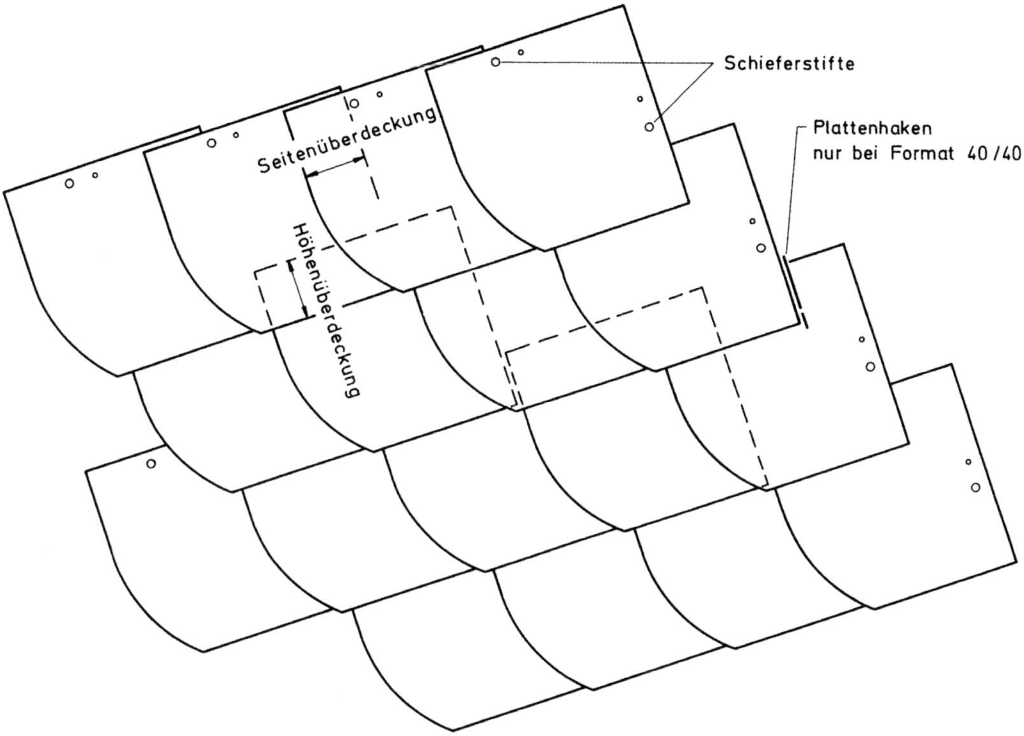

Abb. I.2: Ermittlung der Mindestgebindesteigung

Erläuterung:

Dachneigung e – b,
beliebig großer Kreisschlag a – c um b,
Errichtung der Senkrechten über a und b,
Punkte e – d parallel zur Traufe verbinden,
ergibt Gebindesteigung d – c.

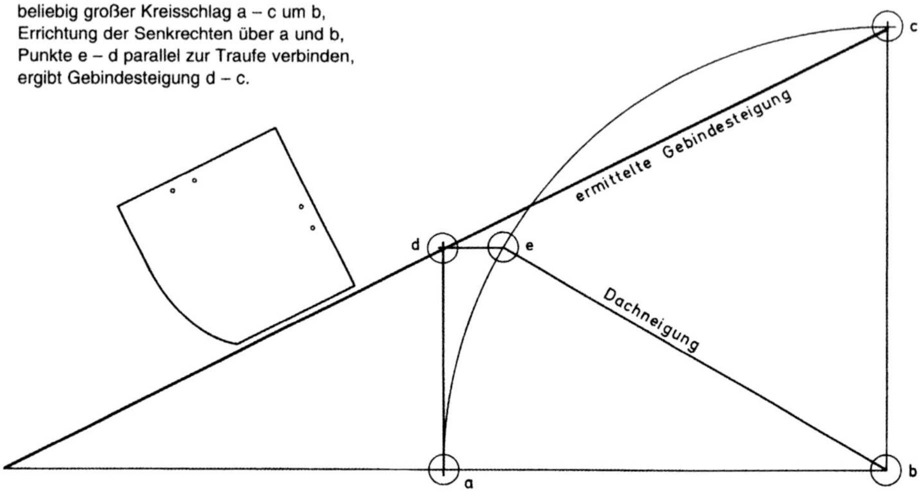

Zeichnerische Ermittlung der Mindestgebindesteigung

G_{min} = 1 – sin α
α : Dachneigung in Grad

Beispiel bei 30° Dachneigung:
G_{min} = 1 – sin 30°
= 1 – 0,5
= 0,50 m, also
0,50 m Gebindesteigung auf 1,00 m Trauflänge

Rechnerische Ermittlung der Mindestgebindesteigung G_{min} (m/m)

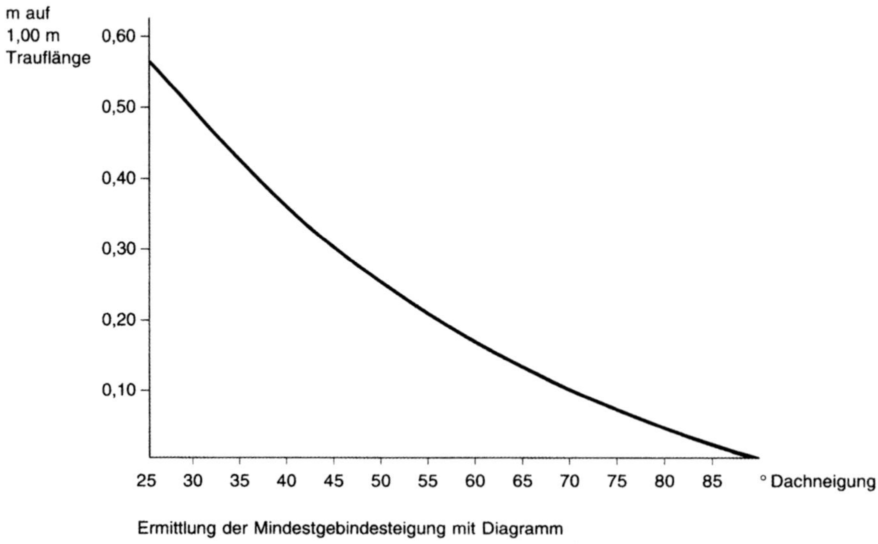

Ermittlung der Mindestgebindesteigung mit Diagramm

Abb. I.3: Ermittlung der Höchstgebindesteigung

Erläuterung:

Kreisschlag a – c um a auf b,
b – c verbinden und zur Traufe verlängern.
Höchstzulässige Gebindesteigung erreicht,
wenn b – c – d rechtwinklig zur Traufe.

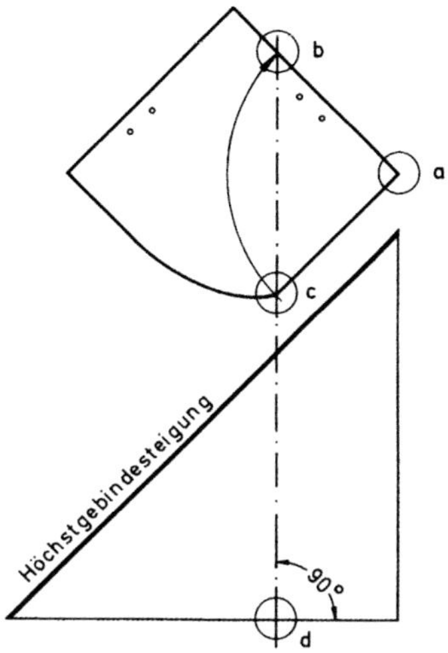

Zeichnerische Ermittlung der Höchstgebindesteigung

Höchstgebindesteigung: 1,00 m auf 1,00 m Trauflänge

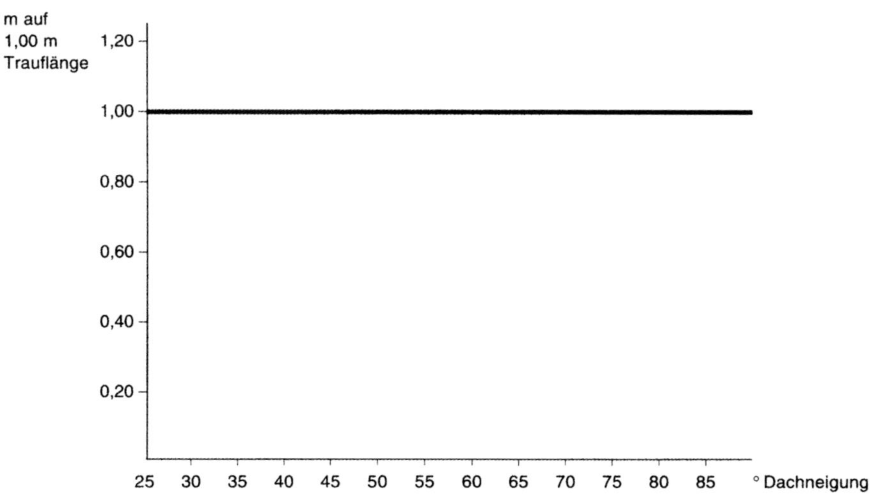

Ermittlung der Höchstgebindesteigung mit Diagramm

Abb. I.4: Tabelle für Gebindesteigung

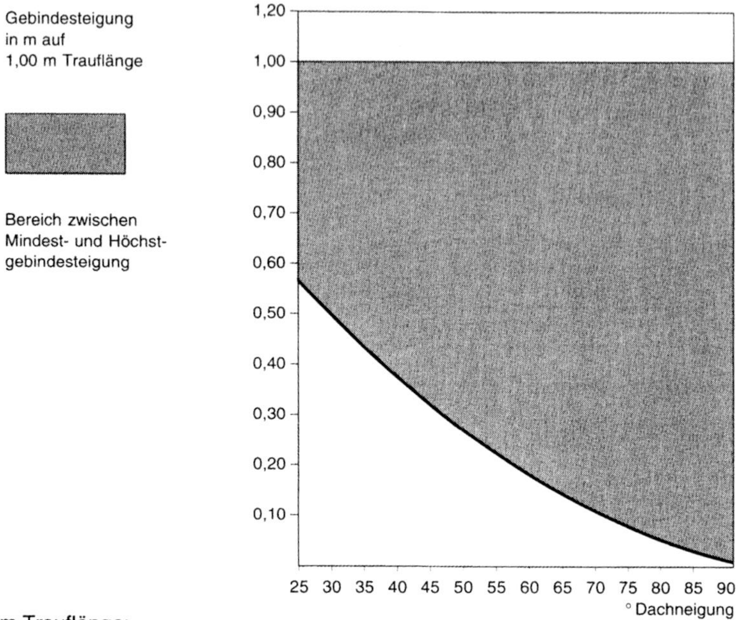

Gebindesteigung in m auf 1,00 m Trauflänge:

Dachneigung	Gebindesteigung	
	Mindestgeb.	Höchstgeb.
25	**0,577**	▲
26	0,562	
27	0,546	
28	0,531	
29	0,515	
30	**0,500**	
31	0,485	
32	0,470	
33	0,455	
34	0,441	
35	**0,426**	
36	0,412	
37	0,398	
38	0,384	
39	0,371	
40	**0,357**	1,00
41	0,344	
42	0,331	
43	0,318	
44	0,305	
45	**0,293**	
46	0,281	
47	0,269	
48	0,257	
49	0,245	
50	**0,234**	
51	0,223	
52	0,212	
53	0,201	
54	0,191	
55	**0,181**	
56	0,171	
57	0,161	▼

Dachneigung	Gebindesteigung	
	Mindestgeb.	Höchstgeb.
58	0,152	▲
59	0,143	
60	**0,134**	
61	0,125	
62	0,117	
63	0,109	
64	0,101	
65	**0,094**	
66	0,086	
67	0,079	
68	0,073	
69	0,066	
70	**0,060**	
71	0,054	
72	0,049	
73	0,044	1,00
74	0,039	
75	**0,034**	
76	0,030	
77	0,026	
78	0,022	
79	0,018	
80	**0,015**	
81	0,012	
82	0,010	
83	0,007	
84	0,005	
85	**0,004**	
86	0,002	
87	0,001	
88	0,001	
89	0,000	
90	**0**	▼

Abb. I.5: Deckschema: Doppeldeckung

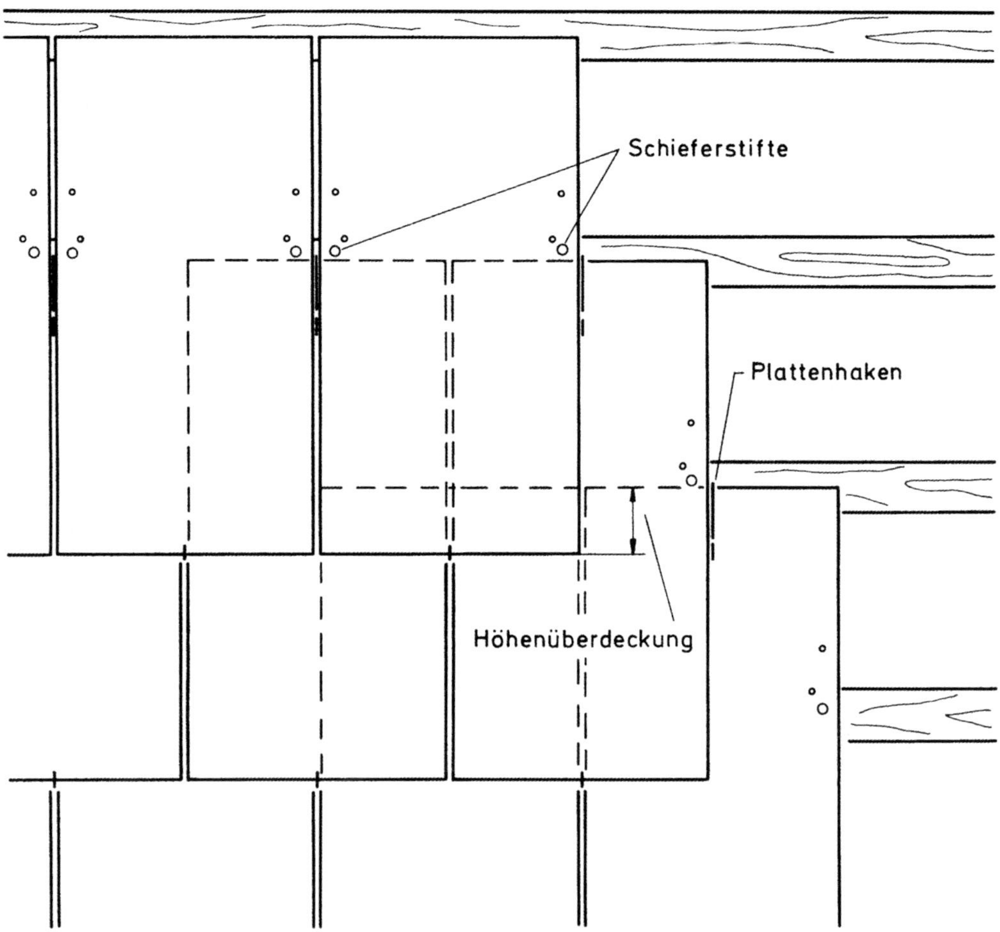

Abb. I.6: Deckschema: Rhombusdeckung

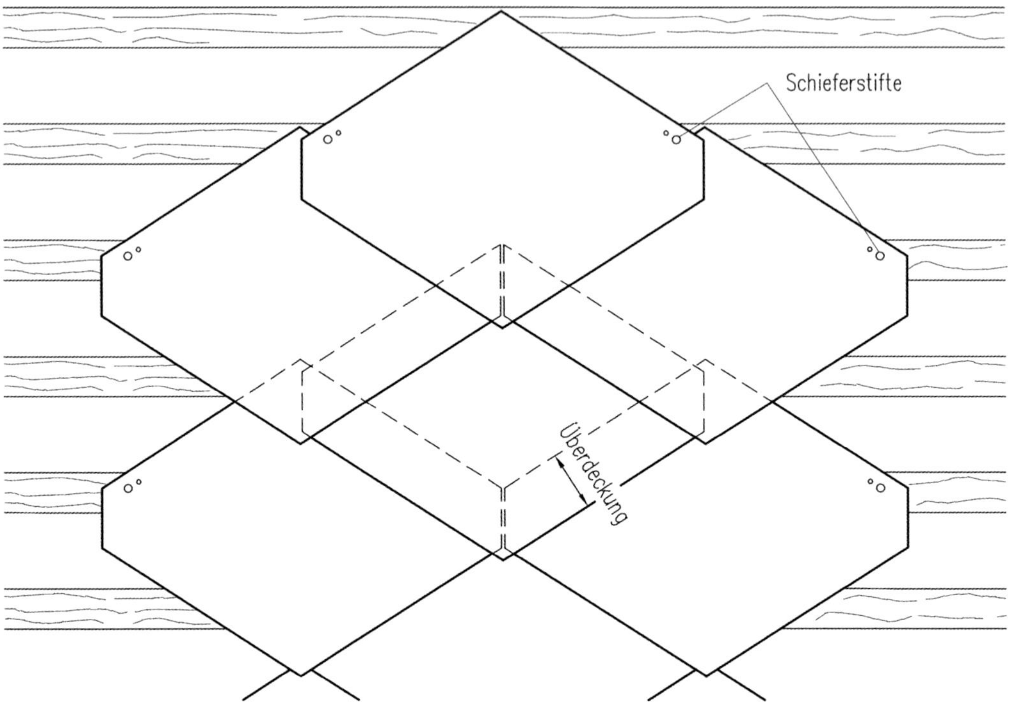

Abb. I.7: Deckschema: Spitzschablonendeckung

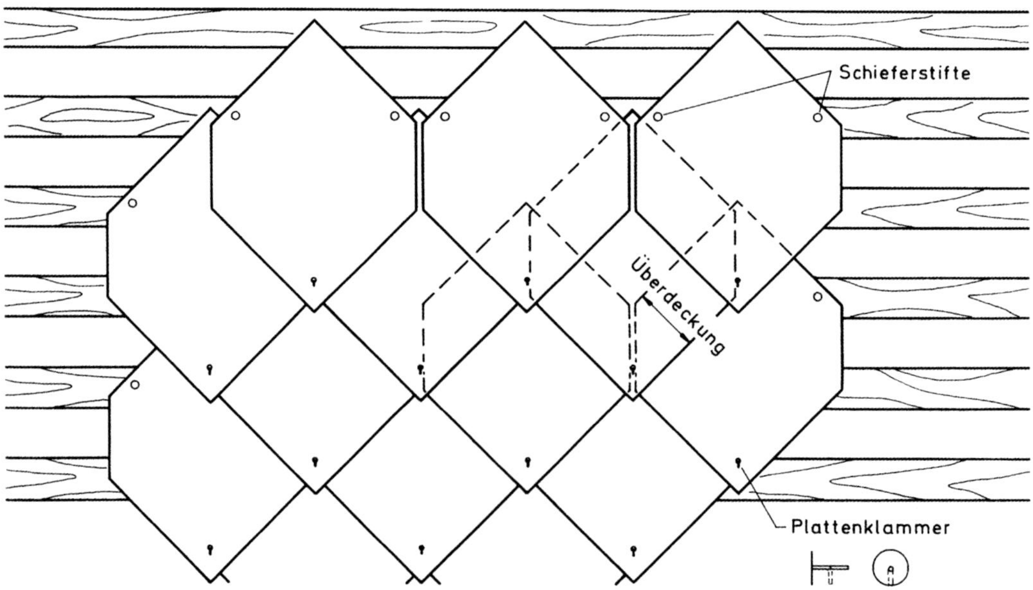

Abb. I.8: Deckschema: Waagerechte Deckung

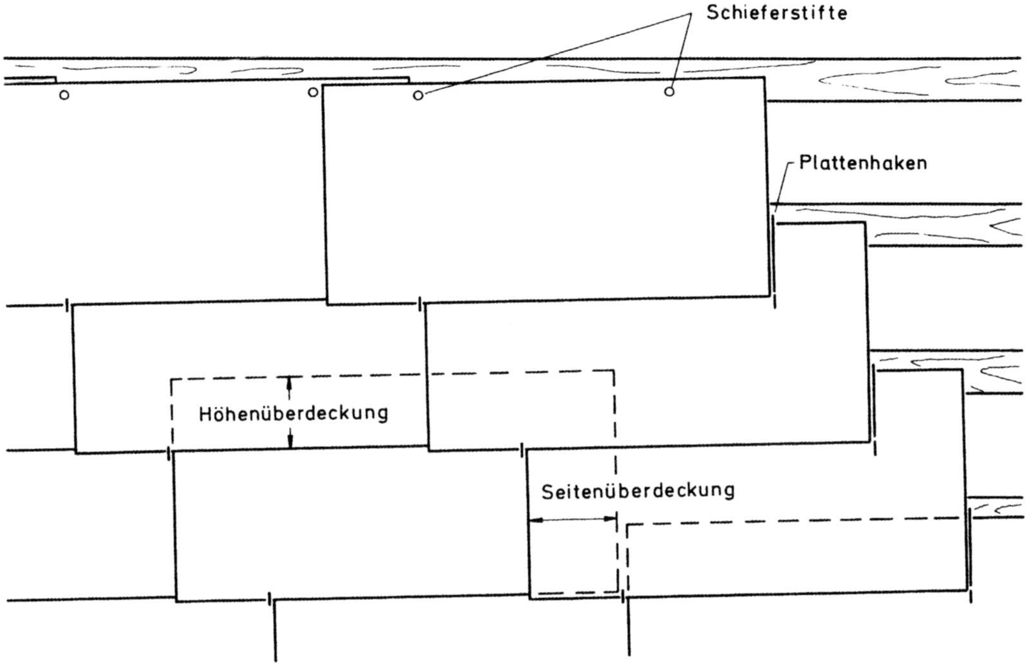

Abb. I.9: Traufe mit Traufblech und Überstand

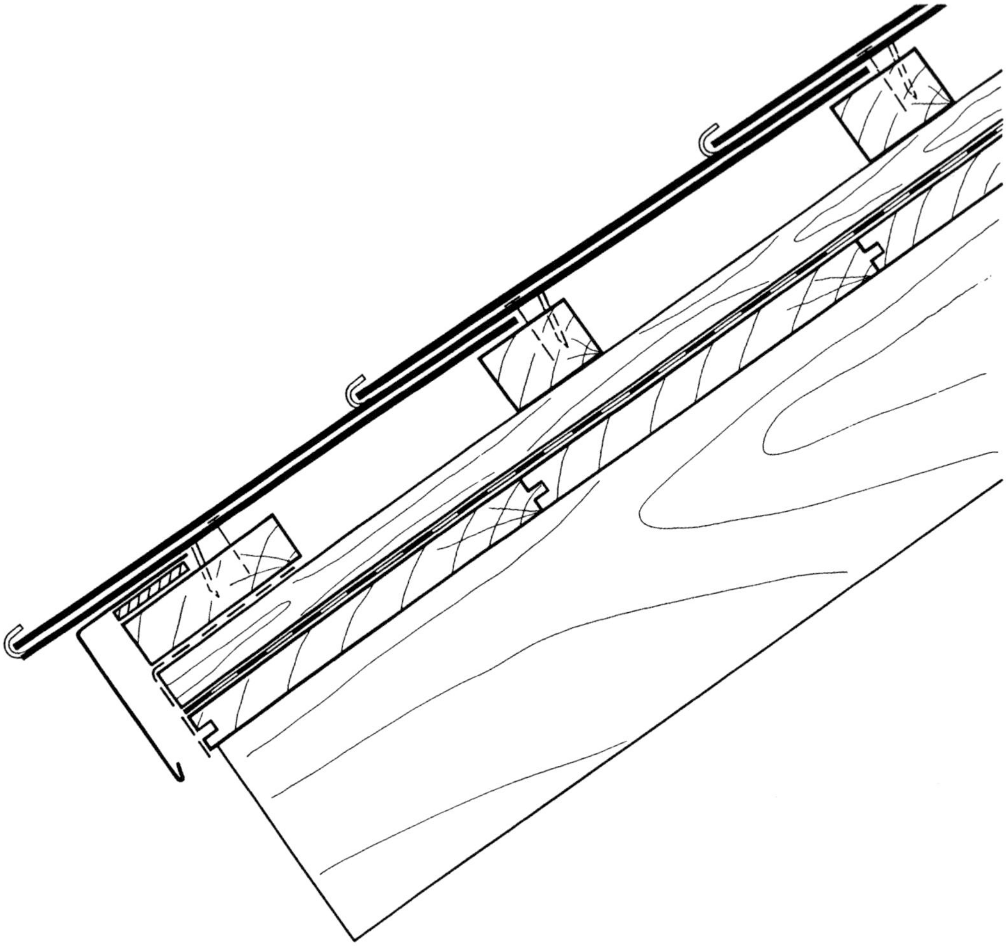

Abb. I.10: Traufe mit Rinne und Traufblech

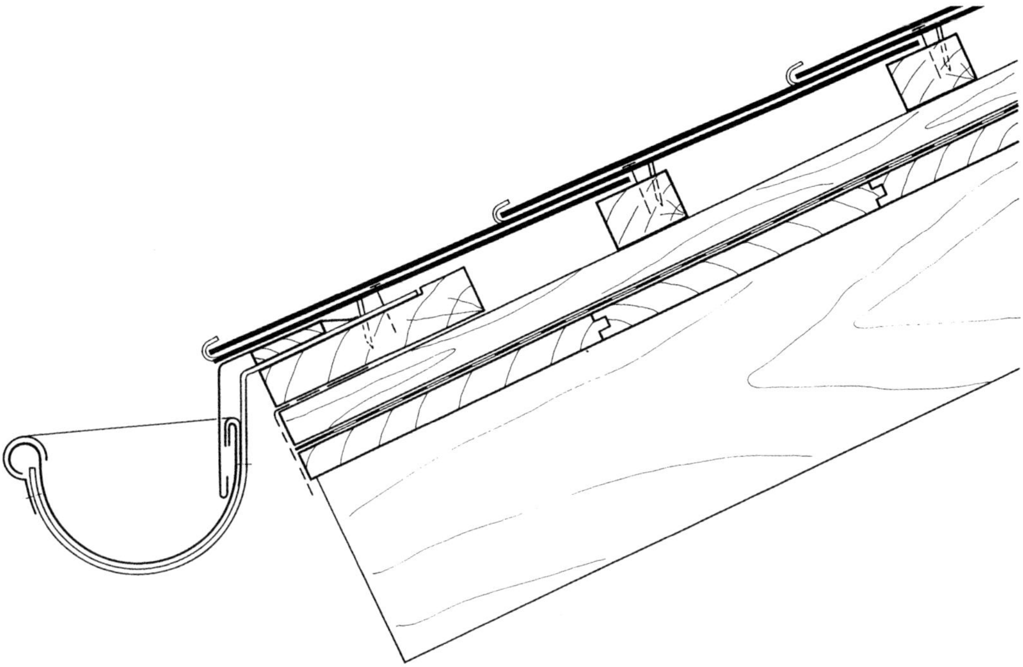

Abb. I.11: Traufe: Deutsche Deckung mit eingebundenem Fuß

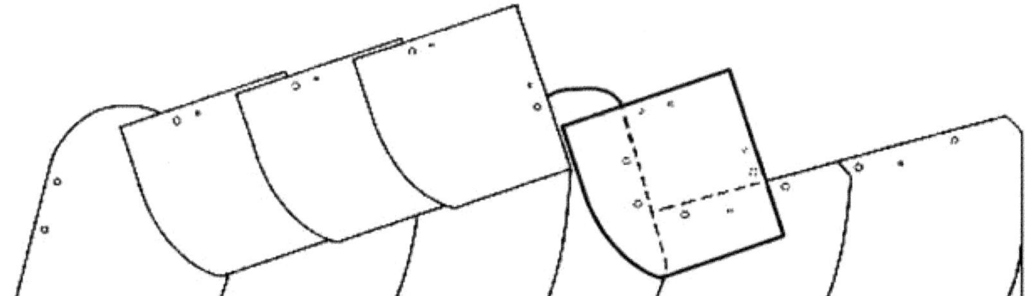

Abb. I.12: Traufe: Deutsche Deckung mit eingespitztem Fuß

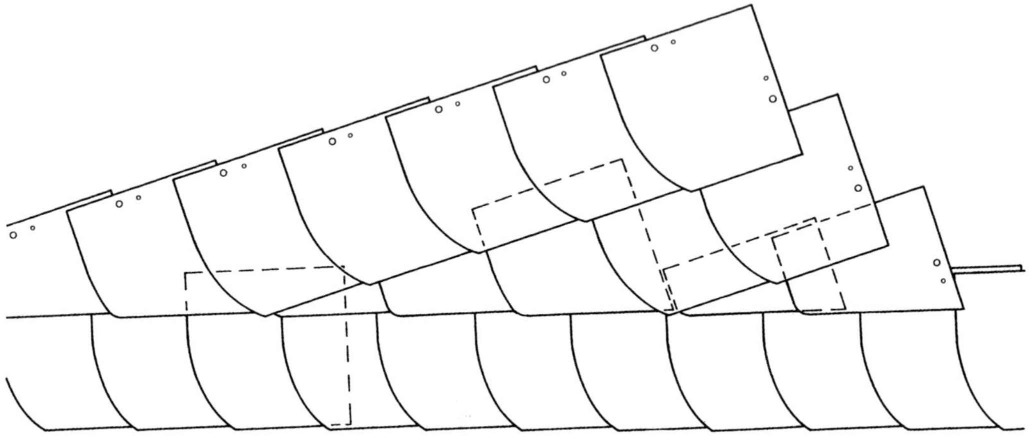

Abb. I.13: Traufe: Doppeldeckung

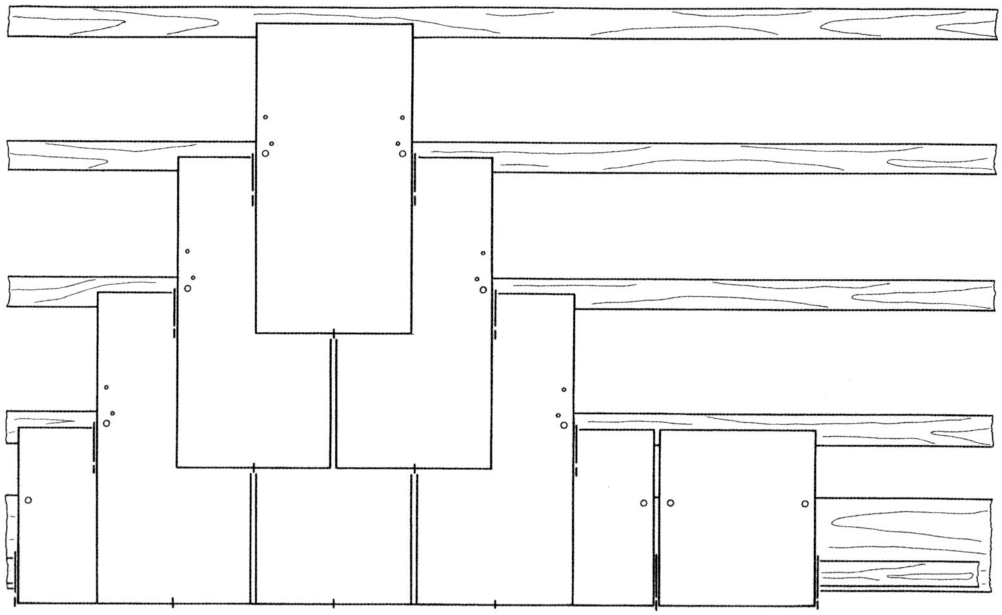

Abb. I.14: Traufe: Spitzschablonendeckung

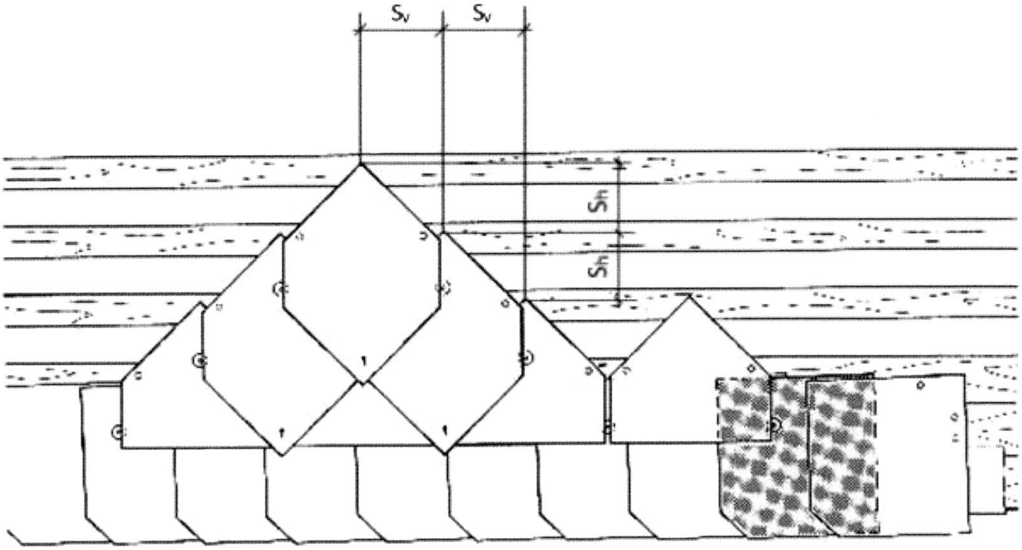

S_h - Schnürabstand horizontal

S_v - Schnürabstand vertikal

Abb. I.15: Ort: Deutsche Deckung mit Anfangort

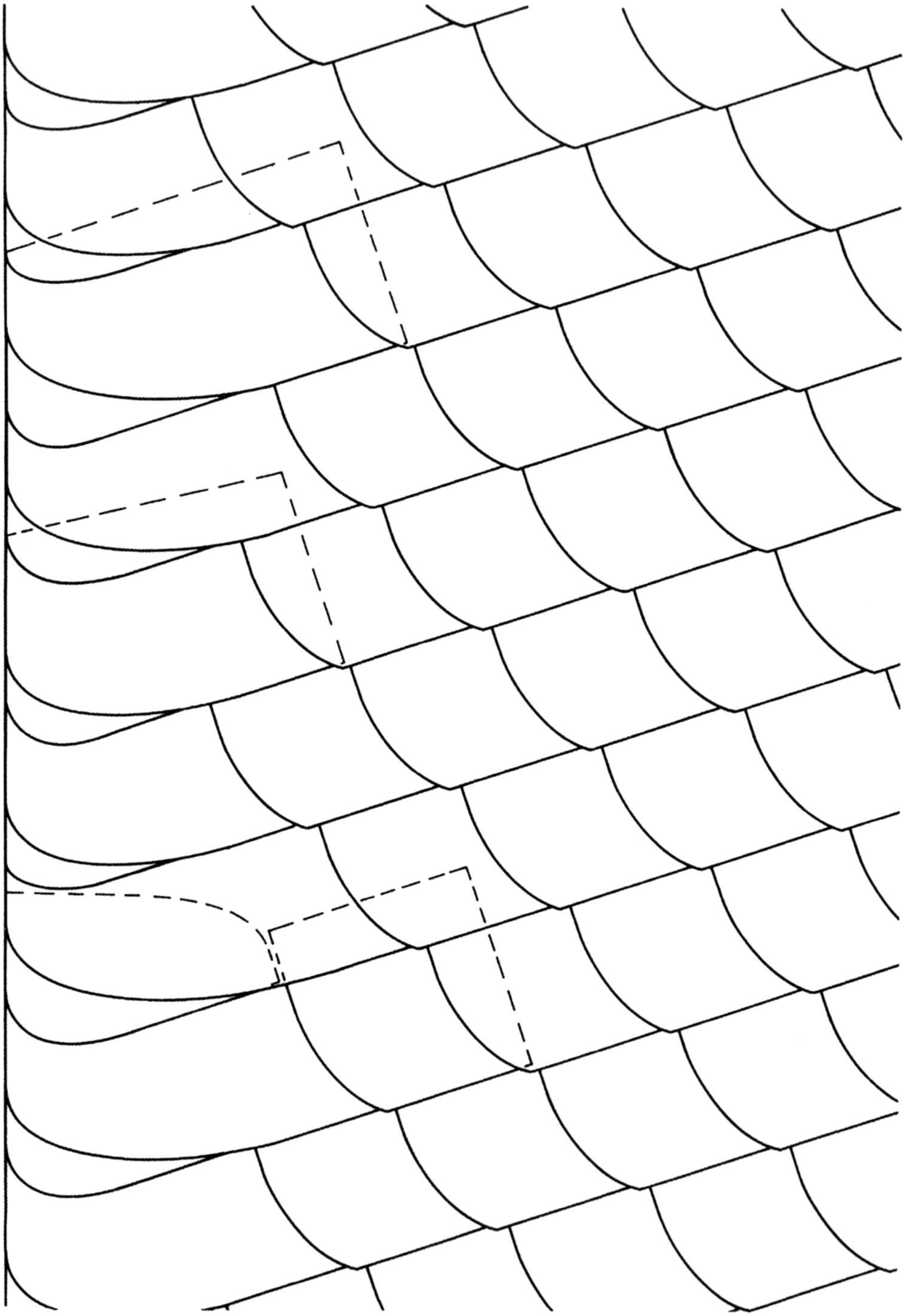

Abb. I.16:Ort: Deutsche Deckung mit Doppelendort

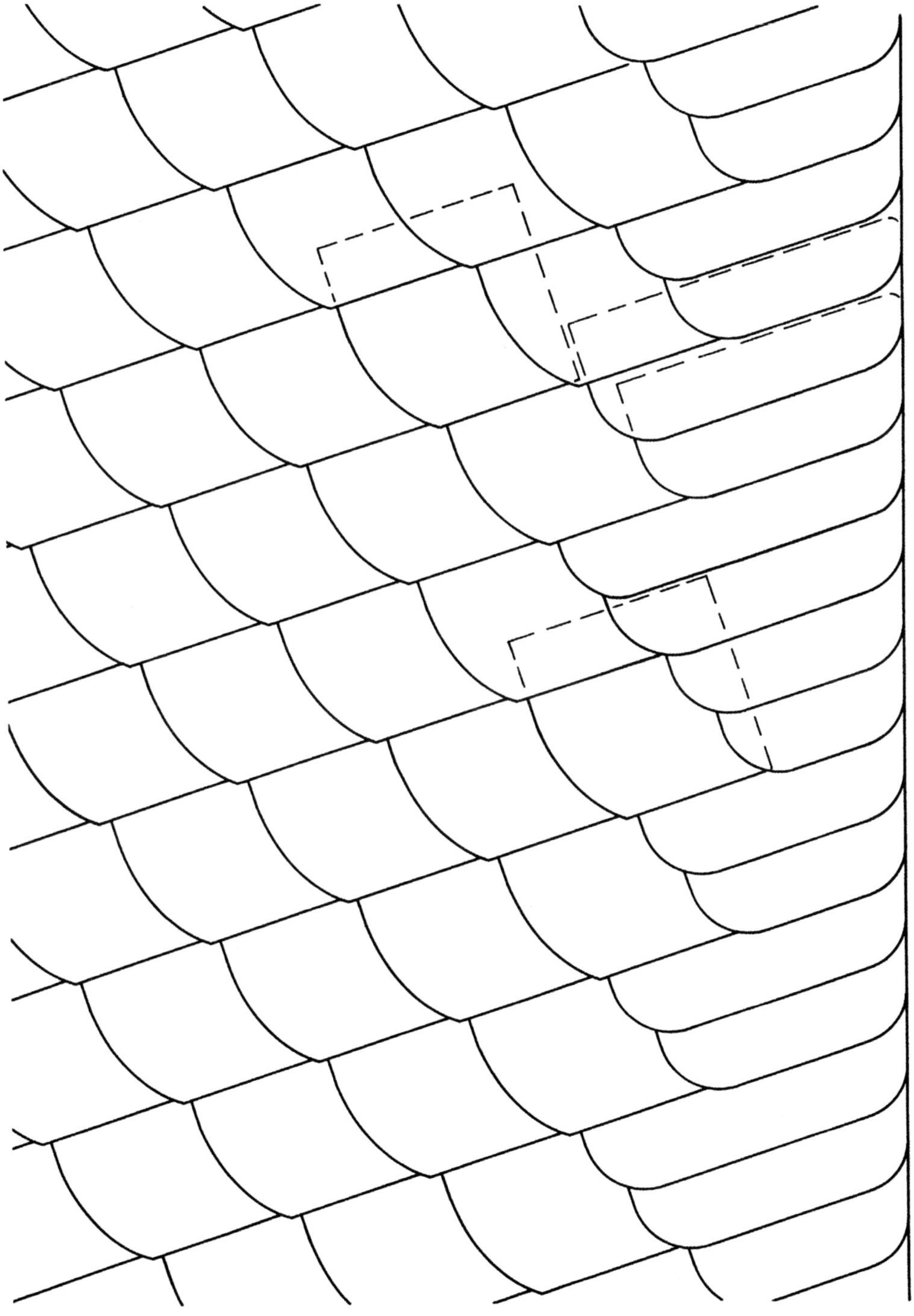

Abb. I.17: Ort: Deutsche Deckung mit Endstichort

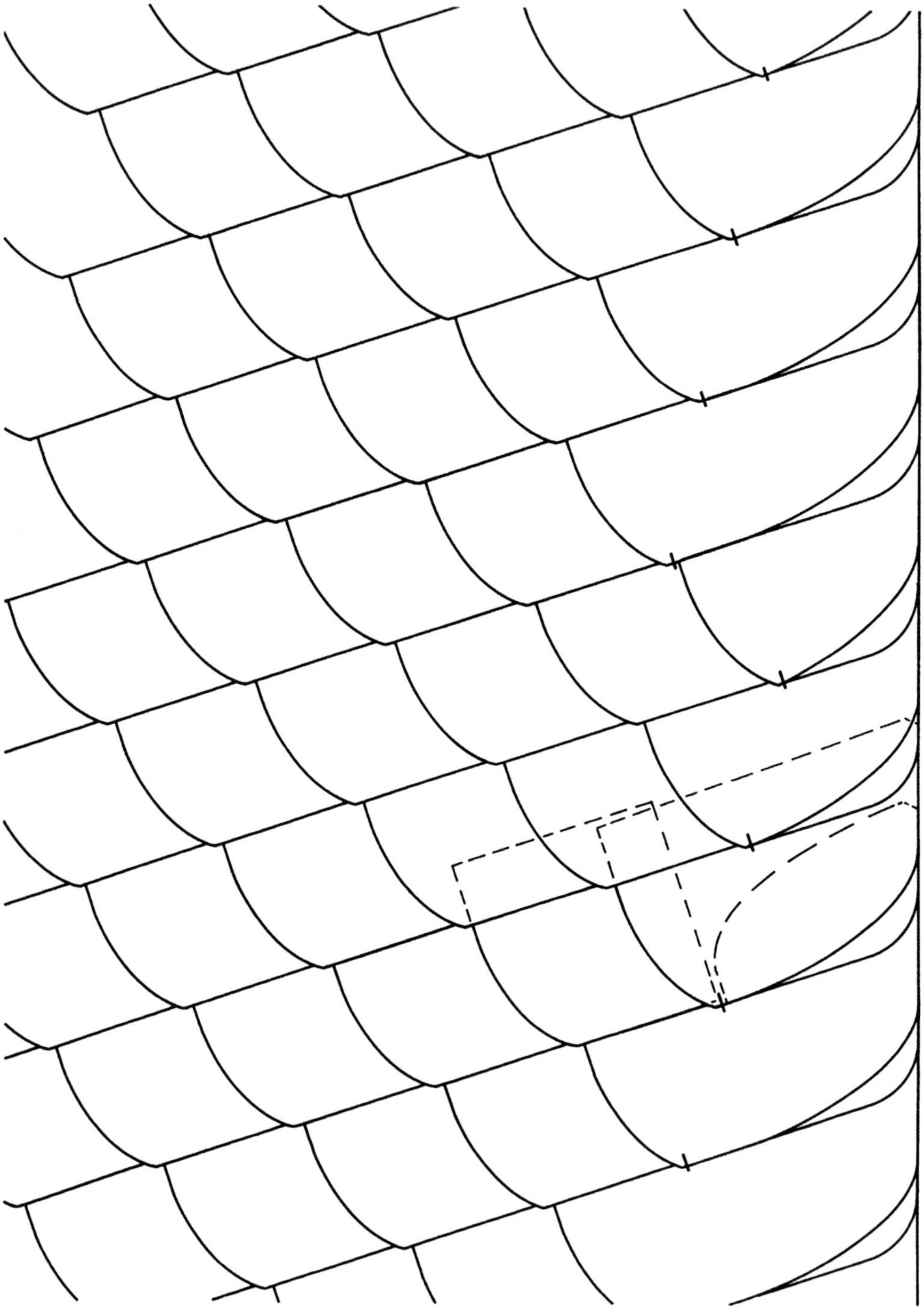

Abb. I.18: Ort: Doppeldeckung, halber Verband (Ortgangplatte ½)

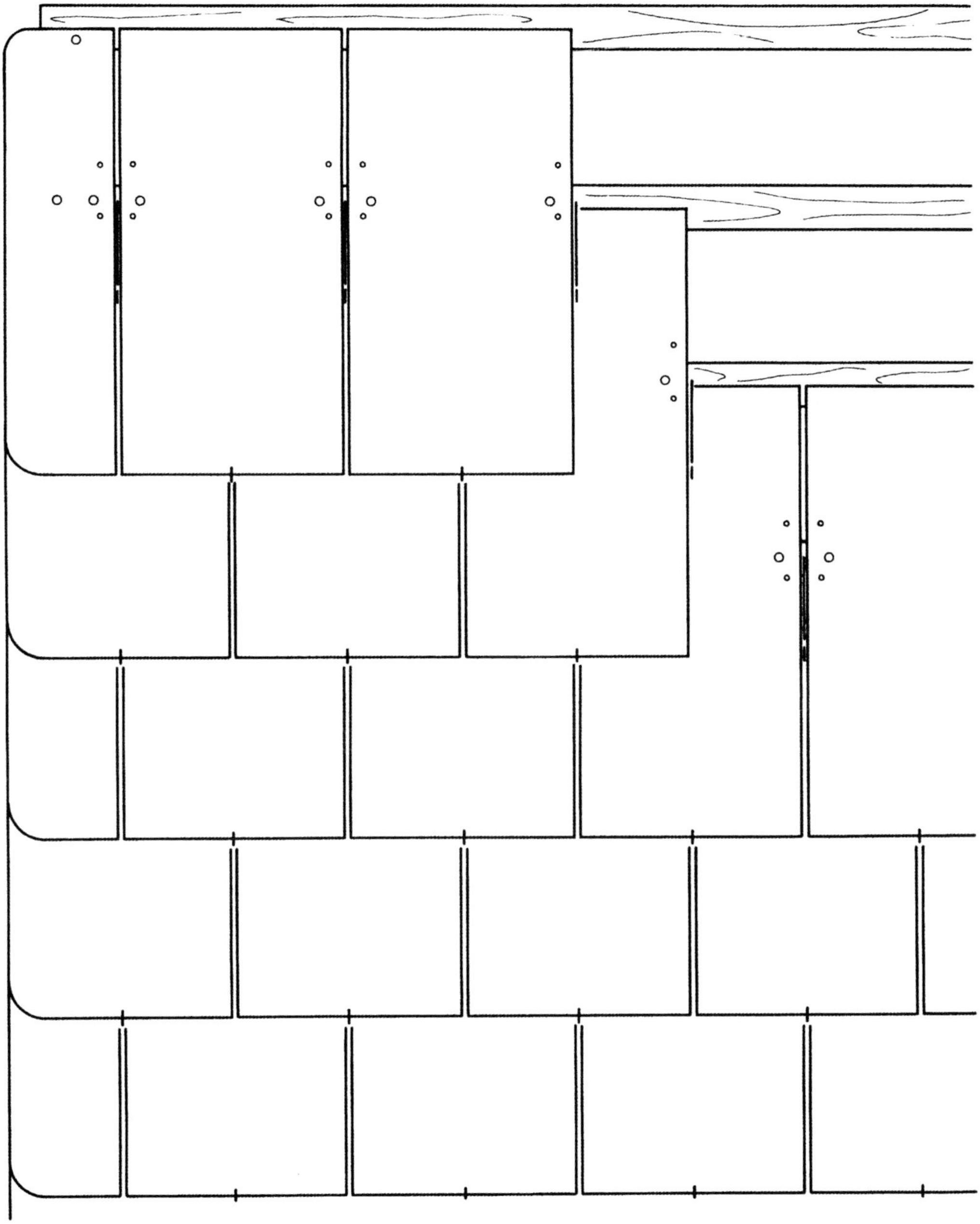

Abb. I.19: Ort: Doppeldeckung, halber Verband (Ortgangplatte 1½)

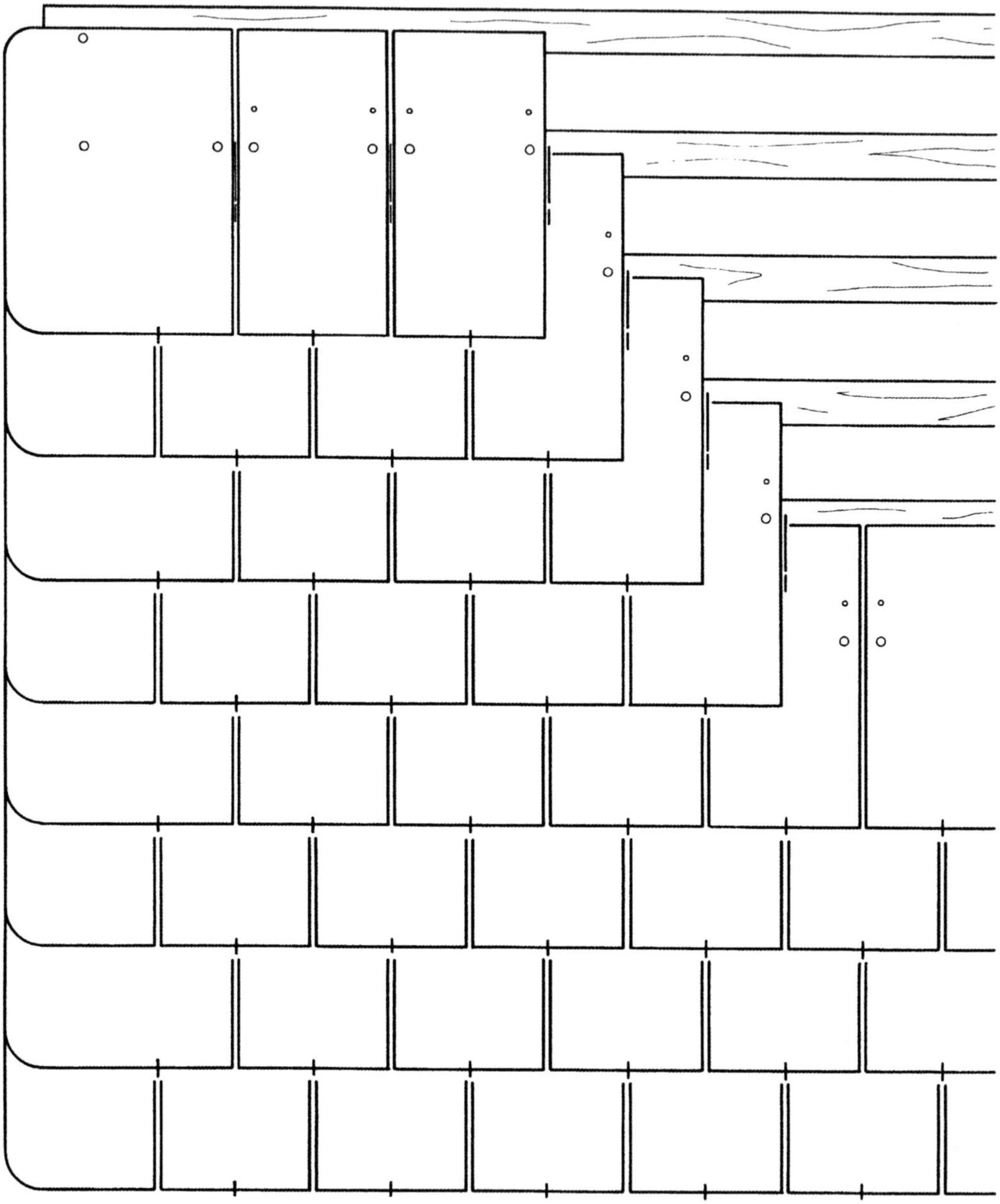

Abb. I.20: Ort: Doppeldeckung, Drittelverband

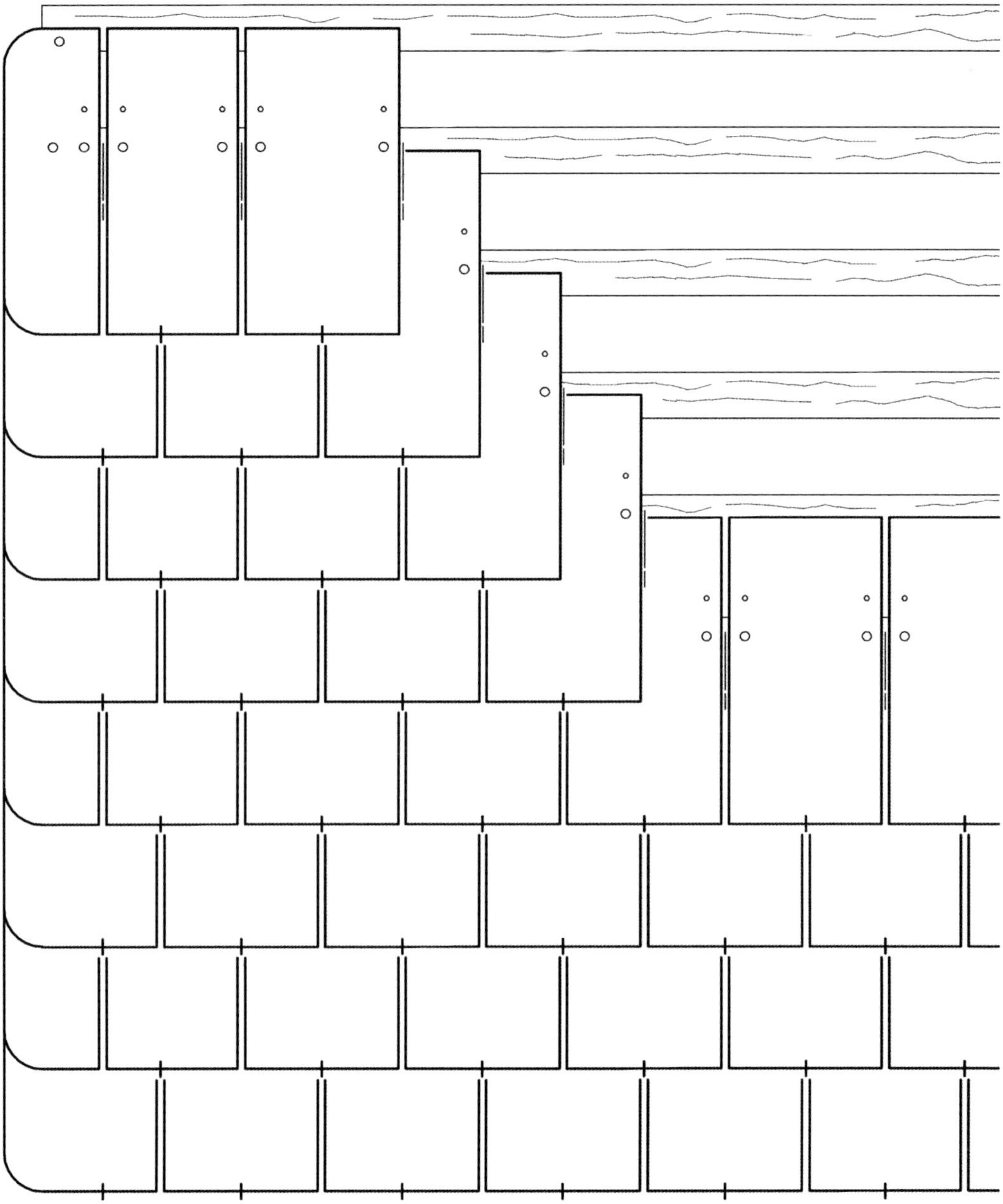

Abb. I.21:Ort: Rhombusdeckung, auslaufend

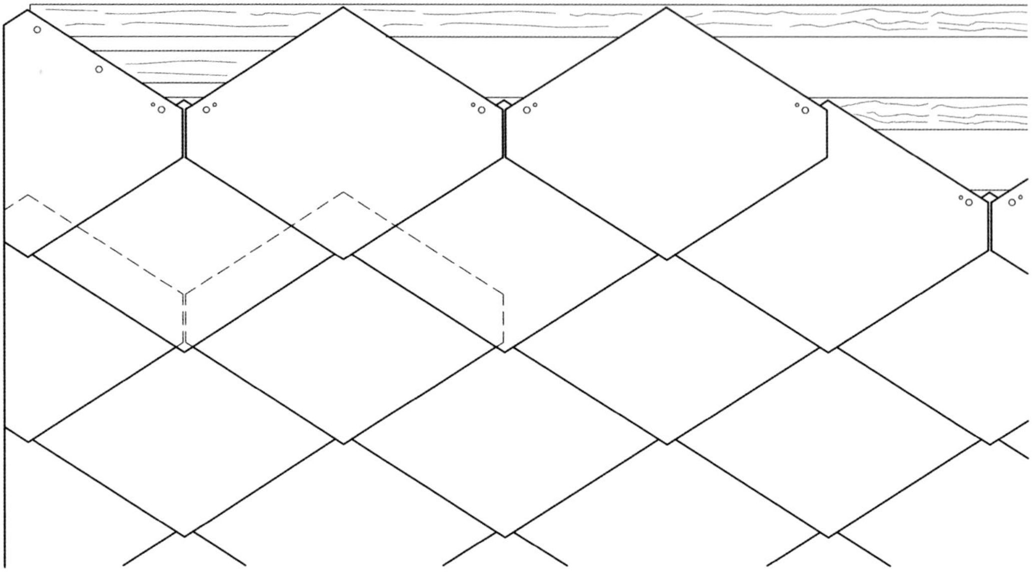

Abb. I.22: Ort: Rhombusdeckung, eingebunden

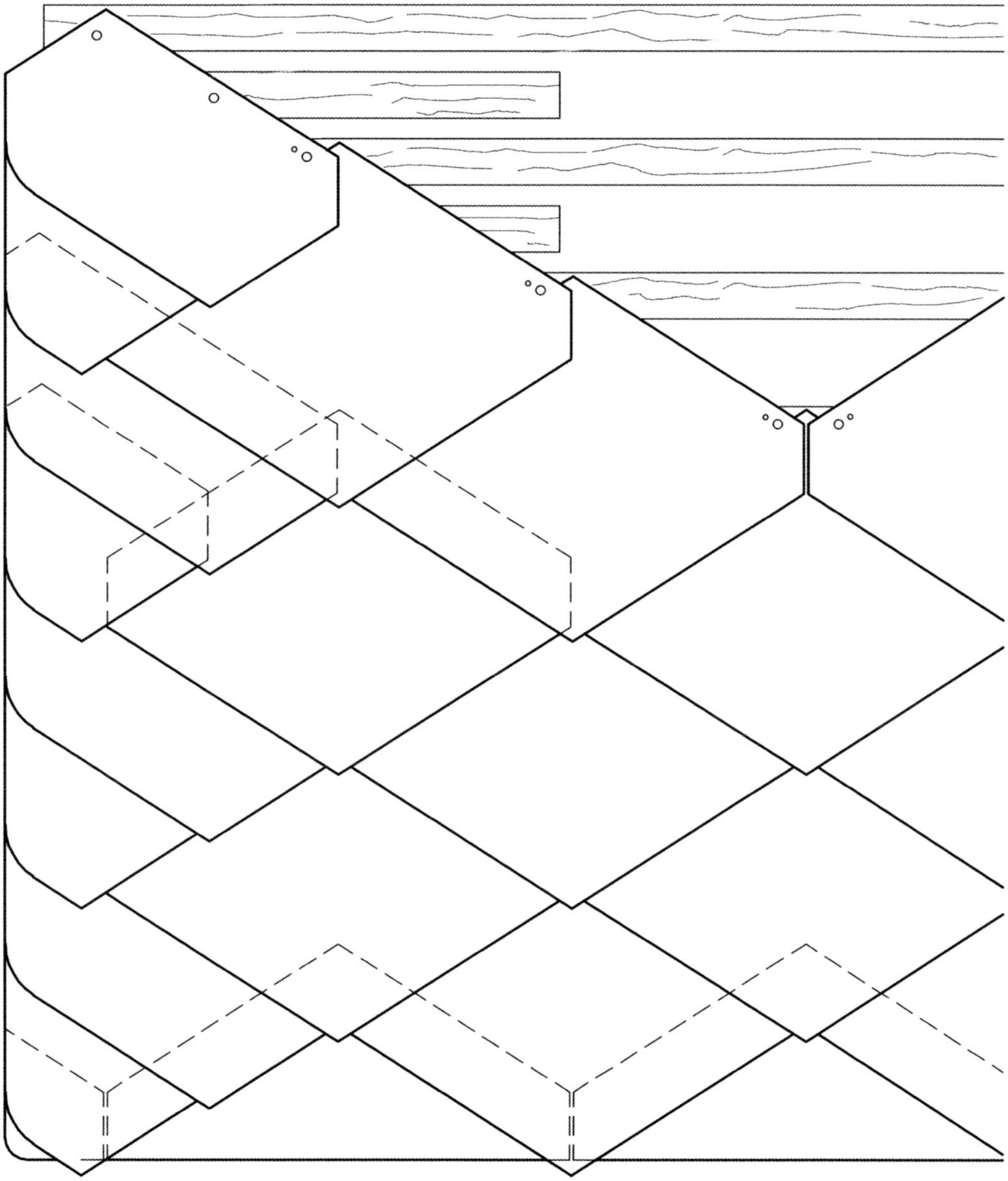

Abb. I.23: *Ort: Spitzschablonendeckung, auslaufend*

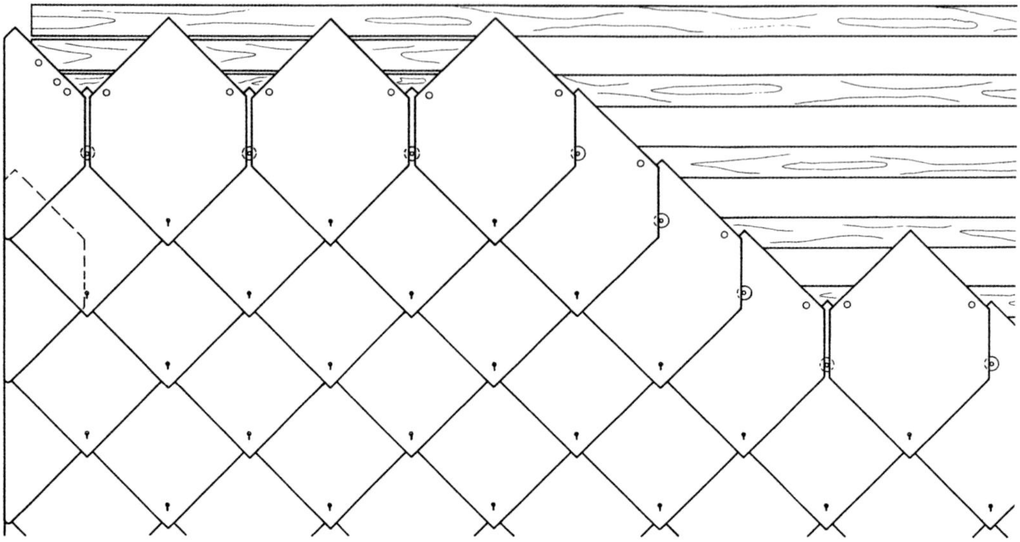

Abb. I.24: *Ort: Waagerechte Deckung*

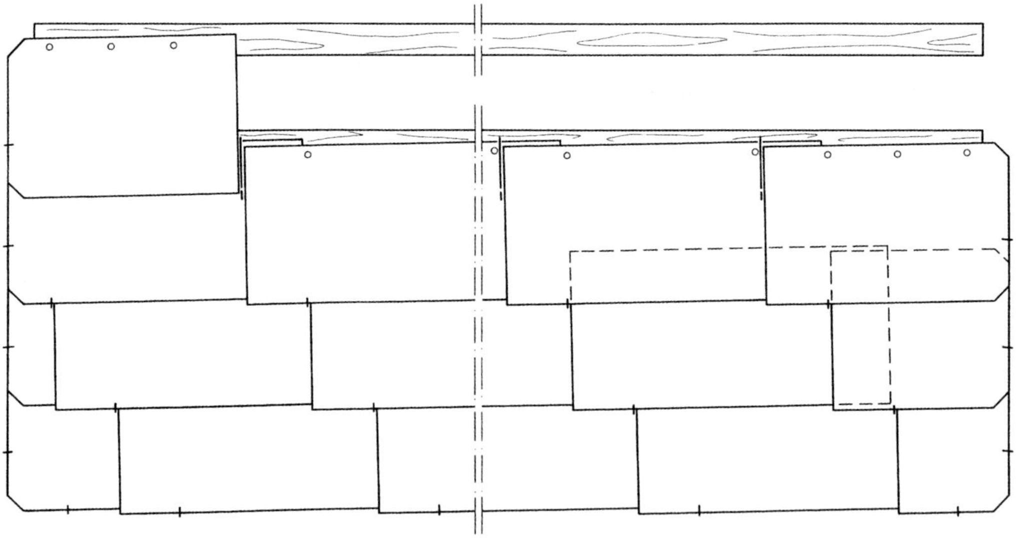

Abb. I.25: First: Deutsche Deckung

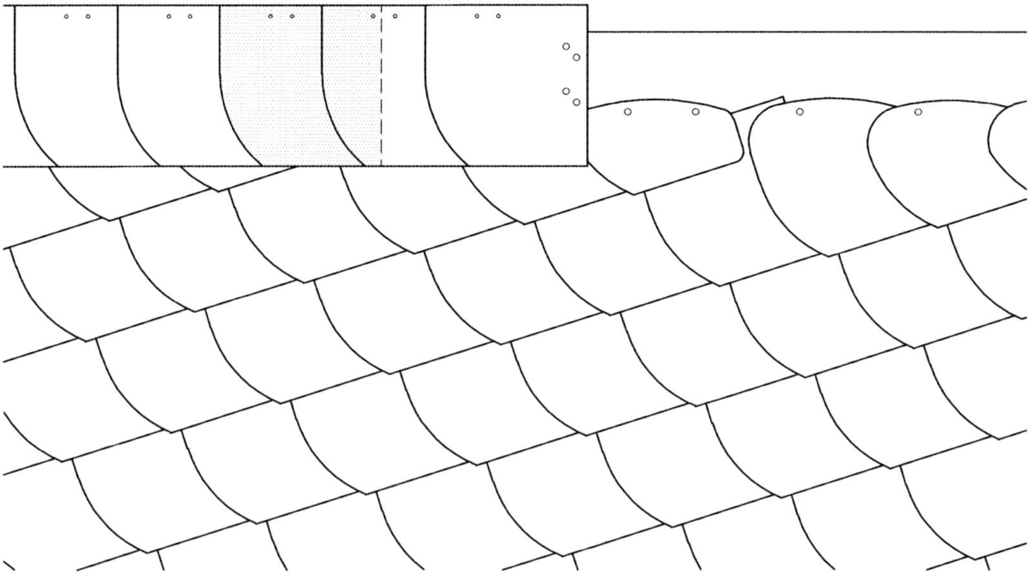

Abb. I.26: First: Doppeldeckung

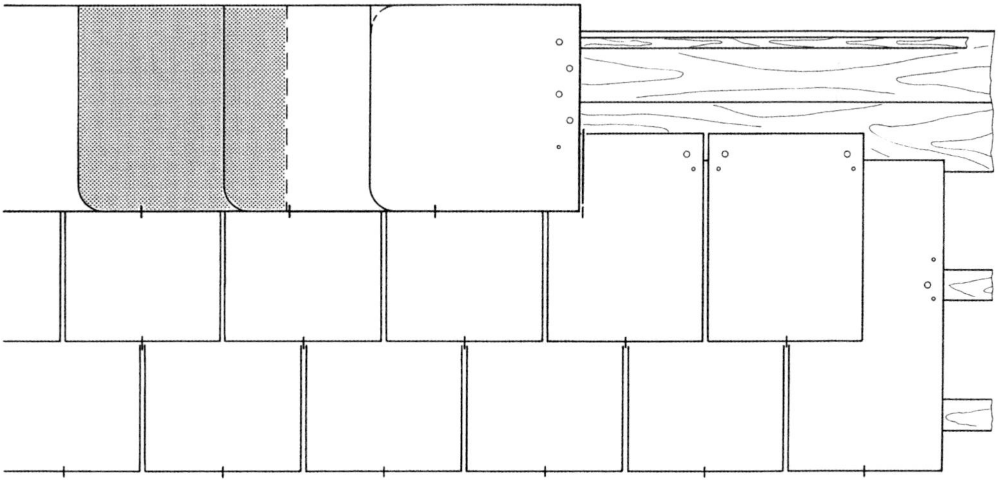

Abb. I.27: First: Rhombusdeckung

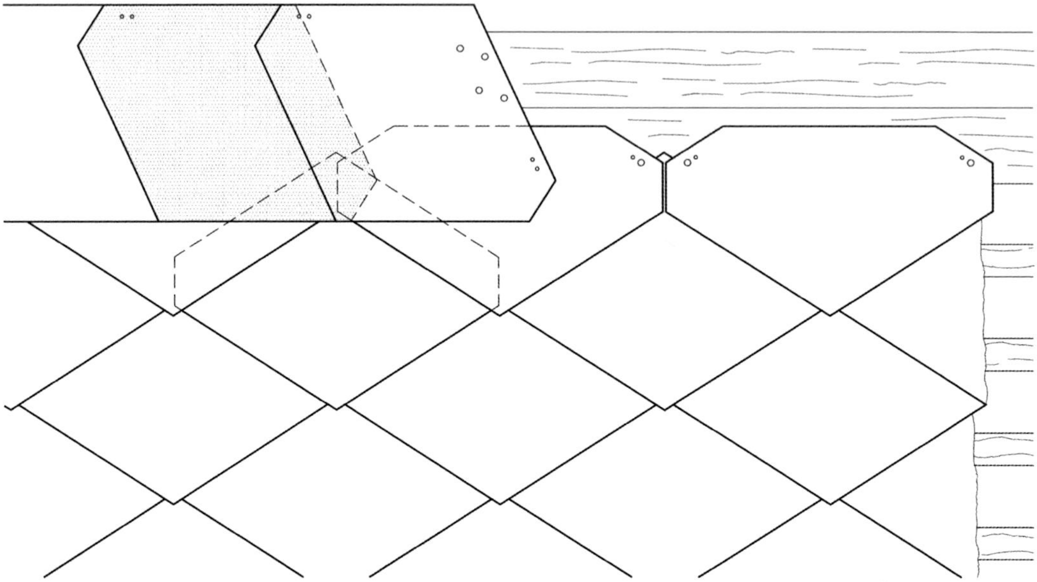

Abb. I.28: First: Spitzschablonendeckung

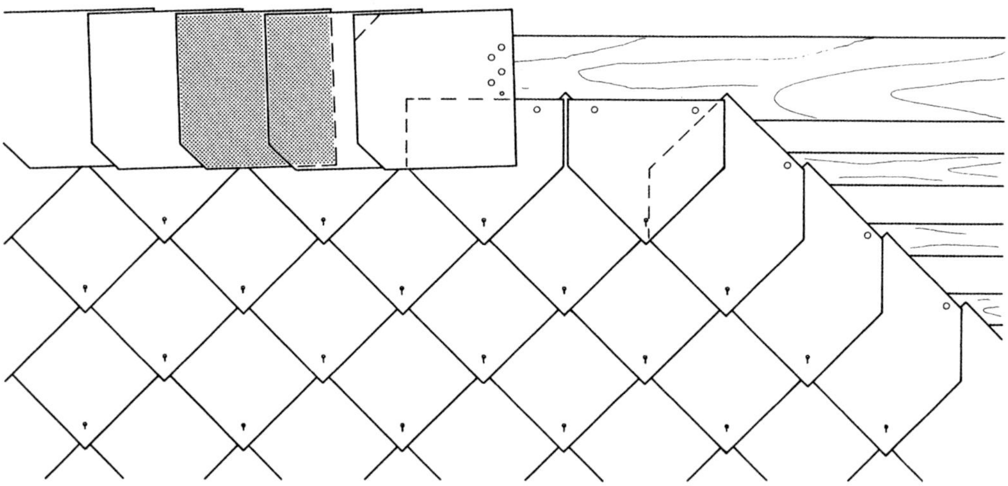

Abb. I.29: First: Waagerechte Deckung

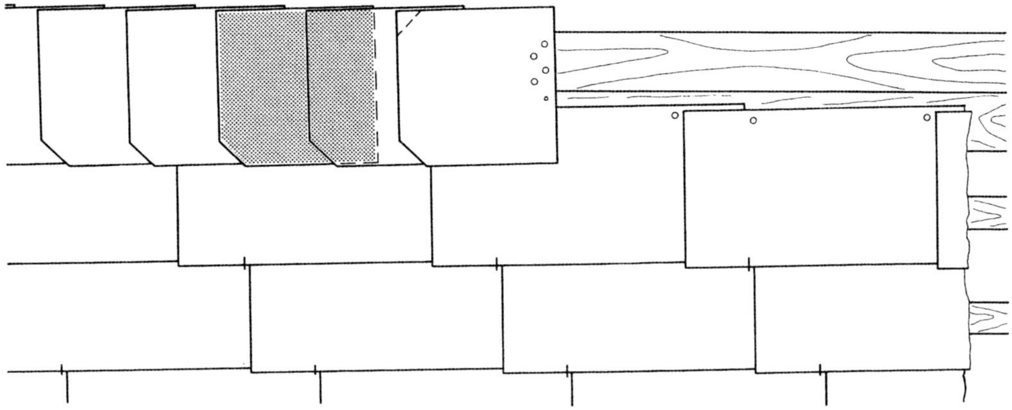

Abb. I.30: Grat: Deutsche Deckung mit Anfangort (Stichort)

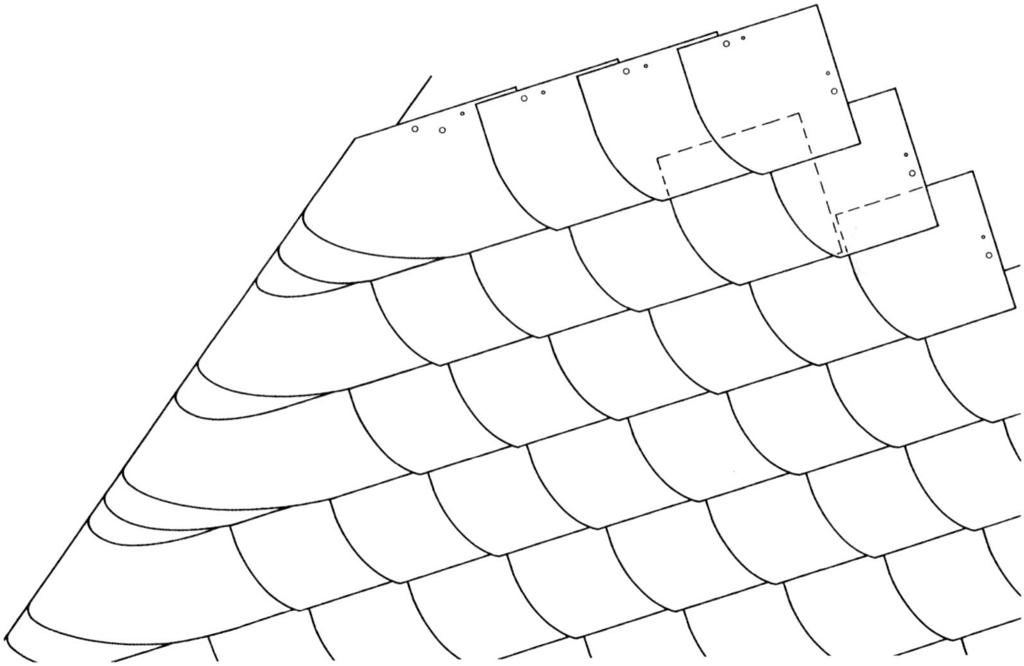

Abb. I.31:Grat: Deutsche Deckung mit Anfangort (stehend)

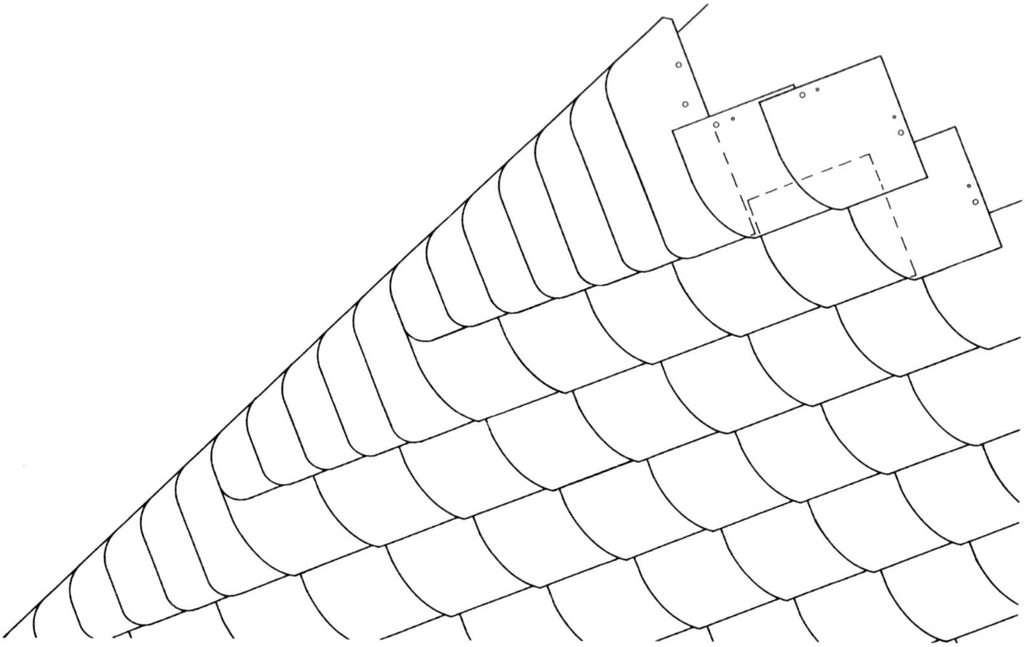

Abb. I.32: Grat: Deutsche Deckung mit Doppelendort

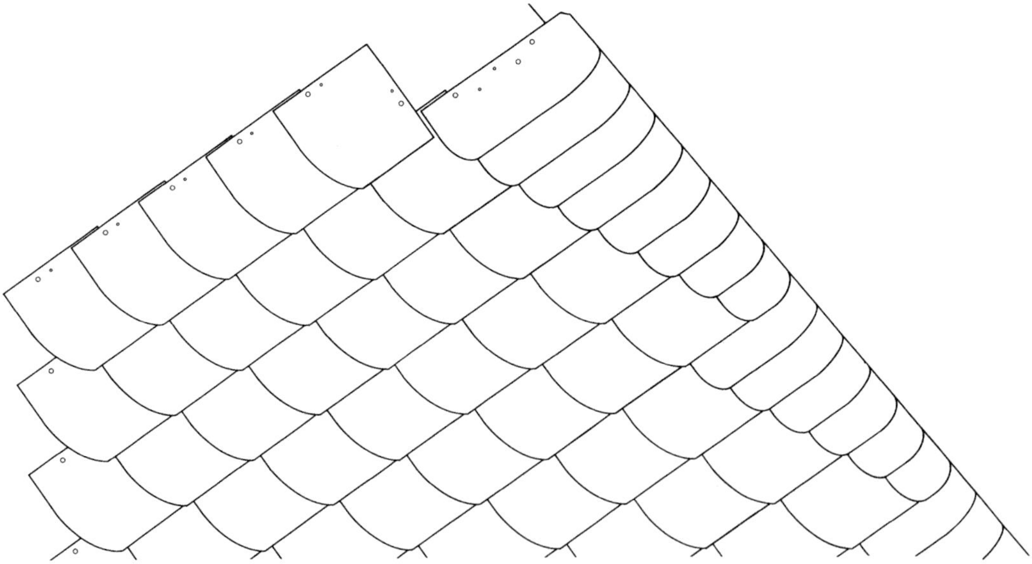

Abb. I.33: Grat: Deutsche Deckung mit Endstichort

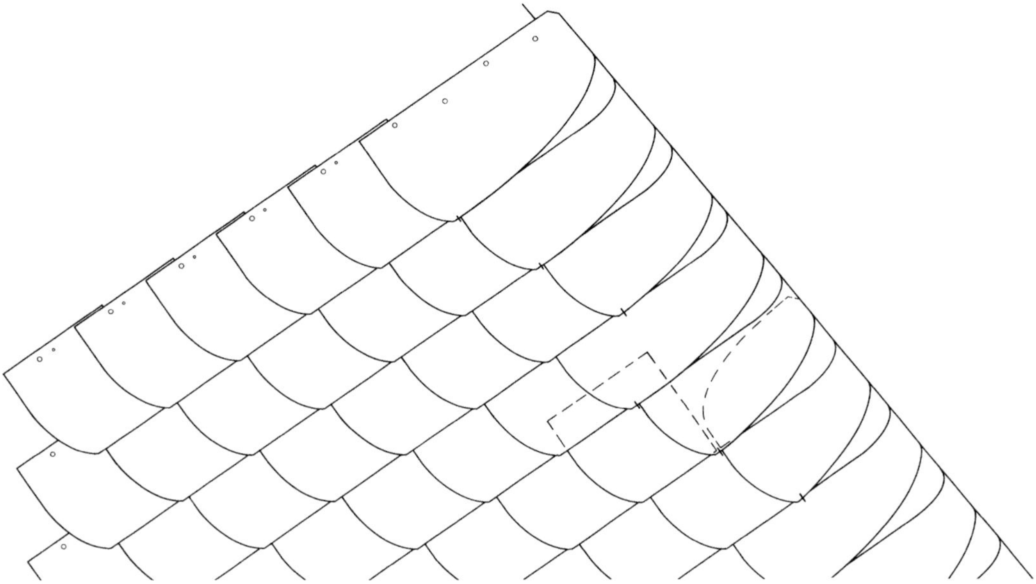

Abb. I.34: Grat: Doppeldeckung, eingebunden

Abb. I.35: *Grat: Doppeldeckung, Strackort*

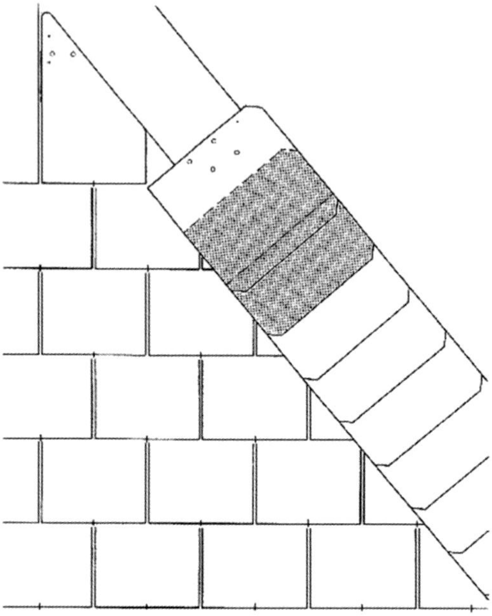

Abb. I.36: *Hauptkehle: Nockenkehle (unregelmäßige Einspitzer)*

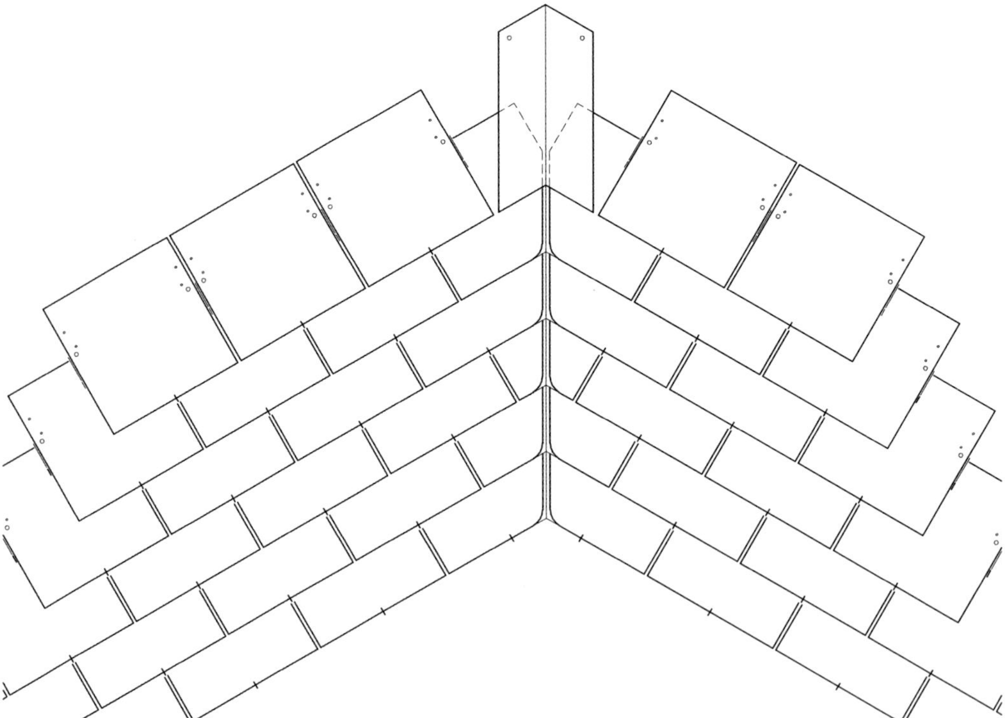

Abb. I.37: Hauptkehle: Nockenkehle (regelmäßige Einspitzer)

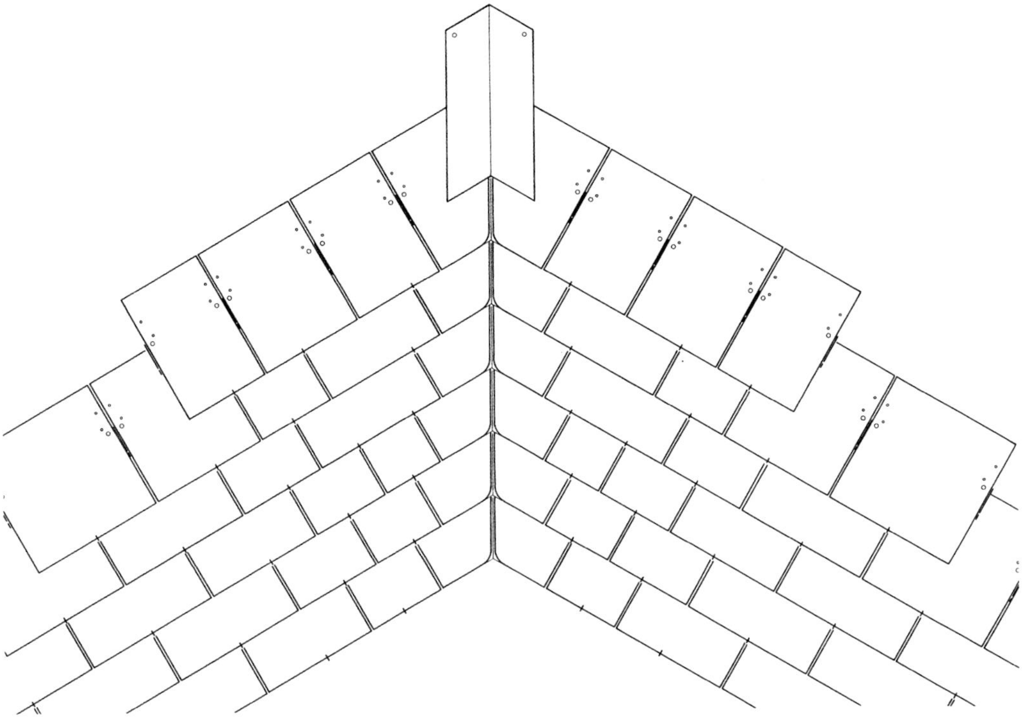

Abb. I.38: Hauptkehle: überdeckte Plattenkehle

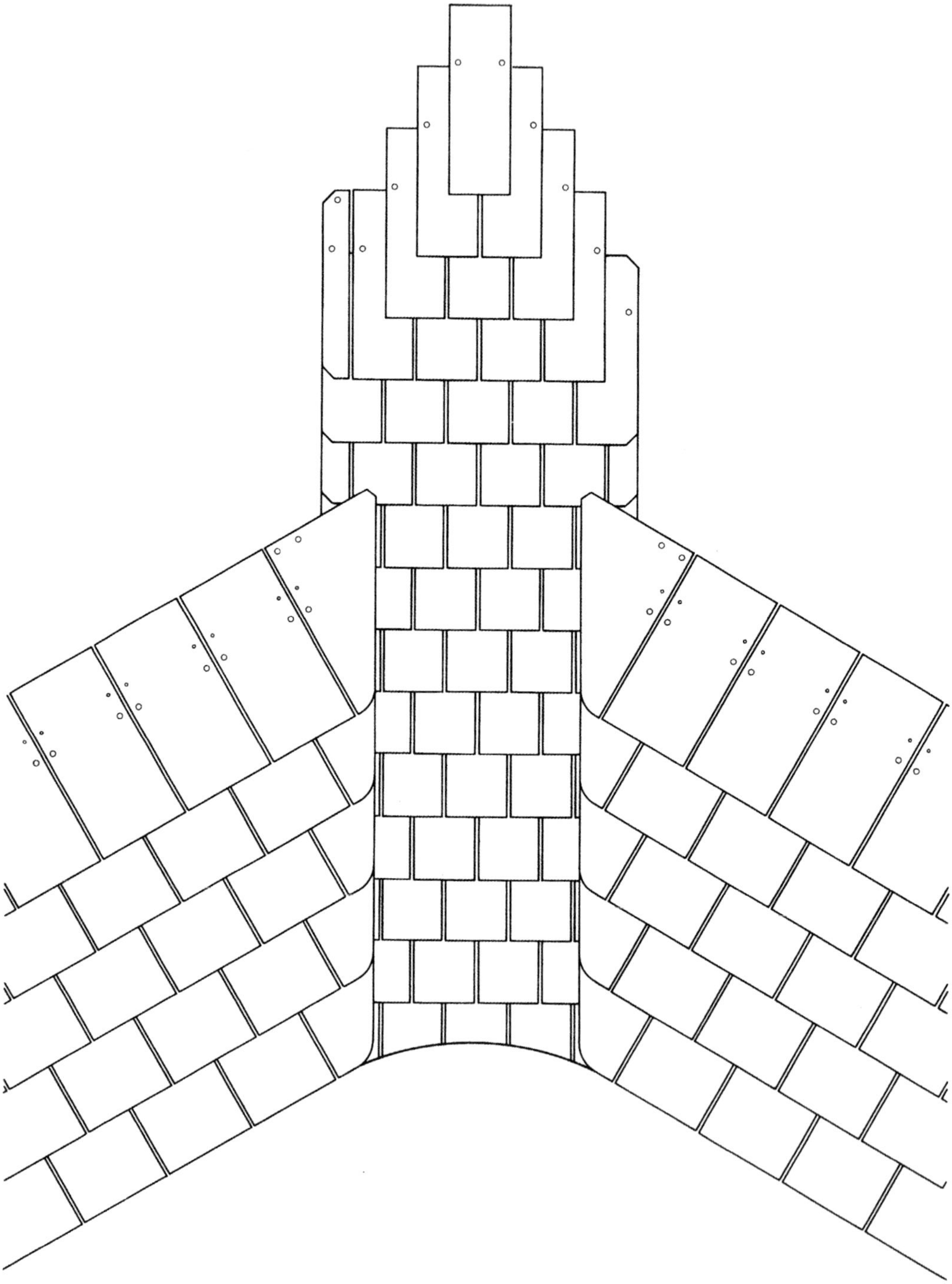

Abb. I.39: Hauptkehle: eingebundene Plattenkehle (Schnürschema)

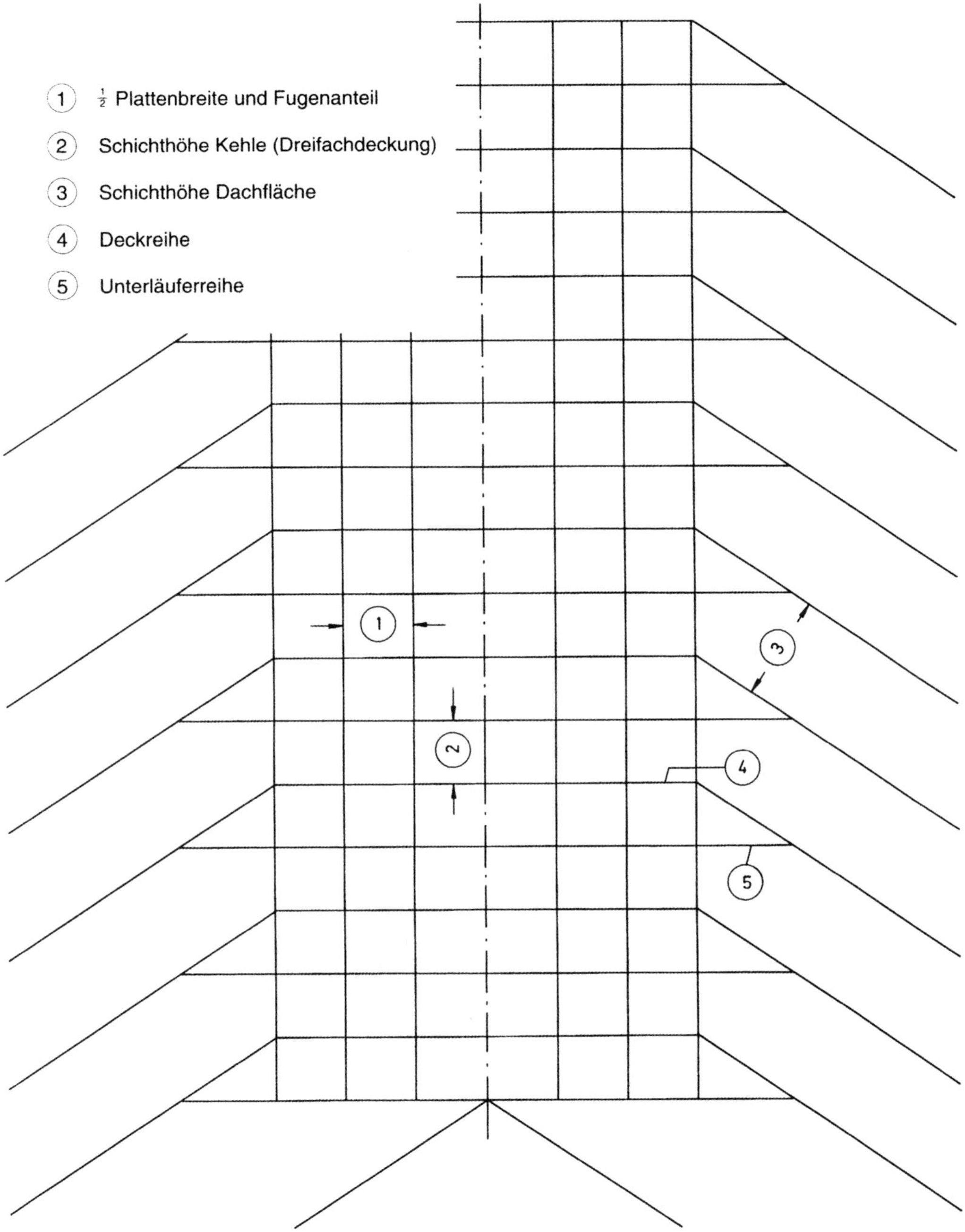

Abb. I.40: Hauptkehle: eingebundene Plattenkehle (Kehlanfang)

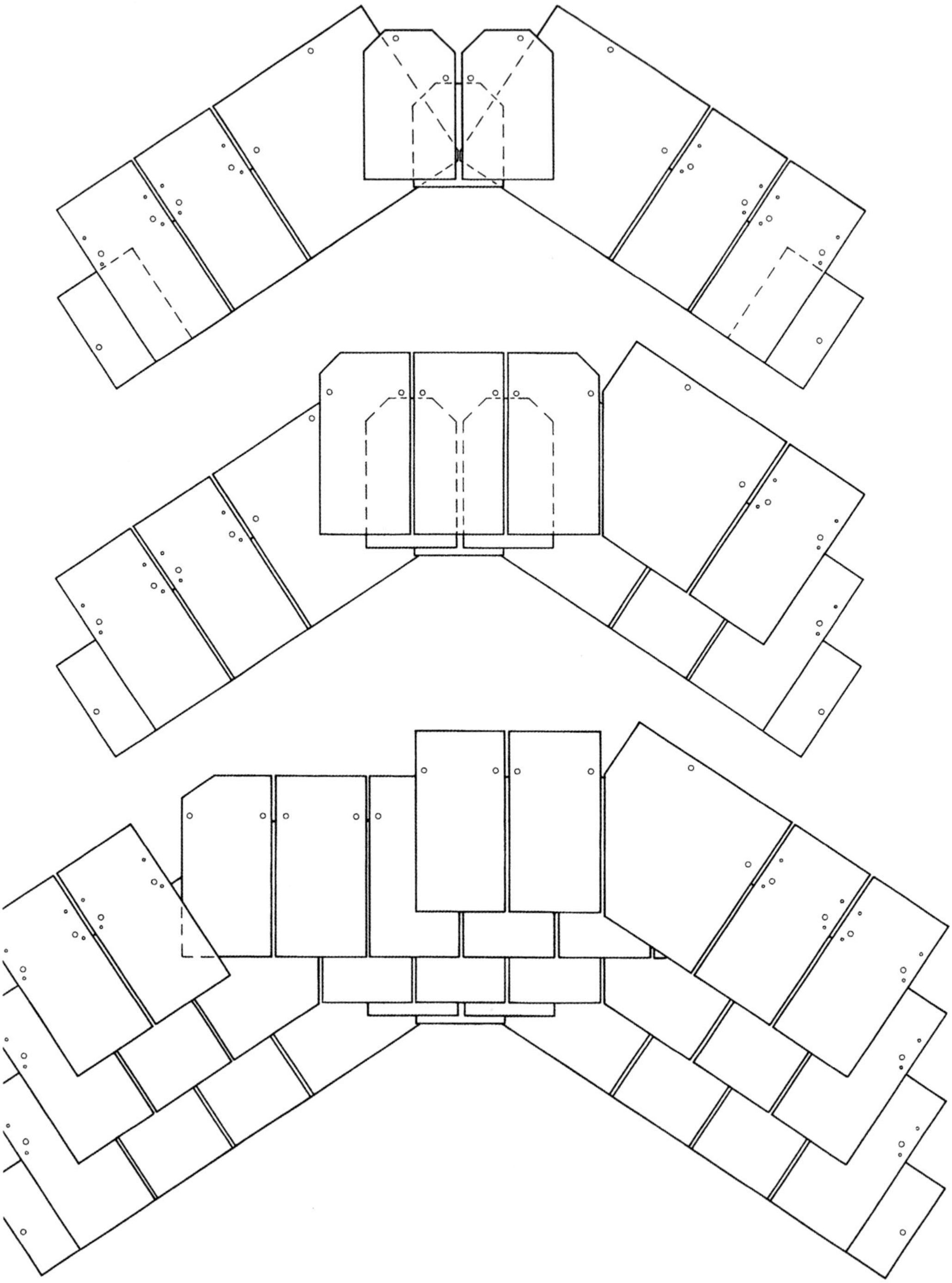

Abb. I.41: Hauptkehle: eingebundene Plattenkehle

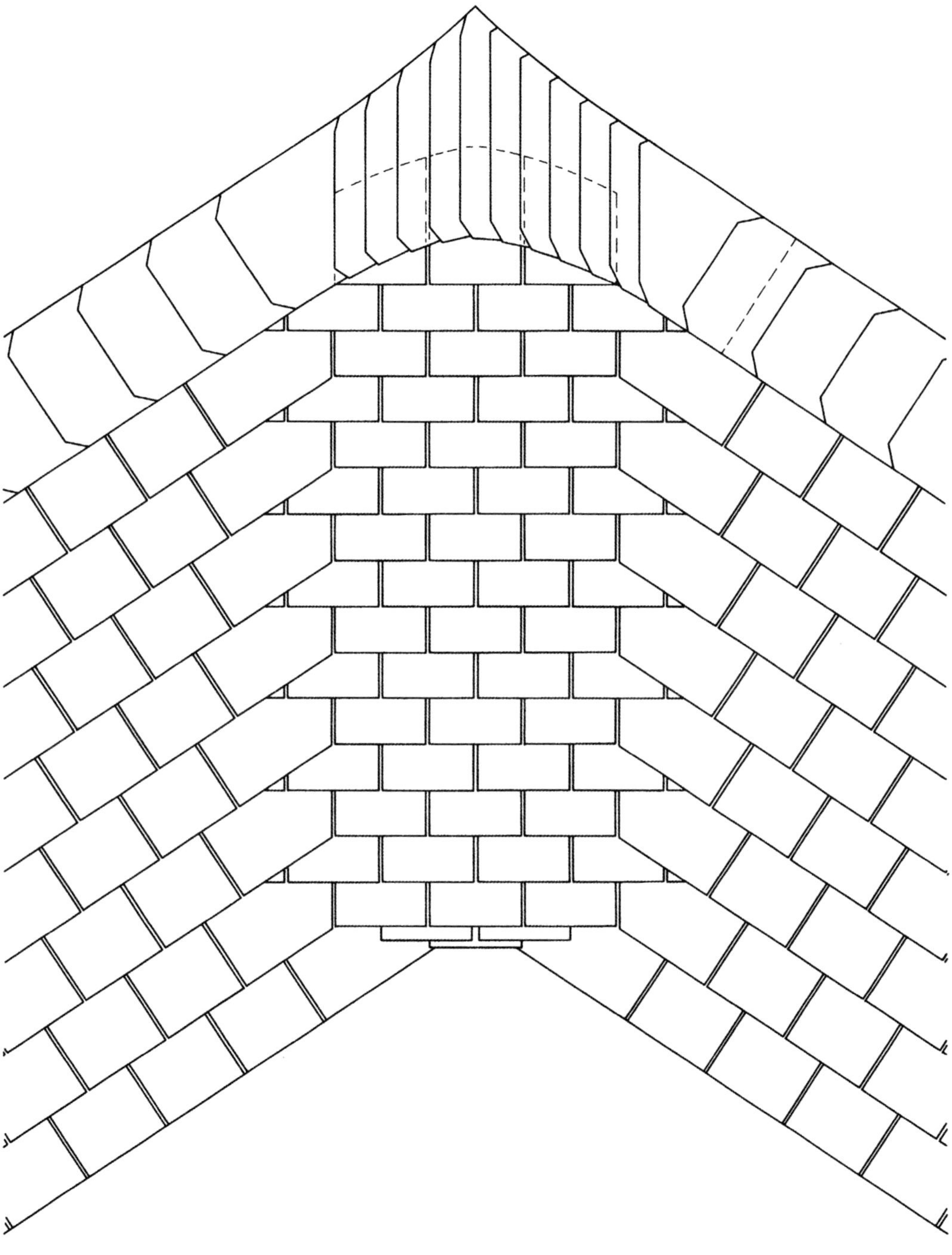

Abb. I.42: *Hauptkehle: Deutsche Deckung mit linker eingebundener Kehle*

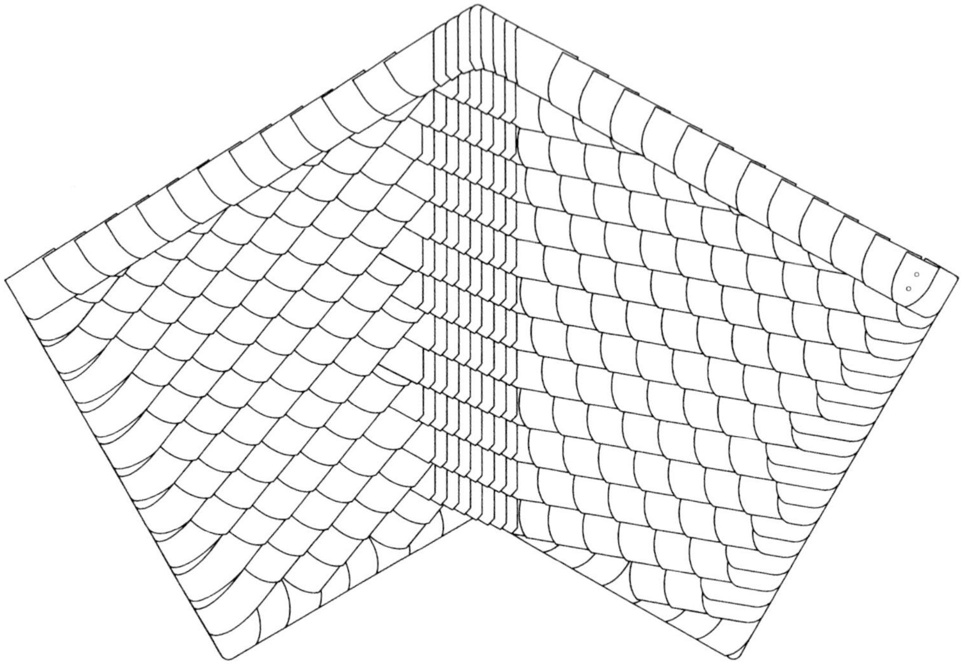

Abb. I.43: *Hauptkehle: Deutsche Deckung mit rechter eingebundener Kehle*

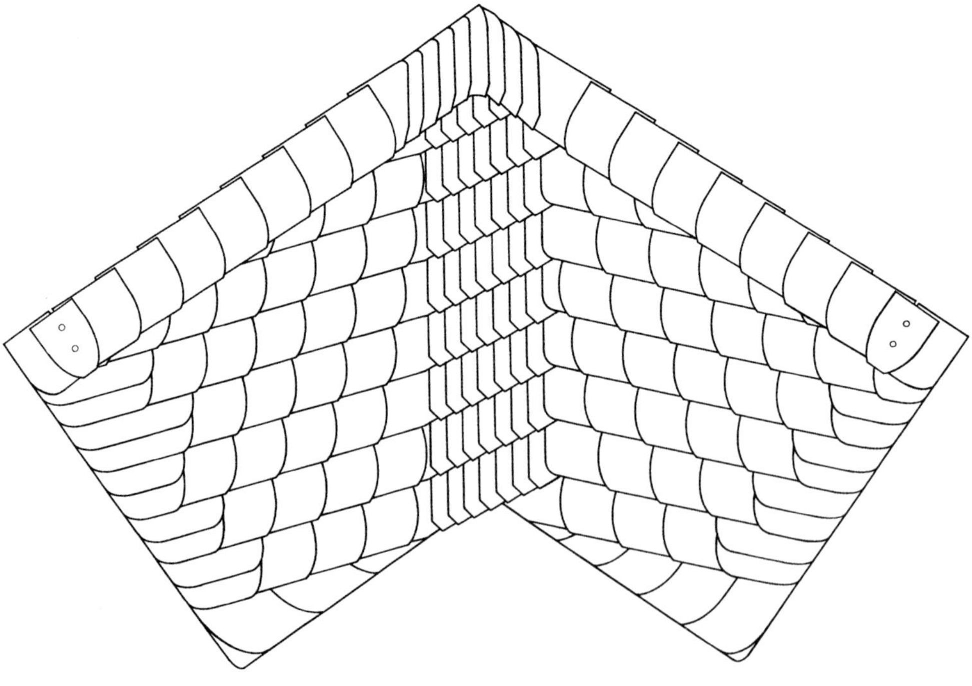

Abb. I.44: Seitlicher Anschluss aus Metall mit unterlegtem Anschlussblech

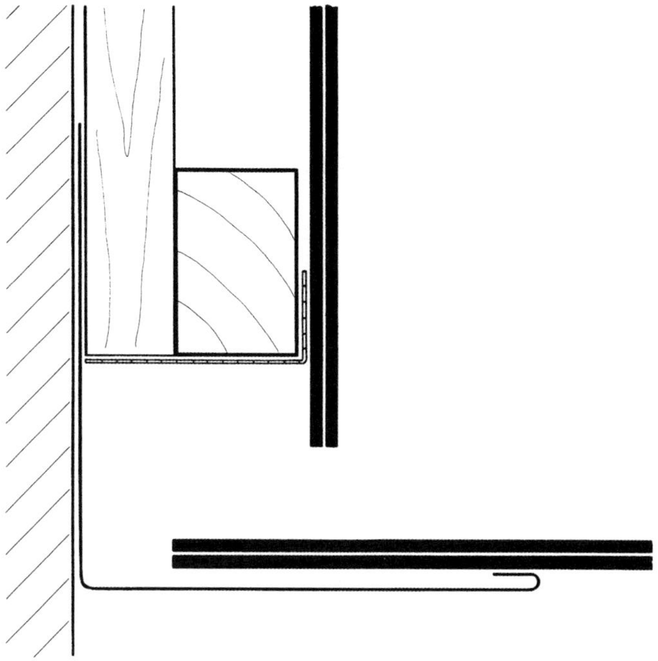

Abb. I.45: Seitlicher Anschluss aus Metall mit vertieftem Anschlussblech

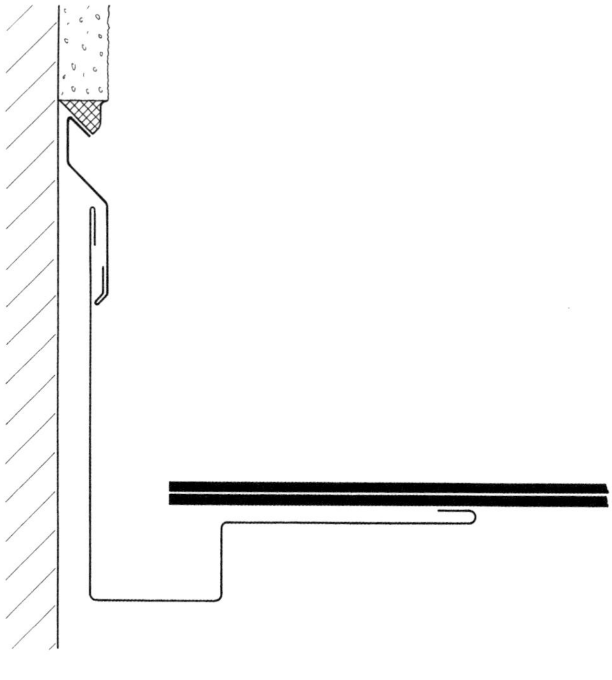

Abb. I.46: Seitlicher Anschluss als Wandkehle

Abb. I.47:Seitlicher Anschluss: Deutsche Deckung mit rechter eingehender Wandkehle

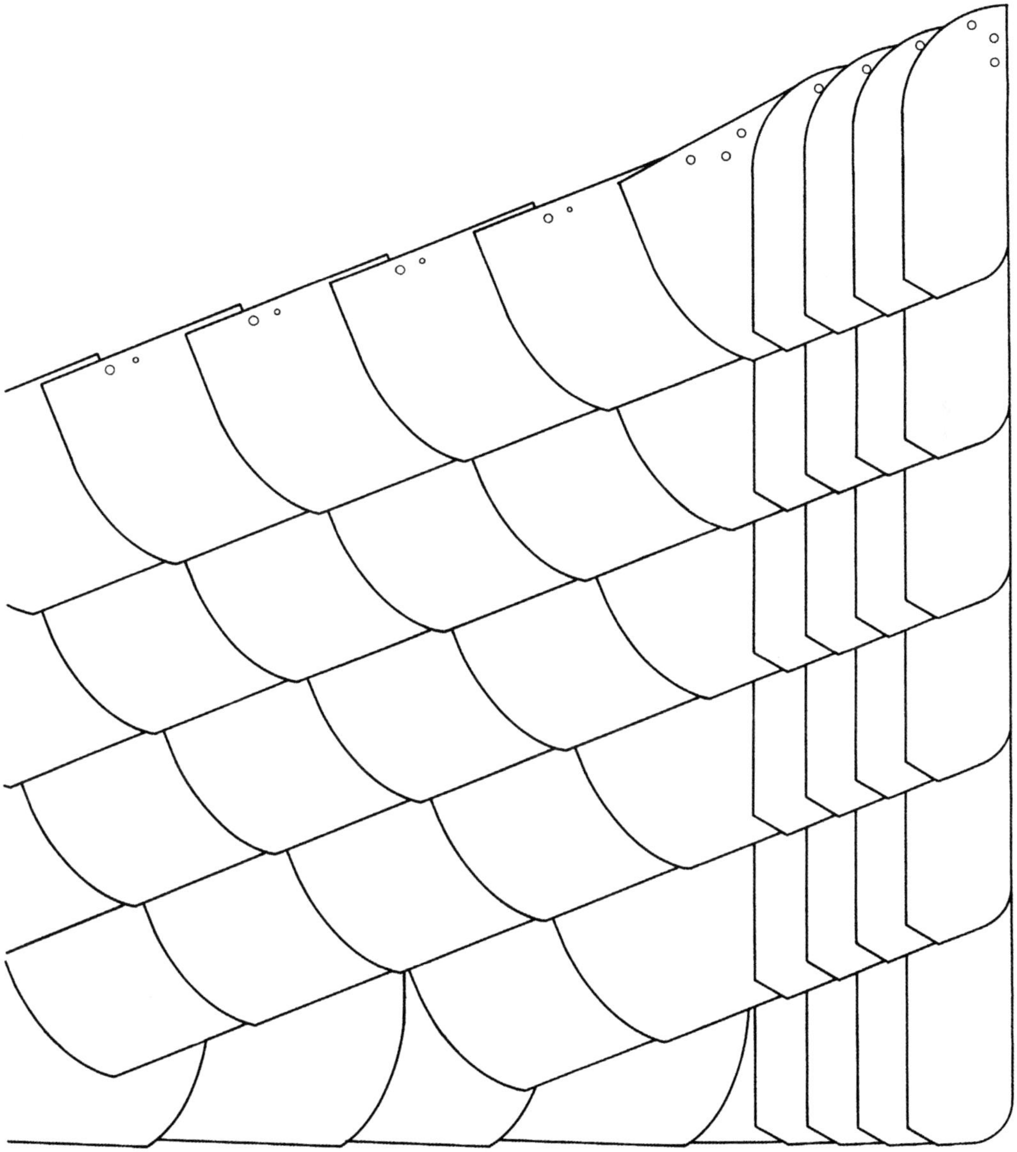

Abb. I.48: Seitlicher Anschluss: Deutsche Deckung mit linker eingehender Wandkehle

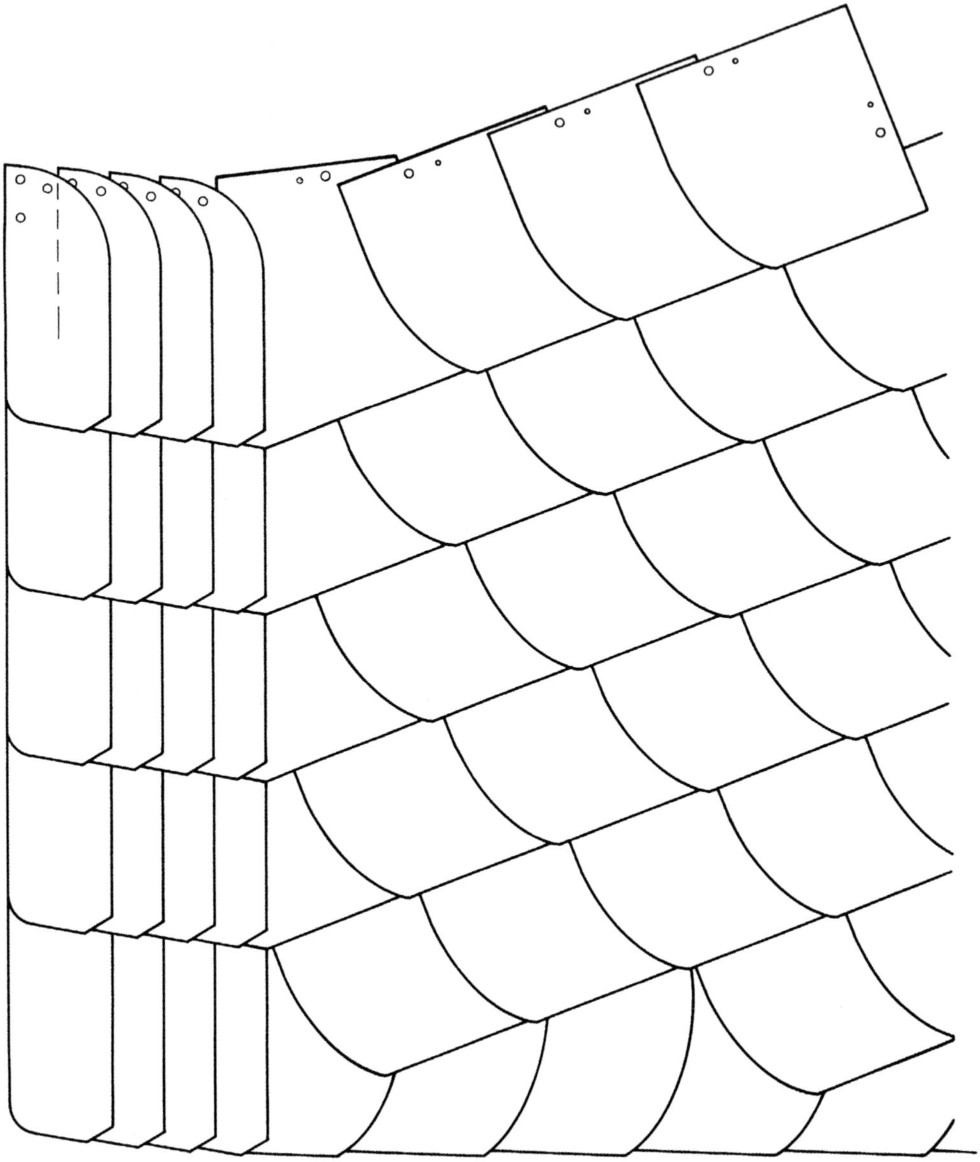

Abb. I.49: Seitlicher Anschluss als Wangenkehle

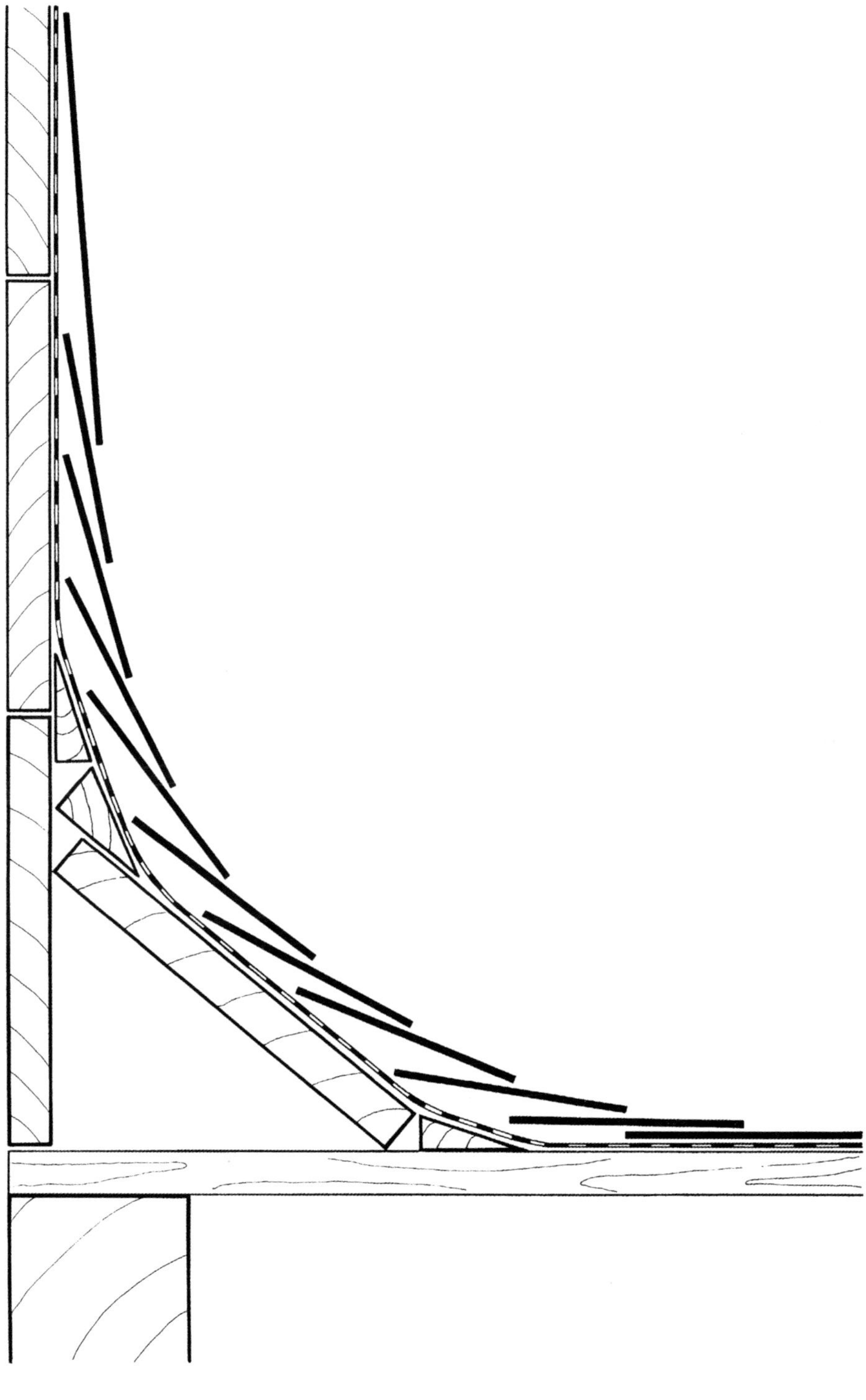

Deutsches Dachdeckerhandwerk
– Regelwerk –

Fachregel für Dachdeckungen mit Faserzement-Wellplatten

Aufgestellt und herausgegeben vom

Zentralverband des Deutschen Dachdeckerhandwerks – Fachverband Dach-, Wand- und Abdichtungstechnik – e. V.

Ausgabe März 2002

Rudolf Müller

Vorgänger:

Regeln für Deckungen mit Asbestzement	1960
Regeln für Deckungen mit Asbestzement	1972
Regeln für Deckungen mit Asbestzement	Januar 1974
Regeln für Deckungen mit Faserzement, Teil 3 Dachdeckungen mit Faserzement-Wellplatten	Mai 1993

Inhaltsverzeichnis

1 Allgemeines

1.1 Geltungsbereich und Begriffe

(1) Diese Fachregel gilt für Dachdeckungen mit Faserzement-Wellplatten.

(2) Die Grundregel, „Fachregel für Metallarbeiten im Dachdeckerhandwerk“ sowie die dazugehörigen Merkblätter und Hinweise, das „Produktdatenblatt Faserzement-Wellplatten“ des Regelwerkes, allgemeine bauaufsichtliche Zulassungen, einschlägige Normen und Richtlinien und die Herstellerverarbeitungsvorschriften sind zu beachten.

(3) Für Wellplatten gelten hinsichtlich der Auflagerabstände, Belastungen und Befestigungen die jeweiligen allgemeinen bauaufsichtlichen Zulassungen. Für die im "Produktdatenblatt Faserzement-Wellplatten" beschriebenen Wellplatten gelten die Fachregeln auch bezüglich Auflagerabstände, Belastungen und Befestigungen.

(4) Bei Einhaltung dieser Fachregel und der jeweiligen allgemeinen bauaufsichtlichen Zulassung werden die Anforderungen hinsichtlich der Regensicherheit und Windsogsicherung erfüllt.

1.2 Gestaltungshinweise

(1) Faserzement-Wellplatten werden mit unterschiedlichen Profilen und in verschiedenen Farben hergestellt. Für die Dachdeckungen gibt es:

- Standardwellplatten mit/ohne Eckenschnitt,
- Kurzwellplatten mit Eckenschnitt,
- Ergänzungsplatten,
- Formstücke.

(2) Standardwellplatten, Ergänzungsplatten und Formteile sind ungelocht. Kurzwellplatten haben Lochungen für die Befestigungsmittel.

(3) Je größer die Entfernung zwischen Traufe und First, desto steiler sollte die Dachneigung gewählt werden.

1.3 Dachneigungen

(1) Für die Regeldachneigungen in Abhängigkeit von der Entfernung Traufe–First gilt Tabelle 1.

(2) Die Regeldachneigung (Tabelle 1) kann bei Standardwellplatten um 2° und bei Kurzwellplatten um 5° unterschritten werden, wenn in der Höhenüberdeckung eine Dichtschnur (Kittschnur) angeordnet wird. Eine weitere Unterschreitung ist nur mit einem wasserdichten Unterdach zulässig. Die Mindestdachneigung von 5° darf nicht unterschritten werden.

(3) Standardwellplatten Profil 177/51 dürfen in einer Sonderverlegung bis zu einer Mindestdachneigung von 5° bei einer maximalen Entfernung Traufe–First von 20 m gedeckt werden, wenn sie dafür ausdrücklich bauaufsichtlich zugelassen sind und in der Höhen- und Seitenüberdeckung eine Dichtschnur (Kittschnur) angeordnet wird.

1.4 Regensichernde Zusatzmaßnahmen

Bei Dächern mit erhöhten Anforderungen, wie z. B. besondere klimatische Verhältnisse, exponierte Lage des Gebäudes, konstruktive Besonderheiten und große Entfernungen zwischen First und Traufe sowie Nutzung des Dachgeschosses, z. B. für Wohnzwecke, ist mindestens eine Unterspannung, unter 15° Dachneigung eine verschweißte oder verklebte Unterdeckung, als Zusatzmaßnahme anzuordnen. Wärmedämmsysteme mit entsprechender Funktion können auch angewendet werden.

1.5 Auflagerabstände und Belastungen[1]

(1) Die höchstzulässigen Auflagerabstände für Standardwellplatten sind in der Tabelle 2 angegeben.

(2) Die jeweils maximal zulässigen Belastungen sind in den entsprechenden Normen oder Zulassungen festgelegt. Überschreiten die zu erwartenden örtlichen Belastungen die angegebenen Belastungen, so müssen die Auflagerabstände reduziert und diese nachgewiesen werden.

Tabelle 1: Regeldachneigungen in Abhängigkeit von der Entfernung Traufe–First

Wellplatte	Entfernung Traufe–First in m	Regeldachneigung in ° (%)
Standardwellplatte	≤ 10	≥ 9 (~ 15,8)
	> 10–20	≥ 10 (~ 17,6)
	> 20–30	≥ 12 (~ 21,3)
	> 30	≥ 14 (~ 24,9)
Kurzwellplatte	≤ 10	≥ 15 (~ 26,8)
	> 10–20	≥ 17 (~ 30,6)
	> 20–30	≥ 19 (~ 34,4)
	> 30	≥ 20 (~ 36,4)

[1] Gilt nur für Wellplatten gemäß Produktdatenblatt.

Tabelle 2: Auflagerabstände für Standardwellplatten in mm

Dachneigung	Profil	Wellplattenlänge	Auflagerabstände	
			höchstzulässig	üblicher Abstand
< 20° (~ 36,4 %)	177/51 und 130/30	2500 2000 1600 1250	≤ 1150	1150 900 700 1050
≥ 20° (~ 36,4 %)	177/51	2500 2000 1600 1250	≤ 1450	1150 900 1400 1050
	130/30	2500 2000 1600 1250	≤ 1175	1150 900 700 1050

(3) Bei Kurzwellplatten ergibt sich aufgrund der Überdeckung ein gleich bleibenderAuflagerabstand von 500 mm, wodurch sichergestellt ist, dass die Platten den zu erwartenden Wind- und Schneelasten standhalten. Bei Ausgleichsplatten beträgt der Auflagerabstand ≤ 705 mm.

(4) Die höchstzulässige Auskragung von Wellplatten darf _ der höchstzulässigen Auflagerabstände nicht überschreiten.

1.6 Hinweise zur Durchsturzsicherheit

Beim Herstellen der Deckung, bei dem Begehen und zur Wartung von über dem Dach befindlichen Anlagen sind entsprechende Maßnahmen vorzusehen, z. B. Fangnetz, Bohlen, Laufroste.

2 Werkstoffe und Anforderungen

2.1 Faserzement-Wellplatten
(Abb. 1, 2)

(1) Diese Fachregel gilt für Faserzement-Wellplatten gemäß Produktdatenblatt. Für allgemein bauaufsichtlich zugelassene Wellplatten ähnlicher Art, die vom Produktdatenblatt abweichen, gilt die Fachregel sinngemäß.

(2) Faserzement-Wellplatten werden als ungelochte Standardwellplatten und als gelochte Kurzwellplatten geliefert. Oberflächenbeschichtungen sind üblich. Faserzement-Wellplatten mit industriell vorgefertigtem Eckenschnitt können nur von rechts nach links gedeckt werden.

(3) Faserzement-Wellplatten werden mit unterschiedlichen Profilen hergestellt. Die Profile 177/51 und 130/30 werden vorzugsweise verwendet.

(4) Für die Formate gilt Tabelle 3.

(5) Als Ergänzung werden Faserzement-Wellplatten ohne Eckenschnitt geliefert. Zum weiteren Lieferprogramm gehören Formstücke.

Tabelle 3: Standardformate

Wellplatte	Länge (mm)	Profil 177/51	Profil 130/30
		Breite (mm) Wellenanzahl	
Standardwellplatte	2500	920	1000
	2000	5 Wellenberge	8 Wellenberge
	1600		
	1250		
Kurzwellplatte	625	920 5 Wellenberge	–

2.2 Unterkonstruktionen

2.2.1 Holz

(1) Für Deckunterlagen aus Holz und Holzwerkstoffen sind die „Hinweise Holz und Holzwerkstoffe“ zu beachten.

(2) Latten und Pfetten müssen eine Mindestauflagerbreite von 60 mm (Nennmaß) haben. Die Höhe ist abhängig vom Unterstützungsabstand (z. B. Sparrenabstand) und richtet sich nach den statischen Erfordernissen. Ohne besonderen Nachweis soll bei einem lichten Abstand der Sparren bis 0,80 m die Höhe der Latten mindestens 40 mm (Nennmaß) betragen. Die Befestigung der Pfetten erfolgt entsprechend statischem Nachweis.

2.2.2 Metall

(1) Für Pfetten aus Metall werden üblicherweise verwendet:

- warmgewalzte Stahlprofile, z. B. I-, U-, L- und T-Profile,
- kaltgeformte Stahlblechprofile, z. B. Z- und C-Profile,
- Stahlrohre (ø ≥ 40 mm) und Kastenprofile.

(2) Stahlgüte, Korrosionsschutz, Brandschutz, Befestigung und Querschnittsabmessungen müssen besonders nachgewiesen sein.

(3) Außer bei Stahlrohren muss die Auflagerbreite für die Faserzement-Wellplatten mindestens 40 mm betragen.

2.2.3 Stahlbeton

(1) Pfetten aus Stahlbeton müssen DIN 1045 „Beton und Stahlbeton; Bemessung und Ausführung“ entsprechen und statisch nachgewiesen sein.

(2) Die Auflagerbreite für die Faserzement-Wellplatten muss mindestens 40 mm betragen.

2.3 Werkstoffe für die Befestigung

(1) Zur Befestigung von Standardwellplatten eignen sich Befestigungsmittel entsprechend Tabelle 4.

(2) Befestigungsmittel für Standardwellplatten müssen hierfür allgemein bauaufsichtlich zugelassen sein.

(3) Kurzwellplatten werden üblicherweise mit Glockenschrauben (ø = 3,8 mm; feuerverzinkt; Eindringtiefe ≥ 36 mm) befestigt. Befestigungsmittel nach Tabelle 4 können ebenfalls verwendet werden.

(4) Es dürfen nur Befestigungsmittel mit geeigneter Dichtung (z. B. Pilzdichtung) verwendet werden.

Tabelle 4: Befestigungsmittel für Standardwellplatten

<table>
<tr><th rowspan="2">Werkstoff der Unterkonstruktion</th><th colspan="5">Befestigungsmittel</th><th colspan="2">Lochung in</th></tr>
<tr><th>Art</th><th>Ø mm</th><th colspan="2">Eindringtiefe</th><th>Korrosionsschutz</th><th>Wellplatte</th><th>Unterkonstruktion</th></tr>
<tr><td rowspan="2">Holz</td><td>Holzschraube nach DIN 571</td><td>≥ 7</td><td colspan="2">≥ 36 mm</td><td>mindestens feuerverzinkt</td><td>vorbohren</td><td>–</td></tr>
<tr><td>Holzschraube selbstbohrend mit Bohrlochaufreibern</td><td>≥ 6,25</td><td colspan="2">≥ 57 mm</td><td>mindestens feuerverzinkt</td><td>selbstbohrend</td><td>selbstbohrend</td></tr>
<tr><td rowspan="2">Stahl</td><td>Stahlhaken S 235 JR nach DIN EN 10025</td><td>> 6,25</td><td colspan="2"></td><td>korrosionsgeschützt</td><td>vorbohren</td><td>–</td></tr>
<tr><td>Stahlschraube gewindefurchend</td><td>≥ 6,25</td><td>≥ Profildicke</td><td>Die Schraube muss bei Profildicken ≤ 6 mm voll bzw. > 6 mm mindestens 6 mm eingeschraubt sein.</td><td>korrosionsgeschützt</td><td>vorbohren</td><td>vorbohren</td></tr>
<tr><td>Beton</td><td>Holzschraube nach DIN 571 mit geeignetem Dübel</td><td>≥ 7</td><td colspan="2">abhängig von Dübelart und -länge</td><td>mindestens feuerverzinkt</td><td>vorbohren</td><td>vorbohren</td></tr>
</table>

2.4 Werkstoffe für An- und Abschlüsse

Für An- und Abschlüsse können Faserzement-Formstücke, Zinkblech, verzinktes Stahlblech, Walzblei, Kupferblech, nicht rostendes Stahlblech, Alublech, kunststoffbeschichtetes Blech o. Ä. in handelsüblicher Qualität und Dicke verwendet werden. Für die Ausführung ist auch die „Fachregel für Metallarbeiten im Dachdeckerhandwerk" zu beachten.

3 Ausführung der Deckung
(Abb. 3 bis 9)

(1) Die Wellplattendeckung ist mit Standardwellplatten oder Kurzwellplatten mit Eckenschnitt auszuführen. Die Wellplatten sind mit Höhen- und Seitenüberdeckungen zu verlegen (siehe Tabelle 5).

(2) Bei der Einteilung der Pfetten oder Latten dürfen die höchstzulässigen Auflagerabstände nicht überschritten werden.

(3) Die üblichen Auflagerabstände von Standardwellplatten sind Tabelle 2 zu entnehmen. Die Auflagerabstände können sich durch Traufüberstand, Firstüberstand, Zuschnittplatten oder besondere statische Anforderungen ändern.

(4) Die Lage der Firstpfetten richtet sich nach der:
- Dachneigung,
- Höhe des Dachaufbaus,
- Firstkonstruktion,
- Art der Formteile.

(5) Die übrigen Abstände sind von der Firstpfette ausgehend einzuteilen, wobei eventuelle Ausgleichsplatten möglichst im Firstbereich angeordnet werden sollen.

(6) Bei der Einteilung der Dachfläche auf Deckbreiten können sich eventuell Zuschnittplatten ergeben. Die Mindestbreite der Zuschnittplatte muss bei
- Profil 177/51 2 Wellenberge und 2 Wellentäler,
- Profil 130/30 3 Wellenberge und 2 Wellentäler

betragen.

(7) Bei Ortausbildungen dürfen Zuschnittplatten nicht im Randbereich (siehe Abb. 1.1 im Anhang I) verwendet werden. Das Abschneiden des letzten Wellentales bei Endplatten des Profils 177/51 ist zulässig.

(8) Die Deckung der Wellplatten hat winkel- und fluchtrecht zu erfolgen.

(9) Ist eine Einlage von dauerplastischem Kitt in der Höhenüberdeckung vorgesehen, so hat diese 10 bis 40 mm traufseits der Bohrlöcher zu liegen. Die Eckenschnitte sind von Kittschnur freizuhalten, um den Wasserablauf nicht zu behindern (siehe Abb. 3, 4).

(10) Bei Deckung auf Wärmedämmungen oder Wärmedämmsystemen ist für eine ausreichende Druckverteilung, z. B. durch Distanzstreifen über jedem Auflager oder durch das Wärmedämmsystem selbst, zu sorgen.

(11) Die Anordnung der Befestigungsmittel ist abhängig vom Wellplattenprofil, der Unterkonstruktion und dem Befestigungsmittel selbst. Bei Standardwellplatten sind die Befestigungsmittel in einem Abstand von jeweils ≥ 50 mm[3] von der Oberkante wie auch Unterkante der Platte anzuordnen. Die Randabstände der Befestigungsmittel von Ober- und Unterkante sowie die Anzahl und Anordnung werden bei Kurzwellplatten durch die vorgebohrten Löcher bestimmt. Die Kurzwellplatten sind mit Oberkante Pfette oder Latte bündig zu decken.

(12) Die Löcher für die Befestigungsmittel sind, soweit nicht werkseitig vorhanden, zu bohren. Der Durchmesser von bauseits herzustellenden Bohrlöchern in Faserzement-Wellplatten muss mindestens 2 mm größer als der Schaft des Befestigungsmittels sein. Bei Verwendung von Pilzdichtungen mit Schaft muss der Bohrlochdurchmesser 11 mm betragen.

(13) Für die Anzahl und Anordnung der Befestigungen bei den verschiedenen Wellplattenprofilen für allseitig geschlossene prismatische Baukörper gelten für alle Standardwellplatten die Tabellen im Anhang I[4]. Bei nicht prismatischen Baukörpern sowie bei Gebäudehöhen > 20 m ist ein statischer Nachweis erforderlich. Dies gilt auch bei Gebäuden, die nicht allseitig geschlossen sind, z. B. Gebäude mit großen Toren, Öffnungen o. Ä.

(14) Die Bemessung der Rand- und Eckbereiche erfolgt entsprechend DIN 1055-4 „Lastannahmen für Bauten; Verkehrslasten, Windlasten bei nicht schwingungsanfälligen Bauwerken". Die Breite des Randbereichs beträgt $^1/_8$ der kleineren Dachgrundrissseite (a), jedoch bei Dachgrundrissseitenlängen ≤ 30 m mindestens 1,00 m und höchstens 2,00 m.

Tabelle 5: Überdeckungen

Wellplatte	Profil	Höhenüberdeckung in mm	Seitenüberdeckung in mm	Deckbreite in mm
Standardwellplatte	177/51	200	47	873
	130/30	200	90	910
Kurzwellplatte	177/51	125	47	873

[1, 2, 3] Gilt nur für Wellplatten gemäß Produktdatenblatt.

4 Dachdetails

4.1 Allgemeines

Die Deckung von Dachdetails kann mit Formstücken aus Faserzement erfolgen. Die Formstücke müssen in der Oberflächenbeschaffenheit der Flächendeckung entsprechen; Formstücke, die mit Eckenschnitt gedeckt werden, auch in der Dicke.

4.2 Traufe
(Abb. 10 bis 12)

(1) Die Deckung der Traufe erfolgt mit Überstand oder mit Traufkonstruktion unter Berücksichtigung der eventuell erforderlichen Lüftungsöffnungen. Die Deckung kann erfolgen unter Verwendung von:

- Traufenfußstücken,
- Zahnleisten,
- Traufblechen,
- Kunststoffprofilen oder
- mit freiem Überstand.

(2) Bei Verwendung von Standard- und Kurzwellplatten mit vorgefertigtem Eckenschnitt erfolgt der Anschluss an die Dachrinne mit Traufenfußstücken mit gewelltem Schenkel ≥ 200 mm Schenkellänge bei Standardwellplatten und ≥ 125 mm bei Kurzwellplatten oder Traufblechen mit entsprechendem Zuschnitt. Die Wellplatten sind so zu verlegen, dass vor den Traufenfußstücken bzw. Traufblechen eine Tropfkante entsteht.

(3) Die Befestigung der Traufenfußstücke erfolgt zusammen mit der Befestigung der Wellplatten.

(4) Bei Deckung mit freiem Überstand sind Wellplatten ohne Eckenschnitt zu verwenden. Unterhalb der Wellplatten verlegte Zahnleisten oder Kunststoffprofile sind gesondert an der Konstruktion zu befestigen.

(5) Die Befestigung von Dachrinnen, Rinnenhaltern, Traufblechen, Traufblenden o. Ä. muss an der Unterkonstruktion erfolgen. Hierzu notwendige Halterungen (z. B. Rinnenhalter) dürfen nicht auftragen bzw. die Deckung beeinträchtigen.

4.3 Ort
(Abb. 13 bis 21)

(1) Die Deckung des Ortes kann mit Formstücken aus Faserzement, Metallprofilen, speziellen Ortkonstruktionen oder freiem Überstand erfolgen.

(2) Bei Deckung mit Formstücken sind üblich:

- ebene Winkel,
- Wellgiebelwinkel

mit entsprechenden Anschlussstücken.

(3) Formstücke können im Bereich der Höhenüberdeckung der Flächendeckung so gedeckt werden, dass die Formstücke gegen die überdeckenden Wellplatten stoßen. Außerdem ist eine Deckung mit Eckenschnitt von Formstück und Wellplatte möglich.

(4) Die Höhenüberdeckung der Formstücke untereinander muss der Flächendeckung entsprechen.

(5) Wellgiebelwinkel, ebene Winkel und andere Formstücke müssen entweder auf zwei Wellenbergen/-tälern oder auf einem Wellenberg und einem zusätzlichen Auflager aufliegen. Hilfskonstruktionen für notwendige Befestigungen der senkrechten Schenkel können als ein solches zusätzliches Auflager dienen.

(6) Formstücke müssen in der Richtung aller Pfetten zweimal befestigt werden. Geeignet sind Befestigungen auf:

- zwei Wellenbergen,
- einer Hilfskonstruktion und einem Wellenberg,
- einer Hilfskonstruktion oder einem Wellenberg und in der Vertikalen oder
- einem Wellenberg und in der Vertikalen.

(7) Eine seitliche Überdeckung von Formstücken über dem letzten Wellenberg von mindestens 50 mm muss sichergestellt sein. Wellgiebelwinkel sind mindestens mit der gleichen Seitenüberdeckung wie in der Fläche zu verlegen.

(8) Formstücke mit senkrechten Schenkellängen > 200 mm sind in der Vertikalen zu befestigen. Hierzu können Hilfskonstruktionen erforderlich werden.

(9) Die senkrechten Schenkel der Formstücke sind mit ≥ 20 mm Abstand zur fertigen Wand zu decken. Dies ist bei der Breiteneinteilung der Dachfläche gegebenenfalls zu berücksichtigen. Der senkrechte Schenkel der Formstücke muss die Unterkonstruktion bzw. die Hilfskonstruktion um ≥ 20 mm überragen.

(10) Orte können mit entsprechenden Metallprofilen oder speziellen Ortkonstruktionen auch so gedeckt werden, dass die Wellplattendeckung überdeckt wird oder die Ortausbildung unter die Wellplattendeckung geführt wird.

(11) Für überdeckende Ortkonstruktionen mit Metallprofilen o. Ä. gilt Kapitel 4.3 (5), (6), (7) und (8) sinngemäß.

(12) Bei unterdeckenden Metallblechen werden Konstruktionen wie bei Wandanschlüssen ausgeführt (siehe Abschnitt 4.8.2). Die dort vorgeschriebenen Anschlusshöhen gelten nicht für die Deckung der Orte, jedoch wird empfohlen, die Bleche über die Ebene der Wellenberge hochzuführen.

(13) Bei Deckung mit Überstand ohne Formstücke muss das erste bzw. letzte Wellental voll auf der Unterkonstruktion aufliegen. Die Wellplatten müssen mit einem abgehenden Wellenberg enden.

(14) Schräge Ortkanten, bei denen das Wasser zur Ortkante geführt wird, werden mit Traufkonstruktion, mit vertiefter Rinne oder mit freiem Überstand ausgeführt.

(15) Schräge Ortkanten, bei denen das Wasser nicht zur Ortkante geführt wird, können wie gerade Ortkanten gedeckt werden. Die Ausführung mit Wellgiebelwinkeln ist nicht möglich.

4.4 First
(Abb. 22 bis 25)

(1) Die Deckung des Firstes erfolgt mit Formstücken aus Faserzement. Eckenschnitt, Höhen- und Seitenüberdeckung, Befestigung und eventuelle Kitteinlage müssen der Flächendeckung entsprechen.

(2) Neben zweiteiligen Wellfirstformstücken ohne Entlüftungsmöglichkeit gibt es für die Ausbildung von Firstlüftungen Firstformstücke sowie durchgehende Firstlüftungssysteme.

(3) Der Abstand der Firstpfette vom Firstscheitelpunkt muss ermittelt werden (siehe Abb. 22 bis 24). Da herstellerbezogene Formteilabmessungen in die Ermittlung einfließen, geben die Hersteller üblicherweise Werte in Tabellen an.

(4) Bei zweiteiligen Wellfirstformstücken muss im Scheitelbereich eine Kittschnur sowohl in der Seitenüberdeckung der unteren als auch der oberen Muffe sowie längs des Firstes zwischen den beiden Teilen eingelegt werden (siehe Abb. 24, 25).

(5) Zweiteilige Wellfirstformstücke können nur bis maximal 55° Dachneigung regensicher gedeckt werden.

(6) Durchgehende Firstlüftungssysteme bestehen aus Maueranschlussformstücken, Haltern, eventuell besonderen Profilen und/oder nur aus einteiligen Firstkappen.

(7) Bei Dachneigungen, bei denen die genannten Firstlösungen nicht mehr angewendet werden dürfen, sind Sonderkonstruktionen, z. B. unter Verwendung von zusätzlichen Abdeckungen, nötig.

4.5 Grat
(Abb. 26)

(1) Die Deckung des Grates erfolgt üblicherweise mit Faserzement-Gratkappen.

(2) Die Deckungen der beiden anzuschließenden Dachflächen müssen bis an die Gratlinie geführt werden. Eventuell erforderliche Lüftungsöffnungen sind zu berücksichtigen.

(3) Zur Auflagerung und Befestigung der schräg geschnittenen Platten der Flächendeckung muss im Gratbereich in der Ebene der Pfetten oder Latten eine entsprechende Unterkonstruktion vorhanden sein.

(4) Zur Befestigung der Gratkappen ist eine Unterkonstruktion, z. B. Gratlatte/-bohle, notwendig. Die Breite der Gratlatte/-bohle muss ≥ 40 mm betragen. Die Lage der Oberkante der Gratlatte/-bohle ist abhängig von der Dachneigung, der Wellplattenprofilhöhe, der Form der Gratkappe und Zusatzprofile. Damit Spannungsfreiheit gewährleistet ist, sollte die Kappe nicht auf der Flächendeckung aufliegen.

(5) Zusatzprofile haben die Aufgabe, zur Regensicherheit des Gratanschlusses beizutragen.

(6) Kurze Gratkappen, z. B. für Kurzwellplattendeckungen, werden untereinander ≥ 70 mm überdeckt und im Überdeckungsbereich befestigt. Lange Gratkappen haben Muffenanschlüsse oder sind ≥ 200 mm zu überdecken und müssen mindestens mit zwei Schrauben befestigt werden.

(7) Am Übergang vom Grat zur Traufe bzw. Grat zum First sind Sonderlösungen erforderlich, z. B. mit Sonderformstücken oder handwerklichen Lösungen.

4.6 Pultdachabschluss
(Abb. 27)

(1) Die Deckung des Pultdachabschlusses erfolgt üblicherweise mit ein- oder mehrteiligen Formstücken aus Faserzement, die in die Flächendeckung eingebunden werden, oder mit freiem Überstand. Eckenschnitt, Höhen- und Seitenüberdeckung, Befestigung und eventuelle Kitteinlage müssen der Flächendeckung entsprechen.

(2) Einteilige Formstücke können durchgehendes Wellenprofil oder einen einseitig ebenen Schenkel haben. Standardmäßig bilden die beiden Schenkel einen rechten Winkel. Andere Winkel sind als Sonderformstücke lieferbar.

(3) Einteilige Formstücke mit senkrechten Schenkellängen > 200 mm sind in der Vertikalen zu befestigen. Hierzu können Hilfskonstruktionen erforderlich werden.

(4) Pultdachabschlüsse können mit zweiteiligen Wellfirstformstücken hergestellt werden. Die Deckung erfolgt analog zur Firstdeckung. Das unterzudeckende Formteil in der Vertikalen muss mindestens zweimal befestigt werden, wobei ein Abstand vom unteren Plattenrand von ≥ 50 mm einzuhalten ist.

4.7 Kehle
(Abb. 28)

(1) Die Deckung der Kehle erfolgt üblicherweise als untergelegte Metallkehle.

(2) Für die Ausführung von Metallkehlen ist die „Fachregel für Metallarbeiten im Dachdeckerhandwerk“ zu beachten.

(3) Zur Auflagerung und Befestigung der schräg geschnittenen Platten muss im Kehlbereich in der Ebene der Pfetten oder Latten eine entsprechende Unterkonstruktion vorhanden sein.

(4) Am Übergang von der Kehle zum First sind Sonderkonstruktionen erforderlich.

4.8 Anschlüsse

4.8.1 Allgemeines

(1) Anschlüsse sind mit Metall und/oder mit Formstücken zu decken.

(2) Bei Anschlüssen z. B. an Schornsteine, Dachgauben o. Ä. wird die Ausführung mit Metall empfohlen. Für deren Ausführung ist die „Fachregel für Metallarbeiten im Dachdeckerhandwerk" zu beachten.

(3) Einteilige Anschlüsse können bei übergreifenden Konstruktionsteilen (Plattenbekleidungen usw.) vorgesehen werden. Der zweiteilige Anschluss an Bauteile (Putz, Mauerwerk usw.) erfolgt mit Kappstreifen.

4.8.2 Seitliche Anschlüsse (Abb. 29, 30)

(1) Seitliche Anschlüsse können mit unterdeckenden oder überdeckenden Metallblechen oder mit überdeckenden Formstücken aus Faserzement ausgeführt werden.

(2) Überdeckende Anschlüsse aus Faserzement-Formstücken müssen mindestens 50 mm über den ersten Wellenberg geführt werden.

(3) Formstücke aus Faserzement und Anschlussbleche müssen in der Richtung aller Pfetten befestigt werden. Geeignet sind Befestigungen:

- auf den Wellenbergen,
- auf einer Hilfskonstruktion oder
- am aufgehenden Bauteil.

4.8.3 Traufseitige Anschlüsse (Abb. 31, 32)

(1) Traufseitige Anschlüsse können mit Formstücken aus Faserzement oder mit Metall ausgeführt werden.

(2) Bei Anschlüssen mit Formstücken aus Faserzement sind Maueranschlussstücke zu verwenden. Eckenschnitt, Höhen- und Seitenüberdeckung, Befestigung und eventuelle Kitteinlage müssen der Flächendeckung entsprechen.

(3) Der Abstand zwischen Pfette und aufgehendem Bauteil ist abhängig von Dachneigung, Pfettenhöhe und Form der Maueranschlussstücke. Für die Ermittlung geben die Hersteller üblicherweise Werte in Tabellen an.

(4) Bei Verwendung von Maueranschlussstücken bei Kurzwellplattendeckungen sind zusätzliche Unterstützungen für die Maueranschlussstücke erforderlich.

(5) Die Anschlussbleche sind zu befestigen. Geeignet sind Befestigungen:

- mit den Wellplatten auf den Pfetten,
- an den Wellplatten oder
- am aufgehenden Bauteil.

4.8.4 Firstseitige Anschlüsse (Abb. 33)

(1) Firstseitige Anschlüsse sind als Metallkehle auszubilden.

(2) Die Blechkehle ist am aufgehenden Bauteil mindestens 200 mm hochzuführen. Der Abstand vom aufgehenden Bauteil bis zur Unterkante der nächstfolgenden Höhenüberdeckung soll bei

- Dachneigungen > 15° mindestens 300 mm,
- Dachneigungen < 15° mindestens 450 mm

betragen. Firstseitig ist die Metallkehle auf einer darunter liegenden Wellplatte bis zur Oberkante der nächstfolgenden Höhenüberdeckung zu führen.

(3) Örtliche Gegebenheiten, klimatische Verhältnisse, Sparrenlänge und die Dachneigung können größere Überdeckungen notwendig machen.

(4) Die Wellentäler unterhalb der Metallkehle sind aufzufüllen, damit der Wasserablauf hinter dem aufgehenden Bauteil gewährleistet ist.

(5) Die Kehlbleche sind zusammen mit den Wellplatten auf den Pfetten und am aufgehenden Bauteil zu befestigen.

4.9 Dachfenster und Dachausstiege

(1) Beim Einbau von Dachfenstern, Dachflächenfenstern, Dachausstiegen und Lichtkuppeln ist das „Merkblatt Einbauteile bei Dachdeckungen" zu beachten.

(2) Hilfskonstruktionen, wie z. B. zusätzliche Pfetten oder Auflager, können erforderlich sein.

4.10 Lichtwellplatten

(1) Zur Belichtung von Dachräumen sind neben Dachfenstern und Lichtkuppeln auch Lichtwellplatten geeignet.

(2) Lichtwellplatten werden in den üblichen Profilierungen und Längen der Standardwellplatten und Kurzwellplatten geliefert. Sie haben keine Eckenschnitte.

(3) Der Einbau einzelner Lichtwellplatten erfolgt wie bei Faserzement-Wellplatten, jedoch ohne Eckenschnitte, ausgenommen bei doppelschaligen Lichtwellplatten. Die Verwendung von Lichtwellplatten in Rand- und Eckbereichen (siehe Kapitel 3 (14)) ist zu vermeiden.

(4) Die Befestigung erfolgt mit den üblichen Befestigungsmitteln bei

- Profil 177/51 auf dem 1., 3. und 5. Wellenberg,
- Profil 130/30 auf dem 1., 3., 5. und 7. Wellenberg

auf jeder Pfette. Bei Befestigungen, die nicht in Verbindung mit Faserzement-Wellplatten erfolgen, sind zusätzlich Abstandshalter einzubauen.

(5) Bei einschaligen Lichtwellplatten sind bei Pfettenabständen ≥ 1150 mm die seitlichen Überdeckungen jeweils zwischen den Pfetten zu verbinden. Lichtwellplatten aus Acrylglas benötigen diese zusätzliche Befestigung in der Regel nicht.

4.11 Einbauteile

(1) Sicherheitsdachhaken, Stützen für Schneefangvorrichtungen oder Laufstege usw. müssen für den jeweils vorgesehenen Verwendungszweck geeignet und, wenn vorgeschrieben, zugelassen sein und entsprechend befestigt werden. Die Einbauteile müssen außerdem nach der Deckunterlage und dem Wellplattenprofil gewählt werden.

(2) Werden die Einbauteile nicht an vorhandenen Pfetten oder Sparren angeordnet, sind zusätzliche Unterstützungen notwendig.

(3) Es ist zu beachten, dass Einbauteile bei Belastung die Deckung nicht beschädigen. Übt das Einbauteil bei Belastung Druck auf darunter liegende Wellplatten aus, ist eine lastverteilende Unterlage erforderlich.

4.12 Dachdurchdringungen

Anschlüsse an Dachdurchdringungen, z. B. Lüftungsrohre, -gauben, Antennen o. Ä., sind mit profilierten vorgefertigten Formstücken oder Formteilen auszuführen. Daneben können Dachdurchdringungen auch handwerklich hergestellt werden (siehe „Merkblatt Einbauteile für Dachdeckungen" und „Fachregel für Metallarbeiten im Dachdeckerhandwerk").

5 Pflege und Wartung von Wellplattendeckungen

(1) Jede Dachdeckung ist in gewissen Zeitabständen zu überprüfen. Hierfür wird der Abschluss eines Inspektions- und Wartungsvertrages empfohlen. Rechtzeitige Pflege kann die Lebensdauer der Deckung verlängern und das Dach vor größeren Schäden bewahren.

(2) Durch Bewegungen des Dachstuhls, Setzungen und die Nutzung der Dachräume u. Ä. können möglicherweise Schäden in der Dachdeckung hervorgerufen werden. Diese Auswirkungen sind bereits bei der Planung zu berücksichtigen und haben keinen Einfluss auf die fachgerechte Ausführung.

Anhang I

Befestigung von Wellplatten

(1) Für die Anzahl und Anordnung der Befestigungen bei den verschiedenen Wellplattenprofilen für allseitig geschlossene prismatische Baukörper gelten für alle Standardwellplatten gemäß Produktdatenblatt die Abb. 1.2 bis 1.4 im Anhang I.

(2) Bei nicht prismatischen Baukörpern sowie bei Gebäudehöhen > 20 m ist ein statischer Nachweis erforderlich. Dies gilt auch bei Gebäuden, die nicht allseitig geschlossen sind, z. B. Gebäude mit großen Toren, Öffnungen o. Ä.

(3) Die Bemessung der Rand- und Eckbereiche erfolgt entsprechend DIN 1055-4 „Lastannahmen für Bauten; Verkehrslasten, Windlasten bei nicht schwingungsanfälligen Bauwerken". Die Breite des Randbereichs beträgt $^1/_8$ der kleineren Dachgrundrissseite (a), jedoch bei Dachgrundrissseitenlängen ≤ 30 m mindestens 1,00 m und höchstens 2,00 m.

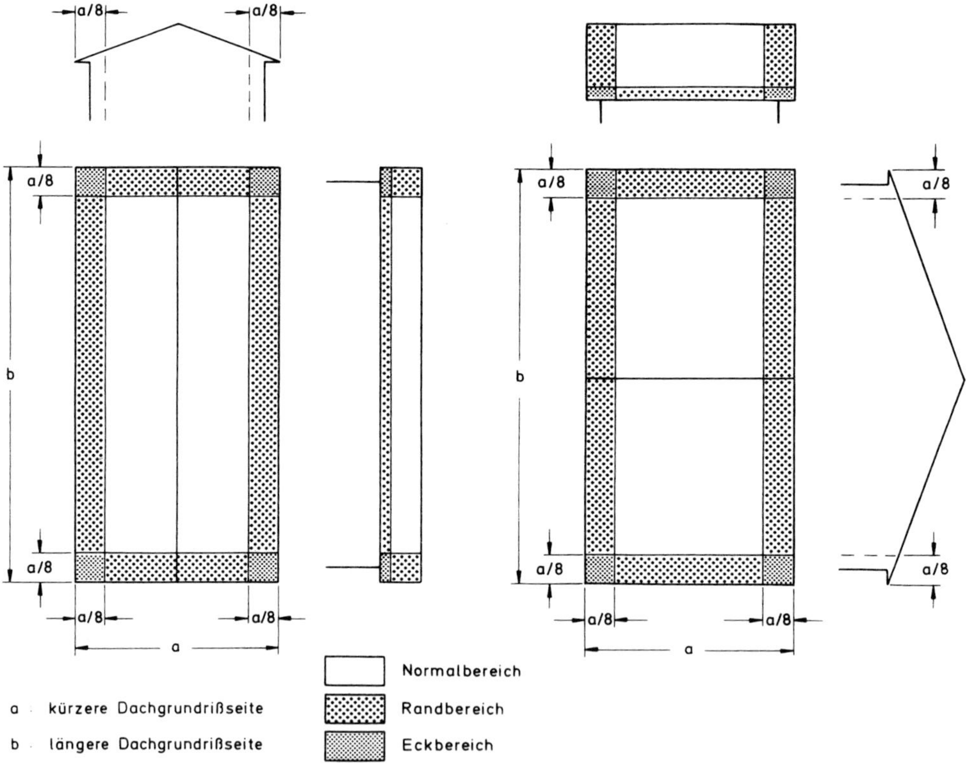

Beispiele:	(R = Randbereich)				
a = 7 m	R: a/8 = 7/8 = 0,83 m;	erforderlich 1,00 m	a = 26 m	R: a/8 = 26/8 = 3,25 m;	erforderlich 2,00 m
a = 15 m	R: a/8 = 15/8 = 1,88 m;	erforderlich 1,88 m	a = 40 m	R. a/8 = 40/8 = 5,00 m;	erforderlich 5,00 m

Abb. 1.1
Einteilung von Dachflächen in Bereiche (Dachneigung ≥ 10° (17,6 %))

<table>
<tr><th rowspan="3">Gebäude-
höhe</th><th rowspan="3">Dach-
neigung</th><th colspan="15">Profil 177/51, Nenndicke 6,5 mm
Plattenlänge in mm</th></tr>
<tr><th colspan="3">2500</th><th colspan="3">2000</th><th colspan="3">1650</th><th colspan="3">1600</th><th colspan="3">1250</th></tr>
<tr><th>NB</th><th>RB</th><th>EB</th><th>NB</th><th>RB</th><th>EB</th><th>NB</th><th>RB</th><th>EB</th><th>NB</th><th>RB</th><th>EB</th><th>NB</th><th>RB</th><th>EB</th></tr>
<tr><td rowspan="3">≤ 8 m</td><td>≤ 25°</td><td rowspan="2">4.2</td><td rowspan="2">6.3</td><td rowspan="2">6.3</td><td rowspan="2">4.2</td><td rowspan="2">4.2</td><td>6.3</td><td rowspan="2">4.2</td><td rowspan="2">4.2</td><td>6.2</td><td rowspan="2">4.2</td><td rowspan="2">4.2</td><td>6.2</td><td rowspan="2">4.2</td><td rowspan="2">4.2</td><td rowspan="2">4.2</td></tr>
<tr><td>≤ 35°</td><td>4.2</td><td>4.2</td><td>4.2</td></tr>
<tr><td>> 35°</td><td colspan="3">4.2</td><td colspan="3">4.2</td><td colspan="3">4.2</td><td colspan="3">4.2</td><td colspan="3">4.2</td></tr>
<tr><td rowspan="3">≤ 20 m</td><td>≤ 25°</td><td rowspan="2">4.2</td><td rowspan="2">6.3</td><td>9.3</td><td rowspan="2">4.2</td><td>6.3</td><td>9.3</td><td rowspan="2">4.2</td><td rowspan="2">4.2</td><td>9.3</td><td rowspan="2">4.2</td><td rowspan="2">4.2</td><td>9.3</td><td rowspan="2">4.2</td><td rowspan="2">4.2</td><td>6.2</td></tr>
<tr><td>≤ 35°</td><td>6.3</td><td>4.2</td><td>6.3</td><td>4.2</td><td>4.2</td><td>4.2</td></tr>
<tr><td>> 35°</td><td colspan="3">4.2</td><td colspan="3">4.2</td><td colspan="3">4.2</td><td colspan="3">4.2</td><td colspan="3">4.2</td></tr>
</table>

Erläuterungen:

NB = Normalbereich RB = Randbereich EB = Eckbereich

4.2
- .2 → Anzahl der Befestigungsreihen
- 4. → Anzahl der Befestigungspunkte

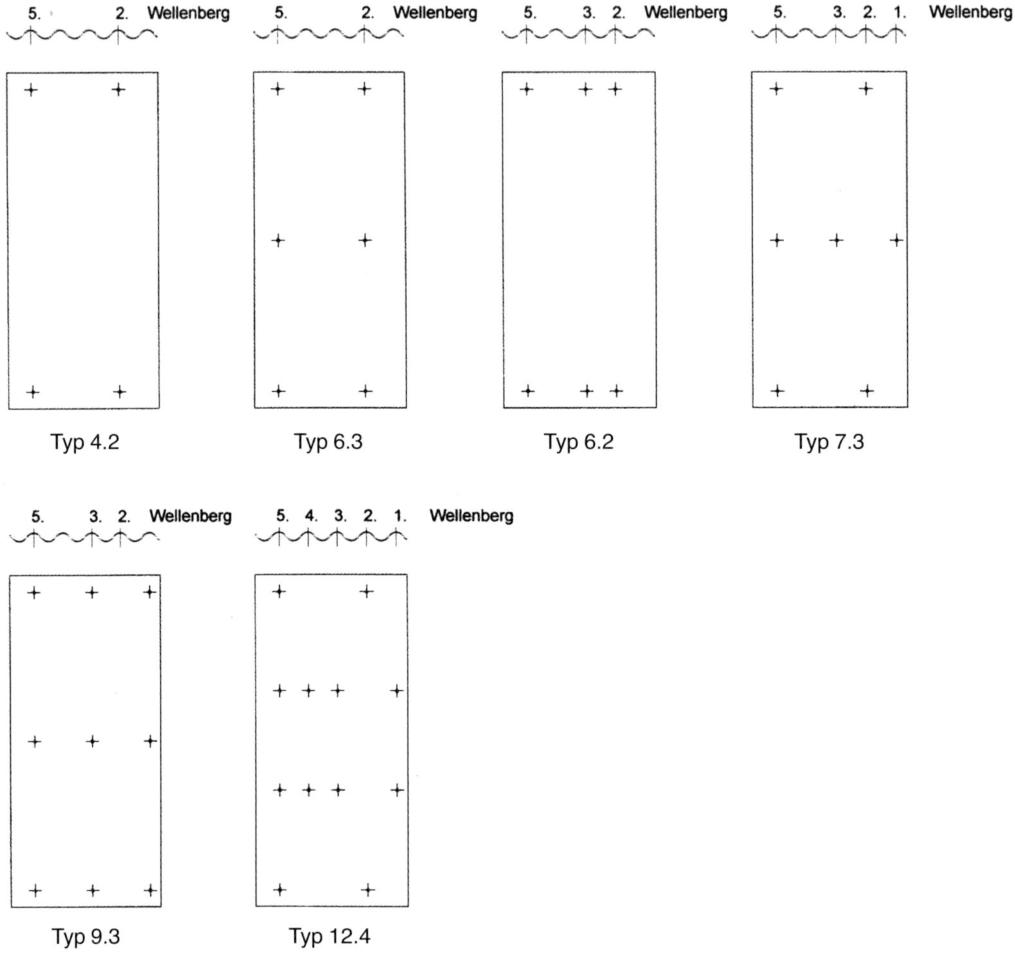

Abb. 1.2
Anzahl und Anordnung der Befestigungen pro Wellplatte
Profil 177/51, Nenndicke 6,5 mm, allseitig geschlossener prismatischer Baukörper für Wellplatten gemäß Produktdatenblatt

Gebäude-höhe	Dach-neigung	Profil 177/51, Nenndicke 5,5 mm Plattenlänge in mm											
		2500			2000			1600			1250		
		NB	RB	EB	NB	RB	EB	NB	RB	EB	NB	RB	EB
≤ 8 m	≤ 25°	4.2	9.3	9.3	4.2	6.3	9.3	4.2	4.2	7.3	4.2	4.2	6.2
	≤ 35°												4.2
	> 35°	4.2			4.2			4.2			4.2		
≤ 20 m	≤ 25°	4.2/ 6.3*)	9.3	12.4	4.2	7.3	9.3	4.2	6.3	9.3	4.2	6.2	7.3
	≤ 35°	4.2		9.3		6.3						4.2	6.2
	> 35°	4.2			4.2			4.2			4.2		

Erläuterungen:

*) bei h/a > 0,4 Typ 6.3 bei h/a ≤ 0,4 Typ 4.2

(h/a = Gebäudehöhe/kleinere Gebäudebreite)

NB = Normalbereich RB = Randbereich EB = Eckbereich

4.2

→ Anzahl der Befestigungsreihen

→ Anzahl der Befestigungspunkte

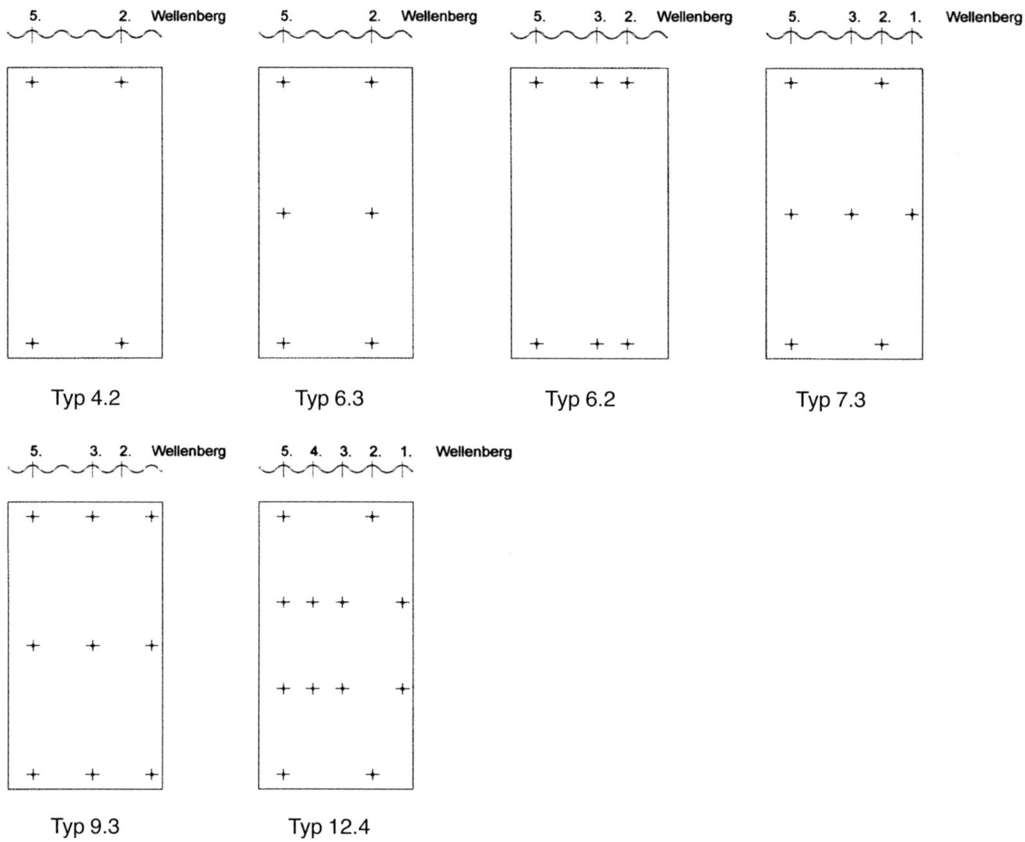

Abb. 1.3
Anzahl und Anordnung der Befestigungen pro Wellplatte
Profil 177/51, Nenndicke 5,5 mm, allseitig geschlossener prismatischer Baukörper für Wellplatten gemäß Produktdatenblatt

Gebäudehöhe	Dachneigung	Profil 130/30 Plattenlänge in mm											
		2500			2000			1600			1250		
		NB	RB	EB	NB	RB	EB	NB	RB	EB	NB	RB	EB
≤ 8 m	≤ 25°	4.2	6.3	9.3	4.2	6.3	9.3	4.2	4.2	6.3	4.2	4.2	4.2
	≤ 35°			6.3		4.2	4.2			4.2			
	> 35°	4.2			4.2			4.2					
≤ 20 m	≤ 25°	4.2/ 6.3*)	9.3	12.4	4.2	6.3	12.3	4.2	6.3	9.3	4.2	4.2	9.3
	≤ 35°	4.2	6.3	9.3			6.3		4.2	6.3			4.2
	> 35°	4.2			4.2			4.2			4.2		

Erläuterungen:

*) bei h/a > 0,4 Typ 6.3 bei h/a ≤ 0,4 Typ 4.2

(h/a = Gebäudehöhe/kleinere Gebäudebreite)

NB = Normalbereich RB = Randbereich EB = Eckbereich

4.2
- → Anzahl der Befestigungsreihen
- → Anzahl der Befestigungspunkte

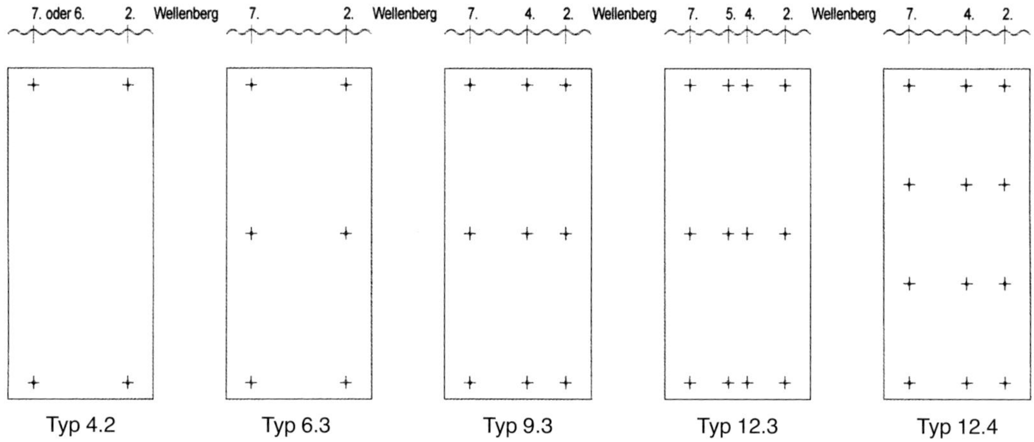

Abb. 1.4
Anzahl und Anordnung der Befestigungen pro Wellplatte
Profil 130/30, allseitig geschlossener prismatischer Baukörper für Wellplatten gemäß Produktdatenblatt

Anhang II

Detailskizzen

Die folgenden Skizzen von Dachdetails mit Faserzement-Wellplatten sind Beispiele für die Arbeitsausführung. Sie sind nicht maßstabsgetreue bildliche Darstellungen der einzelnen Techniken und dienen der Veranschaulichung der textlichen Beschreibung.

Verzeichnis der Abbildungen

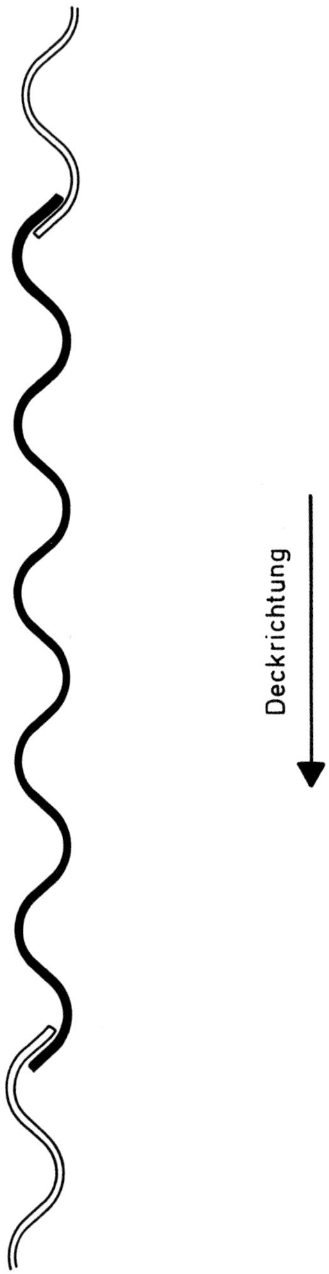

Abb. 1
Profilquerschnitt, 5 Wellenberge (z. B. Profil 177/51)

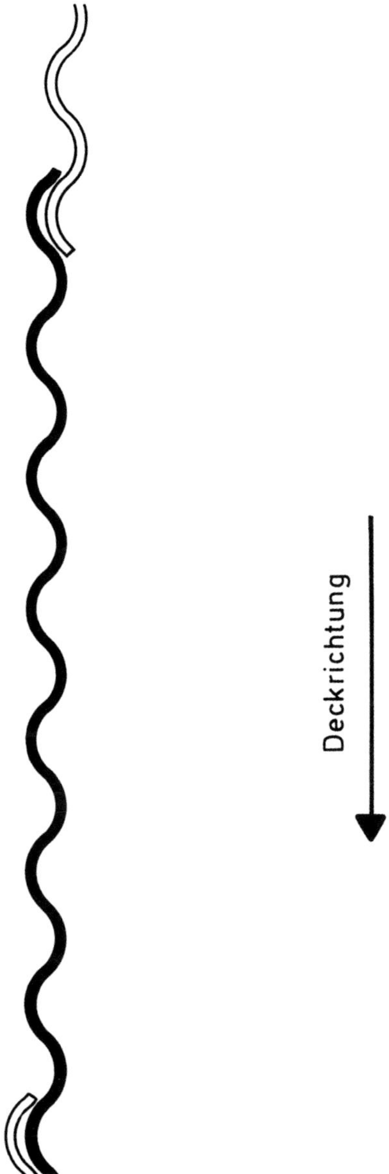

Abb. 2
Profilquerschnitt, 8 Wellenberge (z. B. Profil 130/30)

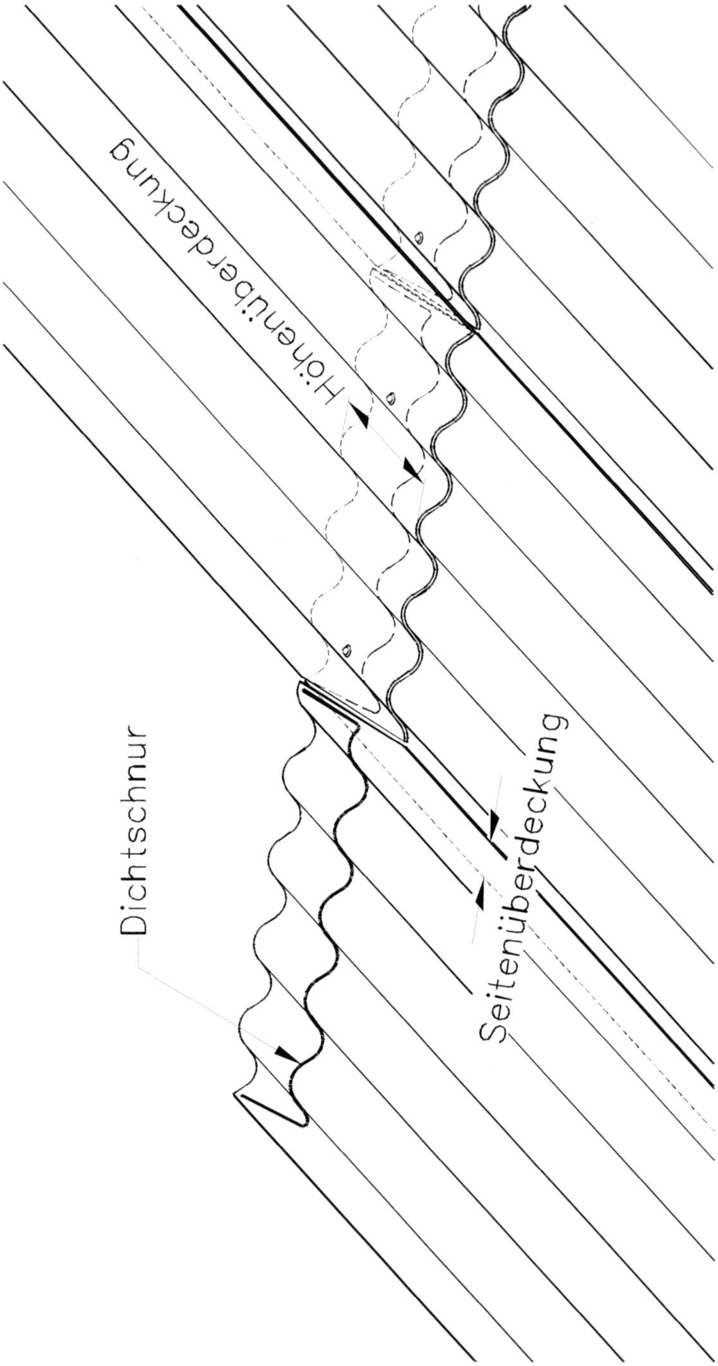

Abb. 3
Eckenschnitt (z. B. Profil 177/51)

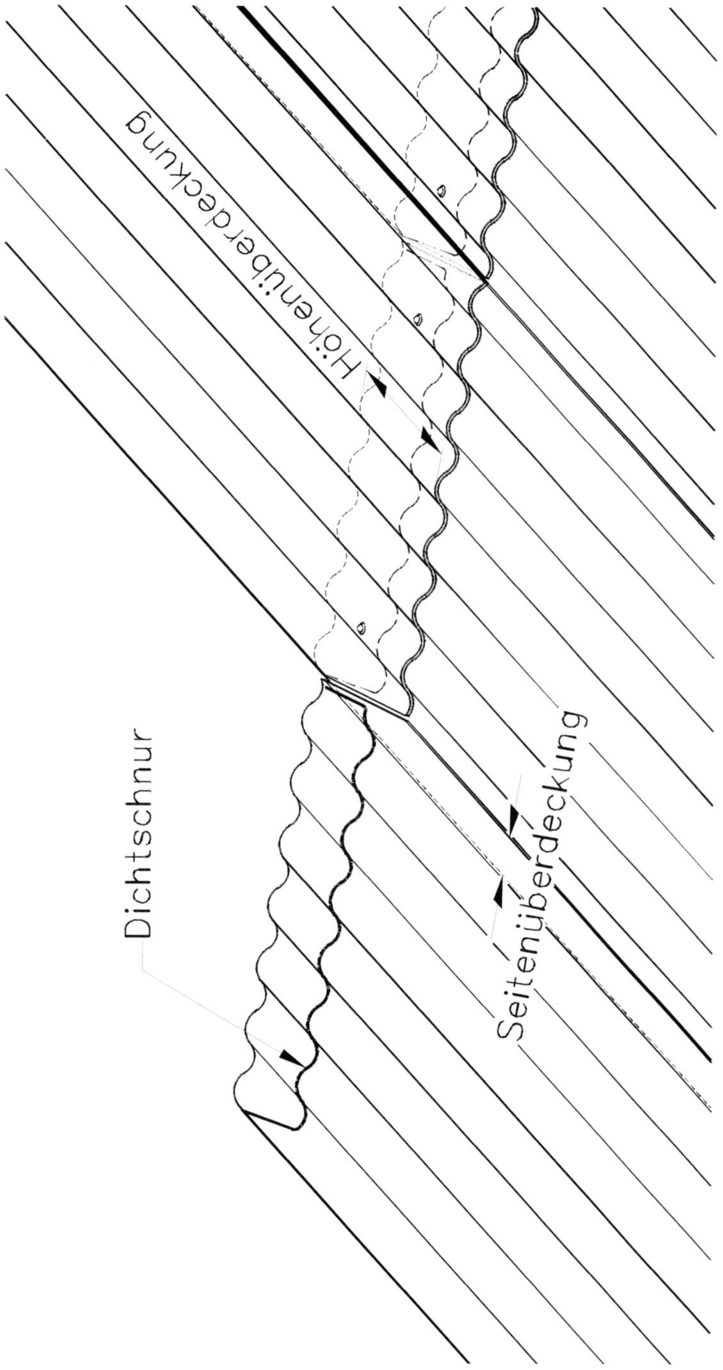

Abb. 4
Eckenschnitt (z. B. Profil 130/30)

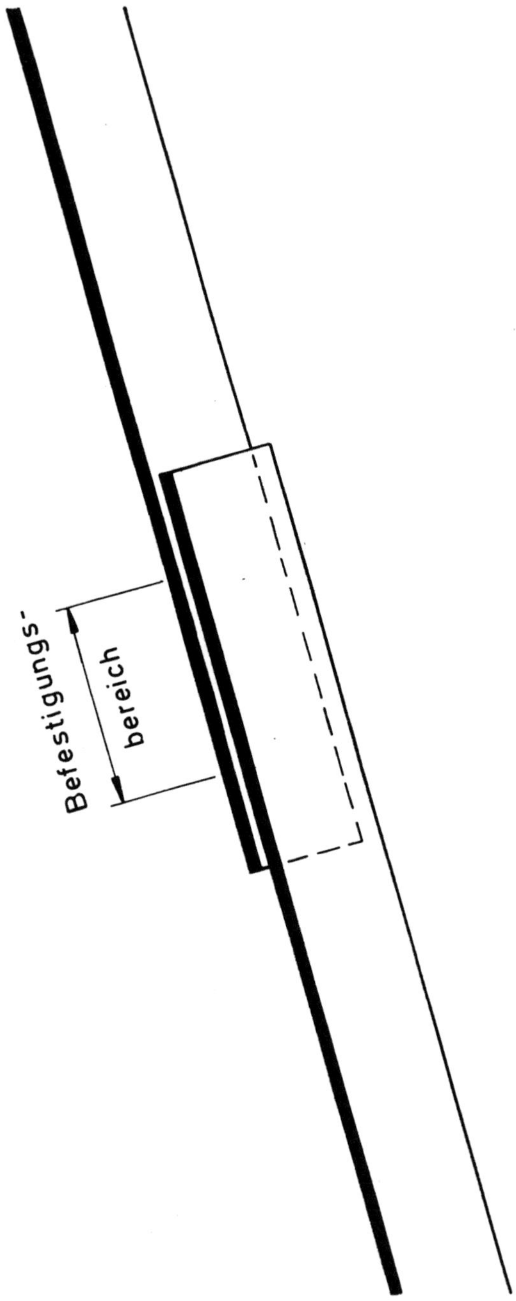

Abb. 5
Befestigungsbereich

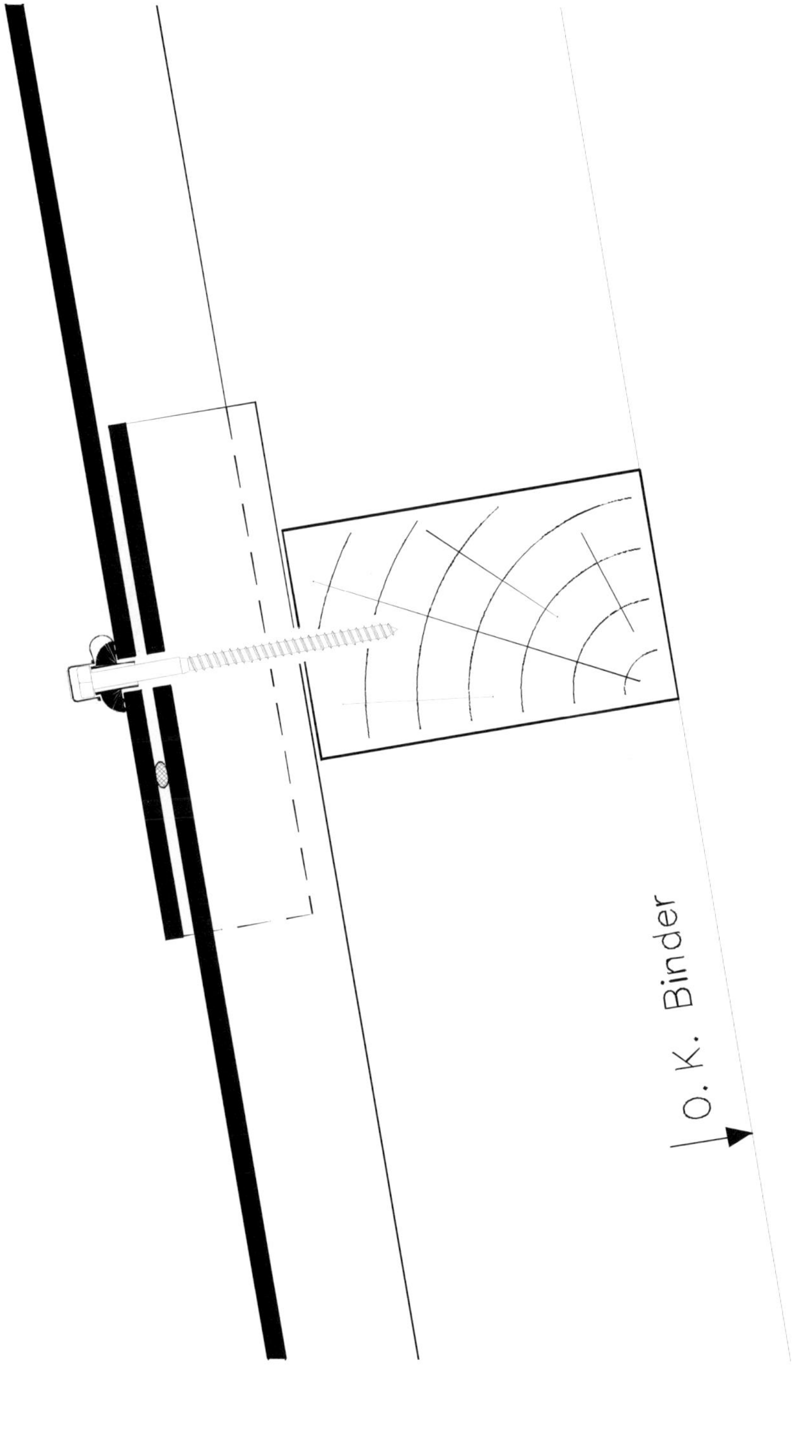

Abb. 6
Befestigung mit Holzschraube

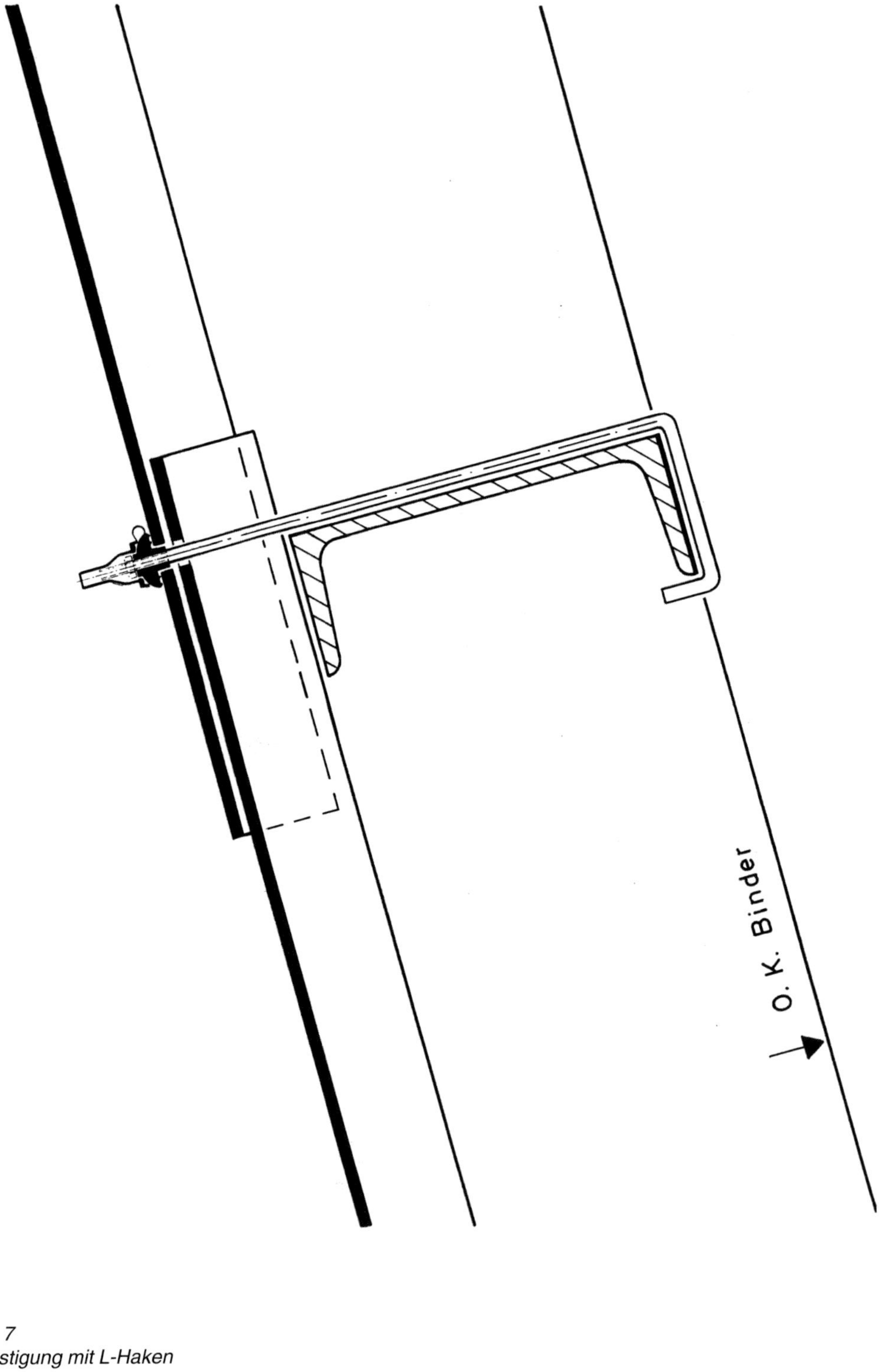

Abb. 7
Befestigung mit L-Haken

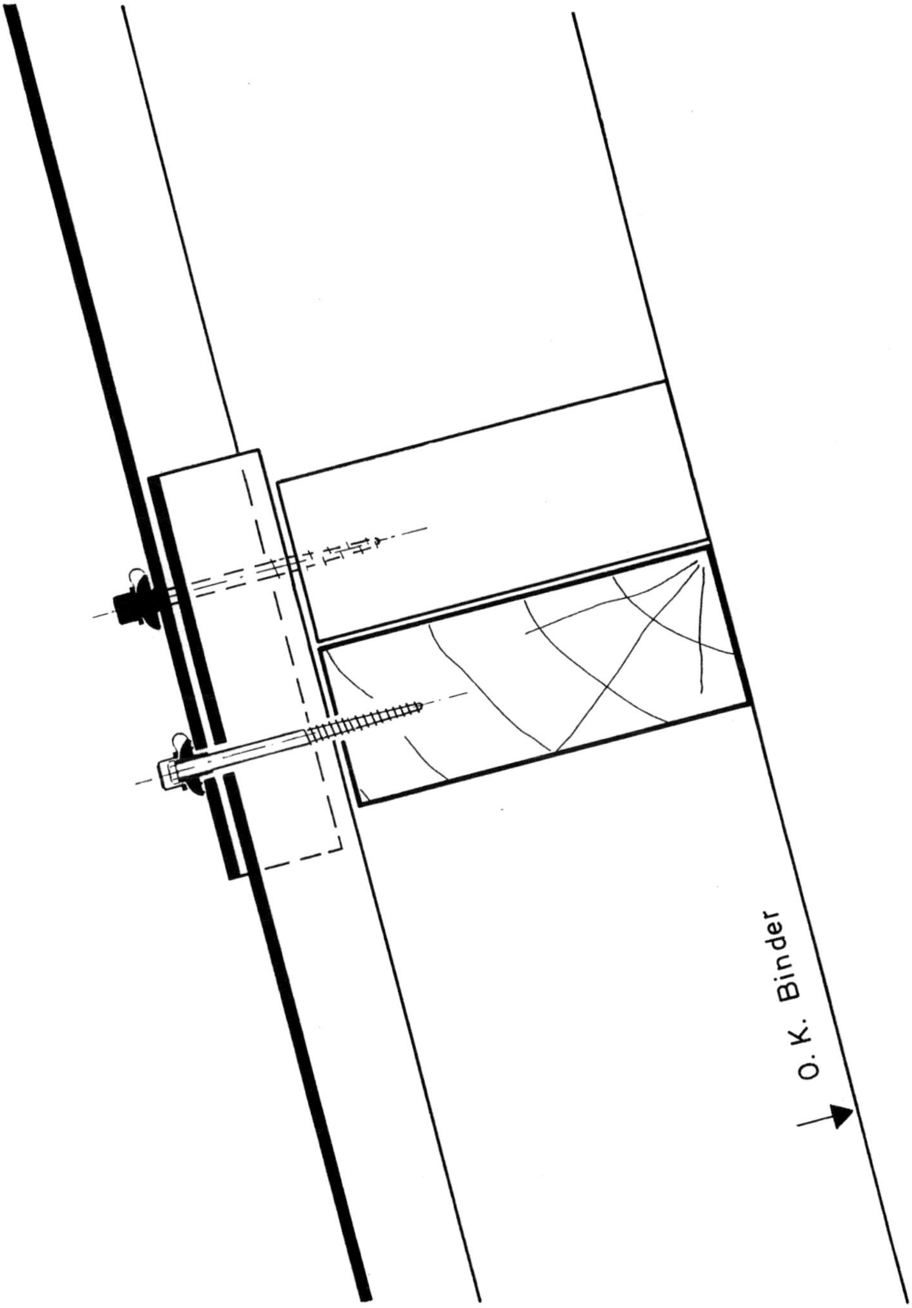

Abb. 8
Koppelpfetten

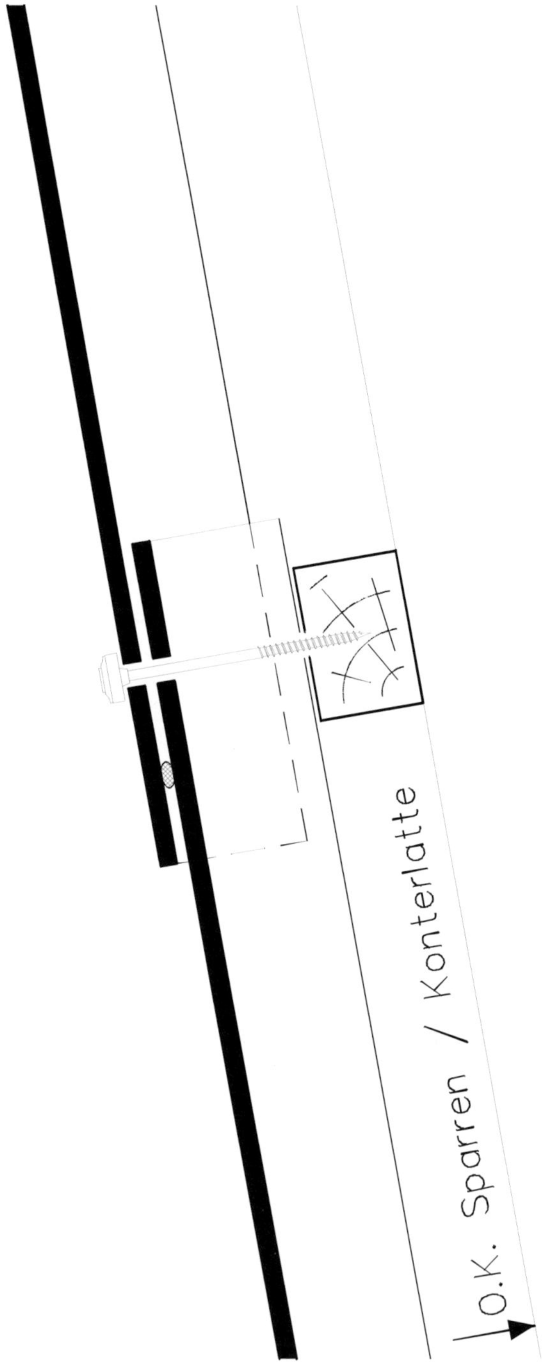

Abb. 9
Befestigung mit Glockenschraube, Kurzwellplatte

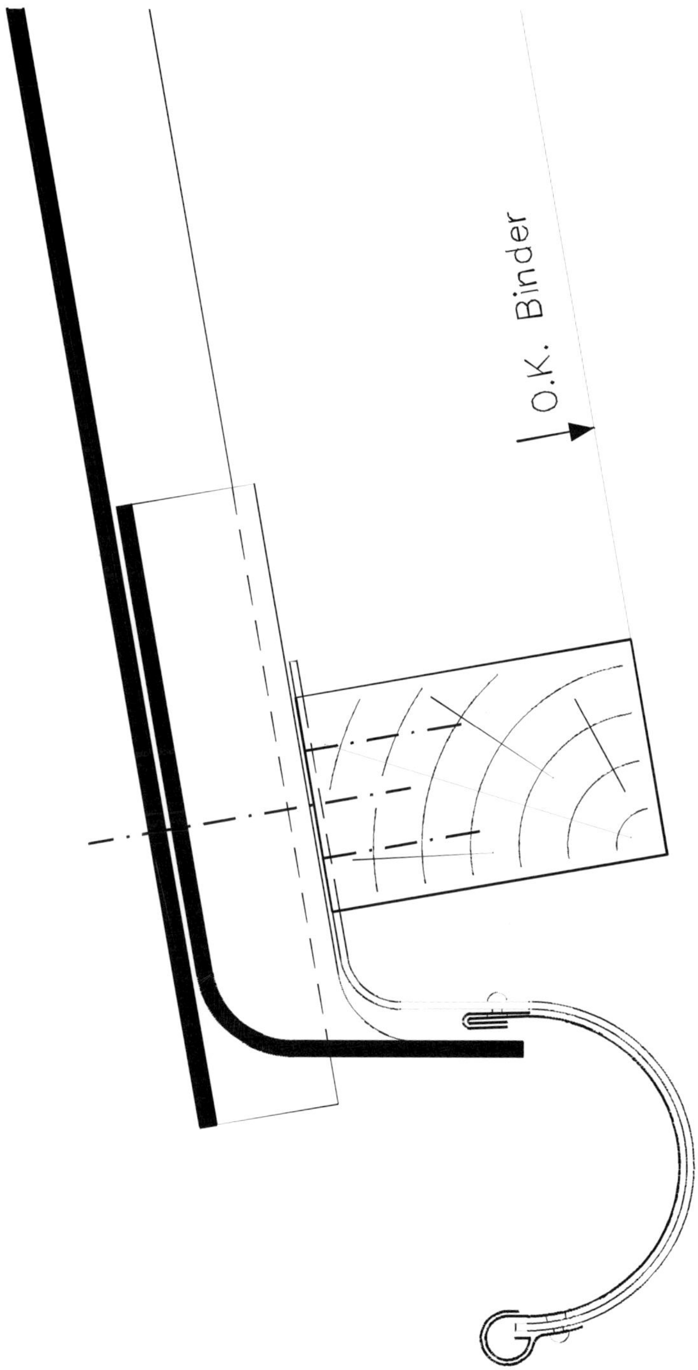

Abb. 10
Traufe mit Traufenfußstück

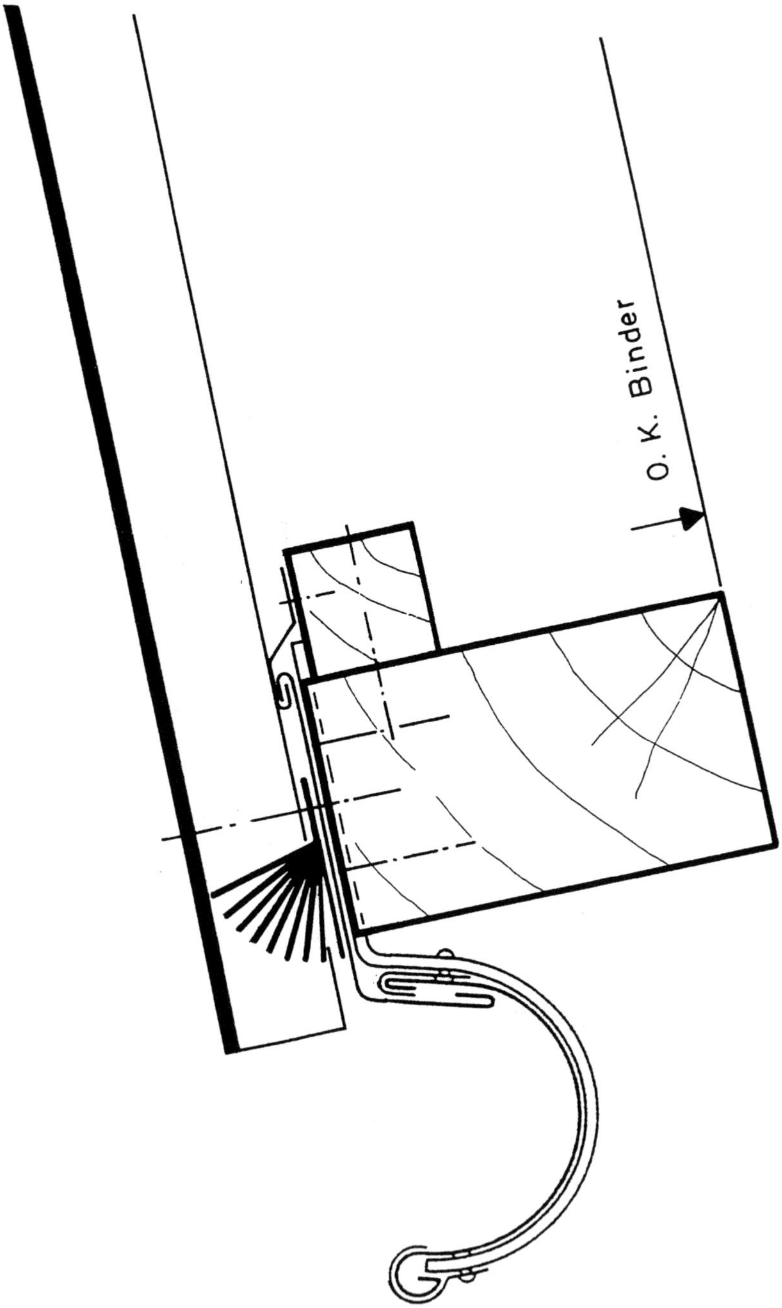

Abb. 11
Traufe mit Rinneneinlaufblech

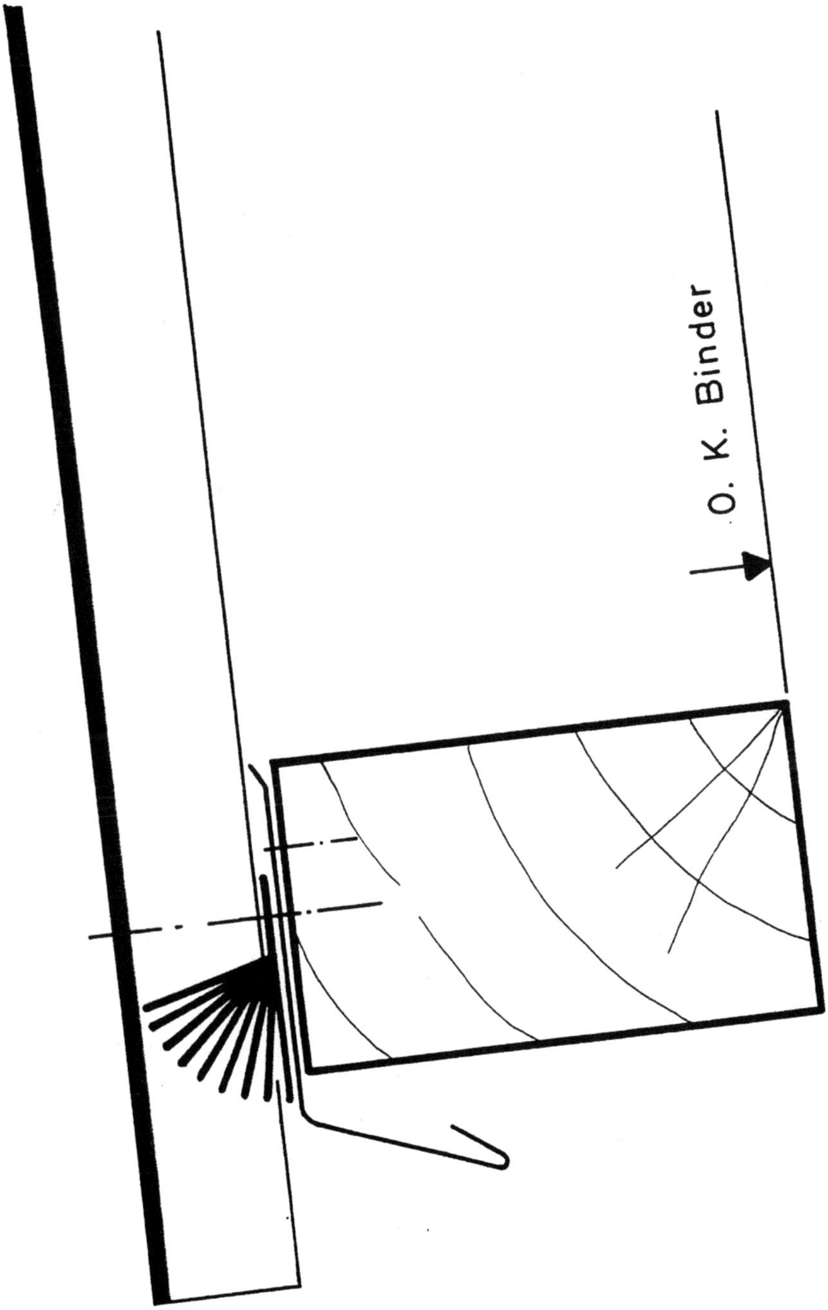

Abb. 12
Traufe mit Tropfblech

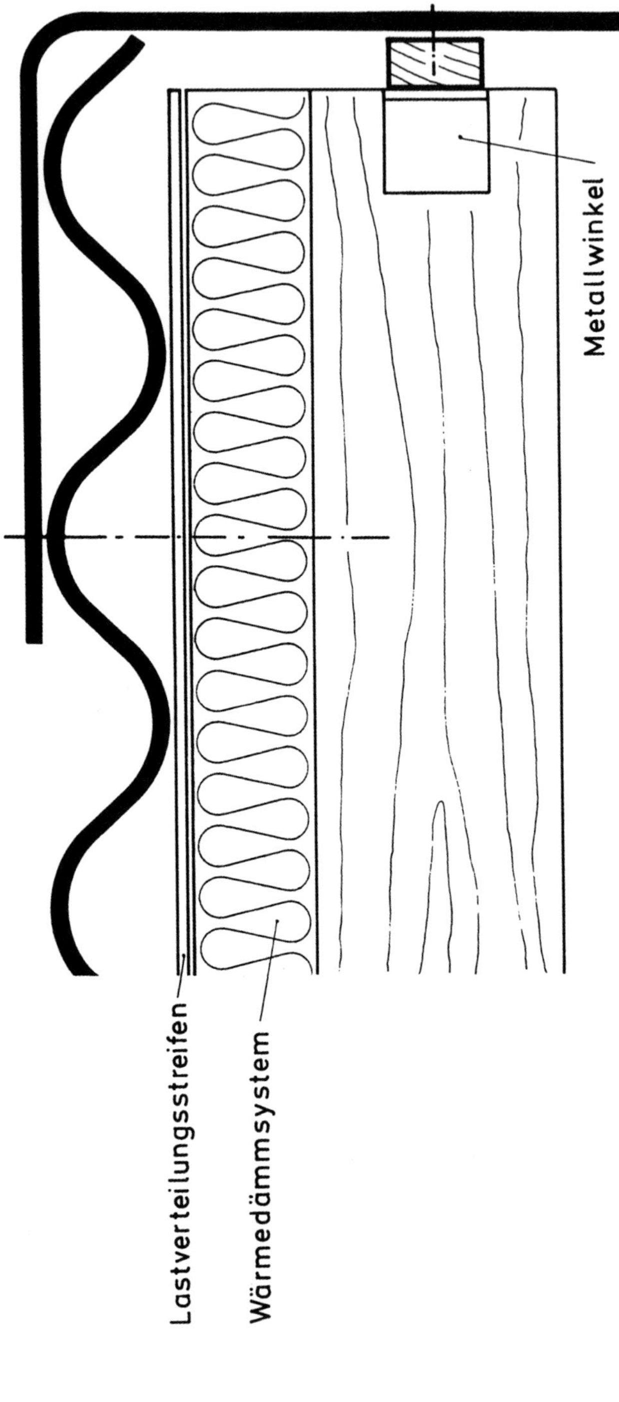

Abb. 13
Rechter Ortgang, einfacher Giebelwinkel (z. B. Profil 177/51)

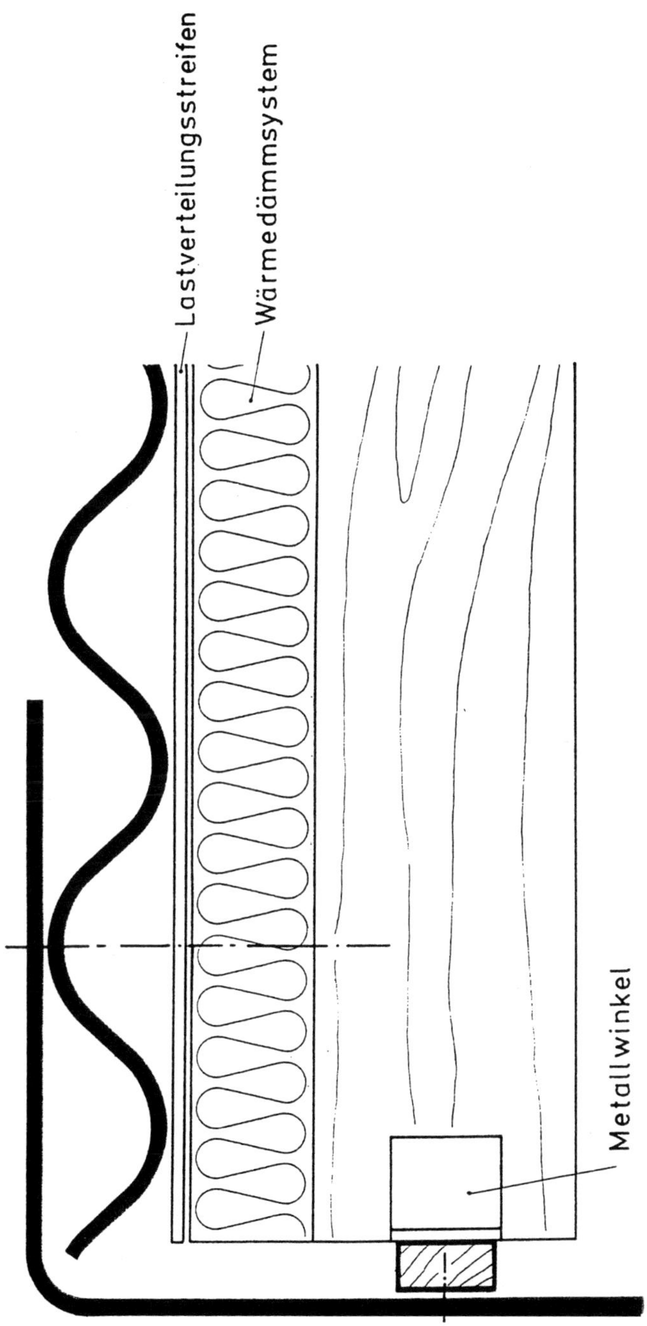

Abb. 14
Linker Ortgang, einfacher Giebelwinkel (z. B. Profil 177/51)

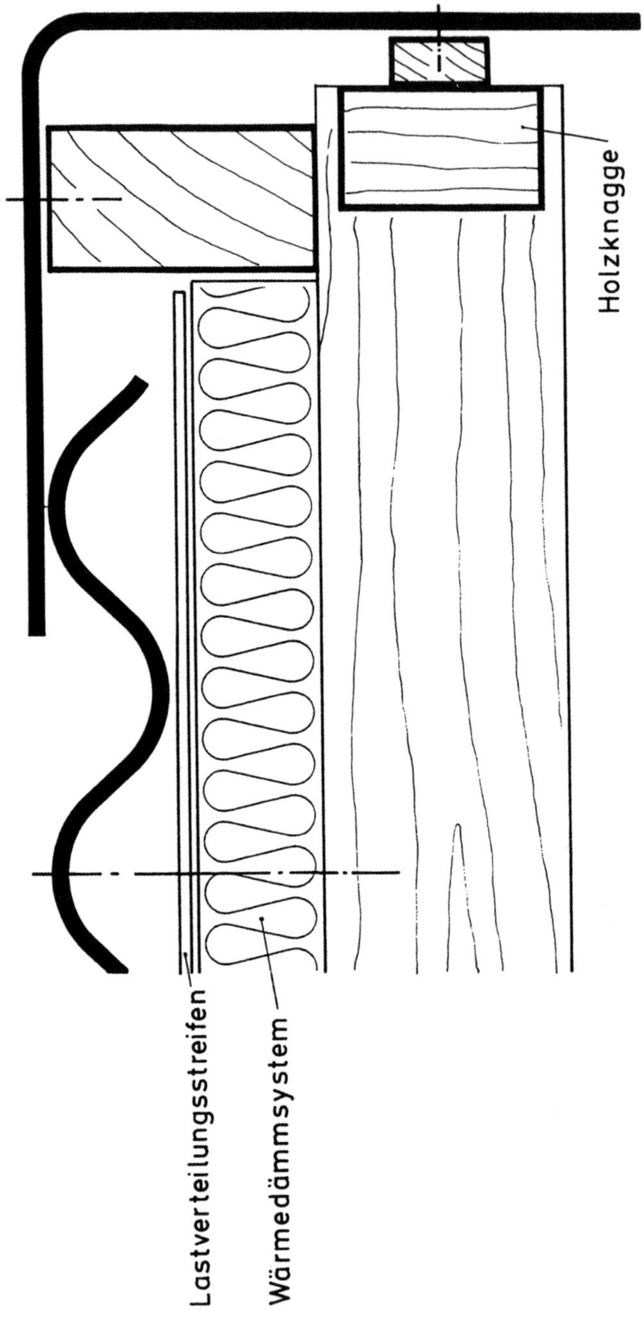

Abb. 15
Rechter Ortgang, einfacher Giebelwinkel (z. B. Profil 177/51)

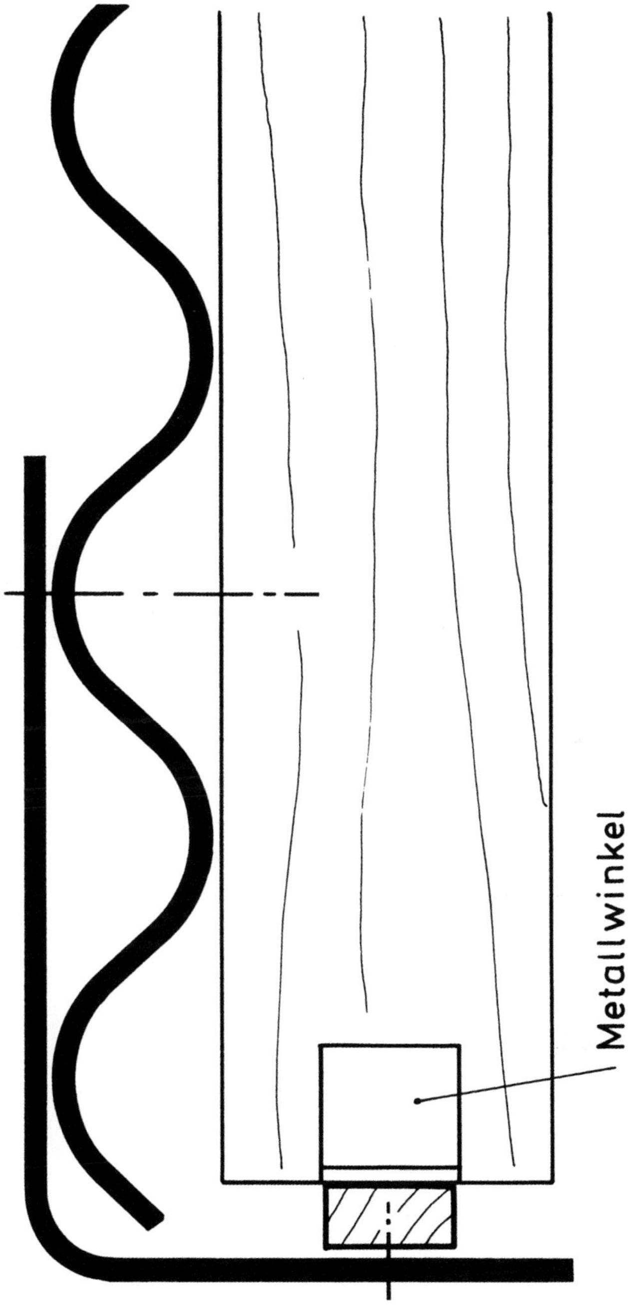

Abb. 16
Linker Ortgang, einfacher Giebelwinkel (z. B. Profil 177/51)

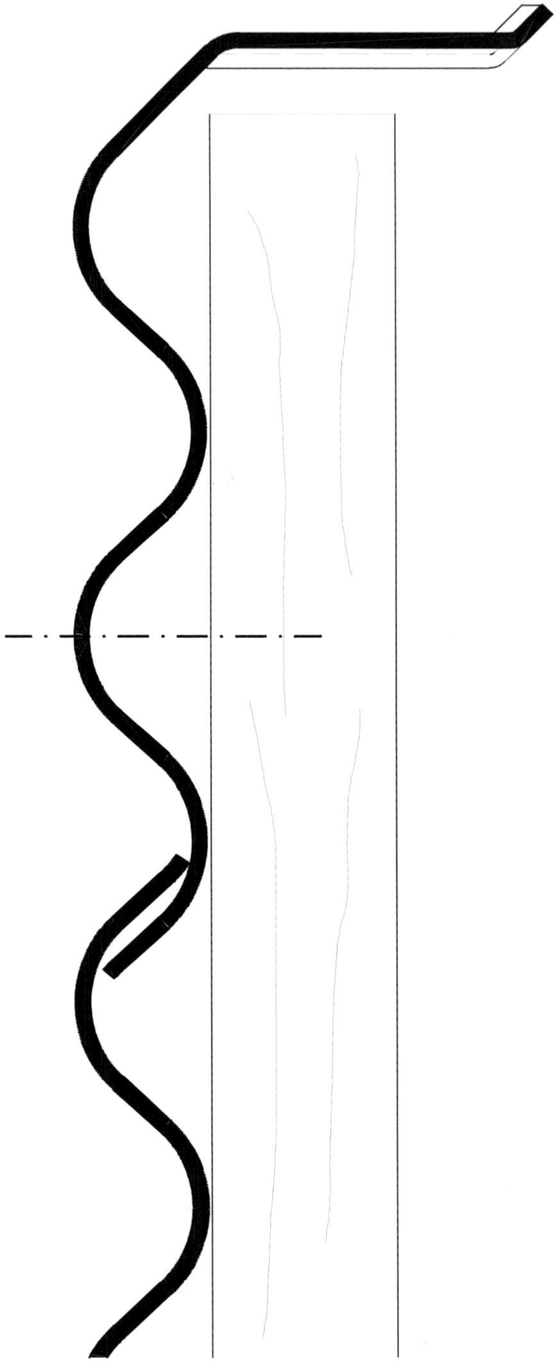

Abb. 17
Rechter Ortgang, Wellgiebelwinkel (z. B. Profil 177/51)

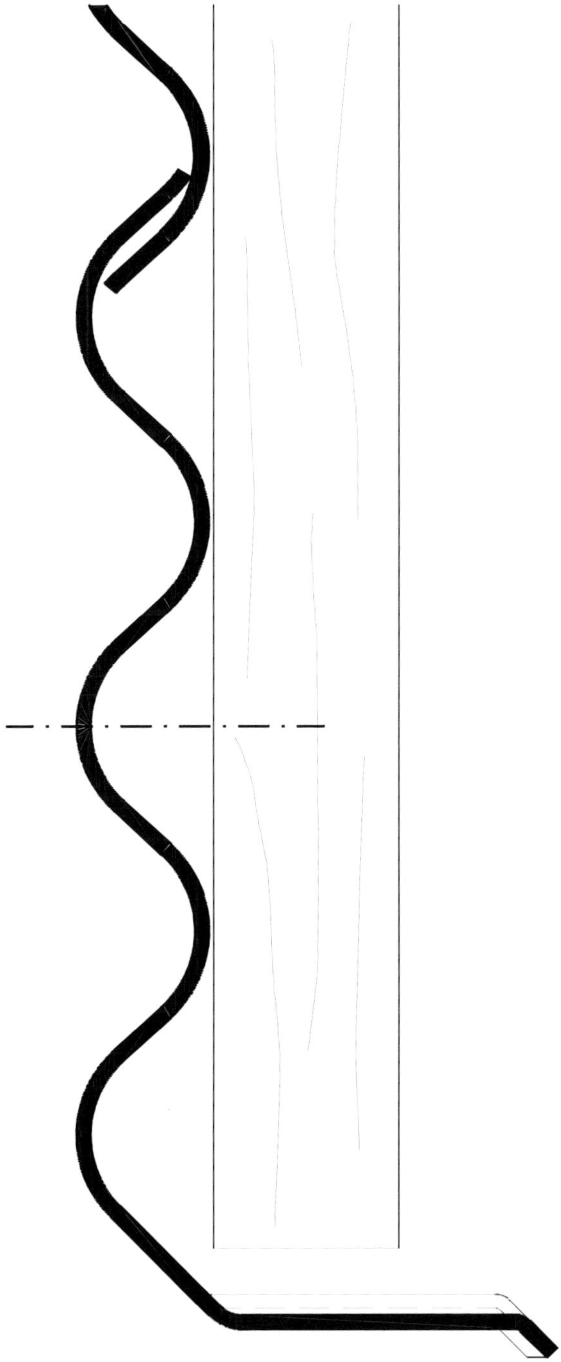

Abb. 18
Linker Ortgang, Wellgiebelwinkel (z. B. Profil 177/51)

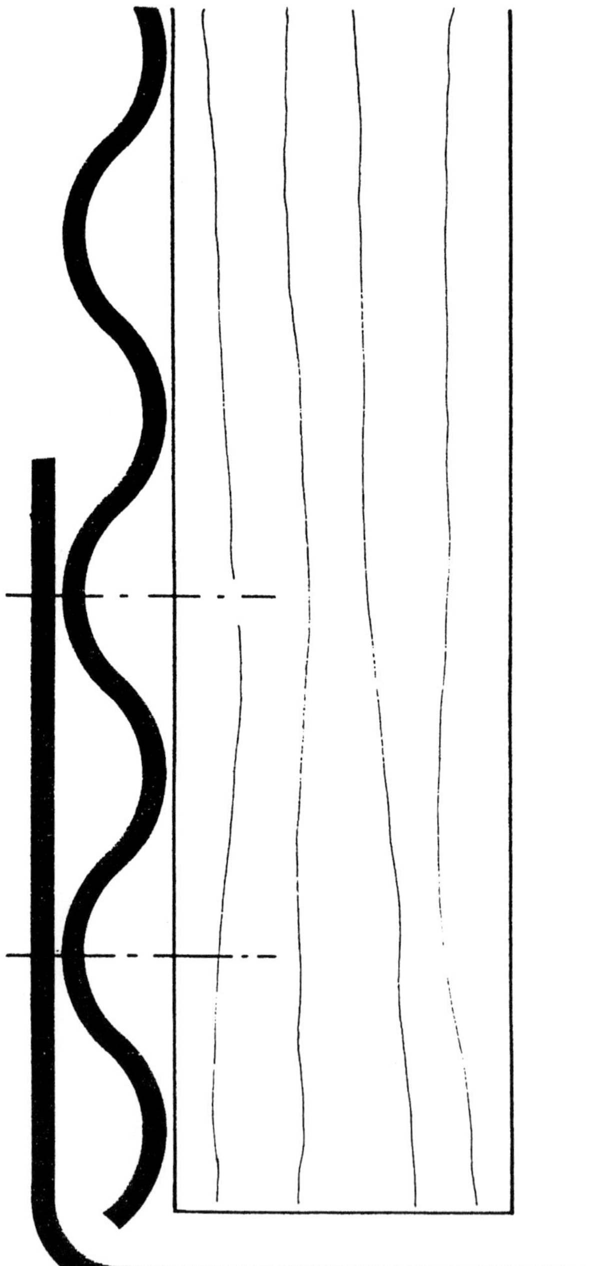

Abb. 19
Linker Ortgang, einfacher Giebelwinkel (z. B. Profil 130/30)

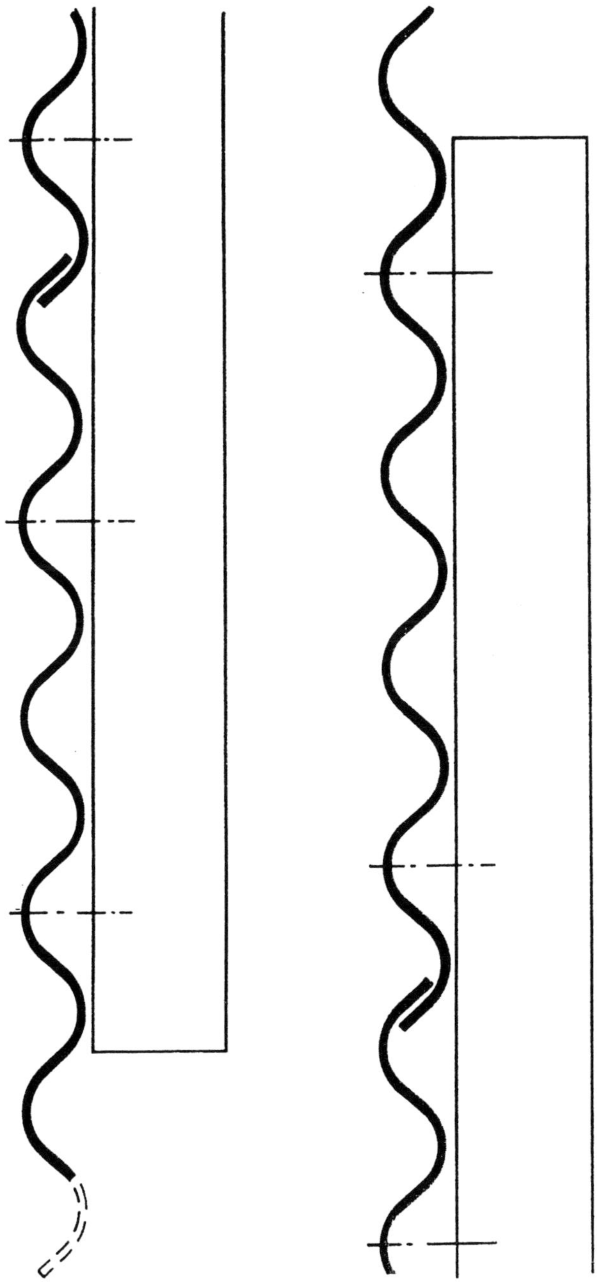

Abb. 20
Freier Überstand (z. B. Profil 177/51)

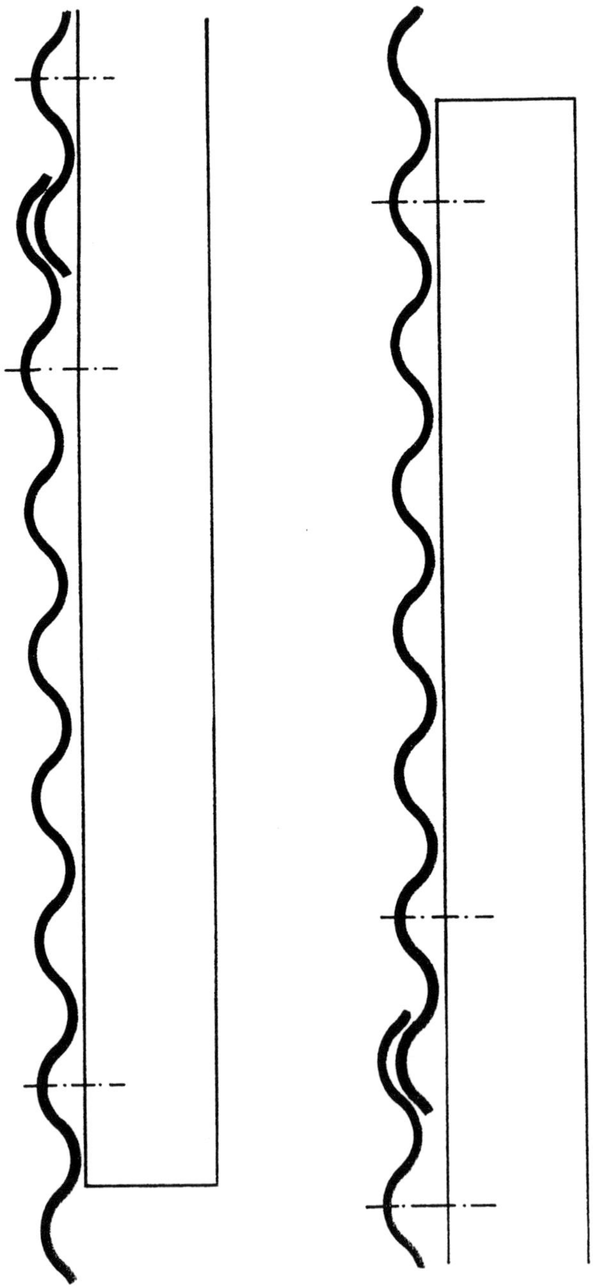

Abb. 21
Freier Überstand (z. B. Profil 130/30)

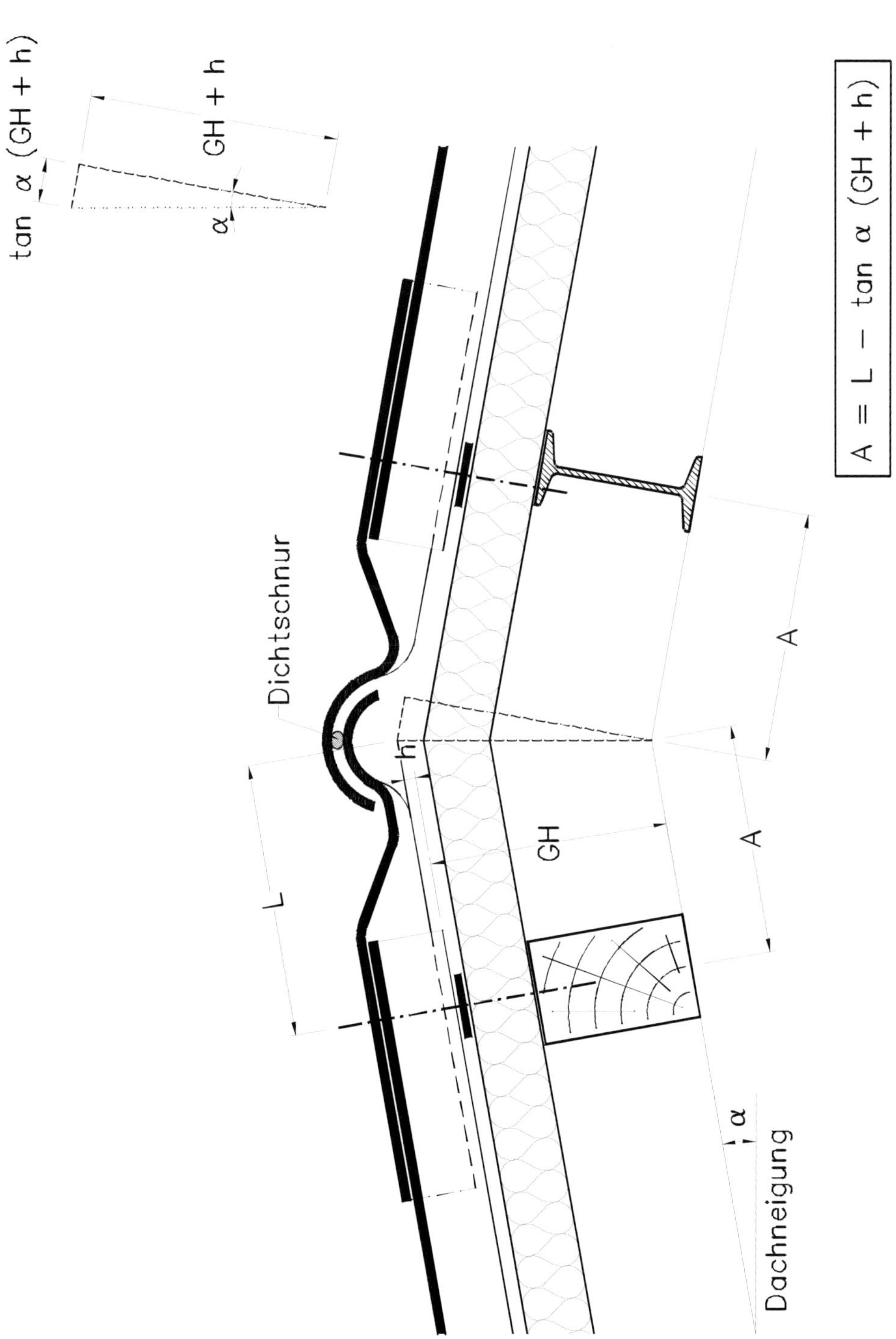

Abb. 22
Lage der Firstpfetten, Konstruktionsskizze (z. B. Profil 177/51)

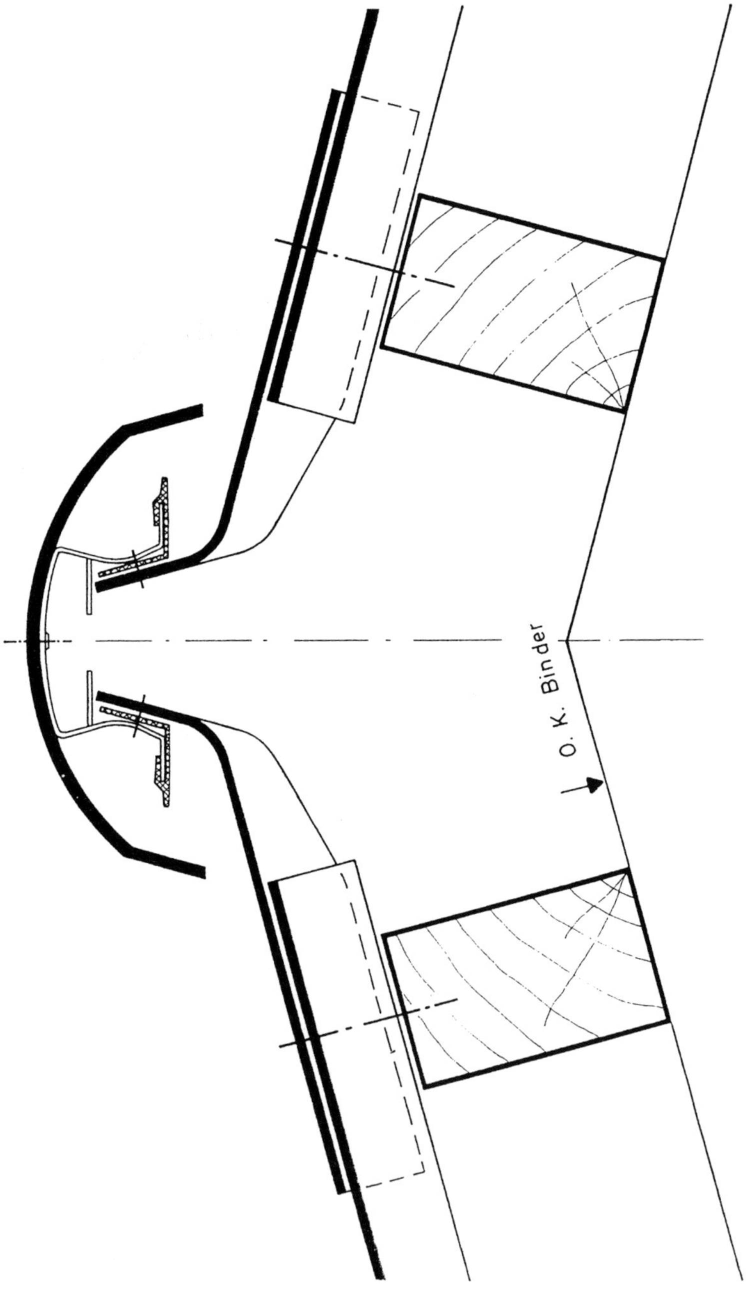

Abb. 23
Lüfterfirst (z. B. Profil 177/51)

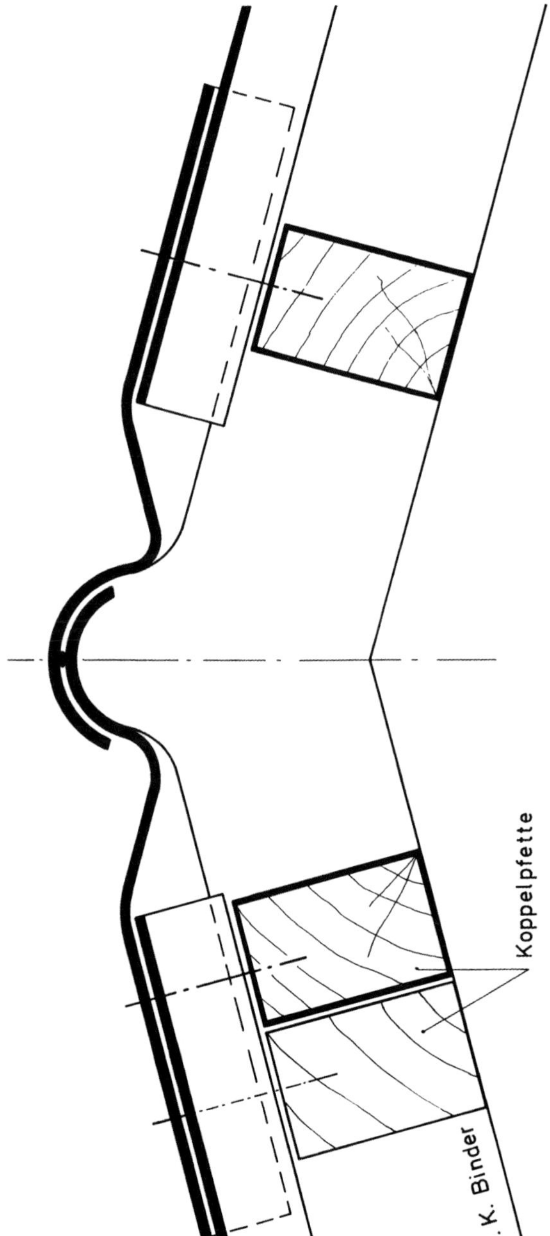

Abb. 24
First mit zweiteiliger Wellfirsthaube (z. B. Profil 177/51)

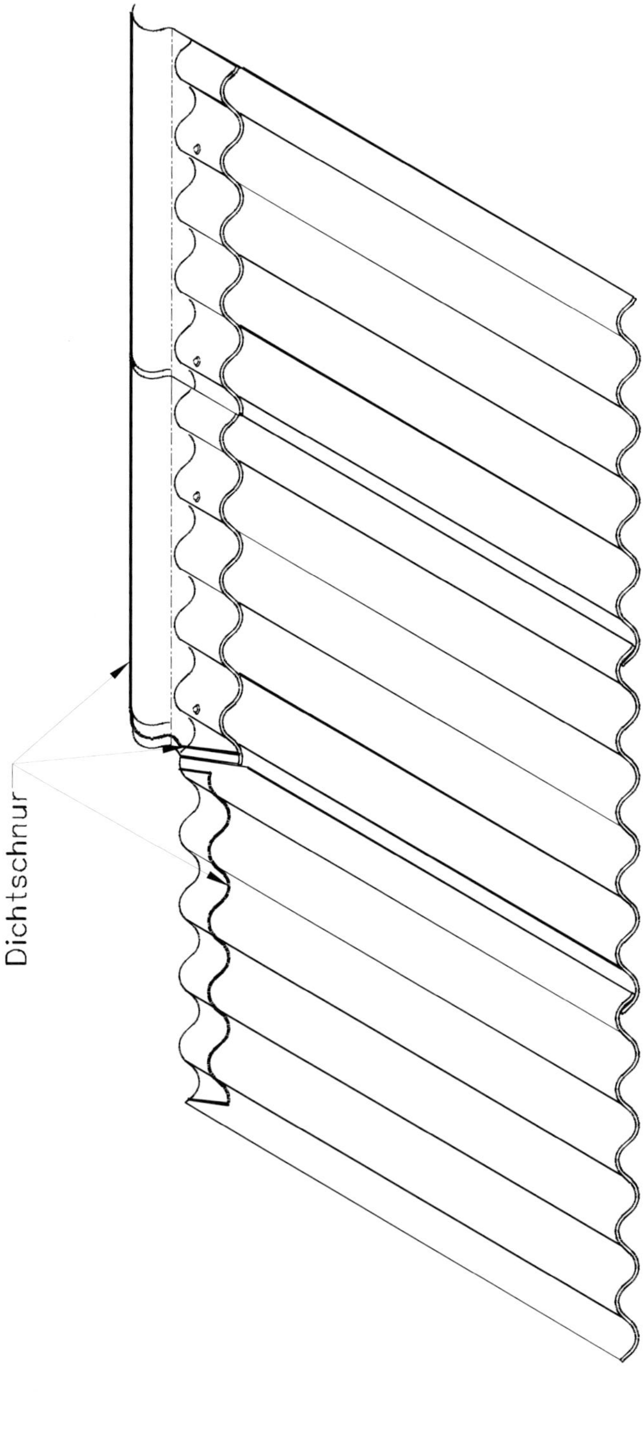

Abb. 25
Lage der Kittschnur bei zweiteiliger Wellfirsthaube (z. B. Profil 177/51)

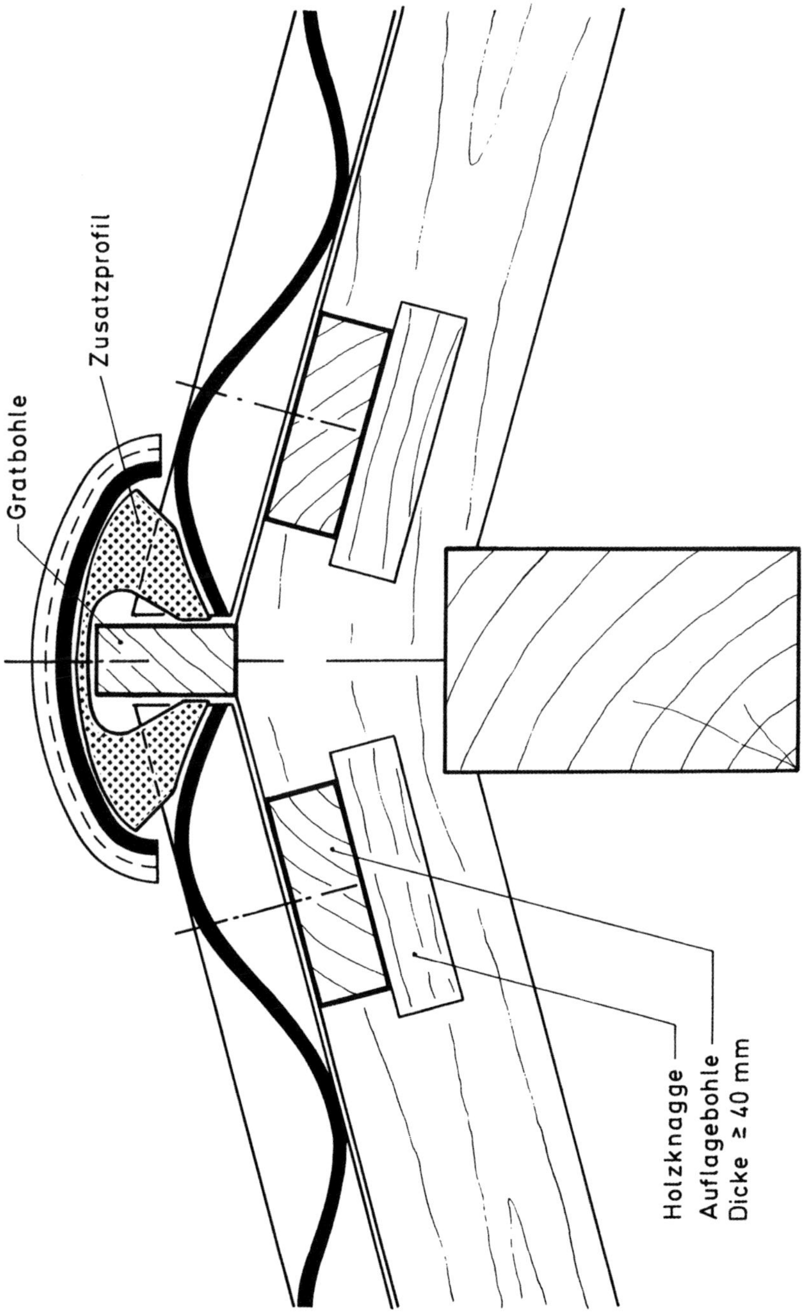

Abb. 26
Schnitt durch Grat mit Gratkappe (z. B. Profil 177/51)

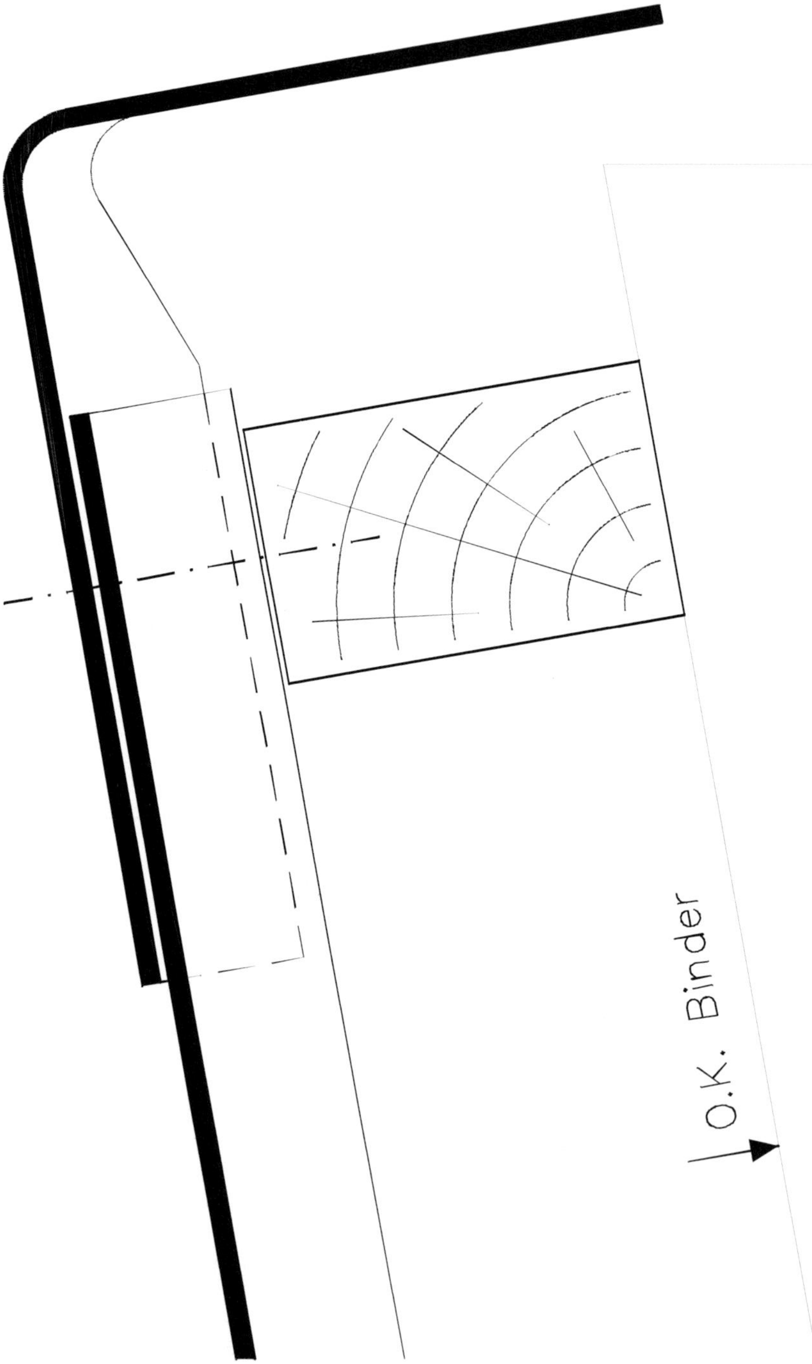

Abb. 27
Pultabschluss mit einteiliger Pulthaube (z. B. Profil 177/51)

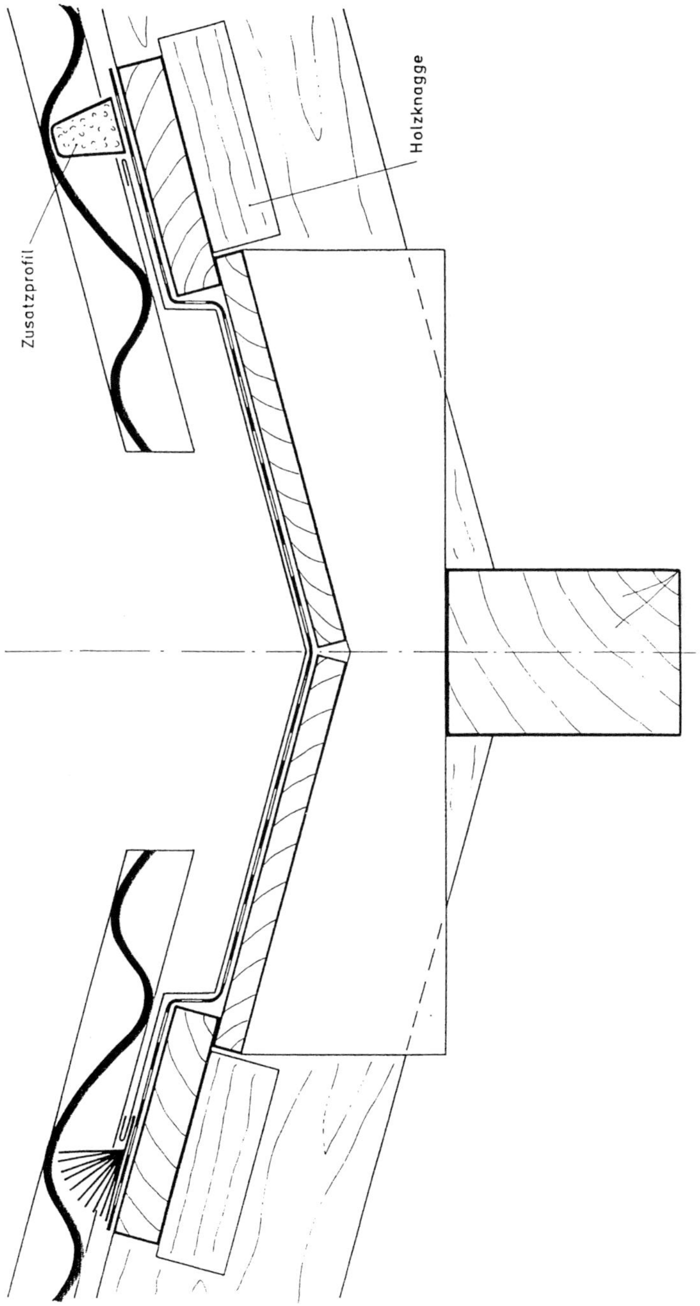

Abb. 28
Kehlkonstruktion (z. B. Profil 177/51)

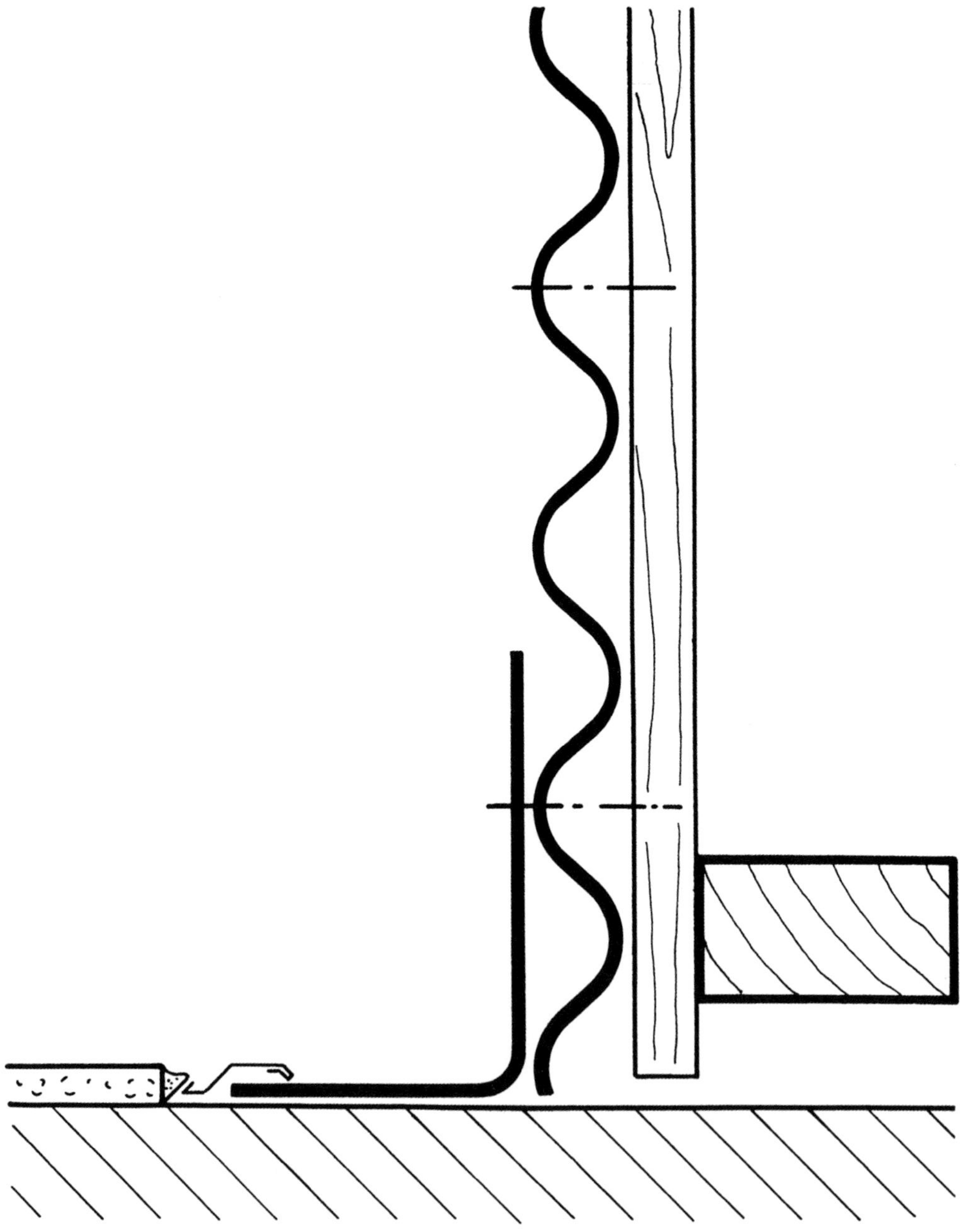

Abb. 29
Seitlicher Anschluss mit einfachem Giebelwinkel (z. B. Profil 177/51)

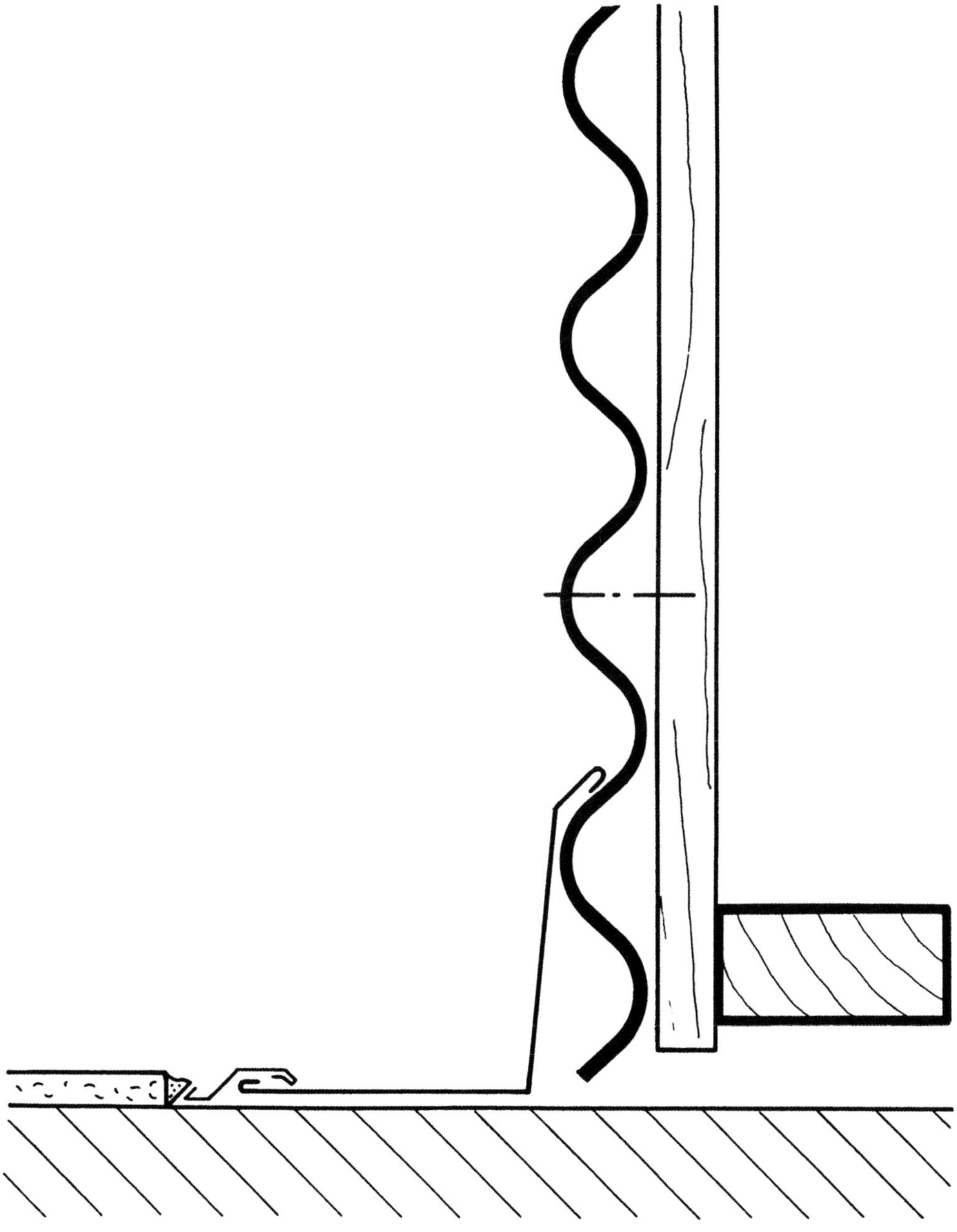

Abb. 30
Seitlicher Anschluss mit Metall, übergreifend (z. B. Profil 177/51)

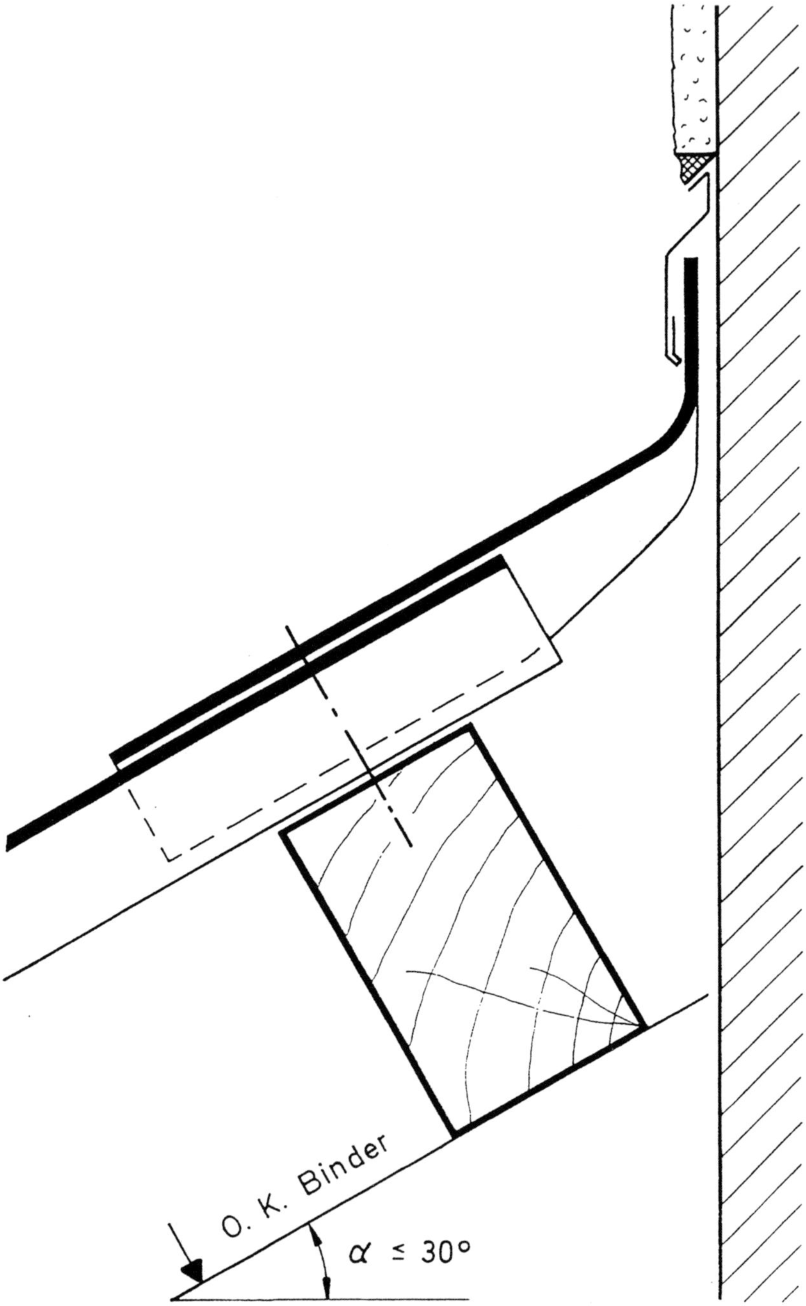

Abb. 31
Traufseitiger Anschluss mit Wandanschlussformstück (z. B. Profil 177/51)

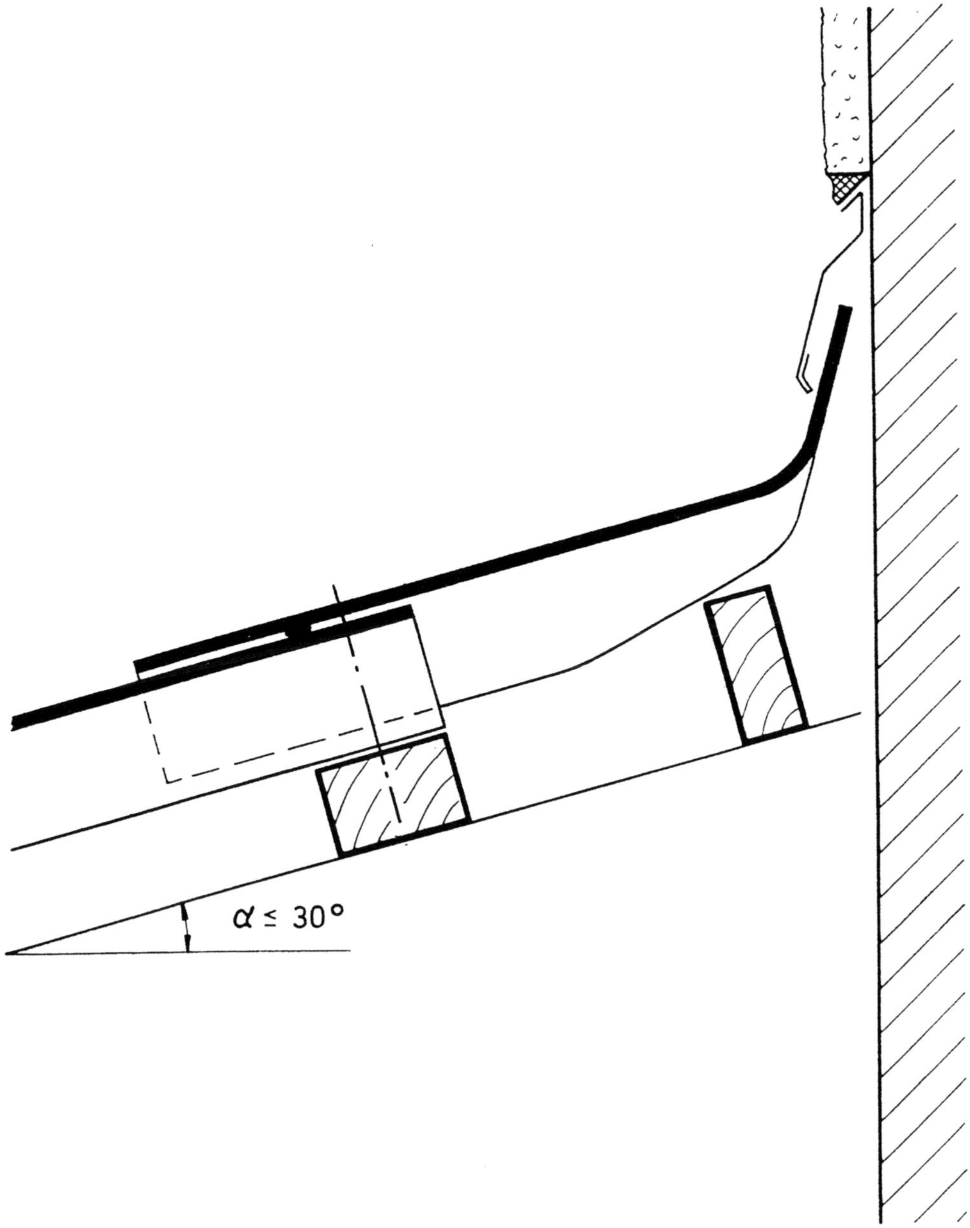

Abb. 32
Traufseitiger Anschluss mit Wandanschlussformstück, Kurzwellplatte (z. B. Profil 177/51)

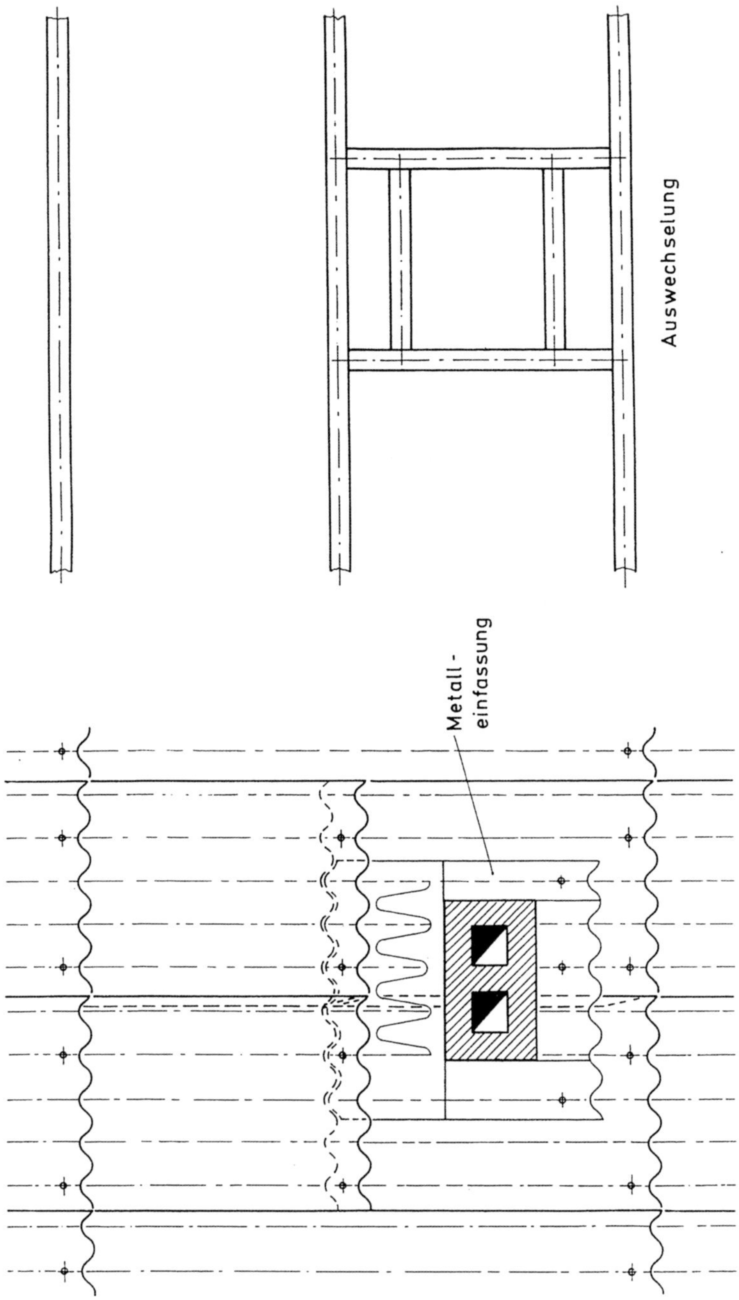

Abb. 33
Schornstein – Draufsicht (z. B. Profil 177/51)

Deutsches Dachdeckerhandwerk
– Regelwerk –

Fachregel für Dachdeckungen mit Bitumenschindeln

Aufgestellt und herausgegeben vom

Zentralverband des Deutschen Dachdeckerhandwerks – Fachverband Dach-, Wand- und Abdichtungstechnik – e. V.

Ausgabe Juni 2001

Rudolf Müller

Vorgänger:

keine

Inhaltsverzeichnis

1 Allgemeines

1.1 Geltungsbereich und Begriffe

(1) Diese Fachregel gilt für Dachdeckungen mit Bitumenschindeln.

(2) Bei Einhaltung dieser Fachregel gilt die Dachdeckung mit Bitumenschindeln als regensicher.

(3) Die Grundregel, Fachregeln, Merkblätter und Hinweise des Regelwerkes des Dachdeckerhandwerks sind zu beachten.

(4) Bei Einhaltung dieser Fachregeln werden die Anforderungen hinsichtlich der Windsogsicherung erfüllt.

1.2 Gestaltungshinweise

(1) Bitumenschindeln werden in verschiedenen
- Formen,
- Formaten,
- Farben,
- Oberflächen

für unterschiedliche Deckungsarten hergestellt.

(2) Folgende Deckungsarten werden unterschieden:
- Deckungen mit neigungsabhängiger Höhenüberdeckung,
- Deckungen mit vorgegebener Höhenüberdeckung.

(3) Bei der Deckung mit neigungsabhängiger Höhenüberdeckung gilt, je geringer die Dachneigung und je größer die Entfernung zwischen Traufe und First, desto größer muss die Überdeckung gewählt werden.

(4) Bei der Deckung mit vorgegebener Höhenüberdeckung gilt neigungsunabhängige, einheitliche Überdeckung. Für diese Deckungsart dürfen nur Bitumenschindeln mit Dichtstreifen in der Überdeckung und großformatigen Klebefeldern zur Schürzenverklebung verwendet werden.

(5) Die Anforderungen der Deckung müssen bei der Planung beachtet werden. Dies gilt z. B. bei der Deckung von Fledermausgauben oder eingebundenen Kehlen.

(6) Durch Zuschneiden können alle für das Decken der Traufen, Firste, Grate, Kehlen und Anschlüsse usw. erforderlichen Formteile hergestellt werden.

(7) Anforderungen an die Dachdeckung aus klimatischen, mechanischen und konstruktiven Beanspruchungen, mit denen im Normalfall zu rechnen ist, sowie die Nutzung des Gebäudes bestimmen die Auswahl des Deckwerkstoffes und gegebenenfalls die Art der Zusatzmaßnahmen.

(8) Zur Vermeidung von thermischen Überlastungen der Deckung soll bei wärmegedämmten Dachkonstruktionen eine Belüftung zwischen Dachschalung und Wärmedämmung angeordnet werden.

(9) Durch die Materialbeschaffenheit der Bitumenschindeln passen sich diese jedem Untergrund an. Geringfügig auftretendes Wölben einzelner Bitumenschindeln und auf der Oberseite sich abzeichnende Unebenheiten der Unterkonstruktion (z. B. Naht- und Stoßüberdeckungen der Vordeckung) beeinträchtigen die Funktionstüchtigkeit der Schindeldeckung nicht.

(10) Bei Nutzung des Dachgeschosses insbesondere zu Wohnzwecken erfüllen Bitumenschindeldeckungen auf Schalung mit Vordeckung die Anforderung einer Unterdeckung mit verklebten Nähten und Stößen. Bei erhöhten Anforderungen und Beanspruchungen an die Dachdeckung sind immer Zusatzmaßnahmen erforderlich.

(11) Bitumenschindeldeckungen müssen den bauaufsichtlichen Anforderungen entsprechen. Die Widerstandsfähigkeit gegen Flugfeuer und strahlende Wärme nach DIN 4102-7 „Brandverhalten von Baustoffen und Bauteilen; Bedachungen; Begriffe, Anforderungen und Prüfungen" ist vom Hersteller nachzuweisen.

1.3 Dachneigungen

(1) Die Regeldachneigung ist sowohl von der Sparrenlänge (Entfernung Traufe – First) als auch von der Schindelform abhängig. Sie beträgt in Abhängigkeit von Sparrenlänge, Schindelform und Deckungsart:

Tabelle 1: Regeldachneigungen

Sparrenlänge	Schindelform	Regeldachneigung bei Deckung mit neigungsabhängiger Höhenüberdeckung	Regeldachneigung bei Deckung mit vorgegebener Höhenüberdeckung
≤ 10 m	Rechteck	≥ 15° (26,8 %)	≥ 15° (26,8 %)
> 10 m	Rechteck	≥ 20° (36,4 %)	≥ 20° (36,4 %)
≤ 10 m	Biber u. Dreieck	≥ 20° (36,4 %)	≥ 15° (26,8 %)
> 10 m	Biber u. Dreieck	≥ 25° (46,6 %)	≥ 20° (36,4 %)
≤ 10 m	Wabe	≥ 25° (46,3 %)	≥ 15° (26,8 %)
> 10 m	Wabe	≥ 30° (57,7 %)	≥ 20° (36,4 %)

(2) Um die Auflage der Bitumenschindeln auf der Unterlage sicherzustellen, darf die Neigung von 85° nicht überschritten werden.

(3) Besondere klimatische Verhältnisse, ungünstige Lage des Gebäudes und große Entfernung zwischen First und Traufe können steilere Regeldachneigungen erfordern.

(4) Wird die Regeldachneigung unterschritten, sind regensichernde Zusatzmaßnahmen (siehe Kapitel 1.4) erforderlich.

(5) Eine Unterschreitung der Regeldachneigung um mehr als 10° ist nicht zulässig, dabei darf die Dachneigung von 15° nicht unterschritten werden.

1.4 Zusätzliche Maßnahmen

(1) Zusatzmaßnahmen zur Erhöhung der Regensicherheit können sein:

- wasserdichtes Unterdach,
- regensicheres Unterdach,
- zusätzliche Verklebung.

(2) Als Zusatzmaßnahme zur Erhöhung der Sicherheit gegen Windsog ist eine zusätzliche Verklebung geeignet.

(3) Die zusätzliche Verklebung erfolgt auf der Unterseite der Sichtfläche (Schürze). Hierbei ist sicherzustellen, dass der Wasserablauf nicht behindert wird.

(4) Niedrige Außentemperaturen können sich negativ auf die Verklebung und die Verarbeitung der Bitumenschindeln auswirken. In diesen Fällen sind zusätzliche Maßnahmen, z. B. Erwärmung der Schindeln, Warmlagerung oder zusätzliche Klebung, erforderlich. Hierbei sind die Angaben der Hersteller zu beachten.

2 Werkstoffe und Anforderungen

2.1 Bitumenschindeln

(1) Diese Fachregel gilt für Bitumenschindeln gemäß Produktdatenblatt.

(2) Bitumenschindeln sollen im unteren Bereich der vorgesehenen Überdeckung mit Klebepunkten, Klebeflächen oder Klebestreifen versehen sein. Diese sollen eine Verklebung der Bitumenschindeln untereinander sicherstellen.

2.2 Deckunterlagen

2.2.1 Allgemeines

Für die Deckung mit Bitumenschindeln sind biegesteife, nagelbare Unterkonstruktionen erforderlich. Die Deckunterlage muss geschlossen sein und mit einer Vordeckung versehen werden. Für die Unterkonstruktion aus Schalung sind die „Hinweise Holz und Holzwerkstoffe“ zu beachten.

2.2.2 Schalung aus Vollholz

Die Bretter für die Schalung sollen mindestens 24 mm dick sein (Nenndicke). Die Brettbreiten sollen von 80 bis maximal 150 mm betragen.

2.2.3 Schalung aus Holzwerkstoffen

Als Schalung sind Platten aus Bau-Furniersperrholz nach DIN 68705-3, Typ BFU 100 G, mit einer Mindestdicke von 22 mm geeignet.

2.2.4 Leichtbeton

Bei Leichtbeton-Unterkonstruktionen müssen offene Fugen abgedeckt oder vermörtelt werden. Die für die Befestigung auf Leichtbeton vorgesehenen Nägel müssen geeignet sein.

2.2.5 Vordeckung

(1) Als Vordeckungen sind geeignet:

- bitumenverträgliche Unterdeckbahnen (Schalungsbahnen),
- Dachbahn mit Glasvlieseinlage.

Die Nähte und Stöße sind mindestens 80 mm zu überdecken, Stöße sind zu versetzen.

(2) Die Naht- und Stoßüberdeckung der Vordeckung kann sich in der Bitumenschindeldeckung abzeichnen. Aus optischen Gründen empfiehlt es sich, die Vordeckung gleichlaufend mit den Gebinden (horizontal) zu verlegen.

(3) Bei dickeren Vordeckbahnen, z. B. Dachdichtungsbahnen, sind Abzeichnungen der Nahtüberdeckungen unvermeidbar.

2.3 Werkstoffe für die Befestigung

(1) Für die Befestigung der Bitumenschindeln auf Holz sind korrosionsgeschützte Stifte DIN EN 10230 mit extra großem Flachkopf, Kopfdurchmesser ≥ 9 mm, zu verwenden, die mindestens 25 mm lang, bei Mehrfachüberdeckung (Grat, First usw.) entsprechend länger, sein müssen. Der Schaft von Befestigungsmitteln muss rau bzw. aufgeraut sein.

(2) Die Nagelung kann manuell oder mit Druckluftnagler erfolgen.

2.4 Hilfsstoffe für die Deckung

Werden Hilfsstoffe, z. B. Klebstoffe, für die Deckung von Bitumenschindeln verwendet, muss Materialverträglichkeit sichergestellt sein.

3 Ausführung der Deckung

(1) Deckungen mit neigungsabhängiger Höhenüberdeckung werden nach dem Prinzip der Doppeldeckung ausgeführt. Das dritte Gebinde muss das erste noch um die in der nachstehenden Tabelle aufgeführten Mindestwerte überdecken (siehe Abb. 3).

Tabelle 2: Mindestüberdeckungen

Dachneigung	Mindestüberdeckung
≥ 15°	≥ 100 mm
≥ 25°	≥ 80 mm
≥ 35°	≥ 60 mm
≥ 45°	≥ 50 mm

(2) Bei Deckungen mit vorgegebener Höhenüberdeckung, bei der Schindeln mit Dichtstreifen in der Überdeckung und großformatigen Klebefeldern zur Schürzenverklebung verwendet werden, muss das dritte Gebinde das erste um mindestens 45 mm überdecken (Abb. 5 und 6).

(3) Bitumenschindeln werden rechtwinklig zum Wasserlauf in halbem Verband mit Stoßfuge gedeckt. Hierbei liegen die Schlitze des ersten und des dritten Gebindes übereinander.

(4) Zur gleichmäßigen Abstandhaltung in Höhe und Breite ist eine horizontale und eine vertikale Schnürung zu empfehlen.

(5) Die Bitumenschindeln sind mit mindestens vier Breitkopfstiften zu befestigen, dabei müssen die Befestigungen die unterdeckende Bitumenschindel mit erfassen. Die Nagelung soll mindestens 20 mm oberhalb des Schürzeneinschnittes angeordnet werden. Deckungen mit neigungsabhängiger Höhenüberdeckung und Bitumenschindeln mit oberseitigen Klebestreifen dürfen nicht im Klebestreifen genagelt werden. Deckungen mit vorgegebener Höhenüberdeckung sind mittig in den drucksensitiven Klebefeldern (ersten Klebefeldern) oberhalb der Schürzeneinschnitte zu nageln.

(6) Bei Dachneigungen über 60° sind zusätzliche Befestigungen erforderlich. Die zusätzliche Befestigung kann in den oberen, äußeren Ecken oder in der Nagellinie erfolgen.

(7) Die Selbstverklebung der einzelnen Gebinde untereinander ist temperaturabhängig. Ist aus konstruktiven oder witterungsbedingten Gründen eine Selbstverklebung der Bitumenschindeln untereinander nicht zu erwarten (z. B. bei steilen Dachneigungen, Schattenbereichen, wechselnden Witterungsbedingungen), so sind nach Rücksprache mit den Bitumenschindel-Herstellern entsprechende zusätzliche Maßnahmen vorzusehen.

(8) Um ein gleichmäßiges Erscheinungsbild der Dachfläche durch Abweichungen in Farbe und Körnung zu erreichen, ist eine gleichzeitige Verlegung aus mehreren Paketen erforderlich.

4 Dachdetails

4.1 Allgemeines

(1) Bei Dachdeckungen mit Bitumenschindeln können An- und Abschlüsse aus dem gleichen Deckwerkstoff, aus Metall oder anderen Materialien hergestellt werden.

(2) Für die Ausführung von An- und Abschlüssen mit Blechen ist die „Fachregel für Metallarbeiten im Dachdeckerhandwerk" zu beachten.

4.2 Traufe

(1) An der Traufe ist bei der Deckung mit Bitumenschindeln ein Traufblech ohne Falzabkantung auf der Dachseite erforderlich.

(2) Für die Traufeneinbindung ist ein Ansetzer erforderlich. Hierfür werden die Bitumenschindeln im unteren Bereich um die errechnete Gebindehöhe gekürzt. Es ist darauf zu achten, dass eine Verklebung des aufliegenden mit dem darunter liegenden Gebinde mittels der Klebepunkte erreicht wird.

(3) Damit die Bitumenschindeln an der Traufe die gleiche Neigung wie die folgenden haben, sind diese gegebenenfalls zu unterlegen.

(4) Die Unterkante des ersten Gebindes soll mit der Traufblechabkantung abschließen. Ein geringer Überstand ist möglich. Das zweite Gebinde, halb versetzt, wird mit den Schlitzen oder Profilierungen nach unten bündig auf das erste Gebinde gedeckt.

(5) Ist eine Verklebung auf dem Traufblech erwünscht, dann erfolgt diese nach den Herstellervorschriften.

4.3 Ort

(1) Der Ortgang wird so gestaltet, dass entlang der Dachkante eine mindestens 30 mm hohe Dreikantleiste befestigt wird. Die Vordeckung und die Gebinde der Bitumenschindeldeckung werden darauf hochgeführt und mit Breitkopfstiften befestigt. Darüber ist aus Metall oder einem anderen geeigneten Werkstoff eine Abdeckung zu befestigen, die auf die Dachfläche zu führen ist und außenseitig mit Wassertropfnase oder auch als vertikale Blende ausgebildet werden kann.

(2) Eine Ausbildung mit unterlegten Blechen mit dachseitigem Wasserfalz ist möglich. Hierbei ist an der überdeckten äußeren Oberkante der Bitumenschindeln ein Wasser abweisender Schrägschnitt erforderlich, um auszuschließen, dass sich Wasser

unter die Schindeldeckung ziehen kann; ein Wasser abweisender Schnitt an der Unterkante ist zu empfehlen.

(3) Zugeschnittene Bitumenschindeln am Ort müssen breiter als eine Schürzenbreite sein. Im Anschlussbereich darf 1/4 der Schürzenbreite nicht unterschritten werden. Eine entsprechende Aufteilung ist in der anzuschließenden Fläche vorzunehmen.

4.4 First

(1) Für die Deckung des Firstes können Teilstücke aus Bitumenschindeln mit einer Breite von mindestens 200 mm, z. B. Einzelschürzen, verwendet werden.

(2) Die Höhenüberdeckung der Flächendeckung ist auch das Mindestmaß für die Überdeckung am First.

(3) Die Deckung des Firstes mit Bitumenschindeln ist als seitliche Doppeldeckung auszuführen. Dabei muss die dritte Firstschindel die erste noch um mindestens 45 mm überdecken.

(4) Die Befestigung der Firstschindeln erfolgt mit zwei Breitkopfstiften, die analog zur Flächendeckung im Überdeckungsbereich liegen und die unterdeckende Firstschindel mit befestigen.

(5) Eine Ausführung als Lüftungsfirst ist möglich (Abb. 12).

(6) Pultdachfirste können analog zu Kapitel 4.3 (1) ausgeführt werden.

(7) Eine Ausführung der Firstdeckung mit Formteilen aus anderen Werkstoffen, z. B. Blechen, ist möglich.

4.5 Grat

Für die Gratdeckung gelten sinngemäß die gleichen Regeln wie für die Firstdeckung. Die Gebinde der in der Fläche gedeckten Bitumenschindeln sind parallel mit der Gratlinie abzuschneiden und mit einem Wasser abweisenden Schnitt zu versehen.

4.6 Kehlen

4.6.1 Allgemeines

(1) Bei Dachdeckungen mit Bitumenschindeln können folgende Kehldeckungen ausgeführt werden:

- wechselseitig gedeckte Bitumenschindelkehlen,
- eingebundene Bitumenschindelkehlen,
- unterlegte Kehlen.

(2) Für wechselseitig gedeckte Bitumenschindelkehlen und eingebundene Bitumenschindelkehlen muss die Kehlsparrenneigung in Abhängigkeit von Schindelform und Deckart mindestens der Regeldachneigung nach Tabelle 1 entsprechen. Für unterlegte Kehlen ist eine Kehlsparrenneigung von mindestens 30° erforderlich.

(3) Bei Unterschreitung der Kehlsparrenneigung ist eine wasserdichte Ausführung erforderlich, z. B. mit beschieferter Polymerbitumenbahn und geklebtem Anschluss der Deckung.

4.6.2 Wechselseitig gedeckte Bitumenschindelkehle

In der Kehle kann ein Kehlbrett angebracht werden. Links und rechts der Kehlmitte ist im Abstand von jeweils 300 mm ein Schnurschlag aufzubringen. Im Zuge der Deckung sind ganze Bitumenschindeln wechselseitig bis über den gegenüberliegenden Schnurschlag zu decken. In der Kehle muss ein nagelfreier Bereich von mindestens 300 mm vorhanden sein.

4.6.3 Eingebundene Bitumenschindelkehle

(1) Die Deckung von eingebundenen Kehlen darf nur bei Bitumenschindeldeckungen, die mit Schindeln in Rechteck- oder Biberform ausgeführt sind, angewendet werden.

(2) Als Deckunterlage ist eine Kehlschalung mit Vordeckung erforderlich.

(3) Die Breite der über der Mitte der Kehllinie zu befestigenden Kehlschalung ist abhängig vom Kehlwinkel und von der Kehlbreite. Die Kehlschalung kann aus einem oder mehreren Brettern und Dreikantleisten hergestellt werden.

(4) Die eingebundene Bitumenschindelkehle besteht aus Deck- und Unterläuferschichten:

- Unterläuferschichten sind die rechts und links unter die Deckgebinde der Dachfläche unterlaufenden Kehlgebinde.
- Deckschichten sind die in die Deckgebinde der Dachflächen eingebundenen Kehlgebinde. Dabei werden die Kehlübergänge an den Deckgebinden mit Aus- oder Einspitzern ausgeführt.

(5) Die Breite der Kehle wird durch die Anzahl der ganzen Bitumenschindelschürzen an der schmalsten Stelle der Kehle in der Deckschicht bestimmt. Die eingebundene Bitumenschindelkehle kann eine Schürze oder zwei Schürzen breit eingedeckt werden.

(6) Die eingebundene Bitumenschindelkehle ist eine Dreifachdeckung. Die Höhenüberdeckung in der Kehle richtet sich nach der der Dachflächengebinde, wobei das vierte Kehlgebinde das erste um mindestens 10 mm überdecken muss.

(7) Die Kehldeckung ist in halbem Verband auszuführen.

4.6.4 Unterlegte Kehlen

(1) Für untergelegte Kehlen sind folgende Materialien geeignet:

– Bitumenschindeln,

– Bitumenbahnen,

– Metall.

(2) Die Überdeckung der Flächendeckung auf die Kehldeckung aus Bitumenschindeln und Bitumenbahnen muss parallel zur Kehlmitte verlaufen und rechtwinklig zur Kehllinie gemessen mindestens 120 mm betragen.

(3) Bei untergelegten Kehlen aus Bitumenschindeln muss das vierte Gebinde das erste noch um mindestens 10 mm überdecken.

(4) Bei untergelegten Kehlen aus Metallen ist die „Fachregel für Metallarbeiten im Dachdeckerhandwerk" zu beachten.

4.7 Anschlüsse

4.7.1 Allgemeines

(1) Die Verschneidungslinie einer Dachfläche mit einem aufgehenden Bauteil, z. B. Wand, Schornstein, Gaubenwange, ist ein Anschluss. Man unterscheidet seitliche, firstseitige und traufseitige Anschlüsse.

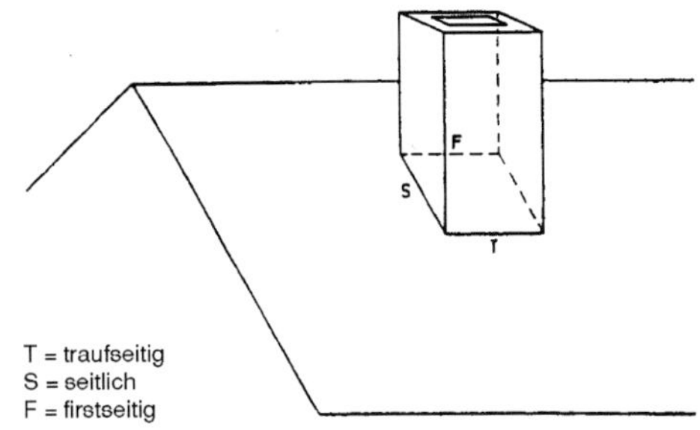

(2) Der obere Anschluss am aufgehenden Bauteil ist regensicher, z. B. mit einer Kappleiste, auszuführen, siehe „Fachregel für Metallarbeiten im Dachdeckerhandwerk".

(3) Anschlüsse an aufgehende Bauteile können mit Metall ausgeführt werden. Dafür gilt die „Fachregel für Metallarbeiten im Dachdeckerhandwerk".

4.7.2 Seitliche Anschlüsse

(1) Seitliche Anschlüsse an aufgehende Bauteile können

– als Wandkehle,

– mit unterlegten Anschlussblechen oder

– mit Schichtstücken als Nockenanschluss

ausgeführt werden.

(2) Bei einer Ausführung als Wandkehle ist im Anschlussbereich eine Dreikantleiste anzubringen und die Bitumenschindeldeckung bei Dachneigung $< 22°$ mindestens 100 mm, bei Dachneigung $\geq 22°$ mindestens 80 mm hochzuführen und zu befestigen.

(3) Bei Nockenanschlüssen wird unter jeder den Anschluss anlaufenden Bitumenschindel eine Nocke gedeckt. Die Überdeckung der Nocken untereinander muss mindestens der Höhenüberdeckung der Flächendeckung entsprechen. Die Nocken werden im oberen Bereich in der Höhenüberdeckung genagelt.

(4) Die Deckung der Bitumenschindel auf die Anschlussbleche oder Nocken ist entsprechend Kapitel 4.3 (3) auszuführen.

4.8 Dachfenster und Dachausstiege

Dachfenster und Dachausstiege sollen einen für Bitumenschindeldeckungen ausgebildeten, genügend breiten Eindeckrahmen mit Wasserfalz haben (siehe „Merkblatt Einbauteile bei Dachdeckungen"). Außerdem kann der Anschluss an die Deckung mit Schichtstücken (Nocken) ausgeführt werden.

4.9 Einbauteile

(1) Sicherheitsdachhaken, Stützen für Schneefangvorrichtungen, Blitzableiter oder Laufstege usw. müssen regensicher eingedeckt werden. Sie müssen für den jeweils vorgesehenen Verwendungszweck geeignet sein.

(2) Eine zusätzliche Unterlage aus Metall oder anderen geeigneten Werkstoffen kann erforderlich sein.

4.10 Dachdurchdringungen

Bei Dachdurchdringungen, z. B. Entlüftungsrohren oder Antennen, sind entsprechende, handwerklich hergestellte oder vorgefertigte Formteile zu verwenden. Die Formteile müssen für die Bitumenschindeldeckung geeignet sein.

5 Pflege und Wartung von Bitumenschindeldeckungen

(1) Bitumenschindeldeckungen sind in gewissen Zeitabständen zu überprüfen. Hierfür wird der Abschluss eines Inspektions- und Wartungsvertrages empfohlen. Rechtzeitige Pflege kann die Lebensdauer der Deckung verlängern und das Dach vor größeren Schäden bewahren.

(2) Durch Bewegungen des Dachstuhls, Setzungen und die Nutzung der Dachräume u. Ä. können möglicherweise Beeinträchtigungen in der Dachdeckung hervorgerufen werden. Diese Auswirkungen sind bereits bei der Planung zu berücksichtigen und haben keinen Einfluss auf die fachgerechte Ausführung.

Anhang

Detailskizzen

Die folgenden Skizzen von Dachdetails mit Bitumenschindeln sind Beispiele für die Arbeitsausführung.

Sie sind nicht maßstabsgetreue bildliche Darstellungen der einzelnen Techniken und dienen der Veranschaulichung der textlichen Beschreibung.

Verzeichnis der Abbildungen:

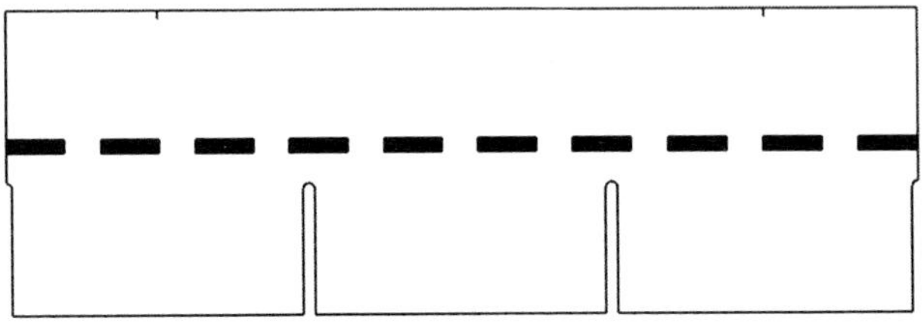

Rechteckformat

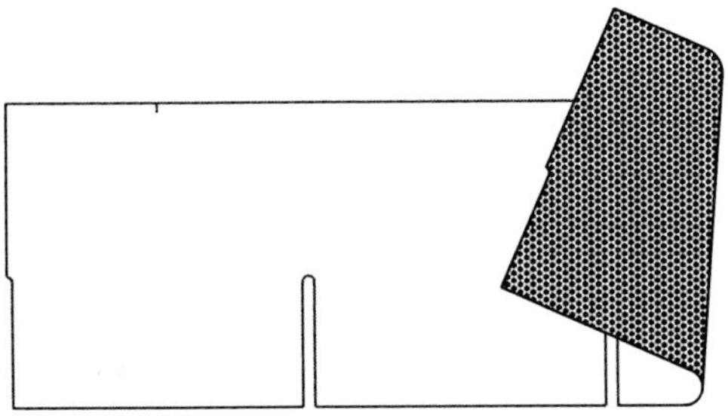

Rechteckformat mit unterseitig angeordneten Klebeflächen

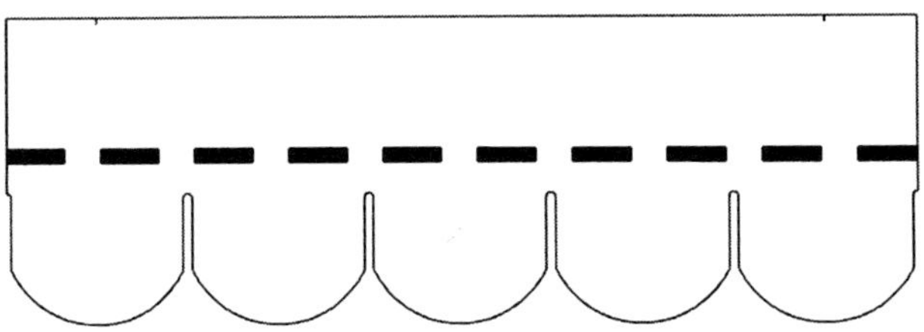

Biberformat

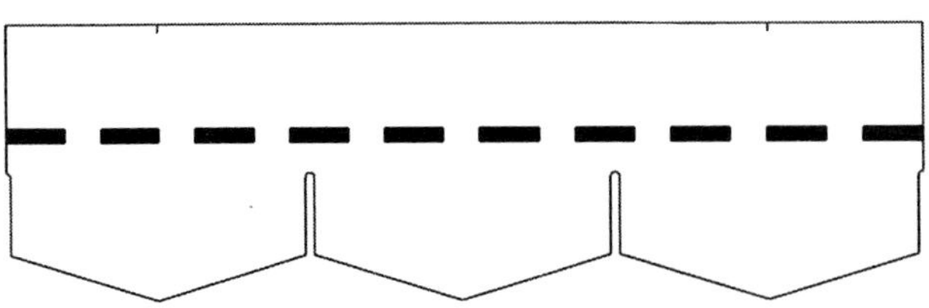

Dreieckformat

Abb. 1
Bitumenschindelformen für Deckungen mit neigungsabhängiger Höhenüberdeckung

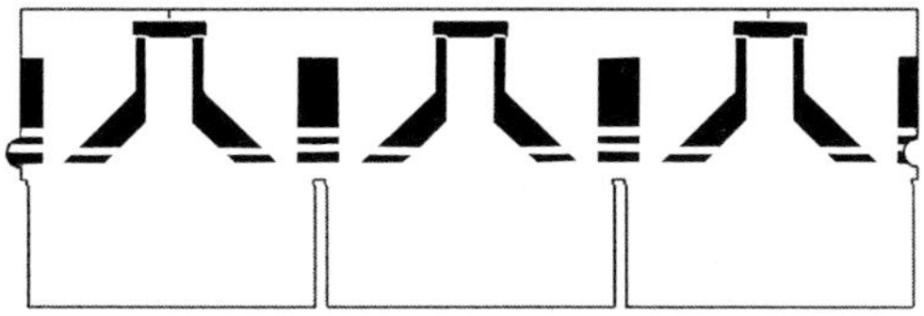

Rechteckformat

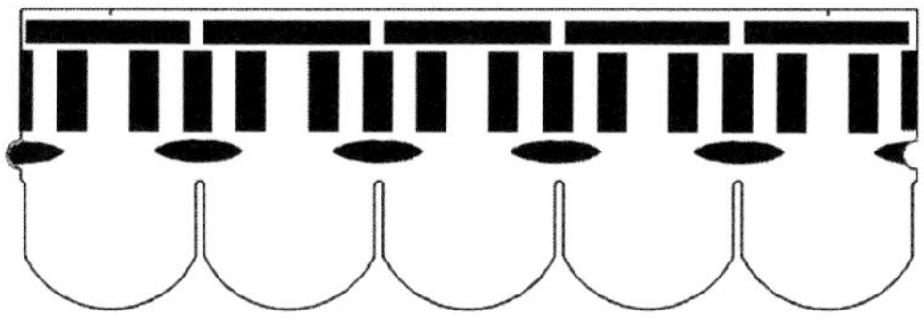

Biberformat

Dreieckformat

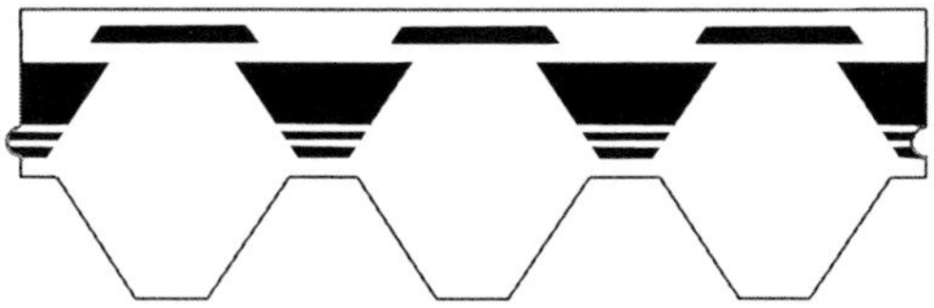

Wabenformat

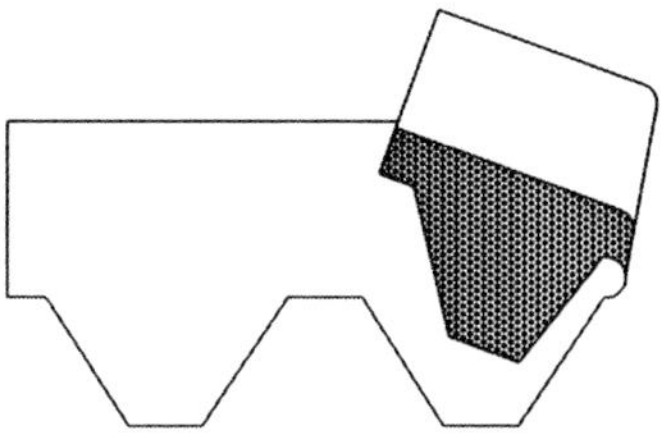

Wabenformat mit unterseitig angeordneten Klebefeldern

Abb. 2
Bitumenschindelformen für Deckungen mit vorgegebener Höhenüberdeckung mit Dichtstreifen in der Überdeckung und großformatigen Klebefeldern zur Schürzenverklebung

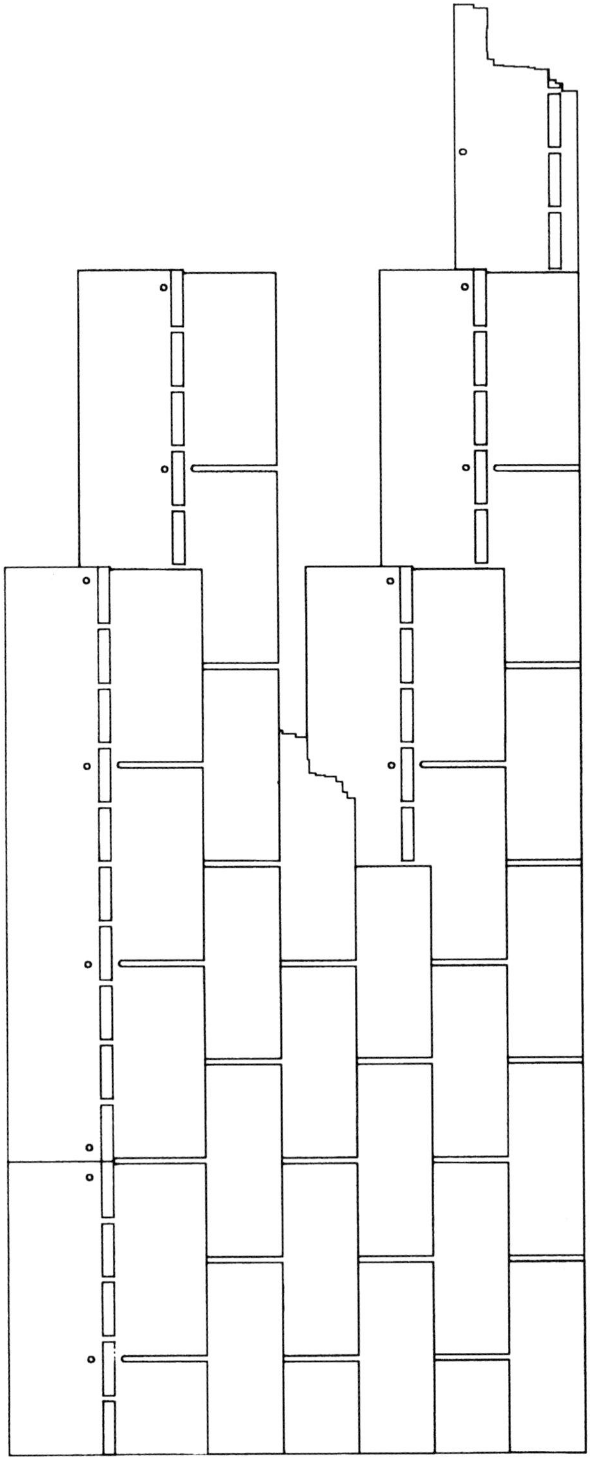

Abb. 3
Bitumenschindeldeckung mit neigungsabhängiger Höhenüberdeckung im Rechteckformat als Doppeldeckung mit Traufgebinde

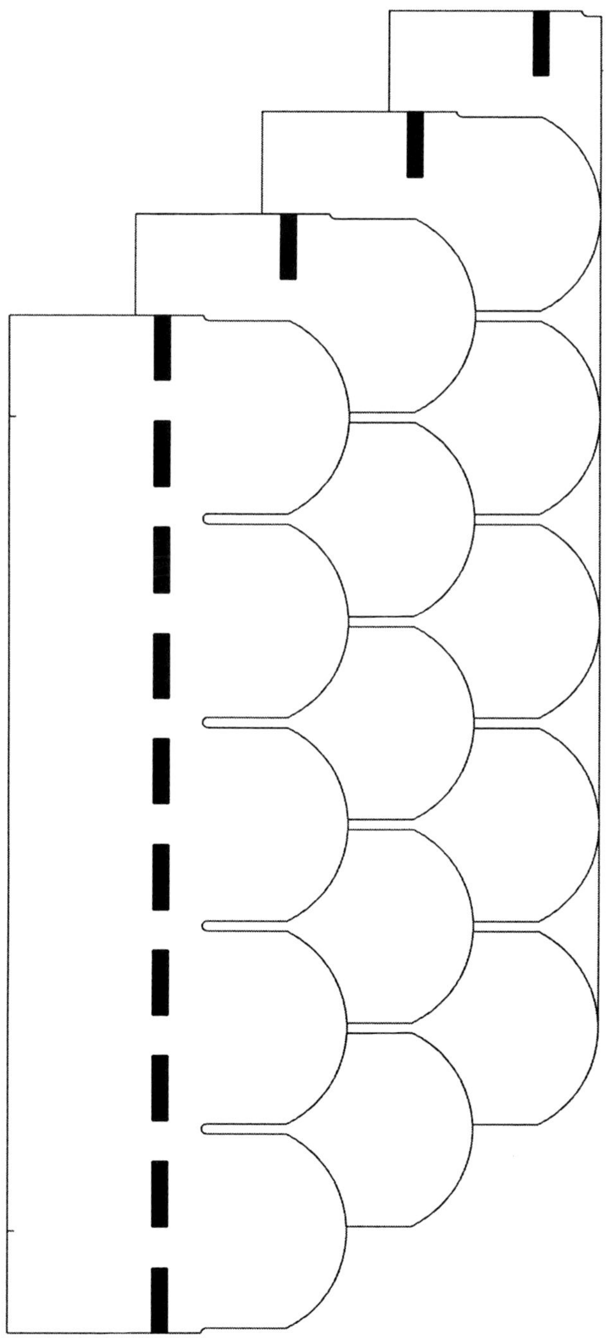

Abb. 4
Bitumenschindeldeckung mit neigungsabhängiger Höhenüberdeckung im Biberformat als Doppeldeckung

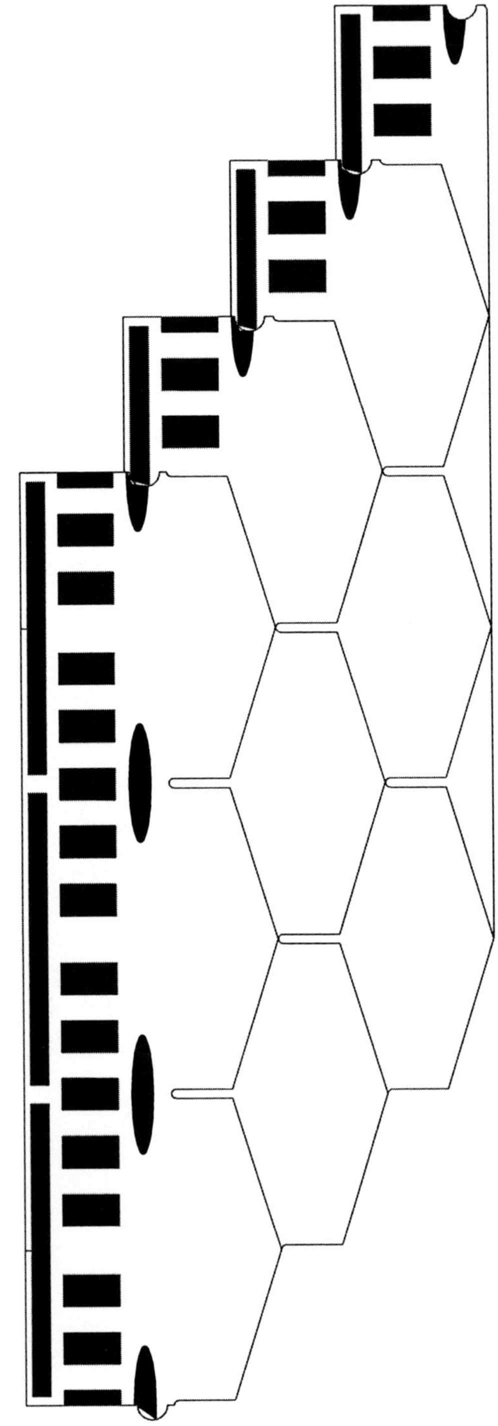

Abb. 5
Bitumenschindeldeckung im Dreieckformat mit vorgegebener Höhenüberdeckung

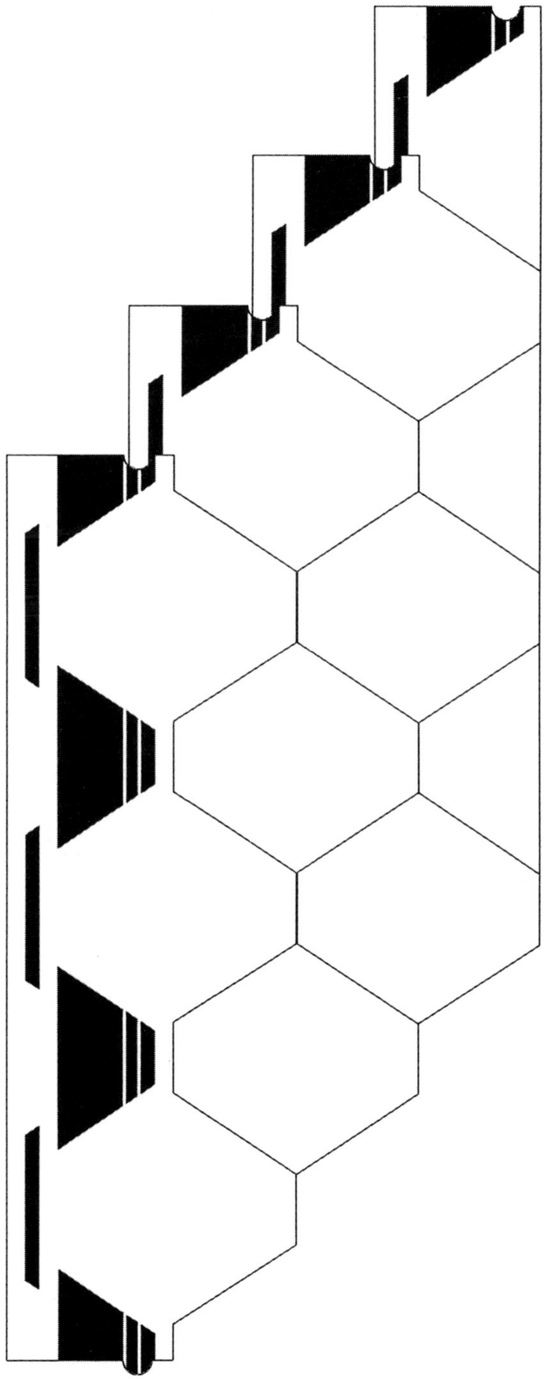

Abb. 6
Bitumenschindeldeckung im Wabenformat mit vorgegebener Überdeckung

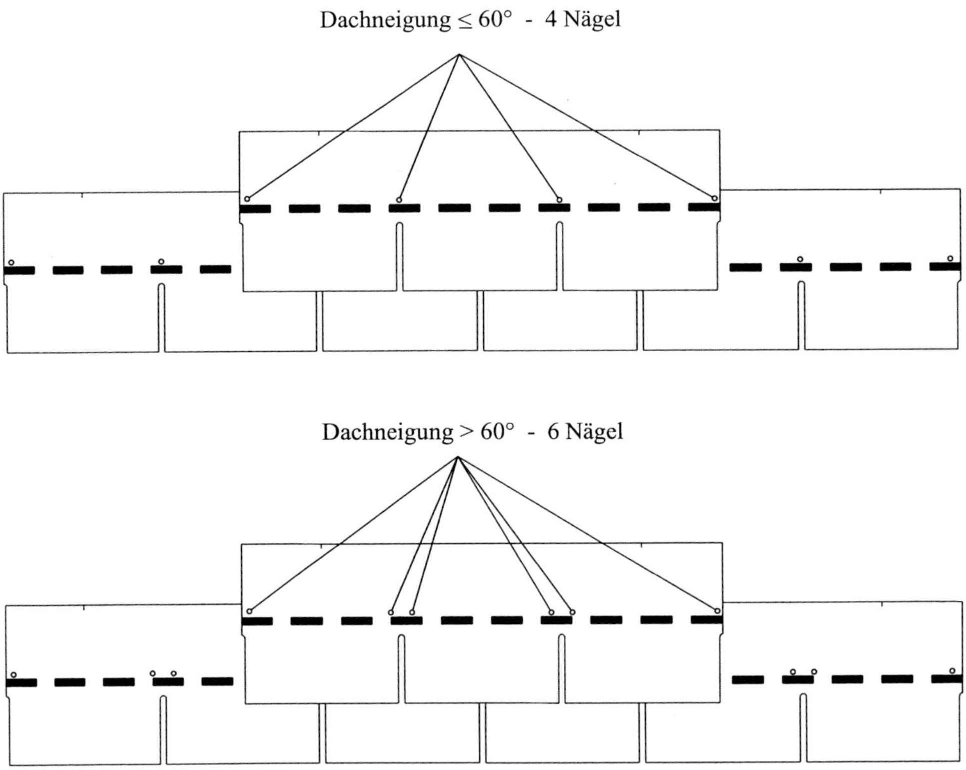

Abb. 7
Befestigung der Bitumenschindeln mit Breitkopfstiften

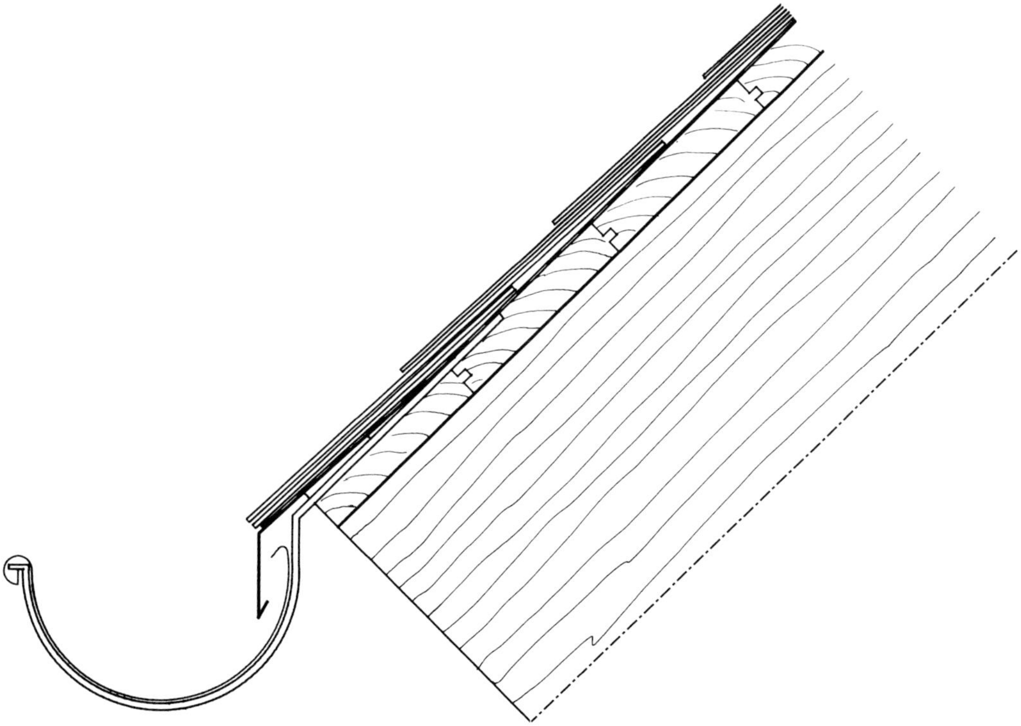

Abb. 8
Traufe mit Rinne und Rinneneinhangblech

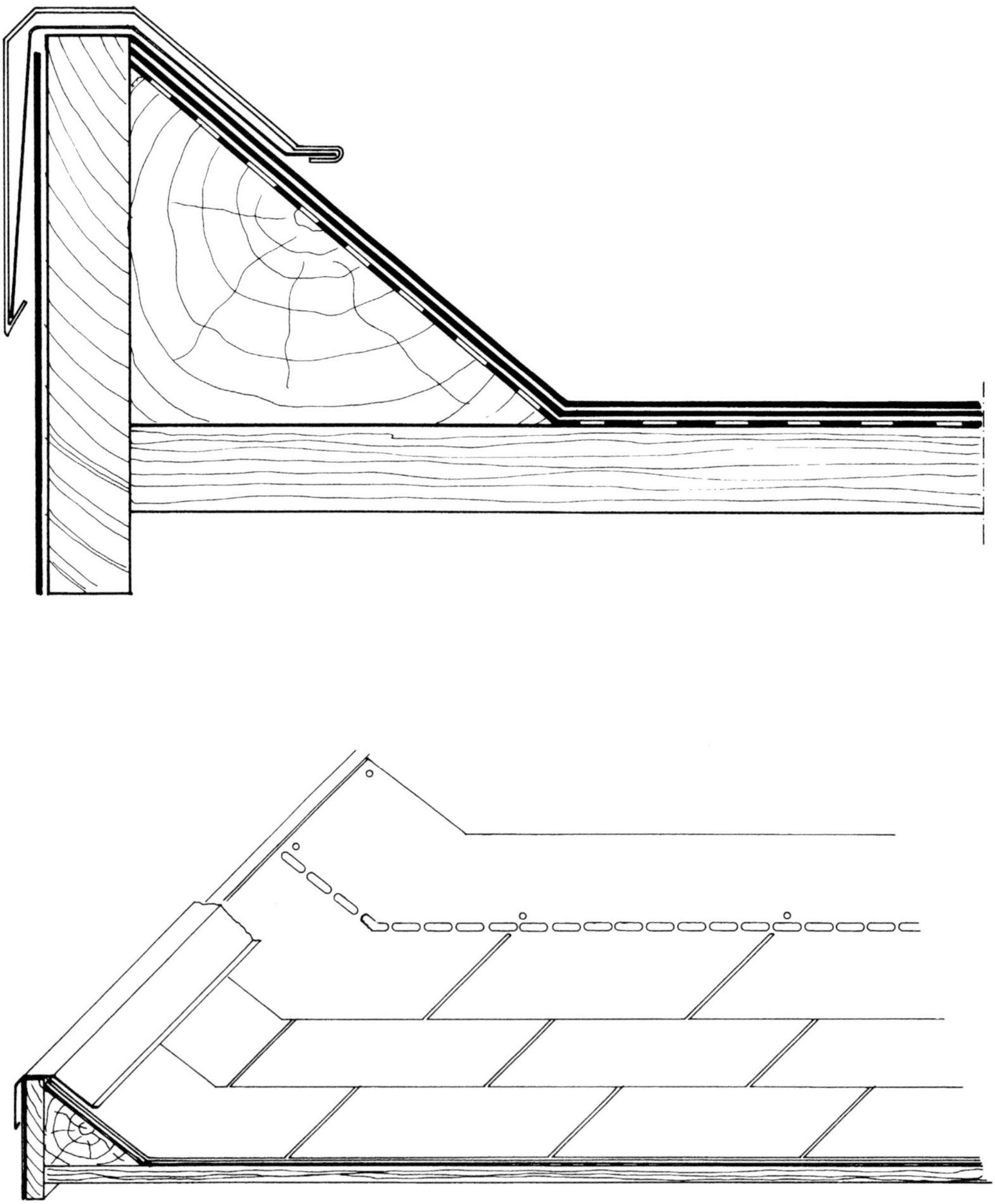

Abb. 9
Ortkonstruktion

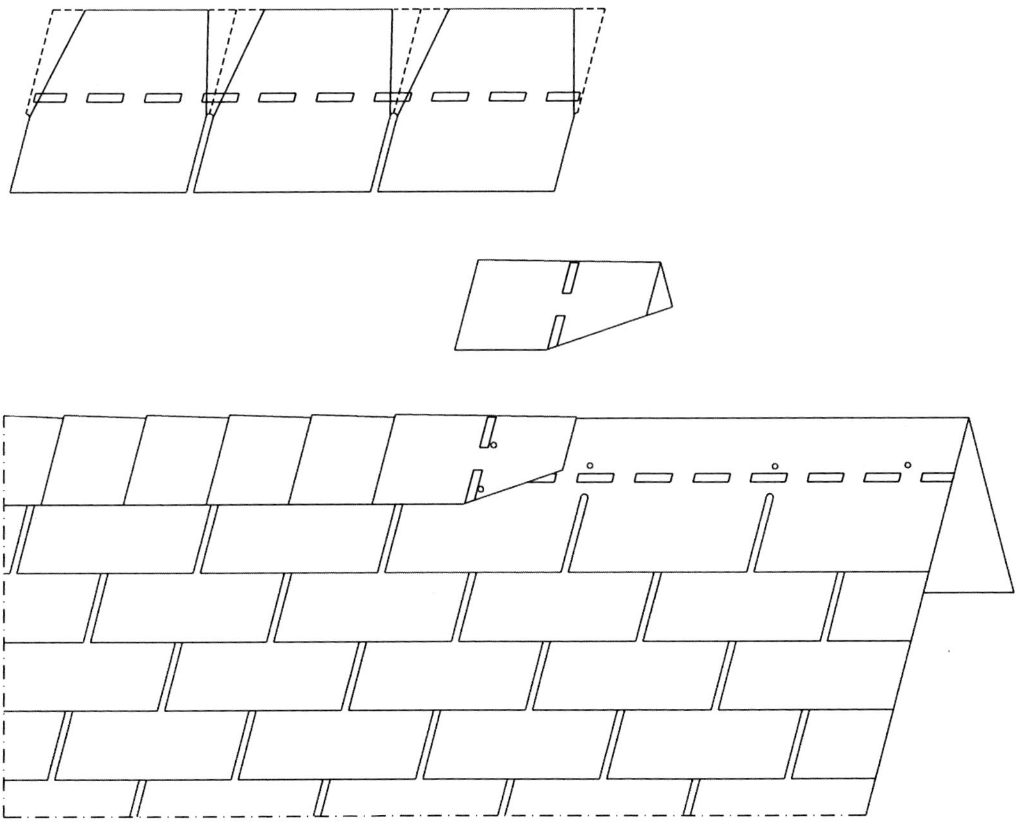

Abb. 10
Firstdeckung mit Bitumenschindeln im Rechteckformat

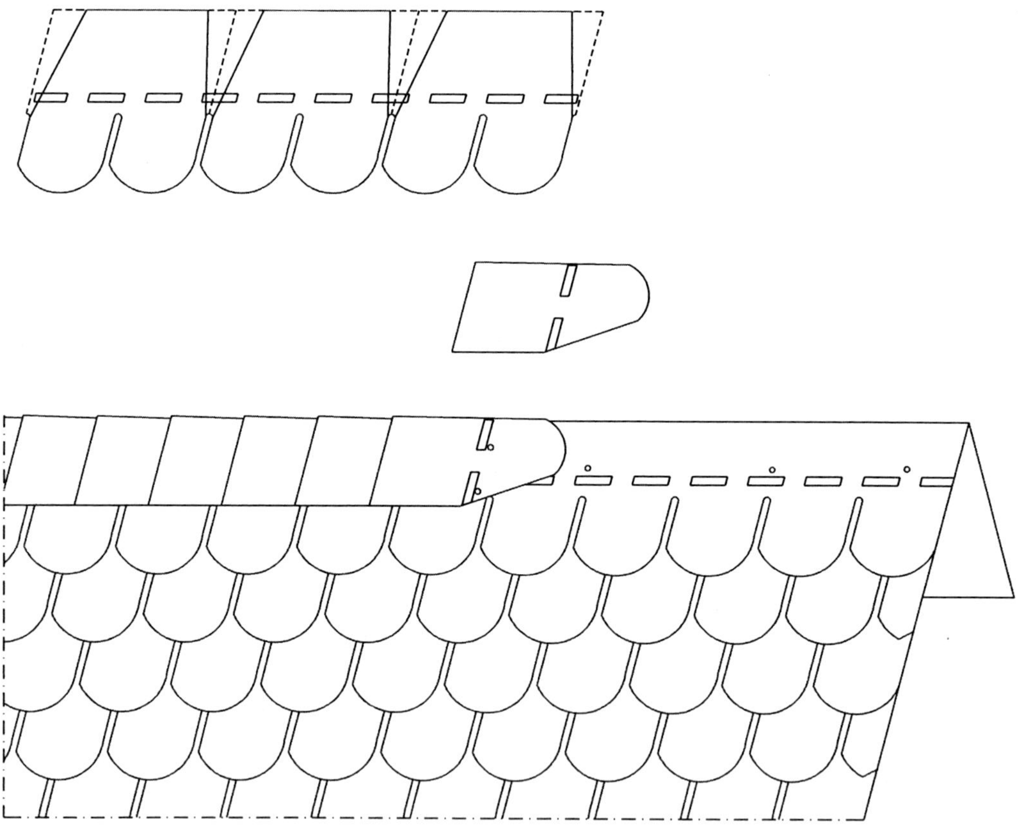

Abb. 11
Firstdeckung mit Bitumenschindeln im Biberformat

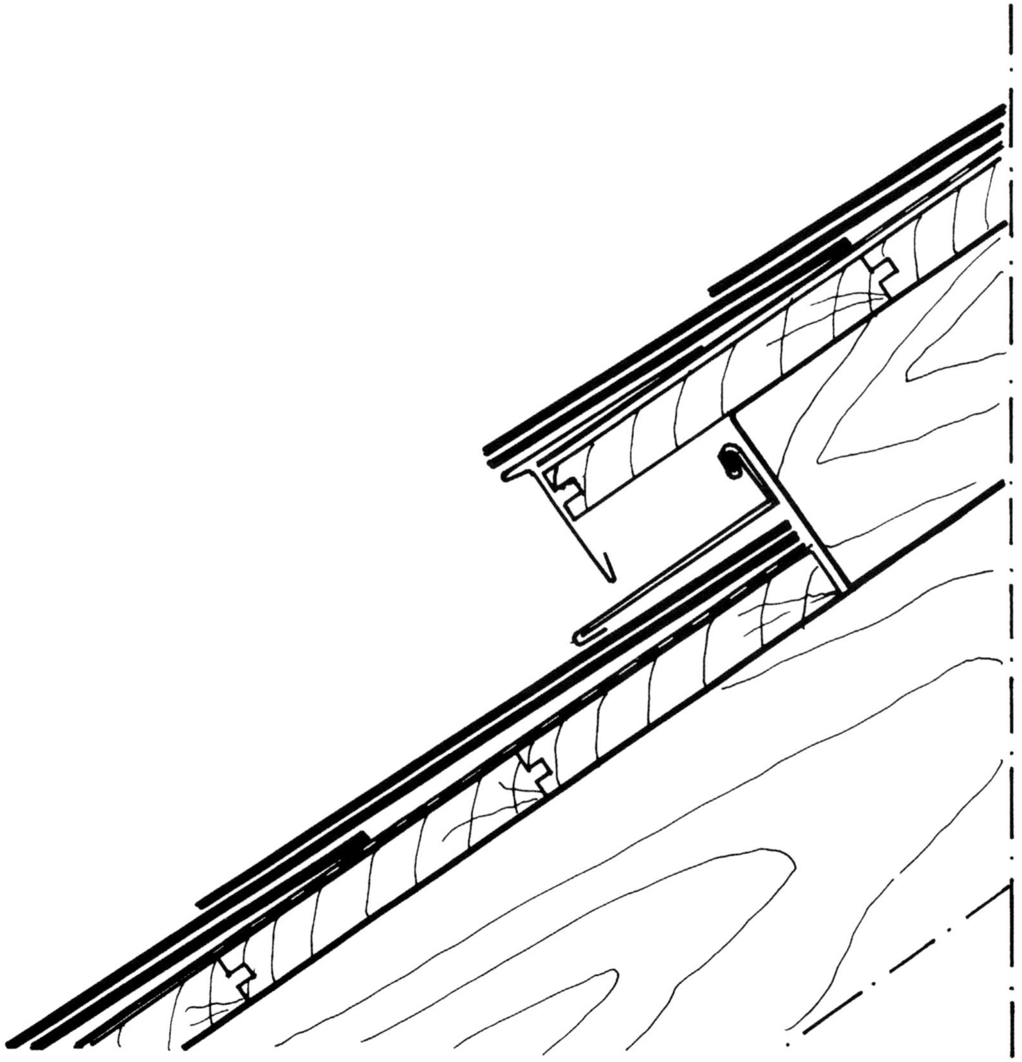

Abb. 12
Lüftungsfirst

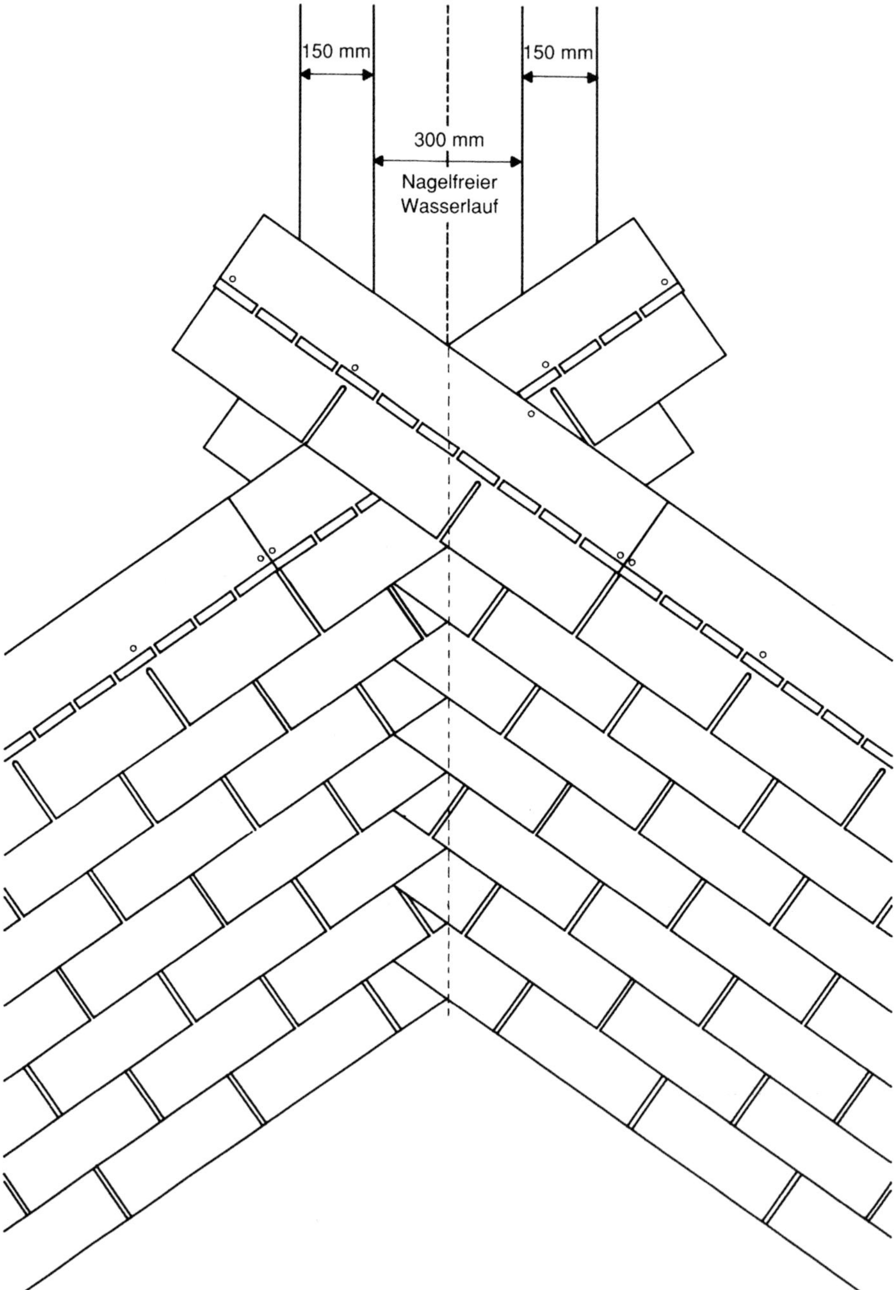

Abb. 13
Wechselseitig gedeckte Bitumenschindelkehle

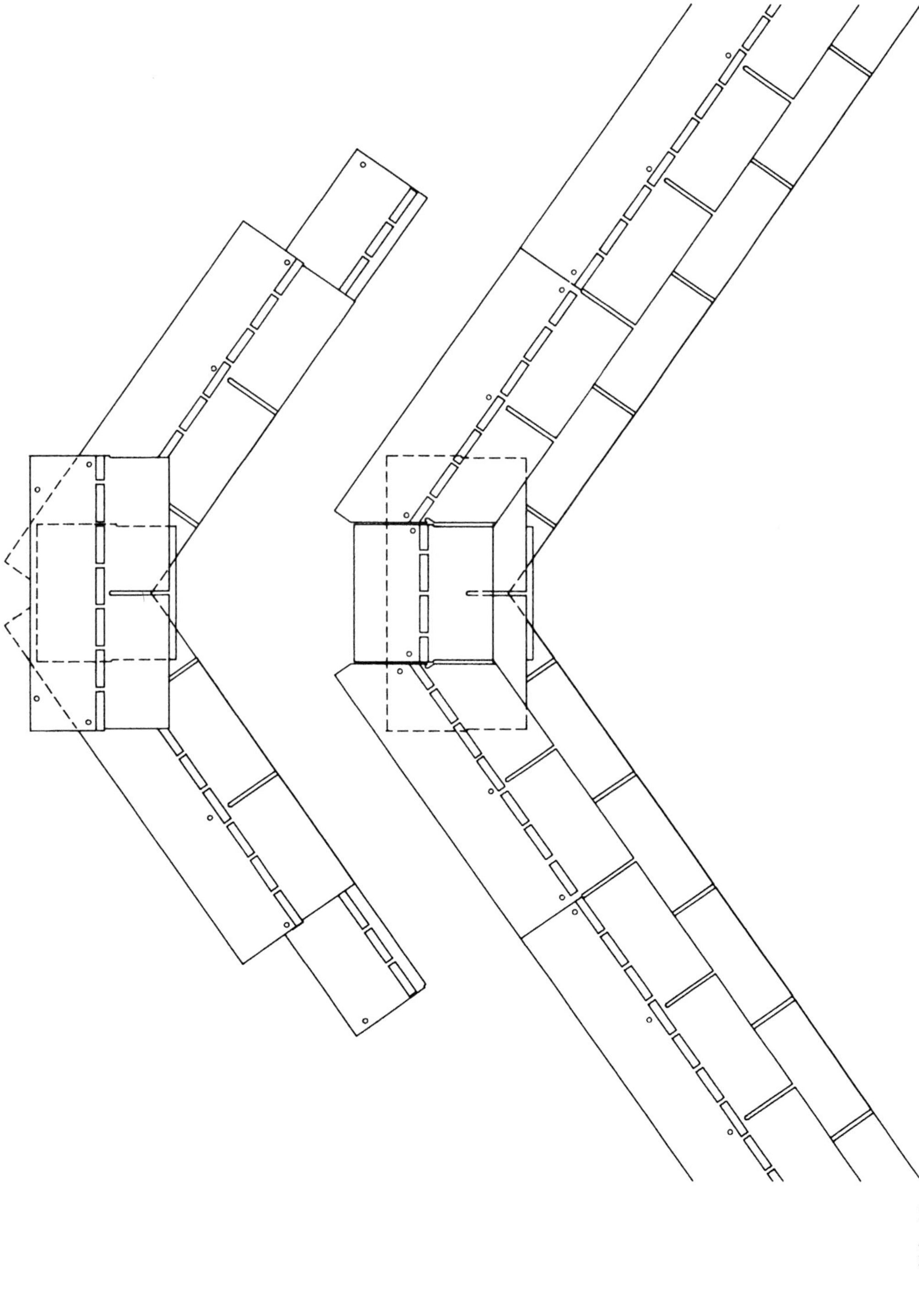

Abb. 14
Eingebundene Bitumenschindelkehle, eine Schürze breit, Kehlanfang

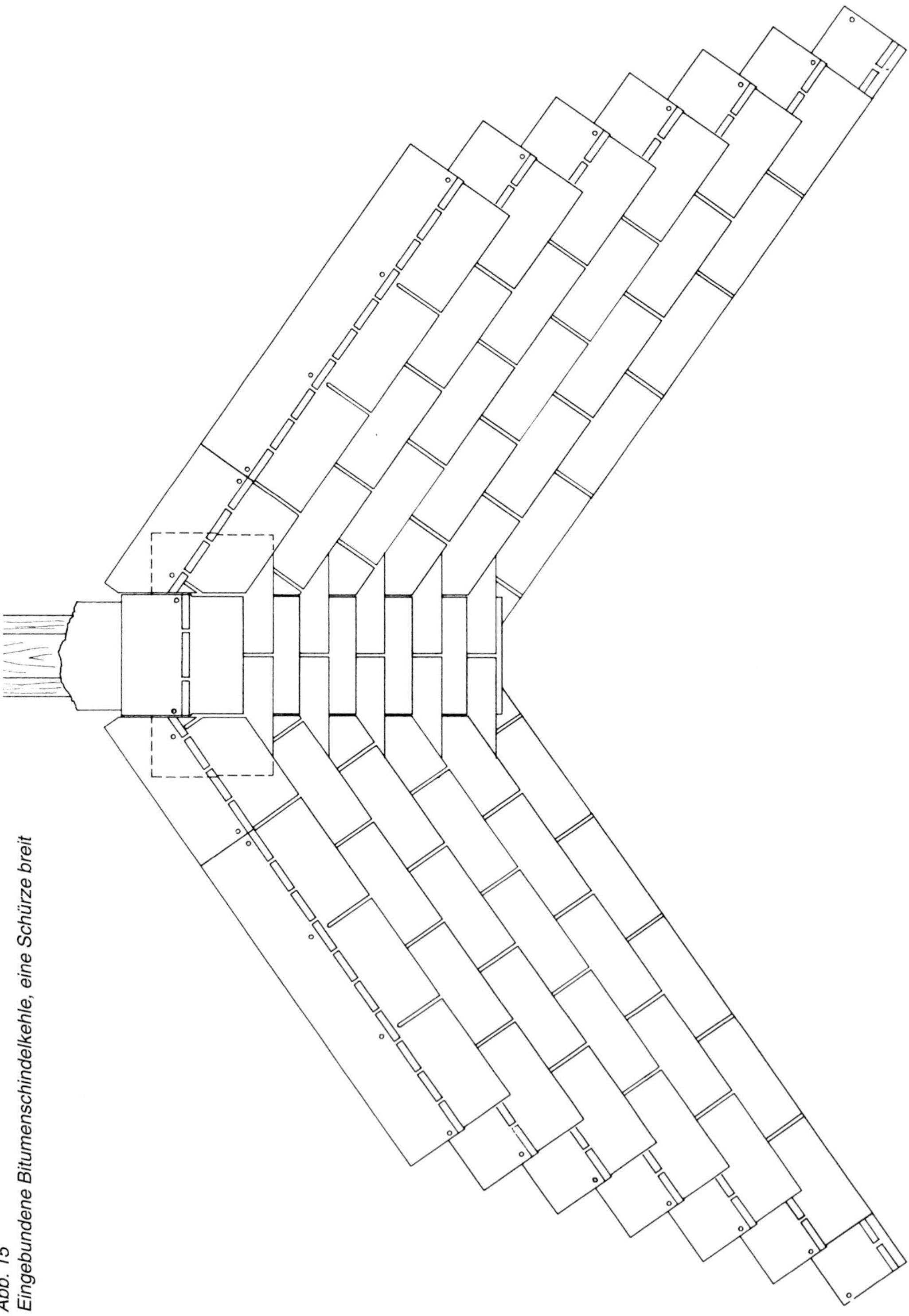

Abb. 15
Eingebundene Bitumenschindelkehle, eine Schürze breit

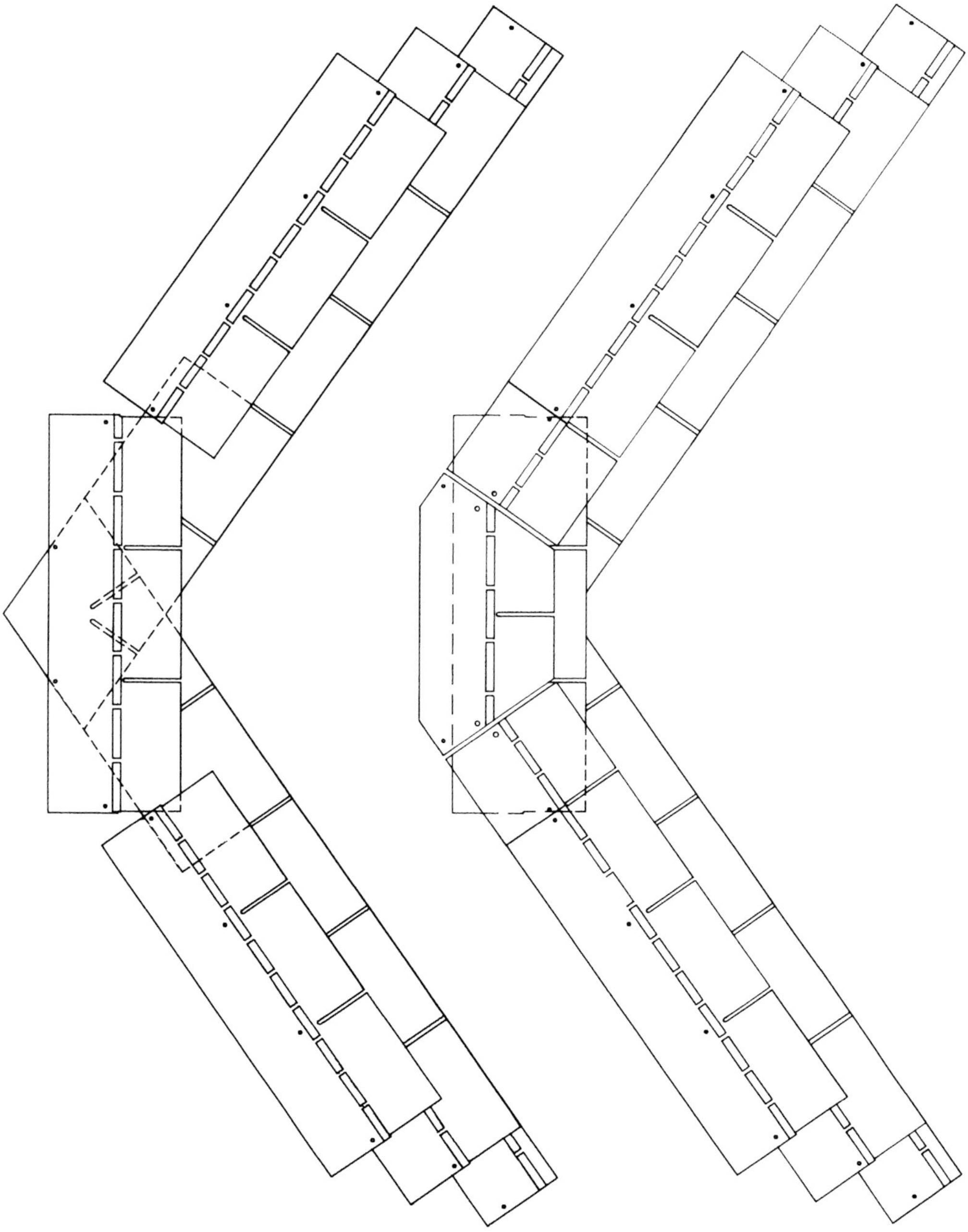

Abb. 16
Eingebundene Bitumenschindelkehle, eine Schürze breit, Kehlanfang

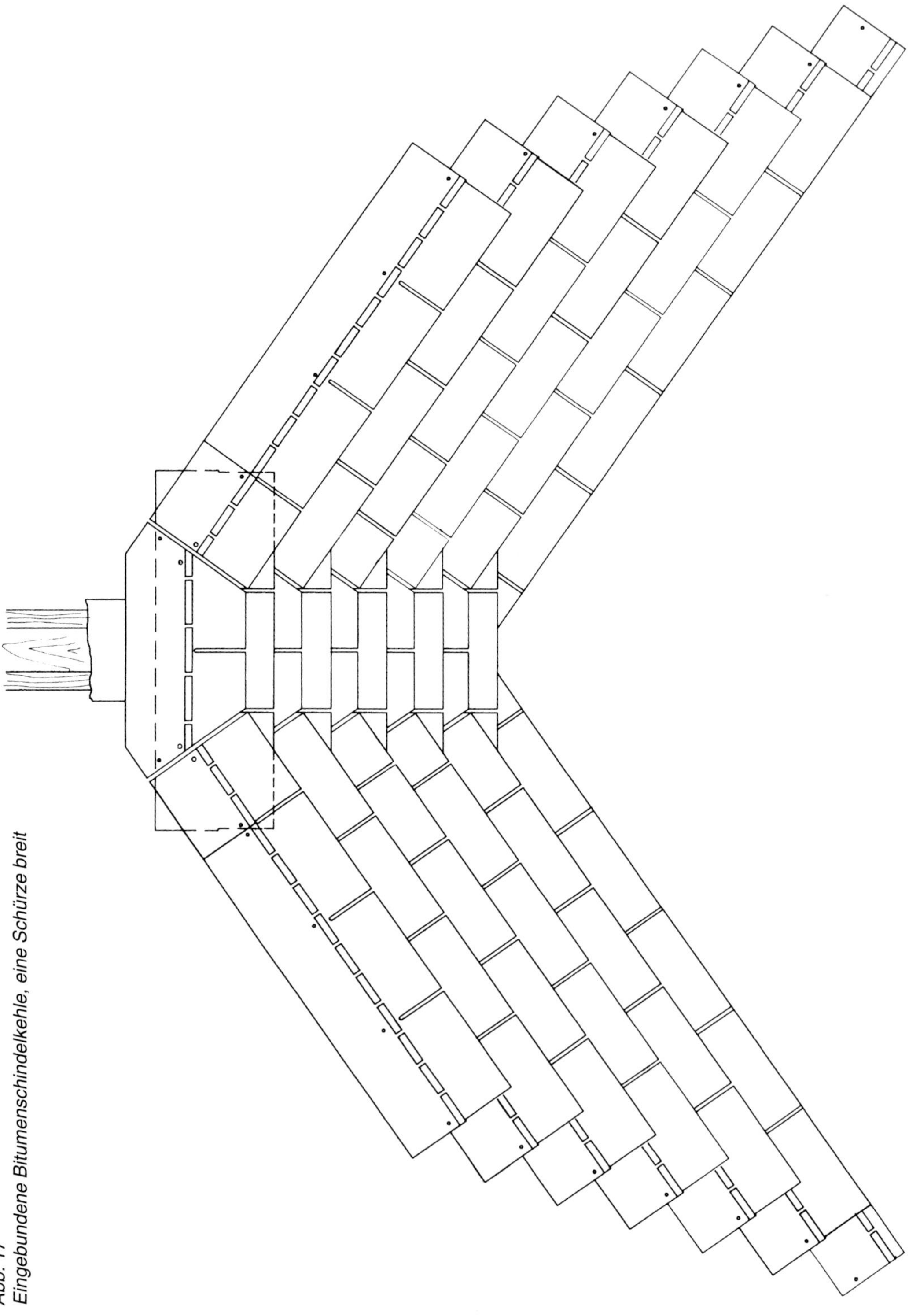

Abb. 17
Eingebundene Bitumenschindelkehle, eine Schürze breit

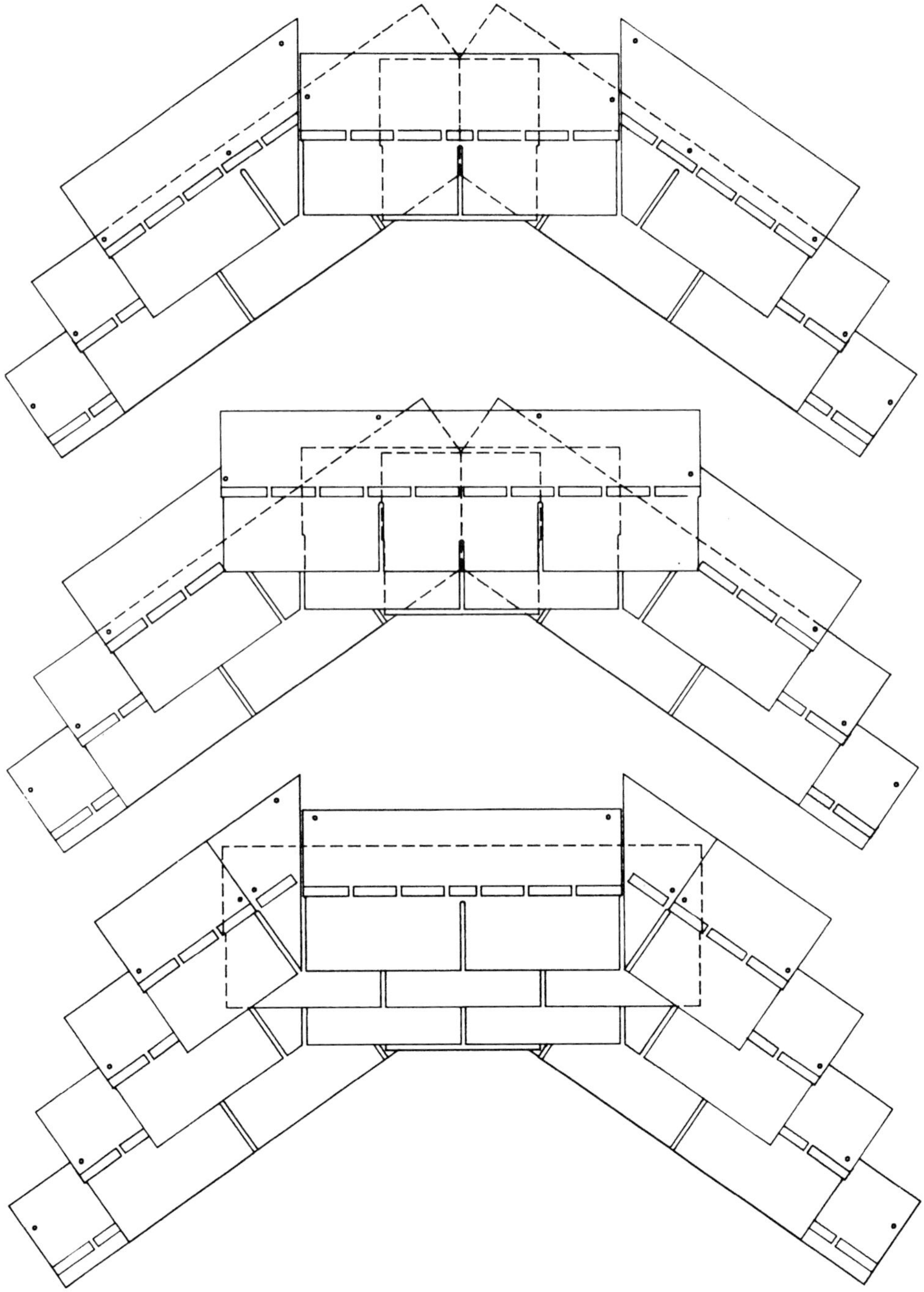

Abb. 18
Eingebundene Bitumenschindelkehle, zwei Schürzen breit, Kehlanfang

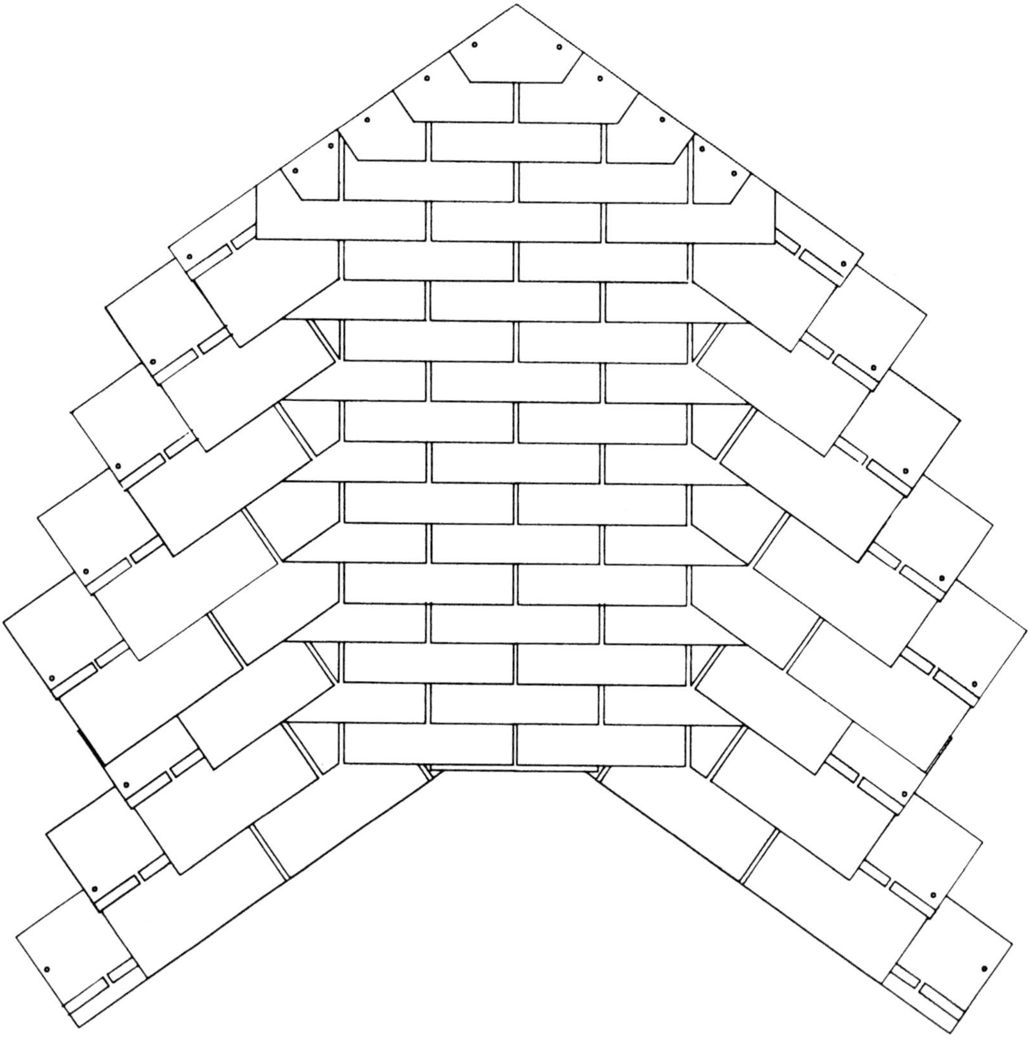

Abb. 19
Eingebundene Bitumenschindelkehle, zwei Schürzen breit

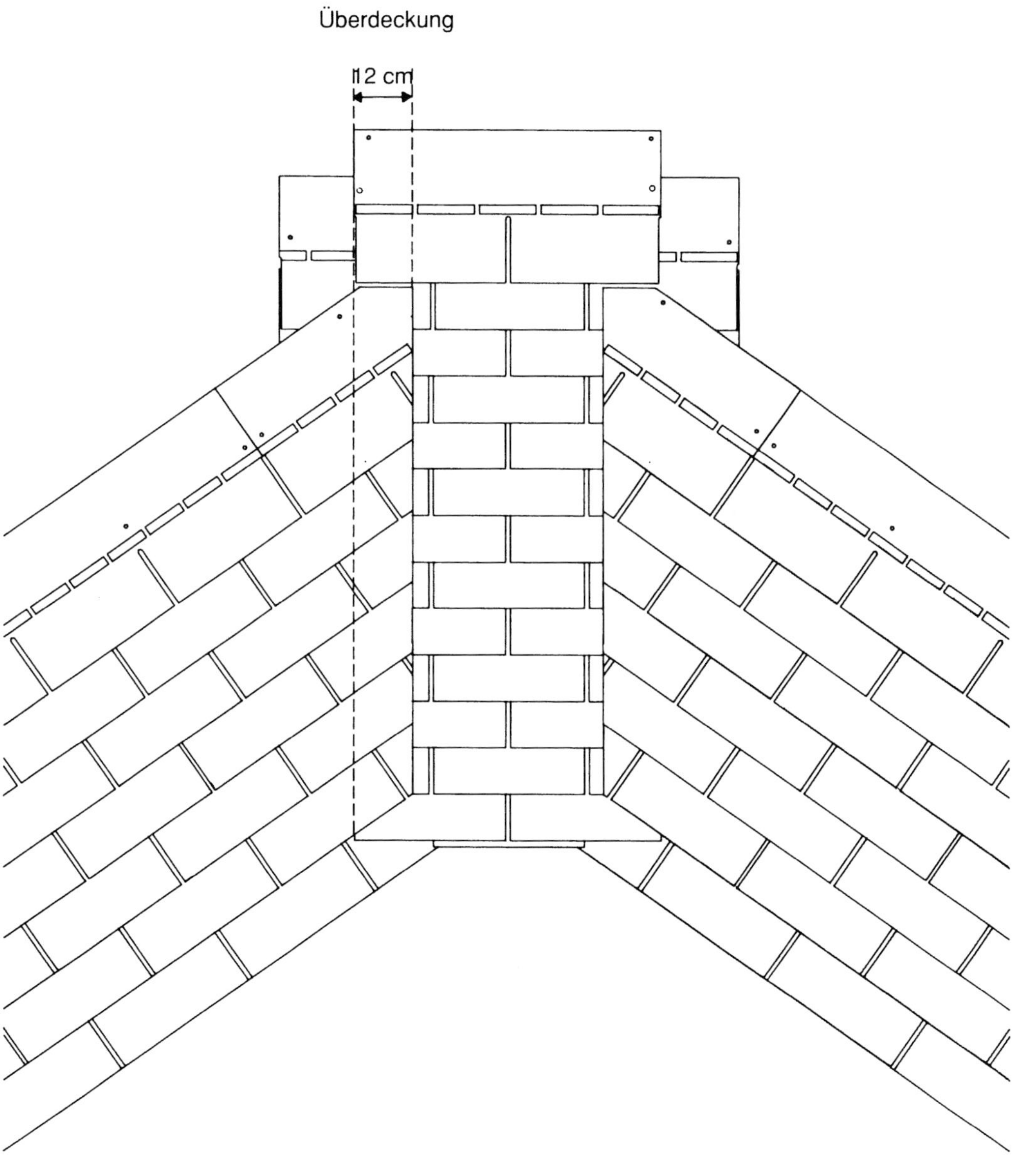

Abb. 20
Untergelegte Kehle (mit Bitumenschindeln)

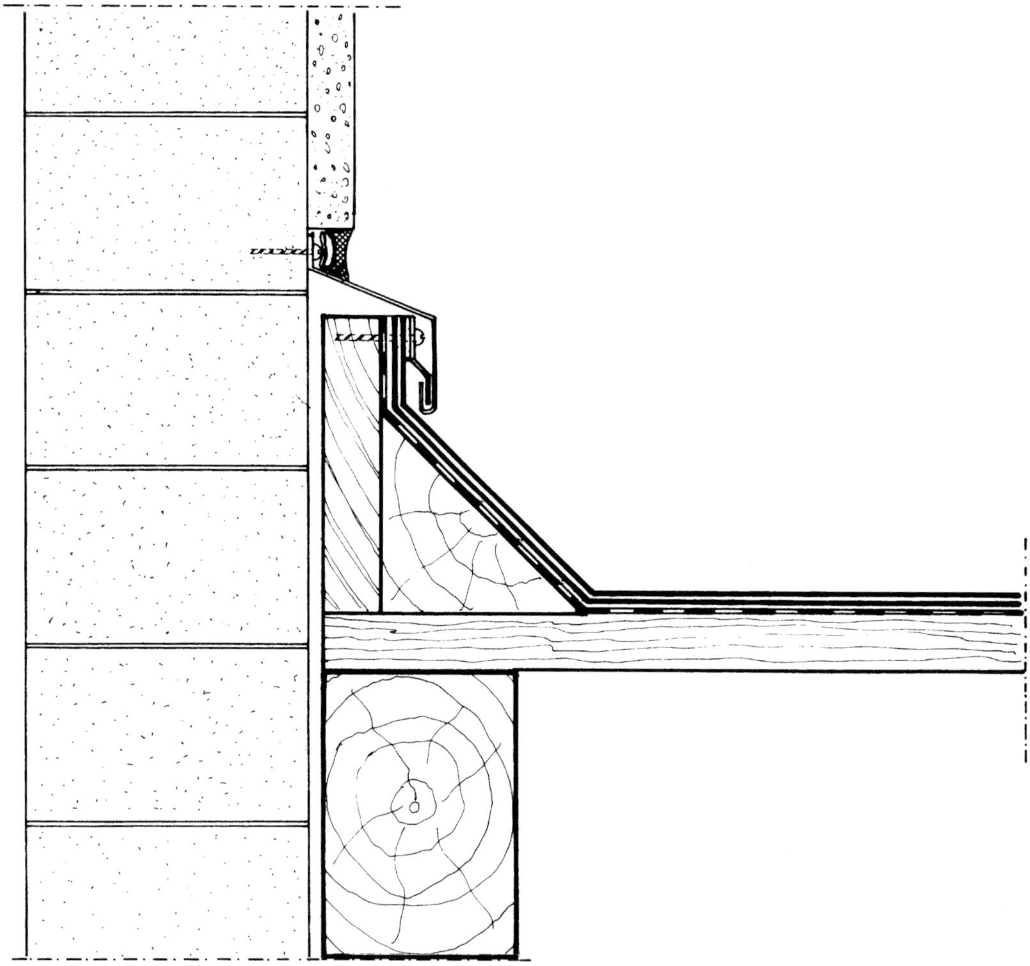

Abb. 21
Seitlicher Anschluss mit Bitumenschindeln, Wandanschluss

Deutsches Dachdeckerhandwerk
– Regelwerk –

Fachregel für Dachdeckungen mit Bitumenwellplatten

Aufgestellt und herausgegeben vom

Zentralverband des Deutschen Dachdeckerhandwerks – Fachverband Dach-, Wand- und Abdichtungstechnik – e. V.

Ausgabe Juni 2001

Rudolf Müller

Vorgänger:

keine

Inhaltsverzeichnis

1 Allgemeines

1.1 Geltungsbereich und Begriffe

(1) Diese Fachregel gilt für Dachdeckungen mit Bitumenwellplatten.

(2) Bei Einhaltung dieser Fachregel gilt die Dachdeckung mit Bitumenwellplatten als regensicher.

(3) Die Grundregel, „Fachregel für Metallarbeiten im Dachdeckerhandwerk" sowie die dazugehörigen Merkblätter und Hinweise des Regelwerkes des Dachdeckerhandwerks sind zu beachten.

(4) Bei Einhaltung dieser Fachregeln werden die Anforderungen hinsichtlich der Windsogsicherung erfüllt.

(5) Bitumenwellplatten sind nicht begehbar. Für das Begehen sind daher Vorrichtungen entsprechend den Sicherheitsregeln für das Arbeiten an und auf Deckungen aus Wellplatten vorzusehen.

1.2 Gestaltungshinweise

(1) Bitumenwellplatten eignen sich für die Deckung von Dächern mit einer Neigung ≥ 10°.

(2) Eine Hinterlüftungsebene unterhalb der Deckung ist erforderlich.

(3) Durch die Werkstoffbeschaffenheit der Bitumenwellplatten können auch gewölbte Dachflächen eingedeckt werden.

(4) Bitumenwellplatten werden in verschiedenen

- Formaten,
- Dicken,
- Farben,
- Oberflächenstrukturen

hergestellt.

(5) Anforderungen an die Dachdeckung durch klimatische, mechanische und konstruktive Beanspruchungen sowie die Nutzung des Gebäudes bestimmen die Art der Unterkonstruktion bereits bei der Planung.

(6) Bei erhöhten Anforderungen und Beanspruchungen an die Dachdeckung sind Zusatzmaßnahmen erforderlich.

(7) Erhöhte Anforderungen können sein:

- Windlastzone 3 und 4,
- Höhenlage ab 800 m,
- ausgebaute Dachgeschosse,
- landwirtschaftlich genutzte Gebäude, z. B. Kaltstall, Getreidesilo,
- große Sparrenlängen.

(8) Anforderungen an die Ausführung der Anschlüsse müssen bereits bei der Planung festgelegt werden.

1.3 Dachneigungen

(1) Die Regeldachneigung ist von der Sparrenlänge (Entfernung Traufe – First) abhängig. Sie beträgt

- ≤ 10 m Sparrenlänge ≥ 10° Dachneigung,
- > 10 m Sparrenlänge ≥ 15° Dachneigung.

(2) Bei Unterschreitung der Regeldachneigung sind zusätzliche Maßnahmen erforderlich.

(3) Eine Unterschreitung der Regeldachneigung um mehr als 3° ist nicht zulässig.

1.4 Zusätzliche Maßnahmen

(1) Zusatzmaßnahmen zur Erhöhung der Regensicherheit können sein:

- wasserdichtes Unterdach,
- regensicheres Unterdach,
- Unterdeckung,
- Unterspannung,
- Mindesthöhenüberdeckung 0,20 m,
- zwei Wellen Seitenüberdeckung.

(2) Bei Unterschreitung der Regeldachneigung ist mindestens ein regensicheres Unterdach notwendig.

(3) Bei höheren Schnee- und Windlasten, z. B. in Windlastzone 3 und 4 oder in exponierter Lage, sowie bei Dachneigungen kleiner als 10° ist der Lattenabstand auf maximal 0,33 m zu begrenzen.

(4) Die Seitenüberdeckung in schnee- und windreichen Gebieten, z. B. in Windlastzone 3 und 4 oder in exponierter Lage, beträgt zwei Wellen.

2 Werkstoffe und Anforderungen

2.1 Bitumenwellplatten

Diese Fachregel gilt für Bitumenwellplatten gemäß Produktdatenblatt.

2.2 Unterkonstruktion

(1) Die Deckung von Bitumenwellplatten erfolgt auf Lattung. Die Dimensionierung und Befestigung der Lattung richtet sich nach den Sparrenabständen. Dabei sind die „Hinweise Holz- und Holzwerkstoffe" zu beachten.

(2) Die Mindestabmessungen für Latten betragen 60 x 40 mm (Nennmaß), Auflagerbreite 60 mm.

2.3 Werkstoffe für die Befestigung

(1) Für die Befestigung von Bitumenwellplatten dürfen nur die vom jeweiligen Hersteller vorgeschriebenen Befestiger verwendet werden.

(2) Die Eignung ist durch ein Prüfzeugnis einer anerkannten Prüfstelle nachzuweisen.

2.4 Hilfsstoffe und Formteile

(1) Hilfsstoffe und Formteile für die Deckung müssen mit den Bitumenwellplatten werkstoffverträglich sein.

(2) Wird Niederschlagswasser von Bitumenwellplatten auf Metallteile geleitet, so sind gemäß der „Fachregel für Metallarbeiten im Dachdeckerhandwerk" diese durch einen Korrosionsschutzanstrich zu schützen.

(3) Für die Dachdetails sollten die vom jeweiligen Hersteller vorgeschriebenen Formteile verwendet werden.

3 Ausführung der Deckung

(1) Die Seitenüberdeckung beträgt mindestens eine Welle (Abb. 1).

(2) Die Höhenüberdeckung muss in Abhängigkeit von der Dachneigung

– ≥ 10° ≥ 0,16 m,

– ≥ 15° ≥ 0,14 m

betragen.

(3) Die Lattenabstände müssen in Abhängigkeit von der Dachneigung

– < 10° ≤ 0,33 m,

– ≥ 10° ≤ 0,46 m,

– ≥ 15° ≤ 0,62 m

betragen.

(4) Das Verlegen der Bitumenwellplatten muss in seitlicher versetzter Verlegeweise als Verbanddeckung erfolgen (Abb. 2). Dabei sollte mit der Deckung an der wetterabgewandten Seite begonnen werden.

(5) Vor der Deckung ist die Dachfläche einzuteilen und abzuschnüren.

(6) Bitumenwellplatten werden im Bereich der Höhenüberdeckung auf jedem Wellenberg befestigt (Abb. 3). Im Auflagerbereich zwischen den Höhenüberdeckungen ist jeder zweite Wellenberg beginnend mit der ersten Welle zu befestigen.

(7) Im Randbereich und Eckbereich ist jeder Wellenberg auf jedem Auflager zu befestigen. Für die Bemessung der Rand- und Eckbereiche sind die „Hinweise zur Lastenermittlung" zu beachten.

(8) Um eine Verformung der Bitumenwellplatten zu vermeiden, soll die Nagelung rechtwinklig zur Dachneigung erfolgen.

(9) Die Befestigung der Bitumenwellplatten soll im oberen Drittel der Überdeckung, jedoch mindestens 30 mm unterhalb des oberen Plattenrandes, erfolgen.

(10) Die Befestigung sollte nach Schnurschlag erfolgen. Um die Deckbreite während der Befestigung nicht zu verändern, müssen zunächst der erste, der vorletzte und der mittlere Wellenberg befestigt werden (Abb. 3).

4 Dachdetails

4.1 Traufe

(1) Der Überstand an der Traufe darf höchstens 0,05 m betragen (Abb. 4).

(2) Die Ausführung von Traufkanten kann mit Formstücken oder mit Traufblechen erfolgen. Für Traufbleche ist die „Fachregel für Metallarbeiten im Dachdeckerhandwerk" zu beachten.

(3) Bitumenwellplatten werden an der Traufe auf jedem Wellenberg befestigt (Abb. 3).

4.2 Ort

(1) Die Deckung der Orte kann mit Formstücken, Metallprofilen oder speziellen Ortkonstruktionen ausgeführt werden.

(2) Formstücke und Metallprofile müssen auf der Dachfläche mindestens zwei Wellenberge überdecken.

(3) Werden Giebelwinkel als Formstücke verwendet, sind diese auf der Dachfläche auf jedem Wellenberg, auf jedem Auflager und in der Senkrechten an einer Unterkonstruktion zu befestigen (Abb. 5).

(4) Die Überdeckung der Formstücke und Metallprofile untereinander muss der Überdeckung der Flächendeckung entsprechen.

(5) Nicht rechtwinklig zur Deckung verlaufende Ortkanten können auch als untergelegte Ortkonstruktion ausgeführt werden (siehe „Fachregel für Metallarbeiten im Dachdeckerhandwerk").

4.3 First

(1) Die Deckung des Firstes kann mit einteiligen Firsthauben ausgeführt werden (Abb. 6). Die Überdeckung der Firsthauben untereinander sollte mindestens 100 mm betragen. Bei der Verlegung ist die Hauptwindrichtung zu beachten.

(2) Firsthauben werden beidseitig der Firstlinie im mittleren Bereich der Höhenüberdeckung auf jedem Wellenberg befestigt.

(3) Zur Verminderung von Schnee- und Staubeintrieb kann durch Einlegen einer profilierten Schaumstoffleiste der vorgegebene Raum zwischen dem Wellental und dem nicht profilierten Schenkel der Firsthaube geschlossen werden. Bei Wellplattendeckungen mit geschlossener Unterlage ist eine ausreichende Lüftung durch andere Maßnahmen (z. B. Flächenlüfter) sicherzustellen.

(4) Der First kann auch als Lüfterfirst ausgebildet werden. Um eine ausreichende Firstlüftung zu gewährleisten, müssen die Bitumenwellplatten 30 mm unterhalb der Firstscheitellinie enden.

4.4 Anschlüsse

(1) Werden Anschlüsse mit Metall ausgeführt, ist die „Fachregel für Metallarbeiten im Dachdeckerhandwerk“ zu beachten.

(2) Seitliche und traufseitige Anschlüsse können mit überdeckenden Formteilen ausgeführt werden.

(3) Aufliegende Anschlüsse müssen die Bitumenwellplatten um mindestens zwei Wellen überdecken.

(4) Einteilige Anschlüsse können bei übergreifenden Konstruktionsteilen, z. B. Außenwandbekleidung, vorgesehen werden.

(5) Ein zweiteiliger Anschluss an aufgehende Bauteile muss mit Überhangstreifen angeschlossen werden.

(6) Firstseitige Anschlüsse sind mit Metall (Blei) auszubilden. Der Anschluss ist auf einer darunter liegenden Wellplatte bis zur Oberkante der nächstfolgenden Höhenüberdeckung zu führen.

4.5 Grate

(1) Auf dem Gratsparren ist eine Gratlatte zu befestigen. Die Deckung muss am Grat aufliegen.

(2) Der Grat wird mit einteiligen Grathauben ausgeführt (Abb. 7). Die Überdeckung der Grathauben untereinander sollte mindestens 100 mm betragen.

(3) Grathauben werden beidseitig der Gratlinie auf jedem Wellenberg befestigt. Das kann Hilfskonstruktionen, wie z. B. zusätzliche Latten oder Auflager, erforderlich machen.

4.6 Kehlen

(1) Kehlen werden als unterlegte Metallkehlen oder mit einer Abdichtung, z. B. aus Bitumenbahnen, ausgeführt. Werden Bitumenbahnen verwendet, so sind diese mindestens zweilagig entsprechend den „Regeln für Dächer mit Abdichtungen“ auszuführen.

(2) Die Art der Kehlausbildung und die Überdeckung sind abhängig von der Dachneigung. Dabei ist die „Fachregel für Metallarbeiten im Dachdeckerhandwerk“ zu beachten.

4.7 Einbauteile

(1) Dachfenster, Dachflächenfenster, Dachausstiege, Lüfter usw. können mit vorgefertigten Teilen oder handwerklich an die Deckung angeschlossen werden.

(2) Der Einbau von Einbauteilen kann Hilfskonstruktionen, wie z. B. zusätzliche Pfetten oder Auflager, erforderlich machen.

(3) Lichtwellplatten sind hinsichtlich Deckung und Überdeckung identisch wie Bitumenwellplatten zu decken. Für die Befestigung sind spezielle Befestiger zu verwenden. Anzahl und Anordnung muss der Deckung mit Bitumenwellplatten entsprechen. Um eine Beschädigung der Lichtwellplatten zu vermeiden, müssen die Schraublöcher vorgebohrt werden.

(4) Beim Einbau von Schneefangstützen, Sicherheitsdachhaken, Blitzableiterstützen, integrierten Energiesammlern und Energieumsetzern u. Ä. sind Sonderkonstruktionen für die Standsicherheit und den regensicheren Einbau erforderlich.

5 Pflege und Wartung

(1) Die Bitumenwellplattendeckung ist in gewissen Zeitabständen zu überprüfen. Hierfür wird der Abschluss eines Inspektions- und Wartungsvertrages empfohlen. Rechtzeitige Pflege kann die Lebensdauer der Deckung verlängern und das Dach vor größeren Schäden bewahren.

(2) Durch Bewegungen des Dachstuhls, Setzungen und die Nutzung der Dachräume u. Ä. können möglicherweise Beeinträchtigungen in der Dachdeckung hervorgerufen werden. Diese Auswirkungen sind bereits bei der Planung zu berücksichtigen und haben keinen Einfluss auf die fachgerechte Ausführung.

Anhang

Detailskizzen

Die folgenden Skizzen von Dachdetails mit Bitumenwellplatten sind Beispiele für die Arbeitsausführung.

Sie sind nicht maßstabsgetreue bildliche Darstellungen der einzelnen Techniken und dienen der Veranschaulichung der textlichen Beschreibung.

Verzeichnis der Abbildungen:

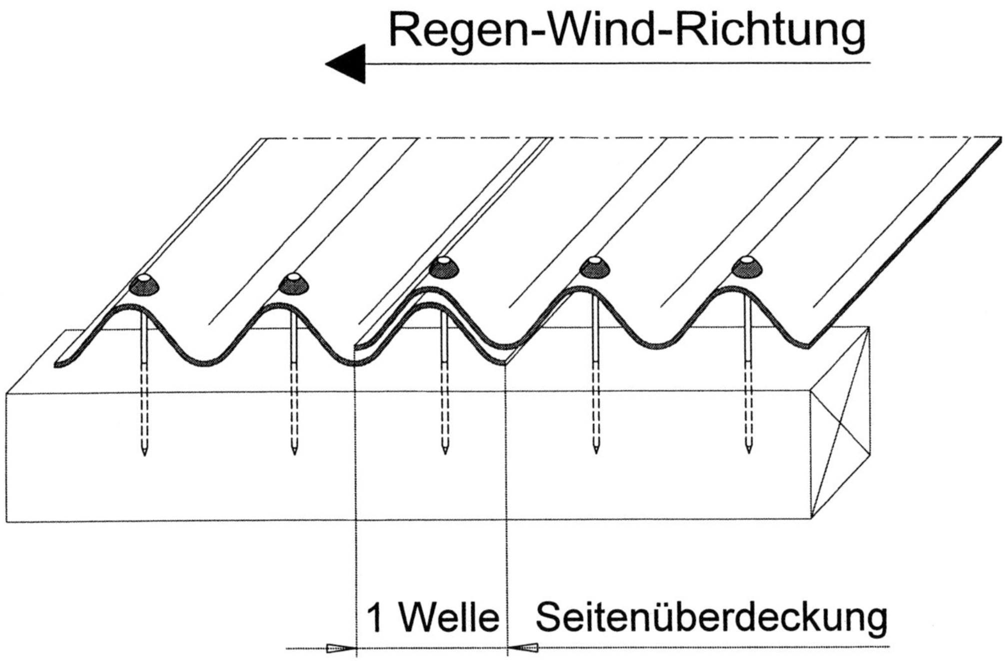

Abb. 1
Seitenüberdeckung

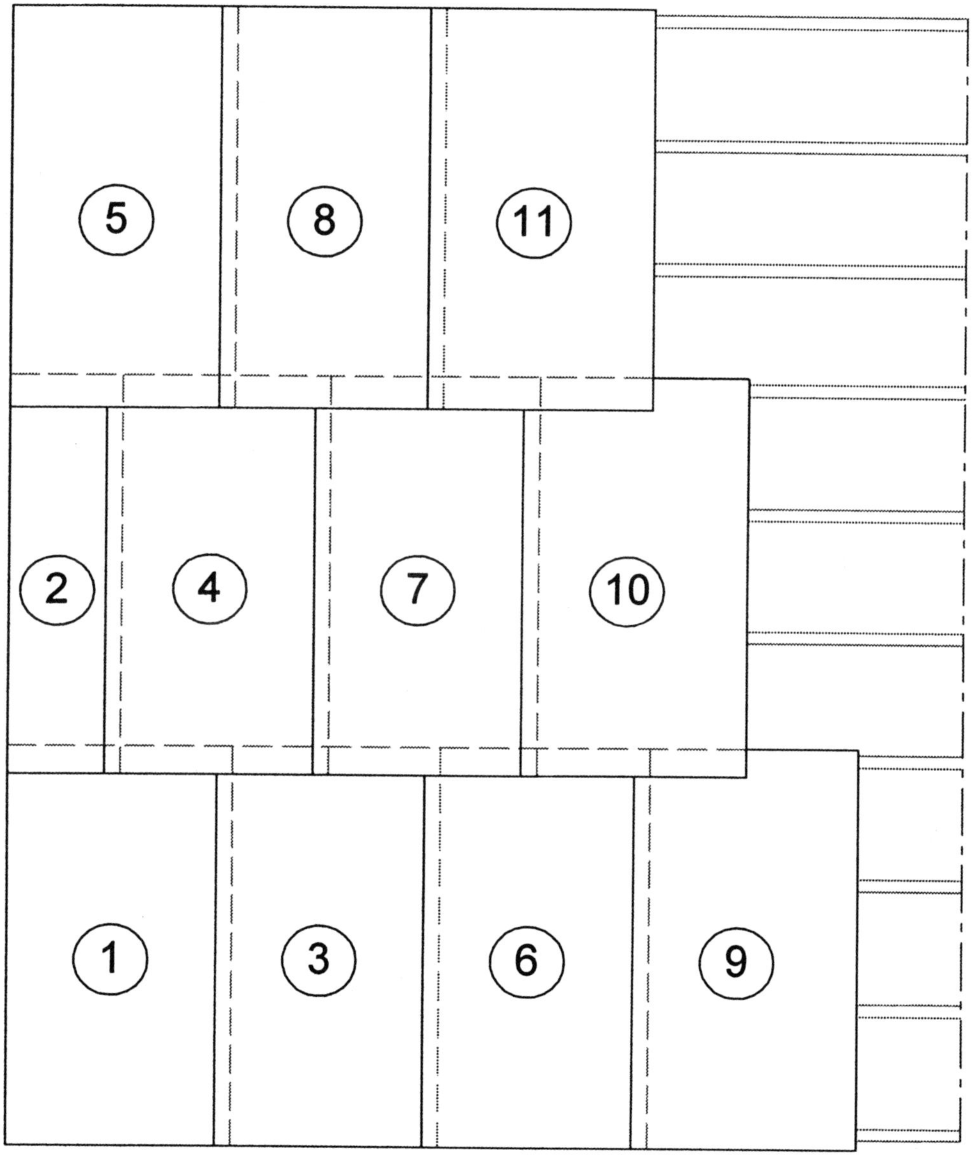

Abb. 2
Reihenfolge der Verlegung (Verbanddeckung)

Nagelfolge 10-wellige Platte

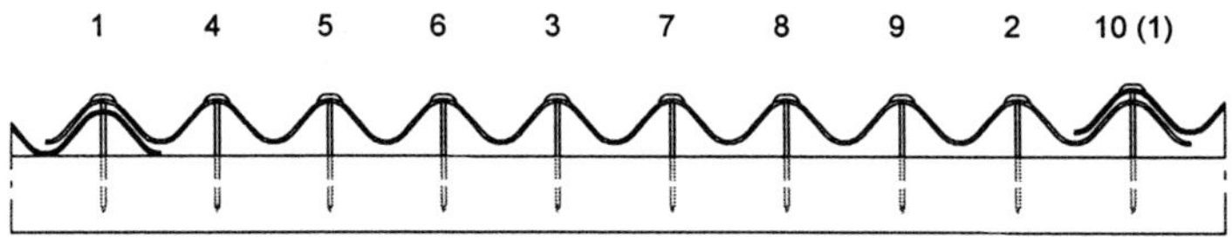

Befestigung im Anfangs- und Endbereich

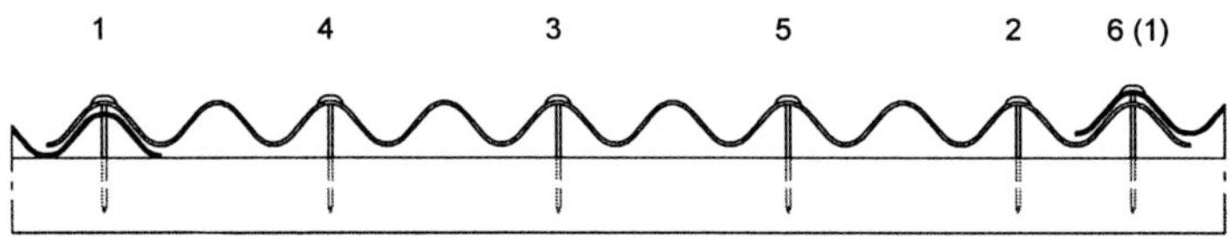

Befestigung im Mittelbereich

Nagelfolge 14-wellige Platte

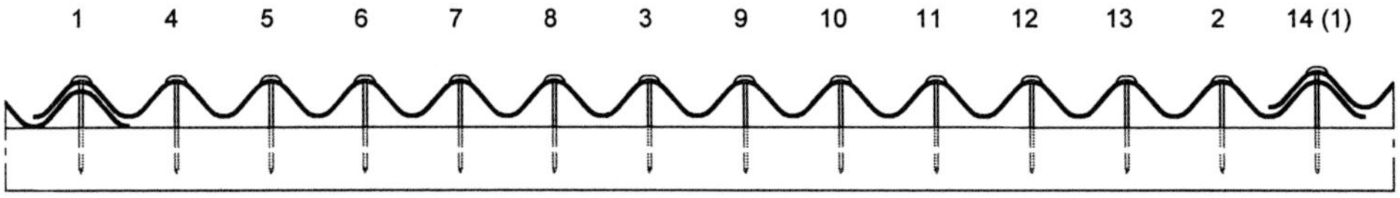

Befestigung im Anfangs- und Endbereich

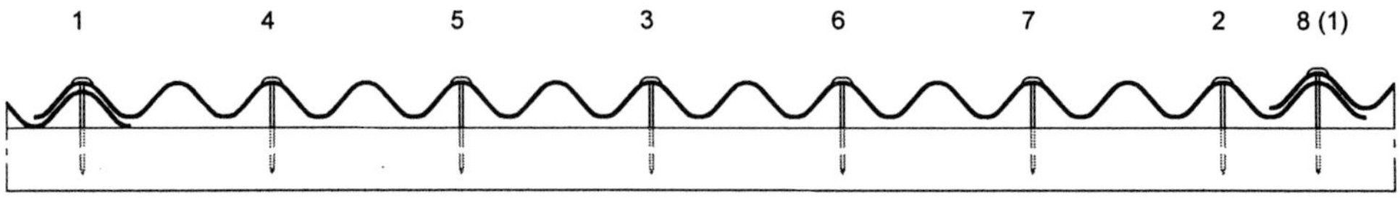

Befestigung im Mittelbereich

Abb. 3
Reihenfolge der Nagelung

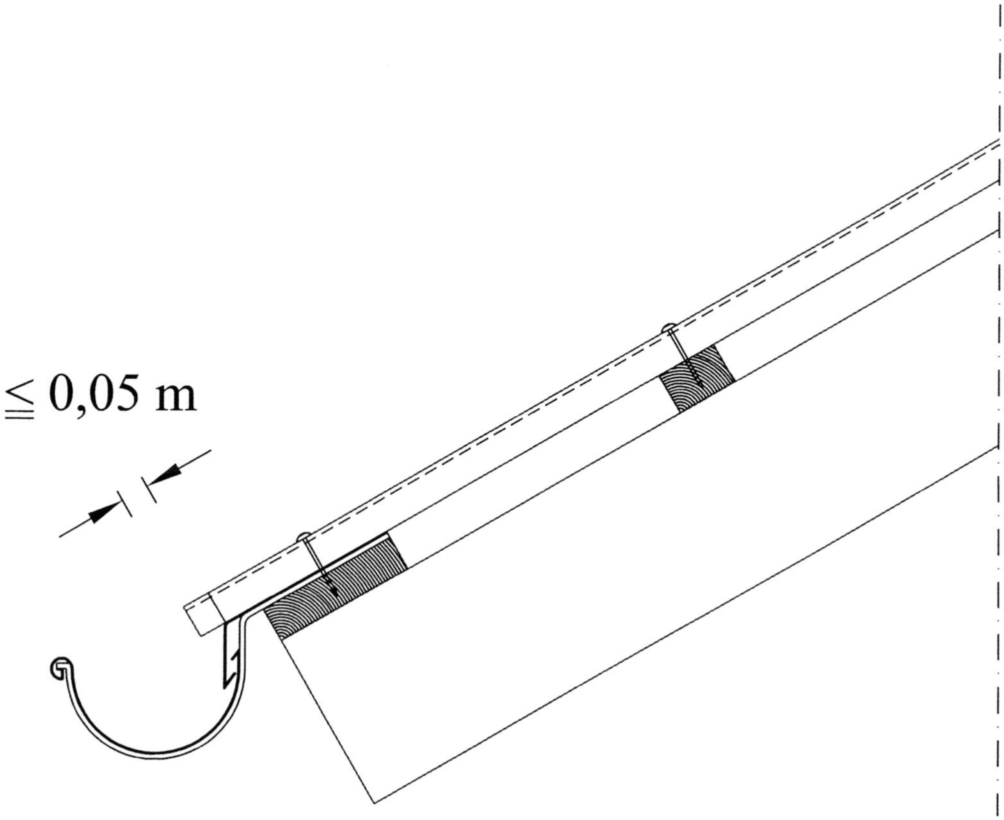

Abb. 4
Traufenausbildung

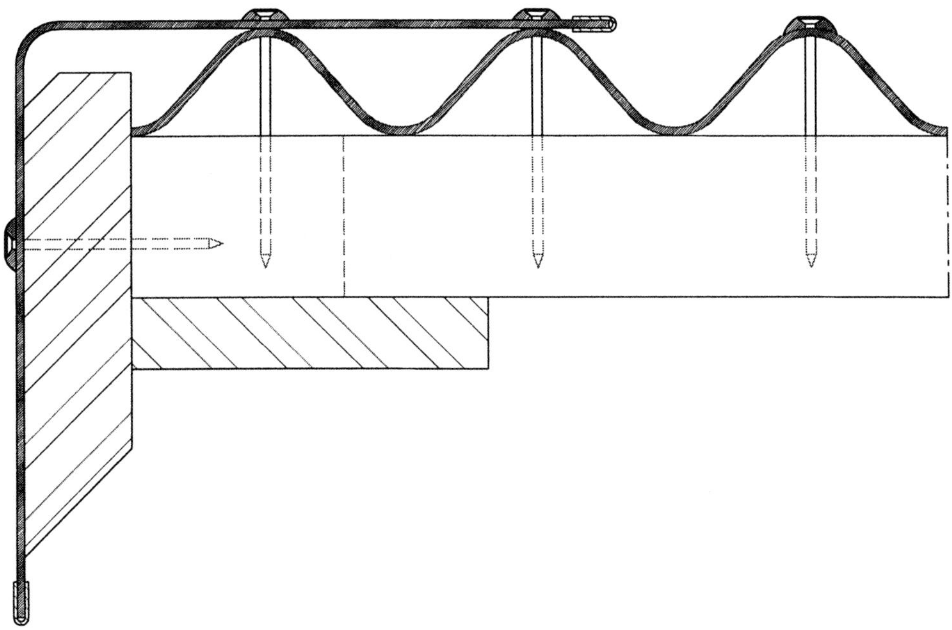

Abb. 5
Ort mit Giebelwinkel

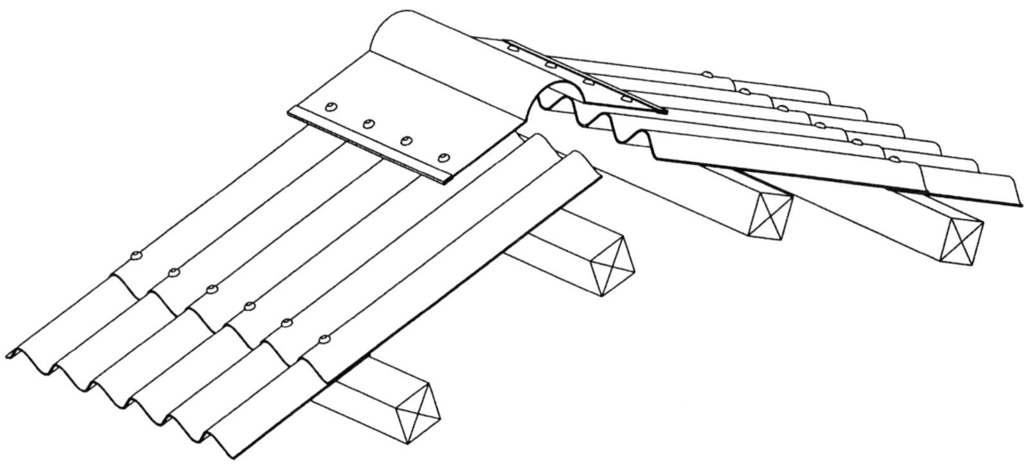

Abb. 6
First mit einteiliger Firsthaube

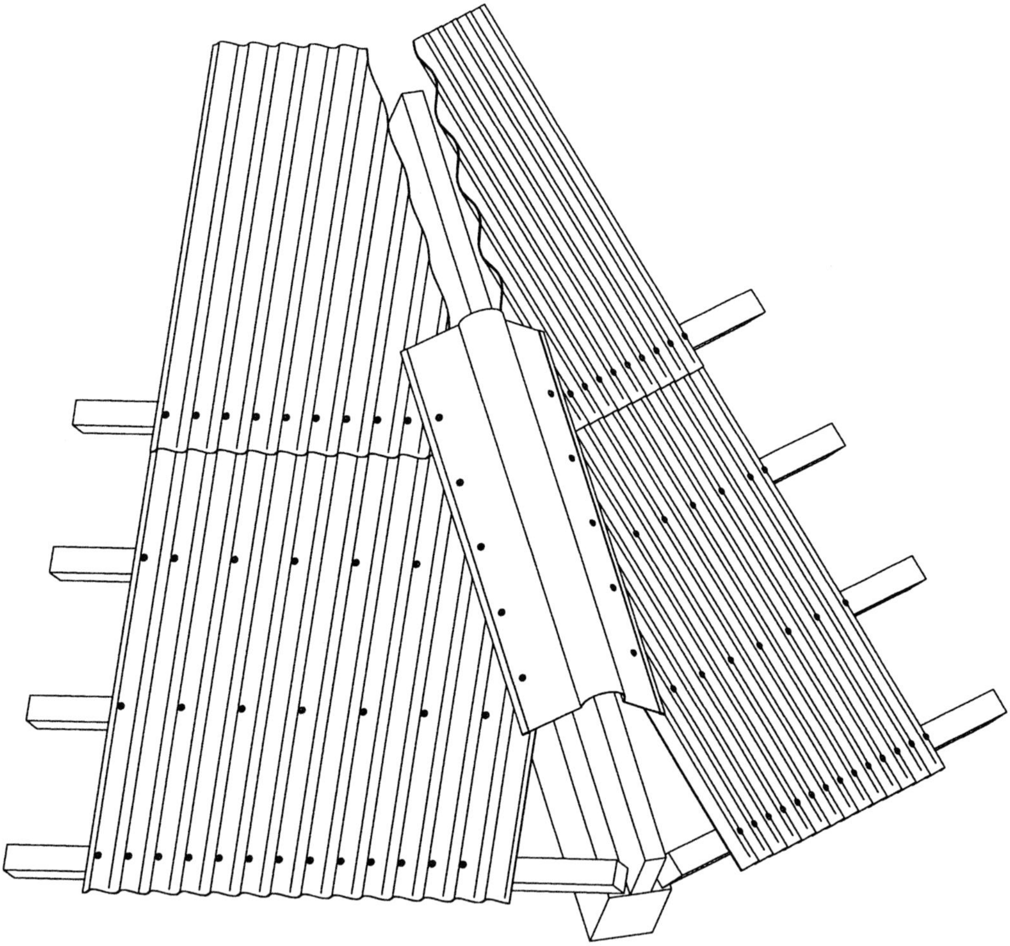

Abb. 7
Grat

Fachschrift des Dachdeckerhandwerks

Regeln für Dachdeckungen mit Holzschindeln

Aufgestellt und herausgegeben vom

Zentralverband des Deutschen Dachdeckerhandwerks – Fachverband Dach-, Wand- und Abdichtungstechnik – e.V.

und

Bund Deutscher Zimmermeister im Zentralverband des Deutschen Baugewerbes e.V.

Ausgabe April 1986
unveränderter Nachdruck 1988

Rudolf Müller

Vorwort

Die nachfolgenden Fachregeln stellen eine Fortentwicklung und vollständige Neubearbeitung der Regeln für Dachdeckungen mit Holzschindeln, Ausgabe 1963, dar und ergänzen bzw. verbessern die 1. Auflage der Ausgabe 1984.

Sie wurden in einem gemeinsamen Arbeitskreis der Holzschindelindustrie, des Dachdeckerhandwerks und des Zimmererhandwerks unter Federführung der Entwicklungsgemeinschaft Holzbau in der Deutschen Gesellschaft für Holzforschung e.V., erstellt. Die bisherigen Regeln von 1963 treten mit dem Erscheinen dieses neuen Regelwerks außer Kraft.

Die Herausgeber danken dem Arbeitskreis als repräsentativ berufene Vertreter der Werkstoffindustrie und des Handwerks. In diesen Dank beziehen wir gern all diejenigen ein, die mit Rat und Tat bei der Erstellung dieses Regelwerkes geholfen haben, so insbesondere die Entwicklungsgemeinschaft Holzbau in der Deutschen Gesellschaft für Holzforschung e.V.

Die vorliegenden Regeln sind insbesondere auf der Grundlage baupraktischer Erfahrung und unter Berücksichtigung der Gewährleistungsverpflichtung des Auftragnehmers ein Maßstab für fachgerechtes technisches Verhalten. Die in ihnen enthaltenen Anforderungen und technischen Hinweise sichern ein ausreichendes Qualitätsniveau und dienen damit dem Verbraucherschutz.

Die Regeln sind eine wichtige Erkenntnisquelle für sachgemäße Planung und Anwendungstechnik im Normalfall. Sie erfassen jedoch nicht alle denkbar möglichen Sonderfälle, in denen dann sowohl weitergehende als auch einschränkende Maßnahmen erforderlich werden können.

Verbandsseitig stellen die Regeln eine Zusammenfassung von Erkenntnissen ohne zwingende Bindung der Verbandsmitglieder dar. Die Anwendung der Regel befreit also nicht von der Verantwortung für eigenes Handeln, deren Einhaltung sichert jedoch nach aller bisherigen Erkenntnis eine einwandfreie technische Leistung. Dabei wird die Eignung der dem Auftragnehmer vorgeschriebenen bzw. vorgeschlagenen Werkstoffe für den vorgesehenen Zweck und die Brauchbarkeit der Vorleistung anderer am Bau Beteiligter vorausgesetzt.

Demnach sind die Regeln unter Berücksichtigung des gegenwärtigen Standes der Bautechnik und gesicherte Entwicklungstendenzen eine Richtschnur sowohl für die Ausführungstechnik des bauausführenden Unternehmens als auch für den Planer. Dieser hat dabei die Auswirkung der Baukonstruktion des jeweiligen Bauwerkes, den vorgesehenen Nutzungszweck sowie die örtlichen und klimatischen Verhältnisse und somit die bauphysikalische Beanspruchung zu beachten. Diese Regeln stellen keine Leistungsbeschreibung dar und entbinden nicht von einer Ausschreibung nach der Verdingungsordnung für Bauleistung (VOB).

Die beigegebenen Zeichnungen sind Beispiele für die Arbeitsausführung. Sie dienen lediglich der Veranschaulichung und sind damit eine unverbindliche Erläuterung der textlichen Ausführungen. Regional und insbesondere klimatisch bedingte andere Lösungen sind denkbar und zulässig.

Im April 1986

Zentralverband
des Deutschen Dachdeckerhandwerks
– Fachverband
Dach-, Wand- und Abdichtungstechnik – e.V.

Bund Deutscher Zimmermeister
im Zentralverband
des Deutschen Baugewerbes e.V.

Folgende Berater und Mitarbeiter der Arbeitsgruppe Holzschindeln der Entwicklungsgemeinschaft Holzbau in der DGfH haben an der Ausarbeitung der „Regeln für Dachdeckungen mit Holzschindeln" mitgewirkt:

Herr Baumeister
Dipl.-Ing. Vinzenz S. Bachmann
Raitener Str. 17
8211 Schleching-Mettenham
Tel. (0 86 49) 2 23

Herr
G. Beyer
Holzschindeln
Wallerseestraße 99
A-5201 Seekirchen
Tel. (0043 6212) 5 63

Herr Dachdeckermeister
Josef Böhm
Freyunger Straße 40
8392 Waldkirchen
Tel. (0 85 81) 81 02

Herr
Dipl.-Ing. Arch. Folkerts
Tratstraße 13
8131 Bernried
Tel. (0 81 58) 84 23

Herr
J. Grammer
c/o Dürr & Singer
Postfach 126
7141 Schwieberdingen
Tel. (0 71 50) 310 67/68/69

Herr Dipl.-Ing. BDB
L. W. Lükge
c/o Fa. Cofi
Erzberger Allee 67
5100 Aachen
Tel. (02 41) 57 18 50

Herr
Theo Ott
Höglerstraße/Innebergweg
8235 Piding/Bad Reichenhall
Tel. (0 86 51) 34 50

Herr Dipl.-Ing.
J. Tebbe
c/o Entwicklungsgemeinschaft Holzbau e.V.
Schwanthalerstraße 79
8000 München 2
Tel. (0 89) 5 30 91 99

Herr
K. Thurmeyer
c/o Fa. Scheiffle-Schmiederer KG
Postfach 14 24
8222 Ruhpolding
Tel. (0 86 63) 12 41

Herr
Ludwig Weiss
Hauptstraße 14
7969 Hohentengen/Württ.
Tel. (0 75 72) 4 28

Herr Dipl.-Ing.
Wolf-Eberhard Winter
c/o Fa. Brügmann & Sohn GmbH
Postfach 12 60
2990 Papenburg
Tel. (0 49 61) 8 40

 Verlag: Verlagsgesellschaft Rudolf Müller GmbH, Köln. Druck: Druckerei Engelhardt, Troisdorf.

Inhaltsverzeichnis

*) Hinweis: DIN-Normen sind nur zu beziehen von: Beuth Verlag GmbH, Burggrafenstraße 4–10, 1000 Berlin 30

Regeln für Dachdeckungen mit Holzschindeln

1 Werkstoff

1.1 Normen – Holz

DIN 4076 Teil 1 „Benennungen und Kurzzeichen auf dem Holzgebiet; Holzarten"

DIN 52181 „Bestimmung der Wuchseigenschaften von Nadelschnittholz"

DIN 68364 „Kennwerte von Holzarten, Festigkeit, Elastizität, Resistenz"

DIN 68367 „Bestimmung der Gütemerkmale von Laubschnittholz"

1.2 Holzarten und Eigenschaften

Zur Herstellung der Schindeln werden nachfolgende Holzarten verwendet:
a) europäische Holzarten: Lärche, Fichte/Tanne, Kiefer, Eiche, Buche;
b) überseeische Holzarten: Western Red Cedar (Rot-Zeder), Eastern White Cedar (Weiß-Zeder), Alerce (Alerze).

Die Verwendung anderer Holzarten mit ähnlichen Gebrauchseigenschaften ist möglich.

Die Tabelle 1 gibt einen Überblick über die unterschiedlichen technologischen Eigenschaften verschiedener Holzarten.

2 Erzeugnisse

2.1 Normen – Dach, Wand

DIN 68119 Teil 1 „Holzschindeln; Dachschindeln"

DIN 68119 Teil 2 „Holzschindeln; Wandschindeln" (in Vorbereitung)

2.2 Herstellungsarten

Es sind sowohl bei europäischen als auch bei überseeischen Holzschindeln nachfolgende Schindelarten zu unterscheiden:

1. gespaltene Holzschindeln
2. gesägte Holzschindeln

2.3 Schindelformen (Abb. 1)

1. Die gebräuchlichsten Schindelformen sind:

a) in der Dicke keilförmig gespaltene Schindeln (europäisch: Scharschindeln; überseeisch: Tapersplit);
b) in der Dicke keilförmig gesägte Schindeln (europäisch: Sägeschindeln; überseeisch: Shingle);
c) in der Dicke keilförmig gesägte Schindeln (Vorderseite gespalten, Rückseite gesägt; europäisch: Spalt-/Sägeschindeln; überseeisch: Resawn);
d) gleich dick gespaltene Schindeln (europäisch: bei über 700 mm Schindellänge Legschindeln; überseeisch: Straightsplit);
e) Zierschindeln, jedoch mit verschiedenartigen Rundungen und Verzierungen am Fuß; Schindeln mit verschiedenen Oberflächenstrukturen.

2. Historische Schindelformen:

a) Nutschindeln,
b) Rückenschindeln.

2.4 Abmessungen und Qualitäten

Holzschindeln werden in Längen von 120 bis 800 mm, je nach Verwendungszweck etc., hergestellt. Je nach Holz- und Herstellungsart können gleiche oder variable Breiten von 50 bis 350 mm in den Lieferungen enthalten sein, wobei die technologischen Voraussetzungen jeder Holzart die oberen Grenzwerte festlegen. In der Regel haben Schindeln am Fuß eine Mindestdicke von 8 mm. In Sonderfällen sind andere Abmessungen möglich.

Im allgemeinen können für Dachdeckungen und Wandbekleidungen Schindeln gleicher Herstellungsart verwendet werden; es sind aber in jedem Falle die technologischen Anforderungen zu erfüllen.

Abmessungen, Toleranzen der Abmessungen und die Qualitätsmerkmale der Güteklasse I und Güteklasse II sind entsprechend DIN 68119 Teil 1 „Holzschindeln"; „Dachschindeln" und Teil 2 „Wandschindeln" zu wählen.

3 Holzschutz

Langjährige Erfahrungen zeigen, daß Holzschindeln empfohlener Holzarten für Dachdeckungen und Wandbekleidungen bei Beachtung des konstruktiven Holzschutzes nicht imprägniert werden müssen.

Tabelle 1: Eigenschaften der gebräuchlichsten Schindelhölzer

Holzart	Rohdichte g/m³	Biegefestigkeit N/mm²	Druckfestigkeit ‖ zur Faser N/mm²	Härte nach Janka N/mm²		E-Modul N/mm² 10²	Schwindmaß in % je 1% Feuchte-änderung Bereich 5–20%		Wärmeleitfähigkeit W/mK	Eignung für Dachdeckungen*) (Kernholz)	Zusätzliche Angaben für Splintanteile, die bei allen Holzarten nicht resistent sind.	Imprägnierfähigkeit	Stehvermögen (Verwindungsverhalten)	Farbe	Sonstiges
				$H_{J\parallel}$	$H_{J\perp}$		radial	tangential							
Fichte	0,47	68	40	27	16	100	0,19	0,36	0,13	II/III	bläueempfindlich	mäßig	gut	gelblich-weiß, Spätholz rötlich-gelb	Harzkanäle gut bearbeitbar, beizfähig
Kiefer	0,52	80	45	30	25	110	0,19	0,36	0,13	II/III	besonders bläueempfindlich	gut	gut	gelblich-weiß, Kern rötlich-nachbräunend	viele Harzkanäle, beizfähig
Lärche	0,59	93	48	38	35	120	0,14	0,30	0,13	I/II	muß splintfrei geliefert werden	mäßig	gut	geblich, rötlich-braun	Harzkanäle, beizfähig, säureresistent
Eiche	0,67	95	52	69	45	130	0,18	0,34	0,20	I/II	muß splintfrei geliefert werden	gut mäßig	gut	grau-gelblich, nachdunkelnd bis dunkelbraun	Gerbstoffreaktionen möglich (z. B. durch Nägel), beizfähig
Buche	0,69	120	60	78	68	140	0,20	0,41	0,20	III	bläueempfindlich	gut	mäßig	hellgrau mit blaßgelber oder rötlicher Tönung	leicht spaltbar, gedämpft leicht zu biegen, neigt zum Reißen, beizfähig
Western Red Cedar	0,37	54	35	30	16	80	0,10	0,20	0,10	I/II	meist splintfrei geliefert (Güteklasse I: splintfrei)	mäßig	sehr gut	Splint hellgelb, Kern: rötlich dunkelbraun	durch Inhaltsstoffe Farbreaktionen möglich (Nägel)
Eastern White Cedar	0,34	43	25	24	14	45	0,09	0,18	0,09	–[2]	meist splintfrei geliefert (Güteklasse A[1]: auch meist splintfrei)	mäßig	gut	hellbraun, Splint weißlich	schwerer spaltbar als Western Red Cedar, weitgehend liegende Jahrringe
Alerce	0,47	61	36	31	25	82	0,10	0,22	0,13	I	meist splintfrei geliefert	mäßig	sehr gut	hellrot, rotbraun ausbleichend	Harzkanäle fehlen, gut spaltbar
Yellow Cedar	0,43	81	47				0,04	0,06	0,10	–[2]	Güteklasse I: splintfrei	mäßig	sehr gut	gelblich weiß	schwer spaltbar

*) Die Angaben beziehen sich auf das Kernholz. Splintholz ist allgemein in die Klasse III einzustufen. Im einzelnen verhält sich Fichtensplintholz günstiger als Kiefernsplintholz. Western Red Cedar und Eastern White Cedar werden im allgemeinen splintfrei geliefert.

I) Witterungsfest, auch ungeschützt Jahrzehnte haltbar II) Mäßig witterungsfest, auch ungeschützt viele Jahre haltbar

III) Nicht witterungsfest, chemischer Holzschutz notwendig

[1] Güteklasse A entspricht einem Mischsortiment aus Güteklasse I/II nach DIN 68119 Teil 1

[2] Keine Einstufung. da keine ausreichenden praktischen Erfahrungen vorliegen.

Die Dauerhaftigkeit der Holzschindeln kann durch geeigneten vorbeugenden chemischen Holzschutz unterstützt werden.

Wenn folgende Kriterien vorliegen, ist Holzschutz nötig und empfehlenswert:

a) geringe Dachneigungen,

b) ungünstige klimatische Verhältnisse und Gebäudelagen (schattige Lagen, hohe relative Luftfeuchte, zu geringe Luftbewegung, Laub und Staub) und sonstige Umweltbelastungen,

c) wenig beständige Holzarten.

Wird vorbeugender chemischer Holzschutz vereinbart, so ist dieser nach DIN 68 800 Teil 3 auszuführen.

4 Dachdeckung

4.1 Allgemeines

Holzschindeln der in den Abschnitten 1 und 2 beschriebenen Holzarten, Herstellungsarten und -formen sind zur Deckung von geneigten Dächern geeignet.

4.1.1 Normen und Vorschriften

Beim konstruktiven Aufbau des Daches und der Dachkonstruktion sind nachfolgende Normen zu beachten:

DIN 1052 „Holzbauwerke“

DIN 1055 „Lastannahmen für Bauten“

DIN 4074 Teil 1 „Bauholz für Holzbauteile; Gütebedingungen für Bauschnittholz (Nadelholz)“

DIN 4102 „Brandverhalten von Baustoffen und Bauteilen“

DIN 4108 „Wärmeschutz im Hochbau“

DIN 4109 „Schallschutz im Hochbau“

DIN 68119 Teil 1 „Holzschindeln; Dachschindeln“

DIN 68365 „Bauholz für Zimmerarbeiten“

DIN 68800 „Holzschutz im Hochbau“

Grundregeln des Dachdeckerhandwerks.

4.1.2 Brandverhalten

Bei Beachtung der in den Abbildungen 2 und 3 zeichnerisch erläuterten Konstruktionsaufbauten erfüllen unbehandelte, gesägte Western-Red-Cedar-Schindeln, auch nach Freibewitterung, die Anforderungen von DIN 4102 Teil 7 (Ausgabe September 1977) und gelten somit als widerstandsfähig gegen Flugfeuer und strahlende Wärme. Die entsprechenden Prüfzeugnisse für den Nachweis der sogenannten harten Bedachung gelten für Dächer mit unbeschränkter Dachneigung – bei lotrechten Flächen jedoch nicht über 1,0 m Höhe.

4.2 Dachneigungen

Die Mindestneigung der Sparren und Aufschieblinge an der Traufe beträgt:

a) zweilagige Deckung $\geqq 71°$ bis 90°

b) dreilagige Deckung $\geqq 22°$ bis 90°

Bei 2lagiger Deckung darf nur erste Qualität verwendet werden.

Bei Dächern unter 22° Neigung ist ein wasserableitendes, dichtes Unterdach erforderlich. Der Grenzbereich für Holzschindeldeckungen liegt zwischen 14° und 18° Neigung der gesamten Dachfläche. Unterschreiten einzelne Dachflächen innerhalb der Gesamtfläche 14° Neigung, ist der Konstruktion und dem Holzschutz, wegen der länger anhaltenden Durchfeuchtung der Holzschindeln, besondere Beachtung zu schenken.

Bei flacher werdender Dachneigung (<30° Dachneigung) ist die Verwendung von längeren Schindeln vorteilhafter. Hierbei sollten grundsätzlich Schindeln der Güteklasse I verwendet werden.

Maßgebend für die Feststellung der Dachneigung ist die Schräglage der Sparren oder, wenn vorhanden, die der Kehlsparren und Aufschieblinge. Es besteht Veranlassung zu besonderer Vorsicht, wenn

a) mehrere Flächen und Kehlen auf einer Stelle der Traufe zusammenlaufen,

b) Kehlen an Graten enden,

c) der Wasserlauf einer Dachfläche gegen einen Grat führt.

In diesen Fällen sind besondere Vorkehrungen für die Deckung zu treffen.

Es wird empfohlen, besonders bei etwa vorhandenen Aufschieblingen, keinesfalls die untere Neigungsgrenze zu unterschreiten, da die Traufschichten naturgemäß am meisten von Wasser überrieselt werden und sich auf ihnen Schneemassen längere Zeit lagern. Hierdurch können sich bei Tauwetter Schmelzwasserstauungen bilden, die zu Undichtigkeiten der Dachkonstruktion führen können.

Wie bei anderen Schuppendeckungen auch, empfehlen sich bei großen Sparrenlängen steilere Dachneigungen.

Erfahrungen zeigen, daß die Lebensdauer der Schindeln und des Schindeldaches mit der Neigung ungefähr in gleichem Maße zunimmt. Abbildung 4 zeigt in anschaulicher Form den empfohlenen Anwendungsbereich von Holzschindeln bei geneigten Dächern.

Die Abbildungen 5 und 6 zeigen verschiedene Möglichkeiten der Ausführung von wasserableitenden, dichten Unterdächern unter Schindeldeckungen.

Kunststoffbahnen (Hochpolymerbahnen) dürfen nicht mit ölhaltig imprägnierten Hölzern verarbeitet werden.

4.3 Die Hinterlüftung

Jede Schindeldeckung erfordert eine dauernde, ausreichende und gleichmäßige Be- und Entlüftung, damit die Deckung möglichst schnell wieder austrocknen kann. Be- und Entlüftung ist entsprechend DIN 4108 Teil 3 „Wärmeschutz im Hochbau; Klimabedingter Feuchteschutz" auszuführen.

Grundsätzlich kann gesagt werden, daß bei einer erforderlichen Unterkonstruktion (Dachschalung und Dachbahnen) zwischen der Unterkonstruktion und der Schindeldeckung eine ausreichende Entlüftung durch Konterlatten (Längs- und Luftlatten), Querschnitt nicht **unter** 30/50 mm bei gesägten, eng aufeinanderliegenden Schindeln oder 24/48 mm bei gespaltenen Schindeln, gewährleistet ist.

Dieser Mindestquerschnitt ist bei steil geneigten Dächern (40 bis 90 Grad Dachneigung) anzunehmen. Bei mäßig steilen Dächern (26 bis 40 Grad Dachneigung) bzw. bei großen Sparrenlängen empfiehlt es sich, den Lüftungsquerschnitt zu erhöhen. Bei flach geneigten Dächern (14 bis 25 Grad Dachneigung) sowie bei Gegenden mit hohem Schneefall ist eine Verdoppelung des Belüftungsquerschnittes besonders vorteilhaft. Die Belüftungsrichtung wird von der Windrichtung und der Lage des Hauses sowie der Dachform in besonderem Maße beeinflußt.

Die Verlegung von Schindeln direkt auf die Dachpappe vermindert die Haltbarkeit der Schindeln erheblich, da hier keine Hinterlüftung der Schindeln möglich ist und durch anhaltende Feuchtigkeit die Fäulnis begünstigt wird (ausgenommen teilflächige Hinterlegung von Anschlüssen).

In den Abschnitten 4.7 „An- und Abschlüsse" und 4.8 „Aufbauten, Durchdringungen..." werden nähere Details der Be- und Entlüftung beschrieben und skizziert.

Tabelle 2: Max. zulässige Reihenabstände a (mm) für gesägte und gespaltene Schindeln sowie Schindelgrundbedarf in Breitenmetern (Bm) je Quadratmeter zu deckender Fläche (Bm/m²) nach DIN 68119 Teil 1 (Ausgabe Oktober 1980)

Schindellänge[1] in mm etwa	dreilagig[2] 22° bis 90° Neigung		zweilagig[3] 71° bis 90° Neigung	
	Reihenabstand a mm	Schindelgrundbedarf Bm/m²	Reihenabstand a mm	Schindelgrundbedarf Bm/m²
120	35	28,57	50	20,00
150	45	22,22	65	15,38
200	60	16,67	90	11,11
250	75	13,33	115	8,70
300	90	11,11	140	7,14
400	125	8,00	180	5,56
450	140	7,14	200	5,00
600	180	5,56	280	3,57
700	220	4,55	330	3,03
800	250	4,00	375	2,67

1 Für Zwischenlängen können Reihenabstände geradlinig interpoliert werden.
2 Bei Dächern unter 22° Neigung ist ein wasserableitendes, dichtes Unterdach erforderlich. Bei Dachneigung unter 14° ist der Konstruktion und dem Holzschutz besondere Beachtung zu schenken.
3 Bei 2lagiger Dachdeckung dürfen nur Schindeln der Güteklasse 1 verwendet werden. 2lagige Deckung wird nur in Ausnahmefällen angewendet, wenn geringe Anforderungen an die Dichtheit gestellt werden.

4.4 Schindellängen, Reihenabstand und Schindelbedarfsermittlung

4.4.1 Schindellängen

Für Dacheindeckungen sind Schindellängen von 120 mm bis 800 mm geeignet. Vorzugslängen sind 300, 400, 450 und 600 mm. Kürzere Schindellängen kommen insbesondere bei kleinen Dachflächen oder Krümmungen innerhalb der Dachfläche zur Anwendung. Größere Schindellängen ab 600 mm werden meist für die in Abschnitt 5 beschriebenen Legschindel-Dacheindeckungen verwendet.

4.4.2 Reihenabstand

Der Reihenabstand (sichtbare Schindelfläche) richtet sich nach der Schindellänge und Neigung der zu deckenden Fläche. Der Reihenabstand a ist in Abbildung 7 zeichnerisch erläutert.

Die maximal zulässigen Abstände a sind der Tabelle 2 zu entnehmen.

4.4.3 Schindelbedarfsermittlung

Der Schindelbedarf für die Deckung einer Dachfläche ist abhängig von der verwendeten Schindellänge, dem gewählten Reihenabstand a und der Lagigkeit. Hieraus errechnet sich der sog. Schindelgrundbedarf, d.h. die für die Deckung benötigte Schindelmenge ohne Verschnitt, angegeben in Breitenmetern. Der Schindelgrundbedarf wird wie folgt berechnet:

$$\text{Schindelgrundbedarf in Breitenmetern} = \frac{\text{Deckfläche (m}^2\text{)}}{\text{Reihenabstand (m)}} \quad \text{(Bm)}$$

Zusätzlich benötigte Schindelmengen (Verschnitt), z.B. für Traufen, Firste, Ortgang, Anschlußlinien, Gauben, oder sonstige Verschnitte sind gesondert zu ermitteln und dem Schindelgrundbedarf zuzuschlagen.

Die angegebenen Breitenmeter stellen das Liefermaß für nebeneinander gelegte Schindeln, bezogen auf etwa 20% Holzfeuchtigkeit, dar. Hierbei sind die notwendigen Verlegefugen nicht berücksichtigt (siehe auch Abbildung 7).

Die in Tabelle 2 angegebenen Schindelgrundbedarfsmengen beziehen sich auf die max. zulässigen Reihenabstände. Wenn der Reihenabstand a reduziert wird, erhöht sich im gleichen Verhältnis der Schindelgrundbedarf.

Beispiel: Satteldach mit

Trauflänge = 12,0 m;
Ortganglänge = 7,5 m;
Reihenabstand = 140 mm (dreilagige Deckung bei 450 mm langen Schindeln)

Deckfläche je Dachhälfte = 12,0 x 7,5 = 90 m^2

Dachfläche gesamt = 90 x 2 = 180 m^2

$$\text{Schindelgrundbedarf in Breitenmetern} = \frac{180}{0{,}14} = \underline{\underline{1285{,}7\ \text{Bm}}} + \text{Verschnitt}$$

oder:

Schindelgrundbedarf aus Tabelle 2;
Schindellänge 450 mm;
Reihenabstand 140 mm;

Schindelgrundbedarf: 7,14 m/m^2

Schindelgrundbedarf
$$= 14 \times 180 = \underline{\underline{1285{,}2\ \text{Bm}}} + \text{Verschni}$$

4.5 Deckunterlagen (Unterkonstruktion), Befestigung und Fugenausbildung

Als direkter Nagelgrund der Schindeln sind Lattungen oder Sparschalungen geeignet.

4.5.1 Lattung

In der Praxis haben sich die in Tabelle 3 aufgeführten Lattungsquerschnitte für die Konterlatten (Längs- oder Luftlatten) und/oder Dachlatten (Querlattung) mit und ohne unterer Schalung bewährt. In Sonderfällen ist die Bemessung der tragenden Latten nach DIN 1052 durchzuführen.

Tabelle 3: Bewährte Lattenquerschnitte für Konter- und Dachlatten in Abhängigkeit vom Achsabstand der Unterkonstruktion (Maße in mm)

Abstand der Konterlatten bzw. Sparren	≦700	≦900	≦1000
Dachlattung (Querlattung)	24/48	30/50	40/60
Konterlattung (Längs- oder Luftlattung)	30/50	30/50	30/50
Dachlattung direkt auf Sparren	30/50	40/60	40/60

Der Achsabstand der Dachlatten richtet sich nach dem gewählten Reihenabstand der Schindeln (siehe hierzu Abschnitt 4.4.2, Tabelle 2).

Die Befestigung der Dachlatten auf den Konterlatten oder Sparren erfolgt in der Regel mit Drahtstiften nach DIN 1151 je Auflagerpunkt oder mit gleichwertigen Verbindungsmitteln (z.B. Schraub-, Rillennägel, Klammern, Schrauben etc.). Die Drahtstiftgröße ist in Abhängigkeit von der Lattendicke und -breite, entsprechend DIN 1052, zu wählen. Bei direkter Befestigung der Latten auf der Tragkonstruktion muß die Nagellänge mindestens das 2,5fache der Lattendicke betragen. Bei Dächern mit Unterkonstruktion ist die Drahtstiftlänge so auszuwählen, daß diese ausreichend tief in die tragende Konstruktion eindringt.

Der Holzschutz ist gemäß DIN 68 800 durchzuführen.

4.5.2 Schalung

Für die Verlegung von Holzschindeln sind Sparschalungen besser als dichte Schalungen geeignet. Bei sichtbaren Dachuntersichten können andere Schalungen wie z. B. Nut- und Federschalungen gewählt werden. Die Dicke der Schalung ist den statischen Erfordernissen anzupassen (Berechnung nach DIN 1052), muß jedoch so bemessen sein, daß die Schindelbefestigungsmittel ca. 18 bis 20 mm tief eindringen können.

In der Praxis haben sich die in Tabelle 4 aufgeführten Schalungsdicken in Abhängigkeit vom Sparrenabstand und der gewählten Schalungsart bewährt.

Tabelle 4: Bewährte Schalungsdicken (Durchfedern beim Nageln wird weitgehend vermieden) in Abhängigkeit vom Sparrenabstand und der Schalungsart

Handelsübliche Schalungsdicken (mm)		18	19,5	22	24	28	30
empf. Sparrenabstand max. in mm	Rauhspund-Bretter	500	600	800	1000	1250	1500
	Sparschalung schmal 120–160 mm	–	500	600	700	800	1000
	breit über 160 mm	–	600	800	1000	1250	1500

Die Schalbretter sind mit wenigstens 2 Drahtstiften nach DIN 1151 oder mit gleichwertigen Verbindungsmitteln, wie z. B. Schraubnägeln, zu befestigen. Die Drahtstiftgröße ist in Abhängigkeit von der Brettdicke, gemäß DIN 1052, zu wählen. Die Holzqualität muß entsprechend den konstruktiven Ansprüchen mindestens Güteklasse III nach DIN 68 365 entsprechen.

Wird die Schalung bei der statischen Bemessung der Konstruktion mit herangezogen (Lastannahmen nach DIN 1055 und DIN 1052), so ist ein Holzschutz gemäß DIN 68 800 durchzuführen.

4.5.3 Befestigungsmittel

Zur Befestigung von Holzschindeln sind Nägel mit Flachkopf und rauhem, gerauhtem oder gerilltem Schaft geeignet. Sie müssen feuerverzinkt oder aus

Tabelle 5: Bewährte Nagellängen in mm in Abhängigkeit von Schindellängen, der Herstellungsart und der Lagigkeit. Schaftstärke ca. 1,8 bis 2,5 mm; bei Klammern ≧ 1,5 mm (Breite 10 bis 12 mm)

Schindellänge mm	gespaltene Schindeln		gesägte Schindeln	
	zweilagig	dreilagig	zweilagig	dreilagig
bis 150 mm	30	30	30	30
bis 300 mm	30	40[1)]	30	30
bis 450 mm	40[1)]	50	30	40[1)]
> 450 mm	50	60	40	50

1) Bei gerillten Edelstahlnägeln sind Nagellängen von 35 mm ausreichend.

nicht rostendem Stahl nach DIN 17 440 hergestellt sein.

Bei Schindeln aus Western Red Cedar, Eastern White Cedar und Eiche sowie bei salzimprägnierten Schindeln sind Befestigungsmittel aus rostfreiem Edelstahl mit rauhem Schaft besonders zu empfehlen.

Geeignet sind auch Klammern aus nichtrostendem Stahl (z. B. Werkstoffnummer 1.4301 nach DIN 17 440) mit einem Mindestdurchmesser von 1,5 mm und einer Rückenbreite zwischen 10 und 12 mm.

Die Befestigungsmittel müssen so lang sein, daß sie ca. 18 bis 20 mm in die tragende Unterkonstruktion eindringen. In der Praxis haben sich die in Tabelle 5 aufgeführten Nagelgrößen, in Abhängigkeit von der Schindelherstellungsart und der Lagigkeit der Schindeln, bewährt.

4.5.4 Die Befestigung

Jede Schindel ist mit 2 Schindelstiften zu befestigen. Je Schindelbreite ist ein Randabstand zur Nagelstelle von 15 bis 50 mm nicht zu überschreiten. Es ist empfehlenswert, breitere Schindeln (einheimische Hölzer: ≧160 mm, überseeische Hölzer: ≧250 mm) in der Breite zu teilen.

Die Befestigungshöhe der Schindeln ist so zu wählen, daß die Schindelstifte von der darüber befindlichen Schindelreihe mindestens 30 bis 40 mm überdeckt werden. Sichtbare Nagelung sollte möglichst vermieden werden. Siehe hierzu die Abbildungen 8a und 8b.

Die Schindelstifte sind flächenbündig einzuschlagen, aber nur so tief, daß die Holzfaser nicht zerstört wird. Zu tief eingeschlagene Nägel führen durch die Quell- und Schwindbewegungen zum Lockern oder Spalten der Schindeln. Automatische Verarbeitung von Klammern und Nägeln mit dafür geeigneten Eintreibegeräten ist zulässig, wenn sie technisch nötig und die fachgerechte Ausführung gewährleistet ist.

Als geeignet gelten Eintreibgeräte, die von Herstellern für diesen Verwendungszweck besonders ausgerüstet (Einschlagtiefenbegrenzer) und mit einer zusätzlichen Verarbeitungsanleitung versehen sind.

4.5.5 Fugenausbildung

Bei der Befestigung sind zwischen den Schindeln Bewegungsfugen zu bilden. Die Breiten richten sich nach dem Quell- und Schwindmaß der verwendeten Schindeln, der Einbau-Holzfeuchte und der zu erwartenden durchschnittlichen Holzfeuchte während der Gebrauchszeit. Je trockener die Schindeln bei der Montage, desto größer sind die Fugen zu halten. Gebräuchlich sind Fugenbreiten zwischen 1 und 5 mm. Anhaltswerte hierfür gibt das in Tabelle 1 angegebene Quell- und Schwindmaß, je nach verwendeter Holzart.

Die seitliche Fugenversetzung zu der darüber befindlichen Reihe muß mindestens 30 mm betragen. Es empfiehlt sich, insbesondere bei gesägten Schindeln, die Fugen bei der übernächsten Reihe gegeneinander um ca. 20 mm zu versetzen. Siehe hierzu auch Abbildung 8.

4.6 Materialien für An- und Abschlüsse

Durch die verschiedenen Holzinhaltstoffe sind wegen möglicher Farbreaktionen der Holzschindeln oder Korrosionen der Verwahrungen bei der Materialauswahl von An- und Abschlüssen die Empfehlungen gemäß Tabelle 6 zu beachten.

Bei imprägnierten Holzschindeln ist die Verträglichkeit zwischen verwendeten Holzschutzmitteln und Materialien für Befestigung und An- und Abschlüsse zu überprüfen.

4.7 An- und Abschlüsse (Firste, Grate, Kehlen)

4.7.1 Traufe

Auf dem zur Schindeldeckung vorgerichteten Unterbau wie Lattung oder Schalung wird je nach Anforderung sowohl das Schutzgitter als auch das Traufenblech montiert. Die Auflagenbreite des Traufenbleches unter den Schindeln ist von der Dachneigung abhängig:

Ca. 15 cm breit über 30° Dachneigung,
ca. 20 cm breit unter 30° Dachneigung.

Die Andeckung der ersten Schindelreihe, auch erste Ansetzschindel genannt, soll auf Traufblechen mit einem Mindestüberstand von 5 mm, ohne Traufblech jedoch mit ≧ 50 mm ausgebildet werden. Für die erste und zweite Ansetzschindel können kürzere Schindeln verwendet werden.

Die Abbildungen 9a bis 9d zeigen verschiedene Möglichkeiten von Trauflinienausbildungen, die Abbildungen 10a bis 10d verschiedene Traufausbildungen. Bei der Ausbildung können sowohl optische als auch traditionelle Gründe entscheidend sein.

4.7.2 Ortgang

Bei der Ausbildung des Ortganges ist aus optischen Gründen der Ausführung mit Schindeln der Vorzug zu geben.

Tabelle 6: Verträglichkeit verschiedener Materialien mit nicht imprägnierten Holzschindeln nach praktischen Erfahrungen

Materialien	Lärche	Fichte/ Tanne	Kiefer	Eiche	Western Red Cedar	Alerce	Eastern[1] White Cedar	Yellow Cedar
Kupfer	V	G	G	V	V/U	V	V/U	V/U
Aluminium beschichtet	G	G	G	V	G/V	V	G/V	G/V
Zink	V	G	G	U	U	U	U	U
Nichtrostende Stähle nach DIN 17440	G	G	G	G	G	G	G	G
Blei plus	G	G	G	V	G/V	G	V/U	G/V
Bleche verzinkt	U	V	V	U	U	U	U	U
Bleche gestrichen	V	V	V	V	V	V	V	V

G – gut geeignet; V – Verfärbungen/Korrosion möglich; U – ungeschützt ungeeignet; mit geeigneten Schutzanstrichen (gemäß Empfehlungen der Hersteller) versehen, sind diese Materialien auch einsetzbar.
1) Einstufung nach ausländischen Erfahrungswerten. Im Inland noch keine ausreichende langjährige Erfahrung.

Die Abbildungen 11a bis 11g zeigen die verschiedenen konstruktiven Möglichkeiten von Ortgangausbildungen auf. Grundsätzlich ist bei überkragenden Schindeln ein Überstand von ca. 30 mm einzuhalten.

4.7.3 Firste

Um eine gleichbleibende Neigung zu gewährleisten, können im Bereich des Firstes Aufschieblinge oder Hinterfütterungen, z.B. keilförmige Bohlen wie in Abbildung 12 g/h dargestellt, angeordnet werden.

Für den Zusammenhang zwischen First-, Trauflinie und Reihenabstand gilt folgendes:

In der Praxis erfolgt ein Abgleich der waagerecht verlaufenden Reihenabstände ca. 10 bis 15 Reihen unterhalb der Firstlinie, wobei auch die Parallelität zur Firstlinie ausgeglichen werden muß. Hierbei darf keinesfalls der maximal zulässige Reihenabstand überschritten werden.

Wird aus optischen Gründen ein einheitlicher Reihenabstand von Traufe bis First gefordert, so ist der Abstand vorher zu ermitteln und an verschiedenen Sparren zu kontrollieren. Bei geringfügigen Abweichungen der Sparrenlängen erfolgt ein Abgleich der Reihen zur parallel laufenden Firstlinie in den einzelnen Reihen.

Bei größeren Längenunterschieden oder geplanten geneigten Firstlinien sind die einzelnen Reihen parallel zu verlegen und spätestens bei Erreichen des maximalen Reihenabstandes neue, zusätzliche Reihen zu beginnen.

Die Firstausbildung ist weitgehend abhängig von der Windrichtung und der Gestaltung des Daches.

Wenn es eine Hauptwindrichtung gibt, wird die Firstabdeckung an der windabgekehrten Seite begonnen. Annähernd gleich breit ausgesuchte Schindeln werden an der dem First zugewandten Längsseite leicht abgeschrägt und wechselseitig gegeneinander gestoßen. Die Längsseiten sollten hierbei überlappen. Die Lüftungsöffnung (mindestens Dicke der Luftlattung) ist stets mit einem Schutzgitter abzudecken. Aus Gründen der Festigkeit sollte die Firstabdeckung 3lagig ausgeführt werden. Befestigungshöhe und Nagelüberdeckung sind analog Abschnitt 4.5.4 Abbildung 8 durchzuführen.

Bei Verwendung von gespaltenen Schindeln ohne Unterdach ist eine eigene Firstentlüftung nicht zwingend erforderlich.

Die Abbildungen 12a bis 12h zeigen die verschiedenen Möglichkeiten der Firstausbildung.

4.7.4 Dachflächenabknickung, Anschluß Dachfläche an Wände

4.7.4.1 Dachflächenabknickungen

Übergänge bei unterschiedlichen Dachneigungen sind wegen der möglichen Stauwasserbildung konstruktiv und handwerklich besonders sorgfältig auszuführen. Stauwasserableitende Unterlagen sind in diesem Bereich teilweise nötig. Beim Zusammentreffen von unterschiedlichen Dachneigungen ist der Übergang so zu hinterfüttern, daß eine Rundung entsteht. Die Schindeln können durch Biegung und Preßnagelung dem nicht zu eng zu wählenden Radius angepaßt werden (siehe Abb. 13).

Dem konstruktiven Holzschutz (Vermeidung von Wassernestern) ist im Bereich des Überganges erhöhte Aufmerksamkeit zu schenken.

4.7.4.2 Seitliche Dachflächenanschlüsse an Wände

Seitliche Dachflächenanschlüsse an aufsteigende Wände sind wegen Stauwassergefahr und möglicher Schmutzansammlungen konstruktiv sehr sorgfältig auszubilden.

Die Abbildungen 14a bis 14h zeigen verschiedene Anschlußmöglichkeiten, wobei sowohl architektonische Gesichtspunkte als auch der Zustand der aufsteigenden Mauer für die Auswahl entscheidend sein können.

4.7.4.3 Obere Wandanschlüsse

Möglichkeiten für obere Anschlüsse von Dachflächen an Wände sind in den Abbildungen 15a und 15b dargestellt.

4.7.5 Grate

Die konstruktive Ausbildung einer Gratdeckung ist weitgehend abhängig von der Dachneigung und der gewünschten optischen Wirkung.

Zu unterscheiden sind grundsätzlich 4 verschiedene Arten der Gratausbildung:

a) Schwenkgrat mit gerade herangeführten Reihen,

b) Schwenkgrat in rund herangeführten Reihen,

c) aufgelegter Grat,

d) Schwenkgrat mit gerundeten Gratsparren.

Gleiche Dachflächenneigungen ergeben bei der Verlegung gleiche Reihenabstände; bei unterschiedlichen Neigungen der zusammentreffenden Dachflächen sind entweder die unterschiedlichen Reihenabstände (bei der steileren Neigung enger) zu akzeptieren oder über Schindeln, die an der Fußlinie geschweift sind, optisch heranzuführen. Ferner können zusätzliche Reihen oder längere Schindeln im

Schwenkbereich erforderlich werden, um die Dreilagigkeit und den max. zulässigen Reihenabstand zu gewährleisten.

4.7.5.1 Schwenkgrat mit gerade herangeführten Reihen

Der Schwenkgrat mit geraden Reihen wird bevorzugt bei steileren Dachneigungen angewendet. Hierbei sind die Schindeln seitlich abzuschrägen und am Schindelfuß den Reihenlinien anzupassen. Beim Zuschnitt der Schindeln ist zu beachten, daß der Faserverlauf parallel zur Gratlinie verläuft; d.h. der seitliche Zuschnitt muß größtenteils auf der dem Grat abgewandten Seite erfolgen.

Bei flacheren Dächern müssen u.U. längere Schindeln verwendet werden, um die dreilagige Deckung bzw. den max. zulässigen Reihenabstand zu gewährleisten.

Die Ermittlung des Schwenkbereiches erfolgt gemäß Abbildung 16.

4.7.5.2 Schwenkgrat mit rund herangeführten Reihen

Der Schwenkgrat mit rund herangeführten Reihen kann auch bei flacheren Dachneigungen angewendet werden. Die notwendigen seitlichen Zuschnitte der Schindeln sind analog Abschnitt 4.7.5.1 auszuführen, wobei wiederum der Faserverlauf parallel zur Gratlinie verlaufen muß. Der Schindelfuß ist entsprechend den Rundungen anzupassen (siehe hierzu Abb. 17a und 17b).

4.7.5.3 Aufgelegter Grat

Die aufgelegte Gratabdeckung eignet sich vorzugsweise für Dachneigungen unter etwa 30°, da hier die anderen, traditionellen Gratabdeckungen besonders hohes fachliches Können erfordern. Die Ausführung des aufgelegten Grates ist analog Abschnitt 4.7.3 „Firste" vorzunehmen (siehe hierzu auch Abb. 12a und 18a/b).

4.7.5.4 Schwenkgrat mit gerundeten Gratsparren

Gratabdeckungen mit gerundeten Gratsparren oder gerundeter Unterkonstruktion sind nur ausführbar, wenn dies bereits bei der Planung des Dachstuhls bzw. der Unterkonstruktion berücksichtigt wurde (siehe hierzu Abb. 19a und 19b).

Die Verlegung und Zurichtung der Schindeln erfolgt analog den Ausführungen der Abschnitte 4.7.5.1 bzw. 4.7.5.2.

4.7.6 Kehlen

Die konstruktive Ausbildung von Kehlen ist abhängig von der Dachneigung und der gewünschten optischen Wirkung. Da hier, in Abhängigkeit von der Kehlenlänge, große Wassermengen anfallen können, sind die Kehlen handwerklich besonders sorgfältig auszuführen und die Schindeln im direkten Kehlenbereich **mindestens 4lagig** zu verlegen.

Zu unterscheiden sind grundsätzlich drei Kehlenarten:

- Schwenkkehle
- eingebundene Kehle
- Metallkehle

Die Ermittlung des Kehlradius erfolgt sinngemäß wie in Abbildung 16 dargestellt.

4.7.6.1 Schwenkkehle

a) Schwenkkehle und eingebundene Kehle

Schwenkkehlen und eingebundene Kehlen sind (ohne wasserableitende, dichte Unterdächer) nur ab einer Kehlsparrenneigung von mindestens 26° ausführbar. Ansonsten gelten die in Abbildung 4 angegebenen Daten.

Gleiche Dachflächenneigungen ergeben bei der Verlegung gleiche Reihenabstände; bei eventuell unterschiedlichen Neigungen der zusammentreffenden Dachflächen sind die unterschiedlichen Reihenabstände (bei der steileren Neigung enger) zu akzeptieren. Ferner können zusätzliche Reihen oder längere Schindeln im Kehlbereich eingefügt werden, um die 4- bzw. 5lagigkeit zu gewährleisten.

Die Unterfütterung der Kehle mit einem Kehlbrett ist vom Kehlwinkel abhängig. Die Kehlbrettbreite liegt zwischen 120 mm bei flacher Neigung und 160 mm bei steiler Neigung, die Dicke bei ca. 30 mm. Um einen runden Übergang zu erreichen, sind an beiden Längsseiten des Kehlbrettes Dreikantleisten anzubringen.

b) Schwenkkehle mit gleich langen Schindeln

Die Schindeln werden entsprechend dem Kehlradius konisch zugeschnitten. Im Schwenkbereich müssen, in Abhängigkeit vom Neigungswinkel, zusätzliche Reihen eingelegt werden, um mindestens Vierlagigkeit zu erzielen. Bei Dachneigungen über 35° muß nach jeder 3. Reihe eine Zusatzreihe eingeschaltet werden; über 45° Dachneigung nach jeder 2. Reihe. Um in der Kehle Gleichmäßigkeit zu erreichen, sollte nach jedem Gebinde eine Einlaufschicht gedeckt werden (siehe Abb. 20).

c) Schwenkkehlen mit längeren Schindeln

Die Schindeln werden beidseitig seitlich – angepaßt an den Kehlradius – abgeschrägt. Im Schwenkbereich müssen, in Abhängigkeit vom Neigungswinkel, etwa ⅓ längere Schindeln verlegt werden, um im direkten Kehlbereich die mindestens nötige 4lagigkeit zu erzielen (siehe Abb. 21).

4.7.6.2 Eingebundene Kehle

Bei eingebundenen Kehlen können gleich lange Schindeln wie bei den übrigen Dachflächen verwendet werden. Da die eingebundene Kehlausbildung besondere Anforderungen stellt, sind die einzelnen Arbeitsschritte in den Abbildungen 22 a bis 22 f zeichnerisch erläutert.

4.7.6.3 Metallkehle

Metallkehlen sind insbesondere bei flachen Dachneigungen erforderlich. Bei Neigungen über 25° Kehlsparrenneigung ist jedoch ausschließlich aus optischen Gründen der eingebundenen Kehle oder der Schwenkkehle der Vorzug zu geben.

Bei Metallkehlen sind zu unterscheiden:

a) normale Blechkehle gemäß den Abbildungen 23 a und 23 b,

b) vertiefte Blechkehle gemäß den Abbildungen 24 a und 24 b.

Grundsätzlich dürfen Blechkehlen nur als offene Kehlen ausgeführt werden, damit eine laufende Reinigung möglich ist.

a) Normale Blechkehle

Die Schalung kann im V-förmig zugerichteten Kehlsparren stumpf gestoßen werden und ist mit einer mindestens einlagigen, besandeten Dachpappe über den gesamten Kehlbereich zu belegen. Der Blechbreitenzuschnitt muß mindestens 500 mm betragen. Der Wasserfalz ist 20 mm breit auszuführen. Um ein Zusammendrücken des Falzes zu verhindern, ist parallel hinter dem Blechfalz eine gleich dicke Leiste anzubringen (Abb. 23 a/b).

Die Schindeln überragen das Kehlblech beidseitig um ca. 100 bis 120 mm. Der seitliche Zuschnitt ist parallel zur Kehlsparrenlage auszuführen.

b) Vertiefte Blechkehle

Die Unterschalung für das Kehlblech ist zwischen den Schiftsparren bündig und parallel zum V-förmig vertieften Kehlsparren anzuordnen. Die Dachschalung als Schindelunterlage wird über die Kehlblechunterschalung bis ca. 200 mm an die Kehlsparrenlinie herangeführt und mit einer besandeten Dachpappe abgedeckt.

Der Blechbreitenzuschnitt beträgt mindestens 666 mm. Der beidseitige Wasserfalz ist analog Zeichnung 23 a/b auszuführen. Die Schindeln überragen die Vertiefung um 50 bis 80 mm (Abb. 24 a/b).

4.7.7 Gerundete Flächen

Die Zurichtung der Schindeln hat beidseitig entsprechend den vorgegebenen Radien zu erfolgen (siehe Abb. 25 a und 25 b).

4.7.8 Gewölbte Flächen

Die Schindeln sind durch geeignete Verfahren vor der Verlegung dem Wölbungsradius anzupassen. Wenn der Wölbungsradius nicht zu klein ist, können auch nicht gebogene, entsprechend kürzere Schindeln verwendet werden (siehe Abb. 26).

4.8 Aufbauten, Durchdringungen, Antennen, Entlüftungen

Wegen der konstruktiven Ausbildung der seitlichen und oberen Anschlüsse wird auf Abschnitt 4.7.4 verwiesen.

Durchdringungen werden analog Abbildung 27 ausgeführt. Seitliche Blechanschlüsse bei Durchdringungen sind grundsätzlich mit Stehfalz auszubilden, um einen ungehinderten Wasserablauf vom Kehlblech zu gewährleisten. Im Kehlbereich ist ein Abstand von 8 bis 10 cm vorzusehen, um Rückstau und Verschmutzung zu vermeiden (siehe Abb. 29 a).

4.8.1 Blitzschutzanlagen

Sind Blitzschutzanlagen vorgesehen, so sind diese nach den Vorschriften des Anschlusses für Blitzableiterbau (VDE) anzubringen.

Ihre Planung hat vor Ausführung der Deckungsarbeiten zu erfolgen, damit die Dachleitungsstützen zugleich mit der Deckung eingebaut werden können, um zu vermeiden, daß bei ihrem späteren Einbau die gedeckte Fläche beschädigt wird.

4.8.2 Kamine, Dachflächenfenster

Obere und seitliche Anschlüsse an Kamine und Dachflächenfenster sind analog den Abbildungen 28/29 a bis b auszuführen. Das Rückenblech (Kehlblech) muß ca. 20 cm unter die Schindeldeckung reichen. Weitere Ausführungsarten sind möglich (siehe hierzu Abschnitt 4.7.4.2).

4.8.3 Gauben, Aufbauten

Wegen der konstruktiven Ausbildung wird auf den Abschnitt 4.7 verwiesen. Besonders ist auf den Dachflächenvorsprung von 50 bis 90 mm und die Traufenausbildung (Möglichkeiten hierzu siehe Abb. 9) zu achten. Eckige und gewölbte Gaubenausbildungen sind in den Abbildungen 30 bis 32 dargestellt.

4.8.4 Schneefang und Dachhaken

Die Verankerung und Befestigung von Schneefang und Dachhaken ist analog den jeweilig gültigen DIN-Vorschriften auszuführen. Möglichkeiten der Verankerung sind in den Abbildungen 33 bis 36 dargestellt.

4.9 Pflege und Unterhaltung der Schindeldeckung

Wie bereits in den Abschnitten weiter oben erwähnt, sind bei konstruktiv und bauphysikalisch einwandfreiem Aufbau des Schindeldaches kein besonderer Holzschutz und keine Nachbehandlungen nötig. Der Einfluß der natürlichen Bewitterung eines unbehandelten Schindeldaches vorgenannter Holzarten führt nach einiger Zeit zu einer silbergrauen, architektonisch besonders wirksamen Färbung der Holzoberflächen.

Bei ungünstigen Gebäudelagen (nahestehende Bäume, Laub, wenig Wind), starker Luftverschmutzung, schlechter Austrocknung oder konstruktiven Mängeln im Dachaufbau ist eine Moosbildung auf den Schindeln möglich. Der Moosansatz ist zu entfernen, da hierdurch die Austrocknung behindert werden kann und Pilzbefall ermöglicht wird. Dies geschieht am besten durch Abfegen mit einem harten Besen oder/und Übersprühen der Dachfläche mit einer 10%igen Zink-Chlorid-Lösung. Beim Begehen des Daches ist ein Trittschutz (z.B. Bohlen oder Schalungstafeln) zu verwenden.

5 Legschindeldeckung

5.1 Allgemeines

Legschindeldeckungen werden zumeist im Alpengebiet ausgeführt. Sie haben meist nur noch im Zusammenhang mit Denkmalschutz Bedeutung. Überwiegend werden die im Abschnitt 1.2 aufgeführten europäischen Holzarten verwendet.

Grundsätzlich sollten Legschindeln gespalten sein. Werden gesägte Legschindeln verwendet, ist es empfehlenswert, diese wegen besserer Lüftung mit einem „Rillenhobel" zu bearbeiten.

5.2 Abmessung und Qualität

Legschindeln werden in Längen von 600 bis 900 mm hergestellt. Je nach Holzart und Herstellungsart variieren die Breiten von 70 bis 300 mm. In der Regel haben Legschindeln am Kopf und Fuß eine Dicke von mindestens 15 mm.

Bei der Festlegung der Qualitätsmerkmale von Güteklasse I ist DIN 68119 Teil 1 „Holzschindeln, Dachschindeln" Tabelle 2 „Gespaltene Dachschindeln" entsprechend anzuwenden.

5.3 Dachneigungen

Aufgrund der besonderen Bedingungen von Legschindeldächern gelten hier andere Dachneigungen als im Abschnitt 4.3 aufgeführt. Der Neigungswinkel eines Legschindeldaches darf 17° nicht unterschreiten und 22° nicht übersteigen.

5.4 Die Hinterlüftung

Die im Abschnitt 4.3 angegebenen Bedingungen gelten auch für Legschindeldächer.

5.5 Reihenabstand

Die Legschindeldeckung muß mindestens 3lagig ausgeführt werden. Der Reihenabstand (sichtbare Schindelfläche) richtet sich nach der Schindellänge und der Lagigkeit. Die maximal zulässigen Abstände sind nachstehender Tabelle 7 zu entnehmen.

Aus arbeitstechnischen Gründen müssen die einzelnen Schindelreihen (Scharen) keine exakte Linienführung (Abstände a) aufweisen.

5.6 Schalung und Lattung

Legschindeln können mit und ohne Dachschalung ausgeführt werden.

Tabelle 7: Maximal zulässige Reihenabstände gemäß Abbildung 4, Abschnitt 4.4.1, für gesägte und gespaltene Legschindeln sowie Schindelgrundbedarf in Breitenmetern je Quadratmeter zu deckender Fläche (m/m²)

Schindellänge in mm	dreilagig 17° bis 22° Neigung	
	Reihenabstand a in mm	Schindelgrundbedarf m/m²
600	180	5,6
700	220	4,6
800	250	4,0
900	280	3,6

Üblicherweise wurden diese ohne Dachschalung ausgeführt. Hierbei werden Dachlatten (Mindestquerschnitt 50/50 oder 40/60 mm) bzw. abgeplattete oder halbierte und abgeplattete Derbstangen mit einer Dicke von mindestens 50 mm direkt auf die Sparren genagelt.

Bei Verwendung einer Dachschalung ist jede beliebige Schalungsart möglich. Die Befestigung der Schalung ist entsprechend Abschnitt 4.5.2 durchzuführen.

Auf eine Vordachschalung sind Dachlatten mit einer Mindesthöhe von 24 mm zu vernageln. Bei einer dichten Dachschalung sind wegen der Belüftung Konterlatten und Dachlatten vorzusehen.

Die Achsabstände der Dachlatten betragen je nach Schindellänge zwischen 250 und 400 mm.

5.7 *Befestigung*

Legschindeln werden grundsätzlich auf dem Untergrund nicht befestigt, sondern nur aufgelegt und beschwert.

Die Beschwerung erfolgt über parallel oder leicht schräg zu den Reihen (Scharen) im Abstand von etwa 100 cm verlegten Dach- oder sog. Schwerlatten, die wiederum mit Steinen beschwert sind. Die leicht schräge Verlegung der Schwerlatten zu den Reihen empfiehlt sich wegen der besseren Wasserableitung und der Vermeidung von Wassernestern. Als Schwerlatten werden nicht zu starke, halbierte Derbstangen verwendet.

Die Belastung der Schwerlatten erfolgt mit abgeflachten oder eckigen Steinen. Je nach Größe und Windbelastung sind je 10 m^2 etwa 8 bis 10 Steine (ungefähr 0,1 Raummeter) auf die Schwerlatten aufzulegen. Diese etwa kopfgroßen Steine (ca. 150 x 300 mm) werden mit dem Hauptgewicht auf die Latten so aufgelegt, daß sie noch leicht firstaufwärts auf den Schindeln aufliegen.

Bei Abrutschgefahr ist zu empfehlen, die Schwerlatten mit einer leicht lösbaren Verbindung, die mit dem befestigten Untergrund verbunden ist, zu sichern. Hierfür eignet sich z.B. zwischen den Schindeln durchgeführter verzinkter Draht, in der Dicke von 2,5 bis 3,0 mm, Flacheisen oder Haken mit einer empfohlenen Stärke von 26,7 mm, oder vom First abgehängte Hängelatten.

5.8 *An- und Abschlüsse*

Da die einzelnen Schindeln nicht befestigt werden, ist grundsätzlich darauf zu achten, daß ein Abrutschen oder seitliches Verrutschen der Schindeln nicht möglich ist. Dies erfolgt an der Traufe durch ein erhöhtes Traufbrett oder -riegel, die über Eisen mit den unteren Latten verbunden sind. Die erhöhte äußere Wand einer hölzernen Rinnenkonstruktion (Scharrinne) erfüllt den gleichen Zweck (siehe Abb. 36/37).

Der Ortganganschluß beim Giebel wird mit an den vorstehenden Dachlatten befestigten Windbrettern oder mit Wind- und Deckbrettern unter hinterliegenden Blechwinkeln ausgeführt (siehe Abb. 38/39).

Ein materialgerechter Firstabschluß erfolgt durch einen etwa 10 bis 15 cm großen Überstand der obersten 2 Schindelreihen, von der Hauptwindrichtung zur windgeneigten Seite.

5.9 *Pflege und Wartung*

Ein Legschindeldach sollte, je nach verwendeter Holzart und klimatischer Beanspruchung, alle 5 bis 10 Jahre umgedeckt werden. Dies erfolgt durch Wenden oder auch Umdrehen der Schindeln. Hierbei ist darauf zu achten, daß die Unterlage und die Schindeln gleichzeitig durch Aneinanderklopfen gesäubert werden, um wieder eine bessere Belüftung zu erzielen.

Ansonsten gilt das in Abschnitt 4.9 Ausgeführte.

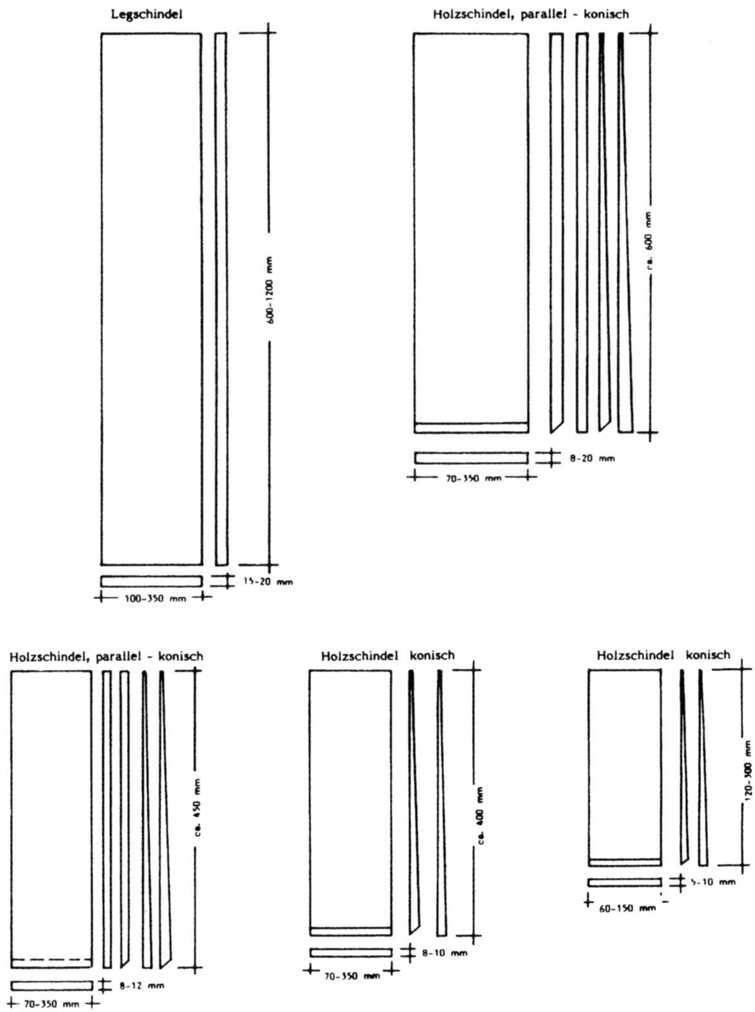

Abb. 1 a: Geläufige Schindelformen

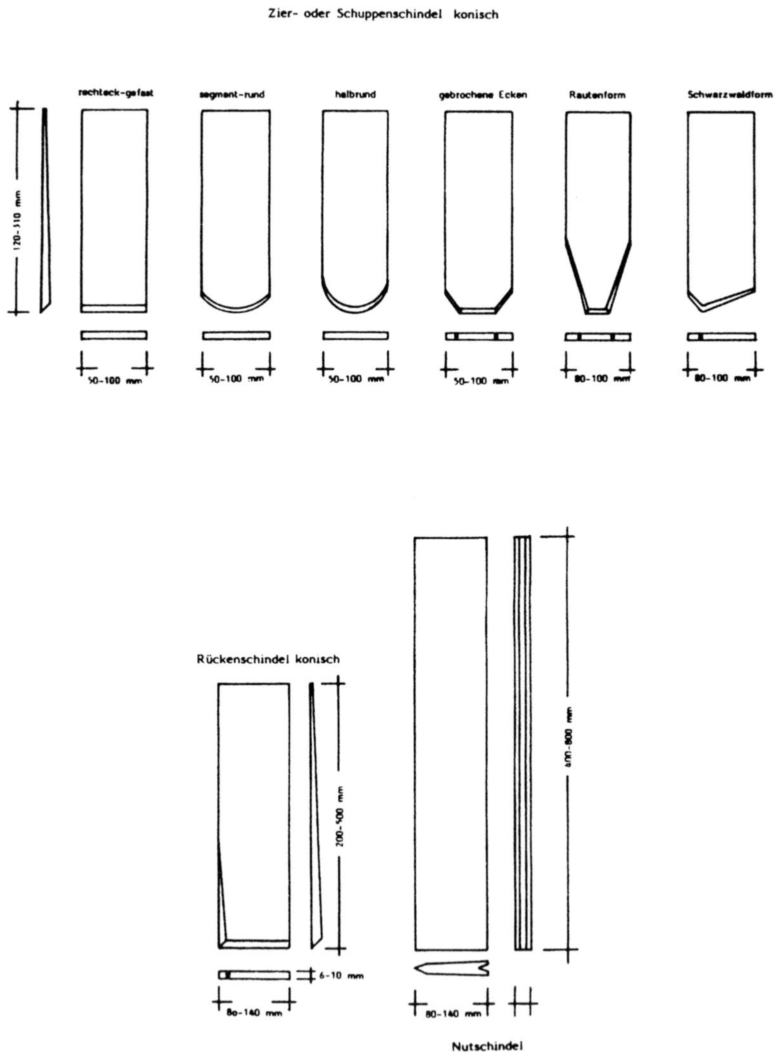

Abb. 1 b: Schindel-Sonderformen

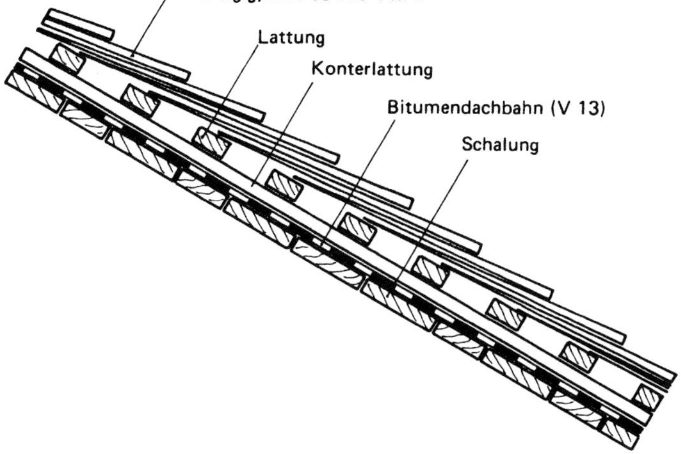

Abb. 2: Notwendiger konstruktiver Aufbau zum Nachweis der harten Bedachung, im Sinne von DIN 4102 Teil 7 (3lagige Schindeldeckung erforderlich).

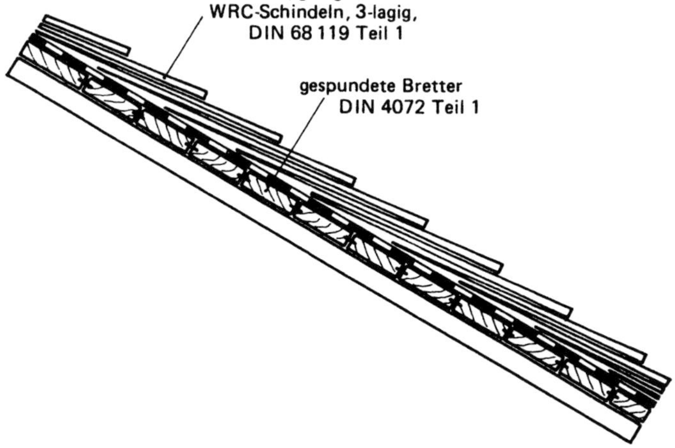

Abb. 3: Mögliche Variante zum konstruktiven Aufbau einer 3lagigen Schindeldeckung für den Nachweis als harte Bedachung, im Sinne von DIN 4102 Teil 7.
(Wegen fehlender Hinterlüftung nur für Sonderfälle geeignet.)

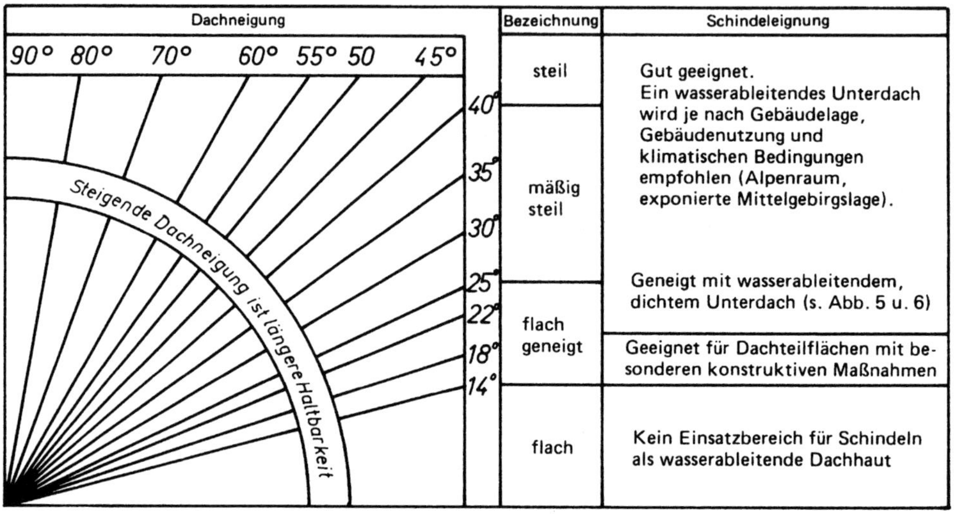

Abb. 4: ***Grafische Darstellung der Schindelneigung für Dachdeckungen, dargestellt in Grad der Dachneigung***

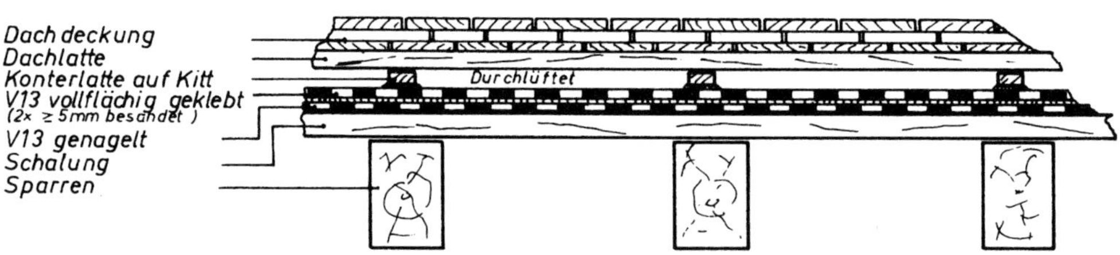

Abb. 5: ***Wasserableitendes, dichtes Unterdach (normale Ausführung) mit 2lagiger Bitumendachbahn.***

Abb. 6: ***Wasserableitendes, dichtes Unterdach mit 2lagiger Bitumendachbahn bei besonderen Anforderungen.***

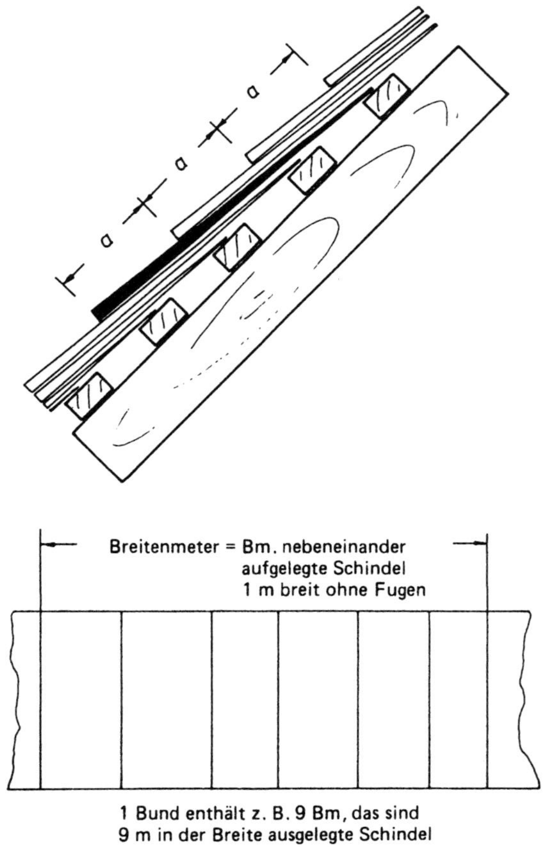

Abb. 7: Reihenabstand a (sichtbare Schindelfläche) und Erläuterung Breitenmeter (Bm). Maße als Beispiel.

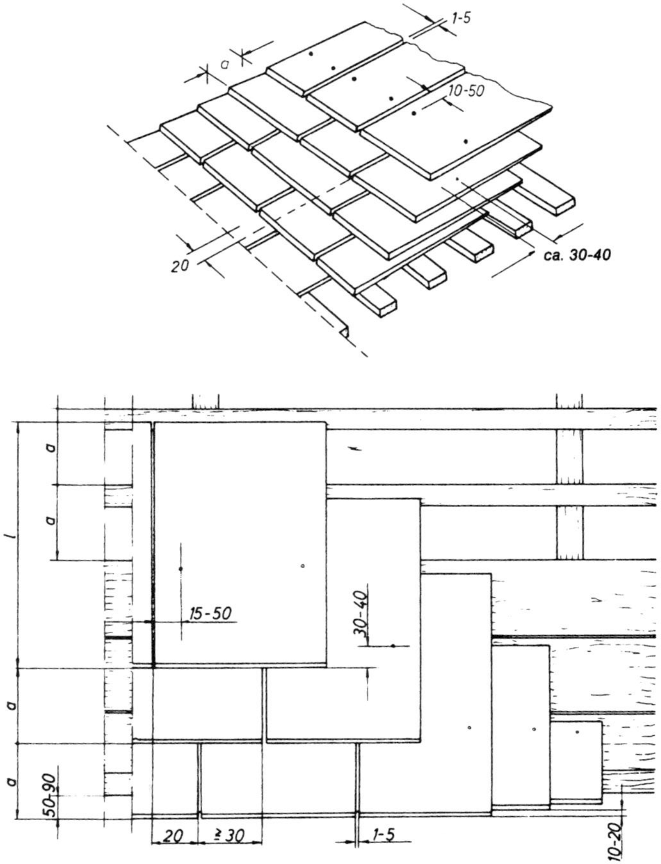

Abb. 8: Erläuterung der Befestigungshöhe von Schindeln und Randabstände. Beginn mit kürzeren Schindeln. Bei gleich langen Schindeln ist die Anhebung der Dachkante erforderlich, z. B. durch Einsetzen eines Traufkeiles.

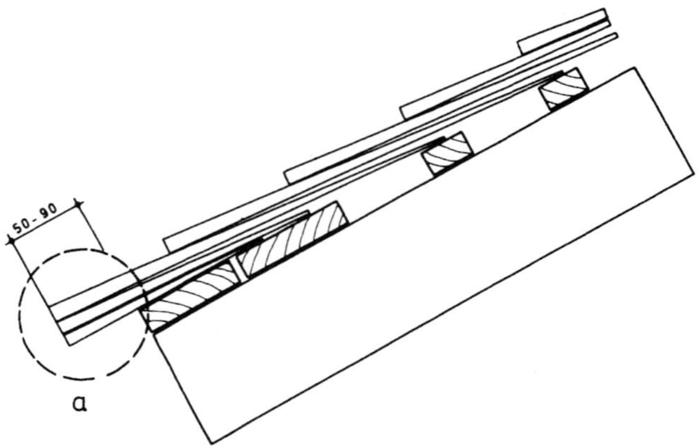

Abb. 9a: mit gleichmäßigem Überstand und Anfang mit unterschiedlichen Längen

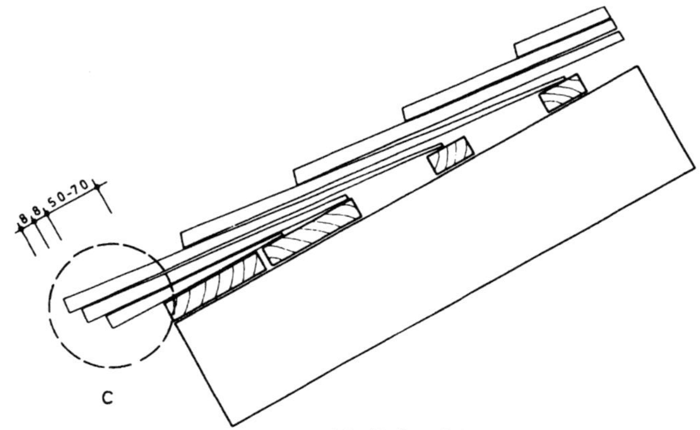

Abb. 9c: Anfang mit unterschiedlichen Längen, jede Reihe jedoch nach vorn abgesetzt

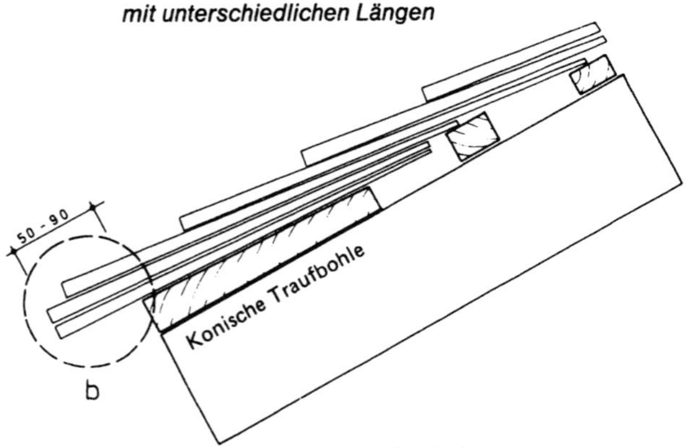

Abb. 9b: Anfang mit gleichlangen Schindeln, jedoch dritte Reihe zurückgesetzt

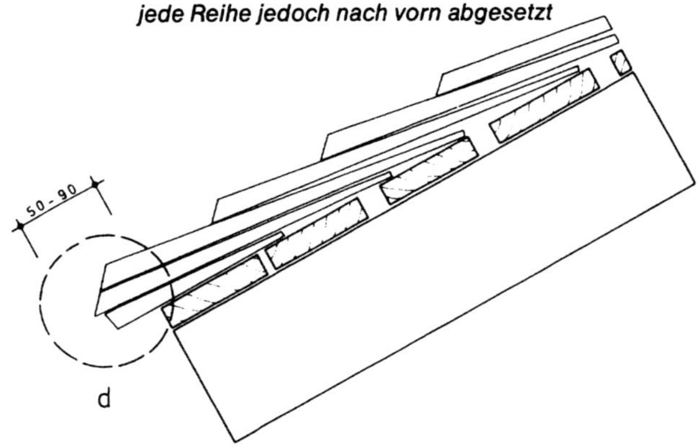

Abb. 9d: Anfang mit gefasten Schindeln

Abb. 9 (a bis d): Möglichkeiten zur Traufenausbildung. Wird mit gleich langen Schindeln gearbeitet, muß mit einer konischen Traufbohle, wie in Abbildung 9b dargestellt, oder einer aufgefütterten Latte begonnen werden.

Abb. 10 (a bis d): Verschiedene Traufausbildungen.

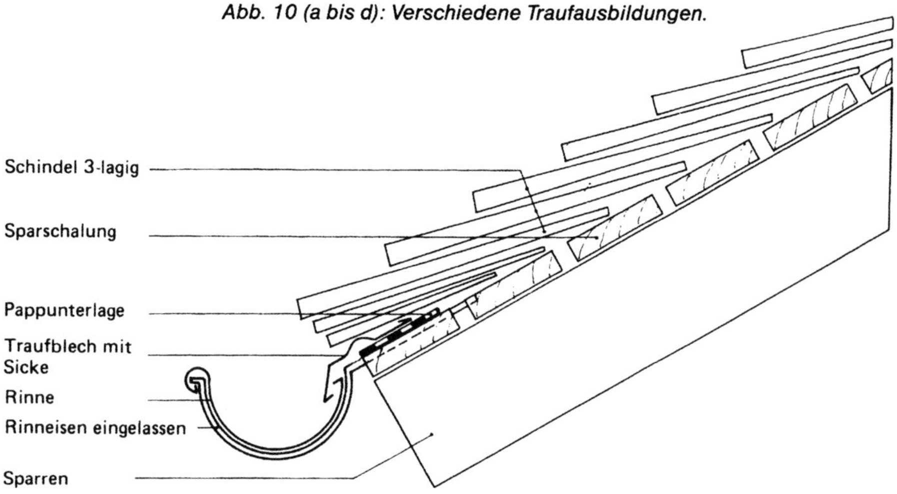

Abb. 10a: Traufausbildung mit Sparschalung und Traufblech mit Sicke (Hinterlegung mit Dachpappe).

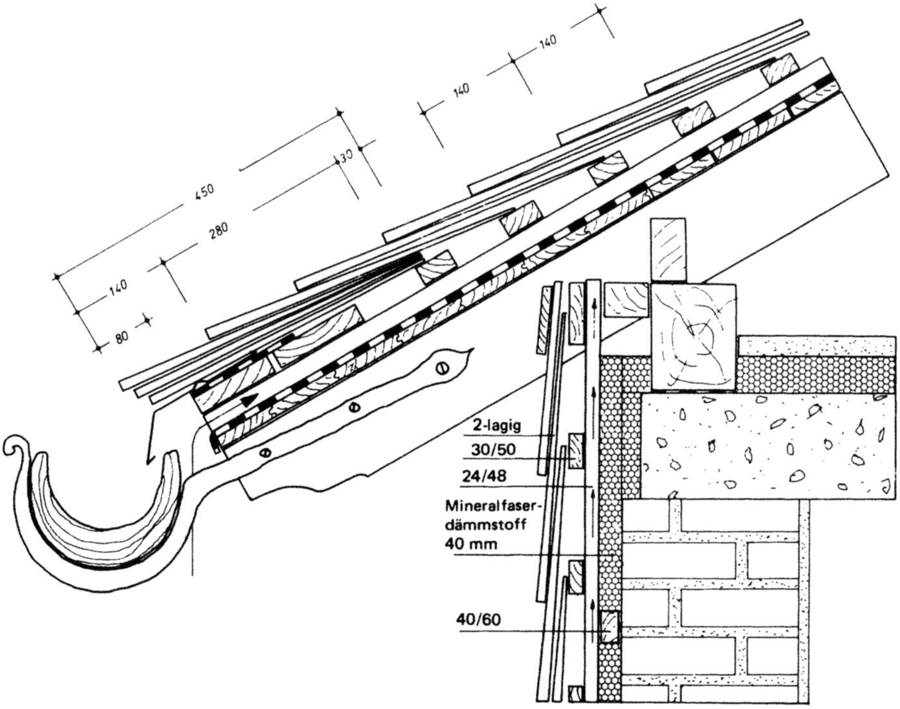

Abb. 10b: Traufausbildung mit Einlaufblech bei Holzrinne (mit Sicke).

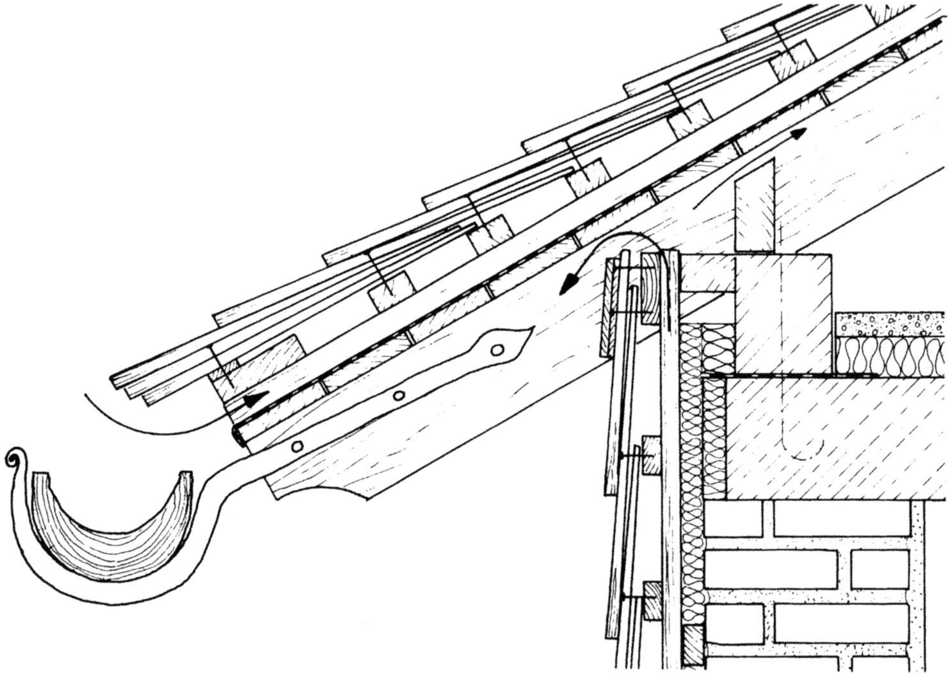

Abb. 10c: Traufausbildung Holzdachrinne ohne Traufblech

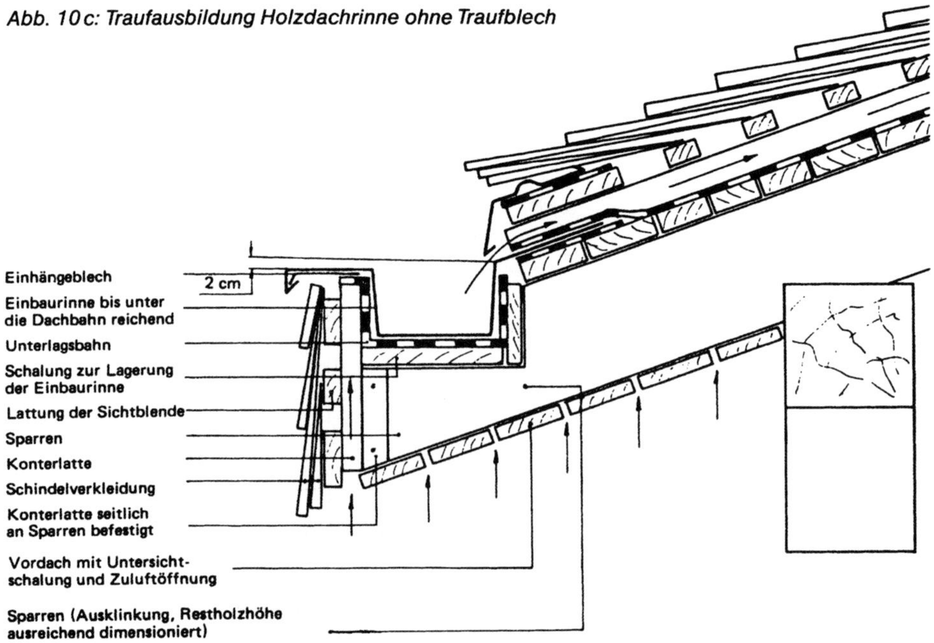

Abb. 10d: Hinterlüftete Traufenausbildung mit innenliegender Einbaurinne und Traufblech mit Sicke.

Abb. 11 (a bis g): Möglichkeiten von Ortgangausbildungen. Schnittbilder.

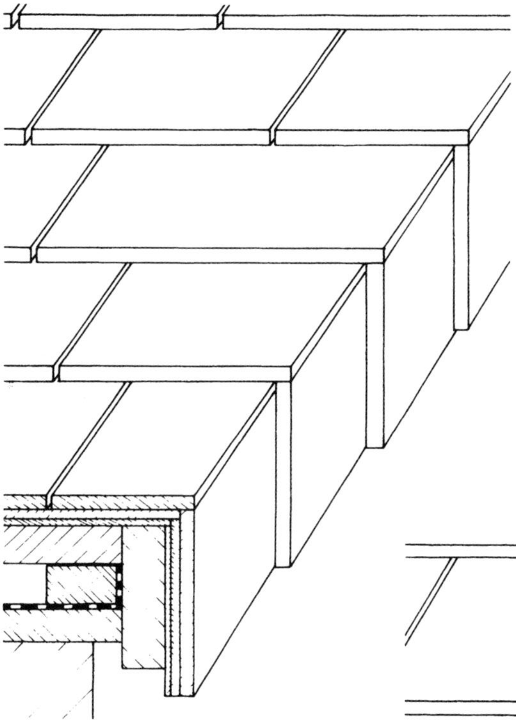

Abb. 11a: Ortgang im Verband gedeckt.

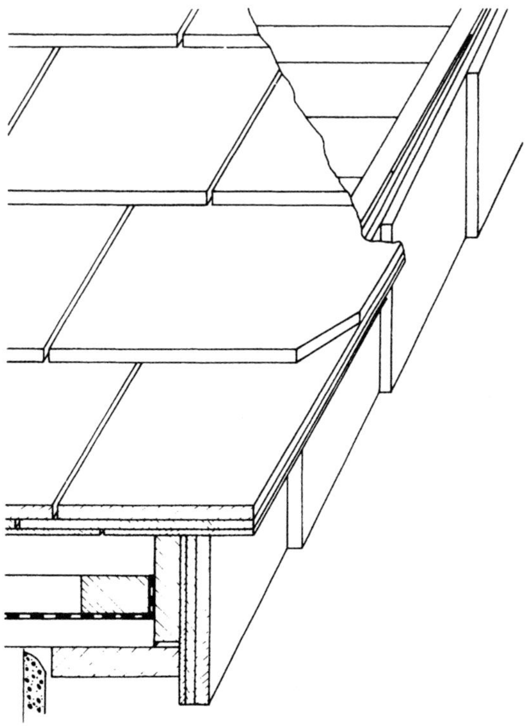

Abb. 11b: Ortgangdeckung mit Überstand der Deckung.

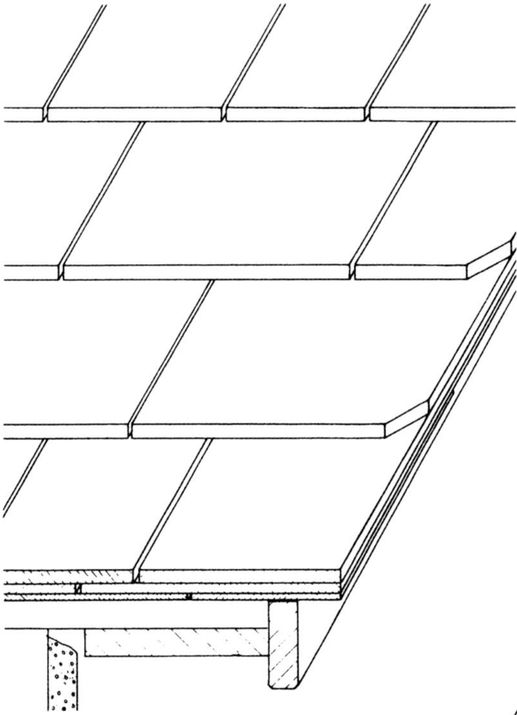

Abb. 11c: Ortgang mit Abschlußleiste.

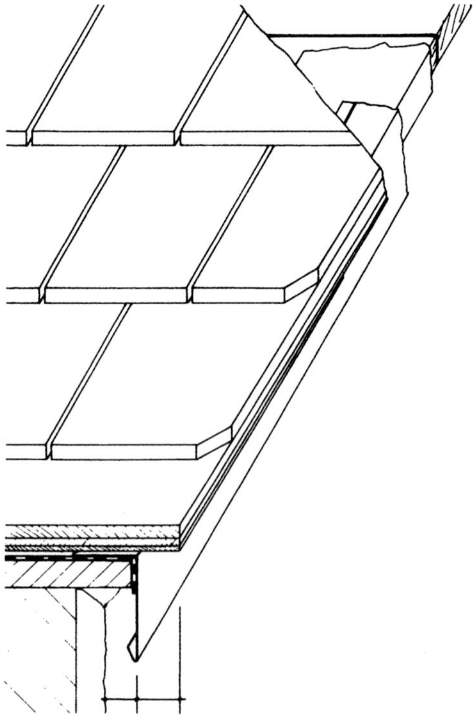

Abb. 11d: Ausbildung mit Blech.

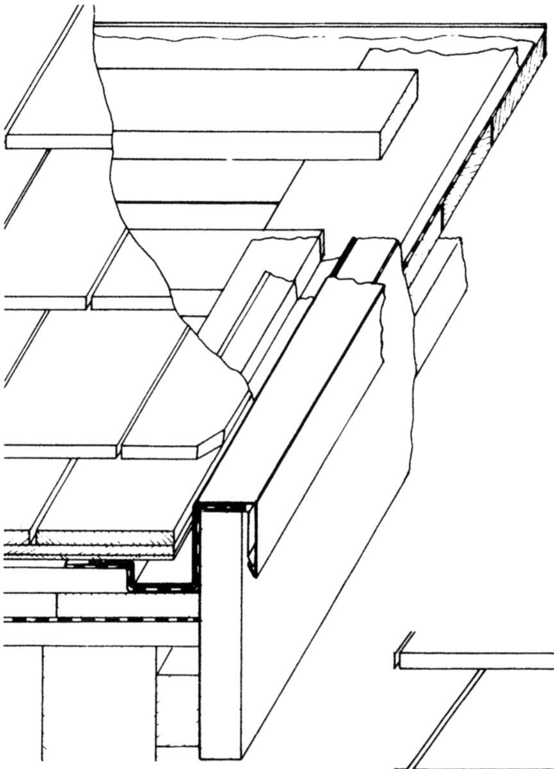

Abb. 11e: Ausbildung mit Ortgangrinne.

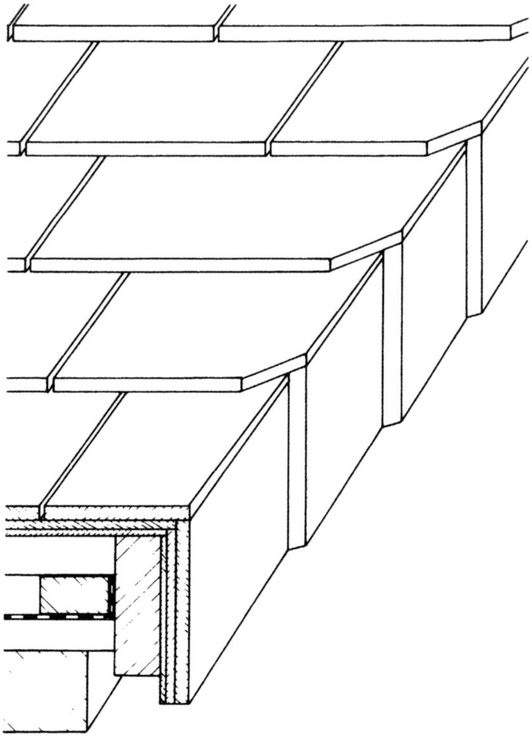

Abb. 11f: Ausbildung mit verschindelter Blende.

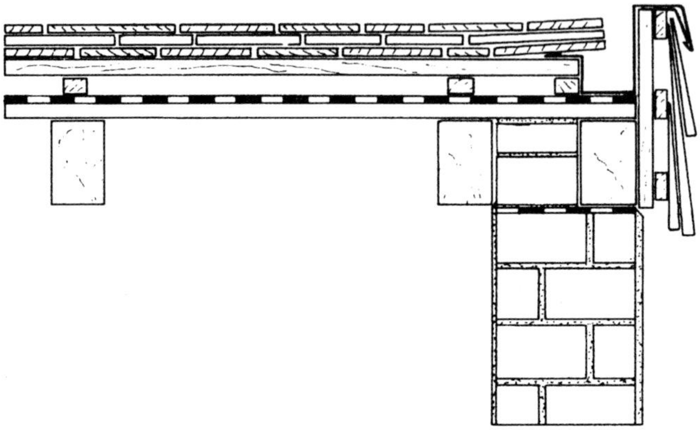

Abb. 11g: Ausbildung mit verschindelter Ortgangblende.

Abb. 12 (a bis h): Möglichkeiten der Firstausbildung.

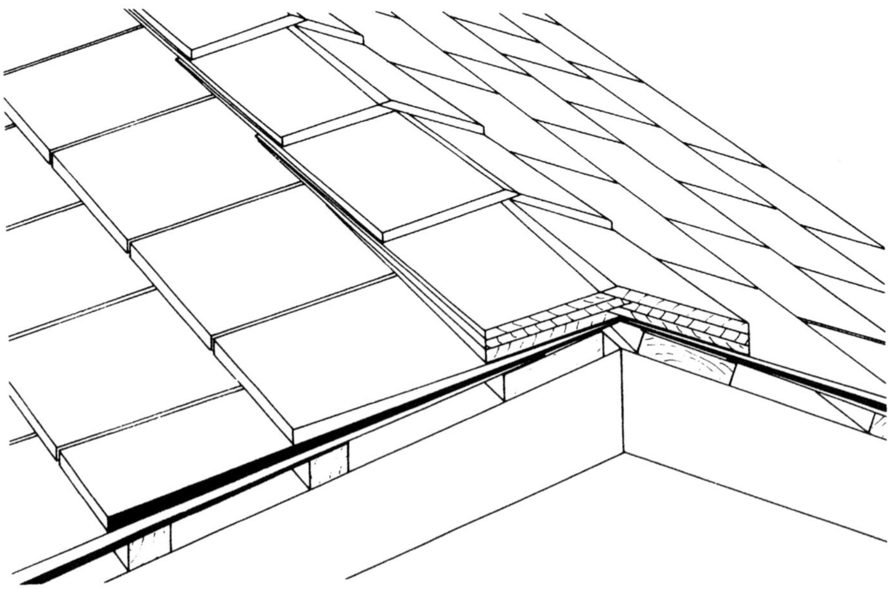

Abb. 12a: Aufgelegter First bei gespaltenen Schindeln ohne Firstentlüftung.

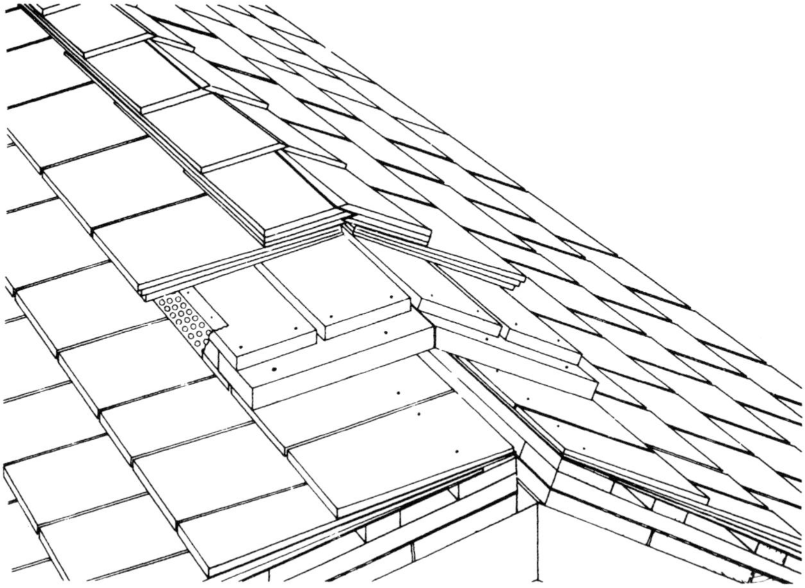

Abb. 12 b: Symmetrische Firstentlüftung (beidseitige Entlüftung).

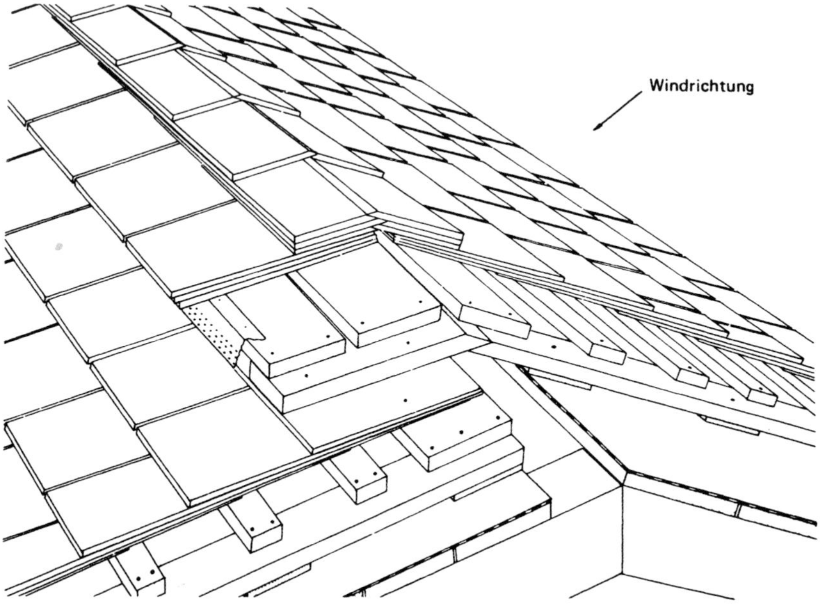

Abb. 12 c: Asymmetrische Firstentlüftung (einseitige Entlüftung), jedoch die Konterlattung auf Kittbett oder Unterlagscheiben verlegt.

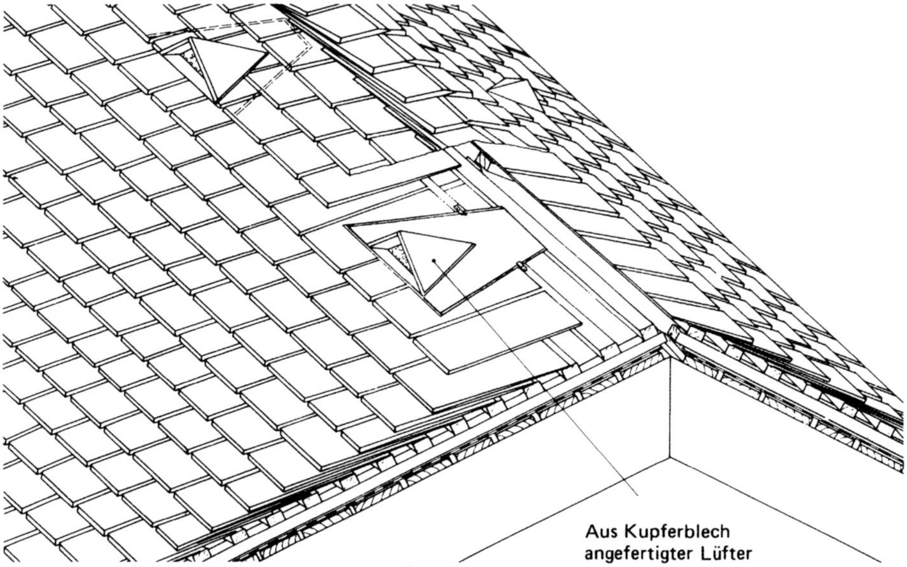

Abb. 12 d: Aufgelegter First mit Metallentlüftern.

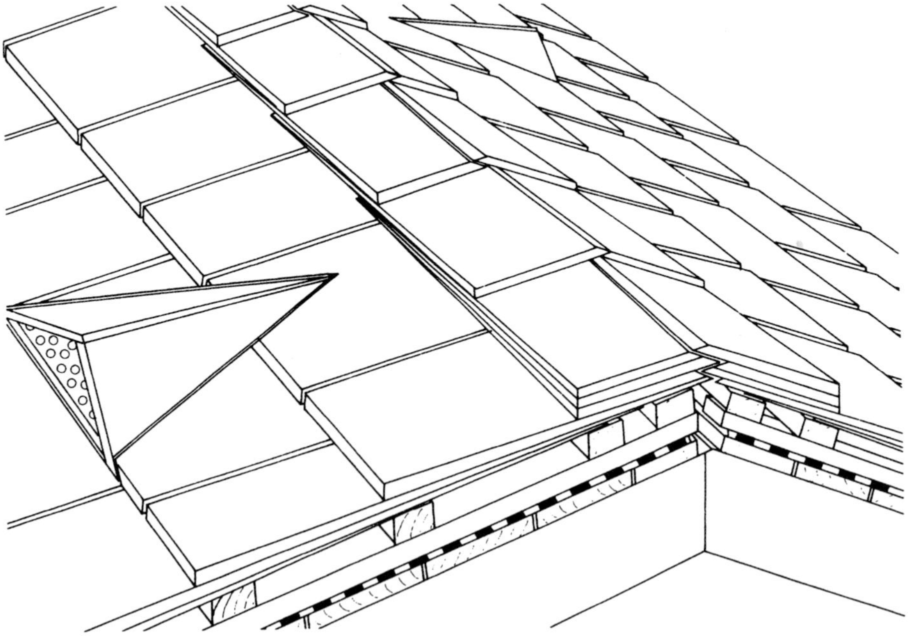

Abb, 12 e: Wie Abbildung 12 d, jedoch Metallentlüfter mit Holzschindeln bekleidet.

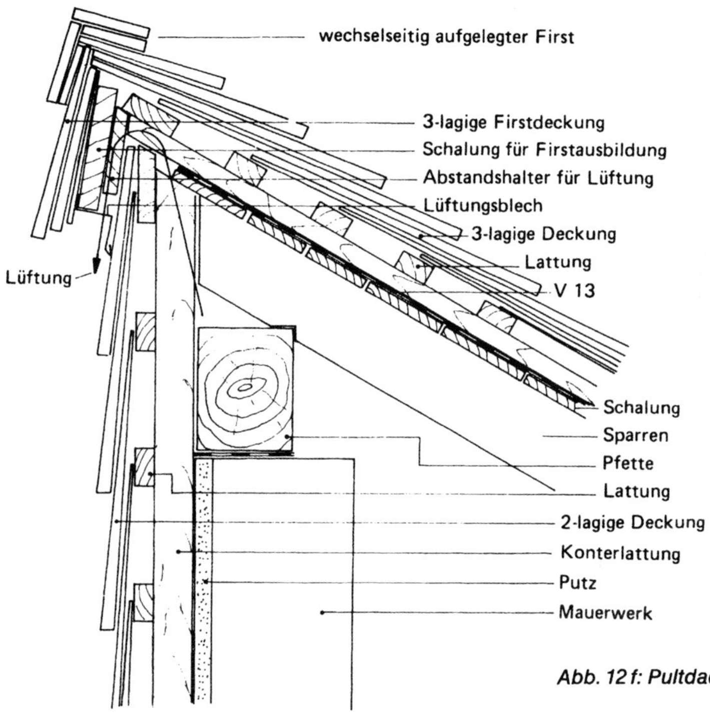

Abb. 12 f: Pultdach-First.

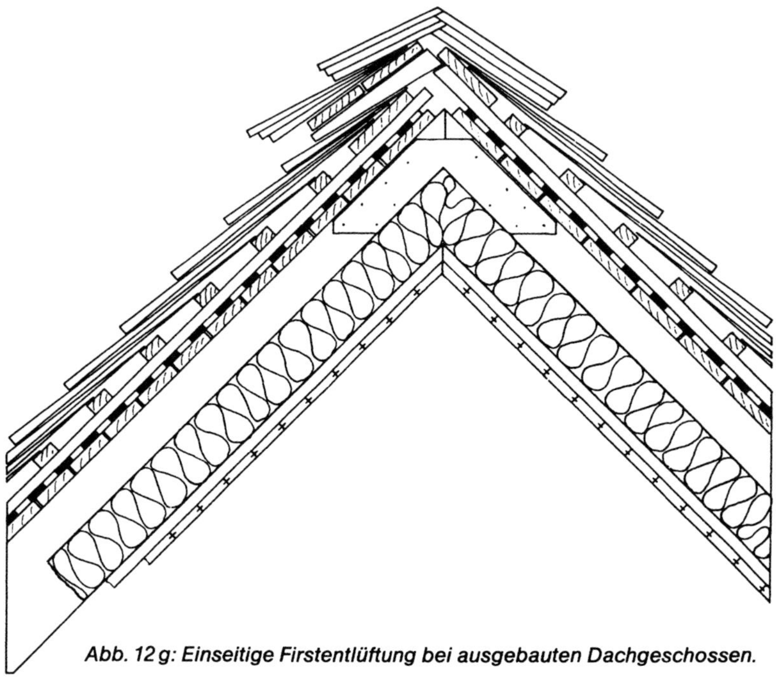

Abb. 12 g: Einseitige Firstentlüftung bei ausgebauten Dachgeschossen.

Abb. 12 h: Wie Abbildung 12 g, jedoch mit oberhalb der Sparren eingebauter Wärmedämmung.

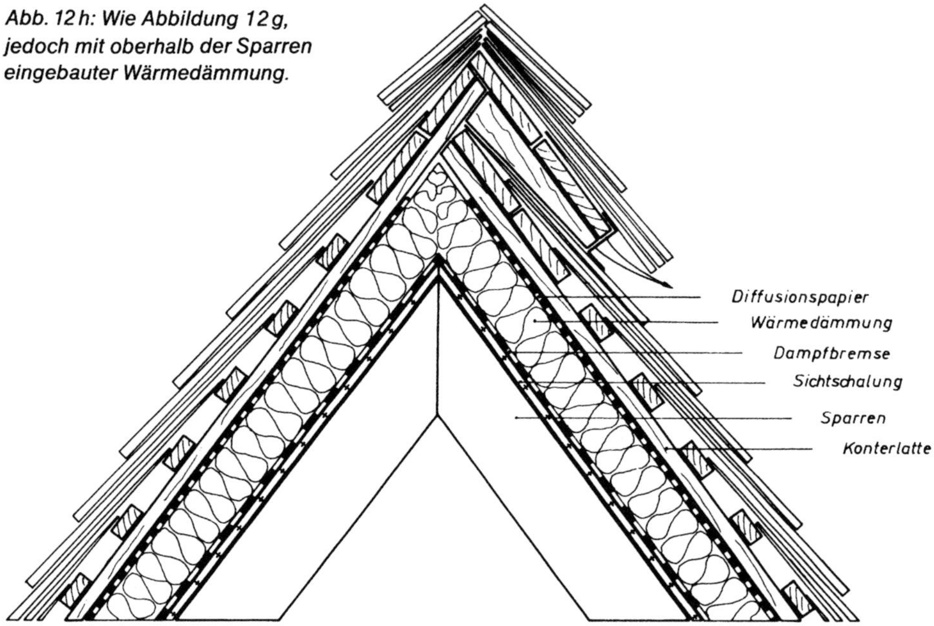

Abb. 13 (a bis b): Konstruktive Ausbildung bei Dachflächenabknickungen (besonders ist auf eine ungehinderte Lüftung zu achten).

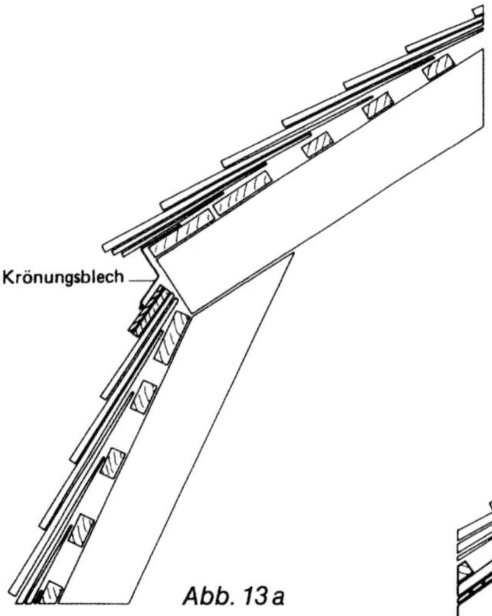

Abb. 13 a

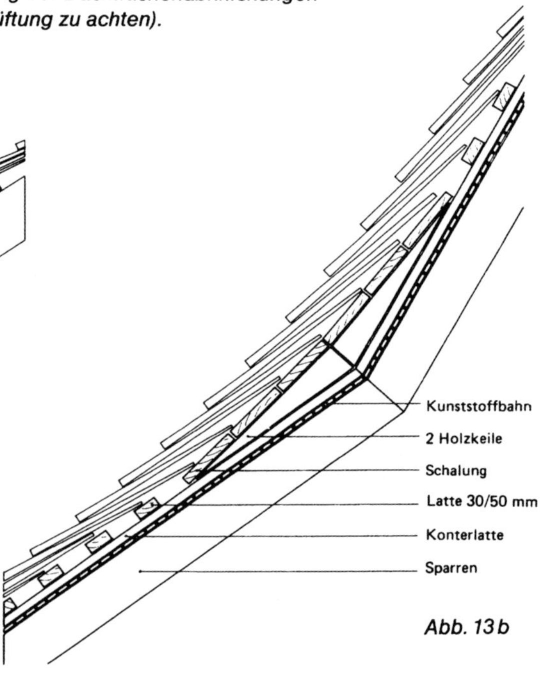

Abb. 13 b

Abb. 14 (a bis f): Möglichkeiten für Wandanschlüsse.

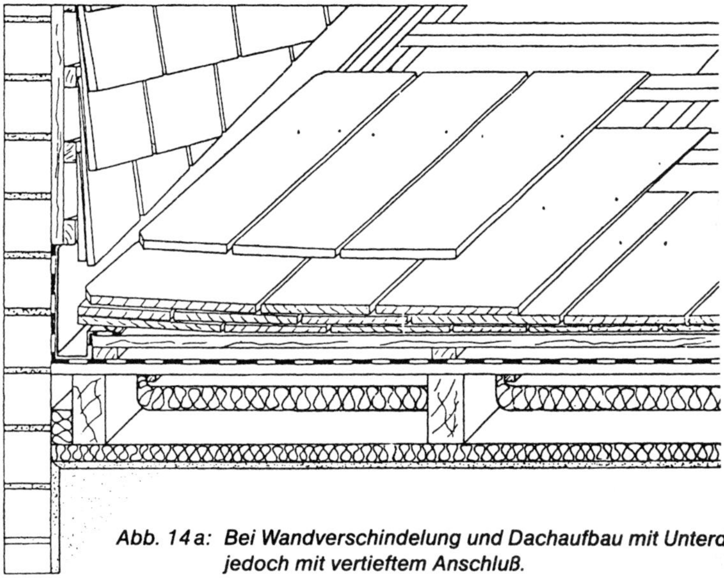

***Abb. 14 a:** Bei Wandverschindelung und Dachaufbau mit Unterdach, jedoch mit vertieftem Anschluß.*

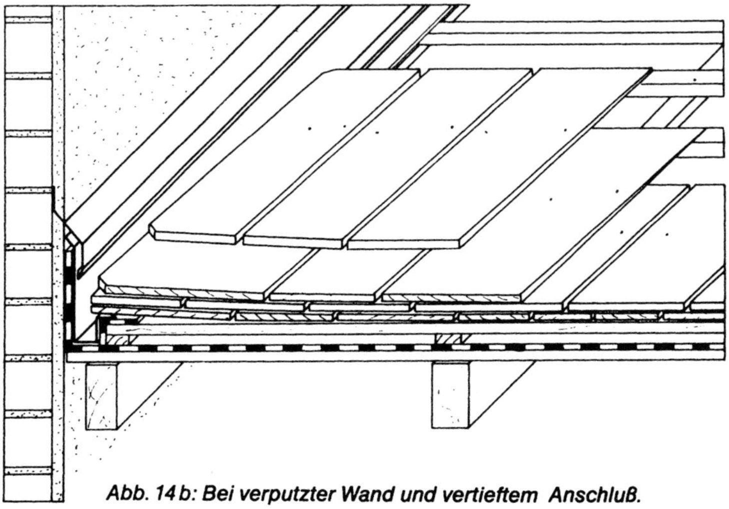

***Abb. 14 b:** Bei verputzter Wand und vertieftem Anschluß.*

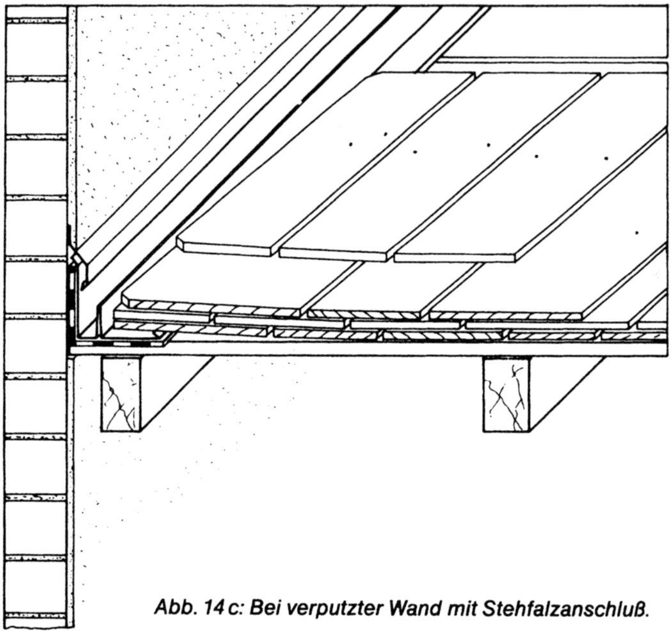

Abb. 14 c: Bei verputzter Wand mit Stehfalzanschluß.

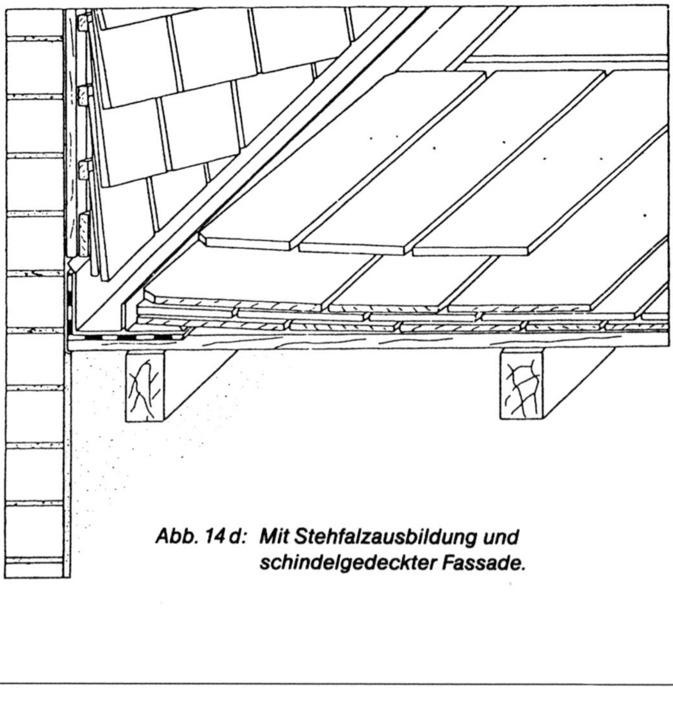

Abb. 14 d: Mit Stehfalzausbildung und schindelgedeckter Fassade.

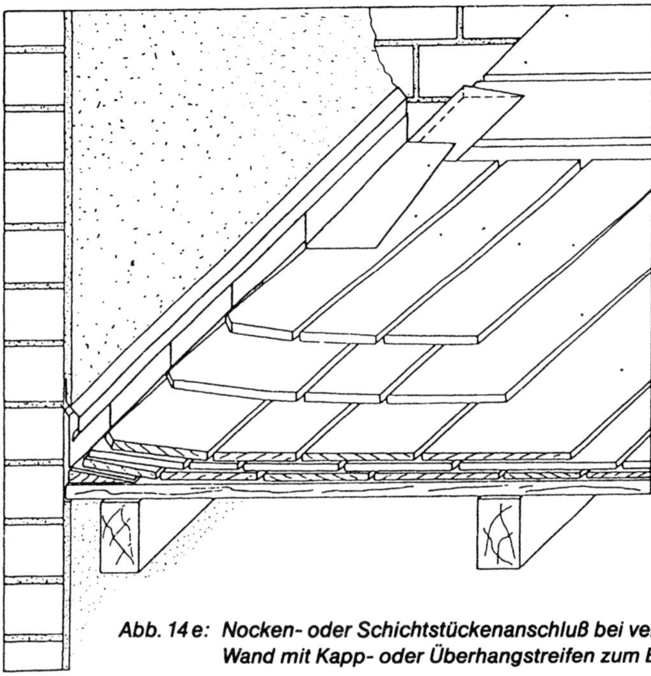

Abb. 14 e: Nocken- oder Schichtstückenanschluß bei verputzter Wand mit Kapp- oder Überhangstreifen zum Einputzen.

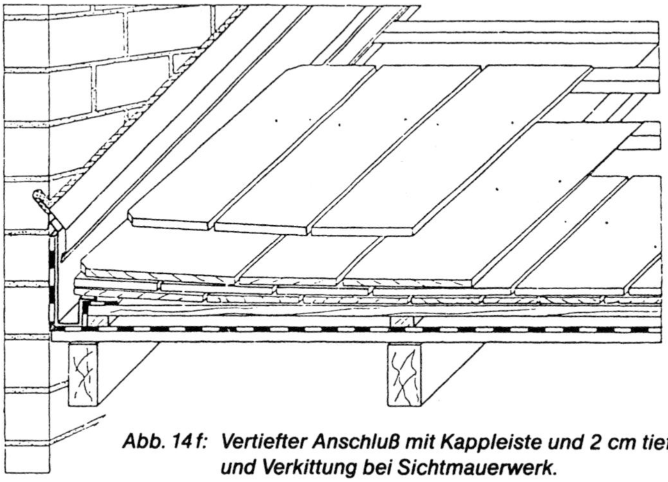

Abb. 14 f: Vertiefter Anschluß mit Kappleiste und 2 cm tiefer Schnittfuge und Verkittung bei Sichtmauerwerk.

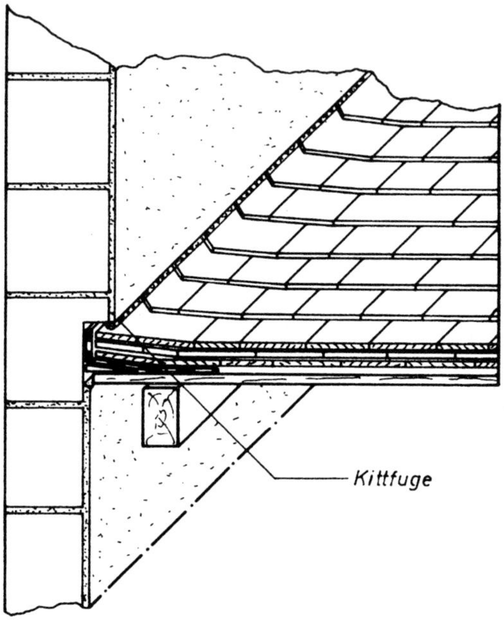

Abb. 14 g: Schindeldeckung bei überkragendem Mauerwerk.

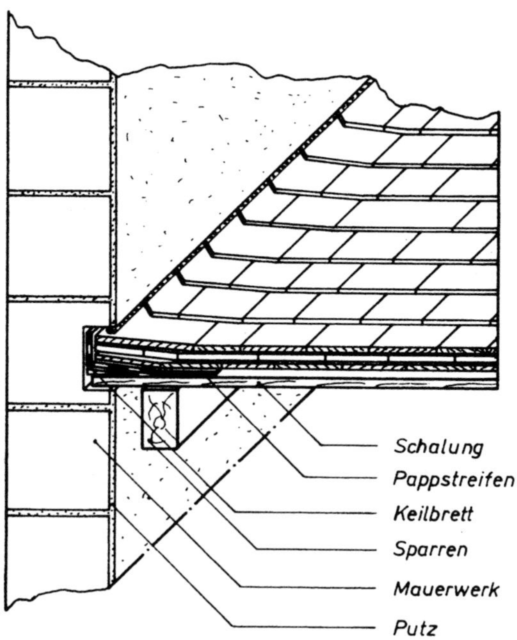

Abb. 14 h: Schindeldeckung bei eingeschlitztem Mauerwerk.

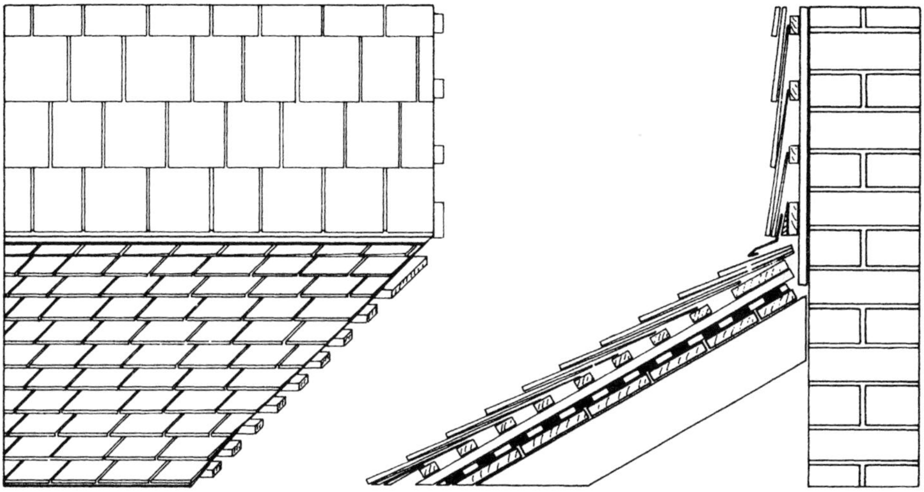

Abb. 15 a: Oberer Wandanschluß.

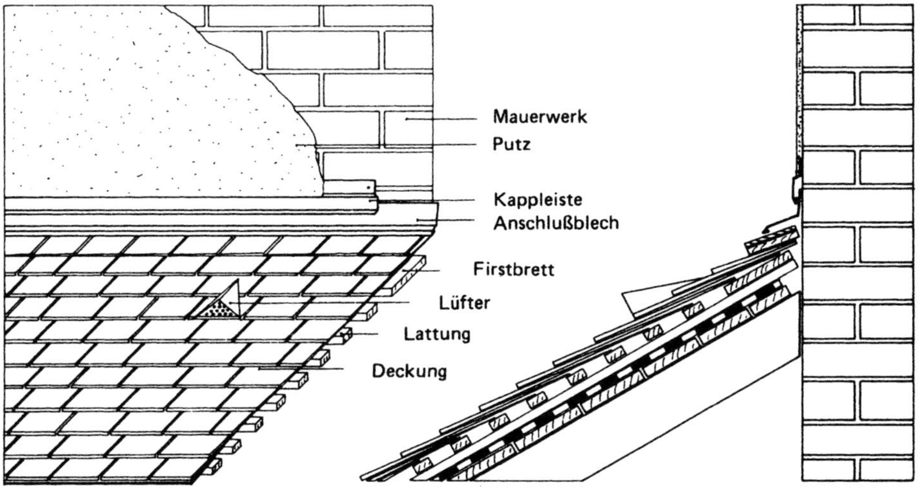

Abb. 15 b: Oberer Wandanschluß mit Hilfe von Blechformteilen und Lüftern.

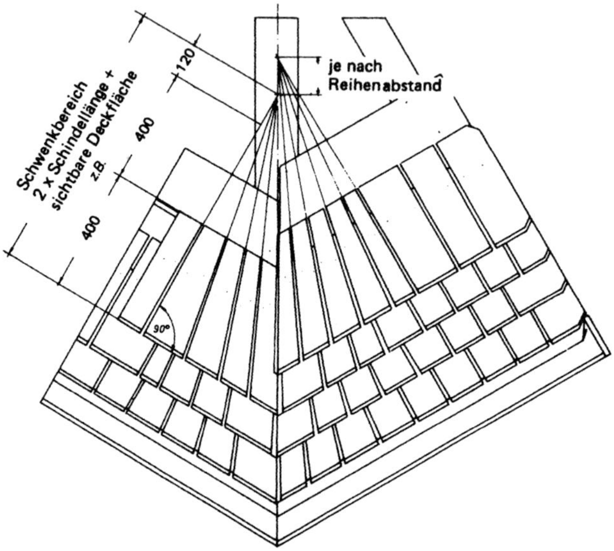

Abb. 16a: Traditionelle Schwenkgratausbildung in geraden Reihen mit Darstellung der Ermittlung des Schwenkbereiches.

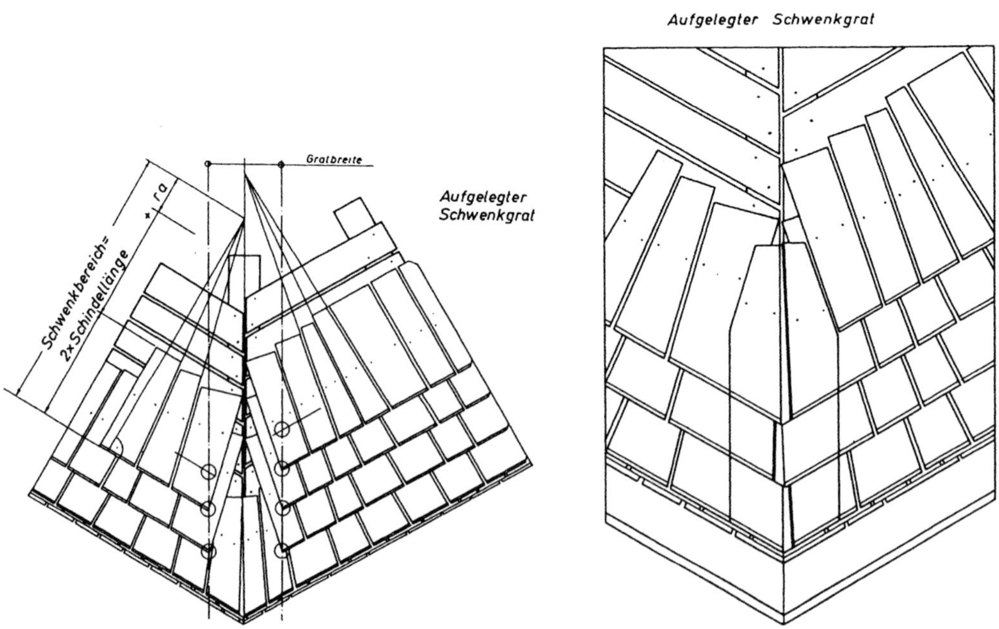

Abb. 16b: Aufgelegter Schwenkgrat, dargestellt in verschiedenen Arbeitsfortschritten.

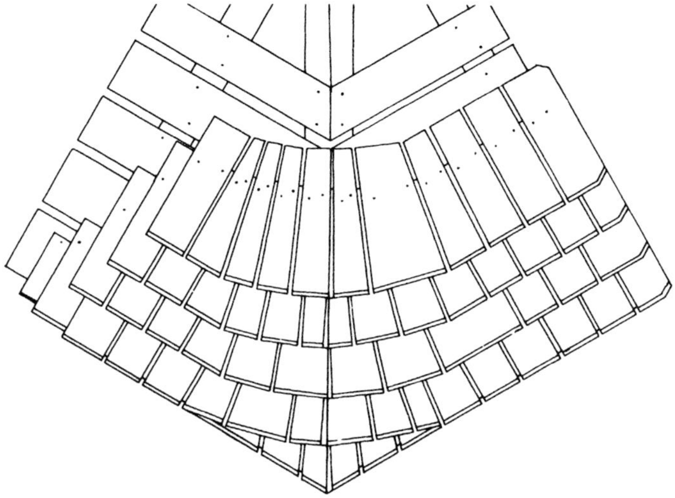

Abb. 17 a

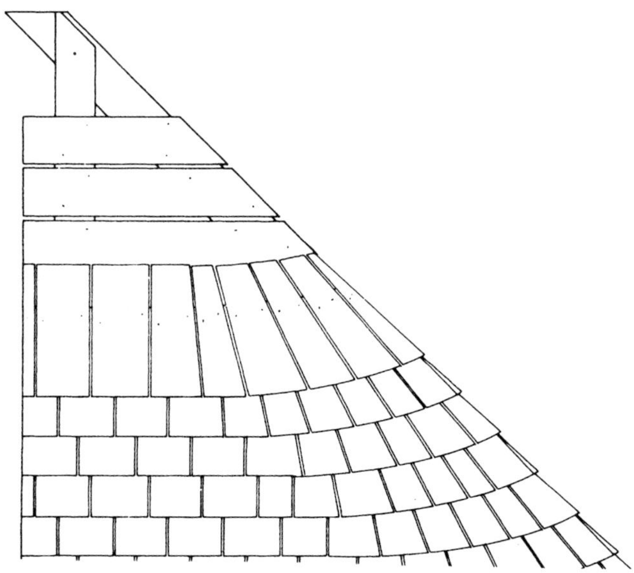

Abb. 17 b

Abb. 17 (a und b): Schwenkgrat mit rund herangeführten Reihen.

Abb. 18 (a und b): Aufgelegte Gratabdeckung.

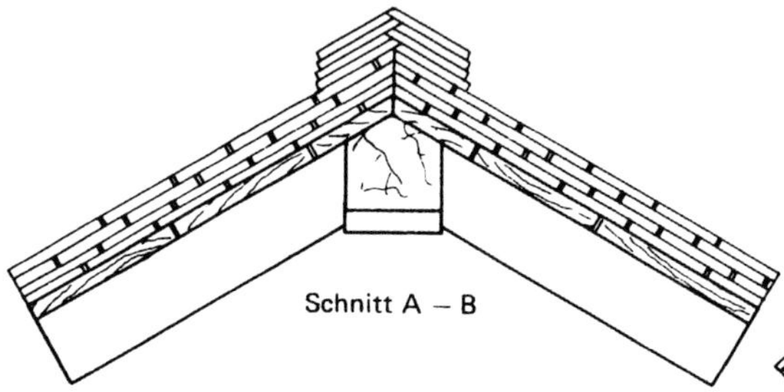

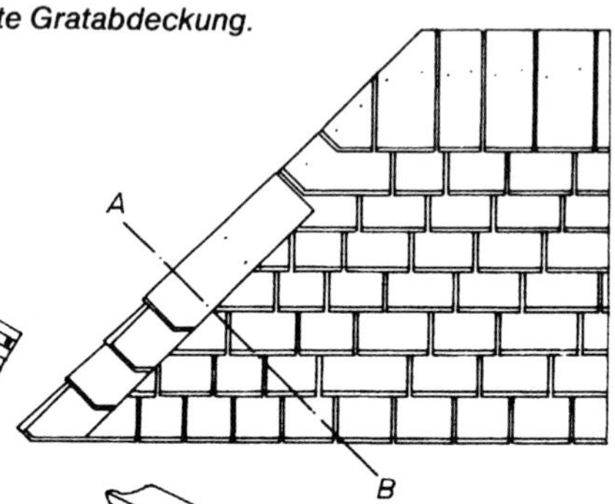

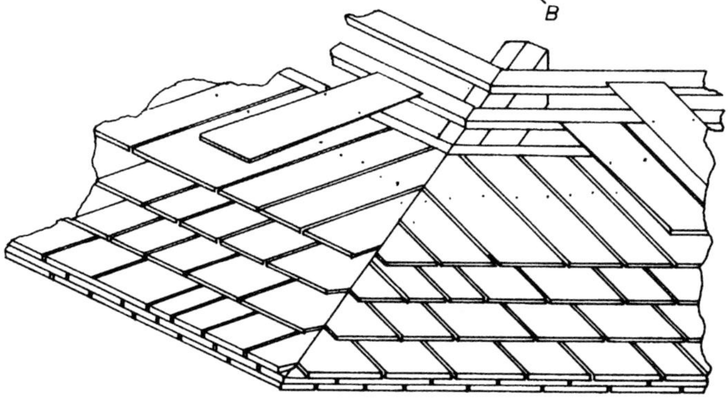

Abb. 18a

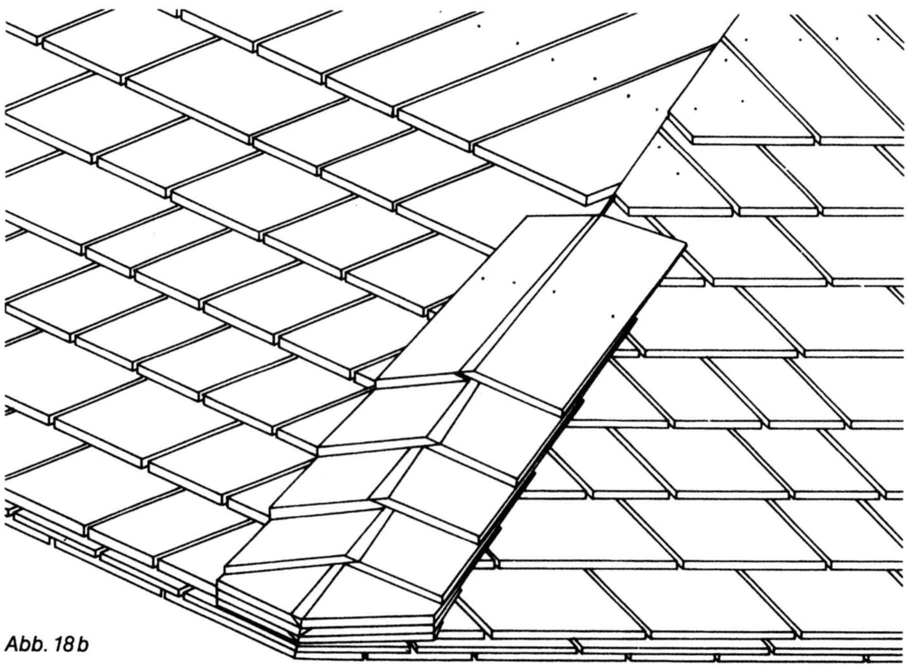

Abb. 18b

Abb. 19 a

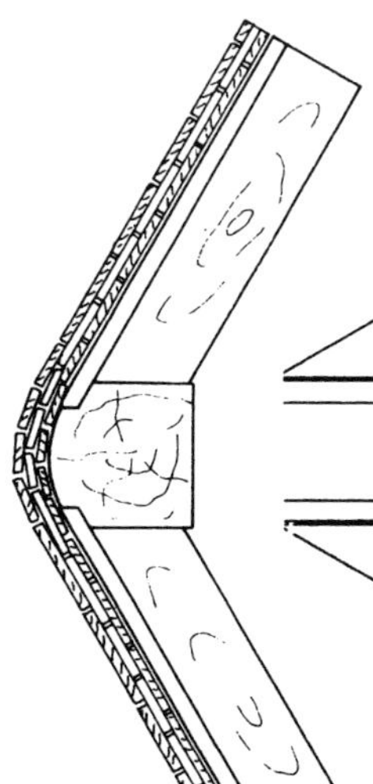

Abb. 19 b

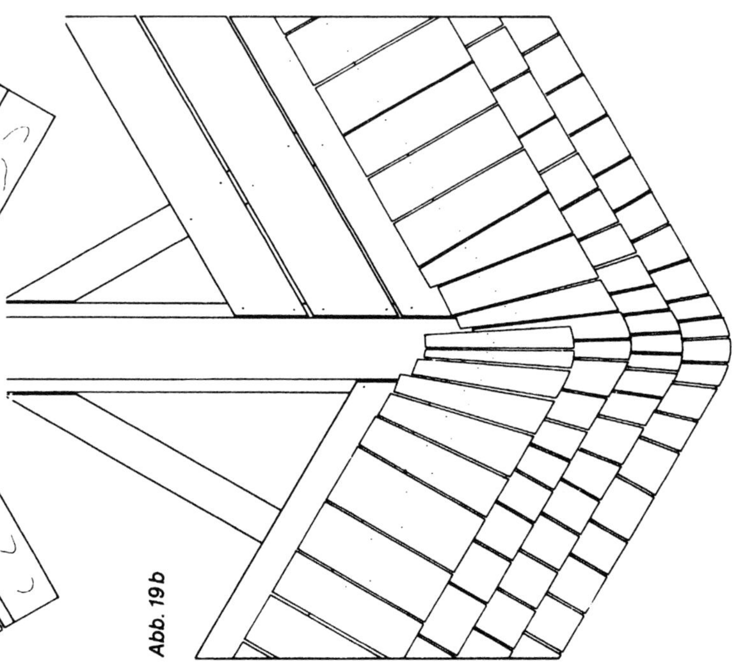

Abb. 19 (a bis c): Ausführungsmöglichkeiten bei abgerundetem Gratsparren.

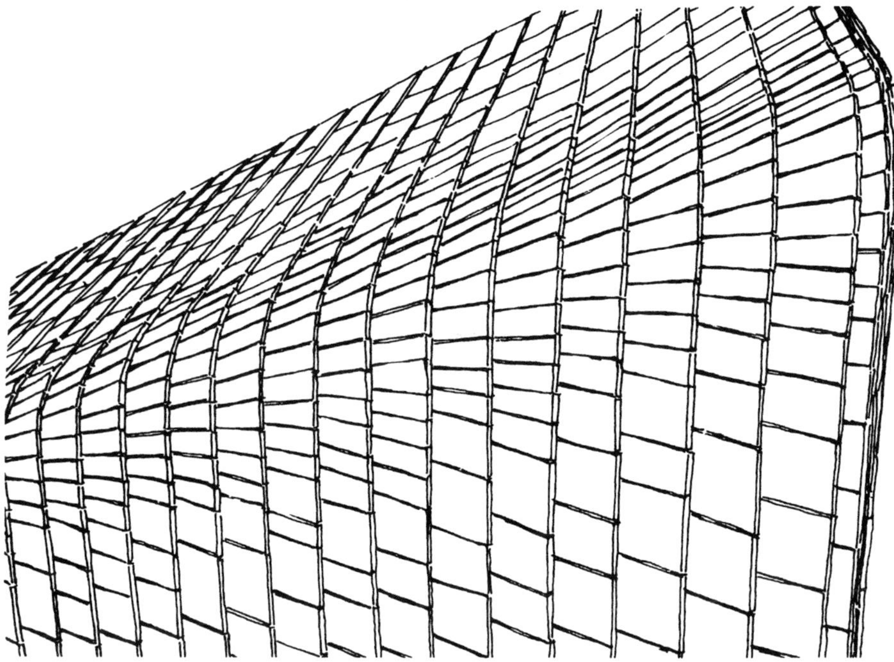

Abb. 19 c: Fertige Deckung eines abgerundeten Gratsparrens.

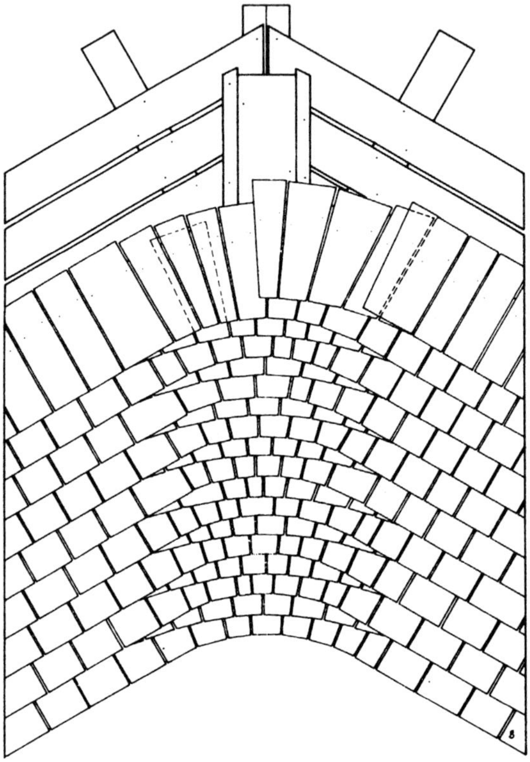

Abb. 20: Schwenkkehle mit gleich langen Schindeln im Kehlbereich.

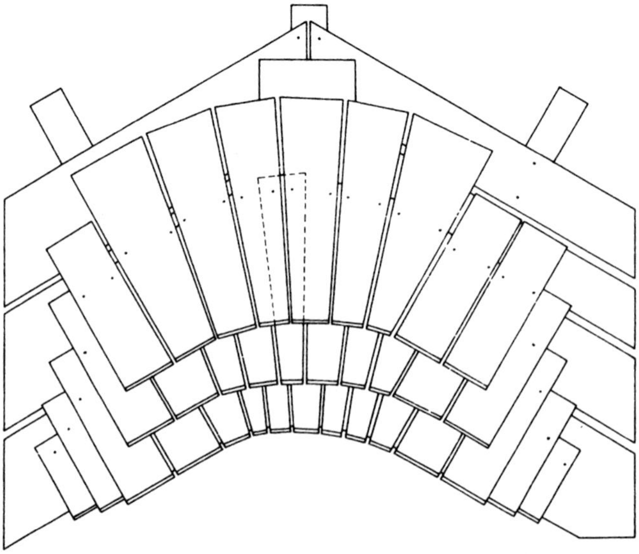

Abb. 21: Schwenkkehle mit im Kehlbereich längeren Schindeln.

Abb. 22 (a bis f): Arbeitsschritte bei der Verlegung einer eingebundenen Kehle. Ausbildungen der Ansetzschindeln, wie in Abbildung 9 dargestellt sind, möglich.

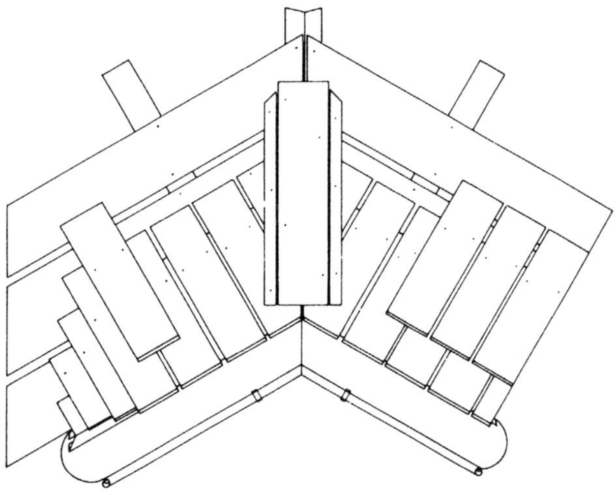

Abb. 22a

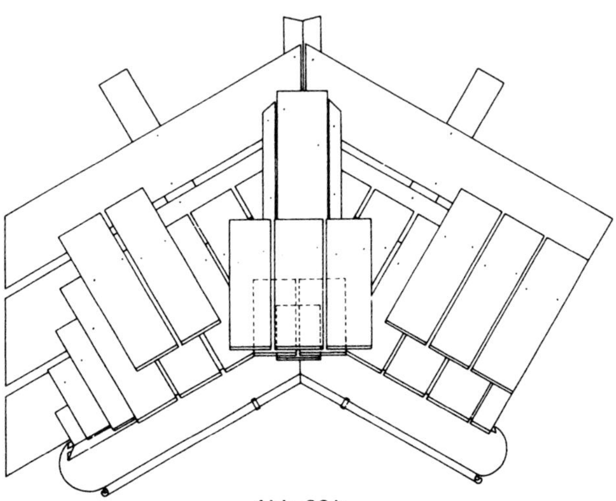

Abb. 22b

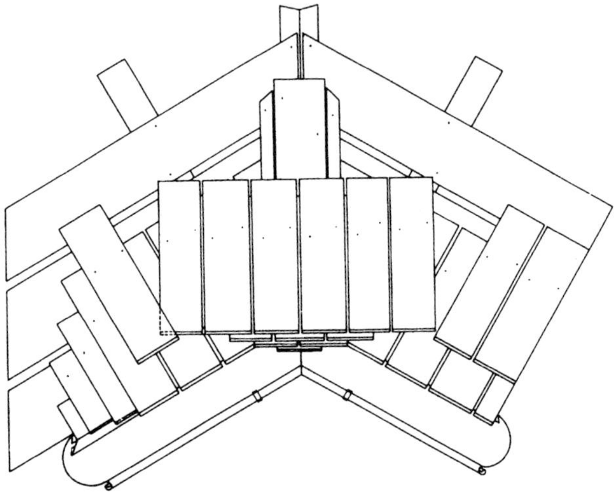

Abb. 22c

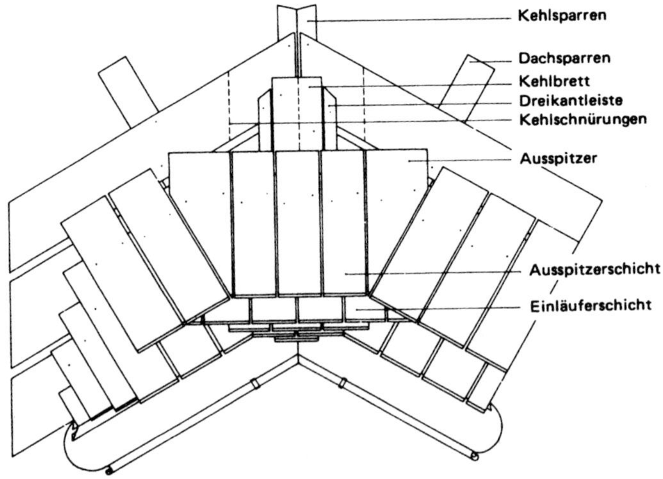

Abb. 22d

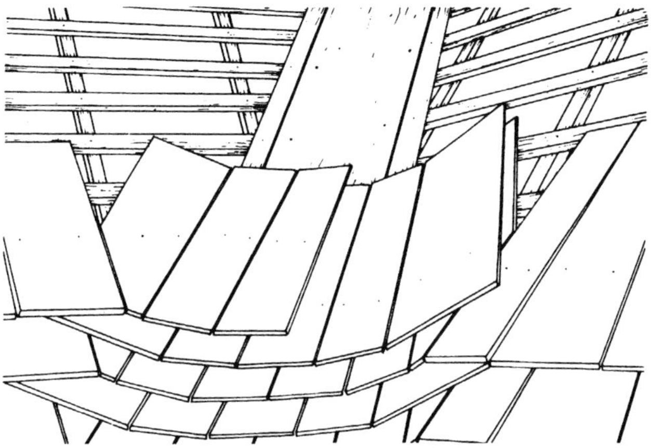

Abb. 22e

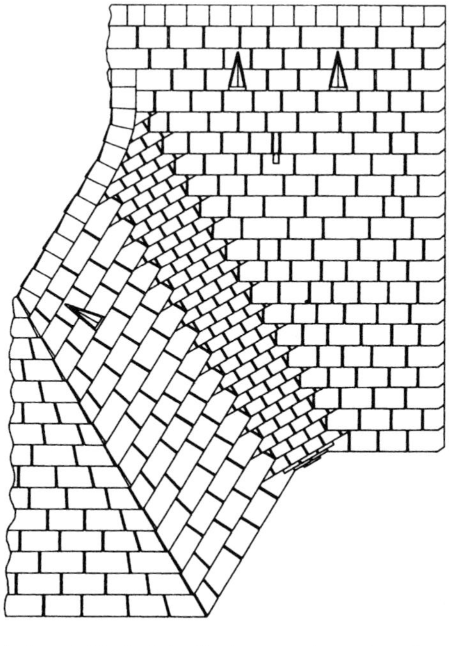

Abb. 22f: Arbeitsschritte bei der Verlegung einer eingebundenen Kehle.

Abb. 23 (a und b): Normale Blechkehle, Zuschnitt 500 mm, mit beidseitig angebogenem Wasserfalz (20 mm).

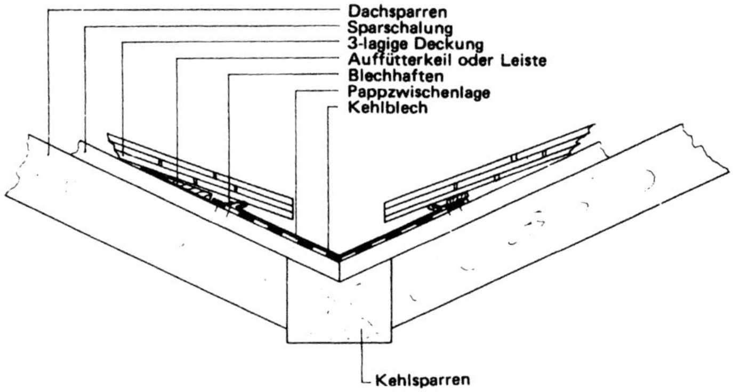

Abb. 23a

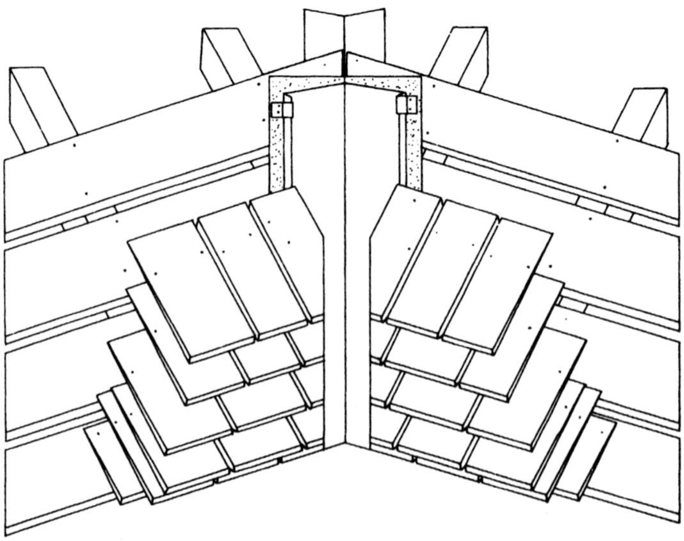

Abb. 23b

Abb. 24 (a und b): Vertiefte Blechkehle.

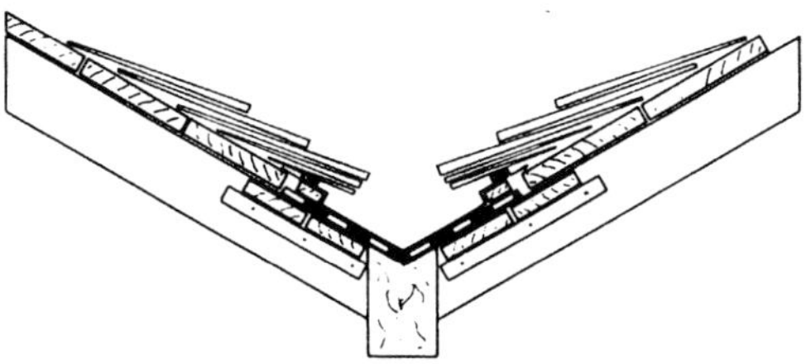

Abb. 24a

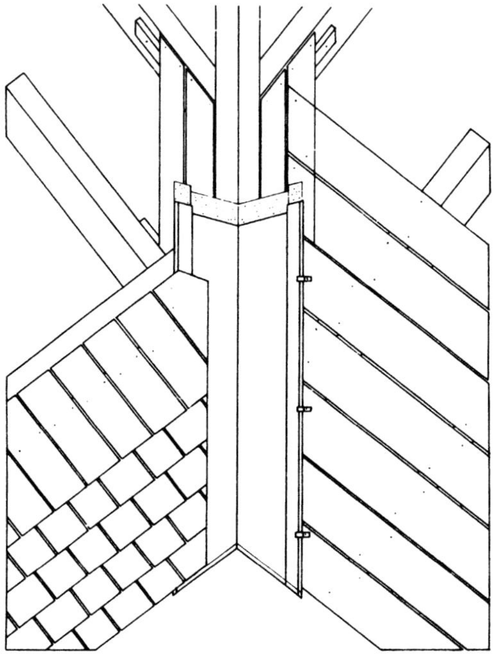

Abb. 24b

Abb. 25 (a und b): Ausbildung von gerundeten Flächen.

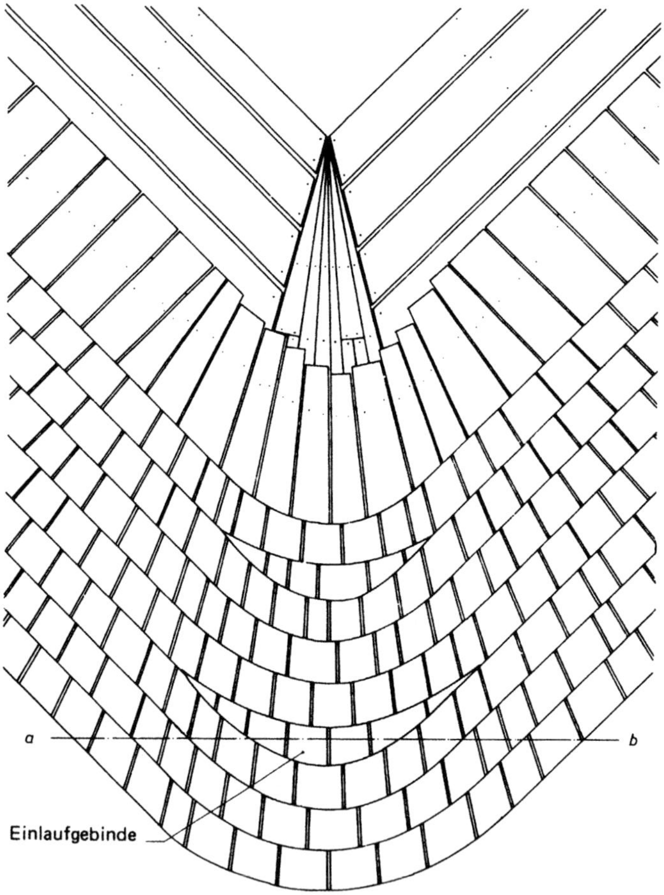

Abb. 25 a

Schnitt bei einem 1/4 Radius bei 3 Sparren, die am First zusammenlaufen

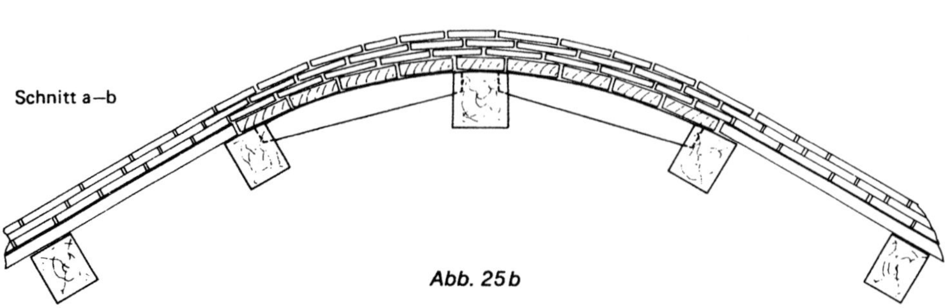

Abb. 25b

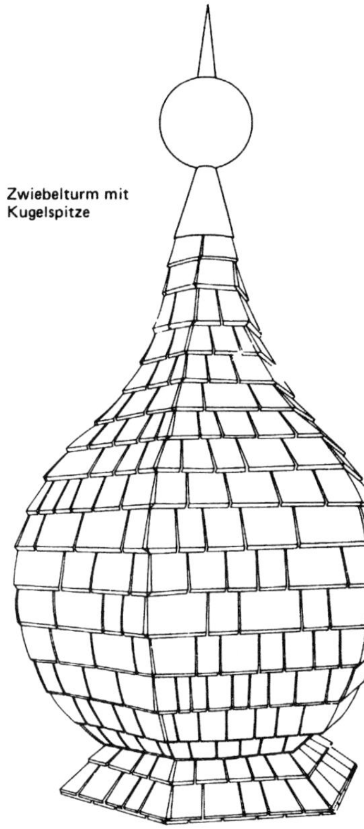

Abb. 26: Ausbildung eines gewölbten Turmes.

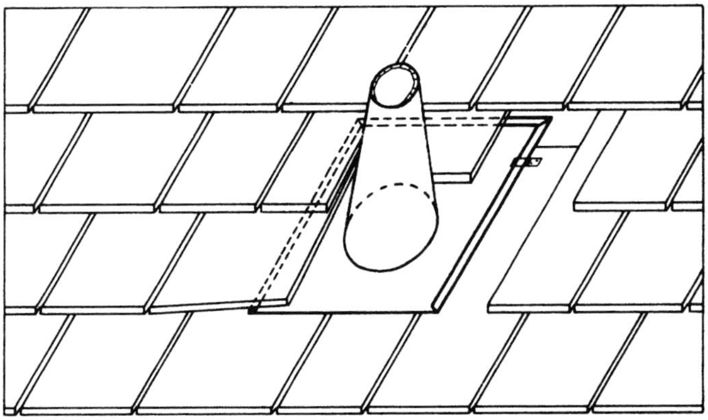

Abb. 27: Einbau eines Metallentlüfters.

Abb. 28 (a und b): Kaminanschluß-Blechausbildung und seitliche Andeckung.

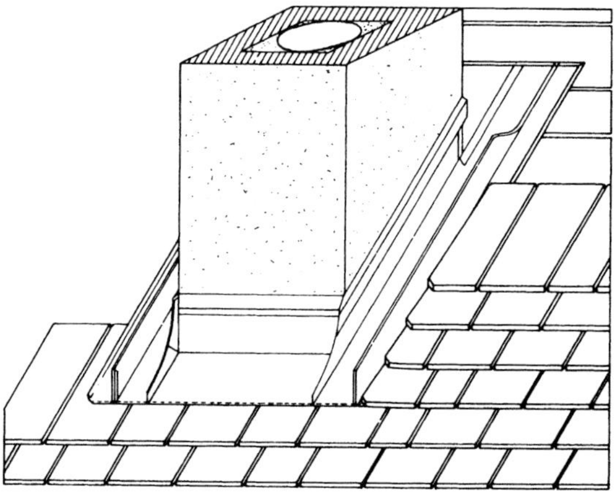

Abb. 28 a

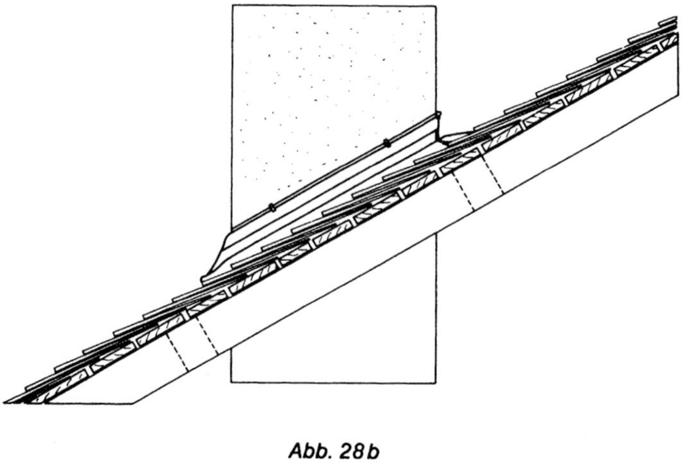

Abb. 28 b

Abb. 29 (a und b): Dachwohnraumfenster und Dachausstieg, beide mit beidseitiger Stehfalzausbildung.

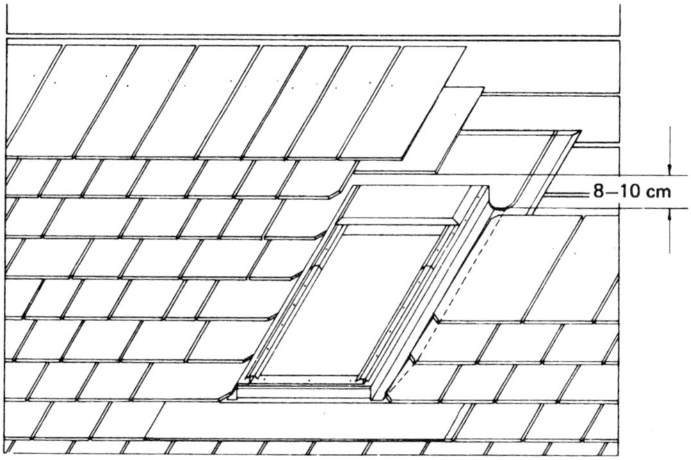

Abb. 29 a

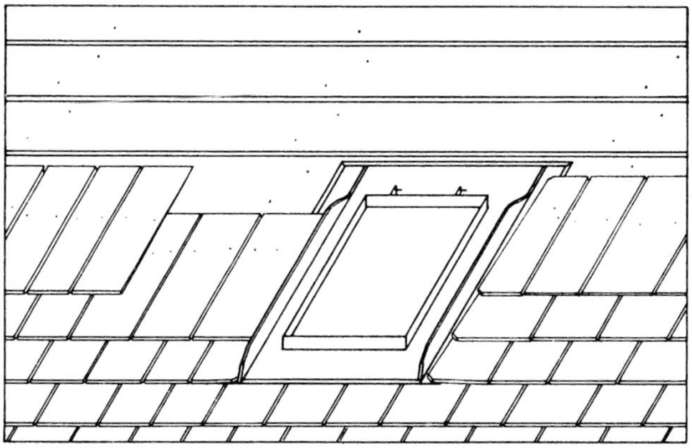

Abb. 29 b

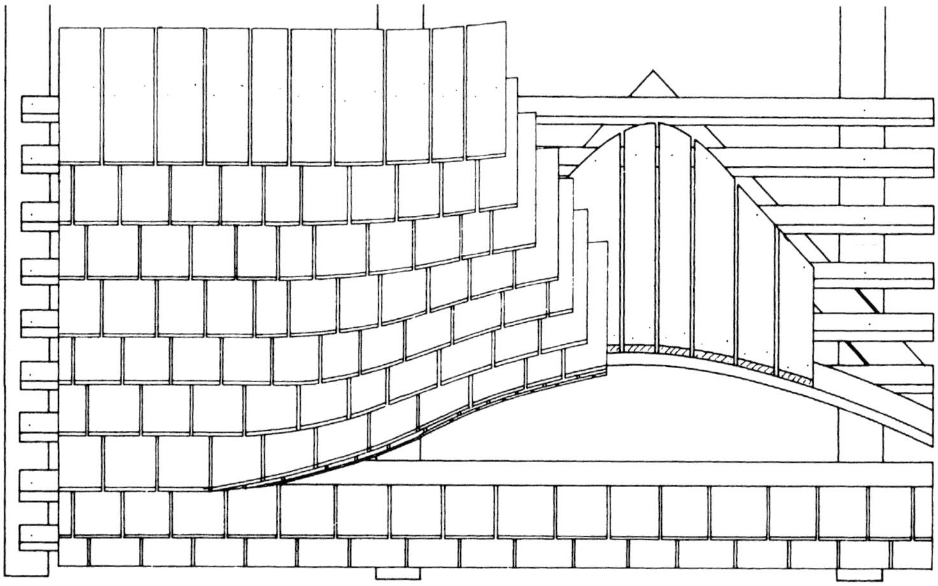

Abb. 30: Gewölbte Gaubenausbildung (Fledermausgaube). Der Reihenabstand ist über der Gaubenmitte zu ermitteln, jedes anlaufende Dachgebinde muß über die Gaube geführt werden. Das Verhältnis Höhe zur Breite ist 1 : 5.

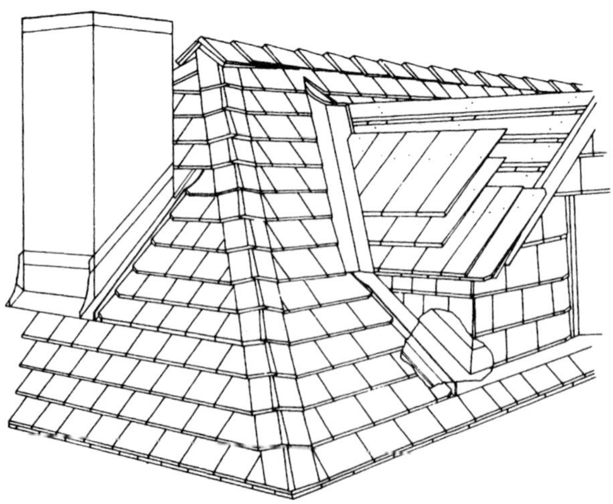

Abb. 31a: Eckige Gaubenausbildung mit Blechanschlüssen.

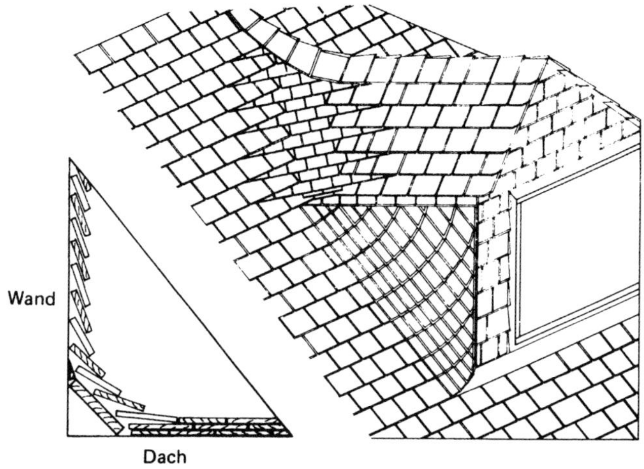

Abb. 31b: Eckige Gaubenausbildung mit eingebundener Kehle.

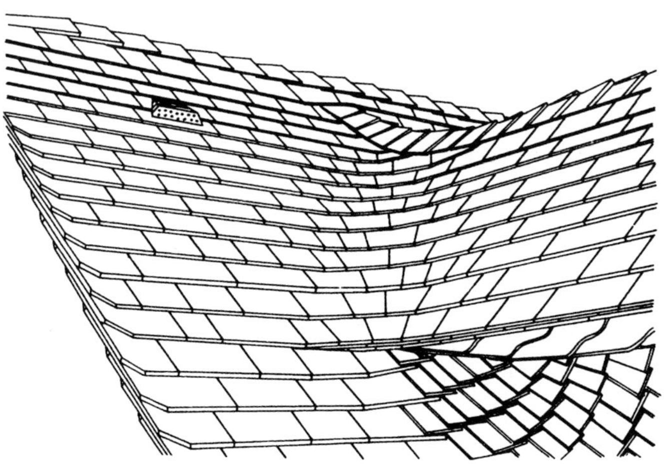

Abb. 31c: Eckige Gaubenausbildung mit rund gedeckter Kehle und längeren Schindeln im Kehlbereich.

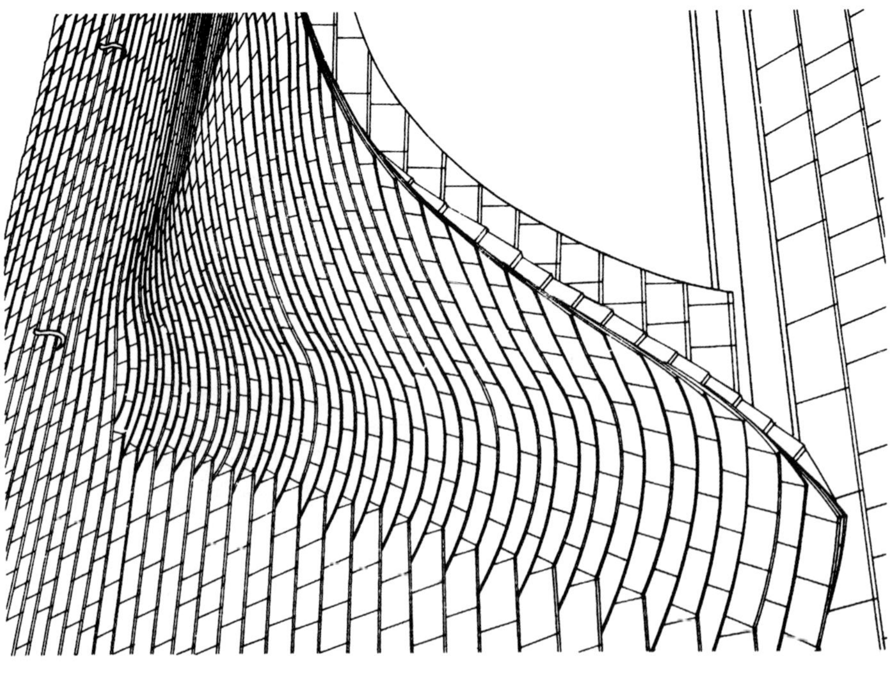

Abb. 32: Gewölbte Gaubenausbildung (Hechtgaube), Kehle als halbseitig eingebundene Kehle ausgebildet.

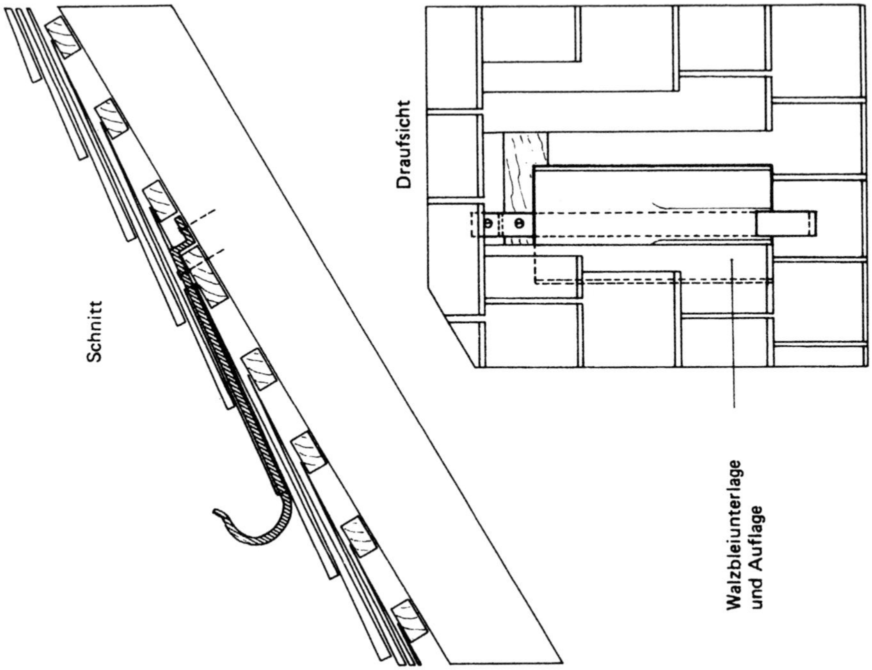

Abb. 33: Möglichkeiten der Verankerung und Eindeckung der Leiterhaken und Hakenausbildungen.

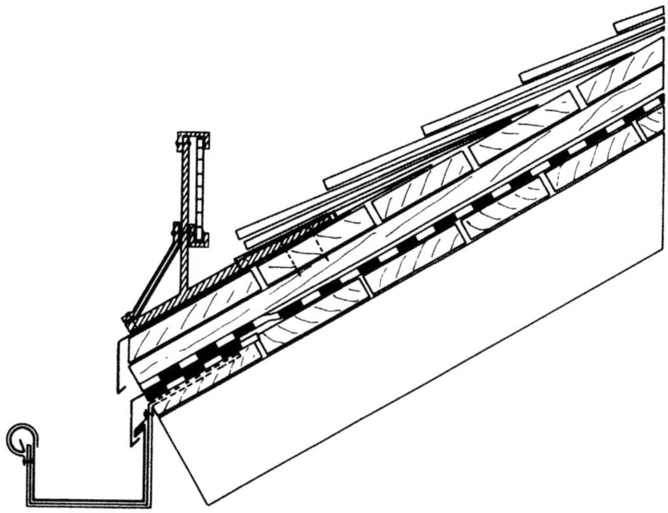

Abb. 34: Metallschneefanggitter oder Haken mit Brett als Schneefang.

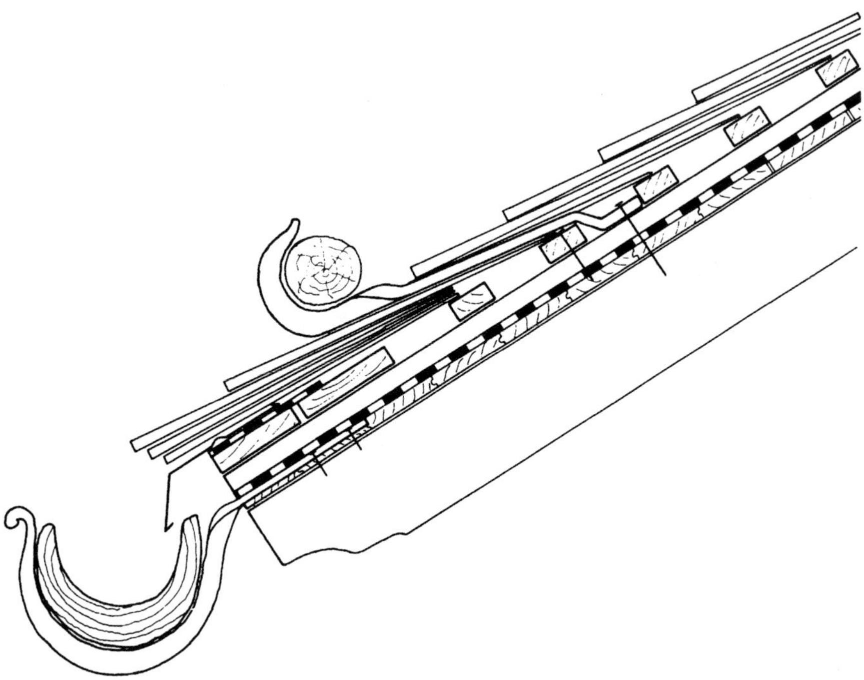

Abb. 35: Rundholzschneefang.

Legschindeltraufe mit Dachrinne und Tropfbrett

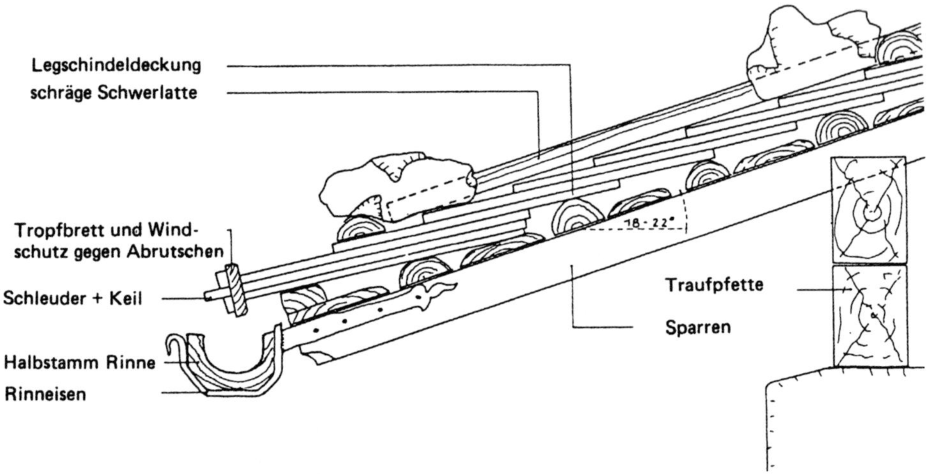

Abb. 36: Traditionelle Legschindeldeckung auf Dachlattung aus Spaltstangen mit unterschiedlicher Trauf- und Rinnenausbildung und Darstellung der Dachbeschwerung.

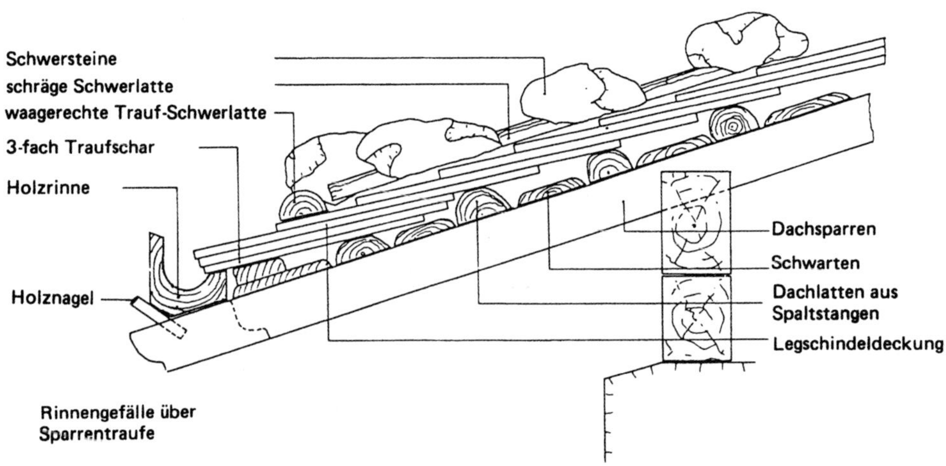

Abb. 37: Legschindeltraufe mit Scharrinne (Alte Art) ohne Rinnhaken.

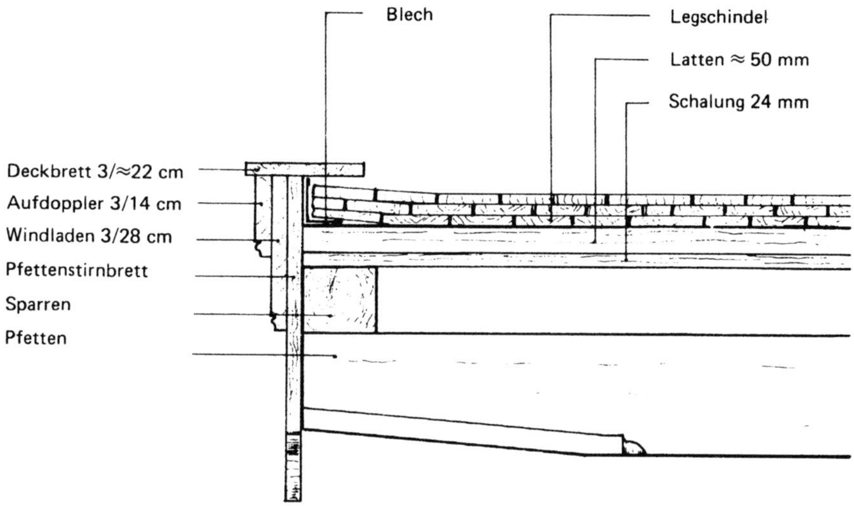

Abb. 38: Ortgang mit Wind- und Deckbrett sowie Keilleiste.

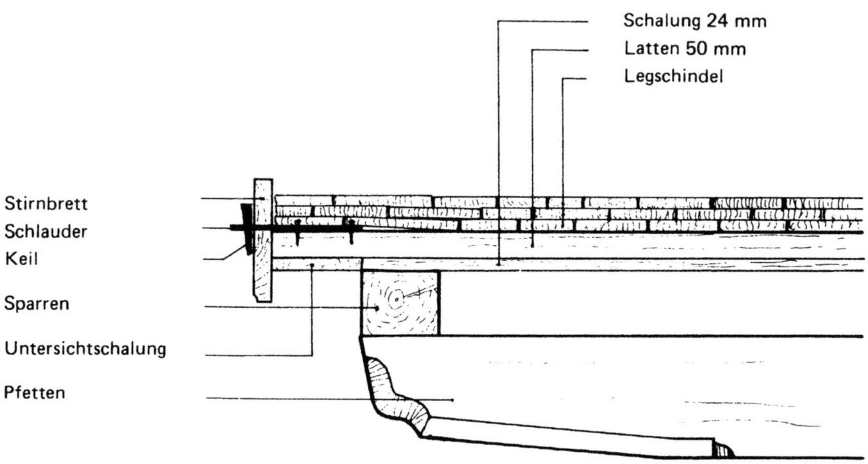

Abb. 39: Ortgang mit Windbrett.

Deutsches Dachdeckerhandwerk
– Regelwerk –

Fachregel für Dachdeckungen mit Reet

Aufgestellt und herausgegeben vom

Zentralverband des Deutschen Dachdeckerhandwerks – Fachverband Dach-, Wand- und Abdichtungstechnik – e.V.

Ausgabe Mai 2019

RM Rudolf Müller

Vorgänger

Eindeckregeln für Strohdeckung (in Grundregel 1926 enthalten)	1926
Regeln für Dachdeckungen mit Rohr und Stroh	September 1958
Regeln für Dachdeckungen mit Reet und Stroh	März 1984
mit Änderungen	August 1988
Fachregel für Dachdeckungen mit Reet	Februar 2000
Fachregel für Dachdeckungen mit Reet	Februar 2008

Inhaltsverzeichnis

1 Allgemeines

1.1 Geltungsbereich

(1) Diese Fachregel gilt für Dachdeckungen mit Reet (siehe Abschnitt 2.1).

(2) Bei Einhaltung dieser Fachregel gilt die Dachdeckung mit Reet als regensicher.

(3) Die Grundregel sowie die dazugehörigen Merkblätter und Hinweise des Regelwerkes des Dachdeckerhandwerks sowie das „Produktdatenblatt für Reet“ sind zu beachten.

(4) Reetdeckungen können
- gebunden,
- genäht oder
- geschraubt

ausgeführt werden.

(5) Unterschiedliche Ausführungsarten können sich durch regional eingeführte Besonderheiten ergeben. Dachdeckungen mit Stroh und ähnlichen Naturwerkstoffen sind sinngemäß wie Dachdeckungen mit Reet auszuführen. Dabei können sich andere Dachlattenabstände und Deckungsdicken ergeben.

(6) Von der Fachregel abweichende Anforderungen des Denkmalschutzes sind zu beachten und ggf. sondervertraglich zu regeln.

(7) Reetdachdeckungen sind ohne geeignete Ausrüstung (z. B. Deckstühle, Dachleitern) nicht begehbar.

1.2 Gestaltungshinweise und Anforderungen

1.2.1 Allgemeines

(1) Das Aussehen des Daches wird bestimmt unter anderem durch
- Dachform,
- Dachgauben,
- Dachdurchdringungen.

(2) Bei der Planung und Ausführung der Dachdetails ist auf die für Reet werkstoffgerechte Einbindung zu achten.

(3) Ein Zusammenstoßen von Kehlen und Graten in der Art, dass der Grat an der Kehle oder die Kehle am Grat ausläuft, ist nicht zulässig.

(4) Die Dachdeckung soll das Gebäude allseitig überragen, an der Traufe im waagerechten Abstand mindestens 0,50 m.

(5) Die Funktionsdauer einer Dachdeckung aus Reet ist weitgehend abhängig von der Dachneigung. Es gilt der Grundsatz: Je steiler das Dach, umso länger die Funktionsdauer der Deckung. Durchdringungen, Gauben und Kehlen können zu einer Beeinträchtigung der Wasserableitung und zu einer erhöhten Wasseraufnahme der Deckung führen. Hierdurch kann die Funktionsdauer beeinträchtigt werden.

(6) Dachdeckungen mit Reet sollten grundsätzlich hinterlüftet sein.

1.2.2 Dachneigung

(1) Die Regeldachneigung für Reetdeckungen beträgt 45° (100 %).

(2) Die Kehlsparrenneigung muss mindestens 40° betragen. Dabei ist mit langem Reet zu arbeiten. Die zu erwartende Funktionsdauer wird durch die erhöhte Wasseraufnahme eingeschränkt.

(3) Bei Hauptdachflächen darf die Regeldachneigung auch mit regensichernden Zusatzmaßnahmen nicht unterschritten werden.

(4) Bei kleinen Flächen, z. B. bei Dachgauben, darf die Regeldachneigung in Ausnahmefällen bis zu einer Mindestdachneigung von 40° unterschritten werden. Dabei ist mit langem Reet zu arbeiten. Die zu erwartende Funktionsdauer wird durch die erhöhte Wasseraufnahme eingeschränkt.

(5) Die Neigung der Halme zwischen Stoppelende und Bindung muss ≥ 30° sein. Bei Unterschreitung der Regeldachneigung bei Dachgauben, Kehlen, Aufschieblingen und Bestandsdächern muss sie ≥ 25° betragen.

1.3 Erhöhte Anforderungen

1.3.1 Nutzung

(1) Die Nutzung des Dachgeschosses, insbesondere zu Wohnzwecken, stellt eine erhöhte Anforderung an die Dachfunktion dar. Dabei sind bauphysikalische Anforderungen wie Wärme-, Feuchte-, Schall- und Brandschutz zu berücksichtigen.

(2) Bei ausgebauten Dachgeschossen muss eine Wärmedämmung mit einer regensichernden Zusatzmaßnahme unter der Reetdeckung eingebaut werden.

(3) Zwischen der Unterseite der Dachlattung und der Wärmedämmung oder einer regensichernden Zusatzmaßnahme muss ein Abstand von ≥ 0,06 m vorhanden sein. Bei größeren Sparrenlängen und/oder bei bis in die Dachspitze ausgebauten Dachgeschossen wird ein größerer Abstand empfohlen.

(4) Für den Abstand nach Absatz (3) sind Zuluftöffnungen an der Traufe und Abluftöffnungen am First sowie an dachdurchdringenden Bauteilen (z. B. Dachgauben) einzuhalten. Die in der DIN 4108-3 „Wärmeschutz und Energieeinsparung in Gebäuden; Klimabedingter Feuchteschutz“ geforderten Lüftungsquerschnitte für belüftete Dächer gelten für diesen Raum zwar nicht, haben sich aber in der Praxis bewährt und werden empfohlen (siehe hierzu „Merkblatt Wärmeschutz bei Dach und Wand“).

1.3.2 Örtliche Bestimmungen

Aus folgenden örtlichen Bestimmungen können Anforderungen hervorgehen:

- Landesbauordnungen,
- bauaufsichtliche Vorschriften,
- Städte-, Kreis- und Gemeindeverordnungen oder - satzungen,
- Auflagen des Denkmalschutzes.

2 Werkstoffe und Anforderungen

2.1 Deckwerkstoffe

2.1.1 Reet

(1) Reet muss dem „Produktdatenblatt für Reet“ des Regelwerkes des Dachdeckerhandwerks entsprechen.

(2) Die Länge der Reetbunde für die Flächendeckung ist von der Dachneigung, der Sparrenlänge und der Dicke der Dachdeckung abhängig. Je geringer die Dachneigung, je größer die Sparrenlänge und je dicker die Dachdeckung, desto länger die Reetbunde.

2.1.2 Stoffe für die Firstdeckung

Zur Deckung des Firstes werden Reet, Stroh, Heidekraut oder Grassoden verwendet. Ausführungen mit Dachziegeln, Dachsteinen, Wellplatten, Tonhauben, Kunststoffhauben u. a. sind möglich.

2.2 Unterkonstruktion

(1) Für Unterkonstruktionen aus Holz oder Holzwerkstoffen sind die „Hinweise Holz und Holzwerkstoffe“ zu beachten.

(2) Bei einem Sparrenabstand bis 1,00 m ist der Dachlattenquerschnitt 40/60 mm ausreichend, bei größeren Sparrenabständen sind Einzelnachweise notwendig.

(3) Es können Rundhölzer oder abgerundete Dachlatten mit den entsprechenden Querschnitten analog Absatz (2) verwendet werden.

2.3 Befestigungsmittel

2.3.1 Schrauben

Schrauben zur Befestigung von Draht müssen nichtrostend sein und eine Mindestgröße von 4,5 × 35,0 mm haben.

2.3.2 *Draht*

(1) Zur Befestigung der Reetdeckung muss Draht verwendet werden.

(2) Als Bindedraht sind geeignet

- nichtrostender Stahldraht, entsprechend DIN EN 10088, Mindestdicke 1,0 mm,
- kunststoffummantelter Draht, Mindestgesamtdicke 2,0 mm, Mindestdicke des Drahtes nicht unter 1,4 mm,

oder

- Kupferdraht, Mindestdicke 1,5 mm.

(3) Bei gebundenen und geschraubten Dächern muss der Vorlegedraht (Stangendraht oder Schachtdraht) mindestens 4,5 mm dick, halbhart und mindestens korrosionsgeschützt sein. Er sollte nicht dicker als 6,0 mm sein.

2.4 An- und Abschlüsse

An- und Abschlüsse können hergestellt werden aus:

- Reet,
- An- und Abschlusselementen aus Kupfer, Blei, nichtrostendem Stahl, Kunststoff oder anderen geeigneten Materialien,
- Holz,
- kleinformatigen Deckwerkstoffen wie z. B. Dachziegel, Schiefer oder Faserzementplatten.

2.5 Dacheinbauteile und Dachdurchdringungen

(1) Dacheinbauteile stellen eine funktionale Ergänzung der Dachdeckung dar.

(2) Anschlüsse an Dachdurchdringungen können handwerklich hergestellt oder mit industriell vorgefertigten Teilen erstellt werden.

(3) Dacheinbauteile und Dachdurchdringungen können hergestellt werden aus:

- Kupfer, Blei, nichtrostendem Stahl,
- Kunststoff,
- Holz,
- Beton, Ton oder anderen geeigneten Materialien.

(4) Dacheinbauteile, die statische Lasten zu tragen haben oder sicherheitsrelevante Funktionen erfüllen, sind entsprechend den Unfallverhütungsvorschriften, den baurechtlichen Vorschriften und den Herstellervorschriften einzubauen und zu befestigen.

3 Ausführung der Reetdeckung

3.1 Dachlattung

(1) Der Abstand der Dachlatten ist abhängig von der Dachneigung, der Länge der Reetbunde und der Windsoggefährdung der Deckung. Je größer die Dachneigung, je kürzer die Reetbunde und je größer die Windsoggefährdung, desto geringer die Abstände der Dachlatten.

(2) Der Dachlattenabstand muss so gewählt werden, dass die Reetbunde mindestens zweimal an der Dachlattung befestigt werden. Dies wird erreicht, wenn die Reetbunde den Längen der Tabelle 1 des „Produktdatenblatt für Reet" entsprechen.

(3) Bei Dachneigungen $\leq 60°$ muss der Dachlattenabstand $\leq 0{,}40$ m sein. Für Dachneigungen $> 60°$ muss der Dachlattenabstand $\leq 0{,}30$ m sein.

(4) Bei Dachneigungen $> 75°$ und/oder großer Windsoggefährdung sind Dachlattenabstände $\leq 0{,}25$ m zu wählen.

3.2 Deckung der Dachfläche

3.2.1 Allgemeines

(1) Das Reetdach ist in glatter Fläche von der Traufe zum First zu decken, wobei die einzelnen Lagen waagerecht durchgehend aufzubringen sind.

(2) Auf der Dachlattung wird eine etwa 30 mm dicke Schicht aus Reet als Vorlage gelegt. Diese Vorlage soll verhindern, dass die Spitzen der Deckbunde unter die Dachlatten getrieben werden. Bei mit Schiffchen genähten Reetdeckungen wird auf eine Vorlage verzichtet, da die Bundspitzen beim Treiben über die Dachlatten gehoben werden.

(3) Bei der Bindung der einzelnen Decklagen muss der Draht von der Dachlatte her etwa inmitten der Deckung liegen. Die Bindung, je nach Befestigung und Deckungsart, soll in Abständen bis maximal 0,25 m erfolgen. Bei steileren Dächern soll mit geringeren Abständen gebunden werden, z. B. über 60° mit maximal 0,20 m. Die Bindung muss fest an der Dachlattung liegen.

(4) Die Dicke der Reetdeckung sollte in der Fläche rechtwinklig zur Dachoberfläche 0,30 m, mindestens aber 0,25 m betragen.

(5) Das Reet verläuft in der Längsrichtung von der Traufe bis zum First mit den Stoppelenden zur Traufe. Lediglich die rechts und links an Abschlüssen befindlichen Decklagen müssen so angelegt werden, dass deren Stoppeln den Überstand bilden.

3.2.2 Gebundenes Reetdach

Beim gebundenen Reetdach werden die Decklagen unter Verwendung eines Vorlegedrahtes mit Bindedraht an die Dachlatten gebunden.

3.2.3 Genähtes Reetdach

Beim genähten Reetdach werden die Decklagen mit Draht ohne Verwendung eines Vorlegedrahtes an die Dachlatten gebunden. Die Bindungen sind in jeder weiteren Decklage versetzt anzubringen. Die Stichweite beträgt maximal 0,25 m.

3.2.4 Geschraubtes Reetdach

Beim geschraubten Reetdach werden die Decklagen unter Verwendung eines Vorlegedrahtes mit Draht befestigt, der in die Dachlatten geschraubt wird. Der Abstand der Schrauben darf 0,20 m nicht überschreiten.

Die Schraube darf nicht in den Randbereich der Dachlatte eingedreht oder die Dachlatte durch die Schraube gespalten werden.

4 Dachdetails

4.1 Traufe

(1) Die sichtbare Traufdicke sollte mindestens 0,30 m betragen.

(2) An der ersten Dachlatte sollte die Dicke der Reetdeckung 0,35 m, rechtwinklig gemessen, aber mindestens 0,30 m sein.

(3) Der Überstand der Reetdeckung an der Traufe, gemessen in Richtung der Dachneigung, beträgt mindestens 0,15 m. Er sollte nicht größer als 0,30 m sein.

(4) Die Traufe besteht aus mindestens 2 Lagen, wobei der Abstand von der Auflagekante zur ersten Dachlatte 0,20 m betragen sollte. Der Abstand von der ersten zur zweiten Dachlatte sollte wiederum 0,20 m betragen.

(5) Die Traufe kann waagerecht oder im Winkel bis 85° zur Dachoberfläche hergestellt werden.

(6) Die Auflagekante der Reetdeckung an der Traufe sollte gegenüber der Dachlattenebene 40 bis 70 mm, rechtwinklig gemessen, herausgehoben sein (Kniep). Dadurch ergibt sich Lage für Lage die erforderliche Spannung und Durchbiegung der Reethalme.

4.2 Ortgang

(1) Der Überstand der Reetdeckung am Ortgang sollte 0,15 bis 0,25 m betragen.

(2) Der Ortgang kann
- mit Kniep analog Abschnitt 4.1 (6) ohne oder mit einem schmalen Ortgangbrett,
- ohne Kniep gegen ein breites Ortgangbrett

hergestellt werden.

(3) Bei der Ausführung mit Kniep darf die Lage der Halme nicht mehr als 45° zum Ortgang geneigt sein. Bei einem Dach mit Krüppelwalm sollen die Halme am Ortgang parallel zum Gratsparren liegen.

(4) Bei der Ausführung ohne Kniep sollen die Halme etwa 5° zum Ortgang geneigt sein.

4.3 First

4.3.1 Allgemeines

(1) Grundsätzlich soll bei Firstausbildungen mindestens auf einer Dachseite ein Kehrband gedeckt werden. Hierbei werden die Blütenenden der letzten Decklagen über die Firstscheitellinie auf die gegenüberliegende Dachfläche geführt und dort gebunden oder genäht, dabei können Halme brechen.

(2) Bei Verwendung von geeigneten Unterlagsbahnen kann auf das Kehrband verzichtet werden.

4.3.2 Reetfirst

(1) Beim Reetfirst ist die Firstlatte auf der dem Wind zugewandten Seite am Sparrenende, an der dem Wind abgewandten Seite etwa 50 mm tiefer zu befestigen. Der Abstand von der Firstlatte zur zweiten und von dieser zur dritten Dachlatte muss jeweils auf etwa 0,25 m verringert werden. An der unteren Dachlatte wird sowohl die Firstdeckung als auch die Flächendeckung befestigt.

(2) Im Gegensatz zu der in der Fläche üblichen Deckung zeigen die Stoppelenden der Firstgebinde zur Firstlinie, die Blütenenden traufwärts.

(3) Die Firstgebinde sind beiderseits an den obersten beiden oder 3 Dachlatten versetzt zu binden oder zu nähen. Die untere Firstbindung muss beiderseits in gleicher Höhe sein.

(4) Auf der vorletzten Dachlatte unter dem First soll die Dicke der Deckung, bezogen auf die Dachlattenebene, nicht weniger als 0,25 m betragen.

4.3.3 Heidefirst

(1) Der Heidefirst wird aus geschnittenem Heidekraut geformt. Er hat je nach Sparrenlänge beidseitig eine Schenkellänge bis zu 1 m. Die Neigung der Schenkel darf die Dachneigung nicht unterschreiten. Von der Firstspitze verjüngt sich der Heidefirst zur unteren Kante auf etwa 0,10 m.

(2) Die Befestigung des Heidekrauts erfolgt durch Holzpflöcke (Sticken) aus gespaltenem, angespitztem Weichholz. Die Länge der Holzpflöcke soll 0,30 bis 0,60 m, ihr Querschnitt etwa 15 bis 20 mm betragen. Je Meter Heidefirst sind mindestens 100 Holzpflöcke (Sticken) zu verwenden.

(3) Andere Befestigungsarten sowie eine Bespannung mit z. B. Kunststoffnetzen oder Drahtgeflechten sind möglich.

4.3.4 Sodenfirst

(1) Der Sodenfirst muss aus gewachsenem Kleisoden bestehen. Die Grassode ist etwa 0,05 m dick, zwischen 0,30 und 0,40 m breit und hat eine Länge von 1,30 bis 1,50 m.

(2) Der Sodenfirst muss entgegen der Hauptwindrichtung verlegt werden (beginnend an der windabgewandten Seite).

(3) Für 1 m First müssen 7 bis 9 Soden verlegt werden. Der Anlegewinkel liegt zwischen 60° und 70°. Die Befestigung der Soden untereinander erfolgt durch Hartholzpflöcke. Die Holzpflöcke sind zwischen 0,20 und 0,30 m lang. Jede Sode muss gepflockt sein oder mit zusätzlicher Netzabdeckung ist jede zweite Sode zu pflocken.

(4) Die Unterlage für den Sodenfirst besteht aus einer Abrundung. Darauf erfolgt eine Abdeckung aus z. B. besandeter Bitumen- oder Kunststoffbahn.

4.3.5 Andere Firstarten

Die Deckung des Firstes kann mit anderen geeigneten Werkstoffen ausgeführt werden. Dabei sind die regional üblichen Ausführungsarten zu beachten.

4.4 Grat

An den Graten sind die Halme in Richtung des Gratsparrens zu decken und allmählich in normale Richtung zu bringen. Die Gratkante wird leicht gerundet, wobei die Mindestdicke der Reetdeckung gewährleistet sein muss.

4.5 Pult

Die Deckung des Pultabschlusses erfolgt wie bei der Firstausführung (siehe Abschnitt 4.3). Der senkrechte Abschluss des Pultes muss abgedeckt werden. Als Abdeckung sind regional unterschiedlich Heidekraut, Grassoden, Tonhauben, Metall u. a. möglich.

4.6 Kehle

(1) Kehlen im Reetdach sind so auszuführen, dass die Decklagen im Kehlbereich durchgehend gedeckt werden. Die Dicke der Reetdeckung soll in der Kehle das 1,5-Fache der Dicke der Dachflächendeckung betragen. Beim Einbau einer zusätzlichen Querlattung kann die Kehldicke auch geringer sein. Die Kehle ist ausgerundet zu decken.

(2) Eine unterlegte Kehle wird ausgeführt, wenn die Reetdeckung im Kehlbereich an eine anders gedeckte Dachfläche anschließt. Die Reetdeckung schließt an die Kehle wie ein Ortgang an und muss die Kehle mindestens 0,15 m, rechtwinklig zur Kehllinie gemessen, überdecken. Die unterlegte Kehle muss bis auf die Auflagekante (Kniep) heraufgeführt werden. Für die Ausführung der Kehle gelten die jeweiligen Fachregeln, z. B. die „Fachregel für Metallarbeiten im Dachdeckerhandwerk".

4.7 Anschlüsse mit anderen Deckwerkstoffen

(1) Anschlüsse an aufgehende Bauteile können als verdeckte oder aufliegende Anschlüsse hergestellt werden.

(2) Bei der verdeckten Ausführung mit Metall liegt das Wandanschlussblech unter oder mit Schichtstücken in der Reetdachschicht. Diese Ausführung kann abweichend von der „Fachregel für Metallarbeiten im Dachdeckerhandwerk" erfolgen.

(3) Die Anschlusshöhe am aufgehenden Bauteil beträgt bei unterliegenden Anschlüssen mindestens 0,20 m, bei Schichtstücken mindestens 0,10 m. Der wandseitige Teil der Anschlüsse an aufgehende Bauteile wird ein- oder zweiteilig ausgeführt. Der obere Abschluss muss regensicher ausgeführt werden. Bei Vorsatzmauerwerk muss der Anschluss hinter dem Mauerwerk an der tragenden Wand hochgeführt und die Horizontalsperre über dem Anschluss angeordnet werden. Der dachseitige Schenkel des unterliegenden Anschlusses muss mindestens 40 mm breit sein und zusätzlich eine Aufkantung von mindestens 20 mm aufweisen.

(4) Bei aufliegender Ausführung liegt das Anschlussblech fest auf der Deckung und wird entsprechend der „Fachregel für Metallarbeiten im Dachdeckerhandwerk" ausgeführt.

(5) Bei Mauervorsprüngen oder Aussetzungen (Katzentreppen) an aufgehenden Bauteilen ist ein zusätzlicher seitlicher Anschluss erforderlich.

4.8 Dacheinbauteile, Dachdurchdringungen, Dachsystemteile

(1) Anschlüsse von Dacheinbauteilen, Dachdurchdringungen und Dachsystemteilen sind so auszuführen, dass Regenwasser sicher abgeleitet wird. Schornsteine, Lüfterrohre, Stützen und sonstige Rohre sollten die Reetdeckung im First durchdringen oder in Schornsteine integriert bzw. zu Giebelöffnungen (Uhlenfluchten) geführt werden.

(2) Anschlüsse von Durchdringungen und Dachsystemteilen, z. B. Dachflächenfenster, werden zwischen Mitte und oberem Drittel der Deckschicht eingebunden. Der firstseitige Anschluss wird mit mindestens 0,25 m Überdeckung des Reets auf den Anschluss ausgeführt. Die seitlichen Anschlüsse werden mindestens 0,15 m überdeckt. Der traufseitige Anschluss überdeckt das Reetdach mindestens 0,25 m.

(3) Dachdurchdringungen sollen von Kehlen, Graten und Dachgauben mindestens 1 m entfernt sein.

(4) Der Anschluss der Reetdachdeckung am Schornstein erfolgt als seitlicher Wandanschluss (siehe Abschnitt 4.7) und für trauf- und firstseitigen Anschluss gemäß der „Fachregel für Metallarbeiten im Dachdeckerhandwerk".

(5) Bei der Planung der Schornsteine müssen die bauaufsichtlichen Bestimmungen (Bauordnung) beachtet werden.

(6) Spannpfähle für Fangeinrichtungen der Blitzschutzanlage sind in die Firstdeckung mit einzubeziehen. Sie sind an Abdeckungen anzuschließen.

4.9 Dachgauben

(1) Anschlüsse der Reetdachdeckung an Dachgauben sind auszurunden.

(2) Die Gaubensparren sollen so unter dem Firstscheitelpunkt in die Dachfläche einbinden, dass die letzten 3 Dachlatten nicht unterbrochen werden.

(3) Die Gaubenkonstruktion muss von Graten, Kehlen, Ortgängen oder anderen Dachgauben so weit entfernt sein, dass die Gaubendeckung mit einem Abstand von mindestens 1,00 m in die Dachflächendeckung einbindet.

(4) Vor den Dachgauben (traufseitiger Anschluss) ist die letzte, kürzere Decklage mit offener Bindung zu befestigen. Dabei soll der Zwischenraum zwischen den Dachlatten und der unteren Kante des Gaubenrahmens der um etwa 0,10 m verringerten Dicke der Reetdeckung entsprechen. Verschiedene Ausführungen der Abdeckung des Anschlusses sind möglich, z. B. die Abdeckung mit Heidekraut, die Abdeckung mit einer Umkehrlage aus Reet, die Abdeckung durch Tropfbretter oder eine Kombination der vorgenannten Möglichkeiten.

(5) Die Traufen an Dachgauben sind so auszubilden, dass das Niederschlagwasser möglichst weit auf die Hauptdachfläche abgeführt wird.

4.10 Kegeldächer

Kegeldächer werden analog der Deckung der Dachfläche ausgeführt. Der obere Abschluss wird als Firstkappe ausgeführt.

5 Pflege und Wartung

(1) Wie jedes Bauteil unterliegt auch eine Dachdeckung mit Reet der natürlichen Alterung. Je nach Art und Güte der verwendeten Werkstoffe, der inneren und äußeren Beanspruchung ist diese unterschiedlich stark ausgeprägt. Einwirkungen und Beanspruchungen ergeben sich aus:
- klimatischen Verhältnissen,
- Umwelteinflüssen,
- Nutzung des Gebäudes,
- mechanischen und thermischen Einflüssen,
- konstruktiven Gegebenheiten.

(2) Zum dauerhaften Erhalt der Funktion eines Daches müssen Reetdeckungen in regelmäßigen Abständen gewartet werden. Regelmäßige Inspektion oder Wartung eines Daches liegen im Verantwortungsbereich des Eigentümers. Er beugt dadurch größeren Schäden am eigenen Gebäude vor und erfüllt damit die Obliegenheitsverpflichtung gegenüber Sachversicherern und Unbeteiligten. Vorzugsweise bietet sich dafür der Abschluss eines Inspektions- oder Wartungsvertrages mit einem Dachdeckerbetrieb an. Je nach Eigenart und Beanspruchung des Daches sollen feste Zeitintervalle und der Umfang der Inspektion oder Wartung festgelegt werden.

(3) Die vertraglich festzulegende Inspektion kann sich beziehen auf die Kontrolle der Funktionstüchtigkeit
- der Dachdeckung,
- der An- und Abschlüsse,
- der Dachdurchdringungen,
- der Dacheinbau- und Dachsystemteile,
- der Sicherheitseinrichtungen,
- der Windsogsicherung der Dachdeckung.

(4) Die vertraglich festzulegende Wartung kann sich beziehen auf
- das Ersetzen von schadhaften Vermörtelungen,
- den Austausch schadhafter Dacheinbau- und Dachsystemteile,
- das Entfernen loser Verunreinigungen bei An- und Abschlüssen,
- das Entfernen von Algen- und Moosablagerungen oder sonstigem Bewuchs.

(5) Weiterhin ist ebenfalls eine regelmäßige Kontrolle der Sicherheitseinrichtungen, Tritte oder Wege, die für eine Dachbegehung o. Ä. vorgesehen sind, erforderlich. Diese Einrichtungen dienen dem persönlichen Schutz und sollen daher in festen Zeitabschnitten auf ihre Funktionstauglichkeit kontrolliert und ggf. instand gesetzt werden.

(6) Zur Ausbesserung kleiner Schäden in der Dachfläche (z. B. Löcher, Fehlstellen, Wasserrinnen) wird das Reet nach Bedarf vorgezogen und mit neuem Reet nachgetrieben und geglättet. Dabei muss das Reet mindestens bis unter eine Bindung zuzüglich mindestens einer halben Lattweite reichen.

(7) Ist die Reetdeckung so abgewittert, dass die Bindung zum Vorschein kommt, ist die Deckung nicht regensicher und eine Neudeckung erforderlich.

Anhang I: Detailskizzen

Die folgenden Skizzen von Details für Reetdeckungen sind Bespiele für die Arbeitsausführung.

Sie sind nicht maßstabsgetreue bildliche Darstellungen der einzelnen Techniken, sondern dienen der Veranschaulichung der textlichen Beschreibung.

Verzeichnis der Abbildungen

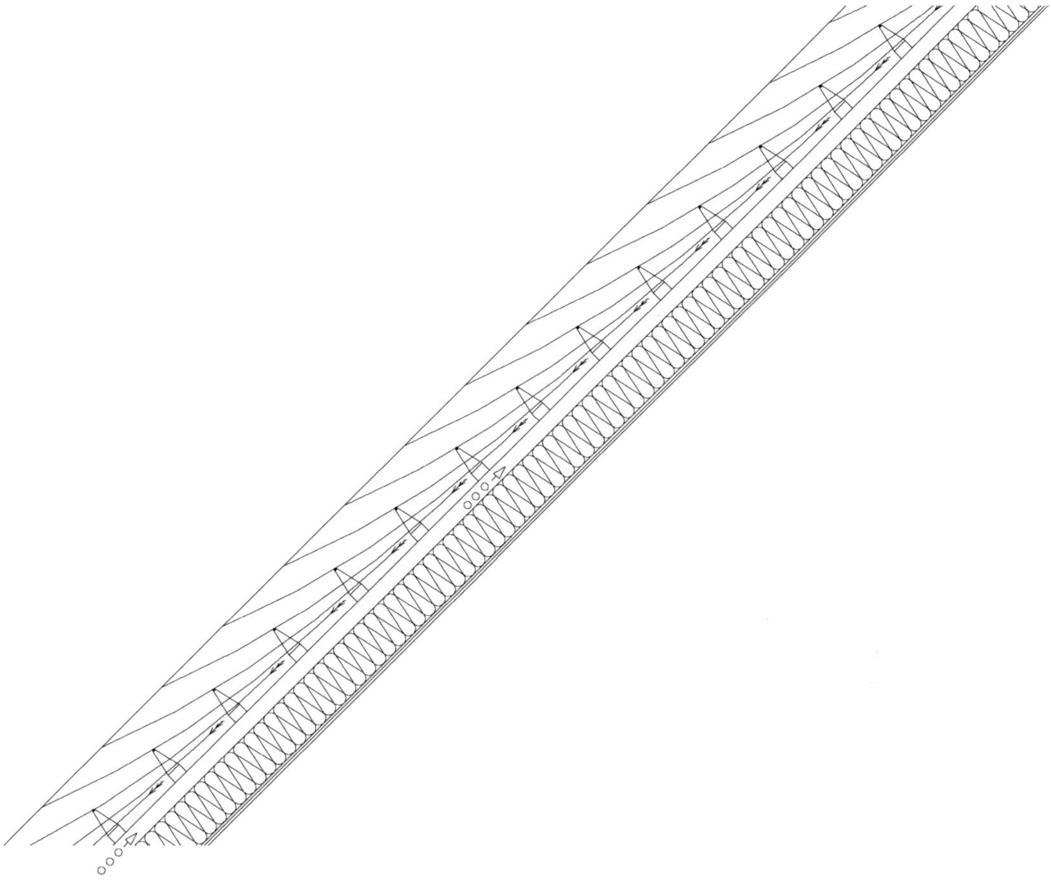

Abb. I.1: Aufbau eines Reetdaches

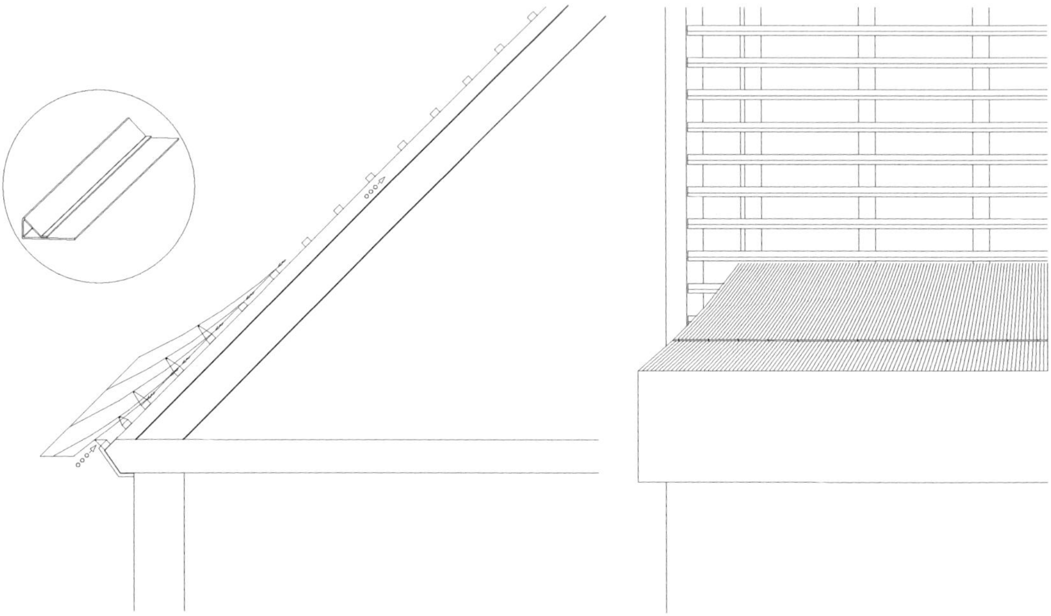

Abb. I.2: Gebundenes Reetdach (mit Lüftungsprofil)

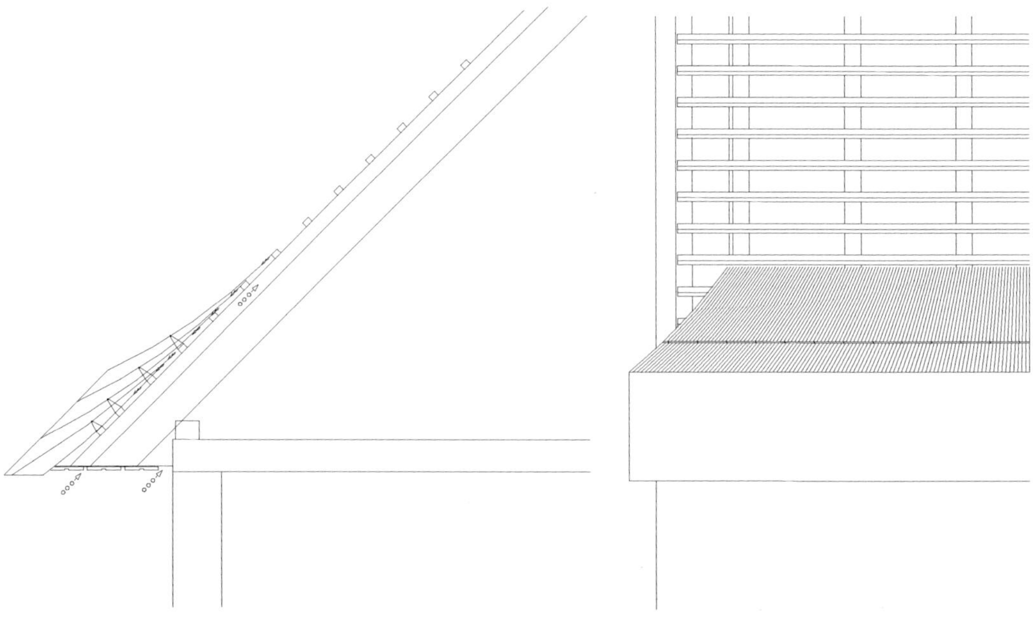

Abb. I.3: Gebundenes Reetdach (mit Gesimslüftung)

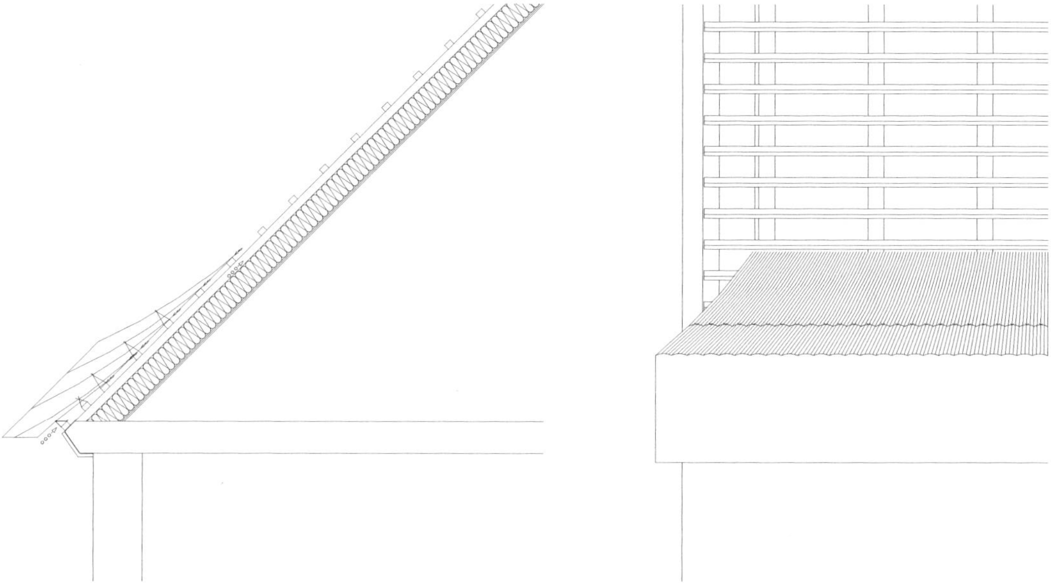

Abb. I.4: Genähtes Reetdach

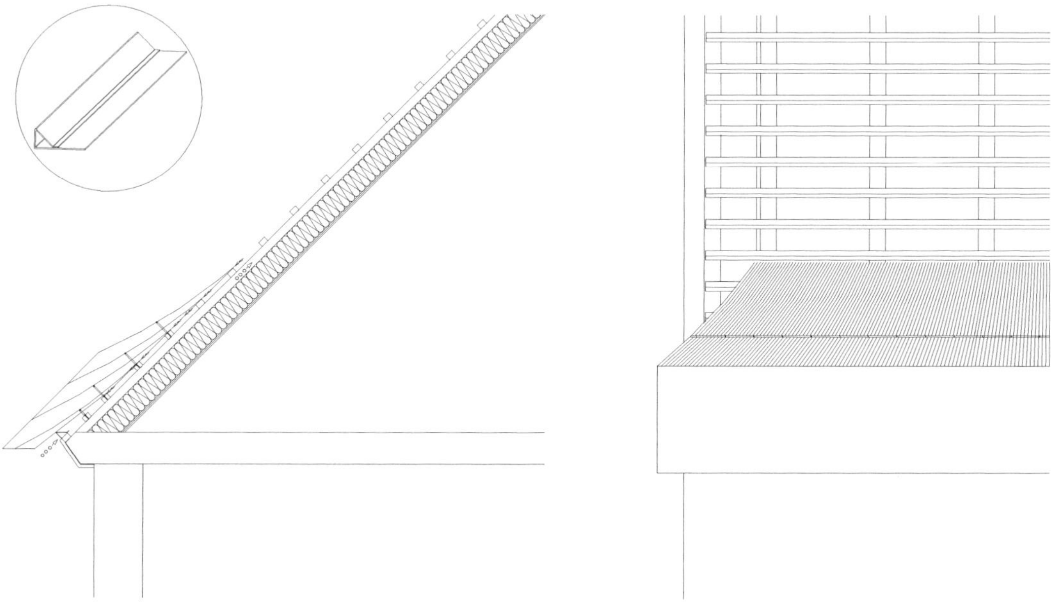

Abb. I.5: Geschraubtes Reetdach

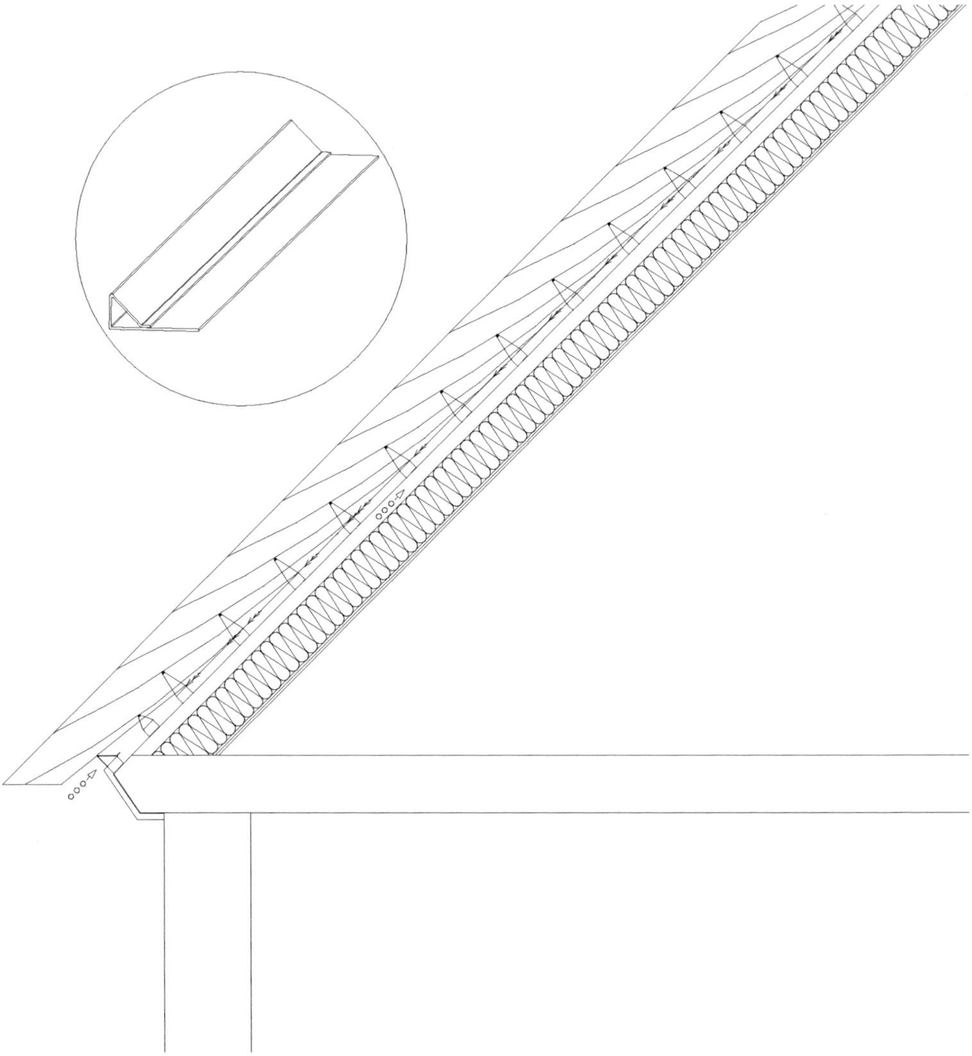

Abb. I.6: Ausbildung der Traufe – waagerecht

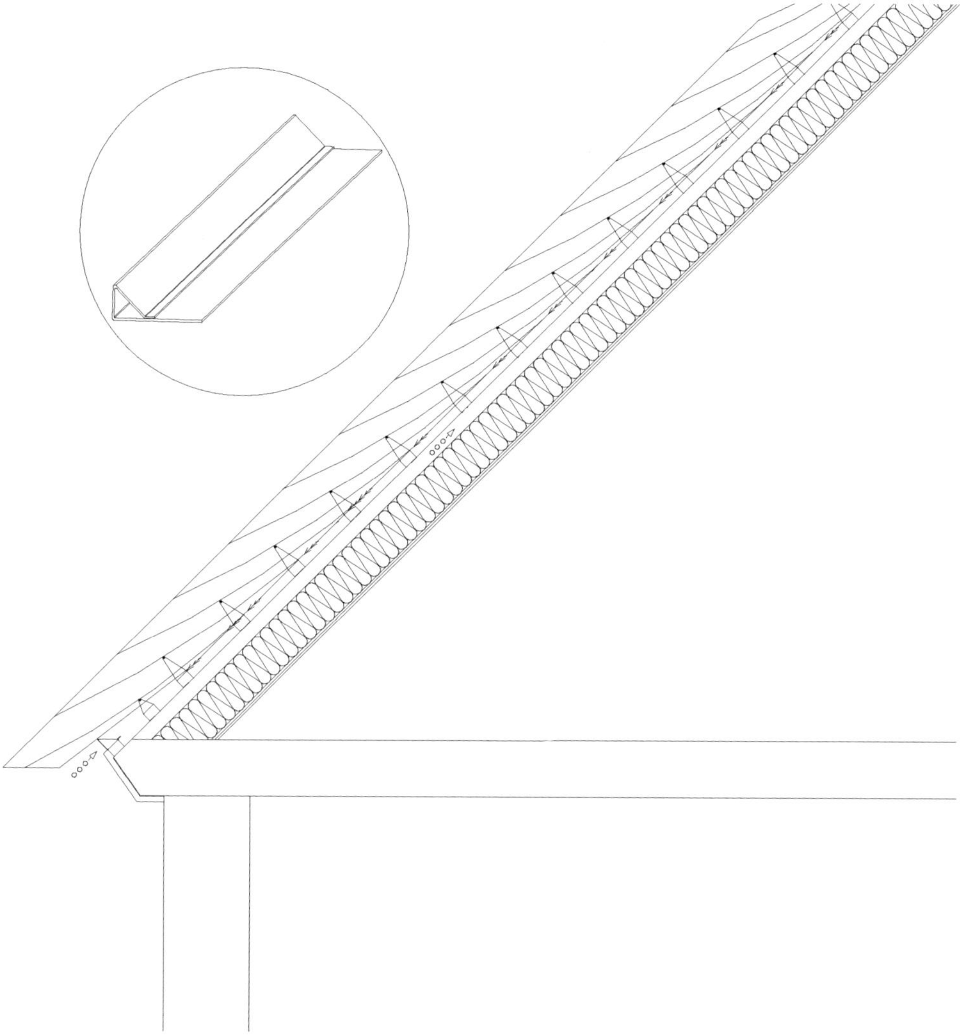

Abb. I.7: Ausbildung der Traufe – winklig

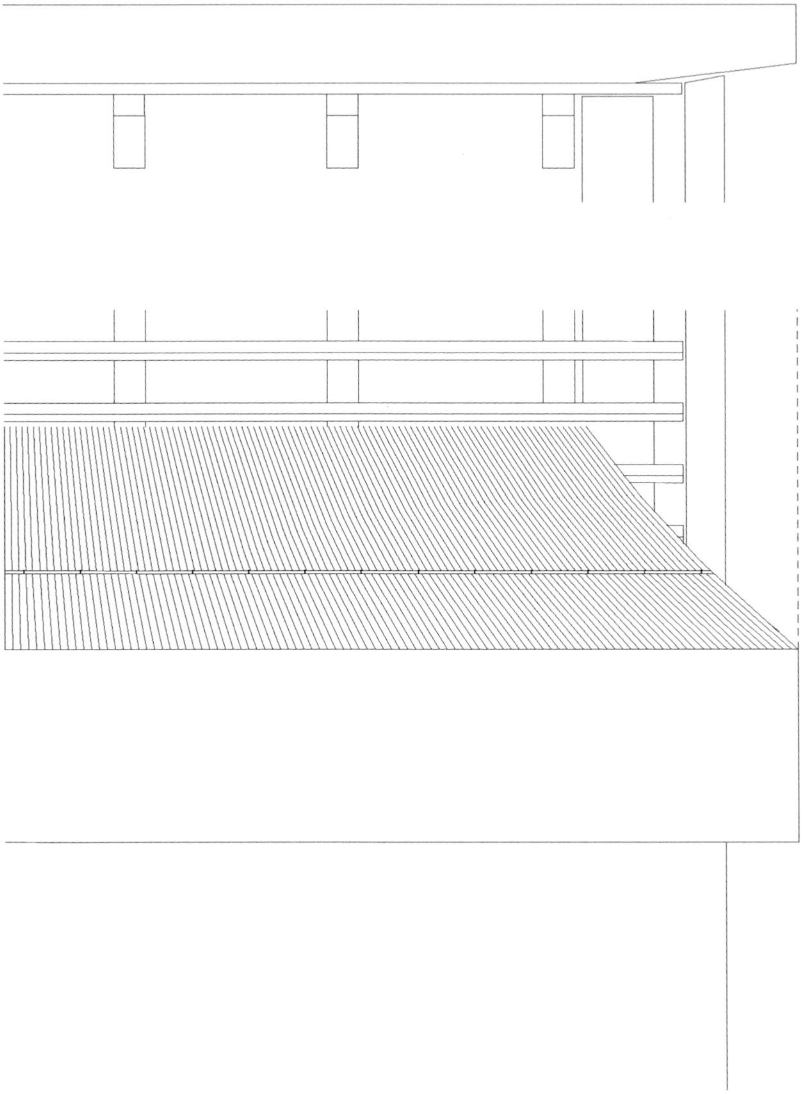

Abb. I.8: Ortgang mit Kniep ohne Ortgangbrett

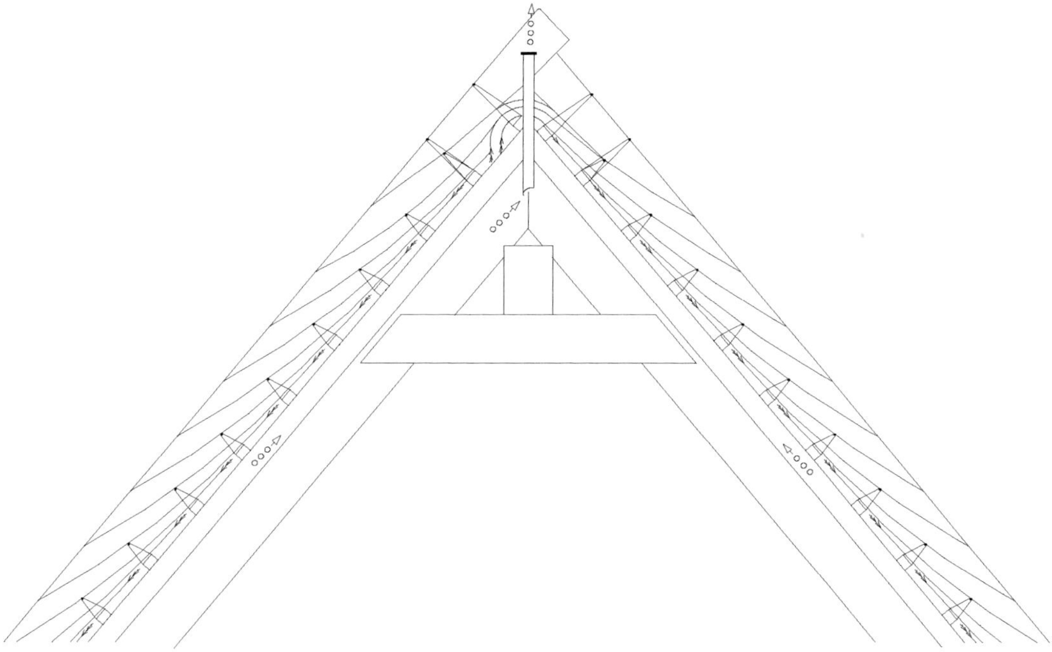

Abb. I.9: Reetfirst belüftet

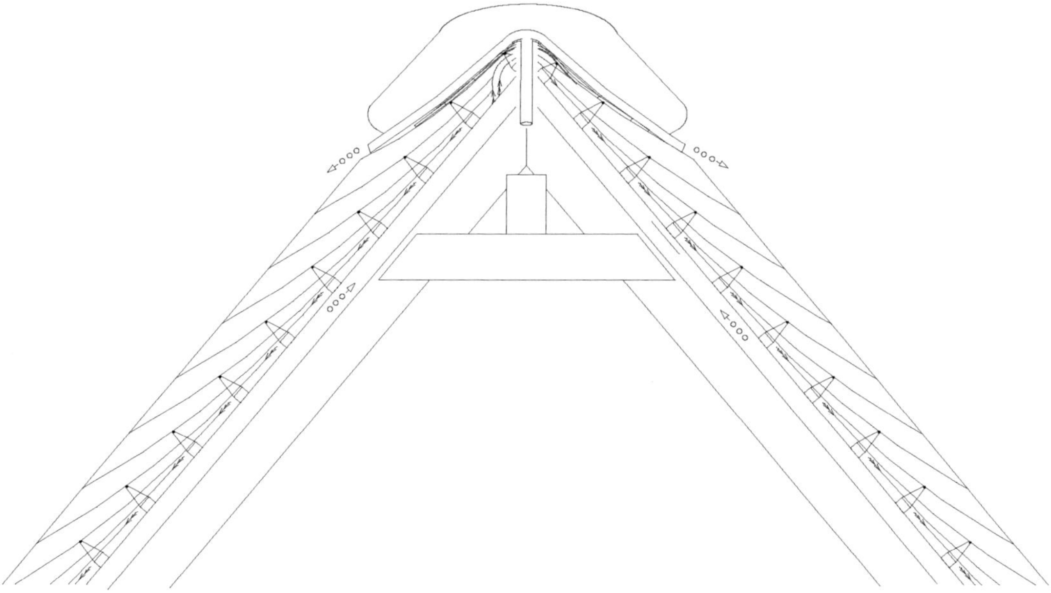

Abb. I.10: Heidefirst mit Lüftung

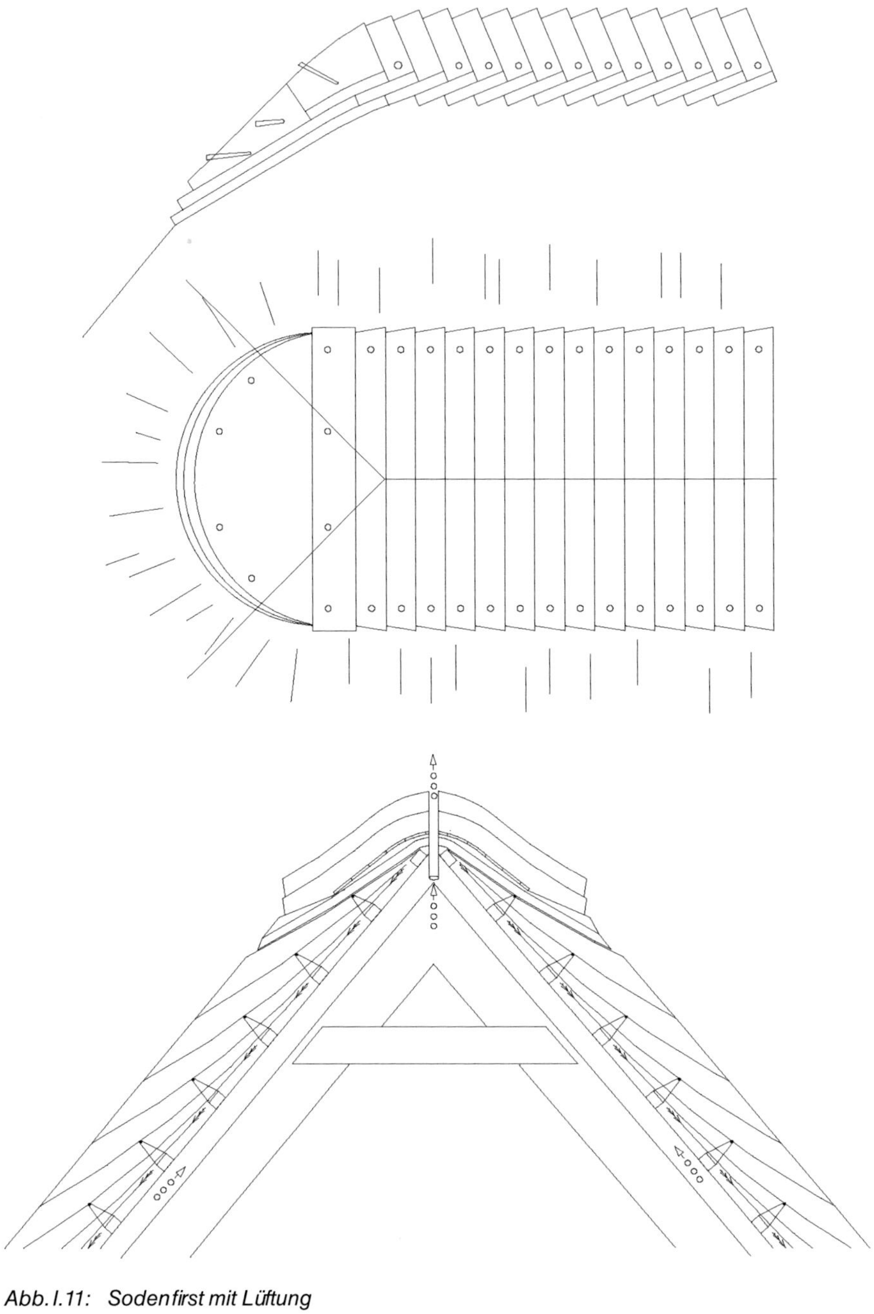

Abb. I.11: Sodenfirst mit Lüftung

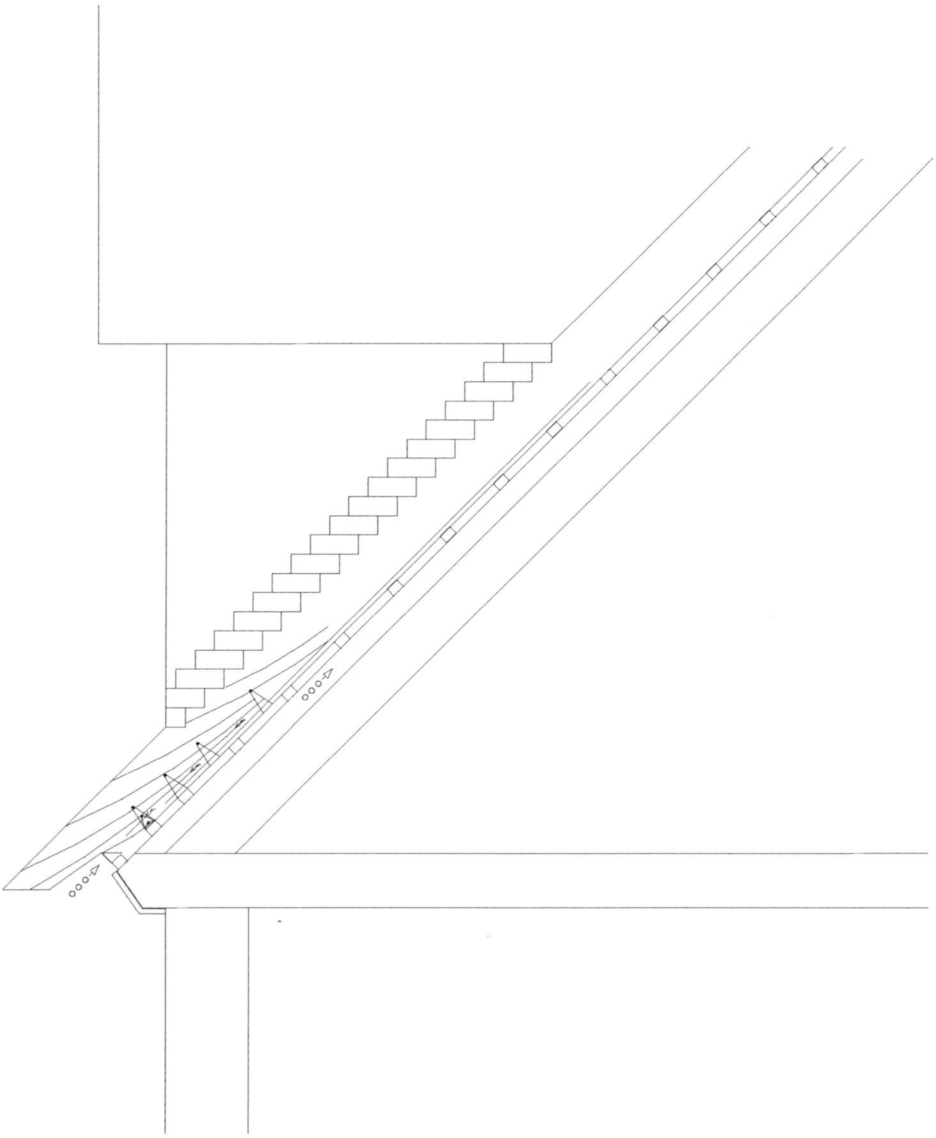

Abb. I.12: Anschluss mit Katzentreppe

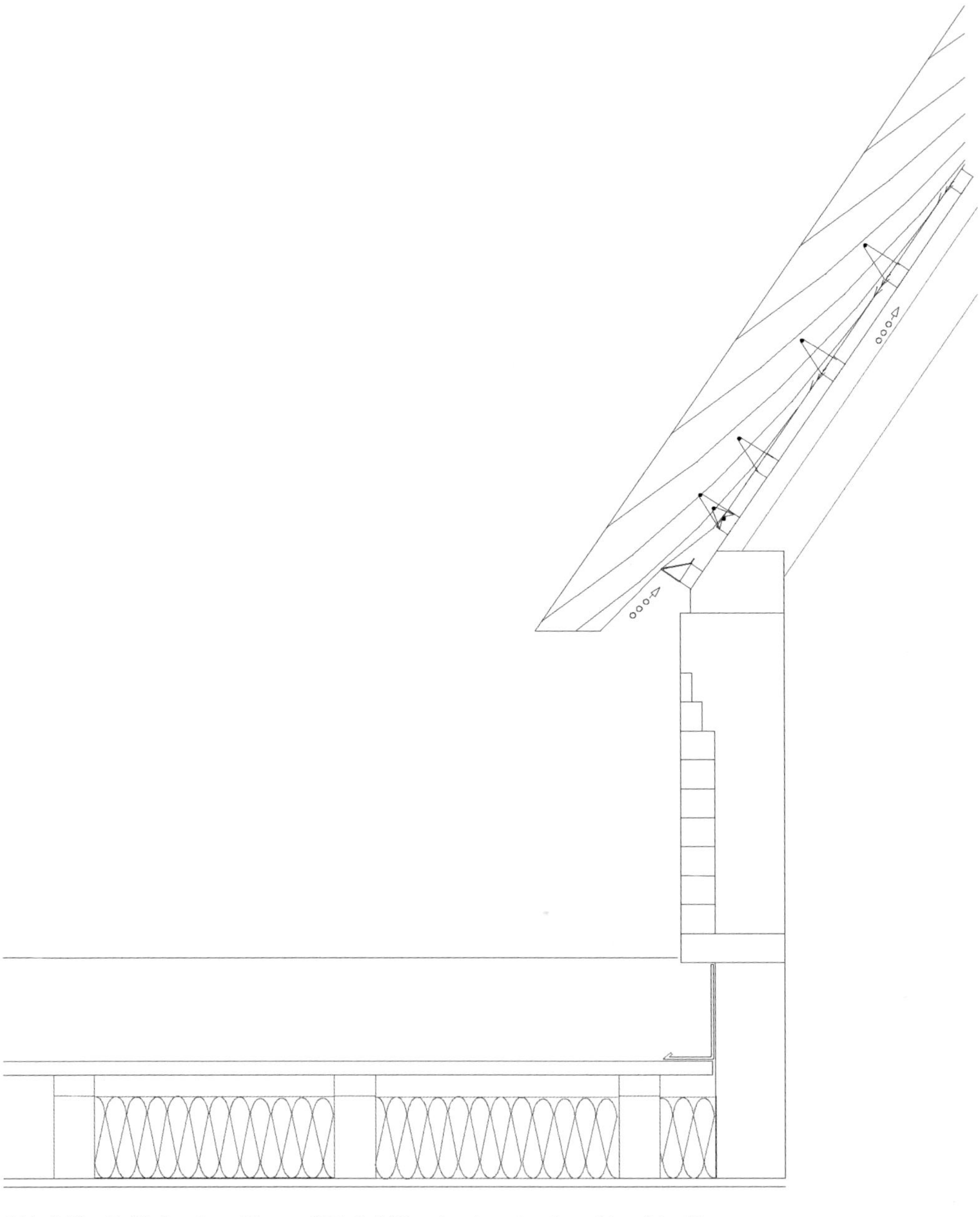

Abb. I.13: Seitlicher Anschluss mit Metall (Durchgehendes Anschlussblech)

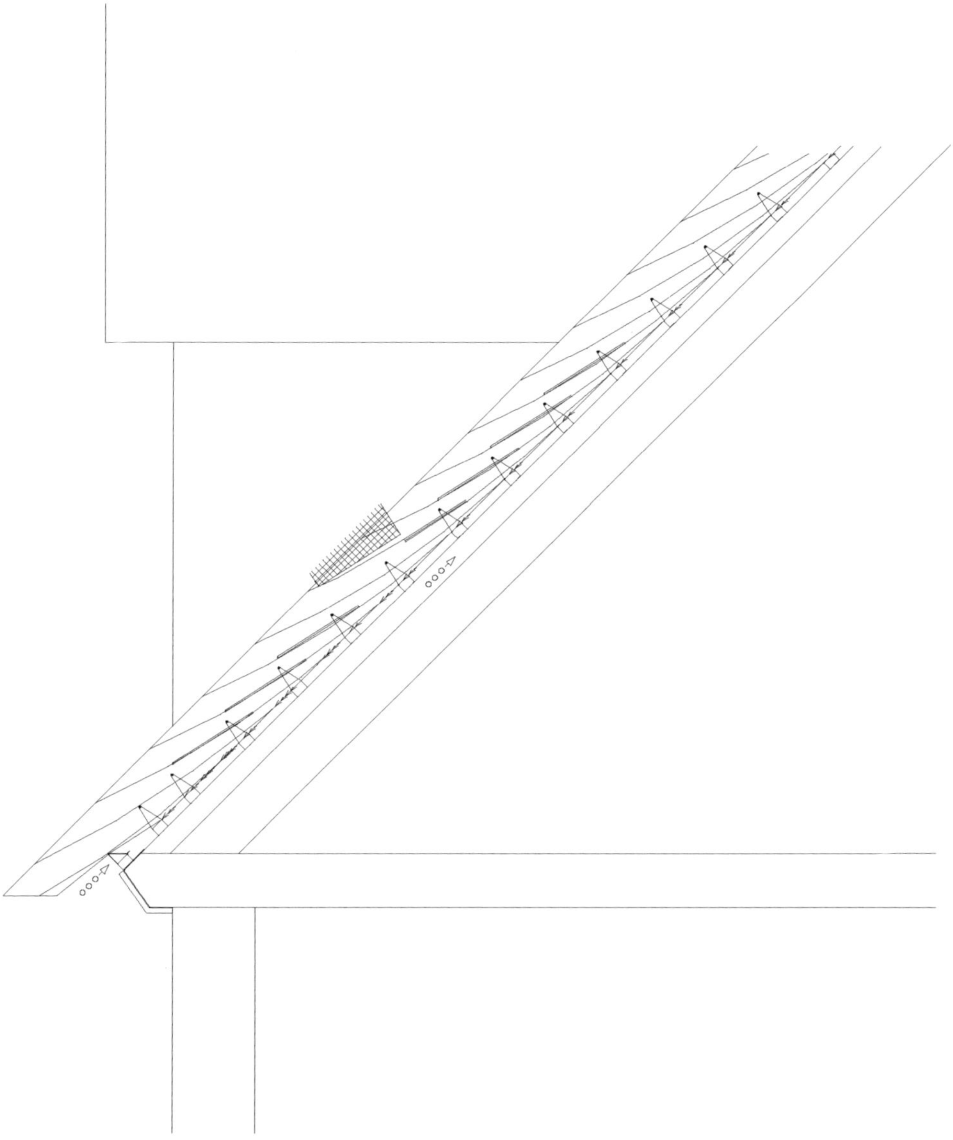

Abb. I.14: Seitlicher Anschluss mit Metall (Schichtstücke)

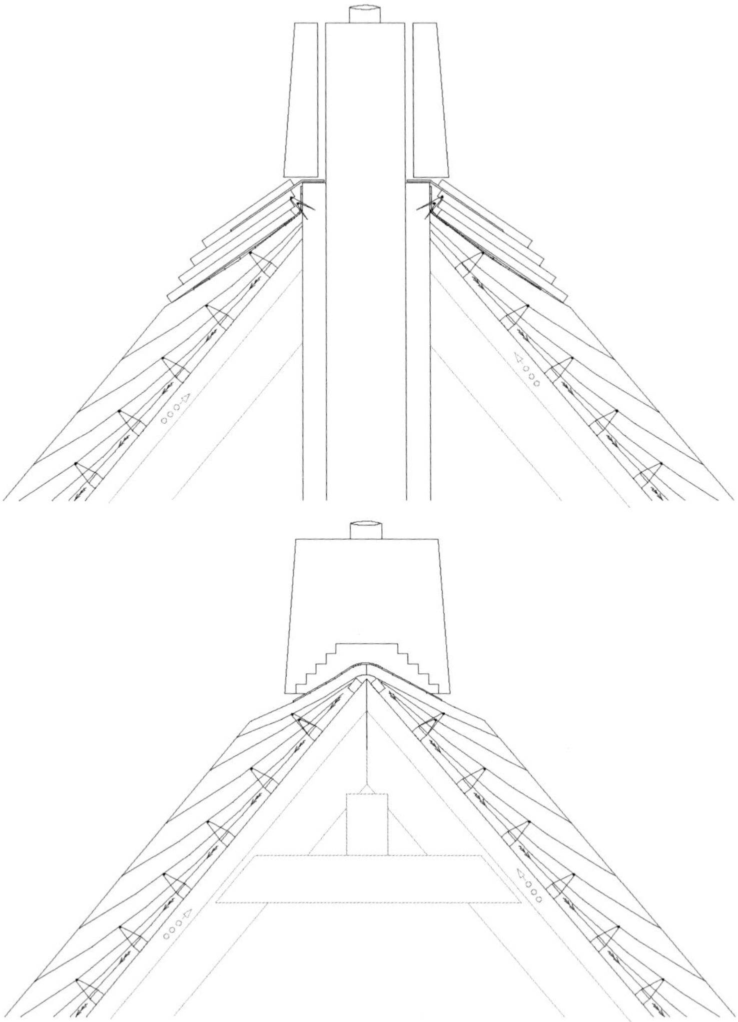

Abb. I.15: Schornsteindurchführung im First

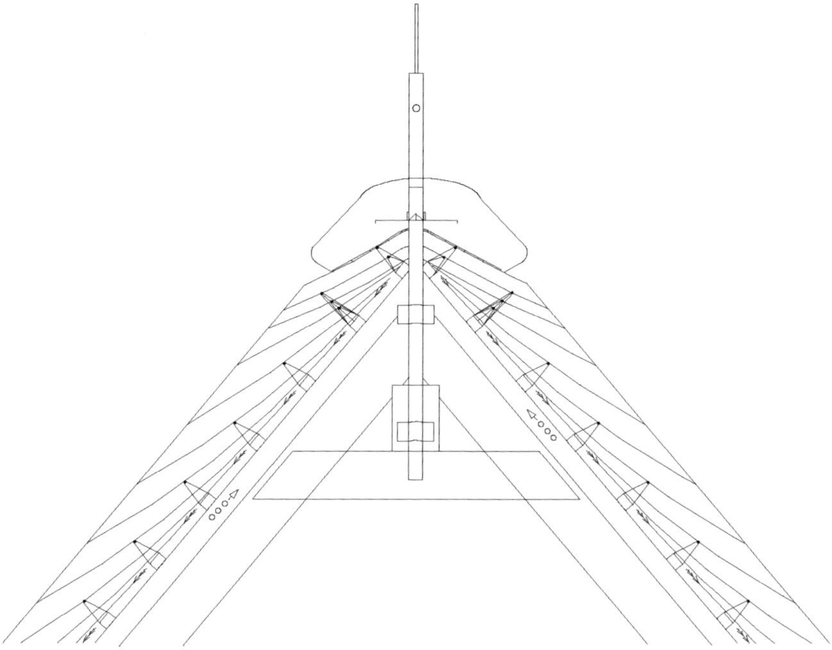

Abb. I.16: Spannpfähle für eine Blitzschutzanlage

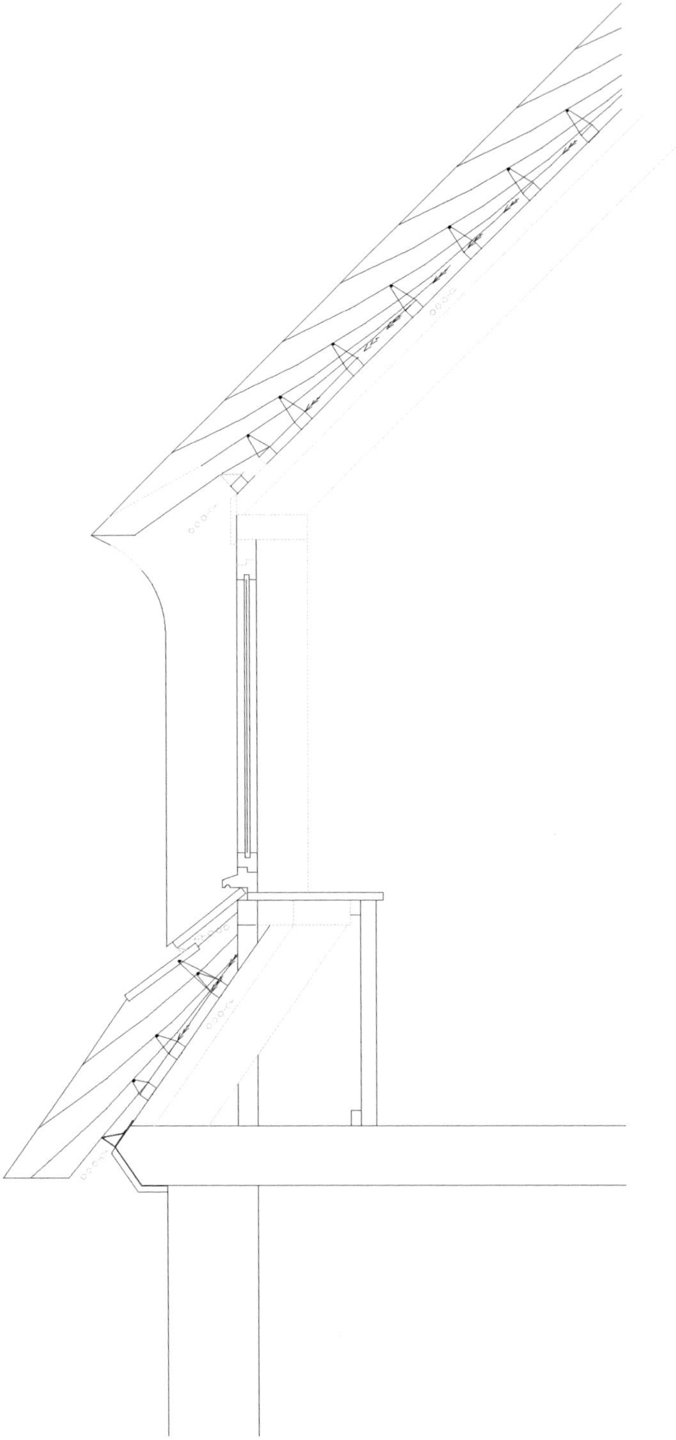

Abb. I.17: Schleppgaube (Schnitt)

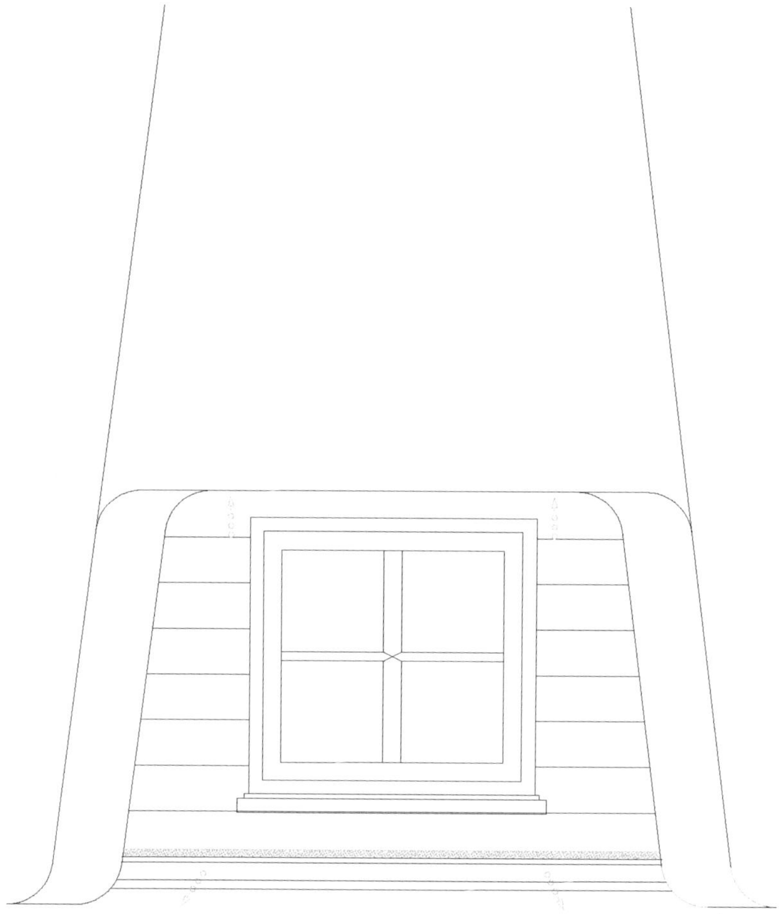

Abb. I.18: Schleppgaube (Ansicht)

Abb. I.19: Fledermausgaube (Ansicht)

Deutsches Dachdeckerhandwerk
– Regelwerk –

Hinweise
Holz und Holzwerkstoffe

Aufgestellt und herausgegeben vom

Zentralverband
des Deutschen Dachdeckerhandwerks
– Fachverband Dach-, Wand- und Abdichtungstechnik – e.V.

Ausgabe November 2017

Rudolf Müller

Vorgänger

Hinweise Holz und Holzwerkstoffe	September 1997
Hinweise Holz und Holzwerkstoffe	September 2005
Hinweise Holz und Holzwerkstoffe	Januar 2015 mit Änderungen Januar 2016

Inhaltsverzeichnis

1 Allgemeines

1.1 Geltungsbereich

(1) Die Hinweise gelten für Unterlagen und Unterkonstruktionen aus Nadelholz und Holzwerkstoffen von Dachdeckungen, Dachabdichtungen und Außenwandbekleidungen. Wesentliche Grundlage hierfür sind bauaufsichtliche Anforderungen. Für Dachlatten und deren Verbindungen gelten praxisorientierte Regeln.

(2) Höherwertige Anforderungen in Fachregeln haben Vorrang.

(3) Anforderungen an den Brandschutz sind der jeweiligen Landesbauordnung zu entnehmen und werden in diesen Hinweisen nicht behandelt.

1.2 Begriffe

(1) Latten sind Holzbauteile mit einer Dicke von maximal 40 mm und einer Breite von kleiner 80 mm.

(2) Bretter sind Holzbauteile mit einer Dicke von maximal 40 mm und einer Breite von mindestens 80 mm.

(3) Bohlen sind Holzbauteile mit einer Dicke größer 40 mm und einer Breite von mehr als der dreifachen Dicke.

(4) Kanthölzer sind Holzbauteile mit einer Breite größer 40 mm und einer Höhe von mindestens der Breite und maximal der dreifachen Breite.

(5) Traglatten sind linienförmige Unterlagen für Dachdeckungen und Außenwandbekleidungen.

(6) Konterlatten/Grundhölzer sind Teile der Unterkonstruktion von Dachdeckungen, Dachabdichtungen sowie Außenwandbekleidungen und verbinden die Unterlage der Deckungen und Bekleidungen mit der tragenden Konstruktion des Gebäudes/Bauwerks.

(7) Dachlatten sind Trag- und Konterlatten von Dachdeckungen.

(8) Schalungen sind flächige Unterlagen für Dachdeckungen, Außenwandbekleidungen, Abdichtungen, Unterdeckungen und Unterdächer.

(9) Unterkonstruktionen im Sinne dieser Hinweise beschränken sich auf Bauschnitthölzer zur Aufnahme der Dachdeckung, Abdichtung und Außenwandbekleidung.

(10) Unterkonstruktionen werden im Sinne von Standsicherheitsnachweisen unterschieden in:

- tragende Bauteile,
- tragende Bauteile ohne rechnerischen Nachweis,
- nichttragende Bauteile.

Im Folgenden wird zwischen tragenden Bauteilen und tragenden Bauteilen ohne rechnerischen Nachweis unterschieden.

(11) Tragende Bauteile sind Bauteile, die nach DIN EN 1995-1-1[1] und DIN EN 1995-1-1/NA[2] bemessen werden müssen.

Beispiel:

- Konterlatten bei Aufsparren-Dämmsystemen,
- Grundhölzer bei Außenwandbekleidungen,
- Dachlatten, Pfetten und Schalungen bei Sparrenabständen > 1,0 m,
- Sparrenauswechslungen,
- Bauholz (z. B. Latten, Bretter) zur Aussteifung von Balken oder Bindern.

(12) Tragende Bauteile ohne rechnerischen Nachweis sind Bauteile, die statisch nicht bemessen werden müssen und nach handwerklichen Erfahrungen ausgeführt werden.

Beispiel:

- Konterlatten außer der in Abschnitt (11) genannten Fälle,
- Traglatten und Schalungen von Dachdeckungen oder Dachabdichtungen bei Achsabständen der Unterkonstruktion ≤ 1,0 m.

(13) Nichttragende Bauteile sind Bauteile, die außer ihrer Eigengewichtslast keine weiteren Lasten abtragen.

Beispiel:

- Schalungen für Unterdächer oder Unterdeckungen.

(14) Nennmaße sind Größenangaben von Holz und Holzwerkstoffen bei einer Messbezugsfeuchte von 20 %.

(15) Istmaße sind durch Messung festgestellte Maße.

(16) Maßtoleranzen sind Differenzen zwischen Istmaßen und Nennmaßen.

(17) Befestigungsmittel sind Teile, die Deckung, Abdichtung und Bekleidung an der Unterkonstruktion mechanisch befestigen.

(18) Verbindungsmittel im Sinne der „Hinweise Holz und Holzwerkstoffe“ sind metallische Bauteile zum Verbinden einzelner Hölzer untereinander. Im Bereich der Außenwandbekleidung wird in diesem Zusammenhang auch der Begriff Verbindungselemente verwendet.

(19) Verankerungsmittel bzw. Verankerungselemente sind Teile, die bei Außenwandbekleidungen das

[1] DIN EN 1995-1-1 Eurocode 5: Bemessung und Konstruktion von Holzbauten – Teil 1.1: Allgemeines – Allgemeine Regeln und Regeln für den Hochbau

[2] DIN EN 1995-1-1/NA Nationaler Anhang – National festgelegte Parameter - Eurocode 5: Bemessung und Konstruktion von Holzbauten – Teil 1-1: Allgemeines – Allgemeine Regeln und Regeln für den Hochbau

Grundholz in der zu bekleidenden Schicht (z. B. Außenwände) mechanisch verankern.

(20) Rillennägel sind Nägel, die über einen Teil der Länge ihres Schafts ein Profil oder eine Verformung aufweisen.

(21) Technisch getrocknetes Holz ist Holz, das in einer dafür geeigneten Anlage prozessgesteuert bei einer Temperatur von mindestens 55°C mindestens 48 Stunden auf eine Holzfeuchte von maximal 20 % getrocknet wurde.

(22) Trocken sortiertes Holz (TS bzw. TROCKEN SORTIERT) ist Schnittholz, das bei einer mittleren Holzfeuchte von höchstens 20 % sortiert wurde.

2 Bauprodukte

2.1 Nutzungsklassen und Holzfeuchte

(1) Nach DIN EN 1995-1-1 und DIN EN 1995-1-1/NA werden 3 Nutzungsklassen (NKL) unterschieden. Das System der Nutzungsklassen dient im Wesentlichen der Zuordnung von Festigkeitswerten und zur Berechnung von Verformungen von Holz- und Holzwerkstoffbauteilen sowie der Verbindungen unter festgelegten Umweltbedingungen.

- Nutzungsklasse 1
  Sie ist gekennzeichnet durch einen Feuchtegehalt in den Holzbaustoffen, der einer Temperatur von 20° C und einer relativen Luftfeuchte der umgebenden Luft entspricht, die nur für einige Wochen pro Jahr einen Wert von 65 % übersteigt (Holz im Innenbereich).
- Nutzungsklasse 2
  Sie ist gekennzeichnet durch einen Feuchtegehalt in den Holzbaustoffen, der einer Temperatur von 20° C und einer relativen Luftfeuchte der umgebenden Luft entspricht, die nur für einige Wochen pro Jahr einen Wert von 85 % übersteigt (Holz im überdachten Außenbereich).
- Nutzungsklasse 3
  Sie erfasst Klimabedingungen, die zu einem höheren Feuchtegehalt führen als in Nutzungsklasse 2 angegeben. In Ausnahmefällen können auch überdachte Tragwerke in die Nutzungsklasse 3 einzustufen sein (Holz in Schwimmbädern).

(2) Die Einbaufeuchte von Hölzern darf nicht höher als 20 % sein. Die mittlere Holzfeuchte wird nach DIN EN 13183-2[3] ermittelt.

(3) Als Gleichgewichtsfeuchte im Gebrauchszustand gilt die im Mittel sich einstellende Feuchte im Bauteil. Tabelle 1 zeigt die Bereiche der zu erwartenden Gleichgewichtsfeuchten nach DIN EN 1995-1-1.

[3] DIN EN 13183-2 Feuchtegehalt eines Stückes Schnittholz – Teil 2: Schätzung durch elektrisches Widerstands-Messverfahren

Tabelle 1: Bereiche der zu erwartenden Gleichgewichtsfeuchten nach DIN EN 1995-1-1

Nutzungsklasse	**1**	**2**	**3**
Holzfeuchte	5 - 15 %[1)]	10 - 20 %[2)]	12 - 24 %[3)]

1) In den meisten Nadelhölzern wird in der Nutzungsklasse 1 eine mittlere Gleichgewichtsfeuchte von 12 % nicht überschritten.
2) In den meisten Nadelhölzern wird in der Nutzungsklasse 2 eine mittlere Gleichgewichtsfeuchte von 20 % nicht überschritten.
3) Die Nutzungsklasse 3 schließt Bauwerke ein, in denen sich höhere Gleichgewichtsfeuchten einstellen können.

2.2 Bauholz

(1) Tragende Bauteile aus Bauholz müssen eine Nenndicke von mindestens 24 mm und eine Nennbreite von mindestens 48 mm aufweisen.

(2) Bauholz für tragende Bauteile muss DIN EN 14081-1[4] entsprechen und mit einer CE-Kennzeichnung gekennzeichnet sein (siehe Abb. 2.1 und 2.2). Die Kennzeichnung kann auf dem einzelnen Stück Holz oder einer Verpackungseinheit erfolgen.

Bei der Sortierung von Bauholz nach DIN EN 14081-1 wird zwischen visueller und maschineller Sortierung unterschieden. In der CE-Kennzeichnung ist die maschinelle Sortierung an dem Buchstaben „M" zu erkennen, bei der visuellen Sortierung sind die Sortiernorm und Sortierklasse angegeben.

Nach DIN 20000-5[5] darf nur trocken sortiertes Holz verwendet werden, bei Lattem mit einem Querschnitt bis 40/60 mm darf die Trocknung auf eine Holzfeuchte von maximal 20 % auch nach der Sortierung erfolgen. In der CE-Kennzeichnung wird die Sortierung von trockenem Holz mit „TROCKEN SORTIERT" angegeben.

In der CE-Kennzeichnung nach DIN EN 14081-1 wird ebenfalls die Festigkeitsklasse nach DIN EN 338[6] angegeben. Auf Grundlage der DIN EN 1912[7] zeigt Tabelle 2 die Zuordnung von Sortierklassen zu Festigkeitsklassen für Nadelholz. Tabelle 2 gilt nicht für Latten.

[4] DIN EN 14081-1 Holzbauwerke – Nach Festigkeit sortiertes Bauholz für tragende Zwecke mit rechteckigem Querschnitt – Teil 1: Allgemeine Anforderungen

[5] DIN 20000-5 Anwendung von Bauprodukten in Bauwerken – Teil 5: Nach Festigkeit sortiertes Bauholz für tragende Zwecke mit recheckigem Querschnitt.

[6] DIN EN 338 Bauholz für tragende Zwecke – Festigkeitsklassen

[7] DIN EN 1912 Bauholz für tragende Zwecke – Festigkeitsklassen – Zuordnung von visuellen Sortierklassen und Holzarten

012345

(Kennnummer der notifizierten Zertifizierungsstelle)

Musterholzwerk

(Name oder Kennzeichnung des Herstellers)

13

(Letzten beiden Ziffern des Jahres in dem die CE-Kennzeichnung angebracht wurde)

M / TROCKEN SORTIERT

Musterholzwerk Nr. 1111

(Identifizierungscodenummer)

EN 14081-1

C24

(mandatierte Eigenschaften, z. B. Festigkeitsklasse)

Abb. 2.1: Beispiel für eine CE-Kennzeichnung für maschinell, trocken sortiertes Holz nach DIN EN 14081-1

012345

(Kennnummer der notifizierten Zertifizierungsstelle)

Musterholzwerk

(Name oder Kennzeichnung des Herstellers)

13

(Letzten beiden Ziffern des Jahres in dem die CE-Kennzeichnung angebracht wurde)

DIN 4074-1 - S10

TROCKEN SORTIERT

Musterholzwerk Nr. 1111

(Identifizierungscodenummer)

EN 14081-1

C24

(mandatierte Eigenschaften, z. B. Festigkeitsklasse)

Abb. 2.2: Beispiel für eine CE-Kennzeichnung für visuell, trocken sortiertes Holz nach DIN EN 14081-1

(3) Trag- und Konterlatten sowie Brettschalungen als Unterlagen von Dachdeckungen und Dachabdichtungen ohne rechnerischen Nachweis müssen den Anforderungen nach Abschnitt 3.2 entsprechen.

Die Latten können durch den Hersteller zum vereinfachten Nachweis der Übereinstimmung mit

- der Sortierklasse S10 bei visueller Sortierung nach DIN 4047-1,
- der Festigkeitsklasse C24 M oder C27 M nach DIN EN 336 bei maschineller Sortierung

zusätzlich an den Stirnseiten vollflächig mit roter Farbe gekennzeichnet sein. Die Abbildungen 2.3 und 2.4 zeigen Beispiele für CE-Kennzeichnungen von Dachlatten.

(4) Bei der Verwendung von Vollholz mit Keilzinkenstoß, Balkenschichtholz und Brettschichtholz sind die Anforderungen an die Eigenschaften, Kennzeichnung und Verwendung nach den Landesbauordnungen (Bauregellisten und Technische Baubestimmungen) zu beachten.

(5) Erforderliche Festigkeitsklassen und ggf. Sortierklassen für Bauhölzer, welche auf Grundlage eines rechnerischen Nachweises verwendet werden, sind entsprechend der Nachweise einzuhalten.

(6) Für nicht tragende Bauteile sollte Bauholz nach DIN EN 14081-1 verwendet werden.

(7) Die Nennmaße von Bauhölzern sind auf eine Messbezugsfeuchte von 20 % bezogen. Die Abweichungen der Querschnittsmaße von den Nennma-

Tabelle 2: Zuordnung der Sortierklassen nach DIN 4074-1[8] zu Festigkeitsklassen nach DIN EN 338

Sortierklasse nach DIN 4074-1	Festigkeitsklasse nach DIN EN 338
S10	C24
S13	C30

8) DIN 4074-1 Sortierung von Holz nach der Tragfähigkeit – Teil 1: Nadelschnittholz

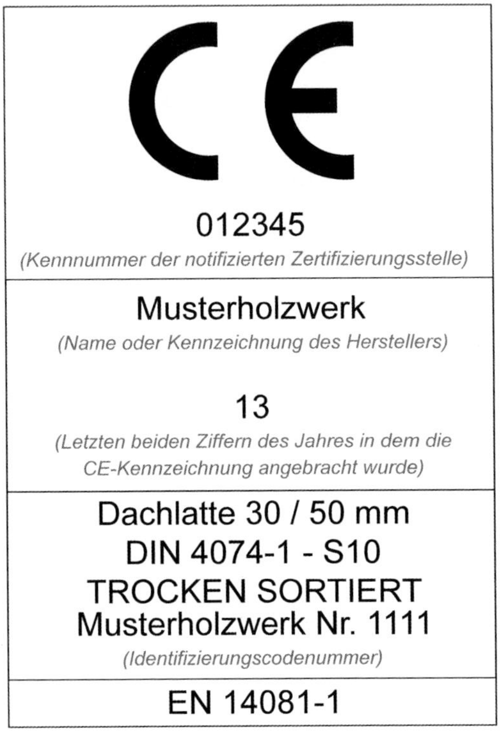

Abb. 2.3: Beispiel für eine CE-Kennzeichnung für visuell, trocken sortierte Dachlatten nach DIN EN 14081-1

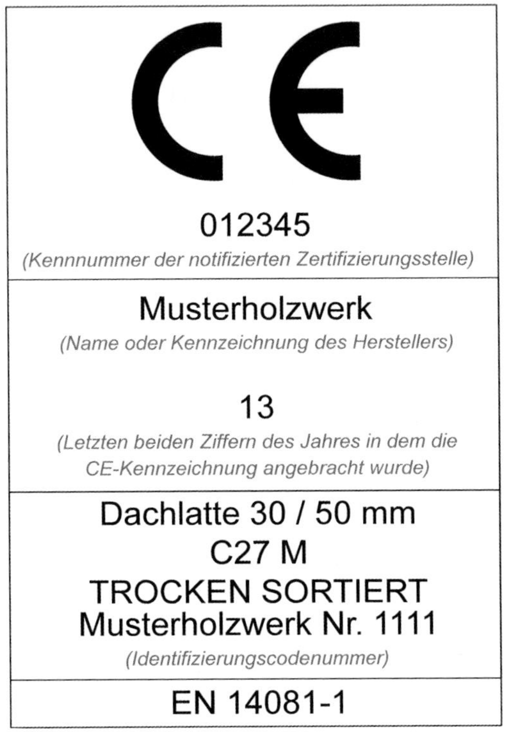

Abb. 2.4: Beispiel für eine CE-Kennzeichnung für maschinell sortierte Dachlatten nach DIN EN 14081-1

ßen müssen innerhalb der Toleranzen der DIN EN 336[9] liegen. Die zulässigen Toleranzen betragen in:

Maßtoleranzklasse 1:

- für Dicken und Breiten ≤ 100 mm: + 3 mm / -1 mm
- für Dicken und Breiten > 100 mm und ≤ 300 mm: + 4 mm / -2 mm
- für Dicken und Breiten > 300 mm: + 5 mm / -3 mm

Maßtoleranzklasse 2:

- für Dicken und Breiten ≤ 100 mm: ± 1 mm
- für Dicken und Breiten > 100 mm und ≤ 300 mm: ± 1,5 mm
- für Dicken und Breiten > 300 mm: ± 2,0 mm

Grundsätzlich gilt die Maßtoleranzklasse 1. Höherwertigere Anforderungen an die Maßhaltigkeit sind im Einzelfall zu vereinbaren.

(8) Weitere Abweichungen der Istmaße zu den Nennmaßen ergeben sich aus dem Schwinden und Quellen des Holzes. Die Berechnung erfolgt mit den Werten der Tabelle 3 nach DIN EN 1995-1-1/NA und DIN EN 336.

2.3 Holzwerkstoffe

(1) Holzwerkstoffe bestehen aus zersägtem, zerspantem oder zerfasertem Holz, das mit Klebstoffen oder mineralischen Bindemitteln zu platten- oder stabförmigen Querschnitten verpresst wird.

(2) Tragende oder aussteifende Holzwerkstoffe müssen der jeweiligen Produktnorm bzw. einer allgemeinen bauaufsichtlichen Zulassung und den Normen DIN EN 13986[10] und DIN 20000-1[11] entsprechen und mit dem CE-Kennzeichen bzw. Ü-Zeichen gekennzeichnet sein.

(3) Nicht tragende Holzwerkstoffe sollten ebenfalls diesen Anforderungen entsprechen.

---

9) DIN EN 336 Bauholz für tragende Zwecke – Maße, zulässige Abweichungen

10) DIN EN 13986 Holzwerkstoffe zur Verwendung im Bauwesen – Eigenschaften, Bewertung der Konformität und Kennzeichnung

11) DIN 20000-1 Anwendung von Bauprodukten in Bauwerken – Teil 1: Holzwerkstoffe

(4) CE-gekennzeichnete Holzwerkstoffe nach der Norm DIN EN 13986 dürfen in Deutschland nur verwendet werden, wenn

- sie der Formaldehydklasse E1 (≤ 0,1 ppm) entsprechen und gekennzeichnet sind,
- der PCP-Gehalt von 5 ppm nicht überschritten wird und die Platte dementsprechend gekennzeichnet ist.

Holzwerkstoffe, denen bei der Herstellung chemische Substanzen zur Verbesserung des Brandverhaltens (Feuerschutzmittel) oder zur Verbesserung der Widerstandsfähigkeit gegen biologischen Befall, z. B. durch Pilze und Insekten (Holzschutzmittel) zugesetzt werden, bedürfen zur Verwendung einer allgemeinen bauaufsichtlichen Zulassung.

(5) Holzwerkstoffplatten dürfen nur in den Nutzungsklassen verwendet werden, für die sie nach der technischen Klasse nach DIN EN 13986 geeignet sind.

(6) Holzwerkstoffe, die als Unterlage für Dachdeckungen oder Dachabdichtungen verwendet werden, müssen eine Mindestdicke von 22 mm aufweisen und für die Nutzungsklasse 2 geeignet sein. Nach DIN EN 1995-1-1/NA und DIN EN 13986 sind hierfür

- OSB-Platten nach DIN EN 300[12)]
  - technische Klassen: OSB/3 und OSB/4
- Sperrholz nach DIN EN 636[13)]
  - technische Klassen: Feucht und Außen
- Harte Holzfaserplatten nach DIN EN 622-2[14)]
  - technische Klasse: HB.HLA2
- Kunstharzgebundene Holzspanplatten nach DIN EN 312[15)]
  - technische Klassen: P 5 und P 7
- Zementgebundene Holzspanplatten nach DIN EN 634-1[16)]
- Massivholzplatten nach DIN EN 13353[17)]
  - technische Klasse: SWP/2

geeignet.

12) DIN EN 300 Platten aus langen, flachen, ausgerichteten Spänen (OSB) – Definition, Klassifizierung und Anforderungen

13) DIN EN 636 Sperrholz – Anforderungen

14) DIN EN 622-2 Faserplatten – Anforderungen – Teil 2: Anforderungen an harte Platten

15) DIN EN 312 Spanplatten – Anforderungen

16) DIN EN 634-1 Zementgebundene Spanplatten – Anforderungen – Teil 1: Allgemeine Anforderungen

17) DIN EN 13353 Massivholzplatten (SWP) – Anforderungen

Tabelle 3: Rechenwerte der Quell- und Schwindmaße von Holz

Mittleres Schwind- und Quellmaß in % für Änderungen der Holzfeuchte um 1 % unterhalb des Fasersättigungsbereichs der Dicke und Breite von Holzbauteilen	
Holzarten: Fichte, Lärche, Tanne, Kiefer	0,25
Beispiel: Nennquerschnitt bei 20 % Messbezugsfeuchte: 30/50 mm Holzfeuchte im Gebrauchszustand: 15 % Differenz der Holzfeuchten: 20 % - 15 % = 5 %; Änderung der Abmessungen in Prozent: 5 · 0,25 = 1,25 % Mittlere Abweichung: Dicke = 0,0125 · 30 mm ≈ 0,4 mm Breite = 0,0125 · 50 mm ≈ 0,6 mm	

(7) Schalungen aus Holzwerkstoffen, die zur Aufnahme eines Unterdachs oder einer Unterdeckung dienen, müssen bei Holzspan- und OSB-Platten mindestens 15 mm, bei Sperrholzplatten mindestens 10 mm dick und für die Nutzungsklasse 2 geeignet sein. Ergänzend zu (6) sind hierfür auch

- Harte Holzfaserplatten nach DIN EN 622-2
  - technische Klassen: HB.H, HB-HLA1 und HB.E
- Mittelharte Holzfaserplatten nach DIN EN 622-3[18)]
  - technische Klassen: MBL.H, MBH.H, MBH.HLS1, MBH.HLS2, MBL.E und MBH.E
- Poröse Holzfaserplatten nach DIN EN 622-4[19)]
  - technische Klassen: SB.H, SB.HLS und SB.E

geeignet.

(8) Die Schwind- und Quellmaße für Holzwerkstoffe nach DIN EN 1995-1-1/NA sind in Tabelle 4 aufgeführt.

18) DIN EN 622-3 Faserplatten – Anforderungen – Teil 3: Anforderungen an mittelharte Platten

19) DIN EN 622-4 Faserplatten – Anforderungen – Teil 4: Anforderungen an poröse Platten

Tabelle 4: Schwind- und Quellmaße für Holzwerkstoffe nach DIN EN 1995-1-1/NA

Holzwerkstoff	Schwind- und Quellmaß in % für Änderung der Holzfeuchte um 1 % unterhalb des Fasersättigungsbereiches
Sperrholz	0,02
Furnierschichtholz ohne Querfurniere	
– In Faserrichtung der Deckfurniere	0,01
– Rechtwinklig zur Faserrichtung der Deckfurniere	0,32
Furnierschichtholz mit Querfurnieren	
– In Faserrichtung der Deckfurniere	0,01
– Rechtwinklig zur Faserrichtung der Deckfurniere	0,03
Kunstharzgebundene Spanplatten, Faserplatten	0,035
Zementgebundene Spanplatten	0,03
OSB-Platten, Typen OSB/2 und OSB/3	0,03
OSB-Platten, Typ OSB/4	0,015

Tabelle 5: Beispielhafte Umgebungsbedingungen für Korrosionsbelastungen von Stahlbauteilen

Korrosionsbelastung	Beispiele für typische Umgebungsbedingungen	
	außen	innen
unbedeutend C1 [a]		Geheizte Gebäude mit neutralen Atmosphären, z. B. Büros, Läden, Schulen, Hotels.
gering C2 [a]	Atmosphären mit geringer Verunreinigung. Meistens ländliche Gebiete. Verbindungsmittel für die Befestigung von Dachlatten und Schalungsbrettern als Unterlage von Dachdeckungen und Abdichtungen, deren Kopf oder Rücken vollständig abgedeckt ist.	Ungeheizte Gebäude, wo Kondensation auftreten kann, z. B. Lager, Sporthallen.
mäßig C3 [a]	Stadt- und Industrieatmosphäre, mäßige Verunreinigung durch Schwefeldioxid. Küstenbereiche mit geringer Salzbelastung.	Produktionsräume mit hoher Feuchte und etwas Luftverunreinigung, z. B. Anlagen zur Lebensmittelherstellung, Wäschereien, Brauereien, Molkereien.
stark C4 [a]	Industrielle Belastung und Küstenbereiche mit mäßiger Salzbelastung.	Chemieanlagen, Schwimmbäder, Bootsschuppen über Meerwasser.
sehr stark (Industrie) C5-I [a]	Industrielle Bereiche mit hoher Feuchte und agressiver Atmosphäre.	Gebäude oder Bereiche mit nahezu ständiger Kondensation und mit starker Verunreinigung.
sehr stark (Meer) C5-M [a]	Küsten- und Offshorebereiche mit hoher Salzbelastung.	Gebäude oder Bereiche mit nahezu ständiger Kondensation und mit starker Verunreinigung.

[a] Korrosivitätskategorie nach DIN EN ISO 12944-2

2.4 Metallische Verbindungs- und Verankerungsmittel

(1) Metallische Verbindungsmittel in Form von Nägeln, Schrauben und Klammern müssen der DIN EN 14592[20] entsprechen oder über eine allgemeine bauaufsichtliche Zulassung (abZ) bzw. Europäisch Technische Bewertung (ETB) verfügen. Verankerungs-mittel wie Schrauben-Dübel-Kombinationen bedürfen einer allgemeinen bauaufsichtlichen Zulassung bzw. Europäisch Technischen Bewertung.

(2) Für die Bemessung von Holzverbindungen mit Nägeln, Schrauben und Klammern sind neben DIN EN 1995-1-1, DIN EN 1995-1-1/NA, DIN 1052-10[21] auch die bauaufsichtlichen Zulassungen bzw. Europäisch Technischen Bewertungen sowie die nationale Anwendungsnorm DIN 20000-6[22] zu DIN EN 14592 zu berücksichtigen.

(3) Nägel und Schrauben, jeweils mit einem Durchmesser d ≤ 4mm, für die Befestigung von Trag- und Konterlatten, Bohlen, Kanthölzern sowie Schalungen als Unterlage für Dachdeckungen und Dachabdichtungen müssen mindestens einen Korrosionsschutz von 12µm (Fe/Zn-Verzinkung) besitzen. Nägel und Schrauben, jeweils mit einem Durchmesser d > 4 mm, sollten einen Korrosionsschutz von mindestens 5 µm (Fe/Zn-Verzinkung) besitzen.

(4) Klammern für die Befestigung von Holz- oder Holzwerkstoffbauteilen sollen aus nichtrostendem Stahl (z. B. nach allgemeiner bauaufsichtlicher Zulassung Z-30.3-6) bestehen. Für die Befestigung von Schalungsbrettern als Unterlage von Dachdeckungen, Abdichtungen, Unterdächern und Unterdeckungen können Klammern mit einem Korrosionsschutz von mindestens 12µm (Fe/Zn-Verzinkung) verwendet werden.

(5) Verbindungsmittel für die Befestigung von Schalungen für Unterdeckungen und Unterdächer sowie Sichtschalungen sollten mindestens einen Korrosionsschutz von 12µm (Fe/Zn-Verzinkung) besitzen.

(6) Sichtbar bleibende und nicht direkt bewitterte Verbindungsmittel sollten aus nichtrostendem Stahl bestehen.

(7) Frei der Bewitterung ausgesetzte Verbindungsmittel müssen aus nichtrostendem Stahl bestehen.

(8) Für Verbindungsmittel von Außenwandbekleidungen und deren Unterkonstruktion sind die „Hinweise für hinterlüftete Außenwandbekleidungen“ zu berücksichtigen.

(9) Korrosion von Verbindungsmitteln kann bei chemisch geschütztem Holz, gerbstoffreichen Hölzern (z. B. Bongossi, Eiche) oder Holzwerkstoffen auftreten. Bei chemisch geschützten Hölzern oder gerbstoffreichen Hölzern sollen Verbindungsmittel aus nichtrostendem Stahl verwendet werden. Bei Holzwerkstoffen sind die Hinweise der Holzwerkstoffhersteller zu berücksichtigen.

(10) In Bereichen mit starker und sehr starker Korrosionsbelastung (Korrosivitätskategorien C4 und C5 nach DIN EN ISO 12944-2[23]), z. B. Chemieanlagen und Schwimmbäder, ist der Korrosionsschutz im Einzelfall nach den Technischen Baubestimmungen zu planen und auszuführen. Vereinfacht können in diesen Fällen, mit Ausnahmen von stark chlorhaltigen Umgebungsbedingungen (z. B. Schwimmbäder), Verbindungsmittel aus nichtrostendem Stahl verwendet werden.

3 Ausführung

3.1 Verbindungsmittel und Verbindungen

3.1.1 Allgemeines

In den folgenden Abschnitten werden Verbindungen mit glattschaftigen und profilierten Nägeln (Rillennägel) mit einem Durchmesser kleiner 5 mm, beharzten Klammern und Schrauben behandelt. Anderweitige Verbindungen sind nach den Technischen Baubestimmungen auszuführen.

3.1.2 Mindestholzdicken und Mindesteindringtiefen von Verbindungsmitteln

(1) Tragende Bauteile aus Holz müssen mindestens eine Nenndicke von 24 mm und Holzwerkstoffe mindestens eine Nenndicke von 22 mm haben. Darüber hinaus müssen

- Trag- und Konterlatten
- Schalungsbretter

nach DIN EN 1995-1-1 eine Mindestdicke von dem 7-fachen des Verbindungsmitteldurchmessers haben. Für andere Bauteile ist die Mindestholzdicke nach DIN EN 1995-1-1 und DIN EN 1995-1-1/NA zu bestimmen.

(2) Die Mindesteindringtiefen von stabförmigen Verbindungsmitteln in Holz sind in Abhängigkeit von ihrem Durchmesser (bei Nägeln und Klammern der Durchmesser des Schafts, bei Schrauben der Außendurchmesser des Gewindes) definiert und betragen nach DIN EN 1995-1-1 vereinfacht für

[20] DIN EN 14592 Holzbauwerke – Stiftförmige Verbindungsmittel – Anforderungen

[21] DIN 1052-10 Herstellung und Ausführung von Holzbauwerken – Teil 10: Ergänzende Bestimmungen

[22] DIN 20000-6 Anwendung von Baurodukten in Bauwerken – Teil 6: Verbindungsmittel nach EN 14592 und EN

[23] DIN EN ISO 12944-2 Korrossionsschutz von Stahlbauteilen durch Beschichtungssysteme – Teil 2: Einteilung der Umgebungsbedingungen

- glattschaftige Nägel und Klammern 12 × d,
- profilierte Nägel (Rillennägel) 8 × d,
- Schrauben 6 × d.

Für die Mindesteindringtiefen können Bauteile aus Holz und Holzwerkstoffen angerechnet werden, wenn diese

- eine Rohdichte ≥ 350 kg/m³,
  und
- Holzbauteile eine Dicke ≥ 24 mm haben,
  oder
- Holzwerkstoffe eine Dicke ≥ 22 mm haben,
  und
- die Bauteile einzeln ausreichend befestigt sind (siehe Abb. 3.1).

Andernfalls ist die Verbindungsmittellänge um die Dicke dieses Bauteils zu erhöhen (siehe Abb. 3.1).

3.1.3 Abstände von Verbindungsmitteln zum Rand und untereinander

(1) Bei nicht vorgebohrten Nagelverbindungen von Nadelholz der Sortierklassen S10 und S13 bzw. der Festigkeitsklassen C24 und C30 betragen die Mindestrandabstände nach DIN EN 1995-1-1 zum

- unbeanspruchten Rand 5 × d
- beanspruchten Rand vereinfacht 7 × d
- vom beanspruchten Hirnholzende vereinfacht 15 × d
- vom unbeanspruchten Hirnholzende 10 × d

sowie die Mindestabstände untereinander

- in Faserrichtung vereinfacht 10 × d
- rechtwinklig zur Faserrichtung 5 × d.

Von den Randabständen kann bei Dachlatten als Unterlage von Dachdeckungen und Schalungen als Unterlage von Dachdeckungen und Dachabdichtungen abgewichen werden, wenn das Holz nicht spaltet und eine dauerhafte Verbindung gewährleistet ist. Die Abbildungen 3.2 bis 3.5 zeigen die Abstände für übliche Anwendungsfälle. Lattenstöße können direkt auf dem Sparren, einem breiten Konterbrett bzw. -bohle, 2 parallel angeordneten Konterlatten oder mit Stoßverbindern ausgeführt werden. Die Eignung und der Anwendungsbereich von Stoßverbindern ist vom Hersteller nachzuweisen und anzugeben.

(2) Die Mindestrandabstände von Nägeln und Schrauben in Sperrholz, OSB-Platten, kunstharzgebundenen Holzspanplatten und Faserplatten der technischen Klasse HB.HLA2 sollten vom unbeanspruchten Rand 3 x d betragen, soweit nicht die Nagelabstände im Holz maßgebend werden. Vom beanspruchten Plattenrand sollten die Abstände der Nägel oder Schrauben 4 x d bei Sperrholz sowie 7 x d bei OSB-Platten, kunstharzgebundenen Holzspanplatten und

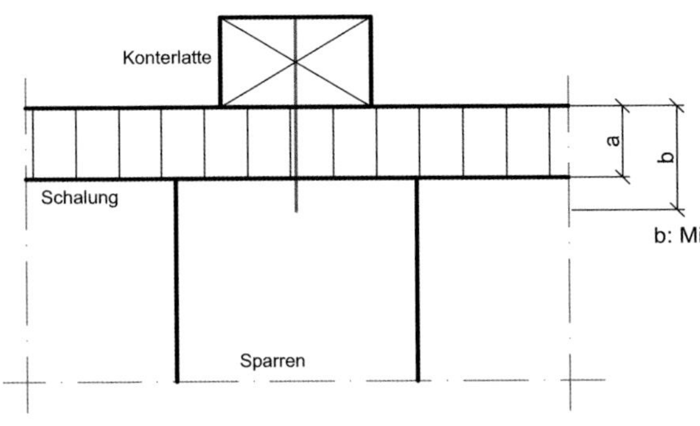

b: Mindesteindringtiefe des Verbindungsmittels
wenn
a ≥ 24 mm bei Holzschalung oder
a ≥ 22 mm bei Schalungen aus Holzwerkstoffen
<u>und</u>
Rohdichte ≥ 350kg/m³ (z.B. Nadelholz S10, OSB)
<u>und</u>
separater Befestigung der Schalung

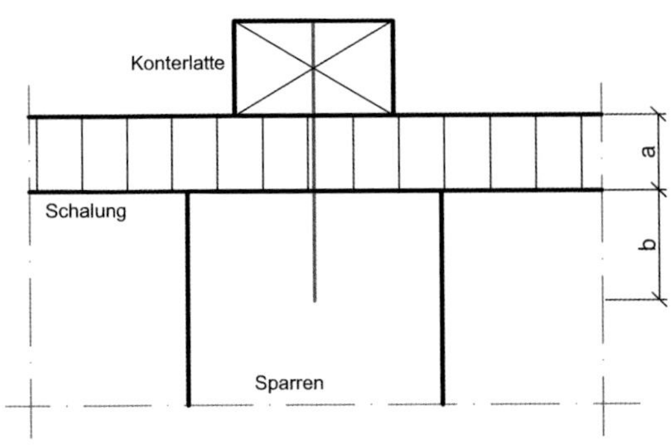

b: Mindesteindringtiefe des Verbindungsmittels
wenn
a < 24 mm bei Holzschalung oder
a < 22 mm bei Schalungen aus Holzwerkstoffen
<u>oder</u>
Rohdichte < 350kg/m³

Abb. 3.1: Mindesteindringtiefe von Verbindungsmitteln

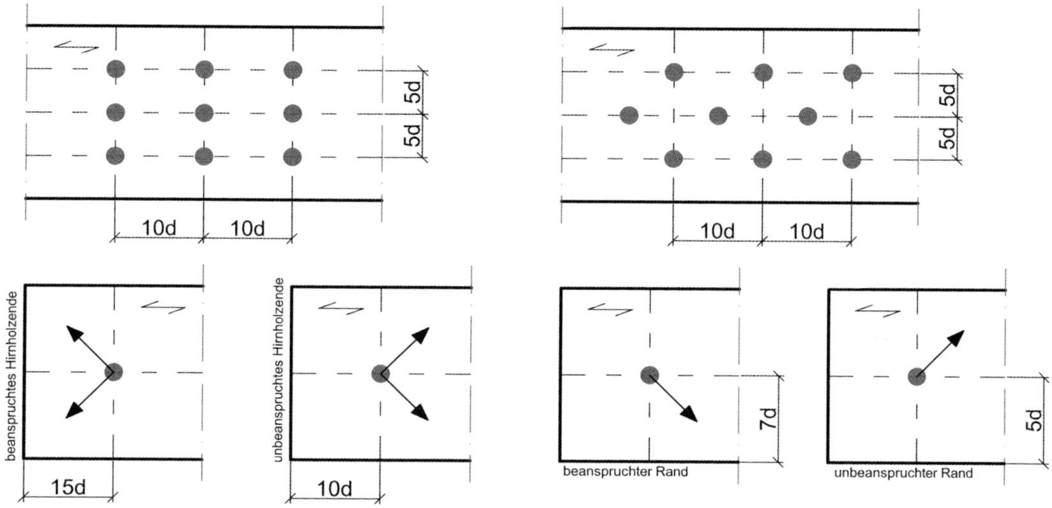

Abb. 3.2: Mindestabstände von Nägeln nach DIN EN 1995-1-1

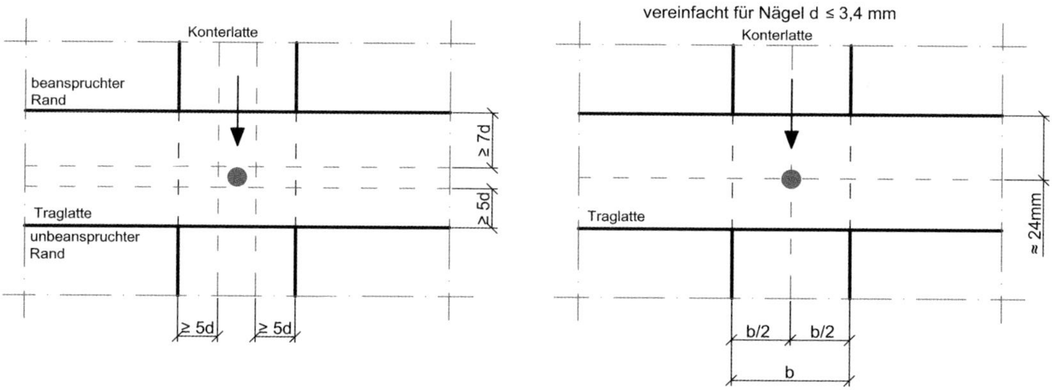

Abb.3.3: Randabstände von Nägeln zur Befestigung von Traglatten mit 1 Nagel

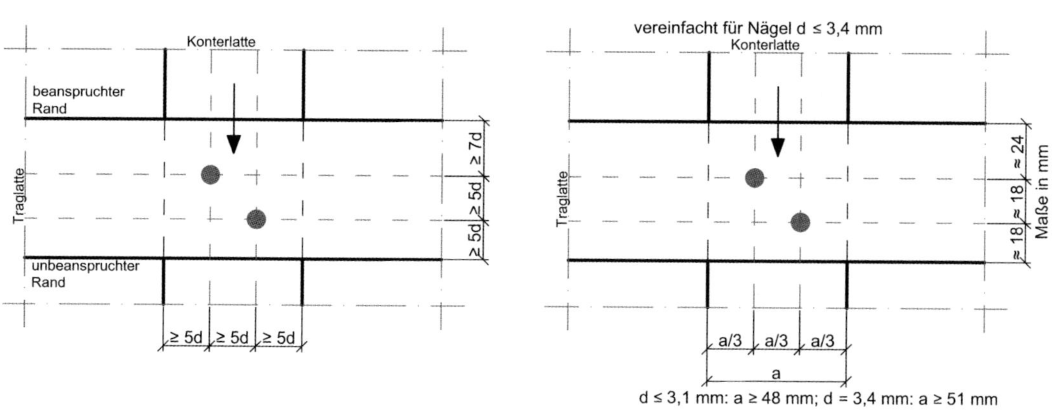

Abb. 3.4: Randabstände von Nägeln zur Befestigung von Traglatten mit 2 Nägeln

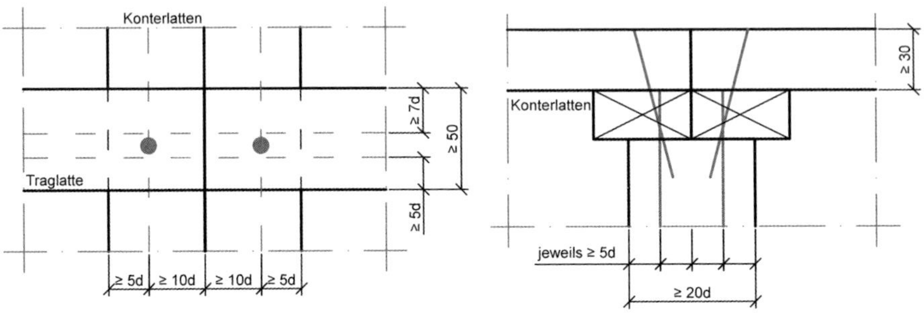

Trag- und Konterlattenbefestigung mit Rillennägeln d = 2,8 mm

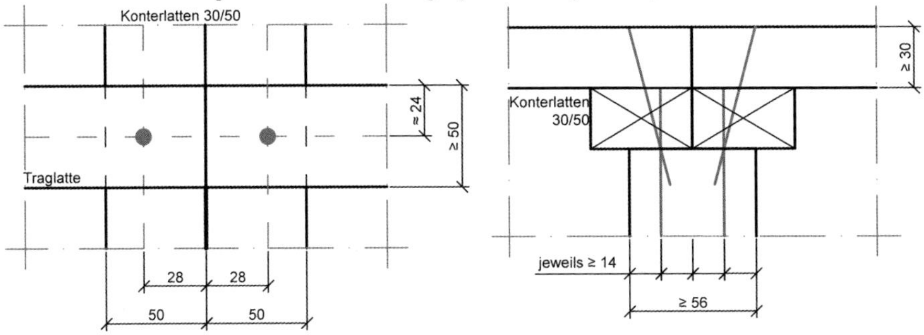

Trag- und Konterlattenbefestigung mit Rillennägeln d = 3,1 mm

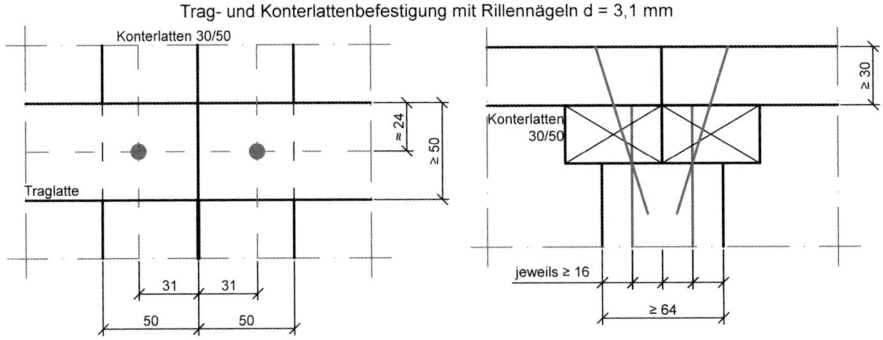

Trag- und Konterlattenbefestigung mit Rillennägeln d = 3,4 mm

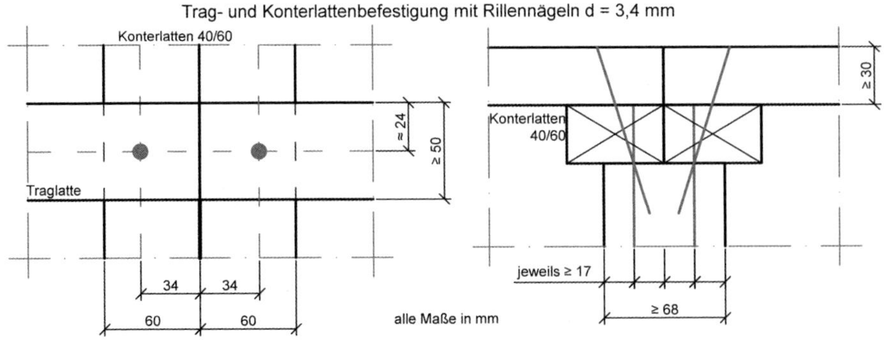

Abb. 3.5: Randabstände von Nägeln an Traglattenstößen

Faserplatten nicht unterschreiten. Der Abstand der Befestigungsmittel untereinander sollte in keiner Richtung 40 x d überschreiten. Wird von den empfohlenen Abständen abgewichen, ist darauf zu achten, dass eine dauerhafte Verbindung gewährleistet ist.

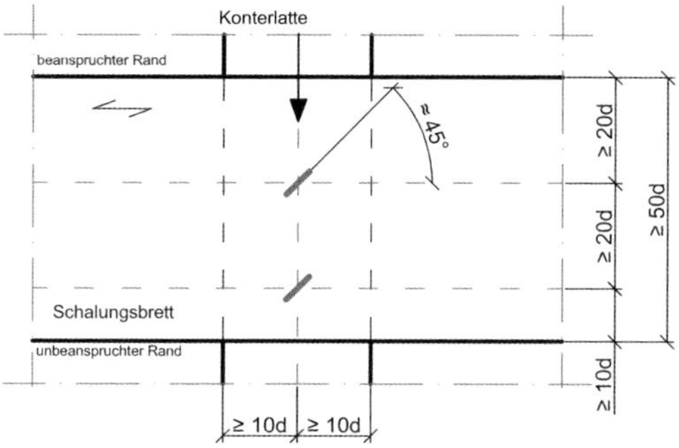

Abb. 3.6: Randabstände von Klammern nach DIN EN 1995 bei der Befestigung von Schalungsbrettern

(3) Bei Klammerverbindungen betragen die Mindestrandabstände nach DIN EN 1995-1-1

- zum unbeanspruchten Rand 10 × d
- zum beanspruchten Rand vereinfacht 20 × d
- vom beanspruchten Hirnholzende vereinfacht 20 × d
- vom unbeanspruchten Hirnholzende 15 × d

sowie die Mindestabstände untereinander

- in Faserrichtung vereinfacht 20 × d
- rechtwinklig zur Faserrichtung 15 × d.

Von diesen Randabständen kann bei

- Dachlatten als Unterlage von Dachdeckungen und
- Schalungen als Unterlage von Dachdeckungen und Dachabdichtungen

abgewichen werden, wenn das Holz nicht spaltet und eine dauerhafte Verbindung gewährleistet ist. Der Winkel zwischen Klammerrücken und Holzfaser sollte ca. 45° betragen.

(4) Die Mindestrandabstände von Schrauben in Nadelholz der Sortierklassen S10 und S13 bzw. der Festigkeitsklassen C24 und C30 können vereinfacht nach Abschnitt (1) angenommen werden oder sind DIN EN 1995-1-1 bzw. den bauaufsichtlichen Verwendbarkeitsnachweisen (abZ, ETB) zu entnehmen.

(5) Schrauben-Dübel-Kombinationen zur Befestigung von Latten, Bohlen und Brettern werden i.d.R. hinsichtlich der Randabstände und Abstände untereinander wie Bolzen betrachtet. Für Bolzenverbindungen betragen die Mindestrandabstände nach DIN EN 1995-1-1 zum

- unbeanspruchten Rand 3 × d
- beanspruchten Rand vereinfacht 4 × d
- vom beanspruchten Hirnholzende 7 × d (jedoch mindestens 80 mm)
- vom unbeanspruchten Hirnholzende 4 × d

sowie die Mindestabstände untereinander

- in Faserrichtung vereinfacht 5 × d
- rechtwinklig zur Faserrichtung 4 × d.

3.2 Holz und Holzwerkstoffe als Unterlage bzw. Unterkonstruktion von Dachdeckungen und Dachabdichtungen

3.2.1 Allgemeines

(1) Die Angaben zu erforderlichen Abmessungen von Bauteilen und deren Befestigung der Abschnitte 3.2.2 bis 3.2.4 gelten für Gebäudehöhen bis 25 m. Bei Gebäudehöhen von mehr als 25 m ist die Befestigung nach den Technischen Baubestimmungen nachzuweisen.

(2) Werden Bauteile nach den Abschnitten 3.2.2 bis 3.2.4 für die Aussteifung des Daches und/oder des Gebäudes herangezogen, sind sie nach den Technischen Baubestimmungen nachzuweisen und dementsprechend auszuführen.

(3) Die Befestigung von Einbauteilen wie z. B. Schneefangstützen ist gesondert nachzuweisen bzw. nach Herstellervorgaben auszuführen.

(4) Werden technische Anlagen, sicherheitstechnische Vorrichtungen oder ähnliches auf

- Konterlatten
- Traglatten
- Schalungen
- Dachdeckungen
- Dachabdichtungen

befestigt, sind die daraus resultierenden Lasten im rechnerischen Nachweis für diese Befestigung sowie der lastweiterleitenden Bauteile zu berücksichtigen (siehe u. a. „Merkblatt Einbauteile bei Dachdeckungen").

3.2.2 Konterlatten

(1) Konterlatten müssen bei visueller Sortierung mindestens der Sortierklasse S 10 nach DIN 4047-1 entsprechen und über eine Mindestnenndicke von 24 mm verfügen. Maschinell sortierte Konterlatten müssen bei

- Nennquerschnitten 30/50 mm der Festigkeitsklasse C27 M
- Nennquerschnitten 40/60 mm der Festigkeitsklasse C24 M

nach DIN EN 338 entsprechen. Für Latten mit Nennquerschnitten kleiner 30/50 mm liegen keine Festigkeitswerte vor, weshalb eine Zuordnung zu einer Festigkeitsklasse nicht erfolgen kann und diese somit nicht verwendet werden können.

(2) Ohne rechnerischen Nachweis sind Konterlatten direkt auf Holz oder Holzwerkstoffen mit einer Rohdichte ≥ 350 kg/m³ nach Tabelle 6 bzw. 7 zu befestigen. Bei geringeren Nagelabmessungen ist ein Nachweis nach den Technischen Baubestimmungen erforderlich. Nägel oder Schrauben mit höherer Tragfähigkeit sind unter Einhaltung der Mindestrandabstände nach Abschnitt 3.1.3 zulässig.

Tabelle 6: Befestigung von Konterlatten unter Traglatten

			Befestigung von Konterlatten unter Traglatten pro m bei einem Achsabstand der Unterkonstruktion von maximal 1,0 m	
			Sattel- und Walmdächer	**Pultdächer**
Gebäudehöhe h	≤ 10 m	Wz 1	4 x Na 3,1 x 80 [a]	5 x Na 3,1 x 80 [a]
		Wz 2 B		6 x Na 3,1 x 80 [a]
		Wz 2 K	6 x Na 3,1 x 80 [a]	8 x Na 3,1 x 80 [b]
		Wz 3 B		
		Wz 3 K	7 x Na 3,1 x 80 [a]	9 x Na 3,1 x 80 [c]
		Wz 4 B		
		Wz 4 K	8 x Na 3,1 x 80 [b]	4 x RiNa 3,1 x 80
	≤ 18 m	Wz 1	5 x Na 3,1 x 80 [a]	6 x Na 3,1 x 80 [a]
		Wz 2 B		7 x Na 3,1 x 80 [a]
		Wz 2 K	7 x Na 3,1 x 80 [a]	9 x Na 3,1 x 80 [b]
		Wz 3 B		
		Wz 3 K	8 x Na 3,1 x 80 [b]	4 x RiNa 3,1 x 80
		Wz 4 B		
		Wz 4 K	9 x Na 3,1 x 80 [b]	5 x RiNa 3,1 x 80
	≤ 25 m	Wz 1	5 x Na 3,1 x 80 [a]	7 x Na 3,1 x 80 [a]
		Wz 2 B	6 x Na 3,1 x 80 [a]	8 x Na 3,1 x 80 [b]
		Wz 2 K	7 x Na 3,1 x 80 [a]	10 x Na 3,1 x 80 [c]
		Wz 3 B		
		Wz 3 K	8 x Na 3,1 x 80 [b]	4 x RiNa 3,1 x 80
		Wz 4 B		
		Wz 4 K	10 x Na 3,1 x 80 [c]	5 x RiNa 3,1 x 80
		Wz: Windzone B: Binnenland K: Küste und Inseln der Ostsee Na: Nagel RiNa: Rillennagel		[a] alternativ: 3 x RiNa 2,8 x 75 [b] alternativ: 4 x RiNa 2,8 x 75 oder 3 x RiNa 3,1 x 80 [c] alternativ: 4 x RiNa 3,1 x 80
		Eindringtiefe: Na 3,1 x 80: 40 mm RiNa 2,8 x 75: 35 mm RiNa 3,1 x 80: 40 mm		Bemessungswerte der Tragfähigkeit in Stabachse: Na 3,1 x 80: 230 N RiNa 2,8 x 75: 520 N RiNa 3,1 x 80: 670 N

Tabelle 7: Befestigung von Konterlatten unter Schalungen

Gebäudehöhe h		Befestigung von Konterlatten unter Schalungen pro m bei einem Achsabstand der Unterkonstruktion von maximal 1,0 m	
		Sattel- und Walmdächer	**Pult- und Flachdächer**
≤ 10 m	Wz 1	4 x RiNa 2,8 x 75 [a]	4 x RiNa 3,1 x 80 [c]
	Wz 2 B	4 x RiNa 2,8 x 75 [b]	5 x RiNa 3,1 x 80
	Wz 2 K	4 x RiNa 3,1 x 80	6 x RiNa 3,1 x 80
	Wz 3 B		
	Wz 3 K	5 x RiNa 3,1 x 80	7 x RiNa 3,1 x 80
	Wz 4 B		
	Wz 4 K	6 x RiNa 3,1 x 80	9 x RiNa 3,1 x 80
≤ 18 m	Wz 1	4 x RiNa 2,8 x 75 [b]	5 x RiNa 3,1 x 80
	Wz 2 B	4 x RiNa 3,1 x 80	6 x RiNa 3,1 x 80
	Wz 2 K	5 x RiNa 3,1 x 80	7 x RiNa 3,1 x 80
	Wz 3 B		
	Wz 3 K	6 x RiNa 3,1 x 80	8 x RiNa 3,1 x 80
	Wz 4 B		
	Wz 4 K	7 x RiNa 3,1 x 80	10 x RiNa 3,1 x 80
≤ 25 m	Wz 1	4 x RiNa 3,1 x 80	5 x RiNa 3,1 x 80
	Wz 2 B	5 x RiNa 3,1 x 80	6 x RiNa 3,1 x 80
	Wz 2 K	6 x RiNa 3,1 x 80	8 x RiNa 3,1 x 80
	Wz 3 B		
	Wz 3 K	7 x RiNa 3,1 x 80	9 x RiNa 3,1 x 80
	Wz 4 B		
	Wz 4 K	8 x RiNa 3,1 x 80	11 x RiNa 3,1 x 80

Wz: Windzone
B: Binnenland
K: Küste und Inseln der Ostsee
Na: Nagel
RiNa: Rillennagel

[a] alternativ: 7 x Na 3,1 x 80
[b] alternativ: 9 x Na 3,1 x 80
[b] alternativ: 10 x Na 3,1 x 80

Eindringtiefe:
Na 3,1 x 80: 40 mm
RiNa 2,8 x 75: 35 mm
RiNa 3,1 x 80: 40 mm

Bemessungswerte der Tragfähigkeit in Stabachse:
Na 3,1 x 80: 230 N
RiNa 2,8 x 75: 520 N
RiNa 3,1 x 80: 670 N

(3) Konterlatten können mit Unterbrechungen verlegt werden. Je Konterlatte sind unabhängig von Tabelle 6 bzw. 7 mindestens 2 Befestigungsmittel erforderlich.

(4) Die Befestigung von Konterlatten über Aufsparrendämmsystemen oder Holzwerkstoffplatten mit einer Rohdichte < 350 kg/m³ erfordert einen rechnerischen Nachweis oder kann nach Herstellerangaben erfolgen.

3.2.3 Traglatten

(1) Für Traglatten mit lichten Abständen ≤ 0,40 m und Achsabständen der Unterkonstruktion von maximal 1,0 m gelten hinsichtlich der Querschnitte und Sortierklassen die Tabelle 8. Die Befestigung erfolgt nach den Tabellen 9 bis 11.

(2) Für Traglatten, die nicht den Anforderungen nach Abschnitt (1) entsprechen, ist ein rechnerischer Nachweis nach den Technischen Baubestimmungen erforderlich.

(3) Traglatten sind so anzubringen, dass 2 volle Kanten auf dem Auflager aufliegen. Bei eingehängtem Deckmaterial dürfen Traglatten nur an der nach der Traufe zeigenden oberen Lattenkante teilweise baumkantige Ausbildungen aufweisen.

Tabelle 8: Traglatten ohne rechnerischen Nachweis aus Nadelholz

Nennquerschnitte in mm	Achsabstand der Unterkonstruktion in m	Sortierklasse nach DIN 4074-1 für visuell sortierte Latten	Sortierklasse nach DIN EN 338 für maschinell sortierte Latten
30/50	bis 0,80	S 10 TS oder S10[a]	C 27 M TS oder C 27 M[a]
40/60	bis 1,00	S 10 TS oder S10[a]	C 24 M TS oder C 24 M[a]
[a] maximale Holzfeuchte 20%			

Tabelle 9: Befestigung von Traglatten je Auflager für Gebäudehöhen h ≤ 10 m

Achsabstand der Unterkonstruktion	Windzone	Befestigung von Traglatten unter Dachziegel- und Dachsteindeckungen (Gebäudehöhe h ≤ 10m): Sattel- und Walmdächer	Pultdächer
≤ 0,8 m	Wz 1	RiNa 2,8 x 75	RiNa 3,1 x 80
	Wz 2 B		
	Wz 2 K	RiNa 3,1 x 80	RiNa 3,4 x 90
	Wz 3 B		RiNa 3,1 x 80
	Wz 3 K		2 x RiNa 3,1 x 80[a]
	Wz 4 B		RiNa 3,4 x 90
	Wz 4 K	RiNa 3,4 x 90	2 x RiNa 3,1 x 80[a]
≤ 1,0 m	Wz 1	RiNa 2,8 x 75	RiNa 3,1 x 80
	Wz 2 B	RiNa 3,1 x 80	
	Wz 2 K		2 x RiNa 3,1 x 80[a]
	Wz 3 B		RiNa 3,4 x 90
	Wz 3 K	RiNa 3,4 x 90	2 x RiNa 3,1 x 80[a]
	Wz 4 B		
	Wz 4 K	2 x RiNa 3,1 x 80[a]	

Wz: Windzone	K: Küste und Inseln der Ostsee
B: Binnenland	RiNa: Rillennagel
Eindringtiefe:	Bemessungswerte der Tragfähigkeit in Richtung der Stabachse:
RiNa 2,8 x 75: 24 mm	RiNa 2,8 x 75: 340 N
RiNa 3,1 x 80: 30 mm	RiNa 3,1 x 80: 600 N
RiNa 3,4 x 90: 40 mm	RiNa 3,4 x 90: 730 N
An Traglattenstößen ist nur 1 Rillennagel je Traglatte erforderlich.	
[a] Breite der Traglatte mindestens 53 mm	

Tabelle 10: Befestigung von Traglatten je Auflager für Gebäudehöhen 10 m < h ≤ 18 m

<table>
<tr><th colspan="3"></th><th colspan="2">Befestigung von Traglatten unter Dachziegel- und Dachsteindeckungen (Gebäudehöhe 10 < h ≤ 18m)</th></tr>
<tr><th colspan="3"></th><th>Sattel- und Walmdächer</th><th>Pultdächer</th></tr>
<tr><td rowspan="14">Achsabstand der Unterkonstruktion</td><td rowspan="7">≤ 0,8 m</td><td>Wz 1</td><td>RiNa 2,8 x 75</td><td rowspan="2">RiNa 3,1 x 80</td></tr>
<tr><td>Wz 2 B</td><td rowspan="3">RiNa 3,1 x 80</td></tr>
<tr><td>Wz 2 K</td><td rowspan="2">RiNa 3,4 x 90</td></tr>
<tr><td>Wz 3 B</td></tr>
<tr><td>Wz 3 K</td><td>RiNa 3,4 x 90</td><td rowspan="3">2 x RiNa 3,1 x 80 [a]</td></tr>
<tr><td>Wz 4 B</td><td>RiNa 3,1 x 80</td></tr>
<tr><td>Wz 4 K</td><td>2 x RiNa 3,1 x 80 [a]</td></tr>
<tr><td rowspan="7">≤ 1,0 m</td><td>Wz 1</td><td rowspan="2">RiNa 3,1 x 80</td><td>RiNa 3,1 x 80</td></tr>
<tr><td>Wz 2 B</td><td>RiNa 3,4 x 90</td></tr>
<tr><td>Wz 2 K</td><td rowspan="2">RiNa 3,4 x 90</td><td rowspan="4">2 x RiNa 3,1 x 80 [a]</td></tr>
<tr><td>Wz 3 B</td></tr>
<tr><td>Wz 3 K</td><td>2 x RiNa 3,1 x 80 [a]</td></tr>
<tr><td>Wz 4 B</td><td>RiNa 3,4 x 90</td></tr>
<tr><td>Wz 4 K</td><td>2 x RiNa 3,1 x 80 [a]</td><td>2 x RiNa 3,4 x 90 [b]</td></tr>
<tr><td colspan="3">Wz: Windzone
B: Binnenland</td><td colspan="2">K: Küste und Inseln der Ostsee
RiNa: Rillennagel</td></tr>
<tr><td colspan="3">Eindringtiefe:
RiNa 2,8 x 75: 24 mm
RiNa 3,1 x 80: 30 mm
RiNa 3,4 x 90: 40 mm</td><td colspan="2">Bemessungswerte der Tragfähigkeit in Richtung der Stabachse:
RiNa 2,8 x 75: 340 N
RiNa 3,1 x 80: 600 N
RiNa 3,4 x 90: 730 N</td></tr>
<tr><td colspan="5">An Traglattenstößen ist nur 1 Rillennagel je Traglatte erforderlich.</td></tr>
<tr><td colspan="5">[a] Breite der Traglatte mindestens 53 mm
[b] Breite der Traglatte mindestens 58 mm / Breite der Konterlatte mindestens 51 mm</td></tr>
</table>

Tabelle 11: Befestigung von Traglatten je Auflager für Gebäudehöhen 18 m < h ≤ 25 m

<table>
<tr><th colspan="3"></th><th colspan="2">Befestigung von Traglatten unter Dachziegel- und Dachsteindeckungen (Gebäudehöhe 18 < h ≤ 25m)</th></tr>
<tr><th colspan="3"></th><th>Sattel- und Walmdächer</th><th>Pultdächer</th></tr>
<tr><td rowspan="14">Achsabstand der Unterkonstruktion</td><td rowspan="7">≤ 0,8 m</td><td>Wz 1</td><td rowspan="4">RiNa 3,1 x 80</td><td>RiNa 3,1 x 80</td></tr>
<tr><td>Wz 2 B</td><td>RiNa 3,4 x 90</td></tr>
<tr><td>Wz 2 K</td><td rowspan="5">2 x RiNa 3,1 x 80 [a]</td></tr>
<tr><td>Wz 3 B</td></tr>
<tr><td>Wz 3 K</td><td rowspan="2">RiNa 3,4 x 90</td></tr>
<tr><td>Wz 4 B</td></tr>
<tr><td>Wz 4 K</td><td>2 x RiNa 3,1 x 80 [a]</td></tr>
<tr><td rowspan="7">≤ 1,0 m</td><td>Wz 1</td><td rowspan="2">RiNa 3,1 x 80</td><td>RiNa 3,4 x 90</td></tr>
<tr><td>Wz 2 B</td><td rowspan="5">2 x RiNa 3,1 x 80 [a]</td></tr>
<tr><td>Wz 2 K</td><td rowspan="2">RiNa 3,4 x 90</td></tr>
<tr><td>Wz 3 B</td></tr>
<tr><td>Wz 3 K</td><td rowspan="3">2 x RiNa 3,1 x 80 [a]</td></tr>
<tr><td>Wz 4 B</td></tr>
<tr><td>Wz 4 K</td><td>2 x RiNa 3,4 x 90 [b]</td></tr>
<tr><td colspan="3">Wz: Windzone
B: Binnenland</td><td colspan="2">K: Küste und Inseln der Ostsee
RiNa: Rillennagel</td></tr>
<tr><td colspan="3">Eindringtiefe:
RiNa 2,8 x 75: 24 mm
RiNa 3,1 x 80: 30 mm
RiNa 3,4 x 90: 40 mm</td><td colspan="2">Bemessungswerte der Tragfähigkeit in Richtung der Stabachse:
RiNa 2,8 x 75: 340 N
RiNa 3,1 x 80: 600 N
RiNa 3,4 x 90: 730 N</td></tr>
<tr><td colspan="5">An Traglattenstößen ist nur 1 Rillennagel je Traglatte erforderlich.</td></tr>
<tr><td colspan="5">[a] Breite der Traglatte mindestens 53 mm
[b] Breite der Traglatte mindestens 58 mm / Breite der Konterlatte mindestens 51 mm</td></tr>
</table>

3.2.4 Schalungen als Unterlage von Dachdeckungen und Dachabdichtungen

(1) Für Schalungen aus Brettern und Platten mit Auflagerabständen bis zu 1,0 m und ohne weitere statische Funktion (z. B. Aussteifung von Nagelplattenbindern) gelten hinsichtlich der Sortierklasse bzw. technischen Klasse und Nenndicken der Abschnitt 2.3 (6) sowie die Tabellen 12 und 13.

Bei Achsabständen der Unterkonstruktion von mehr als 1,0 m ist ein rechnerischer Nachweis der Schalung sowie der Befestigung nach den Technischen Baubestimmungen erforderlich.

Tabelle 12: Nenndicke, zulässige Achsabstände der Unterkonstruktionen und

<table>
<tr><th>Nenndicke von Holzschalungen in mm</th><th>Achsabstand der Unterkonstruktion in m</th><th>Sortierklasse DIN 4074-1</th></tr>
<tr><td>≥ 24</td><td>≤ 0,80</td><td rowspan="3">S 10</td></tr>
<tr><td>≥ 28</td><td>≤ 0,90</td></tr>
<tr><td>≥ 30</td><td>≤ 1,0</td></tr>
</table>

Tabelle 13: Nenndicke und zulässige Achsabstände der Unterkonstruktion von Holzwerkstoffen

Nenndicke von Holzwerkstoffschalungen in mm	Achsabstand der Unterkonstruktion in m
≥ 22	≤ 0,80
≥ 25	≤ 1,0

(2) Die erforderliche Schalungsdicke kann durch einen Einzelnachweis nach den Technischen Baubestimmungen, insbesondere unter Berücksichtigung der Lasten aus dem Arbeitsbetrieb (siehe „Hinweise zur Lastenermittlung"), ermittelt werden. Schalungen mit zusätzlicher statischer Funktion für das Tragwerk (z. B. Aussteifung von Nagelplattenbindern) und deren Befestigung müssen unabhängig vom Auflagerabstand nach den Technischen Baubestimmungen berechnet werden.

(3) Schalungen mit Brettbreiten von maximal 0,16 m sind nach Tabelle 14 je Auflager zu befestigen. Bei Brettbreiten über 0,16 m ist die Verbindungsmittelanzahl nach Tabelle 14 linear um ganze Verbindungsmittel zu erhöhen. Bei größeren Achsabständen der Unterkonstruktion und/oder größeren Gebäudehöhen ist ein Nachweis nach den Technischen Baubestimmungen erforderlich.

(4) Schalungen aus Holzwerkstoffen sind nach Tabelle 7 oder auf Grundlage eines Nachweises nach den Technischen Baubestimmungen zu befestigen. Anstelle von Nägeln 3,1 x 80 können auch Klammern 1,8 x 65 verwendet werden. Anstelle von Rillennägeln 2,8 x 75 oder 3,1 x 80 können auch Klammern 1,8 x 65 verwendet werden, wenn die Anzahl verdoppelt wird.

(5) Die feuchtebedingten Längenänderungen von Holzwerkstoffplatten können bis zu 2 mm pro Meter betragen. Dies ist bei der Verlegung entsprechend zu berücksichtigen.

(6) Querstöße von Holzschalungen dürfen nur auf den unterstützenden Bauteilen (z. B. Sparren oder Pfetten) angeordnet werden. Die Auflagertiefe ergibt sich nach Abschnitt 3.1.3.

3.3 Holz und Holzwerkstoffe als Unterlage bzw. Unterkonstruktion von Außenwandbekleidungen

3.3.1 Allgemeines

Glattschaftige Nägel sind für die Befestigung von Unterkonstruktionen von Außenwandbekleidungen nicht zugelassen.

Tabelle 14: Befestigung von Schalungsbrettern

			Befestigung von Schalungsbrettern mit einer Breite ≤ 0,16 m je Auflager (Gebäudehöhe h ≤ 25 m)	
			Sattel- und Walmdächer	**Pult- und Flachdächer**
Achsabstand der Unterkonstruktion ≤ 0,80 m	Nenndicke der Schalung ≤ 26 mm	Wz 1	2 × Nagel 2,8 x 65 [a]	2 × Nagel 3,1 x 80 [a]
		Wz 2		
		Wz 3		3 × Nagel 3,1 x 80 [a]
		Wz 4		
Achsabstand der Unterkonstruktion ≤ 1,0 m	Nenndicke der Schalung ≤ 32 mm	Wz 1	2 × Nagel 3,1 x 80 [a]	3 × Nagel 3,1 x 80 [a]
		Wz 2		
		Wz 3	3 × Nagel 3,1 x 80 [a]	4 × Nagel 3,1 x 80 [a]
		Wz 4		

Wz: Windzone

[a] alternativ: 2 x Klammern 1,8 x 65 oder 2 x Rillennagel 2,8 x 75

Bei Aufsparrendämmungen und Unterdeckplatten muss die Dicke der Konterlatten mindestens 34 mm für Nägel 2,8 x 65 und 38 mm für Nägel 3,1 x 80 betragen. Bei Verwendung von Rillennägeln 2,8 x 75 beträgt die Dicke der Konterlatten mindestens 24 mm.

3.3.2 Grundhölzer

(1) Grundhölzer aus Nadelholz für Außenwandbekleidungen mit kleinformatigen Platten müssen mindestens der Sortierklasse S 10 nach DIN 4074-1 entsprechen und über einen Nennquerschnitt von 30/50 mm verfügen.

(2) Ist ein statischer Nachweis der Grundhölzer erforderlich, so ist dieser nach den Technischen Baubestimmungen zu führen. Festlegungen über das Erfordernis eines statischen Nachweises sind der jeweiligen Landesbauordnung zu entnehmen.

(3) Verankerungsmittel (Verankerungselemente) für die Befestigung der Grundhölzer müssen eine ständige Zugkraft aufnehmen können. Die Art und Anzahl der erforderlichen Verankerungsmittel ergibt sich aus einem statischen Nachweis nach den Technischen Baubestimmungen. Geeignete Produkte je nach Verankerungsgrund sind hierfür z. B.

- Schrauben-Dübel-Kombinationen mit allgemeiner bauaufsichtlicher Zulassung,
- Rillennägel nach DIN EN 14592,
- Holzschrauben mit allgemeiner bauaufsichtlicher Zulassung.

Bei der Verwendung von Schrauben-Dübel-Kombinationen ist der Zulassung zu entnehmen, ob die Anwendung nur im Druckbereich (z. B. Nylon-Dübel in Mauerwerk) oder Druck- und Zugbereich (z. B. Sonderformen für Stahlbeton-Skelett-Stützen) zulässig ist.

3.3.3 Traglatten

(1) Traglatten für Außenwandbekleidungen mit kleinformatigen Platten müssen mindestens der Sortierklasse S 10 nach DIN 4074-1 entsprechen und über einen Nennquerschnitt von mindestens 30/50 mm verfügen.

(2) Die Art und Anzahl der Verbindungsmittel pro Kreuzungspunkt ergibt sich aus dem statischen Nachweis nach den Technischen Baubestimmungen.

(3) Geeignete Verbindungsmittel sind z. B.:

- Profilierte Nägel (Rillennägel) nach DIN EN 14592,
- Holzschrauben mit allgemeiner bauaufsichtlicher Zulassung.

3.3.4 Schalungen

(1) Schalungen aus Nadelholz für Außenwandbekleidungen mit kleinformatigen Platten sollen mindestens der Sortierklasse S 10 nach DIN 4074-1 entsprechen und über eine Nenndicke von 24 mm verfügen. Hinsichtlich der erforderlichen Schalungsdicke sind die "Fachregeln für Außenwandbekleidungen" zu beachten.

(2) Die Art und Anzahl der Verbindungsmittel pro Kreuzungspunkt ergibt sich aus dem statischen Nachweis nach den Technischen Baubestimmungen. Bei Schalungen aus Brettern sind bis Brettbreiten von 0,16 m mindestens 2, bei Brettbreiten über 0,16 m mindestens 3 Verbindungsmittel pro Kreuzungspunkt zu verwenden.

(3) Geeignete Verbindungsmittel sind z. B.

- Profilierte Nägel (Rillennägel) nach DIN EN 14592,
- Holzschrauben mit allgemeiner bauaufsichtlicher Zulassung.

3.4 Sonstige Holzbauteile

3.4.1 Schalungen für Unterdächer und Sichtschalungen

(1) Nicht sichtbar bleibende Schalungen für Unterdächer und Unterdeckungen sind aus besäumten, ungehobelten, mindestens 18 mm dicken Brettern nach DIN 68365[24)], Güteklasse 3, herzustellen.

(2) Für Schalungen von Unterdächern oder Unterdeckungen wird die Befestigung nach Abschnitt 3.2.4 empfohlen.

(3) Sichtbar bleibende Schalungen (z. B. Vordach-, Ort-, Traufschalung) sind an der Sichtfläche aus gespundeten und gehobelten Brettern nach DIN 68365, Güteklasse 2, oder gespundeten Bohlen nach DIN 4072[25)] herzustellen. Die Dicke der Bretter sollte mindestens 16 mm betragen.

(4) Sichtbar bleibende Schalungen (z. B. Vordach-, Ort-, Traufschalung) aus Holzwerkstoffen, die der Bewitterung ausgesetzt sind, sollen für die Nutzungsklasse 3 (siehe Abschnitt 2.1) geeignet sein.

(5) Schalung aus Holzwerkstoffen für nichttragende Zwecke müssen den Abschnitten 2.3 (6) bzw. 2.3 (7) entsprechen.

3.4.2 Bohlen und Kanthölzer

(1) Die Befestigung von Bohlen und Kanthölzern hat sich an dem jeweiligen Verwendungszweck zu orientieren. Es wird für die Befestigung von Bohlen und Kanthölzern gemäß den unterschiedlichen Beanspruchungen unterschieden. Die "Hinweise zur Lastenermittlung" sind zu beachten.

(2) Bei Dachdeckungen werden die Befestigungsmittel der Bohlen überwiegend einfach (Abscheren), bei Abdichtungen mehrfach (Abscheren und Herausziehen) beansprucht. Die verwendeten Befestigungsmittel müssen für diese Lastfälle geeignet sein. Die

---

24) DIN 68365 Schnittholz für Zimmererarbeiten – Sortierung nach dem Aussehen – Nadelholz

25) DIN 4072 Gespundete Bretter aus Nadelholz

Tabelle 15: Zuordnung von Holz und Holzwerkstoffen zu Gebrauchsklassen in Abhängigkeit von der Gefährdung

GK (Gebrauchsklasse)		Holzfeuchte [a]	Gefährdung durch				Auswaschbeanspruchung
			Insekten	holzzerstörende Pilze	Moderfäule	Holzschädlinge im Meerwasser	
0		trocken (ständig ≤ 20%)	Nein	Nein	Nein	Nein	Nein
1		trocken (ständig ≤ 20%)	Ja	Nein	Nein	Nein	Nein
2		gelegentlich feucht (> 20%)	Ja	Ja	Nein	Nein	Nein
3	3.1	gelegentlich feucht (> 20%)	Ja	Ja	Nein	Nein	Ja
	3.2[b]	gelegentlich feucht (> 20%)	Ja	Ja	Nein	Nein	Ja
4		vorwiegend bis ständig feucht (> 20%)	Ja	Ja	Ja	Nein	Ja
5		ständig feucht (> 20%)	Ja	Ja	Ja	Ja	Ja

[a] Die Begriffe „gelegentlich", „vorwiegend" und „ständig" zeigen eine zunehmende Beanspruchung an, ohne dass hierfür wegen der sehr unterschiedlichen Einflussgrößen genaue Zahlenangaben möglich sind.

[b] Im Gegensatz zur GK 3.1 ist eine Anreicherung von Feuchtigkeit in GK 3.2 möglich (z. B. stehendes Wasser auf einem horizontalen Balkonbalken).

Herstellerangaben zu den Befestigungsmitteln bzw. Abschnitt 3.1 sind zu beachten.

(3) Bei einfacher Beanspruchung auf Abscheren ist die Befestigung der Bohle oder des Kantholzes mit Drahtstiften in jedem Kreuzungspunkt ausreichend. Die erforderliche Einschlagtiefe ist zu berücksichtigen.

(4) Bohlen und Kanthölzer können einfach auf verschiedenen Untergründen oder mehrfach aufeinander verwendet werden. Bei der Verwendung von mehreren Bohlen oder Kanthölzern übereinander ist jede Bohle oder jedes Kantholz einzeln zu befestigen.

(5) Werden Bohlen oder Kanthölzer durch die Dämmstoffe hindurch an der tragenden Unterkonstruktion befestigt, erfolgt eine zusätzliche Beanspruchung der Befestigungen auf Biegung.

(6) Bohlen oder Kanthölzer sind bei Aufsparrendämmungen nach der Typenstatik des Herstellers zu befestigen.

(7) Werden Kanthölzer in die tragende Dachkonstruktion eingebunden, sind für die Verbindungen untereinander bauaufsichtlich zugelassene Verbindungsmittel wie Balkenschuhe, Sparrenpfettenanker, Winkel o. ä. zu verwenden.

4 Holzschutz

4.1 Allgemeines

(1) Für tragende Bauteile aus Holz und Holzwerkstoffen sind in Abhängigkeit von der Gefährdung des Holzes bzw. Holzwerkstoffes Maßnahmen zu dessen Schutz nach DIN 68800-1[26] erforderlich. Für nicht tragende Bauteile sind diese Maßnahmen zum Holzschutz empfehlenswert.

(2) Die erforderlichen Maßnahmen ergeben sich aus den bestehenden Gefährdungen und der daraus resultierenden Gebrauchsklasse (GK). Tabelle 15 zeigt vereinfacht die Zuordnung zu den Gebrauchsklassen nach DIN 68800-1.

Beispiel für GK 0:

- Sparren beim vollgedämmten Steildach mit
  - belüfteter Dachdeckung
  - Unterdeckbahn mit $s_d \leq 0{,}3$ m (als insektenundurchlässige Abdeckung des Holzsparrens)
  - Zwischensparrendämmung
  - Dampfsperre mit $s_d \geq 2{,}0$ m (als insektenundurchlässige Abdeckung des Holzsparrens)
  - Raumseitige Bekleidung.

[26] DIN 68800-1 Holzschutz – Teil 1: Allgemeines

(3) Holzbauteile, bei denen eine Gefährdung durch holzzerstörende Insekten besteht, werden der Gebrauchsklasse (GK) 0 zugeordnet, wenn das Holz

- in Aufenthaltsräumen (z. B. sichtbarer Dachstuhl) oder vergleichbar verbaut ist

oder

- mit einer allseitig insektenundurchlässigen Abdeckung versehen ist

oder

- ohne bauliche Veränderung auf das Vorkommen von holzzerstörenden Insekten überprüft werden kann (z. B. sichtbare Hölzer in begehbaren, unbeheizten Dachräumen; sichtbare Sparren im Bereich des Dachüberstands) und ein sichtbar bleibender Hinweis auf die Notwendigkeit der regelmäßigen Kontrolle vorhanden ist.

(4) Als Maßnahmen zum Schutz des Holzes vor Organismen stehen z. B.

- Bauliche Maßnahmen (grundsätzliche und besondere bauliche Maßnahmen),
- Verwendung von Holzarten mit einer höheren Dauerhaftigkeitsklasse,
- Anwendung von Holzschutzmitteln

zur Verfügung.

(5) Schutzmaßnahmen sind nur dann erforderlich, wenn entsprechend der Gebrauchsklasse eine Gefährdung des Holzes bzw. Holzwerkstoffes besteht. Bei der Auswahl der Schutzmaßnahmen sind grundsätzliche bauliche Maßnahmen immer zu berücksichtigen. Besondere bauliche Maßnahmen sollten der Anwendung von Holzschutzmitteln vorgezogen werden.

(6) Bei Einhaltung der grundsätzlichen und besonderen baulichen Maßnahmen werden Holzbauteile der Gebrauchsklasse 0 zugeordnet und benötigen keine weitere Schutzmaßnahme. Werden die besonderen baulichen Maßnahmen nicht eingehalten, ist der Holzschutz nach DIN 68800 zu planen und auszuführen.

4.2 Grundsätzliche bauliche Maßnahmen

(1) Grundsätzliche bauliche Maßnahmen beziehen sich auf die Holzfeuchte

- während des Transports, der Lagerung und des Einbaus,
- im Gebrauchszustand.

(2) Während des Transports und der Lagerung sind Holz und Holzwerkstoffe durch Abdecken vor Niederschlägen zu schützen, ein vollständiges Verpacken mit diffusionshemmenden Folien sollte vermieden werden. Bei der Lagerung sollte Bodenkontakt vermieden werden.

(3) Beim Einbau von Holz als

- Dachlatten,
- Schalungen als Unterlage von Dachdeckungen, Dachabdichtungen, Unterdächern, Unterdeckungen und Außenwandbekleidungen,
- Bohlen und Kanthölzern,
- Sparren und Pfetten,
- Wechsel für Dachfenster

darf deren Holzfeuchte maximal 20 % betragen.

(4) Wird Holz während der Bauphase auf mehr als 20 % aufgefeuchtet (z. B. infolge von Niederschlägen), so muss sichergestellt sein, dass innerhalb von maximal 3 Monaten nach Abschluss der Arbeiten eine Holzfeuchte von maximal 20 % vorliegt. Bauteile nach Abschnitt (3), die direkt an eine belüftete Luftschicht grenzen, trocknen innerhalb dieses Zeitraums auf eine Holzfeuchte ≤ 20 % ab. Dies gilt auch für Schalungen, die oberseitig diffusionsoffen abgedeckt sind und unterseitig an eine belüftete Luftschicht grenzen.

(5) Während der Bauphase sind Holzwerkstoffe, mit Ausnahme von Unterdeckplatten (gemäß „Produktdatenblatt für Unterdeckplatten aus Holzfasern") vor Niederschlägen zu schützen.

(6) Andere Bau- und Dämmstoffe innerhalb eines Bauteilquerschnittes sind so einzubauen, dass die in ihnen enthaltene Feuchte nicht

- zu einem Quellen und Schwinden der angrenzenden Hölzer und Holzwerkstoffe führen, welches deren Brauchbarkeit beeinträchtigt, oder
- zu den Voraussetzungen für den Befall der angrenzenden Hölzer und Holzwerkstoffe durch holzzerstörende Pilze führen kann.

(7) Hohe Baufeuchte (z. B. resultierend aus hohen Luftfeuchten infolge von Putz- oder Estricharbeiten im Gebäudeinneren) darf nicht

- zu einem Quellen und Schwinden von Holz und Holzwerkstoffen führen, welches deren Brauchbarkeit beeinträchtig, oder
- zu den Voraussetzungen für den Befall von Holz und Holzwerkstoffen durch holzzerstörende Pilze führen.

Aus diesem Grund sind Räume mit hoher Baufeuchte und daraus resultierender hoher Raumluftfeuchte solange intensiv zu lüften und ggf. zu beheizen oder technisch zu trocknen, bis die hohe Baufeuchte abgeklungen ist.

(8) Im Gebrauchszustand müssen Holz und Holzwerkstoffe vor

- Niederschlägen (Ausnahme: Holzwerkstoffe mit allgemeiner bauaufsichtlicher Zulassung als Außenwandbekleidung, Dachdeckungen mit Holzschindeln),

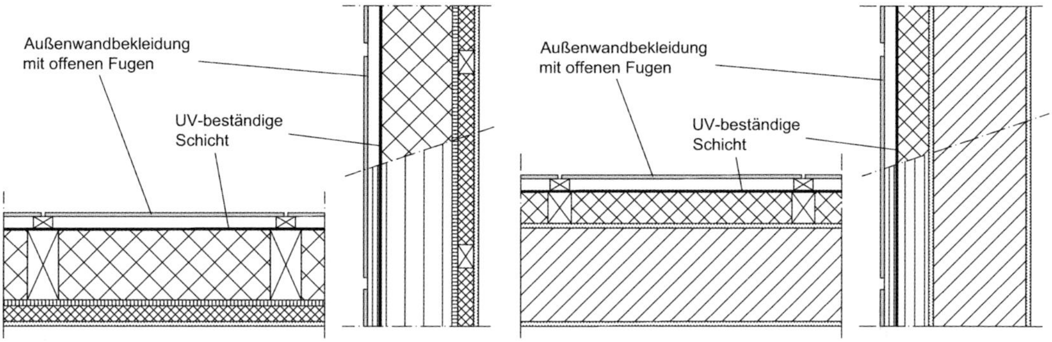

Abb. 4.1: Beispiele für Außenwandkonstruktionen mit Außenwandbekleidungen mit offenen Fugen und dahinterliegender UV-beständiger Schicht

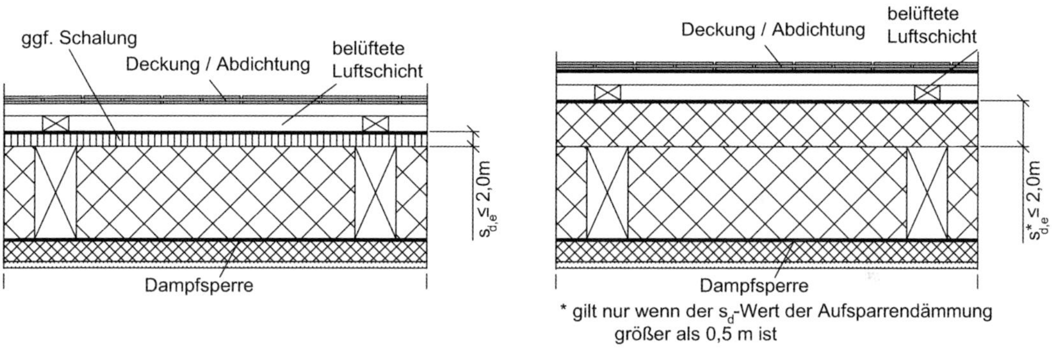

Abb. 4.2: Beispiele für Dachkonstruktionen aus Holz mit Zwischensparrendämmung oder Zwischen- und Aufsparrendämmung

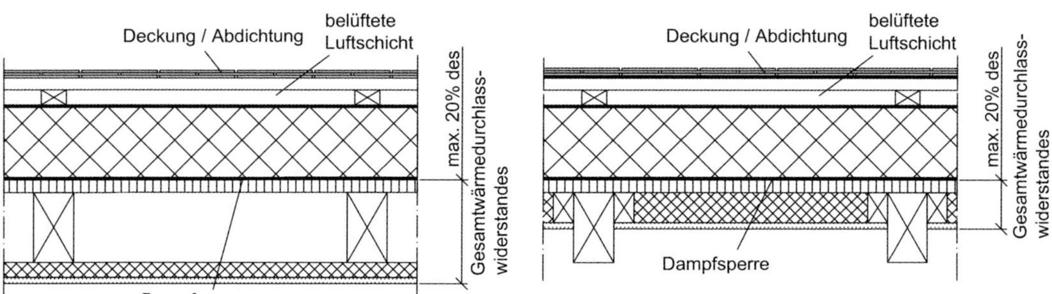

Abb. 4.3: Beispiele für Dachkonstruktionen aus Holz mit Aufsparrendämmung

- Feuchte aus angrenzenden Stoffen und Bauteilen,
- Tauwasserausfall, der zu einer Holzfeuchte > 20 % führt,

geschützt werden.

(9) Dachdeckungen, Dachabdichtungen und Außenwandbekleidungen nach dem Regelwerk des Dachdeckerhandwerks stellen einen ausreichenden Niederschlagsschutz zur Sicherstellung der Dauerhaftigkeit von Holz und Holzwerkstoffen dar. Einschränkungen hinsichtlich der Verwendbarkeit von Holz oder Holzwerkstoffen anderer Regelwerksteile sind zu berücksichtigen (z. B. übermäßige Niederschlagseinträge durch große Unterschreitung der Regeldachneigung). Bei Außenwandbekleidungen mit offenen Fugen und tragenden Holzbauteilen raumseitig der Belüftungsschicht ist eine dauerhaft wirksame wasserableitende und UV-beständige

Schicht nach Abbildung 4.1 anzuordnen. Die ausreichende UV-Beständigkeit von Folien oder ähnlichen Baustoffen ist durch einen bauaufsichtlichen Verwendbarkeitsnachweis nachzuweisen.

(10) Zur Vermeidung von Tauwasserausfall, der zu einer Holzfeuchte > 20 % führt, sind Bauteile nachweisfrei nach dem „Merkblatt Wärmeschutz bei Dach und Wand" oder mit rechnerischem Nachweis nach DIN 4108-3 auszuführen.

(11) Bei nachweisfreien Bauteilen nach dem „Merkblatt Wärmeschutz bei Dach und Wand" darf der s_d-Wert nach Abbildung 4.2 außenseitig der Holzbauteile bzw. zwischen den Holzbauteilen und einer belüfteten Luftschicht maximal 2,0 m betragen. Dies gilt nicht für Bauteile nach Abbildung 4.3.

(12) Dachkonstruktionen, deren Tauwasserschutz durch einen rechnerischen Nachweis nach DIN 4108-3 nachgewiesen wird, müssen eine rechnerische Trocknungsreserve von 250 g/(m² · a) nach DIN 68800-2[27)] aufweisen. Außenwandkonstruktionen, deren Tauwasserschutz durch einen rechnerischen Nachweis nach DIN 4108-3 nachgewiesen wird, müssen eine rechnerische Trocknungsreserve von 100 g/(m² · a) nach DIN 68800-2 aufweisen.

4.3 Besondere bauliche Maßnahmen

(1) Besondere bauliche Maßnahmen beziehen sich auf die Vermeidung von Bauschäden durch holzzerstörende Pilze und Insekten. Sie sind anzuwenden, wenn die Gebrauchsklasse GK 0 (d. h. die Anwendung von Holzschutzmitteln ist nicht erforderlich) erreicht werden soll und die grundsätzlichen baulichen Maßnahmen alleine eine Zuordnung zu GK 0 nicht erlauben.

(2) Die besonderen baulichen Maßnahmen der DIN 68800-2 ordnen Latten als Unterkonstruktionen von Außenwandbekleidungen, Dachlatten, Traufbohlen und Dachschalungen der GK 0 zu. Diese Bauteile benötigen keine weiteren Holzschutzmaßnahmen (insbesondere keinen Schutz durch Holzschutzmittel).

Im Anhang A der DIN 68800-2 sind Bauteile enthalten, die die Anforderungen der Gebrauchsklasse 0 einhalten. Für einige Dachkonstruktionen werden in diesem Anhang Höhen für belüftete Luftschichten gefordert, die größer als die Anforderungen des „Merkblatt Wärmeschutz bei Dach und Wand" sind.

(3) Holzbauteile unter Dach sind durch entsprechende Überstände anderer Bauteile (z. B. Bekleidungen) vor Niederschlägen zu schützen. Dies ist der Fall, wenn zwischen Vorderkante des schützenden Bauteils und Unterkante des zu schützenden Holzbauteils ein Winkel von höchstens 60°, bezogen auf die Horizontale, nach Abbildung 4.4 vorhanden ist.

27) DIN 68800-2 Holzschutz – Teil 2: Vorbeugende bauliche Maßnahmen im Hochbau

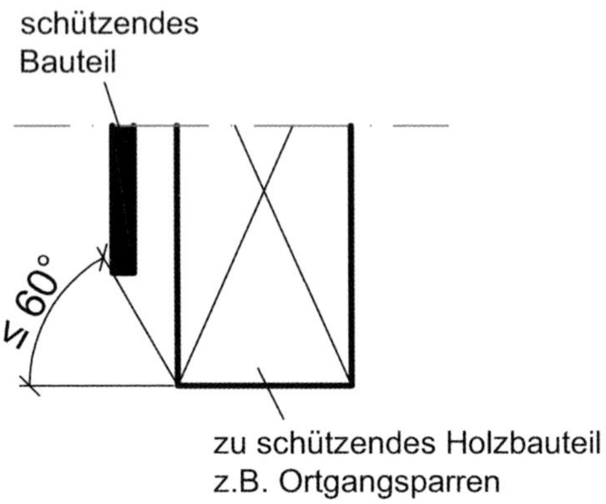

Abb. 4.4: Schutz von Holzbauteilen gegen Niederschläge durch andere Bauteile

Dies ist insbesondere am Pultabschluss, Ortgang und Pfettenkopf zu berücksichtigen.

(4) Durch

- den Einsatz von Holz in Aufenthaltsräumen (z. B. sichtbarer Dachstuhl) oder vergleichbar,

oder

- den Einsatz von technisch getrocknetem Holz oder Holzwerkstoffen mit einer Holzfeuchte von ≤ 20 % im Gebrauchszustand,

oder

- eine allseitige insektenundurchlässige Abdeckung des Holzes,

oder

- offene Anordnung des Holzes, so dass es ohne bauliche Veränderung kontrolliert werden kann und ein sichtbar bleibender Hinweis auf die Notwendigkeit der regelmäßigenv Kontrolle vorhanden ist,

oder

- Verwendung von Farbkernhölzern mit einem Splintholzanteil von ≤ 10 %

kann ein Bauschaden durch holzzerstörende Insekten vermieden werden.

(5) Als insektenunzugänglich sind Bauteile zu betrachten, die innen- und außenseitig z. B.

- Holzwerkstoffplatten mit Nut-Feder-Verbindung,
- Profilbrettschalung,
- Rauspund,
- Gipsbauplatten mit Fugenverspachtelung,
- Folien mit luftdicht geschlossenen Überlappungen,
- Unterdeckungen aus Bahnen, die an Nähten und Stößen verklebt sind und Schnittkanten an Grat und First abdecken,
- Unterdeckungen aus Platten

aufweisen.

Deutsches Dachdeckerhandwerk
– Regelwerk –

Hinweise zur Lastenermittlung

Aufgestellt und herausgegeben vom

Zentralverband des Deutschen Dachdeckerhandwerks – Fachverband Dach-, Wand- und Abdichtungstechnik – e.V.

Ausgabe Mai 2019

RM Rudolf Müller

Vorgänger

Hinweise zur Lastenermittlung	Ausgabe September 1997 mit Änderungen März 2003
Hinweise zur Lastenermittlung	Ausgabe Oktober 2011

Inhaltsverzeichnis

1 Allgemeines

1.1 Geltungsbereich

(1) Die „Hinweise zur Lastenermittlung“ sind Grundlage für die Angaben in den jeweiligen Fachregeln für die Ausführung von Dachdeckungen, Dachabdichtungen und Außenwandbekleidungen.

(2) Die „Hinweise zur Lastenermittlung“ ergänzen die jeweiligen Fachregeln und erläutern deren Angaben um Regelungen und Zusammenhänge für die Ermittlung von Lasten und der Einteilung von Flächen.

(3) Standsicherheitsnachweise von Bauwerken und Bauwerksteilen sind nach den bauaufsichtlich eingeführten Vorschriften zu führen. Davon abweichende Regelungen in den „Hinweisen zur Lastenermittlung“ sind dafür nicht geeignet und stellen lediglich eine praxisorientierte Vorgehensweise zur Windsogsicherung von Dachdeckungen, Dachabdichtungen und Außenwandbekleidungen dar.

1.2 Allgemeine Hinweise

(1) Bei der Ausführung von Dachdeckungen, Dachabdichtungen und Außenwandbekleidungen ist zu beachten, dass die an der äußeren Oberfläche einwirkenden Lasten sicher in die dem statischen Standsicherheitsnachweis entsprechenden Unterkonstruktionen abgeführt werden.

(2) Grundlagen für die Hinweise zur Lastenermittlung sind die bauaufsichtlich eingeführten Vorschriften und Erkenntnisse aus der Praxis.

(3) Die verwendeten Berechnungsgrundlagen und die gewählten praxisorientierten Vereinfachungen geben einen Überblick über die unterschiedlich belasteten Bereiche. Die mathematisch genaue Umsetzung dieser theoretischen Grundlagen in handwerkliche Regeln für die unterschiedlichsten Produkte ist nicht möglich.

(4) Die Lastenermittlung ist bereits bei der Planung zu berücksichtigen. Gegebenenfalls ist ein Tragwerksplaner heranzuziehen. Wenn im Sanierungsfall das Eigengewicht der Dachdeckung oder Dachabdichtung einschließlich aller funktionsbedingten Schichten erhöht wird, ist eine Prüfung der Unterkonstruktionen hinsichtlich der statischen Tragfähigkeit zu empfehlen. Gegebenenfalls ist ein statischer Nachweis erforderlich.

(5) Änderungen in der tragenden Konstruktion, z. B. Einbau von Dachgauben, Dachflächenfenstern, Lichtkuppeln, sind nach handwerklichen Regeln und ggf. nach statischem Nachweis auszuführen.

(6) Der Bauzustand stellt regelmäßig eine größere Belastung für Bauteile als der Endzustand dar. Lastumlagerungen und Anhäufungen während der Ausführung von Dachdeckerarbeiten (z. B. Kies bei Flachdachabdichtungen) sowie Lagerung von Material auf der Dachfläche (z. B. auf dafür speziell vorgesehenen Dachständern) bewirken in der Regel eine punktuelle Nutzlastüberschreitung. Um Risse, irreversible Verformungen oder gar Bruch zu vermeiden, sind sie nur auf tragenden Bauteilen wie Wänden, Stützen oder Unterzügen vorzusehen. Dabei sind lastverteilende Beläge zu verwenden. Im Zweifel sind Tragwerksplaner einzuschalten.

(7) Im Einzelnen sind zu beachten: Eigengewichtslasten, Schneelasten, Windlasten und Verkehrslasten.

(8) Einzelnachweise der Tragfähigkeit oder Gebrauchstauglichkeit oder Lagesicherheit (Windsogsicherung) sind vorrangig vor Vereinfachungen von Fachregeln und Hinweisen zu betrachten.

(9) Weiter gehende Vorschriften der jeweiligen Landesbauordnungen sind zu beachten.

2 Eigengewichtslasten

(1) Die Ermittlung der Eigengewichtslasten erfolgt nach den Technischen Baubestimmungen der Bundesländer, hier insbesondere DIN EN 1991-1-1[1]. Die gängigsten Werte sind den Tabellen im Anhang I zu entnehmen. Die Rechenwerte für Produkte, die in diesen Tabellen nicht enthalten sind, sind beim jeweiligen Hersteller zu erfragen.

(2) Bei Dachbegrünungen sind die vom Hersteller angegebenen Rechenwerte auf den wassergesättigten Zustand zu beziehen.

(3) Es ist zu beachten, dass bei einem Wechsel auf schwerere Produkte im Zuge einer Dachumdeckung die Tragfähigkeit und/oder die zulässige Durchbiegung der Tragkonstruktion überschritten werden kann. Folgen können z. B. Behinderung des geregelten Wasserablaufs, erhöhte Beanspruchung von Abdichtungsbahnen, Rissbildung an der Deckenuntersicht, Beeinträchtigung der Regensicherheit der Dachdeckung, deutliche Wellenbildung in der Ansicht sein.

---

[1] DIN EN 1991-1-1 Einwirkungen auf Tragwerke: Wichten, Eigengewicht und Nutzlasten im Hochbau

3 Schneelasten

3.1 Allgemeines

(1) Die Ermittlung der Schneelasten erfolgt nach den Technischen Baubestimmungen der Länder, hier insbesondere DIN EN 1991-1-3[2] einschließlich DIN EN 1991-1-3/NA[3]. Die Rechenwerte der Schneelasten auf den Boden ergeben sich aus der Schneelastzone in Abhängigkeit von der Geländehöhe des Bauwerks über NN. DIN EN 1991-1-3/NA gliedert die BRD nach Abbildung 1 in die Schneelastzonen 1, 1a, 2, 2a und 3.

Zur genaueren Zuordnung des jeweiligen Gebäudestandortes zu einer Schneelastzone veröffentlicht das Deutsche Institut für Bautechnik unter www.dibt.de (Aktuelles/Technische Baubestimmungen) eine Zuordnung der Landkreise und kreisfreien Städte zu den jeweiligen Schneelastzonen.

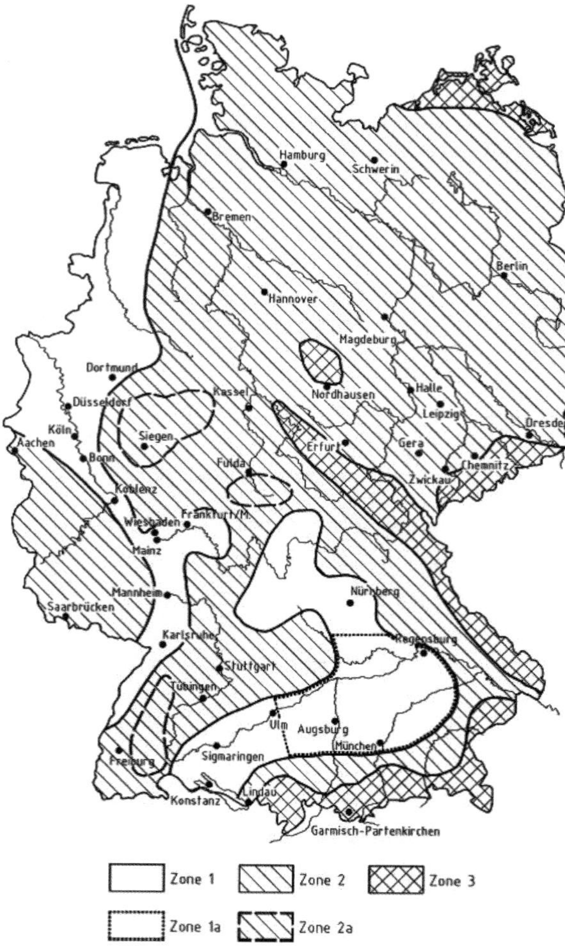

Abb. 1: Schneelastzonen nach DIN EN 1991-1-3/NA

(2) Tabelle 1 zeigt die charakteristischen Werte der Schneelast auf den Boden s_k für die Schneelastzonen 1 bis 3 in Abhängigkeit von der Geländehöhe des Gebäudestandortes über NN. Bei Geländehöhen zwischen den angegebenen Werten darf geradlinig interpoliert werden, oder es ist der jeweils höhere Wert anzunehmen.

---

2 DIN EN 1991-1-3 Einwirkungen auf Tragwerke: Allgemeine Einwirkungen, Schneelasten

3 DIN EN 1991-1-3/NA Nationaler Anhang - National festgelegte Parameter - Eurocode 1: Einwirkungen auf Tragwerke - Teil 1-3: Allgemeine Einwirkungen – Schneelasten

Tabelle 1: Charakteristische Werte der Schneelast s_k auf dem Boden in kN/m² nach DIN EN 1991-1-3/NA

Schnee-lastzone	Geländehöhe des Gebäudestandortes über NN in m										
	100	200	300	400	500	600	700	800	900	1000	1100
1	0,65	0,65	0,65	0,65	0,84	1,06	1,31	1,59	1,90	2,24	2,62
1a	0,81	0,81	0,81	0,82	1,05	1,32	1,63	1,98	2,37	2,80	3,27
2	0,85	0,85	0,90	1,22	1,61	2,07	2,59	3,18	3,83	4,55	5,34
2a	1,06	1,06	1,12	1,52	2,01	2,58	3,23	3,97	4,79	5,69	6,67
3	1,10	1,10	1,29	1,78	2,38	3,07	3,87	4,77	5,76	6,86	8,06
Zwischenwerte dürfen interpoliert werden, oder es ist der jeweils höhere Wert anzunehmen.											

(3) Im norddeutschen Tiefland können höhere als in Tabelle 1 angegebene Werte für die Schneelast auftreten. Angaben zu den zu berücksichtigenden Lasten sind in den Technischen Baubestimmungen der Länder enthalten und vom Fachplaner (z. B. Statiker) zu berücksichtigen.

(4) Für bestimmte Lagen der Schneelastzone 3 können sich höhere Werte als nach Tabelle 1 ergeben. Informationen über die Schneelast in diesen Lagen sind von den örtlichen zuständigen Stellen einzuholen.

3.2 Schneelasten auf Dächern

3.2.1 Allgemeines

(1) Die charakteristische Gewichtskraft des Schnees auf die Dachfläche s_α ist abhängig von der Neigung und ergibt sich nach Gleichung [1]. Der Faktor k_α nach Tabelle 2 berücksichtigt das Abrutschen des Schnees in Abhängigkeit von der Dachneigung.

$$S_\alpha = s_k \, x \, k_\alpha \qquad [1]$$

s_α charakteristische Schneelast auf die Dachfläche in kN/m²

s_k charakteristische Schneelast auf den Boden nach Tabelle 1 in kN/m²

k_α Faktor zur Berücksichtigung des Abrutschens des Schnees von der Dachfläche nach Tabelle 2

Tabelle 2: Faktor k_α zur Berücksichtigung des Abrutschens des Schnees von der Dachfläche

	0°	**1°**	**2°**	**3°**	**4°**	**5°**	**6°**	**7°**	**8°**	**9°**
0°	0,80	0,80	0,80	0,80	0,80	0,80	0,80	0,80	0,80	0,80
10°	0,79	0,79	0,79	0,78	0,78	0,78	0,77	0,77	0,77	0,76
20°	0,76	0,75	0,75	0,74	0,74	0,73	0,72	0,72	0,71	0,70
30°	0,70	0,67	0,64	0,61	0,58	0,55	0,52	0,49	0,47	0,44
40°	0,41	0,39	0,36	0,34	0,31	0,29	0,26	0,24	0,22	0,20
50°	0,18	0,16	0,14	0,12	0,10	0,08	0,06	0,05	0,03	0,02
60°-90°	0	0	0	0	0	0	0	0	0	0

(2) Bei Nachweisen der Standsicherheit und Tragfähigkeit von Bauteilen ist DIN EN 1990[4] zu berücksichtigen. Ist der Schnee die einzige zu berücksichtigende Einwirkung, ist die charakteristische Schneelast s_α mit dem Teilsicherheitsbeiwert $\gamma_Q = 1{,}5$ zu multiplizieren.

(3) Erhöhte Schneebelastungen durch Verwehungen, abrutschenden Schnee von höher liegenden Dachflächen und Schneeüberhang an der Traufe nach DIN EN 1991-1-3 einschließlich DIN EN 1991-1-3/NA sind ggf. zu berücksichtigen.

3.2.2 Schneelasten auf Schneefangsysteme

(1) Verpflichtungen zum Einbau von Schneefangsystemen sind den öffentlich-rechtlichen Bestimmungen, z. B. Landesbauordnungen, zu entnehmen.

---

[4] DIN EN 1990 Eurocode: Grundlagen der Tragwerksplanung

(2) Werden linienförmige Schneefangsysteme zum Schutz der darunterliegenden Verkehrsflächen auf dem Dach eingebaut, ist die auf die Schneefangsysteme wirkende Kraft $F_{d,s}$ pro m Schneefangsystem nach Gleichung [2] zu bestimmen. Diese ergibt sich in Abhängigkeit von der Schneelast auf die Dachfläche s_k, der Dachneigung $_\alpha$ und dem Abstand zwischen Schneefangsystem und First oder einem höher liegenden Hindernis oder einem Dachaufbau l_s. Der Faktor $k_{s,\alpha}$ nach Tabelle 3 berücksichtigt die Dachneigung $_\alpha$ und den Teilsicherheitsbeiwert γ_Q = 1,5 nach DIN EN 1990.

$$F_{d,s} = s_k \times k_{s,\alpha} \times l_s \qquad [2]$$

$F_{d,s}$ Bemessungswert der Schneelast auf das Schneefangsystem je Meter in kN/m

s_k charakteristische Schneelast nach Tabelle 1 in kN/m²

$k_{s,\alpha}$ Faktor zur Berücksichtigung des Abrutschens des Schnees von der Dachfläche und Beanspruchung des Schneefangsystems nach Tabelle 3

l_s Maßgebende Länge des Schnees nach Abbildung 2

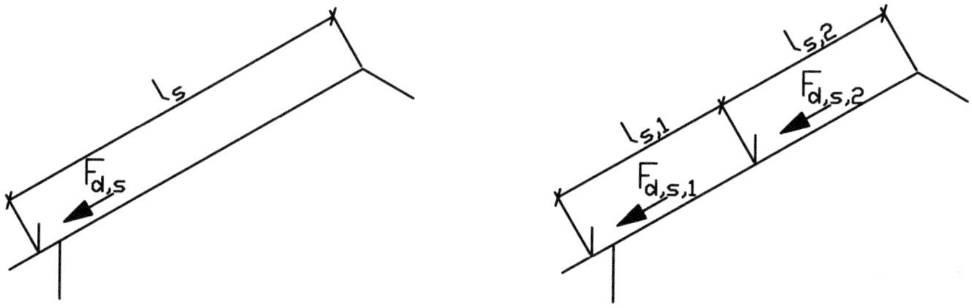

Abb. 2: Maßgebende Länge l_s des Schnees für die Beanspruchung des Schneefanggitters

Tabelle 3: Faktor $k_{s,\alpha}$ zur Berücksichtigung des Abrutschens des Schnees von der Dachfläche und Beanspruchung des Schneefanggitters (enthält γ_Q = 1,5)

	0°	**1°**	**2°**	**3°**	**4°**	**5°**	**6°**	**7°**	**8°**	**9°**
0°	0,00	0,03	0,05	0,07	0,09	0,11	0,13	0,15	0,17	0,19
10°	0,21	0,23	0,25	0,27	0,29	0,30	0,32	0,34	0,36	0,37
20°	0,39	0,41	0,42	0,44	0,45	0,46	0,48	0,49	0,50	0,51
30°	0,52	0,53	0,54	0,55	0,56	0,57	0,58	0,58	0,59	0,59
40°	0,60	0,60	0,60	0,60	0,60	0,60	0,60	0,60	0,60	0,60
50°	0,60	0,59	0,59	0,58	0,58	0,57	0,56	0,55	0,54	0,53
60°	0,52	0,51	0,50	0,49	0,48	0,46	0,45	0,44	0,42	0,41
70°	0,39	0,37	0,36	0,34	0,32	0,30	0,29	0,27	0,25	0,23
80°	0,21	0,19	0,17	0,15	0,13	0,11	0,09	0,07	0,05	0,03

3.2.3 Bemessung von Schneefangsystemen

Die Bemessung von Schneefangsystemen muss unter Berücksichtigung der systembezogenen Tragfähigkeiten nach Herstellerangabe erfolgen.

3.2.4 Beispiel: Schneelasten auf Schneefangsysteme

Schneelastzone 2

Geländehöhe des Gebäudestandortes über NN: 250 m

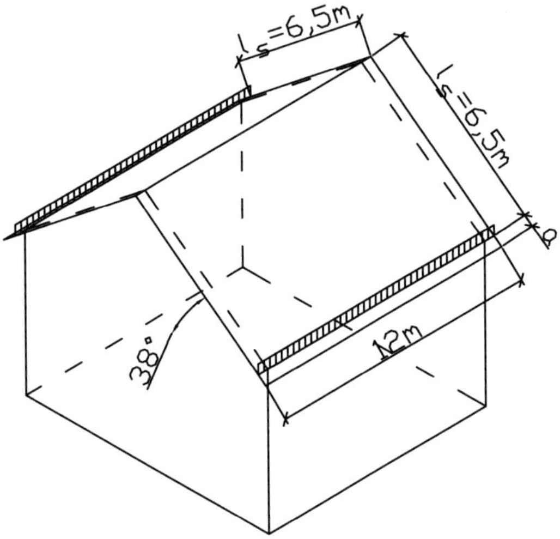

Abb. 3: Beispiel für Schneelasten auf Schneefangsysteme

a Sparrenlänge unterhalb des Schneefangsystems

Bemessungswert der Schneelast auf das Schneefangsystem je Meter in kN/m:

– charakteristische Schneelast s_k nach Tabelle 1:

$$s_k = \frac{0{,}85 + 0{,}90}{2} = 0{,}875 \left[\frac{\text{kN}}{\text{m}^2}\right]$$

– Faktor $k_{s,\alpha}$ zur Berücksichtigung des Abrutschens des Schnees von der Dachfläche und Beanspruchung des Schneefangsystems nach Tabelle 3:

$$k_{s,\alpha} = 0{,}59$$

$$F_{d,s} = s_k \times k_{s,\alpha} \times l_s = 0{,}875 \times 0{,}59 \times 6{,}5 = 3{,}36 \left[\frac{\text{kN}}{\text{m}}\right]$$

4 Windlasten

4.1 Allgemeines

(1) Windlasten sind Lasten, die sich durch Windanströmung auf ein Gebäude ergeben und somit auf Dächer und Außenwandflächen in unterschiedlichen Bereichen in unterschiedlicher Größe einwirken.

(2) Für Dachdeckungen, Außenwandbekleidungen und Dachabdichtungen verweist das Baurecht über die Bauordnungen in Form der Technischen Baubestimmungen und der Bauregelliste auf Normen und handwerkliche Regeln, die entweder die Größe der Windlasten oder eine gegen Windlasten sichernde Maßnahme beschreiben. Basis für die folgenden Regelungen sind die Technischen Baubestimmungen, hier insbesondere die DIN EN 1991-1-4[5] einschließlich DIN EN 1991-1-4/NA[6].

(3) Technische Baubestimmungen und handwerkliche Regeln gehen von Windgeschwindigkeiten aus, die auf Messungen des Deutschen Wetterdienstes und auf statischen Erhebungen beruhen. Trotz der Berücksichtigung von Sicherheiten können einzelne Windereignisse Belastungen von Bauteilen und Bauwerken zur Folge haben, die größer sind als jene, die in der Bemessung berücksichtigt werden. Daher kann eine absolute Sicherheit nicht gewährleistet werden.

---

5 DIN EN 1991-1-4 Eurocode 1: Einwirkungen auf Tragwerke: Allgemeine Einwirkungen, Windlasten

6 DIN EN 1991-1-4/NA Nationaler Anhang - National festgelegte Parameter - Eurocode 1: Einwirkungen auf Tragwerke - Teil 1-4: Allgemeine Einwirkungen – Windlasten

(4) Windlasten auf Dachdeckungen, Dachabdichtungen und Außenwandbekleidungen sind von den folgenden Parametern abhängig:

- Gebäudestandort
  - geographische Lage des Gebäudes
  - Geländerauigkeit (Bewuchs und Bebauung der Umgebung des zu betrachtenden Gebäudes)
  - topographische Einflüsse (z. B. Höhe des Gebäudestandortes über NN, Hügel-, Kamm- und Gipfellagen)
- Gebäudehöhe über Oberkante des Geländes
- Gebäudeform (z. B. Neigung der Flächen, Vorsprünge und Einbauteile)
- Steifigkeit der Dachdeckung oder Außenwandbekleidung (maßgebend für großformatige Platten, welche einer allgemeinen bauaufsichtlichen Zulassung bedürfen).

Die Lasten wirken senkrecht zu den jeweiligen Bezugsflächen. Einflüsse aus Reibung werden nicht berücksichtigt.

(5) Der Gebäudestandort wird u. a. über die Zuordnung zu einer Windzone berücksichtigt. DIN EN 1991-1-4/NA gliedern die BRD nach Abbildung 4 in die Windzonen 1 bis 4, für die unterschiedliche Referenzwindgeschwindigkeiten definiert sind.

Zur genaueren Zuordnung des jeweiligen Gebäudestandortes zu einer Windzone veröffentlicht das Deutsche Institut für Bautechnik unter www.dibt.de (Aktuelles/Technische Baubestimmungen) eine Zuordnung der Landkreise und kreisfreien Städte zu den jeweiligen Windzonen.

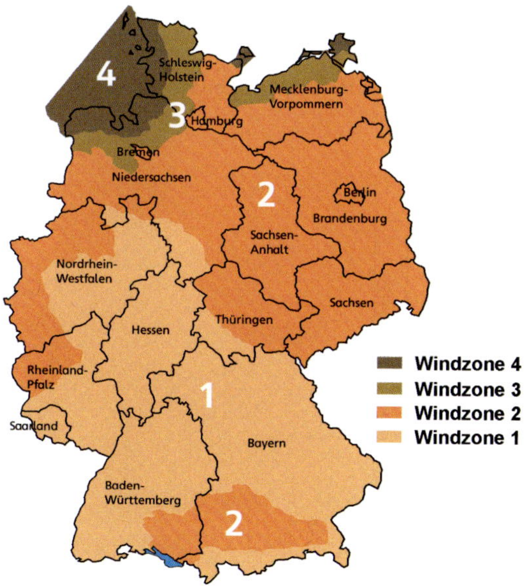

Abb. 4: Zuordnung der Windzonen nach DIN EN 1991-1-4/NA

(6) Bei Bauwerken mit einer Höhe von maximal 25 m über Grund darf nach DIN EN 1991-1-4 der Geschwindigkeitsdruck zur Vereinfachung konstant über die gesamte Gebäudehöhe angenommen werden. Die entsprechenden Geschwindigkeitsdrücke sind in Tabelle 4 angegeben. Alternativ kann der Geschwindigkeitsdruck im Einzelnachweis höhenabhängig nach DIN EN 1991-1-4/NA ermittelt werden.

Bei den vereinfachten wie auch bei den höhenabhängigen Geschwindigkeitsdrücken werden das Mischprofil Binnenland, das Mischprofil Küste, welches für küstennahe Gebiete in einem Streifen entlang der Küste mit 5 km Breite landeinwärts sowie auf den Inseln der Ostsee gilt, und die Inseln der Nordsee unterschieden. Das Mischprofil Küste ist auch um große Seen (mindestens 5 km freie Fläche in Windrichtung) bis 5 km landeinwärts anzuwenden.

Für Einzelnachweise sind die Geschwindigkeitsdrücke den Technischen Baubestimmungen (DIN EN 1991-1-4 einschließlich DIN EN 1991-1-4/NA) zu entnehmen.

Tabelle 4: Vereinfachte Geschwindigkeitsdrücke für Gebäude h ≤ 25 m nach DIN EN 1991-1-4/NA

Windzone und Mischprofil		**Geschwindigkeitsdruck $q(z_e)$ in kN/m^2 bei einer Höhe h in den Grenzen von**		
		h ≤ 10 m	10 m < h ≤ 18 m	18 m < h ≤ 25 m
1	Binnenland	0,50	0,65	0,75
2	Binnenland	0,65	0,80	0,90
	Küste und Inseln der Ostsee	0,85	1,00	1,10
3	Binnenland	0,80	0,95	1,10
	Küste und Inseln der Ostsee	1,05	1,20	1,30
4	Binnenland	0,95	1,15	1,30
	Küste und Inseln der Ostsee	1,25	1,40	1,55

(7) Einzelnachweise sind stets für Bauwerke bzw. Bauteile auf den Inseln der Nordsee zu führen.

(8) Der Geschwindigkeitsdruck nach (6) ist für Nachweise der Lagesicherung zu erhöhen, wenn der Bauwerksstandort oberhalb von 800 m über NN liegt. Der Erhöhungsfaktor beträgt $(0{,}2 + H_S/1.000)$, wobei H_S die Meereshöhe in m ist.

(9) Für Kamm- und Gipfellagen, exponierte Lagen (z. B. Flughafennähe; Gebäude, bei denen die umgebende Bebauung eine „Schluchtenbildung" begünstigt) sowie oberhalb von H_S = 1.100 m sind die jeweiligen topographischen Einflüsse zu berücksichtigen. In diesen Fällen ist die Windeinwirkung durch einen Fachplaner (z. B. Statiker, Sonderfachmann) zu ermitteln.

(10) Die Gebäudehöhe ist für die Ermittlung des Geschwindigkeitsdruckes mit dem größten Wert über Grund nach Abbildung 5 anzunehmen.

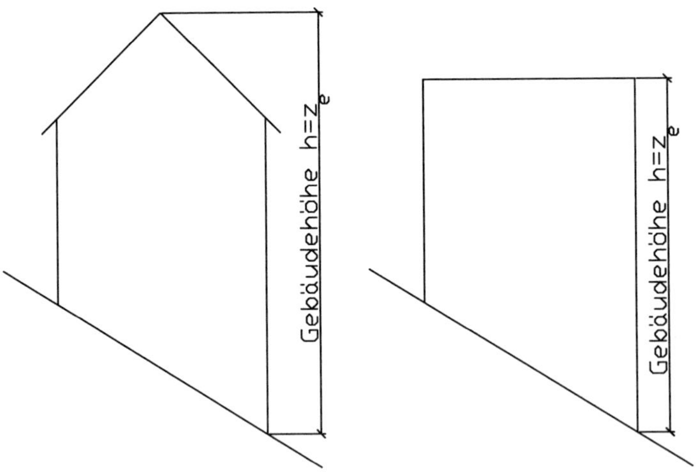

Abb. 5: Gebäudehöhe h (Bezugshöhe z_e) für die Windlastermittlung

(11) Hinsichtlich der Windlasten werden nach DIN EN 1991-1-4 Flächen mit einer Neigung gegenüber der Horizontalen von

- kleiner 5° als Flachdächer,
- größer gleich 5° und kleiner gleich 75° als Sattel-, Pult- oder Walmdächer,
- größer als 75° als vertikale Wände

betrachtet.

(12) Je nach Neigung der Flächen bzw. Ausrichtung unterschiedlicher Flächen zueinander ändern sich die Druckverhältnisse der Luft bei Windanströmung auf ein Bauwerk. DIN EN 1991-1-4 beschreibt diesen Einfluss mit einem aerodynamischen Beiwert c_p. In den für das Dachdeckerhandwerk relevanten Bereichen wird zwischen

Außendruck- (c_{pe}) sowie Innendruckbeiwerten (c_{pi}) für Dach- und Wandflächen unterschieden. Die Beiwerte c_{pe} sind abhängig von der Neigung des jeweiligen Bauteils und der Form des Gebäudes, die Beiwerte c_{pi} sind abhängig von der Anströmrichtung und dem Öffnungsanteil der Außenwände.

Bei den Beiwerten für den Außendruck wird zwischen $c_{pe,10}$ und $c_{pe,1}$ unterschieden. Die $c_{pe,10}$-Werte werden für Tragfähigkeits- und Gebrauchstauglichkeitsnachweise von Bauteilen mit einer Lasteinzugsfläche A > 10 m² sowie deren Verankerungen verwendet. Bauteile mit einer Lasteinzugsfläche A ≤ 1 m² sowie deren Verankerungen werden unter Berücksichtigung der $c_{pe,1}$-Werte bemessen. Für Bauteile und deren Verankerungen mit einer Lasteinzugsfläche zwischen 1 und 10 m² dürfen die entsprechenden Werte nach Gleichung [3] interpoliert werden.

$$c_{pe} = c_{pe,1} \times \left[\left(c_{pe,10} - c_{pe,1}\right) \times lg(A)\right] \quad [3]$$

c_{pe} Interpolierter Außendruckbeiwert für Lasteinzugsflächen 1 m² < A ≤ 10 m²

$c_{pe,1}$ Außendruckbeiwert für Lasteinzugsflächen A ≤ 1 m²

$c_{pe,10}$ Außendruckbeiwert für Lasteinzugsflächen A > 10 m²

(13) Bei der Ermittlung der maßgebenden Windlasten ist zu berücksichtigen, dass die Dachdeckung, Dachabdichtung oder Außenwandbekleidung neben einem positiven oder negativen Winddruck (umgangssprachlich: Windsog) auf der Außenseite auch durch positiven oder negativen Druck auf der Innenseite beansprucht werden kann. Maßgebend sind die Kraftrichtungen von Außen- und Innendruck (vgl. Abbildung 6). Bei auftretendem Innendruck sind die Windlasten, mit Ausnahme der Fälle nach Abschnitte 4.1 (15), von einem Fachplaner (z. B. Statiker) zu ermitteln.

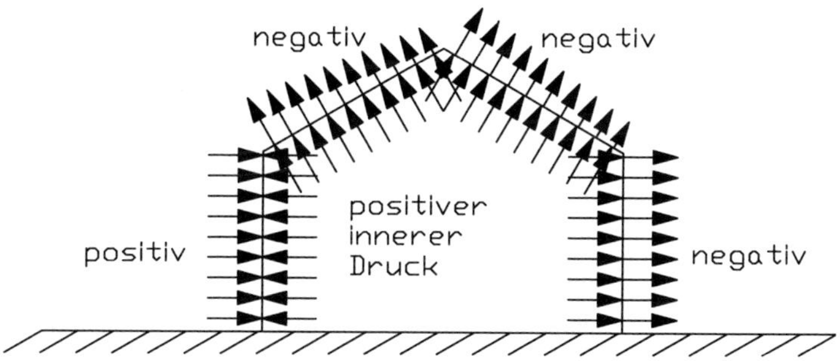

Abb. 6: Kombination von Windaußen- und Windinnendruck

(14) Ein gesonderter Nachweis der Windsogsicherung durch einen Fachplaner (z. B. Statiker) unter Berücksichtigung des Innendrucks ist in der Regel nur bei

- geschlossenen Gebäuden mit durchlässigen Außenbauteilen
- oder offenen Gebäuden

erforderlich.

Als durchlässig gelten hiernach Außenbauteile, deren Öffnungen maximal 30 % ihrer Gesamtfläche betragen und auch bei Sturm geöffnet sind. Als offen gelten Gebäude, wenn mindestens eine Außenwand Öffnungen von mehr als 30 % ihrer jeweiligen Gesamtfläche aufweist.

(15) Bei geschlossenen (Deck-)Unterlagen sowie durchströmungshemmenden Schichten unterhalb der Dachdeckung/-abdichtung oder Außenwandbekleidung darf beim Nachweis der Windsogsicherung für Dachdeckungen, Dachabdichtungen und Außenwandbekleidungen auch bei offenen Gebäuden und geschlossenen Gebäuden mit Innendruck der Windinnendruck vernachlässigt werden.

Geschlossene (Deck-)Unterlagen sind insbesondere:

- Ortbetondecken,
- Fertigteildecken mit Fugenverspachtelung oder vollflächigem Betonaufguss,
- Holzschalungen mit Unterdeckungen und Unterdächern,
- Schalungen aus Holzwerkstoffen,
- verfalzte Unterdeckplatten,
- Stahltrapezbleche mit dichtenden Maßnahmen im Stoß- und Überdeckungsbereich

Als durchströmungshemmende Schichten werden in diesem Sinne Bauteile mit luftdichten Schichten nach DIN 4108-7[7] (z. B. verputzte Flächen, verklebte Dampfsperren) verstanden.

Im Bereich von Dachüberständen ohne geschlossene (Deck-)Unterlagen oder durchströmungshemmende Schichten ist zusätzlich zur oberseitig auf die Dachdeckung wirkenden Windlast eine unterseitige Windbeanspruchung entsprechend der Windlast der angrenzenden Außenwand zu berücksichtigen.

Unterspannungen in Verbindung mit zwischen oder unterhalb der Sparren angeordneten Sichtschalungen sind im Bereich von Dachüberständen wie geschlossene (Deck-)Unterlagen zu betrachten.

(16) Der Bemessungswert der Windlast auf die Außenoberfläche von Dach- und Außenwandflächen $w_{d,e}$ für Nachweise der Windsogsicherung ergibt sich nach Gleichung [4].

$$w_{d,e} = \gamma_Q \times c_{pe} \times q(z_e) \quad [4]$$

$w_{d,e}$ Bemessungswert der Windlast auf die Außenoberfläche in kN/m²

γ_Q Teilsicherheitsbeiwert für ungünstige veränderliche Einwirkungen nach DIN EN 1990

c_{pe} Außendruckbeiwert in Abhängigkeit von der Form und Neigung der Flächen und dem Bereich

z_e Bezugshöhe = maximale Höhe des Gebäudes über Grund

$q(z_e)$ Geschwindigkeitsdruck nach Tabelle 4 oder DIN EN 1991-1-4/NA in Abhängigkeit von der Bezugshöhe

(17) Der Bemessungswert der Windlast auf die Innenoberflächen von Dach- und Außenwandflächen $w_{d,i}$ für Nachweise der Windsogsicherung ergibt sich nach Gleichung [5].

$$w_{d,i} = \gamma_Q \times c_{pi} \times q(z_e) \quad [5]$$

$w_{d,i}$ Bemessungswert der Windlast auf die Innenoberfläche in kN/m²

γ_Q Teilsicherheitsbeiwert für ungünstige veränderliche Einwirkungen nach DIN EN 1990

c_{pe} Innendruckbeiwert

z_e Bezugshöhe = maximale Höhe des Gebäudes über Grund

$q(z_e)$ Geschwindigkeitsdruck nach Tabelle 4 oder DIN EN 1991-1-4/NA in Abhängigkeit von der Bezugshöhe

(18) Für die Windsogsicherung gelten für folgende kleinformatige, überlappende und direkt befestigte Deckwerkstoffe die Angaben zur Befestigung der jeweiligen Fachregeln für

- Schiefer,
- Faserzementplatten,
- Bitumenschindeln,
- Holzschindeln.

Als kleinformatig gelten nach den Technischen Baubestimmungen Elemente für Dachdeckungen und Außenwandbekleidungen mit einer Fläche ≤ 0,4 m² und einer Eigenlast von ≤ 5 kg.

(19) Bei Deckmaterialien, für die eine bauaufsichtliche Zulassung erforderlich ist, ist der Nachweis der Windsogsicherung der jeweiligen Zulassung zu entnehmen bzw. auf deren Grundlage nach den Technischen Baubestimmungen zu führen.

(20) Als Durchdringungen gelten Unterbrechungen, die mindestens an einer Stelle mehr als 0,35 m aus der Dachfläche herausragen und die über mindestens eine waagerechte Abmessung von mehr als 0,5 m verfügen. Der Einfluss der durch die Durchdringung geänderten Druckverhältnisse erstreckt sich dabei in Abhängigkeit von den Abmessungen der Durchdringung auf einen Bereich von mindestens 1 m und maximal 2 m in der Ebene der Dachfläche gemessen.

---

[7] DIN 4108-7 Wärmeschutz und Energie-Einsparung in Gebäuden – Teil7: Luftdichtheit von Gebäuden – Anforderungen, Planungs- und Ausführungsempfehlungen

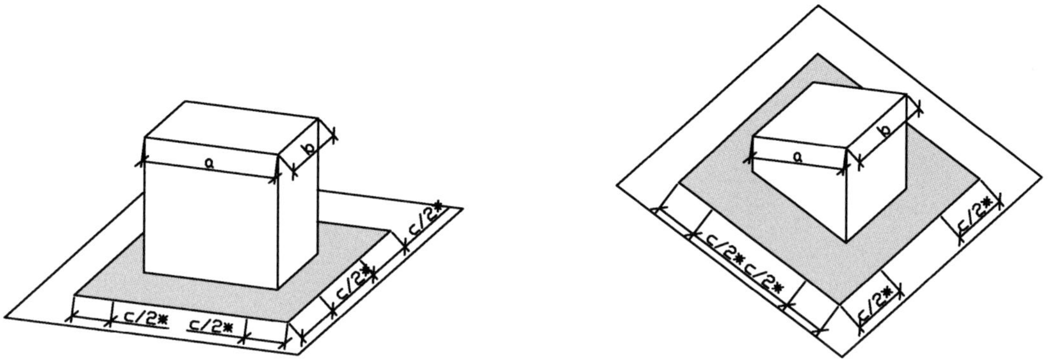

c = a oder b (der größere Wert ist maßgebend)

Abb. 7: Erhöhte Beanspruchung der Dachfläche infolge Durchdringungen

$* : 1\,\mathrm{m} \leq \frac{c}{2} \leq 2\,\mathrm{m}$

4.2 Dächer

4.2.1 Dächer mit Abdichtungen

4.2.1.1 Allgemeines

(1) Für Dächer mit Abdichtungen ist DIN EN 1991-1-4 einschließlich DIN EN 1991-1-4/NA maßgebend.

(2) Für die Ermittlung der maßgebenden Windlasten auf Abdichtungen sind die Außendruckbeiwerte für Lasteinzugsflächen $A \leq 1\ m^2$ zu verwenden.

(3) Die Windlasten sind nach den Gleichungen [4] und [5] zu ermitteln. Dabei sind der Teilsicherheitsbeiwert γ_Q mit 1,50 und die Außendruckbeiwerte $c_{pe,1}$ nach den Tabellen 5 bis 8 zu verwenden.

(4) Um Durchdringungen empfiehlt sich die Anordnung eines Bereiches G mit den Abmessungen nach Abschnitt 4.1 (20).

(5) Zur Einteilung der Bereiche von Dachflächen zeigen die Abschnitte 4.2.1.2 und 4.2.1.3 unterschiedliche Anströmrichtungen des Windes, die jeweils einen Winkel von ±45° berücksichtigen. Die maßgebende Windlast wird durch Überlagerung der einzelnen Anströmungen gebildet. Dabei ist grundsätzlich die ungünstigste Beanspruchung (größter Windsog) maßgebend.

(6) Die Abmessungen der einzelnen Bereiche werden in Abhängigkeit von der Abmessung des Gebäudes quer zur Anströmrichtung b bzw. der doppelten Gebäudehöhe h mit Bruchteilen der Hilfsgröße e bestimmt. Die Hilfsgröße e ergibt sich aus dem kleineren Wert entweder der Gebäudebreite b quer zur jeweiligen Anströmrichtung oder der zweifachen Gebäudehöhe h.

4.2.1.2 Windlasten auf Dächern mit Dachneigungen < 5°

(1) Dächer mit einer Neigung kleiner 5° werden je Anströmrichtung des Windes in die Bereiche F, G, H und I nach Abbildung 8 unterteilt.

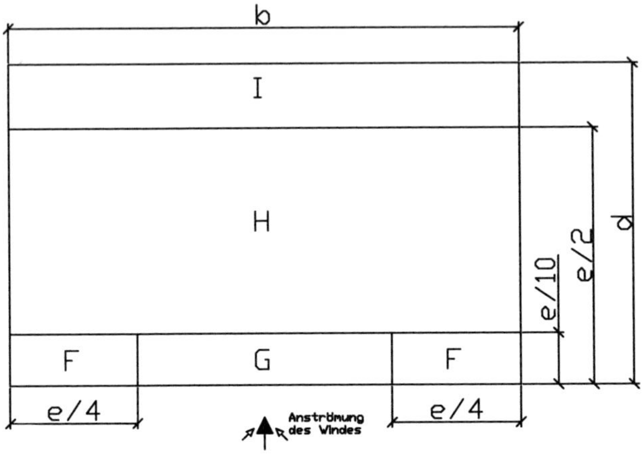

e = b oder 2h (der kleinere Wert ist maßgebend)

Abb. 8: Einteilung der Dachflächen bei Flachdächern bei Anströmung auf eine Gebäudeseite

(2) Die Größe der Beanspruchung in den jeweiligen Bereichen hängt davon ab, wie der Dachrand ausgebildet ist. Abbildung 9 zeigt die unterschiedlichen Dachränder nach DIN EN 1991-1-4 sowie die anzusetzende Bezugshöhe z_e für die Ermittlung des Geschwindigkeitsdrucks nach Abschnitt 4.1 (6). Bei Dachrändern mit Attika ist h_p die Höhe der Attika gegenüber der Dachabdichtung.

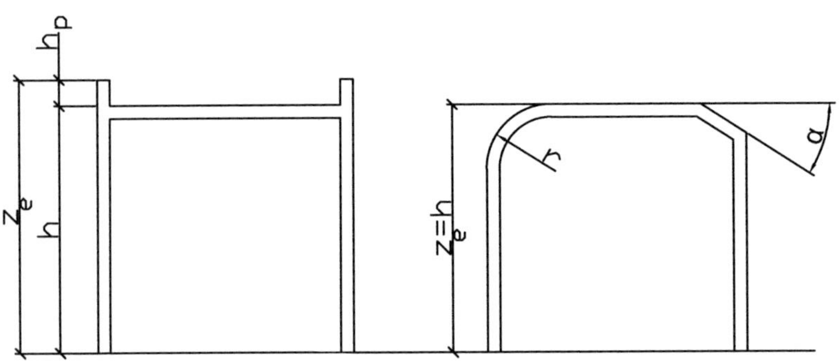

Abb. 9: Dachränder nach DIN EN 1991-1-4

(3) Tabelle 5 zeigt die Außendruckbeiwerte nach DIN EN 1991-1-4 für scharfkantige Dachränder und Dachränder mit Attika. Außendruckbeiwerte für abgerundete und abgeschrägte Dachränder sind DIN EN 1991-1-4 zu entnehmen. Vereinfachend können für abgerundete und abgeschrägte Dachränder die Außendruckbeiwerte von scharfkantigen Dachrändern angenommen werden.

Tabelle 5: Außendruckbeiwerte $c_{pe,1}$ von Flachdächern

		Außendruckbeiwerte $c_{pe,1}$			
		F	G	H	I
Scharfkantiger Dachrand		-2,5	-2,0	-1,2	-0,6
Dachrand mit Attika	$h_p/h = 0{,}025$	-2,2	-1,8	-1,2	-0,6
	$h_p/h = 0{,}05$	-2,0	-1,6	-1,2	-0,6
	$h_p/h = 0{,}10$	-1,8	-1,4	-1,2	-0,6
Bei Flachdächern mit Attika darf für Zwischenwerte h_p/h linear interpoliert werden.					

4.2.1.3 Windlasten auf Dächern mit Dachneigungen ≥ 5°

(1) Dächer mit einer Neigung größer gleich 5° werden unterschieden in

- Sattel- und Trogdächer,
- Pultdächer,
- Walmdächer.

Bei den einzelnen Dachformen werden unterschiedliche Anströmungen des Windes berücksichtigt, die jeweils untersucht werden müssen.

(2) Sattel- und Trogdächer werden in die Bereiche nach Abbildung 10 und 11 eingeteilt. Dabei werden die Anströmrichtungen senkrecht und parallel zur Firstlinie unterschieden.

Bei der Anströmung senkrecht zur Firstlinie werden

- die Bereiche F und G an der Traufe,
- der Bereich J auf der windabgewandten Dachfläche entlang des Firsts und
- die Bereiche H und I als verbleibende Flächen berücksichtigt.

Die Anströmung parallel zur Firstlinie führt zu

- den Bereichen F und G entlang des Ortganges sowie
- den dahinterliegenden Bereichen H und I.

Tabelle 6 zeigt die entsprechenden Außendruckbeiwerte $c_{pe,1}$ für Sattel- und Trogdächer nach DIN EN 1991-1-4/NA.

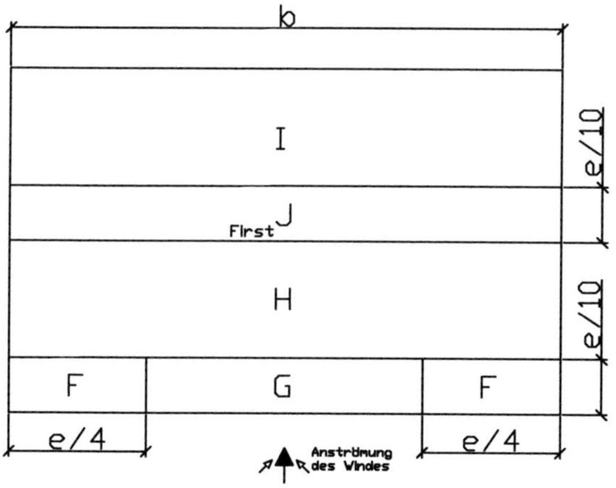

e = b oder 2h (der kleinere Wert ist maßgebend)

Abb. 10: Einteilung der Dachflächen von Satteldächern für die Anströmung senkrecht zur Firstlinie (Trogdächer sind analog zu behandeln)

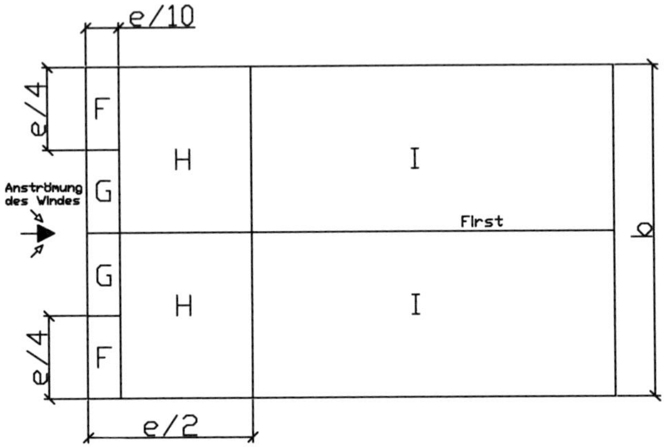

e = b oder 2h (der kleinere Wert ist maßgebend)

Abb. 11: Einteilung der Dachflächen von Satteldächern afür die Anströmung parallel zur Firstlinie (Trogdächer sind analog zu behandeln)

Tabelle 6: Außendruckbeiwerte $c_{pe,1}$ für Sattel- und Trogdächer

Dach-neigung	Außendruckbeiwerte $c_{pe,1}$ für die Anströmung senkrecht zur Firstlinie					parallel zur Firstlinie			
	F	G	H	I	J	F	G	H	I
-45°	-0,6	-0,6	-0,8	-0,7	-1,5	-2,0	-2,0	-1,3	-1,2
-30°	-2,0	-1,5	-0,8	-0,6	-1,4	-2,1	-2,0	-1,3	-1,2
-15°	-2,8	-2,0	-1,2	-0,5	-1,2	-2,5	-2,0	-1,2	-1,2
-5°	-2,5	-2,0	-1,2	-0,6	-0,6	-2,5	-2,0	-1,2	-1,2
5°	-2,5	-2,0	-1,2	-0,6	-0,6	-2,2	-2,0	-1,2	-0,6
10°	-2,2	-1,7	-0,4	-0,5	-0,8	-2,1	-2,0	-1,2	-0,6
15°	-2,0	-1,5	-0,3	-0,4	-1,5	-2,0	-2,0	-1,2	-0,5
30°	-1,5	-1,5	-0,2	-0,4	-0,5	-1,5	-2,0	-1,2	-0,5
45°	0,7	0,7	0,6	-0,4	-0,5	-1,5	-2,0	-1,2	-0,5
60°	0,7	0,7	0,7	-0,4	-0,5	-1,5	-2,0	-1,0	-0,5
75°	0,8	0,8	0,8	-0,4	-0,5	-1,5	-2,0	-1,0	-0,5
Zwischenwerte dürfen, soweit das Vorzeichen nicht wechselt, linear interpoliert werden.									

(3) Walmdächer werden in die Bereiche nach Abbildung 12 und 13 eingeteilt. Dabei werden die Anströmrichtungen senkrecht und parallel zur Firstlinie unterschieden.

Bei der Anströmung senkrecht zur Firstlinie werden die

- Bereiche F und G an der Traufe mit dem dahinterliegenden Bereich H,
- die Bereiche I, J und K auf der windabgewandten Hauptdachfläche und
- die Bereiche L und M auf den Walmdachflächen berücksichtigt.

Die Anströmung parallel zur Firstlinie führt zu

- den Bereichen F und G an der Walmtraufe sowie dem dahinterliegenden Bereich H,
- den Bereichen L, M und N auf den Hauptdachflächen und
- den Bereichen I und J auf der windabgewandten Walmdachfläche.

Tabelle 7 zeigt die entsprechenden Außendruckbeiwerte $c_{pe,1}$ für Walmdächer nach DIN EN 1991-1-4/NA.

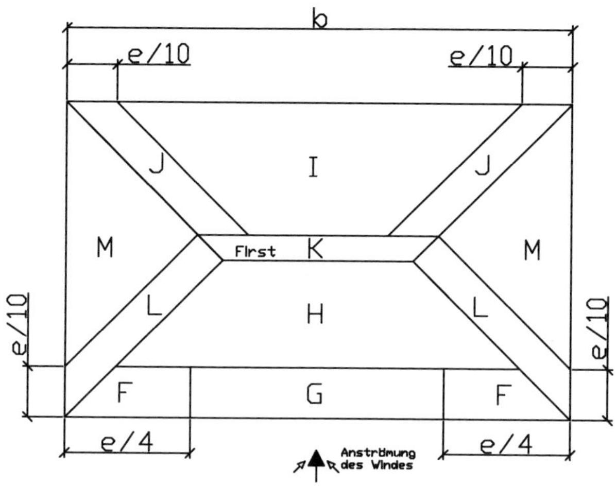

e = b oder 2h (der kleinere Wert ist maßgebend)

Abb. 12: Einteilung der Dachflächen von Walmdächern für die Anströmung senkrecht zur Firstlinie (Trogdächer sind analog zu behandeln)

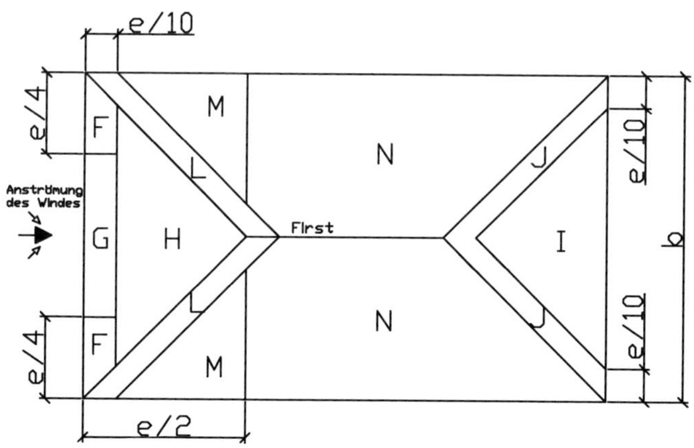

e = b oder 2h (der kleinere Wert ist maßgebend)

Abb. 13: Einteilung der Dachflächen von Walmdächern für die Anströmung parallel zur Firstlinie (Trogdächer sind analog zu behandeln)

Tabelle 7: Außendruckbeiwerte $c_{pe,1}$ für Walmdächer

Dach-neigung	Außendruckbeiwerte $c_{pe,1}$ für die Anströmung senkrecht und parallel zur Firstlinie								
	F	G	H	I	J	K	L	M	N
5°	-2,5	-2,0	-1,2	-0,3	-0,6	-0,6	-2,0	-1,2	-0,4
15°	-2,0	-1,5	-0,3	-0,5	-1,5	-2,0	-2,0	-1,2	-0,3
30°	-1,5	-1,5	-0,2	-0,4	-1,2	-0,5	-2,0	-1,2	-0,2
45°	0,7	0,7	0,6	-0,3	-0,6	-0,3	-2,0	-1,2	-0,2
60°	0,7	0,7	0,7	-0,3	-0,6	-0,3	-2,0	-0,4	-0,2
75°	0,8	0,8	0,8	-0,3	-0,6	-0,3	-2,0	-0,4	-0,2
Zwischenwerte dürfen, soweit das Vorzeichen nicht wechselt, linear interpoliert werden.									

(4) Pultdächer werden in die Bereiche nach Abbildung 14 bis 16 eingeteilt. Dabei werden die Anströmrichtungen senkrecht zur Trauflinie, senkrecht zum Giebel und senkrecht zur Pultabschlusslinie unterschieden.

Bei der Anströmung senkrecht zur Trauflinie werden die Bereiche F und G an der Traufe und der dahinterliegende Bereich H berücksichtigt.

Die Anströmung senkrecht zum Giebel führt zu den Bereichen F und G entlang des Ortganges sowie den dahinterliegenden Bereichen H und I.

Bei der Anströmung senkrecht zur Pultabschlusslinie werden die Bereiche F und G an der Traufe und der dahinterliegende Bereich H berücksichtigt.

Tabelle 8 zeigt die entsprechenden Außendruckbeiwerte $c_{pe,1}$ für Pultdächer nach DIN EN 1991-1-4/NA.

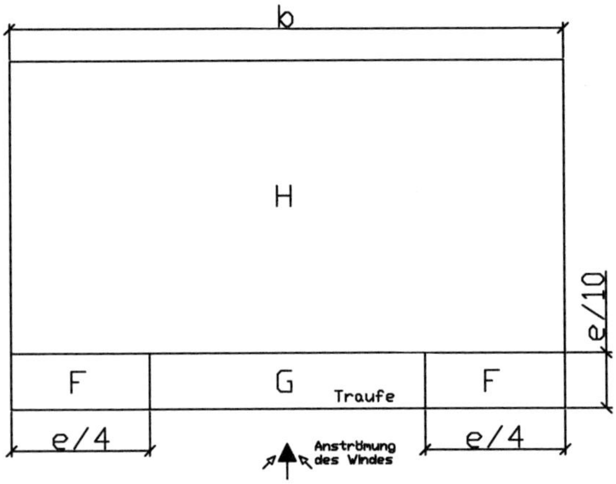

e = b oder 2h (der kleinere Wert ist maßgebend)

Abb. 14 Einteilung der Dachflächen von Pultdächern für die Anströmung senkrecht zur Traufinie

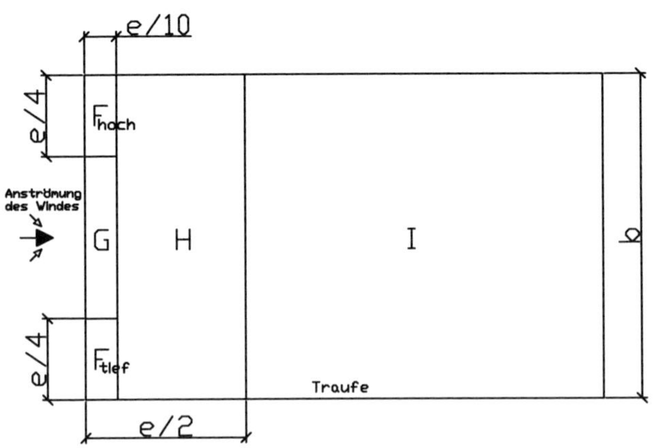

e = b oder 2h (der kleinere Wert ist maßgebend)

Abb. 15: Einteilung der Dachflächen von Pultdächern für die Anströmung senkrecht zum Giebel

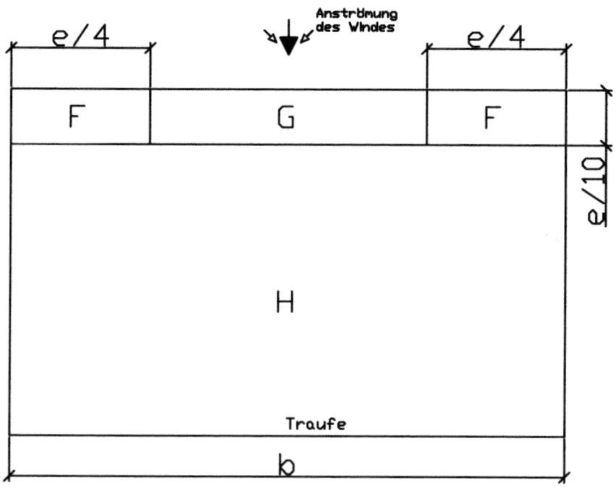

e = b oder 2h (der kleinere Wert ist maßgebend)

Abb. 16: Einteilung der Dachflächen von Pultdächern für die Anströmung senkrecht zur Pultabschlusslinie

Tabelle 8: Außendruckbeiwerte $c_{pe,1}$ für Pultdächer

Dach-neigung	Außendruckbeiwerte $c_{pe,1}$ für die Anströmung					
	senkrecht zur Trauflinie			senkrecht zur Pultabschlusslinie		
	F	G	H	F	G	H
5°	-2,5	-2,0	-1,2	-2,5	-2,0	-1,2
10°	-2,2	-1,7	-0,7	-2,6	-2,0	-1,2
15°	-2,0	-1,5	-0,3	-2,8	-2,0	-1,2
30°	-1,5	-1,5	-0,2	-2,3	-1,5	-0,8
45°	0,7	0,7	0,6	-1,3	-0,5	-0,7
60°	0,7	0,7	0,7	-1,0	-0,5	-0,5
75°	0,8	0,8	0,8	-1,0	-0,5	-0,5
Zwischenwerte dürfen, soweit das Vorzeichen nicht wechselt, linear interpoliert werden.						

Dach-neigung	Außendruckbeiwerte $c_{pe,1}$ für die Anströmung senkrecht zum Giebel				
	F_{hoch}	F_{tief}	G	H	I
5°	-2,6	-2,4	-1,8	-1,2	-0,6
10°	-2,7	-2,4	-1,8	-1,2	-0,6
15°	-2,9	-2,4	-1,9	-1,2	-1,2
30°	-2,9	-2,0	-1,5	-1,3	-1,2
45°	-2,4	-2,0	-1,4	-1,3	-1,2
60°	-2,0	-2,0	-1,2	-1,3	-1,2
75°	-2,0	-2,0	-1,2	-1,3	-0,5
Zwischenwerte dürfen, soweit das Vorzeichen nicht wechselt, linear interpoliert werden.					

4.2.1.4 Sicherungsmaßnahmen gegen Windlasten

(1) Sicherungsmaßnahmen gegen Windlasten (Windsog) können als
- Auflast (z. B. Kiesschüttung),
- Verklebung der Abdichtung auf der Unterkonstruktion,
- mechanische Befestigung (z. B. spezielle Befestiger, Stifte)

erfolgen.

(2) Bei Kombination der unter (1) aufgeführten Sicherungsmaßnahmen sind die Tragfähigkeit und Dauerhaftigkeit der Kombination von Sicherungsmaßnahmen, z. B. durch ein unabhängiges Prüfinstitut, nachzuweisen.

(3) Bei Nachweisen der Windsogsicherung muss die Tragfähigkeit der Sicherungsmaßnahme bzw. Kombination von Sicherungsmaßnahmen größer gleich dem Betrag der Windlast sein. Allgemein gelten die Gleichungen [6] und [7].

$$|w_{d,e}| \leq R_d \qquad [6]$$

$$|w_{d,e}| \leq g_d \qquad [7]$$

$|w_{d,e}|$ Betrag des Bemessungswertes der Windlast

R_d Bemessungswert der Tragfähigkeit der Sicherungsmaßnahme

g_d Bemessungswert der Eigengewichtskraft von Auflasten

(4) Die Bemessungswerte der Tragfähigkeit von Sicherungsmaßnahmen sind unter Berücksichtigung der Teilsicherheitsbeiwerte nach den Technischen Baubestimmungen zu ermitteln.

(5) Der Bemessungswert der Eigengewichtskraft von Auflasten zur Windsogsicherung ist nach Gleichung [8] mit dem Teilsicherheitsbeiwert $\gamma_G = 0{,}9$ nach DIN EN 1990 zu ermitteln.

$$g_d = g_k \times \gamma_G \times \cos(\alpha) \qquad [8]$$

g_d Bemessungswert der Eigengewichtskraft von Auflasten

g_k charakteristischer Wert der Eigengewichtskraft von Auflasten

γ_G Teilsicherheitsbeiwert für günstig wirkende Eigenlasten nach DIN EN 1990

(6) Bei Kiesschüttungen 16/32 als Auflast auf Dächern mit einer Neigung von < 5° darf je cm Dicke der Kiesschüttung ein Bemessungswert der Eigengewichtskraft von $g_d = 0{,}18$ [kN/(cm·m²)] angenommen werden. Die erforderliche Dicke der Kiesschicht ergibt sich nach Gleichung [9], mindestens beträgt sie jedoch 5 cm.

$$d = \frac{|w_{d,e}|}{g_d} \text{ [cm]} \qquad [9]$$

4.2.1.5 Beispiel: Windsogsicherung von Flachdachabdichtungen

Gebäudehöhe: 12 m

Gebäudelänge: 26 m

Gebäudebreite: 16 m

Gebäudestandort: München

Windzone 2, Geschwindigkeitsdruck: $q = 0{,}80$ kN/m²

Attikahöhe $h_p = 0{,}30$ m

Attikaeinfluss: $h_p/h = 0{,}30 \text{ m}/12 \text{ m} = 0{,}025$

geschlossene Deckunterlage

Dachneigung $\alpha < 5°$

Bemessungswerte der Windlast $c_{pe,1}$-Werte nach Tabelle 5:

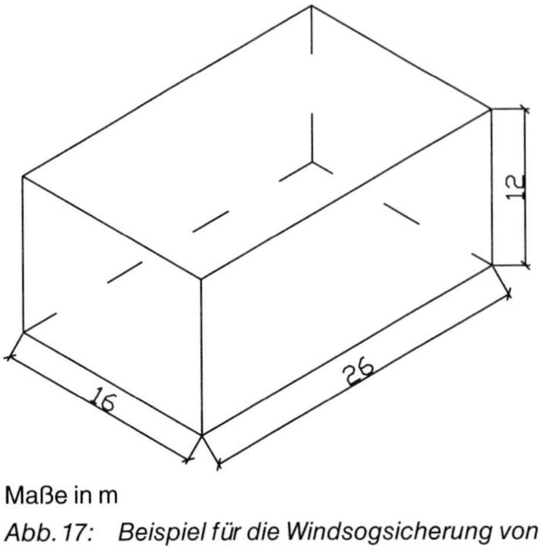

Maße in m

Abb. 17: Beispiel für die Windsogsicherung von Flachdachabdichtungen

$$\text{F: } c_{pe,1} = -2{,}2\text{ ; } w_{d,e} = 1{,}50 \times (-2{,}2) \times 0{,}80 = (-2{,}64)\left[\frac{\text{kN}}{\text{m}^2}\right]$$

$$\text{G: } c_{pe,1} = -1{,}8;\ w_{d,e} = 1{,}50 \times (-1{,}8) \times 0{,}80 = (-2{,}16)\left[\frac{\text{kN}}{\text{m}^2}\right]$$

$$\text{H: } c_{pe,1} = -1{,}2;\ w_{d,e} = 1{,}50 \times (-1{,}2) \times 0{,}80 = (-1{,}44)\left[\frac{\text{kN}}{\text{m}^2}\right]$$

$$\text{I: } c_{pe,1} = -0{,}6;\ w_{d,e} = 1{,}50 \times (-0{,}6) \times 0{,}80 = (-0{,}72)\left[\frac{\text{kN}}{\text{m}^2}\right]$$

Bereichseinteilung:

Durch Überlagerung der einzelnen Anströmrichtung verbleiben die Bereiche F, G und H. Die Abmessungen der Bereiche ergeben sich aus den Anströmungen auf die 16 m und 26 m breiten Gebäudeseiten.

Gebäudelänge a = 16 m

$$e = \min\begin{Bmatrix} a \\ 2 \times h \end{Bmatrix} = \min\begin{Bmatrix} 16\text{ m} \\ 2 \times 12\text{ m} = 24\text{ m} \end{Bmatrix} = 16\text{ m}$$

Gebäudelänge b = 26 m

$$e = \min\begin{Bmatrix} b \\ 2 \times h \end{Bmatrix} = \min\begin{Bmatrix} 26\text{ m} \\ 2 \times 12\text{ m} = 24\text{ m} \end{Bmatrix} = 24\text{ m}$$

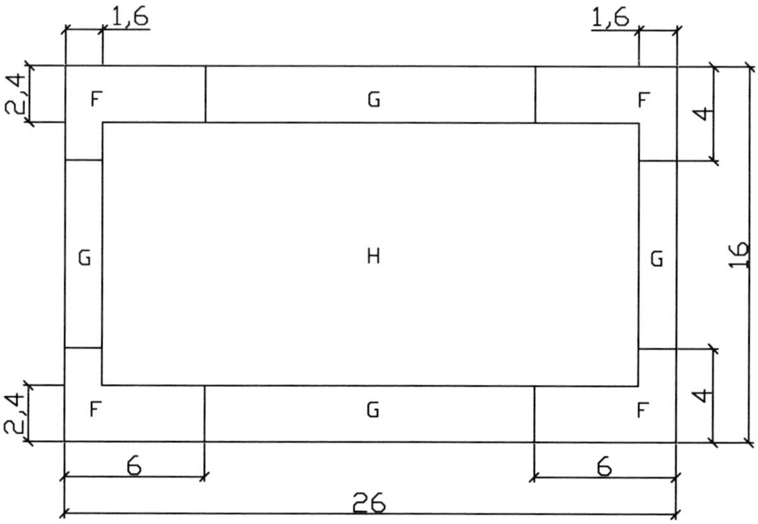

Maße in m

Abb. 18: Beispiel für die Windsogsicherung von Flachdachabdichtungen

Windsogsicherung durch Auflast:

Kies 16/32 g_k= 1,0 kN/m² bei 5 cm Dicke nach DIN EN 1991-1-1

$$g_d = \frac{1{,}0 \times 0{,}9}{5}\left[\frac{kN}{m^2 \times cm}\right] = 0{,}18\left[\frac{kN}{m^2 \times cm}\right]$$

$$d = \frac{|w_{d,e}|}{g_d} = \frac{|w_{d,e}|}{0{,}18}$$

$$F{:}\ d = \frac{2{,}64}{0{,}18} = 14{,}7\ cm \approx 15\ cm$$

$$G{:}\ d = \frac{2{,}16}{0{,}18} = 12\ cm$$

$$H{:}\ d = \frac{1{,}44}{0{,}18} = 8\ cm$$

Windsogsicherung durch Befestiger:

Bei der Ermittlung der erforderlichen Anzahl an Befestigern pro m² wird ein Bemessungswert der Tragfähigkeit von R_d = 0,5 kN angenommen!

$$n = \frac{|w_{d,e}|}{R_d} = \frac{|w_{d,e}|}{0{,}5}$$

$$F{:}\ n = \frac{2{,}64}{0{,}5} = 5{,}28\ \frac{Befestiger}{m^2}$$

$$G{:}\ n = \frac{2{,}16}{0{,}5} = 4{,}32\ \frac{Befestiger}{m^2}$$

$$H{:}\ n = \frac{1{,}44}{0{,}5} = 2{,}88\ \frac{Befestiger}{m^2}$$

4.2.2 Dächer mit Dachziegel- oder Dachsteindeckungen

4.2.2.1 Allgemeines

(1) Bei Ausführung und Planung von kleinformatigen, überlappend verlegten Dachdeckungen nach dem Regelwerk mit Dachziegeln nach DIN EN 1304[8] und Dachsteinen nach DIN EN 490[9] mit einer Fläche ≤ 0,4 m² und einer Eigenlast ≤ 7 kg und Formziegeln und -steinen mit einer Fläche ≤ 0,4 m² und einer Eigenlast ≤ 13 kg ist auf Grundlage von DIN EN 1991-1-4 einschließlich DIN EN 1991-1-4/NA das Regelwerk des Dachdeckerhandwerks maßgebend. Dieser Abschnitt regelt die Windsogsicherung von diesen kleinformatigen, überlappend verlegten Dachdeckungen aus Dachziegeln und Dachsteinen mit einer Dachneigung ≥ 10° auf Lattung.

(2) Der Abschnitt 4.2.2 regelt das Verfahren zur Ermittlung von Windsoglasten auf Dächern mit Dachziegel- und Dachsteindeckungen, des Widerstandes von unbefestigten und befestigten Dachdeckungen und die Nachweisführung der Lagesicherheit der Dachdeckung.

4.2.2.2 Ermittlung der Windlasten

(1) Das Verhalten von unverklammerten/unbefestigten und verklammerten/befestigten Dachziegel-/Dachsteindeckungen infolge Windsogbeanspruchung wird im Regelfall durch die belüftete Luftschicht unterhalb der Dachdeckung und oberhalb der geschlossenen Deckunterlage bzw. der durchströmungshemmenden Schicht beeinflusst:

Durch das Anheben der Dachziegel/-steine bei Windsogbeanspruchung am Dachziegel-/ Dachsteinfuß bzw. der Luftdurchlässigkeit der Dachdeckung findet ein Druckausgleich zwischen belüfteter Ebene (oberhalb der geschlossenen Deckunterlage) und der Umgebungsluft statt.

---

8 DIN 1304 Dachziegel und Formziegel – Begriffe und Produktanforderungen

9 DIN 490 Dach- und Formsteine aus Beton für Dächer und Wandbekleidungen – Produktanforderungen

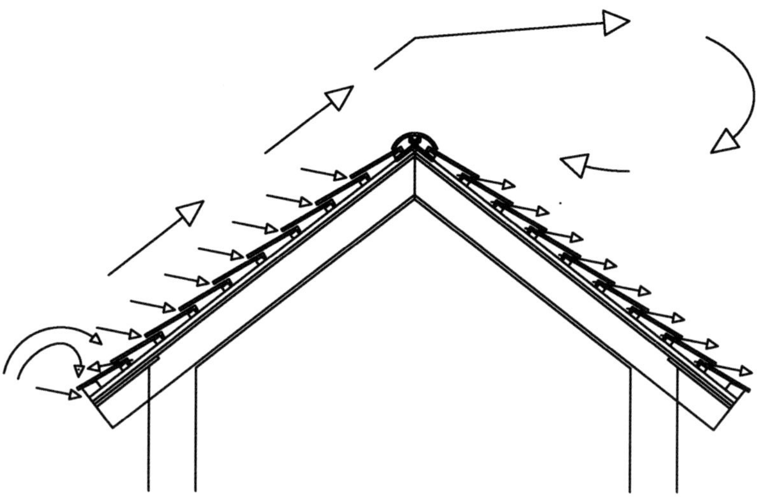

Abb. 19: Windbeanspruchung von Dachziegel/-steindeckungen

Die in der Praxis auftretenden abhebenden Beanspruchungen liegen durch dieses Tragverhalten betragsmäßig weit unter den in den Technischen Baubestimmungen festgelegten Werten. Zur annähernd einheitlichen Windlastermittlung im Regelwerk des Dachdeckerhandwerks werden den Technischen Baubestimmungen die Grundsätze der Lastenermittlung entnommen.

Die resultierende Windlast ergibt sich nach Gleichung [10] aus dem Produkt des Teilsicherheitsbeiwerts $\gamma_Q = 1{,}35$ nach DIN EN 1990, des Außendruckbeiwerts $c_{pe,1}$ je Bereich, eines Faktors für den Druckausgleich c_{eq} sowie des Geschwindigkeitsdrucks $q(z_e)$. In Fällen nach Abschnitt 4.1 (15) und Abschnitt 4.2.1.2 (1) ist $c_{eq} = 0{,}5$ zu setzen (Gleichung [11]).

$$w_{d,e} = \gamma_Q \times c_{pe,1} \times c_{eq} \times q(z_e) \quad [10]$$

$$w_{d,e} = 1{,}35 \times c_{pe,1} \times 0{,}5 \times q(z_e) \quad [11]$$

$w_{d,e}$ resultierender Bemessungswert der Windlast

γ_Q Teilsicherheitsbeiwert für ungünstige veränderliche Einwirkungen

$c_{pe,1}$ Außendruckbeiwert nach Tabelle 9 bzw. Tabelle 10

c_{eq} Faktor für den Druckausgleich

z_e Höhe des Gebäudes über Grund nach Abbildung 5

$q\,(z_e)$ Geschwindigkeitsdruck nach Tabelle 4 oder Technischen Baubestimmungen in Abhängigkeit von der Bezugshöhe

(2) Bei Dächern mit geschlossenen Deckunterlagen oder durchströmungshemmenden Schichten und Spitzböden mit Unterspannungen ist im Bereich des nicht ausgebauten Spitzbodens die Unterspannung als geschlossene Unterlage zu betrachten.

(3) Bei Dachdeckungen von geschlossenen Gebäuden mit Unterspannungen und ohne weitere durchströmungshemmende Schichten ist der Faktor für den Druckausgleich c_{eq} in Gleichung [11] um 25 % zu erhöhen ($c_{eq} = 0{,}625$).

(4) Die Bereichseinteilung von Dachflächen erfolgt für jede Anströmrichtung des Windes. Die unter Abschnitt 4.2.2.2 (5) bis (7) dargestellten Anströmungen berücksichtigen jeweils einen Winkelbereich von ±45°. Aus den einzelnen Anströmrichtungen ergibt sich die maßgebende Beanspruchung der Dachflächen durch Überlagerung. Dabei ist die ungünstigste Beanspruchung (c_{pe}-Werte nach Tabelle 9 und Tabelle 10) der Einzelanströmungen zu berücksichtigen.

(5) Bei der Bereichseinteilung von Sattel- und Trogdächern sind die Windanströmrichtungen senkrecht und parallel zur Firstlinie unabhängig voneinander zu betrachten.

Bei der Anströmung senkrecht zur Firstlinie werden nach Abbildung 20 die Bereiche Traufe auf der windzugewandten Dachfläche und First auf der windabgewandten Dachfläche sowie die verbleibenden Innenbereiche berücksichtigt. Die Abmessungen der Bereiche werden mit der Hilfsgröße ex bestimmt. Sie ergibt sich aus dem kleineren Wert entweder der Länge des Daches (Trauflänge einschließlich der Dachüberstände) oder der zweifachen Gebäudehöhe h.

Bei der Anströmung parallel zur Firstlinie werden nach Abbildung 21 die Bereiche Ortgang sowie der dahinterliegende Innenbereich berücksichtigt. Die Abmessungen der Bereiche werden mit der Hilfsgröße ey bestimmt. Sie ergibt sich aus dem kleineren Wert entweder der Breite des Daches (Giebellänge im Grundriss einschließlich der Dachüberstände) oder der zweifachen Gebäudehöhe h. Für die Breite des Ortgangstreifens wird der Wert ey/8 angesetzt, mindestens jedoch 1,5 m.

Die Abmessungen der Bereiche beziehen sich auf die Ebenen der Dachflächen.

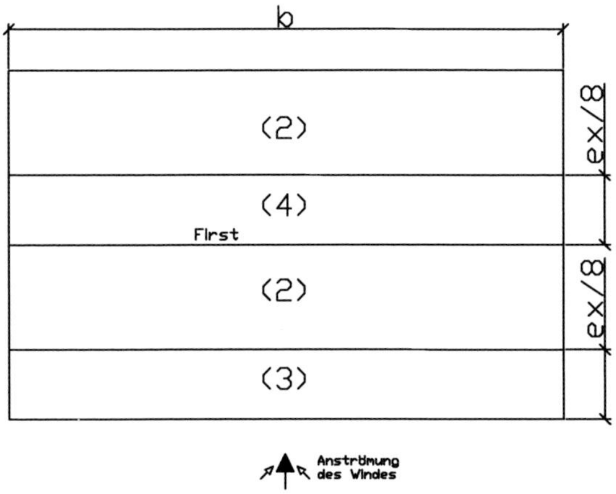

(2): Innenbereich

(3): Traufe

(4): First

ex = b oder 2h (der kleinere Wert ist maßgebend)

Abb. 20: Einteilung der Dachflächen von Satteldächern für die Anströmung senkrecht zur Firstlinie (Trogdächer sind analog zu behandeln)

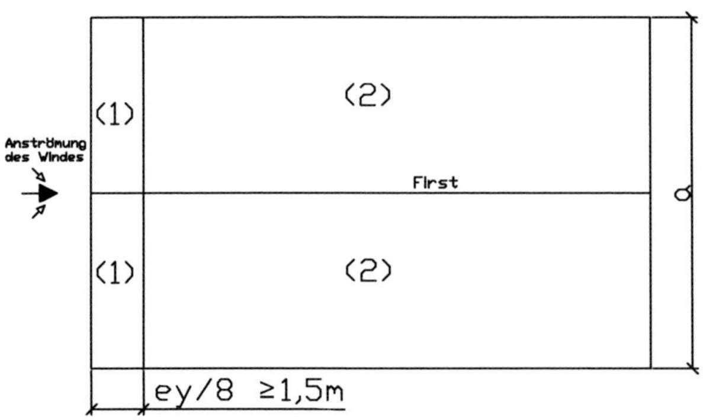

(1): Ortgang

(2): Innenbereich

ey = a oder 2h (der kleinere Wert ist maßgebend)

Abb. 21: Einteilung der Dachflächen von Satteldächern für die Anströmung parallel zur Firstlinie (Trogdächer sind analog zu behandeln)

Tabelle 9: Außendruckbeiwerte $c_{pe,1}$ von Sattel-, Walm- und Trogdächern in Abhängigkeit von der Dachneigung und des Bereiches

Dachneigung	Außendruckbeiwerte $c_{pe,1}$ für die Anströmung					
	senkrecht zur Firstlinie				parallel zur Firstlinie	
	(1)	(2)	(3)	(4)	(1)	(2)
-45°	-2,0	-0,8	-0,6	-1,5	-2,0	-1,2
-30°	-2,1	-0,8	-1,5	-1,4	-2,1	-1,2
-15°	-2,5	-1,2	-2,0	-1,2	-2,5	-1,2
-10°	-2,5	-1,2	-2,0	-0,9	-2,5	-1,2
10°	-2,1	-0,5	-1,7	-0,8	-2,1	-0,6
15°	-2,0	-0,4	-1,5	-1,5	-2,0	-0,5
30°	-2,0	-0,4	-1,5	-0,5	-2,0	-0,5
45°	-2,0	-0,4	0,7	-0,5	-2,0	-0,5
60°	-2,0	-0,4	0,7	-0,5	-2,0	-0,5
65°	-2,0	-0,4	0,74	-0,5	-2,0	-0,5
Zwischenwerte dürfen, soweit das Vorzeichen nicht wechselt, linear interpoliert werden.						

(6) Walmdächer sind hinsichtlich der Anströmung senkrecht zur Firstlinie wie Satteldächer zu betrachten. Ergänzend sind auf den windabgewandten Haupt- und Walmdachflächen entlang der Grate Streifen mit der Breite ex/8 anzuordnen. Durch die Anströmung parallel zur Firstlinie entstehen die Bereiche Walm, Grat und Innenbereich. Die Gratstreifen werden auf den windparallelen bzw. windabgewandten Haupt- und Walmdachflächen mit der Breite ey/8 parallel zur Gratlinie berücksichtigt. Die c_{pe}-Werte sind Tabelle 9 zu entnehmen.

Die Abmessungen der Bereiche beziehen sich auf die Ebenen der Dachflächen.

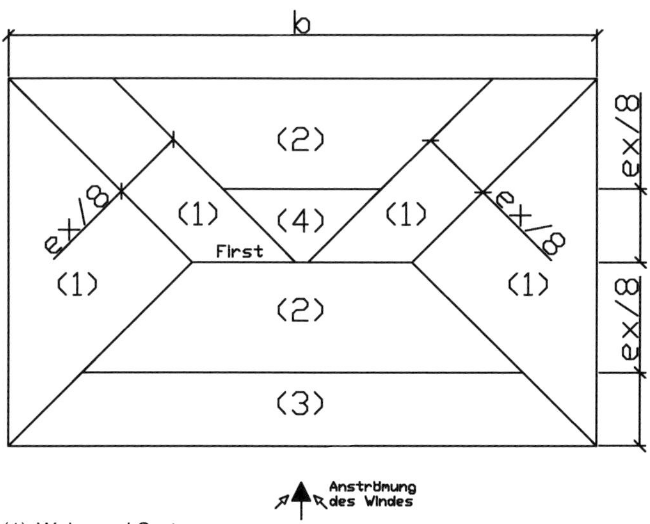

(1): Walm und Grat

(2): Innenbereich

(3): Traufe

(4): First

ex = b oder 2h (der kleinere Wert ist maßgebend)

Abb. 22: Einteilung der Dachflächen von Walmdächern für die Anströmung senkrecht zur Firstlinie

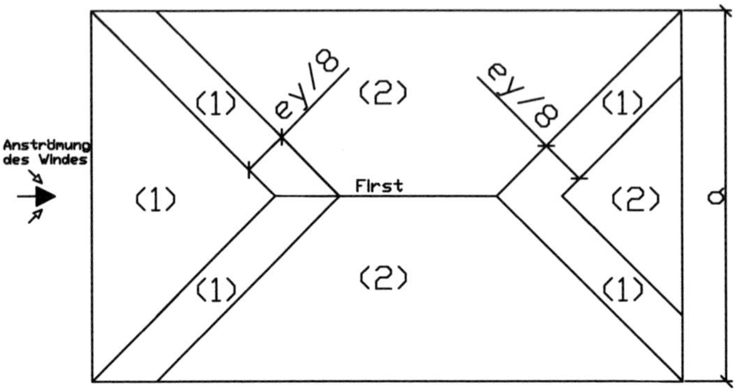

(1): Walm und Grat

(2): Innenbereich

ey = b oder 2h (der kleinere Wert ist maßgebend)

Abb. 23: Einteilung der Dachflächen von Walmdächern für die Anströmung parallel zur Firstlinie

(7) Für die Bereichseinteilung von Pultdächern müssen 3 Anströmrichtungen unterschieden werden, senkrecht zur Trauflinie, senkrecht zum Giebel und senkrecht zur Pultabschlusslinie. Bei der Anströmung senkrecht zur Trauflinie werden Traufe und Innenbereich, senkrecht zum Giebel der Ortgang und der Innenbereich unterschieden. Die Breite des Ortgangbereiches beträgt mindestens 1,5 m. Bei der Anströmung senkrecht zur Pultabschlusslinie werden der Pultabschluss und Innenbereich unterschieden.

Die Abmessungen der Bereiche beziehen sich auf die Ebene der Dachfläche.

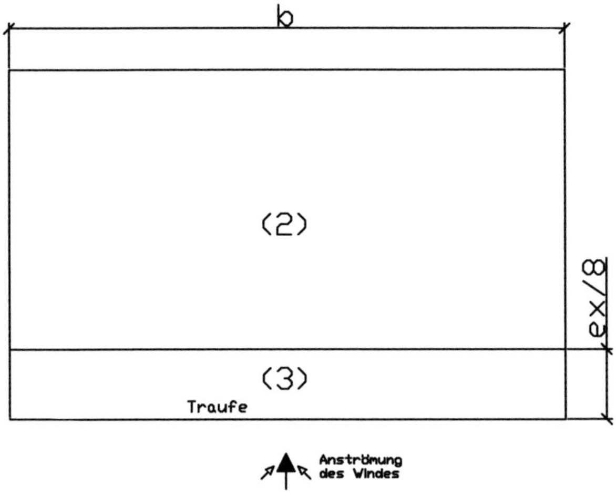

(2): Innenbereich

(3): Traufe

ex = b oder 2h (der kleinere Wert ist maßgebend)

Abb. 24: Einteilung der Dachflächen von Pultdächern für die Anströmung senkrecht zur Trauflinie

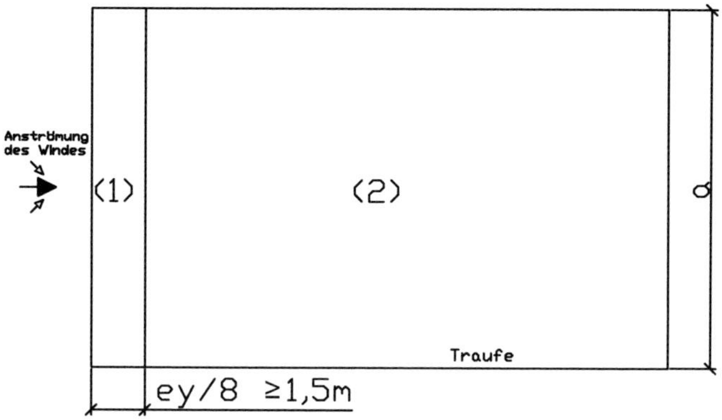

(1): Ortgang
(2): Innenbereich
ey = a oder 2h (der kleinere Wert ist maßgebend)

Abb. 25: Einteilung der Dachflächen von Pultdächern für die Anströmung senkrecht zum Giebel

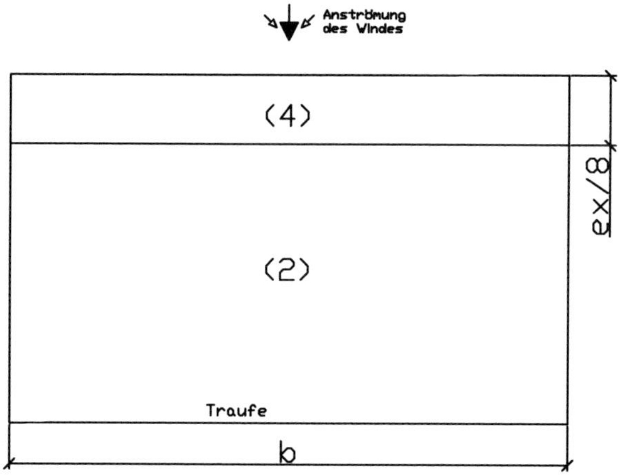

(2): Innenbereich
(4): Pultabschluss
ex = b oder 2h (der kleinere Wert ist maßgebend)

Abb. 26: Einteilung der Dachflächen von Pultdächern für die Anströmung senkrecht zur Pultabschlusslinie

Tabelle 10: Außendruckbeiwerte $c_{pe,1}$ von Pultdächern in Abhängigkeit von der Dachneigung und des Bereiches

Dachneigung	Außendruckbeiwerte $c_{pe,1}$ für die Anströmung					
	senkrecht zur Trauflinie		senkrecht zur Pultabschlusslinie		senkrecht zum Giebel	
	(2)	(3)	(2)	(4)	(1)	(2)
10°	-0,7	-1,7	-1,2	-2,0	-2,7	-0,6
15°	-0,3	-1,5	-1,2	-2,0	-2,9	-1,2
30°	-0,2	-1,5	-0,8	-1,5	-2,9	-1,2
45°	0,6	0,7	-0,7	-0,5	-2,4	-1,2
60°	0,7	0,7	-0,5	-0,5	-2,0	-1,2
65°	0,8	0,8	-0,5	-0,5	-2,0	-0,5
Zwischenwerte dürfen, soweit das Vorzeichen nicht wechselt, linear interpoliert werden.						

(8) Bei L-, T- und U-förmigen Gebäuden sowie Gebäuden, deren Geometrie Grate und Kehlen in den Dachflächen bilden, sind entlang der Grate und Kehlen Streifen mit der Beanspruchung des Grates oder Kehle anzuordnen. Entlang des Grates beträgt die Streifenbreite mindestens 1,0 m bzw. e/8, rechtwinklig zur Gratlinie in der jeweiligen Dachfläche gemessen. Entlang der Kehle sind Streifen mit der Breite von 1 m rechtwinklig zur Kehllinie, in der jeweiligen Dachfläche gemessen, anzuordnen. Die Beanspruchungen sind Tabelle 9 bzw. 10 zu entnehmen.

(9) Im Bereich von Durchdringungen und Aufbauten auf Dächern treten zusätzliche Verwirbelungen auf, die sich negativ auf die Lagesicherheit der Dachdeckung oder Dachabdichtung auswirken können. Daher ist um Durchdringungen ein Bereich nach Abschnitt 4.1 (20) mit der Beanspruchung des Ortgangbereiches anzuordnen. Die Abmessungen des Bereichs werden in der Ebene der Dachfläche gemessen.

(10) Seitlich und firstseitig von Loggien sowie um Gauben sind Bereiche mit den Abmessungen wie bei Durchdringungen (siehe Abschnitt 4.1 (20)) sowie der Beanspruchung des Ortganges anzuordnen. Die Dachdeckung auf den Gaubendachflächen kann vereinfachend wie der Ortgangbereich befestigt werden. Andernfalls sind die Bereiche nach Abschnitt 4.2.2.2 (5) bis (7) zu bestimmen.

(11) Bei Mansarddächern sind entlang des Mansardknickes auf den unteren und oberen Dachflächen Bereiche mit der Beanspruchung der Traufe der oberen Dachflächen mit den Abmessungen ex/8 bzw. ey/8 anzuordnen. Bei Dachneigungen von mehr als 65° gilt Abschnitt 4.2.2.3 (10) uneingeschränkt.

(12) Bei aneinandergebauten Gebäuden mit unterschiedlichen Höhen können die Gebäude vereinfachend als freistehend betrachtet werden.

4.2.2.3 Ermittlung der erforderlichen Windsogsicherung

(1) Die Sicherung der Dachdeckung gegen Windsog kann durch

- Eigengewicht der Dachdeckung und ggf. zusätzliche
- mechanische Befestigung, z. B.
  - Klammern,
  - Schrauben,
  - Schraubnägel,
  - Nägel,
  - Draht,
  - mechanische Befestigungssysteme,

erfolgen. Verklebungen oder Vermörtelungen der Dachziegel bzw. Dachsteine untereinander bzw. direkt auf der Unterkonstruktion sind keine mechanische Befestigung.

(2) Für den Nachweis der Windsogsicherung gilt, dass der Betrag der Windsoglast kleiner gleich dem Wert der günstig wirkenden Eigenlast (Eigengewicht der Dachziegel/-steine je m²; Gleichung [12]) oder dem Abhebewiderstand der verklammerten Dachdeckung (siehe Abschnitt 4.2.1.3 (4); Gleichung [13]) sein muss.

$$|w_{d,e}| \leq g_{d,\perp} \times \cos(\alpha) \quad [12]$$

$$|w_{d,e}| \leq R_{d,\alpha} \quad [13]$$

$|w_{d,e}|$ Betrag des Bemessungswertes der Windsoglast nach Gleichung [10] bzw. [11]

$g_{d,\perp}$ Bemessungswert der Flächengewichtskraft der Dachdeckung (lotrecht ohne Lattung) unter Berücksichtigung des Teilsicherheitsbeiwertes $\gamma_G = 1{,}0$

$R_{d,\alpha}$ Bemessungswert des Abhebewiderstandes der Dachdeckung

α Dachneigung

(3) In Abhängigkeit von der Größe der Windsoglast kann der Abhebewiderstand der unverklammerten Dachdeckung (Eigenlast ohne Lattung) die Lagesicherheit gewährleisten. Die entsprechenden Grundlagen für die Eigenlasten sind den Herstellerangaben zu entnehmen. Die Verwendung von Prüfergebnissen nach DIN EN 14437[10] für unverklammerte Dachdeckungen ist ebenfalls zulässig.

(4) Für verklammerte bzw. mechanisch befestigte Dachdeckungen ist die Bestimmung des Abhebewiderstandes nach DIN EN 14437 erforderlich.

Der Abhebewiderstand der Dachdeckungen setzt sich nach Gleichung [8] für jede Dachziegel-/-stein-Befestigung/Klammer-Kombination aus einem Anteil für den Widerstand der Befestigung/Klammer ($R_{d,f}$) sowie deren Anzahl je m² (m_{fixing}) und einem von der Dachneigung (α) abhängigen Anteil der Eigenlast der Dachdeckung ($W_{k,d}$) zusammen. $R_{d,\alpha}$, $R_{d,f}$ und $W_{k,d}$ werden nach Prüfungen gemäß DIN EN 14437 seitens der Hersteller der Dachziegel/-steine bzw. der Klammern angegeben und enthalten einen partiellen Teilsicherheitsbeiwert $\gamma \geq 1{,}0$ nach DIN EN 14437. Im Prüfzeugnis sind die Werte für $R_{d,\alpha}$ und $W_{k,d}$ in N/m² bzw. kN/m² und die Werte für $R_{d,f}$ in N bzw. kN anzugeben. Der zugrundeliegende Teilsicherheitsbeiwert und die Anzahl der Befestigungen und Klammern je m² (m_{fixing}) sind im Prüfzeugnis anzugeben.

$$R_{d,\alpha} = m_{fixing} \times R_{d,f} + W_{k,d} \times \frac{\cos(\alpha)}{\cos(45°)} \quad [14]$$

$R_{d,\alpha}$ Bemessungswert des Widerstandes von teilweise oder vollständig befestigten Dachziegeln/Dachsteinen in Abhängigkeit von der Dachneigung in kN/m²

m_{fixing} Anzahl der Befestigungen/Klammern je m²

$R_{d,f}$ charakteristischer Widerstand je Befestigung laut Herstellerangabe

$W_{k,d}$ Bemessungswert der theoretisch für das Abheben eines unbefestigten Dachziegels/Dachsteins von der Lattung bei einer Dachneigung von 45° erforderlichen Kraft laut Herstellerangabe in kN/m² (dieser Wert wird durch Prüfung nach DIN EN 14437 ermittelt, er stimmt nicht zwingend mit dem Eigengewicht überein)

α Dachneigung

Die Prüfungen nach DIN EN 14437 werden bei einer Dachneigung von 45° durchgeführt. Bei der Ermittlung des Abhebewiderstandes wird die jeweilige Dachneigung für den Eigenlastanteil der Dachdeckung berücksichtigt.

Abhebewiderstände von Dachdeckungen, bei denen jeder Dachziegel/Dachstein befestigt/verklammert (1:1) ist, dürfen über Prüfergebnisse von Dachdeckungen mit einer Befestigung/Klammer an jedem 2. Dachziegel/-stein (1:2) mit Gleichung [14] ermittelt werden. Widerstände für andere Befestigungs-/Klammerraster müssen durch separate Prüfungen nachgewiesen werden.

(5) Liegen keine Prüfergebnisse für die jeweilige Dachziegel-/-stein-Befestigung/Klammer-Kombination mit einer 1:3-Verklammerung vor, darf für den Nachweis der Windsogsicherung von 1:3 verklammerten Dachdeckungen das Eigengewicht der unverklammerten Dachdeckung in Gleichung [6] um 30 % erhöht werden.

$$|w_{d,e}| \leq g_{d,\perp} \times \cos(\alpha) \times 1{,}3 \quad [15]$$

(6) Befestigungen/Klammern sind durch die Hersteller der Dachziegel/-steine oder der Befestigungen/Klammern zu kennzeichnen.

(7) Ist eine Verklammerung der ersten Traufziegel-/-steinreihe nicht möglich, beginnt die Verklammerung des Traufbereichs in der zweiten Ziegelreihe.

(8) Ortgangziegel/-steine, Formziegel/-steine von First-, Pultabschluss- und Gratdeckungen sind gegen Windkräfte mechanisch zu befestigen. Die verwendeten Befestigungsmittel müssen eine Kraft von mindestens 0,60 kN/m rechtwinklig zur Lage des Ortgangs aufnehmen können.

---

[10] DIN EN 14437 Bestimmung des Abhebewiderstandes von Dachdeckungen mit Dachziegeln oder Dachsteinen (Dachpfannen) – Prüfverfahren für Dachsysteme

(9) First- und Gratlatten sind an der tragenden Unterkonstruktion so zu befestigen, dass eine Kraft von mindestens 0,60 kN/m rechtwinklig zur Lage von First oder Grat aufgenommen werden kann.

(10) Bei Dachneigungen von mehr als 65° ist gemäß „Fachregel für Dachdeckungen mit Dachziegeln und Dachsteinen" jeder Dachziegel/-stein mechanisch zu befestigen.

4.2.2.4 Beispiel zur Ermittlung der erforderlichen Windsogsicherung

Windzone 2: Binnenland

Gebäudehöhe: 12 m

Dachneigung: 38°

Dachdeckung:

- Anzahl je m²: 12 DZ/DS
- Eigengewicht: $g_{d,\perp} = 0{,}45$ kN/m²

Klammer-Dachziegel/-stein-Kombination

- $R_{d,f} = 165$ N
- $W_{k,d} = 0{,}3$ kN/m²

geschlossene Deckunterlagen bzw. durchströmungshemmende Schicht nach Abschnitt 4.1 (15)

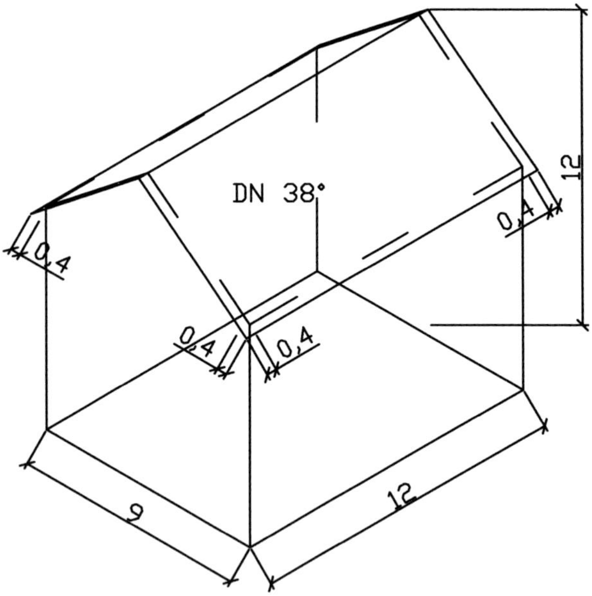

Maße in m

Abb. 27: Beispiel für die Windsogsicherung von Dachziegel- und Dachsteindeckungen

Bereichseinteilung:

Durch Vergleich der c_{pe}-Werte nach Tabelle 9 ergeben sich an den Ortgängen die Bereiche 1, an den Traufen die Bereiche 3, entlang des Firsts die Bereiche 4 sowie die verbleibenden Bereiche 2.

Trauflänge b: b = 12 m + 2 x 0,4 m = 12,8 m

Giebellänge a: a = 9 m + 2 x 0,4 m = 9,8 m

$$ex = \min\begin{Bmatrix}\text{Trauflänge } b \\ 2 \times h\end{Bmatrix} = \min\begin{Bmatrix}12{,}8 \\ 2 \times 12\text{ m} = 24\text{ m}\end{Bmatrix} = 12{,}8\text{ m}$$

$$ey = \min\begin{Bmatrix}\text{Giebellänge } a \\ 2 \times h\end{Bmatrix} = \min\begin{Bmatrix}9{,}8\text{ m} \\ 2 \times 12\text{ m} = 24\text{ m}\end{Bmatrix} = 9{,}8\text{ m}$$

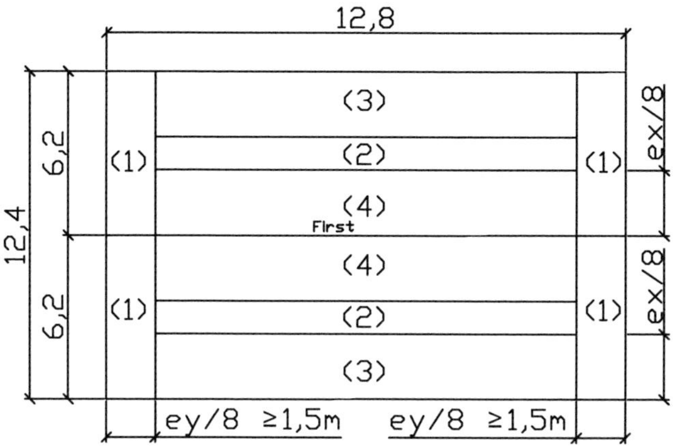

Maße in m in Ebene der Dachfläche gemessen!

Abb. 28: Beispiel für die Windsogsicherung von Dachziegel- und Dachsteindeckungen

$$\frac{ex}{8} = \frac{12{,}8}{8} = 1{,}6 \text{ m}$$

$$\frac{ey}{8} = \frac{9{,}8}{8} = 1{,}2 \text{ m} < 1{,}5 \text{ m}$$

$$\frac{ey}{8} = 1{,}5 \text{ m}$$

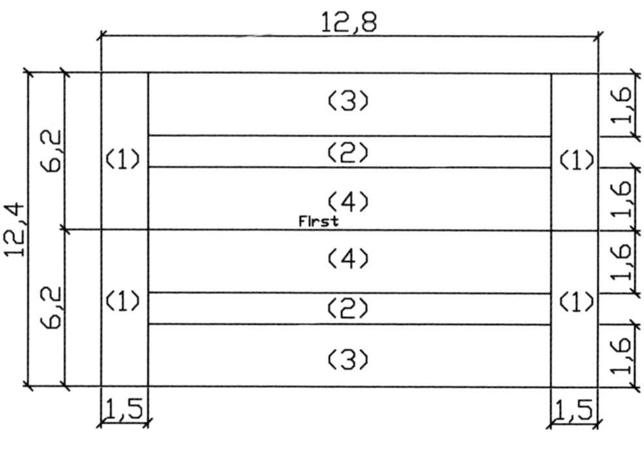

Maße in m in Ebene der Dachfläche gemessen!

Abb. 29: Beispiel für die Windsogsicherung von Dachziegel- und Dachsteindeckungen

Ermittlung der erforderlichen Windsogsicherung:

Bemessungswerte des Abhebewiderstandes der Dachdeckung:

ohne Verklammerung

$$g_{d,\alpha=38°} = 0{,}45 \times \cos(38°) = 0{,}35 \left[\frac{\text{kN}}{\text{m}^2}\right]$$

Jeder 3. Dachziegel/-stein ist verklammert (1:3)

$$g_{d,\alpha=38°,1:3} = 0{,}45 \times \cos(38°) \times 1{,}3 = 0{,}46 \left[\frac{\text{kN}}{\text{m}^2}\right]$$

Jeder 2. Dachziegel/-stein ist verklammert (1:2)

$$R_{d,\alpha=38°,1:2} = 6 \times 0{,}165 + 0{,}3 \times \frac{\cos(38°)}{\cos(45°)} = 1{,}32 \left[\frac{\text{kN}}{\text{m}^2}\right]$$

Jeder Dachziegel/-stein ist verklammert (1:1)

$$R_{d,\alpha=38°,1:1} = 12 \times 0{,}165 + 0{,}3 \times \frac{\cos(38°)}{\cos(45°)} = 2{,}31 \left[\frac{\text{kN}}{\text{m}^2}\right]$$

Nachweis der Windsogsicherung

Ortgang (1): $w_{d,e}$ = (–1,08) kN/m²

ohne Verklammerung

$$1{,}08\ \frac{\text{kN}}{\text{m}^2} > 0{,}35\ \frac{\text{kN}}{\text{m}^2}$$

1:3-Verklammerung

$$1{,}08\ \frac{\text{kN}}{\text{m}^2} > 0{,}46\ \frac{\text{kN}}{\text{m}^2}$$

1:2-Verklammerung

$$1{,}08\ \frac{\text{kN}}{\text{m}^2} < 1{,}32\ \frac{\text{kN}}{\text{m}^2}$$

Nachweis erbracht!

Innenbereich und First (2 + 4): $w_{d,e}$ = (–0,27) kN/m²

ohne Verklammerung

$$0{,}27\ \frac{\text{kN}}{\text{m}^2} < 0{,}35\ \frac{\text{kN}}{\text{m}^2}$$

Nachweis erbracht!

Traufe (3): $w_{d,e}$ = (-0,81) kN/m²

ohne Verklammerung

$$0{,}81\ \frac{\text{kN}}{\text{m}^2} > 0{,}35\ \frac{\text{kN}}{\text{m}^2}$$

1:3-Verklammerung

$$0{,}81\ \frac{\text{kN}}{\text{m}^2} > 0{,}46\ \frac{\text{kN}}{\text{m}^2}$$

1:2-Verklammerung

$$0{,}81\ \frac{\text{kN}}{\text{m}^2} < 1{,}32\ \frac{\text{kN}}{\text{m}^2}$$

Nachweis erbracht!

Im Bereich 1 (Ortgangbereich) ist jeder 2. Dachziegel/-stein zu verklammern.
Im Bereich 2 (Innenbereich) ist nicht zu verklammern.
Im Bereich 3 (Traufbereich) ist jeder 2. Dachziegel/-stein zu verklammern.
Im Bereich 4 (Firstbereich) ist nicht zu verklammern.
Befestigung der First-, Grat- und Ortgangdeckung nach Abschnitt 4.2.2.3 (8).

4.2.3 Dächer mit Metalldeckungen

4.2.3.1 Allgemeines

(1) Für die Ermittlung der erforderlichen Windsogsicherung von Metalldeckungselementen, mit Ausnahme der unter Abschnitt 4.1 (18), ist DIN EN 1991-1-4 einschließlich DIN EN 1991-1-4/NA in Verbindung mit den Technischen Baubestimmungen und ggf. allgemeinen bauaufsichtlichen Zulassungen maßgebend.

(2) Der Abschnitt 4.2.3.2 stellt eine Vereinfachung der unter (1) genannten technischen Regel für nichtselbsttragende Dachdeckungen und selbsttragende Dachdeckungselemente nach DIN EN 14782[11] dar.

(3) Für selbsttragende Metalldeckungen können die Bereichseinteilungen und die entsprechenden Windlasten zur Ermittlung der erforderlichen Windsogsicherung nach Abschnitt 4.2.3.2 aus Gründen der Vereinfachung verwendet werden.

4.2.3.2 Dächer mit nichtselbsttragenden Metalldeckungen

(1) Die Windlasten auf nichtselbsttragende Dachdeckungen aus Metall werden abweichend von Abschnitt 4.1 (6) und Tabelle 4 auf Grundlage des höhenabhängigen Geschwindigkeitsdrucks ermittelt.

(2) Für die Ermittlung der maßgebenden Windlasten auf Dachdeckungen aus Metall sind die Außendruckbeiwerte $c_{pe,1}$ für Lasteinzugsflächen $A \leq 1\ m^2$ zu verwenden.

(3) Der Teilsicherheitsbeiwert γ_Q ist mit 1,50 in Gleichung [4] und [5] anzusetzen.

(4) Hinsichtlich der Bereichseinteilung von Dächern stellen die Abbildungen 24 bis 26 Vereinfachungen nach Überlagerung der Einzelanströmungen der Abschnitte 4.2.1.2 und 4.2.1.3 dar. Abweichende Dachformen sind nach DIN EN 1991-1-4 einschließlich DIN EN 1991-1-4/NA nachzuweisen.

(5) Die Bereiche der Abbildungen 24 bis 26 werden mit der Hilfsgröße e bestimmt, welche sich aus dem kleineren Wert entweder der zweifachen Gebäudehöhe h oder der größten Gebäudelänge b ergibt. Die Abmessungen der Bereiche beziehen sich auf den Grundriss und müssen entsprechend der Dachneigung in die Ebene der Dachfläche umgerechnet werden. Tabelle 11 zeigt hierfür entsprechende Umrechnungsfaktoren.

(6) Abbildung 30 zeigt die Bereichseinteilung bei Flach-, Sattel- und Trogdächern. An den Ecken der Dachflächen werden die Bereiche F, bei Trogdächern mit Dachneigungen von kleiner gleich –5° F_{hoch}, und die Bereiche G an den verbleibenden Dachrändern angeordnet. Die verbleibenden Bereiche der Dachflächen sind bei Dachneigungen kleiner –15° und zwischen 13° und 19° Dachneigung als Bereiche J und bei allen anderen Dachneigungen als Bereiche H zu berücksichtigen.

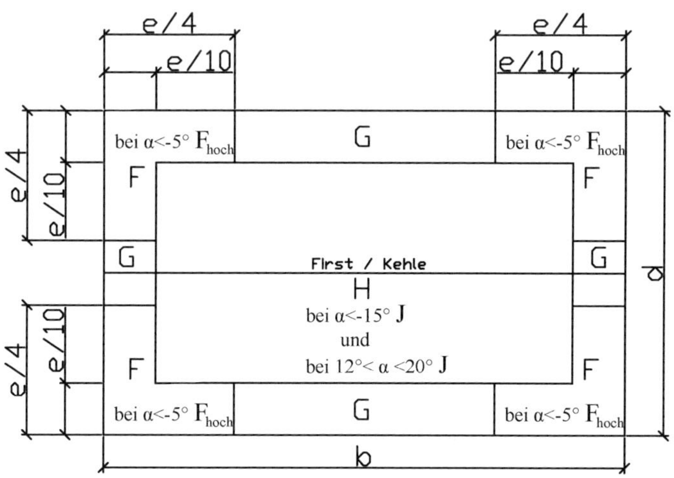

e = b oder 2h (der kleinere Wert ist maßgebend)

b = größte Gebäudelänge

Abb. 30: Einteilung der Dachflächen bei Sattel-, Trog- und Flachdächern

[11] DIN EN 14782 Selbsttragende Dachdeckungs- und Wandbekleidungselemente für die Innen- und Außenanwendung aus Metallblech - Produktspezifikation und Anforderungen

(7) Abbildung 31 zeigt die Bereichseinteilung bei Pultdächern. An den traufseitigen Ecken der Dachflächen werden die Bereiche F, an den Ecken des Pultabschlusses die Bereiche F_{hoch} berücksichtigt. An den verbleibenden Dachrändern der Traufe und des Pultabschlusses werden bei Dachneigungen kleiner gleich 30° die Bereiche G, bei Dachneigungen größer 30° die Bereiche F angeordnet. An den verbleibenden Dachrändern der Ortgänge werden bei Dachneigungen größer 30° die Bereiche G angeordnet, bei Dachneigungen kleiner gleich 30° die Bereiche F. Der verbleibende Bereich der Dachfläche wird bis einschließlich 15° Dachneigung als Bereich H und darüber als Bereich J angesetzt.

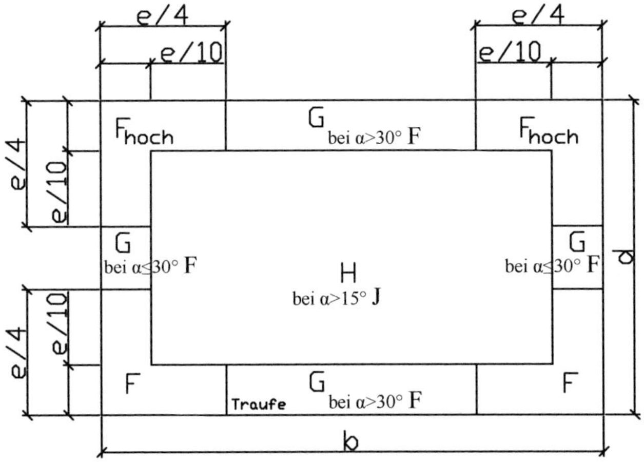

e = b oder 2h (der kleinere Wert ist maßgebend)

b = größte Gebäudelänge

Abb. 31: Einteilung der Dachflächen bei Pultdächern

(8) Abbildung 32 zeigt die Bereichseinteilung bei Walmdächern. An den Traufen der Haupt- und Walmdachflächen werden an den Graten die Bereiche F angeordnet. Die verbleibenden Bereiche auf den Walmdachflächen werden als Bereiche G berücksichtigt. Auf den Hauptdachflächen werden entlang der Grate und des Firsts sowie entlang der Traufe die Bereiche G angeordnet. Die verbleibenden Bereiche auf den Hauptdachflächen werden als Bereiche H betrachtet.

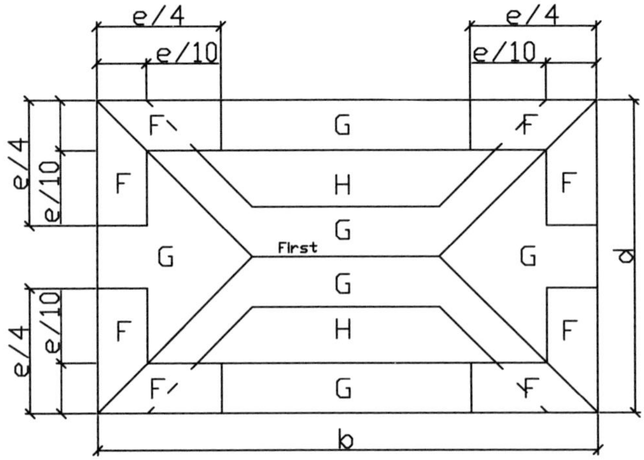

e = b oder 2h (der kleinere Wert ist maßgebend)

b = größte Gebäudelänge

Abb. 32: Einteilung der Dachflächen bei Walmdächern

Tabelle 11: Faktor zur Umrechnung der Grundfläche in die Dachfläche

Dachneigung α	**Umrechnungsfaktor**
70°	2,92
65°	2,37
60°	2,00
55°	1,74
50°	1,56
45°	1,41
40°	1,31
35°	1,22
30°	1,15
25°	1,10
20°	1,06
15°	1,04
10°	1,02
Zwischenwerte dürfen interpoliert werden oder der größere Wert ist zu wählen.	

(9) Tabelle 12 zeigt die resultierenden Windsoglasten für die Bereiche nach den Abbildungen 24 bis 26 unter Verwendung des höhenabhängigen Geschwindigkeitsdruckes nach DIN EN 1991-1-4.

4.2.3.3 Ermittlung der erforderlichen Windsogsicherung

(1) Sicherungsmaßnahmen gegen Windsog können als
- Auflast,
- Verklebung,
- mechanische Befestigung

erfolgen.

(2) Bei Nachweisen der Windsogsicherung muss nach Gleichungen [6] und[7] die Tragfähigkeit bzw. Eigengewichtskraft der Sicherungsmaßnahme größer gleich dem Bemessungswert der Windsoglast sein.

(3) Die Bemessungswerte der Tragfähigkeit von Sicherungsmaßnahmen sind unter Berücksichtigung der Teilsicherheitsbeiwerte nach den Technischen Baubestimmungen zu ermitteln.

(4) Bei Verwendung von mechanischen Befestigungsmitteln als Maßnahme zur Windsogsicherung ergibt sich die erforderliche Anzahl je m² in den einzelnen Bereichen nach Gleichung [16]. Produkt- oder bauartspezifische Anforderungen können eine höhere Anzahl an Befestigungsmitteln erforderlich machen.

$$n = \frac{|w_d|}{R_d} \qquad [16]$$

n Anzahl der Befestigungsmittel je Bereich und m²

$|w_d|$ Betrag des Bemessungswertes der Windsoglast je Bereich in kN/m²

R_d Bemessungswert der Tragfähigkeit des Befestigungsmittels in kN

4.3 Außenwandbekleidungen

4.3.1 Allgemeines

(1) Windlasten auf Außenwandbekleidungen werden nach DIN EN 1991-1-4 in
- Windlasten auf Wände

und
- Windlasten auf mehrschalige Wandflächen

unterschieden.

Tabelle 12: Bemessungswerte der Windsoglasten auf Dächern mit nichtselbsttragenden Metalldeckungen

Dach-neigung	Gebäude-höhe h [m]	Bemessungswerte der Windsoglasten in kN/m²																			
		WZ 1					WZ 2 Binnenland					WZ 3 Binnenland					WZ 4 Binnenland				
		F_{hoch}	F	G	H	J	F_{hoch}	F	G	H	J	F_{hoch}	F	G	H	J	F_{hoch}	F	G	H	J
α ≤ 30°	≤ 10	2,35	2,03	1,62	0,97	1,22	2,87	2,48	1,98	1,19	1,49	3,48	3,00	2,40	1,44	1,80	4,15	3,58	2,86	1,72	2,15
	10 < h ≤ 20	3,05	2,63	2,10	1,26	1,58	3,74	3,23	2,58	1,55	1,94	4,50	3,88	3,10	1,86	2,33	5,37	4,63	3,70	2,22	2,78
	20 < h ≤ 50	4,26	3,68	2,94	1,76	2,21	5,22	4,50	3,60	2,16	2,70	6,32	5,45	4,36	2,62	3,27	7,51	6,48	5,18	3,11	3,89
α > 30°	≤ 10	1,94	1,22	1,62	0,97	1,05	2,38	1,49	1,98	1,19	1,29	2,88	1,80	2,40	1,44	1,56	3,43	2,15	2,86	1,72	1,86
	10 < h ≤ 20	2,52	1,58	2,10	1,26	1,37	3,10	1,94	2,58	1,55	1,68	3,72	2,33	3,10	1,86	2,02	4,44	2,78	3,70	2,22	2,41
	20 < h ≤ 50	3,53	2,21	2,94	1,76	1,91	4,32	2,70	3,60	2,16	2,34	5,23	3,27	4,36	2,62	2,83	6,22	3,89	5,18	3,11	3,37

Dach-neigung	Gebäude-höhe h [m]	WZ 2 Küste					WZ 3 Küste					WZ 4 Küste				
		F_{hoch}	F	G	H	J	F_{hoch}	F	G	H	J	F_{hoch}	F	G	H	J
α ≤ 30°	≤ 10	3,92	3,38	2,70	1,62	2,03	4,70	4,05	3,24	1,94	2,43	5,60	4,83	3,86	2,32	2,90
	10 < h ≤ 20	4,70	4,05	3,24	1,94	2,43	5,68	4,90	3,92	2,35	2,94	6,76	5,83	4,66	2,80	3,50
	20 < h ≤ 50	6,03	5,20	4,16	2,50	3,12	7,25	6,25	5,00	3,00	3,75	8,64	7,45	5,96	3,58	4,47
α > 30°	≤ 10	3,24	2,03	2,70	1,62	1,76	3,89	2,43	3,24	1,94	2,11	4,63	2,90	3,86	2,32	2,51
	10 < h ≤ 20	3,89	2,43	3,24	1,94	2,11	4,70	2,94	3,92	2,35	2,55	5,59	3,50	4,66	2,80	3,03
	20 < h ≤ 50	4,99	3,12	4,16	2,50	2,70	6,00	3,75	5,00	3,00	3,25	7,15	4,47	5,96	3,58	3,87

(2) Für Bekleidungen, die

- auf flächiger Unterlage gedeckt werden,
- aus kleinformatig, überlappend oder verfalzt gedeckten Elementen,
- aus großformatig, ungelochten überlappenden gedeckten Elementen (z. B. Trapez- und Wellprofile) bestehen,

ist der Abschnitt 4.3.2 maßgebend.

(3) Als mehrschalige Wandflächen im Sinne der Windbeanspruchung dürfen Außenwände nur dann betrachtet werden, wenn

- die Außenwandbekleidung über die gesamte Fläche gleichmäßig verteilte Öffnungen ≥ 0,75 % der gesamten Fläche der Außenwandbekleidung aufweist (z. B. Außenwandbekleidung mit offenen Fugen),

und

- die lichte Dicke der Luftschicht im Hinterlüftungsraum kleiner als 100 mm ist,

und

- entlang der vertikalen Gebäudekanten eine dauerhaft wirksame, vertikale Luftsperre angeordnet ist (vgl. Abbildung 33).

Für die Ermittlung der Windlasten ist der Abschnitt 4.3.3 maßgebend.

Die Luftdurchlässigkeit einer Außenwandbekleidung wirkt sich dahingehend auf die Windlasten aus, dass mit zunehmender Luftdurchlässigkeit der Bekleidung eine Luftströmung zwischen dem Hinterlüftungsraum und der Außenumgebung möglich ist. Die resultierenden Windlasten auf die Außenwandbekleidung sind dadurch deutlich niedriger.

(4) Für Außenwandbekleidungen, die zusätzlich zum Windaußendruck durch einen Gebäudeinnendruck beansprucht werden, ist ein Einzelnachweis der Windsogsicherung erforderlich.

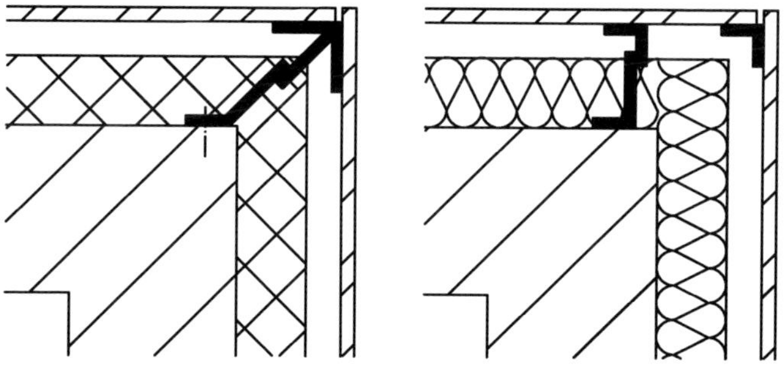

Abb. 33: Beispiel einer Luftsperre (Prinzipskizze)

(5) Für die Ermittlung der maßgebenden Windlasten auf Außenwandbekleidungen sind bei kleinformatigen und nicht selbsttragenden Bekleidungselementen die Außendruckbeiwerte $c_{pe,1}$ für Lasteinzugsflächen $A \leq 1\ m^2$ zu verwenden. Für großformatige Bekleidungselemente sind die Abschnitte 4.1 (12) und (19) zu berücksichtigen. Der Teilsicherheitsbeiwert γ_Q ist mit 1,50 in Gleichung [4] und [5] anzusetzen.

(6) Der Bemessungswert der Windlast auf die Außenwandbekleidung nach Abschnitt 4.1 (16) wird je Bereich als konstant über die Gebäudehöhe angenommen. Bei Berücksichtigung eines höhenabhängigen Geschwindigkeitsdruckes kann eine Staffelung innerhalb der jeweiligen Bereiche über die Gebäudehöhe nach DIN EN 1991-1-4 erfolgen.

4.3.2 Windlasten auf Außenwandbekleidungen

(1) Für die Ermittlung der Windlasten auf die einzelnen Flächen der Außenwandbekleidung wird jede Anströmrichtung des Windes separat betrachtet und zur Ermittlung der erforderlichen Windsogsicherung überlagert. Dabei werden die Bereiche A bis E unterschieden. Die Abbildungen 34 bis 36 zeigen die Bereichseinteilung auf den Gebäudeaußenoberflächen für eine Anströmrichtung des Windes.

Auf der windzu- und windabgewandten Seite werden die Bereiche D und E über die gesamte Gebäudebreite b berücksichtigt. Auf den windparallelen Gebäudeseiten werden die Bereiche A, B und C unterschieden. Dabei können in Abhängigkeit von der Gebäudelänge d in Windrichtung die Bereiche B und C entfallen. Die Abmessungen der einzelnen Bereiche werden mit Bruchteilen der Hilfsgröße e bestimmt. Die Hilfsgröße e ergibt sich aus dem kleineren Wert entweder der Gebäudebreite b quer zur jeweiligen Anströmrichtung oder der zweifachen Gebäudehöhe h.

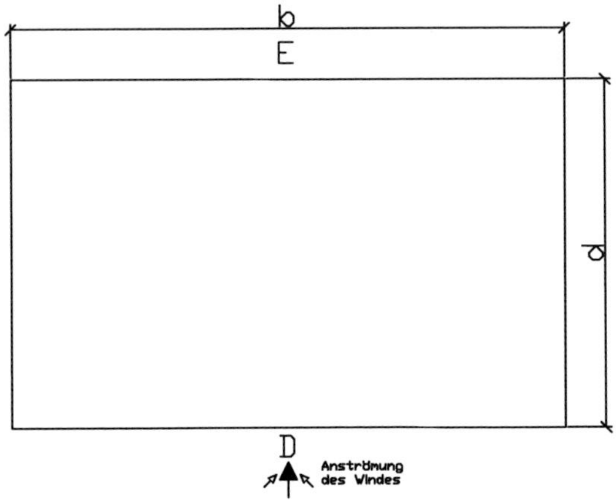

Abb. 34: Einteilung der Bereiche von Außenwandbekleidungen auf den windzugewandten und windabgewandten Gebäudeseiten

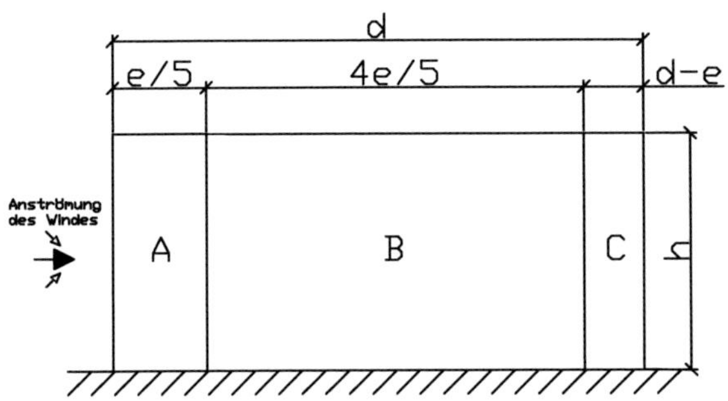

e = b oder 2h (der kleinere Wert ist maßgebend)

Abb. 35: Einteilung der Bereiche von Außenwandbekleidungen auf den windparallelen Gebäudeseiten (Flachdächer)

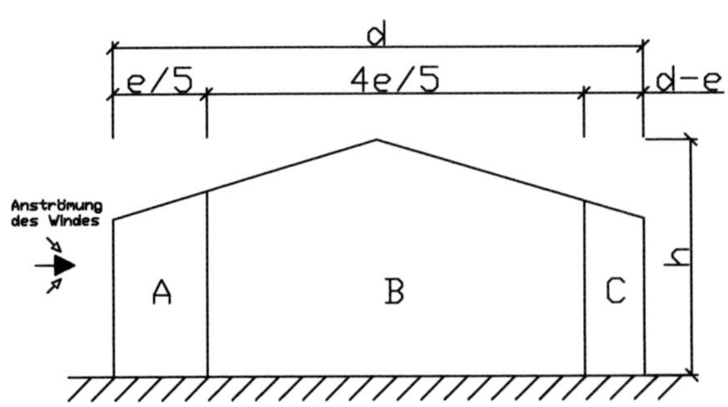

e = b oder 2h (der kleinere Wert ist maßgebend)

Abb. 36: Einteilung der Bereiche von Außenwandbekleidungen auf den windparallelen Gebäudeseiten (geneigte Dächer)

(2) Die Beanspruchung in den jeweiligen Bereichen A bis E ist dabei z. T. abhängig von dem Verhältnis der Gebäudehöhe h zur Gebäudelänge d in Anströmrichtung des Windes. Tabelle 13 zeigt die Außendruckbeiwerte c_{pe} für die Lasteinzugsflächen kleiner gleich 1 m² und größer 10 m² in Abhängigkeit von der Schlankheit des Gebäudes h/d in Anströmrichtung des Windes.

Auf der sicheren Seite liegend, können die Werte für h/d ≥ 5 für alle Baukörperabmessungen verwendet werden.

Tabelle 13: Außendruckbeiwerte c_{pe} für Außenwandbekleidungen

	Bereich	A		B		C		D		E	
		$c_{pe,1}$	$c_{pe,10}$	$c_{pe,1}$	$c_{pe,10}$	$c_{pe,1}$	$c_{pe,10}$	$c_{pe,1}$	$c_{pe,10}$	$c_{pe,1}$	$c_{pe,10}$
h/d	**≥ 5**	-1,7	-1,4	-1,1	-0,8	-0,7	-0,5	1,0	0,8	-0,7	-0,5
	1	-1,4	-1,2	-1,1	-0,8	-0,5		1,0	0,8	-0,5	
	≤ 0,25	-1,4	-1,2	-1,1	-0,8	-0,5		1,0	0,7	-0,5	-0,3
Zwischenwerte dürfen interpoliert werden.											

(3) Abbildung 37 zeigt die Überlagerung der einzelnen Anströmrichtungen eines rechteckigen Gebäudes zur Ermittlung der erforderlichen Windsogsicherung. Als resultierende Bereiche des Winddruckes auf der Außenfläche ergeben sich mit Ausnahme des Falles, dass Außenwandflächen komplett mit dem Bereich A abgedeckt werden, die Bereiche A und B als einzige zu berücksichtigende Bereiche.

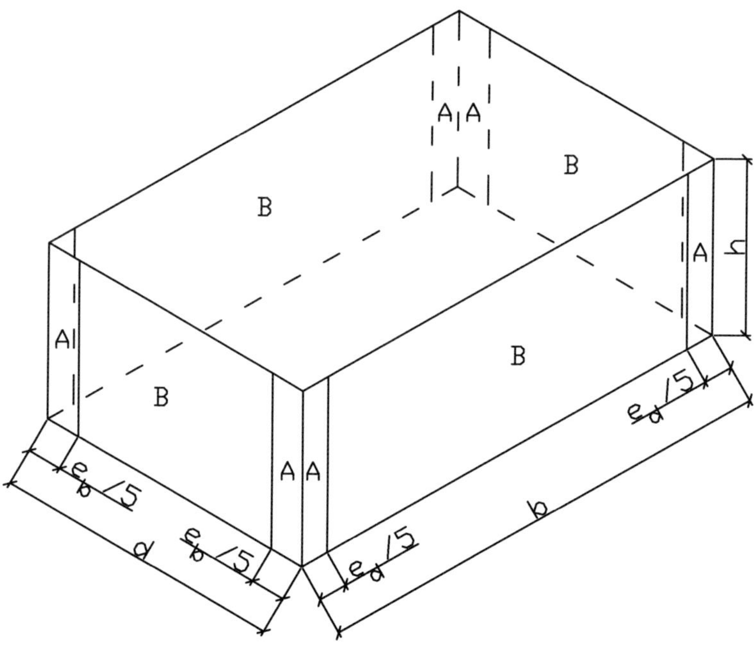

e_b = b oder 2h (der kleinere Wert ist maßgebend)
e_d = d oder 2h (der kleinere Wert ist maßgebend)

Abb. 37: Einteilung der Bereiche von Außenwandbekleidungen

(4) Tabelle 14 zeigt die Bemessungswerte der Windlasten auf Außenwandbekleidungen mit Bekleidungselementen, deren Lasteinzugsflächen kleiner gleich 1 m² sind.

Tabelle 14: Bemessungswerte der Windlasten nach Abbildung 37 für Lasteinzugsflächen ≤ 1 m² auf Außenwandbekleidungen

Gebäudehöhe h [m]	Bemessungswerte der Windlasten für Lasteinzugsflächen ≤ 1 m² in kN/m²											
	WZ 1			WZ 2 Binnenland			WZ 3 Binnenland			WZ 4 Binnenland		
	A		B	A		B	A		B	A		B
	h/d ≤ 1; h/b ≤ 1	h/d ≥ 5; h/b ≥ 5		h/d ≤ 1; h/b ≤ 1	h/d ≥ 5; h/b ≥ 5		h/d ≤ 1; h/b ≤ 1	h/d ≥ 5; h/b ≥ 5		h/d ≤ 1; h/b ≤ 1	h/d ≥ 5; h/b ≥ 5	
≤ 10	-1,05	-1,28	-0,83	-1,37	-1,67	-1,08	-1,68	-2,04	-1,32	-2,00	-2,43	-1,57
10 < h ≤ 18	-1,37	-1,67	-1,08	-1,68	-2,04	-1,32	-2,00	-2,43	-1,57	-2,42	-2,94	-1,90
18 < h ≤ 25	-1,58	-1,92	-1,24	-1,89	-2,30	-1,49	-2,31	-2,81	-1,82	-2,73	-3,32	-2,15
Gebäudehöhe h [m]	WZ 2 Küste			WZ 3 Küste			WZ 4 Küste					
	A		B	A		B	A		B			
	h/d ≤ 1; h/b ≤ 1	h/d ≥ 5; h/b ≥ 5		h/d ≤ 1; h/b ≤ 1	h/d ≥ 5; h/b ≥ 5		h/d ≤ 1; h/b ≤ 1	h/d ≥ 5; h/b ≥ 5				
≤ 10	-1,79	-2,18	-1,41	-2,21	-2,69	-1,74	-2,31	-2,81	-1,82			
10 < h ≤ 18	-2,10	-2,55	-1,65	-2,52	-3,06	-1,98	-2,73	-3,32	-2,15			
18 < h ≤ 25	-2,31	-2,81	-1,82	-2,94	-3,57	-2,31	-3,26	-3,96	-2,56			

(5) Tabelle 15 zeigt die resultierenden Bemessungswerte der Windlasten auf Außenwandflächen mit nichtselbsttragenden Metallbekleidungen nach Abbildung 37 unter Verwendung des höhenabhängigen Geschwindigkeitsdruckes nach DIN EN 1991-1-4.

Tabelle 15: Bemessungswerte der Windlasten auf nichtselbsttragende Metallaußenwandbekleidungen

Gebäudehöhe h [m]	Bemessungswerte der Windlasten in kN/m²											
	WZ 1			WZ 2 Binnenland			WZ 3 Binnenland			WZ 4 Binnenland		
	A		B	A		B	A		B	A		B
	h/d ≤ 1; h/b ≤ 1	h/d ≥ 5; h/b ≥ 5		h/d ≤ 1; h/b ≤ 1	h/d ≥ 5; h/b ≥ 5		h/d ≤ 1; h/b ≤ 1	h/d ≥ 5; h/b ≥ 5		h/d ≤ 1; h/b ≤ 1	h/d ≥ 5; h/b ≥ 5	
≤ 10	-1,13	-1,38	-0,89	-1,39	-1,68	-1,09	-1,68	-2,04	-1,32	-2,00	-2,43	-1,57
10 < h ≤ 20	-1,47	-1,79	-1,16	-1,81	-2,19	-1,42	-2,17	-2,64	-1,71	-2,59	-3,15	-2,04
20 < h ≤ 50	-2,06	-2,50	-1,62	-2,52	-3,06	-1,98	-3,05	-3,71	-2,40	-3,63	-4,40	-2,85
Gebäudehöhe h [m]	WZ 2 Küste			WZ 3 Küste			WZ 4 Küste					
	A		B	A		B	A		B			
	h/d ≤ 1; h/b ≤ 1	h/d ≥ 5; h/b ≥ 5		h/d ≤ 1; h/b ≤ 1	h/d ≥ 5; h/b ≥ 5		h/d ≤ 1; h/b ≤ 1	h/d ≥ 5; h/b ≥ 5				
≤ 10	-1,89	-2,30	-1,49	-2,27	-2,75	-1,78	-2,70	-3,28	-2,12			
10 < h ≤ 20	-2,27	-2,75	-1,78	-2,74	-3,33	-2,16	-3,26	-3,96	-2,56			
20 < h ≤ 50	-2,91	-3,54	-2,29	-3,50	-4,25	-2,75	-4,17	-5,07	-3,28			

4.3.3 Windlasten auf Außenwandbekleidungen von mehrschaligen Wandflächen

Bei Einhaltung der unter Abschnitt 4.3.1 (3) aufgeführten Bedingungen darf nach DIN EN 1991-1-4/NA resultierend aus dem Druck im Hinterlüftungsraum und dem Außendruck ein Druckbeiwert von $c_{p,net}$ = ±0,5 für die Ermittlung der maßgebenden Windlasten auf die Außenwandbekleidung angesetzt werden.

4.3.4 Ermittlung der erforderlichen Windsogsicherung

(1) Die Ermittlung der erforderlichen Windsogsicherung kann nur unter Berücksichtigung der Außenwandbekleidung, ihrer Befestigung, der Unterkonstruktion, der Verankerung und der tragenden Außenwand erfolgen.

(2) Beim rechnerischen Nachweis der Tragfähigkeit und ggf. der Gebrauchstauglichkeit von Befestigungen, Verbindungen und Verankerungen sind die Technischen Baubestimmungen (z. B. Bemessungsnormen) und ggf. allgemeine bauaufsichtliche Zulassungen bzw. europäisch technische Zulassungen zu berücksichtigen.

5 Verkehrslasten

(1) Verkehrslasten sind Lasten, mit denen in Abhängigkeit von der Nutzung gerechnet werden muss. Berechnungsgrundlage der Verkehrslasten ist die DIN EN 1991-1-1

(2) Bei genutzten Dachflächen ergeben sich die Anforderungen aus der geplanten Nutzung nach DIN EN 1991-1-1. Diese sind bereits bei Planung und Ausschreibung zu berücksichtigen.

(3) Bei nicht genutzten Dächern sind die einzelnen Tragglieder (z. B. Sparren, Pfetten), die unmittelbar von der Dachhaut belastet sind, mindestens mit einer lotrechten Einzelverkehrslast von 1,0 kN nach DIN EN 1991-1-1 unter Vernachlässigung der Schneelasten nachzuweisen. Die Belastung resultiert aus Begehung bei Wartung und Inspektion bzw. Arbeitsbetrieb bei der Herstellung.

(4) Die unter (3) genannte Verkehrslast ist ebenfalls beim Nachweis der Tragfähigkeit und Gebrauchstauglichkeit von Dachlatten mit einem Auflagerabstand von mehr als 1 m anzusetzen. Für Dachlatten und -schalungen nach den „Hinweisen Holz und Holzwerkstoffe“ mit einem Auflagerabstand von kleiner gleich 1 m sind nach DIN EN 1991-1-1 und DIN EN 1995-1-1[12] keine rechnerischen Nachweise erforderlich.

Beim rechnerischen Nachweis von Dachlatten sind die Verkehrslasten mit zwei Einzellasten von jeweils 0,5 kN in den äußeren Viertelspunkten unter Vernachlässigung der Schneelasten anzusetzen.

(5) Nutzungsänderungen, z. B. nachträgliche Herstellung einer Dachterrasse auf einem bestehenden Flachdach, bewirken in der Regel auch eine Änderung der Verkehrslasten.

[12] DIN EN 1995-1-1 Eurocode 5: Bemessung und Konstruktion von Holzbauten - Teil 1-1: Allgemeines – Allgemeine Regeln und Regeln für den Hochbau

Anhang I: Tabellen zur Ermittlung der Eigengewichtslasten

Tabelle I.1: Dachdeckungen aus Dachziegeln und Dachsteinen

Die Flächenlasten gelten für 1 m² Dachfläche ohne Sparren, Pfetten und Dachbinder.

Zeile	Gegenstand	Flächenlasten[a] in kN/m²
1	Dachsteine aus Beton mit mehrfacher Fußverrippung und hoch liegendem Längsfalz	
1.1	bis 10 Stück/m²	0,50
1.2	über 10 Stück/m²	0,55
2	Dachsteine aus Beton mit mehrfacher Fußverrippung und tief liegendem Längsfalz	
2.1	bis 10 Stück/m²	0,60
2.2	über 10 Stück/m²	0,65
3	Biberschwanzziegel 155 mm x 375 mm und 180 mm x 380 mm und ebene Dachsteine aus Beton im Biberformat	
3.1	Spließdeckung (einschließlich Schindeln)	0,60
3.2	Doppel- und Kronendeckung	0,75
4	Falzziegel, Reformpfannen, Falzpfannen, Flachdachpfannen	0,55
5	Glasdeckstoffe	bei gleicher Deckungsart wie in Zeilen 1 bis 4
6	Großformatige Pfannen bis 10 Stück/m²	0,50
7	Kleinformatige Biberschwanzziegel und Sonderformate (Kirchen-, Turmbiber usw.)	0,95
8	Krempziegel, Hohlpfannen	0,45
9	Krempziegel, Hohlpfannen in Pappdocken verlegt	0,55
10	Mönch- und Nonnenziegel (mit Vermörtelung)	0,90
11	Strangfalzziegel	0,60

[a] Die Flächenlasten gelten, soweit nicht anders angegeben, ohne Vermörtelung, aber einschließlich der Lattung. Bei einer Vermörtelung sind 0,1 kN/m² zuzuschlagen.

Tabelle I.2: Schieferdachdeckung

Zeile	Gegenstand	Flächenlasten in kN/m²
1	Altdeutsche Schieferdachdeckung und Schablonendeckung auf 24 mm Schalung, einschließlich Vordeckung und Schalung	
1.1	Einfachdeckung	0,50
1.2	Doppeldeckung	0,60
1.3	Schablonendeckung auf Lattung, einschließlich Lattung	0,45

Tabelle I.3: Metalldeckungen

Zeile	Gegenstand	Flächenlasten in kN/m²
1	Aluminiumdachdeckung (Aluminium 0,7 mm dick, einschließlich 24 mm Schalung)	0,25
2	Aluminiumdachdeckung aus Well-, Trapez- und Klemmrippenprofilen	0,05
3	Doppelstehfalzdachdeckung aus Titanzink oder Kupfer, 0,7 mm dick, einschließlich Vordeckung und 24 mm Schalung	0,35
4	Stahlpfannen (verzinkte Pfannenbleche)	
4.1	einschließlich Lattung	0,15
4.2	einschließlich Vordeckung und 24 mm Schalung	0,30
5	Stahltrapezprofile	nach Herstellerangabe
6	Wellblechprofile (verzinkte Stahlbleche, einschließlich Befestigungsmaterial)	0,25

Tabelle I.4: Faserzement-Dachplatten nach DIN EN 494

Zeile	Gegenstand	Flächenlasten in kN/m²
1	Deutsche Deckung auf 24 mm Schalung, einschließlich Vordeckung und Schalung	0,40
2	Doppeldeckung auf Lattung, einschließlich Lattung	0,38*
3	Waagerechte Deckung auf Lattung, einschließlich Lattung	0,25*
* Bei Verlegung auf Schalung sind 0,1 kN/m² zu addieren.		

Tabelle I.5: Faserzement-Wellplatten nach DIN EN 494

Zeile	Gegenstand	Flächenlasten in kN/m²
1	Faserzement-Kurzwellplatten	0,24*
2	Faserzement-Wellplatten	0,20*
* Ohne Pfetten, jedoch einschließlich Befestigungsmaterial.		

Tabelle I.6: Dach- und Bauwerksabdichtungen mit Bitumen- und Kunststoffbahnen sowie Elastomerbahnen

Zeile	Gegenstand	Flächenlasten in kN/m²
Bahnen im Lieferzustand		
1	Bitumen- und Polymerbitumen-Dachdichtungsbahn nach DIN 52130 und DIN 52132	0,04
2	Bitumen- und Polymerbitumen-Schweißbahn nach DIN 52131 und DIN 52133	0,07
3	Bitumen-Dichtungsbahn mit Metallbandeinlage nach DIN 18190-4	0,03
4	Nackte Bitumenbahn nach DIN 52129	0,01
5	Glasvlies-Bitumen-Dachbahn nach DIN 52143	0,03
6	Kunststoffbahnen, 1,5 mm Dicke	0,02
Bahnen in verlegtem Zustand		
7	Bitumen- und Polymerbitumen-Dachdichtungsbahn nach DIN 52130 und DIN 52132, einschließlich Klebemasse bzw. Bitumen- und Polymerbitumen-Schweißbahn nach DIN 52131 und DIN 52133, je Lage	0,07
8	Bitumen-Dichtungsbahn nach DIN 18190-4, einschließlich Klebemasse, je Lage	0,06
9	Nackte Bitumenbahn nach DIN 52129, einschließlich Klebemasse, je Lage	0,04
10	Glasvlies-Bitumen-Dachbahn nach DIN 52143, einschließlich Klebemasse, je Lage	0,05
11	Dampfsperre, einschließlich Klebemasse bzw. Schweißbahn, je Lage	0,07
12	Ausgleichsschicht, lose verlegt	0,03
13	Dachabdichtungen und Bauwerksabdichtungen aus Kunststoffbahnen, lose verlegt, je Lage	0,02
Schwerer Oberflächenschutz auf Dachabdichtungen		
14	Kiesschüttung, Dicke 5 cm	1,0

Tabelle I.7: Schalungen aus Holz und Holzwerkstoffen

Diese Tabelle wurde anhand der Rechenwerte der Eigenlasten von Baustoffen für Holz und Holzwerkstoffe nach DIN EN 1991-1-1 anhand der Dicke ermittelt und ist in der Norm nicht abgedruckt.

Zeile	Gegenstand	Rechenwert in kN/m²
1		
2	Holzschalungen aus Bauholz, Nadelholz S10 oder MS10 nach Dicke	
	– 18 mm	0,09
	– 24 mm	0,12
	– 28 mm	0,14
	– 40 mm	0,20
3	Schalungen aus Holzwerkstoffen	
	a) Spanplatten nach DIN 68763	
	– 14 mm	0,08
	– 19 mm	0,11
	– 22 mm	0,13
	– 25 mm	0,15
	b) Baufurniersperrholz nach DIN 68705-5	
	– 14 mm	0,11
	– 19 mm	0,15
	– 25 mm	0,20
4	Unterdeckplatten aus Holzwerkstoffen	nach Herstellerangabe

Deutsches Dachdeckerhandwerk
– Regelwerk –

Merkblatt Wärmeschutz bei Dach und Wand

Aufgestellt und herausgegeben vom

Zentralverband des Deutschen Dachdeckerhandwerks – Fachverband Dach-, Wand- und Abdichtungstechnik – e.V.

Ausgabe April 2024

RM Rudolf Müller

Vorgänger

Merkblatt Wärmeschutz bei Dächern	September 1997
Merkblatt Wärmeschutz bei Dach und Wand	September 2004
Merkblatt Wärmeschutz bei Dach und Wand	April 2015
Merkblatt Wärmeschutz bei Dach und Wand	Mai 2018

Inhaltsverzeichnis

1 Allgemeine Hinweise

1.1 Geltungsbereich

(1) Dieses Merkblatt gilt für die Planung und Ausführung des Wärmeschutzes von Dächern, obersten Geschossdecken und Außenwänden, die Wohn- oder wohnähnlich genutzte Räume mit Temperaturen ≥ 12 °C gegenüber der Außenumgebung oder Räumen mit abweichenden Temperaturen (Klimabedingungen) abgrenzen.

(2) Dieses Merkblatt gilt für die Planung und Ausführung des klimabedingten Feuchteschutzes von Dächern, obersten Geschossdecken und Außenwänden, die nicht klimatisierte Wohn- oder wohnähnlich genutzte Räume gegenüber der Außenumgebung oder Räumen mit abweichenden Temperaturen (Klimabedingungen) abgrenzen. Gebäude bzw. Räume mit mechanischer Lüftung und ohne anlagentechnische Regelung der Luftfeuchtigkeit gelten als nicht klimatisiert.

(3) Hierbei werden auch die Anforderungen an den konstruktiven Holzschutz zur Begrenzung der Holzfeuchte berücksichtigt.

(4) Dieses Merkblatt gibt Hinweise zum sommerlichen Wärmeschutz von Wohnräumen oder wohnähnlich genutzten Räumen.

1.2 Begriffe

(1) Der Wärmedurchlasswiderstand R [m²K/W] beschreibt den Widerstand, den eine oder mehrere Schichten dem Wärmestrom entgegenstellt. Er wird berechnet, indem die Dicke der jeweiligen Schicht d [m] durch den Bemessungswert der Wärmeleitfähigkeit der jeweiligen Schicht λ in [W/mK] dividiert wird. Bei Bauteilen mit einzelnen Schichten werden die jeweiligen Wärmedurchlasswiderstände addiert.

$$R = \frac{d}{\lambda}\left[\frac{m^2K}{W}\right] \quad [1]$$

$$R = \frac{d_1}{\lambda_1} + \frac{d_2}{\lambda_2} + \frac{d_3}{\lambda_3} \ldots \left[\frac{m^2K}{W}\right] \quad [2]$$

Bei Bauteilen mit Abdichtungen werden mit Ausnahme von Umkehrdächern und Bauteilen mit Perimeterdämmung nur die raumseitig der Abdichtung angeordneten Schichten berücksichtigt.

Abb. 1: Maßgebende Dicken zur Ermittlung des Wärmedurchlasswiderstandes eines Bauteils mit homogenen Schichten

(2) Die Wärmeübergangswiderstände $R_{si/se}$ [m²K/W] beschreiben den Widerstand, der beim Übergang der Wärme vom Rauminneren auf das abgrenzende Bauteil bzw. vom abgrenzenden Bauteil auf die Außenumgebung auftritt. Der Wärmeübergangswiderstand für die Bauteilinnenseite wird mit R_{si} und für die Bauteilaußenseite mit R_{se} abgekürzt.

(3) Der Wärmedurchgangswiderstand R_T [m²K/W] ist der Wärmedurchlasswiderstand eines Bauteils (vgl. Gleichung 3) einschließlich der Wärmeübergangswiderstände auf der Bauteilinnen- (R_{si}) und -außenseite (R_{se}).

$$R_T = R_{si} + \frac{d_1}{\lambda_1} + \frac{d_2}{\lambda_2} + \frac{d_3}{\lambda_3} \ldots + R_{se} \left[\frac{m^2K}{W}\right] \quad [3]$$

(4) Der Wärmedurchgangskoeffizient U [W/m²K] beschreibt die Wärmemenge, die in einer Sekunde durch 1 m² eines Bauteils bei einem Temperaturunterschied zwischen den beiden Oberflächen von 1 K durch Wärmeleitung transportiert wird. Er ist der Kehrwert des Wärmedurchgangswiderstandes.

$$U = \frac{1}{R_T} \left[\frac{W}{m^2K}\right]$$ [4]

(5) Bauteile mit inhomogenen Schichten besitzen in mindestens einer Schicht mehr als einen Baustoff bzw. Material, z. B. Sparren mit Zwischensparrendämmung (siehe Abb. 2).

Abb. 2: Bauteil mit einer inhomogenen Schicht

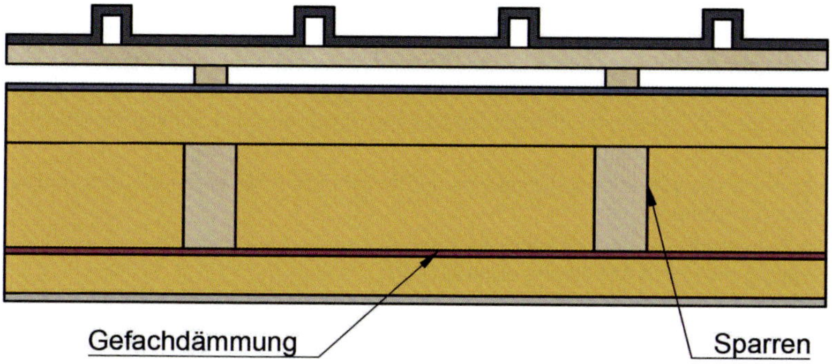

(6) Konvektion ist das Mitführen von Wärme und Feuchte durch eine Luftströmung.

(7) Die Wasserdampfdiffusion ist die Bewegung von Wasserdampfmolekülen durch einen Baustoff und entsteht durch unterschiedliche Wasserdampfkonzentrationen.

(8) Die wärmeübertragende Umfassungsfläche besteht aus sämtlichen Bauteilen, die den Innenraum gegenüber der Außenumgebung oder gegenüber Räumen mit niedrigeren Temperaturen abgrenzen.

(9) Belüftete Dächer weisen direkt oberhalb der Wärmedämmung eine Luftschicht auf, die mit der Außenluft in Verbindung steht.

(10) Bei nicht belüfteten Dächern ist direkt über der äußersten Wärmedämmung keine Luftschicht angeordnet. Zu nicht belüfteten Dächern gehören auch solche, die außenseitig im weiteren Dachaufbau zusätzliche belüftete Luftschichten haben.

(11) Nicht belüftete Dachdeckungen sind Dachdeckungen auf flächiger Unterlage, z. B. Schalung.

(12) Belüftete Dachdeckungen sind Dachdeckungen auf linienförmiger Unterlage, z. B. Lattung und Konterlattung.

(13) Hinterlüftete Außenwandbekleidungen weisen raumseitig der Bekleidung und ihrer Unterlage eine belüftete Luftschicht auf, die am oberen und unteren Abschluss über Öffnungen mit der Außenluft in Verbindung steht.

(14) Belüftete Außenwandbekleidungen weisen raumseitig der Bekleidung und ihrer Unterlage eine belüftete Luftschicht auf, die am unteren Abschluss über Öffnungen mit der Außenluft in Verbindung steht.

(15) Luftdurchlässige Außenwandbekleidungen sind klein- oder brettformatige Bekleidungselemente (z. B. Schiefer), die überlappend auf linienförmiger Unterlage (z. B. Latten oder Metallprofile) gedeckt werden.

(16) Der s_d-Wert (wasserdampfdiffusionsäquivalente Luftschichtdicke) [m] beschreibt die Dicke einer ruhenden Luftschicht, die den gleichen Widerstand gegenüber der Wasserdampfdiffusion hat wie die betrachtete Bauteilschicht. Er ergibt sich aus der Multiplikation von Schichtdicke und Wasserdampfdiffusionswiderstandszahl μ.

$s_d = d \cdot \mu$ [m] [5]

(17) Dampfsperren und Dampfbremsen sind umgangssprachliche Beschreibungen für Bauteilschichten, die den Wasserdampfdiffusionsstrom begrenzen bzw. verhindern. Diese Begriffe dienen in der Praxis der allgemeinen Beschreibung dieser Funktion.

(18) Diffusionsoffene Schichten sind Bauteilschichten mit $s_d \leq 0{,}5$ m.

(19) Diffusionsbremsende Schichten sind Bauteilschichten mit $0{,}5 \text{ m} < s_d \leq 10$ m.

(20) Diffusionshemmende Schichten sind Bauteilschichten mit $10 \text{ m} < s_d \leq 100$ m.

(21) Diffusionssperrende Schichten sind Bauteilschichten mit $100 \text{ m} < s_d < 1.500$ m.

(22) Diffusionsdichte Schichten sind Bauteilschichten mit $s_d \geq 1.500$.

(23) Feuchtevariable Schichten sind Schichten, deren s_d-Wert sich in Abhängigkeit von der Umgebungsluftfeuchtigkeit ändert.

(24) Die Luftdichtheit ist die Eigenschaft eines Baustoffs, eines Bauteils oder der Hülle des Gebäudes, nicht oder nur in geringem Maße von Luft durchströmt zu werden. Die Luftdichtheit wird in der Regel mit einer definierten Schicht, der Luftdichtheitsschicht, geplant und ausgeführt.

(25) Die Winddichtheit ist die Eigenschaft einer Dach- und Wandkonstruktion, nicht oder nur in geringerem Maße mit Außenluft durchströmt zu werden. Anforderungen an die Winddichtheit werden seitens dieses Merkblatts und normativ nicht gestellt.

(26) Wärmebrücken sind Bereiche der Außenbauteile, in denen gegenüber der sonstigen Fläche ein erhöhter Wärmestrom stattfindet. Infolge der daraus resultierenden niedrigeren Temperaturen der Bauteilinnenoberflächen und der ansteigenden relativen Luftfeuchtigkeit kann die Gefahr von Schimmelpilzbildung und Feuchteschäden gegeben sein.

(27) Tauwasser tritt auf/aus, wenn die vorhandene Wasserdampfkonzentration höher als die maximal von der Luft aufnehmbare Wasserdampfmenge ist.

(28) Sekundärtauwasser ist Tauwasser, das sich durch einströmende oder vorhandene Luft unter der äußersten Bauteilschicht in Verbindung mit deren Abkühlung ergeben kann.

1.3 Planungshinweise

(1) Der Wärme- und Feuchteschutz sowie die Luftdichtheit müssen einschließlich aller Bauteilschichten, Details, Anschlüsse und Werkstoffe bei der Planung festgelegt werden. Dies beinhaltet auch die Koordinierung der Ausführung der einzelnen Bauteilschichten.

Bei Bauteilen, deren tragende Teile aus Holz oder Holzwerkstoffen bestehen, muss mit dem Feuchteschutz nach DIN 4108-3[1] auch der Holzschutz nach DIN 68800-1[2] und DIN 68800-2[3] berücksichtigt werden. Der Abschnitt 6 dieses Merkblatts berücksichtigt diese Anforderungen. Für davon abweichende Bauteile müssen Berechnungen nach DIN 4108-3 und DIN 68800 geführt werden.

(2) Die Klimarandbedingungen für Berechnungen des Wärme- und Feuchteschutzes von Bauteilen sind den Technischen Baubestimmungen zu entnehmen. Die in den Technischen Baubestimmungen festgeschriebenen Klimarandbedingungen gelten für die Wohnnutzung bzw. wohnähnliche Nutzung. Davon abweichende Nutzungen, z. B. Schwimmbadbetrieb, sind zu berücksichtigen.

(3) Öffentlich-rechtliche Anforderungen, z. B. Technische Baubestimmungen und GEG, sind stets zu beachten.

(4) Nachträglich aufgebrachte Beschichtungen, Farbänderungen und Verschattungen können das bauphysikalische Verhalten eines Bauteils beeinflussen.

(5) Bei Verbesserung des Wärmeschutzes können sich aufgrund der bereits vorhandenen Schichten Einschränkungen oder Sonderlösungen ergeben.

(6) Bei ausgebauten Dachräumen mit Abseitenwänden sollte die Wärmedämmung in der Dachschräge zum Dachfußpunkt hinabgeführt werden.

(7) Spitzböden, die außerhalb der thermischen Hüllfläche/wärmeübertragenden Umfassungsfläche liegen, sind zu belüften. Regelungen zu den Lüftungsöffnungen sind in Abschnitt 6 enthalten.

(8) Die thermische Hüllfläche/wärmeübertragende Umfassungsfläche ist nach allgemein anerkannten Regeln der Technik luftdicht auszubilden. Eine dauerhafte Ausbildung der Luftdichtheit erfolgt nach DIN 4108-7[4]. In der Planungsphase sind Bauwerksfugen zu berücksichtigen; die Anzahl der Durchdringungen sollte auf das notwendige Maß reduziert werden, z. B. durch Installationsebenen.

(9) Ein ausreichender Luftwechsel ist aus Gründen der Hygiene, der Begrenzung der Raumluftfeuchte sowie ggf. der Zuführung von Verbrennungsluft nach bauaufsichtlichen Vorschriften (z. B. Feueranlagenverordnungen der Bundesländer) zu beachten. Bei der Veränderung von bestehenden Gebäuden, insbesondere

1 DIN 4108-3 Wärmeschutz und Energie-Einsparung in Gebäuden; Klimabedingter Feuchteschutz; Anforderungen, Berechnungsverfahren und Hinweise für Planung und Ausführung

2 DIN 68800-1 Holzschutz – Teil 1: Allgemeines

3 DIN 68800-2 Holzschutz Teil 2: Vorbeugende bauliche Maßnahmen im Hochbau

4 DIN 4108-7 Wärmeschutz und Energie-Einsparung in Gebäuden; Teil 4: Luftdichtheit von Gebäuden – Anforderungen, Planungs- und Ausführungsempfehlungen sowie -beispiele

beim Einbau von luftdichten Schichten und Fenstern, sollte ein Hinweis auf die Überprüfung des Lüftungskonzepts erfolgen. Hinweise zur Planung von Lüftungsmaßnahmen gibt DIN 1946-6[5].

(10) Die Klassen der Fugendurchlässigkeit zwischen Flügelrahmen und Blendrahmen bei Fenstern und Fenstertüren werden nach DIN EN 1026[6] bestimmt und nach DIN EN 12207[7] klassifiziert.

(11) Der sommerliche Wärmeschutz ist u. a. abhängig vom Gesamtenergiedurchlassgrad der Fenster, ihrem Anteil an der Fläche des Außenbauteils, ihrer Neigung und der Orientierung nach der Himmelsrichtung. Bei Fassaden und Dachflächenfenstern ist bei Ost-, Süd- und Westorientierung ein wirksamer Sonnenschutz wichtig. Ein wirksamer Sonnenschutz kann besonders mit außenliegenden Maßnahmen wie z. B. Rollläden etc., in geringerem Umfang auch mit innenliegenden Maßnahmen wie z. B. Jalousien etc. erreicht werden.

(12) Das sommerliche Raumklima wird durch eine intensive Lüftung der Räume insbesondere während der Nacht- oder frühen Morgenstunden verbessert. Entsprechende Voraussetzungen (z. B. zu öffnende Fenster) sind daher vorteilhafter als nicht zu öffnende Belichtungsflächen.

(13) Während der Rohbauphase bzw. der Bauphase können insbesondere bei Putz- und Estricharbeiten erhöhte Luftfeuchten im Gebäudeinneren auftreten. Diese können sich negativ auf die Bauteilinnenoberfläche und den Bauteilquerschnitt auswirken.

(14) Bei feuchtevariablen Bahnen sind insbesondere Feuchteeinträge in die Bauteile infolge hoher relativer Luftfeuchten im Gebäudeinneren, z. B. durch Putz- und Estricharbeiten, zu berücksichtigen. Herstellerhinweise sind zu berücksichtigen.

(15) Die Planung und Ausführung von Bauteilen mit Schichtenfolgen, deren s_d-Werte der einzelnen Schichten von der Bauteilinnenseite zur Bauteilaußenseite abnehmen, sind empfehlenswert.

(16) Bei belüfteten Dächern sind tragende Holzbauteile vor einem Befall durch Holz zerstörende Insekten nach DIN 68800-1 zu schützen (siehe „Hinweise Holz und Holzwerkstoffe").

2 Werkstoffe

2.1 Luftdichtheitsschichten und Dampfsperren/-bremsen

(1) Für die Herstellung von luftdichten Schichten und/oder Dampfsperren/-bremsen sind u. a.

- Trockenbauplatten,
- Holzwerkstoffplatten,
- Kunststoffbahnen,
- Bitumenbahnen,
- Spezialpapiere,
- massive Betonbauteile,
- Putzschichten

geeignet.

(2) Für Durchdringungen, Anschlüsse, Überlappungen, Bauteilfugen und Stöße sind unter Berücksichtigung der materialspezifischen Eigenschaften geeignete Produkte wie z. B.

- Klebebänder,
- Klebe-Dichtmassen,
- Dichtschnüre/-streifen/-bänder,
- vorkomprimierte Dichtbänder mit Anpressleisten,
- Fugendichtstoffe,
- Flüssigdichtstoffe,
- Dichtmanschetten

zu verwenden.

---

[5] DIN 1946-6 Raumlufttechnik – Teil 6: Lüftung von Wohnungen; Allgemeine Anforderungen, Anforderungen an die Auslegung, Ausführung, Inbetriebnahme und Übergabe sowie Instandhaltung

[6] DIN EN 1026 Fenster und Türen – Luftdurchlässigkeit – Prüfverfahren

[7] DIN EN 12207 Fenster und Türen – Luftdurchlässigkeit – Klassifizierung

(3) Die Wasserdampfdiffusionswiderstandszahlen μ bzw. s_d-Werte sind den CE-Kennzeichnungen/Leistungserklärungen, allgemeinen bauaufsichtlichen Prüfzeugnissen, bauaufsichtlichen Verwendungsnachweisen, Produktinformationen des Herstellers oder DIN 4108-4[8] zu entnehmen.

(4) Insbesondere bei Bahnen werden Produkte mit nahezu konstantem s_d-Wert (z. B. Polyethylen/PE) und solche mit feuchtevariablem s_d-Wert (z. B. Polyamid/PA) unterschieden. Feuchtevariable s_d-Werte ergeben sich bei Materialien, die durch einen entsprechenden Molekularaufbau in Abhängigkeit von der umgebenden Feuchtigkeit ihre Wasserdampfdiffusionswiderstandszahl μ verändern und daraus resultierend diffusionshemmend bis diffusionsoffen sein können.

(5) Trapezprofile als Tragschale für Dachdeckungen, Dachabdichtungen und Außenwandbekleidungen ohne dichtende Maßnahmen im Überdeckungsbereich der Bleche stellen keine Luftdichtheitsschicht dar.

2.2 Wärmedämmstoffe

(1) Wärmedämmstoffe müssen den öffentlich-rechtlichen Anforderungen sowie werkseitig hergestellte Wärmedämmstoffe dem „Produktdatenblatt für Wärmedämmstoffe“ entsprechen.

(2) Wärmedämmungen können auch als Verbundwerkstoff eingebaut werden. In wärmetechnische Berechnungen fließen alle Schichten des Verbundwerkstoffs mit den jeweiligen Bemessungswerten der Wärmeleitfähigkeit ein.

(3) Wärmedämmungen in Dach- und Wandkonstruktionen müssen dauerhaft sein.

Maßabweichungen auf der Grundlage bauaufsichtlicher Regelungen oder temperaturbedingte Längenänderungen sind nicht auszuschließen. Kreuzstöße sind zu vermeiden.

(4) Die Nenndicke von Wärmedämmstoffen darf bei Gefachdämmungen höchstens der Nennhöhe der Sparren bzw. der tragenden Elemente entsprechen. Ein Bombieren von Unterdeckbahnen durch Zwischensparrendämmungen ist bei Mineralwolledämmungen nicht auszuschließen.

Mögliche Maßnahmen, um die

- Verringerung der erforderlichen Lüftungsquerschnitte und/oder
- übermäßige Erhöhung der Holzfeuchte der Konterlatte

infolge der Bombierung von Unterdeckbahnen durch Mineralwolledämmungen zu vermeiden bzw. zu begrenzen, sind z. B.

- Strecklatten,
- Erhöhung der Konterlattendicke,
- Unterdeckungen mit Unterdeckplatten,
- Schalungen als Unterlage für Unterdeckungen.

(5) Sind die Bemessungswerte der Wärmeleitfähigkeit bei vorhandenen Wärmedämmungen und Bauteilschichten im Gebäudebestand nicht bekannt und sollen diese für bauphysikalische Berechnungen verwendet werden, sind sie durch eine anerkannte Materialprüfstelle ermitteln zu lassen.

(6) Für Berechnungen des Wärmeschutzes können, auf der sicheren Seite liegend, bei der Ermittlung des Wärmedurchgangskoeffizienten (U-Wert) vorhandene Schichten vernachlässigt und ausschließlich die neuen Schichten in der Berechnung angesetzt werden.

3 Luftdichtheit

(1) Die wärmeübertragende Umfassungsfläche muss zur Vermeidung von Konvektion durchgehend nach DIN 4108-2[9] luftdicht ausgebildet werden. Beispiele hierfür können DIN 4108-7 entnommen werden.

(2) Die Luftdichtheitsschicht sollte auf der Raumseite der Wärmedämmung angeordnet sein. Außenliegende Luftdichtheitsschichten sollten überdämmt werden. Für die Herstellung dieser luftdichten Schichten sind ihren Eigenschaften entsprechend Werkstoffe nach Abschnitt 2.1 geeignet.

(3) Ein Wechsel der Lage der Luftdichtheitsebene (z. B. Dach mit gedämmter Sparrenlage und gedämmter Kehlbalkenlage) ist problematisch und sollte vermieden werden.

---

[8] DIN 4108-4 Wärmeschutz und Energie-Einsparung in Gebäuden – Teil 4: Wärme- und feuchteschutztechnische Bemessungswerte

[9] DIN 4108-2 Wärmeschutz und Energie-Einsparung in Gebäuden; Mindestanforderungen an den Wärmeschutz

(4) Bei von außen schlaufenförmig verlegten Dampfsperrbahnen kann infolge von Wasserdampfkonvektion ein Tauwasserausfall auf der kalten Seite des Sparrens auftreten, der einen Befall durch holzzerstörende Pilze nach sich ziehen kann. Dies kann durch eine durchgehende linienförmige Anpressung an den Sparren der Bahnen im unteren Bereich des Sparrens verhindert werden. Unabhängig von der Luftdichtheit ist der Feuchteschutz nach Abschnitt 6 zu berücksichtigen. Im Gefachbereich können Nagelspitzen durch eine Dämmschicht ausgeglichen und darauf die Bahnen verlegt werden.

Abb. 3: Erforderliche Anpressung von schlaufenförmig verlegten Luftdichtheitsschichten im unteren Bereich des Sparrens

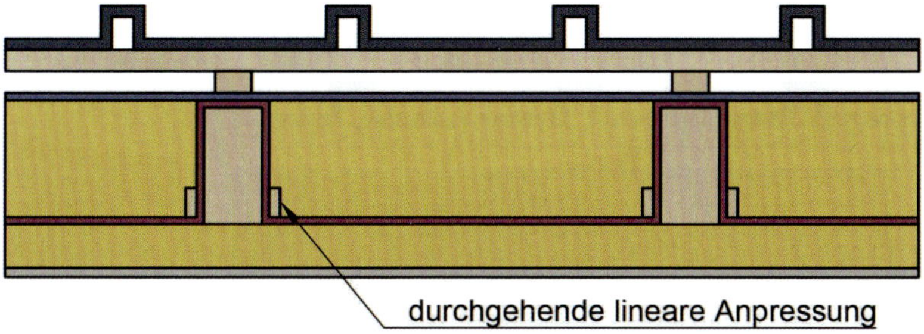

(5) Bekleidungen aus kleinformatigen Platten, Schalungen, Paneelen oder Profilblechen sind ohne zusätzliche Maßnahmen als luftdichte Schicht nicht geeignet.

(6) Bei der luftdichten Ausbildung von Bauwerksfugen sind die Herstellervorschriften für die jeweiligen Fugendichtstoffe zu beachten. Für Bauwerksfugen in massiven Bauteilen gelten DIN 18540[10] und DIN 18542[11].

(7) Luftdichte Schichten müssen an allen Durchdringungen, Anschlüssen, Überlappungen und Stößen luftdicht und werkstoffgerecht angeschlossen werden. Selbst bei insgesamt ausreichender Luftdichtheit des Gebäudes bzw. der Gebäudeteile können einzelne Fehlstellen zu Feuchteschäden führen.

(8) Befestigungen für die Montage der Bahnen oder Platten selbst sind unvermeidbar und müssen nicht zusätzlich abgedichtet werden. Fehlstellen der Luftdichtheitsebene durch ausgerissene Befestigungsmittel sind durch Überkleben, Abdecken oder Verspachteln abzudichten. Zum Beispiel gelten Latten mit mindestens drei Befestigungen je Meter als Abdeckungen.

(9) Dauernde Zugkräfte auf Klebeverbindungen und Luftdichtheitsbahnen sind zu verhindern. Dazu sind an Anschlüssen Schlaufenbildungen und im Gefachbereich mechanische Sicherungen (z. B. Latten, Schalungen oder andere Maßnahmen) einzubauen.

(10) Um Durchdringungen zu reduzieren, können Installationsebenen für die Aufnahme von Installationen aller Art raumseitig der Luftdichtheitsschicht vorgesehen werden.

(11) Die Luftdichtheitsschicht kann gleichzeitig als Dampfsperre/-bremse verwendet werden.

4 Wärmeschutz

4.1 Allgemeines

(1) Die Anforderungen an den energieeinsparenden und hygienischen Wärmeschutz sind in dem GEG und der DIN 4108-2 enthalten.

(2) Für den Wärmeschutz sind erforderliche Berechnungen von Wärmedurchlasswiderständen (R), Wärmedurchgangswiderständen (R_T) und Wärmedurchgangskoeffizienten (U) nach DIN EN ISO 6946[12] durchzuführen (z. B. Gleichungen 1 bis 4 in Abschnitt 1.2).

Bemessungswerte der Wärmeleitfähigkeit sind DIN 4108-4 bzw. DIN EN ISO 10456[13] oder den Produktinformationen der Hersteller (z. B. CE-Kennzeichnungen) zu entnehmen. Für werkmäßig hergestellte Wärmedämmstoffe nach europäisch harmonisierten Normen enthält das „Produktdatenblatt für Wärme-

[10] DIN 18540 Abdichten von Außenwandfugen im Hochbau mit Fugendichtstoffen

[11] DIN 18542 Imprägnierte Fugendichtungsbänder aus Schaumkunststoff zur Abdichtung von Außenwandfugen – Anforderungen und Prüfung

[12] DIN EN ISO 6946 Bauteile-Wärmedurchlasswiderstand und Wärmedurchgangskoeffizient – Berechnungsverfahren

[13] DIN EN ISO 10456 Baustoffe und –produkte – Wärme- und feuchtetechnische Eigenschaften; Tabellierte Bemessungswerte und Verfahren zur Bestimmung der wärmeschutztechnischen Nenn- und Bemessungswerte

dämmstoffe“ die entsprechenden Vorgaben der DIN 4108-4 zur Ermittlung des Bemessungswerts der Wärmeleitfähigkeit. Bei außenseitig angeordneten belüfteten Luftschichten werden die Luftschicht und außenseitig befindliche Schichten vernachlässigt.

Bei Bauteilen mit inhomogenen Schichten ist der Wärmedurchgangswiderstand als Mittelwert der oberen und unteren Grenzwerte des Wärmedurchgangswiderstandes nach DIN EN ISO 6946 zu ermitteln. Hierbei werden die Wärmedurchlasswiderstände hinsichtlich ihres prozentualen Flächenanteils sowie der Wärmeströme senkrecht und parallel zur Schicht berücksichtigt.

Bei Bauteilen mit Abdichtungen werden nur Schichten raumseitig der Abdichtung berücksichtigt (Ausnahme: Umkehrdächer und Wände mit Perimeterdämmungen).

Abb. 4: Unterschiedliche Bereiche der Schichtenfolge bei Bauteilen mit inhomogenen Schichten

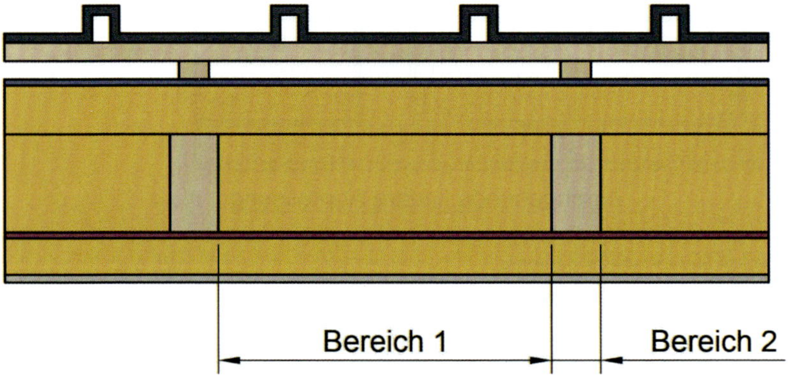

(3) Wärmeübergangswiderstände nach DIN EN ISO 6946 zeigt Tabelle 1.

Tabelle 1: Wärmeübergangswiderstände nach DIN EN ISO 6946

Wärmeübergangswiderstand [m²K/W]	**Richtung des Wärmestroms**		
	aufwärts[a]	horizontal[b]	abwärts
R_{si}	0,10	0,13	0,17
R_{se}	0,04		

[a] anzuwenden bei Dachneigungen zwischen 0 und < 60°
[b] anzuwenden bei Dachneigungen ab 60° und bei Außenwänden

(4) Wärmedämmungen müssen dicht gestoßen und lagesicher ausgeführt werden. Bei Aufsparrendämmungen von geneigten Dächern ist insbesondere die Befestigung nachzuweisen, z. B. durch Typenstatik des Herstellers.

(5) Bei Umkehrdachkonstruktionen sind die Wärmedämmungen einlagig mit Stufenfalz oder nach bauaufsichtlichem Verwendbarkeitsnachweis (allgemeine bauaufsichtliche Zulassung, Europäische Technische Bewertung oder Bauartgenehmigung) auszuführen.

Oberseitig der Wärmedämmung sollen nur diffusionsoffene Schichten angeordnet werden. Filtervliese oberhalb der Wärmedämmung sind empfehlenswert.

4.2 Wärmedurchgangskoeffizient von Bauteilen mit keilförmigen Schichten

(1) Der Wärmedurchgangskoeffizient eines Bauteils mit keilförmigen Schichten ist nach DIN EN ISO 6946 zu ermitteln. Danach wird das jeweilige Bauteil in rechteckige und dreieckige Keile unterteilt, für die jeweils ein spezifischer Wärmedurchgangskoeffizient ermittelt wird. Anschließend wird die flächengewichtete Summe der einzelnen Wärmedurchgangskoeffizienten über das Bauteil gebildet.

(2) Der Wärmedurchgangskoeffizient eines Bauteils mit keilförmigen Schichten kann nicht über die mittlere Dämmschichtdicke ermittelt werden.

4.3 Korrekturwerte des Wärmedurchgangskoeffizienten

(1) Nach DIN 4108-2 und DIN EN ISO 6946 sind bei der Ermittlung des Wärmedurchgangskoeffizienten (U-Wert) infolge von mechanischen Befestigungsmitteln in Wärmedämmungen, Luftspalten in Wärmedämmungen und Umkehrdächern Korrekturwerte zu berücksichtigen.

(2) Bei mechanischen Befestigungsmitteln und Luftspalten in Wärmedämmungen werden die einzelnen Korrekturwerte nach Gleichung 6 auf den Wärmedurchgangskoeffizienten aufgeschlagen, wenn die Summe der Korrekturwerte ≥ 3% des Wärmedurchgangskoeffizienten beträgt.

$$U_c = U + \Delta U_f + \Delta U_g \quad [6]$$

- U_c: korrigierter Wärmedurchgangskoeffizient
- U: Wärmedurchgangskoeffizient der Konstruktion
- ΔU_f: Korrekturwert für mechanische Befestigungsmittel in Wärmedämmungen nach Abschnitt 4.3.1
- ΔU_g: Korrekturwert für Luftspalten in Wärmedämmungen nach Abschnitt 4.3.2

Der korrigierte Wärmedurchgangskoeffizient für Umkehrdächer ist nach Gleichung 7 zu ermitteln.

$$U_c = U + \Delta U \quad [7]$$

- U_c: korrigierter Wärmedurchgangskoeffizient
- U: Wärmedurchgangskoeffizient der Konstruktion
- ΔU: Zuschlagswert nach Tabelle 3

(3) Bei Metallunterkonstruktionen ist der U-Wert durch einen vom Systemhersteller anzugebenden Korrekturwert zu erhöhen.

4.3.1 Korrekturwerte für mechanische Befestigungsmittel

(1) Bei Befestigungsmitteln in Wärmedämmungen, die an beiden Enden mit Metallplatten verbunden sind, z. B. einer mechanisch befestigten Dachabdichtung mit Teller- oder Schienenbefestigung in einer Tragschale aus Trapezblech, ist eine Berechnung nach DIN EN ISO 10211[14] erforderlich. In diesen Fällen sind die punktbezogenen Wärmebrückenzuschläge vom Hersteller anzugeben.

(2) Der Korrekturwert ΔU_f wird nach Gleichung 8 ermittelt. Der Korrekturwert braucht nicht berücksichtigt zu werden, wenn die Wärmeleitfähigkeit (λ_f) des Befestigungsmittels oder ein Teil davon geringer als 1 W/(mK) ist. Stahl verfügt allgemein über ein λ_f = 50 W/(mK), legierter Stahl allgemein über ein λ_f = 15 W/(mK).

$$\Delta U_f = \alpha \cdot \frac{\lambda_f \cdot A_f \cdot n_f}{d_0} \cdot \left(\frac{R_1}{R_{T,h}}\right)^2 \quad [8]$$

- α = 0,8: wenn das Befestigungsmittel die Dämmschicht vollständig durchdringt.
- $\alpha = 0{,}8 \cdot d_1/d_0$: bei einem in eine Aussparung eingebauten Befestigungsmittel
- d_0 [m]: Dicke der Schicht, die das Befestigungsmittel enthält
- d_1 [m] als Länge des Befestigungsmittels in der Wärmedämmung
- λ_f [W/(mK)]: Bemessungswert der Wärmeleitfähigkeit des Befestigungsmittels
- n_f [1/m²]: Anzahl der Befestigungsmittel je m²
- A_f [m²]: Querschnittsfläche des Befestigungsmittels
- R_1 [m²K/W]: Wärmedurchlasswiderstand der Schicht, die von dem Befestigungsmittel durchdrungen wird
- $R_{T,h}$ [m²K/W]: Wärmedurchlasswiderstand des gesamten Bauteils ohne Berücksichtigung von Wärmebrücken

(3) Vereinfachend, auf der sicheren Seite liegend, darf in Gleichung 8

- der Quotient $\frac{R_1}{R_{T,h}} = 1$ angenommen werden;
- d_0 mit der Dicke der Dämmschicht angenommen werden, in der sich das Befestigungsmittel befindet.

[14] DIN EN ISO 10211 Wärmebrücken im Hochbau – Wärmeströme und Oberflächentemperaturen – Detaillierte Berechnungen

Daraus resultierend ergibt sich der Korrekturwert für mechanische Befestigungsmittel in Wärmedämmungen nach Gleichung 9.

$$U_f = 0{,}8 \cdot \frac{\lambda_f \cdot A_f \cdot n_f}{d_0} \qquad [9]$$

(4) Bei Flächen mit einer unterschiedlichen Anzahl der Befestigungsmittel pro m² ist ein Mittelwert $\Delta U_{f,m}$ anhand der einzelnen Teilflächen im Verhältnis zur Gesamtfläche zu ermitteln.

4.3.2 Korrekturwerte für Luftspalten in Wärmedämmungen

(1) Der Korrekturwert für Luftspalten in Wärmedämmungen muss berücksichtigt werden, wenn
- die Wärmedämmung einlagig ausgeführt und durch andere Materialien unterbrochen wird (z. B. Steildach, ausschließlich mit Zwischensparrendämmung) oder
- die einlagige Wärmedämmschicht aus stumpf gestoßenen Materialien mit Fugen von mehr als 5 mm ausgeführt wird oder
- bei Konstruktionen die Möglichkeit einer Luftzirkulation von der warmen zur kalten Seite der Dämmung infolge unzureichender Befestigung oder Abdichtung oben oder unten besteht (z. B. nicht ausreichende Befestigung der Wärmedämmung bei Außenwandbekleidungen).

(2) Der Korrekturwert für Luftspalten ergibt sich nach Gleichung 10.

$$\Delta U_g = \Delta U'' \cdot \left(\frac{R_1}{R_{T,h}}\right)^2 \qquad [10]$$

- $\Delta U''$: Korrekturfaktor nach Tabelle 2
- R_1: Wärmedurchlasswiderstand der Schicht, die Luftspalten und Hohlräume enthält
- $R_{T,h}$: Wärmedurchlasswiderstand des gesamten Bauteils ohne Berücksichtigung von Wärmebrücken

(3) Vereinfachend, auf der sicheren Seite liegend, darf in Gleichung 10 der Quotient

$\frac{R_1}{R_{T,h}} = 1$ angenommen werden.

Tabelle 2: Korrekturfaktor ΔU" nach DIN EN ISO 6946

ΔU" [W/m²K]	Beschreibung der Luftspalte
0,01	Wärmedämmung einlagig ausgeführt und durch andere Materialien unterbrochen (z. B. Steildach, ausschließlich mit Zwischensparrendämmung) einlagige Wärmedämmschicht aus stumpf gestoßenen Materialien mit Fugen von mehr als 5 mm
0,04	Konstruktionen mit der Möglichkeit einer Luftzirkulation von der warmen zur kalten Seite der Dämmung infolge unzureichender Befestigung oder Abdichtung oben oder unten (z. B. nicht ausreichende Befestigung der Wärmedämmung bei Außenwandbekleidungen)

4.3.3 Wärmedämmung über der Abdichtung (Umkehrdach)

(1) Bei leichten Unterkonstruktionen mit einer flächenbezogenen Masse < 250 kg/m² muss der Wärmedurchlasswiderstand unterhalb der Abdichtung ≥ 0,15 m²K/W betragen.

(2) Der Zuschlagswert für Umkehrdächer bestimmt sich nach DIN 4108-2 in Abhängigkeit vom Anteil des Wärmedurchlasswiderstandes raumseitig der Abdichtung am Gesamtwärmedurchlasswiderstand (siehe Tabelle 3). Bei Wärmedämmstoffen mit einem bauaufsichtlichen Verwendbarkeitsnachweis (allgemeine bauaufsichtliche Zulassung, Europäische Technische Bewertung oder Bauartgenehmigung) für die Verwendung als Umkehrdachdämmung wird der Bemessungswert der Wärmleitfähigkeit durch den bauaufsichtlichen Verwendbarkeitsnachweis festgelegt.

Tabelle 3: Zuschlagswert ΔU nach DIN 4108-2

Anteil des Wärmedurchlasswiderstandes raumseitig der Abdichtung am Gesamtwärmedurchlasswiderstand [%]	Zuschlagswert, ΔU [W/(m^2K)]
unter 10	0,05
von 10 bis 50	0,03
über 50	0

(3) Die Dachentwässerung ist so zu planen und auszuführen, dass ein langfristiges Überstauen der Wärmedämmplatten ausgeschlossen ist. Ein kurzfristiges Überstauen (z. B. während intensiver Niederschläge) kann als unbedenklich angesehen werden.

4.4 Mindestwärmeschutz

(1) Die Anforderungen an den Mindestwärmeschutz sind in DIN 4108-2 enthalten. Sie sind unabhängig von weitergehenden Forderungen etwa des GEG einzuhalten. Der Mindestwärmeschutz hat die Aufgabe, dass sich an den Innenoberflächen der wärmeübertragenden Umfassungsfläche ausreichend hohe Temperaturen einstellen, sodass eine Schimmelpilzbildung verhindert wird. Voraussetzung dafür sind eine übliche Nutzung sowie eine ausreichende Beheizung und Belüftung.

(2) Tabelle 4 zeigt die mindestens erforderlichen Wärmedurchlasswiderstände (ohne Übergangswiderstände) für Bauteile mit einer flächenbezogenen Gesamtmasse ≥ 100 kg/m^2, die Räume mit einer Innentemperatur ≥ 19 °C gegenüber Räumen mit einer niedrigeren Innentemperatur oder der Außenumgebung abgrenzen. Bei Bauteilen mit Schichten nicht konstanter Dicke (z. B. Bauteile mit Gefälledämmungen) sind die Anforderungen nach Tabelle 4 an der Stelle mit dem niedrigsten Wärmedurchlasswiderstand einzuhalten.

(3) Für Außenwände, Decken unter nicht ausgebauten Dachräumen und Dächer mit einer flächenbezogenen Gesamtmasse < 100 kg/m^2 gelten erhöhte Anforderungen mit einem Mindestwert des Wärmedurchlasswiderstandes R ≥ 1,75 m^2K/W (ohne Übergangswiderstände). Bei Rahmen- und Skelettbauarten gelten sie nur für den Gefachbereich. In diesen Fällen ist für das gesamte Bauteil im Mittel R = 1,0 m^2K/W einzuhalten.

Tabelle 4: Mindestwerte für Wärmedurchlasswiderstände R von Bauteilen nach DIN 4108-2

Zeile	Bauteile	R[b] [m^2K/W]
1	Wände beheizter Räume gegen Außenluft, Erdreich, Tiefgaragen, nicht beheizte Räume (auch nicht beheizte Dachräume oder Kellerräume außerhalb der wärmeübertragenden Umfassungsfläche)	1,2[c]
2	Dachschrägen beheizter Räume gegen Außenluft	1,2
3	Decken beheizter Räume nach oben und Flachdächer	
3.1	gegen Außenluft	1,2
3.2	zu belüfteten Räumen zwischen Dachschrägen und Abseitenwänden bei ausgebauten Dachräumen	0,90
3.3	zu nicht beheizten Räumen, zu bekriechbaren oder niedrigen Räumen	0,90
3.4	zu Räumen zwischen gedämmten Dachschrägen und Abseitenwänden bei ausgebauten Dachräumen	0,35
4	Decken beheizter Räume nach unten[a]	
4.1	gegen Außenluft, gegen Tiefgarage, gegen Garagen (auch beheizte), Durchfahrten (auch verschließbare) und belüftete Kriechkeller	1,75
4.2	gegen nicht beheizten Kellerraum	0,90
4.3	Sohlplatten, unmittelbar an das Erdreich grenzend bis zu einer Raumtiefe von 5 m	
4.4	über einen nicht belüfteten Hohlraum, z. B. Kriechkeller, an das Erdreich grenzend	
5	Bauteile an Treppenräumen	

Zeile	Bauteile	R^b [m²K/W]
5.1	Wände zwischen beheiztem Raum und direkt beheiztem Treppenraum. Wände zwischen beheiztem Raum und indirekt beheiztem Treppenraum, sofern die anderen Bauteile des Treppenraums die Anforderungen der Tabelle 4 erfüllen	0,07
5.2	Wände zwischen beheiztem Raum und indirekt beheiztem Treppenraum, wenn nicht alle anderen Bauteile des Treppenraums die Anforderungen dieser Tabelle erfüllen	0,25
5.3	Oberer und unterer Abschluss eines beheizten oder indirekt beheizten Treppenraums	wie Bauteile nach Zeilen 2 bis 4
6	Bauteile zwischen beheizten Räumen	
6.1	Wohnungs- und Gebäudetrennwände zwischen beheizten Räumen	0,07
6.2	Wohnungstrenndecken, Decken zwischen Räumen unterschiedlicher Nutzung	0,35

[a] Vermeidung von Fußkälte
[b] Bei erdberührten Bauteilen: konstruktiver Wärmedurchlasswiderstand durch Berechnung nach DIN EN ISO 6946
[c] Bei niedrig beheizten Räumen 0,55 m²K/W

4.5 Wärmebrücken

(1) Wärmebrücken ergeben sich durch die geometrische Ausbildung von Bauteilen (z. B. Gebäudeecken) oder konstruktive Maßnahmen (z. B. Verankerungen, Durchdringungen). Wärmebrücken weisen im Vergleich zum angrenzenden Bauteilbereich einen erhöhten Wärmestrom auf und können zu niedrigen Oberflächentemperaturen, erhöhten Luftfeuchten und Abzeichnungen (z. B. Schimmelpilzbildung, Algenbildung) an den Oberflächen führen. Wärmebrücken sind nicht immer vermeidbar, ihre Auswirkungen können gemindert werden. Eine schädliche Tauwasserbildung an der Bauteilinnenoberfläche muss jedoch verhindert werden.

(2) Der Mindestwärmeschutz nach DIN 4108-2 ist im Bereich von Wärmebrücken einzuhalten.

Diese Anforderungen gelten als eingehalten, wenn die jeweiligen Bauteile den Mindestwärmeschutz nach Abschnitt 4.4 einhalten und

- die Dämmschicht durchgängig oder
- das Detail nach DIN 4108, Beiblatt 2[15]

ausgeführt wird. Bei Abweichungen von den Regeldetails nach DIN 4108, Beiblatt 2 soll eine Wärmebrückenberechnung erfolgen.

(3) Vereinfachend können durch den Einsatz von mindestens 60 mm Wärmedämmung, im Anschlussbereich von Dachflächenfenstern mindestens 25 mm Wärmedämmung, mit $\lambda \leq 0{,}040$ W/(mK) die negativen Auswirkungen von Wärmebrücken reduziert werden. Die Dämmstoffdicke kann reduziert werden, wenn ein Wärmedämmstoff mit einem geringeren Bemessungswert der Wärmeleitfähigkeit verwendet wird. Die benötigte Dämmstoffdicke kann über das Verhältnis der Wärmeleitfähigkeiten bestimmt werden.

(4) Bei Einbauteilen, die in Dämmschichten eingelassen werden, gilt dies entsprechend. Bei Abläufen/Gullys und in den Innenraum führenden Entwässerungselementen sollten umfassende oder unterhalb angeordnete Wärmedämmelemente verwendet werden.

(5) Bei auskragenden, nicht thermisch getrennten Bauteilen, z. B. Balkonplatten, können diese vereinfachend ober-, unter- und stirnseitig mit einer mindestens 60 mm dicken Wärmedämmung mit einer Wärmeleitfähigkeit von 0,040 W/(mK) gedämmt werden. Die Dämmstoffdicke kann entsprechend reduziert werden, wenn ein Wärmedämmstoff mit einem geringeren Bemessungswert der Wärmeleitfähigkeit verwendet wird.

(6) Abbildung 5 zeigt schematisch die Ausbildung von Wärmebrücken.

(7) Für übliche Verbindungsmittel, z. B. Nägel, Schrauben, Drahtanker, sowie bei Anschluss von Fenstern an angrenzende Bauteile und für Mörtelfugen in Mauerwerk nach DIN 1053-1[16] braucht für den Mindestwärmeschutz keine Berechnung der Wärmebrückenwirkung durchgeführt zu werden (vgl. DIN 4108 Beiblatt 2).

[15] DIN 4108, Beiblatt 2 Wärmeschutz und Energie-Einsparung in Gebäuden; Beiblatt 2: Wärmebrücken – Planungs- und Ausführungsbeispiele, mit CD-ROM
[16] DIN 1053-1 Mauerwerk – Teil 1: Berechnung und Ausführung

Abb. 5: Schematische Darstellung der Wärmedämmung im Bereich von Wärmebrücken

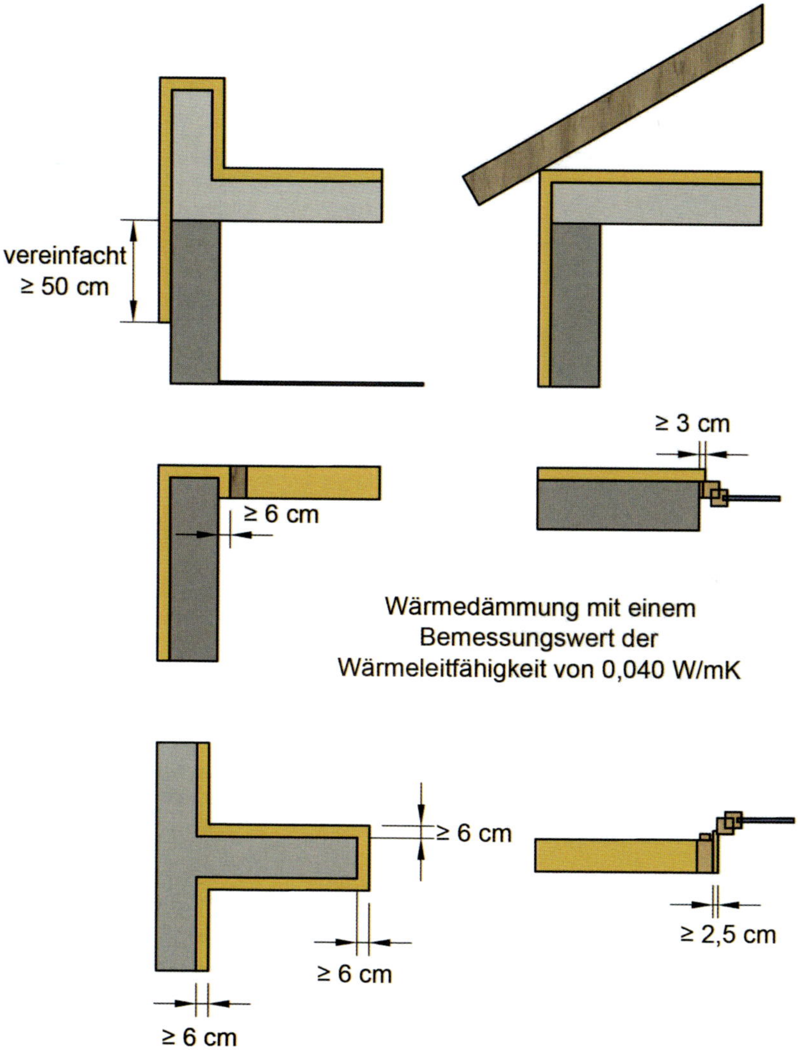

4.6 Sommerlicher Wärmeschutz

(1) Der sommerliche Wärmeschutz dient der Vermeidung von zu hohen Innenraumtemperaturen im Sommer und wird in DIN 4108-2 geregelt. Nach den Landesbauordnungen gelten für den sommerlichen Wärmeschutz die Anforderungen des GEG.

(2) Der sommerliche Wärmeschutz ist u. a. abhängig von

- dem Sommerklima des Gebäudestandorts,
- der Orientierung, der Neigung, dem Sonnenschutz und dem Energiedurchlassgrad der Fensterflächen,
- dem Fensterflächenanteil bezogen auf die Grundfläche des betrachteten Raums,
- der Nutzung des betrachteten Raums,
- der Bauart des Gebäudes,
- der Nachtlüftung.

(3) Bei der Berechnung des Fensterflächenanteils ist die Summe aller Fensterflächen (Rohbaumaß bzw. Blendrahmenaußenmaß bei Dachflächenfenstern A_W nach Abb. 6) durch die Nettogrundrissfläche des jeweiligen zu betrachteten Aufenthaltsraums zu dividieren.

Abb. 6: Ermittlung der Fensterfläche A_W

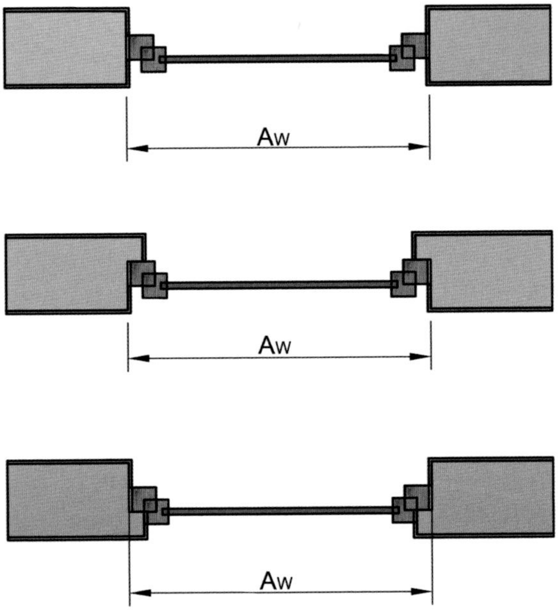

(4) Bei Wohngebäuden sowie bei Gebäudeteilen zur Wohnnutzung, bei denen der grundflächenbezogene Fensterflächenanteil der betrachteten Räume 35 % nicht überschreitet, kann auf eine Berechnung des sommerlichen Wärmeschutzes verzichtet werden, wenn die Fenster mit außenliegenden Rollläden ausgestattet sind. In abweichenden Fällen (z. B. innenliegender Sonnenschutz oder Markisen) ist eine Berechnung nach DIN 4108-2 erforderlich.

5 Feuchteschutz – Vermeidung von kritischen Luftfeuchten und Schimmelpilzbildung an Bauteilinnenoberflächen

(1) Niedrige Temperaturen an Bauteilinnenoberflächen führen zu erhöhten relativen Luftfeuchten. Treten diese über einen längeren Zeitraum auf, können sich auch ohne Tauwasserausfall Schimmelpilze an der Oberfläche bilden oder metallische Werkstoffe korrodieren. Anforderungen an den Wärmeschutz und Planungs- und Nutzungshinweise zur Vermeidung von Schimmelpilzbildung an Bauteilinnenoberflächen sind in DIN 4108-2, DIN 4108-3 und DIN Fachbericht 4108-8 enthalten.

(2) Im Bereich der Bauteilfläche kann eine Schimmelpilzbildung an der Bauteilinnenoberfläche bei gleichmäßiger Beheizung und ausreichender Belüftung der Räume sowie einer weitgehend ungehinderten Luftzirkulation an den Innenoberflächen verhindert werden, wenn der Mindestwärmeschutz nach Abschnitt 4.5 eingehalten wird.

(3) Durch erhöhte Wärmeströme an Kanten und Ecken sinkt die Temperatur in diesen Bereichen im Vergleich zu den Bauteilflächen stark ab. Ursache für den erhöhten Wärmestrom in diesen Bereichen ist das Verhältnis der Innenoberfläche zur Außenoberfläche. Im Normalfall kann eine Schimmelpilzbildung an der Bauteilinnenoberfläche vermieden werden, wenn

- Bauteile, die Kanten und Ecken bilden, den Mindestwärmeschutz nach Abschnitt 4.4 erfüllen und die Dämmebene durchgängig geführt wird oder
- Kanten und Ecken nach Abschnitt 4.5 bzw. DIN 4108, Beiblatt 2 ausgeführt werden.

Alternativ ist eine Berechnung nach DIN 4108-2 möglich.

6 Feuchteschutz – allgemeine Regeln zur Vermeidung schädlicher Tauwasserbildung im Inneren von Bauteilen

(1) Die Beurteilung, dass infolge von Wasserdampfdiffusion kein schädliches Tauwasser im Inneren von Bauteilen auftritt, erfolgt nach DIN 4108-3. Voraussetzung dafür ist die Planung und Ausführung einer luftdichten Ebene nach Kapitel 3. Wenn keine luftdichte Schicht vorhanden ist, tritt zusätzlich zur Wasserdampfdiffusion eine nicht berechenbare Tauwassermenge infolge von Wasserdampfkonvektion auf.

(2) Tauwasserbildung im Inneren von Bauteilen darf zu keiner Erhöhung der Stofffeuchten von Bau- und Wärmedämmstoffen führen, in deren Folge Materialschädigungen (z. B. durch Pilzbefall) auftreten oder die Funktionen bzw. Eigenschaften des Bauteils (z. B. Standsicherheit, Wärmeschutz) beeinträchtigt werden.

(3) Der Tauwasserschutz kann nach DIN 4108-3 durch

- nachweisfreie Bauteile (siehe Kapitel 7 bis 9) oder
- Berechnung der Tauwasser- und Verdunstungsmassen mit dem Perioden-Bilanzverfahren (Glaser-Verfahren) oder
- hygrothermische Simulation

sichergestellt werden.

Für Bauteile von

- klimatisierten (ausgenommen sind Bauteile von Wohn- oder wohnähnlich genutzten Gebäuden, die weder befeuchtet noch unter 20 °C gekühlt werden) oder
- unbeheizten oder
- gekühlten oder
- mit hoher Feuchtelast (z. B. Schwimmbäder) beaufschlagten

Räumen ist immer eine hygrothermische Simulation erforderlich.

Das Perioden-Bilanzverfahren (Glaser-Verfahren) ist nach DIN 4108-3 für folgende Konstruktionen nicht anwendbar:

- bei Gebäuden, die in einer Höhe von über 700 m NN liegen
- erdberührte Bauteile
- Bauteile zu unbeheizten Nebenräumen sowie Kellern
- begrünten und bekiesten Dachkonstruktionen sowie solchen mit Plattenbelägen und Holzrosten
- Innendämmung mit $R > 1{,}0\ m^2K/W$ auf einschaligen Außenwänden mit ausgeprägten sorptiven und kapillaren Eigenschaften
- zur Berechnung des natürlichen Austrocknungsverhaltens, z. B. im Fall der Abgabe von Rohbaufeuchte oder der Aufnahme von Niederschlagswasser,
- gedämmte, nicht belüftete Holzdachkonstruktionen mit Metalldachdeckung oder mit Abdichtung auf Schalung oder Beplankung ohne Hinterlüftung der Abdichtungs-/Deckunterlage,
- nachweisfreie Bauteile nach Kapitel 7 bis 9.

(4) Bei Bauteilen, die im Bereich der Bauteilaußenseite Schichten mit einem sd-Wert > 2,0 m aufweisen, ist die Austrocknung von Tauwasser, Baufeuchte und ggf. später eingedrungener Feuchte stark begrenzt (siehe Abb. 7 und Abb. 8).

Abb. 7: Nicht belüftetes Dach mit regensichernder Zusatzmaßnahme auf Holzwerkstoffplatte und Dachdeckung oder Abdichtung

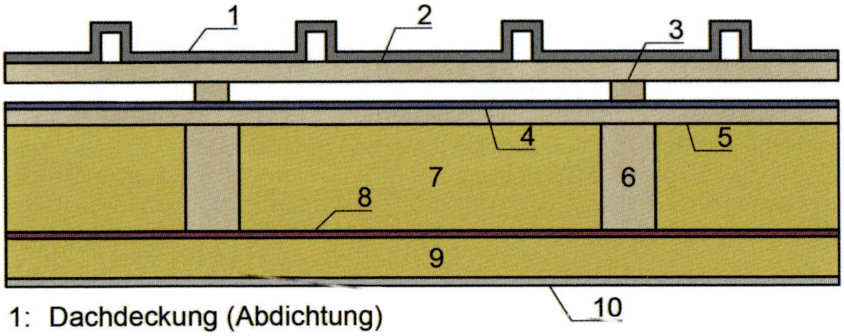

1: Dachdeckung (Abdichtung)
2: Traglattung (Schalung)
3: Konterlattenebene als belüftete Luftschicht
4: Unterdeckbahn
5: Holzwerkstoffplatte mit **s_d ≥ 2,0 m**
6: Sparren
7: Gefachdämmung
8: Luftdichtheitsschicht
9: Installationsebene
10: innenseitige Bekleidung

Abb. 8: Flachdach in Holzbauweise ohne Hinterlüftung der Abdichtungsunterlage

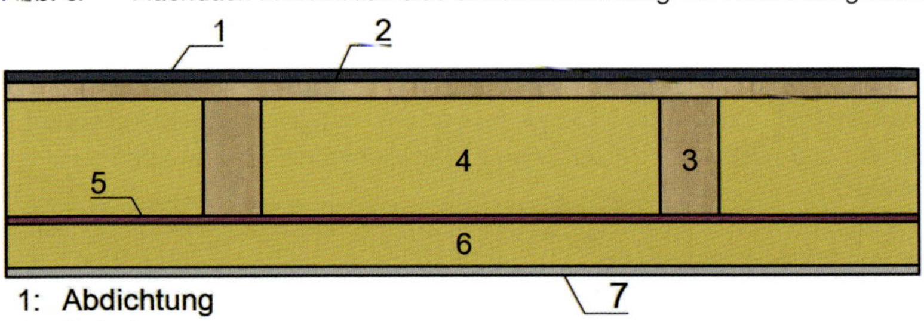

1: Abdichtung
2: Schalung
3: Sparren
4: Gefachdämmung
5: Luftdichtheitsschicht
6: Installationsebene
7: innenseitige Bekleidung

Daher ist es empfehlenswert, Bau- und Wärmedämmstoffe, die nicht dauerhaft gegenüber langfristiger Feuchteeinwirkung sind (z. B. Holz, OSB, Spanplatten, organische Dämmungen), innen- und außenseitig nicht mit Schichten mit einem sd-Wert > 2,0 m abzudecken. Alternativ können die Materialfeuchten mittels hygrothermischer Simulation nach DIN 4108-3 berechnet und beurteilt werden.

Als besonders schadensträchtig haben sich

- Flachdächer in Holzbauweise mit Wärmedämmung zwischen den Sparren/Balken und ohne Hinterlüftung der Abdichtungsunterlage oder ohne Aufsparrendämmung,

- Dächer mit Metalldeckungen mit Wärmedämmungen zwischen den Sparren/Balken und ohne Hinterlüftung der Deckunterlagen oder ohne Aufsparrendämmung

erwiesen.

(5) Dampfsperren/-bremsen, die gleichzeitig die Funktion einer Luftdichtheitsschicht übernehmen, sind wie Luftdichtheitsschichten nach Kapitel 3 zu planen und auszuführen. Werden Dampfsperren/-bremsen als Luftdichtheitsschichten verwendet, müssen diese an Nähten, Stößen, Durchdringungen und Anschlüssen verklebt bzw. luftdicht angeschlossen werden. Nähte und Stöße bleiben bei korrekter werkstoffabhängiger Nahtfügetechnik bei der Bewertung des s_d-Werts unberücksichtigt.

(6) Als Dampfsperre/-bremsen können sowohl Bahnen als auch andere Bau- und Dämmstoffe mit entsprechendem Diffusionswiderstand (z. B. Schaumglas, OSB-Platten) verwendet werden. Dabei ist die dauerhafte Verbindung dieser Bau- und Dämmstoffe untereinander sowie an Anschlüssen und Durchdringungen sicherzustellen (z. B. Einschwemmen und Vergießen der Fugen und Hohlräume von Schaumglasplatten auf einer Stahlbetondecke mit Heißbitumen in der Fläche sowie mit Bahnen an Anschlüssen und Durchdringungen).

(7) Bei Luftschichten auf der kalten Seite ohne Verbindung zur Außenumgebung oder Luftschichten mit Öffnungen, die nicht die Anforderungen nach (9) und (10) einhalten, kann ein zusätzlicher Tauwasserausfall auftreten. Infolgedessen kann es zur Überschreitung der zulässigen Feuchtigkeitsmengen kommen. Wärmedämmungen zwischen den Sparren sollen zusammen mit den Sparren, den darunter- und den darüberliegenden Schichten, mit Ausnahme eventuell geplanter Luftschichten, auf der kalten Seite hohlraumfrei sein.

(8) Bauteile, die in die Dämmebene der Dachkonstruktion einbinden, können durch Baufeuchte zu einer Feuchteerhöhung der Dachkonstruktion führen, z. B. Wände im Dachgeschoss. Dies kann durch den Einbau von Dampfsperren/-bremsen im Bereich dieser Bauteile verhindert werden, die den Kapillarstrom unterbrechen.

(9) Belüftete Luftschichten von Dächern und belüftete Dachdeckungen müssen bei Dachneigungen $\geq 5°$ (ca. 9 %) mindestens folgende Eigenschaften aufweisen:

- Die Höhe des freien Lüftungsquerschnitts innerhalb des Dachbereichs muss mindestens 2 cm betragen und muss sich über die ganze Fläche erstrecken (siehe Abb. 9). Eine punktuelle Unterschreitung ist möglich, der Lüftungsquerschnitt darf jedoch an keiner Stelle weniger als 5 mm betragen.
- Der freie Lüftungsquerschnitt an den Traufen bzw. an Traufe und Pultdachabschluss muss mindestens 2 ‰ der zugehörigen geneigten Dachfläche (siehe Abb. 10), mindestens jedoch 200 cm²/m betragen.
- An First und Grat sind Mindestlüftungsquerschnitte von 0,5 ‰ der zugehörigen geneigten Dachflächen (siehe Abb. 10) erforderlich, mindestens jedoch 50 cm²/m.

Der Einbau von zusätzlichen Lüftern kann erforderlich sein.

Tabelle 5 zeigt die Anforderungen und Empfehlungen an die Lüftungsquerschnitte zusammengefasst für die praktische Anwendung.

Abb. 9: Höhe des freien Lüftungsquerschnitts von belüfteten Dachdeckungen und belüfteten Luftschichten bei Dachneigungen ≥ 5° (ca. 9 %)

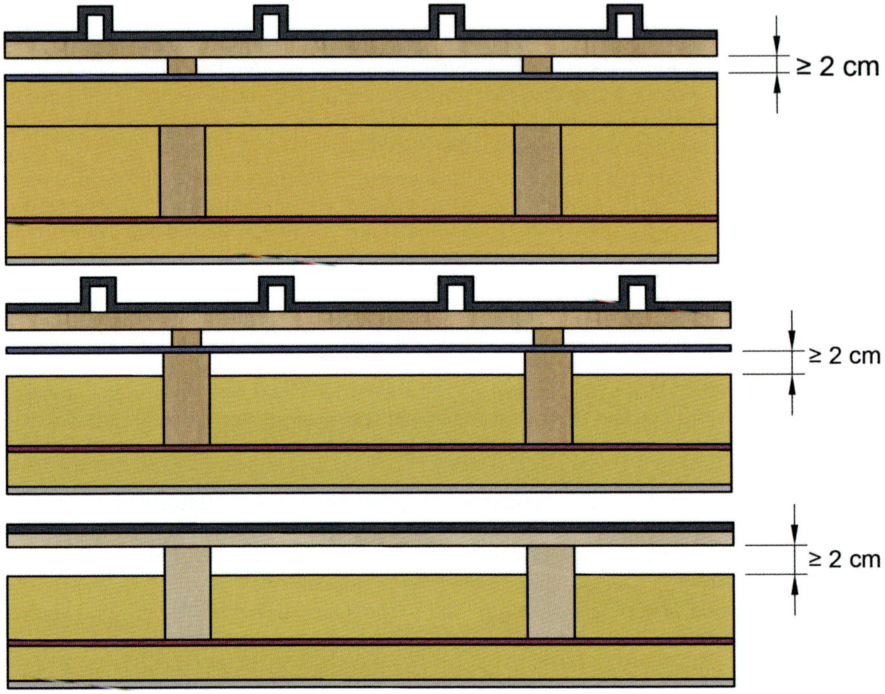

Abb. 10: Zugehörige Dachfläche je Meter Grat, Traufe und First

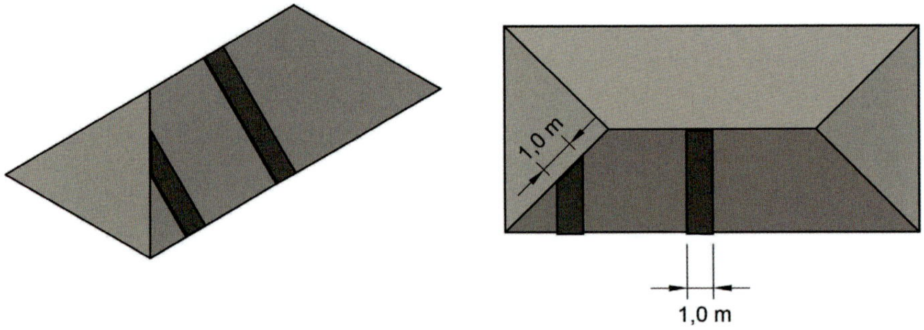

Tabelle 5: Anforderungen an und Empfehlungen für belüftete Dächer und belüftete Luftschichten bei Dachneigungen ≥ 5° (ca. 9 %)

Sparren-/Luftraumlänge in m	Mindestlüftungsquerschnitte			
	Traufe und Pultabschluss: ≥ 2 ‰ bzw. mindestens 200 cm²/m		First und Grat: ≥ 0,5 ‰ bzw. mindestens 50 cm²/m	Dachfläche [cm²/m]: ≥ 2 cm freie Höhe[c]
	Mindestfläche [cm²/m]	empfohlene Spalthöhe [cm][a]	Mindestfläche [cm²/m][b]	
≤ 5	200	3	50	200
≤ 6			60	
≤ 7,5			70	
≤ 8		4	80	
≤ 9			90	
≤ 10			100	
≤ 11	220	6	110	
≤ 12	240		120	
≤ 13	260		130	
≤ 14	280		140	
≤ 15	300		150	
usw.				

[a] An Traufen sollten Lüftungsgitter angeordnet werden.
[b] Angabe bezieht sich auf die Gesamtfläche bei symmetrischen Dächern. Bei unsymmetrischen Dächern kann der Mindestlüftungsquerschnitt aus 0,5 ‰ der vorhandenen Dachfläche ermittelt werden.
[c] Eine punktuelle Unterschreitung ist möglich, der Lüftungsquerschnitt darf jedoch an keiner Stelle weniger als 5 mm betragen.

(10) Belüftete Luftschichten von Dächern müssen bei Dachneigungen < 5° (ca. 9 %) und Sparren-/Luftraumlängen (Entfernung von Zu- und Abluftöffnung) ≤ 10 m mindestens folgende Eigenschaften aufweisen:

- Die Höhe des freien Lüftungsquerschnitts innerhalb des Dachbereichs über der Wärmedämmschicht muss mindestens 2 ‰ der zugehörigen geneigten Dachfläche betragen, mindestens jedoch 5 cm (siehe Abb. 11). Die Belüftung dieser flach geneigten Luftschichten ist nur möglich, wenn die Luftschicht durchgehend ist und die Mindestdicke eingehalten wird. Daher ist es erforderlich, die Materialtoleranzen der Wärmedämmung zu berücksichtigen, d. h., bei Mineralwolle-Zwischensparrendämmungen sollte wegen der zulässigen Materialtoleranzen die Luftschichtdicke mit mindestens 7 cm geplant werden.
- Die Mindestlüftungsquerschnitte an mindestens zwei gegenüberliegenden Dachrändern müssen mindestens 2 ‰ der zugehörigen geneigten Dachfläche betragen, mindestens jedoch 200 cm²/m. Die Lüftungsöffnungen müssen frei anströmbar sein.

Bei Sparren-/Luftraumlängen (Entfernung von Zu- und Abluftöffnung) > 10 m können besondere Maßnahmen (z. B. Einbau von Lüftern) zur Aufrechterhaltung der Belüftungsfunktion erforderlich sein.

Abb. 11: Höhe des freien Lüftungsquerschnitts von belüfteten Luftschichten bei Dachneigungen < 5° (ca. 9 %)

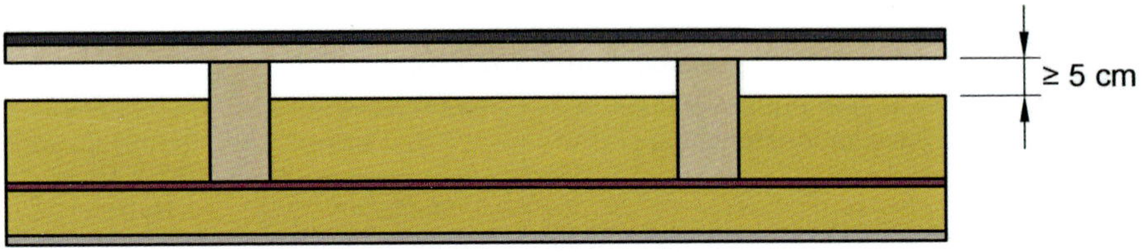

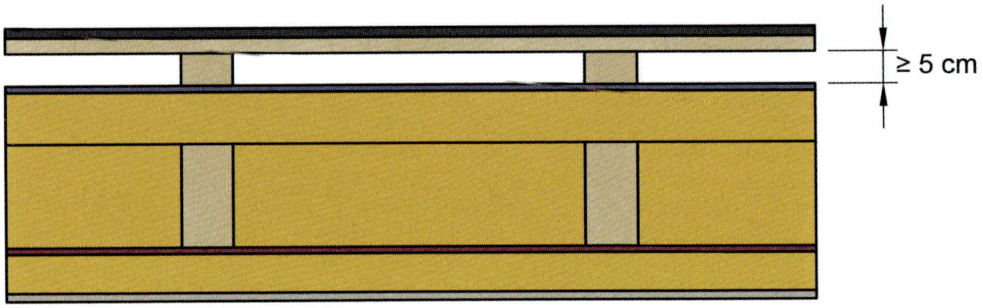

(11) Bei Dächern mit Innengefälle oder in enger Bebauung ist es empfehlenswert, diese als unbelüftete Konstruktionen und/oder ohne zusätzliche belüftete Luftschichten zu planen und auszuführen.

(12) Bei Kehlen von belüfteten Dächern mit nicht belüfteter Dachdeckung oder Abdichtung sind Lüftungsöffnungen im Allgemeinen nicht möglich. Solche Dachkonstruktionen sind daher zweckmäßiger als nicht belüftete Dächer mit belüfteter Luftschicht (Konterlattenebene) auszuführen.

(13) Die Be- und Entlüftung muss an Durchdringungen (z. B. Lichtkuppeln, Dachaufbauten, Dachflächenfenstern) und stark gegliederten Dachflächen mit daraus resultierenden häufigen Unterbrechungen der Belüftungsebenen gewährleistet sein. Andernfalls sind Konstruktionen ohne belüftete Luftschicht zu planen und auszuführen.

(14) Die Funktion von Lüftungsöffnungen kann durch Schnee unterbunden bzw. beeinträchtigt werden.

(15) Luftschichten zur Hinterlüftung oder Belüftung von Außenwandbekleidungen müssen eine Dicke von mindestens 2 cm aufweisen und dürfen an einzelnen Stellen auf 5 mm reduziert werden. Öffnungen sind bei

- hinterlüfteten Außenwandbekleidungen am oberen und unteren Abschluss der Luftschicht mit einer Fläche von mindestens 50 cm² je Meter Wandlänge,
- belüfteten Außenwandbekleidungen am unteren Abschluss der Luftschicht mit einer Fläche von mindestens 100 cm² je Meter Wandlänge

erforderlich.

Kleinere, aus konstruktiven Gründen nicht hinterlüftete oder nicht belüftete Flächen, z. B. Fensterbrüstungen und Fensterstürze, sind jedoch zulässig.

(16) Bei luftdurchlässigen Außenwandbekleidungen ist eine durchgehende Luftschicht raumseitig der Deckunterlage nicht erforderlich, wenn durch die linienförmige Deckunterlage (z. B. Traglatte oder Metallprofil) ein Hohlraum mit einer Dicke von mindestens 2 cm vorhanden ist.

7 Feuchteschutz – Konstruktionsprinzipien für nachweisfreie Dächer

7.1 Allgemeines

(1) Bei den folgenden Bauteilen kann nach DIN 4108-3 auf eine Berechnung des Tauwasserschutzes verzichtet werden. Diese Bauteile erfüllen die Anforderungen nach DIN 68800-2 an den Holzschutz.

Das nachfolgende Schaubild dient der Orientierung und zeigt, welche Konstruktionen in welchem Abschnitt dargestellt sind.

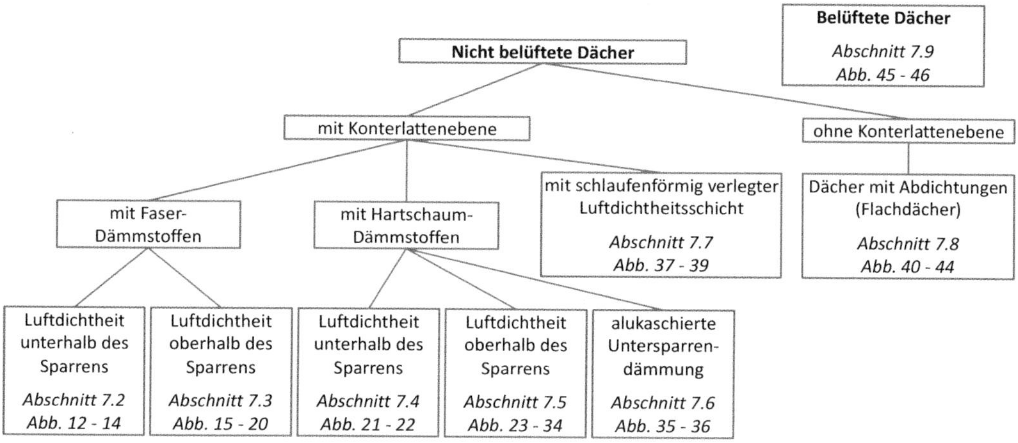

DIN 4108-3 enthält weitere nachweisfreie Konstruktionen.

(2) DIN 68800-2 bietet in Abschnitt 6.1 drei gleichwertige Möglichkeiten für die Einstufung der Holzbauteile in die Gebrauchsklasse GK 0 an. Dies sind

- rechnerische und sonstige Nachweise zur Sicherstellung eines ausreichenden Holzschutzes entsprechend der Gefährdung und Gebrauchssituation oder
- Nutzung der Konstruktionsprinzipien aus den Abschnitten 7, 8, 9 der DIN 68800-2, erforderlichenfalls mit zusätzlicher Berechnung des Tauwasserschutzes oder
- Anwendung der in Anhang A der DIN 68800-2 dargestellten Konstruktionen.

Nach Anhang A der DIN 68800-2 wird die Gebrauchsklasse GK 0 bei nicht belüfteten Dächern mit Dachabdichtung und Konterlattenebene (Luftraumlänge) bei einer Dachneigung von 3° (ca. 5%) $\leq \alpha <$ 5° (ca. 9%) erreicht, wenn die Anforderungen an die Höhe des Luftraums nach Tabelle 6 eingehalten werden.

Der Anhang A der DIN 68800-2 ist nicht zwingend anzuwenden.

Tabelle 6: Anforderungen an die Höhe des Luftraums für Dachneigungen 3° $\leq \alpha <$ 5° nach DIN 68800-2 Anhang A

Luftraumlänge (l)	Höhe des Luftraums
10 m < l ≤ 11m	≥ 5 cm
11 m < l ≤ 12m	≥ 7 cm
12 m < l ≤ 13m	≥ 9 cm
13 m < l ≤ 14m	≥ 11 cm
14 m < l ≤ 15m	≥ 13 cm
15 m < l ≤ 16m	≥ 15 cm

7.2 Nachweisfreie nicht belüftete Dächer mit Konterlattenebene und Faserdämmstoffen – Luftdichtheitsschicht unterhalb des Sparrens – Abbildungen 12 bis 14

Abb. 12: Nachweisfreie Dächer mit Gefachdämmung – Luftdichtheitsschicht unterhalb des Sparrens (auch für helle Dachoberflächen)

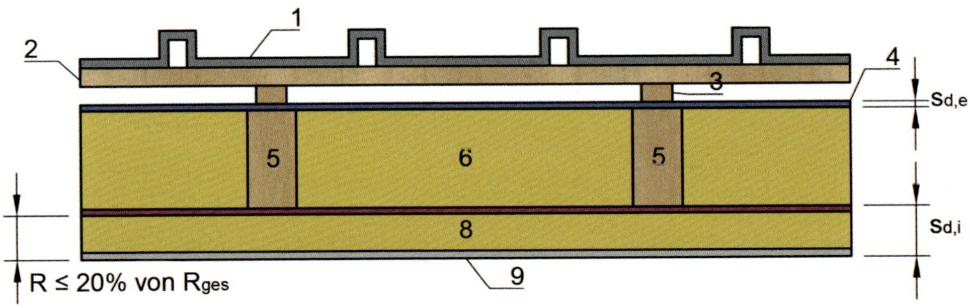

1: Dachdeckung (Abdichtung)
- auch helle Dachoberflächen -
2: Traglattung (Schalung)
3: Konterlattenebene als belüftete Luftschicht
4: Unterdeckbahn
5: Sparren
6: Gefachdämmung
7: Luftdichtheitsschicht
8: Installationsebene mit oder ohne Dämmung
9: innenseitige Bekleidung

$s_{d,e}$ in m	$s_{d,i}$ in m
≤ 0,1	≥ 1,0
0,1 < $s_{d,e}$ ≤ 0,3	≥ 2,0
0,3 < $s_{d,e}$ ≤ 2,0	≥ 6 x $s_{d,e}$

nachweisfrei nach ZVDH + DIN 4108-3

Abb. 13: Nachweisfreie Dächer mit Gefachdämmung und Holzschalung – Luftdichtheitsschicht unterhalb des Sparrens (auch für helle Dachoberflächen)

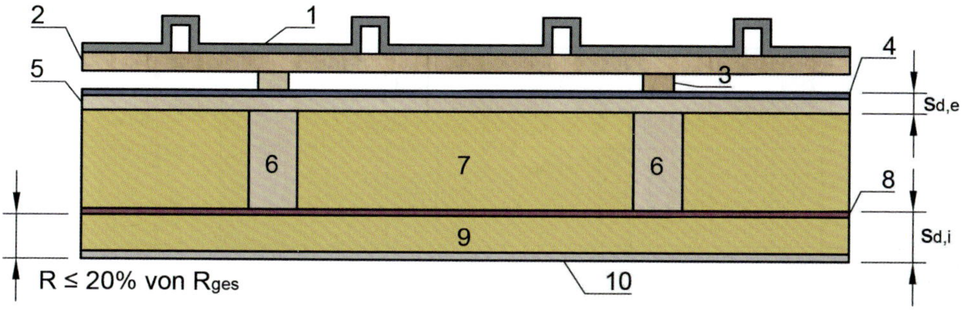

1: Dachdeckung (Abdichtung)
   - auch helle Dachoberflächen -
2: Traglattung (Schalung)
3: Konterlattenebene als belüftete Luftschicht
4: Unterdeckbahn
5: Schalung
6: Sparren
7: Gefachdämmung
8: Luftdichtheitsschicht
9: Installationsebene mit oder ohne Dämmung
10: innenseitige Bekleidung

$s_{d,e}$ in m	$s_{d,i}$ in m
≤ 0,1	≥ 1,0
0,1 < $s_{d,e}$ ≤ 0,3	≥ 2,0
0,3 < $s_{d,e}$ ≤ 2,0	≥ 6 x $s_{d,e}$

nachweisfrei
nach ZVDH + DIN 4108-3

Abb. 14: Nachweisfreie Dächer mit Gefachdämmung und Aufsparrendämmung aus Faserdämmstoffen – Luftdichtheitsschicht unterhalb des Sparrens (auch für helle Dachoberflächen)

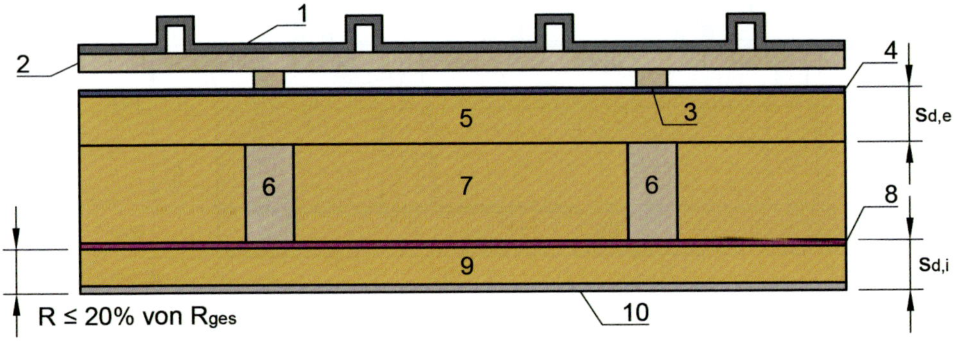

1: Dachdeckung (Abdichtung)
   - auch helle Dachoberflächen -
2: Traglattung (Schalung)
3: Konterlattenebene als belüftete Luftschicht
4: Unterdeckbahn
5: Holzfaser- oder Mineralwolle-Aufsparrendämmung
6: Sparren
7: Gefachdämmung
8: Luftdichtheitsschicht
9: Installationsebene mit oder ohne Dämmung
10: innenseitige Bekleidung

$s_{d,e}$ in m	$s_{d,i}$ in m
≤ 0,1	≥ 1,0
0,1 < $s_{d,e}$ ≤ 0,3	≥ 2,0
0,3 < $s_{d,e}$ ≤ 2,0	≥ 6 x $s_{d,e}$

nachweisfrei nach ZVDH + DIN 4108-3

7.3 Nachweisfreie nicht belüftete Dächer mit Konterlattenebene und Faserdämmstoffen – Luftdichtheitsschicht oberhalb des Sparrens – Abbildungen 15 bis 20

Abb. 15: Nachweisfreie Dächer mit Aufsparrendämmung aus Faserdämmstoffen mit raumseitiger Bekleidung – Luftdichtheitsschicht oberhalb des Sparrens (auch für helle Dachoberflächen)

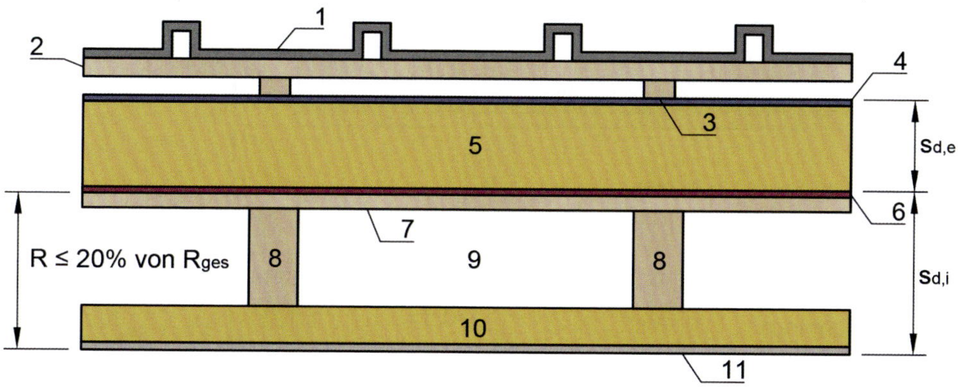

1: Dachdeckung (Abdichtung)
   - auch helle Dachoberflächen -
2: Traglattung (Schalung)
3: Konterlattenebene als belüftete Luftschicht
4: Unterdeckbahn
5: Holzfaser- oder Mineralwolle-Aufsparrendämmung
6: Luftdichtheitsschicht
7: ggf. Schalung
8: Sparren
9: ruhende Luftschicht
10: Installationsebene mit oder ohne Dämmung
11: innenseitige Bekleidung

$s_{d,e}$ in m	$s_{d,i}$ in m
≤ 0,1	≥ 1,0
0,1 < $s_{d,e}$ ≤ 0,3	≥ 2,0
0,3 < $s_{d,e}$ ≤ 2,0	≥ 6 x $s_{d,e}$

nachweisfrei
nach ZVDH + DIN 4108-3

Abb. 16: Nachweisfreie Dächer mit Aufsparrendämmung aus Faserdämmstoffen mit sichtbaren Sparren – Luftdichtheitsschicht oberhalb des Sparrens (auch für helle Dachoberflächen)

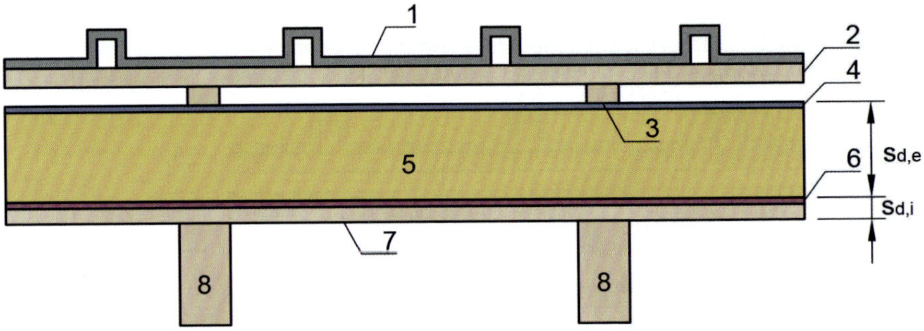

1: Dachdeckung (Abdichtung)
- auch helle Dachoberflächen -
2: Traglattung (Schalung)
3: Konterlattenebene als belüftete Luftschicht
4: Unterdeckbahn
5: Holzfaser- oder Mineralwolle-Aufsparrendämmung
6: Luftdichtheitsschicht
7: Schalung und innenseitige Bekleidung
8: Sparren

$s_{d,e}$ in m	$s_{d,i}$ in m
≤ 0,1	≥ 1,0
0,1 < $s_{d,e}$ ≤ 0,3	≥ 2,0
0,3 < $s_{d,e}$ ≤ 2,0	≥ 6 x $s_{d,e}$

Abb. 17: Nachweisfreie Dächer mit Gefachdämmung und Aufsparrendämmung aus Faserdämmstoffen – Luftdichtheitsschicht oberhalb des Sparrens

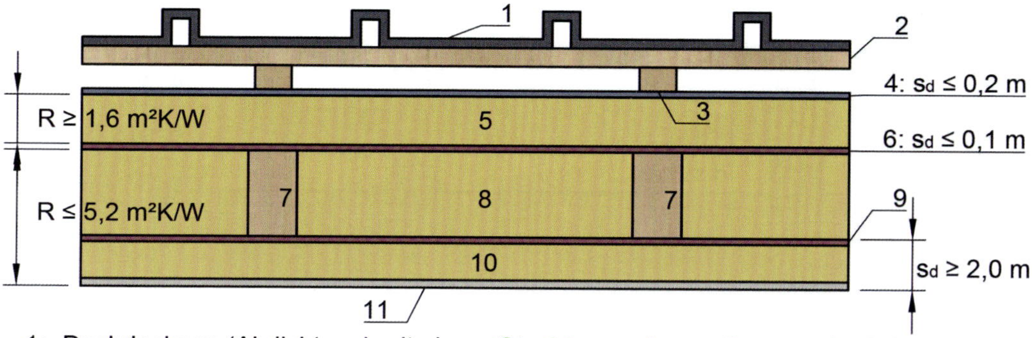

1: Dachdeckung (Abdichtung) mit einem **Strahlungsabsorptionsgrad ≥ 0,6**
2: Traglattung (Schalung)
3: Konterlattenebene als belüftete Luftschicht
4: ggf. Unterdeckbahn mit s_d ≤ 0,2 m
5: Aufsparrendämmung mit R ≥ 1,6 m²K/W aus
- Holzfasern (≥ 8 cm bei λ = 0,045 W/mK)
- Mineralwolle (≥ 6 cm bei λ = 0,036 W/mK)

6: Luftdichtheitsschicht mit s_d ≤ 0,1 m
7: Sparren
8: Gefachdämmung - Vollsparrendämmung in Verbindung mit den Schichten 9 bis 11 mit R ≤ 5,2 m²K/W, z.B. aus
- Holzfasern (≤ 20 cm bei λ = 0,038 W/mK)
- Mineralwolle (≤ 18 cm bei λ = 0,035 W/mK)

9: vorhandene Dampfsperre/-bremse
10: Installationsebene mit oder ohne Dämmung
11: innenseitige Bekleidung

nachweisfrei nach ZVDH + DIN 4108-3

Beispiele für Materialien mit Strahlungsabsorptionsgraden ≥ 0,6
- Materialien mit schwarzen Oberflächen
- Materialien mit mittelgrauen, roten oder dunkleren Oberflächen
- oxidierte Kupfer- und Zinkbleche

Beispiele für Materialien mit Strahlungsabsorptionsgraden < 0,6
- Materialien mit weißen oder hellen Oberflächen
- nicht oxidierte Kupfer- und Zinkbleche
- unbeschichtete Bleche

Abb. 18: Nachweisfreie Dächer mit Gefachdämmung, ruhender Luftschicht und Aufsparrendämmung aus Faserdämmstoffen – Luftdichtheitsschicht oberhalb des Sparrens

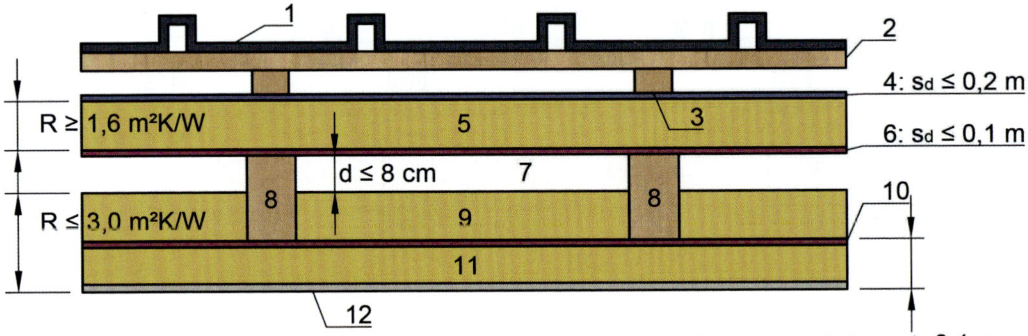

1: Dachdeckung (Abdichtung) mit einem Strahlungsabsorptionsgrad ≥ 0,6
2: Traglattung (Schalung)
3: Konterlattenebene als belüftete Luftschicht
4: ggf. Unterdeckbahn mit $s_d \leq 0{,}2$ m
5: Aufsparrendämmung mit R ≥ 1,6 m²K/W aus
- Holzfasern (≥ 8 cm bei λ = 0,045 W/mK)
- Mineralwolle (≥ 6 cm bei λ = 0,036 W/mK)

6: Luftdichtheitsschicht mit $s_d \leq 0{,}1$ m
7: ruhende Luftschicht mit d ≤ 8 cm
8: Sparren
9: Gefachdämmung
in Verbindung mit den Schichten 10 bis 12 mit R ≤ 3,0 m²K/W, z.B. aus
- Holzfasern (≤ 11 cm bei λ = 0,038 W/mK)
- Mineralwolle (≤ 10 cm bei λ = 0,035 W/mK)

10: vorhandene Dampfsperre/-bremse
11: Installationsebene mit oder ohne Dämmung
12: innenseitige Bekleidung

Die Anschlüsse der Dachränder und Durchdringungen sind insbesondere hinsichtlich der Ausbildung der Luftdichtheitsschicht und der ruhenden Luftschicht zu planen.

Beispiele für Materialien mit Strahlungsabsorptionsgraden ≥ 0,6
- Materialien mit schwarzen Oberflächen
- Materialien mit mittelgrauen, roten oder dunkleren Oberflächen
- oxidierte Kupfer- und Zinkbleche

Beispiele für Materialien mit Strahlungsabsorptionsgraden < 0,6
- Materialien mit weißen oder hellen Oberflächen
- nicht oxidierte Kupfer- und Zinkbleche
- unbeschichtete Bleche

Abb. 19: Nachweisfreie Dächer mit Gefachdämmung, Schalung und Aufsparrendämmung aus Faserdämmstoffen – Luftdichtheitsschicht oberhalb des Sparrens

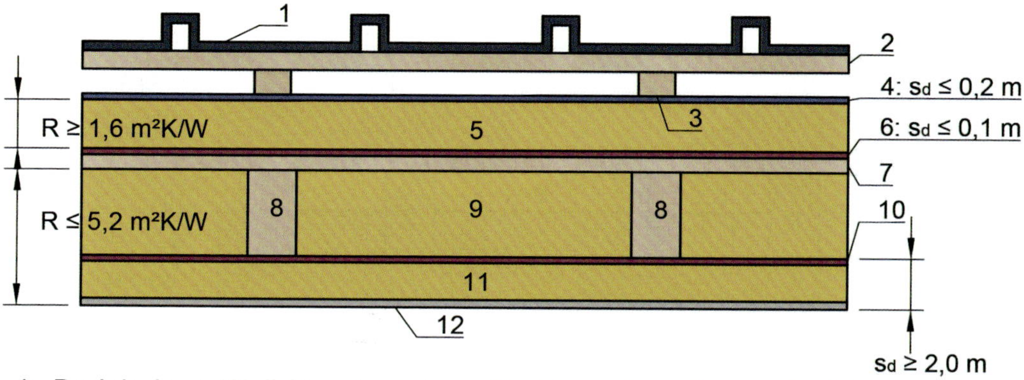

1: Dachdeckung (Abdichtung) mit einem Strahlungsabsorptionsgrad ≥ 0,6
2: Traglattung (Schalung)
3: Konterlattenebene als belüftete Luftschicht
4: ggf. Unterdeckbahn mit $s_d \leq 0{,}2$ m
5: Aufsparrendämmung mit R ≥ 1,6 m²K/W aus
   - Holzfasern (≥ 8 cm bei λ = 0,045 W/mK)
   - Mineralwolle (≥ 6 cm bei λ = 0,036 W/mK)
6: Luftdichtheitsschicht mit $s_d \leq 0{,}1$ m
7: Vollholz-Schalung
8: Sparren
9: Gefachdämmung - Vollsparrendämmung
   in Verbindung mit den Schichten 10 bis 12 mit R ≤ 5,2 m²K/W, z.B. aus
   - Holzfasern (≤ 20 cm bei λ = 0,038 W/mK)
   - Mineralwolle (≤ 18 cm bei λ = 0,035 W/mK)
10: vorhandene Dampfsperre/-bremse
11: Installationsebene mit oder ohne Dämmung
12: innenseitige Bekleidung

Beispiele für Materialien mit Strahlungsabsorptionsgraden ≥ 0,6

- Materialien mit schwarzen Oberflächen
- Materialien mit mittelgrauen, roten oder dunkleren Oberflächen
- oxidierte Kupfer- und Zinkbleche

Beispiele für Materialien mit Strahlungsabsorptionsgraden < 0,6

- Materialien mit weißen oder hellen Oberflächen
- nicht oxidierte Kupfer- und Zinkbleche
- unbeschichtete Bleche

Abb. 20: Nachweisfreie Dächer mit Gefachdämmung, ruhender Luftschicht, Schalung und Aufsparrendämmung aus Faserdämmstoffen – Luftdichtheitsschicht oberhalb des Sparrens

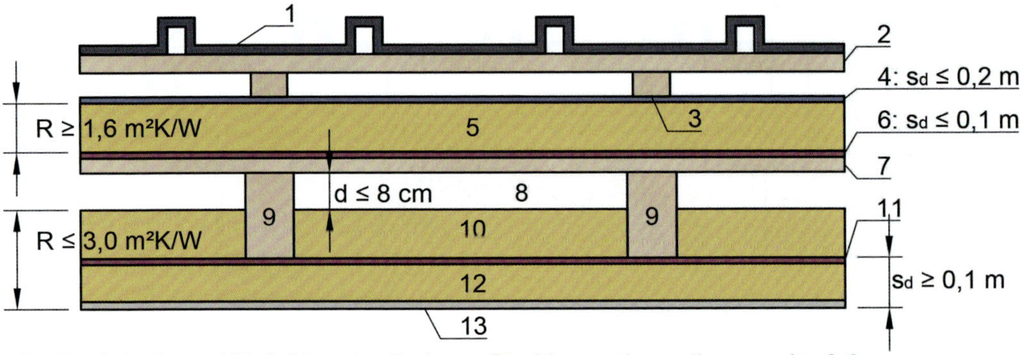

1: Dachdeckung (Abdichtung) mit einem Strahlungsabsorptionsgrad ≥ 0,6
2: Traglattung (Schalung)
3: Konterlattenebene als belüftete Luftschicht
4: ggf. Unterdeckbahn mit $s_d \leq 0{,}2$ m
5: Aufsparrendämmung mit R ≥ 1,6 m²K/W aus
- Holzfasern (≥ 8 cm bei λ = 0,045 W/mK)
- Mineralwolle (≥ 6 cm bei λ = 0,036 W/mK)

6: Luftdichtheitsschicht mit $s_d \leq 0{,}1$ m
7: Vollholz-Schalung
8: ruhende Luftschicht d ≤ 8 cm
9: Sparren
10: Gefachdämmung
in Verbindung mit den Schichten 11 bis 13 mit R ≤ 3,0 m²K/W, z.B. aus
- Holzfasern (≤ 11 cm bei λ = 0,038 W/mK)
- Mineralwolle (≤ 10 cm bei λ = 0,035 W/mK)

11: vorhandene Dampfsperre/-bremse
12: Installationsebene mit oder ohne Dämmung
13: innenseitige Bekleidung

Die Anschlüsse der Dachränder und Durchdringungen sind insbesondere hinsichtlich der Ausbildung der Luftdichtheitsschicht und der ruhenden Luftschicht zu planen.

Beispiele für Materialien mit Strahlungsabsorptionsgraden ≥ 0,6
- Materialien mit schwarzen Oberflächen
- Materialien mit mittelgrauen, roten oder dunkleren Oberflächen
- oxidierte Kupfer- und Zinkbleche

Beispiele für Materialien mit Strahlungsabsorptionsgraden < 0,6
- Materialien mit weißen oder hellen Oberflächen
- nicht oxidierte Kupfer- und Zinkbleche
- unbeschichtete Bleche

7.4 Nachweisfreie nicht belüftete Dächer mit Konterlattenebene und Hartschaum-Dämmstoffen – Luftdichtheitsschicht unterhalb des Sparrens – Abbildungen 21 bis 22

Abb. 21: Nachweisfreie Dächer mit Gefachdämmung und Aufsparrendämmung aus Hartschaum – Luftdichtheitsschicht unterhalb des Sparrens

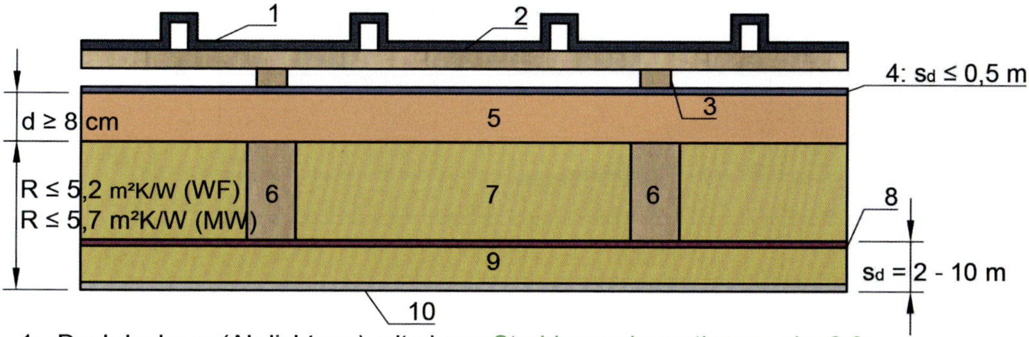

1: Dachdeckung (Abdichtung) mit einem Strahlungsabsorptionsgrad ≥ 0,6
2: Traglattung (Schalung)
3: Konterlattenebene als belüftete Luftschicht
4: Unterdeckbahn mit $s_d \leq 0{,}5$ m
bei alukaschierter PU-Aufsparrendämmung: $s_d \leq 25$m
5: Aufsparrendämmung aus PU- oder Phenolharz-Hartschaum mit d ≥ 8cm
6: Sparren
7: Gefachdämmung ausschließlich aus
- Holzfasern mit R ≤ 5,2 m²K/W (≤ 20 cm bei λ = 0,038 W/mK)
- Mineralwolle mit R ≤ 5,7 m²K/W (≤ 20 cm bei λ = 0,035 W/mK)
in Verbindung mit den Schichten 8 bis 10
8: Luftdichtheitsschicht mit s_d = 2 - 10 m (auch in Vebindung mit Schichten 9 & 10) oder mit variablem s_d-Wert
$s_{d,feucht} \leq 1{,}0$ m
$s_{d,trocken} \geq 4{,}0$ m
$s_{d,feucht}$ wird bei einer mittleren Umgebungsluftfeuchte von 90% +/- 2% gemessen
$s_{d,trocken}$ wird bei einer mittleren Umgebungsluftfeuchte von 25% +/- 2% gemessen
9: Installationsebene mit oder ohne Dämmung
10: innenseitige Bekleidung

nachweisfrei nach ZVDH + DIN 4108-3

Beispiele für Materialien mit Strahlungsabsorptionsgraden ≥ 0,6
- Materialien mit schwarzen Oberflächen
- Materialien mit mittelgrauen, roten oder dunkleren Oberflächen
- oxidierte Kupfer- und Zinkbleche

Beispiele für Materialien mit Strahlungsabsorptionsgraden < 0,6
- Materialien mit weißen oder hellen Oberflächen
- nicht oxidierte Kupfer- und Zinkbleche
- unbeschichtete Bleche

Abb. 22: Nachweisfreie Dächer mit Gefachdämmung, Schalung und Aufsparrendämmung aus Hartschaum – Luftdichtheitsschicht unterhalb des Sparrens

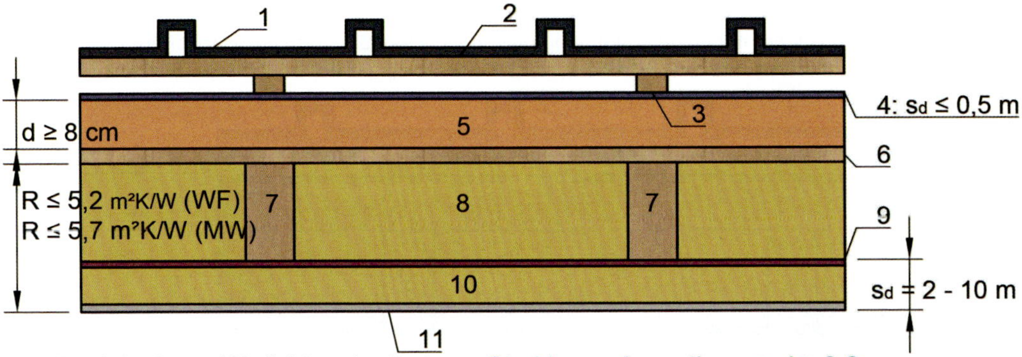

1: Dachdeckung (Abdichtung) mit einem Strahlungsabsorptionsgrad ≥ 0,6
2: Traglattung (Schalung)
3: Konterlattenebene als belüftete Luftschicht
4: Unterdeckbahn mit s_d ≤ 0,5 m
bei alukaschierter PU-Aufsparrendämmung: s_d ≤ 25m
5: Aufsparrendämmung aus PU- oder Phenolharz-Hartschaum mit d ≥ 8cm
6: Vollholzschalung
7: Sparren
8: Gefachdämmung ausschließlich aus
- Holzfasern mit R ≤ 5,2 m²K/W (≤ 20 cm bei λ = 0,038 W/mK)
- Mineralwolle mit R ≤ 5,7 m²K/W (≤ 20 cm bei λ = 0,035 W/mK
in Verbindung mit den Schichten 9 bis 11
9: Luftdichtheitsschicht mit s_d = 2 - 10 m (auch in Vebindung mit Schichten 10 & 11) oder mit variablem sd-Wert
$s_{d,feucht}$ ≤ 1,0 m
$s_{d,trocken}$ ≥ 4,0 m
$s_{d,feucht}$ wird bei einer mittleren Umgebungsluftfeuchte von 90% +/- 2% gemessen
$s_{d,trocken}$ wird bei einer mittleren Umgebungsluftfeuchte von 25% +/- 2% gemessen
10: Installationsebene mit oder ohne Dämmung
11: innenseitige Bekleidung

Beispiele für Materialien mit Strahlungsabsorptionsgraden ≥ 0,6
- Materialien mit schwarzen Oberflächen
- Materialien mit mittelgrauen, roten oder dunkleren Oberflächen
- oxidierte Kupfer- und Zinkbleche

Beispiele für Materialien mit Strahlungsabsorptionsgraden < 0,6
- Materialien mit weißen oder hellen Oberflächen
- nicht oxidierte Kupfer- und Zinkbleche
- unbeschichtete Bleche

7.5 Nachweisfreie nicht belüftete Dächer mit Konterlattenebene und Hartschaum-Dämmstoffen – Luftdichtheitsschicht oberhalb des Sparrens – Abbildungen 23 bis 34

Abb. 23: Nachweisfreie Dächer mit Gefachdämmung und Aufsparrendämmung aus Hartschaum – Luftdichtheitsschicht oberhalb des Sparrens

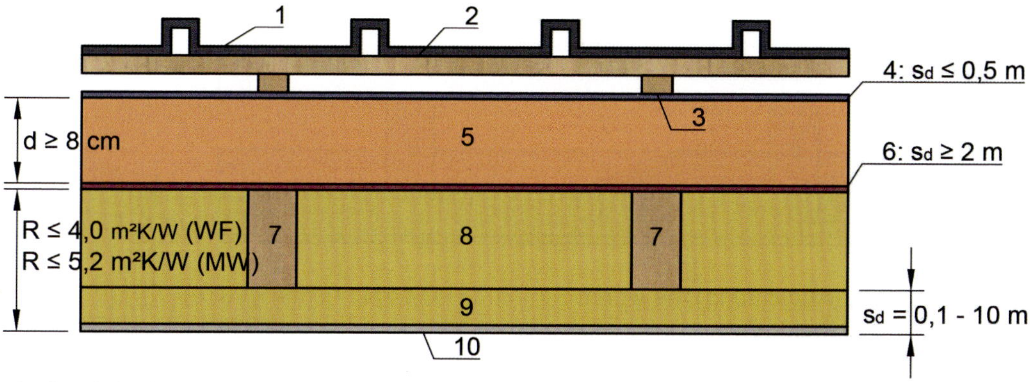

1: Dachdeckung (Abdichtung) mit einem Strahlungsabsorptionsgrad ≥ 0,6
2: Traglattung (Schalung)
3: Konterlattenebene als belüftete Luftschicht
4: Unterdeckbahn mit s_d ≤ 0,5 m
bei alukaschierter PU-Aufsparrendämmung: s_d ≤ 25m
5: Aufsparrendämmung aus PU- oder Phenolharz-Hartschaum mit d ≥ 8cm
6: Luftdichtheitsschicht mit s_d ≥ 2 m
7: Sparren
8: Gefachdämmung ausschließlich aus
- Holzfasern mit R ≤ 4,0 m²K/W (≤ 15 cm bei λ = 0,038 W/mK)
- Mineralwolle mit R ≤ 5,2 m²K/W (≤ 18 cm bei λ = 0,035 W/mK
in Verbindung mit den Schichten 9 & 10
9: Installationsebene mit oder ohne Dämmung
10: innenseitige Bekleidung

Beispiele für Materialien mit Strahlungsabsorptionsgraden ≥ 0,6
- Materialien mit schwarzen Oberflächen
- Materialien mit mittelgrauen, roten oder dunkleren Oberflächen
- oxidierte Kupfer- und Zinkbleche

Beispiele für Materialien mit Strahlungsabsorptionsgraden < 0,6
- Materialien mit weißen oder hellen Oberflächen
- nicht oxidierte Kupfer- und Zinkbleche
- unbeschichtete Bleche

Abb. 24: Nachweisfreie Dächer mit Gefachdämmung, ruhender Luftschicht und Aufsparrendämmung aus Hartschaum – Luftdichtheitsschicht oberhalb des Sparrens – Variante 1

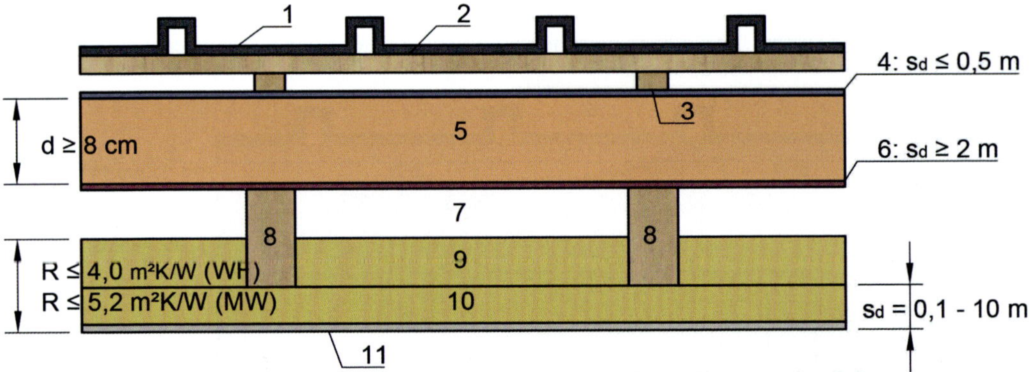

1: Dachdeckung (Abdichtung) mit einem Strahlungsabsorptionsgrad ≥ 0,6
2: Traglattung (Schalung)
3: Konterlattenebene als belüftete Luftschicht
4: Unterdeckbahn mit $s_d \leq 0{,}5$ m
bei alukaschierter PU-Aufsparrendämmung: $s_d \leq 25$m
5: Aufsparrendämmung aus PU- oder Phenolharz-Hartschaum mit d ≥ 8cm
6: Luftdichtheitsschicht mit $s_d \geq 2$ m
7: ruhende Luftschicht
8: Sparren
9: Gefachdämmung ausschließlich aus
- Holzfasern mit R ≤ 4,0 m²K/W (≤ 15 cm bei λ = 0,038 W/mK)
- Mineralwolle mit R ≤ 5,2 m²K/W (≤ 18 cm bei λ = 0,035 W/mK
- in Verbindung mit den Schichten 10 & 11
10: Installationsebene mit oder ohne Dämmung
11: innenseitige Bekleidung

Die Anschlüsse der Dachränder und Durchdringungen sind insbesondere hinsichtlich der Ausbildung der Luftdichtheitsschicht und der ruhenden Luftschicht zu planen.

Beispiele für Materialien mit Strahlungsabsorptionsgraden ≥ 0,6
- Materialien mit schwarzen Oberflächen
- Materialien mit mittelgrauen, roten oder dunkleren Oberflächen
- oxidierte Kupfer- und Zinkbleche

Beispiele für Materialien mit Strahlungsabsorptionsgraden < 0,6
- Materialien mit weißen oder hellen Oberflächen
- nicht oxidierte Kupfer- und Zinkbleche
- unbeschichtete Bleche

Abb. 25: Nachweisfreie Dächer mit Gefachdämmung, ruhender Luftschicht und Aufsparrendämmung aus Hartschaum – Luftdichtheitsschicht oberhalb des Sparrens – Variante 2 (auch für helle Dachoberflächen)

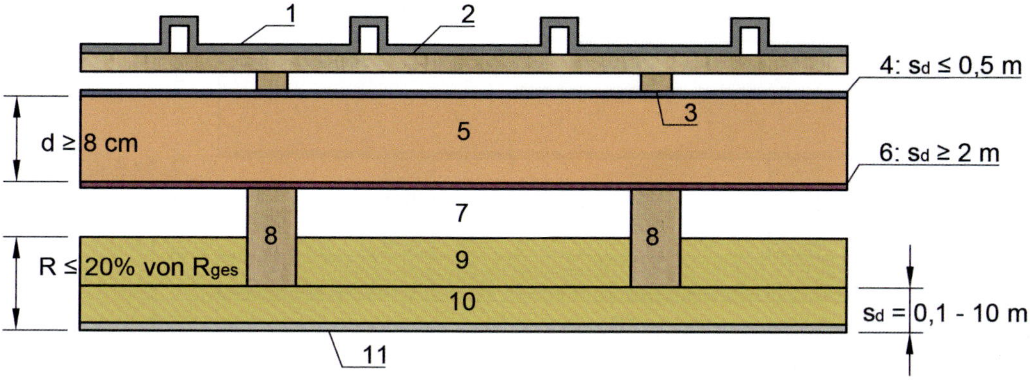

1: Dachdeckung (Abdichtung) - auch helle Dachoberflächen -
2: Traglattung (Schalung)
3: Konterlattenebene als belüftete Luftschicht
4: Unterdeckbahn mit $s_d \leq 0{,}5$ m
bei alukaschierter PU-Aufsparrendämmung: $s_d \leq 25$m
5: Aufsparrendämmung aus PU- oder
Phenolharz-Hartschaum mit d ≥ 8cm
6: Luftdichtheitsschicht mit $s_d \geq 2$ m
7: ruhende Luftschicht
8: Sparren
9: Gefachdämmung mit R ≤ 20% von R_{ges}
in Verbindung mit den Schichten 10 & 11
10: Installationsebene mit oder ohne Dämmung
11: innenseitige Bekleidung

Die Anschlüsse der Dachränder und Durchdringungen sind insbesondere hinsichtlich der Ausbildung der Luftdichtheitsschicht und der ruhenden Luftschicht zu planen.

Abb. 26: Nachweisfreie Dächer mit Untersparrendämmung, ruhender Luftschicht und Aufsparrendämmung aus Hartschaum – Luftdichtheitsschicht oberhalb des Sparrens – Variante 1

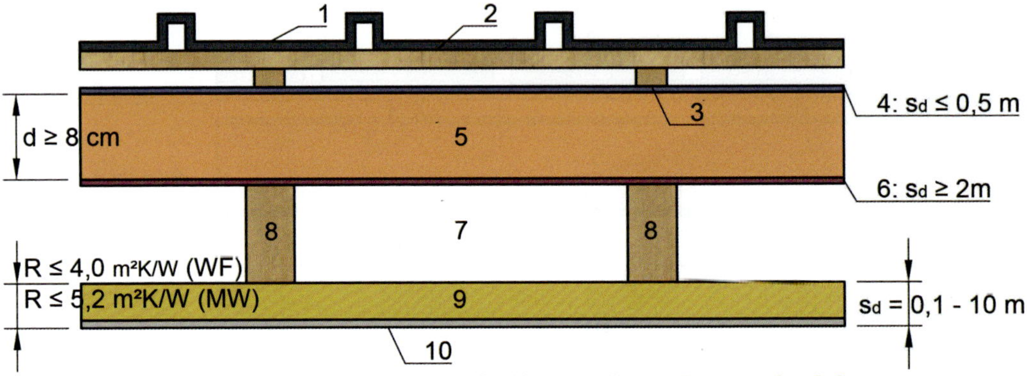

1: Dachdeckung (Abdichtung) mit einem Strahlungsabsorptionsgrad ≥ 0,6
2: Traglattung (Schalung)
3: Konterlattenebene als belüftete Luftschicht
4: Unterdeckbahn mit $s_d \leq 0{,}5$ m
bei alukaschierter PU-Aufsparrendämmung: $s_d \leq 25$m
5: Aufsparrendämmung aus PU- oder Phenolharz-Hartschaum mit d ≥ 8cm
6: Luftdichtheitsschicht mit $s_d \geq 2$ m
7: ruhende Luftschicht
8: Sparren
9: Installationsebene mit oder ohne Dämmung;
Dämmung ausschließlich aus
- Holzfasern mit R ≤ 4,0 m²W/K (≤ 15 cm bei = 0,038 W/mK)
- Mineralwolle mit R ≤ 5,2 m²W/K (≤ 18 cm bei = 0,035 W/mK)
10: innenseitige Bekleidung

nachweisfrei nach ZVDH + DIN 4108-3

Die Anschlüsse der Dachränder und Durchdringungen sind insbesondere hinsichtlich der Ausbildung der Luftdichtheitsschicht und der ruhenden Luftschicht zu planen.

Beispiele für Materialien mit Strahlungsabsorptionsgraden ≥ 0,6
- Materialien mit schwarzen Oberflächen
- Materialien mit mittelgrauen, roten oder dunkleren Oberflächen
- oxidierte Kupfer- und Zinkbleche

Beispiele für Materialien mit Strahlungsabsorptionsgraden < 0,6
- Materialien mit weißen oder hellen Oberflächen
- nicht oxidierte Kupfer- und Zinkbleche
- unbeschichtete Bleche

Abb. 27: Nachweisfreie Dächer mit Untersparrendämmung, ruhender Luftschicht und Aufsparrendämmung aus Hartschaum – Luftdichtheitsschicht oberhalb des Sparrens – Variante 2 (auch für helle Dachoberflächen)

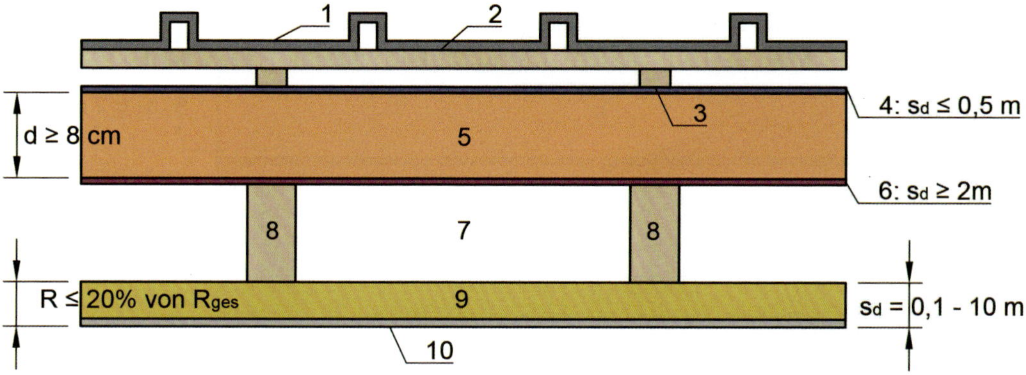

1: Dachdeckung (Abdichtung) - auch helle Dachoberflächen -
2: Traglattung (Schalung)
3: Konterlattenebene als belüftete Luftschicht
4: Unterdeckbahn mit $s_d \leq 0{,}5$ m
bei alukaschierter PU-Aufsparrendämmung: $s_d \leq 25$m
5: Aufsparrendämmung aus PU- oder
Phenolharz-Hartschaum mit d ≥ 8cm
6: Luftdichtheitsschicht mit $s_d \geq 2$ m
7: ruhende Luftschicht
8: Sparren
9: Installationsebene mit oder ohne Dämmung
10: innenseitige Bekleidung

Die Anschlüsse der Dachränder und Durchdringungen sind insbesondere hinsichtlich der Ausbildung der Luftdichtheitsschicht und der ruhenden Luftschicht zu planen.

Abb. 28: Nachweisfreie Dächer mit Gefachdämmung, Schalung und Aufsparrendämmung aus Hartschaum – Luftdichtheitsschicht oberhalb des Sparrens

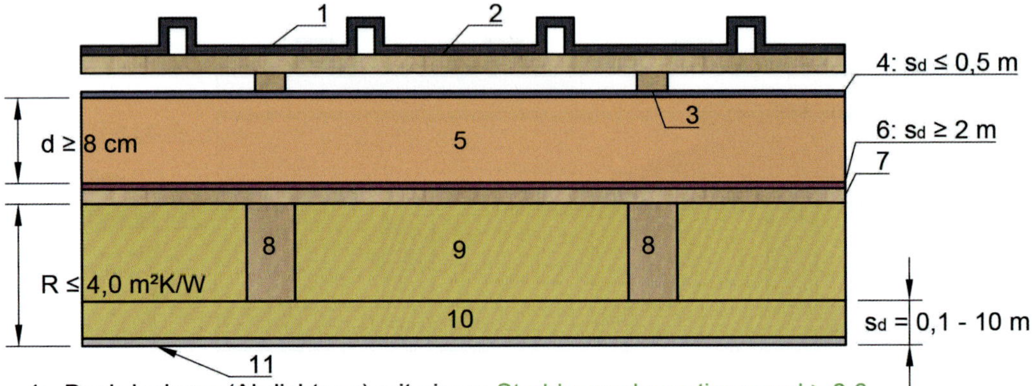

1: Dachdeckung (Abdichtung) mit einem Strahlungsabsorptionsgrad ≥ 0,6
2: Traglattung (Schalung)
3: Konterlattenebene als belüftete Luftschicht
4: Unterdeckbahn mit s_d ≤ 0,5 m
bei alukaschierter PU-Aufsparrendämmung: s_d ≤ 25m
5: Aufsparrendämmung aus PU- oder Phenolharz-Hartschaum mit d ≥ 8cm
6: Luftdichtheitsschicht mit s_d ≥ 2 m
7: Schalung aus Vollholz oder Holzwerkstoff
8: Sparren
9: Gefachdämmung mit R ≤ 4,0 m²K/W ausschließlich aus
- Holzfasern (≤ 15 cm bei λ = 0,038 W/mK)
- Mineralwolle (≤ 14 cm bei λ = 0,035 W/mK
in Verbindung mit den Schichten 10 & 11
10: Installationsebene mit oder ohne Dämmung
11: innenseitige Bekleidung

nachweisfrei
nach ZVDH + DIN 4108-3

Beispiele für Materialien mit Strahlungsabsorptionsgraden ≥ 0,6
- Materialien mit schwarzen Oberflächen
- Materialien mit mittelgrauen, roten oder dunkleren Oberflächen
- oxidierte Kupfer- und Zinkbleche

Beispiele für Materialien mit Strahlungsabsorptionsgraden < 0,6
- Materialien mit weißen oder hellen Oberflächen
- nicht oxidierte Kupfer- und Zinkbleche
- unbeschichtete Bleche

Abb. 29: Nachweisfreie Dächer mit Gefachdämmung, ruhender Luftschicht, Schalung und Aufsparrendämmung aus Hartschaum – Luftdichtheitsschicht oberhalb des Sparrens

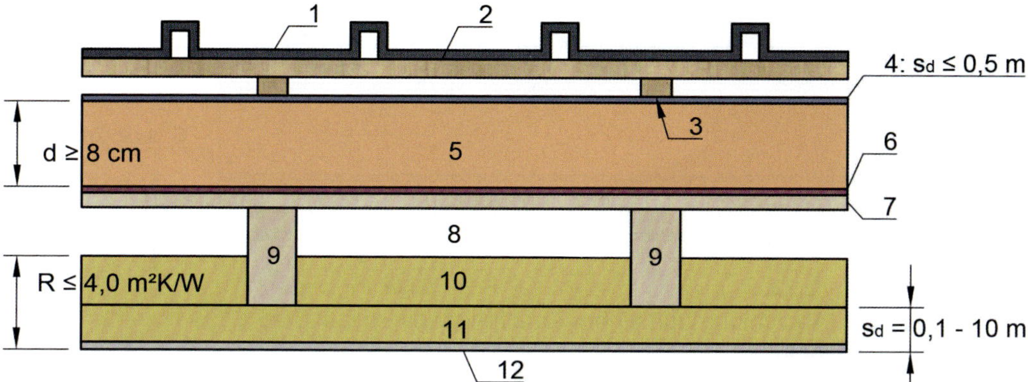

1: Dachdeckung (Abdichtung) mit einem Strahlungsabsorptionsgrad ≥ 0,6
2: Traglattung (Schalung)
3: Konterlattenebene als belüftete Luftschicht
4: Unterdeckbahn mit $s_d \leq 0{,}5$ m
bei alukaschierter PU-Aufsparrendämmung: $s_d \leq 25$m
5: Aufsparrendämmung aus PU- oder Phenolharz-Hartschaum mit d ≥ 8cm
6: Luftdichtheitsschicht mit $s_d \geq 2$ m
7: Schalung aus Vollholz oder Holzwerkstoff
8: ruhende Luftschicht
9: Sparren
10: Gefachdämmung mit R ≤ 4,0 m²K/W ausschließlich aus
- Holzfasern (≤ 15 cm bei λ = 0,038 W/mK)
- Mineralwolle (≤ 14 cm bei λ = 0,035 W/mK
in Verbindung mit den Schichten 11 & 12
11: Installationsebene mit oder ohne Dämmung
12: innenseitige Bekleidung

nachweisfrei nach ZVDH + DIN 4108-3

Die Anschlüsse der Dachränder und Durchdringungen sind insbesondere hinsichtlich der Ausbildung der Luftdichtheitsschicht und der ruhenden Luftschicht zu planen.

Beispiele für Materialien mit Strahlungsabsorptionsgraden ≥ 0,6

- Materialien mit schwarzen Oberflächen
- Materialien mit mittelgrauen, roten oder dunkleren Oberflächen
- oxidierte Kupfer- und Zinkbleche

Beispiele für Materialien mit Strahlungsabsorptionsgraden < 0,6

- Materialien mit weißen oder hellen Oberflächen
- nicht oxidierte Kupfer- und Zinkbleche
- unbeschichtete Bleche

Abb. 30: Nachweisfreie Dächer mit teilweiser Gefachdämmung, Schalung und Aufsparrendämmung aus Hartschaum – Luftdichtheitsschicht oberhalb des Sparrens – Variante 1

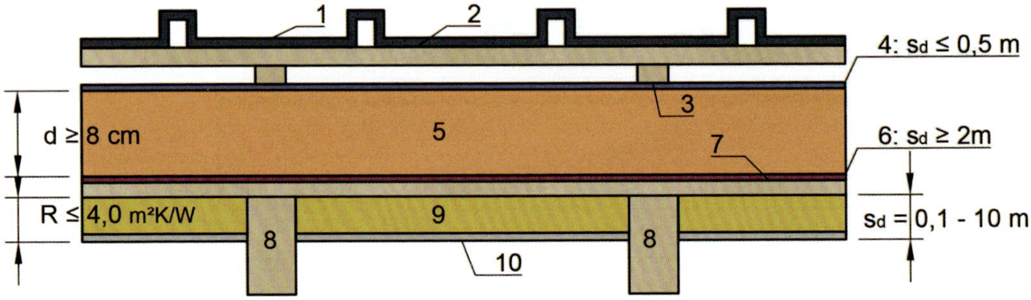

1: Dachdeckung (Abdichtung) mit einem Strahlungsabsorptionsgrad ≥ 0,6
2: Traglattung (Schalung)
3: Konterlattenebene als belüftete Luftschicht
4: Unterdeckbahn mit s_d ≤ 0,5 m
bei alukaschierter PU-Aufsparrendämmung: s_d ≤ 25m
5: Aufsparrendämmung aus PU- oder
Phenolharz-Hartschaum mit d ≥ 8cm
6: Luftdichtheitsschicht mit s_d ≥ 2 m
7: Schalung aus Vollholz oder Holzwerkstoff
8: Sparren
9: Dämmung mit R ≤ 4,0 m²K/W ausschließlich aus
- Holzfasern (≤ 15 cm bei λ = 0,038 W/mK)
- Mineralwolle (≤ 14 cm bei λ = 0,035 W/mK
in Verbindung mit der Schicht 10
10: innenseitige Bekleidung

nachweisfrei nach ZVDH + DIN 4108-3

Beispiele für Materialien mit Strahlungsabsorptionsgraden ≥ 0,6

- Materialien mit schwarzen Oberflächen
- Materialien mit mittelgrauen, roten oder dunkleren Oberflächen
- oxidierte Kupfer- und Zinkbleche

Beispiele für Materialien mit Strahlungsabsorptionsgraden < 0,6

- Materialien mit weißen oder hellen Oberflächen
- nicht oxidierte Kupfer- und Zinkbleche
- unbeschichtete Bleche

Abb. 31: Nachweisfreie Dächer mit teilweiser Gefachdämmung, Schalung und Aufsparrendämmung aus Hartschaum – Luftdichtheitsschicht oberhalb des Sparrens – Variante 2 (auch für helle Dachoberflächen)

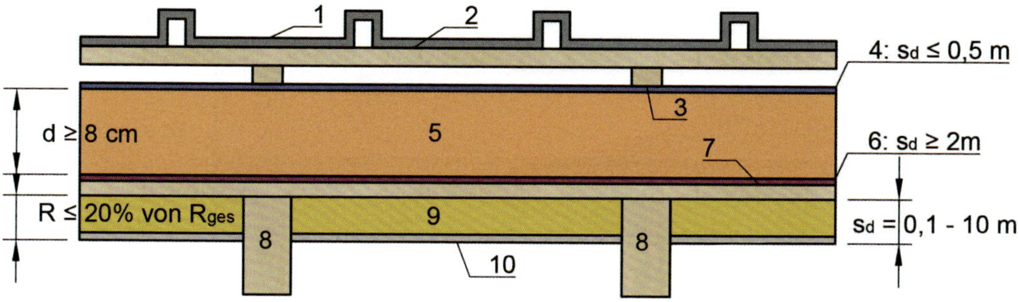

1: Dachdeckung (Abdichtung) - auch helle Dachoberflächen -
2: Traglattung (Schalung)
3: Konterlattenebene als belüftete Luftschicht
4: Unterdeckbahn mit $s_d \leq 0{,}5$ m
bei alukaschierter PU-Aufsparrendämmung: $s_d \leq 25$m
5: Aufsparrendämmung aus PU- oder Phenolharz-Hartschaum mit d ≥ 8cm
6: Luftdichtheitsschicht mit $s_d \geq 2$ m
7: Schalung aus Vollholz oder Holzwerkstoff
8: Sparren
9: Dämmung mit R ≤ 20% von R_{ges}
10: innenseitige Bekleidung

Abb. 32: Nachweisfreie Dächer mit teilweiser Gefachdämmung, ruhender Luftschicht, Schalung und Aufsparrendämmung aus Hartschaum – Luftdichtheitsschicht oberhalb des Sparrens – Variante 1

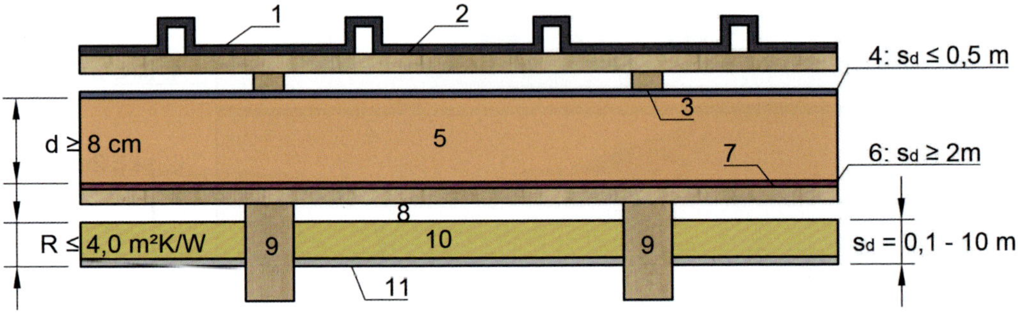

1: Dachdeckung (Abdichtung) mit einem Strahlungsabsorptionsgrad ≥ 0,6
2: Traglattung (Schalung)
3: Konterlattenebene als belüftete Luftschicht
4: Unterdeckbahn mit s_d ≤ 0,5 m
bei alukaschierter PU-Aufsparrendämmung: s_d ≤ 25m
5: Aufsparrendämmung aus PU- oder Phenolharz-Hartschaum mit d ≥ 8cm
6: Luftdichtheitsschicht mit s_d ≥ 2 m
7: Schalung aus Vollholz oder Holzwerkstoff
8: ruhende Luftschicht
9: Sparren
10: Dämmung mit R ≤ 4,0 m²K/W ausschließlich aus
- Holzfasern (≤ 15 cm bei λ = 0,038 W/mK)
- Mineralwolle (≤ 14 cm bei λ = 0,035 W/mK
in Verbindung mit Schicht 11
11: innenseitige Bekleidung

Die Anschlüsse der Dachränder und Durchdringungen sind insbesondere hinsichtlich der Ausbildung der Luftdichtheitsschicht und der ruhenden Luftschicht zu planen.

Beispiele für Materialien mit Strahlungsabsorptionsgraden ≥ 0,6
- Materialien mit schwarzen Oberflächen
- Materialien mit mittelgrauen, roten oder dunkleren Oberflächen
- oxidierte Kupfer- und Zinkbleche

Beispiele für Materialien mit Strahlungsabsorptionsgraden < 0,6
- Materialien mit weißen oder hellen Oberflächen
- nicht oxidierte Kupfer- und Zinkbleche
- unbeschichtete Bleche

Abb. 33: Nachweisfreie Dächer mit teilweiser Gefachdämmung, ruhender Luftschicht, Schalung und Aufsparrendämmung aus Hartschaum – Luftdichtheitsschicht oberhalb des Sparrens – Variante 2 (auch für helle Dachoberflächen)

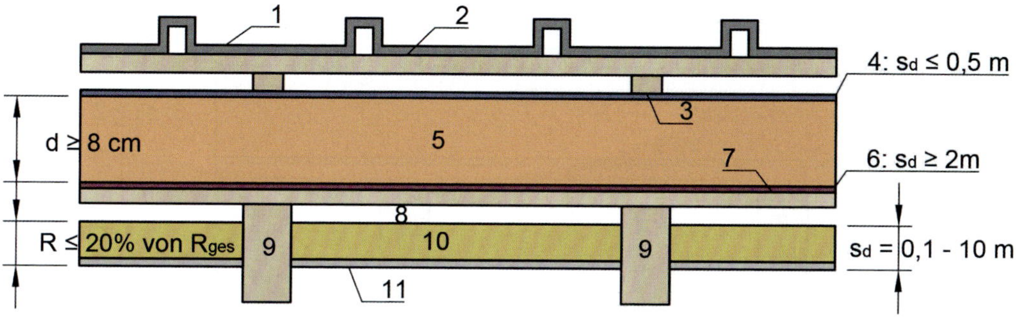

1: Dachdeckung (Abdichtung) - auch helle Dachoberflächen -
2: Traglattung (Schalung)
3: Konterlattenebene als belüftete Luftschicht
4: Unterdeckbahn mit $s_d \leq 0{,}5$ m
bei alukaschierter PU-Aufsparrendämmung: $s_d \leq 25$m
5: Aufsparrendämmung aus PU- oder
Phenolharz-Hartschaum mit d ≥ 8cm
6: Luftdichtheitsschicht mit $s_d \geq 2$ m
7: Schalung aus Vollholz oder Holzwerkstoff
8: ruhende Luftschicht
9: Sparren
10: Dämmung mit R ≤ 20% von R_{ges}
11: innenseitige Bekleidung

nachweisfrei nach ZVDH + DIN 4108-3

Die Anschlüsse der Dachränder und Durchdringungen sind insbesondere hinsichtlich der Ausbildung der Luftdichtheitsschicht und der ruhenden Luftschicht zu planen.

Abb. 34: Nachweisfreie Dächer mit Aufsparrendämmung aus Hartschaum – Luftdichtheitsschicht oberhalb des Sparrens (auch für helle Dachoberflächen)

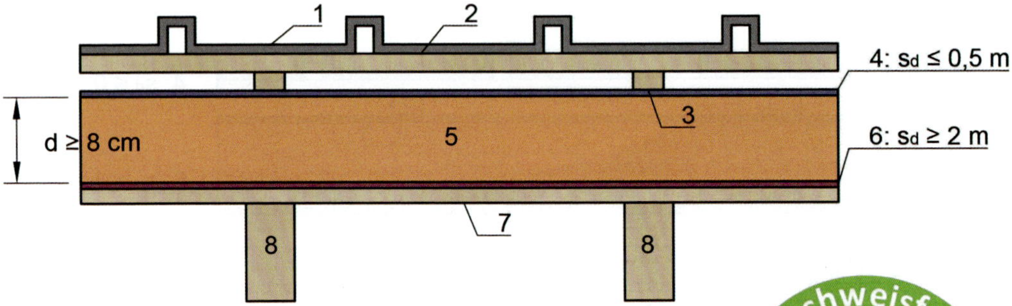

1: Dachdeckung (Abdichtung) - auch helle Dachoberflächen -
2: Traglattung (Schalung)
3: Konterlattenebene als belüftete Luftschicht
4: Unterdeckbahn mit $s_d \leq 0,5$ m
bei alukaschierter PU-Aufsparrendämmung: $s_d \leq 25$ m
5: Aufsparrendämmung aus PU- oder Phenolharz-Hartschaum
mit d ≥ 8 cm
6: Luftdichtheitsschicht mit $s_d \geq 2$ m
7: Schalung aus Vollholz oder Holzwerkstoffen und/oder
innenseitige Bekleidung
8: Sparren

7.6 Nachweisfreie nicht belüftete Dächer mit Konterlattenebene und alukaschierter Untersparrendämmung – Abbildungen 35 bis 36

Abb. 35: Nachweisfreie Dächer mit alukaschierter Untersparrendämmung und ohne Gefachdämmung (auch für helle Dachoberflächen)

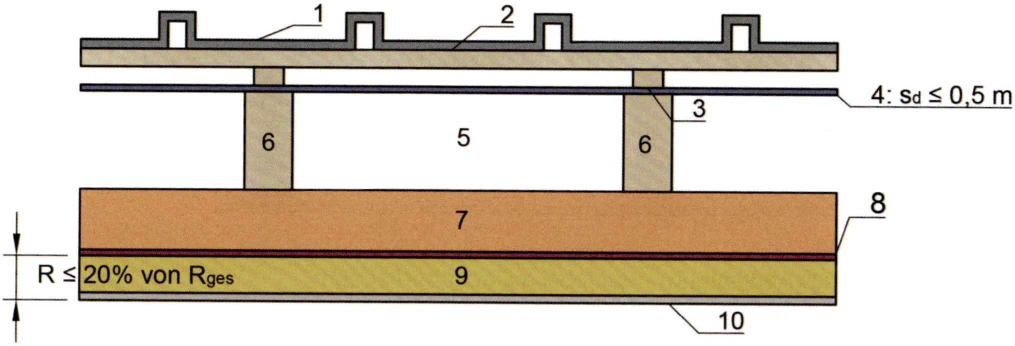

1: Dachdeckung (Abdichtung) - auch helle Dachoberflächen -
2: Traglattung (Schalung)
3: Konterlattenebene als belüftete Luftschicht
4: Unterdeckbahn mit $s_d \leq 0{,}5$ m
5: Luftschicht
6: Sparren
7: alukaschierte PU-Untersparrendämmung oder Phenolharz-Hartschaum mit $s_d \geq 1.500$ m
8: Luftdichtheitsschicht
9: Installationsebene mit $R \leq 20\%$ von R_{ges}
10: innenseitige Bekleidung

Abb. 36: Nachweisfreie Dächer mit alukaschierter Untersparrendämmung und Gefachdämmung (auch für helle Dachoberflächen)

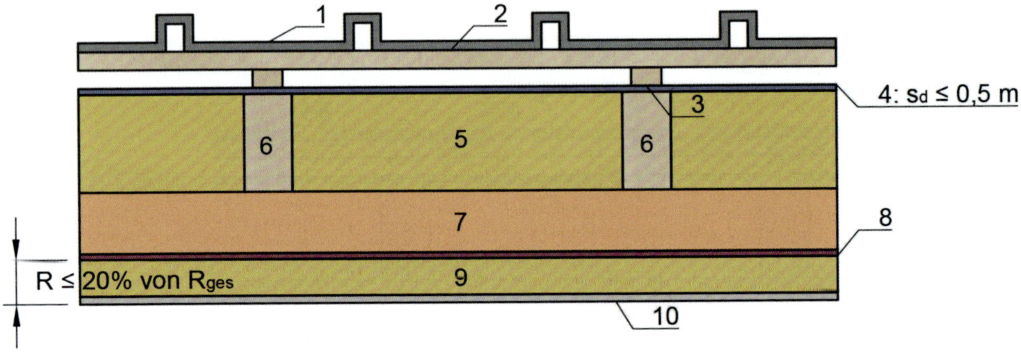

1: Dachdeckung (Abdichtung) - auch helle Dachoberflächen -
2: Traglattung (Schalung)
3: Konterlattenebene als belüftete Luftschicht
4: Unterdeckbahn mit $s_d \leq 0{,}5$ m
5: Gefachdämmung
6: Sparren
7: alukaschierte PU-Untersparrendämmung oder Phenolharz-Hartschaum mit $s_d \geq 1.500$ m
8: Luftdichtheitsschicht
9: Installationsebene ohne oder mit Dämmung mit R ≤ 20% von R_{ges}
10: innenseitige Bekleidung

7.7 Nachweisfreie nicht belüftete Dächer mit Konterlattenebene und schlaufenförmig verlegter Luftdichtheitsschicht – Abbildungen 37 bis 39

Abb. 37: Nachweisfreie Dächer mit Gefachdämmung – schlaufenförmig verlegte Luftdichtheitsschicht

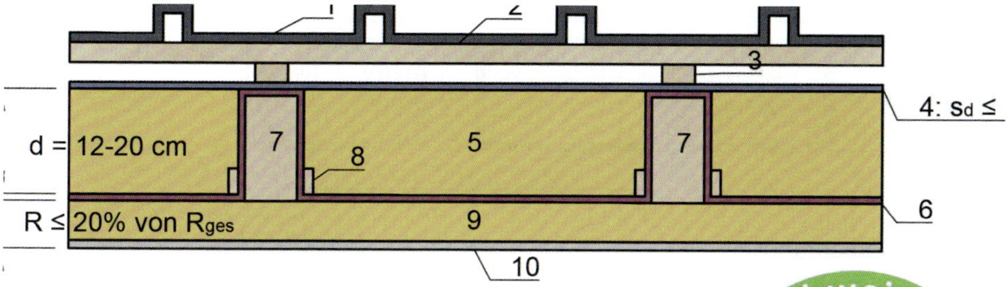

1: Dachdeckung (Abdichtung)
mit einem Strahlungsabsorptionsgrad ≥ 0,6
2: Traglattung (Schalung)
3: Konterlattenebene als belüftete Luftschicht
4: Unterdeckbahn mit s_d ≤ 0,5 m
5: Mineralwolle-Gefachdämmung mit d = 12 - 20 cm
6: feuchtevariable Luftdichtheitsschicht
$s_{d,feucht} \leq 0{,}5$ m
$2{,}0$ m $\leq s_{d,trocken} \leq 10{,}0$ m
$s_{d,feucht}$ wird bei einer mittleren Umgebungsluftfeuchte von 90% +/- 2% gemessen
$s_{d,trocken}$ wird bei einer mittleren Umgebungsluftfeuchte von 25% +/- 2% gemessen
7: Sparren
8: durchgehende Anpressleisten
9: Installationsebene ohne oder mit Dämmung mit R ≤ 20% von R_{ges}
10: innenseitige Bekleidung

Die Anschlüsse der Dachränder und Durchdringungen sind insbesondere hinsichtlic der Ausbildung der Luftdichtheitsschicht zu planen.

Beispiele für Materialien mit Strahlungsabsorptionsgraden ≥ 0,6
- Materialien mit schwarzen Oberflächen
- Materialien mit mittelgrauen, roten oder dunkleren Oberflächen
- oxidierte Kupfer- und Zinkbleche

Beispiele für Materialien mit Strahlungsabsorptionsgraden < 0,6
- Materialien mit weißen oder hellen Oberflächen
- nicht oxidierte Kupfer- und Zinkbleche
- unbeschichtete Bleche

Abb. 38: Nachweisfreie Dächer mit Gefachdämmung und Schalung – schlaufenförmig verlegte Luftdichtheitsschicht

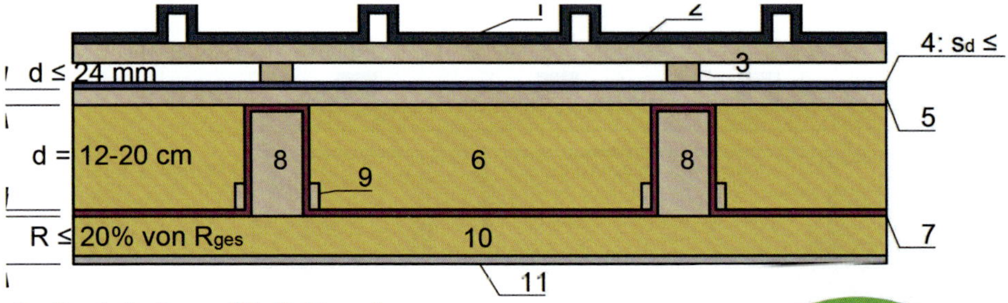

1: Dachdeckung (Abdichtung)
mit einem Strahlungsabsorptionsgrad ≥ 0,6
2: Traglattung (Schalung)
3: Konterlattenebene als belüftete Luftschicht
4: Unterdeckbahn mit $s_d \leq 0{,}5$ m
5: Vollholz-Schalung mit d ≤ 24 mm
6: Mineralwolle-Gefachdämmung mit d = 12 - 20 cm
7: feuchtevariable Luftdichtheitsschicht
$s_{d,feucht} \leq 0{,}5$ m
$2{,}0$ m $\leq s_{d,trocken} \leq 10{,}0$ m
$s_{d,feucht}$ wird bei einer mittleren Umgebungsluftfeuchte von 90% +/- 2% gemessen
$s_{d,trocken}$ wird bei einer mittleren Umgebungsluftfeuchte von 25% +/- 2% gemessen
8: Sparren
9: durchgehende Anpressleisten
10: Installationsebene ohne oder mit Dämmung mit R ≤ 20% von R_{ges}
11: innenseitige Bekleidung

Die Anschlüsse der Dachränder und Durchdringungen sind insbesondere hinsichtli der Ausbildung der Luftdichtheitsschicht zu planen.

Beispiele für Materialien mit Strahlungsabsorptionsgraden ≥ 0,6

- Materialien mit schwarzen Oberflächen
- Materialien mit mittelgrauen, roten oder dunkleren Oberflächen
- oxidierte Kupfer- und Zinkbleche

Beispiele für Materialien mit Strahlungsabsorptionsgraden < 0,6

- Materialien mit weißen oder hellen Oberflächen
- nicht oxidierte Kupfer- und Zinkbleche
- unbeschichtete Bleche

Abb. 39: Nachweisfreie Dächer mit Gefachdämmung und Aufsparrendämmung – schlaufenförmig verlegte Luftdichtheitsschicht

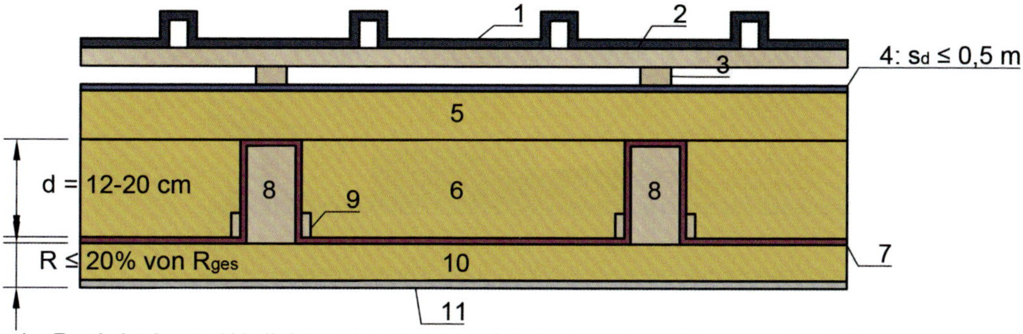

1: Dachdeckung (Abdichtung) mit einem Strahlungsabsorptionsgrad ≥ 0,6
2: Traglattung (Schalung)
3: Konterlattenebene als belüftete Luftschicht
4: Unterdeckbahn mit $s_d \leq 0{,}5$ m
5: Aufsparrendämmung aus
- Holzfasern oder Minerlawolle
- PU-Hartschaum mineralvlieskaschiert mit d ≥ 5 cm
- Phenolharz-Hartschaum mit d ≥ 5 cm

6: Mineralwolle-Gefachdämmung mit d = 12 - 20 cm
7: feuchtevariable Luftdichtheitsschicht
$s_{d,feucht} \leq 0{,}5$ m
$2{,}0 \text{ m} \leq s_{d,trocken} \leq 10{,}0$ m
$s_{d,feucht}$ wird bei einer mittleren Umgebungsluftfeuchte von 90% +/- 2% gemessen
$s_{d,trocken}$ wird bei einer mittleren Umgebungsluftfeuchte von 25% +/- 2% gemessen
8: Sparren
9: durchgehende Anpressleisten
10: Installationsebene ohne oder mit Dämmung mit R ≤ 20% von R_{ges}
11: innenseitige Bekleidung

nachweisfrei nach ZVDH + DIN 4108-3

Die Anschlüsse der Dachränder und Durchdringungen sind insbesondere hinsichtlich der Ausbildung der Luftdichtheitsschicht zu planen.

Beispiele für Materialien mit Strahlungsabsorptionsgraden ≥ 0,6
- Materialien mit schwarzen Oberflächen
- Materialien mit mittelgrauen, roten oder dunkleren Oberflächen
- oxidierte Kupfer- und Zinkbleche

Beispiele für Materialien mit Strahlungsabsorptionsgraden < 0,6
- Materialien mit weißen oder hellen Oberflächen
- nicht oxidierte Kupfer- und Zinkbleche
- unbeschichtete Bleche

7.8 Nachweisfreie nicht belüftete Dächer mit Abdichtungen (ohne Konterlattenebene) – Abbildungen 40 bis 44

Abb. 40: Nachweisfreie Dächer mit Abdichtungen (ohne Konterlattenebene) – Luftdichtheitsschicht oberhalb der Tragkonstruktion

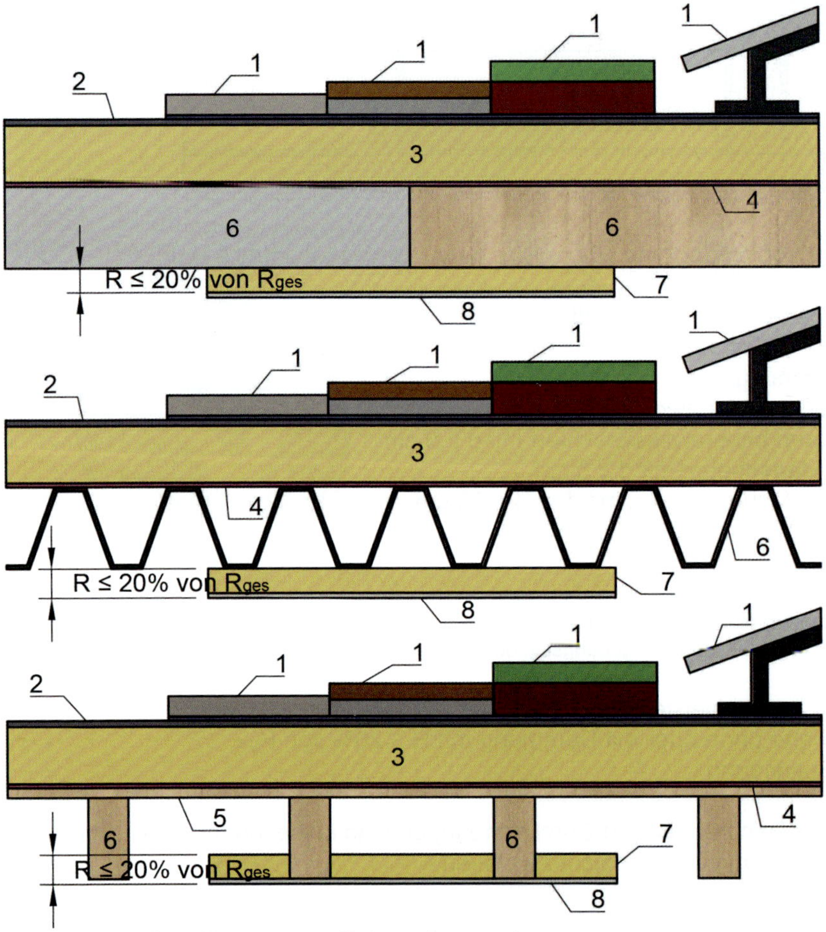

1: Kies, Nutzbelag, Begrünung, Solaranlagen etc.
2: Abdichtung
bei Dachbegrünungen und massiven Nutzbelägen auf Bettungsschicht:
- Abdichtung mit s_d ≥ 100m, oder
- Schaumglas-Dämmung oder alukaschierte PU-Dämmung in Schicht 3
3: Aufsparren-/Aufdachdämmung
4: Dampfsperre und Luftdichtheitsschicht mit s_d ≥ 100 m
5: Schalung aus Vollholz oder Holzwerkstoff
6: Tragkonstruktion (materialunabhängig)
7: Dämmung mit R ≤ 20% von R_{ges}
8: innenseitige Bekleidung

nachweisfrei nach ZVDH + DIN 4108-3

Abb. 41: Nachweisfreie Dächer mit Abdichtungen (ohne Konterlattenebene) – Dächer in Holzbauweise mit Gefach- und Aufdachdämmung – Luftdichtheitsschicht unterhalb der Tragkonstruktion – Gebäudehöhe ≤ 10 m

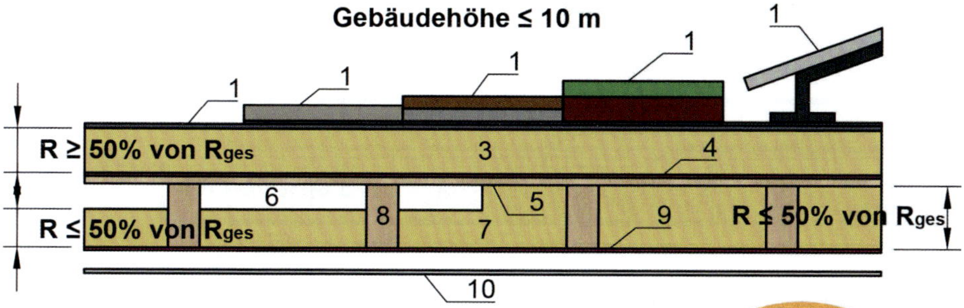

1: Kies, Nutzbelag, Begrünung, Solaranlagen etc.
2: Abdichtung mit $s_d \geq 100$ m
bei Schaumglas-Dämmung oder
alukaschierter PU-Dämmung darf $s_d < 100$ m
3: Aufdachdämmung mit R ≥ 50% von R_{ges}
4: Dampfsperre mit $s_d \geq 100$ m
bei Schaumglas-Dämmung oder
alukaschierter PU-Dämmung darf $s_d < 100$ m
5: Schalung aus Vollholz oder Holzwerkstoff
6: ruhende Luftschicht
7: Gefachdämmung mit R ≤ 50% von R_{ges}
(bezogen auf die Stelle der geringsten Dicke der Aufdachdämmung)
8: Holzbalken
9: flächig durchgehende, feuchtevariable Luftdichheitsschicht
$s_{d,feucht} \leq 1{,}0$ m
$s_{d,trocken} \geq 4{,}0$ m
$s_{d,feucht}$ wird bei einer mittleren Umgebungsluftfeuchte von 90% +/- 2% gemessen
$s_{d,trocken}$ wird bei einer mittleren Umgebungsluftfeuchte von 25% +/- 2% gemessen
10: innenseitige Bekleidung mit Unterkonstruktion

Diese Konstruktion sollte nur in Fällen gewählt werden, wenn eine Ausführung nach Abbildung 40 aus konstruktiven und/oder baurechtlichen Gründen nicht möglich ist.

Abb. 42: Nachweisfreie Dächer mit Abdichtungen (ohne Konterlattenebene) – Dächer in Holzbauweise mit Gefach- und Aufdachdämmung – Luftdichtheitsschicht unterhalb der Tragkonstruktion – Gebäudehöhe ≤ 8 m

Gebäudehöhe ≤ 8 m

Nutzung der Dachfläche stark eingeschränkt!

Kies, Beläge, Solaranlagen etc. sind nicht zulässig!

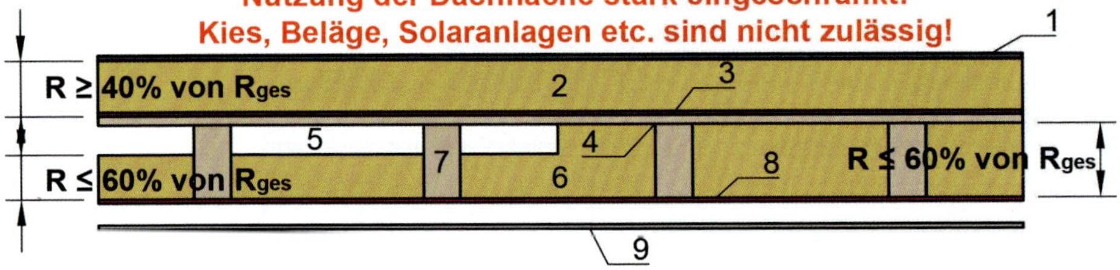

1: Abdichtung (**frei bewittert**) mit s_d ≥ 100 m
Strahlungsabsorptionsgrad > 0,9
(schwarze Abdichtung)
bei Schaumglas-Dämmung oder
alukaschierter PU-Dämmung darf s_d < 100 m
2: Aufdachdämmung mit R ≥ 40% von R_{ges}
3: Dampfsperre mit s_d ≥ 100 m
bei Schaumglas-Dämmung oder
alukaschierter PU-Dämmung darf s_d < 100 m
4: Schalung aus Vollholz oder Holzwerkstoff
5: ruhende Luftschicht
6: Gefachdämmung mit R ≤ 60% von R_{ges} (bezogen auf die Stelle der geringsten Dicke der Aufdachdämmung)
7: Holzbalken
8: flächig durchgehende, feuchtevariable Luftdichheitsschicht
$s_{d,feucht}$ ≤ 1,0 m
$s_{d,trocken}$ ≥ 4,0 m
$s_{d,feucht}$ wird bei einer mittleren Umgebungsluftfeuchte von 90% +/- 2% gemessen
$s_{d,trocken}$ wird bei einer mittleren Umgebungsluftfeuchte von 25% +/- 2% gemessen
9: innenseitige Bekleidung mit Unterkonstruktion

Diese Konstruktion sollte nur in Fällen gewählt werden, wenn eine Ausführung nach Abbildung 40 aus konstruktiven und/oder baurechtlichen Gründen nicht möglich ist.

Abb. 43: Nachweisfreie Umkehrdächer

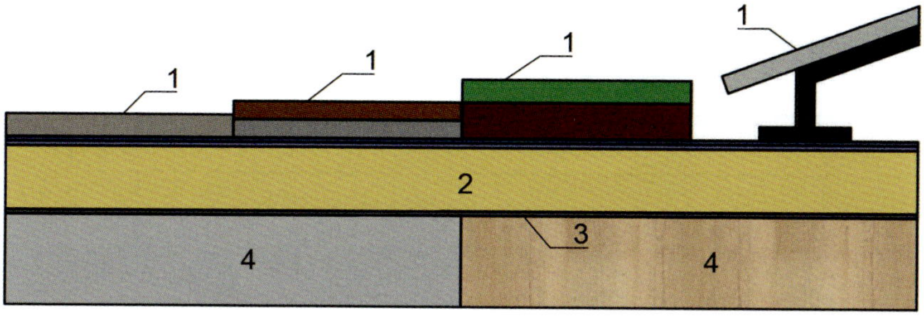

1: Kies, Nutzbelag, Begrünung, Solaranlagen etc. (entsprechend des bauaufsichtlichen Verwendbarkeitsnachweises der Umkehrdachdämmung)
2: Umkehrdachdämmung Anwendungstyp DUK nach DIN 4108-10 einschließlich aller Funktionsschichten (z.B. Schutzvliese etc.) entsprechend des bauaufsichtlichen Verwendbarkeitsnachweises
3: Abdichtung
4: Tragkonstruktion (materialunabhängig) bei einer flächenbezogenen Masse $< 250 kg/m^2$ muss der Wärmedurchlasswiderstand unterhalb der Abdichtung mindestens 0,15 m^2K/W betragen

Abb. 44: Nachweisfreie Porenbetondächer ohne diffusionshemmende Schicht an der Unterseite und ohne zusätzliche Wärmedämmung

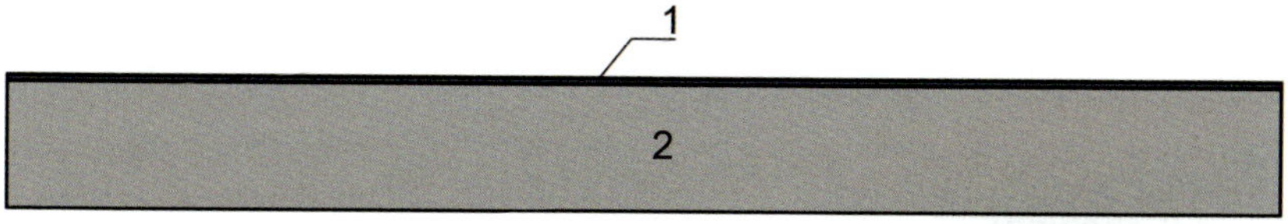

1: Abdichtung
2: Porenbeton nach DIN EN 12602 ohne diffusionshemmende Schicht an der Unterseite und ohne zusätzliche Wärmedämmung

7.9 Nachweisfreie belüftete Dächer – Abbildungen 45 bis 46

Abb. 45: Belüftete Dächer mit einer Neigung < 5° (ca. 9 %) (auch für helle Dachoberflächen)

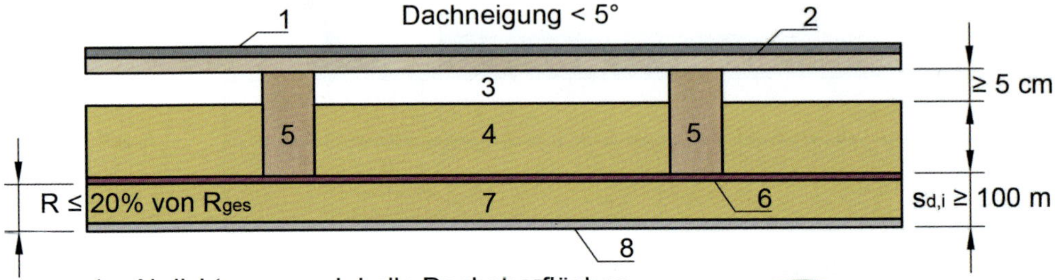

1: Abdichtung - auch helle Dachoberflächen -
2: Schalung
3: belüftete Luftschicht mit d ≥ 5 cm
4: Gefachdämmung
5: Sparren
6: Luftdichtheitsschicht
7: Installationsebene mit R ≤ 20% von x R_{ges}
8: innenseitige Bekleidung

nachweisfrei nach ZVDH + DIN 4108-3

Abb. 46: Belüftete Dächer mit einer Neigung ≥ 5° (ca. 9 %) (auch für helle Dachoberflächen)

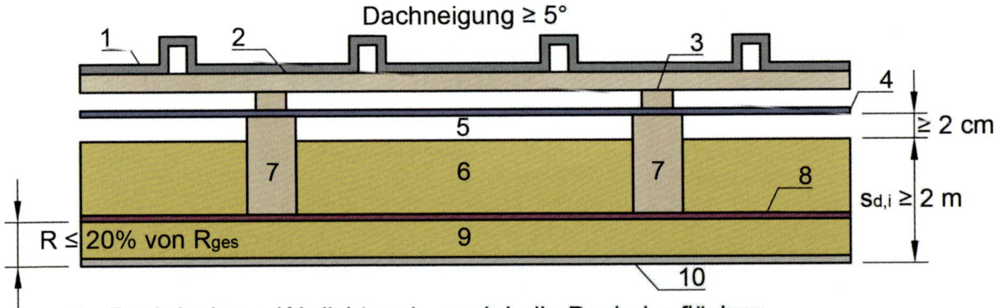

1: Dachdeckung (Abdichtung) - auch helle Dachoberflächen-
2: Traglattung (Schalung)
3: Konterlattenebene als belüftete Luftschicht
4: Unterspannung
5: belüftete Luftschicht mit d ≥ 2 cm
6: Gefachdämmung
7: Sparren
8: Luftdichtheitsschicht
9: Installationsebene mit R ≤ 20% von R_{ges}
10: innenseitige Bekleidung

nachweisfrei nach ZVDH + DIN 4108-3

8 Feuchteschutz – Konstruktionsprinzipien für nachweisfreie oberste Geschossdecken

Die Abbildung 47 zeigt nachweisfreie oberste Geschossdecken nach DIN 4108-3, die die alleinige thermische Gebäudehülle mit Luftdichtheitsschicht bilden. Damit diese Bauteile nachweisfrei sind, muss der darüberliegende Dachraum belüftet sein. Die Lüftungsöffnungen müssen mindestens 20 cm² pro m² Grundfläche des Dachraums aufweisen und können z. B.

- an Traufe und First,
- an Traufe und Pultabschluss,
- am First bzw. im Firstbereich,
- in gegenüberliegenden Außenwänden

angeordnet sein. Die Lüftungsöffnungen für belüftete Luftschichten und belüftete Dachdeckungen können dabei angerechnet werden.

Abb. 47: Oberste Geschossdecken

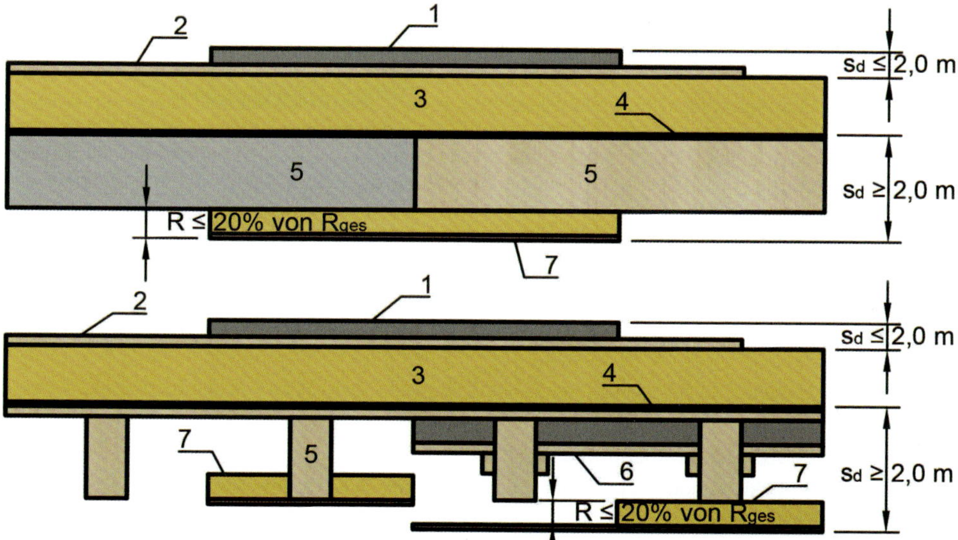

1: Fußbodenaufbau mit $s_d \leq 2{,}0$ m in Verbindung mit Schicht 2
2: ggf. Schalung
3: Wärmedämmung, ggf. zwischen Holzunterkonstruktion
4: Luftdichtheitsschicht mit $s_d \geq 2{,}0$ m, ggf. in Verbindung mit den darunterliegenden Schichten
5: Tragkonstruktion, z.B. Holzbalken, Massivholz, Stahlbeton, Hohlkörperdecken
6: Fehlboden-Konstruktion
7: Installationsebene und innenseitige Bekleidung mit $R \leq 20\%$ von R_{ges} in Verbindung mit den Schichten 5 und 6

nachweisfrei nach ZVDH + DIN 4108-3

9 Feuchteschutz – Konstruktionsprinzipien für nachweisfreie Außenwände

(1) Nachweisfrei sind Wände aus

- ein- und zweischaligem Mauerwerk (nach DIN 1053-1) oder
- Normalbeton (nach DIN EN 206[17], DIN1045-2) oder
- Leichtbeton (nach DIN 1045-1, DIN 1045-2[18], DIN EN 206-1, DIN 4213[19], DIN EN 992[20], DIN EN 1520[21])

jeweils mit Innenputz und Außenwandbekleidung nach dem Regelwerk des ZVDH oder DIN 18516-1[22] mit oder ohne Wärmedämmung. Für diese Außenwände ist kein rechnerischer Nachweis erforderlich.

(2) Grundsätzlich gelten für Außenwände und Gaubenkonstruktionen in Holzbauweise dieselben Bedingungen wie für Dächer, wenn die Außenwand mit Außenwandbekleidung nach dem Regelwerk des ZVDH oder DIN 18516-1 mit oder ohne Wärmedämmung bekleidet wird.

Bei luftdurchlässigen Außenwandbekleidungen ohne Be- oder Hinterlüftung ist nach DIN 68800-2 zum Schutz der Wärmedämmung eine Wasser ableitende Schicht, z. B. aus Unterdeckbahnen oder Unterdeckplatten, auf der Wärmedämmung anzuordnen.

Für die Ausbildung des Sockels bei Wänden in Holzbauweise ist die DIN 68800-2 zu berücksichtigen.

(3) Nachweisfrei sind Holzfachwerkwände mit Außendämmung und hinterlüfteter Außenwandbekleidung nach DIN 4108-3.

(4) Nachweisfrei sind Kelleraußenwände aus einschaligem Mauerwerk oder Beton mit außenliegender Wärmedämmung (Perimeterdämmung nach DIN 4108-10[23] oder Zulassung), für diese Außenwände ist kein rechnerischer Nachweis erforderlich. Ggf. muss der bauaufsichtliche Verwendbarkeitsnachweis (allgemeine bauaufsichtliche Zulassung, Europäische Technische Bewertung oder Bauartgenehmigung) für die Perimeterdämmung berücksichtigt werden.

(5) Weitere nachweisfreie Bauteile sind in

- DIN 4108-3 für den klimabedingten Feuchteschutz,
- DIN 68800-2 für den Holzschutz

aufgeführt.

10 Schlagregenbeanspruchung von Außenwänden

(1) Der Schlagregenschutz von Außenwänden wird in DIN 4108-3 geregelt.

(2) Wände mit Außenwandbekleidungen nach dem Regelwerk des ZVDH oder DIN 18516-1 erfüllen den Schlagregenschutz nach DIN 4108-3.

---

17 DIN EN 206 Beton – Festlegung, Eingenschaften, Herstellung und Konformität
18 DIN 1045-2 Tragwerke aus Beton, Stahlbeton und Spannbeton – Teil 2: Beton
19 DIN 4213 Anwendung von vorgefertigten Bauteilen aus haufwerksporigem Leichtbeton mit statisch anrechenbarer oder nicht anrechenbarer Bewehrung in Bauwerken
20 DIN EN 992 Bestimmung der Trockenrohdichte von haufwerksporigem Leichtbeton
21 DIN EN 1520 Vorgefertigte Bauteile aus haufwerksporigem Leichtbeton mit statisch anrechenbarer oder nicht anrechenbarer Bewehrung
22 DIN 18516-1 Außenwandbekleidungen, hinterlüftet; Anforderungen, Prüfgrundsätze
23 DIN 4108-10 Wärmeschutz und Energie-Einsparung in Gebäuden – Teil 10: Anwendungsbezogene Anforderungen an Wärmedämmstoffe

Deutsches Dachdeckerhandwerk
– Regelwerk –

Merkblatt für Unterdächer, Unterdeckungen und Unterspannungen

Aufgestellt und herausgegeben vom

Zentralverband des Deutschen Dachdeckerhandwerks – Fachverband Dach-, Wand- und Abdichtungstechnik – e.V.

Ausgabe April 2024

RM Rudolf Müller

Vorgänger

Merkblatt für Unterdächer, Unterdeckungen und Unterspannungen	September 1997
Merkblatt für Unterdächer, Unterdeckungen und Unterspannungen	Januar 2010

Inhaltsverzeichnis

1 Allgemeines

1.1 Geltungsbereich

(1) Dieses Merkblatt gilt für die Planung und Ausführung von Unterdächern, Unterdeckungen und Unterspannungen, die unterhalb von Dachdeckungen als zusätzliche Maßnahme zur Regensicherheit angeordnet werden.

Es enthält Hinweise zur Verwendung von Unterdächern, Unterdeckungen und Unterspannungen als Behelfsdeckung, also dem Zeitraum bis zur Fertigstellung der Dachdeckung.

(2) Die jeweiligen Fachregeln für Dachdeckungen legen fest, in welchen Fällen Unterdächer, Unterdeckungen und Unterspannungen erforderlich sind, und können darüberhinausgehende Anforderungen stellen.

Ergänzend hierzu sind die bauphysikalischen Eigenschaften des Dachaufbaus entsprechend dem „Merkblatt Wärmeschutz bei Dach und Wand" zu berücksichtigen, insbesondere hinsichtlich der nachweisfreien Bauteile.

(3) Dieses Merkblatt erläutert Anwendungsgrundsätze und enthält Prinzip-Skizzen für die Ausführung. Spezielle Einsatzkriterien bzw. Anwendungsgrenzen sind in diesem Merkblatt nicht enthalten. Anwendungsgrenzen sind in den jeweiligen Fachregeln, spezielle Einsatzkriterien ergänzend im „Merkblatt Wärmeschutz bei Dach und Wand" enthalten.

1.2 Begriffe

(1) Unterdach

Ein Unterdach ist eine wasserdichte Schicht aus nicht diffusionsoffenen Werkstoffen, die auf Schalung oder druckfestem Dämmstoff unter der Dachdeckung angeordnet wird.

(2) Unterdeckung

Eine Unterdeckung ist eine Schicht unterhalb der Dachdeckung, die die darunterliegende Dachkonstruktion vor Feuchtigkeit aus Staunässe, Flugschnee, Treibregen, Kondensat o.a. und Staub schützt. Sie liegt auf Sparren und Zwischensparrendämmung, Schalung oder Dämmung. Unterdeckungen können mit Unterdeckbahnen oder Holzfaser-Unterdeckplatten hergestellt werden und sind in Abhängigkeit der Klassifizierung regensicher bzw. wasserdicht auszuführen.

(3) Unterspannung

Eine Unterspannung ist eine Schicht unterhalb der Dachdeckung, die die darunterliegende Dachkonstruktion vor Feuchtigkeit aus Flugschnee, Treibregen, Kondensat o.a. und Staub schützt und frei gespannt auf den Sparren aufliegt. Im Gefachbereich liegt die Unterspannung über einer belüfteten Luftschicht.

(4) Nageldichtbänder und Nageldichtmassen

Nageldichtbänder und Nageldichtmassen sind bandförmige bzw. pastöse Massen die bei Erfordernis (Verwendung nach Tabelle 1) zwischen Konterlatte und Abdichtungs-, Unterdeck- oder Unterspannbahn oder Holzfaser-Unterdeckplatte eingebaut werden. Sie haben eine sichernde Funktion gegen Wassereintrag bei der Perforation durch die Befestigung der Konterlatte [1)]. Nageldichtbänder und Nageldichtmassen sind für die Erstellung eines wasserdichten Unterdaches nicht geeignet.

[1)] Die Funktion des Nageldichtbandes bzw. der Nageldichtmasse kann durch eine entsprechende Ausstattung der Unterdeck-/Unterspannbahn übernommen werden. In diesen Fällen ist für diese Eigenschaft eine Europäisch Technische Bewertung (ETB/ETA) erforderlich.

2 Ausführungsvarianten – Klassifizierungen und grundsätzliche Anforderungen

(1) Tabelle 1 zeigt die unterschiedlichen Ausführungsvarianten von Unterdächern, Unterdeckungen und Unterspannungen einschließlich einer Klassifizierung. Konkretisierungen zur Ausführung sind in Kapitel 3 bis 8 enthalten.

Tabelle 1: Unterdächer, Unterdeckungen und Unterspannungen – Ausführungsvarianten mit Beschreibung und Klassifizierung

Art	Beschreibung	Klasse
Wasserdichtes Unterdach Abbildung 1 bis 4	Abdichtung auf Schalung oder druckfestem Dämmstoff. Die Konterlattung ist in die Abdichtung eingebunden.	1
Nahtgefügte Unterdeckung mit eingebundener Konterlatte Abbildung 27, Abbildung 28	Diffusionsoffene Unterdeckbahn für erweiterte Anwendungen (UDB-eA) auf Schalung oder druckfestem Dämmstoff. Die Nähte und Stöße der Bahnen sind nahtgefügt. Die Konterlatte ist in die Unterdeckbahn (UDB-eA) eingebunden.	1
Regensicheres Unterdach Abbildung 5, Abbildung 6	Abdichtung auf Schalung oder druckfestem Dämmstoff. Die Abdichtungsbahn liegt unter der Konterlatte. Zwischen Abdichtungsbahn und Konterlatte ist ein Nageldichtband bzw. Nageldichtmasse angeordnet.	2
Nahtgefügte Unterdeckung mit Nageldichtband/-masse unter Konterlatte Abbildung 29	Diffusionsoffene Unterdeckbahn für erweiterte Anwendungen (UDB-eA) auf Schalung oder druckfestem Dämmstoff. Die Nähte und Stöße der Bahnen sind nahtgefügt. Die Unterdeckbahn liegt unter der Konterlatte. Zwischen Unterdeckbahn und Konterlatte ist ein Nageldichtband bzw. Nageldichtmasse angeordnet.	2
verklebte Unterdeckung mit Nageldichtband/-masse unter Konterlatte[1)] Abbildung 36	Diffusionsoffene Unterdeckbahnen (UDB) auf Sparren und Zwischensparrendämmung, Aufsparrendämmung oder Schalung. Die Nähte und Stöße der Bahnen sind verklebt (vorkonfektionierter Selbstklebebereich, Klebebänder). Die Unterdeckbahn liegt unter der Konterlatte. Zwischen Unterdeckbahn und Konterlatte ist ein Nageldichtband bzw. Nageldichtmasse mit einer Breite von ≥ 5 cm angeordnet.	3
Unterdeckung mit Holzfaser-Unterdeckplatte[1)] Abbildung 43	Holzfaser-Unterdeckplatte (UDP) auf Tragkonstruktion oder Wärmedämmung. Die Holzfaser-Unterdeckplatten sind verfalzt und entsprechen dem „Produktdatenblatt für Unterdeckplatten aus Holzfasern“. Zwischen Unterdeckplatte und Konterlatte ist bei Erfordernis eine Perforationssicherung mit einer Breite von ≥ 5 cm anzuordnen.	3
verklebte Unterspannung mit Nageldichtband/-masse[1)] Abbildung 50	Frei gespannte Unterspannbahnen (USB). Die Nähte und Stöße der Bahnen sind verklebt (vorkonfektionierter Selbstklebebereich, Klebebänder). Die Seitenüberdeckungen liegen auf dem Sparren. Zwischen Unterspannbahn und Konterlatte ist ein Nageldichtband bzw. Nageldichtmasse mit einer Breite von ≥ 5 cm angeordnet.	3
verklebte Unterdeckung Abbildung 37	Diffusionsoffene Unterdeckbahnen (UDB) auf Sparren und Zwischensparrendämmung, Aufsparrendämmung oder Schalung. Die Nähte und Stöße der Bahnen sind verklebt (vorkonfektionierter Selbstklebebereich, Klebebänder).	4

Art	Beschreibung	Klasse
verklebte Unterspannung Abbildung 51	Frei gespannte Unterspannbahnen (USB). Die Nähte und Stöße der Bahnen sind verklebt (vorkonfektionierter Selbstklebebereich, Klebebänder). Die Seitenüberdeckungen liegen auf dem Sparren.	4
Unterspannung Abbildung 51	Frei gespannte Unterspannbahnen (USB). Die Bahnen sind in der Höhe überdeckt, seitliche Überdeckungen liegen auf dem Sparren.	5
Unterdeckung Abbildung 58	Unterdeckbahnen (UDB), Bitumenbahnen mindestens V13, auf Sparren und Zwischensparrendämmung, Aufsparrendämmung oder Schalung. Die Bahnen überdecken an Nähten und Stößen.	5
[1] Die Funktion des Nageldichtbandes bzw. der Nageldichtmasse kann durch eine entsprechende Ausstattung der Unterdeck-/Unterspannbahn übernommen werden. In diesen Fällen ist für diese Eigenschaft eine Europäisch Technische Bewertung (ETB/ETA) erforderlich.		

(2) Details sind mit dem Material der Fläche oder mit Zubehörmaterial auszuführen. Wenn Unterdeck- und Unterspannbahnen bei An- und Abschlüssen, sowie Durchdringungen der Beanspruchung durch UV-Strahlung ausgesetzt sind, muss dieser Anwendungsfall vom Hersteller freigegeben sein.

Zubehörmaterial muss für den jeweiligen Anwendungsfall geeignet sein, insbesondere hinsichtlich der dauerhaften Materialverträglichkeit und der Verarbeitung auf der Baustelle. Die Bedingungen für die Verwendung sind durch den Hersteller zu benennen.

Insbesondere bei Klebebändern, Klebemassen, Nageldichtbändern und Nageldichtmassen ist die Verträglichkeit und die dichtende Funktion von Bedeutung. Die Freigaben von Herstellern sind zu berücksichtigen.

Anschlüsse und Durchdringungen sind in Abhängigkeit der Anforderungen regensicher oder wasserdicht auszuführen.

Montageschäume sind zur Herstellung von Anschlüssen bei Zusatzmaßnahmen nicht geeignet.

Bei der Verwendung von Metallen ist die „Fachregel für Metallarbeiten im Dachdeckerhandwerk“ zu beachten.

(3) Bei Unterdächern, Unterdeckungen und Unterspannungen sind Konterlatten wegen der

- Ableitung von Feuchtigkeit, die durch die Deckung eindringt, sowie von abtropfendem Kondensat/Tauwasser und
- Hinterlüftung der Deckung

einzubauen.

Hierfür können Latten, Bretter, Bohlen und Kanthölzer verwendet werden.

- Latten müssen einen Nennquerschnitt von mindestens 30/50 mm haben.
- Bretter müssen eine Nenndicke von ≥ 30 mm haben

Für die Hinterlüftung der Deckung sollte die Höhe des Belüftungsraums

- bei Sparrenlängen ≥ 8 m mindestens 4 cm hoch sein,
- bei Sparrenlängen ≥ 10 m und ≤ 15 m mindestens 6 cm hoch sein.

Für die konkreten Anforderungen an die Lüftungsquerschnitte ist das „Merkblatt Wärmeschutz bei Dach und Wand“ maßgebend.

(4) Abdichtungsbahnen für Unterdächer und Unterdeckbahnen für Unterdeckungen können auf Dämmstoffen aufkaschiert sein. Die jeweiligen Anforderungen an die Bahnen ändern sich dadurch nicht. Dies gilt sinngemäß auch für Holzfaser-Unterdeckplatten.

(5) Wasserdichte Unterdächer, regensichere Unterdächer, Unterdeckungen und Unterspannungen können für einen begrenzten Zeitraum als Behelfsdeckung eingesetzt werden. Der Einsatz ist für den Einzelfall zu planen und insbesondere von der möglichen Freibewitterung der Bahnen und Holzfaser-Unterdeckplatten sowie Nageldichtmassen und Nageldichtbänder abhängig (Angabe der Hersteller).

(6) Unterlagen aus Schalungsbrettern oder Holzwerkstoffplatten für Unterdächer und nahtgefügte Unterdeckungen müssen Tabelle 2 und 3 entsprechen.

Tabelle 2: Nenndicke von Schalungsbrettern als Unterlage für Unterdächer und nahtgefügte Unterdeckungen

Nenndicke der Schalungsbretter	Achsabstand der Unterkonstruktion
≥ 18 mm	≤ 60 cm
≥ 24 mm	≤ 80 cm
≥ 28 mm	≤ 90 cm
≥ 30 mm	≤ 100 cm

Tabelle 3: Nenndicke von Holzwerkstoffplatten als Unterlage für Unterdächer und nahtgefügte Unterdeckungen

Nenndicke der Holzwerkstoffplatten	Achsabstand der Unterkonstruktion
≥ 18 mm	≤ 60 cm
≥ 22 mm	≤ 80 cm
≥ 25 mm	≤ 100 cm

(7) Wärmedämmstoffe, die als Unterlage für Unterdächer und nahtgefügte Unterdeckungen verwendet werden, müssen eine Druckfestigkeit/-spannung ≥ 100 kPa aufweisen. Bei Mineralfaserdämmstoffen sind auch geringere Druckfestigkeiten/-spannungen zulässig, wenn der Hersteller die Verwendung freigibt.

3 Unterdächer

(1) Unterdächer sind mit bahnenförmigen Abdichtungsmaterialien und entsprechender Nahtausbildung nach der „Fachregel für Abdichtungen - Flachdachrichtlinie -“ auszuführen.

Unterdächer aus Bitumenbahnen dürfen einlagig ausgeführt werden. Unter der Berücksichtigung des Freibewitterungszeitraums dürfen auch Bitumenbahnen des Anwendungstyps DU (nach Abschnitt 3.6.2.2 Flachdachrichtlinie) für Unterdächer verwendet werden.

Unterdächer können auf Unterlagen aus Schalungsbrettern, Holzwerkstoffplatten oder druckfester Wärmedämmung ausgeführt werden.

Eine Verklebung von Bitumenbahnen mit der Schalungsunterlage sollte vermieden werden. Dies kann durch Trennlagen, Bahnenkaschierungen oder verbleibende Abziehfolien erreicht werden.

Die Abdichtungsbahnen sind mit mindestens korrosionsgeschützten Breitkopfstiften/-nägeln im oberen/äußeren Drittel der Höhen-/Seitenüberdeckung zu befestigen. Bei Dächern mit Zwischensparrendämmung ist eine zusätzliche Belüftungsebene mit Unterdeckung entsprechend Abbildung 2 und Abbildung 4 auszuführen.

(2) Bei wasserdichten Unterdächern sind die Konterlatten entsprechend der Abbildungen 1 bis 4 in die Abdichtung einzubinden. Bei Verwendung von Bitumenbahnen sollten trapezförmige Konterlatten oder Konterlatten mit zusätzlichen Dreikantleisten verwendet werden. Die Höhe (Nennmaß) der Konterlatte sollte mindestens 4 cm betragen.

Für die Ausführungsvarianten mit allseitig eingeschlossenen Konterlatten und nicht diffusionsoffenen Abdeckstreifen (Abbildung 1 und Abbildung 2) gilt, dass die eingebundenen Konterlatten entweder

- aus feuchteresistenten Materialien bestehen müssen oder
- bei Holzlatten zum Zeitpunkt des Einbaus der abdeckenden Abdichtungsstreifen die Holzfeuchte maximal 20% beträgt. Die maximale Holzfeuchte von 20% ist durch Messung zu ermitteln und zu dokumentieren.

Abb. 1: Wasserdichtes Unterdach mit durchgehender Abdichtungsbahn und streifenförmiger Abdichtung der Konterlatte bei ungedämmten Dächern (Klasse 1)

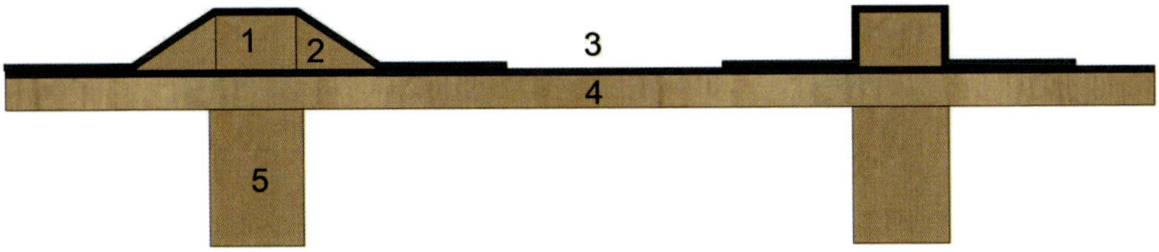

1: Konterlatte, eingebunden
Schutz der Latte ist nach Kap. 3 (3) herzustellen
2 Dreikantleisten oder trapezförmige Latten (empfohlen)
3: Abdichtung nach PDB Bitumen- oder Kunststoff- und Elastomerbahnen, Nähte verschweißt
4: Unterlage nach Tabelle 2 oder 3
5: Sparren

Abb. 2: Wasserdichtes Unterdach mit durchgehender Abdichtungsbahn und streifenförmiger Abdichtung der Konterlatte mit Belüftungsebene (Klasse 1)

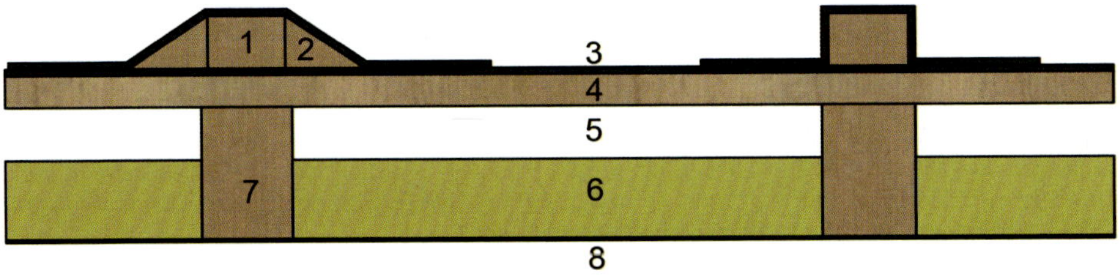

1: Konterlatte, eingebunden
Schutz der Latte ist nach Kap.3, (3) herzustellen.
2: Dreikantleisten oder trapezförmige Latten (empfohlen)
3: Abdichtung nach PDB Bitumen- oder Kunststoff- und Elastomerbahnen Nähte verschweißt
4: Unterlage nach Tabelle 2 oder 3
5: Belüftungsebene nach Merkblatt Wärmeschutz
6: Zwischensparrendämmung
7: Sparren
8: Luftdichtheitsschicht

Abb. 3: Wasserdichtes Unterdach bei ungedämmten Dächern (Klasse 1)

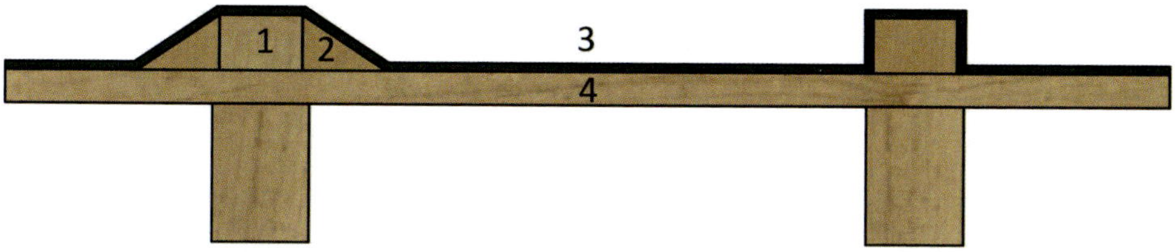

1: Konterlatte, eingebunden
2: Dreikantleisten oder trapezförmige Latten (empfohlen)
3: Abdichtung nach PDB Bitumen- oder Kunststoff- und Elastomerbahnen, Nähte verschweißt
4: Unterlage nach Tabelle 2 oder 3
5: Sparren

Abb. 4: Wasserdichtes Unterdach - mit Belüftungsebene bei Dächern mit Zwischensparrendämmung (Klasse 1)

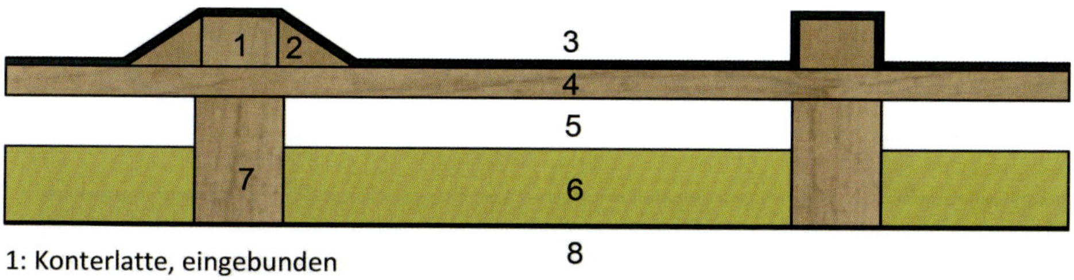

1: Konterlatte, eingebunden
2: Dreikantleisten oder trapezförmige Latten (empfohlen)
3: Abdichtung nach PDB Bitumen- oder Kunststoff- und Elastomerbahnen, Nähte verschweißt
4: Unterlage nach Tabelle 2 oder 3
5: Belüftungsebene nach Merkblatt Wärmeschutz
6: Zwischensparrendämmung
7: Sparren
8 Luftdichtheitsschicht

(3) Bei regensicheren Unterdächern werden zwischen den Konterlatten und der Abdichtungsbahn Nageldichtbänder/-massen eingebaut (Abbildung 5 und Abbildung 6). Nageldichtbänder und Nageldichtmassen müssen für die Verwendung mit der jeweiligen Abdichtungsbahn geeignet sein.

Abb. 5: Regensicheres Unterdach bei ungedämmten Dächern (Klasse 2)

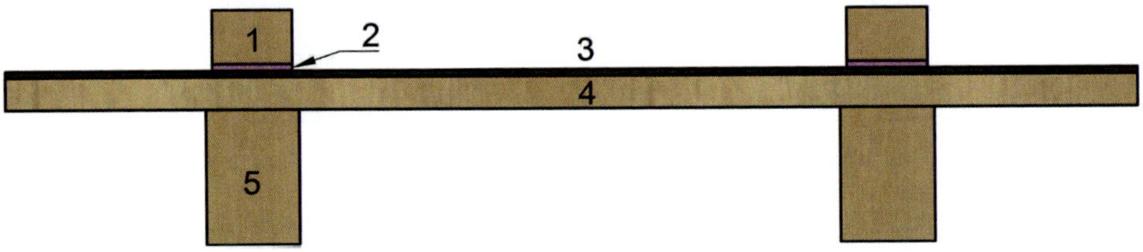

1: Konterlatte
2: Nageldichtband oder -masse
3: Abdichtung nach PDB Bitumen- oder Kunststoff- und Elastomerbahnen, Nähte verschweißt
4: Unterlage nach Tabelle 2 oder 3
5: Sparren

Abb. 6: Regensicheres Unterdach mit zusätzlicher Belüftungsebene bei Dächern mit Zwischensparrendämmung (Klasse 2)

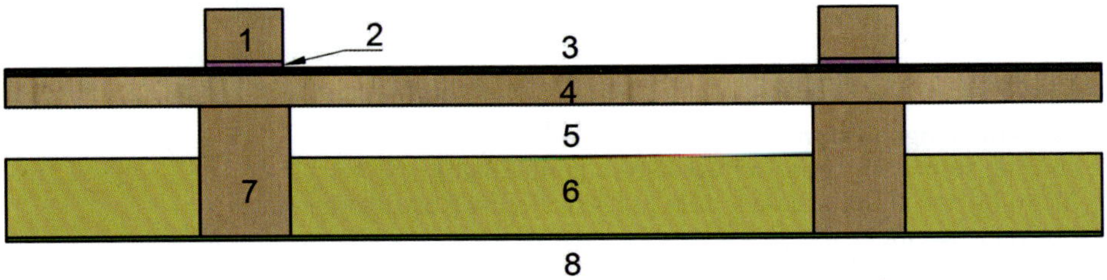

1: Konterlatte
2: Nageldichtband oder -masse
3: Abdichtung nach PDB Bitumen- oder Kunststoff- und Elastomerbahnen, Nähte verschweißt
4: Unterlage nach Tabelle 2 oder 3
5: Belüftungsebene nach Merkblatt Wärmeschutz
6: Zwischensparrendämmung
7: Sparren
8: Luftdichtheitsschicht

(4) Die Traufe ist mit Rinneneinlauf- oder Tropfblech mit wasserdichtem Anschluss der Abdichtung auszuführen (Abbildungen 7 bis12). Die Abdichtung ist auf das Blech zu führen und zu verkleben oder zu verschweißen. Die Bleche sind in der Unterlage zu befestigen.

Beim Traufanschluss mit Traufkeil sind Wassersackbildung und Negativgefälle des Traufkeils zu vermeiden.

Abb. 7: Traufe beim wasserdichten Unterdach, Entwässerung in die Rinne (Klasse 1)

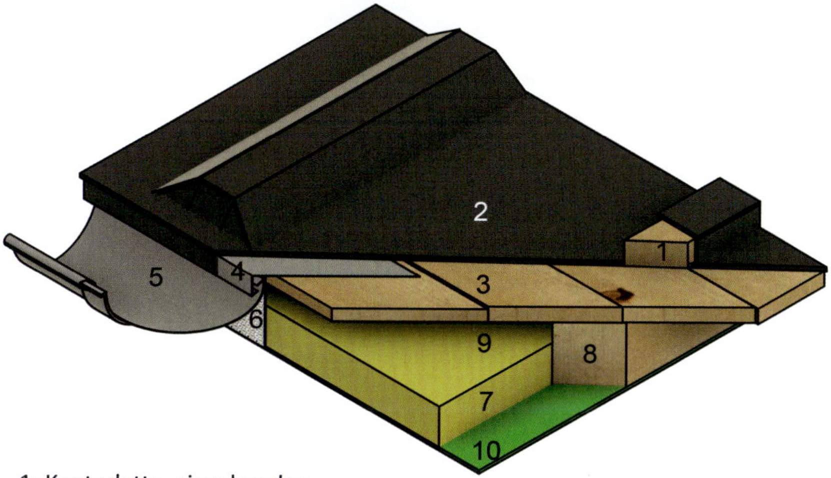

1: Konterlatte, eingebunden
2: Abdichtung nach PDB Bitumen- Kunststoff- und Elastomerbahnen, Nähte verschweißt
3: Unterlage nach Tabelle 2 oder 3
4: Trauf-/Stützblech
5: Rinne
6: Lüftungsgitter
7: Zwischensparrendämmung
8: Sparren
9: Belüftungsebene nach Merkblatt Wärmeschutz
10: Luftdichtheitsschicht

Abb. 8: Traufe beim wasserdichten Unterdach, Entwässerung über Traufkeil (Klasse 1)

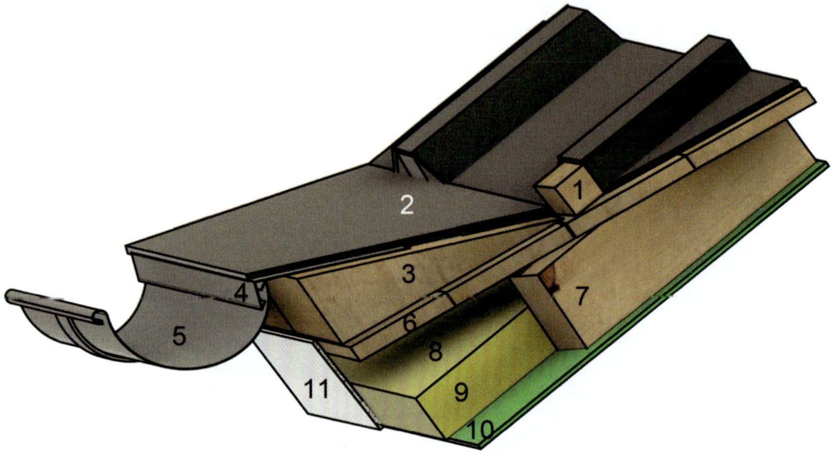

1: Konterlatte, eingebunden
2: Abdichtung nach PDB Bitumen- Kunststoff- und Elastomerbahnen, Nähte verschweißt
3:Traufkeil, ist nach Punkt 3 (5) auszuführen
4: Traufblech
5: Dachrinne
6 Unterlage nach Tabelle 2 oder 3
7: Sparren
8: Belüftungsebene nach Merkblatt Wärmeschutz
9: Zwischensparrendämmung
10: Luftdichtheitsschicht
11: Lüftungsgitter

Abb. 9: Traufe beim wasserdichten Unterdach, Entwässerung mit Tropfblech (Klasse 1)

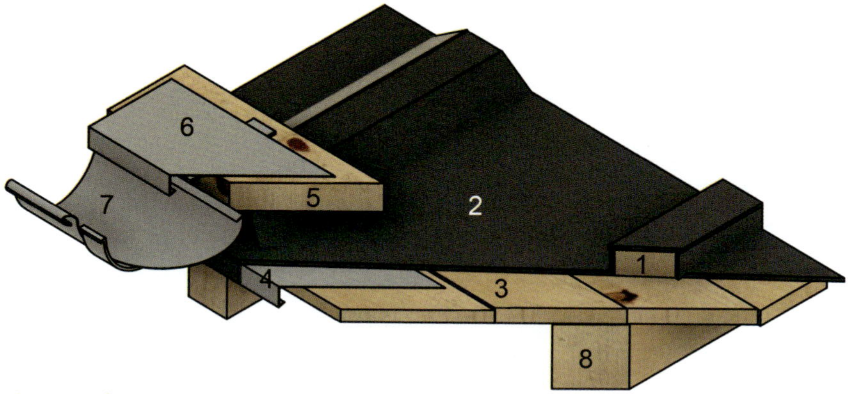

1: Konterlatte, eingebunden
2: Abdichtung nach PDB Bitumen-,oder Kunststoff- und Elastomerbahnen, Nähte verschweißt
3: Unterlage nach Tabelle 2 oder 3
4: Tropfblech
5: Traufbohle
6: Traufblech
7: Rinne
8: Sparren

Abb. 10: Traufe beim regensicheren Unterdach, Entwässerung in die Rinne (tiefliegend) (Klasse 2)

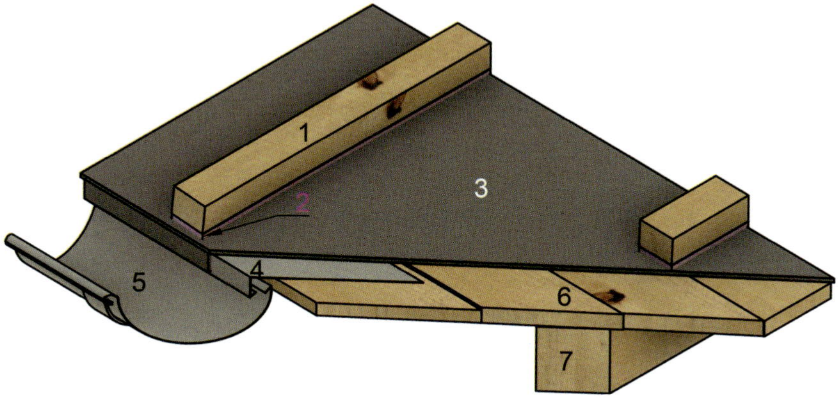

1: Konterlatten
2: Nageldichtband oder -masse
3: Abdichtung nach PDB Bitumen- oder Kunststoff- und Elastomerbahnen, Nähte verschweißt
4: Stützblech
5: Rinne
6: Unterlage nach Tabelle 2 oder 3
7: Sparren

Abb. 11: Traufe beim regensicheren Unterdach, Entwässerung mit Tropfblech (Klasse 2)

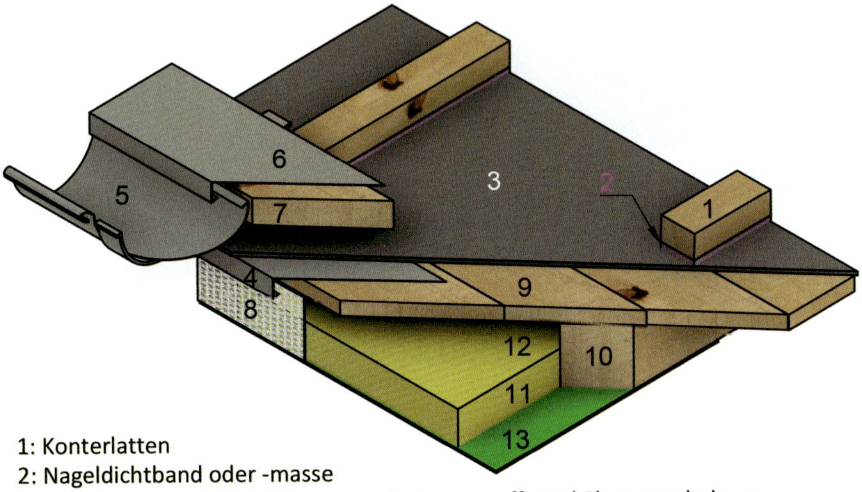

1: Konterlatten
2: Nageldichtband oder -masse
3: Abdichtung nach PDB Bitumen- oder Kunststoff- und Elastomerbahnen, Nähte verschweißt
4: Tropfblech
5: Rinne
6: Traufblech
7: Traufbohle
8: Lüftungsgitter
9: Unterlage nach Tabelle 2 oder 3
10: Sparren
11: Zwischensparrendämmung
12: Belüftungsebene nach Merkblatt Wärmeschutz
13: Luftdichtheitsschicht

Abb. 12: Traufe beim regensicheren Unterdach, Entwässerung über Traufkeil (Klasse 2)

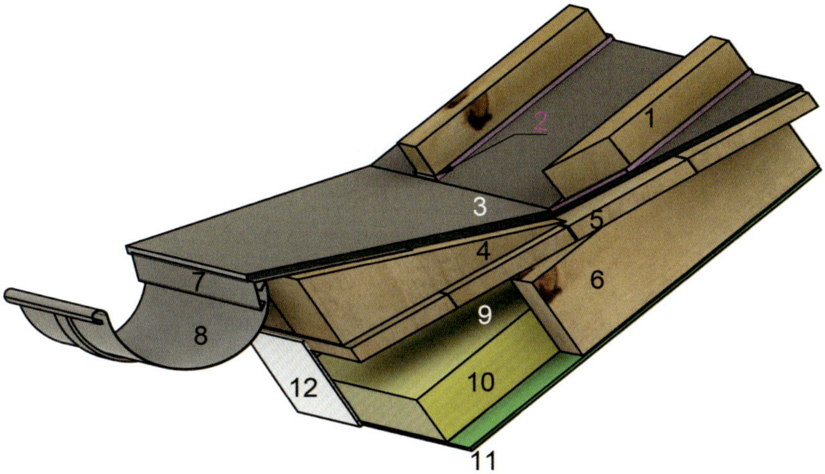

1: Konterlatten
2: Nageldichtband oder -masse.
3: Abdichtung nach PDB Bitumen- oder Kunststoff- und Elastomerbahnen, Nähte verschweißt.
4: Traufkeil, ist nach Punkt 3 (5) auszuführen.
5: Unterlage nach Tabelle 2 oder 3
6: Sparren
7: Traufblech
8: Rinne
9: Belüftungsebene nach Merkblatt Wärmeschutz
10: Zwischensparrendämmung
11: Luftdichtheitsschicht
12: Lüftungsgitter

(5) Über den Ortgang abtropfendes Wasser ist zu vermeiden, insbesondere wenn der Ortgang keinen Überstand oder einen Überstand ≤ 15 cm über die Außenwand hat (Abbildungen 13 und 14).

Abb. 13: Ortgang beim wasserdichten Unterdach (Klasse 1)

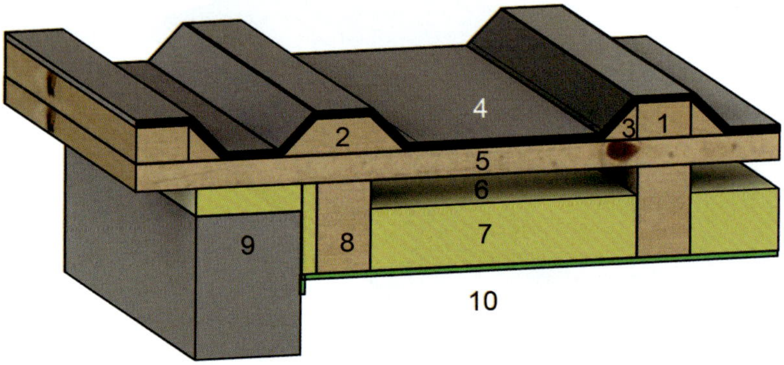

1: Konterlatten, eingebunden
2,3: Dreikantleisten oder trapezförmige Latten werden empfohlen
4: Abdichtung nach PDB Bitumen- oder Kunststoff- und Elastomerbahnen, Nähte verschweißt
5: Unterlage nach Tabelle 2 oder 3
6: Belüftungsebene nach Merkblatt Wärmeschutz
7: Zwischensparrendämmung
8: Sparren
9: Mauer
10: Luftdichtheitsschicht

Abb. 14: Ortgang beim regensicheren Unterdach (Klasse 2)

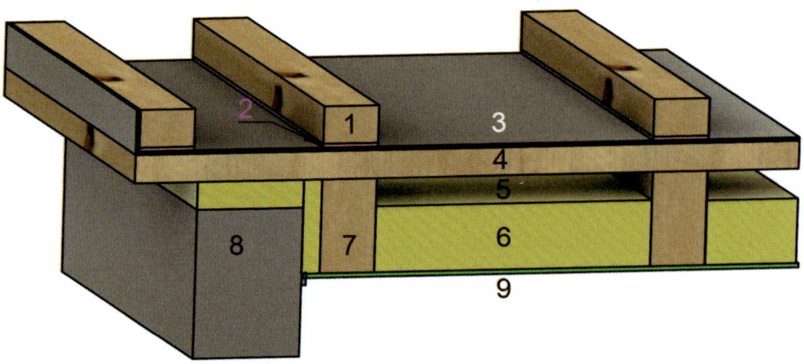

1: Konterlatten
2: Nageldichtband oder -masse
3: Abdichtung nach PDB Bitumen- oder Kunststoff- und Elastomerbahnen, Nähte verschweißt
4 Unterlage nach Tabelle 2 oder 3
5: Belüftungsebene nach Merkblatt Wärmeschutz
6: Zwischensparrendämmung
7: Sparren
8: Mauer
9: Luftdichtheitsschicht

(6) An der Traufe sind Zuluftöffnungen für die Konterlattenebenen erforderlich, Abluftöffnungen sind am First, Grat oder Pultabschluss anzuordnen (Abbildung 15). Die Abluftöffnungen sind so auszubilden, dass der Eintrag von Treibregen und Schnee minimiert wird und die Wärmedämmung geschützt ist.

Abb. 15: First beim wasserdichten Unterdach mit Zwischensparrendämmung (Klasse 1)

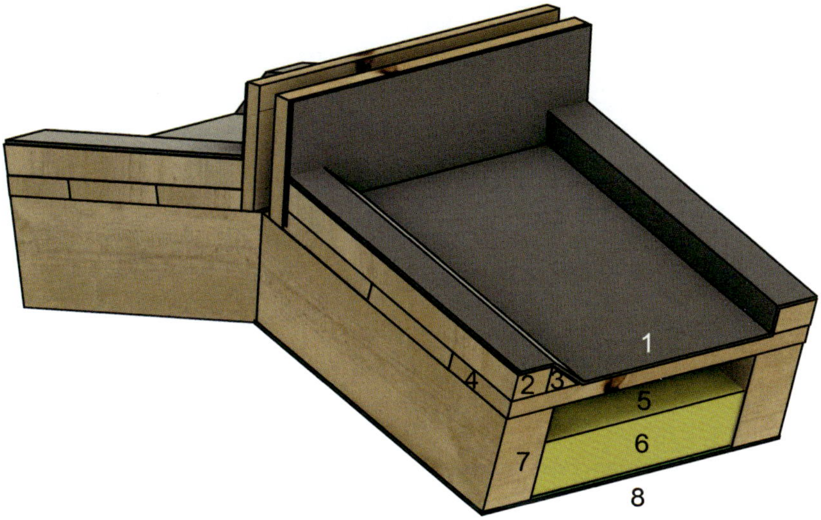

1: Abdichtung nach PDB Bitumen- oder Kunststoff- und Elastomerbahnen, Nähte verschweißt
2: Konterlatten, eingebunden
3: Dreikantleisten oder trapezförmige Latten werden empfohlen
4: Unterlage nach Tabelle 2 oder 3
5: Belüftungsebene nach Merkblatt Wärmeschutz
6: Zwischensparrendämmung
7: Sparren
8: Luftdichtheitsschicht

Abb. 16: First beim wasserdichten Unterdach mit Zwischensparrendämmung, Querschnitt (Klasse 1)

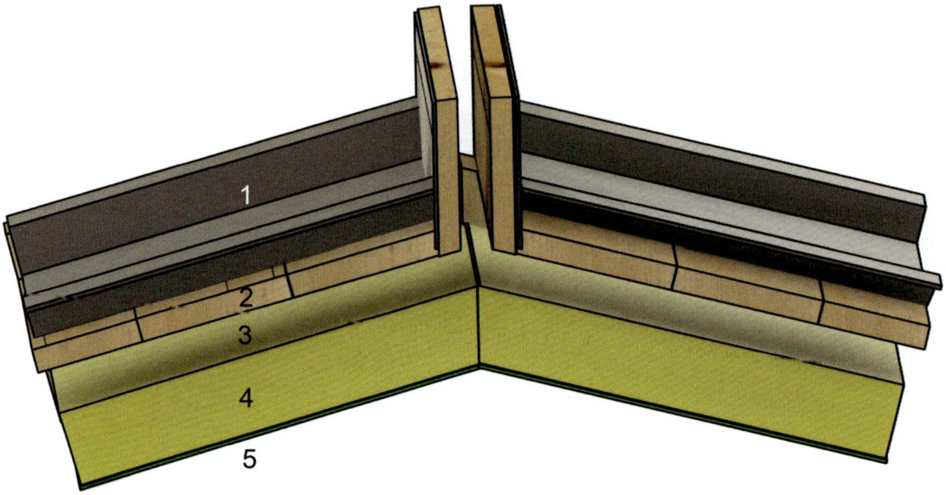

1: Abdichtung nach PDB Bitumen- oder Kunststoff- und Elastomerbahnen, Nähte verschweißt
2: Unterlage nach Tabelle 2 oder 3
3: Belüftungsebene nach Merkblatt Wärmeschutz
4: Zwischensparrendämmung
5: Luftdichtheitsschicht

Abb. 17: First beim regensicheren Unterdach mit Zwischensparrendämmung (Klasse 2)

1: Konterlatten
2: Nageldichtband oder -masse
3: Abdichtung nach PDB Bitumen- oder Kunststoff- und Elastomerbahnen, Nähte verschweißt
4: Unterlage nach Tabelle 2 oder 3
5: Belüftungsebene nach Merkblatt Wärmeschutz
6: Zwischensparrendämmung
7: Sparren
8: Luftdichtheitsschicht

Abb. 18: First beim regensicheren Unterdach mit Zwischensparrendämmung, Querschnitt (Klasse 2)

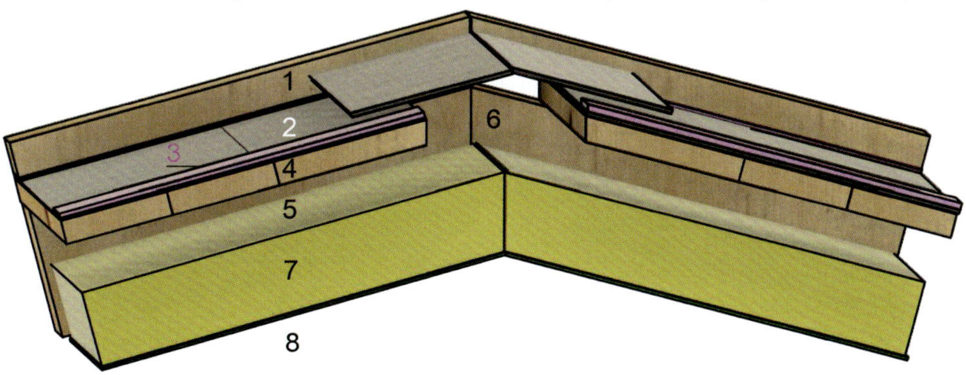

1: Konterlatte
2: Abdichtung nach PDB Bitumen- oder Kunststoff- und Elastomerbahnen, Nähte verschweißt
3: Nageldichtband oder -masse
4: Unterlage nach Tabelle 2 oder 3
5: Belüftungsebene nach Merkblatt Wärmeschutz
6: Sparren
7: Zwischensparrendämmung
8: Luftdichtheitsschicht

(7) Durchdringungen, Einbauteile und Anschlüsse sind entsprechend der „Fachregel für Abdichtungen - Flachdachrichtlinie -“ auszuführen. Die Anschlusshöhe darf auf ≥ 5 cm über Oberfläche der Dachdeckung reduziert werden.

Bei Durchdringungen in der Dachfläche und bei Kehlen ist die Luftströmung der unteren Belüftungsebene sicherzustellen.

Bei firstseitigen Anschlüssen muss sichergestellt werden, dass ablaufendes Wasser am aufgehenden Bauteil vorbei in das nächste Sparrenfeld geleitet wird.

Abb. 19: Firstseitiger Anschluss beim wasserdichten Unterdach (Klasse 1)

1 und 8: Konterlatten, (1) eingebunden
2: Abdichtung nach PDB Bitumen- oder Kunststoff- und Elastomerbahnen, Nähte verschweißt
3: Unterlage nach Tabelle 2 oder 3
4: Belüftungsebene nach Merkblatt Wärmeschutz
5: Zwischensparrendämmung
6: Sparren
7: Mauer/Wand
9: Luftdichtheitsschicht

Abb. 20: Firstseitiger Anschluss beim wasserdichten Unterdach, Querschnitt (Klasse 1)

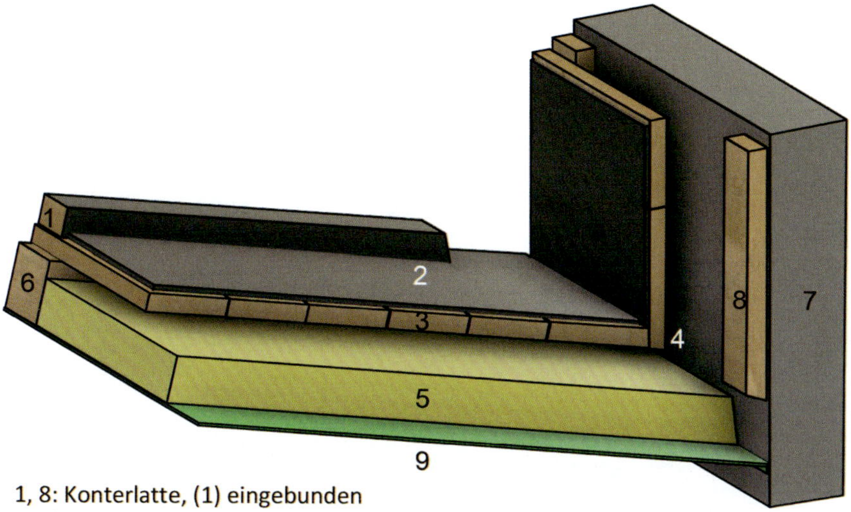

1, 8: Konterlatte, (1) eingebunden
2: Abdichtung nach PDB Bitumen- oder Kunststoff- und Elastomerbahnen, Nähte verschweißt.
3: Unterlage nach Tabelle 2 oder 3
4: Belüftungsebene nach Merkblatt Wärmeschutz
5: Zwischensparrendämmung
6: Sparren
7: Mauer/Wand
9: Luftdichtheitsschicht

Abb. 21: Seitlicher Anschluss beim wasserdichten Unterdach (Klasse 1)

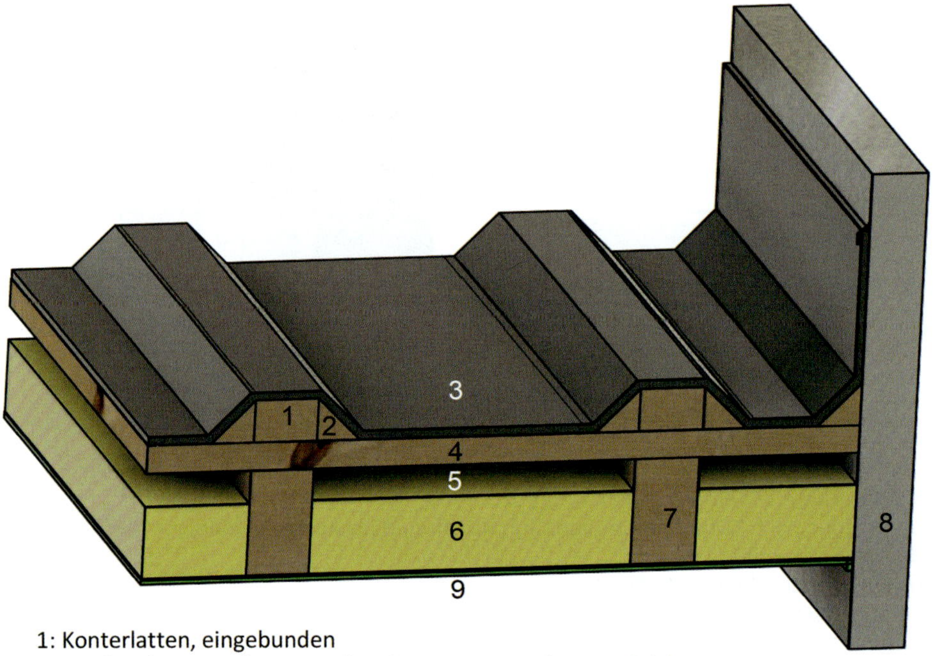

1: Konterlatten, eingebunden
2: Dreikantleisten oder trapezförmige Latten werden empfohlen.
3: Abdichtung nach PDB Bitumen- oder Kunststoff- und Elastomerbahnen, Nähte verschweißt.
4: Unterlage nach Tabelle 2 oder 3.
5: Belüftungsebene nach Merkblatt Wärmeschutz
6: Zwischensparrendämmung
7: Sparren
8: Wand
9: Luftdichtheitsschicht

Abb. 22: Traufseitiger Anschluss beim wasserdichten Unterdach (Klasse 1)

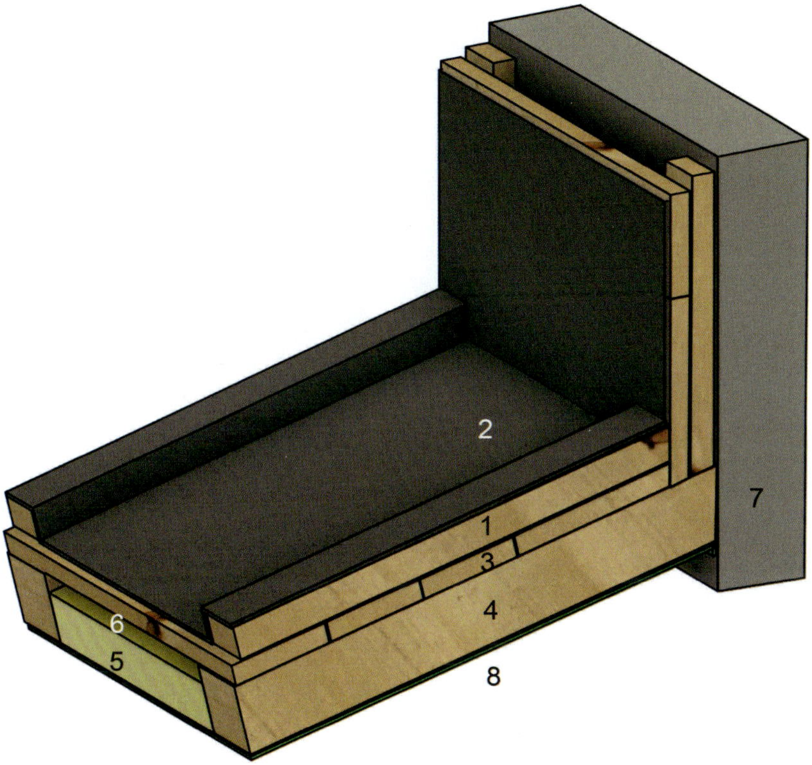

1: Konterlatten, eingebunden
2: Abdichtung nach PDB Bitumen- oder Kunststoff- und Elastomerbahnen, Nähte verschweißt.
3: Unterlage nach Tabelle 2 oder 3
4: Sparren
5: Zwischensparrendämmung
6: Belüftungsebene nach Merkblatt Wärmeschutz
7: aufgehendes Bauteil
8: Luftdichtheitsschicht

Abb. 23: Traufseitiger Anschluss beim wasserdichten Unterdach, Querschnitt (Klasse 1)

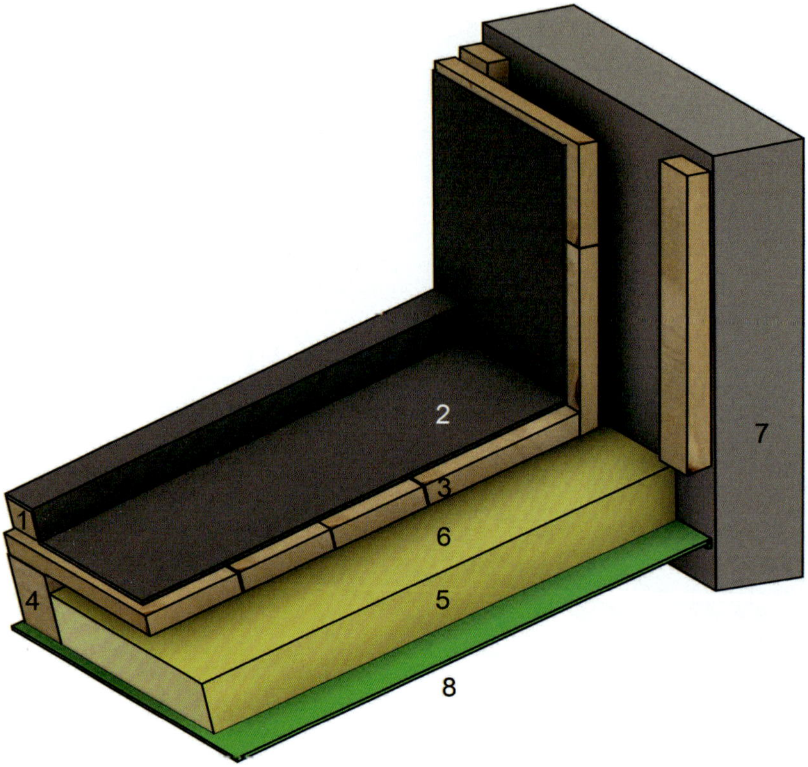

1: Konterlatten, eingebunden
2: Abdichtung nach PDB Bitumen- oder Kunststoff- und Elastomerbahnen, Nähte verschweißt
3: Unterlage nach Tabelle 2 oder 3
4: Sparren
5: Zwischensparrendämmung
6: Belüftungsebene nach Merkblatt Wärmeschutz
7: aufgehendes Bauteil
8: Luftdichtheitsschicht

Abb. 24: Firstseitiger Anschluss beim regensicheren Unterdach (Klasse 2)

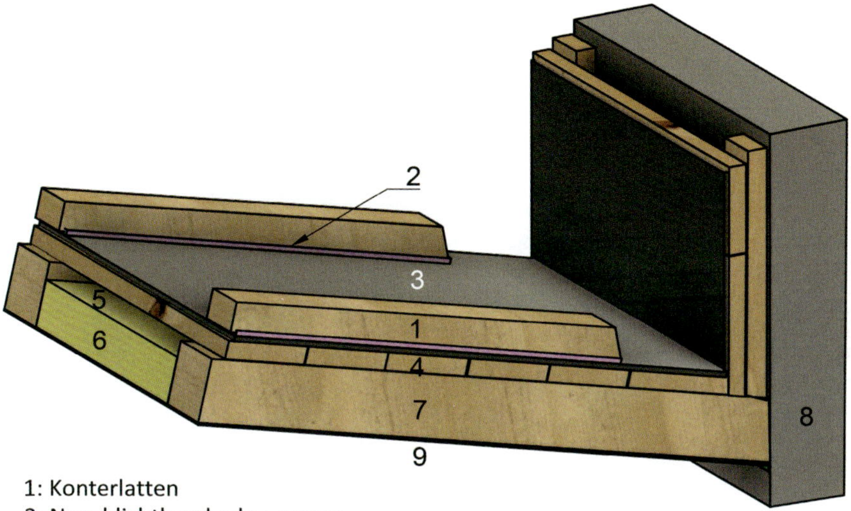

1: Konterlatten
2: Nageldichtband oder -masse.
3: Abdichtung nach PDB Bitumen- oder Kunststoff- und Elastomerbahnen, Nähte verschweißt.
4: Unterlage nach Tabelle 2 oder 3.
5: Belüftungsebene nach Merkblatt Wärmeschutz
6: Zwischensparrendämmung
7: Sparren
8: Mauer/Wand
9: Luftdichtheitsschicht

Abb. 25: Seitlicher Anschluss beim regensicheren Unterdach (Klasse 2)

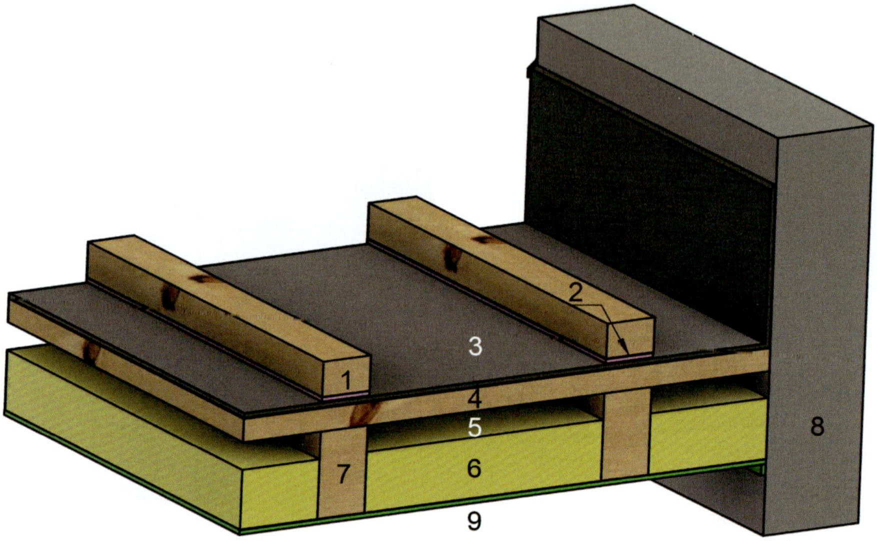

1: Konterlatten
2: Nageldichtband oder -masse
3: Abdichtung nach PDB Bitumen- oder Kunststoff- und Elastomerbahnen, Nähte verschweißt.
4: Unterlage nach Tabelle 2 oder 3.
5: Belüftungsebene nach Merkblatt Wärmeschutz
6: Zwischensparrendämmung
7: Sparren
8: Wand
9: Luftdichtheitsschicht

Abb. 26: Traufseitiger Anschluss beim regensicheren Unterdach, Querschnitt (Klasse 2)

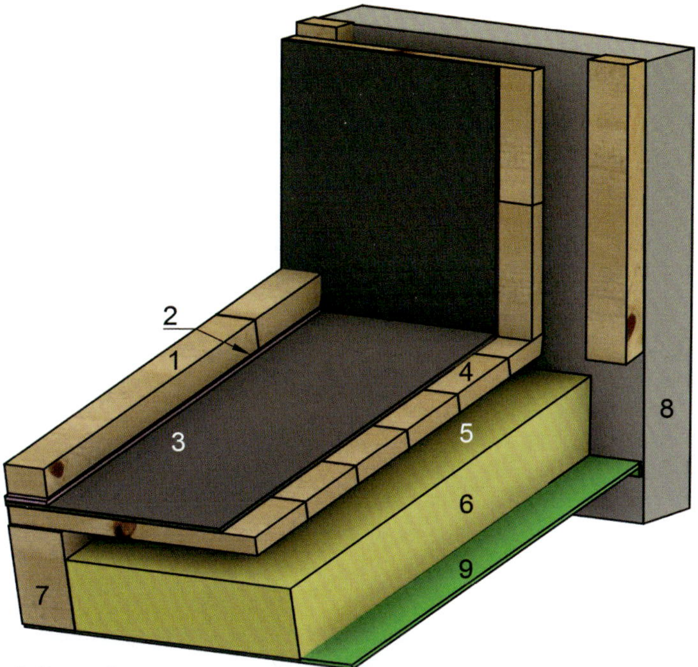

1: Konterlatten
2: Nageldichtband oder -masse
3: Abdichtung nach PDB Bitumen- oder Kunststoff- und Elastomerbahnen, Nähte verschweißt
4: Unterlage nach Tabelle 2 oder 3
5: Belüftungsebene nach Merkblatt Wärmeschutz
6: Zwischensparrendämmung
7: Sparren
8: Wand/Mauer
9: Luftdichtheitsschicht

4 Unterdeckungen mit nahtgefügten Unterdeckbahnen

(1) Die Unterdeckbahnen müssen dem „Produktdatenblatt diffusionsoffene Unterdeckbahnen für erweiterte Anwendungen (UDB-eA)“ entsprechen.

Bahnen, die mit Ausnahme des s_d-Werts alle Anforderungen des „Produktdatenblatt diffusionsoffene Unterdeckbahnen für erweiterte Anwendungen (UDB-eA)“ erfüllen, können ebenfalls eingesetzt werden. In diesen Fällen ist zu prüfen, ob der klimabedingte Feuchteschutz nach DIN 4108-3[1] mit nachweisfreien Bauteilen eingehalten oder durch Berechnung nachgewiesen wird.

Die Unterdeckbahnen sind auf einer Unterlage aus Schalungsbrettern, Holzwerkstoffplatten oder druckfester Wärmedämmung ohne Kreuzstöße mit mindestens 10 cm Höhen-/ Seitenüberdeckung zu verlegen. Die Nähte und T-Stöße sind wasserdicht mittels Quell- oder Warmgasschweißen zu fügen. In Abhängigkeit des Werkstoffes kann die wasserdichte Verklebung von Nähten und Stößen mit Klebstoff erfolgen, wenn der Bahnen-Hersteller die Freigabe erteilt. Eine Verklebung mit Klebebändern und/oder Klebe-Dichtstoffen ist nicht zulässig.

Die Unterdeckbahnen sind mit mindestens korrosionsgeschützten Breitkopfstiften/-nägeln oder Klammern im oberen/äußeren Drittel der Höhen-/Seitenüberdeckung zu befestigen. Über den Sparren unter Konterlatten sind zusätzliche Befestigungen möglich, eine sichtbare Befestigung ist nicht zulässig.

(2) Bei nahtgefügten Unterdeckbahnen mit eingebundener Konterlatte (Abbildung 27), können trapezförmige Konterlatten oder Konterlatten mit zusätzlichen Dreikantleisten verwendet werden. Die Konterlatten werden mit nahtgefügten Unterdeckbahnstreifen abgedeckt und in die Unterdeckung eingebunden.

Abb. 27: Nahtgefügte Unterdeckung mit eingebundener Konterlatte auf Schalung, Zwischensparren-sparrendämmung (Klasse 1)

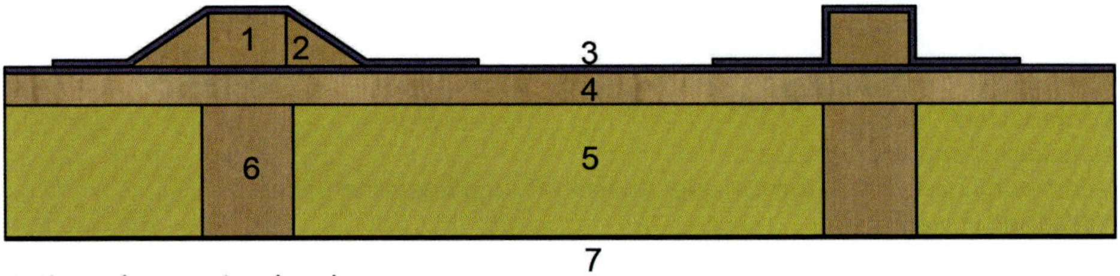

1: Konterlatten, eingebunden
2: Dreikantleisten oder trapezförmige Latten werden empfohlen.
3: Unterdeckbahn nach PDB UDB-eA, nahtgefügt.
4: Unterlage nach Tabelle 2 (nur Brettschalung)
5: Zwischensparrendämmung
6: Sparren
7: Luftdichtheitsschicht

[1] DIN 4108-3 Wärmeschutz und Energie-Einsparung in Gebäuden; Klimabedingter Feuchteschutz; Anforderungen, Berechnungsverfahren und Hinweise für Planung und Ausführung

Abb. 28: Nahtgefügte Unterdeckung mit eingebundener Konterlatte, Aufsparrendämmung (Klasse 1)

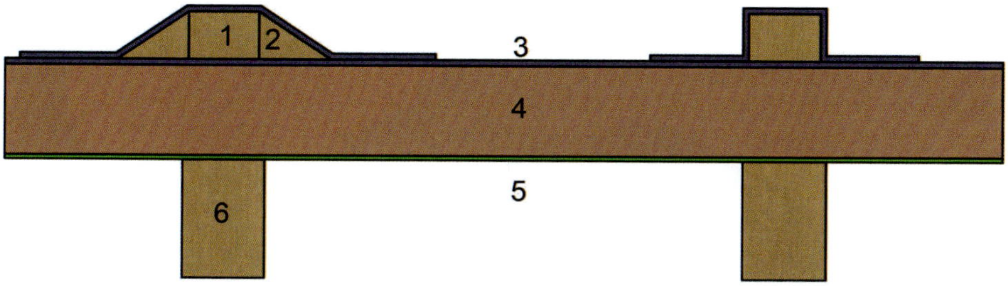

1: Konterlatte, eingebunden
2: Dreikantleisten oder trapezförmige Latten (empfohlen)
3: Unterdeckbahn nach PDB UDB-eA, nahtgefügt
4: Aufsparrendämmung
5: Luftdichtheitsschicht
6: Sparren

(3) Bei nahtgefügten Unterdeckbahnen mit Nageldichtband/-masse (Abbildung 29), sind zwischen Konterlatte und Unterdeckbahn Nageldichtbänder/-massen einzubauen.

Nageldichtbänder und Nageldichtmassen müssen für die Verwendung mit der jeweiligen Unterdeckbahn geeignet sein.

Abb. 29: Nahtgefügte Unterdeckung mit Nageldichtband/Nageldichtmasse (Klasse 2)

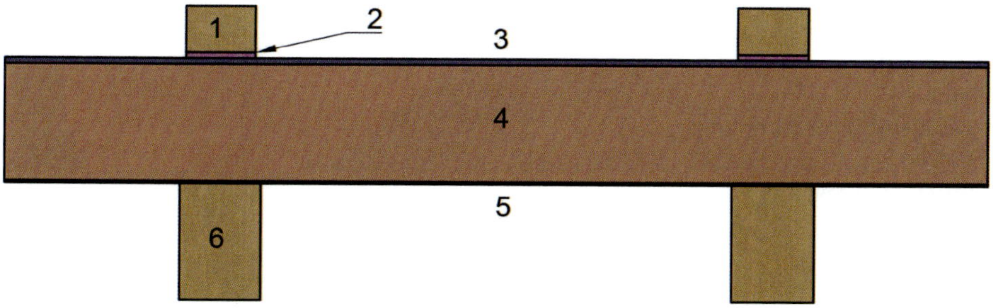

1: Konterlatte
2: Nageldichtband oder -masse
3: Unterdeckbahn nach PDB UDB-eA, nahtgefügt
4: Aufsparrendämmung
5: Luftdichtheitsschicht
6: Sparren

(4) Die Traufe ist mit Rinneneinlauf- oder Tropfblech auszuführen (Abbildungen 30 bis 32). Die Unterdeckbahn ist auf das Blech zu führen und wasserdicht zu verkleben. Die Bleche sind in der Unterlage zu befestigen.

Abb. 30: Nahtgefügte Unterdeckung mit eingebundener Konterlatte, Entwässerung in die Rinne (Klasse 1)

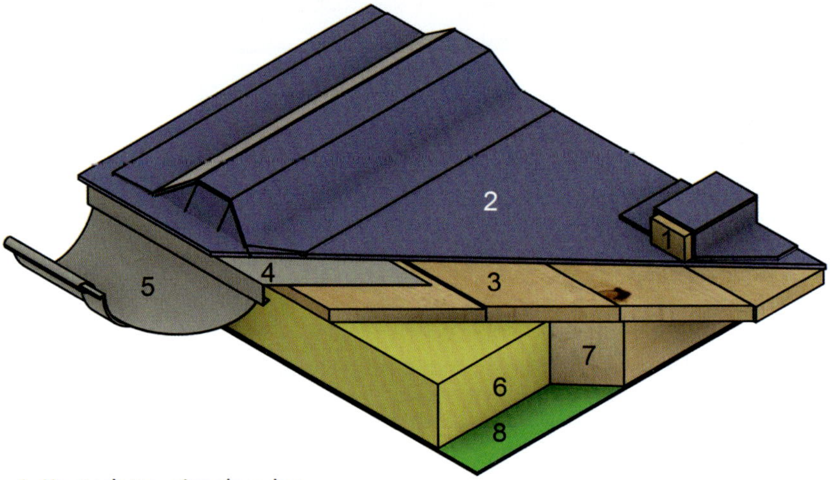

1: Konterlatte, eingebunden
2: Unterdeckbahn nach PDB UDB-eA, nahtgefügt
3: Unterlage nach Tabelle 2 (Brettschalung)
4: Traufblech
5: Rinne
6: Zwischensparrendämmung
7: Sparren
8: Luftdichtheitsschicht

Abb. 31: Nahtgefügte Unterdeckung mit Nageldichtband, mit Entwässerung über Traufkeil (Klasse 2)

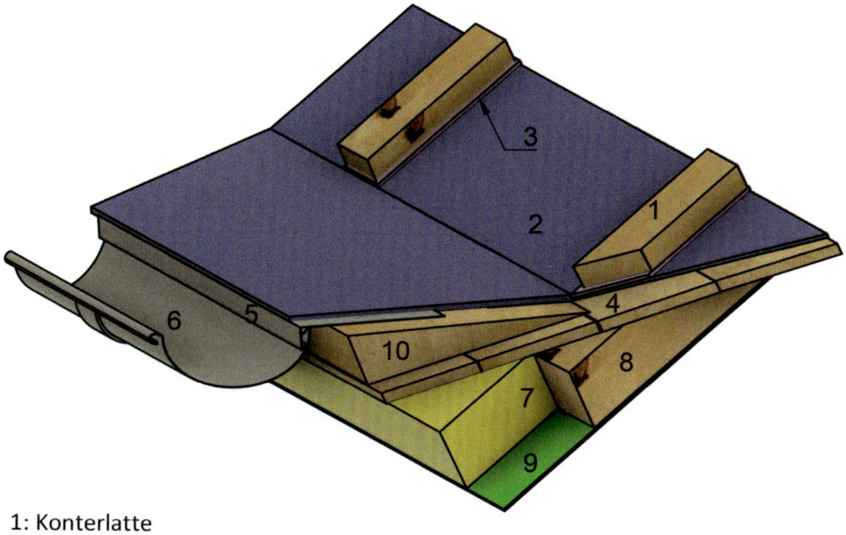

1: Konterlatte
2: Unterdeckbahn nach PDB UDB-eA, nahtgefügt
3: Nageldichtband oder -masse
4: Unterlage nach Tabelle 2 (Brettschalung)
5: Traufblech
6: Rinne
7: Zwischensparrendämmung
8: Sparren
9: Luftdichtheitsschicht
10: Traufkeil

Abb. 32: Nahtgefügte Unterdeckung mit Nageldichtband, mit Tropfblech (Klasse 2)

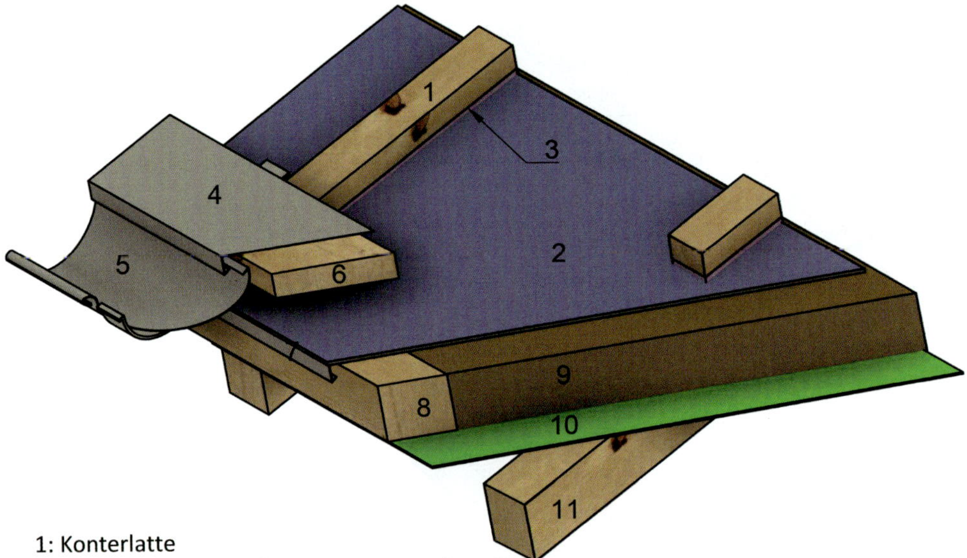

1: Konterlatte
2: Unterdeckbahn nach PDB UDB-eA, nahtgefügt
3: Nageldichtband oder -masse
4: Traufblech
5: Rinne
6: Traufbohle
7: Tropfblech
8: Schubholz
9: Unterdeckplatte
10: Luftdichtheitsschicht
11: Sparren

(5) Anschlüsse und Durchdringungen sind mit dem Bahnenmaterial oder Systemzubehör mit der Fügetechnik für die Nahtverbindung auszuführen. Die Anschlusshöhe an aufgehende Bauteile beträgt ≥ 5 cm über Oberfläche der Dachdeckung.

Bei firstseitigen Anschlüssen muss sichergestellt werden, dass ablaufendes Wasser am aufgehenden Bauteil vorbei in das nächste Sparrenfeld geleitet wird.

Abb. 33: Nahtgefügte Unterdeckung, mit Nageldichtband, firstseitiger Anschluss (Klasse 2)

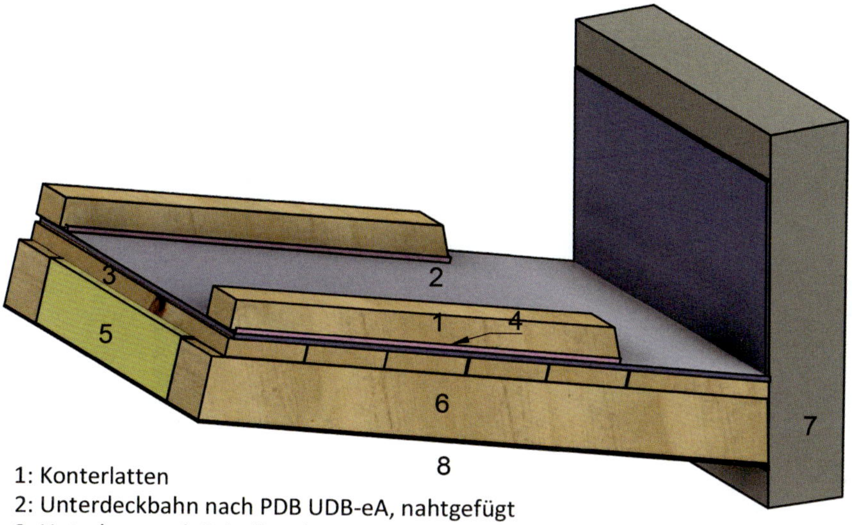

1: Konterlatten
2: Unterdeckbahn nach PDB UDB-eA, nahtgefügt
3: Unterlage nach Tabelle 2 (Brettschalung)
4: Nageldichtband oder -masse
5: Zwischensparrendämmung
6: Sparren
7: Mauer/Wand
8 Luftdichtheitsschicht

Abb. 34: Nahtgefügte Unterdeckung, mit eingebundener Konterlatte, traufseitiger Anschluss (Klasse 1)

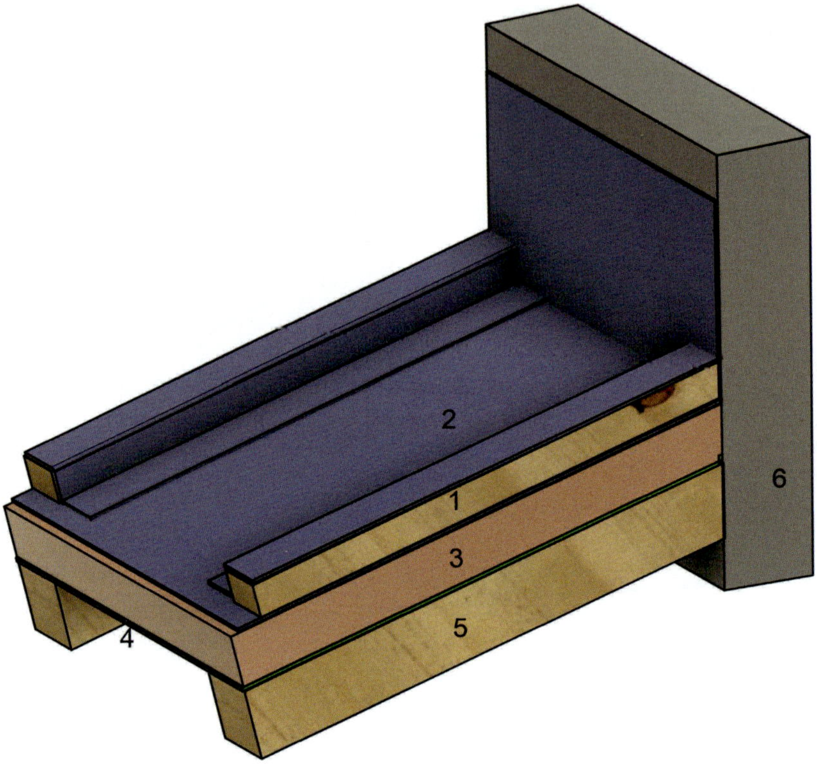

1: Konterlatten, eingebunden
2: Unterdeckbahn nach PDB UDB-eA, nahtgefügt
3: Aufsparrendämmung
4: Luftdichtheitsschicht
5: Sparren
6: Wand

Abb. 35: Nahtgefügte Unterdeckung, mit Nageldichtband, seitlicherer Anschluss (Klasse 2)

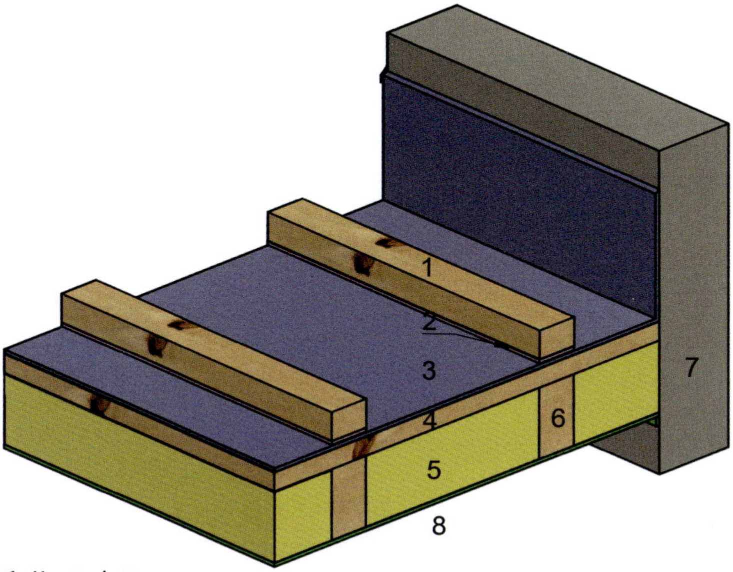

1: Konterlatten
2: Nageldichtband oder -masse
3: Unterdeckbahn nach PDB UDB-eA, nahtgefügt
4: Unterlage nach Tabelle 2 (Brettschalung)
5: Zwischensparrendämmung
6: Sparren
7: Wand
8: Luftdichtheitsschicht

5 Unterdeckungen mit verklebten Unterdeckbahnen

(1) Unterdeckungen mit verklebten Unterdeckbahnen werden nach

- Abbildung 36 mit Nageldichtband/-masse (Klasse 3) oder
- Abbildung 37 ohne Nageldichtband/-masse (Klasse 4)

mit Unterdeckbahnen nach dem "Produktdatenblatt für Unterdeckbahnen und Unterspannbahnen" ausgeführt.

Die Bahnen sind mit Höhen- und Seitenüberdeckung von jeweils ≥ 10 cm auszuführen und zu verkleben. Seitenüberdeckungen müssen unter den Konterlatten liegen. T-Stöße sind unvermeidbar. Kreuzstöße sind nicht zulässig.

Die Unterdeckbahnen sind mit mindestens korrosionsgeschützten Breitkopfstiften/-nägeln oder Klammern im oberen/äußeren Drittel der Höhen-/Seitenüberdeckung zu befestigen. Über den Sparren unter Konterlatten sind zusätzliche Befestigungen möglich, eine sichtbare Befestigung ist nicht zulässig.

Die Verklebung der Bahnen erfolgt mit integrierten Klebezonen der Bahnen oder mit Klebebändern.

Nageldichtbänder und Nageldichtmassen müssen für die Verwendung mit der jeweiligen Bahn geeignet sein und werden zwischen Konterlatte und Unterdeckbahn angeordnet.

Abb. 36: Verklebte Unterdeckung mit Nageldichtband / Nageldichtmasse auf Aufsparrendämmung (Klasse 3)

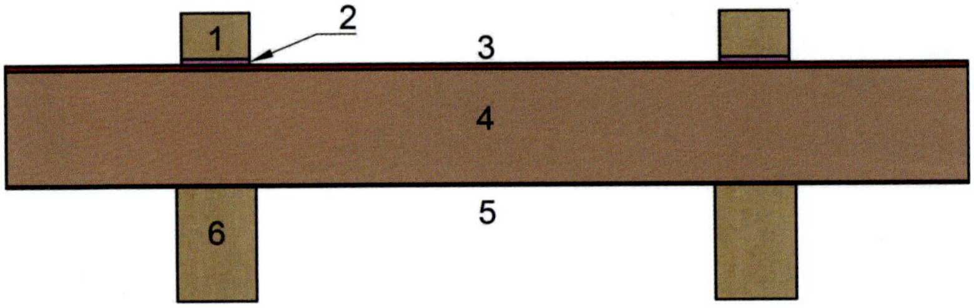

1: Konterlatte
2: Nageldichtband oder -masse
3: Unterdeckbahn nach PDB UDB/USB, Nähte verklebt
4: Aufsparrendämmung
5: Luftdichtheitsschicht
6: Sparren

Abb. 37: Verklebte Unterdeckung auf Vollsparrendämmung (Klasse 4)

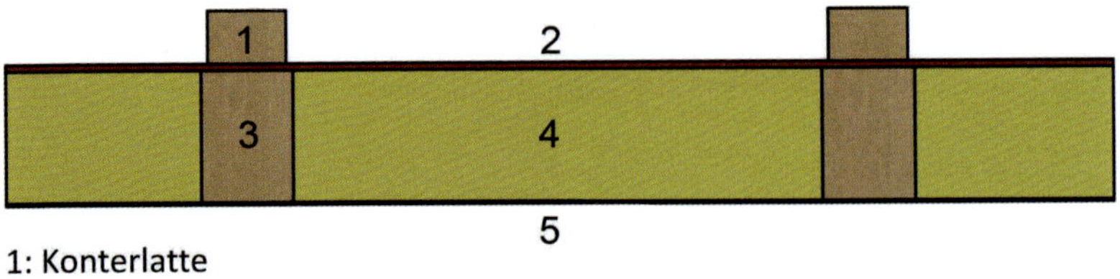

1: Konterlatte
2: Unterdeckbahn nach PDB UDB/USB, Nähte verklebt
3: Sparren
4: Zwischensparrendämmung
5: Luftdichtheitsschicht

(2) Die Traufe ist mit Rinneneinlauf- oder Tropfblech auszuführen (Abbildungen 38 bis 40). Die Unterdeckbahn ist auf das Blech zu führen und zu verkleben. Die Bleche sind in der Unterlage zu befestigen.

Abb. 38: Verklebte Unterdeckung, Entwässerung in die Rinne (Klasse 4)

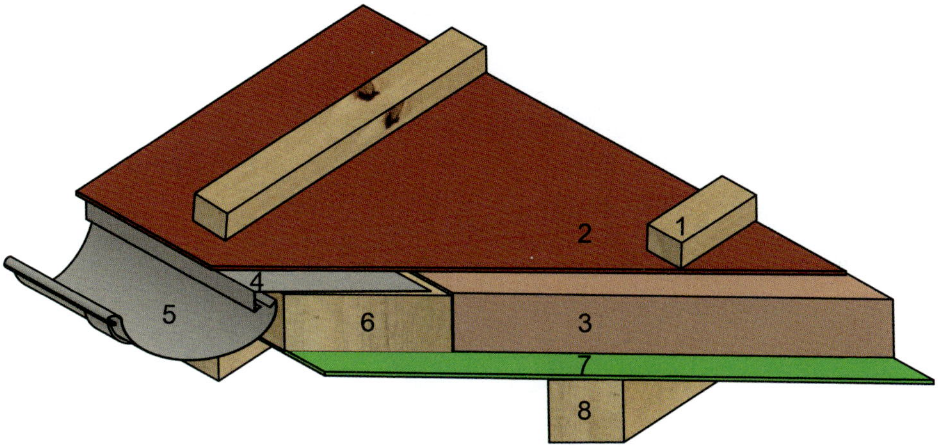

1: Konterlatte
2: Unterdeckung nach PDB UDB/USB, Nähte verklebt
3: Aufsparrendämmung
4: Traufblech
5: Rinne
6: Traufbohle
7: Luftdichtheitsschicht
8: Sparren

Abb. 39: Verklebte Unterdeckung mit Nageldichtband, Entwässerung über Traufkeil (Klasse 3)

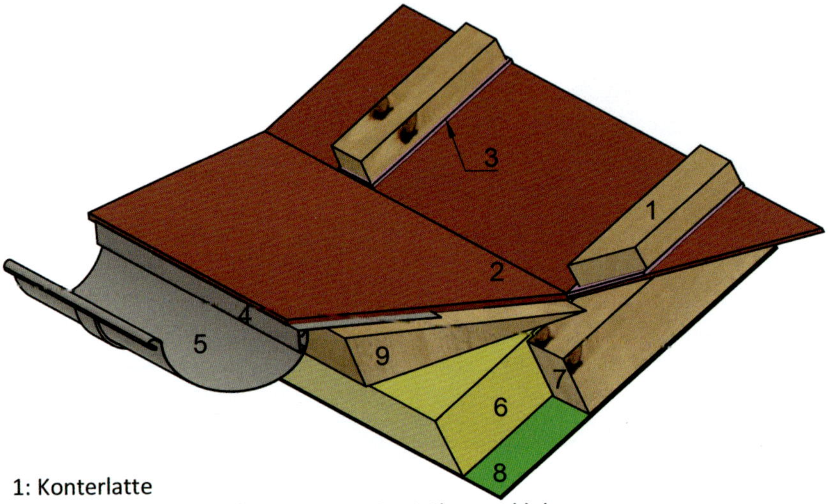

1: Konterlatte
2: Unterdeckbahn nach PDB UDB-USB, Nähte verklebt
3: Nageldichtband oder -masse
4: Traufblech
5: Rinne
6: Zwischensparrendämmung
7: Sparren
8: Luftdichtheitsschicht
9: Traufkeil

Abb. 40: Verklebte Unterdeckung mit Nageldichtband, mit Tropfblech (Klasse 3)

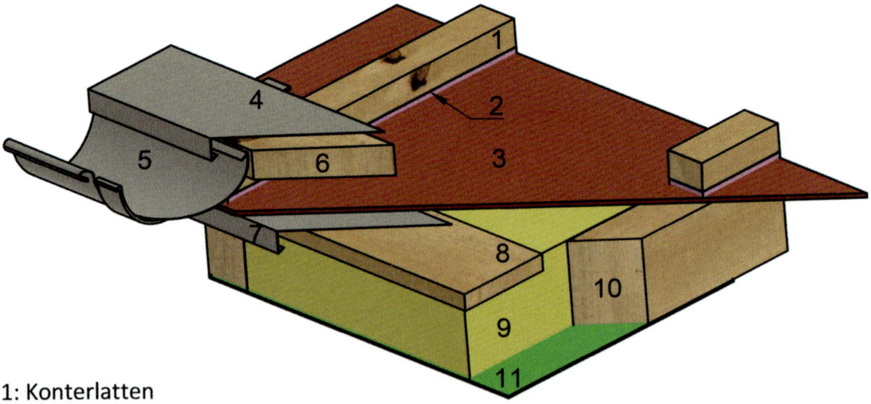

1: Konterlatten
2: Nageldichtband oder -masse.
3: Unterdeckung nach PDB UDB-USB, Nähte verklebt
4: Traufblech
5: Rinne
6: Traufbohle
7: Tropfblech
8: Traufschalung
9: Zwischensparrendämmung
10: Sparren
11: Luftdichtheitsschicht

(3) Anschlüsse und Durchdringungen sind mit dem Bahnenmaterial oder Zubehör mit der Fügetechnik für die Nahtverbindung oder mit speziellen und auf den jeweiligen Anwendungsfall bezogenen Produkten auszuführen. Die Anschlusshöhe an aufgehende Bauteile beträgt ≥ 5 cm über Oberfläche der Dachdeckung.

Bei firstseitigen Anschlüssen muss sichergestellt werden, dass ablaufendes Wasser am aufgehenden Bauteil vorbei in das nächste Sparrenfeld geleitet wird.

Abb. 41: Verklebte Unterdeckung mit Nageldichtband, firstseitiger Anschluss (Klasse 3)

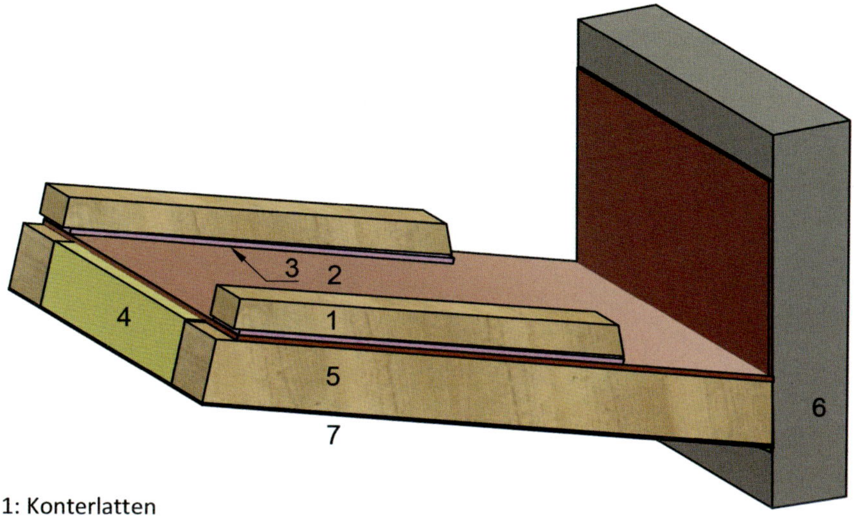

1: Konterlatten
2: Unterdeckbahn nach PDB UDB/USB, Nähte verklebt
3: Nageldichtband oder -masse
4: Zwischensparrendämmung
5: Sparren
6: Mauer/Wand
7: Luftdichtheitsschicht

Abb. 42: Verklebte Unterdeckung, traufseitiger Anschluss (Klasse 4)

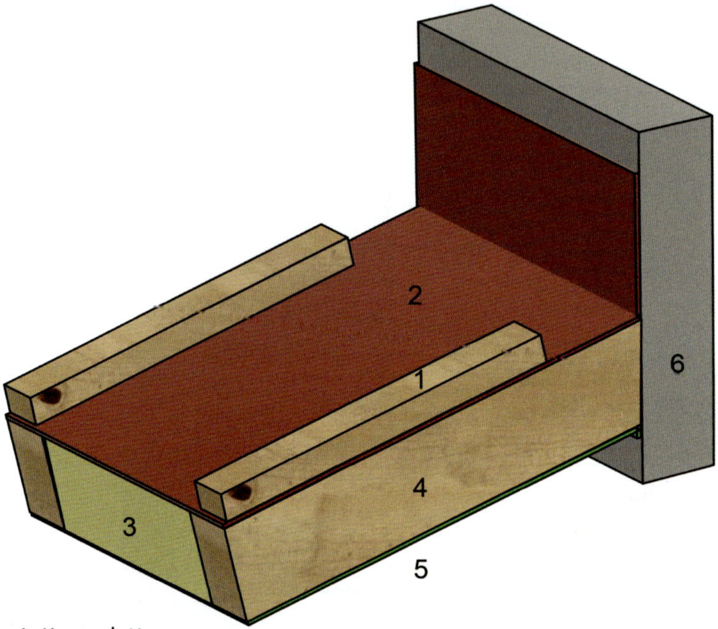

1: Konterlatten
2: Unterdeckbahn nach PDB UDB/USB, Nähte verklebt
3: Zwischensparrendämmung
4: Sparren
5: Luftdichtheitsschicht
6: Mauer/Wand

6 Unterdeckungen mit Holzfaser-Unterdeckplatten

(1) Unterdeckungen mit Holzfaser-Unterdeckplatten werden nach Abbildung 43 in der Regel ohne Nageldichtband/-masse ausgeführt. Die Unterdeckplatten müssen dem „Produktdatenblatt für Unterdeckplatten aus Holzfasern" entsprechen.

Die Platten müssen eine umlaufende Verfalzung/Kantenprofilierung haben.

Verklebungen und/oder Abklebungen der Verfalzung/Kantenprofilierung, die im Rahmen der Prüfung der Wassereintragssicherheit verwendet wurden, sind vom Hersteller anzugeben und entsprechend auszuführen.

Bei Ausführung von Überdeckungs- und/oder Stoßbereichen mit Dichtungsbändern muss die Breite der Bänder mindestens 10 cm betragen. Die Bänder sollten mittig über der Fuge angeordnet werden.

Nageldichtbänder/-massen, die im Rahmen der Prüfung der Wassereintragssicherheit verwendet wurden, sind vom Hersteller anzugeben und entsprechend auszuführen.

Holzfaser-Unterdeckplatten werden in der Regel rechtwinklig zum Sparren angeordnet und mit Stoßversatz von mindestens einem Sparrenfeld verlegt. Kreuzstöße sind nicht zulässig.

Die Befestigung hat indirekt durch die Konterlatte zu erfolgen. Der erforderliche Korrosionsschutz ist vom verwendeten Plattenmaterial abhängig.

Der vom Hersteller angegebene maximale Sparrenabstand ist einzuhalten.

Abb. 43: Holzfaser-Unterdeckplatte (Klasse 3)

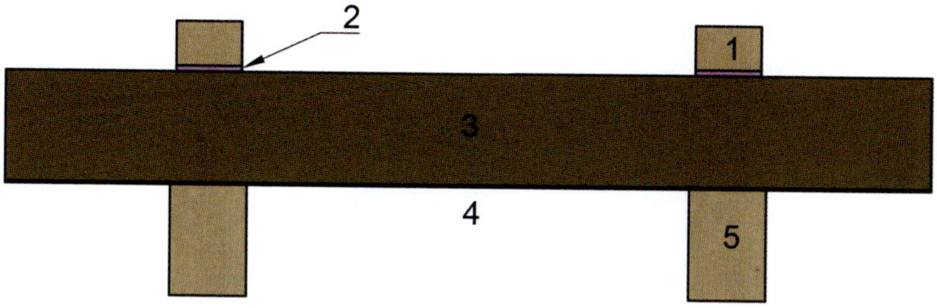

1: Konterlatte
2: Nageldichtband oder -masse, wenn vom Hersteller gefordert
3: Holzfaser-Unterdeckplatte nach PDB UDP
4: Luftdichtheitsschicht
5: Sparren

(2) Unterdeckplatten gelten ohne besonderen Nachweis als nicht begehbare Bauteile. Eine Lastabtragung im Zwischensparrenbereich ist deshalb nicht zulässig. Im Sparrenbereich sind Unterdeckplatten üblicherweise trittsicher.

(3) Die Traufe ist mit Rinneneinlauf- oder Tropfblech auszuführen (Abbildungen 44 und 45).

Abb. 44: Traufe Holzfaser-Unterdeckplatte mit Rinneneinlauf (Klasse 3)

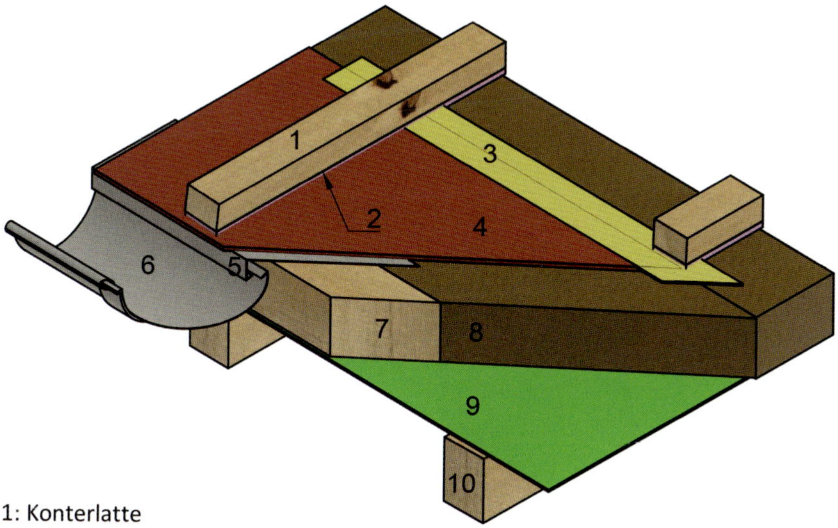

1: Konterlatte
2: Nageldichtband oder -masse (Herstellerangabe)
3: Klebeband nach Punkt 6 (1)
4: Unterdeckbahn nach PDB UDB/USB, Nähte verklebt
5: Traufe
6: Rinne
7: Traufbohle/Schubholz
8: Unterdeckplatte nach PDB UDP
9: Luftdichtheitsschicht
10: Sparren

Abb. 45: Traufe Holzfaser-Unterdeckplatte mit Tropfblech (Klasse 3)

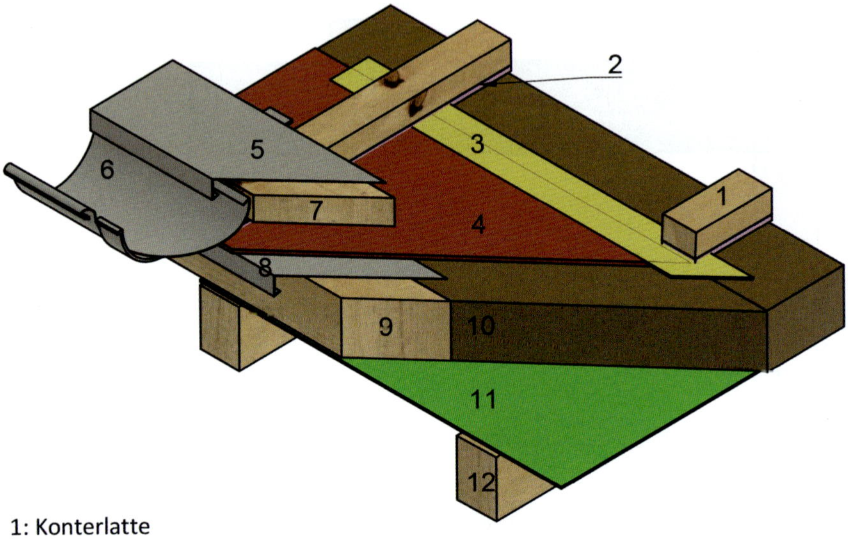

1: Konterlatte
2: Nageldichtband oder -masse (Herstellerangabe)
3: Klebeband nach Punkt 6 (1)
4: Unterdeckbahn nach PDB UDB/USB, Nähte verklebt
5: Traufe
6: Rinne
7: Traufbohle
8: Tropfblech
9: Schubholz
10: Unterdeckplatte nach PDB UDP
11: Luftdichtheitsschicht
12: Sparren

(4) Der First kann als belüftete und unbelüftete Konstruktion ausgeführt werden (Abbildungen 46 und 47).

Abb. 46: First Holzfaser-Unterdeckplatte, unbelüftet (Klasse 3)

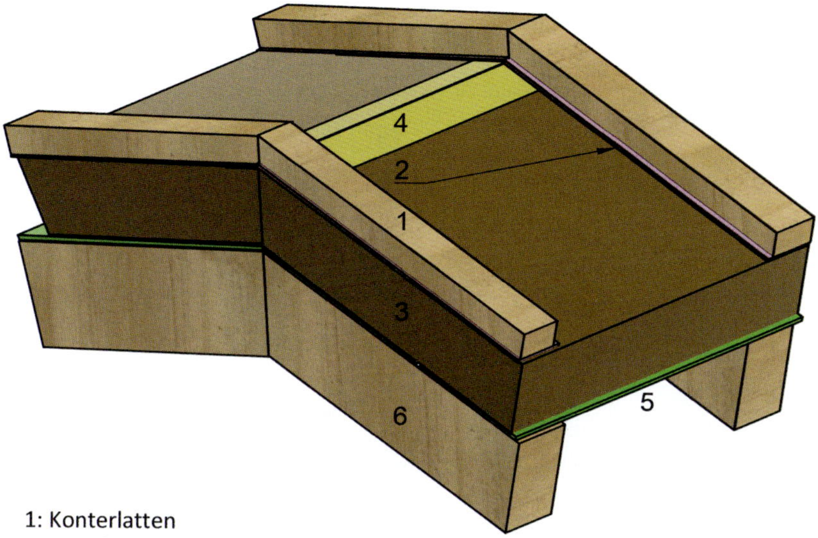

1: Konterlatten
2: Nageldichtband oder -masse nach Herstellerangabe
3: Unterdeckplatte nach PDB UDP
4: Klebeband, nach Kapitel 6 (1) ausgeführt
5: Luftdichtheitsschicht
6: Sparren

Abb. 47: First Holzfaser-Unterdeckplatte, belüftet (Klasse 3)

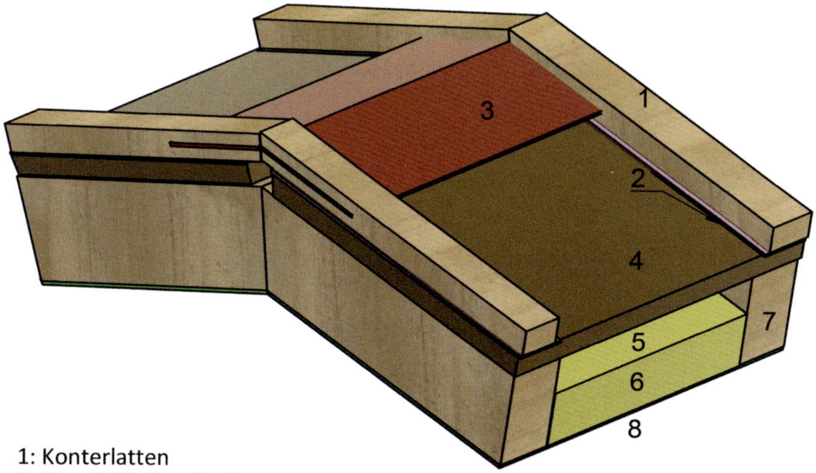

1: Konterlatten
2: Nageldichtband oder -masse nach Herstellerangabe
3: Unterdeckbahn nach PDB UDB/USB
4: Unterdeckplatte nach PDB UDP
5: Belüftungsebene nach Merkblatt Wärmeschutz
6: Zwischensparrendämmung
7: Sparren
8: Luftdichtheitsschicht

(5) Für Durchdringungen, Einbauteile und Anschlüsse sind spezielle auf die Unterdeckplatte abgestimmte Systemprodukte zu verwenden. Die Anschlusshöhe an aufgehende Bauteile beträgt ≥ 5 cm über Oberfläche der Dachdeckung.

Bei firstseitigen Anschlüssen muss sichergestellt werden, dass ablaufendes Wasser am aufgehenden Bauteil vorbei in das nächste Sparrenfeld geleitet wird.

Abb. 48: Holzfaser-Unterdeckplatte, firstseitiger Anschluss (Klasse 3)

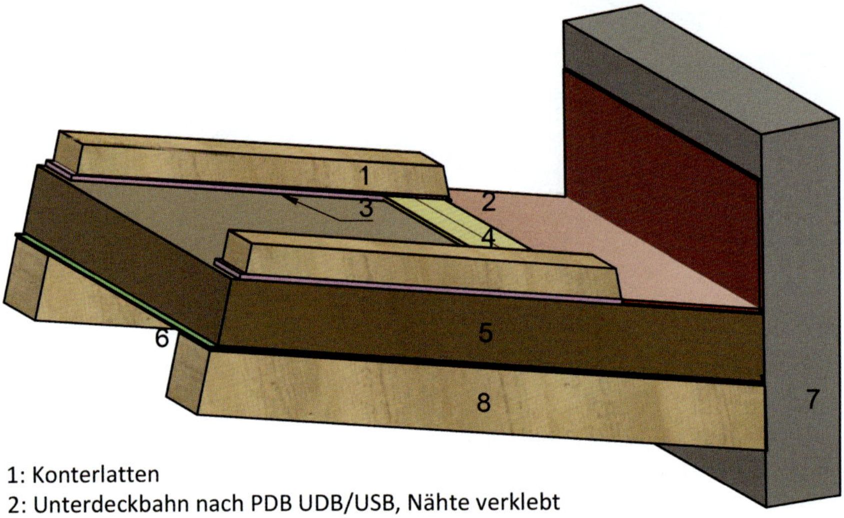

1: Konterlatten
2: Unterdeckbahn nach PDB UDB/USB, Nähte verklebt
3 Nageldichtband oder -masse nach Herstellerangabe
4: Klebeband, nach Kapitel 6 (1) ausgeführt
5: Unterdeckplatte nach PDB UDP
6: Luftdichtheitsschicht
7: Mauer/Wand
8: Sparren

Abb. 49: Holzfaser-Unterdeckplatte, traufseitiger Anschluss (Klasse 3)

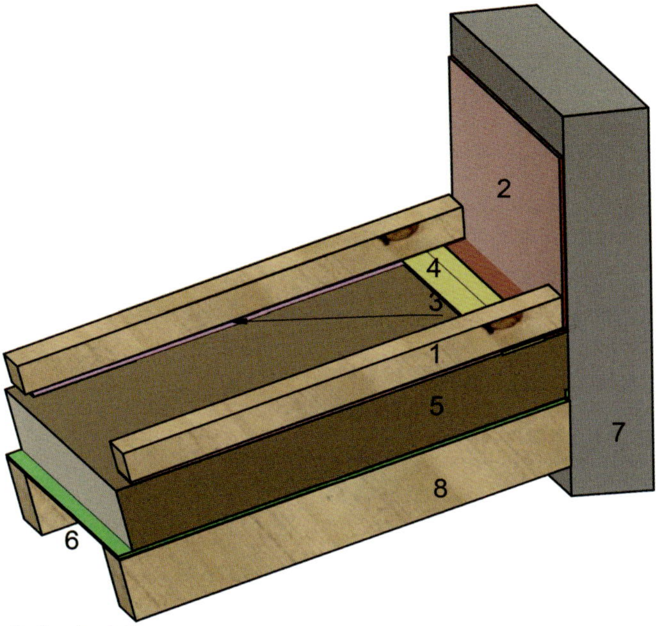

1: Konterlatten
2: Unterdeckbahn nach PDB UDB/USB, Nähte verklebt
3: Nageldichtband oder -masse nach Herstellerangabe
4: Klebeband, nach Kapitel 6 (1) ausgeführt
5: Unterdeckplatte nach PDB UDP
6: Luftdichtheitsschicht
7: Mauer/Wand
8: Sparren

7 Unterspannungen

(1) Unterspannungen werden nach

- Abbildung 50 mit verklebten Überdeckungen und Nageldichtband/-masse (Klasse 3) oder
- Abbildung 51 mit verklebten Überdeckungen (Klasse 4) oder
- Abbildung 51 nicht verklebten Überdeckungen (Klasse 5)

mit Unterspannbahnen der Klasse USB des „Produktdatenblatt für Unterdeckbahnen und Unterspannbahnen" ausgeführt.

Unterspannungen können bei belüfteten oder nicht gedämmten Konstruktionen ausgeführt werden. Eintrieb von Flugschnee und Regen durch Lüftungsöffnungen ist bei belüfteten Systemen nicht zu vermeiden.

Die Bahnen sind mit Höhen- und Seitenüberdeckung von jeweils ≥ 10 cm auszuführen und zu verkleben. Seitenüberdeckungen müssen unter den Konterlatten liegen. T-Stöße sind unvermeidbar. Kreuzstöße sind nicht zulässig.

Der Durchhang der Bahn soll nicht größer als die Konterlattendicke sein.

Die Unterspannbahnen sind auf den Sparren mit mindestens korrosionsgeschützten Breitkopfstiften/-nägeln oder Klammern im oberen/äußeren Drittel der Höhen-/Seitenüberdeckung zu befestigen. Über den Sparren unter Konterlatten sind zusätzliche Befestigungen möglich, sichtbare Befestigung ist nicht zulässig.

Bei verklebten Unterspannungen der Bahnen erfolgt die Verklebung der Bahnenüberlappungen mit integrierten Klebezonen der Bahnen oder mit Klebebändern.

Nageldichtbänder und Nageldichtmassen müssen für die Verwendung mit der jeweiligen Bahn geeignet sein, sie werden zwischen Konterlatte und Unterspannbahn angeordnet.

Abb. 50: Verklebte Unterspannung mit Nageldichtband/-masse (Klasse 3)

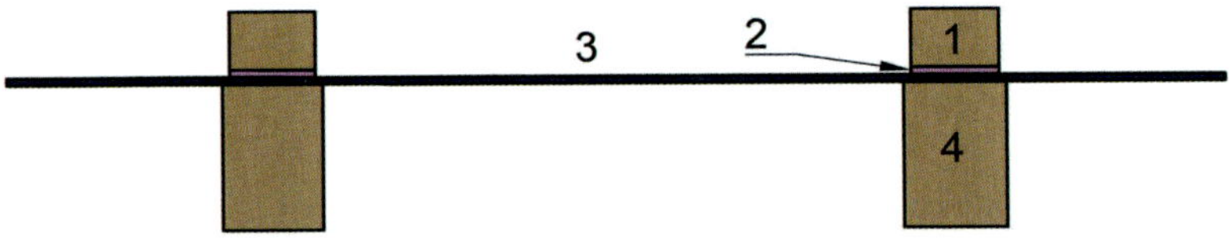

1: Konterlatte
2: Nageldichtband oder -masse
3: Unterspannbahn nach PDB UDB/USB, Nähte verklebt
4: Sparren

Abb. 51: Unterspannung mit verklebten Überdeckungen (Klasse 4) oder nicht verklebten Überdeckungen (Klasse 5)

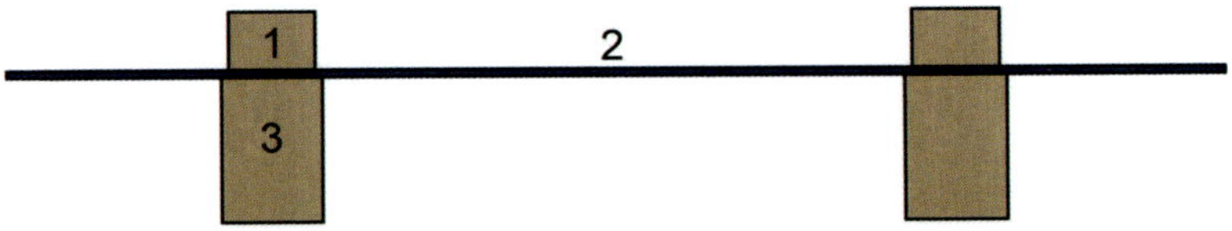

1: Konterlatte
2: Unterspannbahn nach PDB UDB/USB, verklebt/lose überlappt
3: Sparren

(2) Die Traufe ist mit Rinneneinlauf- oder Tropfblech auszuführen, (Abbildungen 52 bis 54). Die Unterspannbahn ist auf das Blech zu führen und zu verkleben. Die Bleche sind in der Unterlage zu befestigen.

Abb. 52: Verklebte Unterspannungen mit Nageldichtband Traufausführung mit Tropfblech (Klasse 3)

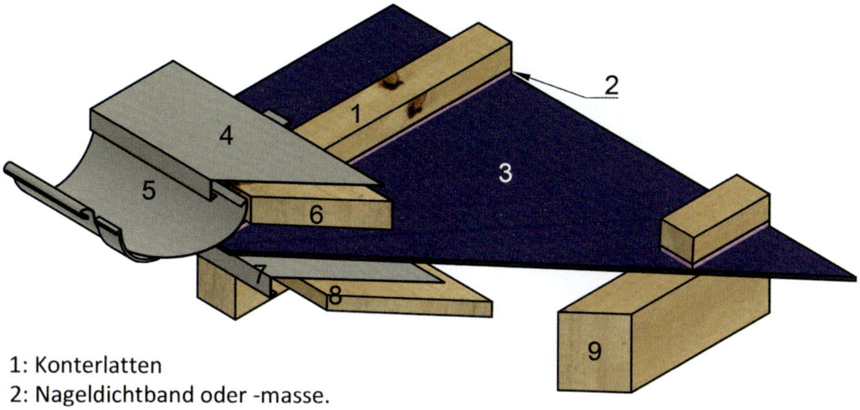

1: Konterlatten
2: Nageldichtband oder -masse.
3: Unterspannbahn nach PDB UDB-USB, Nähte verklebt
4: Traufblech
5: Rinne
6: Traufbohle
7: Tropfblech
8: Traufschalung
9: Sparren

Abb. 53: Verklebte Unterspannungen Traufausführung mit Traufkeil (Klasse 4)

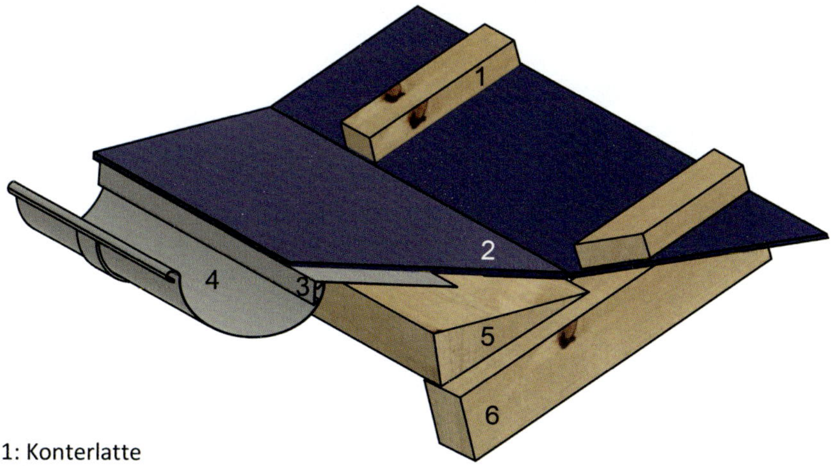

1: Konterlatte
2: Unterspannbahn nach PDB UDB-USB, Nähte verklebt
3: Traufblech
4: Rinne
5: Traufkeil
6: Sparren

Abb. 54: Unterspannungen, Traufausführung mit Rinneneinlaufblech (Klasse 5)

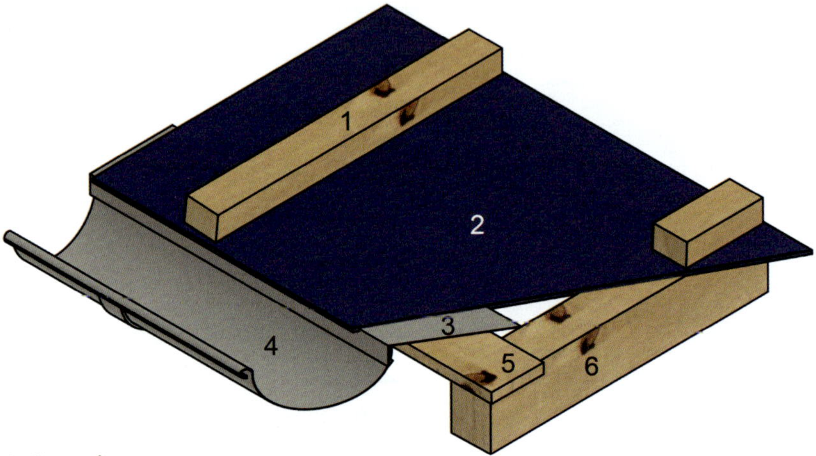

1: Konterlatte
2: Unterspannbahn nach PDB UDB/USB, lose überlappt
3: Traufe
4: Rinne
5: Traufschalung
6: Sparren

(3) Firstausführung: Die Unterspannbahnen sollen ca. 5 cm vor der First-Scheitellinie enden. (Abbildung 55)

Abb. 55: Firstausführung, verklebte Unterspannung Querschnitt (Klasse 4)

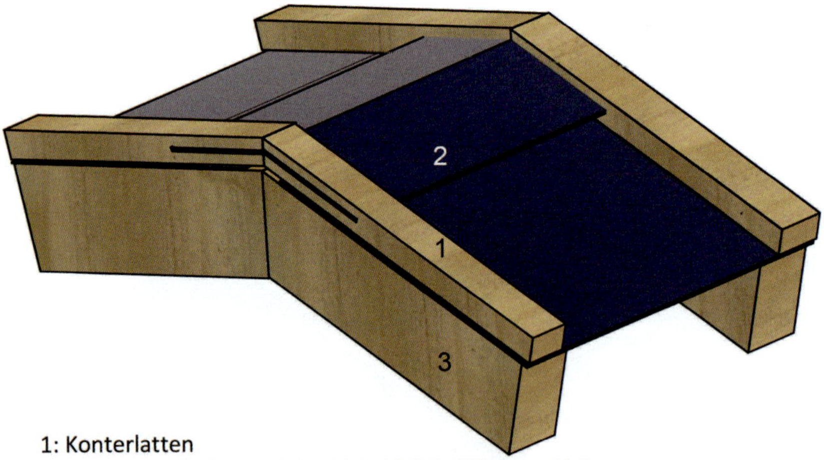

1: Konterlatten
2: Unterspannbahn nach PDB UDB/USB, Nähte verklebt
3: Sparren

(4) Anschlüsse und Durchdringungen sind mit dem Bahnenmaterial oder System Zubehör für die Nahtverbindung oder mit speziellen und auf den jeweiligen Anwendungsfall bezogenen Produkten auszuführen. Die Anschlusshöhe an aufgehende Bauteile beträgt ≥ 5 cm über Oberfläche der Dachdeckung.

Bei firstseitigen Anschlüssen muss sichergestellt werden, dass ablaufendes Wasser am aufgehenden Bauteil vorbei in das nächste Sparrenfeld geleitet wird.

Abb. 56: Firstseitiger Anschluss verklebte Unterspannung mit Dichtband (Klasse3)

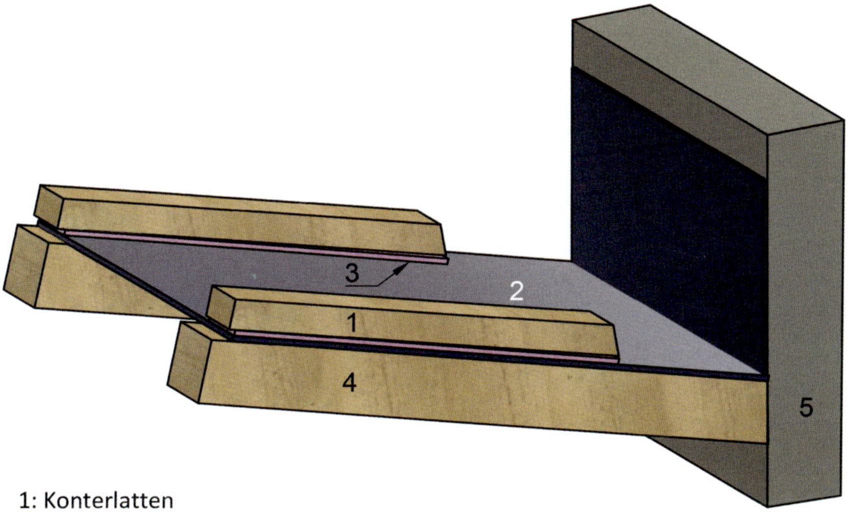

1: Konterlatten
2: Unterspannbahn nach PDB UDB/USB, Nähte verklebt
3: Nageldichtband oder -masse
4: Sparren
5: Mauer/Wand

Abb. 57: Verklebte Unterspannung, traufseitiger Anschluss (Klasse 4)

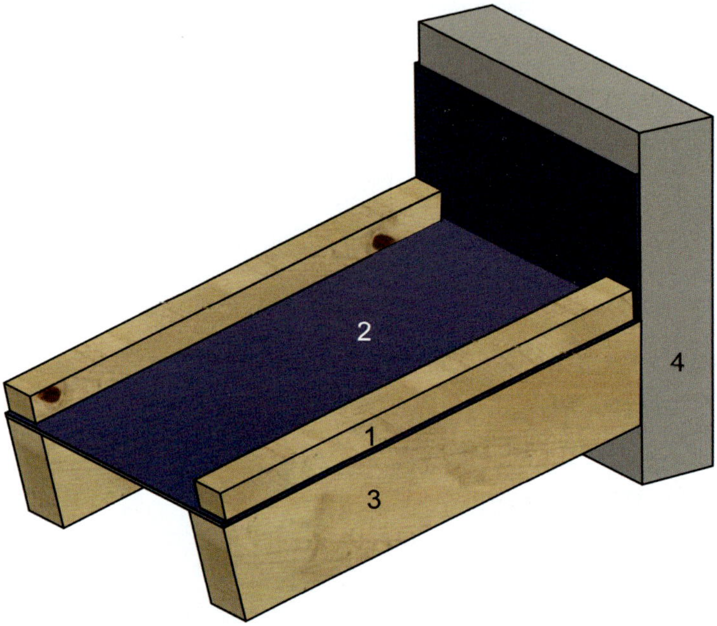

1: Konterlatten
2: Unterspannbahn nach PDB UDB/USB, Nähte verklebt
3: Sparren
4: Mauer/Wand

8 Unterdeckungen

(1) Unterdeckungen mit überlappten Bahnen werden nach Abbildungen 58 und 59 mit nicht verklebten Überdeckungen (Klasse 5)

- mit Unterdeckbahnen der Klasse UDB des „Produktdatenblatt für Unterdeckbahnen und Unterspannbahnen" oder
- dem „Produktdatenblatt für Bitumenbahnen" oder
- mit Bitumenbahnen nach DIN EN 13707[2]

ausgeführt.

Unterdeckungen mit Bitumenbahnen können bei belüfteten oder nicht gedämmten Konstruktionen ausgeführt werden. Eintrieb von Flugschnee und Regen durch Lüftungsöffnungen ist bei belüfteten Systemen nicht zu vermeiden.

Die Bahnen sind mit Höhen- und Seitenüberdeckung von jeweils ≥ 10 cm auszuführen. Seitenüberdeckungen müssen unter den Konterlatten liegen. T-Stöße sind unvermeidbar. Kreuzstöße sind nicht zulässig.

Die Unterdeckbahnen sind mit mindestens korrosionsgeschützten Breitkopfstiften/-nägeln oder Klammern im oberen/äußeren Drittel der Höhen-/Seitenüberdeckung zu befestigen. Über den Sparren unter Konterlatten sind zusätzliche Befestigungen möglich, eine sichtbare Befestigung ist nicht zulässig.

Abb. 58: Unterdeckungen mit überdeckten Bahnen, UDB, V13 (Klasse 5)

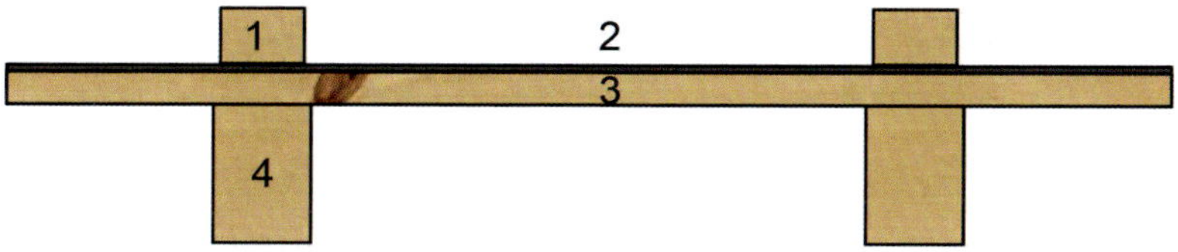

1: Konterlatte
2: Bitumenbahn nach PDB, oder V13, lose überlappt
3: Unterlage nach Tabelle 2 oder 3
4: Sparren

Abb. 59: Unterdeckungen mit überdeckten Bahnen, UDB, V13, belüftet (Klasse 5)

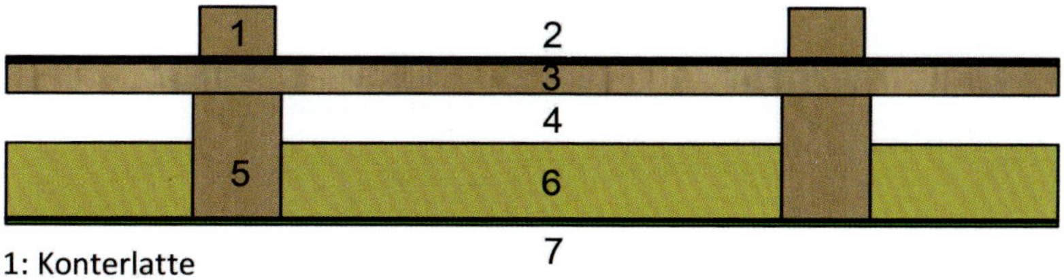

1: Konterlatte
2: Bitumenbahn nach PDB, oder V13, lose überlappt
3: Unterlage nach Tabelle 2 oder 3
4: Belüftungsebene nach Merkblatt Wärmeschutz
5: Sparren
6: Zwischensparrendämmung
7: Luftdichtheitsschicht

[2] DIN EN 13707 Abdichtungsbahnen – Bitumenbahnen mit Trägereinlage für Dachabdichtungen – Definitionen und Eigenschaften

(2) Die Traufe ist mit Rinneneinlauf- oder Tropfblech auszuführen (Abbildungen 60 und 61). Die Unterdeckbahn ist auf das Blech zu führen. Die Bleche sind in der Unterlage zu befestigen.

Abb. 60: Unterdeckungen mit überdeckten Bahnen, Traufe mit Einlaufblech, V13 (Klasse 5)

1: Konterlatten
2: V13, lose überlappt
3: Traufblech
4: Unterlage nach Tabelle 2 oder 3
5: Rinne
6: Sparren

Abb. 61: Unterdeckungen mit überdeckten Bahnen, Traufe mit Tropfblech, V13 (Klasse 5)

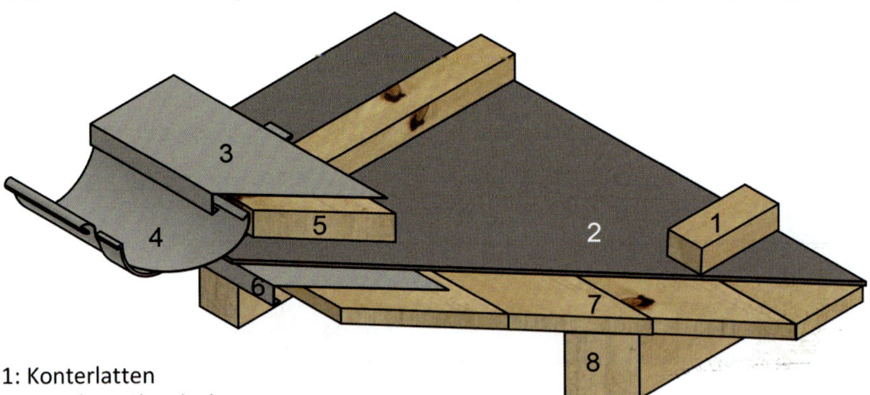

1: Konterlatten
2: V13, lose überdeckt
3: Traufblech
4: Rinne
5: Traufbohle
6: Tropfblech
7: Unterlage nach Tabelle 2 oder 3
8: Sparren

(3) Die Bahnen sollen bei belüfteten oder ungedämmten Konstruktionen ca. 3 cm vor der First-Scheitellinie enden, siehe Abbildung 62.

Abb. 62: Unterdeckungen mit überdeckten Bahnen, First, Querschnitt (Klasse 5)

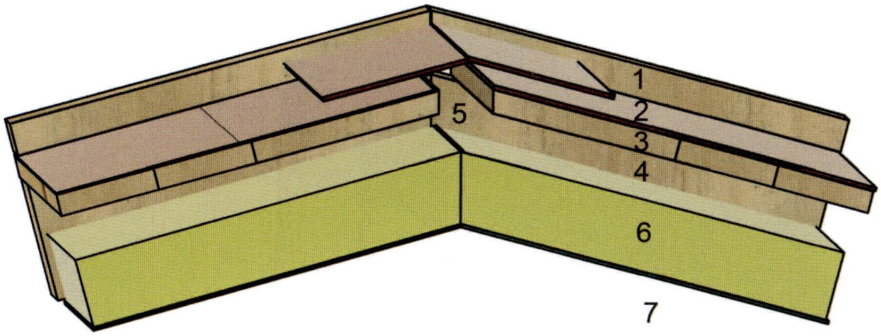

1: Konterlatten
2: Unterdeckung nach PDB UDB/USB oder z.B. V13, lose überlappt
3: Schalung nach Tabelle 2 oder 3
4: Belüftungsebene nach Merkblatt Wärmeschutz
5: Sparren
6: Zwischensparrendämmung
7: Luftdichtheitsschicht

(4) Anschlüsse und Durchdringungen sind mit dem Bahnenmaterial oder Systemzubehör auszuführen. Die Anschlusshöhe an aufgehende Bauteile beträgt ≥ 5 cm über Oberfläche der Dachdeckung.

Bei firstseitigen Anschlüssen muss sichergestellt werden, dass ablaufendes Wasser am aufgehenden Bauteil vorbei in das nächste Sparrenfeld geleitet wird.

Abb. 63: Unterdeckungen mit überdeckten Bahnen, firstseitiger Anschluss (Klasse 5)

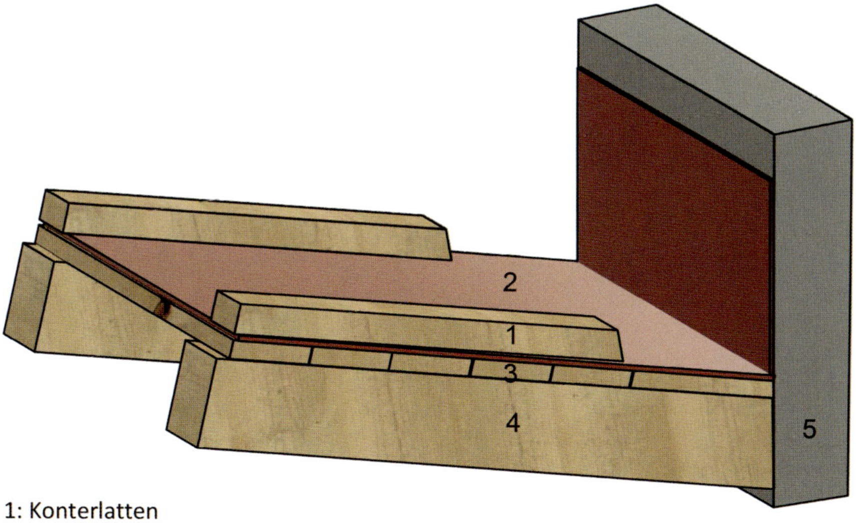

1: Konterlatten
2: Unterdeckbahn nach PDB UDB/USB, Nähte überlappt
3: Schalung nach Tabelle 2 oder 3 dieses Merkblattes
4: Sparren
5: Mauer/Wand

Abb. 64: Unterdeckungen mit überdeckten Bahnen, traufseitiger Anschluss (Klasse 5)

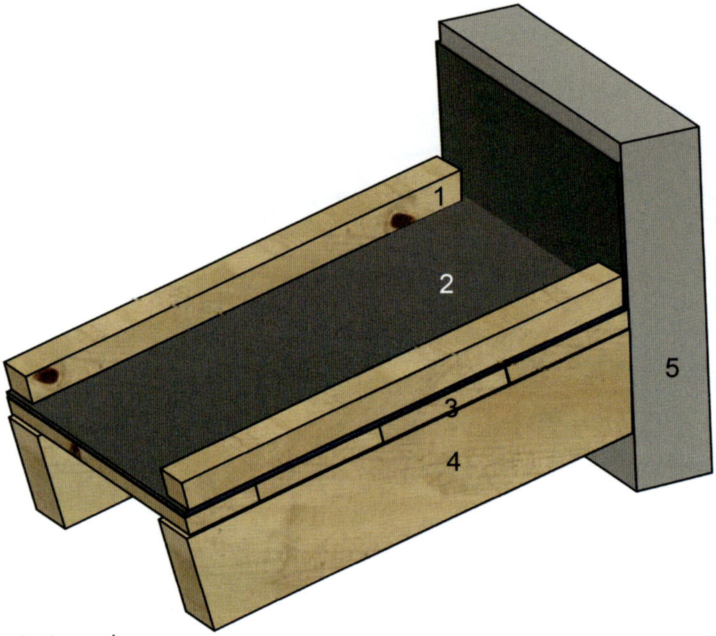

1: Konterlatten
2: Unterdeckbahn V13, Nähte überlappt
3: Schalung nach Tabelle 2 oder 3
4: Sparren
5: Mauer/Wand

Deutsches Dachdeckerhandwerk
– Regelwerk –

Merkblatt Äußerer Blitzschutz auf Dach und Wand

Aufgestellt und herausgegeben vom

Zentralverband des Deutschen Dachdeckerhandwerks – Fachverband Dach-, Wand- und Abdichtungstechnik – e.V.

in Zusammenarbeit mit dem

VDE Verband der Elektrotechnik Elektronik Informationstechnik e.V.
Ausschuss für Blitzschutz und Blitzforschung (ABB)

Ausgabe 01. Dezember 2018

RM Rudolf Müller

Vorgänger

Merkblatt „Blitzschutz auf und an Dächern“	Ausgabe September 1999
Merkblatt „Äußerer Blitzschutz auf Dach und Wand“	Ausgabe März 2003
Merkblatt „Äußerer Blitzschutz auf Dach und Wand“	Ausgabe November 2010

Inhaltsverzeichnis

1 Allgemeines

1.1 Geltungsbereich

Dieses Merkblatt gilt für die Planung und Montage des Äußeren Blitzschutzes an und auf Dächern und an Wänden. Es ist eine Ergänzung zu den grundsätzlichen Anforderungen an den Blitzschutz in Normen und VDE-Vorschriften (siehe Anhang III). Blitzschutzsysteme müssen durch eine Blitzschutz-Fachkraft errichtet werden.

1.1.1 Notwendigkeit

Die Notwendigkeit von Blitzschutzsystemen ergibt sich aus

- den gesetzlichen Auflagen und Verordnungen (z.B. Landesbauordnungen),
- der Risikoanalyse aus der DIN EN 62305-2 (VDE 0185-305-2),
- den Auflagen der Sachversicherer.

1.1.2 Blitzschutz-Fachkraft

Eine Blitzschutz-Fachkraft (z.B. „VDE-geprüfte Blitzschutzfachkraft") ist, wer aufgrund seiner fachlichen Ausbildung, Kenntnisse und Erfahrungen sowie Kenntnis der einschlägigen Normen Blitzschutzsysteme planen, errichten oder prüfen kann. Sie verfügt über mehrjährige Berufserfahrung und zeitnahe berufliche Tätigkeiten im Bereich des Blitzschutzes.

1.2 Begriffe

1.2.1 Blitzschutzsystem

Ein Blitzschutzsystem ist das gesamte System für den Schutz einer baulichen Anlage gegen Auswirkungen des Blitzes. Es besteht sowohl aus dem Äußeren als auch aus dem Inneren Blitzschutz.

1.2.2 Blitzschutzklassen/Gefährdungspegel

Blitzschutzklassen/Gefährdungspegel dienen zur Klassifizierung von Blitzschutzsystemen entsprechend deren Wirksamkeit. Die Blitzschutzklasse/Gefährdungspegel drückt die Wahrscheinlichkeit aus, mit der ein Blitzschutzsystem eine bauliche Anlage gegen Blitzeinwirkungen schützt.

1.2.3 Äußerer Blitzschutz

Äußerer Blitzschutz besteht aus der Fangeinrichtung, der Ableitungseinrichtung und der Erdungsanlage.

1.2.4 Innerer Blitzschutz

Alle zusätzlichen Maßnahmen zu den in Abschnitt 1.2.3 aufgeführten notwendigen Maßnahmen einschließlich Schutzpotenzialausgleich, Einhaltung des Trennungsabstandes und der Verminderung der elektromagnetischen Auswirkungen des Blitzstroms innerhalb der zu schützenden baulichen Anlage.

1.2.4.1 Blitzschutzpotenzialausgleich

Der Blitzschutzpotenzialausgleich ist die Verbindung aller getrennten leitenden Anlagenteile direkt durch Leitungen oder Überspannungsschutzgeräte als Teil des Inneren Blitzschutzes, um die vom Blitzstrom hervorgehobenen Potenzialunterschiede zwischen diesen Teilen zu reduzieren.

1.2.4.2 Potenzialausgleichsschiene

Die Potenzialausgleichsschiene ist eine Sammelschiene, an der metallene Installationen wie z.B. metallene Rohrleitungen und metallene Lüftungskanäle, äußere leitende Teile und Leitungen der Energie- und Informationstechnik mit dem Blitzschutzsystem verbunden werden.

1.2.5 Fangeinrichtung

Die Fangeinrichtung ist der Teil des Äußeren Blitzschutzes, der zum Auffangen der Blitze bestimmt ist.

1.2.6 Schutzwinkel

Der Schutzwinkel (Schutzraum) beschreibt den Schutzbereich um Teile der Fangeinrichtung.

1.2.7 Trennungsabstand (Vermeidung einer Näherung)

Der Trennungsabstand ist der Mindestabstand zwischen 2 leitenden Teilen der zu schützenden baulichen Anlage, über den keine gefährliche Funkenbildung stattfindet.

1.2.8 Ableitungseinrichtung

Die Ableitungseinrichtung ist der Teil des Äußeren Blitzschutzes, der dazu bestimmt ist, den Blitzstrom von der Fangeinrichtung zur Erdungsanlage abzuleiten.

1.2.9 Erdungsanlage

Die Erdungsanlage ist der Teil des Äußeren Blitzschutzes, der den Blitzstrom in die Erde leitet und verteilt.

1.2.10 Natürlicher Bestandteil

Ein „natürlicher Bestandteil" ist ein Bestandteil der baulichen Anlage, der eine Blitzschutzfunktion erfüllt, aber nicht speziell zu diesem Zwecke installiert wurde.

Beispiele für die Anwendung dieser Bezeichnung:

- „natürliche" Fangeinrichtung, z.B. Mauerabdeckung, Regenrinnen usw.
- „natürliche" Ableitungseinrichtung, z.B. durchgehende elektrisch leitfähige Fassadenteile
- „natürliche" Erdungsanlagenteile, z.B. Fundamentarmierungen

1.2.11 Verbindung

Verbindungen sind Klemmen oder Anschlussbauteile, die Leitungen untereinander oder mit anderen leitfähigen Bauteilen verbinden.

Verbindungen sind auf ein Minimum zu beschränken. Verbindungen sind durch Hartlöten, Schweißen, Klemmen, Quetschen, Falzen, Schrauben oder Nieten sicher auszuführen.

Anmerkung: Sie müssen nach DIN EN 62561-1 (VDE 0185-561-1):2017-12 geprüft sein.

1.2.12 Befestigung

Eine Befestigung ist ein Bauteil, das die Leitung in der vorgegebenen Lage fixiert.

1.2.13 Schutzlage

Eine Schutzlage schützt die vorhandene Dachabdichtung vor mechanischen und chemischen Einflüssen (z.B. Bautenschutzmatte).

1.2.14 Einrichtungen zum Befestigen von persönlicher Schutzausrüstung gegen Absturz (PSAgA)

Eine Einrichtung zum Befestigen von persönlicher Schutzausrüstung gegen Absturz (PSAgA) kann aus einzelnen Anschlagpunkten oder aus Seil- bzw. Schienensystemen bestehen.

1.2.15 Metallener Schornstein bzw. –einsatz

Bauteil, welches der Abführung von Rauch und/oder Abgasen dient.

1.2.16 Photovoltaik- und solarthermische Anlagen

Bauteile zur solaren Energiegewinnung.

2 Werkstoffe und Anforderungen

2.1 Werkstoffe

2.1.1 Verträglichkeit von Werkstoffen

Nur untereinander verträgliche Werkstoffe dürfen verwendet werden. Die am Bauwerk befindlichen Materialien sind hierbei zu berücksichtigen (siehe „Fachregel für Metallarbeiten im Dachdeckerhandwerk").

2.1.2 Abmessungen

Die erforderlichen Mindestmaße der Einbauteile sind in DIN EN 62305-3 (VDE 0185-305-3):2011-10, Tabelle 3, 6 und 7, Werkstoffe (Anhang I, Tabelle I.1 und Tabelle I.2) beschrieben.

2.1.3 Konstruktiver Korrosionsschutz

Das Blitzschutzsystem sollte aus korrosionsbeständigem Werkstoff wie Kupfer, Aluminium, rostfreiem und verz. Stahl ausgeführt werden.

Aluminiumleiter sollten nicht direkt an Gebäude mit kalkhaltiger Oberfläche wie Kalkstein oder Kalksteinputz oder in Beton und niemals im Erdboden verlegt werden.

Innerhalb und unmittelbar auf Mauerwerk oder Beton müssen Leitungen aus Aluminium mit einer Umhüllung gegen Korrosion geschützt werden.

Bei der Verbindung von verschiedenen Materialien sind spezielle Bauelemente zu verwenden, damit die Korrosion bei Feuchtigkeit unterbunden wird. Verbindungen mit Blei-Zwischenlagen sind nicht zulässig.

2.2 Anforderungen

2.2.1 Planung eines Blitzschutzsystems

(1) Ein technisch und wirtschaftlich optimierter Entwurf eines Blitzschutzsystems ist nur möglich, wenn die Schritte der Planung des Blitzschutzsystems und die der Planung und Errichtung der zu schützenden baulichen Anlage aufeinander abgestimmt sind. Die notwendige Planung erstreckt sich auf das gesamte Blitzschutzsystem unter Berücksichtigung der Nutzung der einzelnen Komponenten in Verbindung mit der notwendigen Abstimmung zur vorhandenen Dachdeckung, Dachabdichtung, Außenwand und der statischen Berechnung.

(2) Die temperaturbedingte Längenänderung sowie Schnee- und Windlast sind zu berücksichtigen.

3 Ausführung

3.1 Planungsvorgaben

(1) Bei der Planung sind die gewerküberschreitenden technischen Berührungspunkte zu berücksichtigen und abzustimmen.

(2) Die Ermittlung der Blitzschutzklasse erfolgt durch den Planer des Blitzschutzsystems. Abhängig von der Blitzschutzklasse ergeben sich die Anordnung der Fangeinrichtung und die Anzahl der Ableitungen.

3.2 Fangeinrichtung

(1) Die Abmessungen und Werkstoffe für Fangeinrichtungen müssen der Tabelle I.1 Anhang I entsprechen.

(2) Natürliche Bestandteile, wie Bekleidungen und Abdeckungen aus Metall an der zu schützenden baulichen Anlage, können als Fangeinrichtung verwendet werden. Voraussetzung ist die dauerhafte, blitzstromtragfähige Verbindung zwischen den verschiedenen Teilen.

(3) Bei Blitzeinschlag kann es am Einschlagpunkt zum Durchschmelzen oder zu unzulässiger Erhitzung kommen. Dies kann weitestgehend vermieden werden, wenn die Mindestdicken t aus der Tabelle I.2 Anhang I eingehalten werden.

(4) Soll dies aufgrund einer Vereinbarung mit dem Auftraggeber nicht ausgeschlossen werden, müssen die Mindestdicken t' aus der Tabelle I.2 Anhang I eingehalten werden. Die Regensicherheit der Dacheindeckung kann dann nach Blitzeinschlag nicht mehr gegeben sein.

(5) Eine Beschichtung mit Farbe, ≤ 1 mm Bitumen oder ≤ 0,5 mm PVC ist nicht als Isolierung zu betrachten.

(6) Leitfähige Dachaufbauten ohne leitende Verbindung in das Innere der baulichen Anlage müssen mit der Fangeinrichtung verbunden werden, wenn eine ihrer Abmessungen folgende Werte übersteigen:
- Höhe über das Dachniveau 0,3 m
- Gesamtfläche des Aufbaus 1,0 m²
- Länge des Aufbaus 2,0 m

(7) Nicht leitende Dachaufbauten erfordern keinen zusätzlichen Schutz, wenn sie im Schutzbereich von Fangeinrichtungen liegen oder nicht mehr als 0,5 m über die Fangebene hinausragen.

3.3 Ableitungen

(1) Natürliche Bestandteile, wie Metallkonstruktionen, Bleche, metallene Unterkonstruktionen und Metallfassaden an der zu schützenden baulichen Anlage, können als Ableitung verwendet werden, wenn ihre Abmessungen den Anforderungen an Ableitungen entsprechen (siehe Anhang I), ihre Dicke ≥ 0,5 mm beträgt und eine elektrisch leitende, blitzstromtragfähige Verbindung gewährleistet ist. Überlappende Verbindungen gelten nicht als elektrisch leitende Verbindung.

(2) Enge Biegungen der Ableitung sind zu vermeiden.

(3) Erforderliche Isolierungen der Leitungen nach Abschnitt 3.6 (2) sind zu beachten.

(4) Sofern erforderlich, sind Wasserabweiser einzubauen.

3.4 Befestigungen

(1) Die Bauteile müssen so befestigt werden, dass elektrodynamische oder andere mechanische Kräfte (z.B. Schwingungen, Ausdehnungen), Schneeabrutschungen usw. nicht zu Unterbrechungen der Leitungen führen.

(2) Auf Dachabdichtungen, z.B. mit Bitumen- oder Kunststoffdachdichtungsbahnen, dürfen keine starren Verbindungen der Leitungshalter angebracht werden. Die Einbauanweisungen der Hersteller müssen eingehalten werden.

(3) Damit Dachleitungshalter auf der ungeschützten Oberfläche von Dachabdichtungen mit Kunststoffbahnen durch Wind und Wasser nicht verschoben werden, ist eine Lagesicherung der Dachleitungshalter zu empfehlen. Für diese Anwendungsfälle eignen sich z.B. Dachleitungshalter mit Schnapptechnik. Hierzu wird ein Streifen der Kunststoffdachbahn in üblicher Fügetechnik mit einer Länge von ca. 200 mm und einer Breite von ca. 100 mm zwischen dem Dachleitungshalter und der darauf aufzuschnappenden Grundplatte rechtwinklig zur Fangleitung befestigt. Dadurch wird ein Verschieben der Fangleitungen auf den Kunststoffbahnen verhindert. Bei einer Dachneigung von > 5° ist jeder Dachleitungshalter und bei einer Dachneigung von ≤ 5° jeder zweite Dachleitungshalter mit einem Streifen der Kunststoffdachbahn zu versehen. Die Anordnung der Dachleitungshalter sollte bei mechanisch befestigten Kunststoffbahnen im unmittelbaren Bereich der mechanischen Befestigung erfolgen (siehe Anhang II Abb. II.10). Diese Arbeiten müssen von einem Dachdeckerfachbetrieb ausgeführt werden.

(4) Leitungshalter müssen nach den jeweiligen Herstellerangaben befestigt werden.

3.5 Erdung

(1) Die Erdungsanlage hat die Aufgabe, einen gut leitenden Kontakt mit dem Erdreich herzustellen. Hierdurch soll ein Einleiten des Blitzstroms in die Erde ungehindert stattfinden.

(2) Form und Abmessung der Erdungsanlage sind wichtiger als ein bestimmter Erdungswiderstand. Empfohlen wird jedoch ein niedriger Wert. Eine Erdungsanlage als geschlossener Ring um das zu schützende Gebäude ist einem Erdungssystem aus Einzelerdern immer vorzuziehen. Sind Einzelerder nicht zu vermeiden, dann muss pro erforderliche Ableitung eine Mindestlänge von 5 m für Horizontalerder und 2,5 m für Vertikalerder bei Blitzschutzklasse III und IV verlegt werden. Bei Blitzschutzklasse I und II bestimmt die Leitfähigkeit des Erdreichs die Erderlänge. Die Einzelerder müssen auf Höhe des Erdniveaus alle miteinander verbunden werden. Diese Verbindung kann auch durch Leitungen oder Rohrleitungen, die durch das Gebäude geführt sind, hergestellt werden. Vertikalerder mit einer Länge von 9 m Länge haben sich bewährt. Es wird empfohlen, den ersten Meter eines Vertikalerders unter Frostbedingungen als unwirksam zu betrachten. Die Verlegetiefe von Horizontalerdern ist größer 0,5 m und der Abstand zum Gebäude etwa 1 m.

(3) Die Erdungsanlage soll für alle Zwecke der baulichen Anlage geeignet sein (Blitzschutz, Niederspannungsanlage u.a.).

(4) Man unterscheidet grundsätzlich zwischen 2 Arten der Erderanordnung: Erder Typ A (Einzelerder) und Erder Typ B (Fundament- oder Ringerder).

(5) Nach den anerkannten technischen Richtlinien müssen Erdungsanlagen ohne Verwendung von vorhandenen metallenen Wasserleitungen für sich alleine funktionsfähig sein. Diese Forderung stützt sich auf die zunehmende Verwendung von Kunststoffrohren für Wasserleitungen.

(6) Die Erdungsanlage muss mit der Potenzialausgleichsschiene verbunden werden.

(7) Bei der Errichtung eines Fudamenterders ist DIN 18014:2014-03 zu beachten.

3.6 Messstellen

(1) Die Messstellen sollen an jedem Anschluss zur Erdungsanlage angebracht sein. Bei der Verwendung von natürlichen Ableitungen kann diese auch auf dem Dach angeordnet werden.

(2) Um eine Messung des Äußeren Blitzschutzes durchführen zu können, ist, falls notwendig, die Ableitung bzw. die Verbindungsleitung isoliert auszuführen (siehe Abb. II.2 und Abb. II.3).

(3) Messstellen müssen jederzeit zugänglich und sollen witterungsbeständig fortlaufend nummeriert sein.

3.7 Dachdurchführungen bei Dächern mit Abdichtungen

(1) Dachdurchführungen sollen möglichst vermieden werden. Falls sie erforderlich sind, muss zum Randbereich ein Abstand von ≥ 1 m (Rohbaumaß) und zu allen anderen Anschlüssen ein Abstand von ≥ 0,5 m eingehalten werden.

(2) Nach oben muss sie von Oberkante Belag eine Höhe von ≥ 150 mm haben. Der verbleibende Hohlraum muss ausgeschäumt werden.

(3) Enge Biegungen müssen vermieden werden. Der Anschluss der Fangeinrichtung muss so erfolgen, dass keine Kräfte auf die Durchführung wirken (siehe Abb. II.4).

(4) Die Abdichtungsarbeiten müssen von einem Dachdeckerfachbetrieb ausgeführt werden.

3.8 Dachaufbauten mit leitfähigen Verbindungen

(1) Dachaufbauten mit leitfähigen Verbindungen ins Gebäudeinnere müssen in das Blitzschutzsystem integriert werden. Um ein Verschleppen von Blitzteilströmen in das Innere des Objektes zu verhindern, ist der Schutz dieser Einrichtungen durch Fangstangen oder durch getrennte Fangeinrichtungen zu realisieren. Die zu schützende Einrichtung darf nicht mit der Fangeinrichtung verbunden werden. Der Trennungsabstand muss beachtet werden (siehe Abb. II.6, 7 und 8).

(2) Die Höhe der Fangstange ist entsprechend der Blitzschutzklasse zu bemessen (siehe Abb. II.6, 7 und 8 und Anhang I, Tabelle I.3).

(3) Bei Dächern mit Abdichtungen ist als mechanischer Schutz der Dachbahn unterhalb des Betonsockels der Fangstange eine Schutzlage aus einem geeigneten Werkstoff zu legen. Die Werkstoffverträglichkeit der Schutzlage mit der Dachbahn muss gegeben sein (siehe Abb. II.6, 7 und 8).

3.9 Außenwandbekleidung

3.9.1 Metallene Unterkonstruktionen

(1) Die Mindestanzahl von Ableitungen, die für das Gebäude erforderlich ist, kann durch eine entsprechende Anzahl elektrisch leitend verbundener senkrechter Teile der Unterkonstruktion erreicht werden. Die notwendigen Verbindungen zur Fangeinrichtung und zur Erdungsanlage müssen hergestellt werden.

(2) Der erforderliche Trennungsabstand der Unterkonstruktion zu anderen leitfähigen Teilen kann verringert werden, wenn die Unterkonstruktion horizontal verbunden wird. Eine wesentliche Verbesserung ergibt sich bei engmaschigerer Verbindung der Unterkonstruktionen (waagerecht und senkrecht).

3.9.2 Metallene Außenwandbekleidungen

(1) Metallene Außenwandbekleidungen können als Ableitung verwendet werden, wenn ihre Abmessungen den Anforderungen an Ableitungen entsprechen (siehe Anhang I), ihre Dicke ≥ 0,5 mm beträgt und eine elektrisch leitende Verbindung gewährleistet ist. Die notwendigen Verbindungen zur Fangeinrichtung und zur Erdungsanlage müssen hergestellt werden. Überlappende Verbindungen gelten nicht als elektrisch leitende Verbindung.

(2) Eine Gebäudeschirmung ergibt sich bei einer engmaschigen und großflächigen elektrisch leitenden Verbindung. Die Verbindung der großflächigen Elemente kann auch über die Unterkonstruktion erfolgen.

3.10 Einrichtungen zum Befestigen von persönlicher Schutzausrüstung gegen Absturz (PSAgA)

(1) Eine Einrichtung zum Befestigen von persönlicher Schutzausrüstung gegen Absturz (PSAgA) kann aus einzelnen Anschlagpunkten oder aus Seil- bzw. Schienensystemen bestehen.

(2) Einrichtungen zum Befestigen von persönlicher Schutzausrüstung gegen Absturz (PSgA) dürfen nicht als natürliche Fangeinrichtung verwendet werden, weil sie eine Personenschutzeinrichtung ist. Sie sind durch eine Fangeinrichtung vor direktem Blitzschlag zu schützen und müssen, wenn ihre Abmessung einen der Werte von Abschnitt 3.2 (6) übersteigt, mit der Fangeinrichtung verbunden werden. Eine Seil- bzw. Schienenanlage ist an allen Kreuzungspunkten zum Zwecke des Potenzialausgleiches elektrisch sicher zu verbinden. Diese flexiblen Verbindungen zur Seil- bzw. Schienenanlage müssen für den Mitläufer/Seilgleiter überfahrbar und nach DIN EN 62561-1 (VDE 0185-561-1):2017-02 geprüft sein.

(3) Der Trennungsabstand zu metallenen und elektrischen Einrichtungen ist zu beachten.

(4) Bei Dächern mit metallener Eindeckung ist die Seilanlage mindestens am Anfang und am Ende mit dem Metalldach zu verbinden.

(5) Die Fangeinrichtung für die Seilanlage ist mindestens nach Blitzschutzklasse III nach DIN EN 62305-3 (VDE 0185-305-3):2011-10 zu dimensionieren.

3.11 Metallene Schornsteine bzw. –einsätze

(1) Metallene Schornsteine bzw. –einsätze sind durch eine getrennte Fangeinrichtung vor direktem Blitzschlag zu schützen.

(2) Sie müssen am Fußpunkt in den Schutzpotenzialausgleich einbezogen werden.

(3) Siehe auch Merkblatt - Blitzschutz an Abgasanlagen - des Bundesindustrieverband Deutschland Haus-, Energie- und Umwelttechnik e.V. und des ABB.

3.12 Photovoltaik- und solarthermische Anlagen

(1) Photovoltaik- und solarthermische Anlagen werden durch getrennte Fangeinrichtungen vor direkten Blitzeinschlägen geschützt.

(2) Ist der Trennungsabstand mit konventionellen Bauteilen nicht einzuhalten, kann eine hochspannungsisolierte Ableitung verwendet werden.

(3) Ein direkter Anschluss muss vermieden werden. Die Trennungsabstände sind einzuhalten. Bei nicht zu vermeidenden Näherungen aufgrund metallener Konstruktionen ist die Auswirkung des in das Innere der baulichen Anlage eingekoppelten Blitzteilstroms zu beachten. Ein Anschluss an den Potenzialausgleich ist vorzunehmen.

(4) Erforderliche Maßnahmen des inneren Blitzschutzes müssen beachtet werden.

(5) Siehe auch VDE 0185-305-3, Beiblatt 5:2014-02, Blitz- und Überspannungsschutz für PV-Stromversorgungssysteme.

4 Prüfung und Wartung

(1) Prüfungen sind eine der Grundbedingungen für die bestimmungsgemäße Wirksamkeit und die zuverlässige Instandhaltung eines Blitzschutzsystems.

(2) Grundlage der Prüfung sind die jeweils zum Errichtungszeitpunkt des Blitzschutzsystems geltenden Normen sowie die Maßgaben sonstiger zutreffender Vorschriften, Bauverordnungen und dergleichen. Werden bei Überprüfungen Abweichungen von den Anforderungen der aktuellen Normen festgestellt, muss der Bauherr darauf hingewiesen werden.

(3) Bestehen keine behördlichen Auflagen oder Verordnungen mit Prüffristen, so werden die Zeitabstände zwischen den Prüfungen des Blitzschutzsystems der Blitzschutzklasse III und IV empfohlen. Darüber hinaus wird empfohlen, zur Funktionserhaltung der Blitzschutzsystems, eine regelmäßige Wartung durchführen zu lassen.

(4) Prüffristen sind in den Verordnungen über bautechnische Prüfungen (BauPrüfVO) der Länder und in der DIN EN 62305-3 (VDE 0185-305-3):2011-10, Tabelle E.2, festgelegt.

Anhang I: Tabellen

Tabelle I.1: Werkstoff, Form und Mindestquerschnitt von Fangleitungen, Fangstangen und Ableitungen (nach DIN EN 62305-3 (VDE 0185-305-3):2011-10, Tabelle 6)

Werkstoff	Form	Mindestquerschnitt mm^2
Kupfer, verzinntes Kupfer	massives Flachmaterial	50
	massives Rundmaterial[1)]	50
	Seil[2)]	50
	massives Rundmaterial[3)]	176
Aluminium	massives Flachmaterial	70
	massives Rundmaterial	50
	Seil	50
Aluminiumlegierung	massives Flachmaterial	50
	massives Rundmaterial	50
	Seil	50
	massives Rundmaterial[3)]	176
kupferüberzogene Aluminiumlegierung	massives Rundmaterial	50
feuerverzinkter Stahl	massives Flachmaterial	50
	massives Rundmaterial	50
	Seil	50
	massives Rundmaterial[3)]	176
kupferüberzogener Stahl	massives Rundmaterial	50
	massives Flachmaterial	50
rostfreier Stahl	massives Flachmaterial[4)]	50
	massives Rundmaterial[4)]	50
	Seil	50
	massives Rundmaterial[3)]	176

1) Mechanische und elektrische Eigenschaften sowie das Verhalten des Korrosionswiderstands müssen den Anforderungen der Reihe DIN EN 50164 entsprechen.
2) In bestimmten Anwendungen, bei denen mechanische Festigkeit nicht von Bedeutung ist, darf 50 mm^2 (8 mm Durchmesser) auf 25 mm^2 verringert werden. Dabei sollte die Verringerung des Abstandes der Befestigungselemente beachtet werden.
3) Anwendbar für Fangstangen und Erdeinführungsstangen. Für Anwendungen, wo mechanische Beanspruchungen wie Windlast nicht kritisch sind, kann eine höchstens 1 m lange Fangstange mit einem Durchmesser von 9,5 mm verwendet werden.
4) Wenn thermische und mechanische Anforderungen von Bedeutung sind, können diese Maße auf 75 mm^2 erhöht werden.

Tabelle I.2: Mindestdicke von Metallblechen oder Metallrohren in Fangeinrichtungen (nach DIN EN 62305-3 (VDE 0185-305-3):2011-10, Tabelle 3)

LPS-Schutzklasse	Werkstoff	Dicke[1)] *t* (mm)	Dicke[2)] *t'* (mm)
I bis IV	Blei	-	2,0
	Stahl (rostfrei, verzinkt)	4	0,5
	Titan	4	0,5
	Kupfer	5	0,5
	Aluminium	7	0,65
	Zink	-	0,7

1) *t* verhindert Durchlöchern
2) *t'* nur für Metallbleche, wenn die Verhinderung von Durchlöchern, Überhitzung und Entzündung nicht wichtig ist.

Die folgenden Teile einer baulichen Anlage können als natürliche Fangeinrichtung und Teil eines Blitzschutzsystems betrachtet werden:

- Metallene Bestandteile der Dachkonstruktion (Träger, durchverbundene Bewehrung usw.) unter einer nicht metallenen Dachdeckung, vorausgesetzt, dass Beschädigungen dieser nicht metallenen Dacheindeckung akzeptabel sind.
- Metallteile wie Verzierungen, Geländer, Regenrinnen, Abdeckungen von Brüstungen usw., deren Querschnitt nicht geringer als der für Normbauteile der Fangeinrichtung festgelegte Querschnitt ist.
- Metallrohre und -behälter auf dem Dach, sofern sie aus Werkstoff hergestellt sind, dessen Dicke und Querschnitt Tabelle 6 entsprechen.
- Metallrohre und -behälter, die leicht entflammbare oder explosive Stoffe enthalten, sofern sie aus Werkstoff hergestellt sind, dessen Dicke nicht kleiner als der Wert t in Tabelle 3 ist und sofern die Temperaturerhöhung an der inneren Wandfläche am Einschlagpunkt keine Gefahr darstellt (genaue Informationen siehe DIN EN 62305-3 (VDE 0185-305-3):2011-10 Anhang D).

Wird die Bedingung für die Dicke nicht erfüllt, müssen die Rohre und Behälter in die zu schützenden bauliche Anlage einbezogen werden.

Tabelle I.3: Berechnung der Eindringtiefe zur Anordnung von 2 Fangstangen auf der Basis des Blitzkugelverfahrens (nach DIN EN 62305-3 (VDE 0185-305-3):2011-10, Abschnitt E.5.2.2.2)

Schutzklasse	**I**	**II**	**III**	**IV**
Radius der Blitzkugel r(m) in Abhängigkeit von der Schutzklasse	20	30	45	60
Abstand zwischen den Fangstangen d (m)	Eindringtiefe p (m)	Eindringtiefe p (m)	Eindringtiefe p (m)	Eindringtiefe p (m)
2,00	0,03	0,02	0,01	0,01
3,00	0,06	0,04	0,03	0,02
4,00	0,10	0,07	0,04	0,03
5,00	0,16	0,10	0,07	0,05
6,00	0,23	0,15	0,10	0,08
7,00	0,31	0,20	0,14	0,10
8,00	0,40	0,27	0,18	0,13
9,00	0,51	0,34	0,23	0,17
10,00	0,64	0,42	0,28	0,21
15,00	1,46	0,95	0,63	0,47
20,00	2,68	1,72	1,13	0,84

Berechnungsformel:

$$p = r - \sqrt{r^2 - \frac{d^2}{4}}\,[m]$$

Hinweis: Bei mehreren Fangstangen muss immer die größte Entfernung zwischen den Fangstangen beachtet werden. Der Umfang der Blitzkugel muss einen Abstand von ≥ 0,1 m von dem zu schützenden Objekt einhalten.

Anhang II: Detailskizzen

Verzeichnis der Abbildungen

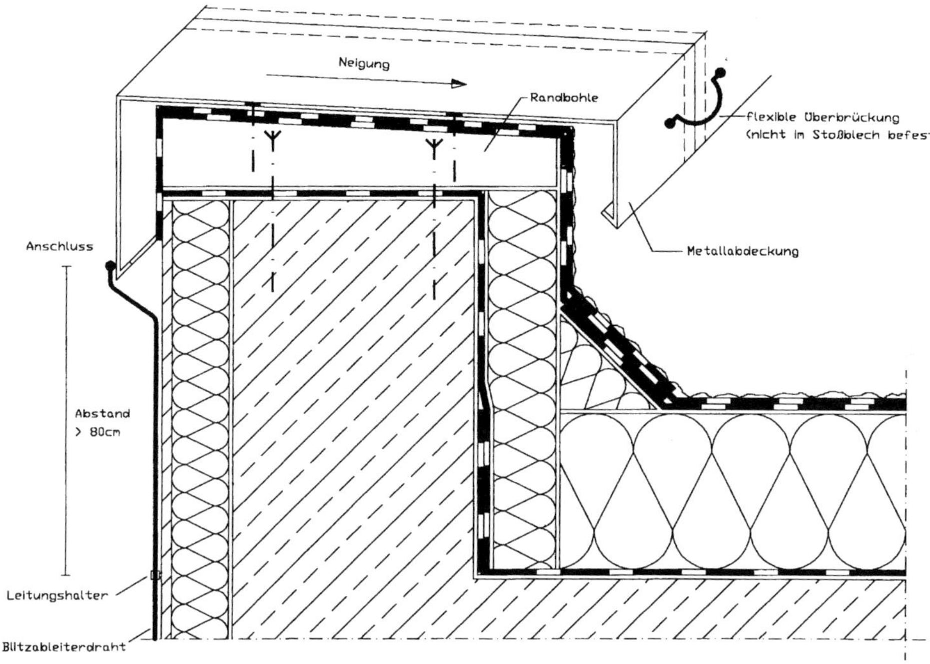

Abb. II.1: Ableitung auf der Wand mit Attika als Fangeinrichtung

Bei der Installation der flexiblen Überbrückung ist darauf zu achten, dass das Stoßblech nicht befestigt wird, um Längenausdehnungen zu gewährleisten.

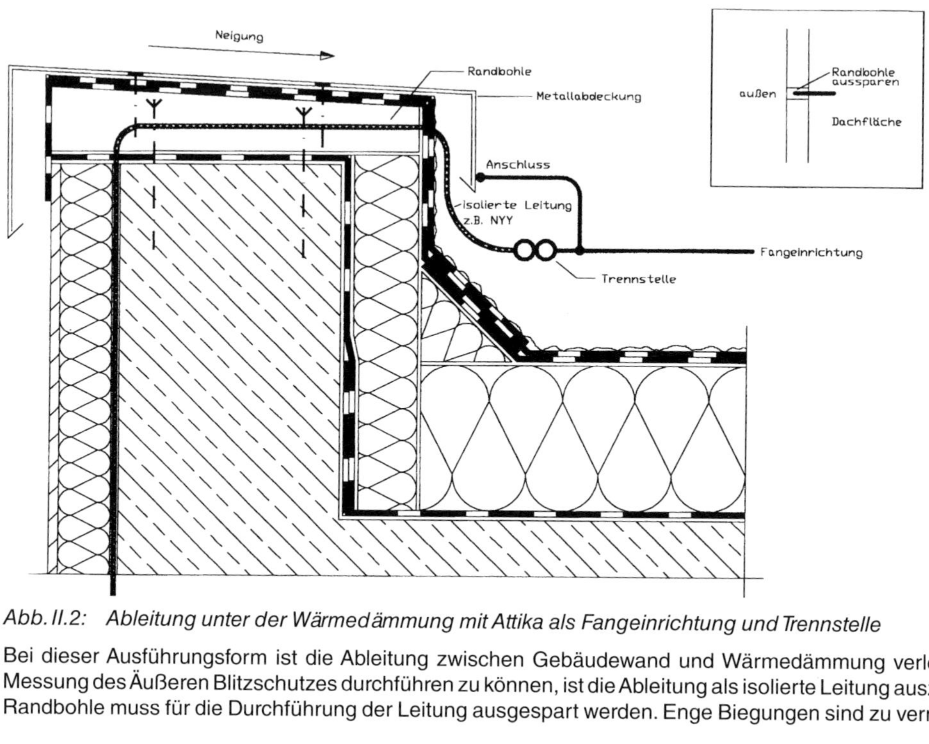

Abb. II.2: Ableitung unter der Wärmedämmung mit Attika als Fangeinrichtung und Trennstelle

Bei dieser Ausführungsform ist die Ableitung zwischen Gebäudewand und Wärmedämmung verlegt. Um eine Messung des Äußeren Blitzschutzes durchführen zu können, ist die Ableitung als isolierte Leitung auszuführen. Die Randbohle muss für die Durchführung der Leitung ausgespart werden. Enge Biegungen sind zu vermeiden.

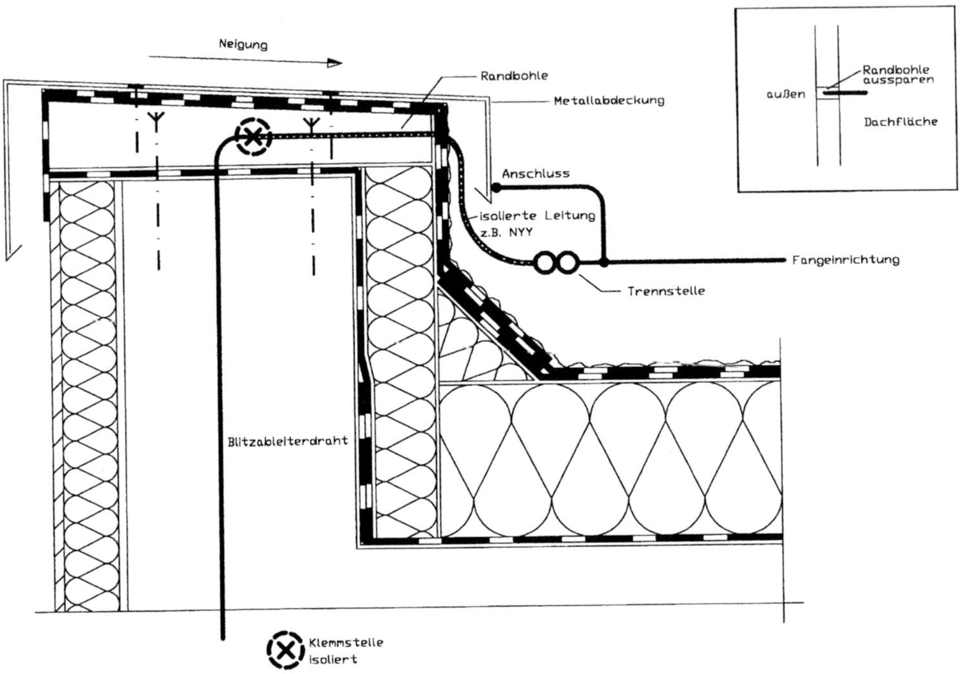

Abb. II.3: Ableitung im Beton/Mauerwerk mit Attika als Fangeinrichtung und Trennstelle

Bei dieser Ausführungsform ist die Ableitung im Beton/Mauerwerk hochgeführt. Um eine Messung des Äußeren Blitzschutzes durchführen zu können, ist die Verbindungsleitung zur Messstelle isoliert auszuführen.

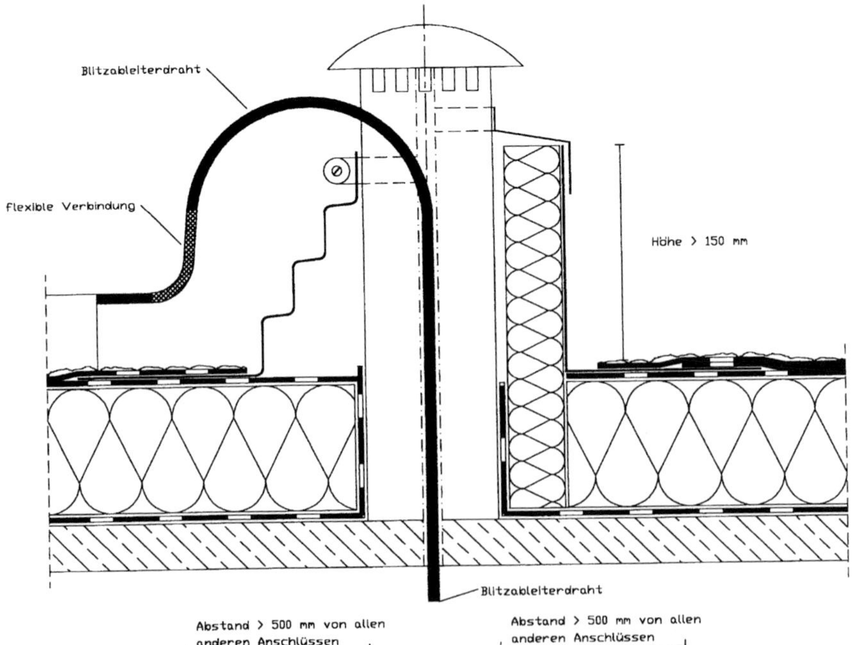

Abb. II.4: Dachdurchführung

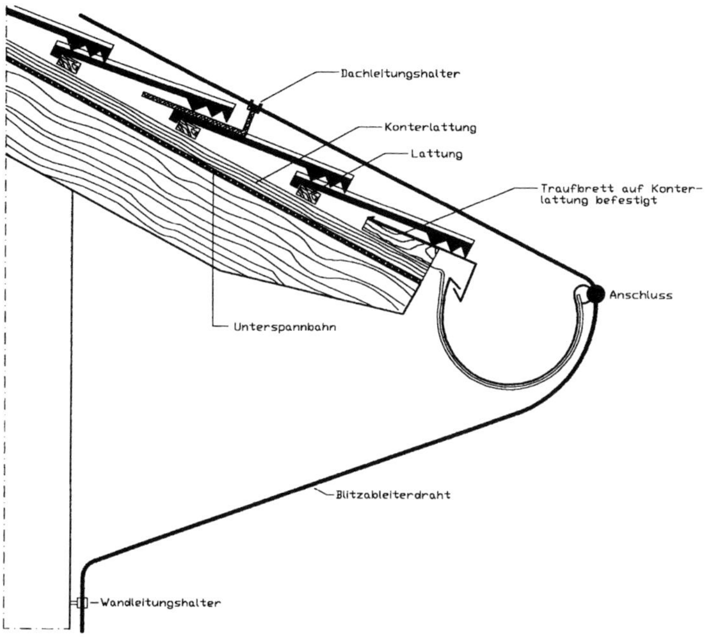

Abb. II.5: Fangleitung auf Dachziegeln/-steinen

Aufgrund der verschiedenartigsten Dacheindeckungen wird in diesem Bild exemplarisch eine Installationsvariante dargestellt. Der Dachleitungshalter wird entsprechend seiner Konstruktion eingebaut.

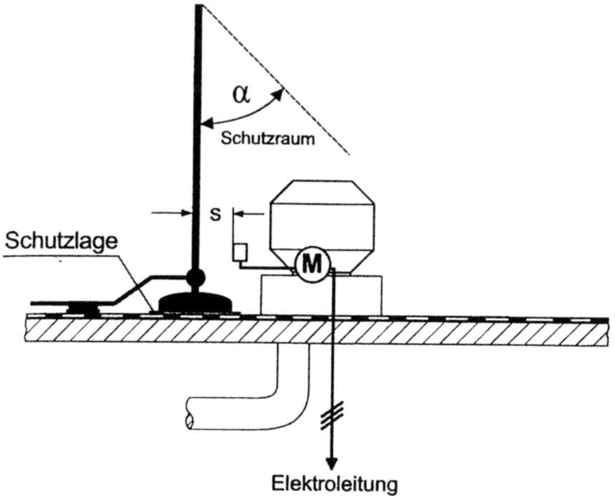

- isolierte Fangeinrichtung: z.B. Fangstange
- kein direkter Anschluss der Fangeinrichtung an Lüftergehäuse
- Leitungsführung mit Abstand

- s Sicherheitsabstand nach Berechnung
- α Schutzwinkel nach Blitz-Schutzklasse

Abb. II.6: Fangeinrichtung für einen Motorlüfter

Bei dieser Ausführungsform ist zu beachten, dass auch bei seitlich angeordneten Steuerungselementen der notwendige Sicherheitsabstand eingehalten wird.

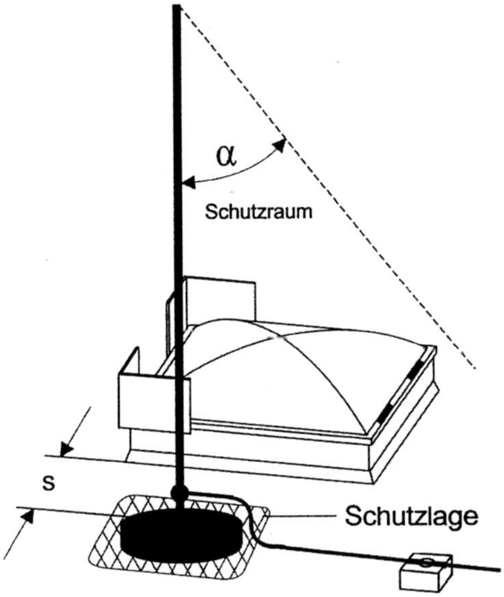

- s Sicherheitsabstand nach Berechnung
- α Schutzwinkel nach Blitz-Schutzklasse

Abb. II.7: Fangeinrichtung für eine Lichtkuppel/RWA

Die Fangstangen sind seitlich so anzuordnen, dass durch das Öffnen einer Lichtkuppel oder einer Rauch-Wärme-Abzugsklappe die Fangstangen nicht berührt werden. Die Höhe der Fangstangen ergibt sich aus der Blitzschutzklasse; sie wird ermittelt bei geschlossener Anlage.

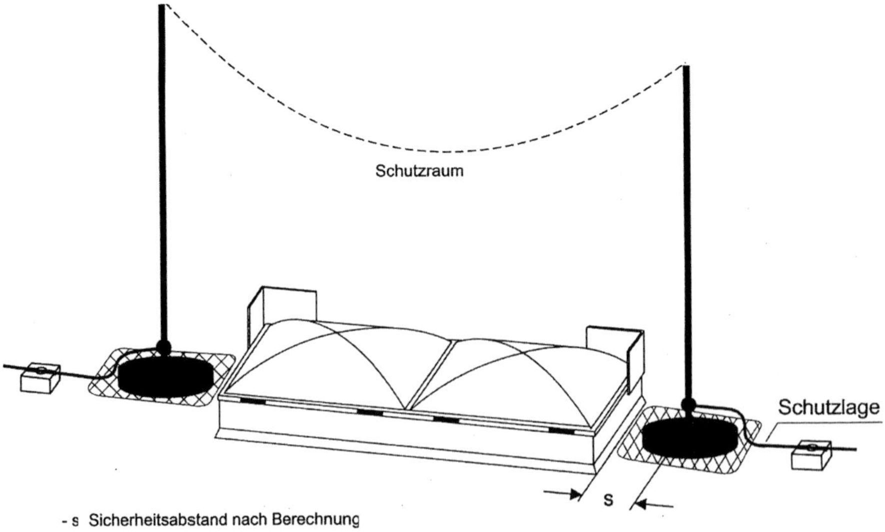

- s Sicherheitsabstand nach Berechnung

Abb. II.8: Fangeinrichtung für eine Lichtkuppel/RWA mit 2 Fangstangen

Die Fangstangen sind seitlich so anzuordnen, dass durch das Öffnen einer Lichtkuppel oder einer Rauch-Wärme-Abzugsklappe die Fangstangen nicht berührt werden. Die Höhe der Fangstangen ergibt sich aus der Blitzschutzklasse; sie wird ermittelt bei geschlossener Anlage.

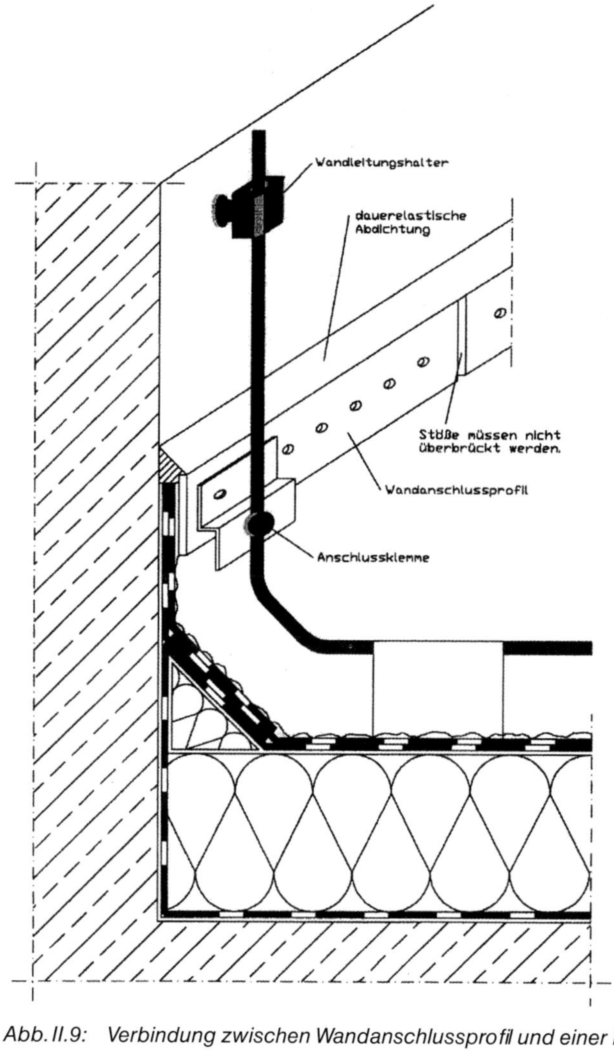

Abb. II.9: Verbindung zwischen Wandanschlussprofil und einer Blitzschutzleitung

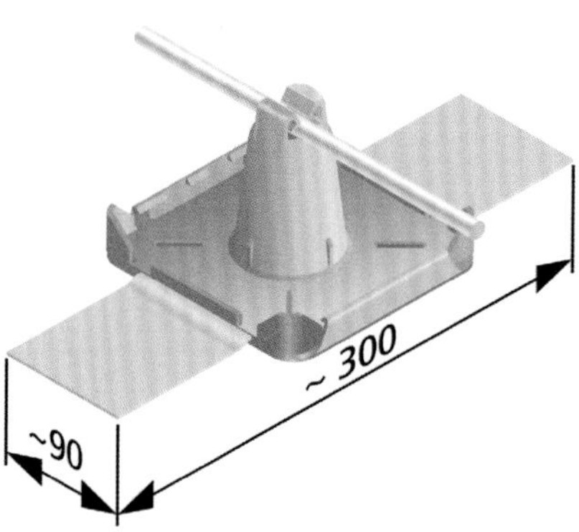

Abb. II.10: Dachleitungshalter auf Dächern mit Kunststoffbahnen

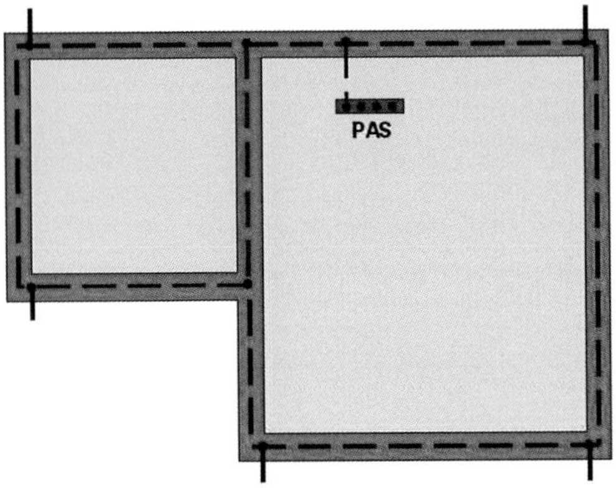

Abb. II.11: Erder Typ B, Fundamenterder

Werkstoff Erder im Beton, z.B. verzinkter Stahl

Werkstoff Anschlussfahnen, z.B. hochlegierter Edelstahl, Werkstoff Nr. 1.4571

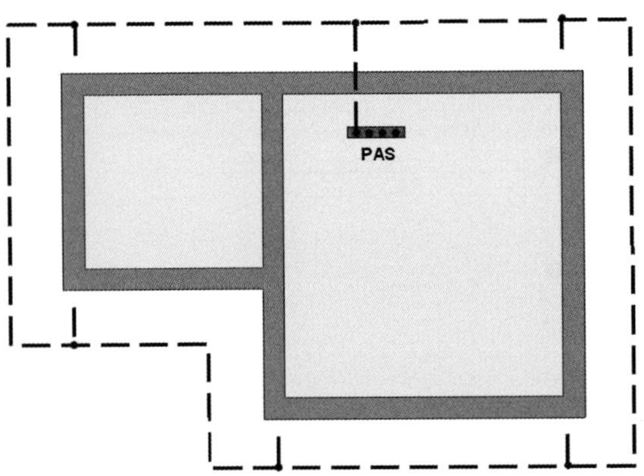

Abb. II.12: Erder Typ B, Ringerder

Werkstoff Erder im Erdreich, z.B. hochlegierter Edelstahl, Werkstoff Nr. 1.4571

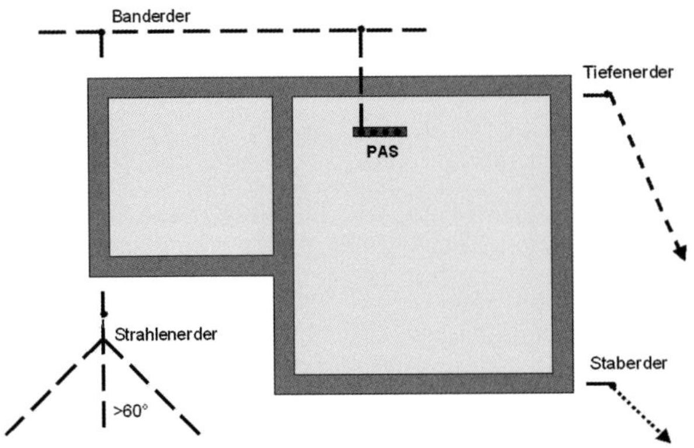

Abb. II.13: Erder Typ A, Einzelerder

Werkstoff Erder im Erdreich, z.B. hochlegierter Edelstahl, Werkstoff Nr. 1.4571

1 Metallabdeckung der Attika
2 Verbindung zwischen Außenwandbekleidung und Fangeinrichtung
3 Horizontale Fangeinrichtung
4 Metallene Außenwandbekleidung
5 Potenzialausgleichsschiene
6 Verbindung zwischen den Platten der Außenwandbekleidung
7 Prüfklemme
8 Erder im Beton

typische Maße:
a = 5 m, ***b*** = 3 m, ***c*** = 1 m

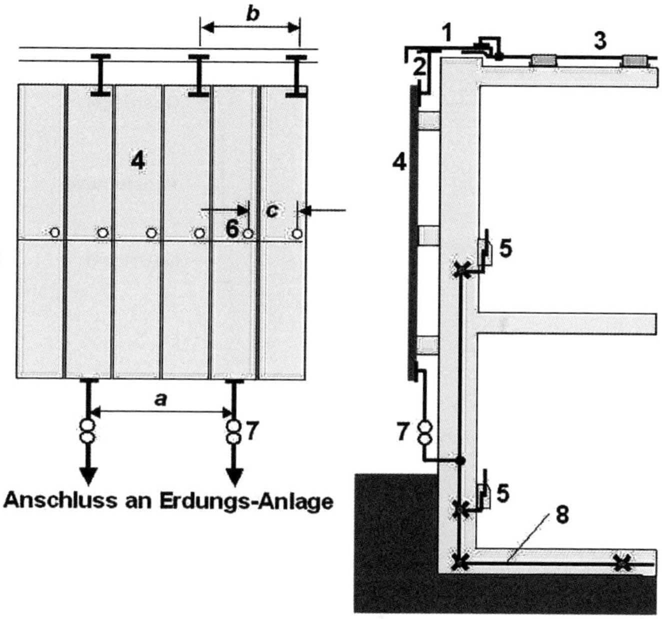

Abb. II.14: Nutzung der leitenden Außenwandbekleidung als natürliche Ableitung

1 Metallabdeckung der Attika
2 Verbindung zwischen Unterkonstruktion und Fangeinrichtung
3 Horizontale Fangeinrichtung
4 Potenzialausgleichsschiene
5 Erder im Beton
6 leitfähige Unterkonstruktion

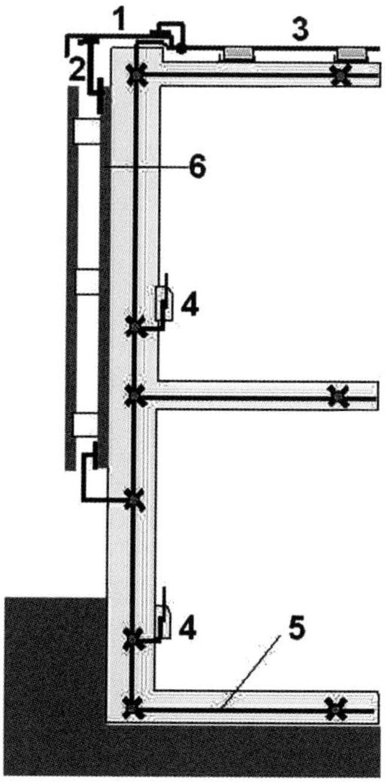

Abb. II. 15: Nutzung der leitenden Unterkonstruktion als natürliche Ableitung

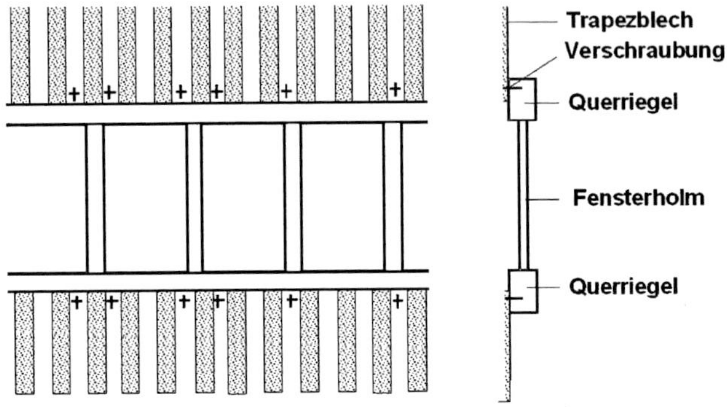

Abb. II.16: Verbindung metallener Fenster mit der metallenen Außenwandbekleidung

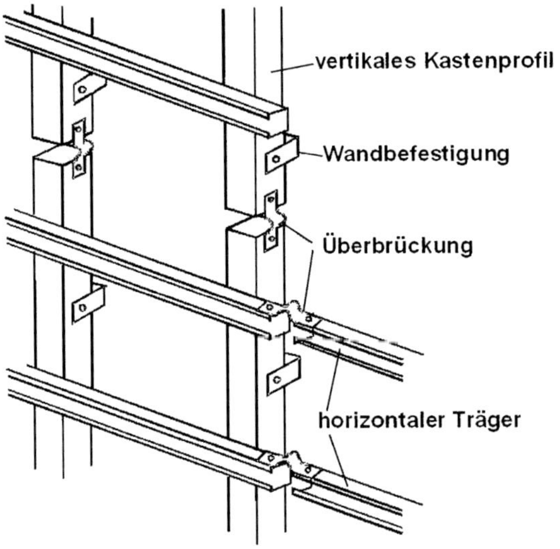

Abb. II. 17: Typische Unterkonstruktion für eine Außenwandbekleidung

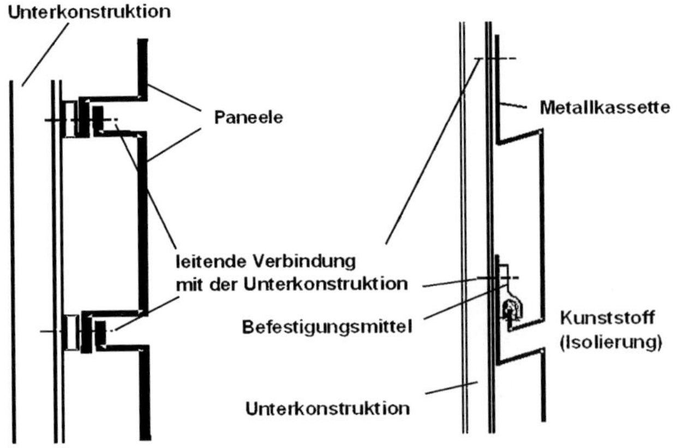

Abb. II. 18: Typische Befestigung von Metallkassetten und Paneelen auf leitender Unterkonstruktion

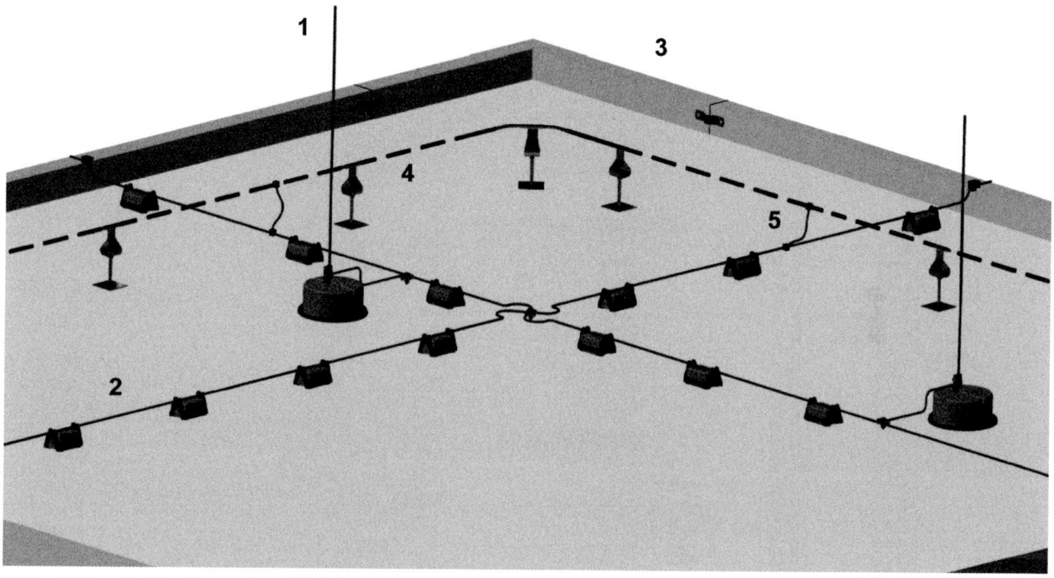

Abb. II.19: Einbindung einer Einrichtung zum Befestigen von persönlicher Schutzausrüstung gegen Absturz in das Blitzschutzsystem

Die Attika (3) stellt eine natürliche Fangeinrichtung dar und bildet mit den Fangleitungen (2) das Fangmaschennetz. Die Seilanlage (4) der Einrichtung zum Befestigen von persönlicher Schutzausrüstung wird durch Fangstangen (1) vor direktem Blitzschlag geschützt und mit den Fangleitungen an allen Kreuzungspunkten (5) flexibel verbunden (Überrollbarkeit gewährleisten!).

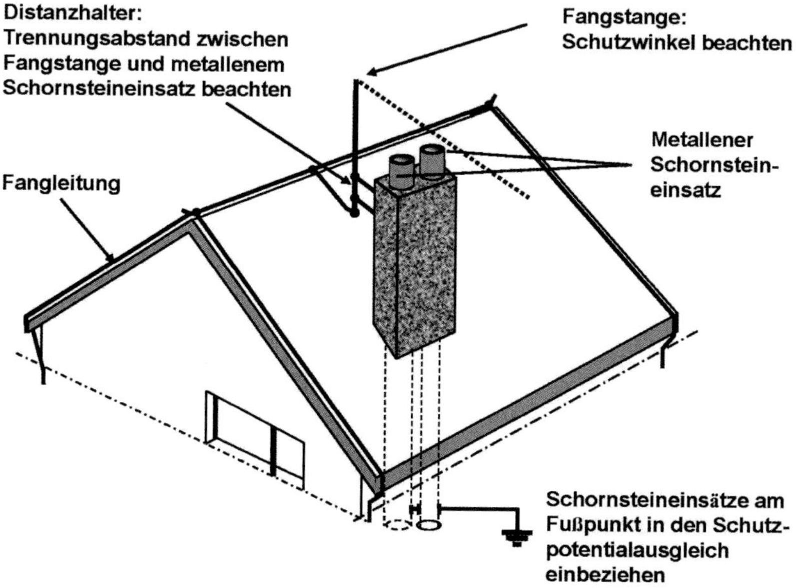

Abb. II.20: Wohnhaus, Schornstein mit Metallinnenrohr

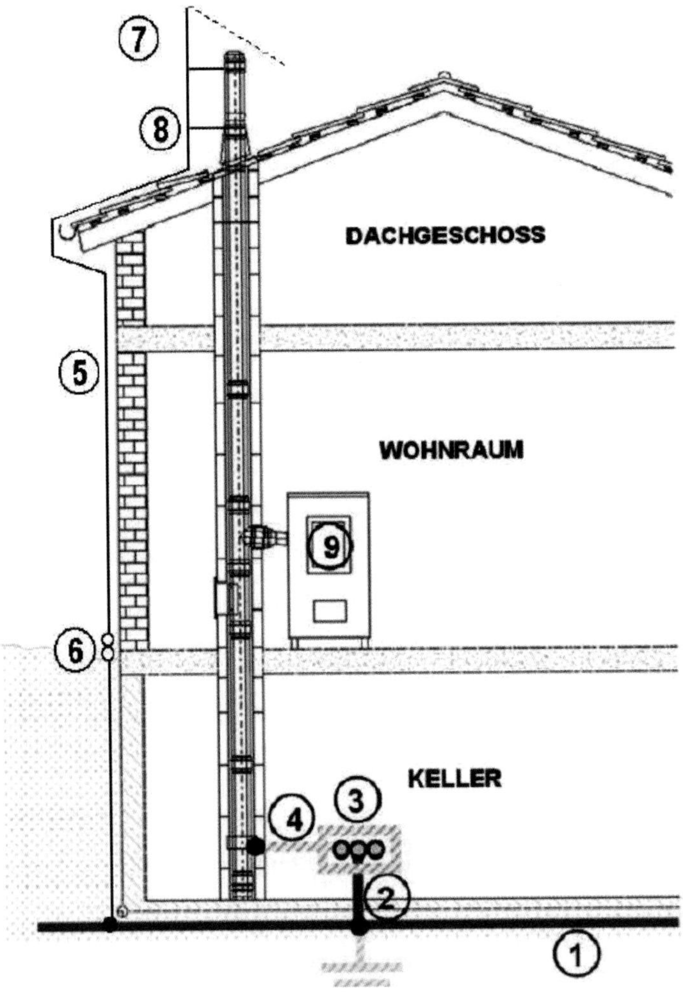

Abb. II.21: Wohnhaus mit Metallschornstein

Legende:
1 Erdungsanlage
2 Erdungsleiter
3 Potenzialausgleichsschiene
4 Potenzialausgleichsleiter
5 Fangleitung
6 Trennstelle
7 Fangstange mit Schutzwinkel
8 Distanzhalter, Trennungsabstand beachten
9 Feuerstätte
Gilt auch bei gemauertem Schornstein und Metallinnenrohr

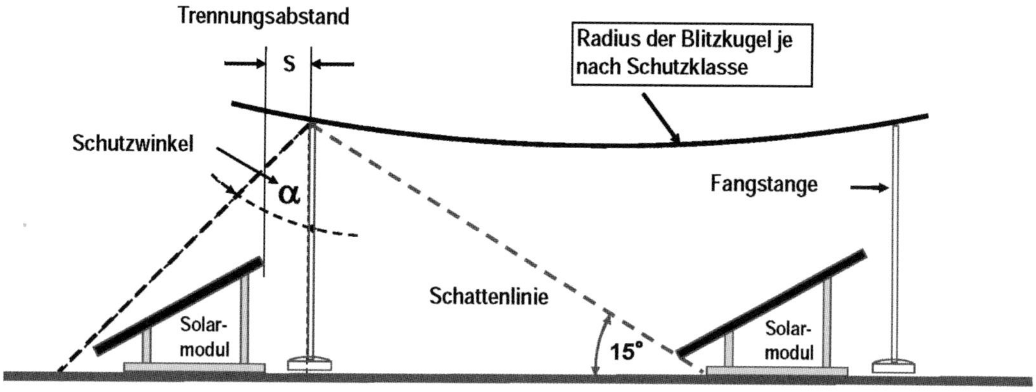

Abb. II.22: Blitzschutz Solaranlage

Solaranlage in den Schutzbereich der Blitzschutzanlage einbeziehen durch Einsatz von Fangstangen gemäß Schutzwinkelverfahren und/oder Maschenverfahren. Trennungsabstand „s" beachten.

Auf Schattenbildung achten (Schattenwinkel: z.B. 15°)!

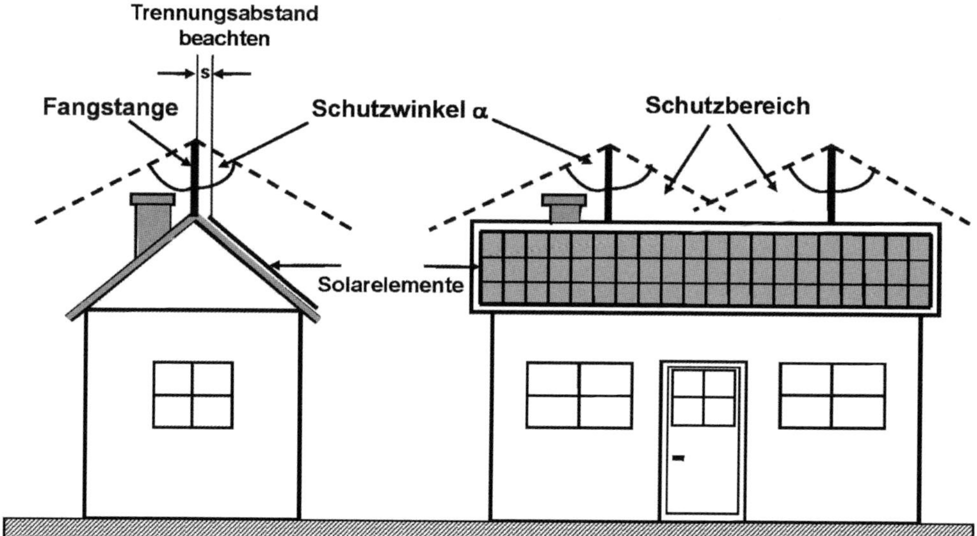

Abb. II.23: Fangeinrichtung mit Fangstangen (Beispiel mit Solaranlage)

Die gesamte bauliche Anlage (einschließlich Solaranlage) muss innerhalb des Schutzbereichs liegen. Leitende Verbindungen zwischen Solaranlage und Fangeinrichtung müssen vermieden werden!

Anhang III: Normen

Übersicht der DIN/VDE-Normen Blitzschutz:

Die Norm „DIN EN 62305-3 (VDE 0185-305):2011-10 Blitzschutz“ gliedert sich in 4 Teile:

Teil 1: Allgemeine Grundsätze

Teil 2: Risiko-Management

Teil 3: Schutz von baulichen Anlagen und Personen

Teil 4: Elektrische und elektronische Systeme in baulichen Anlagen

Die Teile 2, 3 und 4 wurden durch nationale Beiblätter ergänzt, die Berechnungshilfen und Ausführungshinweise enthalten.

Literaturhinweis:

Merkblatt „Blitzschutz an Abgasanlagen“ (Merkblatt ABB, ZVH und VSE)

„Merkblatt Solartechnik für Dach und Wand“ (ZVDH-Regelwerk)

Merkblatt „Blitzschutz von Photovoltaik-Anlagen“ (ABB-Merkblatt)

Merkblatt „Potentialausgleich und Blitzschutz von Vorhangfassaden“ (VFF Merkblatt FA.01)

Deutsches Dachdeckerhandwerk
– Regelwerk –

Merkblatt Einbauteile bei Dachdeckungen

Aufgestellt und herausgegeben vom

Zentralverband des Deutschen Dachdeckerhandwerks – Fachverband Dach-, Wand- und Abdichtungstechnik – e.V.

Ausgabe April 2022

RM Rudolf Müller

Vorgänger

Merkblatt Einbauteile bei Dachdeckungen	September 2000
Merkblatt Einbauteile bei Dachdeckungen	Ausgabe Juli 2013 (mit Änderungen Dezember 2016)

Inhaltsverzeichnis

1 Allgemeines

1.1 Geltungsbereich

Das Merkblatt gilt für die Planung und den Einbau von Einbauteilen in Dachdeckungen und deren Anschluss an die zugehörigen Funktionsschichten. Das Merkblatt gilt für folgende Einbauteile:

- Dachfenster,
- Dachflächenfenster,
- Rohrdurchführungen,
- Fertiggauben,
- Ausstiege-Sicherheitsdachhaken,
- Schneeschutzsysteme,
- Halterungen und Stützen, z.B.: Halterungen für Solaranlagen, Halterungen für äußeren Blitzschutz,
- Einrichtungen zum Betreten des Daches (Verkehrswege),
- Rettungswege,
- Belichtungssysteme,
- Indachanlage.

1.2 Begriffe

1.2.1 Dachfenster

Dachfenster sind ungedämmte, regensichere Fenster. Sie dienen der Belichtung und Belüftung und dem Ausstieg für Wartungsarbeiten an Dachflächen und Kaminanlagen bei nicht ausgebauten Dachgeschossen.

1.2.2 Dachflächenfenster

Dachflächenfenster sind schall- und wärmegedämmte Dach- und Ausstiegsfenster. Sie dienen der Belichtung und Belüftung bei ausgebauten Dachgeschossen. Sie müssen den Anforderungen der Bauregelliste entsprechen und sind CE-Kennzeichnungspflichtig. Dachflächenfenster müssen aufgrund der erhöhten Anforderungen auf ihre Schlagregensicherheit geprüft sein.

1.2.3 Rohrdurchführungen

Rohrdurchführungen sind Bauteile oder Elemente in Dachdeckungen für haustechnische Anlagen, Solaranlagen oder Lüftungsanlagen.

1.2.4 Fertiggauben

Fertiggauben sind industriell vorgefertigte Gauben, z. B. aus Holz, Kunststoffen oder Metall mit Anschlusselementen und Bekleidungen.

1.2.5 Ausstiege

Ausstiege sind industriell vorgefertigte Elemente als Ausgang oder zu Fluchtwegen. Sie können mit ihren Anforderungen von der Bauaufsicht gefordert werden. Dachflächenfenster und Fertiggauben können bei Einhaltung dieser Anforderungen als Notausstieg dienen.

1.2.6 Sicherheitsdachhaken

Sicherheitsdachhaken sind Bauprodukte, die auf einer geneigten Dachfläche angeordnet sind und der Sicherheit von Personen sowie der Befestigung von Schutzausrüstung, Dachdecker-Auflegeleitern und Dachdeckerstühlen dienen.

Die DGUV Information 201-054[1] - Dach-, Zimmer- und Holzbauarbeiten ist zu beachten.

[1] DGUV Information 201-054 Dach-, Zimmer- und Holzbauarbeiten

1.2.7 Schneeschutzsysteme

Schneeschutzsysteme bestehen aus Schneehaltesystemen und Schneefangsystemen, einzeln oder in Kombination.

Schneeschutzsysteme sind Bauteile und/oder Anlagen, die zum Schutz vor Schäden durch Abrutschen von Eis und/oder Schnee auf geneigten Dachflächen angeordnet werden.

- Schneehaltesysteme werden in die Dachfläche, in ggf. auch unterschiedlichen Rastern, auf der oder durch die Dachdeckung eingebaut und bewirken einen höheren flächigen Widerstand gegen Abrutschen von Schnee und Eis als die Dachdeckung.
- Schneefangsysteme sind Vorrichtungen, die linienförmig in einer oder mehreren Reihen senkrecht zur Dachneigung oder lotrecht eingebaut werden, um das Herabfallen von Schnee und Eis von der Dachfläche zu verhindern.

1.2.8 Halterungen und Stützen

Halterungen und Stützen sind Einbauteile, die die zu erwartenden ständigen und veränderlichen Lasten sicher in die Dachkonstruktion einleiten.

1.2.9 Einrichtungen zum Betreten des Daches (Verkehrswege)

Einrichtungen zum Betreten des Daches bestehen aus einer betretbaren oder begehbaren Plattform und einer oder mehreren Stützkonstruktionen, die mit den zugehörigen Befestigungsmitteln mit tragenden Teilen des Daches verbunden werden.

1.2.10 Rettungswege

Rettungswege sind Zugangsmöglichkeiten für Rettungskräfte zum Zweck der Brandbekämpfung bzw. Rettung und/oder Bergung von Mensch und Tier. Bei Planung und Montage sind die Anforderungen der Landesbauordnung und der örtlichen Feuerwehr einzuhalten.

1.2.11 Belichtungssysteme

Belichtungssysteme leiten das Tageslicht direkt oder durch Anwendung von Lichtleittechnik in das Gebäudeinnere.

1.2.12 Indachanlage

Anlage, z.B. zur Energiegewinnung, die wie Einbauteile in die Dachdeckung eingebaut und regensicher an diese angeschlossen wird.

1.2.13 Wasserdichter Anschluss

Anschluss aus wasserdichten Werkstoffen, z.B. Bitumen-, Kunststoffdachbahnen oder Flüssigkunststoffen entsprechend den ZVDH-Produktdatenblättern mit wasserdichter und werkstoffgerechter Fügetechnik.

1.2.14 Regensicherer Anschluss

Anschluss aus mindestens ausreichend wasserundurchlässigen Bahnen, z.B. Unterdeck- und Unterspannbahnen, entsprechend den ZVDH-Produktdatenblättern oder aus mindestens ausreichend wasserundurchlässigen Werkstoffen und werkstoffgerechter Fügetechnik.

2 Anforderungen

2.1 Erhöhte Anforderungen

Einbauteile können eine erhöhte konstruktive Anforderung an die Dachdeckung darstellen und entsprechende Zusatzmaßnahmen erfordern.

2.2 Anschlüsse

(1) Der Anschluss der Einbauteile an die Dachdeckung hat mindestens den Anforderungen der Dachdeckung zu entsprechen und muss mindestens regensicher sein.

Vorgefertigte System-/Zubehörteile passend für die jeweilige Dachdeckung haben sich bewährt.

Systemteile sind Bauteile oder Elemente, die in ihrer Formgebung, Farbe und ihren Eigenschaften auf die jeweiligen Hauptmerkmale eines Werkstoffes abgestimmt sind. Sonstige handwerkliche Lösungen sind mit geeigneten Mitteln fachgerecht herzustellen.

(2) Der Anschluss der Einbauteile an zusätzliche regensichernde Maßnahmen soll mindestens den Anforderungen der Zusatzmaßnahmen (siehe "Merkblatt Unterdächer, Unterdeckungen, Unterspannungen") genügen. Weitere Ausführungen sind in diesem Merkblatt festgelegt.

(3) Der Anschluss der Einbauteile an weitere Schichten im Dachaufbau muss den Anforderungen an diese Schichten entsprechen.

2.3 Wärmeschutz

Die Anforderungen an den Wärmeschutz des Einbauteils einschließlich aller Schichten und Anschlüsse müssen bei der Planung festgelegt werden. Der Hersteller muss die Kennwerte des Wärmeschutzes von wärmetechnisch relevanten Einbauteilen angeben.

2.4 Luftdichtheit

Die Luftdichtheit des Anschlusses von Einbauteilen muss mindestens den Anforderungen an die Luftdichtheit der Fläche entsprechen (siehe "Merkblatt Wärmeschutz bei Dach und Wand").

Die Luftdichtheit ausschließlich durch die Innenbekleidung kann in der Regel nicht gewährleistet werden.

2.5 Dampfsperre

Die Anforderungen an die Dampfsperre beim Anschluss von Einbauteilen müssen mindestens den Systemanforderungen der Fläche entsprechen (siehe "Merkblatt Wärmeschutz bei Dach und Wand").

2.6 Schallschutz

Die Anforderungen an den Schallschutz des Einbauteils, z.B. Fenster einschließlich aller Schichten und Anschlüsse, müssen bei der Planung festgelegt werden. Gegebenenfalls sind spezielle Einbauteile, z. B. Schallschutzfenster, zu verwenden. Der Hersteller muss die Kennwerte des Schallschutzes von schallschutztechnisch relevanten Einbauteilen angeben.

2.7 Brandschutz

Die Anforderungen an den Brandschutz des Einbauteils, z.B. einer Indach-Solaranlage, müssen bei der Planung festgelegt werden. Bauaufsichtliche Anforderungen sind in der Landesbauordnung geregelt.

Zu unterscheiden sind:

- Brandverhalten des Einbauteils,
- Feuerwiderstandsklasse des Einbauteils,
- Funktion des Einbauteils als Rauch- und Wärmeabzugsanlage (RWA),
- Brandweiterleitung und Feuerüberschlag durch Lage und Abstand des Einbauteils zu anderen Brandabschnitten bzw. angrenzenden Gebäuden.

2.8 Standsicherheit

(1) Einbauteile müssen sich standsicher entsprechend den technischen Vorschriften und windsogsicher einbauen lassen. Die Art der Befestigung des Einbauteils muss vom Hersteller angegeben werden. Unter Belastung darf die Dachdeckung nicht beschädigt werden.

(2) Müssen für ein Einbauteil vorhandene Sparren durchgeschnitten oder entfernt werden, sind andersartige Lastabtragungen vorzusehen, die das vorherige Tragsystem während und nach dem Einbau vollständig ersetzen.

(3) Die Anforderungen der "Hinweise Holz und Holzwerkstoffe" sind zu berücksichtigen.

2.9 Belichtung

Dachflächenfenster, Gauben und Lichtleitsysteme können zur Belichtung von Dachgeschossen beitragen. Die geforderte Lichtfläche richtet sich nach der Netto-Grundfläche des zugehörigen Raumes und soll mindestens 1/8 dieser Fläche betragen (Musterbauordnung[PDF:MBO_2019.pdf]). Je nach Nutzung und Landesbauordnung können andere Lichtflächen gefordert werden.

2.10 Einbauhöhe von Dachflächenfenstern und Fertiggauben

Die Einbauhöhe dieser Einbauteile ist bei der Planung festzulegen. Die Brüstungshöhen, auch für Notausstiege, sind nach den Anforderungen der Landesbauordnungen einzuhalten. Beispiele für Einbauhöhen sind den Abb. I.4 und Abb. I.5 im Anhang zu entnehmen.

2.11 Sommerlicher Wärmeschutz

Anforderungen an den sommerlichen Wärmeschutz sind bei der Planung zu berücksichtigen. Gegebenenfalls sind geeignete Vorkehrungen zu treffen, z. B. Rollläden, Markisen, spezielle Verglasungen.

3 Ausführung

3.1 Dachfenster

3.1.1 Anschluss an eine Unterspannung

(1) Seitlich, firstseitig und traufseitig sind die Unterspannbahnen hochzuführen und auf der Dachlattung zu befestigen.

(2) Firstseitig des Dachfensters muss eine schräg laufende Rinne hergestellt werden, die eventuell auf der Unterspannung über dem Fenster herablaufende Feuchtigkeit am Fenster vorbei in ein benachbartes Sparrenfeld leitet. Die Rinne kann aus dem Werkstoff der Unterspannung, aus Metall oder einem anderen geeigneten Werkstoff hergestellt werden.

3.1.2 Anschluss an eine Unterdeckung

(1) Unterdeckbahnen für überlappte Unterdeckungen oder überdeckte Unterdeckungen mit Bitumenbahnen sind seitlich, firstseitig und traufseitig des Dachfensters hochzuführen und auf der Dachlattung zu befestigen. Bei überlappten oder verfalzten Unterdeckungen mit Unterdeckplatten erfolgt der Anschluss mit aufliegenden oder unterliegenden eingeklebten Blechen oder mit geeigneten Klebebändern, Dichtungsbändern oder Bahnenstreifen. Der firstseitige Anschluss erfolgt wie in Abschnitt 3.1.1(2) angegeben.

(2) Bei verklebten Unterdeckbahnen oder Unterdeckplatten muss der Anschluss mindestens regensicher erfolgen.

3.1.3 Anschluss an ein Unterdach

Unterdächer müssen wasserdicht angeschlossen werden. Regensichere Dachfenster sind für den Einbau in Unterdächer ungeeignet.

3.1.4 Anschluss an die Dachdeckung

Dachfenster haben einen allseitigen zur Deckung passenden Anschlussrahmen. Bei industriell hergestellten Anschlussrahmen kann von den Mindestmaßen der "Fachregel für Metallarbeiten im Dachdeckerhandwerk" abgewichen werden, wenn die Funktionsfähigkeit der Anschlussrahmen durch praxisnahe Versuche nachgewiesen und durch eine Materialgarantie beim ZVDH zugesichert wird.

3.2 Dachflächenfenster

3.2.1 Anschluss an die Innenbekleidung

(1) Die Innenbekleidung aus z. B. vorgefertigten Elementen, Holz und Holzwerkstoffen oder Gipskarton wird an den Fensterrahmen herangeführt. Je nach Art der Innenbekleidung und deren Befestigung kann der Anschluss beweglich oder starr ausgeführt werden. Anschlüsse müssen bei der Planung festgelegt werden. Der Anschluss am Sturz soll waagerecht und an der Brüstung senkrecht erfolgen (siehe Abb. I.4). Dabei ist auf die Einhaltung des Mindestwärmeschutzes zu achten.

(2) Die Anschlüsse an die Luftdichtheitsschicht, Dampfsperre und Wärmedämmung müssen berücksichtigt werden.

3.2.2 Anschluss an die Luftdichtheitsschicht

(1) Dachflächenfenster müssen die Anforderungen zur Luftdichtheit erfüllen (siehe "Merkblatt Wärmeschutz bei Dach und Wand“).

(2) Geeignet sind Pressungen mit komprimierten Dichtungsbändern, Bahnenstreifen oder Anschlussschürzen mit Klebebändern.

(3) Fugendichtungsmassen oder Füllmaterialien, z. B. Montageschäume oder Silikone, sind für die Herstellung der Luftdichtheit ungeeignet.

(4) Herstellerangaben sind zu berücksichtigen.

3.2.3 Anschluss der Dampfsperre

(1) Dampfsperren sind mit geeigneten Mitteln an Dachflächenfenster anzuschließen.

(2) Soll die Dampfsperre auch Luftdichtheitsschicht sein gilt Abschnitt 3.2.2.

3.2.4 Anschluss an die Wärmedämmung

(1) Wärmedämmungen müssen an das Dachflächenfenster dicht gestoßen verlegt werden, damit keine schädlichen Wärmebrücken entstehen.

(2) Die Wärmedämmung muss an jeder Stelle so bemessen sein, dass der Mindestwärmeschutz an jeder Stelle erreicht wird. Dies bedeutet bei Wärmedämmung zwischen den Sparren, dass die Aussparung entsprechend größer hergestellt werden muss. Die Ausführung muss handwerklich oder mit vorgefertigten Dämmrahmen erfolgen.

3.2.5 Anschluss an eine Unterspannung

(1) Bei verklebten Unterspannungen muss der Anschluss mindestens regensicher erfolgen.

(2) Überlappungen von Anschlussbahnen, Anschlussschürzen und Einschnitte in Unterspannungen sind regensicher auszubilden, z. B. durch Verklebung (siehe Abb. I.1 und Abb. I.2).

(3) Firstseitig des Dachflächenfensters muss eine schräg laufende Rinne hergestellt werden, die eventuell auf der Unterspannung über dem Fenster herablaufende Feuchtigkeit am Fenster vorbei in ein benachbartes Sparrenfeld leitet. Die Rinne kann aus dem Werkstoff der Unterspannung, aus Metall oder einem anderen geeigneten Werkstoff hergestellt werden.

3.2.6 Anschluss an eine Unterdeckung

(1) Besteht die Unterdeckung aus Unterdeckbahnen, sind die Anschlüsse wie in Abschnitt 3.2.5 herzustellen. Überlappungen von Anschlussbahnen und Anschlussschürzen in Unterdeckbahnen sind mindestens regensicher herzustellen, z. B. durch Verklebung (siehe Abb. I.6 bis I.10).

(2) Besteht die Unterdeckung aus Unterdeckplatten oder Wärmedämmsystemen, die zusätzlich die Funktion einer Unterdeckung erfüllen, sind die Anschlüsse an die Unterdeckplatten mit geeigneten Werkstoffen mindestens regensicher herzustellen. Die Anschlüsse an das Dachflächenfenster sind wie in Abschnitt 3.2.5 herzustellen.

3.2.7 Anschluss an ein regensicheres Unterdach

(1) Der Anschluss an das Dachflächenfenster ist je nach Ausführung des Unterdaches mit den verwendeten Bitumen- oder Kunststoffbahnen wasserdicht herzustellen. Spezielle Anschlussschürzen sind zulässig, wenn die Verträglichkeit mit den vorhandenen Werkstoffen und die erforderliche Regensicherheit gewährleistet sind.

(2) Firstseitig des Dachflächenfensters muss eine schräg laufende Rinne hergestellt werden, die eventuell auf dem regensicheren Unterdach über dem Fenster herablaufende Feuchtigkeit am Fenster vorbei in ein benachbartes Sparrenfeld leitet. Die Rinne kann aus dem Werkstoff des regensicheren Unterdaches, aus Metall oder einem anderen geeigneten Werkstoff hergestellt werden.

(3) Für die Unterlüftung des regensicheren Unterdaches sind eigene Lüftungsöffnungen vorzusehen.

3.2.8 Anschluss an ein wasserdichtes Unterdach

Der Anschluss des Dachflächenfensters an ein wasserdichtes Unterdach ist wasserdicht auszuführen.

3.2.9 Anschluss an die Dachdeckung

Anschlüsse an Dachflächenfenster können mit industriell vorgefertigten Teilen oder handwerklich hergestellt werden. Bei handwerklich hergestellten Lösungen sind die Forderungen der "Fachregel für Metallarbeiten im Dachdeckerhandwerk" zu berücksichtigen. Bei industriell hergestellten Eindeckrahmen kann von den Mindestmaßen der "Fachregel für Metallarbeiten im Dachdeckerhandwerk" abgewichen werden, wenn die Funktionsfähigkeit der Eindeckrahmen durch praxisnahe Versuche nachgewiesen und durch eine Materialgarantie beim ZVDH zugesichert wird.

3.2.10 Belüftete Dächer

Bei belüfteten Dächern kann durch große Durchdringungen der Lüftungsstrom unterbrochen werden. In diesen Fällen (z. B. bei Dachflächenfenstern) sind eigene Lüftungsöffnungen vorzusehen. Die Anforderungen des "Merkblatt Wärmeschutz bei Dach und Wand" sind zu beachten.

3.2.11 Einbau in flach geneigte Dachdeckungen

Dachflächenfenster sollen nicht unter 15° Fensterneigung eingebaut werden. Bei Dachneigungen unter 15° sind Sondermaßnahmen, z.B. Aufkeilrahmen, erforderlich.

3.3 Rohrdurchführungen

3.3.1 Anschluss an die Dampfsperre und Luftdichtheitsschicht

Rohre- und Kabeldurchführungen sind z. B. mit geeigneten Anschlussmanschetten und/oder Klebebändern luftdicht und/oder dampfdicht an die Luftdichtheitsschicht/Dampfsperre anzuschließen (siehe "Merkblatt Wärmeschutz bei Dach und Wand").

3.3.2 Anschluss an die Wärmedämmung

Wärmedämmungen müssen an das Einbauteil dicht gestoßen verlegt werden, damit keine schädlichen Wärmebrücken entstehen.

3.3.3 Anschluss an Unterspannung und Unterdeckung

(1) Der Anschluss an die Rohrdurchführung ist regensicher mit der Unterspannbahn/Unterdeckbahn herzustellen.

(2) Bei Verwendung von Formteilen, z. B. Rohrmanschetten, sind diese am oberen Rand gegen Abrutschen zu sichern.

(3) Kabeldurchführungen sind regensicher herzustellen. Vorgefertigte Zubehörteile passend für die jeweilige Zusatzmaßnahme haben sich bewährt.

Sonstige handwerkliche Lösungen sind mit geeigneten Mitteln fachgerecht herzustellen.

(4) Besteht die Unterdeckung aus Unterdeckplatten oder Wärmedämmsystemen, die zusätzlich die Funktion einer Unterdeckung erfüllen, sind die Anschlüsse an die Unterdeckplatten mit geeigneten Werkstoffen regensicher herzustellen.

3.3.4 Anschluss an das Unterdach

(1) Der Anschluss an die Rohrdurchführung soll mit einem Formteil, z. B. Rohrmanschette (ein- oder zweiteilig), hergestellt werden und ist wasserdicht mit der Abdichtungsbahn zu verbinden. Der obere Anschluss ist regensicher zu verwahren. Die Manschette ist mittels Rohrschelle oder Klebeband an das Rohr anzuschließen.

(2) Kabeldurchführungen sind wasserdicht an das Unterdach anzuschließen. Vorgefertigte Zubehörteile passend für die jeweilige Zusatzmaßnahme haben sich bewährt.

Sonstige handwerkliche Lösungen sind mit geeigneten Mitteln fachgerecht herzustellen.

3.3.5 Anschluss an die Dachdeckung

Anschlüsse an Dachdurchdringungen können mit industriell vorgefertigten Teilen oder handwerklich hergestellt werden und müssen mindestens regensicher sein. Bei handwerklich hergestellten Lösungen sind die Forderungen der entsprechenden Fachregeln zu berücksichtigen (siehe "Fachregel für Metallarbeiten im Dachdeckerhandwerk").

3.4 Fertiggauben

3.4.1 Anschluss an die Innenbekleidung

(1) Die Innenbekleidung kann z. B. aus vorgefertigten Elementen, Holz und Holzwerkstoffen oder Gipskarton bestehen. Die Anschlüsse müssen bei der Planung festgelegt werden.

(2) Die Anschlüsse an die Luftdichtheitsschicht, Dampfsperre und Wärmedämmung müssen hierbei berücksichtigt werden.

3.4.2 Anschluss an die Luftdichtheitsschicht

(1) Fertiggauben müssen die Anforderungen zur Luftdichtheit erfüllen (siehe "Merkblatt Wärmeschutz bei Dach und Wand").

(2) Geeignet sind Pressungen mit komprimierten Dichtungsbändern oder Bahnen mit Klebebändern.

(3) Fugendichtungsmassen oder Füllmaterialien, z. B. Montageschäume oder Silikone, sind für die Herstellung der Luftdichtheit ungeeignet.

3.4.3 Anschluss an die Dampfsperre

(1) Ist im Dachaufbau eine Dampfsperre vorhanden, ist der Anschluss fachregelgerecht herzustellen.

(2) Soll die Dampfsperre auch Luftdichtheitsschicht sein, gilt Abschnitt 3.4.2.

3.4.4 Anschluss an die Wärmedämmung

(1) Wärmedämmungen müssen an die Fertiggauben dicht gestoßen verlegt werden, damit keine schädlichen Wärmebrücken entstehen.

(2) Die Wärmedämmung muss an jeder Stelle so bemessen sein, dass der Mindestwärmeschutz an jeder Stelle erreicht wird.

3.4.5 Anschluss an eine Unterspannung

(1) Bei Fertiggauben wird in der Dachlattenebene ein Holzrahmen hergestellt, auf dem die Unterspannbahn hochgeführt und befestigt wird. Unterspannbahnen sind seitlich, firstseitig und traufseitig fachregelgerecht anzuschließen.

(2) Firstseitig der Gaube soll eine schräg laufende Rinne hergestellt werden, die eventuell auf der Unterspannung über der Fertiggaube herablaufende Feuchtigkeit an der Fertiggaube vorbei in ein Sparrenfeld neben der Fertiggaube leitet. Die Rinne kann aus dem Werkstoff der Unterspannung, aus Metall oder einem anderen geeigneten Werkstoff hergestellt werden.

(3) Überlappungen von Anschlussbahnen und Anschlussschürzen und Einschnitte in Unterspannungen sind regensicher herzustellen, z. B. durch Verklebung.

3.4.6 Anschluss an eine Unterdeckung

(1) Unterdeckbahnen für überlappte Unterdeckungen oder überdeckte Unterdeckungen mit Bitumenbahnen sind seitlich, firstseitig und traufseitig hochzuführen und auf der Dachlattung zu befestigen. Bei überlappten oder verfalzten Unterdeckungen mit Unterdeckplatten erfolgt der Anschluss mit aufliegenden oder unterliegenden eingeklebten Blechen oder mit geeigneten Klebebändern, Dichtungsbändern oder Bahnenstreifen. Der oberseitige Anschluss erfolgt wie in Abschnitt 3.4.5 angegeben. Überlappungen von Anschlussbahnen und Anschlussschürzen in Unterdeckbahnen sind mindestens regensicher herzustellen, z. B. durch Verklebung (siehe Abb. I.6 bis I.10).

(2) Bei verklebten Unterdeckbahnen oder Unterdeckplatten muss der Anschluss mindestens regensicher erfolgen.

(3) Besteht die Unterdeckung aus Unterdeckplatten oder Wärmedämmsystemen, die zusätzlich die Funktion einer Unterdeckung erfüllen, sind die Anschlüsse an die Unterdeckplatten mit geeigneten Werkstoffen mindestens regensicher herzustellen. Die Anschlüsse an die Fertiggaube sind wie in Abschnitt 3.4.5 herzustellen.

3.4.7 Anschluss an ein regensicheres Unterdach

(1) Der Anschluss an die Fertiggaube ist je nach Ausführung des Unterdaches aus der verwendeten Bitumen- oder Kunststoffbahn wasserdicht herzustellen. Spezielle Anschlussschürzen sind zulässig, wenn die Verträglichkeit mit den vorhandenen Werkstoffen und die Regensicherheit gewährleistet sind.

(2) Bei Fertiggauben wird in der Dachlattenebene ein Holzrahmen hergestellt, auf dem die Bitumen- oder Kunststoffbahn hochgeführt und befestigt wird.

(3) Überlappungen von Anschlussbahnen und Anschlussschürzen und Einschnitte in Bitumen- oder Kunststoffbahnen sind wasserdicht herzustellen, z. B. durch Verklebung.

(4) Firstseitig der Fertiggaube muss eine schräg laufende Rinne hergestellt werden, die eventuell auf dem regensicheren Unterdach über der Fertiggaube herablaufende Feuchtigkeit an der Fertiggaube vorbei in ein benachbartes Sparrenfeld leitet. Die Rinne kann aus dem Werkstoff des regensicheren Unterdaches, aus Metall oder einem anderen geeigneten Werkstoff hergestellt werden.

3.4.8 Anschluss an ein wasserdichtes Unterdach

Der Anschluss der Fertiggaube an ein wasserdichtes Unterdach ist wasserdicht auszuführen.

3.4.9 Anschluss an die Dachdeckung

Beim Anschluss an die Dachdeckung sind die jeweiligen Fachregeln der Deckungen und die "Fachregel für Metallarbeiten im Dachdeckerhandwerk" zu berücksichtigen.

3.4.10 Belüftete Dächer

Bei belüfteten Dächern kann durch große Durchdringungen der Lüftungsstrom unterbrochen werden. In diesen Fällen (z. B. bei Dachgauben) sind eigene Lüftungsöffnungen vorzusehen. Die Anforderungen des "Merkblatt Wärmeschutz bei Dach und Wand" sind zu beachten.

3.5 Sicherheitsdachhaken

3.5.1 Allgemeines

(1) Das Erfordernis zum Einbau von Sicherheitsdachhaken ergibt sich aus der jeweiligen Landesbauordnung und den örtlichen Bestimmungen. Eine über diese Mindestanforderung hinausgehende vertragliche Vereinbarung, z.B. nach DIN 4426, ist möglich.

(2) Unfallverhütungsvorschriften, baurechtliche Vorschriften sowie Herstellervorschriften sind zu beachten.

(3) Technische Sicherheitsmaßnahmen (Auffangeinrichtungen, wie Fanggerüste, Dachfanggerüste, Auffangnetze, Schutznetze) und organisatorische Sicherheitsmaßnahmen (Seitenschutz, Absperrungen) haben Vorrang vor Anseilschutz.

(4) Sicherheitsdachhaken müssen eine CE-Kennzeichnung entsprechend DIN EN 517[2] haben, diese kann auch den Begleitdokumenten entnommen werden. Sicherheitsdachhaken nach DIN EN 517 sind unlöschbar entsprechend dieser Norm zu kennzeichnen.

(5) Als Anschlagpunkt für Sicherheitsgeschirr sind Sicherheitsdachhaken nur zur Benutzung durch eine Person mit Falldämpfer nach DIN EN 355[3] vorgesehen.

(6) Ist eine augenscheinliche und praxisgerechte Überprüfung eingebauter Sicherheitsdachhaken nicht möglich, ist die Benutzung nicht zulässig.

(7) Sicherheitsdachhaken werden unterschieden in Typ A und Typ B.
- Typ A: Aufnahme von Zugkräften in Richtung der Falllinie der Dachfläche,
- Typ B: Aufnahme von Zugkräften in Richtung der Falllinie der Dachfläche (Richtung Traufe), entgegengesetzt der Falllinie (Richtung First) als auch senkrecht dazu parallel zur Dachfläche (Richtung Ortgang).

(8) Korrosion, siehe Abschnitt 5
- Korrosivitätskategorie: mindestens C3,
- Schutzdauer: hoch (H) > 15 Jahre.

(9) Der Korrosionsschutz von Einbauteilen, bei denen eine Kontrolle der Funktionstauglichkeit wegen Unzugänglichkeit nicht oder nur mit hohem Aufwand möglich ist, siehe Abschnitt 5(3).

3.5.2 Befestigung

(1) Die Befestigung hat nach Herstellerangaben zu erfolgen.

(2) Die Berechnung der Tragfähigkeit ist vom Hersteller der Sicherheitsdachhaken zu erbringen.

Diese muss die Tragfähigkeit des Sicherheitsdachhaken bis zur Befestigung im bzw. am Gebäude unter Berücksichtigung des vorhandenen Untergrundes und Dachaufbaus (z.B. Holz, Holzwerkstoffe, Stahlkonstruktion, Stahltrapezblech, Stahlbeton, Falzdach, Aufdachdämmung) nach den gültigen Vorschriften einschließen.

(3) Für die Berechnung der Tragfähigkeit der Gebäudekonstruktion ist der Bauherr bzw. Auftraggeber verantwortlich. Gegebenenfalls muss eine Einzelfallberechnung durchgeführt werden.

(4) Schrauben und andere Kleinmaterialien sollten aus Edelstahl bestehen, mindestens muss ein Korrosionsschutz in Abhängigkeit zur Korrosionsbelastung nach DIN EN ISO 1461[4] und DIN EN ISO 12944 gewährleistet sein.

(5) Befestigungen, die der freien Bewitterung ausgesetzt sind, müssen korrosionsbeständig sein.

3.5.3 Planungshinweise

Der Umfang des Einbaus von Sicherheitsdachhaken sollte in der Planungsphase unter Berücksichtigung folgender Gesichtspunkte geklärt werden:

- Verklammerung von Dachziegeln/Dachsteinen,
- glatte Oberflächen der Deckmaterialien,
- zu erwartende Inspektions- und Instandhaltungsarbeiten (z.B. an Dachgauben, Anschlüssen, Verwahrungen, Bekleidungen, Kehlen, Schornsteinköpfen…).

---

2 DIN EN 517 Vorgefertigte Zubehörteile für Dacheindeckungen – Sicherheitsdachhaken
3 DIN EN 355 Persönliche Schutzausrüstung gegen Absturz – Falldämpfer
4 DIN EN ISO 1461 Durch Feuerverzinken auf Stahl angebrachte Zinküberzüge (Stückverzinken), Anforderungen und Prüfungen

3.6 Schneeschutzsysteme

3.6.1 Allgemeines

(1) Das Erfordernis zum Einbau von Schnee- und Eisschutzanlagen ergibt sich aus den Bestimmungen der Landesbauordnungen, den örtlichen Bestimmungen sowie der Verkehrssicherungspflicht des Hauseigentümers.

(2) Schneeschutzsysteme bestehen aus Schneefangsystemen und Schneehaltesystemen, einzeln oder in Kombination. Ausschließlich im Traufbereich wirksame Schneefangsysteme sind bei hohen Schneelasten nicht für jeden Anwendungsfall geeignet.

Bei großen, steilen oder glatten Dachflächen und bei hohem Schneeaufkommen sollten Systeme verwendet werden, die über die ganze Dachfläche wirksam sind.

Bei Bedarf sind zusätzlich Eishalter am Schneefangsystem anzubringen, um das Abrutschen von Eis zu verhindern.

(3) Unter bestimmten Bedingungen kann es bei eingebauten Schneeschutzsystemen durch Schnee- und Eisschmelze zu Rückstauwasser kommen, das auch unter die Dachdeckung geraten kann.

Um Schäden zu vermeiden, sind Maßnahmen entsprechend dem "Merkblatt für Unterdächer, Unterdeckungen, Unterspannungen" erforderlich.

(4) Bei überdurchschnittlichem Schneefall kann es auch bei fachregelgerechten Schneeschutzsystemen zum Abrutschen von Schnee und Eis oder zu Schnee- und Eisschäden kommen.

(5) Das Herabfallen geringer Mengen von Schnee und Eis, z.B. aus dem ungesicherten Zwischenraum zwischen Dachrand und Schneefangsystem oder aus überschießenden Dachlawinen, kann nicht verhindert werden.

(6) Die Regensicherheit und Funktion des Daches darf durch das Schneeschutzsystem nicht beeinträchtigt werden.

(7) Korrosion, siehe Abschnitt 5:

- Korrosivitätskategorie: mindestens C2,
- Schutzdauer hoch, (H) > 15 Jahre.

3.6.2 Planungshinweise

(1) Im Traufbereich können bei Bedarf z.B. Metalldeckungen oder Heizungen zum Einsatz kommen.

(2) Spezielle Dachbereiche, z.B. Kehlen, Gauben, Mansardbereiche, können höhere Schneelasten aufweisen und bedürfen weitergehender Maßnahmen, z.B. zusätzliche Schneeschutzsysteme (weitere Reihe eines Schneefanges).

(3) Bei großflächigen Belichtungs- und Solaranlagen und dgl., bei denen ein Rückhalten des Schnees unmöglich und/oder unerwünscht ist, sind besondere Vorkehrungen zu treffen, um Personen und Sachschäden zu vermeiden.

(4) Schneefangsysteme sind in bestehende Blitzschutzanlagen entsprechend der Vorschriften einzubeziehen (siehe "Merkblatt Äußerer Blitzschutz auf Dach und Wand").

(5) Auf Metalldacheindeckungen sind Schneeschutzsysteme so zu befestigen, dass Kräfte aus thermisch bedingten Längenänderungen schadlos aufgenommen werden können.

(6) Die Deckmaterialien dürfen durch die Schneeschutzsysteme nicht unzulässig belastet werden.

(7) Schneefangsysteme werden mit den zum Zeitpunkt des Einbaus geltenden Technischen Baubestimmungen der Bundesländer bemessen. Im Gebäudebestand wurden unter Umständen geringere Schneelasten bei der Ermittlung des Dachtragwerks zugrunde gelegt.

3.6.3 Anschluss an die Dachdeckung

(1) Der Anschluss der Einbauteile an die Dachdeckung hat den Anforderungen der Dachdeckung zu entsprechen und muss mindestens regensicher sein.

(2) Anschlüsse an Dachdurchdringungen können mit industriell vorgefertigten Teilen oder handwerklich hergestellt werden.

(3) Handwerkliche Lösungen sind mit geeigneten Mitteln fachgerecht herzustellen. Die Forderungen der entsprechenden Fachregeln sind zu beachten (siehe "Fachregel für Metallarbeiten im Dachdeckerhandwerk").

(4) Vorgefertigte System-/Zubehörteile, passend für die jeweilige Dachdeckung, haben sich bewährt. Systemteile sind Bauteile oder Elemente, die in ihrer Formgebung, Farbe und ihren Eigenschaften auf die jeweiligen Hauptmerkmale eines Werkstoffes abgestimmt sind.

3.6.4 Befestigung und Montage

(1) Die Befestigung und Montage soll unter Beachtung der Herstellerangaben zu erfolgen.

(2) Die Berechnung der Tragfähigkeit ist vom Hersteller der Schneeschutzsysteme zu führen. Diese muss die Tragfähigkeit des Schneeschutzsystems bis zur Befestigung im bzw. am Gebäude unter Berücksichtigung des vorhandenen Untergrundes (z.B. Holz, Holzwerkstoffe, Stahlkonstruktion, Stahltrapezblech, Stahlbeton, Falzdach, Aufdachdämmung) nach den gültigen Vorschriften einschließen.

(3) Für die Berechnung der Tragfähigkeit der Gebäudekonstruktion ist der Bauherr bzw. Auftraggeber verantwortlich. Gegebenenfalls muss eine Einzelfallberechnung geführt werden.

(4) Schrauben und andere Kleinmaterialien sollten aus Edelstahl bestehen, mindestens muss ein Korrosionsschutz in Abhängigkeit zur Korrosionsbelastung nach DIN EN ISO 1461 und DIN EN ISO 12944 gewährleistet sein.

(5) Befestigungen, die der freien Bewitterung ausgesetzt sind, müssen korrosionsbeständig sein.

3.6.5 Dimensionierung

(1) Die Dimensionierung der Schneeschutzsysteme erfolgt auf Grundlage der „Hinweise zur Lastenermittlung" (Abschnitt 3[020--070--040]).

(2) Bei Stehfalzdeckungen bzw. vergleichbaren Metalldeckungen ist die Lasteintragung durch Schneeschutzsysteme in Gleitrichtung zusätzlich zu berücksichtigen.

(3) Die Prüfung der von Schneeschutzsystemen aufnehmbaren Lasten erfolgt in Anlehnung an die OENORM B 3418.

(4) Die Berechnung der Tragfähigkeit hat herstellerseitig nach den eingeführten Technischen Baubestimmungen zu erfolgen.

3.6.6 Nachträglicher Einbau von Schneeschutzsystemen

(1) Um Überlastung und Verformungen der einzelnen Tragwerksteile zu begrenzen, sollen beim erstmaligen Einbau von Schneefangsystemen im Gebäudebestand die erforderlichen Reihen im Bereich der unterstützenden Bauteile der Sparren eingebaut werden. Bei einreihiger Ausführung sollen die im Bereich der Traufpfette, bei zweireihiger Anordnung im Bereich der Trauf- und Mittelpfette angeordnet werden. Bei Bindertragwerken sowie bei Sparren- oder Kehlbalkendächer ist die einreihige Ausführung im Bereich des Auflagers zu bevorzugen.

(2) Die Dimensionierung der Schneefangsysteme erfolgt im Gebäudebestand ebenfalls nach Abschnitt 3.6.5.

(3) Der Auftraggeber soll darauf hingewiesen werden, dass bei überdurchschnittlich starken Schneefällen die Dachfläche zu räumen ist.

3.7 Halterungen und Stützen

(1) Die Regensicherheit und Funktion des Daches dürfen durch Halterungen und Stützen nicht beeinträchtigt werden.

(2) Herstellervorschriften sowie baurechtliche Vorschriften sind zu beachten.

(3) Korrosion, siehe Abschnitt 5:

- Korrosivitätskategorie: mindestens C2,
- Schutzdauer: hoch (H) > 15 Jahre.

(4) Korrosionsschutz von Einbauteilen, bei denen eine Kontrolle der Funktionstauglichkeit wegen Unzugänglichkeit nicht oder nur mit hohem Aufwand möglich ist, siehe Abschnitt 5(3).

(5) Anschluss an die Dachdeckung, entsprechend Abschnitt 3.6.3.

(6) Nachträglicher Einbau, entsprechend Abschnitt 4.

3.8 Einrichtungen zum Betreten des Daches (Verkehrswege)

(1) Verkehrswege, wie z.B. Laufstege, Trittflächen, Einzeltritte, sind zum Zwecke der Inspektion, Wartung und Instandhaltung einzubauen.

(2) Diese werden in Klasse K1 und K2 nach DIN EN 516[5] eingeteilt.

K1- darf nicht als Anschlagpunkt für Sicherheitsgeschirr verwendet werden,

K2- darf auch als Anschlagpunkt für Sicherheitsgeschirr verwendet werden.

(3) Der Umfang des Einbaus von Verkehrswegen usw. sollte in der Planungsphase unter Berücksichtigung folgender Gesichtspunkte geklärt werden:

- Verklammerung von Dachziegeln/Dachsteinen,
- glatte Oberflächen der Deckmaterialien,
- zu erwartende Inspektions- und Instandhaltungsarbeiten, z.B. an Dachgauben, Anschlüssen, Verwahrungen, Bekleidungen, Kehlen, Schornsteinköpfen,
- Nutzung von Dachflächen (z.B. Solaranlagen).

(4) Unfallverhütungsvorschriften, baurechtliche Vorschriften (z.B. Landesbauordnung) sowie Herstellervorschriften sind zu beachten.

(5) Einrichtungen zum Betreten des Daches müssen eine CE-Kennzeichnung entsprechend DIN EN 516 haben, diese kann auch den Begleitdokumenten entnommen werden.

Einrichtungen zum Betreten des Daches nach DIN EN 516 sind unlöschbar zu kennzeichnen.

(6) Korrosion, siehe Abschnitt 5:

- Korrosivitätskategorie: mindestens C2,
- Schutzdauer: hoch (H) > 15 Jahre.

(7) Ist eine augenscheinliche und praxisgerechte Überprüfung eingebauter Einrichtungen zum Betreten des Daches (Verkehrswege) nicht möglich, ist die Benutzung nicht zulässig.

(8) Korrosionsschutz von Einbauteilen, bei denen eine Kontrolle der Funktionstauglichkeit wegen Unzugänglichkeit nicht oder nur mit hohem Aufwand möglich ist, siehe Abschnitt 5(3).

(9) Anschluss an die Dachdeckung, entsprechend Abschnitt 3.6.3.

(10) Nachträglicher Einbau, entsprechend Abschnitt 4.

3.9 Rettungswege

(1) Rettungswege sind nach der jeweiligen Landesbauordnung einzubauen.

(2) Unfallverhütungsvorschriften, baurechtliche Vorschriften sowie Herstellervorschriften sind zu beachten.

3.10 Belichtungssysteme

(1) Belichtungssysteme sind an alle Funktionsschichten des Daches fachregelgerecht anzuschließen.

(2) Um Tauwasser zu vermeiden, sind die Forderungen des Mindestwärmeschutzes zu beachten.

(3) Einbau- und Verwendungsanleitungen der Hersteller sind zu beachten.

3.11 Indachanlagen

(1) Unfallverhütungsvorschriften, baurechtliche Vorschriften sowie Herstellervorschriften sind zu beachten.

(2) Unter Indachanlagen, welche die Deckwerkstoffe flächig ersetzen und deren fachregelkonforme Regensicherheit herstellerseitig nicht gegeben ist, sind wasserdichte Unterdächer anzuordnen.

(3) Der traufseitige Bereich ist mindestens als regensicheres Unterdach auszubilden (siehe "Merkblatt Unterdächer, Unterdeckungen, Unterspannungen" und "Merkblatt Solartechnik für Dach und Wand").

(4) Indachanlagen haben einen allseitigen zur Dachdeckung passenden Anschlussrahmen. Bei industriell hergestellten Anschlussrahmen kann von den Mindestmaßen der "Fachregel für Metallarbeiten im Dachde-

[5] DIN EN 516 Vorgefertigte Zubehörteile für Dacheindeckungen – Einrichtungen zum Betreten des Daches – Laufstege, Trittflächen und Einzeltritte

ckerhandwerk" abgewichen werden, wenn die Funktionsfähigkeit der Anschlussrahmen durch praxisnahe Versuche nachgewiesen und durch eine Materialgarantie beim ZVDH zugesichert wird.

(5) Indachanlagen, die nicht nach der Liste der Technischen Baubestimmungen nachgewiesen werden können, bedürfen:

- einer allgemeinen bauaufsichtlichen Zulassung,
- eines allgemeinen bauaufsichtlichen Prüfzeugnisses,
- oder eine Zustimmung im Einzelfall

(insbesondere ist der Nachweis der harten Bedachung durch eine Brandprüfung nach DIN 4102-7[6] oder DIN SPEC 91187 zu erbringen).

4 Besondere Anforderungen bei nachträglichem Einbau

4.1 Nachträglicher Einbau

(1) Als nachträglicher Einbau wird die Montage von Einbauteilen in bestehende Dächer verstanden, bei denen eine Koordination der Ausführung der einzelnen Schichten – wie zuvor unter Abschnitt 2 genannt – nicht mehr möglich ist. Baurechtliche Vorschriften sind zu berücksichtigen.

(2) Sind einzelne Schichten, z. B. Unterspannbahn, Unterdeckbahn oder Unterdach, Wärmedämmung, Dampfsperre, Luftdichtheitsschichten, Winddichtheitsschicht, nicht vorhanden, kann deren Funktion nicht gewährleistet und mit dem Einbau/Austausch des Einbauteils nicht erreicht werden.

(3) Beim nachträglichen Einbau oder Austausch vorhandener Einbauteile können sich aufgrund der bereits vorhandenen bzw. nicht vorhandenen Schichten Sonderlösungen ergeben. Diese Sonderlösungen unterliegen der Hinweispflicht und sind mit dem Auftraggeber zu vereinbaren.

(4) Die Berechnung der Tragfähigkeit hat nach den eingeführten technischen Baubestimmungen zu erfolgen.

4.2 Dachgeschossausbau

Wird ein Dachgeschoss nachträglich ausgebaut und werden Einbauteile vorgesehen, sind die Anforderungen wie bei einem Neubau zu berücksichtigen.

5 Korrosionsschutz

(1) Die Korrosionsbelastung ist bei atmosphärischer Korrosion in Abhängigkeit von der relativen Luftfeuchtigkeit, Kondenswassererscheinungen und Verunreinigungen der Atmosphäre nach DIN EN ISO 12944-2[7] in 6 Korrosivitätskategorien eingeteilt:

- C1 unbedeutend (beheizter Innenbereich),
- C2 gering (ländliche Bereiche),
- C3 mäßig (Stadt- und Industrieatmosphäre),
- C4 stark (Industrie und Küste mit mäßiger Salzbelastung),
- C5 sehr stark (Industrie mit hoher Feuchte und aggressiver Atmosphäre),
- C6 sehr stark (Meer).

(2) Die Schutzdauer und die Korrosivitätskategorie der Einbauteile müssen vom Hersteller dokumentiert und nachgewiesen werden (nach DIN EN ISO 1461, DIN EN ISO 12944).

(3) Der Korrosionsschutz von Einbauteilen, bei denen eine Kontrolle der Funktionstauglichkeit wegen Unzugänglichkeit nicht oder nur mit hohem Aufwand möglich ist, ein Versagen sich nicht offensichtlich (z.B. Korrosion) ankündigt und eine erhebliche Gefährdung erwarten lässt, ist für die beabsichtigte Nutzungsdauer für das Bauteil und die Befestigung zu berücksichtigen. Für die beabsichtigte Zeit muss die Tragfähigkeit auch ohne Instandhaltung gewährleistet sein.

(4) Die Dauerhaftigkeit ist bei Materialien, die keiner Reduktion der Tragfähigkeit unterliegen, gegeben (geeignete Materialien siehe z.B. DIN 18516).

[6] DIN 4102-7 Brandverhalten von Baustoffen und Bauteilen – Teil 7: Bedachungen – Anforderungen und Prüfungen

[7] DIN EN ISO 12944-2 Beschichtungsstoffe – Korrosionsschutz von Stahlbauten durch Beschichtungssysteme – Teil 2: Einteilung der Umgebungsbedingungen

(5) Bei Korrosionsschutzsystemen durch Verzinkung oder spezielle Beschichtungen muss eine Überprüfung nach Ablauf der Schutzdauer, auch unzugänglicher Bauteile, erfolgen, da die Schutzzeit nicht der Lebensdauer üblicher Gebäude entspricht.

(6) Der Korrosionsschutz muss mindestens dem von Stahl mit einer Feuerverzinkung von 50µm (360g/m²) Schichtdicke nach DIN EN ISO 1461 und DIN EN ISO 12944 entsprechen.

6 Inspektion und Wartung

(1) Zur Inspektion und Wartung eines Daches gehört auch die Überprüfung aller Dachdetails im Rahmen der Möglichkeiten, insbesondere der Funktionsfähigkeit, z.B. der Einbauteile, Einfassungen, An- und Abschlüsse u. a.

(2) Einbauteile sind regelmäßig auf sichtbare Schäden zu prüfen.

(3) Sicherheitsdachhaken und Verkehrswege sind vor der Verwendung durch Sichtkontrolle auf offensichtliche Mängel zu prüfen, z.B. lose Schraubverbindungen, Abnutzung, Korrosion.

(4) Regelungen in Fachregeln haben Vorrang.

Anhang I

Die folgenden Skizzen von Dachdetails sind Beispiele für die Arbeitsausführung. Sie sind nicht maßstabsgetreue bildliche Darstellungen der einzelnen Techniken und dienen der Veranschaulichung der textlichen Beschreibung.

Verzeichnis der Abbildungen

Abb. I.1: Anschluss eines Dachflächenfensters an eine Unterdeckung – Einschnitte

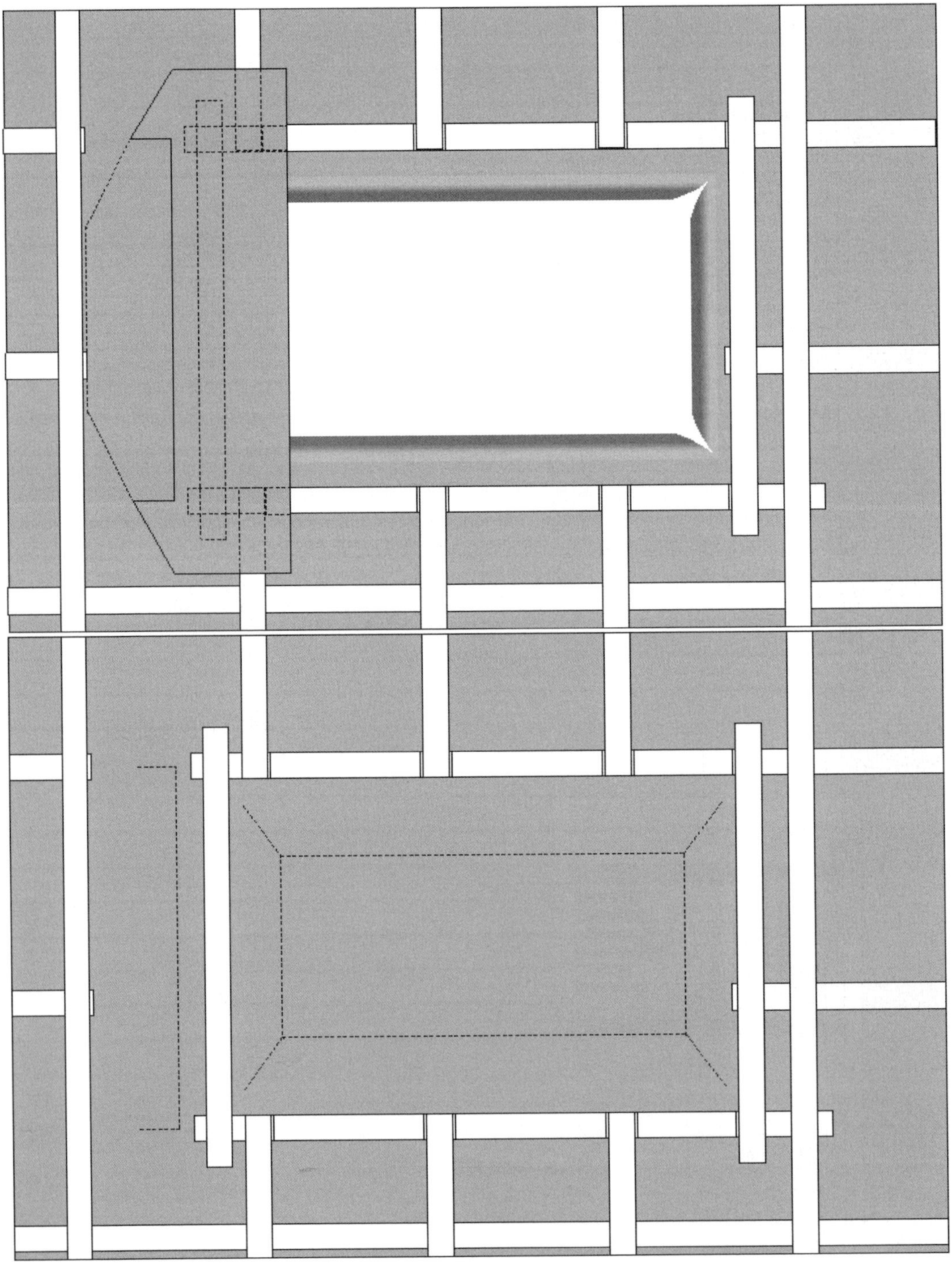

Abb. I.2: Anschluss eines Dachflächenfensters an eine Unterdeckung – Anschluss

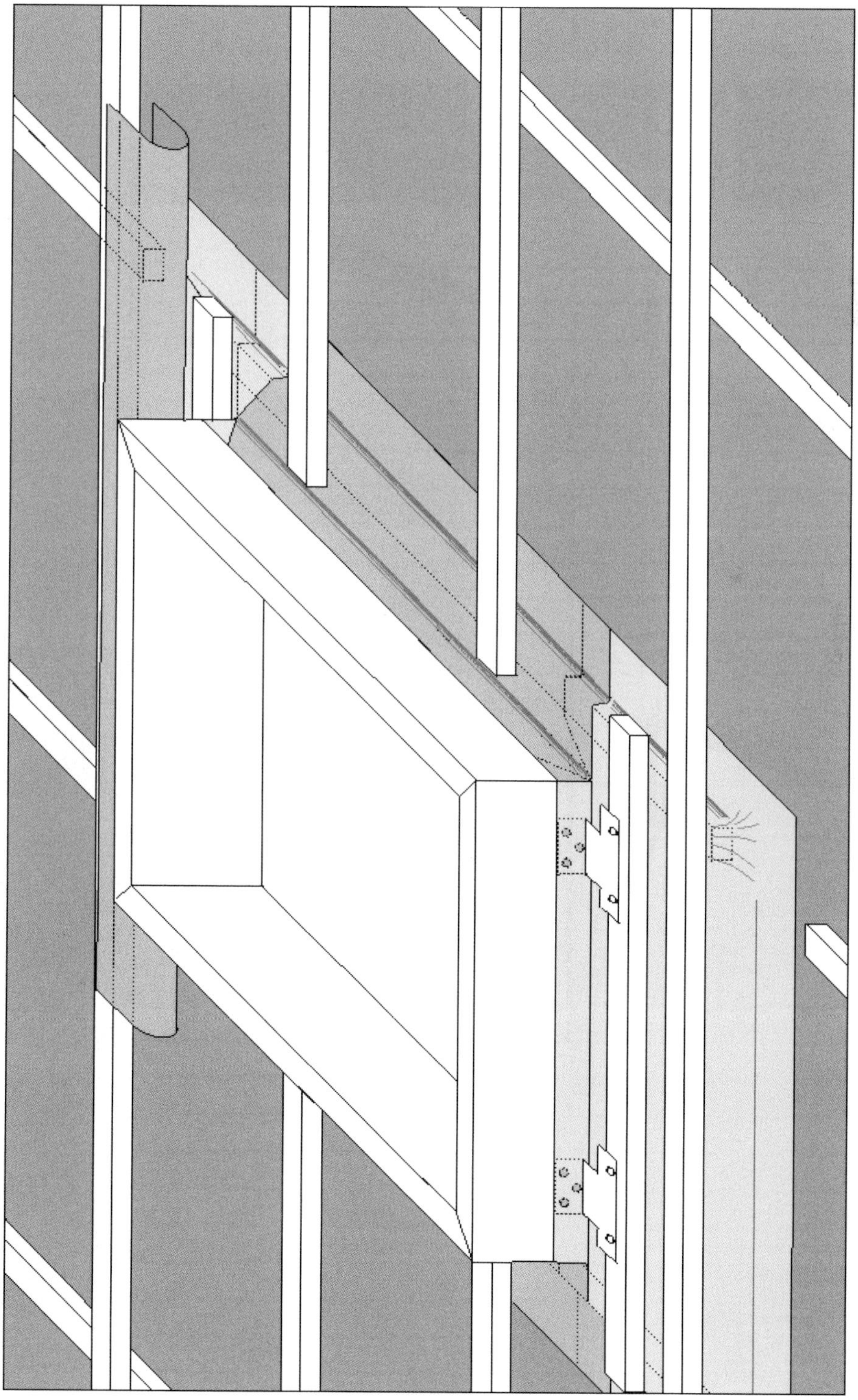

Abb. I.3: Rohrdurchführung

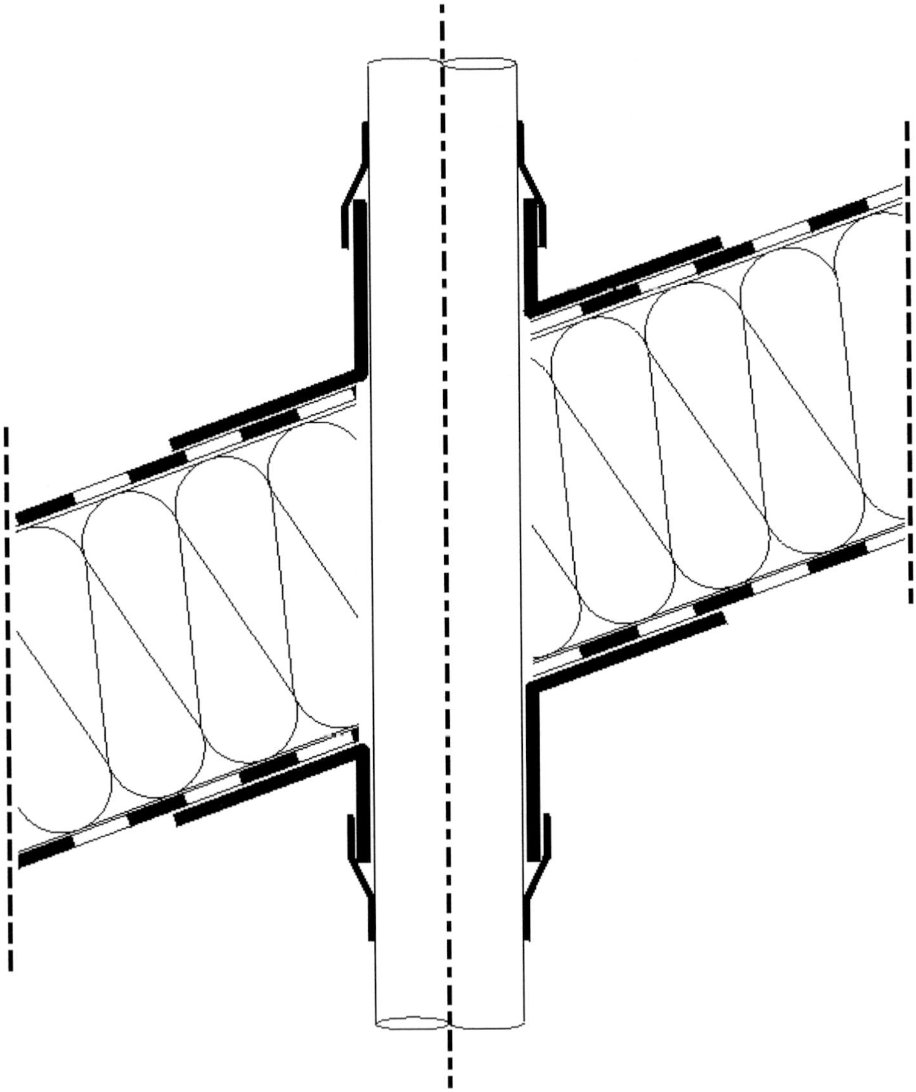

Abb. I.4: Empfohlene Ausführung der Innenbekleidung und empfohlene Einbauhöhen

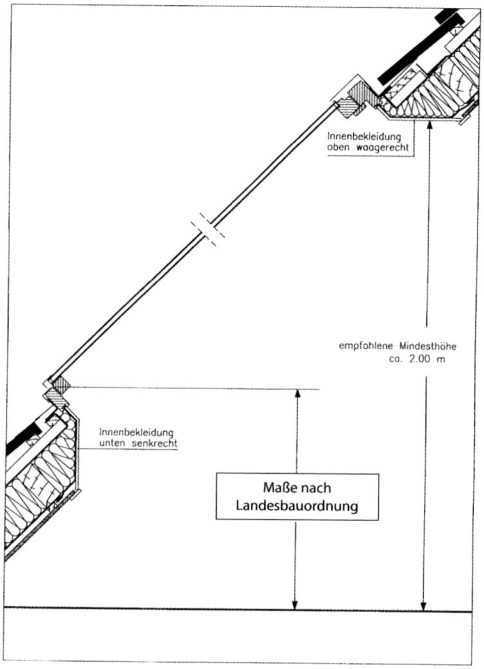

Abb. I.5: Fensterlängen in Abhängigkeit von der Dachneigung

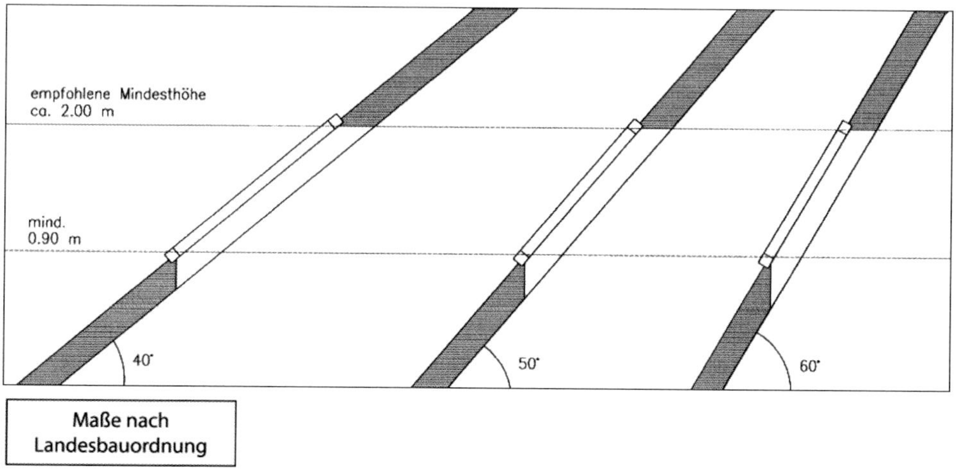

Abb. I.6: Anschluss von Dachflächenfenstern mit separatem Eindeckrahmen an eine Unterdeckbahn in einem Dach mit Zwischensparrendämmung mit Herstellung eines Rahmens auf Dachlattenebene

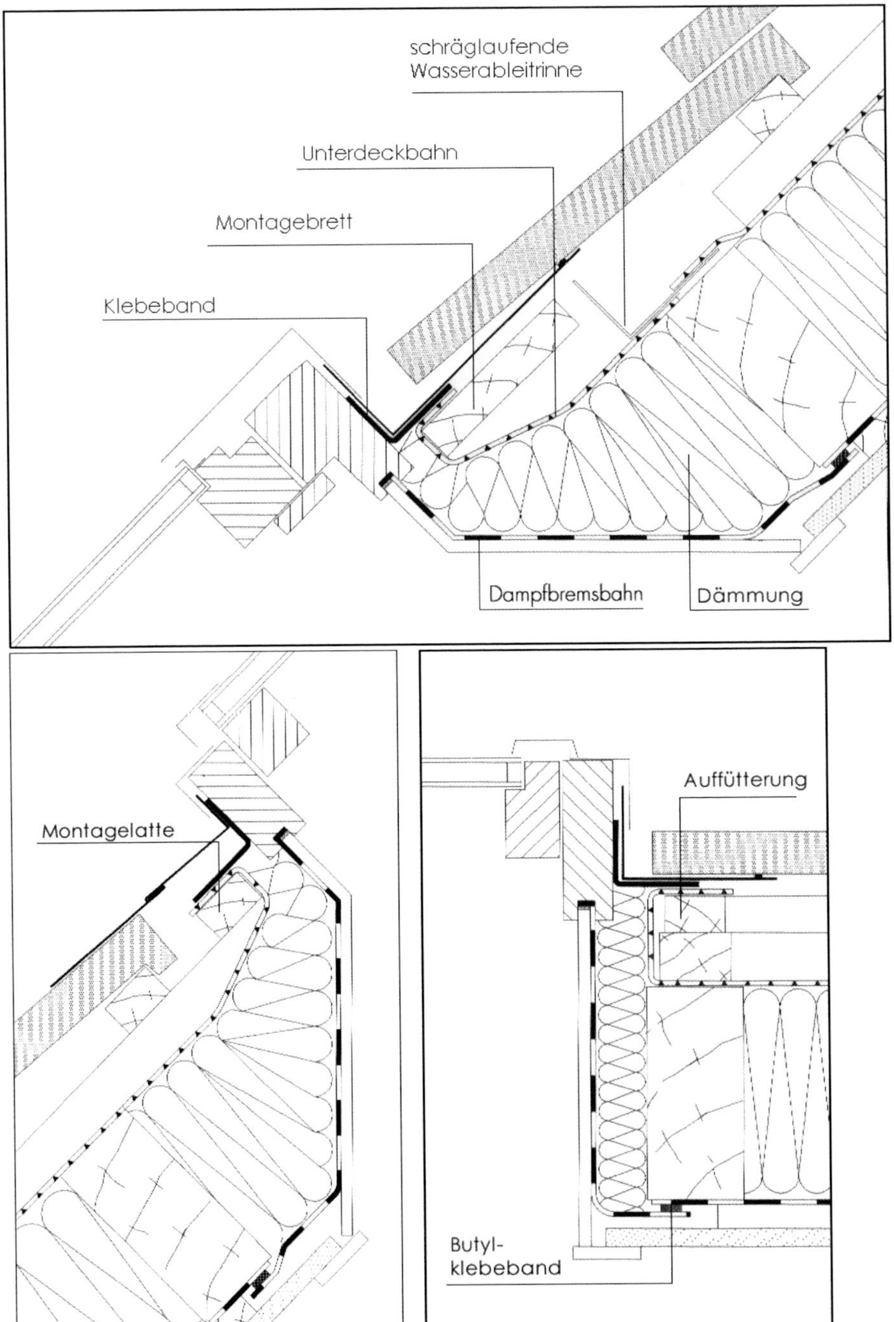

Abb. I.7: Anschluss von Dachflächenfenstern mit separatem Eindeckrahmen an eine Unterdeckbahn in einem Dach mit Zwischensparrendämmung mit Führung der Bahnen unter die Dachlatten

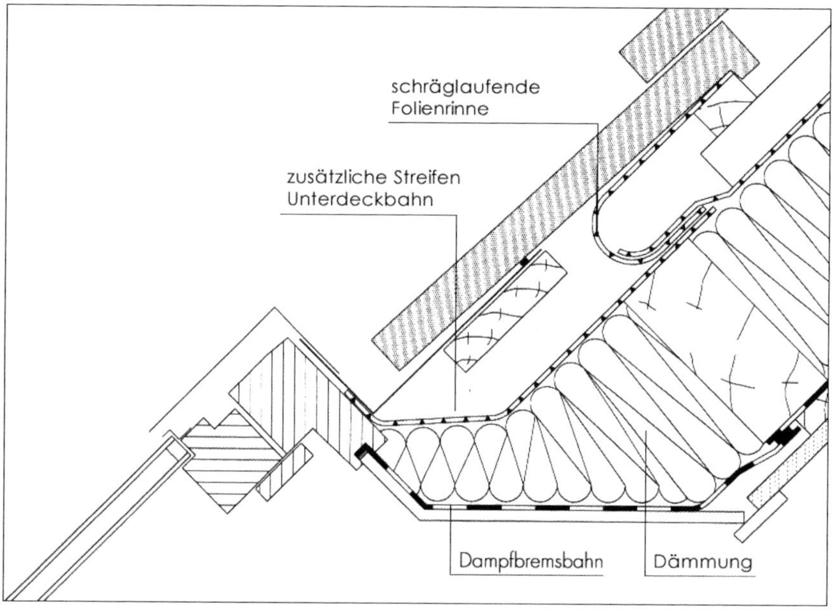

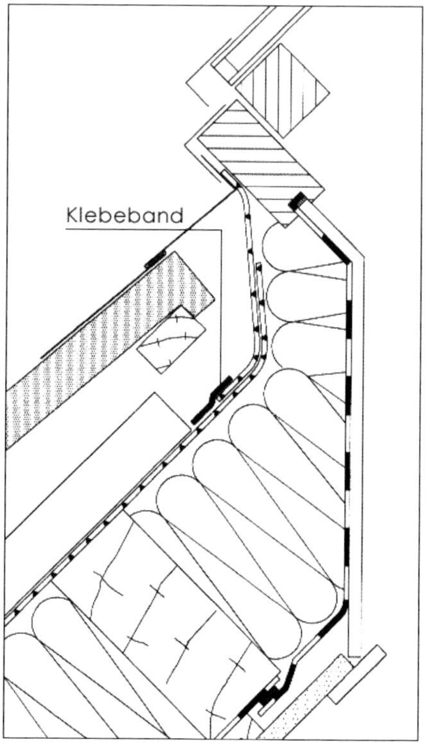

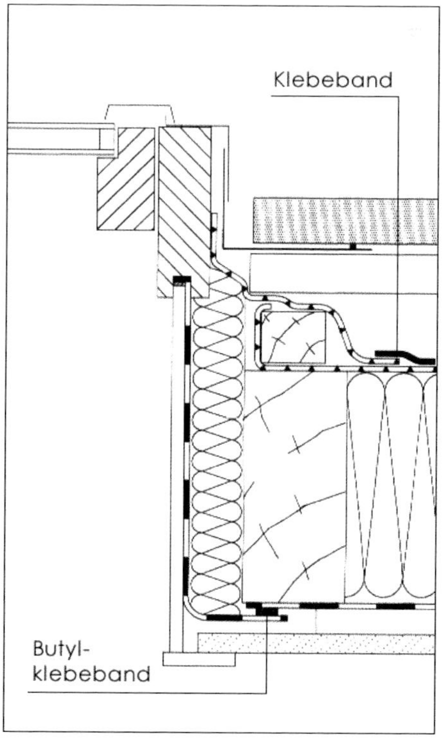

Abb. I.8: Anschluss von Dachflächenfenstern mit separatem Eindeckrahmen an ein Dach mit Aufsparrendämmung

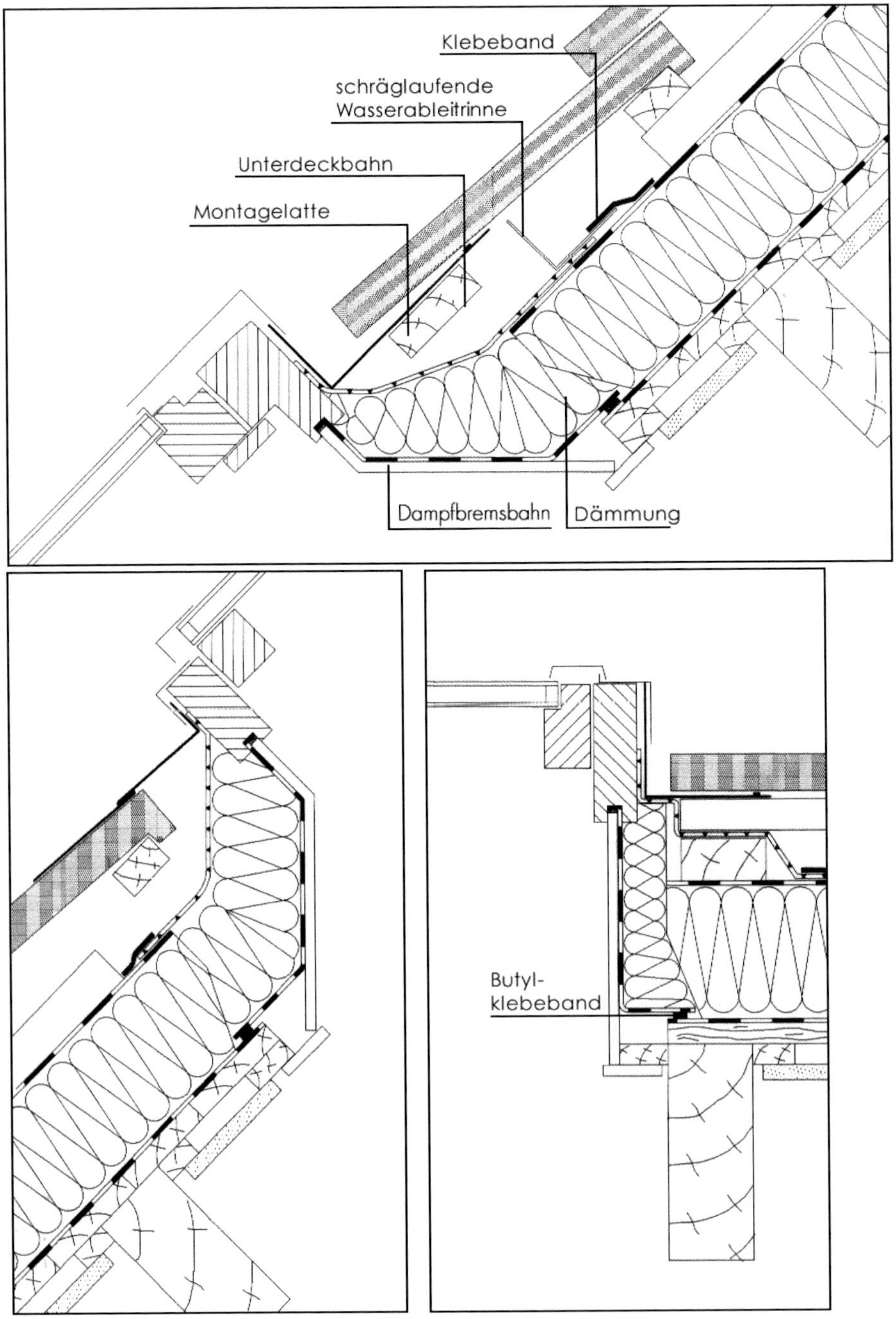

Abb. I.9: Anschluss von Dachflächenfenstern mit separatem Eindeckrahmen an eine Unterdeckbahn in einem Dach mit Zwischensparrendämmung unter Verwendung vorgefertigter Dämmelemente

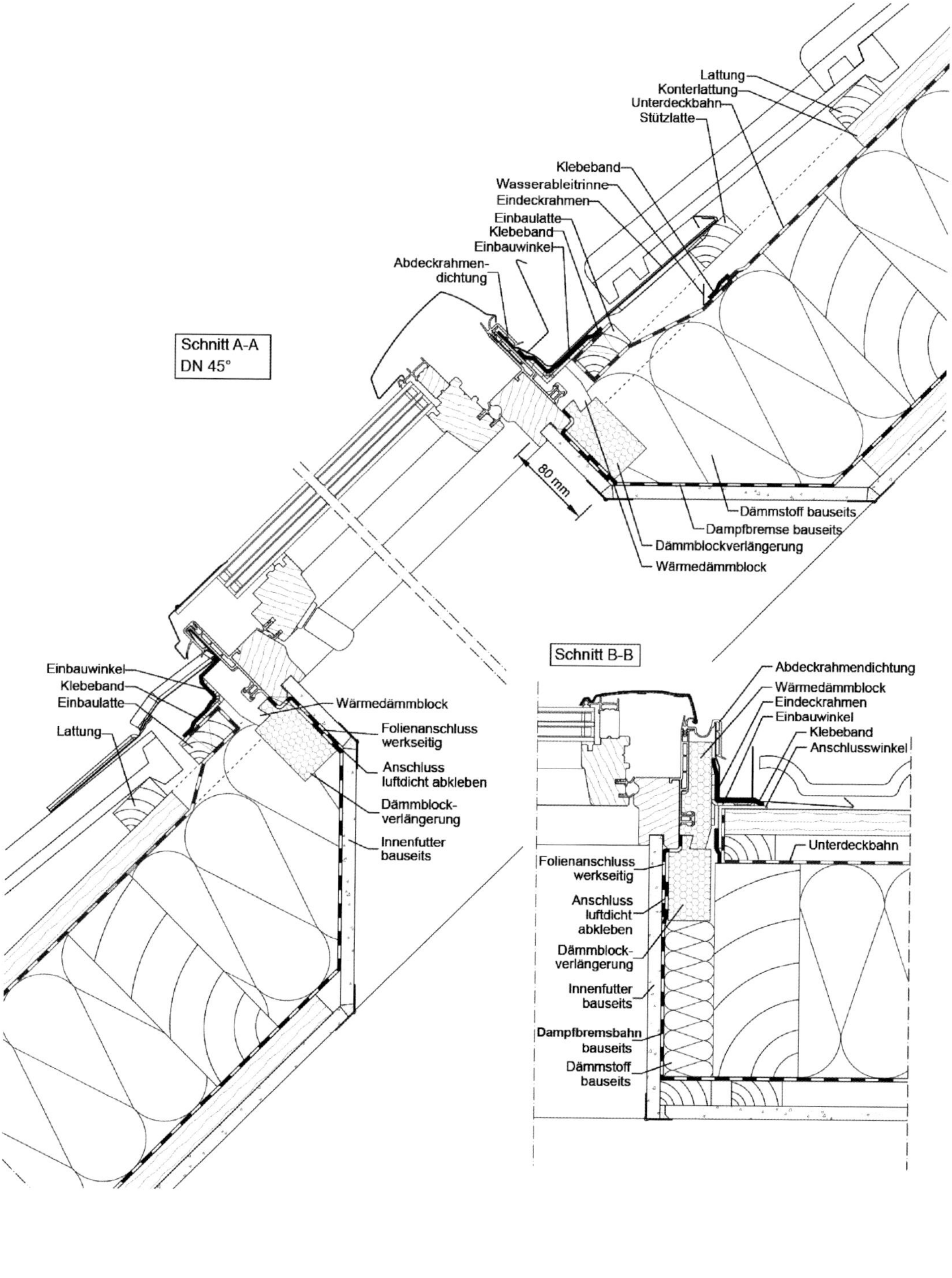

Abb. I.10: Anschluss von Dachflächenfenstern mit separatem Eindeckrahmen an eine Unterdeckbahn in einem Dach mit Zwischensparrendämmung unter Verwendung vorgefertigter Dämmelemente

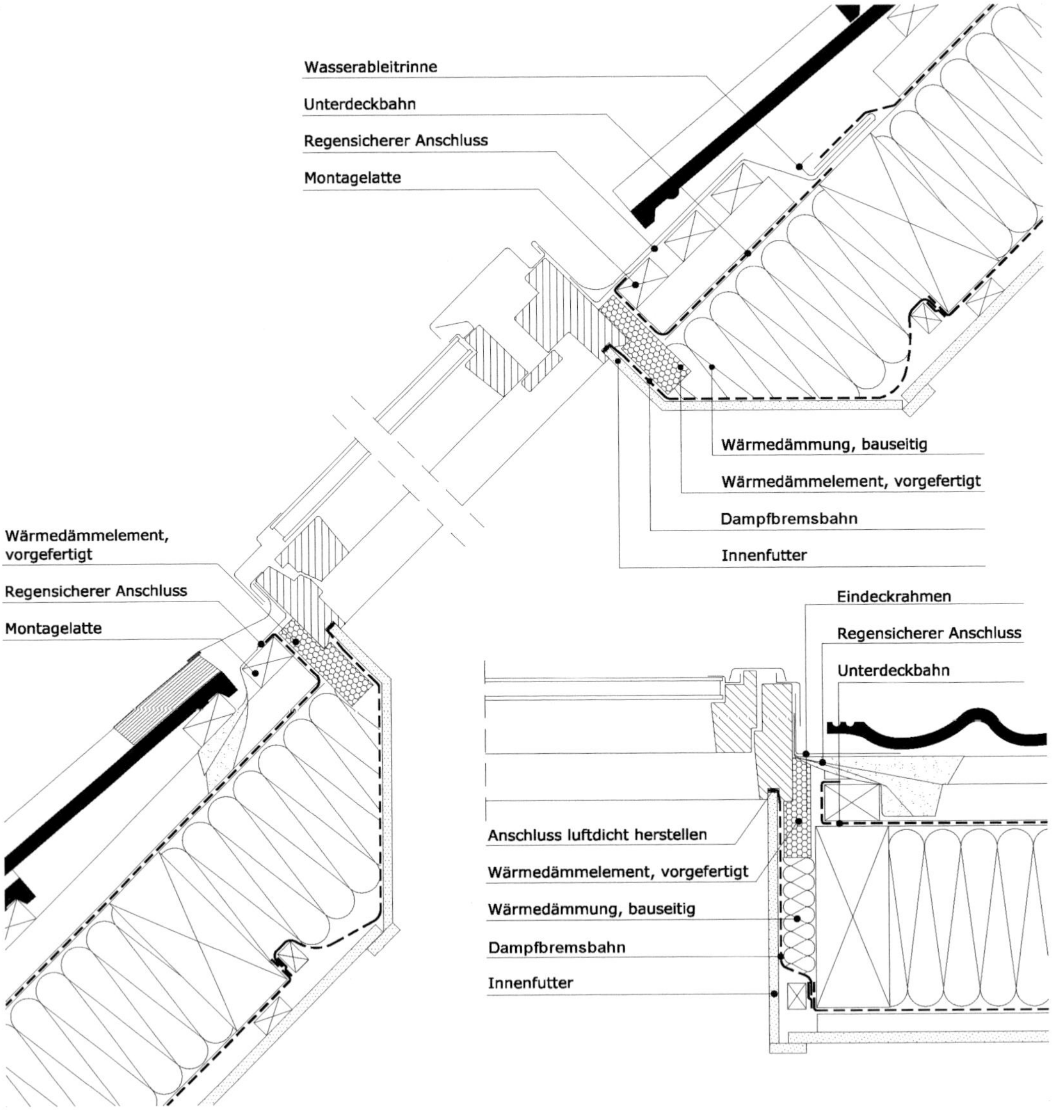

Deutsches Dachdeckerhandwerk
– Regelwerk –

Merkblatt Solartechnik für Dach und Wand

Aufgestellt und herausgegeben vom

Zentralverband des Deutschen Dachdeckerhandwerks – Fachverband Dach-, Wand- und Abdichtungstechnik – e.V.

Ausgabe April 2011 (mit Änderungen Dezember 2016)

Rudolf Müller

Vorgänger:

Merkblatt Solartechnik für Dach und Wand Juni 2001

Inhaltsverzeichnis

1 Allgemeines

1.1 Geltungsbereich

(1) Dieses Merkblatt gilt für die Planung und die Ausführung von Solaranlagen in und über Dachdeckungen, Dachabdichtungen und Außenwandbekleidungen.

(2) Dieses Merkblatt enthält im Anhang I Grundsätze für die Dimensionierung und die Planung der Solaranlage.

(3) Das Merkblatt wird durch die technischen Herstellerangaben zur Leistung von Solaranlagen ergänzt.

1.2 Begriffe

(1) Solaranlagen gliedern sich in Solarthermie- und Photovoltaikanlagen.

(2) Unter Solarthermie versteht man die Umwandlung der Sonnenenergie in nutzbare Wärmeenergie.

Energiegewinnungsflächen können aus Absorbern (Kollektoren) bestehen (siehe Abb. AII.1).

(3) Photovoltaik ist die direkte Umwandlung von Licht- und/oder Sonnenenergie in Elektrizität. Energiegewinnungsflächen können aus Solarzellen (Modulen) bestehen (siehe Abb. AII.2).

(4) Ein Solardach ist ein Dach, bei dem die Energiegewinnungsfläche den Deckwerkstoff komplett ersetzt (Dachabschlüsse können aus anderen Werkstoffen bestehen).

(5) Eine Solaraußenwand ist eine Außenwand mit einer Energiegewinnungsfläche als gesamte Außenwandbekleidung.

(6) Transparente Solarsysteme: Transparente Solaranlagen erfüllen neben der Energiegewinnung aus Sonnenergie noch weitere Aufgaben, wie z.B. Belichtung, Blendschutz, Wärmeschutz.

(7) Wirkungsgrad: ist der Quotient aus der abgegebenen Energie zur aufgenommenen Sonnenenergie der Energiegewinnungsflächeneinheit in Prozent.

1.3 Konstruktionsarten

1.3.1 Solarthermieanlagen

(1) Die Solarthermieanlage besteht üblicherweise aus:

- Kollektor, Flachkollektor, Vakuumkollektor (Absorber)
- Kreislauf zur Abführung der Wärme (Rohrleitungen)
- Wärmetauscher
- Regeltechnik
- Speicherung

(2) Ein Kollektor nimmt die Wärme aus der Sonnenenergie auf und überträgt diese auf einen Wärmeträger.

(3) Der Wärmetransport erfolgt über die Wärmeträgerflüssigkeit vom Kollektor zum Solarspeicher und wird durch eine Regelung gesteuert.

1.3.2 Photovoltaikanlagen

(1) Die Photovoltaikanlage besteht üblicherweise aus:

- Solarzelle (Modul)
- Ableitungen
- DC-Trennschalter (Gleichstrom-Trennschalter)
- Speicheranlagen (bei netzunabhängigen Anlagen)
- Wechselrichter
- Sicherheitseinrichtungen
- Messeinrichtungen
- Netzeinspeisezähler

(2) Die Energiegewinnungsfläche einer Photovoltaikanlage besteht aus Solarmodulen, die sich aus einzelnen Solarzellen zusammensetzen. Solarzellen können z.B. aus monokristallinem Silizium, polykristallinem Silizium, amorphem Silizium, Gallium-Arsenid, Kadmium-Tellurid, Kupfer-Indium-Diselenid bestehen.

(3) Der gewonnene Gleichstrom (DC) wird mit systembezogenen Solarkabeln zur Schnittstelle (Wechselrichter) der elektrotechnischen Anlage geführt.

(4) Gleichspannung (DC – Direct Current), Wechselspannung (AC – Alternating Current)

(5) kWp = Kilowatt peak, (Nennleistung unter Standardbedingungen, d.h. Zellentemperatur = 25 °C, Bestrahlungsstärke=1000 W/m², Sonnenlichtspektrum AM = 1,5)

1.4 Planungshinweise

(1) Solaranlagen und Montagesysteme sowie deren Einbindung in Dachdeckungen, Dachabdichtungen und Fassaden sollten aufeinander abgestimmt sein.

(2) Im Rahmen der Gewährleistung für die Funktionsfähigkeit des Daches und aller seiner Funktionsschichten sollten die Montagearbeiten von einem für Dacharbeiten im Sinne der Handwerksordnung zugelassenen Fachbetrieb ausgeführt werden.

(3) Die Anschlüsse an die hauseigene Installation müssen von entsprechend zugelassenen Fachbetrieben ausgeführt werden.

(4) Die Montagevorschriften des Solaranlagenherstellers müssen beachtet werden.

(5) Um den maximalen Energieertrag zu erhalten, sollten die Energiegewinnungsflächen sowohl von der Himmelsrichtung als auch vom Neigungswinkel optimal zur Sonne stehen (siehe Abb. AI.2).

(6) Im Neubaubereich sind die erforderlichen Energiegewinnungsflächen bei Dach und Wand in Bezug auf die gesamte Planung zu berücksichtigen.

(7) Bei nachträglichem Ein- bzw. Aufbau einer Solaranlage in, über oder vor die bestehende Dach- bzw. Wandfläche sind die Anforderungen der Dachdeckung, Dachabdichtung oder Außenwandbekleidung nach dem Regelwerk des Deutschen Dachdeckerhandwerks zu beachten. Insbesondere müssen der Wärmeschutz und die Tragfähigkeit geprüft werden.

Der Zustand der vorhandenen Dachdeckung, Dachabdichtung oder Außenwandbekleidung soll berücksichtigt werden.

(8) Die Lüftungsebene unterhalb der Dachdeckung und hinter der Wandbekleidung darf durch den Einbau einer Energiegewinnungsfläche nicht auf ein unzulässiges Maß eingeschränkt werden.

(9) Bei der Integration von Solaranlagen in die Dachdeckung, Dachabdichtung oder Außenwandbekleidung ist eine Hinterlüftung nach Angaben des Herstellers einzuhalten.

(10) Da an der Unterseite von Indachsolaranlagen erhöhte Temperaturen entstehen, muss mit einer erhöhten thermischen Belastung der Unterkonstruktion gerechnet werden.

Die Herstellerangaben sind zu beachten.

(11) Energiegewinnungsflächen müssen windsogsicher befestigt bzw. verankert werden.

(12) Bei Photovoltaikanlagen sollten Verschattungen durch Bäume, Häuser, Schornsteine, Dachaufbauten, Freileitungen, Blitzschutzfangstangen usw. vermieden werden, da sie zu Leistungsverlusten führen und Störungen hervorrufen können. Bei Solarthermieanlagen führen die oben genannten Situationen zu Leistungseinschränkungen.

(13) TRGS 519: In und auf Dächern und Außenwandbekleidungen aus Asbestzement dürfen keine Solaranlagen eingebaut werden.

(14) Bewegungsfugen in Gebäuden sind bei der Anordnung von Solaranlagen zu beachten.

2 Werkstoffe und Anforderungen

2.1 Allgemeines

(1) Alle Teile einer Solaranlage müssen aufeinander abgestimmt und die Werkstoffe untereinander verträglich sein.

(2) Auf- oder Indachsysteme stellen eine erhöhte Anforderung dar und erfordern auch bei Einhaltung der Regeldachneigung geeignete Zusatzmaßnahmen zur Regensicherheit („Merkblatt Unterdächer, Unterdeckungen und Unterspannungen", Abschnitt 1.3(4),(12)).

(3) Zusatzmaßnahmen werden in Abhängigkeit von der Gebäudeart zugeordnet. Untergeordnete Gebäude wie z.B. Carport, Scheunen, Lagerschuppen u.a. haben einen geringeren Schutzbedarf bezogen auf die Regensicherheit. Die Zusatzmaßnahme ist für den Einzelfall zu vereinbaren.

2.2 Beanspruchung von Dächern und Fassaden mit Solaranlagen

Bei aufgeständerten und integrierten Energiegewinnungsflächen werden Anlagenteile verwendet, die eine ausreichende Trag- und Zugfestigkeit haben müssen. Die Trag- und Zugfestigkeit der Energiegewinnungsanlagen muss unter Berücksichtigung der DIN 1055 nachgewiesen werden (z.B. Befestigung, Auflast).

2.2.1 Windlasten

(1) Für die Bemessung der Montagesysteme von Solaranlagen ist die DIN 1055-4 zugrunde zu legen.

(2) Die Randbereiche eines Daches, wie Traufe, Ortgang, Grat und First sind besonders gefährdet.

(3) Der statische Nachweis ist vom Hersteller der Solaranlage zu führen.

Dieser muss den Nachweis für die Tragfähigkeit des Kollektors, bzw. Moduls, des Montagesystems bis zur Befestigung im bzw. am Gebäude unter Berücksichtigung des vorhandenen Untergrundes (z.B. Holz, Holzwerkstoffe, Stahlkonstruktion, Stahltrapezblech, Stahlbeton, Falzdach) nach den gültigen Vorschriften erbringen.

(4) Für den Nachweis der Tragfähigkeit der Gebäudekonstruktion ist der Bauherr bzw. Auftraggeber verantwortlich.

Gegebenenfalls muss ein Einzelnachweis geführt werden.

2.2.2 Schneelasten

(1) Für die Bemessung der Montagesysteme von Solaranlagen ist die DIN 1055-5 zugrunde zu legen.

(2) Der statische Nachweis ist vom Hersteller der Solaranlage zu führen.

(3) Dieser muss den Nachweis für die Tragfähigkeit des Kollektors, bzw. Moduls, des Montagesystems bis zur Befestigung im bzw. am Gebäude unter Berücksichtigung des vorhandenen Untergrundes (z.B. Holz, Holzwerkstoffe, Stahlkonstruktion, Stahltrapezblech, Stahlbeton, Falzdach) nach den gültigen Vorschriften erbringen.

(4) Für den Nachweis der Tragfähigkeit der Gebäudekonstruktion ist der Bauherr bzw. Auftraggeber verantwortlich.

Gegebenenfalls muss ein Einzelnachweis geführt werden.

(5) Die durch den Einbau von Solaranlagen bestehende erhöhte Gefahr des Abrutschens von Schnee und Eis sollte beim Planen bzw. Einbau von Schneerückhaltesystemen berücksichtigt werden.

2.3 Wasserdichte Unterkonstruktion

(1) Unter Solaranlagen, welche die Deckwerkstoffe flächig ersetzen und deren fachregelkonforme Regensicherheit herstellerseitig nicht gegeben ist, sind wasserdichte Unterdächer anzuordnen.

(2) Der traufseitige Bereich ist mindestens als regensicheres Unterdach auszubilden („Merkblatt Unterdächer, Unterdeckungen und Unterspannungen“, Abschnitt 1.3 (12)).

2.4 Bestehende Deckung

Bestehende Dachdeckungen, Dachabdichtungen und Außenwandbekleidungen sind auf Funktionalität, Beständigkeit und Eignung bzgl. der zu erwartenden Lebensdauer bei aufgeständerten Solaranlagen zu überprüfen.

2.5 Befestigung

Zu empfehlen sind korrosionsbeständige Materialien.

Bei verzinktem Stahl sollte ein dauerhafter Korrosionsschutz sichergestellt werden.

Schrauben und andere Kleinmaterialien sollen aus Edelstahl bestehen, mindestens muss ein dauerhafter Korrosionsschutz sichergestellt sein.

Befestigungen, die der freien Bewitterung ausgesetzt sind, müssen korrosionsbeständig sein.

2.6 Leitungssysteme für Solarthermie

Geeignete Rohrleitungssysteme und Verbindungen zu Regel- und Messeinrichtungen müssen im Außenbereich UV- und witterungsbeständig sein.

2.7 Leitungssysteme für Photovoltaikanlagen

Geeignete systembezogene Gleichstromkabel für PV-Anlagen müssen

- kurzschluss- und erdschlusssicher,
- UV- und witterungsbeständig,
- temperaturbeständig (ca. -40 °C bis +120 °C)

sein.

3 Ausführung

3.1 Allgemeines

(1) Die Montage von Solaranlagen, einschließlich Anschluss von Durchdringungen, z.B. Verkabelung, Verrohrung, müssen entsprechend den jeweiligen Regelwerksteilen des Deutschen Dachdeckerhandwerks ausgeführt werden.

(2) Bei Lichteinwirkung auf PV-Module liegt sofort eine Spannung an, die je nach Größe und Schaltung der Module bis zu 1000 Volt betragen kann (Achtung: Lebensgefahr).

(3) Die Befestigung von Solaranlagen auf Dächern und an Außenwänden muss statisch geprüft und der Kraftverlauf bis in die Tragkonstruktion nachgewiesen werden.

3.2 Solaranlagen bei Dachdeckungen

3.2.1 Dachaufständerung bei Dachdeckungen (Aufdachsystem)

(1) Die Aufständerung dient der Aufnahme der Energiegewinnungsfläche. Sie besteht aus vorgefertigten Elementen, die auftretende Kräfte (Eigengewicht, Wind, Schnee etc.) auf die Unterkonstruktion übertragen.

(2) Für die Aufständerung einer Energiegewinnungsfläche sind verschiedene Systeme möglich, z.B. Schienen- und Trägerelemente aus verschiedenen Werkstoffen, die mindestens feuerverzinkt sind. Die Befestigungen müssen mindestens korrosionsgeschützt, bei freier Bewitterung korrosionsbeständig sein.

(3) Die Aufständerungselemente sind auf die jeweilige Dachdeckung, die Dachneigung und auf die örtlichen Gegebenheiten abzustimmen.

(4) Bei aufgeständerten Energiegewinnungsflächen muss die Funktionsfähigkeit der darunter liegenden Deckung gewährleistet sein.

(5) Der Mindestabstand zwischen Oberkante Dachdeckung und Unterseite Energiegewinnungsfläche darf 60 mm bzw. die Herstellerangaben nicht unterschreiten.

Der Mindestabstand begründet sich durch die anlagenspezifisch erforderliche Hinterlüftung.

3.2.2 Dachintegrierte Solaranlagen (Indachsystem)

(1) Integrierte Energiegewinnungsflächen werden wie Einbauteile in die Dachdeckung eingebaut und sind regensicher an diese anzuschließen. Sie bestehen aus:

- Solarelementen
- Eindeckrahmen
- Abdeckungen.

(2) Bei der Wahl der Eindeckrahmen ist die Verträglichkeit der Werkstoffe untereinander zu beachten (siehe „Fachregel für Metallarbeiten im Dachdeckerhandwerk").

(3) Anschluss an ein Unterdach

Das „Merkblatt für Unterdächer, Unterdeckungen und Unterspannungen" ist zu beachten.

(4) Anschluss an die Dachdeckung

Indachsysteme von Solaranlagen haben einen allseitigen zur Deckung passenden Anschlussrahmen. Bei industriell hergestellten Anschlussrahmen kann von den Mindestmaßen der „Fachregeln für Metallarbeiten im Dachdeckerhandwerk" abgewichen werden, wenn die Funktionsfähigkeit der Anschlussrahmen durch praxisnahe Versuche nachgewiesen und durch Langfristerfahrung bewährt sind.

3.2.3 Solardach

Die Energiegewinnungsfläche ersetzt die Dachdeckung vollständig. An- und Abschlüsse können mit anderen Materialien hergestellt werden.

3.2.4 Transparente Solarsysteme bei Dachdeckungen

Transparente Solarsysteme bei Dachdeckungen erfüllen neben der Energiegewinnung noch weitere Aufgaben, z.B.: Belichtung, Blendschutz, Wärmeschutz.

3.3 Solaranlagen bei Dachabdichtungen

3.3.1 Dachaufständerung bei Dachabdichtungen (Aufdachsystem)

(1) Die Energiegewinnungsflächen können auf bauseits vorhandenen und in die Dachabdichtung eingebundenen Sockel oder Stützen angebracht werden.

(2) Außerdem können sie auch freistehend auf lastverteilende Unterlagen aufgestellt werden. Diese Unterlagen können z.B. Wannen sein, die mit Auflast (z.B. Kies oder Plattenbelag) beschwert werden. Generell sind erforderliche Schutzlagen für Dachabdichtungen (siehe „Fachregel für Abdichtungen") unter den Solaranlagen vorzusehen. Die statische Belastbarkeit der Tragkonstruktion und des Dachaufbaus (Druckfestigkeit der Wärmedämmung u.a.) ist zu beachten.

(3) Die Aufständerung dient der Aufnahme, Ausrichtung und Neigungsgebung der Solaranlage. Somit können diese auch optimiert nachgeführt werden.

(4) Bei aufgeständerten Energiegewinnungsflächen muss die Funktionsfähigkeit der darunter liegenden Dachabdichtung gewährleistet sein. Ein Anstauen von Niederschlagswasser ist zu vermeiden.

3.3.2 In die Dachabdichtung integrierte Solaranlage (Indachsystem)

(1) Integrierte Energiegewinnungsflächen werden wie Einbauteile in die Dachabdichtung eingebaut.

(2) Integrierte Energiegewinnungsflächen können auch auf die Dachabdichtungswerkstoffe abgestimmte und/oder integrierte Solarelemente sein, die als System mit den Dachabdichtungswerkstoffen verlegt werden.

3.4 Solaranlagen bei Außenwandbekleidungen

3.4.1 Allgemeines

Solaranlagen bei Außenwandbekleidungen werden nach statischem Nachweis mit systembedingten, korrosionsbeständigen Befestigungen an der tragenden Unterkonstruktion befestigt bzw. verankert und eingebaut.

3.4.2 Solaranlagen vor der Außenwandbekleidung

(1) Die Energiegewinnungsflächen werden vor der Außenwandbekleidung an Halterungen oder Konsolen befestigt, die die Bekleidung durchdringen.

(2) Die Ausrichtung der Energiegewinnungsflächen kann durch neigungsgerechte Halterungen oder Konsolen optimiert werden.

(3) Bei Solaranlagen vor der Außenwandbekleidung muss die Funktionsfähigkeit der darunter liegenden Bekleidung gewährleistet sein. Der Mindestabstand zwischen Oberkante Bekleidung und Unterseite Element von 60 mm bzw. gemäß Herstellerangaben darf nicht unterschritten werden.

Der Mindestabstand begründet sich durch die anlagenspezifisch erforderliche Hinterlüftung.

3.4.3 In die Außenwandbekleidung integrierte Solaranlage

(1) Integrierte Energiegewinnungsflächen werden wie Einbauteile systemgerecht in die Außenwandbekleidung eingebaut.

(2) In die Außenwandbekleidung integrierte Solaranlagen bestehen aus:

- Solarelementen
- Anschlussrahmen
- Abdeckungen.

(3) Bei der Wahl der Anschlussrahmen ist die Verträglichkeit der Werkstoffe untereinander zu beachten (siehe „Fachregel für Metallarbeiten im Dachdeckerhandwerk").

3.4.4 Solaraußenwand

Die Energiegewinnungsfläche ersetzt die Außenwandbekleidung vollständig. An- und Abschlüsse können mit anderen Materialien hergestellt werden.

3.4.5 Transparente Solarsysteme in Außenwänden

Transparente Solarsysteme bei Außenwänden erfüllen neben der Energiegewinnung noch weitere Aufgaben, z.B. Belichtung, Blendschutz, Wärmeschutz.

3.5 Solaranlagen auf Metalldächern

(1) Die berechnete Anzahl Hafte pro m² berücksichtigt die bei Metalldeckungen auftretenden Lasten ohne die durch Solaranlagen zusätzlich auftretenden Lasten. Sind weitere einwirkende Kräfte zu berücksichtigen, z.B. nachträglicher Einbau von Solaranlagen, ist ein Nachweis zu führen.

(2) Die Befestigung von Solaranlagen an Metalldeckungen muss statisch geprüft und der Kraftverlauf bis in die Tragkonstruktion nachgewiesen werden.

(3) Der Mindestabstand zwischen Oberkante Bekleidung und Unterseite Element von 60 mm bzw. gemäß Herstellerangaben darf nicht unterschritten werden.

Der Mindestabstand begründet sich durch die anlagenspezifisch erforderliche Hinterlüftung.

(4) Bei Metalldeckungen in Stehfalztechnik ist als Bezugsebene die Wasser führende Ebene anzusehen.

Zu unterscheiden sind:

- Selbsttragende Metalldeckungen
- Nicht selbsttragende Metalldeckungen

4 Brandschutz

(1) Bauliche Anlagen sind so anzuordnen, zu errichten, zu ändern und instand zu halten, dass der Entstehung eines Brandes und der Ausbreitung von Feuer und Rauch vorgebeugt wird und bei einem Brand die Rettung von Menschen und Tieren sowie wirksame Löscharbeiten möglich sind (Musterbauordnung, §14).

Baustoffe, die nicht mindestens normalentflammbar sind (leichtentflammbare Baustoffe) dürfen nicht verwendet werden (Musterbauordnung, §26).

Die Landesbauordnungen und die DIN 4102 „Brandverhalten von Baustoffen und Bauteilen“ sind einzuhalten.

(2) Brandabschnitte von Gebäuden sind bei der Anordnung von Solaranlagen zu beachten.

(3) Äußerer Brandschutz: gegen Flugfeuer und strahlende Wärme widerstandsfähige Bedachung (harte Bedachung) nach DIN 4102-4 oder Prüfzeugnis nach DIN 4102-7.

(4) Für die rechtliche Absicherung der am Bau Beteiligten hinsichtlich einer einwandfreien Planung und Ausführung sind die Herstellervorschriften einzuhalten. In diesem Zusammenhang wird auf die DIN EN 10204 „Metallische Erzeugnisse - Arten von Prüfbescheinigungen“ hingewiesen (siehe auch DIN 18234).

(5) DIN VDE 0126-21 „Photovoltaik im Bauwesen“ (VDE 0126-21:2007-07) gilt für gebäudeintegrierte Photovoltaikanlagen.

Sie ist nicht für additive Photovoltaik anwendbar.

Additive Photovoltaik: PV-Module sind an oder auf einem Bauteil der Gebäudehülle montiert und übernehmen neben der Funktion der Stromerzeugung keine zusätzliche Funktion des Bauteils.

(6) Für die Brandbekämpfung ist es vorteilhaft, durch ein Hinweisschild an gut sichtbarer Stelle darauf hinzuweisen, dass sich auf dem Gebäude eine Solaranlage (PV–Anlage) befindet. Die Position der Wechselrichter und ein Kabelverlegeplan sollten vermerkt sein.

5 Blitzschutz

(1) Für öffentliche Gebäude ist in den Bauordnungen ein Blitzschutz vielfach vorgeschrieben.

(2) Der Verband der Sachversicherer verlangt in der Richtlinie zur Schadensverhütung (VdS 2010) einen Blitz- und Überspannungsschutz für Photovoltaikanlagen mit einer Größe von mehr als 10 kWp.

5.1 Gebäude ohne bestehende Blitzschutzanlage

Durch die Installation einer Solaranlage wird i.d.R. das Gefährdungspotenzial für direkte Blitzeinschläge nicht erhöht, solange nicht Teile der Anlage wesentlich über das Gebäude herausragen.

5.2 Gebäude mit bestehender Blitzschutzanlage

(1) Gebäude mit Äußerem Blitzschutz und Einhaltung des Trennungsabstands (siehe Abb. AII.5.1 und AII.5.2)

Solaranlagen sind durch getrennte Fangeinrichtungen (d.h. neben der zu schützenden Anlage aufgestellte Fangstangen) vor direkten Blitzschlägen zu schützen. Dabei ist der notwendige Trennungsabstand zwischen Solaranlage und äußerem Blitzschutz zu beachten.

(2) Kann der Trennungsabstand nicht eingehalten werden, muss eine direkte leitfähige Verbindung zwischen dem Äußeren Blitzschutz und den metallenen PV-Komponenten hergestellt werden. Die Auswirkungen der in das Innere der baulichen Anlage eingekoppelten Ströme sind zu beachten und der Blitzschutz-Potenzialausgleich ist durchzuführen.

(3) Bei einem Gebäude mit bestehendem Blitzschutz muss geprüft werden, welche Umbau- bzw. Anpassungsmaßnahmen durch die Solaranlage verursacht werden.

(4) Verschattungen durch Blitzfangeinrichtungen können Ertragsverluste bewirken und sollten vermieden werden.

(5) Der Anschluss einer Solaranlage an Blitzschutzanlagen muss grundsätzlich mit dem Hersteller abgestimmt werden, da ansonsten die Gefahr des Verlustes der Herstellergarantie besteht. Installationen an der Blitzschutzanlage dürfen nur von einer Blitzschutz-Fachkraft ausgeführt werden.

(6) Die VDE Bestimmungen müssen beachtet werden.

(7) Das „Merkblatt Äußerer Blitzschutz auf Dach und Wand“ ist zu berücksichtigen.

6 Versicherung

Dem Auftraggeber einer Solaranlage wird empfohlen, diese gegen eventuelle Ausfälle, Schäden und Haftung zu versichern.

7 Pflege, Wartung, Inspektion, Reparaturen

(1) Der Abschluss eines Wartungsvertrags sowie Reparaturen sollten von einem Fachbetrieb ausgeführt werden.

Überprüft werden sollte:

- Verschmutzung
- Verschattung
- Schneelage und Eisbildung
- Rahmen
- Befestigungen
- Beschädigungen
- Verbindungen
- elektrische Bauteile und Anlagen

(2) Dach- und Wandflächen mit Solaranlagen sollten regelmäßig inspiziert werden. Hierfür wird der Abschluss eines Inspektions- oder Wartungsvertrags empfohlen. Regelmäßige Kontrolle kann die Energiegewinnung erhalten, die Nutzungsdauer verlängern.

(3) Die Unfallverhütungsvorschriften der Berufsgenossenschaften sind zu beachten.

(4) PV- und Solarthermieanlagen sind i.d.R. nicht begehbar.

(5) Bei Lichteinwirkung auf PV-Module liegt sofort eine Spannung an, die je nach Größe und Schaltung der Module bis zu 1000 Volt betragen kann.

8 Entsorgung

Im Entsorgungsfall sind Herstellerangaben und Umweltbestimmungen zu beachten.

9 Baurechtliche Vorschriften, Normen, Genehmigungen

(1) Solaranlagen unterliegen als Bauprodukte den Anforderungen der Landesbauordnungen.

(2) PV-Anlagen und Solarthermieanlagen, die nicht nach der Liste der technischen Baubestimmungen nachgewiesen werden können, bedürfen

- einer allgemeinen bauaufsichtlichen Zulassung,
- eines allgemeinen bauaufsichtlichen Prüfzeugnisses
- oder einer Zustimmung im Einzelfall.

(3) Alle öffentlich rechtlichen Vorschriften sind einzuhalten, z.B.:

- Bauproduktengesetz
- EEG-Gesetz
- LBO
- Örtliche Bestimmungen
- Denkmalschutzrecht
- EnEV
- Bebauungsplan

(4) Wichtige Normen und Vorschriften für Photovoltaikanlagen, z.B.:

- DIN VDE 0100 „Errichten von Starkstromanlagen mit Nennspannungen bis 1000 V“ - alle relevanten Teile
- DIN VDE 0105 Teil 100 „Betrieb von elektrischen Anlagen“
- DIN EN 62305 (VDE 0185-305) „Blitzschutz“ - alle relevanten Teile
- VDE 0298 Teil 4 „Gummiisolierte Leitungen mit Nennspannungen bis 450/750 V“
- E DIN VDE 0126-21 „Photovoltaik im Bauwesen“
- VDI 6012 Blatt 2 „Dezentrale Energiesysteme im Gebäude - Photovoltaik“

Unfallverhütungsvorschriften

- BGV A2 „Elektrische Anlagen und Betriebsmittel“
- BGV C22 „Bauarbeiten“

Richtlinien des Verbandes der Sachversicherer

Anhang I

Grundsätze für die Dimensionierung und Planung einer Solaranlage

Checklisten

In die Dimensionierung und die Planung einer Solaranlage fließen folgende Einflüsse ein:

- Lage des Objektes (siehe Abb. AI.1)
- Dachneigung und Ausrichtung (siehe Abb. AI.2 und Abb. AI.3)
- Verbrauch (siehe Abb. AI.4)
- Bemessungsfläche von Kollektoren (siehe Abb. AI.5)

Für die Einflussgrößen sind in den folgenden Abbildungen Abhängigkeiten beispielhaft angegeben. Eine Solaranlage muss immer objektbezogen dimensioniert und geplant werden.

Sonnenscheinzone	Durchschnittliche jährliche Sonnenscheindauer in h	Durchschnittliche jährliche Globalstrahlung in kWh/m^2
I	< 1500	ca. 920
II	1500 - 1700	ca. 1030
III	1700 - 1900	ca. 1150

Abb. AI.1: Durchschnittliche Sonnenstunden pro Jahr

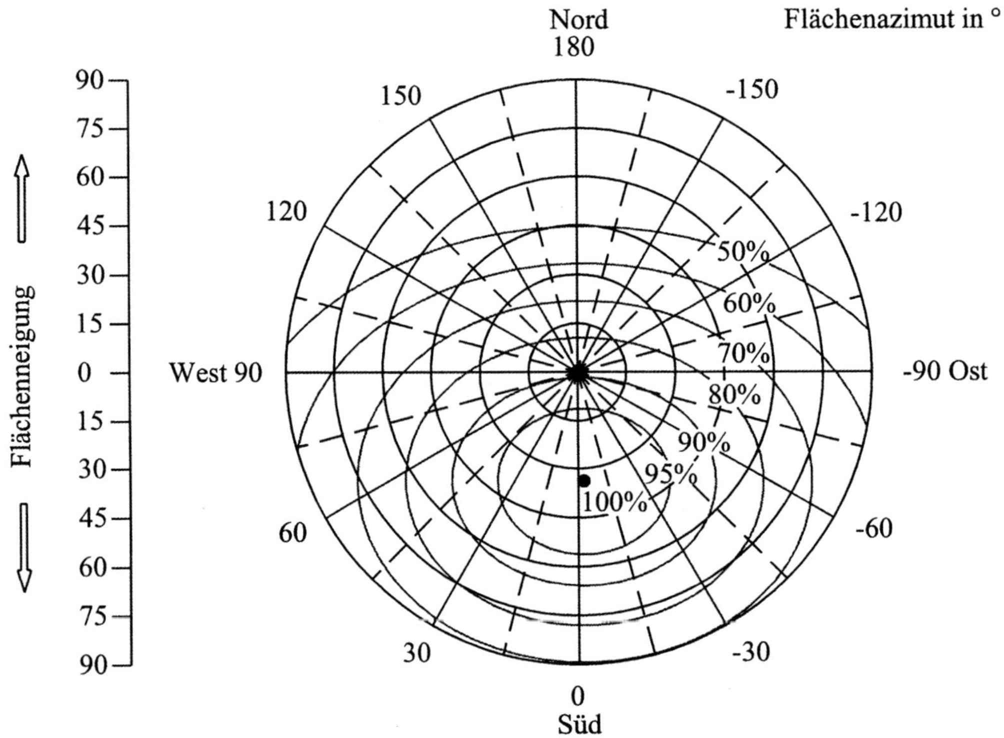

Abb. AI.2: Einfluss der Dachneigung und der Himmelsrichtung auf die Ausnutzung der eingestrahlten Sonnenenergie im Sommer

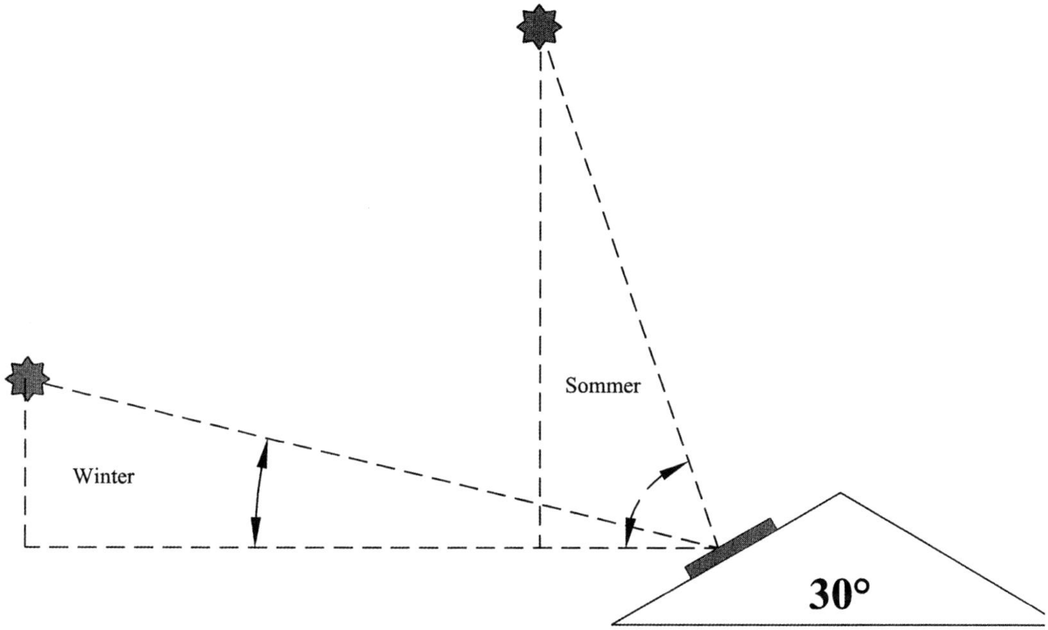

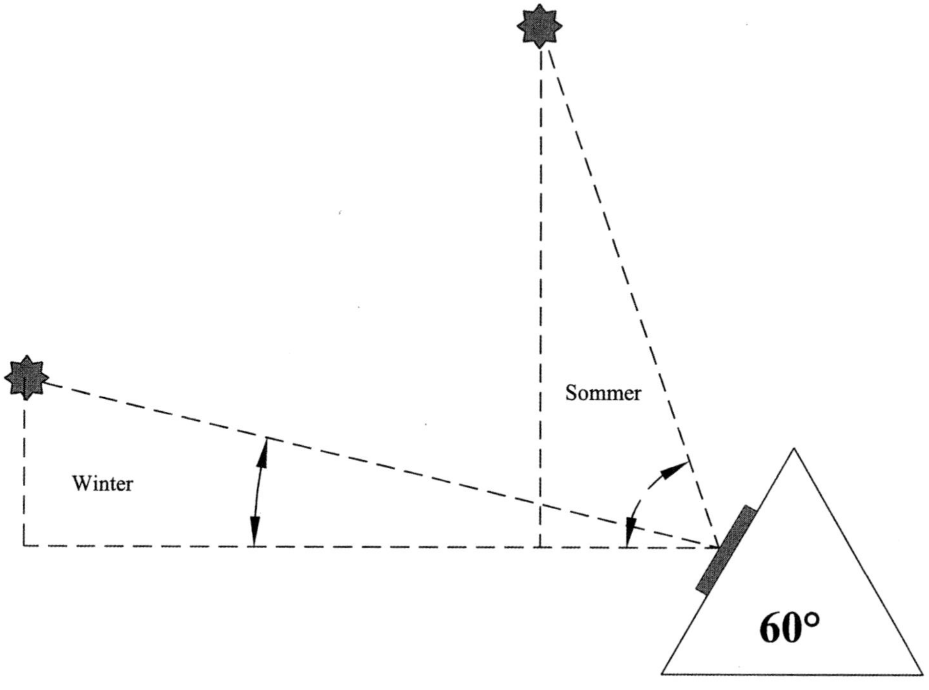

Abb. AI.3: Optimale Dachneigung abhängig vom Sonnenstand

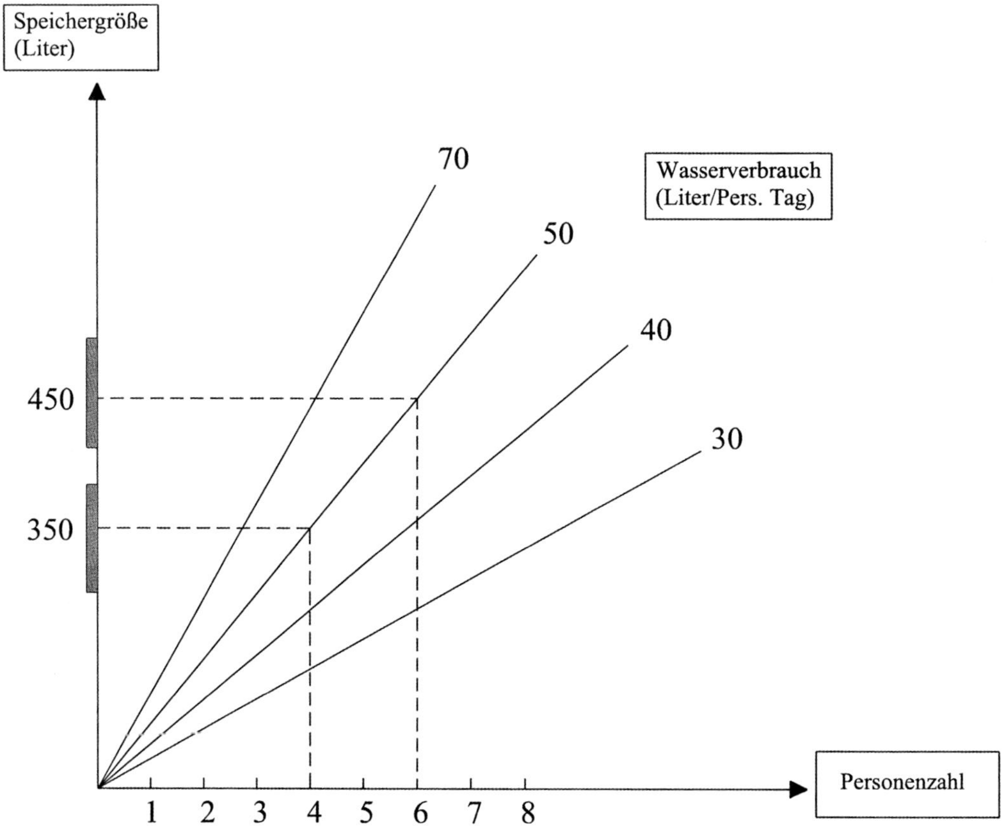

Abb. AI.4: Abhängigkeit der Warmwasserspeichergröße von Personenzahl und Verbrauch bei Warmwassererzeugungsanlagen

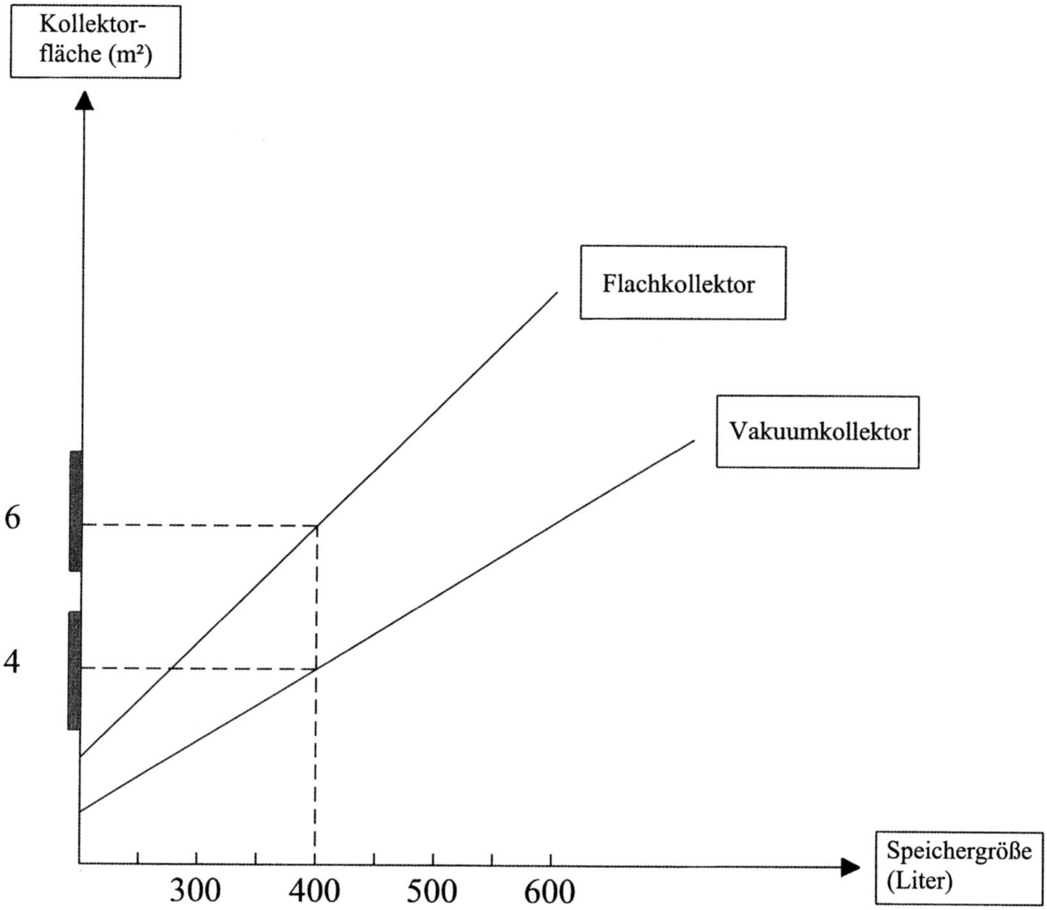

Abb. AI.5: Notwendige Kollektorfläche in Abhängigkeit von der vorhandenen Speichergröße (Beispiel)

Anhang II: Abbildungen

Detailskizzen

Die folgenden Skizzen von Dachdetails sind Beispiele für die Arbeitsausführung. Sie sind nicht maßstabsgetreue bildliche Darstellungen der einzelnen Techniken und dienen der Veranschaulichung der textlichen Beschreibung.

Verzeichnis der Abbildungen

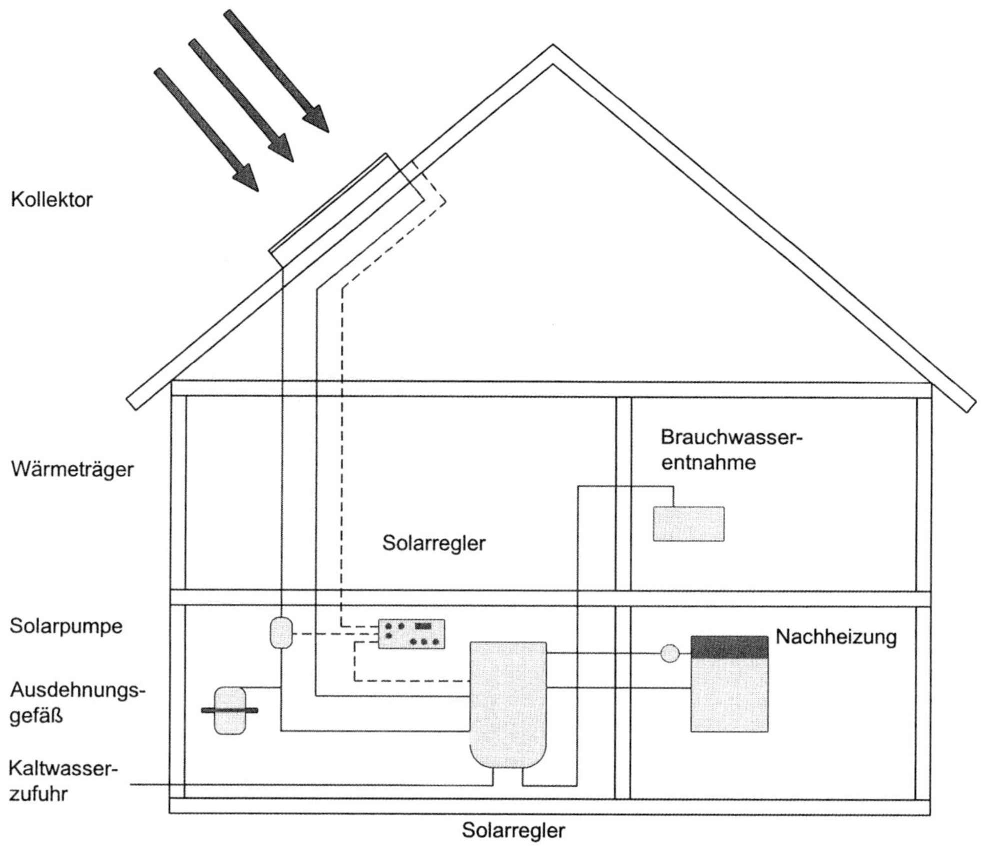

Abb. AII.1: Solarthermie-System

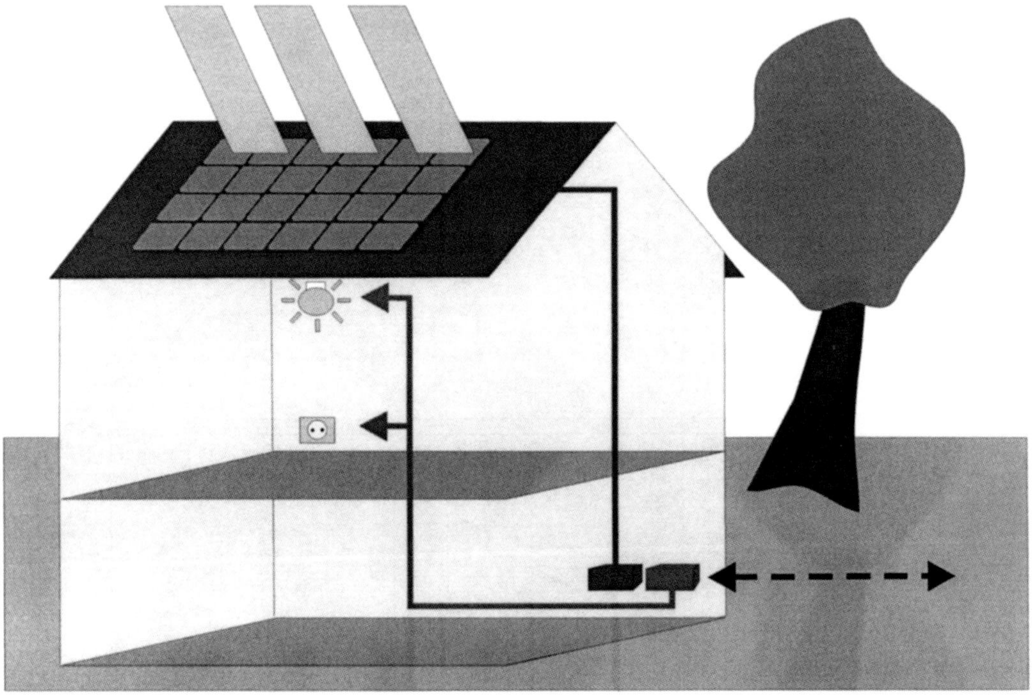

Solargenerator

Gleichstrom-Hauptrichtung

Wechselrichter

Stromkreisverteiler und Zähler

Verbraucherstromkreis (Wechselstrom)

Einspeisung in das öffentliche Netz/Bezug aus dem öffentlichen Netz

Vom Solargenerator fließt der Strom über den Wechselrichter, der aus Gleichstrom Wechselstrom macht, in den Stromkreis des Hauses.

Abb. AII.2: Photovoltaik-System

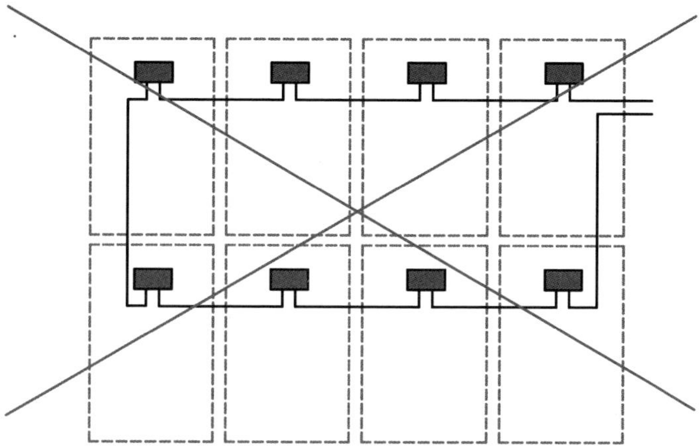

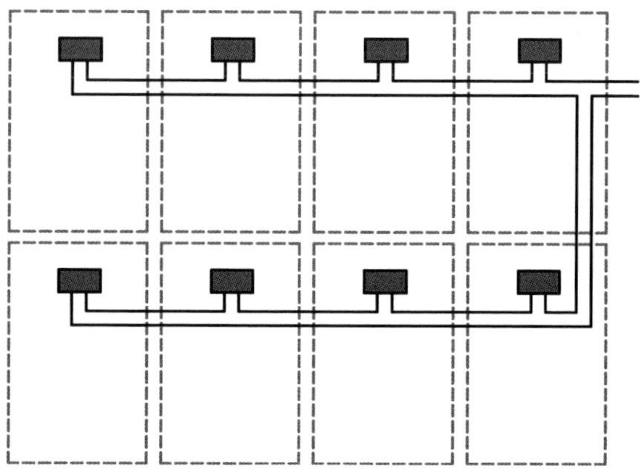

Abb. AII.2.1: Schaltung von PV-Modulen zur Verringerung der induktiven Einwirkung eines Blitzes

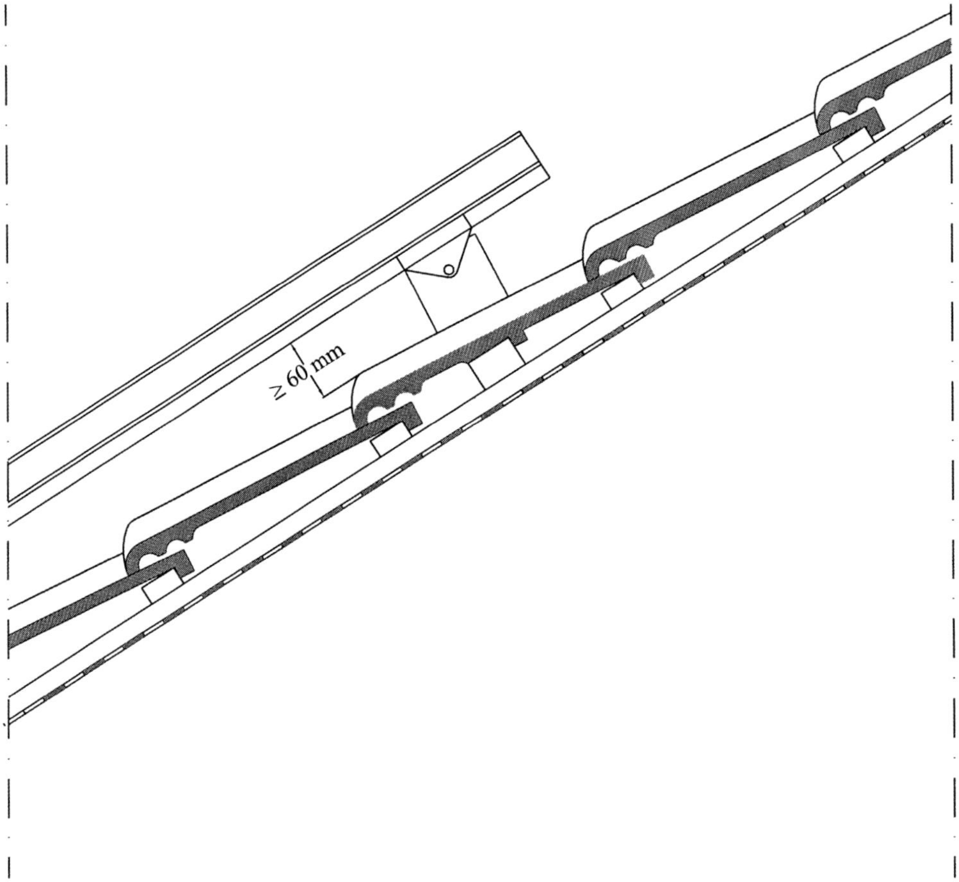

Mindestabstand zwischen Oberkante Dachdeckung und Unterseite Energiegewinnungsfläche ≥ 60 mm bzw. gemäß Herstellerangaben

Abb. AII.3: Dachaufständerung bei Dachdeckungen

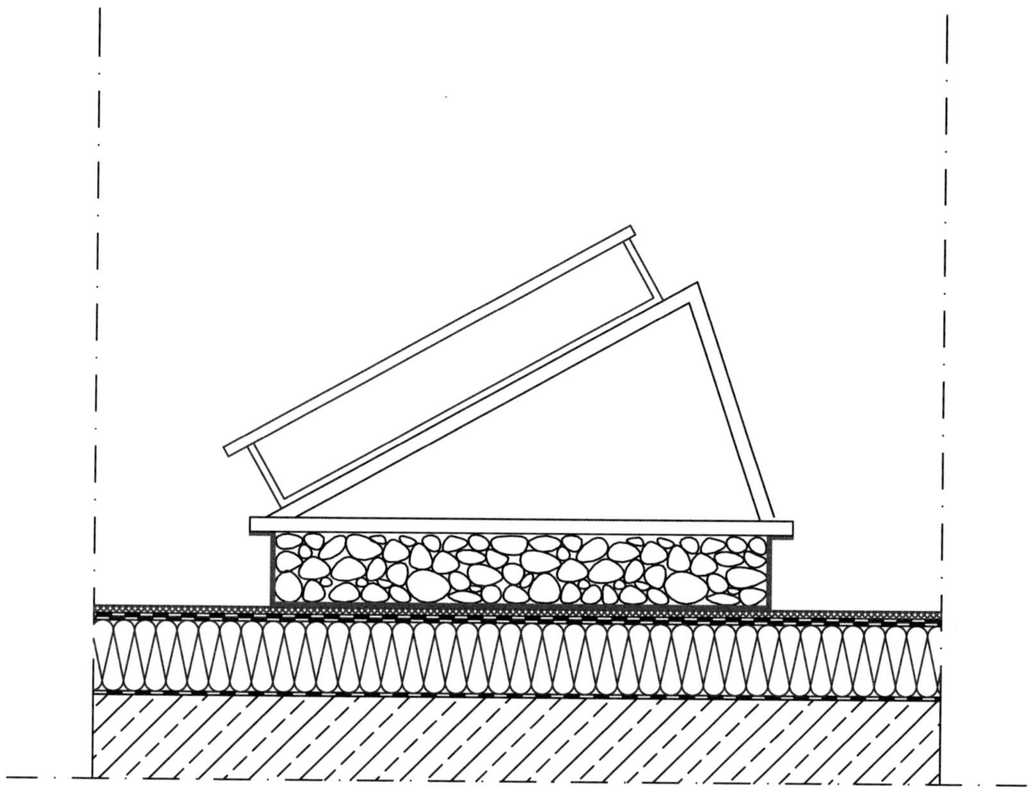

Abb. AII.4: Dachaufständerung bei Dachabdichtungen

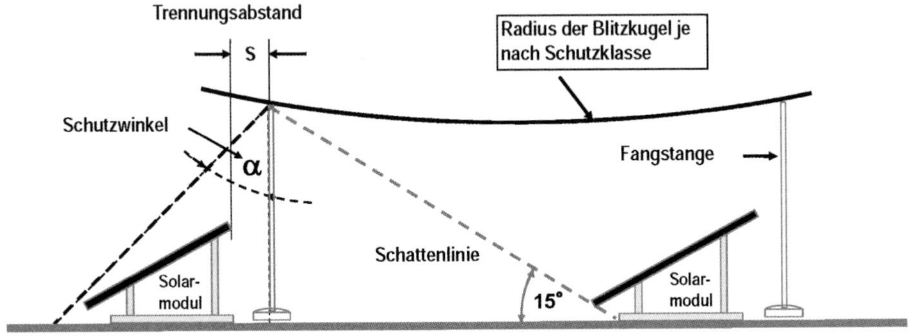

Abb. AII.5.1: Fangeinrichtung mit Fangstangen (Beispiel mit Solaranlage)

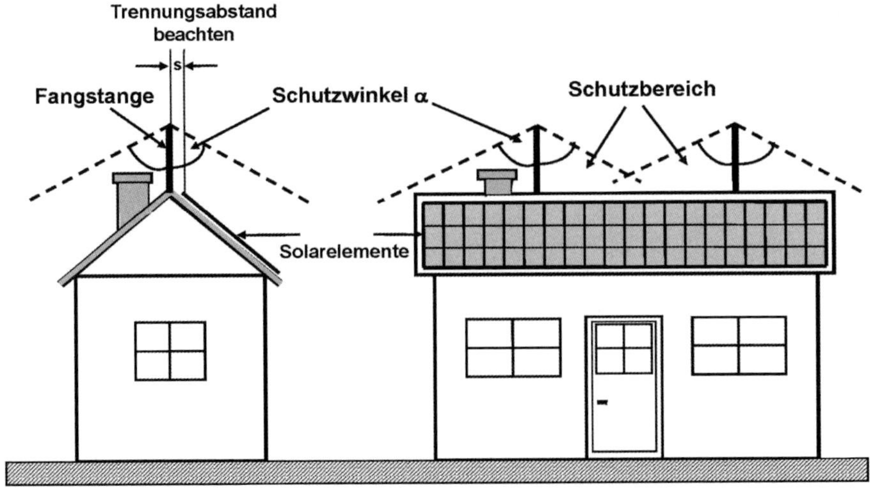

Abb. AII.5.2: Blitzschutz Solaranlage

Deutsches Dachdeckerhandwerk
– Regelwerk –

Merkblatt zur Bemessung von Entwässerungen

Aufgestellt und herausgegeben vom

Zentralverband des Deutschen Dachdeckerhandwerks – Fachverband Dach-, Wand- und Abdichtungstechnik – e.V.

Ausgabe April 2023

RM Rudolf Müller

Vorgänger

Merkblatt zur Bemessung von Entwässerungen	März 2007
Merkblatt zur Bemessung von Entwässerungen	März 2011

Inhaltsverzeichnis

Einleitung

Dieses Merkblatt dient dazu, dem Dachdecker als Anwender des Regelwerks des Deutschen Dachdeckerhandwerks das nötige Basswissen zum Thema Bemessung von Entwässerungen zu vermitteln. Da die Planung und die Ausführung von Entwässerungen je nach Objekt komplex sein können, sollen neben der Bemessung in diesem Merkblatt auch klare Grenzen bzgl. der Planung und Zuständigkeit des Dachdeckers aufgezeigt werden. Die Gewerkegrenze (Abb. 1) soll dabei als visuelle Hilfe dienen und diese Grenzen klar aufzeigen, um die Zuständigkeiten „greifbar" zu machen. So kann der Anwender erkennen, wann er seinen Zuständigkeitsbereich verlässt und auf die Hilfe von Fachplanern oder dem Bauherrn angewiesen ist, um die Entwässerung erfolgreich zu bemessen. Weiter soll dieses Merkblatt genügend Freiraum lassen, um objektspezifische und handwerkliche Lösungen zu ermöglichen.

Mit diesem Ansatz soll die Kommunikation der am Bau Beteiligten verbessert werden. Bereits in der Planungsphase können somit Fehler oder neuralgische Punkte im Vorfeld, also vor der Ausführung, entdeckt und ausgeräumt werden.

Die Bemessung der Entwässerungsanlage beinhaltet folgende Schritte:

(1) Objektdaten bereithalten
- Dachabmessungen
- Am Standort des Gebäudes zu erwartende Regenspenden (Abschnitt 1.2.2)
  - für den Bemessungsregen
  - für den Jahrhundertregen
- Abflussbeiwerte der zu entwässernden Flächen (Abschnitt 1.2.1)
- Wirksame Fläche(n), also die Grundfläche(n) (Abschnitt 1.2.19)
- Gewerkegrenze (siehe Abb. 1) beachten (Abschnitt 1.3) und gegebenenfalls notwendige Unterlagen beim Bauherrn/Planer anfordern

(2) Regenwasserabfluss Q der wirksamen Dachfläche(n) berechnen (Abschnitt 1.2.11)

(3) Regenwasserabfluss Q_{NOT} für den Jahrhundertregen bemessen (Abschnitt 3.2 (1))

(4) Bemessung der Entwässerungsanlage (Rinnen, Rohre, Abläufe, Überläufe etc.)
- Bei außenliegenden Entwässerungen (z.B. vorgehängte Rinne, innenliegende Rinne mit Ablauf außerhalb des Gebäudes) anhand Kapitel 2 unter Beachtung der allgemeinen Hinweise in Abschnitt 1.3
- Bei innenliegenden Entwässerungen (Flachdachabläufe, Flachdachrinnen, Sheddachrinnen, Entwässerungsgräben, innenliegende Rinnen mit Abläufen innerhalb des Gebäudes, etc.) nach Kapitel 3 unter Beachtung der allgemeinen Hinweise in Abschnitt 1.3
- Dabei muss die Ablaufleistung der gewählten Komponenten der Entwässerungsanlage (Rinnen, Rohre Abläufe etc.) immer größer sein als der unter (2) und (3) errechnete Wert.

(5) Ist die Bemessung anhand dieses Merkblattes nicht möglich, sollte zur Sicherheit ein Fachplaner eingeschaltet werden.

1 Bemessung von Rinnen, Fallrohren und Zubehörgrößen

1.1 Geltungsbereich

(1) Das Merkblatt gilt für die Bemessung von:
- vorgehängten und innenliegenden Rinnen
- Regenfallrohren und Regenfallleitungen
- Flachdachentwässerungen

zur Ableitung von Niederschlagswasser und von Regenwasserfallleitungen bis zum oberirdischen Anschluss an die Grund- oder Sammelleitung außerhalb von Gebäuden und innerhalb von Gebäuden bis Unterkante des Dachablaufs.

Des Weiteren gilt dieses Merkblatt für die Bemessung von Notentwässerungen.

(2) Grundlage für das Merkblatt sind die zum Zeitpunkt der Ausgabe des „Merkblatts zur Bemessung von Entwässerungen" gültigen Normen.

(3) Das Merkblatt gilt nicht für die Bemessung von Grund- und Sammelleitungen bzw. im Gebäude liegende Entwässerungsanlagen.

(4) Das Merkblatt gilt nicht für die Versickerung von Niederschlagswasser (siehe Abb. 1).

(5) Das Merkblatt gilt nicht für planmäßig vollgefüllt betriebene Dachentwässerungsanlagen (Druckströmung).

Abb. 1: Schematische Darstellung der Gewerkegrenze in Anlehnung an die DIN 1986-100

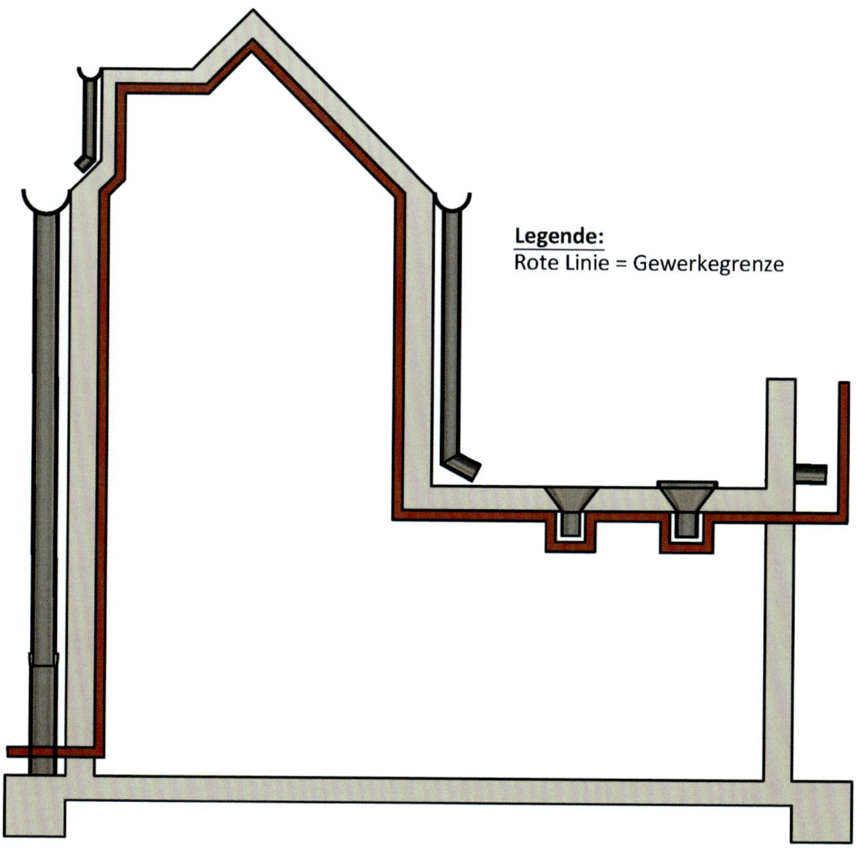

1.2 Begriffe

1.2.1 Abflussbeiwert

Der Abflussbeiwert C ist ein dimensionsloser Wert und beschreibt das Verhältnis von Regenwasserabfluss zu Berechnungsregenspende. Sein Wert (für Dachentwässerungen der Spitzenabflussbeiwert C_s nach DIN 1986-100[1]) ist Tabelle II.17 zu entnehmen.

1.2.2 Berechnungsregenspende

Die Berechnungsregenspende $r_{(D,T)}$ in [l/(s · ha)] ist die Regenwassermenge, die für eine Dauer pro Sekunde auf einen Hektar fällt. Für Dächer beträgt die Dauer 5 Minuten. T ist die durchschnittliche Wiederkehrperiode der Berechnungsregenspende. Für Dächer beträgt T 5 bzw. 100 Jahre. Die Werte sind bei den zuständigen örtlichen Behörden zu erfragen oder aus KOSTRA-DWD des Deutschen Wetterdienstes einzuholen oder den Berechnungshilfen des aktuellen ZVDH-Regelwerks zu entnehmen.

Sollte für einen Ort kein auf statistischen Erhebungen beruhender Wert für den Berechnungsregen verfügbar sein, wird für Deutschland eine pauschale Bemessungsregenspende von r = 300 l/(s · ha) angesetzt. Diese ist dann aber zusätzlich mit einem Sicherheitsfaktor entsprechend Tabelle II.16 zu multiplizieren.

1.2.3 Entwässerung

Außenliegende Entwässerung:

Ist eine Entwässerungsanlage, bei der das Niederschlagswasser außerhalb des Gebäudes abgeführt wird. Bei einer außenliegenden Entwässerung gelangt im Versagensfall von der Rinne/dem Fallrohr/der Ableitung oder der Notentwässerung das Niederschlagswasser in der Regel nicht unmittelbar in das Gebäude.

Innenliegende Entwässerung:

Ist eine Entwässerungsanlage, bei der das Niederschlagswasser innerhalb des Gebäudes abgeführt wird. Bei einer innenliegenden Entwässerung gelangt im Versagensfall der Rinne/des Ablaufs/Fallrohrs das Niederschlagswasser in der Regel unmittelbar in das Gebäude.

1.2.4 Freibord

Der Freibord F ist die Rinnenhöhe (Z) abzüglich der Wassertiefe (W) und dient zum Ausgleich von Wasserbewegungen in der Rinne.

1.2.5 Kaskadenentwässerung

Als Kaskadenentwässerung bezeichnet man im Sinne dieses Merkblattes die Entwässerung höher liegender Dachflächen eines Gebäudes auf tiefer liegende Dachflächen.

1.2.6 Niederschlagswasser

Niederschlag, der nicht im Boden versickert ist und von Bodenoberflächen oder von Gebäudeaußenflächen in die Entwässerungsanlage eingeleitet ist (DIN 1986-100).

1.2.7 Notentwässerung

Zusätzliche Regenentwässerung über Notab- oder Notüberläufe mit freiem Auslauf auf das Grundstück.

1.2.8 Notablauf

Zusätzlicher Dach-, Attika- oder Ablauf einer innenliegenden Rinne mit Anstauelement oder erhöhtem Einbau (siehe Abb. 2).

[1] DIN 1986-100 Entwässerungsanlagen für Gebäude und Grundstücke - Teil 100: Bestimmungen in Verbindung mit DIN EN 752 und DIN EN 12056

1.2.9 Notüberlauf

Natürlicher Überlauf einer außenliegenden Regenrinne oder Aussparung in einer Attika oder Brüstung (Speier) mit Anstauelement oder erhöhtem Einbau (siehe Abb. 2).

1.2.10 Regenwasserfallleitung

Innenliegende oder außenliegende lotrechte Leitung, gegebenenfalls mit Verziehung, zum Ableiten des Niederschlagswassers von Dachflächen, Balkonen und Loggien.

1.2.11 Regenwasserabfluss

Der Regenwasserabfluss Q ist die Regenwassermenge, die sich aus dem Produkt der Regenspende, des Abflussbeiwerts und der wirksamen Fläche ergibt.

Ermittelt wird nach der Gleichung:

$Q = r_{(D,T)} \cdot C \cdot A \cdot 1/10.000$ [in l/s]

1.2.12 Rinnenbreite

Die Rinnenbreite S ist die lichte Breite der Rinne an der Rinnensohle und wird von Innenkante zu Innenkante gemessen.

1.2.13 Rinnenhöhe

Die Rinnenhöhe Z entspricht der Gesamttiefe der Dachrinne von der Sohle bis zur Überlaufhöhe einschließlich Freibord.

1.2.14 Sicherheitsfaktor

Der Sicherheitsfaktor findet zusätzlich Anwendung, wenn im Einzelfall statt der statistischen Berechnungsregenspende die für Deutschland angesetzte pauschale Bemessungsregenspende (r = 300 l/(s · ha)) zur Berechnung benutzt wird. Dann ist:

$Q = 300$ l/(s · ha) · Sicherheitsfaktor $\cdot C \cdot A \cdot 1/10.000$ [in l/s]

Der Sicherheitsfaktor ist dimensionslos, sein Wert ist Tabelle II.16 zu entnehmen.

1.2.15 Stauhöhe am Ablauf

Die erforderliche Stauhöhe h, auch Druckhöhe oder Anstauhöhe genannt, gibt die für eine wirksame Funktion des Ablaufs erforderliche Höhe des Niederschlags [mm] am Ablauf an.

1.2.16 Teildachfläche

Mit Teildachfläche bezeichnet man den Teil einer Gesamtdachfläche, der durch Gefälleausbildung einer Entwässerung zugeordnet werden kann.

1.2.17 *Überflutungshöhe*

Die Überflutungshöhe beschreibt den maximal möglichen Wasserstand auf der Dachfläche, ohne die Standsicherheit des Gebäudes zu gefährden. Die Überflutungshöhe ist eine Vorgabe des Statikers.

Abb. 2: Schematische Darstellung der erforderlichen Stauhöhen

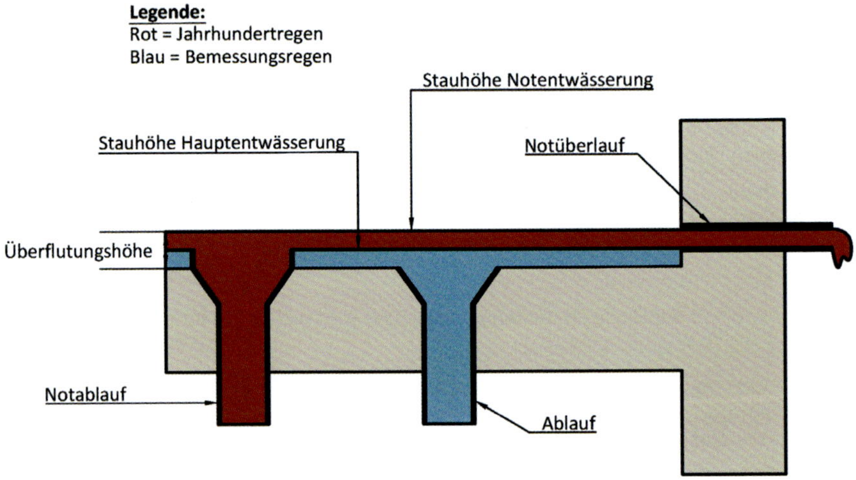

1.2.18 *Wassertiefe*

Bei vorgehängten Rinnen entspricht die Wassertiefe W der Höhe von Rinnenunterkante bis Oberkante Rinnenwulst. Bei innenliegenden Rinnen entspricht die Wassertiefe W der Rinnenhöhe Z abzüglich des Freibords F.

1.2.19 *Wirksame Fläche*

Die wirksame Fläche A ist die Dachgrundfläche und setzt sich aus der Summe aller horizontalen Grundflächen eines Daches zusammen. Durch objektspezifische Besonderheiten können auch aufgehende Fassaden zur wirksamen Fläche zählen (siehe Abschnitt 1.3 (10)).

1.3 Allgemeine Hinweise

(1) Starkregenereignisse (Jahrhundertregen) sind zu erwarten und können zur Überlastung der Entwässerungsanlagen führen. Daher ist seitens des Planers ein Entwässerungskonzept zu erstellen. Insbesondere die Art und Anzahl der Abläufe, Rinnenquerschnitte, Fallrohre, Lage und Größe von Notüberläufen der Dachentwässerung sind zu berücksichtigen.

(2) Regenwasserfall-, Regensammel- und Grundleitungen sind mindestens für die örtliche 5-Minuten-Regenspende zu bemessen, die einmal in 5 Jahren ($r_{5,5}$) erwartet werden kann (Berechnungsregen).

(3) Bemessungsgrundlagen für die Entwässerung durch Rinnen und Abläufe sind folgende Normen:
- DIN EN 12056-3[2] „Schwerkraftentwässerungsanlagen innerhalb von Gebäuden",
- DIN EN 1253-2[3] „Abläufe für Gebäude" Teil 2: Dachabläufe und Bodenabläufe ohne Geruchverschluss,
- DIN 1986-100„Entwässerungsanlagen für Gebäude und Grundstücke".

(4) Zur Berechnung sind folgende Arbeitsschritte erforderlich:
- Ermittlung der örtlich zu erwartenden Regenereignisse, Berechnung auf der Basis der genauen Regenspende nach DIN 1986-100 oder den aktuellen KOSTRA-DWD-Werten. Alternativ können die auf der

[2] DIN EN 12056-3 Schwerkraftentwässerungsanlagen innerhalb von Gebäuden; Dachentwässerung; Planung und Berechnung;
[3] DIN EN 1253-2 Abläufe für Gebäude – Teil 2: Dachabläufe und Bodenabläufe ohne Geruchsverschluss

DIN 1986-100 basierenden Werte aus Tabelle II.6 dieses Merkblatts herangezogen werden. Daraus können sich jedoch andere Abflusswerte ergeben.

- Ermittlung der wirksamen Fläche,
- Verteilung der Abflüsse,
- Ermittlung des Regenwasserabflusses Q.

(5) Um die Funktionsfähigkeit der Entwässerung zu gewährleisten, sollen, bei innenliegenden Entwässerungen müssen, diese mindestens alle 6 Monate überprüft werden. Aus der Überprüfung können sich Wartungs- und Reinigungsarbeiten ergeben. Bei erhöhter Verschmutzungsneigung der Entwässerungseinrichtung können sich zudem kürzere Reinigungsintervalle ergeben. Diese sollten insbesondere im Frühling und im Herbst durchgeführt werden. Es wird hierzu empfohlen, den Kunden auf den Abschluss eines Wartungsvertrages schriftlich hinzuweisen.

Die Verwendung von Laubfangkörben im Fallrohr und die damit erleichterte Kontroll- und Reinigungsmöglichkeit vermeidet die Reduktion der Ablaufleistungen von Rinnen. Die verringerte Ablaufleistung des Fallrohres ist dementsprechend zu berücksichtigen und bedarf einer dem Verschmutzungsgrad angepassten, regelmäßigen Kontrolle und Reinigung.

(6) Sanierung von Dachflächen

Wenn die Dachfläche eines Gebäudes saniert wird, muss das Abflussvermögen der vorhandenen Entwässerungsanlage **bauseitig** überprüft werden.

Die Mitwirkung des Bauherrn liegt in der Bereitstellung der Informationen zur Funktionstauglichkeit des Systems, Entwässerungsleistung und Entwässerungskonzeption der im Gebäude liegenden Leitungen etc. Gleichfalls ist zu kontrollieren, ob Notentwässerungen vorhanden, ausreichend bemessen und richtig angeordnet sind. Siehe dazu Abb. 1.

(7) Auslauf auf tiefer liegende Dachflächen (Kaskadenentwässerung)

Besteht aus technischen oder ortsspezifischen Gegebenheiten keine andere Möglichkeit, kann eine Dachfläche auf eine tiefer liegende Dachfläche entwässert werden. Dabei muss die Entwässerungsanlage der tiefer liegenden Dachfläche um die zusätzlichen Abflussmengen der oberen Dachfläche(n) erweitert werden. Die Überflutungshöhe der tiefer liegenden Dachfläche ist einzuhalten. Um die tiefer liegende Dachfläche nur möglichst kurz durch das zusätzliche Niederschlagswasser zu belasten, sollen die Fließwege gering gehalten werden und/oder durch unmittelbare Anschlüsse an die untere Entwässerungsanlage erfolgen.

Wird die Entwässerung auf niedrigere Dachfläche(n) geleitet, muss das Regenwasser von aufgehenden Gebäudeteilen weggeleitet werden. In Bereichen, in denen das Regenwasser auftrifft, soll die Abdichtung gegebenenfalls geschützt werden.

Eine Kaskadenentwässerung ist nicht geeignet für:

- Dächer in Leichtbauweise (z.B. Trapezprofile und Balkendächer) mit innenliegenden Entwässerungen,
- Balkone und Terrassen mit umlaufend geschlossener Attika und barrierefreien Übergängen,
- Notentwässerung; außer die zusätzlichen Abflussmengen sind in einem fachplanerischen Gesamtkonzept berücksichtigt.

(8) Es wird empfohlen, Reinigungsöffnungen im Übergangsbereich der lotrechten Fallleitung in die liegende Grundleitung oder im Standrohr vorzusehen. Sie sind auszuführen als Reinigungsrohre mit runder/ovaler Öffnung oder als Schiebestücke.

(9) Auf Länder-, Kreis-, Stadt- oder Gemeindeebene können Vorschriften bzgl. des Umgangs mit dem Regenwasserabfluss bestehen. Dies kann u.a. auch dazu führen, dass im Fall von Versickerung des Regenwasserabflusses oder Einleitung in die Kanalisation bestimmte Richtwerte einzuhalten sind, die im Entwässerungskonzept berücksichtigt werden müssen. Diese Informationen sind vom Bauherrn bereitzustellen. Auskünfte hierzu erteilt die zuständige Verwaltungsbehörde.

(10) Einflüsse auf die Entwässerungsleistung aufgrund objektspezifischer Besonderheiten

Bedingt durch den Standort des Bauvorhabens können sich objektspezifische Besonderheiten ergeben, die besondere Maßnahmen wie z.B.:

- die Berücksichtigung von aufgehenden Fassaden als wirksame Fläche

  Bei größeren aufgehenden Fassaden sollte der Einfluss von Schlagregen auf die Dimensionierung der Entwässerungsanlage und der kontrollierte Regenwasserabfluss von der Fassade über Ablaufrinnen zur Entwässerungsanlage geprüft werden. Die zu berücksichtigende Fläche beträgt 50 % der lotrechten

Fassadenfläche. Zu empfehlen ist die Berücksichtigung von Fassadenflächen mit lotrechter Höhe über 3 m (Geschosshöhe),

- Begleitheizungen,
- häufigere Wartungs-, Instandhaltungs- und Reinigungsintervalle

erforderlich machen. Die Notwendigkeit ist objektspezifisch zu prüfen und gegebenenfalls in der Entwässerungsplanung zu berücksichtigen.

2 Dachrinnen

2.1 Abflussverhalten einer Rinne

2.1.1 Allgemeines

Das Abflussverhalten einer Rinne hängt von der Form, dem Querschnitt und der Länge bis zum Ablauf ab (Abflussverhalten siehe Tabelle II.1 und Tabelle II.2).

2.1.2 Reduktion des Abflussvermögens einer Rinne

(1) Das Abflussvermögen einer Dachrinne wird durch Rinnenwinkel negativ beeinflusst. Erhält die Dachrinne eine Richtungsänderung über 10°, so muss ihr Abflussvermögen um 15 % reduziert werden.

(2) Beim Einsatz von Laubfangkörben/Sieben in Ablaufstutzen verringert sich die Ablaufleistung von Rinnen mit nicht flacher Sohle um 50 % (DIN EN 12056-3– Abschnitt 5.3.3).

2.2 Abflussverhalten von Ablaufstutzen und Fallleitung

2.2.1 Allgemeines

(1) Das Abflussverhalten von Ablaufstutzen und Fallleitung hängt ab:
- von der Stauhöhe am Ablauf und
- von der Stutzenform (zylindrischer oder trichterförmiger Einhangstutzen).

(2) Bei Verwendung des Einhangstutzens als Bewegungsausgleicher ist die Öffnung zur Wasserableitung oberhalb des Fallrohres so herzustellen, dass das Ablaufverhalten nicht beeinflusst wird.

(3) Die Bemessung von Entwässerungsleitungen erfolgt
- bei geneigten Leitungen < 10° gemäß Tabelle II.18,
- bei geneigten Leitungen ≥ 10° gemäß Tabelle II.15.

Abb. 3: Bildliche Darstellung von Fallleitungsverziehungen

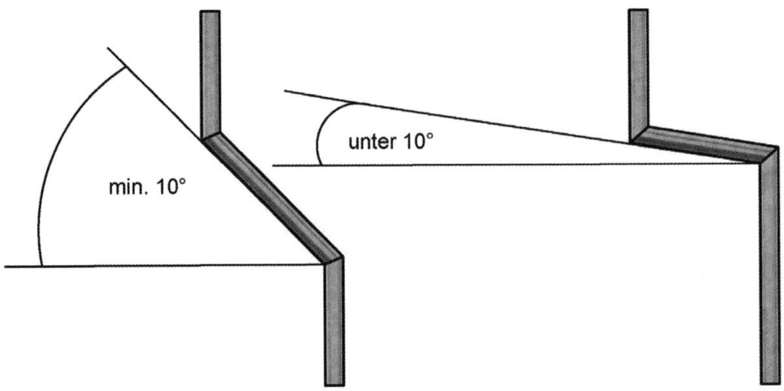

2.2.2 Reduktion des Abflussvermögens von Ablaufstutzen und Fallleitungen

(1) Ist das Gefälle einer Fallleitung auch nur teilweise unter 10°, so muss sie wie eine liegende Leitung mit einem Füllungsgrad f von h/d = 0,7 dimensioniert werden (Ablaufleistungen siehe Tabelle II.18). Füllungsgrad f ist der dimensionslose Quotient aus der Wasserstandshöhe (h) des Rohrstücks, das mit Wasser gefüllt ist, und dem Rohrinnendurchmesser (di).

(2) Bei Einbau von Laubfangkörben muss das Ablaufvermögen des Rinnenablaufes um 50 % reduziert werden.

(3) Zylindrische Ablaufstutzen verringern die Ablaufleistung um ca. 30 %.

2.2.3 Wasserfangkästen mit rückwärtiger Rohrdurchführung

(1) Bei Wasserfangkästen mit rückwärtiger Rohrdurchführung ist die Verbindung zwischen Wasserfangkasten und durchdringendem Rohr so auszuführen, dass das Wasser nicht am Rohr zurücklaufen und zu Schäden am dahinterliegenden Bauteil führen kann.

(2) Die Kombination aus durchdringendem Rohr und Wasserfangkasten ist rückstausicher auszuführen, damit die Entwässerung der angeschlossenen Dachfläche zu jeder Zeit gewährleistet ist (Beispiel in Abb. 4).

Abb. 4: Rückstausichere rückwärtige Rohrdurchführung links (siehe (3)) und Bauweise mit Zulauf oberhalb der Oberkante des Wasserfangkastens rechts

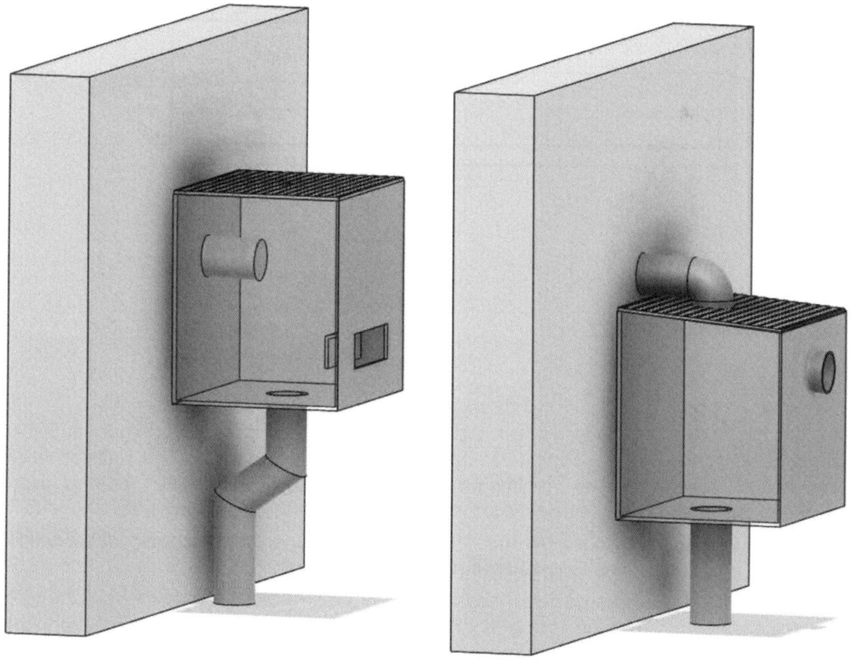

(3) Ist eine rückstausichere Ausführung wie in (2) beschrieben nicht möglich, sollte auf die rückwärtige Rohrdurchführung verzichtet werden und der Zulauf in den Wasserfangkasten von oben erfolgen (siehe Abb. 4). Dabei ist darauf zu achten, dass

- im Falle des Rückstaus ein Überlauf über die Oberkante möglich ist, ohne dass der Zulauf beeinträchtigt wird, und/oder
- ein gezielter und ausreichend dimensionierter Überlauf in der Vorderseite des Wasserfangkastens vorhanden ist, der ein kontrolliertes Überlaufen ermöglicht.

(4) Ein Wasserfangkasten kann nicht gleichzeitig für die Hauptentwässerung und für die Notentwässerung genutzt werden.

2.3 Notentwässerung

(1) Bei Vollfüllung der vorgehängten Rinne erfolgt die Notentwässerung über die Vorderkante der Rinnenlängsseite.

(2) Die Notentwässerung innenliegender Rinnen erfolgt grundsätzlich über Notüberläufe oder Notabläufe mit zusätzlichen Regenfallleitungen, die einen freien Abfluss außerhalb des Gebäudes haben.

(3) An jedem Hochpunkt einer innenliegenden Dachrinne sind die in unten stehender Übersicht (siehe Abb. 5) angegebenen Mindestmaße für den Freibord einzuhalten.

(4) Wird die Notentwässerung von vorgehängten oder innenliegenden Rinnen auf eine darunterliegende Dachfläche geleitet, müssen die zusätzlichen Abflussmengen in einem fachplanerischen Gesamtkonzept berücksichtigt werden (Kaskadenentwässerung, siehe Abschnitt 1.3 (7)).

Gesamtwassertiefe einschließlich Freibord, Z in mm	**Freibord-Mindestmaß mm**
< 85	25
85–250	0,3 · Z
> 250	75

Abb. 5: Bezeichnungen an innenliegenden Rinnen

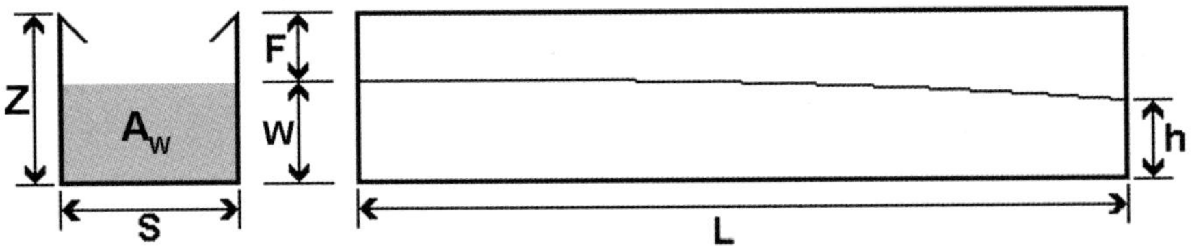

W-Not in W-Kopf

3 Innenliegende Entwässerungen

3.1 Allgemeines

(1) Um die Funktionsfähigkeit der Entwässerung zu gewährleisten, muss diese mindestens alle 6 Monate überprüft werden. Aus der Überprüfung können sich Wartungs- und Reinigungsarbeiten ergeben. Bei erhöhter Verschmutzungsneigung der Entwässerungseinrichtung können sich zudem kürzere Reinigungsintervalle ergeben. Diese sollten insbesondere im Frühling und im Herbst durchgeführt werden. Es wird hierzu empfohlen, den Kunden auf den Abschluss eines Wartungsvertrages schriftlich hinzuweisen.

(2) Bereits bei der Planung innenliegender Entwässerungen bei Balkonen und Loggien mit geschlossener Brüstung oder Attika sind zusätzliche Entwässerungsöffnungen vorzusehen.

Balkone und Loggien sollten für die gezielte Wasserführung einen Ablauf oder eine vorgehängte Rinne erhalten. Haben Balkone und Loggien eine geschlossene Brüstung, so muss zusätzlich zum Ablauf ein Notablauf oder Notüberlauf in der Brüstung vorhanden sein. Die Bemessung der Entwässerung erfolgt nach diesem Merkblatt. Bei überdachten, aber offenen Balkonen/Loggien sollte aus Sicherheitsgründen eine Entwässerung der Balkon-/Loggia-Grundfläche nach diesem Merkblatt erfolgen.

(3) An Regenwasserfallleitungen von Dachentwässerungen dürfen zur Vermeidung von Überflutungen keine Balkon-, Loggien- oder Terrassenabläufe auf gleichen oder tiefer liegenden Etagen angeschlossen werden, auch dann nicht, wenn Notentwässerungen in der Brüstung vorhanden sind.

(4) Nur wenn Balkone und Loggien keine geschlossene Brüstung (min. 50 % freier Ablauf) haben oder ein an das Entwässerungskonzept angepasster, ausreichend freier Ablauf verfügbar ist, kann auf getrennte Fallleitungen für die Dach- und Balkonentwässerung verzichtet werden.

Abläufe von Balkonen und Loggien im Erdgeschoss sollten getrennt an die Grundleitung angeschlossen werden, da das Risiko eines möglichen Rückstaus durch Überlastung der Regenwasserleitung besteht.

Alternativ kann der Anschluss an die Fallleitung auch über einen Entspannungspunkt hergestellt werden. Das kann z.B. durch:

- Zusatzteile des Standrohres oder
- handwerklich hergestellte Tascheneinführung

ermöglicht werden.

Wenn Dritte nicht beeinträchtigt werden, ist eine Ableitung des Niederschlagswassers über Speier oder Tropfleisten auf das Grundstück zulässig.

(5) Dachflächen mit nach innen abgeführter Entwässerung müssen, unabhängig von der Größe der Dachfläche, für jede Teildachfläche einen Dachablauf und einen Notablauf bzw. Notüberlauf erhalten.

(6) Wenn sich die Dachabläufe in einer Ebene ohne nennenswerte Höhendifferenzen befinden, sollte der maximale Abstand der Dachabläufe 20 m nicht überschreiten. Bei Gefälledächern erhält man unterschiedlich große Einzugsgebiete pro Entwässerungselement. Dies erfordert einen gesonderten Nachweis pro Teilfläche. Die Durchbiegung der Unterkonstruktion muss hierbei berücksichtigt werden.

(7) Bei innenliegenden Dachrinnen rechteckiger, trapezförmiger oder ähnlicher Form (siehe Abb. 6), ohne Gefälle geplant und mit einem Ablauf versehen, der einen freien Auslauf garantiert, wird das Abflussvermögen nach DIN EN 12056-3 – Abschnitt 5.2.3 berechnet.

Zur Vereinfachung und zur Veranschaulichung ist das Abflussvermögen einer gleichwertigen rechteckigen innenliegenden oder eingebauten Dachrinne in Abb. 7 graphisch dargestellt.

Abb. 6: Verschiedene Varianten innenliegender Rinnen/Kehlen (nach DIN EN 12056-03)

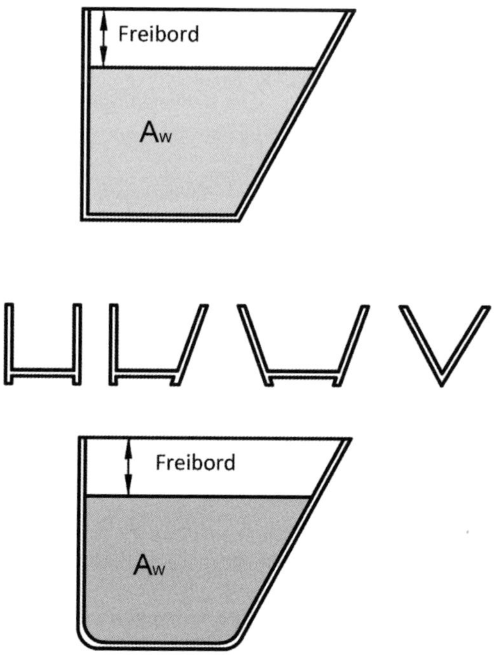

Abb. 7: Abflussvermögen von rechteckigen innenliegenden oder eingebauten Dachrinnen, kurze Ausführung und ohne Gefälle verlegt (kurze Ausführung: Länge einer Dachrinne, die nicht größer als das 50-Fache der Sollwassertiefe W ist) (Quelle: DIN EN 12056-3)

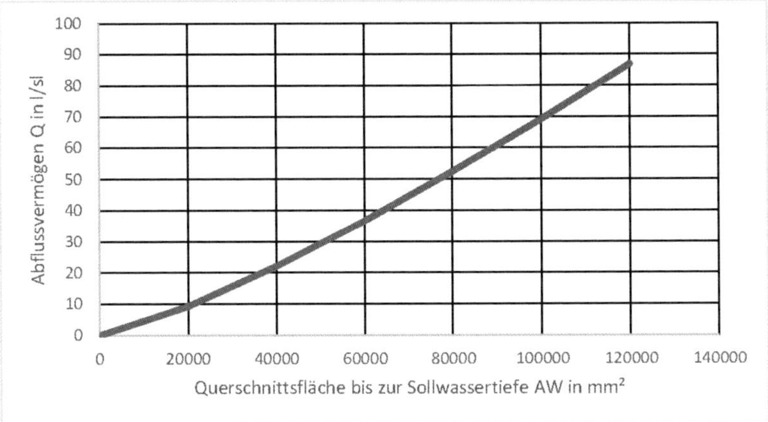

(8) Entwässerungsanlagen (anhand der Gewerkegrenze, Abb. 1) können nach DIN 1986-100 und DIN EN 12056-3 geplant und sollen nach DIN EN 12056-3 bemessen werden. Die Ablaufleistungen der vorgesehenen Entwässerungselemente werden nach DIN EN 1253-2 bestimmt. Dachflächen ohne Gefälle oder in Leichtbauweise können besondere Maßnahmen erfordern.

(9) Ein Kiesfang/Laubfang vermindert die Ablaufleistung um 50 %. Wenn der Ablauf mit Kiesfang vom Hersteller als System werkseitig mit der Ablaufleistung angegeben wurde, ist eine Reduzierung nicht mehr notwendig.

3.2 Bemessung von Abläufen und Notentwässerungen

(1) Das erforderliche Mindestabflussvermögen der Notabläufe/-überläufe ergibt sich aus der Differenz zwischen dem Jahrhundertregen und dem Abflussvermögen der Dachentwässerungsanlage bezogen auf den Berechnungsregen $r_{(5,5)}$:

- $Q_{Not} = (r_{(5,100)} - r_{(5,5)} \cdot C) \cdot A \cdot 1/10.000$
- Eine zusätzliche Sicherheit bietet ein Notüberlauf, der allein durch seinen Querschnitt die Jahrhundertregenspende entwässern kann.

(2) Für die Entwässerung bzw. Notentwässerung stehen 2 Schwerkraftentwässerungsprinzipien zur Verfügung:

- Freispiegelentwässerungssystem (mehrere Fallleitungen in einem Grundleitungssystem, Rohrleitungen teilgefüllt, kein Unterdruck),
- Druckentwässerungssystem (Sammeln des Wassers in Anschlussleitungen unter der Dachkonstruktion sowie Weiterführung in die Fallleitung und die Grundleitung, Rohrleitungen vollgefüllt, Unterdruck).

Abb. 8: Darstellung von Freispiegel- und Druckentwässerungssystem

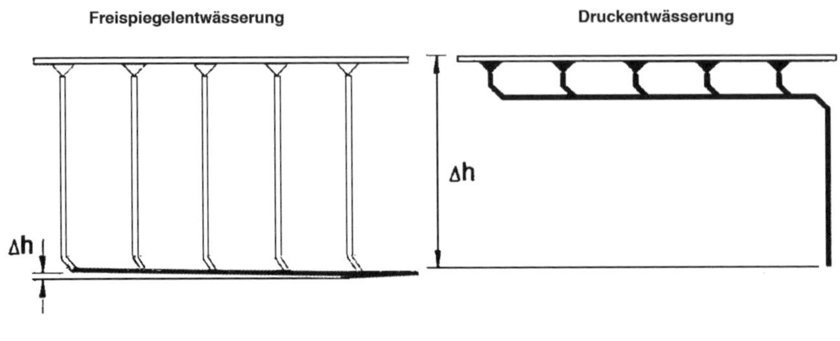

(3) Die Höhe der Notentwässerung muss oberhalb der erforderlichen Stauhöhe für den gewählten Dachablauf liegen. Zur Vermeidung von Überlastungen, insbesondere der Tragkonstruktion, sollte die Höhe der Notentwässerung auf der normativ oder im Entwässerungskonzept berücksichtigten Stauhöhe des Dachablaufs liegen.

(4) Um das optimale Ablaufvermögen der Fallleitung zu erreichen, sollten konische Ablauftrichter (Einlaufquerschnitt ca. doppelt so groß wie Fallleitungsquerschnitt) verwendet werden, die industriell oder handwerklich hergestellt sein können.

(5) Notentwässerungen dürfen nicht ins Grundleitungssystem geführt werden, sondern müssen frei über schadlos überflutbare Grundstücksflächen entwässert werden.

(6) Horizontal durch die Attika geführte Notentwässerungen sind entweder handwerklich herzustellen oder in Größe und Anzahl entsprechend der Ablaufleistung nach Herstellerangabe einzubauen.

(7) Bei handwerklicher Herstellung muss nach vorher ermittelter Notüberlaufleistung Q_{Not}eine maximale Stauhöhe h (in mm) über der Ablaufkante festgelegt werden. Bei der Wahl der Stauhöhe ist die Tragfähigkeit der Unterkonstruktion zu berücksichtigen. Dann kann die Länge L_w(in mm) der rechteckigen Notüberlauföffnung nach folgender Formel ermittelt werden:

Rechteckiger Notüberlauf

$L_w = Q_{Not} \cdot 24.000 / h^{1,5}$

Dabei ist

L_w: Länge des Überlaufs in mm

h: Stauhöhe am Notüberlauf in mm

Q_{Not}: Abflussvermögen des Notüberlaufs je Meter Überlauflänge in l/s

Ablaufleistungen rechteckiger Standardöffnungsgrößen siehe Tabelle II.19.

Für runde Notüberlauföffnungen, die durch die Attika geführt werden, muss die Ablaufleistung durch den Hersteller angegeben werden, da eine einfache Berechnung nicht möglich ist.

Beispiel:

$Q_{Not} = 10{,}4 l/s$

h = 100 mm

$L_w = Q_{Not} \cdot 24.000/h^{1,5}$

$L_w = 10{,}4\ l/s \cdot 24.000/(100mm)^{1,5}$

$L_w = 249{,}6$ mm (Breite des Notüberlaufs)

Anmerkung:

Bei einem Jahrhundertregen tritt eine Überflutungshöhe von 35 mm + 100 mm = 135 mm auf. Als Folge ist mit einer Wasserlast von 135 kg/m² zu rechnen! Diese ist bei der Dimensionierung der Tragkonstruktion zu berücksichtigen.

*Hinweis:*Bei Vorgabe der Breite des Notüberlaufes kann die Höhe der Rechtecköffnung h wie folgt berechnet werden: h [mm] = 3.Wurzel aus $(Q_{Not} \cdot 24.000 / L_w)^2$

Abb. 9: Dimensionierung eines rechteckigen Notüberlaufs

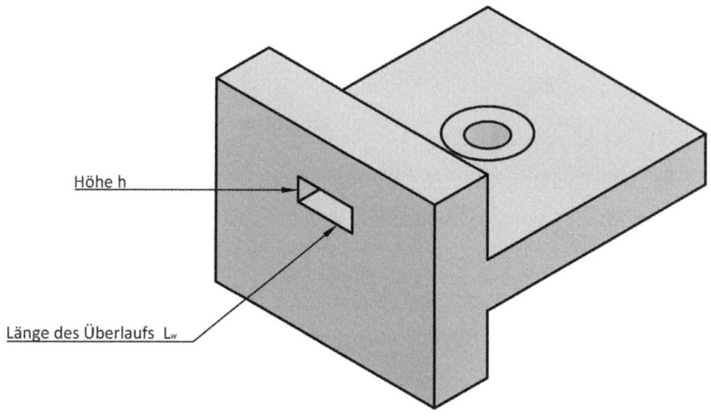

(8) Im Ausnahmefall kann bei Dachunterkonstruktionen mit umlaufender Attika oder aufgehenden Bauteilen und planmäßig vorgesehener Regenrückhaltung (z.B. Retention), die den auftretenden Lasten, durch einen Fachingenieur statisch nachgewiesen, standhalten, ohne Notentwässerung geplant werden. Die Abdichtungshöhe ist dementsprechend zu planen.

(9) Bei Dachkonstruktionen in Leichtbauweise muss von jedem Dachablauf aus ein freier Abfluss auf der Dachabdichtung zu einem Notüberlauf mit ausreichendem Abflussvermögen vorhanden sein. Lässt die Dachgeometrie einen freien Notüberlauf über die Fassade nicht zu, muss zur Sicherstellung der Notüberlauffunktion ein zusätzliches Leitungssystem mit freiem Auslauf auf schadlos überflutbare Grundstücksflächen diese Aufgabe übernehmen.

(10) Ist ein außergewöhnliches Maß an Schutz für ein Gebäude z.B.:

- mit barrierefreien Übergängen (z.B. Türanschlüsse),
- Krankenhäuser/Theater,
- sensible Kommunikationseinrichtungen,
- Lagerräume für Substanzen, die durch Nässe toxische oder entflammbare Gase abgeben,
- Gebäude, in denen besondere Kunstwerke aufbewahrt werden,

notwendig, soll die Notentwässerung allein den gesamten Jahrhundertregen entwässern können.

(11) Ist im Sanierungsfall die Möglichkeit einer nachträglich angeordneten Notentwässerung über die Gebäudeaußenkanten nicht gegeben, ist dies als Sonderfall zu werten, der eine detaillierte Vorgabe durch den Fachplaner verlangt.

(12) Bei Sanierungen sollten neue Gullys mit höheren Ablaufleistungen nur dann eingebaut werden, wenn die Fall- und Grundleitungen für die erhöhte Belastung ausreichend bemessen sind (siehe Abschnitt 1.3 (6)).

(13) Liegen Notabläufe/Notüberläufe weiter als 20 m auseinander, ist die Wassertiefe wie in Abb. 10dargestellt in der Mitte zu verdoppeln (siehe DIN 1986-100– Abschnitt 14.2.6).

Abb. 10: Abstand L zwischen Notüberlauf/Notablauf

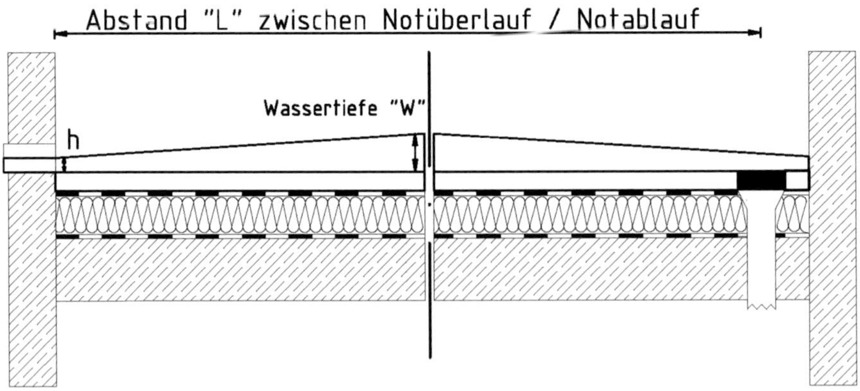

W = 2 x h

W = Wassertiefe in mm

h = Stauhöhe am Notüberlauf in mm

4 Lüftung der Entwässerungsanlage (Belüftung der Abwasserfallleitung)

(1) Grundsätzlich muss jede Fallleitung als Lüftungsleitung bis über Dach geführt werden.

(2) Endrohre von Lüftungsleitungen über Dach sind nach oben offen mindestens mit dem Querschnitt der Lüftungsleitung auszuführen. Abdeckungen dürfen nicht eingesetzt werden.

(3) Flexible Verbindungen zwischen Endrohr und weiterführenden Lüftungsleitungen dürfen maximal 1 m lang sein, wobei ausreichend eigensteife und knickfeste Bauteile zu verwenden sind.

(4) Lüftungsleitungen sind möglichst geradlinig und lotrecht zu führen. Verziehungen müssen mit Gefälle verlegt werden. Umlenkungen sind mit 45°-Bögen auszuführen. Längere Verziehungen von Lüftungsleitungen sollten vermieden werden.

Mündet eine Lüftungsleitung in der Nähe von Aufenthaltsräumen, so ist sie mindestens 1,0 m über den Fenstersturz hochzuführen oder so zu verlegen, dass sie mindestens 2,0 m seitlich der Fensteröffnung liegt.

(5) Die Mündung der Lüftungsleitungen muss rechtwinklig bis lotrecht zur Dachfläche aus dem Dach herausgeführt werden. Der Abstand Oberkante Mündung der Lüftungsleitung muss rechtwinklig zur Dachdeckung gemessen mindestens 15 cm betragen.

(6) Als Endrohre von Lüftungsleitungen sind nur Bauteile zu verwenden, die einen fach- und funktionsgerechten Anschluss an die Funktionsschichten des Dachaufbaus ermöglichen.

Anhang I Berechnungsbeispiele

I.1 Berechnungsbeispiele a) und b) für vorgehängte Dachrinnen

I.2 Berechnungsbeispiel für ein gefälleloses Flachdach mit Freispiegelentwässerung und entsprechender Notentwässerung

I.3 Berechnungsbeispiel eines Gefälledaches

I.4 Berechnungsbeispiel für innenliegende Rinnen mit Notentwässerung am Sammelkasten

Die hier aufgeführten Berechnungsbeispiele sind auf Basis von gerundeten Werten gemäß Tabelle II.6berechnet. Sie dienen als Orientierungshilfe zur überschlägigen Berechnung. Daraus können sich andere Abflusswerte als durch die Berechnung nach DIN 1986-100 oder KOSTRA-DWD ergeben. Eine präzise Berechnung der Abflusswerte kann mit den Werten aus DIN 1986-100 Anhang A oder KOSTRA-DWD erfolgen.

Anhang I.1 Berechnungsbeispiele für vorgehängte Dachrinnen

Berechnungsbeispiel a)

Dieses Berechnungsbeispiel beinhaltet die Bemessung der Entwässerung eines Satteldaches mit Ziegeleindeckung, welches sich im Stadtgebiet von Bonn befindet. Die Trauflänge beträgt 14,00 m und die Gebäudebreite 10,00 m. Die Dachhälften werden geplanterweise über ein Fallrohr am Ende der 14,00-m-Traufe entwässert.

Abb. I.1: Objektansicht mit Kenntlichmachung der wirksamen Fläche nach Abschnitt 1.2.19

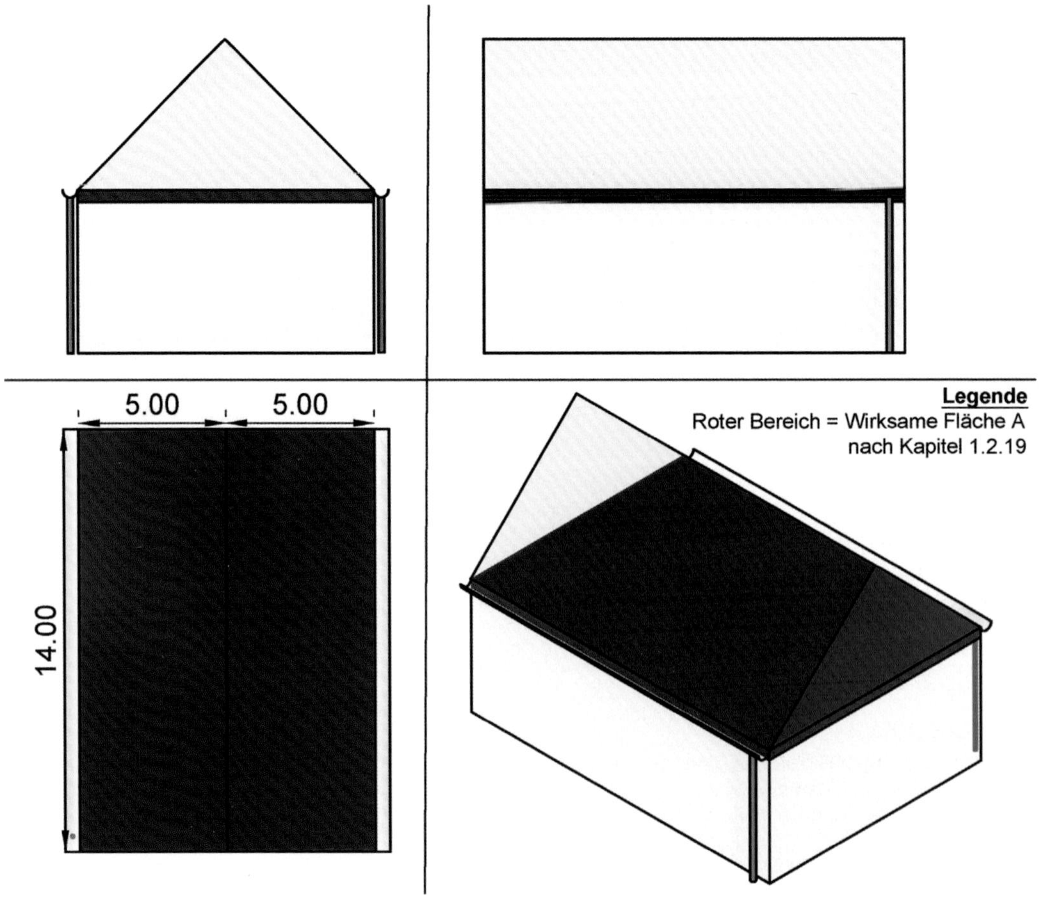

Objektdaten:

- Berechnungsregen ($r_{5,5}$) für die Stadt Bonn (siehe Tabelle II.6) = 300 l/(s · ha)
- Jahrhundertregen ($r_{5,100}$) für die Stadt Bonn (siehe Tabelle II.6) = 600 l/(s · ha)
- Anzahl der Fallrohre pro Rinne = 1, Einleitung über einen trichterförmigen Stutzen
- Länge der halbrunden Rinne 14,00 m
- Abflussbeiwert C einer Dacheindeckung aus Ziegeln = 1,0 (siehe Tabelle II.17)
- Der Niederschlag fällt senkrecht, weswegen nicht die Dachfläche als „wirksame Fläche" bezeichnet wird, sondern die Grundfläche der Teildachfläche. In diesem Beispiel ist die wirksame Fläche je Dachseite (Teildachfläche) = 5,00 m · 14,00 m = 70,00 m²

Berechnung des Regenwasserabflusses Q:

Q = Berechnungsregen ($r_{5,5}$) · Abflussbeiwert · wirksame Fläche · Umrechnungsfaktor ha auf m²

$Q = r_{(5,5)}$[l/s · ha] · C [-] · A [m²] · 1/10.000 [-]

Q = 300 · 1 · 70 · 1/10.000 = 2,1 l/s

Es fließen im Falle eines 5-minütigen Berechnungsregens, welcher alle 5 Jahre statistisch gesehen einmal vorkommt, von jeder Teildachfläche 2,1 l/s in die Dachrinne.

Berechnung des Regenwasserabflusses eines Jahrhundertregens Q_{Not}:

Die Berechnung des Regenwasserabflusses eines Jahrhundertregenereignisses (Notentwässerung) muss in diesem Beispiel nicht durchgeführt werden, da das Niederschlagswasser, welches über den Bemessungsregen hinaus anfällt, über die Rinnenvorderkante entwässert (siehe Abschnitt 2.3).

Bemessung der Entwässerungsanlage:

Rinnengröße nach Tabelle II.1*:*

Über die Spalte „Rinnenlänge 14,00 m" kann ein ausreichender Rinnenquerschnitt bestimmt werden. Durch Vergleichen der Abflusswerte Q der Rinnengrößen kann die erforderliche Rinnengröße der Nennweite von 333 abgelesen werden. Die dort angegebene Abflussleistung der 333er-Rinne wird mit 2,33 l/s angegeben und ist somit größer als die erforderlichen 2,1 l/s aus der Berechnung des Regenwasserabflusses Q.

Ermittlung des Einhangstutzens nach Tabelle II.3 *und* Tabelle II.4*:*

Nach Tabelle II.3 (für halbrunde Rinnen) hat ein ovaler/trichterförmiger Einhangstutzen einer 333er-Rinne eine Abflussleistung von 7,4 l/s, wenn der Ausschnitt der Rinne nach Herstellerangaben gemacht wird.

Die 7,4 l/s Abflussleistung sind größer als der berechnete Regenwasserabfluss von 2,1 l/s der Teildachfläche und damit ausreichend.

Ermittlung der Fallleitung nach Tabelle II.3 *und* Tabelle II.5*:*

Anhand der Tabelle II.3 wird der 333er-Rinne mit einem ovalen Ausschnitt ein Mindestrohrdurchmesser von 75 mm zugeordnet. Nach Tabelle II.5 kann ein Fallrohr mit Ø 75 mm 5,0 l/s entwässern und reicht somit ebenfalls aus, da 5,0 l größer sind als die erforderlichen 2,1 l/s Regenwasserabfluss der Teildachfläche. Aus optischen Gründen kann natürlich auch ein größerer Fallrohrquerschnitt gewählt werden, nach Tabelle II.3 bis zu 100 mm.

Zusammenfassung:

Die Entwässerungsanlage setzt sich für jede Dachfläche somit aus folgenden Elementen zusammen:

- 333er-Rinne
- Rinneneinlaufstutzen 333/80
- Fallrohrinnendurchmesser ≥ 75 mm

Berechnungsbeispiel b)

Dieses Berechnungsbeispiel beinhaltet die Bemessung der Entwässerung eines L-förmigen Satteldaches mit Ziegeleindeckung, welches sich im Stadtgebiet von Leipzig befindet. Durch die unsymmetrische Bauweise ergeben sich unterschiedliche Trauflängen und unterschiedliche Dachflächen. Die beiden großen Dachflächen sollen separat voneinander entwässert werden und die beiden Kehldachflächen gemeinsam. Darüber hinaus gibt es einen in der Bemessung der Entwässerung zu berücksichtigenden Rinnenwinkel im Kehlbereich.

Abb. I.2: Objektansicht des L-förmigen Satteldaches von oben

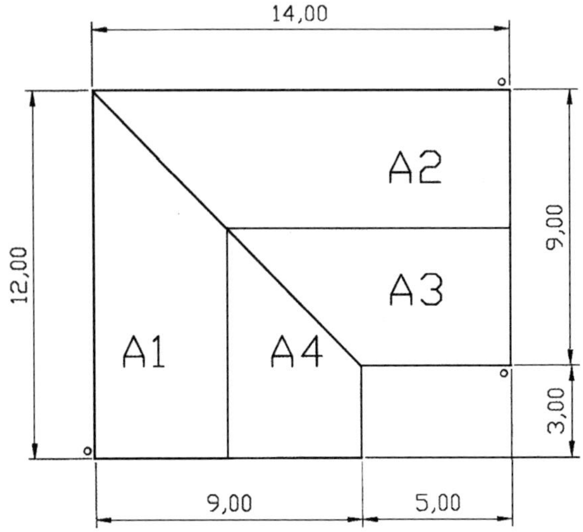

Objektdaten:

- Berechnungsregen ($r_{5,5}$) für die Stadt Leipzig (siehe Tabelle II.6) = 400 l/(s · ha)
- Jahrhundertregen ($r_{5,100}$) für die Stadt Leipzig (siehe Tabelle II.6) = 700 l/(s · ha)
- Abflussbeiwert C einer Dacheindeckung aus Ziegeln = 1,0 (siehe Tabelle II.17)

Teilflächenbezogene Objektdaten:

Teilfläche A1:

- Anzahl der Fallrohre = 1, Einleitung über einem trichterförmigen Stutzen
- Länge der halbrunden Rinne 12,00 m
- Die wirksame Fläche A1 = (7,50 m + 12,00 m)/2 · 4,50 m = 43,88 m²

Teilfläche A2:

- Anzahl der Fallrohre = 1, Einleitung über einem trichterförmigen Stutzen
- Länge der halbrunden Rinne 14,00 m
- Die wirksame Fläche A2 = (9,50 m + 14,00 m)/2 · 4,50 m = 52,88 m²

Teilfläche A3 + A4:

- Anzahl der Fallrohre = 1, Einleitung über einem trichterförmigen Stutzen
- Länge der halbrunden Rinne 3,00 m + 5,00 m = 8,00 m
- Die wirksame Fläche A3 = (9,50 m + 5,00 m)/2 · 4,50 m = 32,63 m²
- Die wirksame Fläche A4 = (7,50 m + 3,00 m)/2 · 4,50 m = 23,63 m²
- Wirksame Flächen A3 und A4 = 56,26 m²
- Ein zu berücksichtigender Rinnenwinkel 90°

Berechnung des Regenwasserabflusses Q der Teildachflächen A1–A4:

Anmerkung: Eine detaillierte Berechnung des Regenwasserabflusses Q finden Sie in Berechnungsbeispiel a). Bei diesem Berechnungsbeispiel wird dieser Arbeitsgang bereits abgekürzt.

Q_{A1}= 400 l/s · 1 · 43,88 m² · 1/10.000 = 1,76 l/s

Q_{A2}= 400 l/s · 1 · 52,88 m² · 1/10.000 = 2,12 l/s

Q_{A3}= 400 l/s · 1 · 32,63 m² · 1/10.000 = 1,31 l/s

Q_{A4}= 400 l/s · 1 · 23,62 m² · 1/10.000 = 0,95 l/s

Da Q_{A3} und Q_{A4} in die gleiche Rinne fließen, müssen die Werte addiert werden. Daraus folgt, dass Q_{A3+A4} = 1,31 + 0,95 = 2,26 l/s beträgt.

Man könnte jetzt bereits mit der Bemessung der Entwässerungsanlage beginnen. Bei diesem Objekt bietet sich jedoch an, vorab einen zusätzlichen Schritt zu tätigen. Da hier alle Rinnen zur Hauptentwässerung des Gebäudes zählen und auf der gleichen Höhe angebracht sind, kann hier aus optischen Gründen davon ausgegangen werden, dass alle Rinnen die gleiche Größe haben sollen. Diese Vorgehensweise spart im Folgenden zusätzlich ein paar Rechenschritte. Um eine einheitliche Rinnengröße zu erhalten, sollte der größte Q-Wert der obigen Liste zur Bemessung der Entwässerungsanlage gewählt werden. In diesem Beispiel Q_{A3+A4}= 2,26 l/s. Dadurch wird gewährleistet, dass alle anderen ebenfalls ausreichend dimensioniert sind.

Berechnung des Regenwasserabflusses eines Jahrhundertregens Q_{Not}:

Die Berechnung des Regenwasserabflusses eines Jahrhundertregenereignisses (Notentwässerung) muss in diesem Beispiel nicht durchgeführt werden, da das Niederschlagswasser, welches über den Bemessungsregen hinaus anfällt, über die Rinnenvorderkante entwässert (siehe Abschnitt 2.3).

Bemessung der Entwässerungsanlage:

Rinnengröße nach Tabelle II.1*:*

Über die Spalte „Rinnenlänge 8,00 m" kann die erforderliche Rinnengröße der Nennweite von 333 abgelesen werden. Die dort angegebene Abflussleistung der 333er-Rinne wird mit 2,55 l/s angegeben und ist somit größer als die erforderlichen 2,26 l/s aus der Berechnung des Regenwasserabflusses Q_{A3+A4}.

- Berücksichtigung des Rinnenwinkels

  Laut Abschnitt 2.1.2 wird das Abflussvermögen einer Dachrinne durch Rinnenwinkel negativ beeinflusst und muss daher bei einer Richtungsänderung über 10° um 15 % reduziert werden.

  Für das Abflussvermögen von 2,55 l/s bedeutet die Reduktion ein tatsächliches Abflussvermögen von $2{,}55 \cdot 0{,}85 = 2{,}16$ l/s.

  Nach der Reduktion reicht die ausgewählte Rinne nicht mehr aus! Es muss der nächstgrößere Rinnenquerschnitt gewählt werden, also eine 400er-Rinne.

- Alternativen zur Querschnittsvergrößerung:
  - Einen zweiten Ablauf einbauen
  - Einen Wasserfangkasten im Rinnenwinkel anordnen
  - Den geplanten Ablauf so weit Richtung Rinnenwinkel verschieben, bis das Abflussvermögen der Rinne wieder größer als der berechnete Regenwasserabfluss ist
  - Da nur aus optischen Gründen der größte Wert zur Bemessung gewählt wurde, kann im Hinblick auf die Wirtschaftlichkeit auf eine Vergrößerung der anderen beiden Rinnen verzichtet werden.

Ermittlung des Einhangstutzens nach Tabelle II.3 *und* Tabelle II.4*:*

Nach Tabelle II.3 (für halbrunde Rinnen) hat ein ovaler/trichterförmiger Einhangstutzen einer 400er-Rinne eine Abflussleistung von 14,5 l/s, wenn der Ausschnitt der Rinne nach Herstellerangaben gemacht wird.

Ermittlung der Fallleitung nach Tabelle II.3 *und* Tabelle II.5*:*

Anhand der Tabelle II.3 wird der 400er-Rinne mit einem ovalen Ausschnitt ein Mindestrohrdurchmesser von 100 mm zugeordnet. Nach Tabelle II.5 kann ein Fallrohr mit Ø 100 mm 10,4 l/s entwässern und reicht somit ebenfalls aus.

Zusammenfassung:

Die Entwässerungsanlage setzt sich für jede Dachfläche somit aus folgenden Elementen zusammen:

- 400er-Rinne
- Rinneneinlaufstutzen 400/100
- Fallrohrinnendurchmesser ≥ 100 mm

Für die wirtschaftlichere Variante setzt sich die Entwässerungsanlage somit aus folgenden Elementen zusammen:

Dachflächen A1 und A2:

- 333er-Rinne
- Rinneneinlaufstutzen 333/80
- Fallrohrinnendurchmesser ≥ 75 mm

Dachflächen A3 und A4:

- 400er-Rinne
- Rinneneinlaufstutzen 400/100
- Fallrohrinnendurchmesser ≥ 100 mm

Anhang I.2 Berechnungsbeispiel für ein gefälleloses Flachdach mit Freispiegelentwässerung und entsprechender Notentwässerung

Dieses Berechnungsbeispiel beinhaltet die Bemessung der Entwässerung eines gefällelosen Flachdaches. Das Beispielobjekt befindet sich im Stadtgebiet von Bad Kissingen. Die Entwässerung soll über Dachabläufe und eine passende Notentwässerung in der Attika umgesetzt werden. Die Dachfläche beträgt 200,00 m². Es sind kein Oberflächenschutz oder etwaige andere abflussreduzierende Maßnahmen vorgesehen und das Gebäude ist entwässerungstechnisch nicht besonders schützenswert.

Abb. I.3: Objektansicht des gefällelosen Flachdaches von oben

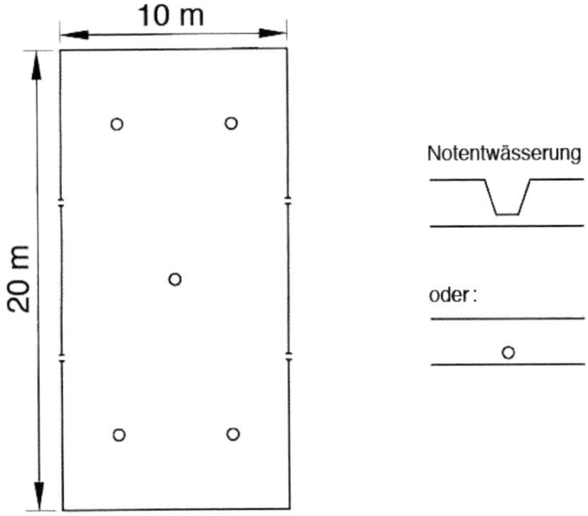

Objektdaten:

- Berechnungsregen ($r_{5,5}$) für die Stadt Bad Kissingen (siehe Tabelle II.6) = 400 l/(s · ha)
- Jahrhundertregen ($r_{5,100}$) für die Stadt Bad Kissingen (siehe Tabelle II.6) = 800 l/(s · ha)
- Gesamtfläche = 200,00 m²
- Abflussbeiwert C eines Flachdaches = 1,0 (siehe Tabelle II.17)
- Wirksame Fläche ist bei diesem Beispiel aufgrund der gefällelosen Ausführung = Dachfläche. Durch die gefällelose Ausführung ist auch keine Unterteilung in Teildachflächen nötig.

Wirksame Fläche = 10,00 m · 20,00 m = 200,00 m²

- maximal Überflutungshöhe: 75 mm (festgelegt nach Angabe des Statikers)
- Nennweite der Abläufe: 100 mm (Annahme des Planers)
- Stauhöhe Dachablauf: 35 mm (abhängig vom Ablauf, hier gewählt: NW 100 mm)

Berechnung des Regenwasserabflusses Q:

$Q = r_{(5,5)} \cdot C \cdot A \cdot 1/10.000$

$Q = 400 \cdot 1 \cdot 20{,}00\ m \cdot 10{,}00\ m \cdot 1/10.000$

$Q = 8\ l/s$

Berechnung des Regenwasserabflusses eines Jahrhundertregens Q_{Not}:

$Q_{100} = 800\ l/(s \cdot ha) \cdot 1 \cdot 20{,}00\ m \cdot 10{,}00\ m \cdot 1/10.000 = 16\ l/s$

Da entwässerungstechnisch keine besonderen Anforderungen an den Schutz des Gebäudes bestehen, berechnet sich der Regenwasserabfluss eines Jahrhundertregens wie folgt:

$Q_{Not} = Q_{100} - Q$

$Q_{Not} = 16 - 8$

$Q_{Not} = 8\ l/s$

Bemessung der Entwässerungsanlage (Bemessungsregen):

Nach Tabelle II.20 kann ein Ablauf NW 100 bei einer Stauhöhe von 35 mm mindestens 4,5 l/s entwässern (bei industriell hergestellten Abläufen kann die – zumeist deutlich höhere – Ablaufleistung nach Herstellerangabe angesetzt werden).

Daraus ergibt sich die notwendige Anzahl der Abläufe von 8 l/s: 4,5 l/s (pro Ablauf) = 1,78 Stück. Die Anzahl muss immer auf ganze Zahlen aufgerundet werden. Somit ergibt sich hier ein Bedarf von 2 Abläufen für die gesamte Dachfläche.

Bemessung der Entwässerungsanlage (Jahrhundertregen):

Die Notentwässerung muss mindestens die Differenz zwischen Jahrhundertregen und Berechnungsregen (hier: 16 – 8 = 8 l/s) entwässern können. Und nach Abschnitt 3.1.(5) muss für jeden Dachablauf auch ein Notab- bzw. Notüberlauf vorhanden sein. Für die geplante Notentwässerung über die Attika müssen somit 2 Notüberläufe vorgesehen werden, die zusammen die 8 l/s entwässern können (Abschnitt 3.2 (7)). Als Stauhöhe der Notentwässerungsströmung ist die angegebene Überflutungshöhe des Statikers ausschlaggebend. Diese hat der Planer mit 75 mm festgelegt. Wird nun die Stauhöhe des Dachablaufes von 35 mm davon abgezogen, bleibt eine maximal mögliche Höhe der Attikaöffnung von 40 mm übrig.

Damit kann der erforderliche Querschnitt des Notüberlaufs bestimmt werden:

$L_w = Q_{Not} \cdot 24.000 / h^{1,5}$

$L_w = 4 \text{ l/s} \cdot 24.000 / (40 \text{ mm})^{1,5}$

$L_w = 379,47$ mm, gerundet 380 mm

Es sind also 2 Notüberläufe in der Attika mit den Querschnittsmaßen von 380 mm Breite und 40 mm Höhe vorzusehen. Alternativ sind auch folgende Möglichkeiten denkbar:

- zusätzliche Dachabläufe mit Anstauelement und freier Entwässerung auf das Grundstück,
- Entwässerung mit Attikagullys,
- partielles Absenken der Attika auf die Mindeststauhöhe (hier: 35 mm) oder
- Herstellung eines durch die Attika geführten Notüberlaufs nach Abschnitt 3.2 (7).

Für Notentwässerungen, die als zusätzliche Sicherheit den ganzen Jahrhundertregen allein entwässern sollen, muss entsprechend die Bemessung der Entwässerungsanlage für eine Jahrhundertregenspende (hier: 16 l/s) erneut nach diesem Beispiel gerechnet werden:

$L_w = Q_{Not} \cdot 24.000 / h^{1,5}$

$L_w = 8 \text{ l/s} * 24.000 / (40 \text{ mm})^{1,5}$

$L_w = 758,95$ mm, gerundet 760 mm

Es sind also 2 Notüberläufe in der Attika mit den Querschnittsmaßen von 760 mm Breite und 40 mm Höhe vorzusehen.

Zusammenfassung:

Die Entwässerungsanlage setzt sich für die Dachfläche somit aus folgenden Elementen zusammen:

- 2 Abläufe mit NW 100
- 2 Notüberläufe mit den Abmessungen:
  - 380/40 mm für die normale Situation oder
  - 760/40 mm für ein außergewöhnliches Maß an Schutz (Abschnitt 3.2 (10))

Anhang I.3 Berechnungsbeispiel eines Gefälledaches

Dieses Berechnungsbeispiel beinhaltet die Bemessung der Entwässerung eines Flachdaches mit ausgeführtem Gefälle von 2 %. Das Beispielobjekt befindet sich im Stadtgebiet von Bad Kissingen. Die Entwässerung soll über im Dachgraben liegende Dachabläufe und eine passende Notentwässerung umgesetzt werden. Die Dachfläche beträgt 200,00 m². Es sind kein Oberflächenschutz oder etwaige andere abflussreduzierende Maßnahmen vorgesehen und das Gebäude ist entwässerungstechnisch nicht besonders schützenswert.

Abb. I.4: Draufsicht des Gefälledaches mit geplanten Entwässerungsleitungen

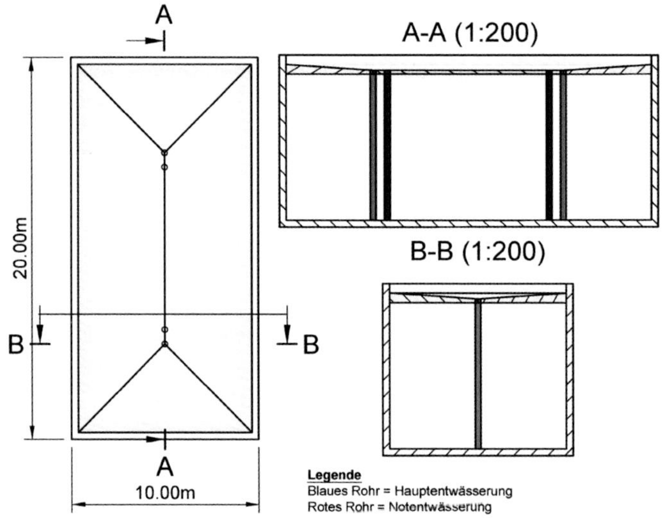

Objektdaten:

- Berechnungsregen ($r_{5,5}$) für die Stadt Bad Kissingen (siehe Tabelle II.6) = 400 l/(s · ha)
- Jahrhundertregen ($r_{5,100}$) für die Stadt Bad Kissingen (siehe Tabelle II.6) = 800 l/(s · ha)
- Gesamtfläche = 200,00 m²
- Abflussbeiwert C eines Flachdaches = 1,0 (siehe Tabelle II.17)
- Die wirksame Fläche ist bei diesem Beispiel gleich der Grundfläche des Daches, da die Teilflächen in den mittig liegenden Dachgraben entwässern und dieser damit die Niederschlagssumme der Teilflächen führt. Aufgrund dieser Ausführung ist keine Unterteilung in Teilflächen notwendig.
  Wirksame Fläche = 10,00 m · 20,00 m = 200,00 m²
- maximal Überflutungshöhe: 75 mm (festgelegt nach Angabe des Statikers)
- Nennweite der Abläufe: 100 mm (Annahme des Planers)
- Stauhöhe Dachablauf: 35 mm (abhängig vom Ablauf, hier gewählt: NW 100 mm)

Berechnung des Regenwasserabflusses Q:

$Q = r_{(5,5)} \cdot C \cdot A \cdot 1/10.000$

$Q = 400 \cdot 1 \cdot 20{,}00\ m \cdot 10{,}00\ m \cdot 1/10.000$

$Q = 8\ l/s$

Berechnung des Regenwasserabflusses eines Jahrhundertregens Q_{Not}:

$Q_{100} = 800\ l/(s \cdot ha) \cdot 1 \cdot 20{,}00\ m \cdot 10{,}00\ m \cdot 1/10.000 = 16\ l/s$

Da entwässerungstechnisch keine besonderen Anforderungen an den Schutz des Gebäudes bestehen, berechnet sich der Regenwasserabfluss eines Jahrhundertregens wie folgt:

$Q_{Not} = Q_{100} - Q$

$Q_{Not} = 16 - 8$

$Q_{Not} = 8\ l/s$

Bemessung der Entwässerungsanlage (Bemessungsregen):

Nach Tabelle II.20 kann ein Ablauf NW 100 bei einer Stauhöhe von 35 mm mindestens 4,5 l/s entwässern (bei industriell hergestellten Abläufen kann die – zumeist deutlich höhere – Ablaufleistung nach Herstellerangabe angesetzt werden).

Daraus ergibt sich die notwendige Anzahl der Abläufe von 8 l/s: 4,5 l/s (je Ablauf) = 1,78 Stück. Die Anzahl muss immer auf ganze Zahlen aufgerundet werden. Somit ergibt sich hier ein Bedarf von 2 Abläufen für die gesamte Dachfläche.

Bemessung der Entwässerungsanlage (Jahrhundertregen):

Die Notentwässerung muss mindestens die Differenz zwischen Jahrhundertregen und Berechnungsregen (hier: 16 – 8 = 8 l/s) entwässern können. Und nach Abschnitt 3.1 (5) muss für jeden Dachablauf auch ein Notab- bzw. Notüberlauf vorhanden sein. Für die geplante Notentwässerung über Notabläufe müssen somit 2 Notabläufe vorgesehen werden, die zusammen die 8 l/s entwässern können (Abschnitt 3.2 (7)). Als Stauhöhe der Notentwässerungsströmung ist die angegebene Überflutungshöhe des Statikers auschlaggebend. Diese hat der Planer mit 75 mm festgelegt. Wird nun die Stauhöhe des Dachablaufes von 35 mm davon abgezogen, bleibt eine maximal mögliche Stauhöhe der Notabläufe von 40 mm übrig. Diese muss bei der Wahl der Notabläufe berücksichtigt werden (siehe Abschnitt 3.2 (3)) und darf keinesfalls die 40 mm überschreiten, da sonst die Statik des Gebäudes gefährdet wird. Die Notabläufe können mit Anstauelement oder als erhöhter Einbau in direkter Nähe der normalen Dachabläufe eingebaut werden. Mit Hilfe von Tabelle II.20 kann der Notablauf ausgewählt werden. Da für dieses Beispiel $Q = Q_{Not}$ ist, können z.B. die gleichen Abläufe wie für die Hauptentwässerung, in Kombination mit einem 35-mm-Anstauring, gewählt werden. Bei 35 mm Anstauhöhe werden dabei ebenfalls die 4,5 l/s pro Ablauf erreicht.

Prüfung der Notentwässerungsleistung:

2 Notabläufe mit 4,5 l/s ergeben ein Abflussvermögen von 9,0 l/s. Damit ist das Abflussvermögen der bemessenen Notentwässerung größer als Q_{Not} (8 l/s) und damit ausreichend.

Prüfung der Überflutungshöhe:

Die Abläufe für die Hauptentwässerung haben eine Stauhöhe von 35 mm, um die angegebenen 4,5 l/s Ablaufleistung aus Tabelle II.20 zu erreichen. Die Notabläufe werden nach Abschnitt 3.2 (3) auf der Stauhöhe der Hauptentwässerung eingebaut und haben ebenfalls eine Stauhöhe von 35 mm. Addiert man diese beiden Stauhöhen,

Überflutungshöhe = Stauhöhe Hauptentwässerung + Stauhöhe Notentwässerung

Überflutungshöhe = 35 mm + 35 mm,

erhält man eine Überflutungshöhe von 70 mm. Vergleicht man diese mit der maximal möglichen Überflutungshöhe, also der Angabe des Statikers/Tragwerkplaners/Fachplaners, muss die Überflutungshöhe in jedem Fall ≤ der maximal möglichen Überflutungshöhe sein.

Da in diesem Beispiel 70 mm ≤ 75 mm sind, ist die Vorgabe erreicht und die Bemessung der Notentwässerung ausreichend.

Für Notentwässerungen, die als zusätzliche Sicherheit den ganzen Jahrhundertregen allein entwässern sollen, muss entsprechend die Bemessung der Entwässerungsanlage für eine Jahrhundertregenspende (hier: 16 l/s) erneut nach diesem Beispiel gerechnet werden:

In dieser Situation, also wenn das Gebäude bspw. besonders schützenswert ist (Abschnitt 3.2 (10)), muss die Notentwässerung 16 l/s aufnehmen können. Die Tabelle II.20 gibt für eine Stauhöhe von 35 mm einen Abflusswert von 4,5 l/s je 100er-Ablauf an. Die Abläufe mit 45 mm Stauhöhe aus der Tabelle können nicht gewählt werden, da sonst die maximal mögliche Überflutungshöhe von 75 mm überschritten würde (35 mm + 45 mm = 80 mm). Demnach muss für die nötige Anzahl an Notabläufen Q_{Not} durch die 4,5 l/s pro 100er-Ablauf geteilt werden: 16 l/s / 4,5 l/s (pro Ablauf) = 3,55 Notabläufe, aufgerundet 4 Notabläufe.

Zusammenfassung:

Die Entwässerungsanlage setzt sich für die Dachfläche somit aus folgenden Elementen zusammen:

- 2 Abläufe mit NW 100,
- 2 Notabläufe mit den Abmessungen NW 100 mit 35 mm Anstauring

  oder

  erhöhtem Einbau auf 35 mm Höhe.

Anhang I.4 Berechnungsbeispiel für innenliegende Rinne mit Notentwässerung am Sammelkasten

Dieses Berechnungsbeispiel beinhaltet die Bemessung der Entwässerung eines Flachdaches mit innenliegender Rinne, welches sich im Stadtgebiet von Hamburg befindet. Die Rinnenlänge beträgt 50,00 m und soll an der Stirnseite über einen Ablauf entwässert werden. Es sind kein Oberflächenschutz oder etwaige andere abflussreduzierende Maßnahmen vorgesehen. Das Gebäude ist entwässerungstechnisch nicht besonders schützenswert.

Abb. I.5: Draufsicht und Schnittansicht des Flachdaches mit innenliegender Rinne

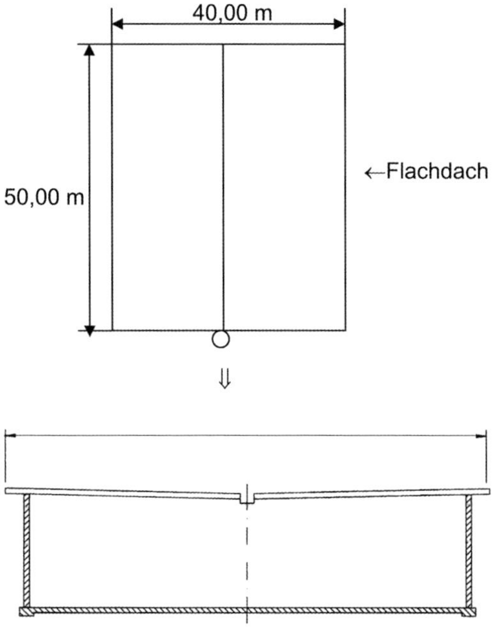

Objektdaten:

- Berechnungsregen ($r_{5,5}$) für die Stadt Hamburg (siehe Tabelle II.6) = 300 l/(s · ha)
- Jahrhundertregen ($r_{5,100}$) für die Stadt Hamburg (siehe Tabelle II.6) = 500 l/(s · ha)
- Anzahl der Fallrohre pro Rinne = 1, Einleitung über einem trichterförmigen Stutzen
- Länge der kastenförmigen Rinne 50,00 m
- Abflussbeiwert C eines Flachdaches = 1,0 (siehe Tabelle II.17)
- Der Niederschlag fällt senkrecht, weswegen nicht die Dachfläche als „wirksame Fläche" bezeichnet wird, sondern die Grundfläche der Teildachfläche. In diesem Beispiel ist die wirksame Fläche je Dachseite (Teildachfläche) = 50,00 m · 20,00 m = 1.000,00 m².

Berechnung des Regenwasserabflusses Q:

$Q = r_{(5,5)} \cdot C \cdot A \cdot 1/10.000$

$Q = 300 \cdot 1{,}0 \cdot 50{,}00\ m \cdot 40{,}00\ m \cdot 1/10.000$

$Q = 60\ l/s$

Berechnung des Regenwasserabflusses eines Jahrhundertregens Q_{Not}:

Q_{100} = Jahrhundertregen ($r_{5,100}$) · Abflussbeiwert · wirksame Fläche · Umrechnungsfaktor ha auf m²

Hinweis: Bei der Berechnung des Regenwasserabflusses des Jahrhundertregens wird der Abflussbeiwert mit 1,0 angesetzt. Grund dafür ist die Annahme, dass der Abflussbeiwert außer Kraft gesetzt wird, da so viel Niederschlag auf der Fläche vorhanden ist, dass keine Abminderung durch Reibung oder Ähnliches erfolgt.

Q_{100}= 500 · 1,0 · 50,00 m · 40,00 m · 1/10.000

Q_{100}= 100 l/s

Da das Gebäude kein Krankenhaus oder Ähnliches ist, ist es im Sinne der Entwässerung nicht besonders schützenswert. Das bedeutet, dass der Regenwasserabfluss, der von der Notentwässerung abgeführt werden muss, nicht in Gänze angesetzt wird, sondern nur der Anteil, der über den Bemessungsregen hinausgeht:

Q_{Not}= Q_{100}– Q

Q_{Not}= 100 – 60

Q_{Not}= 40 l/s

Bemessung der Entwässerungsanlage (Bemessungsregen):

Bei einer innenliegenden Rinne muss darauf geachtet werden, dass diese den gesamten Jahrhundertregen (Q_{100}) fassen kann, da diese sonst überläuft und je nach Bauweise das Niederschlagswasser ins Gebäudeinnere gelangt.

Rinnengröße nach Tabelle II.7 *bis* Tabelle II.14*:*

Über die Tabelle II.10 „Rinnenlänge 50,00 m“ kann ein ausreichender Rinnenquerschnitt bestimmt werden. Durch Vergleichen der Abflusswerte Q der Rinnengrößen kann die erforderliche Rinnengröße abgelesen werden. Bei 50,00 m Länge und einer benötigten Entwässerungsleistung bzw. Abflussvermögen der Rinne von 100 l/s muss die Rinne mindestens folgende Abmessungen haben:

Abb. I.6: Darstellung der Maße aus dem Beispiel anhand der Abb. 5

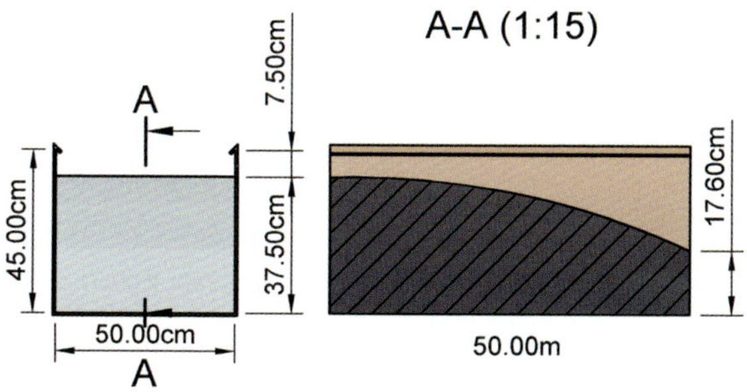

Die Ablaufleistung beträgt dann 112,2 l/s und ist größer als die von den Dachflächen kommenden 100 l/s. Damit würde die Entwässerungssituation wie Abb. I.7 bildlich dargestellt aussehen:

Abb. I.7: Bildliche Darstellung der Entwässerungssituation am Ablauf der Rinne

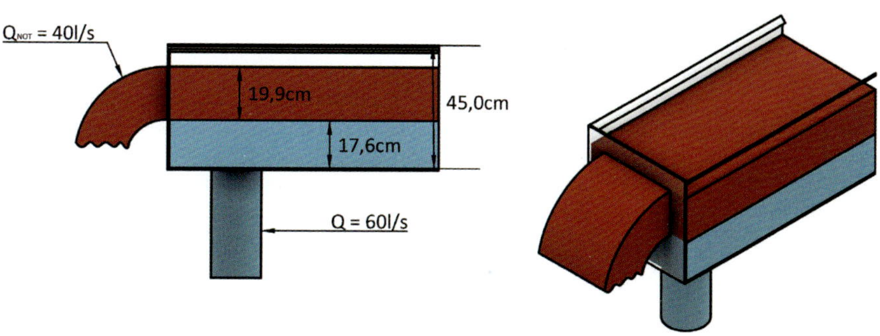

Legende:
Rot = Idealisierte Notentwässerungsströmung
Blau = Idealisisierte Hauptentwässerungsströmung

Ermittlung des Einhang-/Ablaufstutzens nach Tabelle II.3, Tabelle II.4 *oder* Tabelle II.15*:*

Nach keiner Tabelle in diesem Merkblatt kann ein Einhangstutzen/Ablauf für diese Wassermengen bestimmt werden.

Ermittlung der Fallleitung nach Tabelle II.3 *und* Tabelle II.5*:*

Wie beim Ablaufstutzen ist auch für das Fallrohr kein passender Querschnitt auswählbar.

Achtung: Da hier weder ein passender Ablaufstutzen noch ein geeignetes Fallrohr nach diesem Merkblatt gewählt werden kann, ist das ein Signal, dass die geplante Entwässerung nicht funktioniert. Hier müsste nun mit dem Bauherrn/Planer das Gespräch gesucht und eine mögliche Lösung diskutiert werden. Lösungen könnten z.B. sein:

- von Freispiegelentwässerung auf Druckentwässerung zu wechseln (Fachplaner einschalten! Siehe Kapitel 1 „Geltungsbereich"),
- von außenliegender Entwässerung zu innenliegender Entwässerung wechseln, um auch im Fließbereich der Rinne Abläufe planen zu können.

Die möglichen Lösungen sind jedoch von den objektspezifischen Gegebenheiten abhängig. Um das ganze Entwässerungskonzept in dem Gespräch mit dem Kunden/Planer abzubilden, ist es sinnvoll, die Notentwässerung ebenfalls zu bemessen und die evtl. dort auftretenden Probleme direkt mit anzusprechen.

Bemessung der Entwässerungsanlage (Jahrhundertregen):

Bei diesem Objekt soll die Notentwässerung ebenfalls über die Stirnseite ausgeführt werden. Dabei sind über das „Kopfstück" der innenliegenden Rinne allein die 40 l/s zu entwässern. Die Dimensionierung des notwendigen Schlitzes kann nach Abschnitt 3.2 (7)) erfolgen:

Länge der Notüberlauföffnung = $Q_{Not} \cdot 24.000$ / Stauhöhe der Notüberlaufströmung^{1,5}

Bei einer Wasserstandshöhe W von 375 mm (siehe Abb. I.7) und einer geplanten Stauhöhe am Ablauf von 176 mm bleibt eine mögliche Stauhöhe von 375 – 176 = 199 mm übrig, ohne das geforderte Freibord von 75 mm einzuschränken. Damit ist eine maximale Stauhöhe der Notüberlaufströmung von 199 mm übrig:

$L_w = 40 \cdot 24.000/199^{1,5}$

$L_w = 341{,}97$, also rund 345 mm

Bei einer verfügbaren Breite des Kopfstückes der innenliegenden Rinne von 500 mm wäre dieser Schlitz möglich und die Notentwässerung gewährleistet. Anhand der Tabelle II.19 können auch andere Öffnungsquerschnitte gewählt werden.

Achtung: Die Notentwässerung wäre von der Abflussmenge her realisierbar. Aber, wenn der Hochpunkt einer Notüberlaufströmung weiter als 10,00 m vom Ablauf entfernt ist, muss der Hochpunkt mit der doppelten Stauhöhe des Ablaufs angenommen werden (Abschnitt 3.2 (13), zur Veranschaulichung siehe Abb. 10). Damit müsste auf die geplante Wasserstandshöhe in Rinnenmitte von 345 mm die Stauhöhe des Ablaufs von 176 mm addiert werden. Da aber nur noch das Freibord von 75 mm als Reserve vorhanden ist, würde die Rinne in der Theorie überlaufen. Zusätzlich müsste ein Statiker diese theoretische Mehrbelastung in Feldmitte statisch freigeben. An dieser Stelle ist die Grenze des Merkblattes erreicht und eine Bemessung nach Fachregel nicht mehr möglich. In diesem Beispiel müsste spätestens jetzt ein Fachplaner eingeschaltet werden, um ein Entwässerungskonzept zu erstellen!

Zusammenfassung:

Die geplante Entwässerungsanlage kann mit Hilfe dieses Merkblattes nicht bemessen werden! Vorher ist ein Fachplaner für das Erstellen eines Entwässerungskonzeptes zu beauftragen, da hier durch die weiten Fließwege eine nicht geplante Belastung der Tragkonstruktion entsteht. Diese Einschätzung liegt außerhalb des Zuständigkeitsbereiches des Dachdeckers!

Anhang II Tabellen

Tabelle II.1: Abflussverhalten von halbrunden Rinnen und daran anschließbare Niederschlagsflächen in m² bei unterschiedlichen Regenspenden r in l/(s · ha) und C = 1,0

Nennmaß			Rinnenlänge (= Länge vom Rinnenanfang bis zum Ablauf) in m															
in mm			5	6	7	8	9	10	11	12	13	14	15	16	17	18	19	20
250	r in l/(s · ha)	Q(l/s)	1,07	1,05	1,02	1,00	0,98	0,96	0,94	0,92	0,90	0,88	0,86	0,85	0,83	0,81	0,80	0,78
		250	43	42	41	40	39	38	38	37	36	35	34	34	33	32	32	31
		300	36	35	34	33	33	32	31	31	30	29	29	28	28	27	27	26
		350	31	30	29	29	28	27	27	26	26	25	25	24	24	23	23	22
		400	27	26	26	25	25	24	24	23	23	22	22	21	21	20	20	20
		450	24	23	23	22	22	21	21	20	20	20	19	19	18	18	18	17
280	r in l/(s · ha)	Q(l/s)	1,68	1,65	1,62	1,59	1,56	1,53	1,50	1,48	1,45	1,42	1,4	1,37	1,35	1,33	1,30	1,28
		250	67	66	65	64	62	61	60	59	58	57	56	55	54	53	52	51
		300	56	55	54	53	52	51	50	49	48	47	47	46	45	44	43	43
		350	48	47	46	45	45	44	43	42	41	41	40	39	39	38	37	37
		400	42	41	41	40	39	38	38	37	36	36	35	34	34	33	33	32
		450	37	37	36	35	35	34	33	33	32	32	31	30	30	30	29	28
333	r in l/(s · ha)	Q(l/s)	2,68	2,64	2,59	2,55	2,51	2,48	2,44	2,40	2,36	2,33	2,29	2,26	2,22	2,19	2,16	2,13
		250	107	106	104	102	100	99	98	96	94	93	92	90	89	88	86	85
		300	89	88	86	85	84	83	81	80	79	78	76	75	74	73	72	71
		350	77	75	74	73	72	71	70	69	67	67	65	65	63	63	62	61
		400	67	66	65	64	63	62	61	60	59	58	57	57	56	55	54	53
		450	60	59	58	57	56	55	54	53	52	52	51	50	49	49	48	47
400	r in l/(s · ha)	Q(l/s)	4,71	4,63	4,57	4,51	4,46	4,40	4,35	4,29	4,24	4,18	4,13	4,08	4,03	3,98	3,93	3,89
		250	188	185	183	180	178	176	174	172	170	167	165	163	161	159	157	156
		300	157	154	152	150	149	147	145	143	141	139	138	136	134	133	131	130
		350	135	132	131	129	127	126	124	123	121	119	118	116	115	114	112	111
		400	118	116	114	113	112	110	109	107	106	105	103	102	101	100	98	97
		450	105	103	102	100	99	98	97	95	94	93	92	91	90	88	87	86
500	r in l/(s · ha)	Q(l/s)	8,78	8,78	8,68	8,60	8,51	8,42	8,34	8,26	8,18	8,10	8,02	7,94	7,86	7,78	7,71	7,63
		250	351	351	347	344	340	337	334	330	327	324	321	318	314	311	308	305
		300	293	293	289	287	284	281	278	275	273	270	267	265	262	259	257	254
		350	251	251	248	246	243	241	238	236	234	231	229	227	225	222	220	218
		400	220	220	217	215	213	211	209	207	205	203	201	199	197	195	193	191
		450	195	195	193	191	189	187	185	184	182	180	178	176	175	173	171	170

Tabelle II.2: Abflussverhalten von kastenförmigen Rinnen und daran anschließbare Niederschlagsflächen in m² bei unterschiedlichen Regenspenden r in l/(s · ha) und C = 1,0

Nennmaß			**Rinnenlänge (= Länge vom Rinnenanfang bis zum Ablauf) in m**															
in mm			5	6	7	8	9	10	11	12	13	14	15	16	17	18	19	20
250	r in l/(s · ha)	Q(l/s)	1,02	0,99	0,97	0,95	0,92	0,90	0,88	0,86	0,84	0,82	0,80	0,79	0,77	0,75	0,74	0,72
		250	41	40	39	38	37	36	35	34	34	33	32	32	31	30	30	29
		300	34	33	32	32	31	30	29	29	28	27	27	26	26	25	25	24
		350	29	28	28	27	26	26	25	25	24	23	23	23	22	21	21	21
		400	26	25	24	24	23	23	22	22	21	21	20	20	19	19	19	18
		450	23	22	22	21	20	20	20	19	19	18	18	18	17	17	16	16
333	r in l/(s · ha)	Q(l/s)	2,37	2,32	2,28	2,24	2,20	2,16	2,12	2,09	2,05	2,01	1,98	1,95	1,91	1,88	1,85	1,82
		250	95	93	91	90	88	86	85	84	82	80	79	78	76	75	74	73
		300	79	77	76	75	73	72	71	70	68	67	66	65	64	63	62	61
		350	68	66	65	64	63	62	61	60	59	57	57	56	55	54	53	52
		400	59	58	57	56	55	54	53	52	51	50	50	49	48	47	46	46
		450	53	52	51	50	49	48	47	46	46	45	44	43	42	42	41	40
400	r in l/(s · ha)	Q(l/s)	3,95	3,89	3,83	3,77	3,71	3,66	3,61	3,55	3,50	3,45	3,40	3,35	3,30	3,25	3,21	3,16
		250	158	156	153	151	148	146	144	142	140	138	136	134	132	130	128	126
		300	132	130	128	126	124	122	120	118	117	115	113	112	110	108	107	105
		350	113	111	109	108	106	105	103	101	100	99	97	96	94	93	92	90
		400	99	97	96	94	93	92	90	89	88	86	85	84	83	81	80	79
		450	88	86	85	84	82	81	80	79	78	77	76	74	73	72	71	70
500	r in l/(s · ha)	Q(l/s)	7,23	7,12	7,03	6,94	6,86	6,78	6,69	6,61	6,53	6,45	6,37	6,30	6,22	6,15	6,07	6,00
		250	289	285	281	278	274	271	268	264	261	258	255	252	249	246	243	240
		300	241	237	234	231	229	226	223	220	218	215	212	210	207	205	202	200
		350	207	203	201	198	196	194	191	189	187	184	182	180	178	176	173	171
		400	181	178	176	174	172	170	167	165	163	161	159	158	156	154	152	150
		450	161	158	156	154	152	151	149	147	145	143	142	140	138	137	135	133

Tabelle II.3: Ablaufleistung Q ovaler Einhangstutzen an halbrunden Rinnen[1]

Rinnennennmaß in mm	250	280	333	400	500
Fallrohrnenndurchmesser in mm	60–80	75–100	75–100	100–120	150
Abflussverhalten Q in l/s:	2,9	4,1	7,4	14,5	21,1

[1]Gilt bei Verwendung werkseitig hergestellter Abläufe in Verbindung mit einem Rinnenausschnitt nach den vom Hersteller entwickelten Schablonen.
Abweichungen bei anderen Produkten und Abläufen aus handwerklicher Herstellung sind möglich (mit C = 1,0).
Quelle: GRÖMO

Tabelle II.4: Ablaufleistung Q trichterförmiger Einhangstutzen an kastenförmigen Rinnen[1]

Rinnennennmaß in mm	250	280	333	400
Fallrohrnenndurchmesser in mm	75–80	80–87	100	120
Abflussverhalten Q in l/s:	2,4	3,3	6,0	10,8

[1]Gilt bei Verwendung werkseitig hergestellter Abläufe in Verbindung mit einem Rinnenausschnitt nach den vom Hersteller entwickelten Schablonen.
Abweichungen bei anderen Produkten und Abläufen aus handwerklicher Herstellung sind möglich (mit C = 1,0).
Quelle: GRÖMO

Anmerkung zu Tabelle II.3 und Tabelle II.4:

- Zylindrische Ablaufstutzen verringern die Ablaufleistung um ca. 30 %.
- Der Einbau von Laubfangkörben reduziert das Ablaufvermögen von Ablaufstutzen um 50 %.

Beim Einsatz von Laubfangkörben in Ablaufstutzen verringert sich die Ablaufleistung von Rinnen mit nicht flacher Sohle um 50 % (DIN EN 12056-3– Abschnitt 5.3.3). Die Verwendung von Laubfangkörben im Fallrohr und die damit erleichterte Kontroll- und Reinigungsmöglichkeit vermeidet die Reduktion der Ablaufleistungen oben genannter Rinnen. Die verringerte Ablaufleistung des Fallrohres ist dementsprechend zu berücksichtigen und bedarf einer dem Verschmutzungsgrad angepassten regelmäßigen Kontrolle und Reinigung (siehe Abschnitt 1.3 (5)).

Tabelle II.5: Abflussvermögen senkrechter Regenwasserfallleitungen

Innendurchmesser di in mm	**Abflussvermögen Q in l/s bei einem Füllungsgrad f = 0,33**
60	2,7
70	4,1
75	5,0
80	5,9
85	6,9
100	10,7
120	17,4
150	31,6

Tabelle II.6: 5-Minuten-Regenspenden in Deutschland [in l/(s · ha)] (nach DIN 1986-100:2016-12)

Ort (Werte sind zur Erstellung der im Anhang aufgeführten Tabellen gegenüber der Norm gerundet)	**Berechnungsregen $r_{(5,5)}$**					**Jahrhundertregen $r_{(5,100)}$**			
	250	300	350	400	450	500	600	700	800
Aachen		x				x			
Aschaffenburg		x					x		
Augsburg				x				x	
Aurich		x					x		
Bad Kissingen				x					x
Bad Salzuflen			x					x	
Bad Tölz					x				x
Bamberg			x				x		
Bayreuth			x					x	
Berlin			x				x		
Bielefeld		x					x		
Bocholt		x				x			
Bonn		x					x		
Braunschweig			x					x	
Bremen	x					x			
Bremerhaven			x				x		
Chemnitz			x				x		
Cottbus			x					x	
Cuxhaven		x					x		
Dessau		x					x		

Ort (Werte sind zur Erstellung der im Anhang aufgeführten Tabellen gegenüber der Norm gerundet)	**Berechnungsregen $r_{(5,5)}$**					**Jahrhundertregen $r_{(5,100)}$**			
	250	300	350	400	450	500	600	700	800
Dortmund			x					x	
Dresden			x					x	
Duisburg		x					x		
Düsseldorf			x					x	
Eisenach		x				x			
Emden		x					x		
Erfurt		x				x			
Erlangen			x					x	
Essen			x				x		
Frankfurt/Main			x					x	
Garmisch-Partenkirchen			x				x		
Gera			x					x	
Göppingen		x				x			
Görlitz			x					x	
Göttingen			x					x	
Halle/Saale		x					x		
Hamburg		x				x			
Hamm		x					x		
Hanau			x					x	
Hannover		x				x			
Heidelberg			x				x		
Heilbronn		x				x			
Helmstedt			x					x	
Hildesheim		x				x			
Ingolstadt			x				x		
Kaiserslautern			x					x	
Karlsruhe			x					x	
Kassel			x				x		
Kiel	x					x			
Koblenz			x					x	
Köln			x					x	
Konstanz			x					x	
Leipzig				x				x	
Lindau				x				x	
Lingen				x				x	
Lübeck		x				x			
Lüdenscheid			x					x	
Magdeburg			x				x		
Mainz			x					x	
Mannheim			x				x		
Minden		x					x		

Ort (Werte sind zur Erstellung der im Anhang aufgeführten Tabellen gegenüber der Norm gerundet)	**Berechnungsregen $r_{(5,5)}$**					**Jahrhundertregen $r_{(5,100)}$**			
	250	300	350	400	450	500	600	700	800
Mönchengladbach		x				x			
München				x				x	
Münster		x					x		
Neubrandenburg				x				x	
Neustadt/Weinstraße			x					x	
Nürnberg			x					x	
Oberstdorf				x					x
Osnabrück			x					x	
Paderborn			x					x	
Passau			x					x	
Pforzheim			x					x	
Pirmasens			x					x	
Regensburg			x					x	
Rosenheim					x				x
Rostock		x				x			
Rüsselsheim			x					x	
Saarbrücken		x				x			
Schweinfurt			x					x	
Schwerin		x				x			
Siegen			x					x	
Solingen				x					x
Speyer			x				x		
Stuttgart					x				x
Trier				x				x	
Ulm		x					x		
Villingen-Schwenningen				x					x
Willingen/Upland				x					x
Wittenberge		x				x			
Wuppertal				x				x	
Würzburg				x					x
Zwickau			x				x		

Aufgerundete Werte auf Grundlage der DIN 1986-100, Anhang A, „Regenspenden in Deutschland“.

Hinweis: Ortsgenaue Daten sind den KOSTRA-Tabellen oder den Regenspendentabellen der jeweiligen Bundesländer zu entnehmen (siehe auch Abschnitt 1.2.2).

Tabelle II.7: Abflussvermögen von rechteckigen, innenliegenden Rinnen, Rinnenbreite = 200 mm

rechteckig						Abflussvermögen QL in l/s				
Z	S	Frei-bord	W	h	Aw	Länge der Rinne in m				
						10	20	30	40	50
mm	mm	mm	mm	mm	cm²	l/s	l/s	l/s	l/s	l/s
200	200	60	140	66	280	11,2	10,1	9,2	8,5	7,8
190	200	57	133	63	266	10,3	9,3	8,4	7,7	7,1
180	200	54	126	59	252	9,4	8,5	7,7	6,9	6,4
170	200	51	119	56	238	8,6	7,7	6,9	6,2	5,7
160	200	48	112	53	224	7,8	6,9	6,2	5,6	5,1
150	200	45	105	49	210	7,0	6,2	5,5	4,9	4,5
140	200	42	98	46	196	6,3	5,4	4,8	4,3	4,0
130	200	39	91	43	182	5,6	4,8	4,2	3,8	3,5
120	200	36	84	39	168	4,8	4,2	3,6	3,2	3,0

Tabelle II.8: Abflussvermögen von rechteckigen, innenliegenden Rinnen, Rinnenbreite = 300 mm

rechteckig						Abflussvermögen QL in l/s				
Z	S	Frei-bord	W	h	Aw	Länge der Rinne in m				
						10	20	30	40	50
mm	mm	mm	mm	mm	cm²	l/s	l/s	l/s	l/s	l/s
300	300	75	225	106	675	35,5	33,4	31,4	29,5	27,9
280	300	75	205	96	615	30,9	28,7	26,8	25,1	23,6
260	300	75	185	87	555	26,1	24,3	22,5	20,9	19,5
240	300	72	168	79	504	22,4	20,7	19,0	17,7	16,4
220	300	66	154	72	462	19,5	17,8	16,4	15,1	13,9
200	300	60	140	66	420	16,7	15,2	13,9	12,7	11,7
180	300	54	126	59	378	15,4	13,9	12,6	11,5	10,6
170	300	51	119	56	357	14,2	12,7	11,5	10,4	9,5
160	300	48	112	53	336	12,9	11,5	10,4	9,4	8,6

Tabelle II.9: Abflussvermögen von rechteckigen, innenliegenden Rinnen, Rinnenbreite = 400 mm

rechteckig						Abflussvermögen QL in l/s				
Z	S	Frei-bord	W	h	Aw	Länge der Rinne in m				
						10	20	30	40	50
mm	mm	mm	mm	mm	cm²	l/s	l/s	l/s	l/s	l/s
400	400	75	325	153	1.300	82,2	80,0	76,6	73,5	70,6
375	400	75	300	141	1.200	72,9	70,5	67,2	64,3	61,5
350	400	75	275	129	1.100	63,7	61,3	58,3	55,5	53,0
325	400	75	250	118	1.000	55,3	52,7	49,8	47,2	44,9
300	400	75	225	106	900	47,3	44,4	41,7	39,4	37,2
275	400	75	200	94	800	39,3	36,7	34,2	32,0	30,1
250	400	75	175	82	700	31,8	29,5	27,2	25,3	23,7
225	400	68	158	74	630	26,9	24,7	22,7	20,9	19,4
200	400	60	140	66	560	22,4	20,3	18,4	16,9	15,6

Tabelle II.10: Abflussvermögen von rechteckigen, innenliegenden Rinnen, Rinnenbreite = 500 mm

rechteckig					Abflussvermögen QL in l/s					
Z	S	Frei-bord	W	h	Aw	Länge der Rinne in m				
						20	30	40	50	60
mm	mm	mm	mm	mm	cm²	l/s	l/s	l/s	l/s	l/s
500	500	75	425	20	2.125	153,5	147,6	142,9	138,8	134,2
450	500	75	375	176	1.875	125,2	120,8	116,4	112,2	108,5
400	500	75	325	153	1.625	100,0	95,7	91,9	88,1	84,8
350	500	75	275	129	1.375	76,6	72,8	69,4	66,1	63,3
300	500	75	225	106	1.125	55,5	52,1	49,2	46,4	44,1
275	500	75	200	94	1.000	45,8	42,7	40,2	37,6	35,5
250	500	75	175	82	875	36,8	34,0	31,6	29,4	27,7
225	500	68	158	74	788	30,9	28,3	26,2	24,1	22,7
200	500	60	140	66	700	25,4	23,0	21,1	19,4	18,1

Tabelle II.11: Abflussvermögen von rechteckigen, innenliegenden Rinnen, Rinnenbreite = 600 mm

rechteckig						Abflussvermögen QL in l/s				
Z	S	Frei-bord	W	h	Aw	Länge der Rinne in m				
						20	30	40	50	60
mm	mm	mm	mm	mm	cm²	l/s	l/s	l/s	l/s	l/s
600	600	75	525	247	3.150	253,1	247,7	241,2	235,0	229,5
550	600	75	475	223	2.850	217,5	211,6	205,3	199,7	194,0
500	600	75	425	200	2.550	184,3	177,5	171,7	166,4	161,1
450	600	75	375	176	2.250	150,6	145,0	140,0	141,0	130,6
400	600	75	325	153	1.950	120,0	114,9	110,3	106,0	101,6
350	600	75	275	129	1.650	92,0	87,5	83,4	79,5	75,7
300	600	75	225	106	1.350	66,5	65,5	59,3	55,8	52,7
250	600	75	175	82	1.050	44,1	40,8	38,1	35,3	33,3
200	600	60	140	66	840	30,3	27,5	25,3	23,2	21,6

Tabelle II.12: Abflussvermögen von rechteckigen, innenliegenden Rinnen, Rinnenbreite = 700 mm

rechteckig						Abflussvermögen QL in l/s				
Z	S	Frei-bord	W	h	Aw	Länge der Rinne in m				
						20	30	40	50	60
mm	mm	mm	mm	mm	cm²	l/s	l/s	l/s	l/s	l/s
700	700	75	62	294	4.375	383,3	383,3	372,9	364,5	357,0
600	700	75	525	247	3.675	294,5	289,1	282,0	275,0	268,1
500	700	75	425	200	2.975	215,3	206,8	201,0	194,3	188,3
450	700	75	375	176	2.625	175,5	169,2	163,3	157,6	152,3
400	700	75	325	153	2.275	140,2	134,2	129,2	124,0	119,0
350	700	75	275	129	1.925	107,5	102,1	97,7	93,0	88,8
300	700	75	225	106	1.575	77,9	73,2	69,2	65,1	61,7
250	700	75	175	82	1.225	51,7	47,8	44,5	41,4	38,8
200	700	60	140	66	980	35,7	32,5	29,8	27,3	25,4

Tabelle II.13: Abflussvermögen von rechteckigen, innenliegenden Rinnen, Rinnenbreite = 800 mm

rechteckig						Abflussvermögen QL in l/s				
Z	S	Frei-bord	W	h	Aw	Länge der Rinne in m				
						20	30	40	50	60
mm	mm	mm	mm	mm	cm²	l/s	l/s	l/s	l/s	l/s
800	800	75	725	341	5.800	547,0	547,2	537,9	527,9	518,5
700	800	75	625	294	5.000	438,3	438,2	425,3	416,0	407,2
600	800	75	525	247	4.200	337,6	330,5	322,2	314,1	306,1
500	800	75	425	200	3.400	246,0	236,6	228,5	222,3	215,1
400	800	75	325	153	2.600	160,2	153,4	147,4	141,6	135,9
350	800	75	275	129	2.200	122,8	116,8	111,0	106,4	101,4
300	800	75	225	106	1.800	89,3	83,8	78,7	74,5	70,5
250	800	75	175	82	1.400	59,1	54,7	50,7	47,2	44,1
200	800	60	140	66	1.120	40,8	37,1	33,7	31,1	28,7

Tabelle II.14: Abflussvermögen von rechteckigen, innenliegenden Rinnen, Rinnenbreite = 1.000 mm

rechteckig						Abflussvermögen QL in l/s				
Z	S	Frei-bord	W	h	Aw	Länge der Rinne in m				
						20	30	40	50	60
mm	mm	mm	mm	mm	cm²	l/s	l/s	l/s	l/s	l/s
600	1.000	75	525	247	5.250	421,6	413,5	403,3	392,2	382,1
550	1.000	75	475	223	4.750	363,0	352,9	342,9	333,1	323,5
500	1.000	75	425	200	4.250	307,2	295,9	286,2	277,0	268,8
450	1.000	75	375	176	3.750	250,9	242,3	234,0	225,0	217,0
400	1.000	75	325	153	3.250	200,9	192,1	183,9	176,9	169,5
350	1.000	75	275	129	2.750	153,8	146,1	139,3	132,7	126,5
300	1.000	75	225	106	2.250	111,1	105,0	98,8	92,8	88,1
250	1.000	75	175	82	1.750	73,7	68,7	63,3	59,0	55,2
200	1.000	60	140	66	1.400	51,0	46,2	42,3	38,9	36,2

Tabelle II.15: Abflussvermögen/Regenwasserabfluss von senkrechten Regenwasserfallleitungen nach DIN EN 12056-3

DN Regen-wasserfallleitung	**Abflussvermögen/ Regenwasserabfluss Füllungsgrad f = 0,33**	**DN Regen-wasserfallleitung**	**Abflussvermögen/ Regenwasserabfluss Füllungsgrad f = 0,33**
70	4,1	110	13,8
75	5,0	120	17,4
80	5,9	130	21,6
85	6,9	140	26,3
90	8,1	150	31,6
95	9,3	160	37,5
100	10,7	170	44,1

Tabelle II.16: Sicherheitsfaktor in Abhängigkeit vom Gebäude nach DIN EN 12056-3

Situation	Sicherheitsfaktor
vorgehängte Dachrinnen	1,0
vorgehängte Dachrinnen, bei denen überfließendes Wasser unangenehme Folgen hat, z.B. über Eingängen von öffentlichen Gebäuden	1,5
innenliegende Dachrinnen und überall dort, wo ungewöhnlich starker Regen oder Verstopfungen in der Dachentwässerungsanlage Wasser in das Gebäude eindringen lässt	2,0
innenliegende Dachrinnen in Gebäuden, für die ein außergewöhnliches Maß an Schutz notwendig ist, z.B.: – Krankenhäuser/Theater – sensible Kommunikationseinrichtungen – Lagerräume für Substanzen, die durch Nässe toxische oder entflammbare Gase abgeben – Gebäude, in denen besondere Kunstwerke aufbewahrt werden	3,0

Tabelle II.17: Spitzenabflussbeiwerte C_s zur Ermittlung des Regenwasserabflusses nach DIN 1986-100

Art der Flächen	Material bzw. Flächentyp	C_s
Steildach/Schrägdach	Metall, Glas, Schiefer, Faserzement, Ziegel, Abdichtungsbahnen	1,0
Flachdach ≤ 3° bzw. ca. 5 %	Abdichtungsbahnen, Metall, Glas, Faserzement	1,0
	Kiesschüttung	0,8
Begrünte Dachflächen	Extensivbegrünung (> 5°)	0,7
	Intensivbegrünung, ab 30 cm Aufbaudicke (≤ 5°)	0,2
	Extensivbegrünung, ab 10 cm Aufbaudicke (≤ 5°)	0,4
	Extensivbegrünung, unter 10 cm Aufbaudicke (≤ 5°)	0,5
Verkehrsflächen (Straßen, Plätze, Zufahrten, Wege)	Betonflächen, Schwarzdecken (Asphalt)	1,0
	Befestigte Flächen mit Fugendichtung, z.B. Pflaster mit Fugenverguss	1,0
Rampen mit Neigung zum Gebäude	Ausführung unerheblich	1,0
Teildurchlässige und schwach ableitende Flächen, z.B. Verkehrsflächen (Straßen, Plätze, Zufahrten, Wege)	Betonsteinpflaster, in Sand oder Schlacke verlegt, Flächen mit Platten	0,9
	Pflasterflächen, mit Fugenanteil > 15 %, z.B. 10 cm × 10 cm und kleiner oder fester Kiesbelag	0,7
	wassergebundene Flächen	0,9
	lockerer Kiesbelag, Schotterrasen, z.B. Kinderspielplätze	0,3
	Verbundsteine mit Sickerfugen, Sicker-/Drainsteine	0,4
	Rasengittersteine (mit häufigen Verkehrsbelastungen, z.B. Parkplatz)	0,4
	Rasengittersteine (ohne häufige Verkehrsbelastungen, z.B. Feuerwehrzufahrt)	0,2
Sportflächen mit Dränung	Kunststoff-Flächen, Kunststoffrasen	0,6
	Tennenflächen	0,3
	Rasenflächen	0,2

Spitzenabflussbeiwert C_s für die Berechnung der abflusswirksamen Fläche zur Bemessung der Dachentwässerung und Grundleitungen.

Bei Änderung der Art der Fläche ist der Spitzenabflussbeiwert C_s zu bewerten (z.B. Entfernen einer Kiesschicht oder Dachbegrünung).

Tabelle II.18: Abflussvermögen von Entwässerungsleitungen bei einem Füllungsgrad f = h/di = 0,7 nach DIN 1986-100

Gefälle (in %)	DN 80 di 75 mm	DN 100 di 96 mm	DN 125 di 113 mm	DN 150 di 146 mm
J	Q	Q	Q	Q
cm/m	l/s	l/s	l/s	l/s
0,2	-	-	-	5,7
0,3	-	-	3,5	7,0
0,4	-	2,6	4,1	8,1
0,5	1,5	2,9	4,6	9,0
0,6	1,7	3,2	5,0	9,9
0,7	1,8	3,5	5,4	10,7
0,8	1,9	3,7	5,8	11,5
0,9	2,1	4,0	6,1	12,2
1,0	2,2	4,2	6,5	12,8
1,1	2,3	4,4	6,8	13,5
1,2	2,4	4,6	7,1	14,1
1,3	2,5	4,8	7,4	14,6
1,4	2,6	5,0	7,7	15,2
1,5	2,7	5,1	7,9	15,7
2,0	3,1	5,9	9,2	18,2
2,5	3,4	6,7	10,3	20,3
3,0	3,8	7,3	11,3	22,3
3,5	4,1	7,9	12,2	24,1
4,0	4,4	8,4	13,0	25,8
4,5	4,6	8,9	13,8	27,3
5,0	4,9	9,4	14,6	28,8

Tabelle II.19: Abflussvermögen rechteckiger Notüberläufe

Breite	Abflussvermögen Q_{Not} in l/s											
	Überlaufhöhe h in mm											
	40	50	60	70	80	90	100	110	120	130	140	150
mm	l/s	l/s	l/s	l/s	l/s	l/s	l/s	l/s	l/s	l/s	l/s	l/s
50	0,5	0,7	1,0	1,2	1,5	1,8	2,1	2,4	2,7	3,1	3,5	3,8
100	1,1	1,5	1,9	2,4	3,0	3,6	4,2	4,8	5,5	6,2	6,9	7,7
150	1,6	2,2	2,9	3,7	4,5	5,3	6,3	7,2	8,2	9,3	10,4	11,5
200	2,1	2,9	3,9	4,9	6,0	7,1	8,3	9,6	11,0	12,4	13,8	15,3
250	2,6	3,7	4,8	6,1	7,5	8,9	10,4	12,0	13,7	15,4	17,3	19,1
300	3,2	4,4	5,8	7,3	8,9	10,7	12,5	14,4	16,4	18,5	20,7	23,0
350	3,7	5,2	6,8	8,5	10,4	12,5	14,6	16,8	19,2	21,6	24,2	26,8
400	4,2	5,9	7,7	9,8	11,9	14,2	16,7	19,2	21,9	24,7	27,6	30,6
450	4,7	6,6	8,7	11,0	13,4	16,0	18,8	21,6	24,6	27,8	31,1	34,4
500	5,3	7,4	9,7	12,2	14,9	17,8	20,8	24,0	27,4	30,9	34,5	38,3

Die Ablaufleistung wird maßgeblich durch die Höhe der Öffnung, weniger durch deren Breite beeinflusst.

Tabelle II.20: Mindestabflusswerte für Dachabläufe nach DIN EN 1253-2

DN des Einsteckendes am Dach	Mindestabflusswert in l/s	Erforderliche Stauhöhe h in mm
70	1,7	35
75	2,6	
80	2,6	
90	3,0	
100	4,5	
110	4,5	
125	7,0	45
150	8,1	

Deutsches Dachdeckerhandwerk
– Regelwerk –

Produktdatenblatt Schiefer

Maße, Anforderungen, Prüfungen

Aufgestellt und herausgegeben vom

Zentralverband des Deutschen Dachdeckerhandwerks – Fachverband Dach-, Wand- und Abdichtungstechnik – e.V.

Ausgabe 01.02.2016 (mit Änderungen Dezember 2016)

Rudolf Müller

Vorgänger:

Produktdatenblätter in Regeln für Deckungen mit Schiefer,	
Teil 1 Dachdeckungen mit Schiefer	Oktober 1994
Teil 2 Außenwandbekleidungen mit Schiefer	Juli 1995
Produktdatenblatt für Schiefer Maße, Anforderungen, Prüfungen	September 1999
Produktdatenblatt für Schiefer Maße, Anforderungen, Prüfungen	September 2006

Inhaltsverzeichnis

1 Geltungsbereich

Produktdatenblätter des deutschen Dachdeckerhandwerks legen Anforderungen an die Produkte dergestalt fest, dass die Anwendung der Produkte im Sinne der Fachregeln des deutschen Dachdeckerhandwerks möglich ist.

Dieses Produktdatenblatt gilt für das Naturprodukt Schiefer in allen natürlich vorkommenden Farben.

2 Begriffe

Gesteine, die sich für die Verwendung als Dach- und Wandschiefer eignen, zeichnen sich durch ein extrem straffes Parallelgefüge aus, das sich ebenflächig, dünn und leicht spalten lässt. Sie sind aus tonigen Sedimentgesteinen hervorgegangen und gehören gesteinskundlich in einen Bereich, der an der Grenze zwischen Sediment und metamorphem Gestein beginnt und bei den schwach metamorphen Phylliten endet. Glimmer- und z. T. auch Chloritminerale (d. h. Schichtsilikate) sind die überwiegenden und wichtigsten Bestandteile. Schiefer müssen, damit sie technisch genutzt werden können, bestimmte gesteinskundliche Anforderungen (DIN EN 12326-1) an ihre Witterungsbeständigkeit erfüllen.

3 Anforderungen

3.1 Allgemeines

Schiefer müssen den Prüf- und Güteanforderungen der DIN EN 12326-1 "Schiefer und andere Natursteinprodukte für überlappende Dachdeckungen und Außenwandbekleidungen – Teil 1: Produktspezifikation" entsprechen.

Die Normen DIN EN 12326-1 und DIN EN 12326-2 gelten ausschließlich für hergestellte Neuprodukte vor dem Zeitpunkt des Inverkehrbringens. Für die Bewertung von verbauten Schiefern sind die dortigen Forderungen nicht übertragbar.

Ergänzend zu den Anforderungen der DIN EN 12326-1 werden zusätzliche Anforderungen an Schiefer für die Verlegung im Sinne der Fachregeln des deutschen Dachdeckerhandwerks gestellt. Mit Schieferplatten, die diese zusätzlichen Anforderungen erfüllen, und bei Einhaltung der " Fachregel für Dachdeckungen mit Schiefer " und der " Fachregel für Außenwandbekleidungen mit Schiefer " sind die Deckung von Dächern und die Bekleidung von Außenwänden in allen Klimazonen Deutschlands möglich.

3.2 Formen und Maße

3.2.1 Allgemeines

Die Formen und Maße sind in den Fachregeln für Dachdeckungen mit Schiefer und denen für Außenwandbekleidungen mit Schiefer genannt.

3.2.2 Lochung

Die Lochung der Decksteine erfolgt normalerweise von innen nach außen (Rückseite zur Ansichtsseite). Eine Unterscheidung der Lochung für die verschiedenartigsten Anwendungsbereiche (Dach, Wand) erfolgt normalerweise nicht. Für gewisse Deckungsarten werden Schiefer ungelocht geliefert. Dies gilt auch für Zubehör-Steine.

3.2.3 Maßtoleranzen

(1) Bei Schieferplatten, deren Form durch gleichmäßige Höhe oder gleichmäßige Breite gekennzeichnet ist, dürfen die tatsächlichen Maße nicht mehr als ± 5 mm von den Nennmaßen abweichen.
(2) Bei Schiefern mit rechtem Winkel darf die Winkligkeit des Schiefers nicht mehr als 1 % von der Länge des Schiefers abweichen.
(3) Die Abweichung von der Geradheit bei rechteckigen Schieferplatten mit einer Länge kleiner oder gleich 500 mm darf höchstens 5 mm betragen. Bei Schieferplatten mit einer Länge größer als 500 mm darf die Abweichung 1 % der Länge nicht überschreiten.

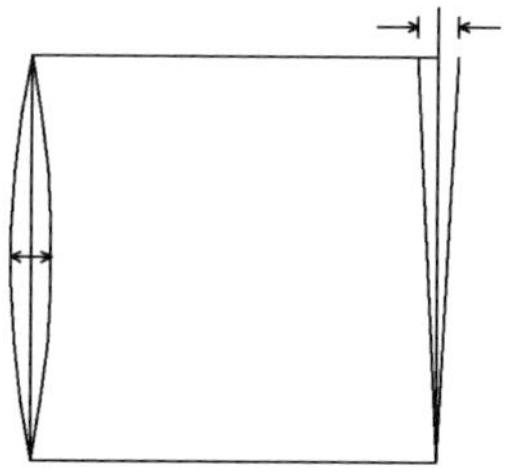

Abbildung 1

3.2.4 Vollkantigkeit

Rechtecke müssen nicht immer vollkantig sein, soweit dadurch die geforderten Überdeckungen hinsichtlich der Regensicherheit nicht beeinträchtigt werden (Schulterung).

3.2.5 Ebenheit

Rechteckige Schieferplatten müssen in Bezug auf die Ebenheit dem Schiefertyp "normal", "glatt" oder "sehr glatt" entsprechen. Bei Schiefergrößen über 400 mm Kantenlänge soll der Schiefer dem Schiefertyp "glatt" oder "sehr glatt" entsprechen.

3.3 Gesteinskundliche und chemische Zusammensetzung

Ergänzend zu den Anforderungen der DIN EN 12326-1 muss Schiefer für die Anwendung nach den Fachregeln des deutschen Dachdeckerhandwerks folgenden Anforderungen entsprechen:

- Die Schieferplatten sollten im Wesentlichen frei von offenen und quarzverheilten Feinklüften sein.
- Die Schieferplatten sollen frei von schädlichen Erzeinschlüssen sein.
- Der Gehalt an elementarem Kohlenstoff darf 2 Gewichts-Prozente nicht übersteigen.
- Der Gehalt an Kalk ($CaCO_3$) darf 20 Gewichts-Prozente nicht übersteigen.
- Der Schiefer soll eine Spaltbarkeit entlang einer tektonischen Schieferung und nicht ausschließlich entlang einer Schichtung aufweisen.

3.4 Dicke der Schieferplatten

Die Nenndicke von Dach- und Wandschiefer, die den in Deutschland üblichen Verlegetechniken und -traditionen und den dort vorherrschenden Klima- und Umweltbedingungen Rechnung trägt, beträgt mindestens 5 mm. Die Nenndicke ist mindestens 1 mm höher als die Mindesteinzeldicke. Bei größeren Schieferformaten können größere Nenndicken vorkommen.

Die Basiseinzeldicke (ebi) beträgt mindestens 4 mm.

Nur soweit sich bei Schiefern mit einer charakteristischen Biegefestigkeit von weniger als 40 MPa gemäß Ziffer 5.3 DIN EN 12326-1 aus der Berechnung nach Anhang B dieser Norm bei größeren Schieferformaten eine höhere Basisdicke ergibt, wird diese angewendet.

Gemäß Ziffer 5.2.3.3 bis 5.2.3.5 DIN EN 12326-1 ergibt sich eine Erhöhung der Basiseinzeldicke für Schiefer mit einem Kalkgehalt von über 5 % Masseanteil ($CaC0_3$) in Höhe von 5 % bei der Codierung S1 (Beständigkeit gegen Schwefeldioxid) und 10 % bei der Codierung S2. Hieraus ergibt sich die Mindesteinzeldicke (emi).

3.5 Dichte

Die Dichte soll 2,7 bis 2,8 g/cm³ betragen.

3.6 Wasseraufnahme und Wasserundurchlässigkeit

Schiefer sollen der Codierung W1 ($\leq$ 0,6 Gewichtsprozent) hinsichtlich der Anforderung an die Wasseraufnahme entsprechen. Solcher Schiefer ist Frost-Tau-Wechsel beständig.

3.7 Temperatur-Wechsel-Beständigkeit

Schiefer sollen der Codierung T1 nach DIN EN 12326-1 entsprechen. Schiefer mit der Codierung T3 sind für die Anwendung nach den Fachregeln des deutschen Dachdeckerhandwerks ungeeignet.

3.8 Biegefestigkeit

Schiefer mit einer Nenndicke entsprechend Absatz 3.4 ist ausreichend biegefest.

3.9 Brandverhalten

Schiefer entspricht der Baustoffklasse A1.

3.10 Säurebeständigkeit

Schieferplatten mit der Codierung S3 nach DIN EN 12326-1 sind für die Anwendung nach den Fachregeln des deutschen Dachdeckerhandwerks für Dach- und Wanddeckungen nicht geeignet.

3.11 Trennung nach der Herkunft

Um ein annähernd einheitliches Farbbild und eine gleiche Qualität zu erreichen, sind für die Deckung von Dach- und Wandflächen und sämtliche damit in Verbindung stehenden Details nur Schiefer aus einer Grube bzw. einem Bruch zu verwenden. Der Hersteller bzw. Lieferant hat daher eine konsequente Trennung vorzunehmen und die einzelnen Gewinnungsstätten (Grube bzw. Bruch) zusätzlich zur Anforderung der DIN EN 12326-1 auf den Paletten getrennt auszuweisen.

Auf Kundenwunsch kann durch den geplanten Einsatz unterschiedlicher Schiefer eine Flächengestaltung erreicht werden.

4 Bezeichnung bzw. Kennzeichnung

Auf den Paletten ist fest und deutlich lesbar die sich aus der DIN EN 12326-1 ergebende Bezeichnung auszuweisen (siehe Tabelle 1).

5 Prüfung

Prüfungen sind nach den in DIN EN 12326-1 bzw. DIN EN 12326-2 genannten Prüfkriterien durchzuführen.

6 Güteüberwachung

Das Einhalten der in Abschnitt 3 genannten Anforderungen ist durch eine regelmäßige werkseigene Produktionskontrolle (WPK, Eigenüberwachung) zu gewährleisten.

Im Rahmen der WPK sind alternative Prüfverfahren zur Ermittlung der in Tabelle 7 in DIN EN 12326-1 genannten Merkmale zulässig, wenn die Korrelation zu den genormten Größen und Verfahren mit ausreichender Genauigkeit nachgewiesen und dokumentiert wurde bzw. die Erreichung der geforderten Mindestwerte mit ausreichender Sicherheit möglich ist.

Ergänzend zu den Anforderungen der DIN EN 12326-1 wird eine Wiederholung der Erstprüfung in regelmäßigen Abständen empfohlen. Ein geeigneter zeitlicher Abstand könnte z.B. 5 Jahre betragen. Diese Fremdüberwachung sollte, durch eine anerkannte Prüf- und Überwachungs- und Zertifizierungsstelle (PÜZ-Stelle) erfolgen.

7 Sonstiges

Zur fachgerechten Verlegung der Schiefer gehört auch das Prüfen (visuell, Klangprobe und dergleichen) der Steine durch den Verarbeiter vor Einbau.

Tabelle 1: CE-Kennzeichnung von Schiefer (Beispiel)

<table>
<tr><td colspan="2">CE</td><td colspan="3">Dach- und Außenwandschiefer
nach DIN EN 12326-1</td></tr>
<tr><td colspan="5">Beliebige Co Ltd, PO 21, D-10000...</td></tr>
<tr><td colspan="5">Gewinnungsstätte irgendwo</td></tr>
<tr><td colspan="5">Konform mit DIN EN 12326-1:2014, Produktdatenblatt, Zertifikat Nr./Datum: ..../..............</td></tr>
<tr><td colspan="5">Nennung des Modells/ Formates auf der Palette</td></tr>
<tr><td rowspan="5">Dauerhaftigkeit</td><td colspan="3">Carbonatgehalt</td><td>%</td></tr>
<tr><td colspan="3">Wasseraufnahme, Frost-Tau-Wechsel-Beständigkeit</td><td>W-Code-Nr.</td></tr>
<tr><td colspan="3">Temperatur-Wechsel-Beständigkeit</td><td>T-Code-Nr.</td></tr>
<tr><td colspan="3">Beständigkeit gegen Schwefeldioxid</td><td>S-Code-Nr.</td></tr>
<tr><td colspan="3">Gehalt an nicht-carbonatgebundenem Kohlenstoff</td><td>... %</td></tr>
<tr><td>Mechanische Festigkeit</td><td>Charakteristische Biegefestigkeit :</td><td>Längs/Quer
... /... MPa</td><td>Nenndicke: ....</td><td>Typ Ebenheit
.....................</td></tr>
</table>

Deutsches Dachdeckerhandwerk
– Regelwerk –

Produktdatenblatt für Dachziegel

Aufgestellt und herausgegeben vom

Zentralverband des Deutschen Dachdeckerhandwerks – Fachverband Dach-, Wand- und Abdichtungstechnik – e.V.

Ausgabe April 2020

RM Rudolf Müller

Vorgänger

Produktdatenblatt für Dachziegel September 2000

Inhaltsverzeichnis

1 Geltungsbereich

Dieses Produktdatenblatt gilt für Dachziegel (Flächenziegel) und Formziegel (Zubehörziegel).

2 Begriffe

(1) Dachziegel

Dachziegel sind flächige oder profilierte grobkeramische Deckelemente in individuellen Abmessungen für Dachdeckungen und Außenwandbekleidungen.

Dachziegel sind witterungsbeständig und resistent gegen UV-Strahlung und Säuren aus üblichen Umwelteinflüssen.

Dachziegel gemäß diesem Produktdatenblatt erfüllen die baurechtlichen Anforderungen zum äußeren Brandschutz „Harte Bedachung".

Dachziegel werden mit einfachen oder mehrfachen Kopf-, Fuß- und Seitenfalzen oder auch ohne Falze hergestellt.

(2) Kleinformatige Dach- und Fassadenelemente

Dach- und Formziegel nach DIN EN 1304[1] gelten als kleinformatige Deckelemente, sofern sie nach allgemein anerkannten Regeln der Technik befestigt werden und folgende Merkmale aufweisen, nach dem Einsatzbereich:

Dach- und Formziegel für Dachdeckungen:

- Dachziegel mit einer Fläche ≤ 0,4 m² und einem Eigengewicht ≤ 7 kg/Stück,
- Formziegel mit einer Fläche ≤ 0,4 m² und einem Eigengewicht ≤ 13 kg/Stück.

Fassadenelemente für Außenwandbekleidungen:

- Dach- und Formziegel mit einer Fläche ≤ 0,4 m² und einem Eigengewicht ≤ 5 kg/Stück.

(3) Merkmale

Die Merkmale der Dachziegel bestimmen die Dachziegelarten und damit den Einsatzbereich insbesondere die Zuordnung zu Regeldachneigungen gemäß Abschnitt 2.2.2 der "Fachregel für Dachdeckungen mit Dachziegeln und Dachsteinen".

Merkmale von Dachziegeln sind:

- Mulde

  Der wasserführende Bereich zur Ableitung des Niederschlagswassers.
- Krempe

  Der aufliegende / obere Teil der Seitenüberdeckung.
- Rippe

  Aufkantung oder Steg, auch mit besonderer Ausprägung.
- Nut

  Vertiefung zwischen 2 Rippen oder einer Rippe und einer Stufe.
- Falz

  Nut mit 2 flankierenden Rippen bzw. eine Nut zwischen einer Rippe und einer Stufe.
- Wasserfalz

  Ein nach oben gerichteter Falz in der Höhen- oder Seitenüberdeckung, Kopf- und Seitenfalz
- Deckfalz

  Ein nach unten gerichteter Falz in der Höhen- und Seitenüberdeckung.
- Verfalzung

  Kombination aus Wasser- und Deckfalz bei der Eindeckung. Die Verfalzung bei den Pressdachziegeln ergibt sich beim Eindecken durch die Wasserfalze bzw. Deckfalze (eingreifender Deckfalz).
- Ringfalz

  Der Ringfalz kann durchgehend oder unterbrochen sein. Beim unterbrochenen Ringfalz erfolgt die Entwässerung direkt in die wasserführende Ebene.

[1] DIN EN 1304 Dachziegel und Formziegel – Begriffe und Produktanforderungen

- Vier-Ziegel-Eck mit Vierfachüberdeckung

  Das Vier-Ziegel-Eck ist der Bereich des Kreuzungspunktes von vier benachbarten Dachziegeln innerhalb der Deckung. Bei dieser traditionellen Deckungsart, insbesondere bei Falzziegeldeckungen, liegen 4 Dachziegel übereinander (siehe Prinzip A in Abbildung 1 und 2).
- Vier-Ziegel-Eck mit Dreifachüberdeckung

  Bei der Vorschnittdeckung im Hohlpfannendach und einigen Falzziegeldeckungen liegen 3 Dachziegel übereinander (siehe Prinzip B in Abbildung 1 und 3).
- Bei Falzziegeln mit variabler Höhenüberdeckung sind abhängig von der Höhenüberdeckung Ausbildungen des Vier-Ziegel-Ecks mit Vierfach- und/oder Dreifachüberdeckung möglich.

Abb 1: Schematische Darstellung Vier-Ziegel-Eck

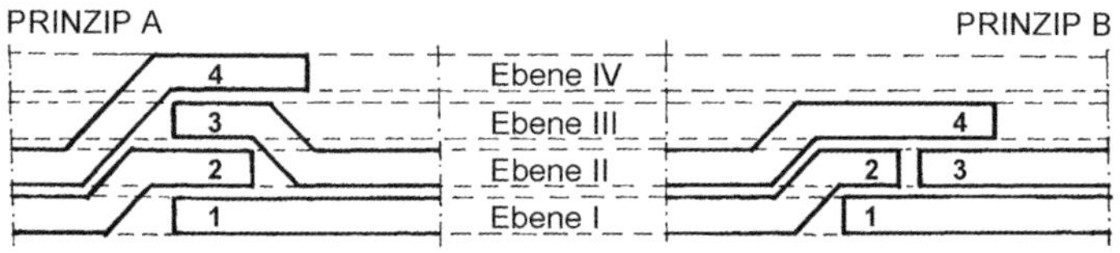

Abb. 2: Vier-Ziegel-Eck bei Falzziegeln mit Vierfachüberdeckung

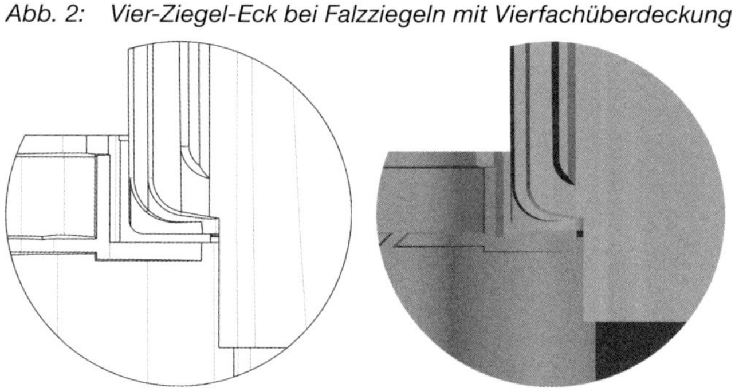

Abb. 3: Vier-Ziegel-Eck bei Falzziegeln mit Dreifachüberdeckung

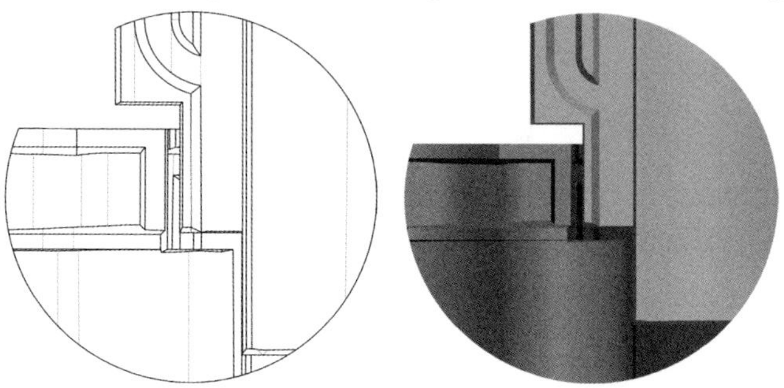

(4) Besondere Merkmale

Zusätzlich können besondere Merkmale die Regensicherheit positiv beeinflussen. Diese sind insbesondere:

- tiefer liegende, muldenförmige Ausbildung der wasserführenden Ebene,
- besondere Ausprägung der Rippen und Wasserführung in den Falzen,
- Rückführung des Restwassers aus den Falzen in die Mulde des gleichen Dachziegels,
- Führung des Restwassers aus dem Seitenfalz in die wasserführende Ebene eines darunterliegenden Dachziegels,
- hoch liegender Seitenfalz,
- Eignung für Verbanddeckung.

(5) Regeldachneigung

Dachziegel sind vom Hersteller gemäß der Tabelle 2.1 Regeldachneigung in der "Fachregel für Dachdeckungen mit Dachziegeln und Dachsteinen" einer Regeldachneigung zuzuordnen.

Die Regeldachneigungen sind die Dachneigungsgrenzen, bei der sich Dachdeckungen aus Dachziegeln als regensicher bewährt haben.

Dachziegelarten

Die Zuordnung der Dachziegelarten zu den Regeldachneigungen ist gemäß Tabelle 2.1 der "Fachregel für Dachdeckungen mit Dachziegeln und Dachsteinen" vorzunehmen.

Dachziegelarten sind:

Dachziegel mit Falzen

- Dachziegel mit Ringfalz,

  z.B. Flachdachziegel, romanische Ziegel (mit besonderen Merkmalen) und Hohlfalzziegel (mit besonderen Merkmalen)

Abb. 4: Dachziegel mit Ringfalz

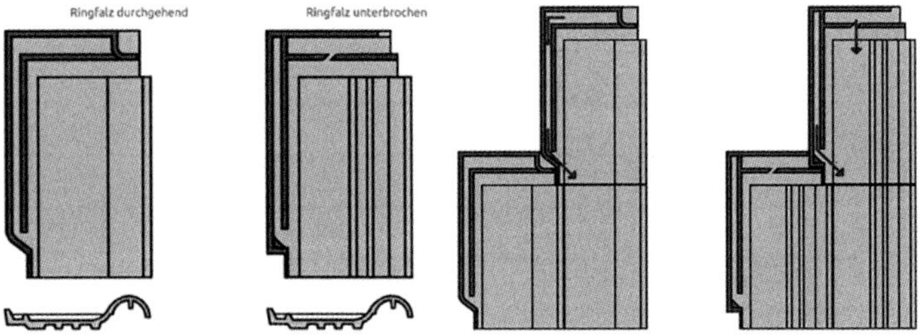

- Dachziegel mit Kopffalz oder Kopfrippe und Fußrippe und Seitenfalz (geeignet für Seitenverfalzung),

  z.B. Doppelmuldenfalzziegel und Glattziegel für die Deckung im Verband geeignet, Doppelmuldenfalzziegel, Reformziegel und Verschiebeziegel mit besonderen Merkmalen für die Deckung in Reihe geeignet.

Abb. 5: Deckung im Verband

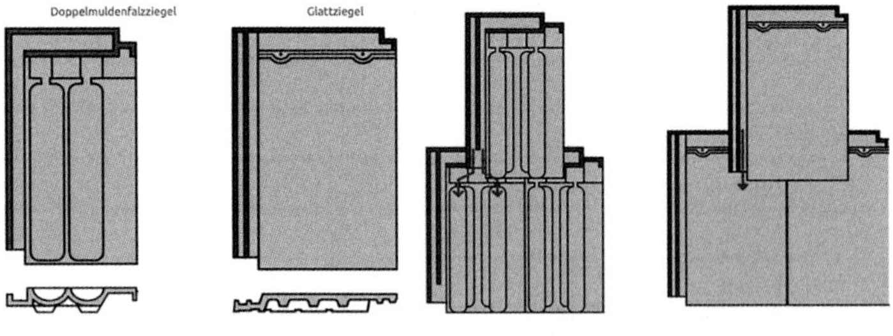

Abb. 6: Deckung in Reihe

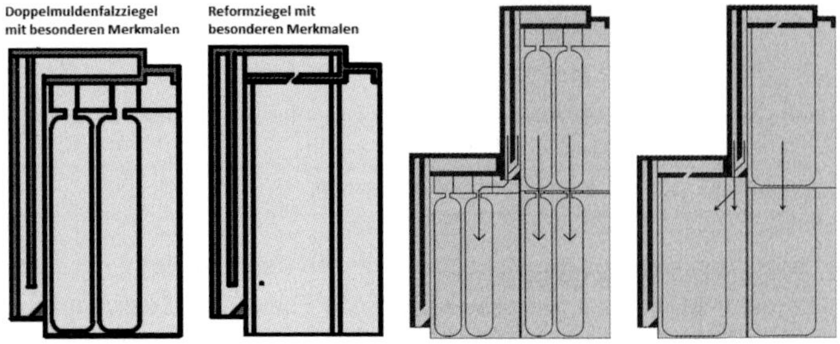

- Dachziegel mit Kopffalz oder Kopfrippe und Fußrippe und Seitenfalz,

  z.B. Doppelmuldenfalzziegel, Reformziegel, Verschiebeziegel, Glattziegel mit besonderen Merkmalen

Abb. 7: Deckung in Reihe

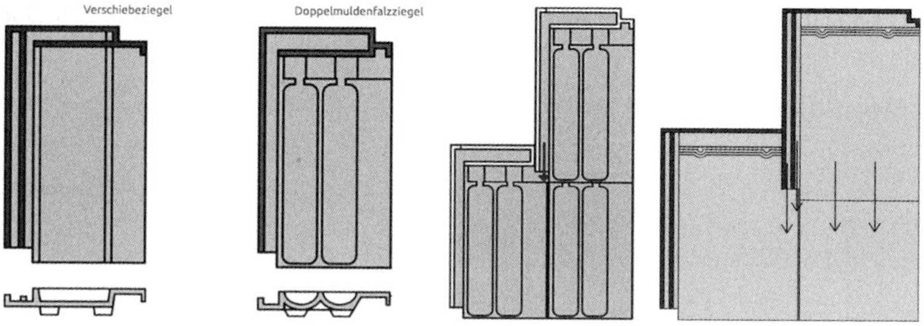

- Dachziegel mit seitlich eingreifender Überdeckung, z.B. ebene Strangfalzziegel, Strangfalzbiber (Falzbiber)

Abb. 8: Strangfalzbiber

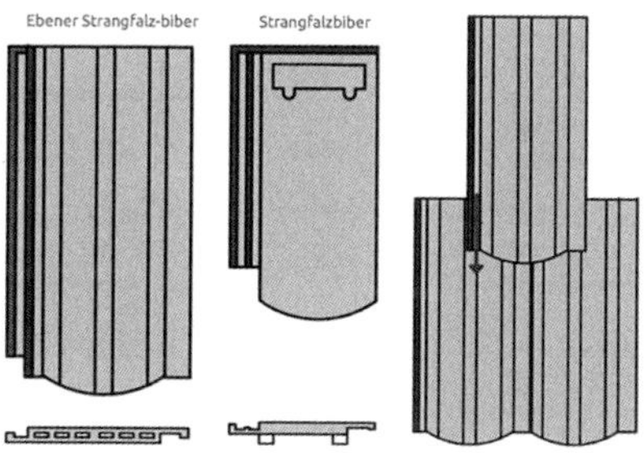

Gewölbte Dachziegel ohne Falz

- Dachziegel mit Aufkantung (geeignet für seitlich übergreifende Überdeckung), z.B. Krempziegel

Abb. 9: Linkskremper

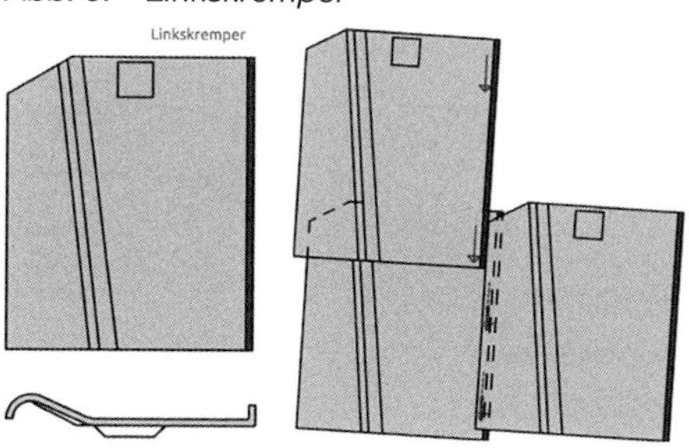

- Gewölbte Dachziegel ohne Falz und ohne Aufkantung, z.B. Hohlpfanne, Mönch- und Nonnenziegel

Abb. 10: Mönch- und Nonnenziegel

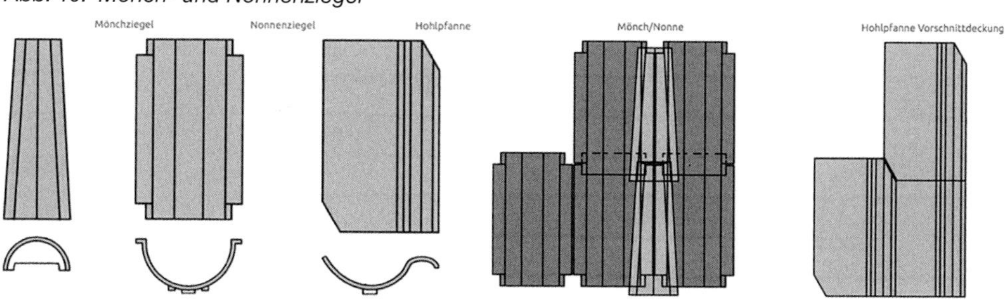

Dachziegel ohne Falz

- Ebene Dachziegel,
  z.B. Biberschwanzziegel

Abb. 11: Biberschwanzziegel

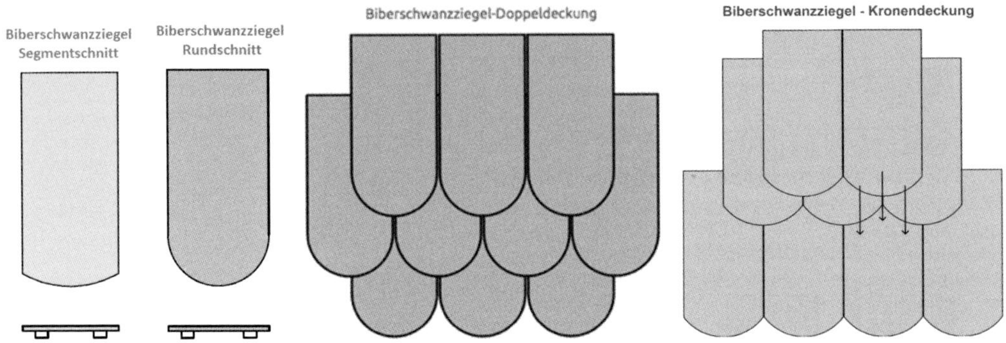

(6) Formziegel

Formziegel ergänzen Dachziegeldeckungen in Detailbereichen funktional und/oder optisch. z.B. Ortgangziegel, Firstziegel, Pultziegel, Durchgangsziegel.

Abb 12: Formziegel

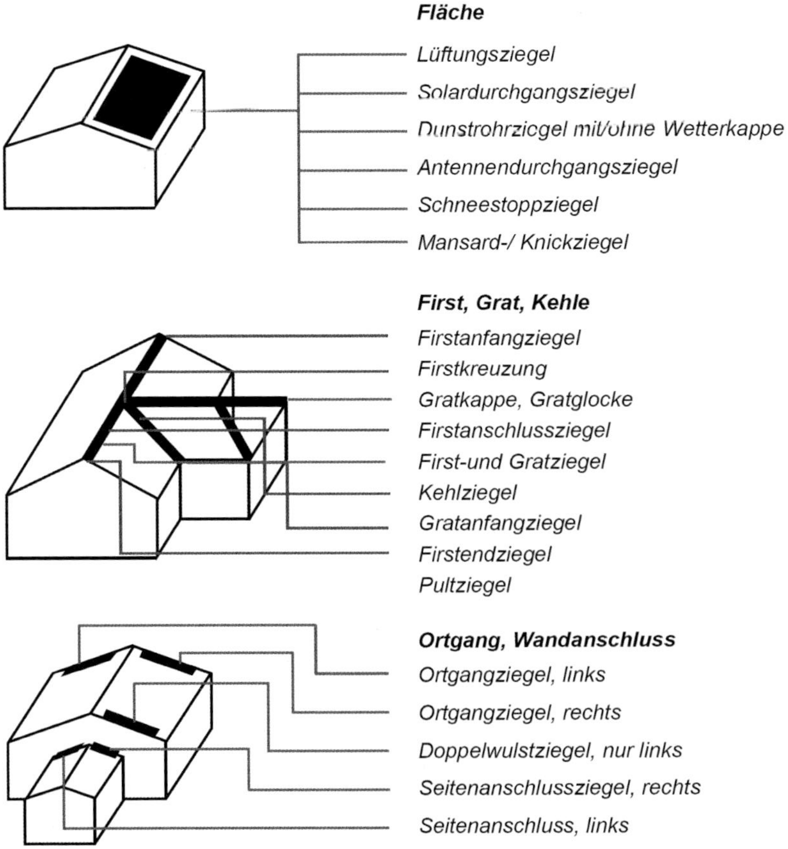

(7) Überdeckungen

Höhen- und/oder Seitenüberdeckungen werden durch die Dachziegelart – Dachziegel mit oder ohne Falz/Verfalzung – geprägt. Die Überdeckungen bei Dachziegeln mit Falzen sind durch die Falzausprägung definiert. Höhenüberdeckungen für Dachziegel ohne Kopffalz werden dachneigungs- und deckungsabhängig in den "Fachregel für Dachdeckungen mit Dachziegeln und Dachsteinen" definiert.

(8) Oberflächenbeurteilung

Die Beurteilung der Oberflächen mehrerer Dachziegel einer Zufallsstichprobe im Rahmen z.B. der Wareneingangskontrolle erfolgt mit bloßem Auge am einzelnen Dachziegel in einem Betrachtungsabstand von 30 – 40 cm. Alle aufgeführten Beschaffenheiten schränken die Gebrauchsfähigkeit des Dachziegels nicht ein, soweit die normativen Toleranzen nach DIN EN 1304 sowie die weiteren Toleranzen gemäß Tabelle 1 eingehalten sind.

Eine umfassende Beurteilung der optischen Qualität des gesamten Daches bzw. einer einzelnen Dachfläche, d.h. das Zusammenspiel von mehreren Elementen wie Farbspiel, Textur, Relief, Gesamtraster, Bezug zu Gebäudekanten, Dachaufbauten und Öffnungen erfordert die Einhaltung eines gebrauchsüblichen Betrachtungsabstandes (6 bis 10 m außerhalb der Dachfläche).

Zur Beurteilung von Oberflächen ist nachfolgende Tabelle zugrunde zu legen:

Tabelle 1: Oberflächenbeschaffenheiten

Oberflächen-beschaffenheit	zulässige Toleranzen
Haarrisse	Risse, welche nur die im Einbauzustand sichtbare Oberfläche bei engobierten und glasierten Dachziegeln betreffen und die Haftung von Engoben und Glasuren am Scherben nicht beeinträchtigen.
Blasen	Maximal eine örtliche, oberflächliche Erhebung des Werkstoffes, welche bei der Fertigung entstehen und einen mittleren Durchmesser bis 10 mm und eine Maximalhöhe von 2 mm auf der Ziegeloberseite aufweist.
Krater	Verlust an Werkstoff, oftmals wegen der Ausdehnung eines Kornes (z. B. aus Kalk oder Pyrit), mit einem mittleren Durchmesser bis 7 mm auf dem im Einbauzustand sichtbaren Bereich des Dachziegels. Die Kratertiefe darf 20 % der Scherbendicke nicht überschreiten.
Absplitterung	Ablösung eines Teils des Werkstoffes vom Scherben mit einem mittleren Durchmesser bis 7 mm auf dem im Einbauzustand sichtbaren Bereich des Dachziegels. Zu unterscheiden sind: – Eckabsplitterung: Absplitterung an einer Ecke des Ziegels. – Längssplitter: Splitter, welche entweder die Falzrillen oder andere reliefartige Bereiche des Dachziegels betreffen.
Farbdifferenzen	Im Einbauzustand sichtbare Farbunterschiede eines Dachziegels oder einer zusammenhängenden Fläche. In der Keramik und vor allem beim Dachziegel sind Farbkennungssysteme nur als Grundorientierung anwendbar. Farbharmonie und Farbwirkung können bei grobkeramischen Ziegeln nicht auf eine Farblinie vergleichbar einer normierten RAL-Farbe präzisiert werden. Bei einfarbigen Dachziegeln und naturbelassenen Dachziegeln sind auf der Sichtfläche nur Nuancen zulässig, welche sich aus dem keramischen Verfahren bei der Produktion einer Charge ergeben. Außer den vorab genannten Einflüssen dürfen beim Einzelziegel keine augenscheinlichen Farbdifferenzen auftreten. Farbunterschiede bei mehreren nebeneinanderliegenden Dachziegeln dürfen sich beim gebrauchsüblichen Betrachtungsabstand und bei der im Tagesverlauf üblichen Belichtung nicht störend auf den optischen Gesamteindruck auswirken.
Farbänderung während der Nutzungsdauer	Farbänderung durch Umwelteinflüsse oder aus dem Standort begründete physikalische und chemische Einflüsse. Umwelteinflüsse und chemische Einflüsse auf die Farbe sind nicht vorhersehbar.

Oberflächen-beschaffenheit	**zulässige Toleranzen**
Schleierbildung	Vorübergehende Erscheinungen auf der im Einbauzustand sichtbaren Oberfläche, die allmählich durch Niederschlag entfernt werden.
Kratzer, Reibe-spuren	Herstellungs- bzw. transportbedingte sowie verarbeitungsbedingte Kratzer und Reibespuren (sogenannte Druck- und Scheuerstellen).
Falten	Herstellungsbedingte, für Grobkeramik prozessbegründete Falten.
Kerbe	Spitz zulaufende bzw. keilförmige Einschnitte in Steg, Nut oder Aufkantung.
Oberflächenbe-schaffenheit	**nicht zulässig**
Sprung	Sichtbarer Riss durch die gesamte Dicke des Dachziegels.
Riss	Sichtbarer Riss auf der Oberfläche des Dachziegels; ausgeprägter als Haarrisse.

3 Herstellung

(1) Die Grundstoffe für die Dachziegelherstellung werden in Gruben abgebaut. In der Aufbereitung werden die Rohstoffkomponenten zerkleinert, dosiert, homogenisiert und gelagert.

(2) Dachziegel werden hinsichtlich ihres Herstellungsverfahrens unterschieden in Strangdachziegel und Pressdachziegel.

- Bei der Herstellung von Strangdachziegeln erfolgt die Formgebung der Dachziegel durch definierte Mundstücke (z.B. Biberschwanzziegel, Hohlpfannen).
- Für die Herstellung von Pressdachziegel werden die zunächst unter Vakuum extrudierten Batzen in Ziegelformen zu Dachziegeln verpresst (z.B. Flachdachziegel, Doppelmuldenfalzziegel).

(3) Das Trocknen der Rohlinge dient als Vorbereitung für den Brennvorgang. Zuvor können die Oberflächen der getrockneten Dachziegel mit Glasuren oder Engoben versehen werden.

(4) Die Ziegel werden anschließend gebrannt. Durch den Brand erhalten die Ziegel ihre typischen keramischen Eigenschaften.

(5) Nach dem Brennen werden die Dachziegel sortiert, für den Transport geeignet verpackt und dem Versand zur Verfügung gestellt.

4 Anforderungen

(1) Dachziegel gemäß der Anforderungen dieses Produktdatenblattes müssen bei Einhaltung der Regeldachneigung gemäß Tabelle 2.1 der "Fachregel für Dachdeckungen mit Dachziegeln und Dachsteinen" und Verlegung nach Fachregelwerk des ZVDH und Herstellervorschriften die Regensicherheit ohne Zusatzmaßnahmen sicherstellen können.

Die Dachziegel müssen mindestens der harmonisierten europäischen Produktnorm für Dachziegel DIN EN 1304 „Dach- und Formziegel – Begriffe und Produktspezifikationen“ nach Tabelle 2 und den weiteren Anforderungen dieses Produktdatenblattes entsprechen. Auch bei Ausnutzung der normativ zulässigen Toleranzen muss das vom Hersteller zugesagte Deckbild in einer durchdringungsfreien Fläche auf geeigneter Deckunterlage bei fachgerechter Verlegung erzielbar sein.

(2) Dach- und Formziegel müssen bei der Verlegung lagesicher auf der Unterkonstruktion und dem überdeckten Ziegel aufliegen können. Dies gilt auch bei Abweichungen innerhalb der normativen Toleranzen. Ausnahmen sind: Mönch-Nonnenziegel, Hohlpfanne und Hohlfalzziegel, diverse Formziegel.

Die Funktionalität der Deckung zur Regensicherheit darf nicht beeinträchtigt werden.

(3) Dachziegel müssen in ihrer Lastaufnahme so ausgelegt sein, dass auf fachregelgerechter Unterkonstruktion eine durch fachkundiges Personal betretbare Dachfläche hergestellt werden kann.

(4) Die Wasserundurchlässigkeit der Dachziegel im Nutzungszustand muss den Anforderungen zum Widerstand gegen Niederschlagsfeuchte und Dauerfeuchtebelastung entsprechen.

(5) Die Überdeckungsmaße von Verschiebeziegeln mit variablen Höhenüberdeckungen sind vom Hersteller zu benennen.

(6) Die Decklänge und Deckbreite für Dachziegel und Formziegel mit Kopf- oder/und Seitenfalz sind vom Hersteller zu benennen und die Dachziegel müssen mit diesen Deckmaßen eindeckbar sein.

Tabelle 2: Anforderungen an Dach- und Formziegel

<table>
<tr><th>Eigenschaften</th><th>Prüfverfahren</th><th colspan="2">Anforderungen nach DIN EN 1304</th></tr>
<tr><td rowspan="5">Struktur</td><td rowspan="5">DIN EN 1304
Sichtprüfung mit bloßem Auge in einem Sichtabstand von 30 bis 40 cm bei üblicher Arbeitsplatz-beleuchtung.</td><td colspan="2">Weder Fabrikationsfehler, die das gute Zusammenfügen der Ziegel untereinander beeinträchtigen noch Strukturfehler, wie in Abschnitt 3.5.17 der DIN EN 1304 definiert, dürfen an mehr als 5 von 100 Proben bei der Erstprüfung und bei der werkseigenen Produktionskontrolle festgestellt werden:</td></tr>
<tr><td colspan="2">Strukturfehler nach Abschnitt 3.5.17 sind:</td></tr>
<tr><td>Bruch:</td><td>Trennung des Dachziegels in 2 oder mehrere Bruchstücke</td></tr>
<tr><td>Sprung:</td><td>Sichtbarer Riss durch die gesamte Dicke des Dachziegels</td></tr>
<tr><td>Verlust einer Einhängenase:</td><td>bei Ziegeln, die nur eine Einhängenase besitzen</td></tr>
<tr><td>Geometrische Eigenschaften</td><td colspan="3">gemäß DIN EN 10242</td></tr>
<tr><td rowspan="3">Ebenheit/Flügeligkeit</td><td rowspan="3">Mittelwert, Ebenheitskoeffizient</td><td>Gesamtlänge Dach- oder Formziegel [mm]</td><td>Mittelwert Ebenheitskoeffizient [%]</td></tr>
<tr><td>> 300</td><td>≤ 1,5</td></tr>
<tr><td>≤ 300</td><td>≤ 2,0</td></tr>
<tr><td>Gleichförmigkeit Quer-profile (Mönch – und Nonnenziegel)</td><td>Messung der Ziegelbreite am engen und weiten Ende. Abweichungen zwischen kleinsten und größten gemeinsamen Werten am jeweiligen Ende.</td><td colspan="2">≤ 15 mm</td></tr>
<tr><td rowspan="3">Geradlinigkeit / Längsverkrümmung</td><td rowspan="3">Mittelwert der Geradlinigkeit in Längsrichtung</td><td>Gesamtlänge Dach- oder Formziegel [mm]</td><td>Geradlinigkeit Längsrichtung [%]</td></tr>
<tr><td>> 300</td><td>≤ 1,5</td></tr>
<tr><td>≤ 300</td><td>≤ 2,0</td></tr>
<tr><td rowspan="3">Geradlinigkeit / Querverkrümmung (Biberschwanzziegel)</td><td rowspan="3">Mittelwert der Geradlinigkeit in Querrichtung</td><td>Gesamtlänge Dach- oder Formziegel [mm]</td><td>Geradlinigkeit Querrichtung [%]</td></tr>
<tr><td>> 300</td><td>≤ 1,5</td></tr>
<tr><td>≤ 300</td><td>≤ 2,0</td></tr>
<tr><td rowspan="2">Einzelmaße (Länge / Breite)</td><td rowspan="2">Mittelwert</td><td>Abweichung von den Herstellerangaben</td><td>+/- 2,0 % *)</td></tr>
<tr><td colspan="2">*) Gilt nicht für die Breite von Mönch- und Nonnenziegel</td></tr>
</table>

[2] DIN EN 1024 Tondachziegel für überlappende Verlegung – Bestimmung der geometrischen Kennwerte

Eigenschaften	**Prüfverfahren**	**Anforderungen nach DIN EN 1304**
Deckmaße (Decklänge /-breite	Mittelwert	Abweichung von den Herstellerangaben: +/- 2,0 % **) **) Bei Falzziegeln mit variabler Decklänge muss die gemessene maximale gezogene Decklänge gleich oder größer als die vom Hersteller angegebene Decklänge sein.
Biegetragfähigkeit[1)]	**DIN EN 538**[3]	
	Bestimmung der Mindestlast für Dachziegel (ohne Bruch)	Flachziegel (Biberschwanzziegel): 600 N Falzziegel mit ebener Sichtfläche: 900 N Mönch- und Nonnenziegel: 1000 N alle übrigen Ziegelarten: 1200 N
Frostwiderstandsfähigkeit[2)]	**DIN EN 539-2**[4]	
		Nach 150 Frost-Tauwechseln darf keiner der geprüften Ziegel eine Beschädigung / Veränderung außerhalb der gemäß DIN EN 539-2:2013 akzeptierten Beschädigungen aufweisen.
Wasserundurchlässigkeit [2)]	**DIN EN 539-1**[5]	**DIN EN 1304**
	Prüfverfahren 2	Anforderungsstufe 1
	siehe Ziffer 4 (6)	Mittelwert Undurchlässigkeitskoeffizient: ≤ 0,8 Einzelwerte: ≤ 0,85
Verhalten bei Beanspruchung durch Feuer von außen	**DIN EN 1304**	**DIN EN 1304** B_{ROOF}[3)]
Brandverhalten	**DIN EN 13501-1**[6]	A1 [4)]

1) Anforderungen an die Biegetragfähigkeit gelten nicht für Formziegel.
2) Die verschiedenen aufgeführten physikalischen oder mechanischen Kennwerte sind voneinander unabhängig; so bedeutet beispielsweise eine bei einem Dachziegel gemessene hohe Wasserdurchlässigkeit nicht ohne weiteres, dass dieser eine geringe Frostbeständigkeit aufweist und umgekehrt.
3) 2000/553/EG Entscheidung der Kommission vom 6. 9. 2000 zur Durchführung der Richtlinie 89/106/EWG des Rates hinsichtlich des Verhaltens von Bedachungen bei einem Brand von außen, Amtsblatt der EG Nr. L 235/19 vom 19.9.2000, Seiten 19 – 22.
4) 1996/603/EG Entscheidung der Kommission vom 4. 10. 1996 zur Festlegung eines Verzeichnisses von Produkten, die in die Kategorien A1 „Kein Beitrag zum Brand" gemäß der Entscheidung 94/611/EG zur Durchführung von Artikel 20 der Richtlinie 89/106/EWG des Rates über Bauprodukte einzustufen sind, Amtsblatt der EG L 267 vom 19.10.1996, Seiten 23 – 26, in der berichtigten Fassung.

3 DIN EN 538 Tondachziegel für überlappende Verlegung – Prüfung der Biegetragfähigkeit
4 DIN EN 539-2 Dachziegel für überdeckende Verlegung – Bestimmung der physikalischen Eigenschaften: Prüfung der Frostwiderstandsfähigkeit
5 DIN EN 539-1 Dachziegel für überlappende Verlegung – Bestimmung der physikalischen Eigenschaften; Prüfung der Wasserundurchlässigkeit
6 DIN EN 13501-1 Klassifizierung von Bauprodukten und Bauarten zu ihrem Brandverhalten; Klassifizierung mit den Ergebnissen aus den Prüfungen zum Brandverhalten von Bauprodukten

5 Kennzeichnung

(1) Mindestens 50 % aller Dachziegel müssen mit einer unauslöschlichen und lesbaren Bezeichnung im Klartext oder codiert zur Identifikation der folgenden Angaben versehen sein:

- Hersteller und Werk (Werk auch als definierte Abkürzung),
- Produkt (auch als definierte Abkürzung/Produktbezeichnung)
- Herkunftsland (auch als definierte Abkürzung),
- Jahr und Monat der Herstellung (Klartext oder müssen aus einer Codierung in der Schreibweise (Jahr, Jahr und Monat, Monat) erkennbar sein)

(2) Die CE-Kennzeichnung und die Leistungserklärung sind den Begleitdokumenten einer Lieferung beizufügen. Der Hersteller hat auch die Möglichkeit, die Leistungserklärung auf einer Website bereitzustellen.

(3) Die Datenblätter (Herstellerangaben) zur Beschreibung des jeweiligen Produktes müssen außerdem dessen Maße, Deckmaße gemäß Abschnitt 4 (6) sowie Gewicht/Stück und/oder Gewicht pro m^2 bei einem angegebenen Bedarf je m^2 enthalten.

(4) Produktdatenblätter können unter der Domain (Website) des Herstellers eingesehen und runtergeladen werden.

6 Güteüberwachung

(1) Die Leistung des Produktes „Dach- und Formziegel“ wird durch die werkseigene Produktionskontrolle der Hersteller und freiwillig zusätzlich durch eine qualifizierte unabhängige Überwachungsstelle (z.B. Güteschutz Ziegel e.V.) geprüft und bewertet.

(2) Die Einhaltungen der Anforderungen gemäß DIN EN 1304 und die Übereinstimmung mit den vom Hersteller in der Leistungserklärung deklarierten Leistungen (Werten und Klassen) (einschließlich der (des) Verfahren(s) und der Kategorien) ist nachzuweisen durch:

- Bestimmung des Produkttyps durch eine Erstprüfung in Übereinstimmung mit Anhang A der DIN EN 1304; und
- werkseigene Produktionskontrolle (in Übereinstimmung mit Anhang A der DIN EN 1304) durch den Hersteller.

(3) Die werkseigene Produktionskontrolle umfasst die Einführung, Dokumentation und Aufrechterhaltung eines geeigneten Systems und erfolgt:

- durch regelmäßige Prüfung der Rohmaterialien und durch eine Kontrolle der
- Produktion oder
- als umfassende Prüfung der Endprodukte (unter Anwendung der Tabelle A.3)

Alternative Prüfverfahren können in der werkseigenen Produktionskontrolle verwendet werden, vorausgesetzt, es kann eine hinreichende statistische Korrelation mit den in der DIN EN 1304 festgelegten Prüfverfahren nachgewiesen werden.

ANMERKUNG 1: Die Anforderungen an die werkseigene Produktionskontrolle nach DIN EN 1304 können durch Anwendung statistischer Grundsätze (z. B. ISO 2859-1) erfüllt werden.

ANMERKUNG 2: Hersteller mit einem System der werkseigenen Produktionskontrolle, die mit den Anforderungen nach DIN EN ISO 9001[7] übereinstimmt und die Anforderungen der Norm DIN EN 1304 berücksichtigt, erfüllen in gleicher Weise die Anforderungen an die werkseigene Produktionskontrolle.

(4) Für die Anwendung von Dach- und Formziegel in Deutschland wird zusätzlich zu den Anforderungen der DIN EN 1304 eine freiwillige Fremdüberwachung als Erst- und Regelüberwachung in Übereinstimmung mit Anhang A der DIN EN 1304 durch eine qualifizierte, unabhängige Überwachungsstelle (z.B. Güteschutz Ziegel e.V.) durchgeführt.

(5) Bei der Erstüberwachung werden durch die Überwachungsstelle mit der Erstinspektion des Werks und der werkseigenen Produktionskontrolle die Rohstoffe, Produktions- und Qualitätssicherungsprozesse bewertet sowie eine Probenahme für die externe Erstprüfung zur Bewertung der Leistung jedes Dachziegelformates mit zugehörigen Formziegeln für jeden Produktionsstandort mit spezifischer Rohstoffmischungen und spezifischem Produktionsprozessen durchgeführt.

[7] DIN EN ISO 9001 Qualitätsmanagementsysteme – Anforderungen

(6) Die Regelüberwachung beinhaltet mindestens einmal pro Jahr die Kontrolle der werkseigenen Produktionskontrolle des Herstellers sowie eine Probenahme für die externe Prüfung des Dachziegelformats zur Bewertung der Beständigkeit der Leistung mit den zugehörigen Formziegeln durch eine qualifizierte, unabhängige Überwachungsstelle (z.B. Güteschutz Ziegel e.V.).

ANMERKUNG 3: Ein Hersteller darf eigene und von anderen erzielte Ergebnisse der Bestimmung des Produkttyps verwenden, um seine Leistungserklärung für ein nach dem vergleichbaren Design (z.B. Maße) und mit den vergleichbaren Ausgangsstoffen (Rohstoffen), vergleichbarem Herstellverfahren hergestelltes Produkt zu belegen.

(7) Durch eine qualifizierte, unabhängige Zertifizierungsstelle (Güteschutz Ziegel e.V.) erfolgt eine Bewertung der Kontrolle der werkseigenen Produktionskontrolle (z.B. durch ein WPK-Zertifikat) und das Ergebnis der externen Produktprüfung (z.B. durch „Original Dachziegel-Zertifikat“) sowie Vergleich mit den vom Hersteller deklarierten Leistungen.

7 Recycling

(1) Nachhaltigkeit

Der Dachziegel als nachhaltiges Bauprodukt zeichnet sich durch ein gutes Verhältnis der für die Herstellung des Bauproduktes benötigten Energie-, Wasser- und Rohstoffverbrauchs und der erwarteten Lebensdauer aus. Eine lange Nutzungsdauer bedeutet stets, dass natürliche Ressourcen für die Neuproduktion geschont werden.

(2) Wiederverwendung

Abgedeckte Dachziegel können nach Sichtprüfung wieder eingedeckt werden. Dabei ist aber zu beachten, dass die Restlebensdauer der wieder eingedeckten Dachziegel von der bisherigen Nutzung, den klimatischen Verhältnissen und von der fachgerechten Ab- und Wiedereindeckung abhängig ist.

(3) Sortenreiner Rückbau und Erfassung der Abfälle

Dachziegel (Abfallschlüssel 17 01 02) sind getrennt zu halten und einer Verwertung zuzuführen. Das heißt, vor dem Totalabriss der Gebäudestruktur oder im Zusammenhang mit der energetischen Sanierung des Dachaufbaus wird i.d.R. immer die Ziegeldeckung abgenommen und in einer gesonderten Mulde erfasst. Kaminmauerwerk ist aufgrund der Kontamination mit Rußschichten (PAK) immer strikt getrennt vom übrigen Bau- und Abbruchabfall zu entsorgen.

(4) Störstoffe und Fremdanhaftungen

Für die Verwertung als Kultursubstrat geeignet sind sowohl naturrote Dachziegel sowie Dachziegel mit inerten Beschichtungen wie Engoben und Glasuren gemäß der Produktnorm DIN EN 1304. Dachziegel mit nachträglich aufgebrachten Kunststoffbeschichtungen sind von der Verwertung als Kultursubstrat gemäß der Düngemittelverordnung ausgenommen. Der zulässige Anteil von Fremdanhaftungen (Mörtel) oder Störstoffen (Holz, Pappe oder Dachmetall) oder andere Annahmekriterien sind zuvor mit dem Recyclingunternehmen abzuklären.

(5) Verwertung

Der keramische Ziegelbruch wird in dafür spezialisierten und güteüberwachten Betrieben u.a. für die Herstellung von Gesteinskörnungen für den Wege- und Sportplatzbau, für die Herstellung von Kultursubstraten für Dachbegrünungen, Baum- und Pflanzsubstraten sowie im Garten- und Landschaftsbau aufbereitet. Eine Rückführung von Brennbruch oder gebrauchten Altdachziegeln zur Aufbereitung und Zumischung als Rohstoffersatz für die Neuproduktion ist i.d.R. aus Qualitätsgründen nicht möglich.

Deutsches Dachdeckerhandwerk
– Regelwerk –

Produktdatenblatt für Dachsteine

Aufgestellt und herausgegeben vom

Zentralverband des Deutschen Dachdeckerhandwerks – Fachverband Dach-, Wand- und Abdichtungstechnik – e.V.

Ausgabe September 2000

Rudolf Müller

Vorgänger:

keine

Inhaltsverzeichnis

1 Geltungsbereich

Dieses Produktdatenblatt gilt für Dachsteine und, soweit aufgeführt, sicherheitsrelevante Dachsystemteile.

2 Begriff

(1) Dachsteine werden in vielen unterschiedlichen Farben, Oberflächen und Formen hergestellt.

(2) Dachsteine werden im Allgemeinen durchgefärbt und oberflächenveredelt.

(3) Dachsteine werden i.d.R. in profilierter oder ebener Form mit Seitenverfalzung und Fußverrippung hergestellt.

(4) Sowohl die Seitenverfalzung, bestehend aus Deck- und Wasserfalz, als auch die Fußverrippung, die als aerodynamische Sperre wirkt, gewährleisten zusammen mit der Form und der Maßhaltigkeit die Regensicherheit.

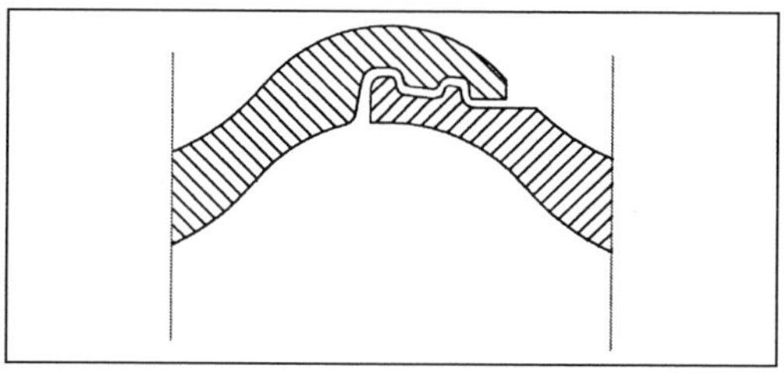

Abb. 1: Seitenverfalzung (Bsp.)

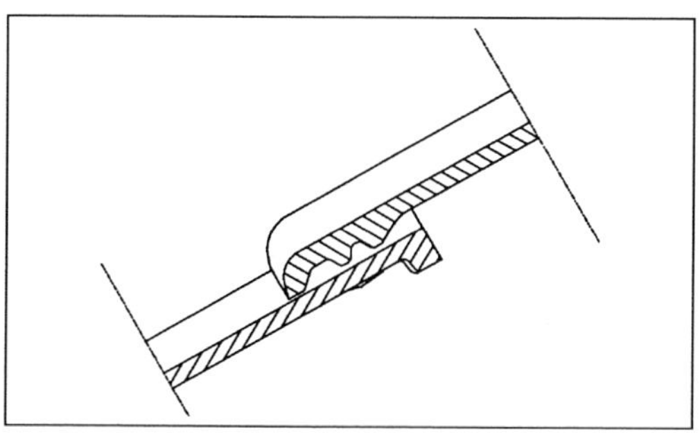

Abb. 2: Fußverrippung (Bsp.)

3 Herstellung

(1) Grundlage der Dachsteinproduktion sind Rohstoffe, die überwiegend und ausreichend in der Natur vorkommen.

(2) Zu rund 70 Gewichtsprozent bestehen Dachsteine aus Sand. Hinzu kommen als weitere wesentliche Bestandteile Zement, Zusatzstoffe, Wasser sowie Farbpigmente.

(3) Für die Farben der Dachsteine sorgen i.d.R. Eisenoxid-Pigmente, die beim Mischvorgang zugegeben werden und den gesamten Dachsteinkörper durchfärben.

(4) Die Dachsteine werden überwiegend im Strangpressverfahren hergestellt. Dieses Verfahren gewährleistet eine hohe Maßhaltigkeit der Produkte. Nach der Formgebung werden die Steine in Härtekammern unter Ausnutzung der beim Abbinden des Zements anfallenden Hydratationswärme gehärtet.

(5) Die Dachsteine werden überwiegend mit einer Oberflächenveredelung versehen.

(6) Dachsteine gibt es mit glatter und granulierter Oberfläche.

(7) Eine mehrfache Oberflächenveredelung ermöglicht eine farblich gleichmäßige Oberfläche.

(8) Unter dem Einfluss der Bewitterung können geringe Veränderungen von Farbe und Erscheinungsbild auftreten, die die Haltbarkeit des Dachsteines nicht beeinträchtigen.

Durch geringfügige Abplatzungen, Schrammen und Scheuerstellen wird die Gebrauchstauglichkeit nicht beeinträchtigt.

(9) Maßgebend ist der Gesamteindruck des Daches aus einem üblichen Betrachtungsabstand von mehr als 5 m.

(10) Die Herstellung von Dachsteinen erfolgt Ressourcen und Energie schonend. Soweit Frischsand eingesetzt wird, erfolgt der Sandabbau nach ökologischen Maßstäben und in Abstimmung mit den Behörden – einschließlich einer hochwertigen und naturnahen Rekultivierung. Durch die Rückführung ausgedienter Dachsteine in den Produktionskreislauf, auch nach jahrzehntelanger Funktionsfähigkeit, können wertvolle Ressourcen zusätzlich geschont werden.

(11) Lediglich der rund 20-prozentige Zementanteil muss gebrannt werden; aufgrund des ansonsten sehr geringen Energieaufwands im eigentlichen Herstellverfahren sind der Gesamtenergieverbrauch und die damit verbundenen Emissionen bei der Herstellung von Dachsteinen vergleichsweise gering.

4 Anforderungen

4.1 Allgemeines

(1) Dachsteine nach diesem Produktdatenblatt müssen den Prüf- und Güteanforderungen der „DINplus – Zertifizierungsprogramm – Dachsteine aus Beton nach DIN EN 490 und DIN EN 491" des DIN CERTCO entsprechen.

(2) Der Hersteller verfügt über ein zertifiziertes Qualitätsmanagementsystem nach DIN EN ISO 9001 oder DIN EN ISO 9002, das durch eine zugelassene Zertifizierungsstelle überwacht wird.

(3) Die hier gemachten Angaben beziehen sich auf in Deutschland übliche Dachsteinformate. Genauere Angaben finden sich im Zertifizierungsprogramm DINplus.

(4) Ein nach den Anforderungen dieses Produktdatenblattes und den entsprechenden Fachregeln mit Dachsteinen gedecktes Dach ist regensicher.

(5) Der Dachsteinkörper ist UV-beständig, bewitterungsstabil und wird im Allgemeinen zusätzlich mit einer Oberflächenveredelung versehen.

(6) Dachsteine sind nichtbrennbar und verzögern bzw. verhindern eine Brandübertragung auf das Innere von Gebäuden.

4.2 Hängelänge

(1) Die Hängelänge ist das Maß von Oberkante Traglatte, auf der der Dachstein liegt, bis zum unteren Dachsteinrand.

(2) Die Hängelänge ist nach DIN EN 490/491 zu bestimmen und vom Hersteller anzugeben.

4.3 Deckbreite

Die Deckbreite ist nach DIN EN 490/491 zu bestimmen und vom Hersteller anzugeben.

4.4 Ebenheit

In Erweiterung von DIN EN 490, Abschnitt 4.4, darf laut DINplus der Spalt zwischen den Berührungspunkten und der ebenen Bezugsfläche bei üblichen Dachsteinformaten nicht größer als 2 mm sein.

4.5 Wasserundurchlässigkeit

Bei der Prüfung der Wasserundurchlässigkeit nach DIN EN 490/491 darf es nach einer Prüfzeit von 20 Stunden nicht zum Tropfenabfall kommen.

4.6 Frostbeständigkeit

Dachsteine gelten erfahrungsgemäß als frostbeständig.

In Erweiterung von DIN EN 491, Abschnitt 4.7.4, sind die Dachsteine laut DINplus 100 Frost-Tau-Zyklen zu unterziehen. Dachsteine müssen danach die Anforderungen an die Tragfähigkeit und Wasserundurchlässigkeit erfüllen.

4.7 Tragfähigkeit

Bei Prüfung nach DIN EN 491, Abschnitt 4.5, dürfen in Erweiterung laut DINplus nachfolgende charakteristische Tragfähigkeiten nicht unterschritten werden.

Profilierte Dachsteine mit Seitenverfalzung	2.200 N
Ebene Dachsteine mit Seitenverfalzung	1.500 N

4.8 Hängenasen-Tragfähigkeit

Zusätzlich zu der nach DIN EN 490/491 vorgesehenen

Prüfung der Lagesicherheit sind die Hängenasen der Prüfung auf Tragfähigkeit nach DINplus zu unterziehen.

Der Mindestwert beträgt 1.000 N.

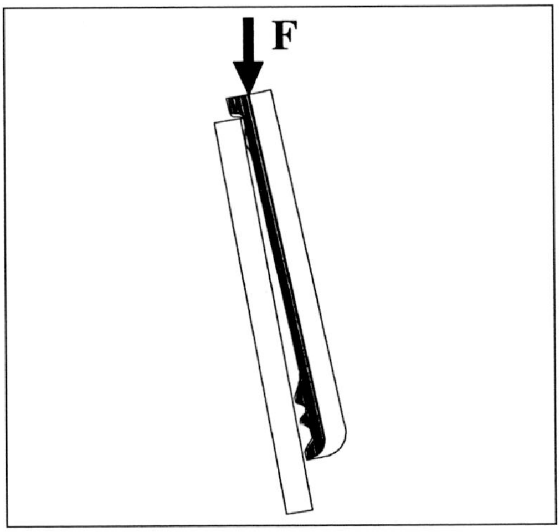

Abb. 3: Hängenasen-Tragfähigkeit

4.9 Einrichtungen zum Betreten des Daches

Systemteile für Dacheindeckungen, z. B. Laufstege, Trittflächen, Einzeltritte, sind von der Bau-Berufsgenossenschaft nach DIN EN 516 zu prüfen und zu zertifizieren.

4.10 Bauteile zur Windsogsicherung

Die Bestimmung des Abhebewiderstandes von Befestigungsbauteilen in Verbindung mit den Dachsteinen zur Begegnung des wirkenden Windsogs beim Dach erfolgt nach dem Regelwerk des Deutschen Dachdeckerhandwerks und ist vom Hersteller nachzuweisen.

4.11 Umweltverträgliches Bauprodukt

Für Dachsteine sind Nachweise der Umweltverträglichkeit hinsichtlich folgender Aspekte zu erbringen:

4.11.1 Umweltverträglichkeit über den gesamten Produkt-Lebenszyklus

- Rohstoffgewinnung,
- Herstellung,
- Verarbeitung/Eindeckung,
- Nutzung,
- Entsorgung (vorrangig Verwertung, Beseitigung).

Hierfür ist die Vorlage einer Produkt-Ökobilanz nach DIN EN ISO 14040 ff. „Umweltmanagement – Produkt-Ökobilanz" oder der Urkunde der Arbeitsgemeinschaft Umweltverträgliches Bauprodukt e.V. (AUB) als Nachweis erforderlich.

4.11.2 Umweltverträgliche Verpackungssysteme

Hierfür ist durch den Dachsteinproduzenten nachzuweisen, dass Mehrwegverpackungen zurückgenommen und Einwegverpackungen einem Recycling zugeführt werden.

5 Kennzeichnung

Dachsteine sollten dauerhaft mit einer Kennzeichnung versehen sein, die Hersteller, Werk und Herstelldatum enthält.

6 Güteüberwachung

6.1 Produktzertifikat

Der Hersteller verfügt über ein gültiges Produktzertifikat nach DIN EN 490/491 einer anerkannten Zertifizierungsstelle.

6.2 DINplus-Zeichen

Der Hersteller ist berechtigt, das DINplus-Zeichen des DIN CERTCO zu führen.

6.3 Erstprüfung und Fremdüberwachung

Typprüfungen und regelmäßige Prüfungen sind gemäß Zertifizierungsprogramm DINplus durch dafür anerkannte Überwachungsstellen durchzuführen.

7 Garantie

Eine Garantieerklärung muss beim ZVDH hinterlegt sein.

Deutsches Dachdeckerhandwerk
– Regelwerk –

Produktdatenblatt für Reet

Aufgestellt und herausgegeben vom

Zentralverband des Deutschen Dachdeckerhandwerks – Fachverband Dach-, Wand- und Abdichtungstechnik – e.V.

Ausgabe 01. Dezember 2018

RM Rudolf Müller

Vorgänger

Produktdatenblatt Reet	September 2000
Produktdatenblatt Reet	März 2003
Produktdatenblatt Reet	April 2011

Inhaltsverzeichnis

1 Geltungsbereich

Dieses Produktdatenblatt gilt für das Naturprodukt Reet für Dachdeckungen.

2 Begriff

Unter Reet wird der geerntete weitestgehend blattlose Halm mit Blütenrispe des gemeinen Schilf- oder Teichrohres verstanden. Dies ist eine Pflanze aus der Familie der Gramineen. Der lateinische Name lautet „Phragmites australis". Reet ist auch als Rohr, Ried, Ret, Reth, Reith, Rohrschilf oder Schilf bekannt.

3 Anforderungen

3.1 Allgemeines

(1) Die Reeternte darf erst erfolgen, wenn die Halme ausgereift und vollständig abgestorben sind. Die Reethalme sollen unterhalb des dritten Wachstumswirbels sauber geschnitten werden.

(2) Reet soll von Blättern im unteren Drittel der Halme, kurzen nicht ausgereiften Halmen (Halme ohne Rispe), Kurzhalmen (< 0,80 m), Gras, Alt- und Krummrohr (Knickrohr/Querschießer), sonstigen Beimengungen gereinigt und von gelber bis brauner Farbe sein.

Reet sollte hart im Halm sein. Reetbunde sollten bei Biegung elastisch sein und nicht brechen. Eine Prüfung der Festigkeit und Elastizität erfolgt gemäß Abschnitt 6.4.

3.2 Formen und Maße

(1) Reet wird in Bunden gemäß Tabelle 1 geliefert. Die Abmessungen der Bunde haben keinen Einfluss auf die Materialeigenschaften.

(2) Der Umfang eines Bundes soll bei einer Prüfung entsprechend Abschnitt 6.1 0,60 m + 0,02 m betragen.

Die Bunde werden mit mindestens zwei z.B. Stahlreifen in Verpackungseinheiten (Koil, Rollen) von 25, 50, 60, 70, 100 oder ähnlicher Stückzahl zusammengebunden. 90 % der Bunde einer Lieferung müssen der angegebenen Längensortierung entsprechen.

Tabelle 1: Mindestanforderungen

Längensortierung /Anforderungen	Mittellanges Bund	Langes Bund
Gesamtlänge des Bundes	> 1,40 m	> 1,90 m
Höchstens 10 % der Halme eines Bundes	< 1,10 m	< 1,40 m
50 % der Halme eines Bundes	> 1,40 m	> 1,60 m

Reetbunde, die nicht alle Anforderungen an lange Bunde erfüllen, jedoch denen für mittellange Bunde entsprechen, sind als mittellange Bunde einzustufen.

Alle Reetbunde, die die Mindestanforderungen für mittellange Bunde nicht erfüllen, sind kurze Reetbunde.

3.3 Feuchte

(1) Reet muss trocken geerntet, aufbereitet und gepackt werden.

(2) Reet ist immer trocken zu transportieren und zu lagern, z.B. mit Planen oder ähnlichem zu schützen.

(3) Die Umgebungsfeuchte (Oberflächenfeuchte der Reethalme) im Koil und im Bund darf 18 % nicht überschreiten. Die Prüfung auf Feuchte erfolgt nach Abschnitt 6.2.

3.4 Tierbefall und Besiedlung durch Reet schädigende Organismen

(1) Reet ist ein Naturprodukt. Dementsprechend sind bei einer Lieferung und beim fertig gedeckten Dach kleinere Mengen von Insekten und anderen Kleintieren nicht zu vermeiden.

Üblicherweise schädigen Insekten Reet nicht, können aber bei der Verarbeitung und danach zur Belästigung von Personen führen.

(2) Reet sollte deshalb weitestgehend frei von Insekten, und anderen Kleintieren sein, insbesondere sollen keine den Menschen schädigenden Tiere enthalten sein.

(3) Reet darf bei Lieferung und Einbau keine Besiedlung mit Reet schädigenden Organismen (insbesondere Pilze, Algen und Flechten) aufweisen oder durch diese vorgeschädigt sein. Sie können bei Bewitterung spätere Schäden begünstigen.

(4) Die Prüfung auf Tierbefall und Besiedlung durch Reet schädigende Organismen erfolgt nach Abschnitt 6.3.

4 Bezeichnung

(1) Das Reet ist entsprechend der Längensortierung nach Tabelle 1 mit Herkunftsland und Erntegebiet gemäß der Zuordnung in Abbildung 1 in Abschnitt 6.4 und Erntezeitraum zu bezeichnen. Der Händler des Reets ist anzugeben.

(2) Beispiel:

- Mittellanges Reet vom ungarischem Plattensee, geerntet 2016:
- mittellanges Reet – Ungarn – Plattensee – 2016 – Händler XY

5 Kennzeichnung

Jede Verpackungseinheit (siehe Abschnitt 3.2 (2)) ist mit dem Erntegebiet und einem Händlerzeichen dauerhaft und deutlich lesbar zu kennzeichnen.

6 Prüfung

6.1 Formen und Maße

(1) Die Länge von Reetbunden wird ermittelt, indem das Bund auf einem glatten Untergrund senkrecht aufgestellt und der Abstand vom Untergrund bis zur Halmspitze gemessen wird. Die Länge wird auf 0,05 m gerundet angegeben. Einzelne lange Halme entscheiden nicht über die Zuordnung zur Längensortierung der Bunde.

(2) Der Umfang eines Bundes wird mit einem Maßband ermittelt. Die Messung erfolgt 0,20 m vom Stoppelende entfernt. Das Maßband wird fest um das Bund gezogen und der Umfang ermittelt. Der Umfang wird auf 0,02 m gerundet angegeben.

6.2 Feuchte

(1) Die Prüfung der Umgebungsfeuchte kann messtechnisch mit einem auf Heu und Stroh kalibrierten Feuchtigkeitsmessgerät erfolgen.

(2) Der Wassergehalt des Reethalms kann an repräsentativen Stichproben mit Hilfe der Trockenmassebestimmung in einem Labor erfolgen.

6.3 Tierbefall und Besiedlung durch Reet schädigende Organismen

(1) Reetbunde können auf Tierbefall geprüft werden, indem ein Bund fest auf einem glatten Untergrund mit den Stoppelenden nach unten gestoßen wird.

(2) Die Prüfung auf das Vorhandensein von Reet schädigenden Organismen erfolgt durch Tast-, Sicht- und Geruchsprüfung.

(3) Anzeichen für Reet schädigende Organismen können sein:

- brüchige, zerkrümelnde Halmstruktur,
- untypischer (modriger, fauliger oder pilzartiger) Geruch,
- untypische farbige Beläge oder sichtbare Myzelstränge, Fruchtkörper oder Sporenkolonien.

6.4 Festigkeit und Elastizität

(1) Die Reethalme sollten sich händisch nicht leicht zusammendrücken lassen.

(2) Reetbunde sind mit dem im Kniep üblichen Winkel zu biegen. Die dazu erforderliche Biegekraft und die wirkende Rückstellkraft müssen der bei seiner Verarbeitung erfahrungsgemäß aufzuwendenden Kraft entsprechen.

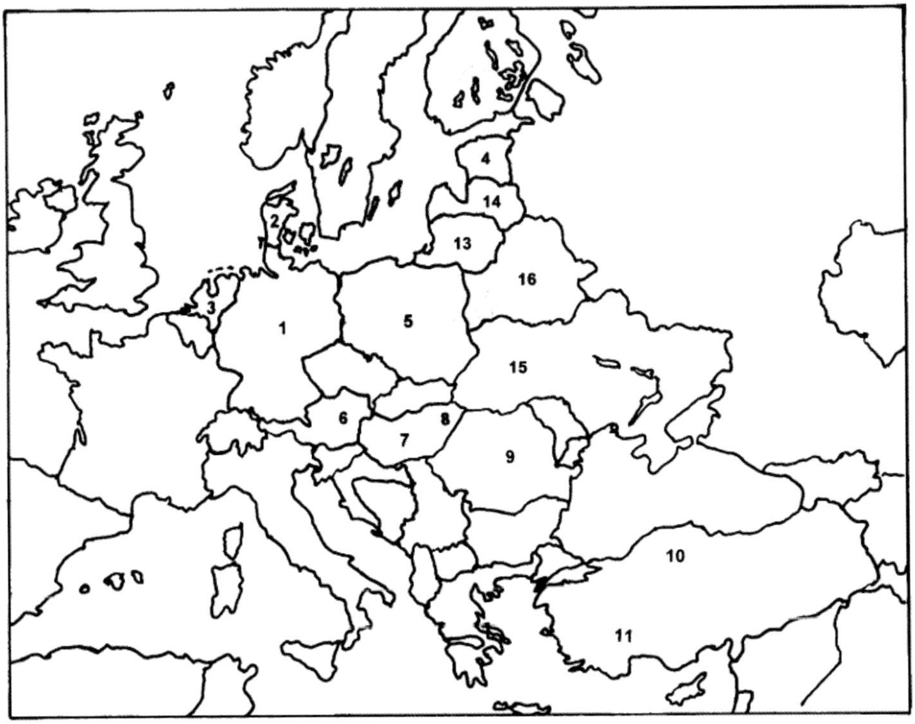

Abb. 1: Karte mit zurzeit üblichen Herkunfts- und Erntegebieten

Region 1 Deutschland
Region 2 Dänemark
Region 3 Niederlande
Region 4 Estland
Region 5 Polen
Region 6 Österreich
Region 7 Ungarn West (Fertoe)
Region 8 Ungarn
Region 9 Rumänien
Region 10 Türkei Nord (Schwarzmeer-Küste)
Region 11 Türkei Süd (Hochland)
Region 12 Südafrika
Region 13 Litauen
Region 14 Lettland
Region 15 Ukraine
Region 16 Weißrussland
Region 17 China

Deutsches Dachdeckerhandwerk
– Regelwerk –

Produktdatenblatt für Bitumenschindeln

Aufgestellt und herausgegeben vom

Zentralverband des Deutschen Dachdeckerhandwerks – Fachverband Dach-, Wand- und Abdichtungstechnik – e. V.

Ausgabe Juni 2001

Rudolf Müller

Vorgänger:

keine

(1) Bitumenschindeln müssen den Anforderungen der DIN EN 544 Klasse 1 entsprechen. Sie müssen für die Deckungsarten und den vorgesehenen Verwendungszweck geeignet sein.

(2) Bitumenschindeln sind kleinformatige Bauteile auf Bitumenbasis mit Trägereinlagen. Die Deckschichten bestehen aus Bitumen mit Zusätzen.

(3) Bitumenschindeln sind rechteckige Deckwerkstoffe, die aus optischen Gründen durch Einschnitte geteilt sind. Die Schürzen können unterschiedliche Formen und Formate haben. Üblich sind folgende Formen:

- Rechteck,
- Biberschwanz,
- Dreieck,
- Waben.

Sie werden überwiegend in den Abmessungen 1000 mm × 333 mm hergestellt. Sonstige Formate sollen eine Höhe von 350 mm nicht überschreiten.

(4) Bitumenschindeln für die Deckungsart mit neigungsabhängiger Höhenüberdeckung müssen mit selbstklebenden Haftflächen, z. B. Klebepunkte, Klebestreifen oder Klebeflächen, hergestellt sein.

(5) Bei Bitumenschindeln für die Deckungsart mit vorgegebener Höhenüberdeckung muss die Fläche der druck- und wärmesensitiven Dichtstreifen und Klebefelder im Verhältnis zur Gesamtoberfläche mindestens den Angaben der Tabelle 1 entsprechen.

(6) Bitumenschindeln werden vorzugsweise mit nachstehenden Trägereinlagen hergestellt:

- Glasvlies ≥ 110 g/m² (Klasse 1),
- Glas-Kunststoffvlies-Gemisch.

(7) Die Art und das Gewicht der Trägereinlage beeinflussen die Nagelausreißfestigkeit und die Flächenstabilität der Bitumenschindeln.

(8) Die Deckmasse für Bitumenschindeln kann bestehen aus

- Oxidationsbitumen (Typ X),
- mit Elastomeren modifiziertem Bitumen (Typ E),
- mit Plastomeren modifiziertem Bitumen (Typ P),
- Spezialbitumen (Typ S).

(9) Bitumenschindeln müssen mit einem Oberflächenschutz versehen sein. Dieser kann bestehen aus:

- mineralischem Granulat,
- Schieferbesplittung,
- Metallfolie.

Bei Schiefersplitt und mineralischem Granulat sind Abweichungen in Farbe und Körnung möglich.

Tabelle 1: Anteil der Dichtstreifen und Klebefelder

Bitumenschindelform	Anteil der Dichtstreifen und Klebefelder im Verhältnis zur Gesamtoberfläche
Rechteck	≥ 15 %
Biber	≥ 24 %
Dreieck	≥ 25 %
Wabe	≥ 18 %

Deutsches Dachdeckerhandwerk
– Regelwerk –

Produktdatenblatt für Bitumenwellplatten

Aufgestellt und herausgegeben vom

Zentralverband des Deutschen Dachdeckerhandwerks – Fachverband Dach-, Wand- und Abdichtungstechnik – e. V.

Ausgabe Juni 2001

Rudolf Müller

Vorgänger:

keine

(1) Bitumenwellplatten müssen den Anforderungen der DIN EN 534 entsprechen.

(2) Bitumenwellplatten sind großformatige Bauteile für Dachdeckungen. Sie werden aus einem innigen und homogenen Gemisch von organischen und/oder anorganischen Fasern und Bitumen hergestellt.

(3) Die Platten können ihre natürliche Farbe haben oder in der Masse gefärbt sein; sie können auch mit einer fest haftenden, gefärbten Oberflächenbeschichtung versehen sein oder durch Aufbringen von Granulat oder Splitt mineralisiert werden.

(4) Bitumenwellplatten müssen mindestens der Baustoffklasse B2 (Euroklasse E) entsprechen.

(5) Bitumenwellplatten gelten als weiche Bedachung. Wenn für die Dachdeckung die Widerstandsfähigkeit gegen Flugfeuer und strahlende Wärme gefordert wird, muss der Hersteller den Nachweis gemäß DIN 4102-7 erbringen.

(6) Üblich sind die Formate in Tabelle 1.

Tabelle 1: Formate

Formate Breite × Länge in mm	Wellenteilung/Höhe	Anzahl der Wellen
870 × 2000	62/28	14
930 × 2000	93/36	10
950 × 2000	95/31	10
950 × 2000	95/38	10
1060 × 2000	76/30	14

Deutsches Dachdeckerhandwerk
– Regelwerk –

Produktdatenblatt für Faserzement-Dachplatten

Aufgestellt und herausgegeben vom

Zentralverband des Deutschen Dachdeckerhandwerks – Fachverband Dach-, Wand- und Abdichtungstechnik – e. V.

Ausgabe Juni 2001

Rudolf Müller

Vorgänger:

Regeln für Deckungen mit Faserzement, Teil 1 Dachdeckungen mit Faserzement-Dachplatten, Anhang II — August 1990

Inhaltsverzeichnis

1 Geltungsbereich

Dieses Produktdatenblatt gilt für maschinell hergestellte Dachplatten aus Faserzement mit oder ohne farbige Deckschichten. Die Faserzement-Dachplatten können für Dachdeckungen und Außenwandbekleidungen verwendet werden.

2 Begriff

Faserzement-Dachplatten sind kleinformatige, ebene Faserzement-Platten aus einer Mischung von Synthetik- und/oder Zellstofffasern, Zement nach Norm oder bauaufsichtlicher Zulassung und Wasser. Prozesshilfsstoffe, Füllstoffe und Farbstoffe dürfen zugesetzt werden.

3 Anforderungen

3.1 Allgemeines

Dachplatten müssen den Prüf- und Güteanforderungen der DIN EN 492 „Faserzement-Dachplatten und dazugehörige Formteile“ entsprechen. Ergänzend zu den Anforderungen der DIN EN 492 werden zusätzliche Anforderungen an Faserzement-Dachplatten für die Verlegung in Deutschland gestellt. Mit Faserzement-Dachplatten, die diese zusätzlichen Anforderungen erfüllen, und bei Einhaltung der „Fachregel für Dachdeckungen mit Faserzement-Dachplatten“ bzw. der „Fachregel für Außenwandbekleidungen mit ebenen Faserzement-Platten“ ist die Deckung von Dächern und die Bekleidung von Außenwänden in allen Klimazonen Deutschlands möglich.

3.2 Oberfläche

Dachplatten werden mit und ohne Oberflächenstruktur hergestellt. Unter dem Einfluss der Bewitterung können Veränderungen von Farbe und Erscheinungsbild auftreten.

3.3 Formen und Maße

(1) Vorzugsmaße von Dachplatten sind in Tabelle 1 angegeben. Die Lochungen der Dachplatten richten sich nach der Deckungsart und Überdeckung, für die die Dachplatten verwendet werden sollen.

(2) Die Abmessungen (Höhe, Breite, Dicke) sind vom Hersteller anzugeben. Die folgenden Grenzabweichungen sind zulässig:

– Breite und Höhe: ± 3 mm,
– Dicke: – 10 %, + 25 %.

3.4 Rohdichte

Die Mindestrohdichte ist vom Hersteller anzugeben. Bei Prüfung muss die Rohdichte der Faserzement-Dachplatten gleich diesem Wert oder größer sein.

3.5 Biegemoment

Das Biegemoment der Faserzement-Dachplatten gibt die mechanische Festigkeit des Materials wieder. Die Mindestbiegemomente nach DIN EN 492 sind einzuhalten. Eine Übersicht über die Mindestbiegemomente, gegliedert nach Deckungsarten und Plattenformaten, ist in Tabelle 2 angegeben.

3.6 Wasserundurchlässigkeit

Bei Prüfung der Wasserundurchlässigkeit nach DIN EN 492 darf es nach einer Prüfzeit von 24 Stunden nicht zu einer Tropfenbildung kommen.

3.7 Warmwasserprüfung

Nach 56 Tagen Lagerung in 60 °C warmem Wasser darf das Verhältnis RL der Biegemomente der Faserzement-Dachplatten vor und nach der Prüfung nicht unter 0,75 liegen.

3.8 Nass-Trocken-Prüfung

Nach 50 Nass-Trocken-Zyklen (18 Stunden in Wasser und 6 Stunden in Luft bei 60 °C) darf das Verhältnis RL der Biegemomente der Faserzement-Dachplatten vor und nach der Prüfung nicht unter 0,75 liegen.

3.9 Wärme-Regen-Prüfung

Nach 50 Wärme-Regen-Zyklen (2 Stunden 50 Minuten Beregnung und 2 Stunden 50 Minuten Beheizung auf 70 °C mit 10 Minuten Pause dazwischen) dürfen die Faserzement-Dachplatten keine sichtbaren Risse, Lagentrennungen oder sonstige Mängel zeigen, die ihre Gebrauchstauglichkeit beeinträchtigen.

3.10 Frostbeständigkeit

Faserzement-Dachplatten, die diesem Produktdatenblatt sowie der DIN EN 492 entsprechen, sind frostbeständig. Bei der Prüfung sind 100 Frost-Tau-Zyklen zu durchlaufen.

3.11 Brandverhalten

Faserzement-Dachplatten müssen nicht brennbar, Klasse A2, gemäß DIN 4102 sein.

4 Kennzeichnung

Die Verpackungseinheiten sind mindestens mit dem Produktnamen und einem Herstellerzeichen dauerhaft und deutlich lesbar zu kennzeichnen.

5 Prüfung

Die Prüfung der in Kapitel 3 genannten Anforderungen ist nach der DIN EN 492 Abschnitt 7 durchzuführen.

6 Überwachung (Güteüberwachung)

Das Einhalten der in Kapitel 3 genannten Anforderungen ist durch ein Prüfzeugnis eines anerkannten Prüfinstituts nachzuweisen (Erstprüfung) und muss einer regelmäßigen Eigenüberwachung unterliegen.

Tabelle 1: Formen und Vorzugsmaße

Form	Breite **b** ± 3 mm mm	Höhe **h** ± 3 mm mm	Dicke mm	Bezeichnung
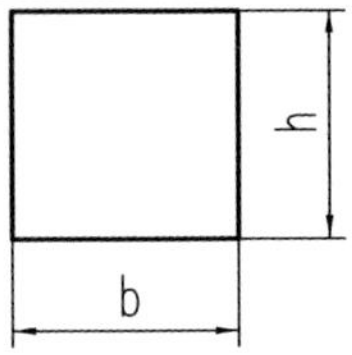	400 300	400 300		Quadrat, vollkantig (vk)
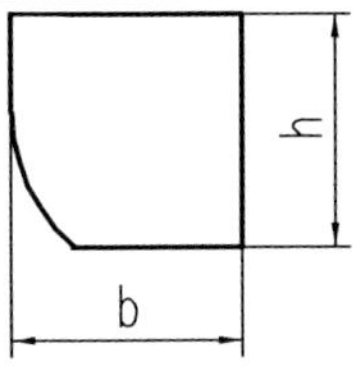	400 300 250 200	400 300 250 200		Quadrat mit Bogenschnitt links (bgl) oder mit Bogenschnitt rechts (bgr)
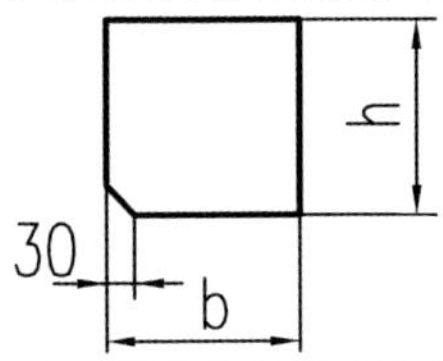	200	200		Quadrat mit einer gestutzten Ecke (ge)
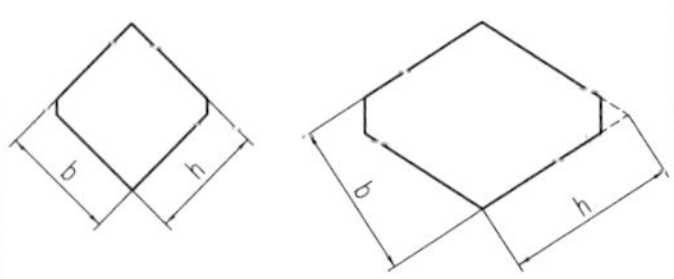	400 400 300	440 400 300	≥ 4 + 25 %, –10 %	Quadrat oder Rhomben mit zwei gestutzten Ecken
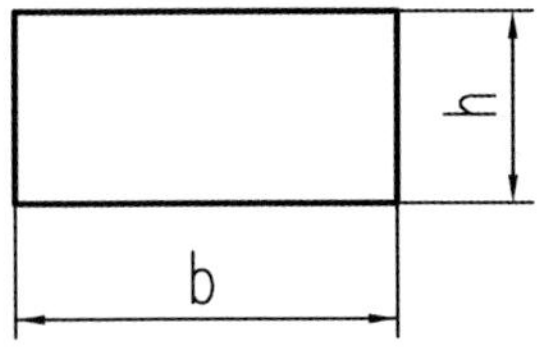	600 400 400 300 300	300 200 130 200 150		Rechtecker, vollkantig (vk)
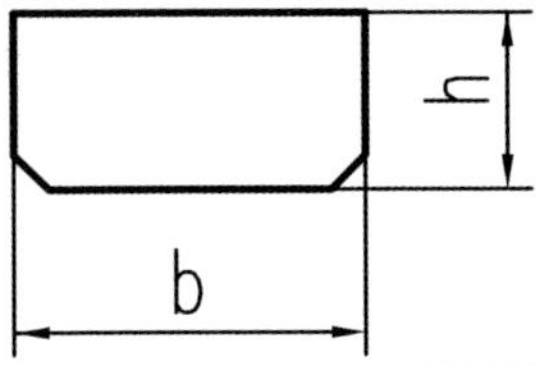	400 300	200 150		Rechtecker mit gestutzten Ecken (ge)
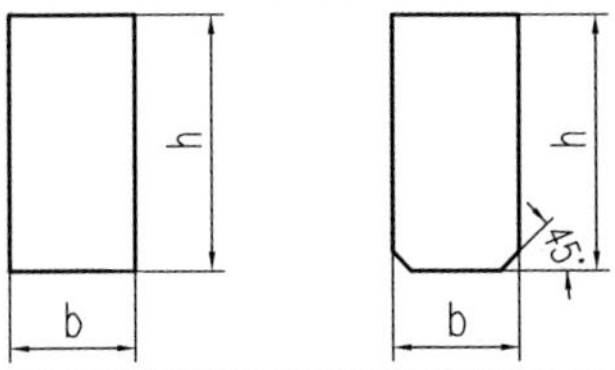	300 200	600 400		Rechtecker, vollkantig (vk) oder mit gestutzten Ecken (ge)

Tabelle 2: Mindestbiegemomente für gebräuchliche Deckarten und Abmessungen

Deckart/Format mm × mm	**Höhe h** mm	**Mindestbiegemoment** Nm/m
Deutsche Deckung (Bogenschnittdeckung)		
200 × 200	200	35
250 × 250	250	35
300 × 300	300	35
400 × 400	400	40
Doppeldeckung		
200 × 400	400	30
300 × 300	300	25
400 × 400	400	30
300 × 600	600	35
Spitzschablonen-/Rhombusdeckung		
300 × 300	424	35
400 × 400	565	35
400 × 440	475	35
Waagerechte Deckung		
600 × 300	300	45

Deutsches Dachdeckerhandwerk
– Regelwerk –

Produktdatenblatt für Faserzement-Wellplatten

Maße, Anforderungen, Prüfungen

Aufgestellt und herausgegeben vom

Zentralverband des Deutschen Dachdeckerhandwerks – Fachverband Dach-, Wand- und Abdichtungstechnik – e. V.

Ausgabe März 2002

Rudolf Müller

Vorgänger:

Produktdatenblatt in „Regeln für Deckungen mit Faserzement Teil 3: Dachdeckungen mit Faserzement-Wellplatten“	Mai 1993

Inhaltsverzeichnis

1 Geltungsbereich

Dieses Produktdatenblatt gilt für maschinell hergestellte Wellplatten aus Faserzement mit oder ohne farbige Deckschichten. Die Faserzement-Wellplatten können für Dachdeckungen und Außenwandbekleidungen verwendet werden.

2 Begriff

(1) Faserzement-Wellplatten sind profilierte Faserzementplatten aus einer Mischung von Synthetik- und/oder Zellstofffasern oder mineralischen Fasern, Zement nach Norm DIN 1164 und Wasser.

(2) Prozesshilfsstoffe, Zuschlagstoffe, Füllstoffe und Farbstoffe dürfen zugesetzt werden.

(3) Standardwellplatten haben in der Regel eine Plattenlänge von > 900 mm, Kurzwellplatten eine Plattenlänge von ≤ 900 mm.

3 Anforderungen

3.1 Allgemeines

(1) Standardwellplatten müssen eine allgemeine bauaufsichtliche Zulassung haben.

(2) Kurzwellplatten müssen den Prüf- und Güteanforderungen der DIN EN 494 „Faserzement-Wellplatten und dazugehörige Formteile für Dächer" entsprechen.

(3) Ergänzend zu den Anforderungen der DIN EN 494 und der allgemeinen bauaufsichtlichen Zulassung werden zusätzliche Anforderungen an Faserzement-Wellplatten für die Verlegung in Deutschland gestellt.

(4) Mit Faserzement-Wellplatten, die diese zusätzlichen Anforderungen erfüllen, und bei Einhaltung der „Fachregel für Dachdeckungen mit Faserzement-Wellplatten" bzw. der „Fachregel für Außenwandbekleidungen mit Faserzement-Wellplatten" ist die Deckung von Dächern und die Bekleidung von Außenwänden in allen Klimazonen Deutschlands möglich.

3.2 Oberfläche

Wellplatten werden mit und ohne Farbbeschichtung hergestellt. Unter dem Einfluss der Bewitterung können Veränderungen von Farbe und Erscheinungsbild auftreten.

3.3 Formen und Nennmaße

(1) Die Querschnittsabmessungen der Wellplatten sind in Abb. 1 und 2 angegeben.

(2) Die zulässige Abweichung von der Nenndicke beträgt ± 0,5 mm. Die Mindestdicke der Wellplatten beträgt 5,0 mm.

(3) Die zulässige Abweichung von den Plattenlängen beträgt ± 10 mm, bei den Plattenbreiten ± 5 mm.

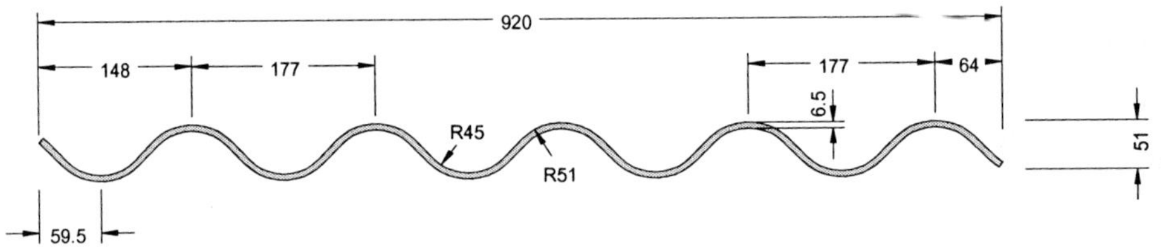

Abb. 1
Profil 177/51

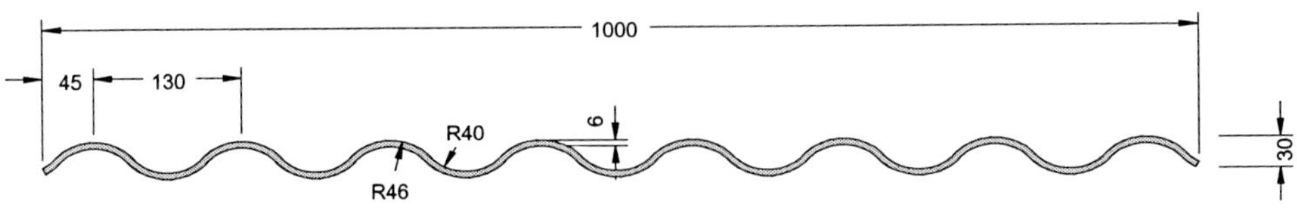

Abb. 2
Profil 130/30

3.4 Rohdichte

Die Mindestrohdichte ist vom Hersteller anzugeben. Bei Prüfung muss die Rohdichte der Faserzement-Wellplatten gleich diesem Wert oder größer sein.

3.5 Biegemoment/Biegezugfestigkeit

(1) Das Biegemoment bei Kurzwellplatten und die Biegezugfestigkeiten bei Standardwellplatten geben die mechanische Festigkeit des Materials wieder.

(2) Bei Standardwellplatten sind die von der jeweiligen allgemeinen bauaufsichtlichen Zulassung geforderten Werte einzuhalten.

(3) Bei Kurzwellplatten beträgt das Mindestbiegemoment nach DIN EN 494 Kategorie C 30 Nm/m.

3.6 Wasserundurchlässigkeit

Bei Prüfung der Wasserundurchlässigkeit darf es nach einer Prüfzeit von 24 Stunden nicht zu einer Tropfenbildung kommen.

3.7 Frostbeständigkeit

Faserzement-Wellplatten müssen frostbeständig sein.

3.8 Brandverhalten

Faserzement-Wellplatten müssen nicht brennbar, mindestens Baustoffklasse A2, nach DIN 4102 sein.

4 Befestigung

(1) Kurzwellplatten als Dachdeckung werden mit mindestens 2 Schrauben pro Platte und Überdeckungsbereich befestigt. In der Regel sind die Kurzwellplatten mit vorgefertigten Löchern versehen.

(2) Standardwellplatten als Dachdeckung müssen gemäß ihrer allgemeinen bauaufsichtlichen Zulassung befestigt werden. Es dürfen nur Befestigungsmittel verwendet werden, die allgemein bauaufsichtlich zugelassen sind.

(3) Anzahl und Anordnung der Befestigungen für allseitig geschlossene prismatische Baukörper bis zu einer Gebäudehöhe von 20 m sind in Anhang 1 der „Fachregel für Dachdeckungen mit Faserzement-Wellplatten" angegeben. Für andere Gebäudearten und höhere Gebäude ist ein Einzelnachweis erforderlich.

(4) Die Tabellen gelten nur für Wellplatten, bei denen die allgemeine bauaufsichtliche Zulassung keine größere Anzahl von Befestigungen vorschreibt.

(5) Für Wellplatten als Außenwandbekleidungen ist die Befestigung in jedem Einzelfall nachzuweisen.

5 Kennzeichnung

(1) Die Verpackungseinheiten sind mindestens mit dem Produktnamen und einem Herstellerzeichen dauerhaft und deutlich lesbar zu kennzeichnen.

(2) Wellplatten sind gemäß der jeweiligen allgemeinen bauaufsichtlichen Zulassung zu kennzeichnen.

6 Prüfung

Die Prüfung der im Kapitel 3 genannten Anforderungen ist nach der DIN EN 494 Abschnitt 7 bzw. nach der jeweiligen allgemeinen bauaufsichtlichen Zulassung durchzuführen.

7 Überwachung (Güteüberwachung)

Das Einhalten der im Kapitel 3 genannten Anforderungen ist bei Standardwellplatten durch Eigen- und Fremdüberwachung nachzuweisen. Bei Kurzwellplatten sind die Anforderungen durch ein anerkanntes Prüfinstitut (Erstprüfung) und eine regelmäßige Eigenüberwachung nachzuweisen.

Deutsches Dachdeckerhandwerk
– Regelwerk –

Produktdatenblatt für Unterdeckbahnen und Unterspannbahnen

Aufgestellt und herausgegeben vom

Zentralverband
des Deutschen Dachdeckerhandwerks
– Fachverband Dach-, Wand- und Abdichtungstechnik – e.V.

Ausgabe April 2024

RM Rudolf Müller

Vorgänger

Produktdatenblatt für Unterdeckbahnen	10/2008
Produktdatenblatt für Unterspannbahnen	10/2008
Produktdatenblatt für Unterdeckbahnen	01/2010
Produktdatenblatt für Unterspannbahnen	01/2010

Inhalt

(1) Dieses Produktdatenblatt für Unterdeckbahnen (UDB) und Unterspannbahnen (USB) legt anwendungsbezogene Anforderungen und Eigenschaften für die Verwendung als Zusatzmaßnahme unter Dachdeckungen fest.

Für die Verwendung dieser Produkte sind das „Merkblatt für Unterdächer, Unterdeckungen und Unterspannungen" sowie die jeweilige Fachregel maßgebend.

(2) Unterdeckbahnen (UDB) und Unterspannbahnen (USB) sind industriell hergestellte, flexible Werkstoffe, die in Rollen gebrauchsfertig geliefert werden und eine CE-Kennzeichnung nach DIN EN 13859-1[1] aufweisen.

Unterdeck- und Unterspannbahnen müssen herstellerseitig dauerhaft lesbar auf dem Produkt mit

- dem Namen des Herstellers,
- dem Produktnamen,
- der Chargennummer, maximal 20 cm vom überdeckenden Bahnenrand in einem Abstand von max. 1,0 m,
- der Bezeichnung
  - „UDB nach Produktdatenblatt des ZVDH" oder
  - „USB nach Produktdatenblatt des ZVDH" oder
  - „UDB / USB nach Produktdatenblatt des ZVDH"

gekennzeichnet werden.

Der Hersteller hat anzugeben, ob die Bahn als

- Unterdeckbahn (UDB),
- Unterspannbahn (USB),
- Unterdeckbahn (UDB) und Unterspannbahn (USB)

verwendet werden darf.

Die Verlegeanleitung des Herstellers muss jeder einzelnen Rolle beigefügt sein und mittels QR-Code digital abrufbar sein. In der Verlegeanleitung sind

- die erforderlichen Randbedingungen für die Verlegung, wie z.B. Witterungsbedingungen, für die Verarbeitung,
- Verarbeitungstechniken,
- geeignetes Zubehör, z.B. für Durchdringungen und Anschlüsse,
- Einschränkungen der Einsetzbarkeit,
- Zeitraum der Freibewitterung,
- Zeitraum für die Eignung als Behelfsdeckung sowie erforderliche Maßnahmen hierfür

zu benennen.

Besondere Transport- und Lagerbedingungen sind auf jeder einzelnen Verpackungseinheit anzugeben.

(3) Unterdeck- und Unterspannbahnen müssen den Anforderungen nach Tabelle 1 entsprechen.

Die Bahnen müssen für den Einsatz als Behelfsdeckung (Widerstand gegenüber Schlagregen und lang andauernde Niederschläge) geeignet sein.

(4) Zubehör für Nahtverklebungen muss hinsichtlich Alterung und Schlagregenwiderstand gleichwertig mit der Bahn sein. Hersteller von Zubehör müssen die Eignung in Anlehnung an das Produktdatenblatt sowie die Materialverträglichkeit mit der jeweiligen Bahn bestätigen.

---

[1] DIN EN 13859-1 Abdichtungsbahnen – Definitionen und Eigenschaften von Unterdeck- und Unterspannbahnen; Unterdeck- und Unterspannbahnen für Dachdeckungen

Tabelle 1: Anforderungen an Unterdeckbahnen und Unterspannbahnen

Zeile	**Eigenschaft nach** DIN EN 13859-1	**Anforderung**	
		UDB	USB
1	Flächenbezogene Masse der Bahn		
1.1	**mit** Gewebeeinlage	≥ 140 g/m²	
1.2	**ohne** Gewebeeinlage	≥ 120 g/m²	
2	Künstliche Alterung	Prüfung bei einer Temperatur von 80°C	
3	Widerstand gegen Wasser-durchgang		
3.1	vor künstlicher Alterung	W1	
3.2	nach künstlicher Alterung	W1	
4	Zugfestigkeit		
4.1	vor künstlicher Alterung - längs	≥ 250 N/50 mm [a)]	
4.2	nach künstlicher Alterung - längs	≥ 65 % des Ausgangswertes	
4.3	vor künstlicher Alterung - quer	≥ 200 N/50 mm	
4.4	nach künstlicher Alterung - quer	≥ 65 % des Ausgangswertes	
5	Dehnung		
5.1	vor künstlicher Alterung - längs	Angabe des Herstellers	
5.2	nach künstlicher Alterung - längs	≥ 65 % des Ausgangswertes	
5.3	vor künstlicher Alterung - quer	Angabe des Herstellers	
5.4	nach künstlicher Alterung - quer	≥ 65 % des Ausgangswertes	
6	Nagelausreißfestigkeit	150 N längs und quer	
7	Maßhaltigkeit	< 1%	
8	Kaltbiegeverhalten (Biegsamkeit)	≤ -20°C	
9	Brandverhalten nach DIN EN 13859-1	Klasse E	
10	Widerstand gegen Schlagre-gen TU Berlin [b)] mit den Klimabedingungen nach Tabelle 2	Unterdeckbahnen (UDB) ≤ 0,04% Wasserdurchtritt bei weicher Unterlage ≤ 0,12% Wasserdurchtritt c) bei harter Unterlage Unterspannbahnen (USB) Bewertungsziffer < 6 im Schlagregentest, (der visuellen Beurteilung durch die prüfende Stelle) Test abrufbar unter: https://www.dachdecker-technik.de/veroeffentlichungen[https://www.dachdecker-technik.de/veroeffentlichungen]	

[a] Bahnen, an die besondere Anforderungen zum Schutz gegen Absturz entsprechend DIN 44262 Abschnitt 5.2.1 erfüllen sollen, müssen eine Zugfestigkeit von ≥ 450 N/50 mm aufweisen; die Anforderungen hinsichtlich der Zugfestigkeit von ≥ 65 % nach künstlicher Alterung gelten entsprechend.
[b] Nachweis der Schlagregensicherheit mit dem Verfahren der TU Berlin; abrufbar auf https://www.dachdecker-technik.de/veroeffentlichungen[https://www.dachdecker-technik.de/veroeffentlichungen]
[c] Bezogen auf die beaufschlagte Gesamtniederschlagsmenge nach Tabelle 2

Tabelle 2: Klimabedingungen für die Prüfung der Schlagregensicherheit von Unterdeck- und Unterspannbahnen nach dem Verfahren der TU Berlin

Stufe	Zeit [h]	Niederschlagsmenge [mm/h]	Windgeschwindigkeit		
			[m/s]	[km/h]	Beaufort
1	1,0	50	16	57,6	7
2	1,0	60	20	72,0	8
3	0,5	55	20	72,0	8 in Böen (4 Sek. Schließzeit, 16 Sek. Öffnungszeit)

2 DIN 4426 Einrichtungen zur Instandhaltung baulicher Anlagen – Sicherheitstechnische Anforderungen an Arbeitsplätze und Verkehrswege – Planung und Ausführung

Deutsches Dachdeckerhandwerk
– Regelwerk –

Produktdatenblatt diffusionsoffene Unterdeckbahnen für erweiterte Anwendungen (UDB-eA)

Aufgestellt und herausgegeben vom

Zentralverband des Deutschen Dachdeckerhandwerks – Fachverband Dach-, Wand- und Abdichtungstechnik – e.V.

Ausgabe April 2024

RM Rudolf Müller

Vorgänger

keine

Inhalt

(1) Dieses Produktdatenblatt für diffusionsoffene Unterdeckbahnen für erweiterte Anwendungen (UDB-eA) legt anwendungsbezogene Anforderungen und Eigenschaften für die Verwendung als Zusatzmaßnahme unter Dachdeckungen größer gleich deren Mindestdachneigung fest.

Für die Verwendung dieser Produkte sind das „Merkblatt für Unterdächer, Unterdeckungen und Unterspannungen" sowie die jeweilige Fachregel maßgebend.

(2) Unterdeckbahnen UDB-eA sind industriell hergestellte, flexible Werkstoffe, die in Rollen gebrauchsfertig geliefert werden und eine CE-Kennzeichnung nach DIN EN 13859-1[1] aufweisen.

Unterdeckbahnen UDB-eA müssen herstellerseitig auf dem Produkt mit

- dem Namen des Herstellers
- dem Produktnamen
- dem Herstellungsdatum
- der Chargennummer
- der Bezeichnung „UDB-eA nach Produktdatenblatt des ZVDH"

gekennzeichnet werden.

Die Verlegeanleitung des Herstellers muss jeder einzelnen Rolle beigefügt sein und mittels QR-Code digital abrufbar sein. In der Verlegeanleitung sind

- die erforderlichen Randbedingungen für die Verlegung, wie z.B. Klima, für die Verarbeitung
- geeignetes Zubehör, z.B. für Durchdringungen und Anschlüsse,
- Einschränkungen der Einsetzbarkeit

zu benennen.

Zubehör muss hinsichtlich Alterung und Schlagregenwiderstand gleichwertig mit Unterdeckbahnen UDB-eA sein. Die Verlege- und Fügetechnik muss mit dem Hersteller der Unterdeckbahn abgestimmt sein.

Besondere Transport- und Lagerbedingungen sind auf jeder einzelnen Verpackungseinheit anzugeben.

(3) Unterdeckbahnen UDB-eA müssen mittels Quell- oder Heißluftschweißen oder geeigneter Klebetechnik dauerhaft miteinander fügbar sein.

Anmerkung: Klebebänder erfüllen die Anforderungen an diese Fügetechnik nicht.

(4) Unterdeckbahnen UDB-eA müssen den Anforderungen der Tabelle 1 entsprechen.

[1] DIN EN 13859-1 Abdichtungsbahnen – Definitionen und Eigenschaften von Unterdeck- und Unterspannbahnen; Unterdeck- und Unterspannbahnen für Dachdeckungen

Tabelle 1: Anforderungen an Unterdeckbahnen UDB-eA

Zeile	Eigenschaft	Anforderung
1	Flächenbezogene Masse nach DIN EN 13859-1	
1.1	Flächenbezogene Masse der gesamten Bahn	S ≥ 350 g/m²
1.2	Flächenbezogene Masse der dauerhaft wasserdichtenden Funktionsschichten	S ≥ 220 g/m²
2	Planlage nach DIN EN 13859-1	< 10 mm
3	Gradheit nach DIN EN 13859-1	< 30 mm
4	Maßhaltigkeit nach DIN EN 13859-1	< 1%
5	Kaltbiegeverhalten nach DIN EN 13859-1	≤ - 20°C
6	Brandverhalten nach DIN EN 13859-1	Klasse E
7	Wasserdampfdurchlässigkeit nach DIN EN 13859-1	≤ 0,5 m
8	Zugfestigkeit nach DIN EN 13859-1	
8.1	vor künstlicher Alterung, längs/quer	≥ 300 N/50mm
8.2	nach künstlicher Alterung (siehe Tabelle 2), längs/quer	≥ 65% des Werts vor der künstlichen Alterung
9	Dehnung nach DIN EN 13859-1	
9.1	vor künstlicher Alterung, längs/quer	≥ 20%
9.2	nach künstlicher Alterung (siehe Tabelle 2), längs/quer	≥ 65% des Werts vor der künstlichen Alterung
10	Widerstand gegen Wasserdurchgang incl. der Nähte nach DIN EN 13859-1 nach künstlicher Alterung (siehe Tabelle 2)	W1
11	Widerstand gegen Wasserdurchgang incl. der Nähte nach DIN EN ISO 811[2] nach künstlicher Alterung (siehe Tabelle 2)	≥ 0,5 m Wassersäule (dynamische Prüfung)
12	Widerstand gegen Wasserdurchgang unter Einfluss von Tensiden [a)] incl. der Nähte nach DIN EN 13859-1 nach künstlicher Alterung (siehe Tabelle 2)	W1
13	Widerstand gegen Wasserdurchgang unter Einfluss von Tensiden [a)] incl. der Nähte nach DIN EN ISO 811 nach künstlicher Alterung (siehe Tabelle 2)	≥ 0,5 m Wassersäule (dynamische Prüfung)
14	Widerstand gegen Wasserdurchgang incl. der Nähte nach DIN EN 13859-1 nach Scheuerbeanspruchung [b)]	
14.1	Scheuerbeanspruchung der Bahnenunterseite	W1
14.2	Scheuerbeanspruchung der Bahnenoberseite	W1
15	Widerstand gegen Wasserdurchgang incl. der Nähte nach DIN EN ISO 811 nach Scheuerbeanspruchung [a)]	
15.1	Scheuerbeanspruchung der Bahnenunterseite	≥ 0,5 m Wassersäule (dynamische Prüfung)
15.2	Scheuerbeanspruchung der Bahnenoberseite	≥ 0,5 m Wassersäule (dynamische Prüfung)
16	Widerstand gegen Schlagregen unter Einbindung der Nähte/Nahtverbindungen und System-Zubehör nach DIN plus TU Berlin [c)] mit den Klimabedingungen nach Tabelle 3 und dem Prüfaufbau mit weicher und harter Unterlage, jeweils mit und ohne Nahtverbindung	≤ 0,03% Wasserdurchtritt [1] bei weicher Unterlage und ≤ 0,09% Wasserdurchtritt [d)] bei harter Unterlage

[2] DIN EN ISO 811 Textilien – Bestimmung des Widerstandes gegen das Durchdringen von Wasser – Hydrostatischer Druckversuch

a) Beschreibung des zu verwenden Tensids für Prüfungen nach dem „Produktdatenblatt diffusionsoffene Unterdeckbahnen für erweiterte Anwendungen (UDB-eA)“; abrufbar auf www.dachdecker-technik.de/veroeffentlichungen
b) Beschreibung des Prüfverfahrens für die Scheuerbeständigkeit im „Produktdatenblatt für diffusionsoffene Unterdeckbahnen für erweiterte Anwendungen“; abrufbar auf www.dachdecker-technik.de/veroeffentlichungen
c) Nachweis der Schlagregensicherheit mit dem Verfahren der TU Berlin gemäß „Produktdatenblatt für diffusionsoffene Unterdeckbahnen für erweiterte Anwendungen (UDB-eA)“; abrufbar auf www.dachdecker-technik.de/veroeffentlichungen
d) Bezogen auf die beaufschlagte Gesamtniederschlagsmenge nach Tabelle 3

Tabelle 2: Verfahren zur künstlichen Alterung – sämtliche Schritte sind nacheinander an den Proben durchzuführen

Schritt	Prüfung
1	Beanspruchung durch UV-Strahlung in Anlehnung an DIN 13859-1 Anhang C über einen Zeitraum von 672 Stunden (4 Wochen)
2	Feuchtlagerung bei einer relativen Luftfeuchte von 90% und einer Temperatur von 70°C über einen Zeitraum von 2016 Stunden (12 Wochen)
3	Hitzelagerung in Anlehnung an DIN 13859-1 Anhang C bei einer Temperatur von 80°C und einer Geschwindigkeit des Luftstroms von 1,0 m/s über einen Zeitraum von 2016 Stunden (12 Wochen)

Tabelle 3: Klimabedingungen für die Prüfung der Schlagregensicherheit von Unterdeck- und Unterspannbahnen nach dem Verfahren der TU Berlin

Stufe	Zeit [h]	Niederschlagsmenge [mm/h]	Windgeschwindigkeit		
			[m/s]	[km/h]	Beaufort
1	1,0	50	16	57,6	7
2	1,0	60	20	72,0	8
3	1,0	55	20	72,0	8 in Böen (4 Sek. Schließzeit, 16 Sek. Öffnungszeit)

Deutsches Dachdeckerhandwerk
– Regelwerk –

Produktdatenblatt für Unterdeckplatten aus Holzfasern

Aufgestellt und herausgegeben vom

Zentralverband des Deutschen Dachdeckerhandwerks – Fachverband Dach-, Wand- und Abdichtungstechnik – e.V.

Ausgabe Dezember 2012

Rudolf Müller

Vorgänger:

Produktdatenblatt für Unterdeckplatten Entwurf: August 2006

(1) Unterdeckplatten müssen der DIN EN 14964 entsprechen.

Geeignete Werkstoffe sind z.B.:

- harte Holzfaserplatten gemäß DIN EN 622-2, mindestens Typ HB.H,
- mittelharte Holzfaserplatten gemäß DIN EN 622-3, mindestens Typ MBL.H oder MBH.H,
- poröse Holzfaserplatten gemäß DIN EN 622-4, mindestens Typ SB.H,
- Holzfaserdämmplatten gemäß DIN EN 13171, mindestens Typ DAD- ds, gemäß DIN 4108-10, die zusätzlich die Anforderungen gemäß DIN EN 622-4, mindestens Typ SB.H erfüllen,
- MDF gemäß DIN EN 622-5, mindestens Typ MDF.RWH,
- mehrlagige Elemente, bei denen die Decklage aus einem der vorgenannten Materialien und die weiteren Lagen aus einem Holzfaserdämmstoff nach DIN EN 13171 bestehen.

(2) Abweichend von DIN EN 14964 dürfen Unterdeckplatten nach diesem Produktdatenblatt maximale Maßabweichungen von ±2mm in Plattenbreite aufweisen.

(3) Unterdeckplatten sind industriell hergestellte Plattenwerkstoffe in unterschiedlicher Formgebung sowie ggf. mit zusätzlichen Eigenschaften (z.B. Dämmwirkung). Mit Unterdeckplatten können Zusatzmaßnahmen für die Regensicherheit im Sinne des „Merkblattes für Unterdächer, Unterdeckungen und Unterspannungen" erstellt werden.

Die Eigenschaften als Wärmedämmung müssen dem „Produktdatenblatt für Wärmedämmstoffe" entsprechen. Für die in Deutschland üblichen Verlegetechniken und die dort vorherrschenden Klima- und Umweltbedingungen sind für die Anwendung nach dem Regelwerk des ZVDH die Anforderungen nach der Tabelle 1 dieses Produktdatenblattes zu erfüllen.

(4) Unterdeckplatten, welche die Anforderungen der Klasse UDP-A erfüllen, sind für die Ausführung von Behelfsdeckungen geeignet.

(5) Holzfaserplatten für den Einsatz als Unterdeckplatten müssen über die gesamte Dicke hydrophobiert sein. Für Decklagen von mehrlagigen Elementen gilt die gleiche Forderung.

(6) Zusatzstoffe von Unterdeckplatten, z.B. Beimengungen zur Hydrophobierung, müssen wasserunlöslich sein.

(7) Unterdeckplatten sind je nach Kantenprofilierung für eine überlappende bzw. Nut-Feder-Verlegung geeignet. Es werden die Plattentypen OL für die überlappende Verlegung und IL für die Nut-Feder-Verlegung unterschieden.

Kantenprofilierungen sind zur Verbindung geeignete Kantenausbildungen von Unterdeckplatten, die bereits bei der Plattenproduktion werkseitig hergestellt werden. Sie können sich in Form und Länge unterscheiden. Abbildung 1 zeigt beispielhaft Kantenprofilierungen.

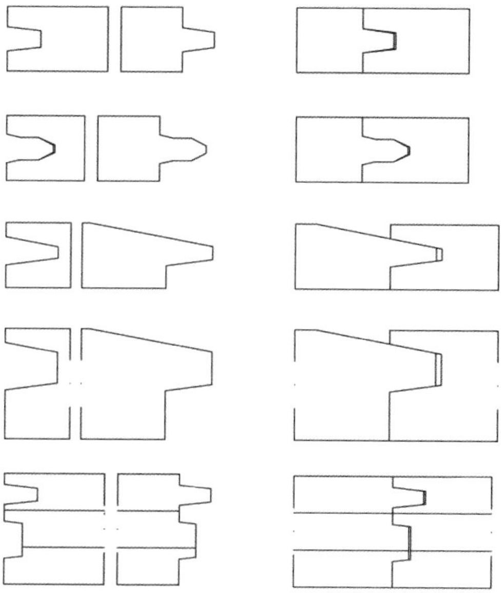

Abb. 1: Beispielhafte Kantenprofilierung

Die Wassereintragssicherheit muss durch Prüfung, unter Berücksichtigung der Toleranzen gemäß DIN EN 14964, bei Einbindung der Kanten im T-Stoßbereich herstellerseitig nachgewiesen werden.

Eine bauseits erstellte Kantenprofilierung stellt keine Profilierung im Sinne dieses Produktdatenblattes dar.

(8) Unterdeckplatten im Sinne dieses Produktdatenblattes müssen die bauaufsichtlichen Anforderungen an das Brandverhalten erfüllen.

(9) Das Zubehör muss auf die jeweilige Unterdeckplatte abgestimmt und vom Hersteller der Unterdeckplatte als geeignet bezeichnet und in die Gewährleistung eingebunden sein. Hersteller von Zubehör müssen die Eignung in Anlehnung an das Produktdatenblatt und der gültigen Prüfspezifikation eines beim ZVDH hinterlegten, anerkannten Prüfverfahrens sowie die Materialverträglichkeit mit der jeweiligen Platte nachweisen und in die Gewährleistung einbinden.

(10) Eine aktuelle, produktspezifische Verarbeitungsanleitung ist vom Hersteller zur Verfügung zu stellen. Angaben zu Transport- und Lagerbedingungen sowie Angaben zu maximal zulässigen Sparrenabständen sind jeder Verpackungseinheit beizufügen.

(11) Einschränkungen zur Verlegung und Einsatzfähigkeit der Unterdeckplatte und des Zubehörs (z. B. durch Witterung, Temperatur, Luftfeuchtigkeit, Einsatzbereich, Beschädigungen etc.) sind vom Hersteller anzugeben.

(12) Von Inhaltsstoffen der Unterdeckplatten und des Zubehörs darf bei der Verarbeitung und im eingebauten Zustand bei bestimmungsgemäßer Verwendung keine Gesundheitsgefahr ausgehen.

(13) Zusatzstoffe der Unterdeckplatten und des Zubehörs sind hinsichtlich ihrer Auswirkung auf Mensch und Umwelt im Sicherheitsdatenblatt des Herstellers anzugeben.

(14) Unterdeckplatten sind mit der CE- Kennzeichnung auf oder an dem Produkt zu versehen. Produkte, welche die Anforderungen dieses Produktdatenblattes erfüllen, sind zusätzlich zu kennzeichnen: „Entspricht dem ZVDH-Produktdatenblatt Unterdeckplatten Klasse UDP- A gemäß Tabelle 1“

Tabelle 1: Anforderungen an Unterdeckplatten, Nachweisverfahren und Mindestanforderungen

Art der Platte	**Technische Klasse**	**Plattentyp (siehe (7))**	**Nachweis der Wassereintragssicherheit**
Harte Holzfaserplatten gemäß DIN EN 622- 2	mindestens Typ HB.H	OL	a. Entsprechend Prüfmodus der Holzforschung Austria Projekt-Nr. 804949 vom März 2003 (Nachweis der Regensicherheit) einschließlich Freibewitterung. Mit folgenden Prüfzyklen für Produkte, die nach 2010 auf den Markt gebracht wurden und/oder Produkte deren Kantenprofilierung geändert und/oder deren Materialeigenschaften verändert werden: • 1 Stunde: 8l/min rinnendes Wasser + 4l/min sprühendes Wasser; • 1 Stunde: 8l/min rinnendes Wasser + 4l/min sprühendes Wasser + Wind (12m/s); • 30 Minuten: 8l/min rinnendes Wasser + 4l/min sprühendes Wasser + Wind (16m/s). b. Angabe der Dachneigung, bei der die Prüfung nach a. durchgeführt und ohne Zusatzmaßnahme (zur Perforationssicherung) unterhalb der Konterlatte bestanden wurde. c. Angabe des maximalen Freibewitterungszeitraums durch den Hersteller.
mittelharte Holzfaserplatten gemäß DIN EN 622- 3	mindestens Typ MBL.H oder MBH.H	OL / IL	
poröse Holzfaserplatten gemäß DIN EN 622- 4	mindestens Typ SB.H	IL	
Holzfaserdämmplatten gemäß DIN EN 13171	mindestens Typ DAD - ds nach DIN 4108-10, die zusätzlich die Anforderungen gemäß DIN EN 622- 4 mindestens Typ SB.H erfüllen	IL	
MDF gemäß DIN EN 622- 5	mindestens Typ MDF.RWH	OL / IL	

Übersicht der Normen im Arbeitsgebiet des Dachdeckerhandwerks
Redaktionsstand: Januar 2024

Norm	Ausgabedatum	Titel
DIN 96	01.12.2016	Halbrund-Holzschrauben mit Schlitz
DIN 97	01.12.2016	Senk-Holzschrauben mit Schlitz
DIN 105-4	01.01.2019	Mauerziegel – Teil 4: Keramikklinker
DIN 105-4/A1	01.04.2021	Mauerziegel – Teil 4: Keramikklinker; Änderung A1
DIN 105-5	01.06.2013	Mauerziegel – Teil 5: Leichtlanglochziegel und Leichtlanglochziegelplatten
DIN 105-41	01.01.2019	Mauerziegel – Teil 41: Konformitätsnachweis für Keramikklinker nach DIN 105-4
DIN 529	01.09.2010	Steinschrauben
DIN 571	01.12.2016	Sechskant-Holzschrauben
DIN 603	01.05.2017	Flachrundschrauben mit Vierkantansatz
DIN 1045-1	01.08.2023	Tragwerke aus Beton, Stahlbeton und Spannbeton – Teil 1: Planung, Bemessung und Konstruktion
DIN 1045-2	01.08.2023	Tragwerke aus Beton, Stahlbeton und Spannbeton – Teil 2: Beton
DIN 1052-10	01.05.2012 (E10.2022)	Herstellung und Ausführung von Holzbauwerken – Teil 10: Ergänzende Bestimmungen (zu Verbindungsmitteln und nicht europäisch geregelten geklebten Produkten und Bauarten)
DIN 1055-2	01.11.2010	Einwirkungen auf Tragwerke – Teil 2: Bodenkenngrößen
DIN 1164-10	01.02.2023	Zement mit besonderen Eigenschaften – Teil 10: Zement mit niedrigem wirksamen Alkaligehalt – Zusammensetzung und Anforderungen
DIN 1946-6	01.12.2019	Raumlufttechnik – Teil 6: Lüftung von Wohnungen; Allgemeine Anforderungen, Anforderungen an die Auslegung, Ausführung, Inbetriebnahme und Übergabe sowie Instandhaltung
DIN 1946-6/Bbl. 1	01.09.2012 (E09.2022)	Raumlufttechnik – Lüftung von Wohnungen; Allgemeine Anforderungen, Anforderungen zur Bemessung, Ausführung und Kennzeichnung, Übergabe/Übernahme (Abnahme) und Instandhaltung – Beiblatt 1: Beispielberechnungen für ausgewählte Lüftungssysteme
DIN 1946-6/Bbl. 3	01.06.2017	Raumlufttechnik – Teil 6: Lüftung von Wohnungen – Allgemeine Anforderungen, Anforderungen zur Bemessung, Ausführung und Kennzeichnung, Übergabe/Übernahme (Abnahme) und Instandhaltung – Beiblatt 3: Gemeinsamer und nicht gemeinsamer Betrieb von Lüftungsgeräten und Einzelraumfeuerstätten für feste Brennstoffe – Installationsregel
DIN 1946-6/Bbl. 4	01.06.2017	Raumlufttechnik – Teil 6: Lüftung von Wohnungen – Allgemeine Anforderungen, Anforderungen zur Bemessung, Ausführung und Kennzeichnung, Übergabe/Übernahme (Abnahme) und Instandhaltung – Beiblatt 4: Gemeinsamer Betrieb von Lüftungsgeräten und Einzelraumfeuerstätten für feste Brennstoffe – Installationsbeispiele
DIN 1960	01.09.2019	VOB Vergabe- und Vertragsordnung für Bauleistungen – Teil A: Allgemeine Bestimmungen für die Vergabe von Bauleistungen

DIN 1961	01.09.2016	VOB Vergabe- und Vertragsordnung für Bauleistungen – Teil B: Allgemeine Vertragsbedingungen für die Ausführung von Bauleistungen
DIN 1986-100	01.12.2016	Entwässerungsanlagen für Gebäude und Grundstücke - Teil 100: Bestimmungen in Verbindung mit DIN EN 752 und DIN EN 12056
DIN 4072	01.04.2019	Gespundete Bretter aus Nadelholz
DIN 4074-1	01.06.2012	Sortierung von Holz nach der Tragfähigkeit – Teil 1: Nadelschnittholz
DIN 4074-2	01.01.2021	Sortierung von Holz nach der Tragfähigkeit – Teil 2: Baurundholz (Nadelholz)
DIN 4102-1	01.05.1998	Brandverhalten von Baustoffen und Bauteilen – Teil 1: Baustoffe; Begriffe, Anforderungen und Prüfungen
DIN 4102-2	01.09.1977	Brandverhalten von Baustoffen und Bauteilen – Teil 2: Bauteile, Begriffe, Anforderungen und Prüfungen
DIN 4102-3	01.09.1977	Brandverhalten von Baustoffen und Bauteilen – Teil 3: Brandwände und nicht tragende Außenwände, Begriffe, Anforderungen und Prüfungen
DIN 4102-4	01.05.2016	Brandverhalten von Baustoffen und Bauteilen – Teil 4: Zusammenstellung und Anwendung klassifizierter Baustoffe, Bauteile und Sonderbauteile
DIN 4102-4/A1	01.04.2023	Brandverhalten von Baustoffen und Bauteilen – Teil 4: Zusammenstellung und Anwendung klassifizierter Baustoffe, Bauteile und Sonderbauteile
DIN 4102-5	01.09.1977	Brandverhalten von Baustoffen und Bauteilen; Feuerschutzabschlüsse, Abschlüsse in Fahrschachtwänden und gegen Feuer widerstandsfähige Verglasungen, Begriffe, Anforderungen und Prüfungen
DIN 4102-7	01.11.2018	Brandverhalten von Baustoffen und Bauteilen – Teil 7: Bedachungen – Anforderungen und Prüfungen
DIN 4102-8	01.10.2003	Brandverhalten von Baustoffen und Bauteilen – Teil 8: Kleinprüfstand
DIN 4102-9	01.05.1990	Brandverhalten von Baustoffen und Bauteilen – Teil 9: Kabelabschottungen; Begriffe, Anforderungen und Prüfungen
DIN 4102-11	01.12.1985	Brandverhalten von Baustoffen und Bauteilen; Rohrummantelungen, Rohrabschottungen, Installationschächte und -kanäle sowie Abschlüsse ihrer Revisionsöffnungen; Begriffe, Anforderungen und Prüfungen
DIN 4102-12	01.11.1998	Brandverhalten von Baustoffen und Bauteilen; Funktionserhalt von elektrischen Kabelanlagen; Anforderungen und Prüfungen
DIN 4102-13	01.05.1990	Brandverhalten von Baustoffen und Bauteilen; Brandschutzverglasungen – Begriffe, Anforderungen und Prüfungen
DIN 4102-14	01.05.1990	Brandverhalten von Baustoffen und Bauteilen; Bodenbeläge und Bodenbeschichtungen; Bestimmung der Flammenausbreitung bei Beanspruchung mit einem Wärmestrahler
DIN 4102-15	01.05.1990	Brandverhalten von Baustoffen und Bauteilen; Brandschacht

DIN 4102-16	01.01.2021	Brandverhalten von Baustoffen und Bauteilen Teil 16: Durchführung von Brandschachtprüfungen
DIN 4102-17	01.12.2017	Brandverhalten von Baustoffen und Bauteilen; Schmelzpunkt von Mineralfaser-Dämmstoffen – Begriffe, Anforderungen, Prüfung
DIN 4102-18	01.03.1991	Brandverhalten von Baustoffen und Bauteilen; Feuerschutzabschlüsse; Nachweis der Eigenschaft "selbstschließend" (Dauerfunktionsprüfung)
DIN 4108, Beiblatt 2	01.06.2019	Wärmeschutz und Energie-Einsparung in Gebäuden; Beiblatt 2: Wärmebrücken – Planungs- und Ausführungsbeispiele, mit CD-ROM
DIN 4108-2	01.02.2013	Wärmeschutz und Energie-Einsparung in Gebäuden; Mindestanforderungen an den Wärmeschutz
DIN 4108-3	01.10.2018 (E04.2023)	Wärmeschutz und Energie-Einsparung in Gebäuden; Klimabedingter Feuchteschutz; Anforderungen, Berechnungsverfahren und Hinweise für Planung und Ausführung
DIN 4108-4	01.11.2020	Wärmeschutz und Energie-Einsparung in Gebäuden – Teil 4: Wärme- und feuchteschutztechnische Bemessungswerte
DIN 4108-7	01.01.2011	Wärmeschutz und Energie-Einsparung in Gebäuden; Teil 4: Luftdichtheit von Gebäuden – Anforderungen, Planungs- und Ausführungsempfehlungen sowie -beispiele
DIN 4108-10	01.11.2021	Wärmeschutz und Energie-Einsparung in Gebäuden – Teil 10: Anwendungsbezogene Anforderungen an Wärmedämmstoffe
DIN 4109-1	01.01.2018	Schallschutz im Hochbau – Teil 1: Mindestanforderungen
DIN 4109-2	01.01.2018	Schallschutz im Hochbau – Teil 2: Rechnerische Nachweise der Erfüllung der Anforderungen
DIN 4109-4	01.07.2016	Schallschutz im Hochbau – Teil 4: Bauakustische Prüfungen
DIN 4109-5	01.08.2020	Schallschutz im Hochbau – Teil 5: Erhöhte Anforderungen
DIN 4109-31	01.07.2016	Schallschutz im Hochbau – Teil 31: Daten für die rechnerischen Nachweise des Schallschutzes (Bauteilkatalog) – Rahmendokument
DIN 4109-32	01.07.2016	Schallschutz im Hochbau – Teil 32: Daten für die rechnerischen Nachweise des Schallschutzes (Bauteilekatalog) – Massivbau
DIN 4109-33	01.07.2016	Schallschutz im Hochbau – Teil 33: Daten für die rechnerischen Nachweise des Schallschutzes (Bauteilekatalog) -Holz-, Leicht- und Trockenbau
DIN 4109-34	01.07.2016	Schallschutz im Hochbau – Teil 34: Daten für die rechnerischen Nachweise des Schallschutzes (Bauteilekatalog) – Vorsatzkonstruktionen von massiven Bauteilen
DIN 4109-34/A1	01.12.2019	Schallschutz im Hochbau – Teil 34: Daten für die rechnerischen Nachweise des Schallschutzes (Bauteilkatalog) – Vorsatzkonstruktionen vor massiven Bauteilen, Änderung A1
DIN 4109-35	01.07.2016	Schallschutz im Hochbau – Teil 35: Daten für die rechnerischen Nachweise des Schallschutzes (Bauteilekatalog) – Elemente, Fenster, Türen, Vorhangfassaden

DIN 4109-35/A1	01.12.2019	Schallschutz im Hochbau – Teil 35: Daten für die rechnerischen Nachweise des Schallschutzes (Bauteilekatalog) – Elemente, Fenster, Türen, Vorhangfassaden; Änderung A1
DIN 4109-36	01.07.2016	Schallschutz im Hochbau – Teil 36: Daten für die rechnerischen Nachweise des Schallschutzes (Bauteilekatalog) – Gebäudetechnische Anlagen
DIN 4213	01.10.2015	Anwendung von vorgefertigten Bauteilen aus haufwerksporigem Leichtbeton mit statisch anrechenbarer oder nicht anrechenbarer Bewehrung in Bauwerken
DIN 4213/A1	01.08.2022	Anwendung von vorgefertigten Bauteilen aus haufwerksporigem Leichtbeton mit statisch anrechenbarer oder nicht anrechenbarer Bewehrung in Bauwerken
DIN 4420-1	01.03.2004	Arbeits- und Schutzgerüste – Teil 1: Schutzgerüste; Leistungsanforderungen, Entwurf, Konstruktion und Bemessung
DIN 4420-3	01.01.2006	Arbeits- und Schutzgerüste – Teil 3: Ausgewählte Gerüstbauarten und ihre Regelausführungen
DIN 4426	01.01.2017	Einrichtungen zur Instandhaltung baulicher Anlagen – Sicherheitstechnische Anforderungen an Arbeitsplätze und Verkehrswege – Planung und Ausführung
DIN 14094-2	01.04.2017	Feuerwehrwesen – Notleiteranlagen – Teil 2: Rettungswege auf flachen und geneigten Dächern
DIN 16726	01.08.2017	Kunststoffbahnen – Prüfungen
DIN 17611	01.08.2022	Anodisch oxidierte Erzeugnisse aus Aluminium und Aluminium-Knetlegierungen; Technische Lieferbedingungen
DIN 17640-1	01.02.2004	Bleilegierungen für allgemeine Verwendung
DIN 18014	01.06.2023	Erdungsanlagen für Gebäude – Planung, Ausführung und Dokumentation
DIN 18160-1	01.02.2023	Abgasanlagen – Teil 1: Planung und Ausführung
DIN 18160-5	01.04.2016	Abgasanlagen – Teil 5: Einrichtungen für Schornsteinfegerarbeiten; Anforderungen, Planung und Ausführung
DIN 18195	01.07.2017	Abdichtung von Bauwerken – Begriffe
DIN 18195 Bbl. 2	01.07.2017	Abdichtung von Bauwerken – Beiblatt 2: Hinweise zur Kontrolle und Prüfung der Schichtdicken von flüssig verarbeiteten Abdichtungsstoffen
DIN 18202	01.07.2019	Toleranzen im Hochbau – Bauwerke
DIN 18203-3	01.08.2008	Toleranzen im Hochbau; Bauteile aus Holz und Holzwerkstoffen
DIN 18234-1	01.05.2018 (E12.2022)	Baulicher Brandschutz großflächiger Dächer – Brandbeanspruchung von unten; Geschlossene Dachflächen – Anforderungen und Prüfungen;
DIN 18234-2	01.05.2018 (E12.2022)	Baulicher Brandschutz großflächiger Dächer – Brandbeanspruchung von unten; Verzeichnis von Dächern, welche die Anforderungen nach DIN 18234-1 erfüllen; Dachflächen
DIN 18234-3	01.05.2018 (E12.2022)	Baulicher Brandschutz großflächiger Dächer – Brandbeanspruchung von unten; Durchdringungen, Anschlüsse und Abschlüsse von Dachflächen – Anforderungen und Prüfung

DIN 18234-4	01.05.2018 (E12.2022)	Baulicher Brandschutz großflächiger Dächer – Brandbeanspruchung von unten; Verzeichnis von Durchdringungen, Anschlüssen und Abschlüssen von Dachflächen, welche ohne weiteren Nachweis die Anforderungen nach DIN 18234-3 erfüllen
DIN 18299	01.09.2023	VOB-Vergabe- und Vertragsordnung für Bauleistungen – VOB Vergabe- und Vertragsordnung für Bauleistungen – Teil C: Allgemeine Technische Vertragsbedingungen für Bauleistungen (ATV) – Allgemeine Regelungen für Bauarbeiten jeder Art
DIN 18300	01.09.2019	VOB Vergabe- und Vertragsordnung für Bauleistungen – Teil C: Allgemeine Technische Vertragsbedingungen für Bauleistungen (ATV) – Erdarbeiten
DIN 18301	01.09.2023	VOB Vergabe- und Vertragsordnung für Bauleistungen – Teil C: Allgemeine Technische Vertragsbedingungen für Bauleistungen (ATV) – Bohrarbeiten
DIN 18302	01.09.2023	VOB Vergabe- und Vertragsordnung für Bauleistungen- Teil C: Allgemeine Technische Vertragsbedingungen für Bauleistungen (ATV) – Arbeiten zum Ausbau von Bohrungen
DIN 18303	01.09.2016	VOB Vergabe- und Vertragsordnung für Bauleistungen- Teil C: Allgemeine Technische Vertragsbedingungen für Bauleistungen (ATV) – Verbauarbeiten
DIN 18304	01.09.2019	VOB Vergabe- und Vertragsordnung für Bauleistungen – Teil C: Allgemeine Technische Vertragsbedingungen für Bauleistungen (ATV) – Ramm-, Rüttel- und Pressarbeiten
DIN 18305	01.09.2019	VOB Vergabe- und Vertragsordnung für Bauleistungen – Teil C: Allgemeine Technische Vertragsbedingungen für Bauleistungen (ATV) – Wasserhaltungsarbeiten
DIN 18306	01.09.2016	VOB Vergabe- und Vertragsordnung für Bauleistungen – Teil C: Allgemeine Technische Vertragsbedingungen für Bauleistungen (ATV) – Entwässerungskanalarbeiten
DIN 18307	01.09.2016	VOB Vergabe- und Vertragsordnung für Bauleistungen- Teil C: Allgemeine Technische Vertragsbedingungen für Bauleistungen (ATV) – Druckrohrleitungsarbeiten außerhalb von Gebäuden
DIN 18308	01.09.2019	VOB Vergabe- und Vertragsordnung für Bauleistungen – Teil C: Allgemeine Technische Vertragsbedingungen für Bauleistungen (ATV) – Drän- und Versickerarbeiten
DIN 18309	01.09.2019	VOB Vergabe- und Vertragsordnung für Bauleistungen – Teil C: Allgemeine Technische Vertragsbedingungen für Bauleistungen (ATV) – Einpressarbeiten
DIN 18311	01.09.2019	VOB Vergabe- und Vertragsordnung für Bauleistungen – Teil C: Allgemeine Technische Vertragsbedingungen für Bauleistungen (ATV) – Nassbaggerarbeiten
DIN 18312	01.09.2019	VOB Vergabe- und Vertragsordnung für Bauleistungen – Teil C: Allgemeine Technische Vertragsbedingungen für Bauleistungen (ATV) – Untertagebauarbeiten
DIN 18313	01.09.2019	VOB Vergabe- und Vertragsordnung für Bauleistungen – Teil C: Allgemeine Technische Vertragsbedingungen für Bauleistungen (ATV) – Schlitzwandarbeiten mit stützenden Flüssigkeiten

DIN 18314	01.09.2016	VOB Vergabe- und Vertragsordnung für Bauleistungen – Teil C: Allgemeine Technische Vertragsbedingungen für Bauleistungen (ATV) – Spritzbetonarbeiten
DIN 18315	01.09.2023	VOB Vergabe- und Vertragsordnung für Bauleistungen – Teil C: Allgemeine Technische Vertragsbedingungen für Bauleistungen (ATV) – Verkehrswegebauarbeiten – Oberbauschichten ohne Bindemittel
DIN 18316	01.09.2019	VOB Vergabe- und Vertragsordnung für Bauleistungen – Teil C: Allgemeine Technische Vertragsbedingungen für Bauleistungen (ATV) – Verkehrswegebauarbeiten – Oberbauschichten mit hydraulischen Bindemitteln
DIN 18317	01.09.2019	VOB Vergabe- und Vertragsordnung für Bauleistungen – Teil C: Allgemeine Technische Vertragsbedingungen für Bauleistungen (ATV) – Verkehrswegebauarbeiten – Oberbauschichten aus Asphalt
DIN 18318	01.09.2019	VOB Vergabe- und Vertragsordnung für Bauleistungen – Teil C: Allgemeine Technische Vertragsbedingungen für Bauleistungen (ATV) – Verkehrswegebauarbeiten – Pflasterdecken und Plattenbeläge in ungebundener Ausführung, Einfassungen
DIN 18319	01.09.2019	VOB Vergabe- und Vertragsordnung für Bauleistungen – Teil C: Allgemeine Technische Vertragsbedingungen für Bauleistungen (ATV) – Rohrvortriebsarbeiten
DIN 18320	01.09.2019	VOB Vergabe- und Vertragsordnung für Bauleistungen – Teil C: Allgemeine Technische Vertragsbedingungen für Bauleistungen (ATV) – Landschaftsbauarbeiten
DIN 18321	01.09.2019	VOB Vergabe- und Vertragsordnung für Bauleistungen – Teil C: Allgemeine Technische Vertragsbedingungen für Bauleistungen (ATV) – Düsenstrahlarbeiten
DIN 18325	01.09.2019	VOB Vergabe- und Vertragsordnung für Bauleistungen – Teil C: Allgemeine Technische Vertragsbedingungen für Bauleistungen (ATV) – Gleisbauarbeiten
DIN 18330	01.09.2019	VOB Vergabe- und Vertragsordnung für Bauleistungen – Teil C: Allgemeine Technische Vertragsbedingungen für Bauleistungen (ATV) – Mauerarbeiten
DIN 18331	01.09.2019	VOB Vergabe- und Vertragsordnung für Bauleistungen – Teil C: Allgemeine Technische Vertragsbedingungen für Bauleistungen (ATV) – Betonarbeiten
DIN 18332	01.09.2023	VOB Vergabe- und Vertragsordnung für Bauleistungen – Teil C: Allgemeine Technische Vertragsbedingungen für Bauleistungen (ATV) – Naturwerksteinarbeiten
DIN 18333	01.09.2019	VOB Vergabe- und Vertragsordnung für Bauleistungen – Teil C: Allgemeine Technische Vertragsbedingungen für Bauleistungen (ATV) – Betonwerksteinarbeiten
DIN 18334	01.09.2023	VOB Vergabe- und Vertragsordnung für Bauleistungen – Teil C: Allgemeine Technische Vertragsbedingungen für Bauleistungen (ATV) – Zimmer- und Holzbauarbeiten
DIN 18335	01.09.2016	VOB Vergabe- und Vertragsordnung für Bauleistungen – Teil C: Allgemeine Technische Vertragsbedingungen für Bauleistungen (ATV) – Stahlbauarbeiten
DIN 18336	01.09.2023	VOB Vergabe- und Vertragsordnung für Bauleistungen – Teil C: Allgemeine Technische Vertragsbedingungen für Bauleistungen (ATV) – Abdichtungsarbeiten

DIN 18338	01.09.2019	VOB Vergabe- und Vertragsordnung für Bauleistungen – Teil C: Allgemeine Technische Vertragsbedingungen für Bauleistungen (ATV) – Dachdeckungs- und Dachabdichtungsarbeiten
DIN 18339	01.09.2019	VOB Vergabe- und Vertragsordnung für Bauleistungen – Teil C: Allgemeine Technische Vertragsbedingungen für Bauleistungen (ATV) – Klempnerarbeiten
DIN 18340	01.09.2023	VOB Vergabe- und Vertragsordnung für Bauleistungen – Teil C: Allgemeine Technische Vertragsbedingungen für Bauleistungen (ATV) – Trockenbauarbeiten
DIN 18349	01.09.2023	VOB Vergabe- und Vertragsordnung für Bauleistungen – Teil C: Allgemeine Technische Vertragsbedingungen für Bauleistungen (ATV) – Betonerhaltungsarbeiten
DIN 18350	01.09.2019	VOB Vergabe- und Vertragsordnung für Bauleistungen – Teil C: Allgemeine Technische Vertragsbedingungen für Bauleistungen (ATV) – Putz- und Stuckarbeiten
DIN 18351	01.09.2023	VOB Vergabe- und Vertragsordnung für Bauleistungen – Teil C: Allgemeine Technische Vertragsbedingungen für Bauleistungen (ATV) – Vorgehängte Hinterlüftete Fassaden
DIN 18352	01.09.2019	VOB Vergabe- und Vertragsordnung für Bauleistungen – Teil C: Allgemeine Technische Vertragsbedingungen für Bauleistungen (ATV) – Fliesen- und Plattenarbeiten
DIN 18353	01.09.2023	VOB Vergabe- und Vertragsordnung für Bauleistungen – Teil C: Allgemeine Technische Vertragsbedingungen für Bauleistungen (ATV) – Estricharbeiten
DIN 18354	01.09.2019	VOB Vergabe- und Vertragsordnung für Bauleistungen – Teil C: Allgemeine Technische Vertragsbedingungen für Bauleistungen (ATV) – Gussasphaltarbeiten
DIN 18355	01.09.2019	VOB Vergabe- und Vertragsordnung für Bauleistungen – Teil C: Allgemeine Technische Vertragsbedingungen für Bauleistungen (ATV) – Tischlerarbeiten
DIN 18356	01.09.2019	VOB Vergabe- und Vertragsordnung für Bauleistungen – Teil C: Allgemeine Technische Vertragsbedingungen für Bauleistungen (ATV) – Parkettarbeiten
DIN 18357	01.09.2019	VOB Vergabe- und Vertragsordnung für Bauleistungen – Teil C: Allgemeine Technische Vertragsbedingungen für Bauleistungen (ATV) – Beschlagarbeiten
DIN 18358	01.09.2019	VOB Vergabe- und Vertragsordnung für Bauleistungen – Teil C: Allgemeine Technische Vertragsbedingungen für Bauleistungen (ATV) – Rollladenarbeiten
DIN 18360	01.09.2019	VOB Vergabe- und Vertragsordnung für Bauleistungen – Teil C: Allgemeine Technische Vertragsbedingungen für Bauleistungen (ATV) – Metallbauarbeiten
DIN 18361	01.09.2023	VOB Vergabe- und Vertragsordnung für Bauleistungen – Teil C: Allgemeine Technische Vertragsbedingungen für Bauleistungen (ATV) – Verglasungsarbeiten
DIN 18363	01.09.2019	VOB Vergabe- und Vertragsordnung für Bauleistungen – Teil C: Allgemeine Technische Vertragsbedingungen für Bauleistungen (ATV) – Maler- und Lackierarbeiten – Beschichtungen

DIN 18364	01.09.2023	VOB Vergabe- und Vertragsordnung für Bauleistungen – Teil C: Allgemeine Technische Vertragsbedingungen für Bauleistungen (ATV) – Korrosionsschutzarbeiten an Stahlbauten
DIN 18365	01.09.2019	VOB Vergabe- und Vertragsordnung für Bauleistungen – Teil C: Allgemeine Technische Vertragsbedingungen für Bauleistungen (ATV) – Bodenbelagarbeiten
DIN 18366	01.09.2019	VOB Vergabe- und Vertragsordnung für Bauleistungen – Teil C: Allgemeine Technische Vertragsbedingungen für Bauleistungen (ATV) – Tapezierarbeiten
DIN 18379	01.09.2019	VOB Vergabe- und Vertragsordnung für Bauleistungen – Teil C: Allgemeine Technische Vertragsbedingungen für Bauleistungen (ATV) – Raumlufttechnische Anlagen
DIN 18380	01.09.2019	VOB Vergabe- und Vertragsordnung für Bauleistungen – Teil C: Allgemeine Technische Vertragsbedingungen für Bauleistungen (ATV) – Heizanlagen und zentrale Wassererwärmungsanlagen
DIN 18381	01.09.2019	VOB Vergabe- und Vertragsordnung für Bauleistungen – Teil C: Allgemeine Technische Vertragsbedingungen für Bauleistungen (ATV) – Gas-, Wasser- und Entwässerungsanlagen innerhalb von Gebäuden
DIN 18382	01.09.2023	VOB Vergabe- und Vertragsordnung für Bauleistungen – Teil C: Allgemeine Technische Vertragsbedingungen für Bauleistungen (ATV) – Nieder- und Mittelspannungsanlagen mit Nennspannungen bis 36 kV
DIN 18384	01.09.2019	VOB Vergabe- und Vertragsordnung für Bauleistungen – Teil C: Allgemeine Technische Vertragsbedingungen für Bauleistungen (ATV) – Blitzschutzanlagen
DIN 18385	01.09.2016	VOB Vergabe- und Vertragsordnung für Bauleistungen – Teil C: Allgemeine Technische Vertragsbedingungen für Bauleistungen (ATV) – Förderanlagen, Aufzugsanlagen, Fahrtreppen und Fahrsteige
DIN 18386	01.09.2019	VOB Vergabe- und Vertragsordnung für Bauleistungen – Teil C: Allgemeine Technische Vertragsbedingungen für Bauleistungen (ATV) – Gebäudeautomation
DIN 18421	01.09.2016	VOB Vergabe- und Vertragsordnung für Bauleistungen – Teil C: Allgemeine Technische Vertragsbedingungen für Bauleistungen (ATV) – Dämm- und Brandschutzarbeiten an technischen Anlagen
DIN 18448	01.09.2023	VOB Vergabe- und Vertragsordnung für Bauleistungen – Teil C: Allgemeine Technische Vertragsbedingungen für Bauleistungen (ATV) – Arbeiten an schadstoffbelasteten baulichen und technischen Anlagen
DIN 18451	01.09.2023	VOB Vergabe- und Vertragsordnung für Bauleistungen – Teil C: Allgemeine Technische Vertragsbedingungen für Bauleistungen (ATV) – Gerüstarbeiten
DIN 18462	01.07.1991	Rohrbögen für kreisförmige Regenfallrohre; Prüfung
DIN 18515-1	01.06.2023	Außenwandbekleidungen- Grundsätze für Planung und Ausführung – Teil 1: Angemörtelte Fliesen oder Platten
DIN 18516-1	01.06.2010	Außenwandbekleidungen, hinterlüftet; Anforderungen, Prüfgrundsätze
DIN 18516-3	01.05.2021	Außenwandbekleidungen, hinterlüftet – Teil 3: Naturwerkstein; Anforderungen, Bemessung

DIN 18516-5	01.05.2021	Außenwandbekleidungen, hinterlüftet – Teil 5: Betonwerkstein; Anforderungen, Bemessung
DIN 18531-1	01.07.2017	Abdichtung von Dächern sowie von Balkonen, Loggien und Laubengängen – Teil 1: Nicht genutzte und genutzte Dächer – Anforderungen, Planungs- und Ausführungsgrundsätze
DIN 18531-2	01.07.2017	Abdichtung von Dächern sowie von Balkonen, Loggien und Laubengängen – Teil 2: Nicht genutzte und genutzte Dächer – Stoffe
DIN 18531-3	01.07.2017	Abdichtung von Dächern sowie von Balkonen, Loggien und Laubengängen – Teil 3: Nicht genutzte und genutzte Dächer – Auswahl, Ausführung und Details
DIN 18531-4	01.07.2017	Abdichtung von Dächern sowie von Balkonen, Loggien und Laubengängen – Teil 4: Nicht genutzte und genutzte Dächer – Instandhaltung
DIN 18531-5	01.07.2017	Abdichtung von Dächern sowie von Balkonen, Loggien und Laubengängen – Teil 5: Balkone, Loggien und Laubengänge
DIN 18532-1	01.07.2017	Abdichtung von befahrbaren Verkehrsflächen aus Beton – Teil 1: Anforderungen, Planungs- und Ausführungsgrundsätze
DIN 18532-2	01.07.2017	Abdichtung von befahrbaren Verkehrsflächen aus Beton – Teil 2: Abdichtung mit einer Lage Polymerbitumen-Schweißbahn und einer Lage Gussasphalt
DIN 18532-3	01.07.2017	Abdichtung von befahrbaren Verkehrsflächen aus Beton – Teil 3: Abdichtung mit zwei Lagen Polymerbitumenbahnen
DIN 18532-3/A1	01.09.2018	Abdichtung von befahrbaren Verkehrsflächen aus Beton – Teil 3: Abdichtung mit zwei Lagen Polymerbitumenbahnen; Änderung A1
DIN 18532-3/A2	01.02.2021	Abdichtung von befahrbaren Verkehrsflächen aus Beton – Teil 3: Abdichtung mit zwei Lagen Polymerbitumenbahnen; Änderung A2
DIN 18532-4	01.07.2017	Abdichtung von befahrbaren Verkehrsflächen aus Beton – Teil 4: Abdichtung mit einer Lage Kunststoff- oder Elastomerbahn
DIN 18532-5	01.07.2017	Abdichtung von befahrbaren Verkehrsflächen aus Beton – Teil 5: Abdichtung mit einer Lage Polymerbitumenbahn und einer Lage Kunststoff- oder Elastomerbahn
DIN 18532-5/A1	01.09.2018	Abdichtung von befahrbaren Verkehrsflächen aus Beton – Teil 5: Abdichtung mit einer Lage Polymerbitumenbahn und einer Lage Kunststoff- oder Elastomerbahn; Änderung 1
DIN 18532-6	01.07.2017	Abdichtung von befahrbaren Verkehrsflächen aus Beton – Teil 6: Abdichtung mit flüssig zu verarbeitenden Abdichtungsstoffen
DIN 18533-1	01.07.2017 (E10.2023)	Abdichtung von erdberührten Bauteilen – Teil 1: Anforderungen, Planungs- und Ausführungsgrundsätze
DIN 18533-1/A1	01.09.2018	Abdichtung von erdberührten Bauteilen – Teil 1: Anforderungen, Planungs- und Ausführungsgrundsätze; Änderung A1
DIN 18533-2	01.07.2017 (E10.2023)	Abdichtung von erdberührten Bauteilen – Teil 2: Abdichtung mit bahnenförmigen Abdichtungsstoffen

DIN 18533-2/A1	01.11.2020	Abdichtung von erdberührten Bauteilen – Teil 2: Abdichtung mit bahnenförmigen Abdichtungsstoffen; A2
DIN 18533-3	01.07.2017 (E10.2023)	Abdichtung von erdberührten Bauteilen – Teil 3: Abdichtung mit flüssig zu verarbeitenden Abdichtungsstoffen
DIN 18533-3/A1	01.09.2018	Abdichtung von erdberührten Bauteilen – Teil 3: Abdichtung mit flüssig zu verarbeitenden Abdichtungsstoffen; Änderung A1
DIN 18534-1	01.07.2017	Abdichtung von Innenräumen - Teil 1: Anforderungen, Planungs- und Ausführungsgrundsätze
DIN 18534-2	01.07.2017	Abdichtung von Innenräumen - Teil 2: Abdichtung mit bahnenförmigen Abdichtungsstoffen
DIN 18534-3	01.07.2017	Abdichtung von Innenräumen - Teil 3: Abdichtung mit flüssig zu verarbeitenden Abdichtungsstoffen im Verbund mit Fliesen und Platten (AIV-F)
DIN 18534-4	01.07.2017	Abdichtung von Innenräumen - Teil 4: Abdichtung mit Gussasphalt oder Asphaltmix
DIN 18534-5	01.08.2017	Abdichtung von Innenräumen - Teil 5: Abdichtung mit bahnenförmigen Abdichtungsstoffen im Verbund mit Fliesen und Platten (AIV-P)
DIN 18534-5/A1	01.09.2018	Abdichtung von Innenräumen - Teil 5: Abdichtung mit bahnenförmigen Abdichtungsstoffen im Verbund mit Fliesen und Platten (AIV-P); Änderung A1
DIN 18534-6	01.08.2017	Abdichtung von Innenräumen - Teil 6: Abdichtung mit plattenförmigen Abdichtungsstoffen im Verbund mit Fliesen und Platten (AIV-P)
DIN 18535-1	01.07.2017	Abdichtung von Behältern und Becken - Teil 1: Anforderungen, Planungs- und Ausführungsgrundsätze
DIN 18535-2	01.07.2017	Abdichtung von Behältern und Becken - Teil 2: Abdichtung mit bahnenförmigen Abdichtungsstoffen
DIN 18535-2/A1	01.09.2019	Abdichtung von Behältern und Becken - Teil 2: Abdichtung mit bahnenförmigen Abdichtungsstoffen, Änderung 1
DIN 18535-3	01.07.2017	Abdichtung von Behältern und Becken - Teil 3: Abdichtung mit flüssig zu verarbeitenden Abdichtungsstoffen
DIN 18540	01.09.2014	Abdichten von Außenwandfugen im Hochbau mit Fugendichtstoffen
DIN 18542	01.04.2020	Imprägnierte Fugendichtungsbänder aus Schaumkunststoff zur Abdichtung von Außenwandfugen – Anforderungen und Prüfung
DIN 18550-1	01.01.2018	Planung, Zubereitung und Ausführung von Innen- und Außenputzen – Teil 1: Ergänzende Festlegungen zu DIN EN 13914-1 : 2016-09 für Außenputze
DIN 20000-1	01.06.2017	Anwendung von Bauprodukten in Bauwerken, Teil 1: Holzwerkstoffe
DIN 20000-5	01.01.2024	Anwendung von Bauprodukten in Bauwerken – Teil 5: Nach Festigkeit sortiertes Bauholz für tragende Zwecke mit rechteckigem Querschnitt
DIN 20000-6	01.02.2015	Anwendung von Bauprodukten in Bauwerken – Teil 6: Stiftförmige und nicht stiftförmige Verbindungsmittel nach DIN EN 14592 und DIN EN 14545

DIN 20000-403	01.11.2019	Anwendung von Bauprodukten in Bauwerken – Teil 403: Regeln für die Verwendung von Mauersteinen aus Beton (mit dichten und porigen Zuschlägen) nach DIN EN 771-3:2015-11
DIN 52102	01.10.2013	Prüfverfahren für Gesteinskörnungen; Bestimmung der Trockenrohdichte mit dem Messzylinderverfahren und Berechnung des Dichtigkeitsgrades
DIN 52117	01.11.2014	Rohfilzpappe; Begriff, Bezeichnung, Anforderungen
DIN 52123	01.06.2014	Prüfung von Bitumen- und Polymerbitumenbahnen
DIN 52129	01.11.2014	Nackte Bitumenbahnen; Begriff, Bezeichnung, Anforderungen
DIN 52144	01.11.2014	Abdichtungsbahnen – Nackte Bitumenbahnen – Werkseigene Produktionskontrolle
DIN 55634-1	01.03.2018	Beschichtungsstoffe und Überzüge – Korrosionsschutz von tragenden dünnwandigen Bauteilen aus Stahl – Teil 1: Anforderungen und Prüfverfahren
DIN 55634-2	01.03.2018	Beschichtungsstoffe und Überzüge – Korrosionsschutz von tragenden dünnwandigen Bauteilen aus Stahl – Teil 2: Überwachung und Zertifizierungsanforderungen
DIN 59231	01.11.2003	Wellbleche und Pfannenbleche, oberflächenveredelt – Maße, Masse und statische Werte
DIN 68119	01.04.2019	Holzschindeln
DIN 68364	01.05.2003	Kennwerte von Holzarten; Rohdichte, Elastizitätsmodul und Festigkeiten
DIN 68365	01.12.2008	Schnittholz für Zimmererarbeiten – Sortierung nach dem Ausehen – Nadelholz
DIN 68800-1	01.06.2019	Holzschutz – Teil 1: Allgemeines
DIN 68800-2	01.02.2022	Holzschutz Teil 2: Vorbeugende bauliche Maßnahmen im Hochbau
DIN 68800-3	01.03.2020	Holzschutz- Teil 3: Vorbeugender Schutz von Holz mit Holzschutzmitteln
DIN 68800-4	01.12.2020	Holzschutz – Teil 4: Bekämpfungsmaßnahmen gegen Holz zerstörende Pilze und Insekten und Sanierungsmaßnahmen
DIN EN 197-1	01.11.2011	Zement – Teil 1: Zusammensetzung, Anforderungen und Konformitätskriterien von Normalzement
DIN EN 197-2	01.10.2020	Zement – Teil 2: Bewertung und Überprüfung der Leistungsbeständigkeit
DIN EN 206	01.06.2021	Beton – Festlegung, Eingenschaften, Herstellung und Konformität
DIN EN 300	01.09.2006	Platten aus langen, flachen, ausgerichteten Spänen (OSB) – Definitionen, Klassifizierung und Anforderungen
DIN EN 312	01.12.2010	Spanplatten – Anforderungen
DIN EN 315	01.10.2000	Sperrholz – Maßtoleranzen
DIN EN 335	01.06.2013	Dauerhaftigkeit von Holz und Holzprodukten – Gebrauchsklassen: Definitionen, Anwendung bei Vollholz und Holzprodukten
DIN EN 336	01.12.2013	Bauholz für tragende Zwecke – Maße, zulässige Abweichungen
DIN EN 338	01.07.2016	Bauholz für tragende Zwecke – Festigkeitsklassen

DIN EN 350	01.12.2016	Dauerhaftigkeit von Holz und Holzprodukten – Prüfung und Klassifizierung der Dauerhaftigkeit von Holz und Holzprodukten gegen biologischen Angriff
DIN EN 350/Berichtigung 1	01.05.2017	Dauerhaftigkeit von Holz und Holzprodukten – Prüfung und Klassifizierung der Dauerhaftigkeit von Holz und Holzprodukten gegen biologischen Angriff; Berichtigung
DIN EN 354	01.11.2010	Persönliche Schutzausrüstung gegen Absturz – Verbindungsmittel
DIN EN 355	01.09.2002	Persönliche Schutzausrüstung gegen Absturz – Falldämpfer
DIN EN 358	01.02.2019	Persönliche Schutzausrüstung zur Arbeitsplatzpositionierung und zur Verhinderung von Abstürzen– Gurte und Verbindungsmittel zur Arbeitsplatzpositionierung oder zum Rückhalten
DIN EN 459-1	01.07.2015	Baukalk – Teil 1: Begriffe, Anforderungen und Konformitätskriterien
DIN EN 459-3	01.07.2015	Baukalk – Teil 3: Konformitätsbewertung
DIN EN 460	01.07.2023	Dauerhaftigkeit von Holz und Holzprodukten – Leitfaden zur Bestimmung der Leistungsfähigkeit
DIN EN 485-1	01.10.2016	Aluminium und Aluminiumlegierungen – Bänder, Bleche und Platten: Technische Lieferbedingungen
DIN EN 485-2	01.12.2018	Aluminium und Aluminiumlegierungen – Bänder, Bleche und Platten; Mechanische Eigenschaften
DIN EN 485-2/Beiblatt 1	01.11.1996	Aluminium und Aluminiumlegierungen – Bänder, Bleche und Platten; Mechanische Eigenschaften; Vergleich der Werkstoffzustands-Bezeichnungen
DIN EN 490	01.04.2017	Dach- und Formsteine aus Beton für Dächer und Wandbekleidungen; Produktspezifikationen
DIN EN 491	01.11.2011	Dach- und Formsteine aus Beton für Dächer und Wandbekleidungen; Prüfverfahren
DIN EN 492	01.07.2018	Faserzement-Dachplatten und dazugehörige Formteile – Produktspezifikation und Prüfverfahren
DIN EN 494	01.12.2015	Faserzement-Wellplatten und dazugehörige Formteile – Produktspezifikation und Prüfverfahren
DIN EN 495-5	01.08.2013	Abdichtungsbahnen – Bestimmung des Verhaltens beim Falzen bei tiefen Temperaturen – Teil 5: Kunststoff- und Elastomerbahnen für Dachabdichtungen;
DIN EN 501	01.11.1994	Dacheindeckungsprodukte aus Metallblech – Festlegung für vollflächig unterstützte Bedachungselemente aus Zinkblech
DIN EN 502	01.06.2013	Dachdeckungsprodukte aus Metallblech – Festlegungen für vollflächig unterstützte Bedachungselemente aus nichtrostendem Stahlblech
DIN EN 504	01.01.2000	Dachdeckungsprodukte aus Metallblech – Festlegungen für vollflächig unterstützte Bedachungselemente aus Kupferblech
DIN EN 505	01.06.2013	Dachdeckungsprodukte aus Metallblech – Festlegungen für vollflächig unterstützte Bedachungselemente aus Stahlblech
DIN EN 506	01.07.2009	Dachdeckungsprodukte aus Metallblech – Festlegungen für selbsttragende Bedachungselemente aus Kupfer- oder Zinkblech

DIN EN 507	01.10.2019	Dachdeckungs- und Wandbekleidungselemente aus Metallblech – Festlegungen für vollflächig unterstützte Bedachungselemente aus Aluminiumblech;
DIN EN 508-1	01.01.2022	Dachdeckungs- und Wandbekleidungsprodukte aus Metallblech – Spezifikation für selbsttragende Dachdeckungsprodukte aus Stahlblech, Aluminiumblech oder nichtrostendem Stahlblech – Teil 1: Stahl
DIN EN 508-2	01.10.2019	Dachdeckungs- und Wandbekleidungselemente aus Metallblech – Spezifikation für selbsttragende Bedachungselemente aus Stahlblech, Aluminiumblech oder nichtrostendem Stahlblech – Teil 2: Aluminium
DIN EN 508-3	01.12.2023	Dachdeckungsprodukte aus Metallblech – Festlegungen für selbsttragende Dachdeckungsprodukte aus Stahlblech, Aluminiumblech oder nichtrostendem Stahlblech; Nichtrostendes Stahlblech
DIN EN 516	01.04.2006	Vorgefertigte Zubehörteile für Dacheindeckungen – Einrichtungen zum Betreten des Daches – Laufstege, Trittflächen und Einzeltritte
DIN EN 517	01.05.2006	Vorgefertigte Zubehörteile für Dacheindeckungen – Sicherheitsdachhaken
DIN EN 534	01.07.2010 (E05.2020)	Bitumen-Wellplatten – Produktfestlegungen und Prüfverfahren
DIN EN 538	01.11.1994	Tondachziegel für überlappende Verlegung – Prüfung der Biegetragfähigkeit
DIN EN 539-1	01.12.2005	Dachziegel für überlappende Verlegung – Bestimmung der physikalischen Eigenschaften; Prüfung der Wasserundurchlässigkeit
DIN EN 539-2	01.08.2013	Dachziegel für überdeckende Verlegung – Bestimmung der physikalischen Eigenschaften: Prüfung der Frostwiderstandsfähigkeit
DIN EN 544	01.09.2011 (E08.2020)	Bitumenschindeln mit mineralhaltiger Einlage und/oder Kunststoffeinlage – Produktspezifikation und Prüfverfahren
DIN EN 573-1	01.02.2005	Aluminium und Aluminiumlegierungen – Chemische Zusammensetzung und Form von Halbzeug; Numerisches Bezeichnungssystem
DIN EN 573-3	01.09.2022	Aluminium und Aluminiumlegierungen – Chemische Zusammensetzung und Form von Halbzeug – Teil 3: Chemische Zusammensetzung und Erzeugnisformen
DIN EN 573-3/A2	01.05.2023	Aluminium und Aluminiumlegierungen – Chemische Zusammensetzung und Form von Halbzeug – Teil 3: Chemische Zusammensetzung und Erzeugnisformen
DIN EN 607	01.02.2005 (E08.2021)	Hängedachrinnen und Zubehörteile aus PVC-U – Begriffe, Anforderungen und Prüfung
DIN EN 612	01.04.2005	Hängedachrinnen mit Aussteifung der Rinnenvorderseite und Regenrohre aus Metallblech mit Nahtverbindungen
DIN EN 622-1	01.09.2003	Faserplatten – Anforderungen Teil 1: Allgemeine Anforderungen
DIN EN 622-2	01.07.2004	Faserplatten – Anforderungen; Anforderungen an harte Platten
DIN EN 622-2/Ber. 1	01.06.2006	Faserplatten – Anforderungen; Anforderungen an harte Platten

DIN EN 622-3	01.07.2004	Faserplatten – Anforderungen; Anforderungen an mittelharte Platten
DIN EN 622-4	01.08.2019 (E09.2023)	Faserplatten-Anforderungen, Anforderungen an poröse Platten
DIN EN 634-1	01.04.1995	Zementgebundene Spanplatten. Allgemeine Anforderungen
DIN EN 634-2	01.05.2007	Zementgebundene Spanplatten – Anforderungen – Teil 2: Anforderungen an Portlandzement (PZ) gebundene Spanplatten zur Verwendung im Trocken-, Feucht- und Außenbereich
DIN EN 636	01.05.2015	Sperrholz – Anforderungen
DIN EN 752	01.07.2017	Entwässerungssysteme außerhalb von Gebäuden – Kanalmanagement
DIN EN 771-1	01.11.2015	Festlegungen für Mauersteine – Teil 1: Mauerziegel
DIN EN 771-3	01.11.2015	Festlegungen für Mauersteine – Teil 3: Mauersteine aus Beton (mit dichten und porigen Zuschlägen)
DIN EN 795	01.10.2012 (E12.2022)	Persönliche Absturzschutzausrüstung – Anschlageinrichtungen
DIN EN 820-2	01.07.2003	Hochleistungskeramik – Prüfverfahren für monolithische Keramik – Thermomechanische Eigenschaften – Teil 2: Bestimmung der Verformung unter Eigengewicht
DIN EN 932-1	01.11.1996	Prüfverfahren für allgemeine Eigenschaften vo Gesteinskörnungen: Probenahmeverfahren
DIN EN 988	01.08.1996	Zink und Zinklegierungen – Anforderungen an gewalzte Flacherzeugnisse für das Bauwesen
DIN EN 992	01.09.1995	Bestimmung der Trockenrohdichte von haufwerksporigem Leichtbeton
DIN EN 998-1	01.02.2017	Festlegungen für Mörtel im Mauerwerksbau – Teil 1: Putzmörtel
DIN EN 998-2	01.02.2017	Festlegungen für Mörtel im Mauerwerksbau – Teil 2: Mauermörtel
DIN EN 1004-1	01.02.2021	Fahrbare Arbeitsbühnen aus vorgefertigten Bauteilen – Teil 1: Werkstoffe, Maße, Lastannahmen und sicherheitstechnische Anforderungen
DIN EN 1004-2	01.03.2022	Fahrbare Arbeitsbühnen - Teil 2: Regeln und Festlegungen für die Aufstellung einer Aufbau- und Verwendungsanleitung
DIN EN 1013	01.03.2015	Lichtdurchlässige, einschalige, profilierte Platten aus Kunststoff für Innen- und Außenanwendungen an Dächern, Wänden und Decken – Anforderungen und Prüfverfahren
DIN EN 1024	01.06.2012	Tondachziegel für überlappende Verlegung – Bestimmung der geometrischen Kennwerte
DIN EN 1026	01.09.2016	Fenster und Türen – Luftdurchlässigkeit – Prüfverfahren
DIN EN 1052-2	01.12.2018	Prüfverfahren für Mauerwerk – Teil 2: Bestimmung der Biegezugfestigkeit
DIN EN 1090-2	01.09.2018	Ausführung von Stahltragwerken und Aluminiumtragwerken - Teil 2: Technische Regeln für die Ausführung von Stahltragwerken
DIN EN 1090-3	01.07.2019	Ausführung von Stahltragwerken und Aluminiumtragwerken – Teil 3: Technische Regeln für die Ausführung von Aluminiumtragwerken

DIN EN 1090-4	01.06.2020	Ausführung von Stahltragwerken und Aluminiumtragwerken – Teil 4: Technische Anforderungen an tragende, kaltgeformte Bauelemente aus Stahl und tragende, kaltgeformte Bauteile für Dach-, Decken-, Boden- und Wandanwendungen
DIN EN 1090-5	01.06.2020	Ausführung von Stahltragwerken und Aluminiumtragwerken – Teil 5: Technische Anforderungen an tragende, kaltgeformte Bauelemente aus Aluminium und tragende, kaltgeformte Bauteile für Dach-, Decken-, Boden- und Wandanwendungen
DIN EN 1097-6	01.05.2022	Prüfverfahren für mechanische und physikalische Eigenschaften von Gesteinskörnungen – Teil 6: Bestimmung der Rohdichte und der Wasseraufnahme
DIN EN 1107-1	01.10.1999	Abdichtungsbahnen – Bestimmung der Maßhaltigkeit – Bitumenbahnen für Dachabdichtungen
DIN EN 1107-2	01.04.2001	Abdichtungsbahnen – Bestimmung der Maßhaltigkeit – Teil 2: Kunststoff-und Elastomerbahnen für Dachabdichtungen
DIN EN 1108	01.10.1999	Abdichtungsbahnen – Bitumenbahnen für Dachabdichtungen – Bestimmung der Formstabilität bei zyklischer Temperaturänderung
DIN EN 1109	01.07.2013	Abdichtungsbahnen – Bitumenbahnen für Dachabdichtungen – Bestimmung des Kaltbiegeverhaltens
DIN EN 1110	01.03.2011	Abdichtungsbahnen – Bitumenbahnen für Dachabdichtungen – Bestimmung der Wärmestandfestigkeit
DIN EN 1172	01.02.2012	Kupfer und Kupferlegierungen – Bleche und Bänder für das Bauwesen
DIN EN 1179	01.09.2003	Zink und Zinklegierungen – Primärzink
DIN EN 1253-1	01.03.2015	Abläufe für Gebäude – Teil 1: Anforderungen
DIN EN 1253-2	01.03.2015	Abläufe für Gebäude – Teil 2: Dachabläufe und Bodenabläufe ohne Geruchsverschluss
DIN EN 1253-3	01.09.2016	Abläufe für Gebäude - Teil 3: Bewertung der Konformität
DIN EN 1253-4	01.07.2016	Abläufe für Gebäude; Abdeckungen
DIN EN 1296	01.03.2001	Abdichtungsbahnen – Bitumen-, Kunststoff- und Elastomerbahnen für Dachabdichtungen- Verfahren zur künstlichen Alterung bei Dauerbeanspruchung durch erhöhte Temperatur
DIN EN 1297	01.12.2004	Abdichtungsbahnen – Bitumen-, Kunststoff- und Elastomerbahnen für Dachabdichtungen – Verfahren zur künstlichen Alterung bei kombinierter Dauerbeanspruchung durch UV-Strahlung, erhöhte Temperatur und Wasser
DIN EN 1304	01.08.2013	Dachziegel und Formziegel – Begriffe und Produktanforderungen
DIN EN 1339	01.08.2003	Platten aus Beton – Anforderungen und Prüfverfahren
DIN EN 1339 Berichtigung 1	01.11.2006	Platten aus Beton – Anforderungen und Prüfverfahren, Berichtigungen
DIN EN 1367-1	01.06.2007	Prüfverfahren für thermische Eigenschaften und Verwitterungsbeständigkeiten von Gesteinskörnungen – Bestimmung des Widerstandes gegen Frost-Tau-Wechsel
DIN EN 1462	01.12.2004	Rinnenhalter für Hängedachrinnen – Anforderungen und Prüfung

DIN EN 1520	01.06.2011	Vorgefertigte Bauteile aus haufwerksporigem Leichtbeton mit statisch anrechenbarer oder nicht anrechenbarer Bewehrung
DIN EN 1542	01.07.1999	Produkte und Systeme für den Schutz und die Instandsetzung von Betontragwerken – Prüfverfahren – Messung der Haftfestigkeit im Abreißversuch
DIN EN 1548	01.11.2007	Abdichtungsbahnen – Kunststoff- und Elastomerbahnen für Dachabdichtungen – Verhalten nach Lagerung auf Bitumen
DIN EN 1610	01.12.2015	Verlegung und Prüfung von Abwasserleitungen und -kanälen
DIN EN 1610/Ber. 1	01.09.2016	Einbau und Prüfung von Abwasserleitungen und -kanälen; Berichtigung zu DIN EN 1610:2015-12
DIN EN 1652	01.03.1998	Kupfer- und Kupferlegierungen – Platten, Bleche, Bänder, Streifen und Ronden zur allgemeinen Verwendung
DIN EN 1844	01.08.2013	Abdichtungsbahnen – Verhalten bei Ozonbeanspruchung – Kunststoff- und Elastomerbahnen für Dachabdichtungen
DIN EN 1847	01.04.2010	Abdichtungsbahnen – Bestimmung der Einwirkung von Flüssigchemikalien einschließlich Wasser – Kunststoff- und Elastomerbahnen für Dachabdichtungen
DIN EN 1848-1	01.12.1999 (E09.2023)	Abdichtungsbahnen – Bestimnung der Länge, Breite Geradheit und Planlage – Teil 1: Bitumenbahnen für Dachabdichtungen
DIN EN 1848-2	01.09.2001	Abdichtungsbahnen – Bestimmung der Länge, Breite, Geradheit und Planlage – Teil 2: Kunststoff- und Elastomerbahnen für Dachabdichtungen
DIN EN 1849-1	01.01.2000	Abdichtungsbahnen – Bestimmung der Dicke und der flächenbezogenen Masse – Teil 1: Bitumenbahnen für Dachabdichtungen
DIN EN 1849-2	01.09.2019	Abdichtungsbahnen – Bestimmung der Dicke und der flächenbezogenen Masse – Teil 2: Kunststoff- und Elastomerbahnen für Dachabdichtungen
DIN EN 1850-1	01.12.1999	Abdichtungsbahnen – Bestimmung sichtbarer Mängel – Teil 1: Bitumenbahnen für Dachabdichtungen
DIN EN 1850-2	01.09.2001	Abdichtungsbahnen – Bestimmung sichtbarer Mängel – Teil 2: Kunststoff- und Elastomerbahnen für Dachabdichtungen
DIN EN 1873	01.07.2016	Vorgefertigte Zubehörteile für Dacheindeckungen – Lichtkuppeln aus Kunststoff; Produktspezifikation und Prüfverfahren
DIN EN 1912	01.10.2013 (E11.2022)	Bauholz für tragende Zwecke – Festigkeitsklassen – Zuordnung von visuellen Sortierklassen und Holzarten
DIN EN 1928	01.07.2000	Abdichtungsbahnen – Bitumen-, Kunststoff- und Elastomerbahnen für Dachabdichtungen – Bestimmung der Wasserdichtheit
DIN EN 1931	01.03.2001	Abdichtungsbahnen – Bitumen-, Kunststoff- und Elastomerbahnen für DachabdichtungenBestimmung der Wasserdampfdurchlässigkeit
DIN EN 1990	01.10.2021	Eurocode: Grundlagen der Tragwerksplanung
DIN EN 1990/NA	01.12.2010	Nationaler Anhang – National festgelegte Parameter – Eurocode: Grundlagen der Tragwerksplanung

DIN EN 1990/NA/A1	01.05.2023	Nationaler Anhang – National festgelegte Parameter – Eurocode: Grundlagen der Tragwerksplanung
DIN EN 1991-1-1	01.12.2010 (E04.2023)	Eurocode 1: Einwirkungen auf Tragwerke – Teil 1-1: Allgemeine Einwirkungen auf Tragwerke – Wichten, Eigengewicht und Nutzlasten im Hochbau
DIN EN 1991-1-1/NA	01.12.2010	Nationaler Anhang – National festgelegte Parameter – Eurocode 1: Einwirkungen auf Tragwerke – Teil 1-1: Allgemeine Einwirkungen auf Tragwerke – Wichten, Eigengewicht und Nutzlasten im Hochbau
DIN EN 1991-1-1/NA/A1	01.05.2015	Nationaler Anhang – National festgelegte Parameter – Eurocode 1: Einwirkungen auf Tragwerke – Teil 1-1: Allgemeine Einwirkungen auf Tragwerke – Wichten, Eigengewicht und Nutzlasten im Hochbau; Änderung A1
DIN EN 1991-1-2	01.12.2010 (E10.2021)	Eurocode 1: Einwirkungen auf Tragwerke – Teil 1-2: Allgemeine Einwirkungen – Brandeinwirkungen auf Tragwerke
DIN EN 1991-1-2_ber 1	01.08.2013	Eurocode 1: Einwirkungen auf Tragwerke – Teil 1-2: Allgemeine Einwirkungen – Brandeinwirkungen auf Tragwerke
DIN EN 1991-1-2/NA	01.09.2015	Nationaler Anhang – National festgelegte Parameter – Eurocode 1: Einwirkungen auf Tragwerke – Teil 1-2: Allgemeine Einwirkungen – Brandeinwirkungen auf Tragwerke
DIN EN 1991-1-3	01.12.2010	Eurocode 1: Einwirkungen auf Tragwerke – Teil 1-3: Allgemeine Einwirkungen, Schneelasten
DIN EN 1991-1-3/A1	01.12.2015	Eurocode 1: Einwirkungen auf Tragwerke – Teil 1-3: Allgemeine Einwirkungen, Schneelasten
DIN EN 1991-1-3/NA	01.04.2019	Eurocode 1: Einwirkungen auf Tragwerke – Teil 1-3: Allgemeine Einwirkungen, Schneelasten
DIN EN 1991-1-4	01.12.2010	Eurocode 1: Einwirkungen auf Tragwerke – Teil 1-4: Einwirkungen auf Tragwerke, Allgemeine Einwirkungen, Windlasten
DIN EN 1991-1-4/NA	01.02.2023	Eurocode 1: Einwirkungen auf Tragwerke – Teil 1-4: Einwirkungen auf Tragwerke, Allgemeine Einwirkungen, Windlasten
DIN EN 1992-1-1	01.01.2011 (E10.2021)	Eurocode 2: Bemessung und Konstruktion von Stahlbeton- und Spannbetontragwerken – Teil 1-1: Allgemeine Bemessungsregeln und Regeln für den Hochbau
DIN EN 1992-1-1/A1	01.03.2015	Eurocode 2: Bemessung und Konstruktion von Stahlbeton- und Spannbetontragwerken – Teil 1-1: Allgemeine Bemessungsregeln und Regeln für den Hochbau
DIN EN 1992-1-1/NA	01.04.2013	Nationaler Anhang - National festgelegte Parameter - Eurocode 2: Bemessung und Konstruktion von Stahlbeton- und Spannbetontragwerken - Teil 1-1: Allgemeine Bemessungsregeln und Regeln für den Hochbau
DIN EN 1992-1-1/NA/A1	01.12.2015	Nationaler Anhang – National festgelegte Parameter – Eurocode 2: Bemessung und Konstruktion von Stahlbeton- und Spannbetontragwerken – Teil 1-1: Allgemeine Bemessungsregeln und Regeln für den Hochbau; Änderung A1
DIN EN 1993-1-3	01.12.2010 (E03.2022)	Eurocode 3: Bemessung und Konstruktion von Stahlbauten- Teil 1-3: Allgemeine Regeln – Ergänzende Regeln für kaltgeformte Bauteile und Bleche
DIN EN 1993-1-3/NA	01.05.2017	Nationaler Anhang – National festgelegte Parameter – Eurocode 3: Bemessung und Konstruktion von Stahlbauten- Teil 1-3: Allgemeine Regeln – Ergänzende Regeln für kaltgeformte Bauteile und Bleche

DIN EN 1993-1-4	01.10.2015	Eurocode 3: Bemessung und Konstruktion von Stahlbauten – Teil 1-4: Allgemeine Bemessungsregeln – Ergänzende Regeln zur Anwendung von nichtrostenden Stählen
DIN EN 1993-1-4/A2	01.02.2021	Eurocode 3: Bemessung und Konstruktion von Stahlbauten – Teil 1-4: Allgemeine Bemessungsregeln – Ergänzende Regeln zur Anwendung von nichtrostenden Stählen
DIN EN 1993-1-4/NA	01.11.2020	Nationaler Anhang – National festgelegt Parameter – Eurocode 3: Bemessung und Konstruktion von Stahlbauten – Teil 1-4: Allgemeine Bemessungsregeln – Ergänzende Regeln zur Anwendung von nichtrostenden Stählen
DIN EN 1995-1-1	01.12.2010 (E10.2023)	"Eurocode 5: Bemessung und Konstruktion von Holzbauten – Teil 1-1: Allgemeines – Allgemeine Regeln und Regeln für den Hochbau "
DIN EN 1995-1-1/A2	01.07.2014	Eurocode 5: Bemessung und Konstruktion von Holzbauten – Teil 1-1: Allgemeines – Allgemeine Regeln und Regeln für den Hochbau
DIN EN 1995-1-1/NA	01.08.2013	Nationaler Anhang – National festgelegte Parameter – Eurocode 5: Bemessung und Konstruktion von Holzbauten – Teil 1-1: Allgemeines – Allgemeine Regeln und Regeln für den Hochbau
DIN EN 1996-1-1	01.02.2013 (E09.2019)	Eurocode 6: Bemessung und Konstruktion von Mauerwerksbauten; Teil 1-1: Allgemeine Regeln für bewehrte und unbewehrtes Mauerwerk
DIN EN 1996-1-1/NA	01.12.2019	Nationaler Anhang – national festgelegte Paramenter- Teil 1-1: Eurocode 6: Bemessung und Konstruktion von Mauerwerksbauten – Teil 1-1: allgemeine Regeln für bewehrtes und unbewehrtes Mauerwerk
DIN EN 1999-1-1	01.03.2014 (E04.2021)	Eurocode 9: Bemessung und Konstruktion von Aluminiumtragwerken – Teil 1-1: Allgemeine Bemessungsregeln
DIN EN 1999-1-1/NA	01.03.2021	Nationaler Anhang – National festgelegte Parameter – Eurocode 9: Bemessung und Konstruktion von Aluminiumtragwerken – Teil 1-1: Allgemeine Bemessungsregeln
DIN EN 1999-1-4	01.05.2010 (E04.2021)	Eurocode 9 – Bemessung und Konstruktion von Aluminiumtragwerken – Teil 1-4: Kaltgeformte Profiltafeln
DIN EN 1999-1-4/A1	01.11.2011	Eurocode 9: Bemessung und Konstruktion von Aluminiumtragwerken – Teil 1-4: Kaltgeformte Profiltafeln
DIN EN 1999-1-4/NA	01.10.2017	Eurocode 9 – Bemessung und Konstruktion von Aluminiumtragwerken – Teil 1-4: Kaltgeformte Profiltafeln
DIN EN 10025-1	01.02.2005 (E04.2011)	Warmgewalzte Erzeugnisse aus Baustählen – Teil 1: Allgemeine technische Lieferbedingungen
DIN EN 10025-2	01.10.2019	Warmgewalzte Erzeugnisse aus Baustählen – Teil 2: Technische Lieferbedingungen für unlegierte Baustähle
DIN EN 10027-2	01.07.2015	Bezeichnungssysteme für Stähle – Teil 2: Nummernsystem
DIN EN 10088-1	01.12.2014 (E01.2022)	Nichtrostende Stähle – Teil 1: Verzeichnis der nichtrostenden Stähle
DIN EN 10088-2	01.12.2014 (E01.2022)	Nichtrostende Stähle – Teil 2: Technische Lieferbedingungen für Blech und Band aus korrosionsbeständigen Stählen für allgemeine Verwendung

DIN EN 10088-3	01.12.2014 (E01.2022)	Nichtrostende Stähle – Teil 3: Technische Lieferbedingungen für Halbzeug, Stäbe, Walzdraht, gezogenen Draht, Profile und Blankstahlerzeugnisse aus korrosionsbeständigen Stählen für allgemeine Verwendung
DIN EN 10130	01.02.2007	Kaltgewalzte Flacherzeugnisse aus weichen Stählen zum Kaltumformen – Technische Lieferbedingungen
DIN EN 10130/Ber 1	01.04.2007	Kaltgewalzte Flacherzeugnisse aus weichen Stählen zum Kaltumformen – Technische Lieferbedingungen
DIN EN 10204	01.01.2005	Metallische Erzeugnisse – Arten von Prüfbescheinigungen
DIN EN 10230-1	01.01.2000	Nägel aus Stahldraht; Lose Nägel für allgemeine Verwendungszwecke
DIN EN 10297-1	01.06.2003	Nahtlose kreisförmige Stahlrohre für den Maschinenbau und allgemeine technische Anwendungen – Technische Lieferbedingungen: Rohre aus unlegierten und legierten Stählen
DIN EN 10297-2	01.02.2006	Nahtlose kreisförmige Stahlrohre für den Maschinenbau und allgemeine technische Anwendungen – Technische Lieferbedingungen: Rohre aus nichtrostenden Stählen
DIN EN 10297-2/Berichtigung 1	01.06.2007	Nahtlose kreisförmige Stahlrohre für den Maschinenbau und allgemeine technische Anwendungen – Technische Lieferbedingungen: Rohre aus nichtrostenden Stählen
DIN EN 10312	01.12.2005	Geschweißte Rohre aus nichtrostendem Stahl für den Transport von Wasser und anderen wässrigen Flüssigkeiten – Technische Lieferbedingungen
DIN EN 10346	01.10.2015	Kontinuierlich schmelztauchveredelte Flacherzeugnisse aus Stahl zum Kaltumformen – Technische Lieferbedingungen
DIN EN 12039	01.05.2017	Abdichtungsbahnen – Bitumenbahnen für Dachabdichtungen — Bestimmung der Bestreuungshaftung
DIN EN 12056-1	01.01.2001	Schwerkraftentwässerungsanlagen innerhalb von Gebäuden; Allgemeine und Ausführungsanforderungen
DIN EN 12056-2	01.01.2001	Schwerkraftentwässerungsanlagen innerhalb von Gebäuden, Schmutzwasseranlagen; Planung und Berechnung
DIN EN 12056-3	01.01.2001	Schwerkraftentwässerungsanlagen innerhalb von Gebäuden; Dachentwässerung; Planung und Berechnung;
DIN EN 12056-4	01.01.2001	Schwerkraftentwässerungsanlagen innerhalb von Gebäuden; Abwasserhebeanlagen; Planung und Bemessung
DIN EN 12056-5	01.01.2001	Schwerkraftentwässerungsanlagen innerhalb von Gebäuden; Installation und Prüfung, Anleitung für Betrieb, Wartung und Gebrauch
DIN EN 12158-1	01.04.2022	Bauaufzüge für den Materialtransport – Teil 1: Aufzüge mit betretbarer Plattform
DIN EN 12158-2	01.04.2011	Bauaufzüge für den Materialtransport – Teil 2: Schrägaufzüge mit nicht betretbaren Lastaufnahmemitteln
DIN EN 12159	01.03.2013 (E11.2020)	Bauaufzüge zur Personen- und Materialbeförderung mit senkrecht geführten Fahrkörben
DIN EN 12163	01.11.2016 (E09.2022)	Kupfer und Kupferlegierungen – Stangen zur allgemeinen Verwendung
DIN EN 12164	01.11.2016 (E09.2022)	Kupfer und Kupferlegierungen – Stangen für die spanende Bearbeitung
DIN EN 12165	01.11.2016 (E09.2022)	Kupfer und Kupferlegierungen – Vormaterial für Schmiedestücke

DIN EN 12166	01.11.2016 (E09.2022)	Kupfer und Kupferlegierungen – Drähte zur allgemeinen Verwendung
DIN EN 12167	01.11.2016 (E09.2022)	Kupfer und Kupferlegierungen – Profile und Rechteckstangen zur allgemeinen Verwendung
DIN EN 12168	01.11.2016 (E09.2022)	Kupfer und Kupferlegierungen – Hohlstangen für die spanende Bearbeitung
DIN EN 12207	01.03.2017	Fenster und Türen – Luftdurchlässigkeit – Klassifizierung
DIN EN 12310-1	01.11.1999 (E09.2023)	Abdichtungsbahnen – Bitumenbahnen für Dachabdichtungen — Bestimmung des Weiterreißwiderstandes (Nagelschaft)
DIN EN 12310-2	01.02.2019	Abdichtungsbahnen – Bestimmung des Widerstandes gegen Weiterreißen – Teil 2: Kunststoff- und Elastomerbahnen für Dachabdichtungen
DIN EN 12311-1	01.11.1999	Abdichtungsbahnen – Bitumenbahnen für Dachabdichtungen — Bestimmung des Zug-Dehnungsverhaltens
DIN EN 12311-2	01.11.2013	Abdichtungsbahnen – Bestimmung des Zug-Dehnungsverhaltens – Teil 2: Kunststoff- und Elastomerbahnen für Dachabdichtungen
DIN EN 12316-1	01.11.1999	Abdichtungsbahnen – Bitumenbahnen für Dachabdichtungen —Bestimmung des Schälwiderstandes der Fügenähte
DIN EN 12316-2	01.08.2013	Abdichtungsbahnen – Bestimmung des Schälwiderstandes der Fügenähte – Teil 2: Kunststoff- und Elastomerbahnen für Dachabdichtungen
DIN EN 12317-1	01.11.1999	Abdichtungsbahnen – Bitumenbahnen für Dachabdichtungen — Bestimmung des Scherwiderstandes der Fügenähte
DIN EN 12317-2	01.12.2010	Abdichtungsbahnen – Bestimmung des Scherwiderstandes der Fügenähte – Teil 2: Kunststoff- und Elastomerbahnen für Dachabdichtungen
DIN EN 12326-1	01.11.2014	Schiefer und andere Natursteinprodukte für überlappende Dachdeckungen und Außenwandbekleidungen – Produktspezifikation
DIN EN 12326-2	01.09.2011	Schiefer und andere Natursteinprodukte für überlappende Dachdeckungen und Außenwandbekleidungen; Prüfverfahren
DIN EN 12371	01.07.2010	Prüfverfahren für Naturstein – Bestimmung des Frostwiderstandees
DIN EN 12372	01.05.2022	Prüfverfahren für Naturstein – Bestimmung der Biegefestigkeit unter Mittellinienlast
DIN EN 12467	01.07.2018	Faserzement-Tafeln – Produktspezifikation und Prüfverfahren
DIN EN 12588	01.03.2007	Blei- und Bleilegierungen – Gewalzte Bleche aus Blei für das Bauwesen
DIN EN 12602	01.12.2016	Vorgefertigte bewehrte Bauteile aus dampfgehärtetem Porenbeton
DIN EN 12620	01.07.2008	Gesteinskörnungen für Beton
DIN EN 12664	01.05.2001	Wärmetechnisches Verhalten von Baustoffen und Bauprodukten – Bestimmung des Wärmedurchlasswiderstandes nach dem Verfahren mit dem Plattengerät und dem Wärmestrommessplatten-Gerät – Trockene und feuchte Produkte mit mittlerem und niedrigem Wärmedurchlasswiderstand

DIN EN 12667	01.05.2001	Wärmetechnisches Verhalten von Baustoffen und Bauprodukten – Bestimmung des Wärmedurchlasswiderstandes nach dem Verfahren mit dem Plattengerät und dem Wärmestrommessplatten-Gerät – Produkte mit hohem und mittleren Wärmedurchlasswiderstand
DIN EN 12691	01.05.2018	Abdichtungsbahnen – Bitumen-, Kunststoff- und Elastomerbahnen für Dachabdichtungen – Bestimmung des Widerstandes gegen stoßartige Belastung
DIN EN 12730	01.06.2015	Abdichtungsbahnen – Bitumen-, Kunststoff- und Elastomerbahnen für Dachabdichtungen – Bestimmung des Widerstandes gegen statische Belastung
DIN EN 12810-1	01.03.2004	Fassadengerüste aus vorgefertigten Bauteilen – Teil 1: Produktfestlegungen
DIN EN 12810-2	01.03.2004	Fassadengerüste aus vorgefertigten Bauteilen – Teil 2: Besondere Bemessungsverfahren und Nachweise
DIN EN 12811-1	01.03.2004	Temporäre Konstruktionen für Bauwerke – Arbeitsgerüste; Leistungsanforderungen, Entwurf, Konstruktion und Bemessung
DIN EN 12811-2	01.04.2004	Temporäre Konstruktionen für Bauwerke – Informationen zu den Werkstoffen
DIN EN 12812	01.12.2008	Traggerüste – Anforderungen, Bemessung und Entwurf
DIN EN 12939	01.02.2001	Wärmetechnisches Verhalten von Baustoffen und Bauprodukten – Bestimmung des Wärmedurchlasswiderstandes nach dem Verfahren mit dem Plattengerät und dem Wärmestrommessplatten-Gerät – Dicke Produkte mit hohem und mittleren Wärmedurchlasswiderstand
DIN EN 12970	01.02.2001	Gussasphalt und Asphaltmastix für Abdichtungen Definitionen, Anforderungen und Prüfverfahren
DIN EN 13036-1	01.10.2010	Oberflächeneingenschaften von Straßen und Flugplätzen – Prüfverfahren – Teil 1: Messung der Makrotexturtiefe der Fahrbahnoberfläche mit Hilfe eines volumetrischen Verfahrens
DIN EN 13111	01.11.2010	Abdichtungsbahnen- Unterdeck- und Unterspannbahnen für Dachdeckungen und Wände – Bestimmung des Widerstandes gegen Wasserdurchgang
DIN EN 13161	01.08.2008	Prüfverfahren für Naturstein – Bestimmung der Biegefestigkeit unter Drittellinienlast
DIN EN 13162	01.04.2015	Wärmedämmstoffe für Gebäude – Werkmäßig hergestellte Produkte aus Mineralwolle (MW) – Spezifikation
DIN EN 13163	01.02.2017	Wärmedämmstoffe für Gebäude - Werkmäßig hergestellte Produkte aus expandiertem Polystyrol (EPS) - Spezifikation
DIN EN 13164	01.04.2015	Wärmedämmstoffe für Gebäude – Werkmäßig hergestellte Produkte aus extrudiertem Polystyrolschaum (XPS) – Spezifikation
DIN EN 13165	01.09.2016	Wärmedämmstoffe für Gebäude – Werkmäßig hergestellte Produkte aus Polyurethan-Hartschaum (PU) – Spezifikation
DIN EN 13166	01.09.2016	Wärmedämmstoffe für Gebäude – Werkmäßig hergestellte Produkte aus Phenolharzschaum (PF) – Spezifikation
DIN EN 13167	01.04.2015	Wärmedämmstoffe für Gebäude – Werkmäßig hergestellte Produkte aus Schaumglas (CG) – Spezifikation

DIN EN 13168	01.04.2015	Wärmedämmstoffe für Gebäude – Werkmäßig hergestellte Produkte aus Holzwolle (WW)- Spezifikation
DIN EN 13169	01.04.2015	Wärmedämmstoffe für Gebäude – Werkmäßig hergestellte Produkte aus Blähperlit (EPB) – Spezifikation
DIN EN 13170	01.04.2015	Wärmedämmstoffe für Gebäude – Werkmäßig hergestellte Produkte aus expandiertem Kork (ICB) – Spezifikation
DIN EN 13171	01.04.2015	Wärmedämmstoffe für Gebäude – Werkmäßig hergestellte Produkte aus Holzfasern(WF) – Spezifikation
DIN EN 13172	01.04.2012 (E04.2023)	Wärmedämmstoffe-Konformitätsbewertung
DIN EN 13183-2	01.07.2002	Feuchtegehalt eines Stückes Schnittholzes – Teil 2: Schätzung durch elektrisches Widerstands-Messverfahren
DIN EN 13183-2/Berichtigung 1	01.12.2003	Berichtigungen zu DIN EN 13183-2:2002-07
DIN EN 13353	01.09.2022	Massivholzplatten (SWP) – Anforderungen
DIN EN 13416	01.12.2023	Abdichtungsbahnen – Bitumen-, Kunststoff- und Elastomerbahnen für Dachabdichtungen – Regeln für die Probenentnahme
DIN EN 13494	01.11.2019	Wärmedämmstoffe für das Bauwesen – Bestimmung der Haftzugfestigkeit zwischen Klebemasse/Klebemörtel und Wärmedämmstoff sowie zwischen Unterputz und Wärmedämmstoff
DIN EN 13495	01.11.2019	Wärmedämmstoffe für das Bauwesen – Bestimmung der Abreißfestigkeit von außenseitigen Wärmedämmverbundsystemem (WDVS) (Schaumblock-Verfahren)
DIN EN 13496	01.12.2013 (E11.2021)	Wärmedämmstoffe für das Bauwesen – Bestimmung der mechanischen Eigenschaften von Glasfasergewebe als Armierung für außenseitige Wärmedämm-Verbundsysteme mit Putz (WDVS)
DIN EN 13497	01.03.2021	Wärmedämmstoffe für das Bauwesen – Bestimmung der Schlagfestigkeit von außenseitigen Wärmedämm-Verbundsystemen (WDVS)
DIN EN 13498	01.02.2003	Wärmedämmstoffe für das Bauwesen – Bestimmung des Eindringwiderstandes von außenseitigen Wärmedämm-Verbundsystemen (WDVS)
DIN EN 13501-1	01.05.2019	Klassifizierung von Bauprodukten und Bauarten zu ihrem Brandverhalten; Klassifizierung mit den Ergebnissen aus den Prüfungen zum Brandverhalten von Bauprodukten
DIN EN 13501-2	01.12.2023	Klassifizierung von Bauprodukten und Bauarten zu ihrem Brandverhalten – Teil 2: : Klassifizierung mit den Ergebnissen aus den Feuerwiderstandsprüfungen und/oder Rauchschutzprüfungen, mit Ausnahme von Lüftungsanlagen
DIN EN 13501-3	01.02.2010 (E10.2023)	Klassifizierung von Bauprodukten und Bauarten zu ihrem Brandverhalten: Klassifizierung mit den Ergebnissen aus den Feuerwiderstandsprüfungen, mit Ausnahme von Lüftungsanlagen
DIN EN 13501-5	01.12.2016	Klassifizierung von Bauprodukten und Bauarten zu ihrem Brandverhalten; Klassifizierung mit den Ergebnissen aus Prüfungen von Bedachungen bei Beanspruchung durch Feuer von außen
DIN EN 13583	01.10.2012	Abdichtungsbahnen – Bitumen-, Kunststoff- und Elastomerbahnen – Bestimmung des Widerstandes gegen Hagelschlag

DIN EN 13707	01.12.2013	Abdichtungsbahnen – Bitumenbahnen mit Trägereinlage für Dachabdichtungen – Definitionen und Eigenschaften
DIN EN 13755	01.08.2008	Prüfverfahren für Naturstein – Bestimmung der Wasseraufnahme unter atmosphärischem Druck
DIN EN 13793	01.12.2003	Wärmedämmstoffe für das Bauwesen – Bestimmungen des Verhaltens unter zyklischer Belastung
DIN EN 13820	01.12.2003	Wärmedämmstoffe für das Bauwesen – Bestimmung des Gehalts an organischen Bestandteilen
DIN EN 13823	01.04.2023	Prüfungen zum Brandverhalten von Bauprodukten – Thermische Beanspruchung durch einen einzelnen brennenden Gegenstand für Bauprodukte mit Ausnahme von Bodenbelägen
DIN EN 13859-1	01.07.2014	Abdichtungsbahnen – Definitionen und Eigenschaften von Unterdeck- und Unterspannbahnen; Unterdeck- und Unterspannbahnen für Dachdeckungen
DIN EN 13859-2	01.07.2014	Abdichtungsbahnen – Definitionen und Eigenschaften von Unterdeck- und Unterspannbahnen; Unterdeck-und Unterspannbahnen für Wände
DIN EN 13897	01.02.2005	Abdichtungsbahnen – Bitumen-, Kunststoff- und Elastomerbahnen für Dachabdichtungen – Bestimmung der Wasserdichtheit nach Dehnung bei niedriger Temperatur
DIN EN 13948	01.01.2008	Abdichtungsbahnen – Bitumen-, Kunststoff- und Elastomerbahnen für Dachabdichtungen; Bestimmung des Widerstandes gegen Wurzelpenetration
DIN EN 13956	01.03.2013	Abdichtungsbahnen – Kunststoff und Elastomerbahnen für Dachabdichtungen – Definitionen und Eigenschaften
DIN EN 13967	01.08.2017	Abdichtungsbahnen – Kunststoff- und Elastomerbahnen für die Bauwerksabdichtung gegen Bodenfeuchte und Wasser – Definitionen und Eigenschaften
DIN EN 13969	01.03.2007	Abdichtungsbahnen – Bitumenbahnen für die Bauwerksabdichtung gegen Bodenfeuchte und Wasser; Definitionen und Eigenschaften
DIN EN 13970	01.02.2005	Abdichtungsbahnen – Bitumen-Dampfsperrbahnen; Definitionen und Eigenschaften
DIN EN 13970/A1	01.02.2007	Abdichtungsbahnen – Bitumen-Dampfsperrbahnen – Definitionen und Eigenschaften
DIN EN 13984	01.05.2013	Abdichtungsbahnen – Kunststoff- und Elastomer-Dampfsperrbahnen; Definitionen und Eigenschaften
DIN EN 13986	01.06.2015	Holzwerkstoffe zur Verwendung im Bauwesen – Eigenschaften; Bewertung der Konformität und Kennzeichnung
DIN EN 14063-1	01.11.2004	Wärmedämmstoffe für Gebäude – An der Verwendungsstelle hergestellte Wärmedämmung aus Blähton-Leichtzuschlagstoffen; Spezifikation für die Schüttdämmstoffe vor dem Einbau
DIN EN 14064-1	01.04.2019	Wärmedämmstoffe für Gebäude – An der Verwendungsstelle hergestellte Wärmedämmung aus Mineralwolle (MW); Spezifikation für Schüttdämmstoffe vor dem Einbau
DIN EN 14080	01.09.2013	Holzbauwerke – Brettschichtholz und Balkenschichtholz – Anforderungen
DIN EN 14081-1	01.10.2019	Holzbauwerke – Nach Festigkeit sortiertes Bauholz für tragende Zwecke mit rechteckigem Querschnitt- Teil 1: Allgemeine Anforderungen

DIN EN 14315-1	01.04.2013	Wärmedämmstoffe für das Bauwesen – An der Verwendungsstelle hergestellter Wärmedämmsroff aus Polyurethan (PUR) und Polyisocyanurat (PIR) Spritzschaum – Teil 1: Spezifikation für das Schaumsystem vor dem Einbau
DIN EN 14315-2	01.04.2013	Wärmedämmstoffe für das Bauwesen – An der Verwendungsstelle hergestellter Wärmedämmstoff aus Polyurethan (PUR)- und Polyisocyanurat (PIR)-Spritzschaum – Teil 2: Spezifikation für die eingebauten Produkte
DIN EN 14318-1	01.04.2013	Wärmedämmstoffe für das Bauwesen – An der Verwendungsstelle hergestellter Wärmedämmstoff aus dispensiertem Polyurethan (PUR)- und Polyisocyanurat (PIR)-Hartschaum – Teil 1: Spezifikation für das Schaumsystem vor dem Einbau;
DIN EN 14318-2	01.04.2013	Wärmedämmstoffe für das Bauwesen – An der Verwendungsstelle hergestellter Wärmedämmstoff aus dispensiertem Polyurethan (PUR)- und Polyisocyanurat (PIR)-Hartschaum – Teil 2: Spezifikation für die eingebauten Produkte
DIN EN 14319-1	01.04.2013	Wärmedämmstoffe für die technische Gebäudeausrüstung und für betriebstechnische Anlagen in der Industrie – An der Verwendungsstelle hergestellter Wärmedämmstoff aus Polyurethan (PUR)- und Polyisocyanurat (PIR)-Gießschaum – Teil 1: Spezifikation für das Schaumsystem vor dem Einbau
DIN EN 14319-2	01.04.2013	Wärmedämmstoffe für die technische Gebäudeausrüstung und für betriebstechnische Anlagen in der Industrie – An der Verwendungsstelle hergestellter Wärmedämmstoff aus Polyurethan (PUR)- und Polyisocyanurat (PIR)-Gießschaum – Teil 2: Spezifikation für die eingebauten Produkte
DIN EN 14320-1	01.04.2013	Wärmedämmstoffe für die technische Gebäudeausrüstung und für betriebstechnische Anlagen in der Industrie – An der Verwendungsstelle hergestellter Wärmedämmstoff aus Polyurethan (PUR)- und Polyisocyanurat (PIR)-Spritzschaum – Teil 1: Spezifikation für das Schaumsystem vor dem Einbau
DIN EN 14320-2	01.04.2013	Wärmedämmstoffe für die technische Gebäudeausrüstung und für betriebstechnische Anlagen in der Industrie – An der Verwendungsstelle hergestellter Wärmedämmstoff aus Polyurethan (PUR)- und Polyisocyanurat (PIR)-Spritzschaum – Teil 2: Spezifikation für die eingebauten Produkte
DIN EN 14390	01.04.2007	Brandverhalten von Bauprodukten – Referenzversuch im Realmaßstab an Oberflächenprodukten in einem Raum;
DIN EN 14399-4	01.04.2015	Hochfeste vorspannbare Garnituren für Schraubverbindungen im Metallbau – Teil 4: System HV – Garnituren aus Sechskantschrauben und -muttern
DIN EN 14399-6	01.04.2015	Hochfeste vorspannbare Garnituren für Schraubverbindungen im Metallbau – Teil 6: Flache Scheiben mit Fase
DIN EN 14437	01.08.2023	Bestimmung des Abhebewiderstandes von verlegten Dachziegeln oder Dachsteinen – Prüfverfahren für Dachsysteme

DIN EN 14509	01.12.2013	Selbsttragende Sandwich-Elemente mit beidseitigen Metalldeckschichten – Werkmäßig hergestellte Produkte: Spezifikationen
DIN EN 14592	01.08.2022	Holzbauwerke – Stiftförmige Verbindungsmittel – Anforderungen
DIN EN 14691	01.07.2017	Abdichtungsbahnen – Abdichtungen von Betonbrücken und anderen Verkehrsflächen aus Beton – Bestimmung der Verträglichkeit bei Wärmelagerung
DIN EN 14692	01.07.2017	Abdichtungsbahnen – Abdichtung von Betonbrücken und anderen Verkehrsflächen auf Beton – Bestimmung des Widerstandes gegenüber Verdichtung der Asphaltschicht
DIN EN 14693	01.07.2017	Abdichtungsbahnen – Abdichtung von Betonbrücken und anderen Verkehrsflächen auf Beton – Bestimmung des Verhaltens von Bitumenbahnen bei Anwendung von Gussasphalt
DIN EN 14694	01.07.2017	Abdichtungsbahnen – Abdichtung von Betonbrücken und anderen Verkehrsflächen auf Beton – Bestimmung des Widerstandes gegenüber dynamischem Wasserdruck nach Schäden infolge Vorbeanspruchung
DIN EN 14695	01.05.2010	Abdichtungsbahnen – Bitumenbahnen mit Trägeereinlage für Abdichtung von Betonbrücken und anderen Verkehrsflächen aus Beton – Definition und Eigenschaften
DIN EN 14782	01.03.2006 (E09.2015)	Selbsttragende Dachdeckungs- und Wandbekleidungselemente für die Innen- und Außenanwendung aus Metallblech
DIN EN 14783	01.07.2013	Vollflächig unterstützte Dachdeckungs- und Wandbekleidungselemente für die Innen- und Außenanwendung aus Metallblech – Produktspezifikation und Anforderungen
DIN EN 14963	01.12.2006	Dacheindeckungen – Dachlichtbänder aus Kunststoff mit und ohne Aufsetzkränzen – Klassifizierung, Anforderungen und Prüfverfahren
DIN EN 14963/Ber. 1	01.06.2007	Dacheindeckungen – Dachlichtbänder aus Kunststoff mit und ohne Aufsetzkränzen – Klassifizierung, Anforderungen und Prüfverfahren, Berichtigungen
DIN EN 14964	01.01.2007	Unterdeckplatten für Dachdeckungen – Definitionen und Eigenschaften
DIN EN 14967	01.08.2006	Abdichtungsbahnen – Bitumen-Mauersperrbahnen – Definitionen und Eigenschaften
DIN EN 15026	01.12.2023	Wärme- und feuchtetechnisches Verhalten von Bauteilen und Bauelementen – Bewertung der Feuchteübertragung durch numerische Simulation
DIN EN 15101-1	01.07.2019	Wärmedämmstoffe für das Bauwesen – An der Anwendungsstelle hergestellter Wärmedämmstoff aus Zellulosefüllstoff; Spezifikation für die Produkte vor dem Einbau
DIN EN 15101-2	01.12.2013	Wärmedämmstoffe für Gebäude – An der Anwendungsstelle hergestellte Wärmedämmung aus losem Zellulosefüllstoff; Spezifikation für die eingebauten Produkte
DIN EN 16798-3	01.11.2017 (E12.2022)	Energetische Bewertung von Gebäuden – Lüftung von Gebäuden – Teil 3: Lüftung von Nichtwohngebäuden – Leistungsanforderungen an Lüftungs- und Klimaanlagen und Raumkühlsysteme (Module M5-1, M5-4)
DIN EN 62305-1	01.10.2011	Blitzschutz – Teil 1: Allgemeine Grundsätze

DIN EN 62305-1/Berichtigung 1	01.03.2012	Blitzschutz – Teil 1: Allgemeine Grundsätze, Berichtigung zu DIN EN 62305:2011-10
DIN EN 62305-2	01.02.2013 (E04.2022)	Blitzschutz – Teil 2: Risiko-Management
DIN EN 62305-2_Beiblatt 1	01.02.2013	Blitzschutz – Teil 2: Risiko-Management; Beiblatt 1: Blitzgefährdung in Deutschland
DIN EN 62305-2/Beiblatt 2	01.02.2013	Blitzschutz – Teil 2: Risiko-Management; Beiblatt 2: Berechnungshilfe zur Abschätzung des Schadensrisikos für bauliche Anlagen, mit CD-ROM
DIN EN 62305-2/Beiblatt 3	01.12.2013	Blitzschutz – Teil 2: Risiko-Management; Beiblatt 3: Zusätzliche Informationen zur Anwendung der DIN EN 62305-2
DIN EN 62305-3	01.10.2011 (E04.2022)	Blitzschutz – Teil 3: Schutz von baulichen Anlagen und Personen
DIN EN 62305-3/Beiblatt 1	01.10.2012	Blitzschutz – Teil 3: Schutz von baulichen Anlagen und Personen; Beiblatt 1: Zusätzliche Informationen zur Anwendung der DIN EN 62305-3 (VDE 0185-305-3)
DIN EN 62305-3/Beiblatt 2	01.10.2012	Blitzschutz – Teil 3: Schutz von baulichen Anlagen und PersonenBlitzschutz ; Beiblatt 2: Zusätzliche Informationen für besondere bauliche Anlagen
DIN EN 62305-3/Beiblatt 3	01.10.2012	Blitzschutz – Teil 3: Schutz von baulichen Anlagen und PersonenBlitzschutz; Beiblatt 3: Zusätzliche Informationen für die Prüfung und Wartung von Blitzschutzsystemen
DIN EN 62305-3/Beiblatt 4	01.01.2008	Blitzschutz – Teil 3: Schutz von baulichen Anlagen und Personen; Beiblatt 4: Verwendung von Metalldächern in Blitzschutzsystemen
DIN EN 62305-3/Beiblatt 5	01.02.2014	Blitzschutz – Teil 3: Schutz von baulichen Anlagen und Personen; Beiblatt 5: Blitz- und Überspannungsschutz für PV-Stromversorgungssysteme
DIN EN 62305-3/Beiblatt 6	01.06.2022	Blitzschutz - Teil 3: Schutz von baulichen Anlagen und Personen; Beiblatt 6: Zusätzliche Informationen über das Erfordernis von Blitzschutzmaßnahmen nach DIN EN 62305-3 (VDE 0185-305-3)
DIN EN 62561-1	01.12.2017 (E06.2022)	Blitzschutzsystembauteile (LPSC) - Teil 1: Anforderungen an Verbindungsbauteile
DIN EN 62561-2	01.12.2019	Blitzschutzsystembauteile (LPSC) – Teil 2: Anforderungen an Leiter und Erder
DIN EN ISO 811	01.08.2018	Textilien – Bestimmung des Widerstandes gegen das Durchdringen von Wasser – Hydrostatischer Druckversuch
DIN EN ISO 1182	01.11.2020	Prüfungen zum Brandverhalten von Produkten – Nichtbrennbarkeitsprüfung
DIN EN ISO 1461	01.12.2022	Durch Feuerverzinken auf Stahl angebrachte Zinküberzüge (Stückverzinken), Anforderungen und Prüfungen
DIN EN ISO 1716	01.10.2018	Prüfung zum Brandverhalten von Bauprodukten, Bestimmung der Verbrennungswärme (des Brennwerts)
DIN EN ISO 3506-1	01.08.2020	Mechanische Verbindungselemente – Mechanische Eigenschaften von Verbindungselementen aus korrosionsbeständigen nichtrostenden Stählen – Teil 1: Schrauben mit festgelegten Stahlsorten und Festigkeitsklassen

DIN EN ISO 3506-2	01.08.2020	Mechanische Verbindungselemente – Mechanische Eigenschaften von Verbindungselementen aus korrosionsbeständigen nichtrostenden Stählen – Teil 2: Muttern mit festgelegten Stahlsorten und Festigkeitsklassen
DIN EN ISO 6781-1	01.11.2023	Verhalten von Gebäuden – Feststellung von wärme-, luft- und feuchtebezogenen Unregelmäßigkeiten in Gebäuden durch Infrarotverfahren – Teil 1: Allgemeine Verfahren
DIN EN ISO 6946	01.03.2018	Bauteile-Wärmedurchlasswiderstand und Wärmedurchgangskoeffizient – Berechnungsverfahren
DIN EN ISO 7345	01.07.2018	Wärmeverhalten von Gebäuden und Baustoffen – Physikalische Größen und Definitionen
DIN EN ISO 7500-1	01.06.2018	Metallische Werkstoffe - Kalibrierung und Überprüfung von statischen einachsigen Prüfmaschinen - Teil 1: Zug- und Druckprüfmaschinen - Kalibrierung und Überprüfung der Kraftmesseinrichtung
DIN EN ISO 7500-1 Beiblatt 1	01.06.2022	Metallische Werkstoffe - Kalibrierung und Überprüfung von statischen einachsigen Prüfmaschinen - Teil 1: Zug- und Druckprüfmaschinen - Kalibrierung und Überprüfung der Kraftmesseinrichtung – Beiblatt 1: Allgemeines zu Anforderungen und zur Kalibrierung und Überprüfung von Zug-. Druck- und biegemaschinen
DIN EN ISO 7500-1 Beiblatt 2	01.06.2022	Metallische Werkstoffe - Kalibrierung und Überprüfung von statischen einachsigen Prüfmaschinen - Teil 1: Zug- und Druckprüfmaschinen - Kalibrierung und Überprüfung der Kraftmesseinrichtung – Beiblatt 2: Allgemeines zu Anforderungen und zur Kalibrierung und Überprüfung von Federprüfmaschinen
DIN EN ISO 7500-1 Beiblatt 3	01.11.1999 (E03.2023)	Metallische Werkstoffe – Prüfung von Prüfmaschinen für statische einachsige Beanspruchung – Teil 1: Zug- und Druckprüfmaschinen; Prüfung und Kalibrierung der Kraftmeßeinrichtung; Allgemeines zu Anforderungen und zur Prüfung und Kalibrierung von Schwingprüfmaschinen
DIN EN ISO 7500-1 Beiblatt 4	01.03.2013	Metallische Werkstoffe - Prüfung von statischen einachsigen Prüfmaschinen - Teil 1: Zug- und Druckprüfmaschinen - Prüfung und Kalibrierung der Kraftmesseinrichtung – Beiblatt 4: Informationen zur Berücksichtigung der Messunsicherheit bei der Klassifizierung von Werkstoffprüfmaschinen
DIN EN ISO 9000	01.11.2015	Qualitätsmanagementsysteme – Grundlagen und Begriffe
DIN EN ISO 9001	01.11.2015	Qualitätsmanagementsysteme – Anforderungen
DIN EN ISO 9346	01.02.2008	Wärme- und feuchtetechnisches Verhalten von Gebäuden und Baustoffen – Stofftransport- physikalische Größen und Begriffe
DIN EN ISO 9453	01.01.2021	Weichlote – Chemische Zusammensetzung und Lieferformen
DIN EN ISO 9454-1	01.07.2016	Flussmittel zum Weichlöten – Einteilung und Anforderungen – Teil 1: Einteilung, Kennzeichnung und Verpackung
DIN EN ISO 9513	01.05.2013	Metallische Werkstoffe; Kalibrierung von Längenänderungs-Messeinrichtungen für die Prüfung einachsiger Beanspruchung
DIN EN ISO 9972	01.12.2018	Wärmetechnisches Verhalten von Gebäuden – Bestimmung der Luftdurchlässigkeit von Gebäuden – Differenzdruckverfahren

DIN EN ISO 10077-1	01.10.2020	Wärmetechnisches Verhalten von Fenstern, Türen und Abschlüssen – Berechnung des Wärmedurchgangskoeffizienten: Allgemeines
DIN EN ISO 10211	01.03.2018	Wärmebrücken im Hochbau – Wärmeströme und Oberflächentemperaturen – Detaillierte Berechnungen
DIN EN ISO 10456	01.05.2010	Baustoffe und –produkte – Wärme- und feuchtetechnische Eigenschaften; Tabellierte Bemessungswerte und Verfahren zur Bestimmung der wärmeschutztechnischen Nenn- und Bemessungswerte
DIN EN ISO 10684	01.09.2011	Verbindungselemente – Feuerverzinkung
DIN EN ISO 11925-2	01.07.2020	Prüfungen zum Brandverhalten von Bauprodukten – Entzündbarkeit von Produkten bei direkter Flammeneinwirkung – Teil 2: Einzelflammentest
DIN EN ISO 12567-1	01.12.2010	Wärmetechnisches Verhalten von Fenstern und Türen – Bestimmung des Wärmedurchgangskoeffizienten mittels des Heizkastenverfahrens – Komplette Fenster und Türen
DIN EN ISO 12567-2	01.03.2006	Wärmetechnisches Verhalten von Fenstern und Türen – Bestimmung des Wärmedurchgangskoeffizienten mittels Heizkastenverfahrens – Teil 2: Dachflächenfenster und andere auskragende Fenster
DIN EN ISO 12572	01.05.2017	Wärme- und feuchtetechnisches Verhalten von Baustoffen und Bauprodukten – Bestimmung der Wasserdampfdurchlässigkeit
DIN EN ISO 12631	01.01.2018	Wärmetechnisches Verhalten von Vorhangfassaden – Berechnung des Wärmedurchgangskoeffizienten
DIN EN ISO 12944-2	01.04.2018	Beschichtungsstoffe – Korrosionsschutz von Stahlbauten durch Beschichtungssysteme – Teil 2: Einteilung der Umgebungsbedingungen
DIN EN ISO 12944-5	01.03.2020	Beschichtungsstoffe – Korrosionsschutz von Stahlbauten durch Beschichtungssysteme – Teil 5: Beschichtungssysteme
DIN EN ISO 13385-1	01.03.2020	Geometrische Produktspezifikation (GPS) – Längenmessgeräte – Teil 1: Konstruktionsmerkmale und messtechnische Merkmale von Messschiebern (ISO 13385-1:2019); Deutsche Fassung EN ISO 13385-1:2019
DIN EN ISO 13788	01.05.2013	Wärme- und feuchtetechnisches Verhalten von Bauteilen und Bauelementen – Raumseitige Oberflächentemperatur zur Vermeidung kritischer Oberflächenfeuchte und Tauwasserbildung im Bauteilinneren – Berechnungsverfahren (ISO 13788:2000)
DIN EN ISO 13789	01.04.2018	Wärmetechnisches Verhalten von Gebäuden – Transmissions- und Lüftungswärmetransferkoeffizient – Berechnungsverfahren
DIN EN ISO 14040	01.02.2021	Umweltmanagement – Ökobilanz:Grundsätze und Rahmenbedingungen
DIN EN ISO 14683	01.03.2018	Wärmebrücken im Hochbau – Längenbezogener Wärmedurchgangskoeffizient – Vereinfachte Verfahren und Standardwerte
DIN EN ISO 15927-4	01.10.2005	Wärme- und feuchtetechnisches Verhalten von Gebäuden – Berechnung und Darstellung von Klimadaten – Stündliche Daten zur Abschätzung des Jahresenergiebedarfs für Kühl- und Heizsysteme
DIN EN ISO 17672	01.01.2017 (E04.2023)	Hartlöten – Lote

DIN EN ISO 18496	01.12.2021	Hartlöten – Flussmittel zum Hartlöten – Einteilung und technische Lieferbedingungen
DIN EN ISO 52016-1	01.04.2018	Energetische Bewertung von Gebäuden – Energiebedarf für Heizung und Kühlung, Innentemperaturen sowie fühlbare und latente Heizlasten – Teil 1: Berechnungsverfahren (ISO 52016-1:2017)
DIN ISO 857-2	01.03.2007	Schweißen und verwandte Prozesse – Begriffe – Teil 2: Weichlöten, Hartlöten und verwandte Begriffe
DIN SPEC 20000-201	01.08.2018	Anwendung von Bauprodukten in Bauwerken – Teil 201: Anwendungsnorm für Abdichtungsbahnen nach Europäischen Produktnormen zur Verwendung in Dachabdichtungen
DIN/TS 20000-202	01.11.2020	Anwendung von Bauprodukten in Bauwerken – Teil 202: Anwendungsdokument für Abdichtungsbahnen nach Europäischen Produktnormen zur Verwendung als Abdichtung von erdberührten Bauteilen, von Innenräumen und von Behältern und Becken
DIN CEN/TS 1187	01.03.2012	Prüfverfahren zur Beanspruchung von Bedachungen durch Feuer von außen
DIN V 18599-1	01.09.2018	Energetische Bewertung von Gebäuden – Berechnung des Nutz-, End- und Primärenergiebedarfs für Heizung, Kühlung, Lüftung, Trinkwarmwasser und Beleuchtung – Allgemeine Bilanzierungsverfahren, Begriffe, Zonierung und Bewertung der Energieträger
DIN V 18599-2	01.09.2018	Energetische Bewertung von Gebäuden – Berechnung des Nutz-, End- und Primärenergiebedarfs für Heizung, Kühlung, Lüftung, Trinkwarmwasser und Beleuchtung – Teil 2: Nutzenergiebedarf für Heizen und Kühlen von Gebäudezonen
DIN V 18599-3	01.09.2018	Energetische Bewertung von Gebäuden – Berechnung des Nutz-, End- und Primärenergiebedarfs für Heizung, Kühlung, Lüftung, Trinkwarmwasser und Beleuchtung – Teil 3: Nutzenergiebedarf für die energetische Luftaufbereitung
DIN V 18599-4	01.09.2018	Energetische Bewertung von Gebäuden – Berechnung des Nutz-, End- und Primärenergiebedarfs für Heizung, Kühlung, Lüftung, Trinkwarmwasser und Beleuchtung – Teil 4: Nutz- und Endenergiebedarf für Beleuchtung
DIN V 18599-5	01.09.2018	Energetische Bewertung von Gebäuden – Berechnung des Nutz-, End- und Primärenergiebedarfs für Heizung, Kühlung, Lüftung, Trinkwarmwasser und Beleuchtung – Teil 5: Endenergiebedarf von Heizsystemen
DIN V 18599-6	01.09.2018	Energetische Bewertung von Gebäuden – Berechnung des Nutz-, End- und Primärenergiebedarfs für Heizung, Kühlung, Lüftung, Trinkwarmwasser und Beleuchtung – Teil 6: Endenergiebedarf von Wohnungslüftungsanlagen und Luftheizungsanlagen für den Wohnungsbau
DIN V 18599-7	01.09.2018	Energetische Bewertung von Gebäuden – Berechnung des Nutz-, End- und Primärenergiebedarfs für Heizung, Kühlung, Lüftung, Trinkwarmwasser und Beleuchtung – Teil 7: Endenergiebedarf von Raumlufttechnik- und Klimakältesystemen für den Nichtwohnungsbau

DIN V 18599-8	01.09.2018	Energetische Bewertung von Gebäuden – Berechnung des Nutz-, End- und Primärenergiebedarfs für Heizung, Kühlung, Lüftung, Trinkwarmwasser und Beleuchtung – Teil 8: Nutz- und Endenergiebedarf von Warmwasserbereitungssystemen
DIN V 18599-9	01.09.2018	Energetische Bewertung von Gebäuden – Berechnung des Nutz-, End- und Primärenergiebedarfs für Heizung, Kühlung, Lüftung, Trinkwarmwasser und Beleuchtung – Teil 9: End- und Primärenergiebedarf von stromproduzierenden Anlagen
DIN V 18599-10	01.09.2018	Energetische Bewertung von Gebäuden – Berechnung des Nutz-, End- und Primärenergiebedarfs für Heizung, Kühlung, Lüftung, Trinkwarmwasser und Beleuchtung – Teil 10: Nutzungsrandbedingungen, Klimadaten
DIN VDE 0100 (DIN 57100)_ Beiblatt 1	01.11.1982	Errichten von Starkstromanlagen mit Nennspannungen bis 1000 V; Entwicklungsgang der Errichtungsbestimmungen
DIN VDE 0105-100	01.10.2015	Betrieb von elektrischen Anlagen – Teil 100: Allgemeine Festlegungen
DIN VDE 0105-100/A1	01.06.2017	Betrieb von elektrischen Anlagen – Teil 100: Allgemeine Festlegungen; Änderung A1
DIN VDE 0151	01.06.1986	Werkstoffe und Mindestmaße von Erdern bezüglich der Korrosion
DIN VDE 0298-4	01.06.2023	Verwendung von Kabeln und isolierten Leitungen für Starkstromanlagen – Teil 4: Empfohlene Werte für die Strombelastbarkeit von Kabeln und Leitungen für feste Verlegung in und an Gebäuden und von flexiblen Leitungen
DIN VDE 0298-4/Ber. 1	01.10.2023	Verwendung von Kabeln und isolierten Leitungen für Starkstromanlagen – Teil 4: Empfohlene Werte für die Strombelastbarkeit von Kabeln und Leitungen für feste Verlegung in und an Gebäuden und von flexiblen Leitungen
NEN 6707	01.12.2019	Fixing of roof coverings – Requirements and determination methods
NPR 6708	01.12.2019	Fixing of roof coverings – guidelines (Befestigung von Dachbedeckungen – Richtlinien)
VDI 6012 Blatt 1.1	01.04.2014	Regenerative und dezentrale Energiesysteme für Gebäude – Grundlagen – Projektplanung und -durchführung
Besondere Richtlinien und Vorschriften		
Z-30.3-6	20.04.2022	Allgemeine bauaufsichtliche Zulassung Nr. Z-30.3-6 "Erzeugnisse, Bauteile und Verbindungsmittel aus nichtrostenden Stählen"
DASt-Richtlinie 022	01.06.2016	DASt-Richtlinie 022 – Feuerverzinken von tragenden Stahlbauteilen
Dachbegrünungsrichtlinien – Richtlinien für die Planung, Bau und Instandhaltung von Dachbegrünungen	01.02.2018	Dachbegrünungsrichtlinien – Richtlinien für die Planung, Bau und Instandhaltungen von Dachbegrünungen
DAfStb-Richtlinie für Schutz und Instandsetzung von Betonbauteilen (Instandsetzungs-Richtlinie)	01.05.2020	DAfStb-Richtlinie – Schutz und Instandsetzung von Betonbauteilen (Instandsetzungs-Richtlinie)

DGUV Vorschrift 3	01.11.2012	Unfallverhütungsvorschrift Elektrische Anlagen und Betriebsmittel
DGUV Regel 101-038 Bauarbeiten	01.11.2019	DGUV Regel 101-038 Bauarbeiten
DGUV Information 201-054	01.10.2015	Dach-, Zimmer- und Holzbauarbeiten
ETAG 005	01.03.2004	Leitlinie für die Europäische Technische Zulassung für flüssig aufzubringende Dachabdichtungen (ETAG Nr. 005)
ETAG 006	01.11.2012	Mechanisch befestigte Dachabdichtungssysteme Leitlinie für die Europäische Technische Zulassung
Fachregel 01 Außenwandbekleidungen aus Holz und Holzwerkstoffen	01.03.2023	Fachregeln des Zimmererhandwerks 01 – Außenwandbekleidungen aus Holz
FLL-Prüfverfahren	01.04.2008	Verfahren zur Untersuchung der Wurzelfestigkeit von Bahnen und Beschichtungen für Dachbegrünungen
GEG Gebäudeenergiegesetz	01.11.2020	Gesetz zur Einsparung von Energie und zur Nutzung erneuerbarer Energien zur Wärme- und Kälteerzeugung in Gebäuden*
IFBS-Fachregeln des Metallleichtbaus	01.01.2019	IFBS-Fachregeln des Metallleichtbaus
Musterbauordnung – MBO -	01.09.2022	Musterbauordnung (MBO) Ausgabe 2022
Muster-Industriebau-Richtlinie	13.11.2019	Muster-Richtlinie über den baulichen Brandschutz im Industriebau
Muster-Richtlinie über den Bau und Betrieb von Hochhäusern	18.04.2008	Muster-Richtlinie über den Bau und Betrieb von Hochhäusern (MHHR)
Musterverordnung über den Bau und Betrieb von Verkaufsstätten	01.07.2014	Muster-Verkaufsstättenverordnung (MVKVO)
Muster-Verwaltungsvorschrift Technische Baubestimmungen	04.03.2022	Muster-Verwaltungsvorschrift Technische Baubestimmungen (MVV TB)
OENORM B 3418	01.05.2012	Planung und Ausführung von Schneeschutzsystemen auf Dächern
Zertifizerungsprogram Dach- und Formsteine aus Beton	01.03.2014	Zertifizierungsprogramm Dach- und Formsteine aus Beton nach DIN EN 490 und DIN EN 491
ZTV-ING	01.10.2022	Zusätzliche Technische Vertragsbedingungen und Richtlinien für Ingenieurbauten, Teil 1 – 9

Zurückgezogene Normen

DIN 105-100	01.01.2012	Mauerziegel – Teil 100: Mauerziegel mit besonderen Eigenschaften
DIN 1045-1	01.08.2008	Tragwerke aus Beton, Stahlbeton und Spannbeton – Teil 1: Bemessung und Konstruktion
DIN 1053-1	01.11.1996	Mauerwerk – Teil 1: Berechnung und Ausführung
DIN 1055-1	01.06.2002	Einwirkungen auf Tragwerke – Teil 1: Wichten und Flächenlasten von Baustoffen, Bauteilen und Lagerstoffen
DIN 1055-3	01.03.2006	Einwirkungen auf Tragwerke – Teil 3: Eigen- und Nutzlasten für Hochbauten
DIN 1055-4	01.03.2005	Einwirkungen auf Tragwerke – Teil 4: Windlasten

DIN 1055-5	01.07.2005	Einwirkungen auf Tragwerke – Teil 5: Schnee- und Eislasten
DIN 1055-100	01.03.2001	Einwirkungen auf Tragwerke – Teil 100: Grundlagen der Tragwerksplanung – Sicherheitskonzept und Bemessungsregeln
DIN 4102-4/A1	01.11.2004	Brandverhalten von Baustoffen und Bauteilen – Teil 4: Zusammenstellung und Anwendung klassifizierter Baustoffe, Bauteile und Sonderbauteile; Änderung A1
DIN V 4108-6	01.06.2003	Wärmeschutz- und Energie-Einsparung in Gebäuden – Teil 6: Berechnung des Jahresheizwärme- und Jahresheizenergiebedarfs
DIN V 4108-6 Berichtigung 1	01.03.2004	Berichtigungen zu DIN V 4108-6:2003-06
DIN-Fachbericht 4108-8	01.09.2010	Wärmeschutz und Energie-Einsparung in Gebäuden – Teil 8: Vermeidung von Schimmelwachstum in Wohngebäuden
DIN V 4108-10	01.06.2004	Wärmeschutz- und Energie-Einsparung in Gebäuden – Anwendungsbezogene Anforderungen an Wärmedämmstoffe – Teil 10: Werkmäßig hergestellte Wärmedämmstoffe
DIN 4109 Beiblatt 3	01.06.1996	Schallschutz im Hochbau – Berechnung von R' w,R für den Nachweis der Eignung nach DIN 4109 aus Werten des im Labor ermittelten Schalldämm-Maßes R w
DIN 4113	01.02.1958	Aluminium im Hochbau – Richtlinien für Berechnung und Ausführung von Aluminiumbauteilen
DIN 4113-1	01.05.1980	Aluminiumkonstruktionen unter vorwiegend ruhender Belastung; Berechnung und bauliche Durchbildung
DIN 4223	01.07.1958	Bewehrte Dach- und Deckenplatten aus dampfgehärtetem Gas- und Schaumbeton – Richtlinien für Bemessung, Herstellung, Verwendung und Prüfung
DIN 4426	01.12.2013	Einrichtungen zur Instandhaltung baulicher Anlagen – Arbeitsplätze und Verkehrswege – Planung und Ausführung
DIN 7864-1	01.04.1984	Elastomer-Bahnen für Abdichtungen; Anforderungen, Prüfung
DIN 17455	01.02.1999	Geschweißte kreisförmige Rohre aus nichtrostenden Stählen für allgemeine Anforderungen – Technische Lieferbedingungen
DIN 17456	01.02.1999	Nahtlose kreisförmige Rohre aus nichtrostenden Stählen für allgemeine Anforderungen – Technische Lieferbedingungen
DIN 18190-4	01.10.1992	Dichtungsbahnen für Bauwerksabdichtungen; Dichtungsbahnen mit Metallbandeinlage; Begriff, Bezeichnung, Anforderungen
DIN 18195-1	01.12.2011	Bauwerksabdichtungen; Grundsätze, Definitionen, Zuordnung der Abdichtungsarten
DIN 18195-2	01.04.2009	Bauwerksabdichtungen; Stoffe
DIN 18195-3	01.12.2011	Bauwerksabdichtungen; Anforderungen an den Untergrund und Verarbeitung der Stoffe
DIN 18195-4	01.12.2011	Bauwerksabdichtungen; Abdichtungen gegen Bodenfeuchte (Kapillarwasser, Haftwasser) und nicht-stauendes Sickerwasser an Bodenplatten und Wänden, Bemessung und Ausführung

DIN 18195-5	01.12.2011	Bauwerksabdichtungen;Abdichtungen gegen nichtdrückendes Wasser auf Deckenflächen und in Nassräumen. Bemessung und Ausführung
DIN 18195-6	01.12.2011	Bauwerksabdichtungen; Abdichtungen gegen von außen drückendes Wasser und aufstauendes Sickerwasser; Bemessung und Ausführung
DIN 18195-7	01.07.2009	Bauwerksabdichtungen; Abdichtungen gegen von innen drückendes Wasser; Bemessung und Ausführung
DIN 18195-8	01.12.2011	Bauwerksabdichtungen; Abdichtungen über Bewegungsfugen
DIN 18195-9	01.05.2010	Bauwerksabdichtungen; Durchdringungen, Übergänge, Abschlüsse
DIN 18195-10	01.12.2011	Bauwerksabdichtungen; Schutzschichten und Schutzmaßnahmen
DIN 18807-3	01.06.1987	Bemessungsnormen
DIN 18807-9	01.06.1998	Trapezprofile im Hochbau – Teil 9: Aluminium-Trapezprofile und ihre Verbindungen; Anwendung und Konstruktion
DIN 18807-3/A1	01.05.2001	Bänder und Bleche aus Metall, Lote und zugehörige Erzeugnisse, einschl. Trapezprofile
DIN 52143	01.08.1985	Glasvlies-Bitumendachbahnen; Begriffe, Bezeichnung, Anforderungen
DIN 52130	01.11.1995	Bitumen-Dachdichtungsbahnen – Begriffe, Bezeichnungen, Anforderungen
DIN 52131	01.11.1995	Bitumen-Schweißbahnen – Begriffe, Bezeichnungen, Anforderungen
DIN 52132	01.05.1996	Polymerbitumen-Dachdichtungsbahnen – Begriffe, Bezeichnungen, Anforderungen
DIN 52132	01.11.1995	Polymerbitumen-Schweißbahnen – Begriffe, Bezeichnungen, Anforderungen
DIN 55634	01.04.2010	Beschichtungsstoffe und Überzüge – Korrosionsschutz von tragenden dünnwandigen Bauteilen aus Stahl
DIN 55928-8	01.07.1994	Korrosionsschutz von Stahlbauten durch Beschichtungen und Überzüge; Teil 8: Korrosionsschutz von tragenden dünnwandigen Bauteilen
DIN 57185-1 (VDE 0185-1)	01.11.1982	Blitzschutzanlage – Allgemeines für das Errichten (VDE-Richtlinie)
DIN 68705-3	01.12.1981	Sperrholz; Bau-Furniersperrholz
DIN 68705-5	01.10.1980	Sperrholz; Bau-Furniersperrholz aus Buche
DIN 68763	01.09.1990	Spanplatten – Flachpressplatten für das Bauwesen – Begriffe, Anforderungen, Prüfung, Überwachung
DIN EN 350-1	01.10.1994	Dauerhaftigkeit von Holz und Holzprodukten – Natürliche Dauerhaftigkeit von Vollholz – Teil 1: Grundsätze für die Prüfung und Klassifikation der natürlichen Dauerhaftigkeit von Holz
DIN EN 350-2	01.10.1994	Dauerhaftigkeit von Holz und Holzprodukten – Natürliche Dauerhaftigkeit von Vollholz – Teil 2: Leitfaden für die natürliche Dauerhaftigkeit und Tränkbarkeit von ausgewählten Holzarten von besonderer Bedeutung in Europa
DIN EN 573-4	01.05.2004	Aluminium und Aluminiumlegierungen – Chemische Zusammensetzung und Form von Halbzeug – Teil 4: Erzeugnisformen

DIN EN 1004	01.06.2018	Fahrbare Arbeitsbühnen aus vorgefertigten Bauteilen – Werkstoffe, Maße, Lastannahmen und sicherheitstechnische Anforderungen
DIN EN 1045	01.08.1997	Hartlöten – Flußmittel zum Hartlöten – Einteilung und technische Lieferbedingungen
DIN EN 1298	01.04.1996	Fahrbare Arbeitsbühnen – Regeln und Festlegungen für die Aufstellung einer Aufbau- und Verwendungsanleitung
DIN EN 1999-1-1/NA/A1	01.06.2014	Nationaler Anhang – National festgelegte Parameter – Eurocode 9: Bemessung und Konstruktion von Aluminiumtragwerken – Teil 1-1: Allgemeine Bemessungsregeln; Änderung 1
DIN EN 1999-1-1/NA/A2	01.03.2015	Nationaler Anhang – National festgelegte Parameter – Eurocode 9: Bemessung und Konstruktion von Aluminiumtragwerken – Teil 1-1: Allgemeine Bemessungsregeln; Änderung 2
DIN EN 1999-1-1/NA/A3	01.11.2015	Nationaler Anhang – National festgelegte Parameter – Eurocode 9: Bemessung und Konstruktion von Aluminiumtragwerken – Teil 1-1: Allgemeine Bemessungsregeln; Änderung 3
DIN EN 13779	01.09.2007	Lüftung von Nichtwohngebäduen – Allgemeine Grundlage und Anforderungen an Lüftungs- und Klimaanlagen
DIN EN ISO 13790	01.09.2008	Energieeffizienz von Gebäuden – Berechnung des Energiebedarfs für Heizung und Kühlung
DIN EN 29454-1	01.02.1994	Flußmittel zum Weichlöten; Einteilung und Anforderungen; Teil 1: Einteilung, Kennzeichnung und Verpackung (ISO 9454 1:1990);
DIN EN 50164-1 (VDE 0185-201)	01.03.2009	Blitzschutzbauteile – Teil 1: Anforderungen an Verbindungsbauteile
EDIN VDE 0126-21	E01.07.2007	Photovoltaik im Bauwesen
EnEV	01.05.2014	Verordnung über energiesparenden Wärmeschutz und energiesparende Anlagentechnik bei Gebäuden (Energieeinsparverordnung)
Wärmeschutzverordnung	16.08.1994	Verordnung über einen energiesparenden Wärmeschutz bei Gebäuden (Wärmeschutzverordnung – WärmeschutzV)